Volume sans pagination

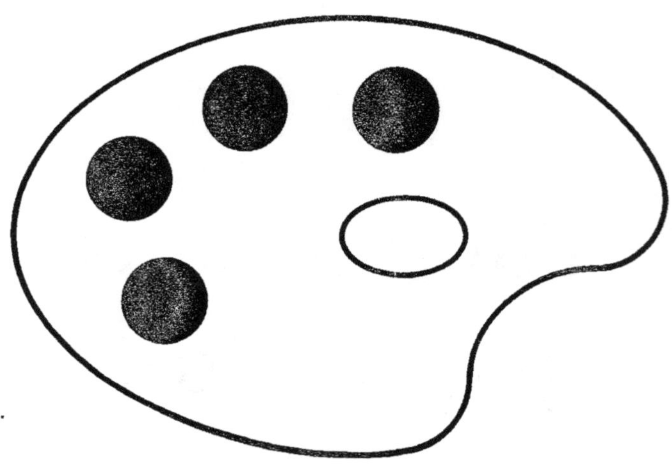

Original en couleur
NF Z 43-120-8

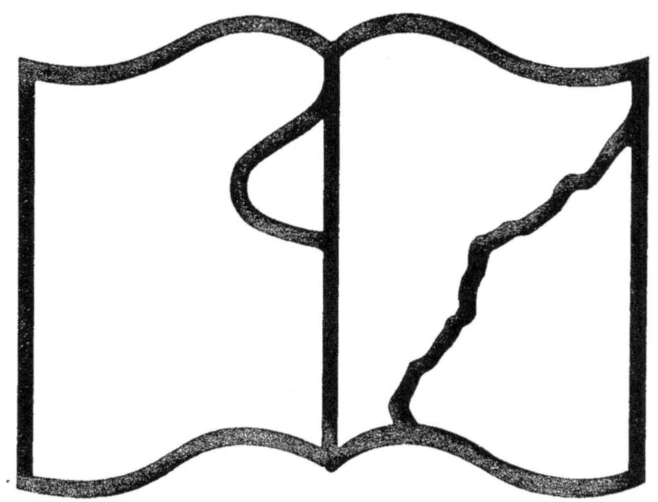

Texte détérioré — reliure défectueuse

NF Z 43-120-11

ATLAS

DE

GÉOGRAPHIE MODERNE

LISTE DES CARTES

LISTE DES COLLABORATEURS DE L'ATLAS DE GÉOGRAPHIE MODERNE

MM.
D. AÏTOFF, Cartes et Notices.
G. BAGGE, Cartes.
H. BOLAND, Notices.
R BOLZÉ, Cartes.
P. CAMENA D'ALMEIDA, Notices.
J. CHARDON, Relief de la France.
M. CHESNEAU, Cartes et Notices.

MM.
H. DELACHAUX, Cartes.
M. DIEULAFOY, Notices.
M. DUBOIS, Notices.
L. GALLOIS, Notices.
E. GIFFAULT, Cartes et Figures.
V. HUOT, Cartes et Notices.
H. JACOTTET, Notices.

MM.
D. KALTBRUNNER, Notices.
C. KŒCHLIN, Notices.
E. DE MARGERIE, Notices.
C. PERRON, Figures.
L. POIREL, Notices.
Ch. RABOT, Notices.

MM.
Élisée RECLUS, Notices.
Onésime RECLUS, Notices.
Louis ROUSSELET, Notices.
Léon ROUSSET, Notices.
A. SAINT-PAUL, Notices.
T. WEINREB, Cartes et Figures.

ATLAS DE GÉOGRAPHIE HISTORIQUE

PAR UNE RÉUNION DE PROFESSEURS ET DE SAVANTS

SOUS LA DIRECTION GÉOGRAPHIQUE DE

F. SCHRADER

Directeur des travaux cartographiques de la librairie Hachette et Cⁱᵉ.

OUVRAGE CONTENANT, EN 55 FEUILLES DOUBLES, 167 CARTES EN COULEURS, ACCOMPAGNÉES D'UN TEXTE HISTORIQUE AU DOS ET DE 115 CARTES, FIGURES ET PLANS EN NOIR DANS LE TEXTE, AVEC UN INDEX ALPHABÉTIQUE DES NOMS CONTENUS DANS L'ATLAS, DIAGRAMMES, ETC.

Un volume in-folio relié . . . . **35 fr.**

Chaque carte se vend séparément 60 centimes.

L'ANNÉE CARTOGRAPHIQUE

SUPPLÉMENT ANNUEL A TOUTES LES PUBLICATIONS DE GÉOGRAPHIE ET DE CARTOGRAPHIE

DRESSÉ ET RÉDIGÉ SOUS LA DIRECTION DE

F. SCHRADER

En vente : les années 1896 à 1906

Chaque année, composée de 3 cartes in-folio en couleurs, avec texte au dos. . . . . **3 fr.**

60549. — Imprimerie Lahure, 9, rue de Fleurus, à Paris.

ATLAS

DE

GÉOGRAPHIE MODERNE

PAR

F. SCHRADER

Directeur des travaux cartographiques de la librairie Hachette et Cⁱᵉ.

F. PRUDENT
Lieutenant-Colonel du Génie
au Service géographique de l'Armée.

E. ANTHOINE
Ingénieur-Chef du Service de la Carte de France
et de la Statistique graphique au Ministère de l'Intérieur.

CONTENANT 64 CARTES DOUBLES IMPRIMÉES EN COULEURS

ACCOMPAGNÉES AU VERSO D'UN TEXTE GÉOGRAPHIQUE, STATISTIQUE ET ETHNOGRAPHIQUE AVEC 600 CARTES DE DÉTAIL

ET D'UN INDEX ALPHABÉTIQUE D'ENVIRON 50000 NOMS

NOUVELLE ÉDITION CORRIGÉE ET MISE À JOUR

PARIS

LIBRAIRIE HACHETTE ET Cⁱᵉ

79, BOULEVARD SAINT-GERMAIN, 79

1908

Droits de traduction et de reproduction réservés.

INTRODUCTION

LA TERRE ET LA VIE TERRESTRE

La Terre, modelée et gouvernée par un ensemble de forces naturelles; l'Homme, réagissant sur le monde extérieur, mais limité dans toutes ses actions par le déroulement inflexible de ces forces : tel est le domaine de la science géographique.

De la situation absolue de la Terre dans l'espace, nous ne savons rien.

Cette Terre, jadis incommensurable et qui paraît se rétrécir à mesure que nous en prenons une possession plus complète, est un globe presque sphérique, rattaché, avec un nombre encore mal fixé d'autres planètes, grosses, moyennes, petites ou infinitésimales, à une étoile, le Soleil, autour de laquelle toutes ces planètes décrivent des orbes presque circulaires, quelques-unes d'entre elles, les principales, entraînant avec elles un ou plusieurs satellites. Entre Jupiter, la plus grosse des planètes, qui équivaut à plus de douze cents Terres, et les corpuscules qui tournoient dans la zone des petites planètes, la Terre occupe un rang moyen. Elle est dans la moyenne aussi par son unique satellite, la Lune, qui tourne autour d'elle dans l'espace de près d'un mois, tandis que le globe qui nous porte, accomplissant autour de son axe dans le cours d'une année trois cent soixante-cinq révolutions environ, est emporté avec le Soleil et tout le système planétaire vers une étoile de la constellation d'Hercule, elle-même entraînée vers l'inconnu.

Si l'axe de rotation de la Terre était perpendiculaire au plan de l'orbite terrestre, chaque point du globe recevrait une quantité invariable de chaleur solaire. Toujours le même hiver aux deux pôles, où le Soleil raserait éternellement l'horizon; toujours le même été à l'équateur, où les rayons demeureraient sans cesse verticaux à midi; toujours printemps et automne à la fois dans les zones intermédiaires, où le Soleil enverrait des rayons invariablement obliques. Mais l'axe terrestre s'incline d'environ 25 degrés sur le plan de l'orbite, et cette inclinaison amène successivement chaque partie de la Terre à un degré de chaleur et de lumière variable. Le cycle de ces variations, ou saisons, c'est une année. Tandis que chaque pôle, incliné six mois vers le soleil, se tourne durant les six autres mois vers l'obscurité et le froid de l'espace, chaque point de la zone intertropicale décrit devant le Soleil durant 182 ou 183 jours une spirale suivie pendant 182 autres jours d'une spirale inverse; en même temps, entraînés dans le même balancement rythmé, tous les points situés entre les cercles polaires et les cercles tropiques s'inclinent alternativement dans la direction du Soleil ou dans le sens opposé. Toutes les manifestations de la vie terrestre, depuis les mouvements de la mer et de l'atmosphère jusqu'à l'existence des sociétés humaines, dépendent de cette fluctuation de la Terre devant les rayons du Soleil.

Nous ignorons encore le nombre des siècles employés par notre globe pour se condenser, se solidifier, traverser les longues périodes antérieures à la vie végétale et animale, et subir les lentes transformations qui l'ont graduellement amené jusqu'au moment où l'homme a pu prendre conscience de la nature.

Les couches anciennes, dénivelées par les forces internes et dénudées par les agents atmosphériques, nous disent aujourd'hui, bien incomplètement encore, l'histoire des modifications successives de la vie à la surface du globe ou au fond des mers. Bien des fois, depuis l'époque infiniment reculée où les premières cellules organisées ont fait leur apparition sur la planète, les conditions de la vie se sont transformées : plantes et animaux ont pris des formes nouvelles, sous des climats nouveaux, sous des ciels nuageux ou sereins, dans des mers tièdes ou refroidies, sur des continents perpétuellement remaniés, tantôt glacés, tantôt brûlés de soleil, tantôt noyés de pluie tiède. Et ces climats, ces continents en fluctuations perpétuelles, ces mers graduellement dégagées du limon qui formait et forme encore les continents futurs, tout cela s'acheminait le globe vers l'état, également passager, sous lequel l'homme a commencé à s'en rendre compte.

Depuis ce moment, qui est pour ainsi dire hier, la Terre a si peu changé que nous sommes portés à la croire immuable. Cependant tout se meut à sa surface, seule partie qui nous soit accessible; eau, terre, air; chaleur, lumière, électricité, gravitation, tout se maintient, sur cette surface où l'homme est confiné, dans une variation incessante. Quant au noyau, liquide ou pâteux, qui porte cette surface, il n'est pas immobile non plus, et la figure même de la sphère se modifie perpétuellement, suivant les lois dont l'étude est à peine commencée.

La surface même où nous vivons se trouve encore connue en entier. Les deux pôles sont encore gardés contre l'homme par leur carapace de glace et de neige. Dans l'hémisphère Nord, Nansen a pu atteindre la latitude extrême de 86° 15', dans l'hémisphère Sud, le plus hardi ou le plus heureux des explorateurs, Ross, n'a pas atteint le 79° degré.

En Asie, en Afrique, en Australie, de vastes régions n'ont jamais reçu l'empreinte d'un pied humain; d'autres n'ont été parcourues que par des hommes incapables de rendre compte de leurs voyages. Quand on cherche à étudier avec soin la surface de la Terre, on est frappé de voir que la partie bien connue de cette surface est encore la moindre, et que, pour une partie de l'Asie, de l'Amérique, de l'Australie et surtout de l'Afrique, nous ne pouvons en donner qu'une ébauche plus ou moins approchante de la vérité.

Mais chaque année, chaque jour même, l'étendue de l'inconnu se rétrécit; une véritable armée d'explorateurs sillonne les parties mal connues de la Terre, affrontant la faim, la soif, les maladies, le froid, la mort, pour recueillir un peu de savoir nouveau.

Avant que le siècle soit achevé, la presque totalité de la Terre devra être connue. Depuis que la géographie est née, à aucun moment elle n'a présenté un intérêt plus grand qu'au moment où nous vivons.

De la terre ferme qui forme l'enveloppe solide de la sphère, près des trois quarts, 574 millions de kilomètres carrés, sont déprimés et recouverts d'une couche d'eau salée; 156 millions de kilomètres carrés, le dernier quart, se relèvent et font saillie au-dessus de la surface des océans. La vie la plus intense et la faune la plus nombreuse du globe habitent dans l'étendue et dans l'épaisseur des eaux, vraisemblablement au voisinage de la ligne d'émergence des côtes, ou dans les régions de faible profondeur.

La surface des terres nourrit une moindre population d'êtres vivants; mais le degré de développement de ces êtres est très supérieur à celui des habitants de la mer, de même que les phénomènes amenés par le contact de la terre ferme, de l'eau et de l'atmosphère sont infiniment plus complexes et plus variés que ceux de la masse océanique.

De ce quart émergé de la Terre, une notable partie, encore incomplètement mesurée, demeure inféconde et inhabitable. Privée des vapeurs marines, la surface terrestre, complètement desséchée, deviendrait semblable à celle de la Lune. Sans eau pluviale, point de végétation, point d'animalité. Où l'eau reste glace, où le ciel demeure toujours sec, l'homme ne peut subsister et la vie elle-même ne saurait naître.

D'une manière générale, le système de la fécondation des continents est simple. Chacun sait que la surface des océans émet continuellement, mais surtout sous les rayons du soleil, une masse de vapeurs dont s'empare l'atmosphère, enveloppe transparente et attiédissante du globe entier. Invisibles jusqu'au point de saturation, ces vapeurs deviennent nuages dès que ce point est dépassé. Que les causes de condensation s'accroissent par le froid, par l'élévation du sol, les nuages deviennent pluie ou neige.

L'air qui reçoit ou abandonne cette vapeur n'est jamais immobile : allégé à l'équateur par les rayons solaires, alourdi aux pôles par le froid, il circule perpétuellement autour de la planète, l'air chaud et humide s'élevant, tandis que l'air froid s'écoule en nappes descendantes. Mais le même échange se produit à travers la masse des mers, et, la rotation de la Terre faisant tournoyer ces courants marins ou atmosphériques, les mouvements aériens et l'apport des pluies se diversifient. En outre, d'une part la conservation de la chaleur des eaux, d'autre part le refroidissement ou l'échauffement rapide de l'air et des continents dans les diverses saisons ou aux différentes heures du jour, modifient encore puissamment les courants aériens, les infléchissent en divers sens suivant l'afflux ou l'écoulement des masses d'air plus ou moins denses qui enveloppent les diverses parties du globe; à côté des vents réguliers prennent naissance les courants variables, alternants ou périodiques. Ainsi la plus grande partie de la Terre reçoit les eaux venues de l'Océan, les absorbe ou les renvoie en vapeurs, en sources, en filets d'eau, en rivières, en fleuves.

Mais cet arrosement varie à l'infini. L'anneau de pluie que laisse tomber l'air humide de l'Equateur noie les terres au-dessus desquelles il se promène, allant et venant suivant le mouvement apparent du Soleil; le Sahara en revanche, ou le désert de Gobi, ne voient pour ainsi dire jamais un nuage. Au nord des Pyrénées, pluie et verdure; au sud, sécheresse et terre fendillée. En Irlande, en Alaska, brouillard éternel; sur la Méditerranée, ciel brillant et courtes pluies. Mais partout où l'eau touche, brouillard, pluie, rosée, neige ou rivière, elle ameublit le sol, la vie terrestre devient possible, une flore et une faune apparaissent.

Faune et flore dépendent du climat : sous les tropiques, la tiédeur humide engendre la forêt vierge, le fouillis de plantes arborescentes, le débordement de la vie végétale et animale. Plus au nord, plus au sud, où une longue sécheresse alterne avec une période de pluies, l'arbre meurt, ou ne se montre plus qu'isolé : c'est le domaine des grandes herbes, qui germent, fleurissent, fructifient, se dessèchent, répétant chaque année la même existence périodique : là règnent les pampas, les prairies, les steppes. Encore un peu plus près du pôle, la forêt reparaît (sapins, chênes, bouleaux, érables), avec les vents humides de la zone tempérée boréale : Canada, Colombie anglaise, Sibérie, Norvège. Puis le sol gelé se refuse à produire, et la région polaire commence.

Entre les zones naturelles de forêts, de prairies, de déserts, les transitions sont innombrables. En outre, les différences d'altitude font en quelque sorte pénétrer les climats les uns dans les autres. Plus on s'élève, plus la température décroît; c'est ainsi que les montagnes rapprochent les zones dans la succession de leurs pentes : les Andes ou l'Himalaya montent d'un climat tropical au climat du pôle; même des hauteurs modestes, comme les Cévennes, mènent en quelques heures du climat de la Provence à celui de la Norvège.

Les monts séparent les régions naturelles, partagent les ciels nuageux et les ciels sereins; ils partagent aussi les végétations, les espèces animales, les peuples.

Au milieu de ces contrastes infinis, les animaux et l'homme influencent, favorisent ou combattent les forces de production de la Planète. Les vers de terre travaillent avec la pluie à produire la terre végétale; les coraux élèvent des archipels; les castors modifient le cours des rivières; les pampas, d'abord improductives, sont travaillées par les pieds du bétail, fertilisées

SPHÈRE TERRESTRE

PÔLE NORD

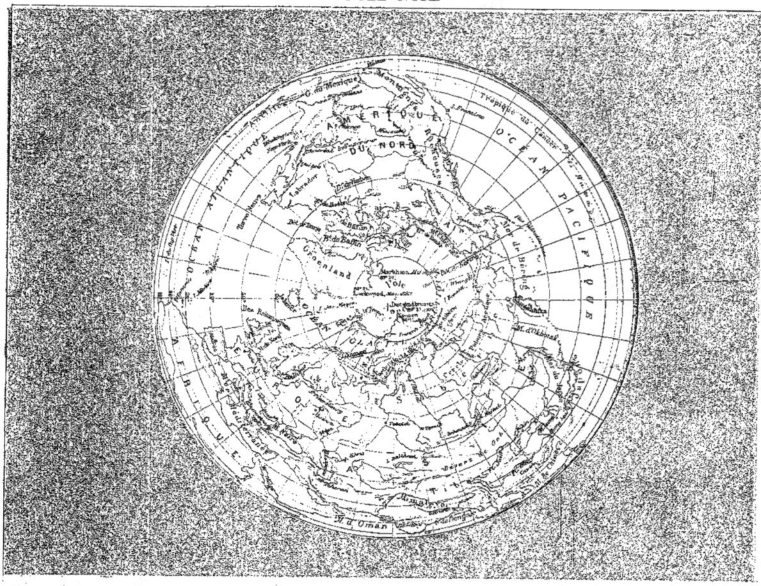

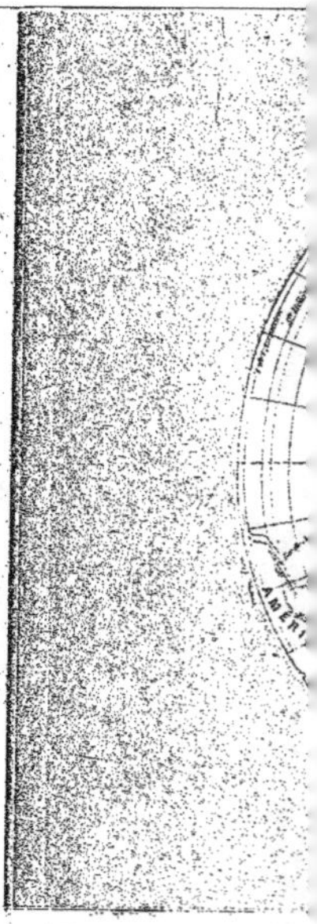

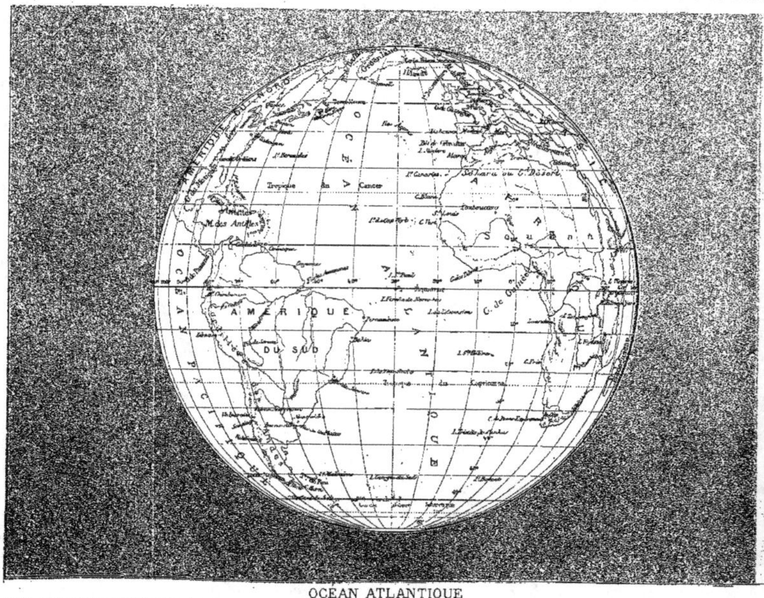

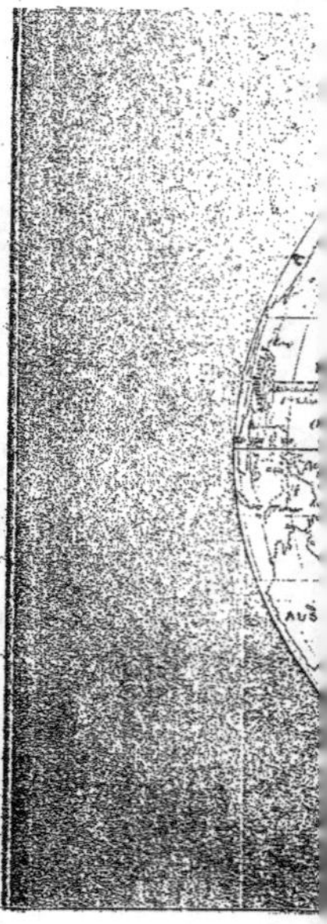

OCÉAN ATLANTIQUE

Gravé par Erhard F.res 35 bis Rue Denfert Rochereau, Paris.

Projection orthographique

PUBLIÉ PAR LA LIBRAIRIE HACHETTE ET Cⁱᵉ — CARTE 1

PÔLE SUD

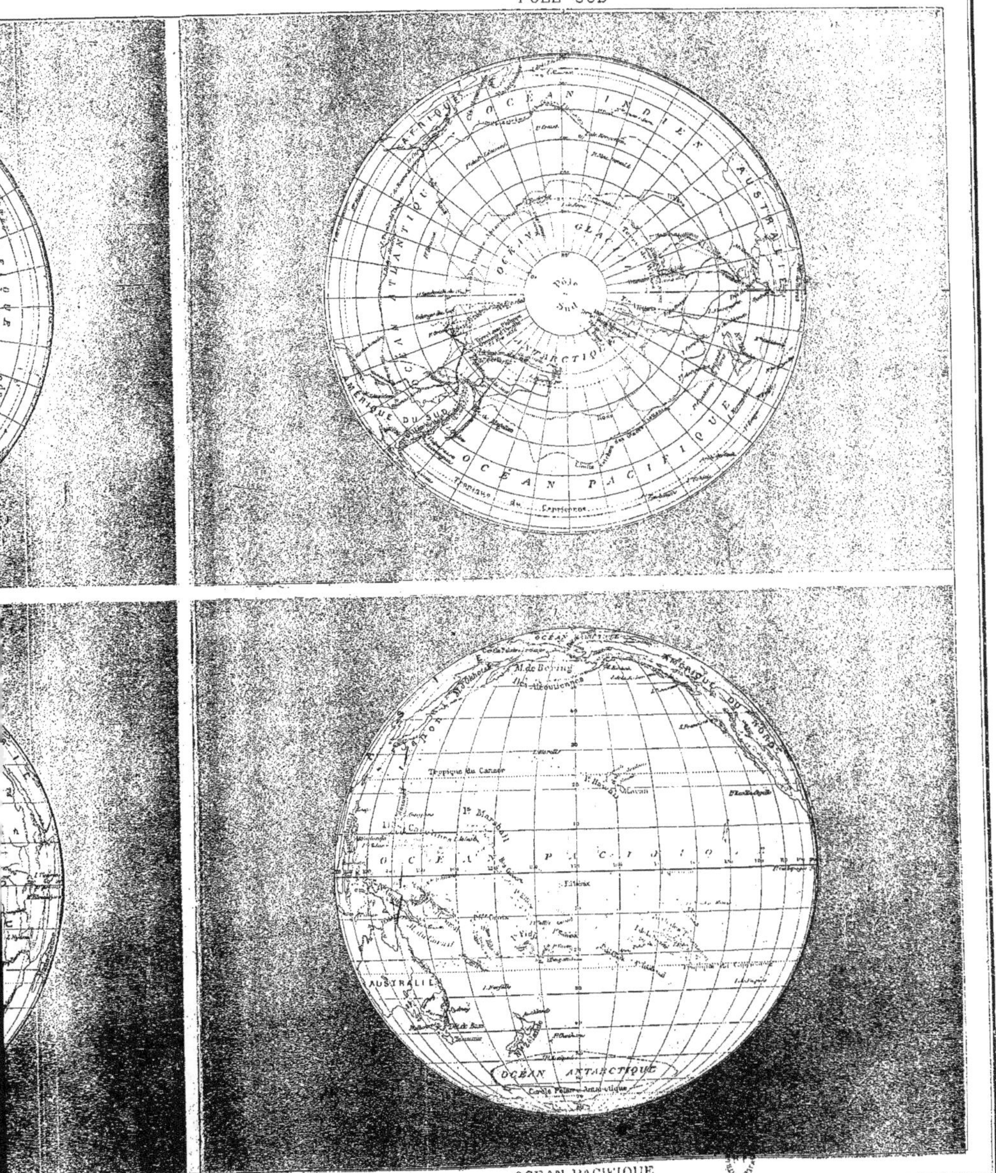

Projection orthographique

Imp. Erhard Frères

par ses résidus. Les moutons et les chèvres démolissent des montagnes; le guano des îles du Pacifique fertilise les terres épuisées de l'Europe. Telle région de l'Asie centrale ne produit rien que grâce à l'action de l'homme. Telle partie de l'Espagne, des Alpes ou des Pyrénées, au contraire, doit à l'homme sa stérilité. Il modifie l'ordre naturel des végétations, fait produire des arbres aux prairies du Mississipi et remplace par des champs de blé les forêts du Canada, agissant parfois en accord, parfois en désaccord avec les lois terrestres.

A la variété des zones, des climats, des productions, correspond la diversité non moins grande des races et des peuples. L'homme, beaucoup moins variable comme taille ou comme forme que certaines espèces animales, est infiniment plus divers comme habitudes; il se diversifie d'autant plus profondément qu'il cherche toujours à tirer parti de la nature qui l'environne, à lui emprunter des ressources, des outils, des instruments de travail, et à se servir de ces outils pour modifier son entourage dans le sens qui lui paraît offrir le plus de commodité, de sécurité ou de jouissances. L'Esquimau et le Touareg, l'ouvrier européen et l'agriculteur chinois, le navigateur polynésien et le berger des Alpes, portent l'empreinte de nombreuses générations pendant lesquelles la descendance, la culture du corps, l'accumulation des habitudes, l'emprisonnement dans un cadre géographique particulier, ont moulé différemment chaque fraction de l'humanité.

D'autres causes sont intervenues pour modifier divers groupes d'hommes : à plusieurs reprises, des inondations humaines se sont répandues sur les continents, noyant les petites nations locales sous un flot uniforme, par exemple d'Asie en Europe ou en Afrique, ou, comme aujourd'hui, d'Europe sur le monde entier. Nulle partie de la Terre n'a échappé à ces mélanges de peuples, et les races qui se prétendent pures montrent simplement par cette prétention qu'elles ignorent leur histoire. Dans ces migrations, certains peuples se fusionnent, d'autres disparaissent; chez certains se développent des aptitudes nouvelles, produites par la rencontre de qualités précédemment séparées; quelques-uns, non les meilleurs toujours, mais les plus forts, conquièrent une vaste part du monde, pour, à leur tour, se fragmenter, se diversifier, se mêler à ceux qu'ils ont conquis ou à ceux qui plus tard les conquièrent. Ainsi ont disparu les races qui nous précédèrent en Europe, et sur lesquelles l'histoire est muette. Ainsi les négroïdes de l'Asie méridionale ou orientale ont été noyés ou repoussés par des couches successives de populations moins foncées, jusqu'à l'invasion Aryenne. De même aujourd'hui l'Afrique, l'Amérique ou l'Australie se peuplent totalement ou partiellement de blancs venus d'Europe.

De ces invasions, les unes stérilisent, les autres fécondent. Mais ces dernières même, accroissant à la fois les besoins et les moyens de les satisfaire, s'éloignent de plus en plus de la simplicité primitive et créent peu à peu une humanité artificielle qui, ne pouvant plus revenir en arrière, arrive à la décadence par l'excès même d'artifice et d'effort. Ainsi s'explique le renouvellement perpétuel des civilisations, l'extinction de l'une, l'éveil de l'autre, le mouvement incessant qui maintient le genre humain, comme la mer ou l'atmosphère, dans un état d'instabilité permanente.

Ces fluctuations des races, des peuples, des civilisations, nous apparaissent comme choses du passé, et nous sommes portés, d'instinct, à croire que notre culture moderne a donné une orientation définitive au monde entier, tandis que jamais, au contraire, le travail de transformation n'a été plus intense qu'aujourd'hui, les modifications plus rapides, les chances de réussite ou d'échec plus redoutables.

Depuis le commencement de ce siècle, une partie de l'humanité a brusquement transformé ses rapports avec la planète. L'homme blanc, devenu pour ainsi dire un être nouveau, s'est créé une organisation factice qui bouleverse les conditions de sa vie traditionnelle, révolution dont il n'a pas encore mesuré toute l'importance et dont il nous est impossible de prévoir les résultats ultimes.

Depuis le jour où, par l'invention du feu et des premiers outils, l'homme s'est nettement différencié des autres êtres vivants et a cessé d'être l'esclave de la Terre pour tendre à en devenir le maître, une élite intellectuelle a parcouru des étapes successives de culture, entraînant avec elle ou laissant en arrière diverses fractions de l'espèce humaine. A l'outil, qui complétait ou corrigeait les organes humains, a succédé la machine, qui les aide et leur prête sa force. Jusqu'au dix-neuvième siècle, l'homme a surtout demandé des secours aux forces naturelles en pleine activité, au vent, à l'eau courante. Il se bornait à utiliser un mouvement déjà produit par le jeu de la vie planétaire. Au dix-neuvième siècle, une fraction de l'humanité imagine de se faire non plus aider, mais remplacer. De substances inertes, houille, métaux, acides, eau surchauffée, etc., elle apprend à dégager des forces latentes, à les discipliner, à les obliger à l'action. Dès lors, tous les organes moteurs ou mécaniques de l'homme se transforment, se décuplent ou se centuplent. Sa puissance de locomotion s'accroît jusqu'aux vapeurs transocéaniques et jusqu'aux chemins de fer transcontinentaux. La portée de sa parole n'a plus de limites, le télégraphe le transporte autour du monde; la vapeur, les substances explosibles donnent à son bras une force incalculable. Ce n'est plus l'homme des siècles passés, c'est un nouvel être, qui n'admet plus aucune résistance. Plus de limites à l'ambition de l'homme blanc, doublé de ses organes de métal, de sa vapeur, de son électricité. Ses télégraphes enserrent le globe, ses navires à vapeur raccourcissent les océans, ses rails veulent se poser partout; qui n'en veut pas devra se soumettre, qui résiste sera brisé. Et l'Indien, le Nègre, l'Australien, le Chinois se voient avec terreur envahis, débordés par cette humanité nouvelle, avide, violente, inexorable, toujours plus pressée, haletante sous ses machines.

En effet, tandis que le moteur mécanique, sans cesse perfectionné, aide, déplace ou remplace le travailleur, change incessamment les conditions du travail, un appel se produit sur tous les points du globe, et la race blanche s'y précipite, transportant avec elle les mêmes besoins, la même activité, les mêmes machines, la même surexcitation cérébrale.

Cette expansion de l'Europe sur le monde amène un double mouvement qui domine aujourd'hui toute la géographie économique : les pays de peuplement nouveau commencent par puiser dans leurs métropoles les premiers éléments de leur organisation : ce sont des marchés qui s'ouvrent. Puis ils se suffisent à eux-mêmes : ce sont des marchés qui se ferment. Dans une troisième période, que nous voyons poindre aujourd'hui, les peuples nouveaux, devenus majeurs, voudront à leur tour faire la loi à leurs aînés.

Ainsi alternent les périodes de prospérité et les crises industrielles. L'outillage, d'abord insuffisant, se trouve brusquement sans emploi : nouvelle pression sur une nouvelle partie du monde, nouvel envahissement, au besoin nouvelle suppression de quelque civilisation plus simple ou attardée, si on ne peut pas en faire une cliente de l'industrie européenne. L'expansion en elle-même paraît fatale; la façon dont elle s'exerce ne l'est point. Grand serait le rôle du peuple qui saurait, tout en accomplissant sa part

de l'œuvre de diffusion, garder le sentiment de la sympathie humaine.

Parmi les envahis, certains résistent pour un temps. Le Chinois, par exemple, satisfait de son état social plus stable, se refuse à le laisser remplacer par notre perpétuel inassouvissement. D'autres s'emparent d'une partie de notre organisation mécanique, espérant lui résister ensuite; tels les Japonais. D'autres enfin, réfractaires mais faibles, sont extirpés au nom du « progrès », comme les Peaux-Rouges des États-Unis, les Australiens, les Tasmaniens. En résumé, le tableau du Monde à la fin du dix-neuvième siècle est celui d'une partie de l'humanité qui prétend obliger le reste des hommes à subir, soit de gré, soit de force, la transformation qu'elle a jugée bonne pour elle-même.

Un tel état de choses ne peut pas se développer indéfiniment. D'abord, la civilisation industrielle n'est pas un but, mais un moyen. Le jour où elle aura atteint le résultat qu'en attendent les esprits élevés, et donné à tout homme sa part de secours matériel, lui permettant ainsi de vivre d'une vie plus morale et plus intellectuelle, elle devra se borner, précisément pour ne pas détruire son œuvre. En outre, on ne fabrique que pour des besoins, et la capacité de consommation de l'humanité est forcément limitée. La force mécanique à l'œuvre sur le globe est déjà égale à celle d'un milliard d'hommes (1889), et elle ne cesse de s'accroître. Amenât-on la population entière de la sphère terrestre à l'état de tributaire ou d'acheteur momentané, il est évident que cette force n'est pas appliquée dans des conditions normales. La civilisation industrielle dont nous admirons l'épanouissement n'est donc qu'une étape et devra prochainement se transformer.

Une loi inexorable, du reste, ne tardera pas à l'y obliger. Elle exploite trop avidement la terre, ne songe qu'à l'avenir immédiat, et arriverait à ruiner la planète elle-même.

Dans cette fièvre de fabrication ou d'utilisation à outrance, en effet, on demande de toutes parts au sol des produits rapides et immédiatement vendables, et on détruit sans réflexion toute production spontanée, naturelle, surtout la végétation forestière, trop lente à se renouveler.

C'est ainsi que presque toute la surface de la Terre va se dénudant avec une effrayante rapidité. Comme conséquence, le sol se délite, les montagnes se désagrègent, les sources tarissent, les fleuves s'appauvrissent ou débordent, le climat lui-même, privé des influences adoucissantes des vastes régions boisées, se détériore et se déséquilibre. En outre, les pays nouvellement ouverts à la culture tirent d'abord d'un sol vierge des récoltes abondantes, ruineuses par leur bon marché pour les pays de vieille culture. Mais bientôt ce sol auquel on a trop demandé s'appauvrit, tandis que des terres nouvelles se mettent en valeur à leur tour.

Chaque jour l'intensité du mouvement, l'activité de l'exploitation s'accroît; par cela même approche le moment où l'homme, voyant son avidité le mener à des désastres irrémédiables, sera obligé de se rapprocher de la nature et de demander à la science, non plus la richesse immédiate, mais le salut.

Bien des faits prochains hâteront ce moment. L'Extrême-Orient, après avoir vainement résisté à notre envahissement, se voit forcé de prendre part à son tour à la vie générale, et commence à nous envahir de son côté. Un mouvement religieux chaque jour grandissant fermente au fond de l'Afrique, et peut changer l'équilibre de cette partie du monde. L'excès de nervosité et le défaut de travail musculaire nous rapprochent rapidement d'un état maladif qui se montre déjà dans quelques centres de civilisation trop active. Les Etats d'Europe, surchargés d'armées improductives, obligés de vivre à la fois en plein état de paix et en plein état de guerre, peuvent difficilement supporter la concurrence des jeunes Etats de l'Amérique. Ceux-ci, à leur tour, entrés dans la vie avec les qualités et les défauts de leurs aînés, greffés trop hâtivement sur un sol dont ils ne sont pas le fruit, n'arriveront-ils pas rapidement à la fatigue et à la vieillesse? Certains signes le feraient croire. Quoi qu'il en soit, tout fait supposer que notre monde actuel est en équilibre instable, et que son état présent n'est que transitoire.

Le remède, par bonheur, est à côté du mal. Les progrès de l'industrie ne sont que le résultat premier, matériel, du progrès général de la science; ce progrès même doit amener une équilibration. L'homme use en ce moment de ses nouvelles forces comme un enfant qui dissipe son bien, le croyant inépuisable. L'âge de raison viendra, et l'humanité pensera alors à régler le présent de façon à sauvegarder l'avenir. Dans ce travail de régularisation, l'étude de la Terre aura la plus large place, car c'est de la Terre que tout vient, c'est à elle que tout retourne. Sans doute l'homme scientifiquement équilibré ne pourra pas lui rendre les alluvions descendues à la mer, ni ressusciter les peuples disparus, qui vraisemblablement avaient leur place marquée dans l'harmonie de l'humanité; et c'est un genre humain appauvri qui sera chargé de réparer sur une Terre appauvrie les fautes de notre imprévoyante génération.

Quoi qu'il en soit, c'est de la Terre que viendront les rénovations ou les progrès à venir. Déjà la météorologie, la prescience du temps, la solidarité des études de physique du globe dans le monde entier, les avertissements donnés par des services publics d'un continent à l'autre, les recherches relatives aux rapports qui unissent l'aspect du disque solaire aux périodes de prospérité ou de famine, l'étude chimique du sol, la reconstitution scientifique de sa richesse, les percements d'isthmes, les reboisements de montagnes, la passion des hautes cimes, etc., sont les signes précurseurs d'un état de choses nouveau. La civilisation prochaine devra se régler, non plus sur des préjugés ou des violences, mais sur l'accord avec l'ordre général. La géographie politique, trop souvent faussée par l'emploi de la force, devra, tout en obéissant aux libres affinités de nature et de tradition, se rapprocher de la géographie physique. Des groupements ou des associations surgiront, qui seront forcément guidés par l'action des lois naturelles, par les grandes unités géographiques. De la source à l'embouchure du fleuve, chaque goutte d'eau devra être conduite par la volonté commune de ceux qui en vivront. L'action générale s'appliquera non plus à contrarier, mais à étudier et à suivre les forces cosmiques qui règlent toute vie; non plus à doubler de rivalités ou de luttes les obstacles naturels, mais à les atténuer ou à les détruire par l'effort commun, afin d'aboutir, du combat pour la vie, point de départ du végétal ou de la brute, à l'alliance pour la vie, point d'arrivée de toute société consciente.

Les Notices qui suivent ont été volontairement limitées à l'exposition des faits, mais ces faits ont été groupés dans un ordre méthodique, partant de la Terre pour aboutir à l'état actuel des diverses agglomérations humaines. Elles constituent, non point un cours de géographie, mais un répertoire de renseignements ou d'informations.

Les auteurs de ces Notices se sont efforcés de ne pas substituer leur pensée propre à l'enseignement des choses ou des chiffres, laissant au lecteur le soin d'interpréter cet enseignement, d'en dégager les conséquences ou d'en rechercher les lois.

Fr. Schrader.

CONSIDÉRATIONS GÉNÉRALES

On appelle **globe terrestre** une sphère sur laquelle on a tracé les méridiens, les parallèles, les contours des continents, les fleuves, les montagnes, les positions des villes, etc. Le rapport entre la longueur d'un arc quelconque de cette sphère et celle de l'arc correspondant sur la terre ou, ce qui revient au même, le rapport entre le rayon du globe et celui de la terre qu'il représente, s'appelle **échelle de réduction**.

Les contours tracés sur une surface sphérique ne peuvent être fidèlement reproduits que sur une autre surface sphérique. Pour les représenter sur une surface plane, il faut leur faire subir une altération plus ou moins grande. La représentation plus ou moins défigurée de la surface terrestre sur un plan s'appelle **carte**.

La base de toutes les cartes, quel qu'en soit le genre, est le réseau des méridiens et des parallèles plans correspondant aux méridiens et aux parallèles de la sphère. Ce réseau peut être arbitraire ou provenir de la projection, suivant telle ou telle loi, des méridiens et des parallèles sphériques sur une surface développable. Ces méridiens et parallèles, une fois tracés, on place les différents lieux, par rapport à ces lignes, comme ils le sont sur la sphère par rapport aux méridiens et aux parallèles de la sphère. La projection des *cartes* se réduit donc à la projection des *méridiens* et des *parallèles*.

Nous décrirons d'abord les **projections proprement dites**, et donnerons ensuite un aperçu des réseaux arbitraires, sous le nom de **canevas conventionnels**.

I. PROJECTIONS PROPREMENT DITES

Soit AA'DF'BD' (fig. 1) un globe terrestre avec le pôle en P, les méridiens, les parallèles, les contours des continents, etc. ACB, un cône sécant, coupant le globe suivant deux cercles quelconques AB, A'B'. Les plans passant par DD' coupent la surface sphérique suivant des grands cercles (comme DF' FD') et la surface du cône suivant des lignes droites, génératrices du cône (comme CF). En projetant tous les points des grands cercles sur les génératrices correspondantes de façon que les points situés du même côté et également distants des cercles AB ou A'B', sur la sphère, le soient aussi sur la surface conique, on obtient, sur cette dernière, une représentation plus ou moins défigurée des contours de la surface du globe. Pour avoir la carte, il ne reste plus qu'à développer le cône sur un plan.

Fig. 1.

On se borne ordinairement à projeter de cette façon les intersections de méridiens et de parallèles plus ou moins rapprochés, suivant les dimensions de la sphère. Les points une fois marqués sur une surface plane, on trace les lignes droites ou régulièrement courbes passant par ces points et constituant le réseau des méridiens et des parallèles.

Ce réseau dépend : 1° de l'angle ACB; 2° de la situation du point D par rapport au pôle P; 3° de la longueur de la corde AA'; 4° de la loi suivant laquelle sont espacés les cercles du cône correspondants aux cercles de la sphère qui ont leurs centres sur la ligne DD'. Ces quatre éléments peuvent varier à l'infini; il y a donc un nombre infini de projections, mais elles ne sont toutes que des cas particuliers de la projection de la sphère sur le cône sécant. Dans chaque cas particulier, on s'efforce d'obtenir le moins d'altération possible et de faire mieux ressortir l'objet principal de la carte.

L'angle ACB peut varier de 0 à 180 degrés. Quand il est égal à 0, le cône devient cylindre; quand il est de 180 degrés, le cône se transforme en plan sécant ou tangent à la sphère; quand, enfin, il n'est ni égal à 0 ni de 180 degrés, c'est un cône proprement dit. Dans le premier cas, les projections s'appellent **cylindriques**, dans le deuxième, **horizontales**, et, dans le troisième, **coniques** proprement dites. — Le point D peut être à l'un des pôles, sur l'équateur ou ailleurs sur la sphère. Dans le premier cas, la projection porte le nom de **polaire**; dans le deuxième, celui de **méridienne** et, dans le troisième, celui de **zénithale**. — La corde AA' peut être nulle ou avoir toutes les valeurs ne dépassant pas le diamètre de la sphère. Quand AA' = 0, la projection est **tangente**; quand AA' est plus grande que 0, la projection est **sécante**. — Les rapports entre les espacements des cercles du cône et ceux des cercles correspondants de la sphère peuvent varier à l'infini. Les projections portent le nom d'**équidistantes** quand les distances entre les cercles du cône sont égales ou proportionnelles aux distances entre les cercles correspondants de la sphère. Elles sont **équivalentes** quand les aires comprises entre les différents cercles du cône sont égales aux aires correspondantes sur la sphère. Elles sont **perspectives** quand les points de la sphère sont projetés sur la surface du cône au moyen de lignes droites partant d'un point unique appelé *point de vue*.

PROJECTIONS CONIQUES

1. Projection **conique simple** (Ptolémée, l'an 150) : *conique, polaire, tangente et équidistante* (fig. 2). Conserve les distances entre les parallèles et les angles droits formés par les méridiens et les parallèles, mais exagère progressivement les distances en longitude et les surfaces, au fur et à mesure de l'éloignement au nord et au sud du parallèle de tangence.

2. Projection **conique sécante** (Jean Ruysch, 1508; Gérard Mercator, 1554) : *conique, polaire, sécante et équidistante* (fig. 3). Conserve les angles droits formés par les méridiens et les parallèles, exagère moins que la précédente les distances en longitude et les surfaces, au fur et à mesure de l'éloignement, au nord et au sud, des deux parallèles de sécance, mais par contre resserre les distances en longitude et les surfaces comprises entre les deux parallèles communs au cône et à la sphère. En outre, la distance en latitude entre les cercles AB et A'B' (fig. 1) étant égale, sur le cône, à

Fig. 2.   Fig. 3.

la corde et non à l'arc AA', toutes les autres distances entre les cercles du cône ne sont pas égales, mais seulement proportionnelles aux distances entre les cercles correspondants de la sphère.

3. Projection **isosphérique sténotère** (Lambert) : *conique, polaire, tangente et équivalente*. — Principal avantage : équivalence. Cette équivalence est obtenue de la façon suivante : les distances entre les parallèles projetés et le sommet du cône sont proportionnelles aux cordes qui sous-tendent les arcs de méridien compris entre les parallèles correspondants de la sphère et le pôle.

4. Projection d'**Albers** (Lunebourg, 1805) : *conique, polaire, sécante et équivalente*. La condition de l'équivalence ne peut être exprimée que par une formule que nous ne pouvons pas donner dans cet exposé élémentaire.

PROJECTIONS CYLINDRIQUES

5. Projection **plate carrée** (xive siècle) : *cylindrique, polaire, tangente et équidistante* (fig. 4). Facile à construire, garde les angles droits formés par les méridiens et les parallèles et les distances entre les parallèles, mais exagère trop les distances en longitude et les surfaces des parties éloignées de l'équateur.

Fig. 4.   Fig. 5.

6. Projection **parallélogrammatique** : *cylindrique, polaire, sécante et équidistante* (fig. 5). — Une des plus anciennes (Anaximandre, 550 av. J.-C.); agrandit moins que la précédente les distances en longitude et les surfaces des parties situées en dehors de la zone comprise entre les parallèles de sécance, mais diminue celles des parties situées entre ces parallèles.

7. Projection **cylindrique zénithale tangente équidistante**. — Diffère de la projection *plate* en ce que le cylindre est tangent à la sphère non point suivant l'équateur, mais suivant un grand cercle quelconque. La figure 6 représente l'ancien continent disposé des deux côtés d'un grand cercle incliné de 45 degrés sur l'équateur et traversant ce dernier au méridien de Paris.

Fig. 6.

8. Projection de **Cassini**. — Cas particulier de la précédente : le cylindre est tangent à la sphère suivant un méridien. Cette projection a été employée par Cassini pour sa carte de France.

9. Projection **isocylindrique droite** (Lambert) : *cylindrique, polaire, tangente et équivalente* (fig. 7). — Les distances entre l'équateur et les parallèles projetés sont égales aux sinus des latitudes. Le seul avantage important d'équivalence est contrebalancé par l'aplatissement de plus en plus grand des quadrilatères formés par les méridiens et les parallèles.

Fig. 7.

10. Projection de **Textor** (1808). — Diffère de la précédente en ce que le cylindre est tangent à la sphère suivant un grand cercle quelconque.

11. **Projection des cartes réduites** désignée plus souvent sous le nom de son auteur, Gérard **Mercator** (1569) : *cylindrique, polaire, tangente*, avec les parallèles disposés de telle façon qu'à chaque point de la carte le rapport entre les degrés de longitude et de latitude est égal au rapport des mêmes degrés de longitude et de latitude sur la sphère (fig. 8). Or, comme les degrés de longitude, par suite de parallélisme des méridiens, sont tous augmentés dans le rapport de l'unité au cosinus de leur latitude, on doit augmenter aussi les degrés de latitude dans le même rapport. Cette projection a un avantage très important : les *loxodromies*[1] sont représentées par des lignes droites et inclinées sur les méridiens de la carte du même angle que sur la sphère. Il suffit donc de tracer sur la carte une ligne droite entre deux points quelconques pour déterminer le rumb que doit suivre le navire pour se rendre d'un de ces points à l'autre. La projection de Mercator est employée surtout pour les cartes marines et les planisphères.

Fig. 8.

12. Projection **cylindrique orthomorphe** (Lambert). Diffère de la projection de Mercator en ce que le cylindre est tangent à la sphère suivant un méridien.

PROJECTIONS HORIZONTALES TANGENTES

13. Projection **polaire équidistante** (Guillaume Postel, 1581). — Avantages : équidistance des parallèles, conservation des angles droits formés

Fig. 9.   Fig. 10.   Fig. 11.

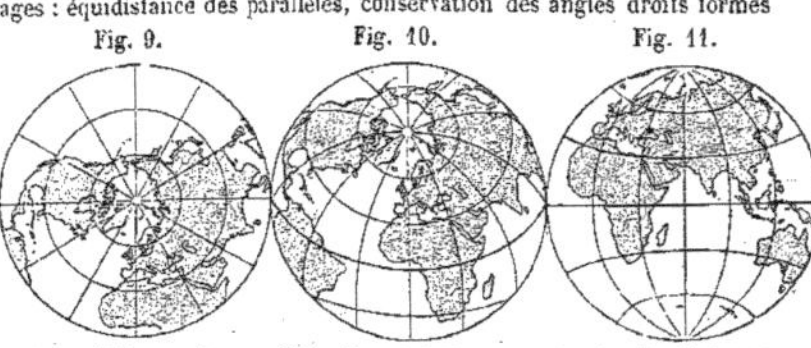

par les méridiens et les parallèles (fig. 9). Défaut : exagération des distances en longitude et des surfaces au fur et à mesure de l'éloignement du pôle.

---

1. Route que suit un navire qui se dirige pendant quelque temps sous le même rumb de vent et coupe par conséquent tous les méridiens sous le même angle.

AUSTRALIE

Projection orthographique

PUBLIÉ PAR LA LIBRAIRIE HACHETTE ET Cie

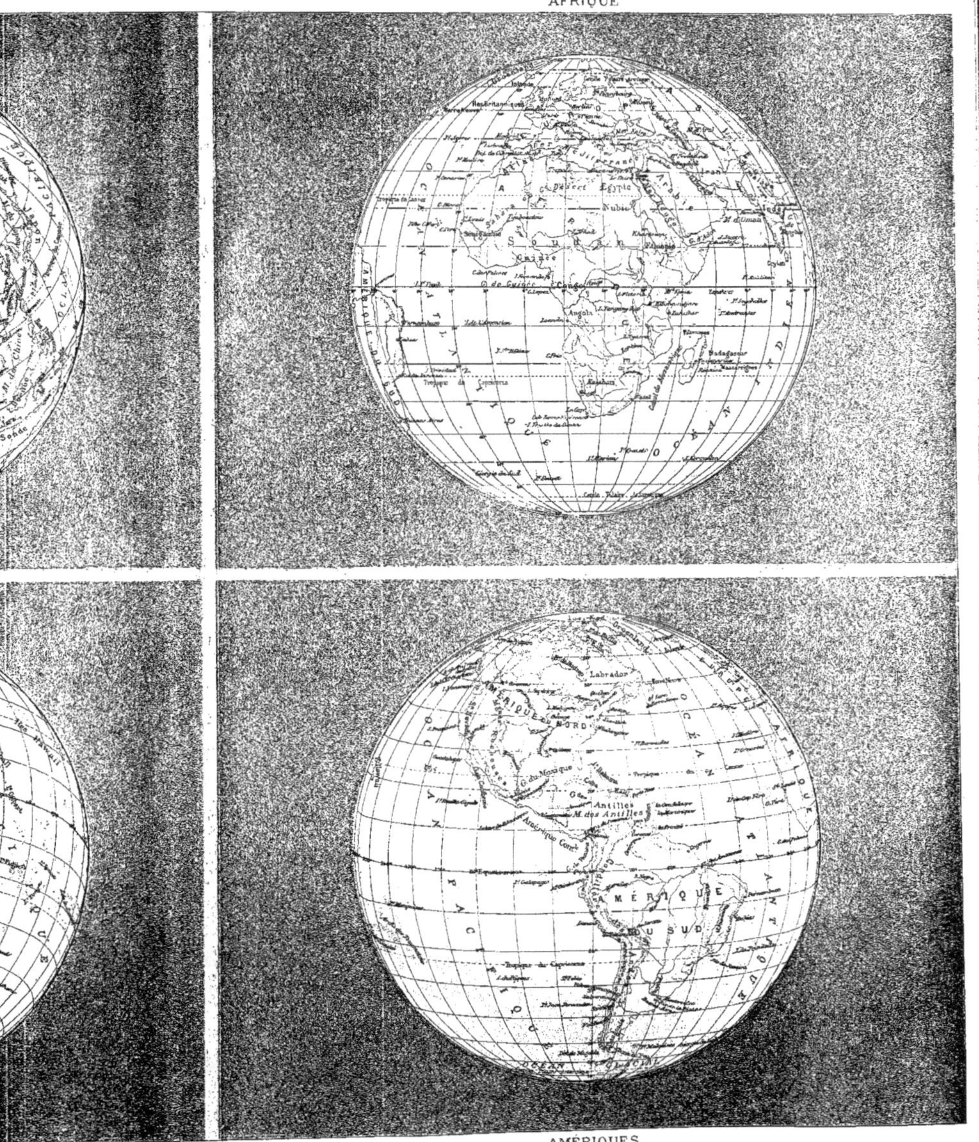

Projection orthographique

14. Projection **zénithale équidistante** (Lambert, 1772). — Conserve les angles azimutaux par rapport au point central de la carte et les distances véritables de ce point à tous les autres points de la carte. La déformation et l'exagération des surfaces sont très minimes (fig. 10).

15. Projection **méridienne équidistante** (fig. 11). — Le point de tangence se trouve sur l'équateur.

16. Projection **polaire équivalente** (fig. 12). — Les distances entre le pôle et les parallèles de la carte sont égales aux cordes qui sous-tendent les arcs de méridien entre le pôle et les parallèles correspondants de la sphère. Avantage : équivalence. Défauts : exagération des distances en longitude et diminution des distances en latitude, au fur et à mesure de l'éloignement du pôle.

Fig. 12.   Fig. 13.   Fig. 14.

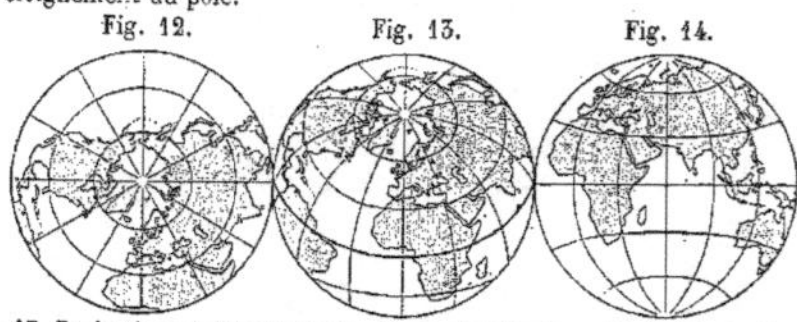

17. Projection **zénithale équivalente** (Lambert). — La distance entre le point central de la carte et un point quelconque est égale à la corde qui sous-tend l'arc de grand cercle passant par ces deux points. Avantages : équivalence et faible déformation (fig. 13).

18. Projection **méridienne équivalente** (fig. 14). — Le point de tangence se trouve sur l'équateur.

19. Projection par **balance d'erreurs** (Airy, 1861). L'espacement des cercles ayant leurs centres sur la ligne DD' est calculé de manière que dans chaque point de la carte la combinaison d'erreurs produites par la déformation des angles et l'exagération des surfaces soit la moindre possible.

PROJECTIONS PERSPECTIVES

Les projections **perspectives** sont *horizontales*, *zénithales* ou *polaires*, *tangentes* ou *sécantes*. Elles représentent la surface d'une sphère comme la verrait un spectateur placé en un point déterminé de l'espace et possèdent l'avantage de toutes les projections horizontales, la conservation des vraies directions azimutales autour du point central de la carte. Les propriétés spéciales aux différentes projections perspectives dépendent de la distance du point de vue au centre de la sphère. Les neuf figures suivantes représentent la terre en projections *perspectives* sur les horizons du pôle, d'un point quelconque et d'un point situé sur l'équateur. Les plus importantes sont :

20. Projection **orthographique** (Hipparque, 150 av. J.-C.). — Le point de vue est à une distance infiniment grande. La carte représente la Terre à peu près telle qu'on la verrait de la Lune. Avantages : tous les cercles dont les plans sont perpendiculaires à la ligne DD' (fig. 1) sont

Fig. 15.   Fig. 16.   Fig. 17.

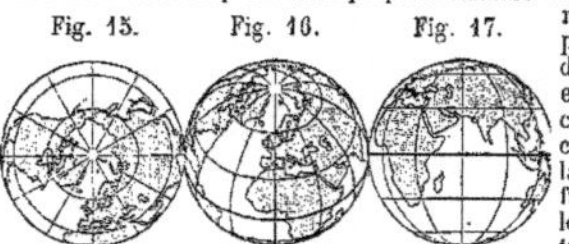

représentés sur la carte par des cercles de mêmes dimensions. Les distances entre les cercles de la carte correspondants aux cercles équidistants de la sphère diminuent au fur et à mesure de l'éloignement du point central, lentement d'abord, de plus en plus vite ensuite, et deviennent nulles à 90 degrés du point central. La diminution étant peu sensible jusqu'à 30 et même 40 degrés, la projection est très avantageuse dans ces limites. Elle est employée de préférence pour la représentation des corps célestes, comme la Lune, Mars, etc.

21. Projection **stéréographique** (Hipparque). — Le point de vue se trouve à l'antipode du point de contact de la sphère et du plan tangent. Elle jouit de cette propriété bien remarquable que tout angle tracé sur

Fig. 18.   Fig. 19.   Fig. 20.

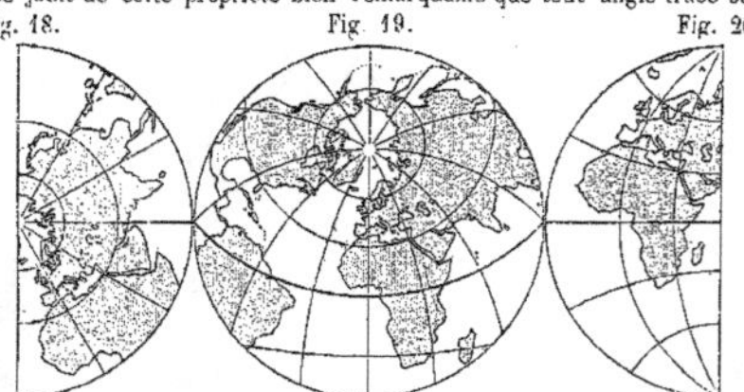

la carte est égal à l'angle correspondant sur la sphère. Il en résulte que tout cercle a pour projection un autre cercle. Défaut : les distances et les surfaces situées aux extrémités de la carte sont démesurément agrandies.

22. Projection **centrale** ou **gnomonique** (Thalès, VIIe s. av. J.-C.). — Le point de vue se trouve au centre de la sphère. Dans cette projection tout grand cercle est projeté suivant une ligne droite. Elle ne s'emploie guère que pour les cartes géologiques, mais pourrait être très avantageuse pour des cartes mari-

Fig. 21.   Fig. 22.   Fig. 23.

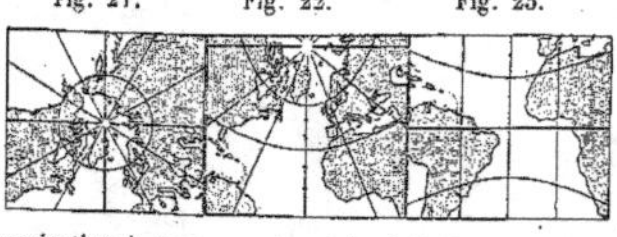

nes destinées à la navigation à vapeur, qui se fait généralement suivant les arcs de grand cercle représentés sur la carte par des lignes droites.

Les autres projections perspectives ne se distinguent que par la position du point de vue. Nous nous bornerons à citer les noms des auteurs des plus importantes de ces projections : La Hire, Parent, John Lowry, Henry James, Clarke, Fischer, etc.

II. CANEVAS CONVENTIONNELS

En dehors des *projections* qui diffèrent plus ou moins par la manière de projeter les points de la sphère sur une surface conique (le plan et le cylindre n'étant que des cas particuliers du cône), il existe un grand nombre de canevas construits suivant telle ou telle autre loi et représentant d'une manière plus ou moins avantageuse le réseau des lignes droites, courbes ou brisées, correspondantes aux méridiens et aux parallèles sphériques. Nous allons énumérer les plus importants de ces *canevas*, qui presque tors portent le nom de *projections*.

29. **Projection conique rectifiée** (Bonne père, 1752). — Les parallèles sont des cercles concentriques comme dans la projection *conique simple* ; les méridiens sont courbes, excepté celui du milieu. Ils sont disposés de telle façon que les distances mesurées sur les parallèles soient partout égales aux distances prises sur les parallèles correspondants de la sphère (fig. 23). Avantages : le canevas est équivalent, la construction simple. Défauts : les angles formés par les méridiens et les parallèles s'écartent de plus en plus de 90 degrés à mesure de l'éloignement du centre de la carte. — Ce canevas est souvent désigné sous le nom de son auteur (**Bonne**). On l'appelle aussi : **projection de Flamsteed modifiée, du Dépôt de la Guerre, de la Carte de France**, etc.

Fig. 24.   Fig. 25.

30. Canevas polycentrique, appelé improprement : **projection polyconique** (fig. 24). — Les parallèles sont des cercles dont les rayons sont égaux aux cotangentes de leurs latitudes. Les méridiens, à l'exception de celui du milieu, sont courbes. Ils sont disposés, comme dans les canevas précédent, de telle façon que les distances mesurées sur les parallèles soient partout égales aux distances prises sur les parallèles correspondants de la sphère. La construction est très simple; les angles formés par les méridiens et les parallèles sont presque droits, mais le canevas n'est pas équivalent comme la *projection conique rectifiée*.

Fig. 26.

31. **Projection polaire rectifiée** (Jean Werner, 1514) : modification de la projection *polaire équidistante*. — Mêmes remarques qu'au § 29 sur l'espacement des méridiens, les avantages et les défauts (fig. 26).

32. **Projection sinusoïdale** (Sanson, 1650) : modification de la projection plate carrée (fig. 27). — Les parallèles sont rectilignes, les méridiens sont courbes et espacés de façon que les distances mesurées sur les parallèles soient partout égales aux distances prises sur les parallèles correspondants de la sphère. Ce canevas a les mêmes avantages et les mêmes défauts que le canevas du § 29, dont

Fig. 27.

il ne se distingue du reste que par la représentation des parallèles par des droites.

33. **Projection de Mollweide** (1805), appelée souvent **projection homalographique de Babinet** (fig. 28). — L'équateur est représenté par une ligne droite, le demi-méridien central par une autre ligne droite, moitié moins grande et perpendiculaire à la première. L'équateur est divisé en parties égales correspondant à autant de parties égales de l'équateur sphérique.

Fig. 28.   Fig. 29.

Par les divisions obtenues, on fait passer des ellipses ayant pour grand axe l'une des lignes droites perpendiculaires et pour petit axe l'autre. Ces ellipses représentent les méridiens. Les parallèles sont figurés par des lignes droites parallèles à l'équateur et espacées de telle façon que les aires comprises entre elles soient équivalentes avec les aires de la sphère comprises entre les parallèles correspondants. Ce canevas est souvent employé pour les planisphères. Il a l'avantage d'être équivalent, mais la déformation des parties éloignées de l'équateur et du méridien central est très grande.

34. **Canevas dérivé** (fig. 29). On construit une projection méridienne quelconque et on réduit de moitié les distances à l'équateur de tous les points de cette projection. Par les points marqués on fait passer des lignes régulièrement courbes qui représenteront les méridiens et les parallèles. Ce canevas est équivalent lorsqu'on prend pour base une projection méridienne équivalente. Si on le fait dériver de la projection méridienne équidistante (fig. 11) la déformation dans la représentation de la terre tout entière est relativement peu considérable.

Fig. 30.

35. **Projection globulaire** (J.-B. Nicolosi de Paterno, 1660). — Ne possède aucune des propriétés des projections et des canevas précédents. Son seul avantage consiste dans la facilité de construction. Le demi-méridien central et le demi-équateur (fig. 30) sont deux lignes droites égales et perpendiculaires en leur milieu. Les méridiens équidistants de la sphère sont représentés par des arcs de cercle passant par les pôles et par les divisions égales de l'équateur; les parallèles équidistants sont également des arcs de cercle passant par les divisions égales du méridien central et du méridien extrême.

D. AITOFF.

PLANISPHÈRE PHYSIQUE
RELIEF DU SOL

RÉPARTITION GÉNÉRALE DES TERRES ET DES MERS
MORPHOLOGIE. — HYPSOMÉTRIE

À la première inspection du globe, les regards saisissent immédiatement les grands traits généraux de sa structure. On se convainc que les terres et les mers ne sont pas jetées au hasard sur la surface et qu'il est possible de déterminer dans leur distribution quelques lignes primordiales, des contrastes puissants ou de grandes harmonies.

C'est d'abord l'inégale répartition de l'élément liquide et de l'élément solide : la surface du globe étant d'environ 510 millions de kilomètres carrés, les terres ne couvrent guère plus du quart de cet espace (135 millions de kil. carrés). Il reste pour les océans 375 millions.

Toutefois ces chiffres ne sont que très approximatifs, puisque les régions polaires ont été englobées dans la masse océanique et qu'il est pourtant probable que le pôle antarctique forme le centre d'un continent deux fois gros comme l'Europe.

Les terres et les mers, inégalement étendues, sont de même inégalement distribuées à la surface : les terres couvrent 39 pour 100 de l'hémisphère Nord, 14 pour 100 seulement de l'hémisphère Sud; elles sont massées vers le Nord, jusqu'à former sur le cercle polaire une bande presque ininterrompue.

Vers le 48° Nord (c'est-à-dire à notre latitude) il y a à peu près équivalence entre les deux éléments.

À l'équateur, les terres ne couvrent déjà plus que le quart de la circonférence terrestre.

Au 48° Sud, il n'y a plus guère que de l'eau.

Cette inégale distribution est rendue bien plus saisissante encore si, au lieu des deux pôles, on prend pour base de la division du globe en hémisphères Paris, Londres ou Berlin : on constate que ces villes sont au vrai centre des terres émergées. Dans l'hémisphère opposé, les terres ne représentent plus que de 1 : 8.

Il ressort de là deux grandes conséquences :

1° Tous les continents — et on pourrait ajouter la plupart des presqu'îles

L'océan Indien est complètement fermé; le Pacifique ne communique avec les mers du Nord que par une ouverture d'une centaine de kilomètres; l'Atlantique est très nettement séparé de l'océan Glacial par le banc sur lequel reposent l'Islande et les Færœr; car il va sans dire que, dans ces questions de relief tout général, on ne saurait s'en tenir étroitement à la considération des formes actuelles. Il est indispensable de faire entrer en ligne de compte les traits assez bien connus déjà du relief sous-marin.

Dans l'ensemble, un grand trait résume toutes ces considérations : c'est que les formes continentales et océaniques se correspondent d'une façon très symétrique : les deux puissantes masses largement étalées de l'ancien monde (69 pour 100 des terres) et du Pacifique, avec l'océan Indien (65 pour 100 des océans), se font en quelque sorte contrepoids. Il en est de même de l'Atlantique et des deux Amériques, aux formes plutôt effilées. On pourrait opposer encore — sous bénéfice d'inventaire — les mers du pôle nord au continent supposé du pôle antarctique; le contraste de ces pôles de terre et d'eau complète l'harmonie des masses continentales et des nappes liquides. C'est ce qu'on appelle en termes scientifiques : l'*opposition diamétrale réciproque des saillies et des dépressions*; on a cherché à l'expliquer géométriquement par différents systèmes qui se disputent les préférences des savants (*systèmes pentagonal, tétraédrique, etc.*).

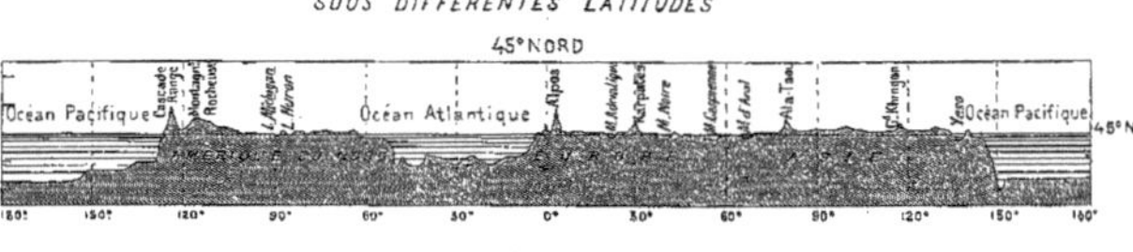

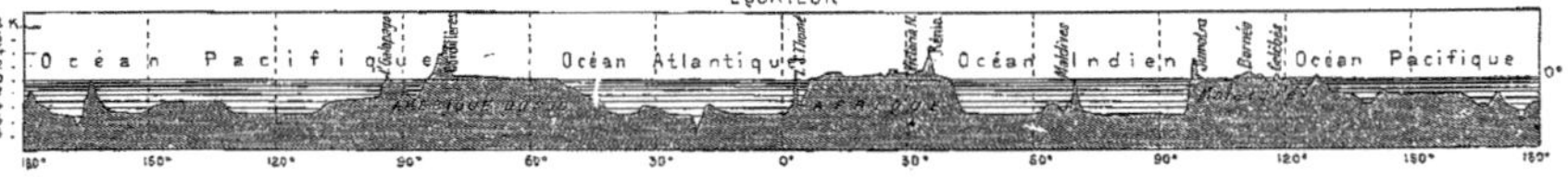

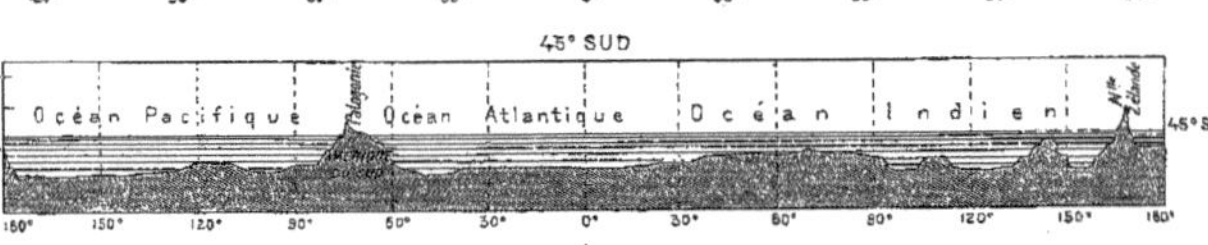

DIVISION DES OCÉANS ET DES CONTINENTS

Les dénominations consacrées comptent cinq océans et cinq continents; mais cette division laisse à désirer. Il serait plus juste de considérer six continents, réunis en couples deux à deux et séparés respectivement par trois grandes dépressions océaniques :

Les deux Amériques;
L'Europe et l'Afrique;
L'Asie et l'Australie.

L'océan Atlantique;
L'océan Indien;
L'océan Pacifique.

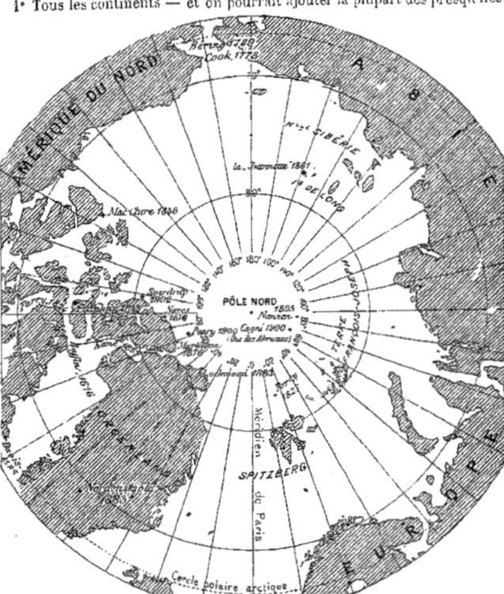

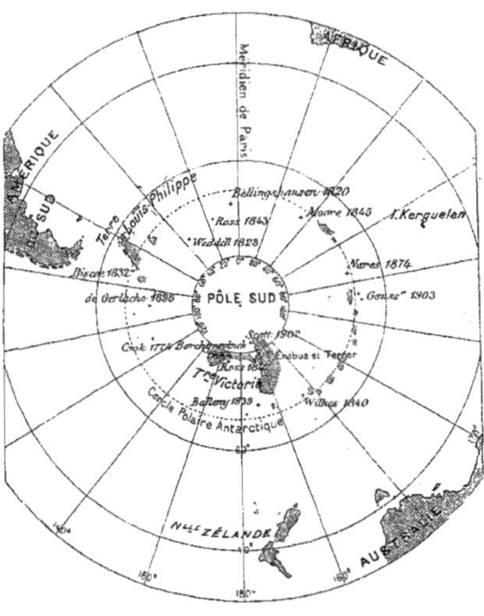

et un très grand nombre d'îles — vont en s'effilant vers le Sud et s'y terminent en pointe avec une remarquable régularité. Les extrémités de l'Afrique et de l'Australie, émoussées et tronquées par l'action des flots, ne font pas exception. Toutes deux sont prolongées au Sud par un banc sous-marin.

2° Les océans ont naturellement une forme générale opposée. Ils sont très ouverts au Sud et vont en se rétrécissant graduellement vers le Nord.

Cette division en trois groupes semblera moins arbitraire, si on songe que l'Europe est séparée de l'Asie par la dépression aralo-caspienne, située en partie au-dessous du niveau marin, et prolongée au Nord par les basses terres de l'Ob, récemment émergées.

Les deux continents ne sont donc reliés que par un isthme relativement très étroit de hautes terres, au pied du Pamir.

PLANISPHÈRE PHYSIQUE
RELIEF DU SOL

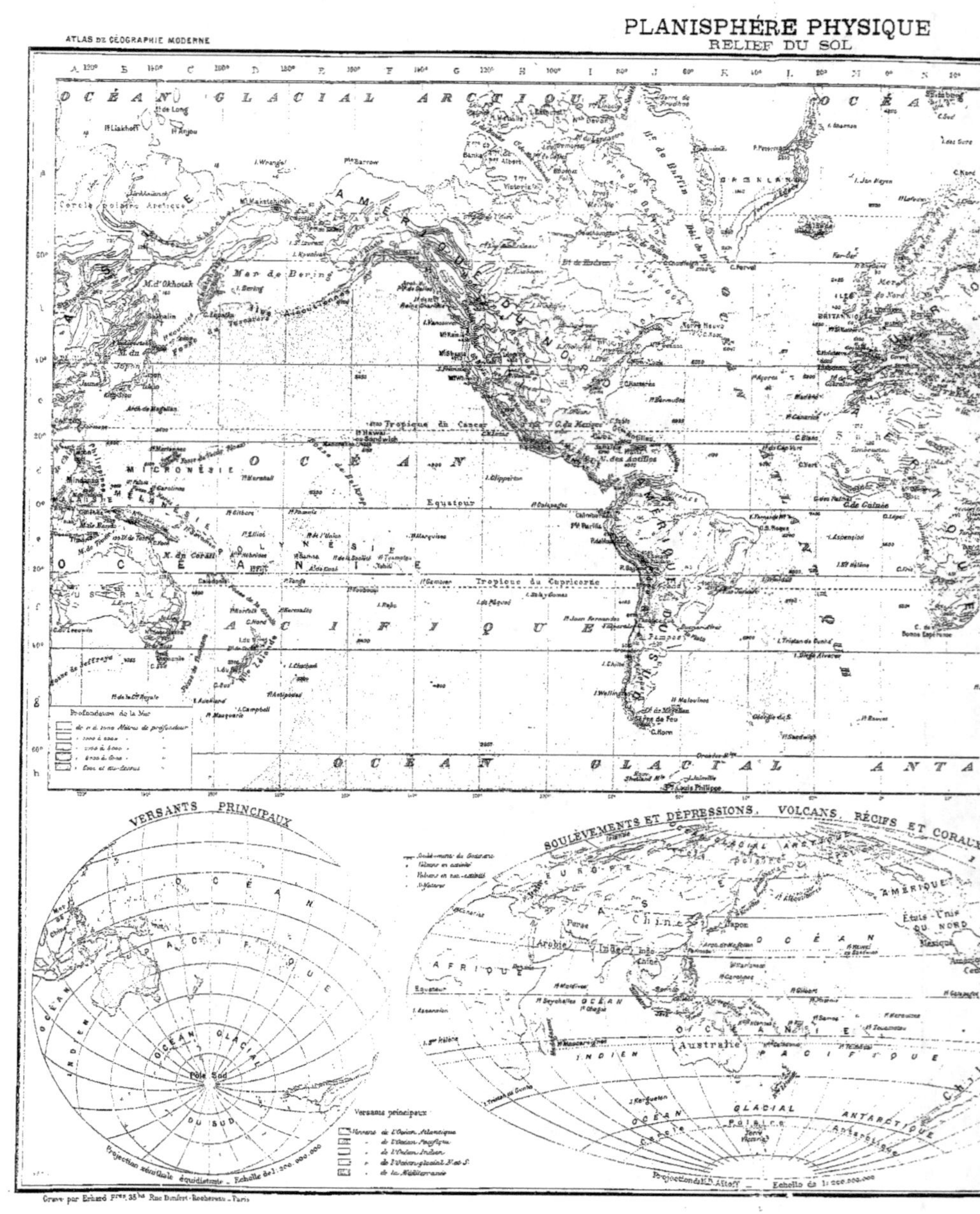

PLANISPHÈRE PHYSIQUE
RELIEF DU SOL

PUBLIÉ PAR LA LIBRAIRIE HACHETTE ET Cⁱᵉ — CARTE 3

OCÉANS

Les trois grands océans intercontinentaux affectent deux formes caractéristiques distinctes :

L'océan Pacifique est un immense bassin, une cuvette, bordée en général de côtes élevées et de chaînes de montagnes.

L'océan Indien n'est que la reproduction en miniature du précédent et présente le même aspect.

Mais l'Atlantique, aux angles alternativement rentrants et sortants, aux côtes généralement parallèles, n'est qu'une immense vallée, ou plutôt c'est un système de deux vallées séparées par un large dos de terrain. Comme dans les grandes vallées fluviales, les terres s'abaissent de chaque côté en pentes douces, les côtes sont basses en majeure partie.

A ces trois océans intercontinentaux s'opposent deux océans circulaires, dont l'un, l'océan Glacial du Nord, forme bien une unité distincte, puisqu'il est enfermé presque entièrement dans les terres.

Mais l'océan Antarctique n'est qu'une fiction, à moins qu'on ne veuille le faire commencer à l'endroit où les trois autres perdent leur individualité en même temps que les limites qui les séparent.

CONTINENTS

Le premier trait frappant, c'est que les axes des deux grandes masses continentales sont à peu près perpendiculaires l'un à l'autre : l'ancien monde est orienté plutôt dans le sens du parallèle, l'Amérique se développe de préférence dans la direction du méridien.

Toutefois ce ne sont là que des traits absolument généraux, car en réalité les directions exactement Est-Ouest, ou Nord-Sud, sont extrêmement rares dans le relief terrestre. L'Américain Dana a fait remarquer que le contraire les alignements également perpendiculaires l'un à l'autre, du Sud-Ouest au Nord-Est et du Nord-Ouest au Sud-Est, qui jouent sur le globe de beaucoup le principal rôle (loi de Dana). Les traits généraux des océans et des continents indiqués déjà en sont la meilleure preuve.

Les côtes de l'Atlantique, les rangées d'îles du Pacifique, la plupart des chaînes de montagnes continentales, la direction des lacs et des vallées, etc., témoignent également d'une façon remarquable en faveur de cette hypothèse.

En second lieu, les trois continents du Nord ont entre eux des analogies remarquables qui les distinguent aisément des continents méridionaux. Ils en sont d'ailleurs séparés par une zone transversale de dépressions qu'on a appelée la *dépression méditerranéenne*, et qui fait le tour du globe. Au Sud les formes sont lourdes, uniformes, monotones, les continents sont massifs, sans indentations, sans îles ni presqu'îles. Il n'y a que 1 kilomètre de côtes pour 1420 kilomètres carrés en Afrique, 1 pour 689 dans l'Amérique du Sud, 1 pour 534 en Australie. Les continents du Nord se distinguent au contraire par leurs nombreuses et profondes découpures, par la richesse de leur développement péninsulaire : chacun d'eux projette vers le Sud trois presqu'îles qu'on a depuis longtemps comparées les unes aux autres. A 1 kilomètre de côtes correspondent seulement 763 kilomètres carrés en Asie, 407 dans l'Amérique du Nord, 289 en Europe.

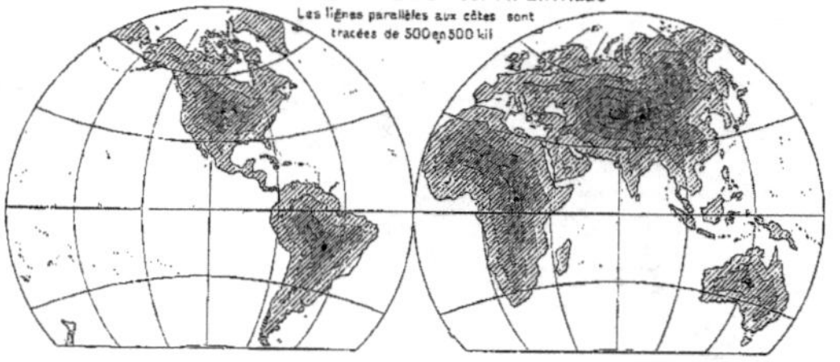

Si maintenant l'on considère individuellement chacune des masses continentales, on remarquera d'abord que les continents ne sont pas des unités aussi homogènes qu'on se le représente souvent, avec une ligne de partage des eaux parfaitement définie, et formant la base d'un dessin absolument régulier.

Chacun des continents, comme chacun des océans, est un composé plus ou moins complexe, où toutes les formes se mêlent et se coordonnent ; chacun d'eux a son caractère propre, son originalité distincte.

Les deux continents américains semblent formés sur le même plan. Leur structure est uniforme et elle est en même temps très simple : une haute et longue chaîne de montagnes, enserrant une succession de plateaux, forme du Nord au Sud la bordure occidentale du Pacifique ; de l'autre côté, sur l'Atlantique, s'allongent les Appalaches au Nord, les Sierras du Brésil au Sud. Entre les deux soulèvements s'étalent d'immenses plaines, où coulent les plus grands fleuves du monde, et qui vont s'abaissant lentement vers le Nord, l'Orient ou le Midi.

L'Afrique n'a pas de chaînes de montagnes aussi nettement définies. Ce n'est qu'une succession de plateaux, interrompus par une série de cuvettes, et dont l'altitude croît lentement dans la direction de l'Est et du Sud. La pente générale est donc tournée vers l'Atlantique et vers la Méditerranée.

L'Australie est une vaste plaine, d'une élévation moyenne de 400 mètres, bordée de chaînes côtières.

La structure du continent européo-asiatique, de « l'Eurasie », est moins uniforme. L'axe qui le divise en deux parties inégales et qui se développe de l'Himalaya aux Pyrénées, est beaucoup moins rigide qu'en Amérique. C'est plutôt une série de systèmes indépendants, montagnes, plateaux, séparés par de larges ouvertures ; et, malgré cela, cette ligne est une puissante limite : d'un côté c'est la plaine immense qui descend vers les pays du Nord ; de l'autre c'est le Midi, et les péninsules affectent de préférence la forme de plateaux.

RELIEF DES OCÉANS ET DES CONTINENTS

Une grande loi le domine : c'est que les profondeurs les plus considérables de l'Océan, de même que les saillies les plus hautes de la surface émergée, sont en général excentriques, c'est-à-dire qu'elles sont situées loin du centre de figure, et dans le voisinage des côtes. Exemple : les Andes, les Alpes, l'Himalaya, les grandes fosses océaniques du Pacifique et de l'Atlantique.

Cette loi est celle de la *dyssymétrie du relief terrestre* ; elle est très vraie lorsqu'on s'en tient à ce point de vue tout général, mais on a souvent eu le tort de vouloir l'appliquer indistinctement à toutes les chaînes de montagnes.

La comparaison du relief océanique et continental conduit encore à un contraste curieux :

Si l'on ne considère que les profondeurs et les saillies extrêmes, c'est la terre qui l'emporte. Le plus haut sommet du globe (Himalaya, 8 840 m.)

dépasse de quelques centaines de mètres la plus grande profondeur marine exactement connue (Pacifique, au large des îles Kouriles, 8 513 m.).

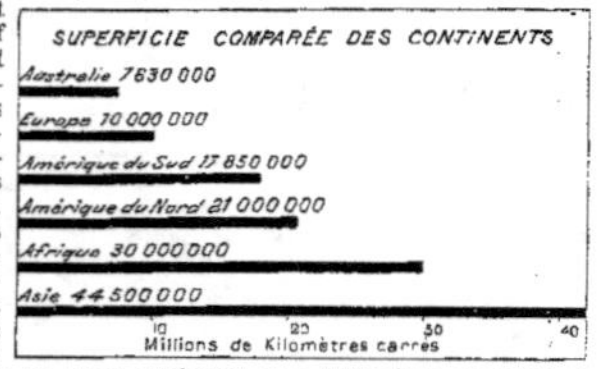

Mais il en est tout autrement du relief moyen : on ne peut sans doute le connaître que par des évaluations approchées, et les conclusions des savants varient beaucoup. Si l'on adopte les chiffres de M. de Lapparent, l'altitude moyenne des continents oscille entre 500 et 600

SUPERFICIE COMPARÉE DES CONTINENTS

Australie 7 630 000

Europe 10 000 000

Amérique du Sud 17 850 000

Amérique du Nord 21 000 000

Afrique 30 000 000

Asie 44 500 000

10 — 20 — 30 — 40

Millions de Kilomètres carrés

mètres, tandis que les mers atteignent une profondeur moyenne de 4000 mètres. On déduit de ces chiffres que les mers occupent un volume égal à 19 ou 20 fois celui de toutes les terres émergées de la surface.

INSTABILITÉ DU RELIEF TERRESTRE

Quoi qu'il en soit, le relief terrestre — émergé ou immergé — n'est pas aussi absolument stable qu'on se l'est longtemps figuré.

De nombreuses causes contribuent à le modifier sans cesse : l'action des eaux, celle des agents atmosphériques sont des plus importantes. Mais il faut surtout mentionner les révolutions *brusques* ou *lentes* que les causes internes occasionnent à la surface.

Les phénomènes volcaniques appartiennent au premier groupe ; on a souvent remarqué que leur apparition est soumise à une loi générale. Tous les volcans actifs sont situés dans le voisinage immédiat des côtes — sur le continent ou dans la mer — et en général sur celles de ces côtes qui présentent entre les profondeurs des mers et les saillies des terres voisines les contrastes les plus violents (Exemple : Cercle de feu du Pacifique ; l'Atlantique, aux côtes basses, est bien moins régulièrement pourvu de volcans).

C'est évidemment que les volcans, qui témoignent du mouvement persistant de la croûte terrestre, sont situés le long des lignes de fracture les plus accusées et en général les plus récentes.

Quant aux oscillations lentes des côtes, oscillations encore douteuses sur bien des points, elles proviennent probablement de la même cause. On a pourtant cherché à les attribuer à l'action des phénomènes extérieurs, en particulier à la différence des climats aux diverses époques. Le doute est permis dans ces questions encore mal connues ; il semble toutefois plus raisonnable de penser que ces « ondulations de la surface terrestre » ne sont que la répercussion des révolutions lentes dont l'intérieur du globe est le théâtre, révolutions qui n'ont sans doute elles-mêmes d'autres causes que le refroidissement et par suite l'épaississement continu de la croûte terrestre. Notre planète cherche sans cesse l'état d'équilibre sans pouvoir le trouver jamais.

« Il demeure incontestable, dit Élisée Reclus, qu'un mouvement incessant fait onduler l'écorce dite rigide de notre globe. Les masses continentales s'élèvent pendant une longue série de siècles, puis elles s'abaissent de nouveau, pour s'exhausser encore avec de lentes et majestueuses oscillations, comparables au va-et-vient d'un balancier. La Scandinavie, qui s'élève actuellement, s'abaissait pendant la période glaciaire, et les populations qui dès cette époque y faisaient leur demeure, étaient forcées d'abandonner pas à pas les vallées transformées en fjords. De même, les Andes chiliennes et les montagnes de la Nouvelle-Zélande, aujourd'hui grandissantes, se sont abaissées par degrés ; les premières de 2 500, les secondes de 1 500 mètres, avant de s'exhausser comme elles le font aujourd'hui. Il est également prouvé que sur un grand nombre d'autres points, au Pérou, en Égypte, dans l'Amérique du Nord, au Groenland, des changements de même nature ont eu lieu pendant l'ère actuelle de l'histoire géologique, et sans qu'aucune révolution violente ait bouleversé la terre. Les continents s'élèvent et s'abaissent comme par une respiration lente ; ils se meuvent en longues ondulations, comparables aux vagues de la mer. On peut déjà les suivre du regard de la science à travers les siècles et les espaces. « Le temps viendra, s'écrie Darwin, où les géologues considéreront le repos de l'écorce terrestre pendant toute une période de son histoire comme aussi improbable que le serait le calme absolu de l'atmosphère pendant toute une saison de l'année. »

CONCLUSION

Toutes ces considérations sur les formes et le relief de la surface du globe n'ont pas seulement une valeur théorique. Les formes sont très importantes en géographie : si elles sont mortes par elles-mêmes, ce sont elles qui règlent pourtant les conditions de la vie à la surface. L'étude des climats le montre surabondamment, et l'histoire du développement et des progrès de l'humanité en est une autre preuve : tout se tient dans la nature. Point n'est besoin, par exemple, de longues réflexions pour se douter de l'influence énorme qu'ont dû avoir sur la marche géographique de l'histoire la disposition transversale des deux mondes et les caractères de leur relief respectif qui les tournent l'un vers l'autre.

Ce n'est pas seulement au point de vue purement physique que chaque continent a son individualité propre. Chacun d'eux a été appelé et sera appelé encore à jouer un rôle original, aussi bien dans la distribution des climats et des espèces que dans le jeu de l'histoire.

L. Poirel.

PLANISPHÈRE PHYSIQUE Carte N° 4
VENTS, COURANTS, VÉGÉTATION.

**LOIS GÉNÉRALES DE LA RÉPARTITION DES CLIMATS
COURANTS MARINS. — VENTS. — ZONES DE VÉGÉTATION**

En théorie, la température devrait aller en diminuant régulièrement de l'équateur aux pôles. C'est ainsi que les anciens avaient entendu les climats, et c'est de là que leur vient leur nom.

En réalité, le phénomène est bien plus complexe. Les climats ne dépendent pas exclusivement de la chaleur : la lumière et l'humidité y jouent aussi un grand rôle. Et ces trois facteurs, soumis eux-mêmes aux lois précédemment indiquées de la distribution du relief à la surface, et de la répartition des continents et des mers, occasionnent par leurs combinaison de nombreuses causes de trouble.

Par exemple, les mers et les terres se comportent très différemment vis-à-vis des changements de température dans les diverses saisons. Les mers ne se refroidissent et ne se réchauffent que très lentement : leur température reste donc toujours sensiblement égale, et cette égalité de température se communique à l'atmosphère qui repose sur ces océans. Les terres, au contraire, passent rapidement d'un extrême à l'autre, et leur atmosphère obéit aux mêmes changements de température. De là une première grande distinction entre les climats maritimes et les climats continentaux : les premiers sont doux et égaux, les derniers rudes et extrêmes. La différence entre les moyennes de températures extrêmes aux Fœröer n'atteint pas 10 degrés ; elle dépasse 60 degrés à Iakoutsk, sur le même parallèle.

Mais une région côtière peut avoir un climat extrême, si pour une raison quelconque elle tourne pour ainsi dire le dos à la mer, aux courants et aux vents marins (Péking). Et, d'autre part, les vents peuvent apporter aux régions intérieures les avantages du climat maritime (humidité, douceur de température).

Les climats spéciaux dépendent donc en définitive de la position des lieux relativement à la direction générale des courants et des vents. Les vents surtout jouent dans la nature le rôle de médiateurs : c'est par leur circulation incessante que se combinent les effets de la terre et de l'eau, et c'est cette combinaison qui répand partout le mouvement, la diversité et la vie.

COURANTS MARINS

Les théories imaginées pour rendre compte des courants marins sont nombreuses. On tendait surtout à les expliquer uniquement par la température. En réalité, l'origine des courants est tout simplement une question d'équilibre et, par suite, de densité : l'eau des régions équatoriales, très dilatée par la chaleur, devient plus légère sous un même volume ; son niveau devient dès lors supérieur à celui des couches voisines plus denses. Elle tend donc naturellement à s'écouler vers les parties plus basses, exactement comme elle le ferait sur un terrain imperméable incliné. La vitesse d'écoulement est proportionnelle à la différence des niveaux. Les courants marins ne seraient ainsi, d'après les théories les plus récentes et qui s'appuient sur des observations très précises, que des fleuves d'eaux plus légères et à surface bombée, coulant dans un lit d'eaux plus denses, en vue de rétablir un équilibre qui n'est jamais atteint.

Les courants froids ne sont pas en contradiction avec ces théories. Malgré leur température, la densité de leurs eaux relativement peu salées est inférieure à celle des eaux chaudes, auxquelles l'évaporation intense donne un coefficient de salure très élevé. Ils obéissent donc à la même loi que les courants chauds.

Cette cause originelle n'est d'ailleurs pas la seule qui intervienne dans le système des courants océaniques. Le mouvement de rotation de la terre, la direction des vents dominants, le régime des pluies, les contours des côtes sont autant de causes secondaires dont il ne faudrait pas rabaisser outre mesure l'importance, et qui permettent de déterminer quelques lois générales dans la distribution de ces courants.

Dans tous les bassins océaniques, les courants qui occupent l'espace entre l'équateur et le 20° Sud sont entraînés dans la direction de l'Est à l'Ouest, sous l'influence de l'alizé du Sud-Est.

La rencontre des continents les force à se replier en deux branches, dont l'une forme le contre-courant équatorial, qui se meut dans le sens de l'Ouest à l'Est et, en général, sous l'équateur même. L'autre branche baigne les côtes orientales des continents méridionaux.

Au nord de l'équateur, les courants suivent également la marche des alizés : ils se dirigent du Sud-Ouest au Nord-Est ; mais, plus constants que l'alizé, ils poursuivent leur route, en vertu de la vitesse acquise, là où toute trace de ce dernier a disparu, et peuvent atteindre jusqu'aux plus extrêmes limites du monde septentrional.

Dans l'hémisphère Nord, ce sont donc les côtes occidentales des continents qui sont baignées par les courants chauds.

Les côtes orientales des continents opposés, de même que les côtes occidentales des continents méridionaux, sont au contraire visitées par des courants froids venus des pôles.

Ces courants froids n'ont d'ailleurs qu'une importance toute secondaire, car les vrais courants polaires, qui viennent remplacer à l'équateur la masse des eaux qui s'en échappe sans cesse, sont des courants de fond. Les explorations sous-marines ont mis ce fait hors de doute. La circulation se fait donc dans le sens vertical plutôt que dans le sens horizontal.

(On peut noter que c'est encore dans le même sens qu'ont lieu les mouvements des *vagues* et des *marées*, dont il ne saurait être ici autrement question.)

VENTS

La circulation atmosphérique, plus compliquée, n'est pas encore bien connue. On a cherché longtemps à l'expliquer, comme les courants marins, par des théories où les différences de température jouaient un rôle trop exclusif. On tend aujourd'hui à s'appuyer surtout sur les différences de pressions atmosphériques, où la température n'intervient plus que comme un des principaux facteurs.

C'est le Hollandais Buys-Ballot qui a formulé le premier la grande loi fondamentale : à savoir, que l'air s'écoule des régions de haute pression vers celles où règnent des pressions plus basses, et que son mou-

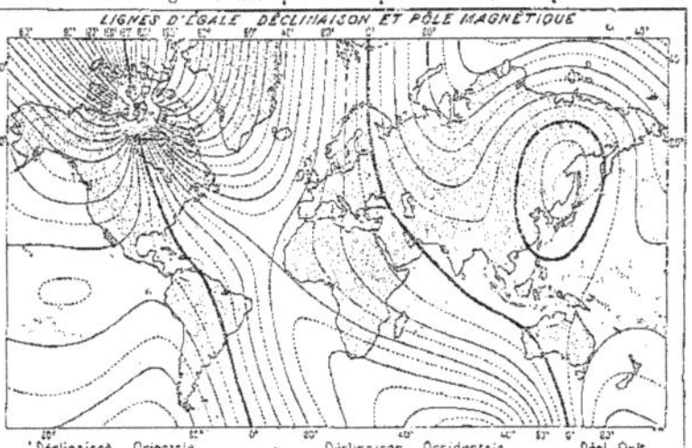

vement dans ce sens est influencé par le mouvement de rotation de la terre qui l'incline vers la droite dans l'hémisphère Nord, à gauche dans l'hémisphère Sud, et qui lui donne dans les latitudes moyennes une direction giratoire tout à fait caractéristique...

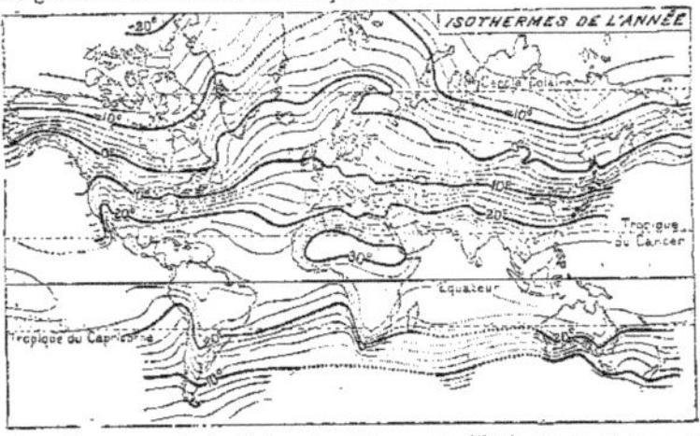

Dans la zone tropicale, l'air est extrêmement dilaté par la chaleur : la pression est constamment faible à la surface, tandis qu'elle est relativement

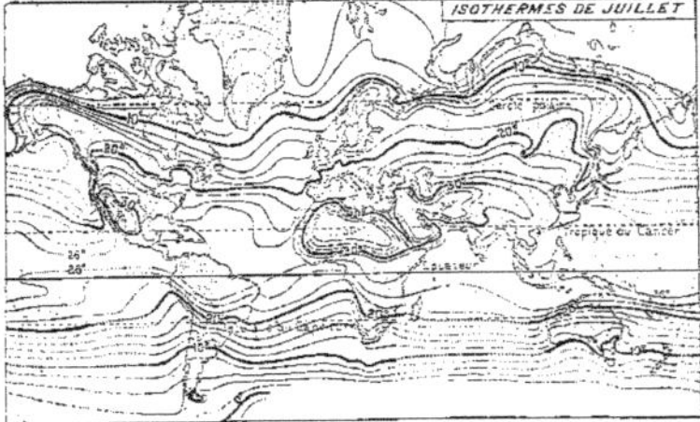

haute dans les couches supérieures de l'atmosphère. Dans les latitudes moyennes, vers le 40° Nord par exemple, c'est exactement l'inverse qu'on

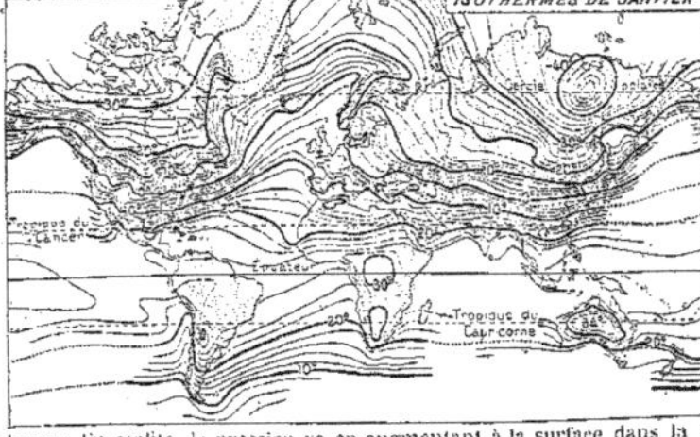

observe. En réalité, la pression va en augmentant à la surface dans la direction des pôles, et en diminuant, au contraire, dans les régions élevées.

PLANISPHÈRE PHYSIQUE
(VENTS — COURANTS — VÉGÉTATION)

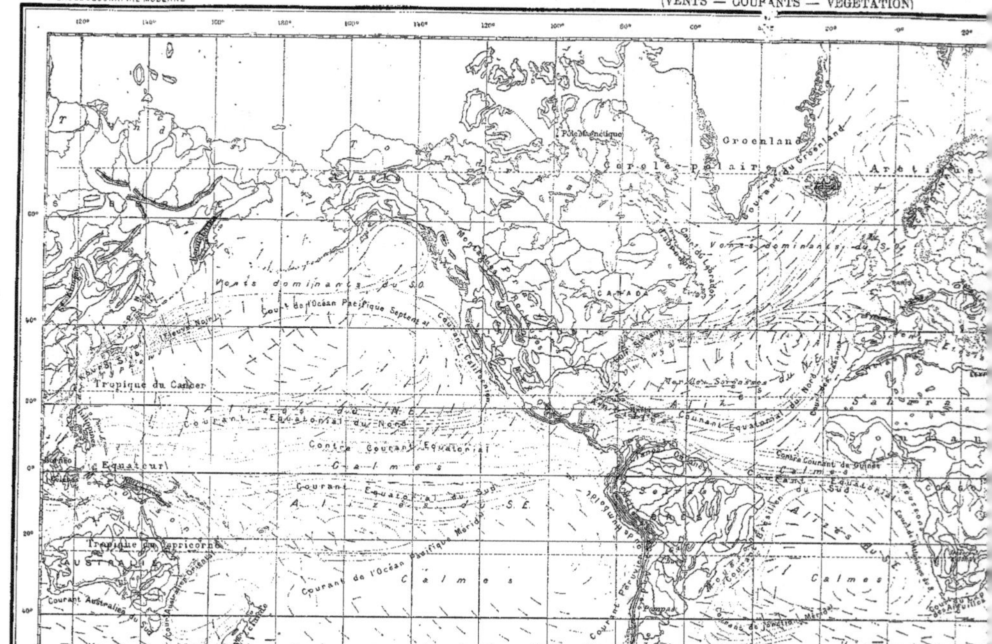

RÉPARTITION DES NUAGES

CHUTE ANNUELLE DES PLUIES

Gravé par Erhard Frères, 35 rue Denfert-Rochereau, Paris

PLANISPHÈRE PHYSIQUE

(VENTS — COURANTS — VÉGÉTATION)

PUBLIÉ PAR LA LIBRAIRIE HACHETTE ET Cie. CARTE 4.

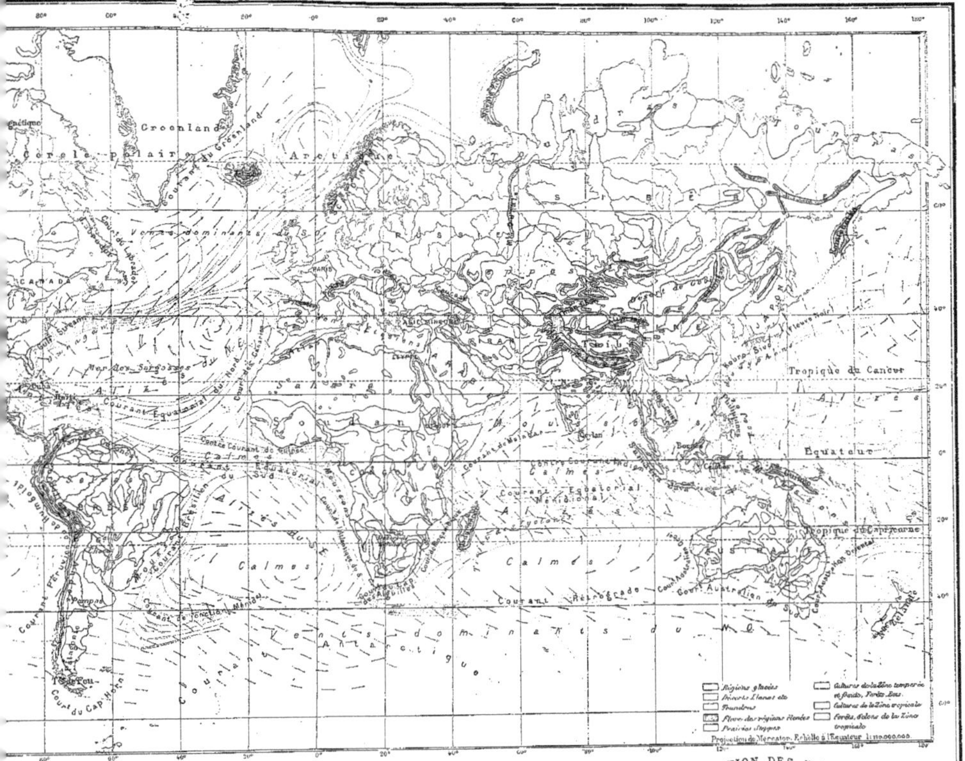

CHUTE ANNUELLE DES PLUIES

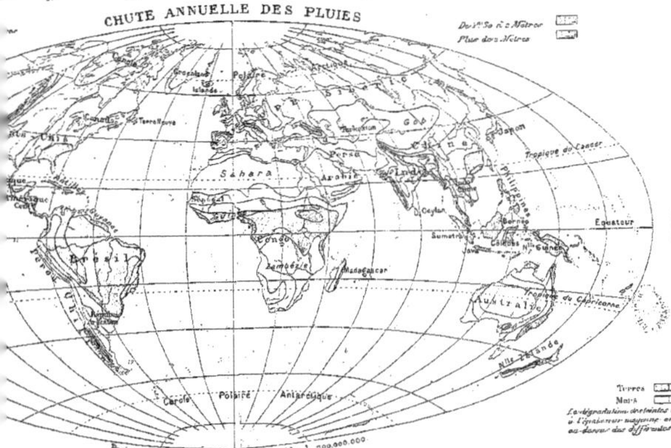

RÉPARTITION DES NUAGES

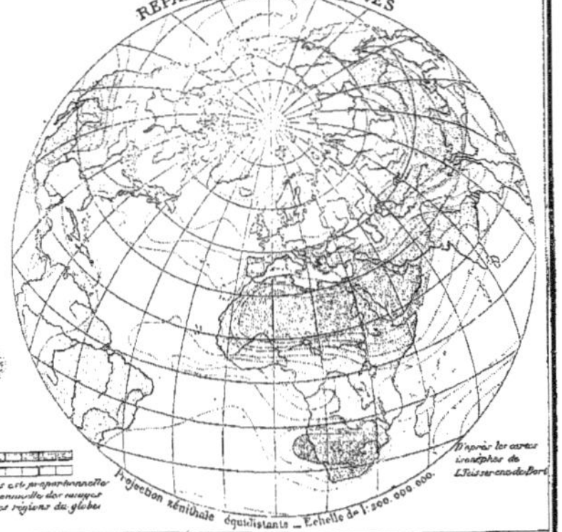

Imp. Erhard Frères

Pour rétablir l'équilibre, dans chaque couche horizontale l'air doit s'écouler du côté où la pression est la plus basse. Il se formera donc deux courants superposés, l'un supérieur, de l'équateur aux pôles, l'autre inférieur, des pôles à l'équateur, tous deux infléchis dans le sens indiqué; mais, comme la circonférence de la Terre va en diminuant vers les pôles, le courant supérieur qui vient des contrées largement étendues de l'équateur trouvant de moins en moins d'espace, il est forcé de s'éteindre progressivement, à mesure qu'il arrive dans des latitudes plus élevées. Ce courant tombe sur la mer vers le 55° Nord et le 50° Sud, en donnant naissance à une bande caractéristique de fortes pressions, d'où s'échappe le courant de sens inverse.

Ce sont ces deux courants de direction opposée qu'on a nommés les *alizés* (Passate; Trade-Winds). Leur superposition est encore nettement visible sous le 28° Nord, le long des flancs du pic classique de Ténérife.

Ils soufflent d'une façon régulière sur tous les océans et des deux côtés de l'équateur. On ne constate d'irrégularités qu'en été et dans le voisinage des côtes. A cette époque, les terres sont plus fortement échauffées que l'eau; les pressions y sont en conséquence plus basses, et le cours des vents est par suite interverti. L'alizé du Nord-Est est remplacé par des courants soufflant d'entre Sud-Ouest et Est, suivant la configuration des côtes. Ce phénomène a lieu sur les côtes occidentales de l'Afrique et de l'Amérique; mais il est surtout remarquable dans l'Océan Indien, complètement fermé au Nord, où il donne naissance à la *mousson d'été*.

Quant à la mousson d'hiver, ce n'est autre chose que l'alizé normal.

La zone des *calmes* qui sépare les alizés du Nord de ceux du Sud, aussi bien que les bandes de hautes pressions qui les limitent de chaque côté, varient suivant les saisons. Elles suivent le cours du soleil, mais l'avantage reste toujours à l'hémisphère Nord.

Au delà de ces limites respectives, il est impossible d'admettre l'existence de deux courants superposés : la prédominance des terres enlève au phénomène toute régularité apparente, mais on peut toutefois énoncer quelques lois.

En été, les continents surchauffés sont le centre de faibles pressions, de cyclones (Sahara, hauts plateaux de l'Amérique et de l'Asie). Tout autour, les vents convergent donc des régions marines en donnant aux côtes un

équatoriales et tropicales — où elle atteint son maximum (14 m.) au pied de l'Himalaya, — dans la direction des pôles, et des côtes vers l'intérieur des continents.

Il va sans dire que les exceptions à ces deux règles sont nombreuses. Il faut faire abstraction de la large bande de déserts qui coupe transversalement l'Ancien Monde. On remarquera aussi que certaines côtes, situées à l'abri des vents marins, sont absolument privées d'eau, même sous les tropiques (côtes du Pérou, de la Patagonie orientale, du Sahara, etc.).

Le Nouveau Monde est en proportion beaucoup plus arrosé que l'Ancien : Amérique du Nord, 750 mill.; Amérique du Sud, 1670; Afrique, 825; Europe, 615; Asie, 555; Australie, 520.

Quant à la répartition des pluies aux différentes époques de l'année, on peut reconnaître plusieurs zones.

Dans la région des calmes, il pleut également toute l'année. De chaque côté de cette bande, les pluies se partagent d'abord en deux périodes, séparées par deux saisons sèches; mais ces deux périodes finissent par se confondre à mesure qu'on se rapproche des tropiques : c'est alors le régime des pluies de moussons, qui tombent surtout en été et arrosent particulièrement les côtes orientales des continents (États-Unis, Brésil, Zanzibar, Madagascar, Chine, Australie).

Dans la région subtropicale, qui comprend la zone des déserts et les pays méditerranéens, les pluies sont surtout fréquentes en hiver et sur les côtes occidentales : Europe méridionale, Californie, Chili.

Enfin, dans les latitudes plus élevées, les précipitations sont également abondantes en toutes saisons, mais avec prédominance en été.

Les lignes *isonèphes* (d'égale nébulosité) ne correspondent pas aussi exactement qu'on serait tenté de le croire à la carte des pluies, mais elles restent en connexion intime avec les vents.

On peut distinguer trois bandes à peu près parallèles à l'équateur.

1° Dans la région des calmes, où il pleut toute l'année, la nébulosité est forte. C'est le *cloud-ring* (anneau de nuages) des Anglais.

2° Du 15° au 55° Nord et Sud (zone des alizés), nébulosité faible.

3° A partir du 55° jusqu'au 50° le ciel s'obscurcit, mais plus au Nord il semble se dégager de nouveau.

Ces données récentes ont leur importance, car elles indiquent la répar-

CULTURES PRINCIPALES

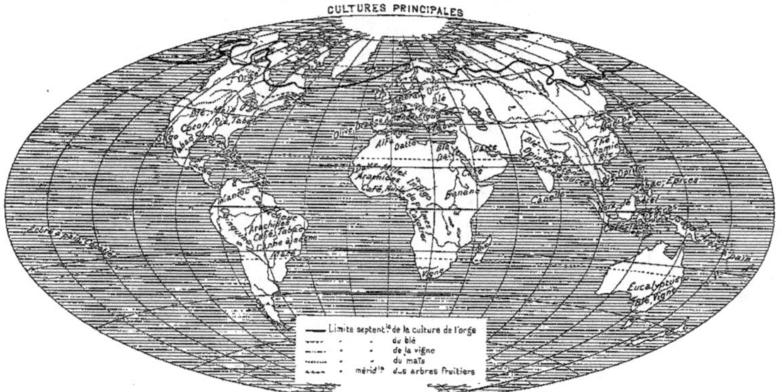

climat relativement tempéré : tel est le cas d'une grande partie de l'Europe, qui, se trouvant à gauche du minimum asiatique, reçoit principalement les vents d'entre Nord et Ouest.

En hiver, les faits sont plus compliqués. Les minima sont sur les océans, où la température est relativement plus chaude (Atlantique et Pacifique-Nord en particulier). Les côtes occidentales des continents situés à droite recevront donc des vents d'entre Sud-Ouest et Sud, qui leur apporteront un climat chaud et humide (Europe, Amérique occidentale). Sur les côtes orientales, au contraire, le vent soufflera plutôt d'entre Nord et Est. Ce sera un vent continental; le climat de ces régions sera ainsi relativement extrême (côtes orientales de l'Amérique du Nord et de l'Asie).

L'action de la circulation atmosphérique ne fait qu'accentuer davantage encore celle des courants marins, au lieu de la contrebalancer.

Ainsi s'expliquent les grands et remarquables contrastes de température, et par conséquent de nature physique et d'aspect, que l'on observe entre les côtes occidentales et orientales des continents, dans les latitudes moyennes. Températures moyennes de janvier (58-45° N.) :

Côtes orientales \{San Francisco. 10° \{Lisbonne. . . 10° — Côtes occidentales \{New-York. . — 1° \{Vladivostok — 15°

Dans l'hémisphère Sud, la prédominance des eaux introduit dans le phénomène plus de régularité et rend la distribution des températures plus égale. Les *lignes isothermes* sont presque parallèles à l'équateur, tandis que dans notre hémisphère, et surtout en hiver, elles lui sont souvent perpendiculaires, grâce aux contrastes qui viennent d'être indiqués.

Il va sans dire que ces lois n'ont rien d'absolument fixe. La direction des vents varie sans cesse, en même temps que se déplacent les centres de pression, modifiant par là même la répartition des températures, et c'est précisément le déplacement fréquent des « minima » qui occasionne dans les climats des régions tempérées ces perpétuelles variations qui en sont la caractéristique.

La zone des alizés et des moussons se distingue, au contraire, par sa grande régularité. Les cyclones, au lieu d'être la règle comme dans nos latitudes, n'y sont plus que l'exception, et ils ne sont justement si terribles que parce qu'ils apportent le trouble dans un cours de phénomènes à part cela très régulier.

RÉPARTITION DES PLUIES

La répartition des pluies est, dans ses lois générales, une conséquence directe des vents, mais dans le détail elle dépend étroitement des formes du relief.

Dans l'ensemble, la quantité de pluie tombée va en diminuant des régions

tation d'un des facteurs les plus nécessaires à la vie végétale et animale : la lumière.

ZONES DE VÉGÉTATION

C'est en effet la combinaison de trois éléments, chaleur, humidité, lumière, qui domine la répartition des climats et qui est en même temps le principe sur lequel repose la division en zones de végétation.

D'une façon tout à fait générale, c'est entre les tropiques que ces trois facteurs, ou tout au moins les deux premiers, atteignent leur plus haut degré. C'est là aussi que la vie végétale se développe avec cette richesse prodigieuse (nombre des espèces et des individus, beauté des types) qui caractérise ce qu'on a appelé la « nature tropicale » (forêts vierges de l'Amérique du Sud, de l'Afrique, de l'Insulinde, région des palmiers, etc).

De chaque côté de cette zone centrale, au Nord et au Sud, et dans les deux mondes, des régions de déserts, plus ou moins continues et plus ou moins larges, doivent moins leur stérilité à la nature de leur sol qu'à la sécheresse de leur climat.

Les steppes herbacées, qui viennent à la suite dans les deux hémisphères, forment la transition entre le désert et la végétation des zones tempérées. La sécheresse est grande encore pendant une partie de l'année, en général pendant l'été, où toute vie semble suspendue; mais les pluies d'hiver raniment en quelques jours la végétation (prairies, pampas, steppes d'Europe et d'Asie; la région méditerranéenne, avec des caractères spéciaux, appartient également à cette zone).

Les continents du Sud ne vont pas au delà. Ils sont incomplets : ce sont par excellence les continents tropicaux.

Ceux du Nord, au contraire, qui sont seuls les continents tempérés, présentent encore plusieurs zones, qui ont d'ailleurs un caractère commun : c'est que la végétation y est interrompue durant quelques mois, non plus par la sécheresse, mais par le froid. A mesure qu'on s'avance vers le Nord, les jours d'été diminuent; à la vigne, au maïs, qui exigent de longs mois de chaleur, succèdent d'autres plantes, dont les dernières croissent et mûrissent en quelques semaines.

Les forêts prennent peu à peu la place des cultures et se terminent elles-mêmes à une limite variable, bien plus élevée dans l'Ancien Monde que dans le Nouveau, — et au delà de laquelle ne poussent plus que les mousses et les lichens.

Ce sont les régions tempérées, où les saisons sont bien tranchées par les alternatives du chaud et du froid, et où le travail est nécessaire pour féconder la nature, qui ont donné à l'homme le plus d'occasions de développer ses facultés.

L. POIREL.

RÉPARTITION DE LA POPULATION A LA SURFACE DU GLOBE

La population totale de la surface du globe peut être évaluée approximativement à *un milliard et demi d'habitants*. Mais cette population n'est pas également répartie dans les différentes contrées de la terre. Tandis que la moyenne de peuplement du globe entier est d'environ 10 habitants par kilomètre carré, la densité de la population dépasse 80 habitants en Chine, atteint 75 dans l'Inde, 40 en Europe (dont 224 en Belgique, 127 en Angleterre, 97 en Allemagne, 72 en France, 21 dans la Russie d'Europe). Elle est encore de 10 dans l'Afrique équatoriale, mais elle tombe à 8 aux États-Unis et à 0,07, dans l'Australie occidentale.

Ces chiffres sont naturellement en connexion intime avec les différences de nature du sol et de climat : il existe nettement sur le pourtour du globe deux bandes plus ou moins larges et de densité humaine relativement considérable. Le fait est surtout frappant dans l'ancien monde, où la zone presque continue des déserts (Sahara, Arabie, Iran, etc.) sépare l'Europe, au Nord, de l'Afrique équatoriale, de l'Inde, de la Chine, au Sud.

L'Amérique, par la distribution de son relief et de son climat, convenait peu au développement des populations à l'état primitif. La population y était très clairsemée avant l'arrivée des Européens et aujourd'hui encore la densité moyenne n'atteint pas 1 habitant par kilomètre carré dans les immenses espaces de l'intérieur. Elle ne dépasse 10 que dans certaines régions côtières, sur le plateau du Mexique et surtout dans la partie orientale des États-Unis, où elle augmente de jour en jour.

Les civilisations de la Chine et de l'Inde, arrivées de si bonne heure à un haut degré de perfectionnement, étaient en effet trop isolées l'une de l'autre et du reste du monde; il leur a manqué ce qui est la première condition du progrès : le frottement, les échanges d'idées, les relations extérieures.

Elles se sont immobilisées sur place et sont restées stationnaires, à peu près telles que nous les voyons encore aujourd'hui.

Dans l'Asie occidentale, dans les grandes vallées ou sur les hauts plateaux, la civilisation présente encore un caractère local : chaque peuple a eu sa religion, son principe social à part, mais il n'y avait déjà plus isolement complet; le contact et l'action des peuples les uns sur les autres rencontrant moins d'obstacles, le mélange a eu lieu à différentes reprises.

Mais c'est l'Europe surtout qui, grâce à ses contrastes plus nombreux que partout ailleurs, mais aussi plus adoucis, grâce à la variété de son relief et à sa « perméabilité », grâce enfin aux conditions de son climat tempéré, a permis à l'homme d'atteindre au plus haut degré de développement intellectuel et social.

Toutefois, à ne regarder que le côté économique et matériel de la civilisation, il ne semble pas que l'Europe elle-même soit encore le dernier terme dans la marche du progrès.

L'Amérique, où il n'y a pas de contrastes brusques entre le Nord et le Sud, et où *ceux qui existent entre l'Est et l'Ouest sont entièrement annihilés par une absence totale d'équilibre*, n'a pas vu naître de grandes civilisations, mais elle semble admirablement préparée pour recevoir les Européens, qui

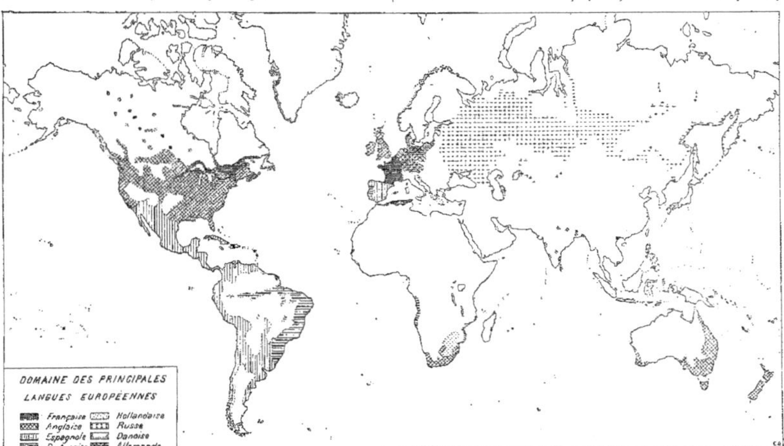

En réalité, on peut reconnaître en l'état actuel quatre grands centres de population, qui sont, par ordre de densité moyenne :

La Chine	80 hab. par kil. carré
L'Inde	75 — — —
L'Europe	40 — — —
Les États-Unis orientaux	50 — — —

Toutes les autres régions, Amérique du Sud, Afrique équatoriale, Indes occidentales, Australie, ne viennent que bien loin après ces grandes agglomérations : elles manquent d'hommes, ou les hommes y manquent, sous l'influence du climat, du défaut d'activité et d'initiative. Elles continueront sans doute à jouer un rôle, comme pays producteurs de certaines matières premières, mais elles resteront toujours — suivant toute apparence — sous la dépendance des quatre grands centres précités.

De ces quatre centres eux-mêmes, deux sont en quelque sorte naturels, deux autres artificiels.

L'Inde et la Chine, soumises au climat des tropiques, ont toujours été très peuplées, parce que, toutes conditions égales d'ailleurs, les climats chauds et humides, exigeant de l'homme, pour l'acquisition des choses nécessaires à la vie, moins d'efforts, ont été les plus favorables au développement primitif d'une population très dense.

L'Europe et l'Amérique du Nord ont été peuplées à une époque relativement bien plus récente, et elles n'approchent guère encore des grandes agglomérations de la Chine et de l'Inde.

Ce sont pourtant aujourd'hui les deux vrais centres de l'activité humaine, elles tiennent le reste du monde sous leur dépendance : l'Inde appartient à l'Angleterre, et la Chine ne peut manquer d'entrer tous les jours davantage dans la sphère d'attraction de l'Occident.

Tous ces faits s'expliqueront mieux encore si, au lieu de considérer seulement la densité de la population, on tient également compte de la valeur relative et des qualités diverses des différentes associations d'hommes, sous les influences des climats. On a déjà vu que les peuples civilisés par excellence sont confinés dans la zone tempérée.

L'Afrique, pays tropical, est restée jusqu'à une date récente fermée à toute culture : l'Égypte n'a jamais été qu'une sorte d'oasis.

Le double continent d'Europe et d'Asie est séparé d'autre part en deux mondes très différents, l'un au Nord, l'autre au Sud, dont les contrastes et les luttes expliquent en quelque sorte toute l'histoire : les peuples du Nord ont toujours cherché à pénétrer dans les pays du Sud, où se développèrent les premières civilisations; mais ils s'y sont amollis à leur tour : la victoire est décidément restée au Nord, et surtout à la partie occidentale de l'ancien monde, à l'Europe.

peuvent s'y déployer à l'aise et jouer ainsi dans l'histoire de l'humanité un nouveau rôle, qui ne fait encore que se dessiner.

En réalité, depuis un certain nombre d'années, l'Europe se défait peu à peu, et plus ou moins spontanément, en faveur du Nouveau-Monde, d'une partie de la puissance économique et *civilisatrice* dont elle avait accaparé depuis longtemps déjà le monopole à peu près exclusif.

L'EXPANSION EUROPÉENNE

Ce sont les peuples européens ou d'origine européenne qui jouent actuellement dans le monde un rôle prépondérant. Ils doivent cette prééminence incontestable à leur civilisation même : les découvertes modernes ont fait véritablement de l'Européen, de l'homme blanc, un être à part; elles ont centuplé en particulier la puissance de ses organes et de son intelligence, en lui donnant ainsi sur les races moins favorisées une supériorité immense, un ascendant énorme.

Le jour ne viendra-t-il pas prochainement, pour ne vous citer qu'un exemple, où la parole humaine pourra se faire entendre, grâce au téléphone et à ses applications, d'une extrémité à l'autre du globe?

Aussi l'homme blanc devient-il de plus en plus le maître de la terre, sinon d'une façon tout à fait directe, du moins en ce sens que c'est à lui que tout aboutit, que c'est par lui et pour lui que presque toutes les transactions s'opèrent.

L'expansion européenne dans le monde revêt diverses formes :

1. Elle peut être exclusivement ethnographique dans les pays dont la souveraineté politique a échappé au peuple colonisateur, sans que toutefois la trace de son influence ait disparu complètement :

Exemples : Les Français au Canada;
Les Anglais aux États-Unis;
Les Espagnols, les Portugais dans l'Amérique du Sud;
Les Hollandais dans l'Afrique méridionale.

2. L'expansion est politique en même temps qu'ethnographique dans les contrées où les colons européens, formant le gros de la population ou constituant tout au moins une importante minorité, sont restés attachés à la métropole et en communauté d'intérêts avec elle.

Exemple : Les Anglais dans l'Amérique anglaise, dans l'Afrique méridionale, en Australie.

Les Français en Algérie, les Espagnols aux Antilles.

Ces deux premières catégories constituent les pays *de peuplement* où se porte, au moyen de l'émigration, le trop-plein de la population européenne.

3. Les colonies de simple exploitation forment le troisième groupe. Elles comprennent les pays où, pour des raisons de climat en général, les blancs

PLANISPHÈRE POLITIQUE

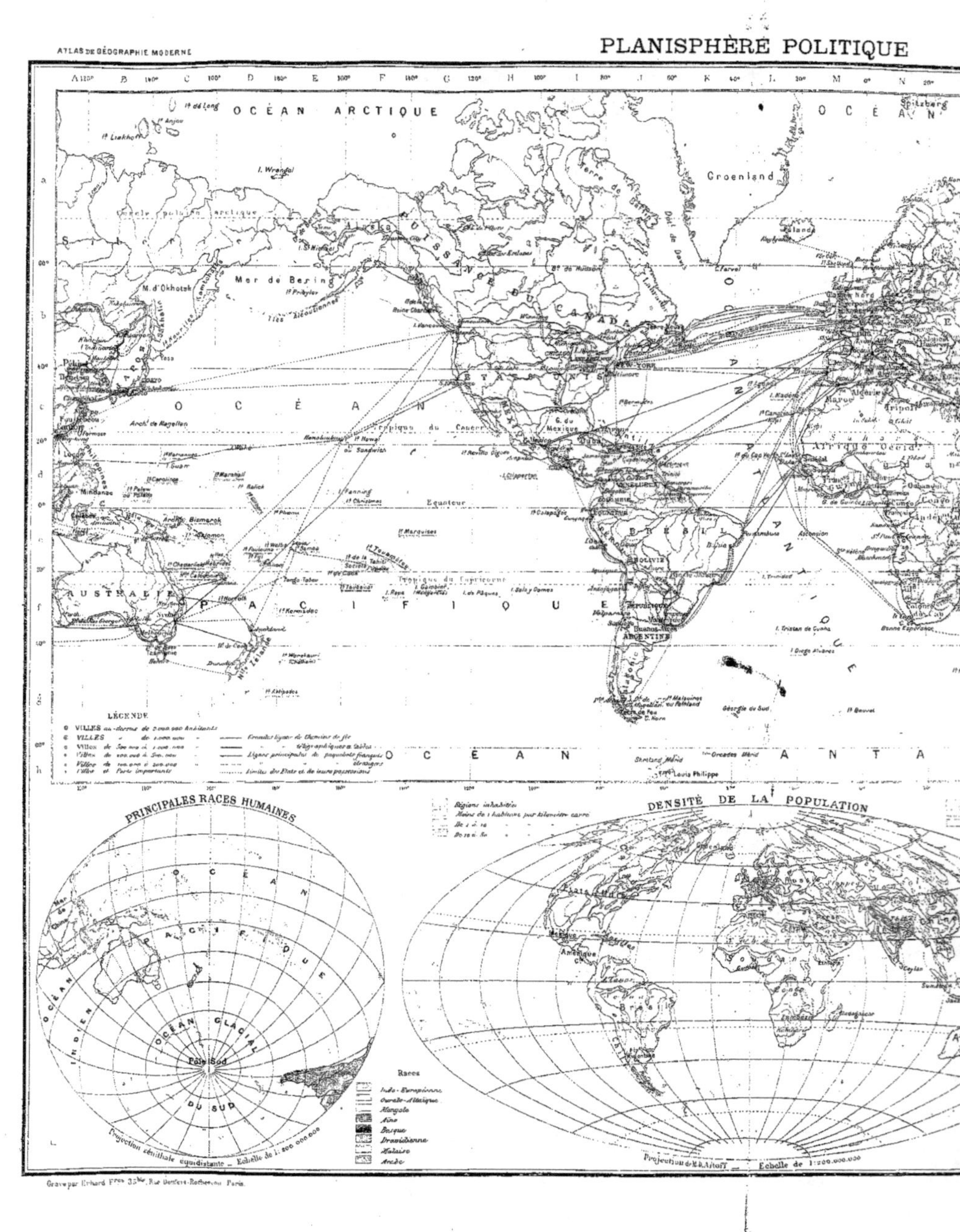

PUBLIÉ PAR LA LIBRAIRIE HACHETTE ET Cⁱᵉ — CARTE 5.

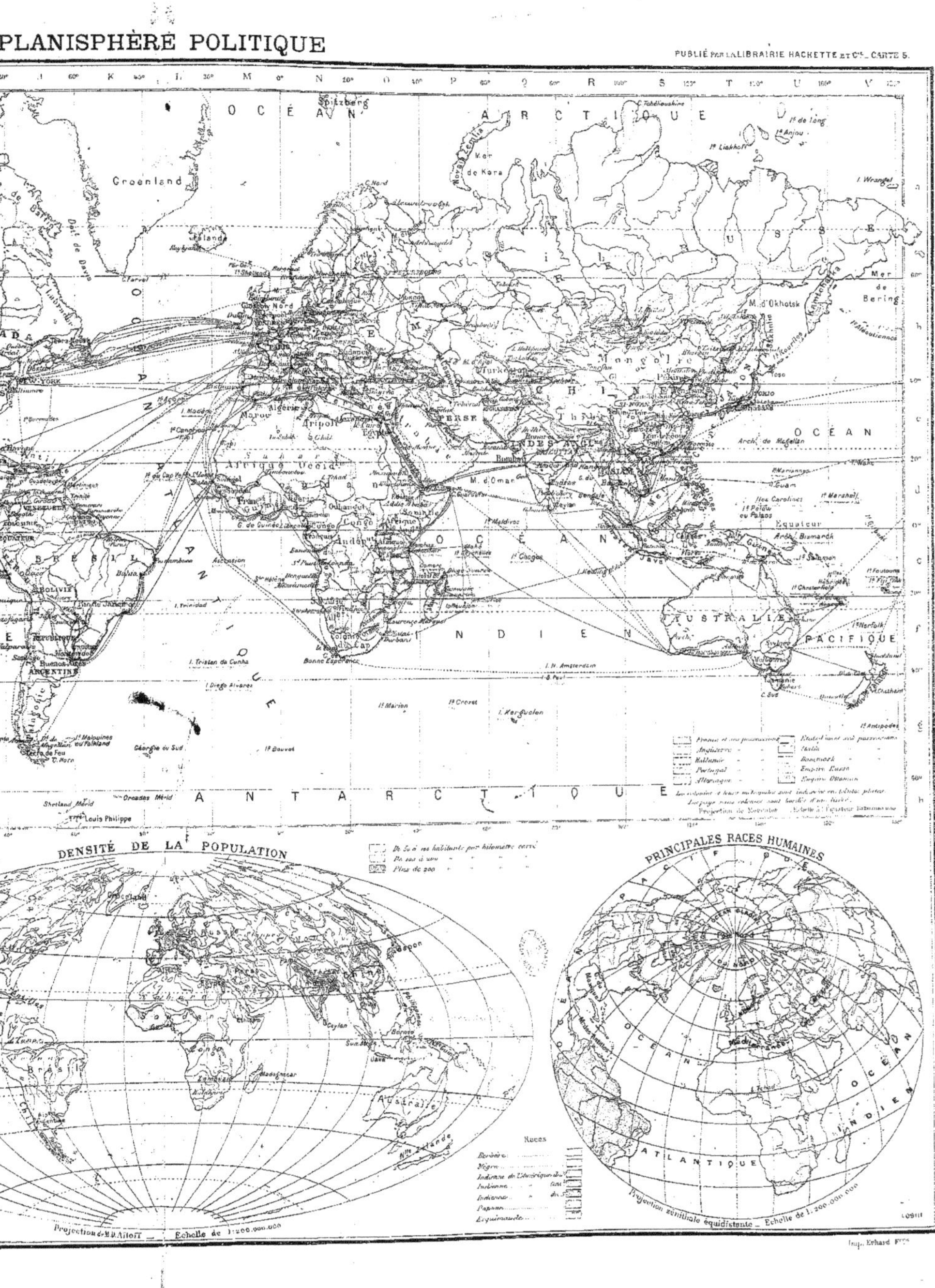

ne s'établissent pas à demeure, tout en les *exploitant* au profit de la métropole et en y écoulant les produits européens. Ce ne sont certes pas les moins utiles des possessions, soit qu'elles constituent par elles-mêmes d'importants pays de production, soit qu'elles servent simplement de débouchés à des pays plus vastes ou plus riches.

Ex. : La plupart des colonies françaises, hollandaises, allemandes, l'empire anglais des Indes, les immenses possessions russes, etc.

Dans cette œuvre de l'expansion européenne, les Anglais occupent le premier rang; mais la suprématie commerciale, économique, qu'ils doivent à cette supériorité coloniale, subit depuis plusieurs années déjà un recul très marqué dans l'ensemble des transactions du monde.

C'est précisément que toutes les autres nations de l'Europe, celles-là mêmes qui s'étaient abstenues jusqu'à présent de toutes tentatives coloniales, l'Allemagne et l'Italie, s'empressent à leur tour de se pourvoir çà et là dans les autres parties du monde et de planter leur drapeau sur les terres encore inoccupées.

Il ne faut pas voir là une fièvre passagère de conquêtes; les causes de ce mouvement sont bien autrement profondes, elles sont une conséquence directe de la crise économique et sociale dans laquelle se débattent actuellement tous les peuples civilisés.

Les divers États tendent à se suffire à eux-mêmes et à s'isoler de plus en plus. La chose est facile pour ceux qui, comme les États-Unis, sont munis de tout par la nature. Les autres doivent chercher ailleurs des pays d'approvisionnement, et surtout des débouchés pour les produits toujours plus nombreux de leur industrie. L'avenir est aux nations qui auront su les premières prendre position solidement sur les marchés du monde, de façon à pouvoir supporter sans trop de peine les conséquences de l'isolement. Aucun peuple ne peut donc se désintéresser de ces questions; se renfermer chez soi serait une faute immense et peut-être irréparable. Il ne s'agit pas seulement de colonies à créer ou à entretenir, c'est l'influence nationale qu'il faut soutenir à tout prix.

Rang	Population	Accroissement proportionnel	Production des céréales	Production des vignobles	Animaux domestiques	Richesse agricole	Production des houillères	Production des fers, fontes, aciers	Fabrication de la soie	Fabrication de la laine	Fabrication du coton	Industrie du sucre	Richesse industrielle	Commerce total	Mouvement des ports	Marine marchande	Navigation à vapeur	Chemins de fer	Lettres et télégrammes	Instruction moyenne	Armée	Marine	Budget	Dette publique
1er	R	U	U		U	U	B	B			B	A	B	B	B	B	B	U	B	A	R	B		
2e	U	R	R	E	R	A	U	U	I	B	U	H	U	U	U	U	U	A	U	U	A		R	B
3e	A	A		I	A		A	A	B	R	A		A	A	A	A		B		B		I	A	E
4e	H	B	A	H		R			U	U		R			I	I	A		A		H	R	B	I
5e		I	H	R	B	H	H	H	A	A	R	U	H	H			E	R	I	H	I	A	H	H
6e	B	H	E	A	H	B	R	R	R	H	H	E	R	R	E	E	I	H	H	I	B	H	I	U
7e	I	E	I	U	E	I	E	E	E	I	I	I	I	I	R	R	R	I	E	E	E	E	U	R
8e	E		B	B	I	E	I	I	H	E	E	B	E	E	H	H	H	E	R	R	U	U	E	A

ÉTAT GÉNÉRAL de la FRANCE et de QUELQUES AUTRES PAYS (1884)

□ France, R·Russie, A·Allemagne B·Iles-Britanniques, H·Autriche-Hongrie, I·Italie, E·Espagne, U·Etats-Unis.

d'après M. Senso

La France moins qu'aucune autre nation ne saurait rester indifférente à ce mouvement; sans doute notre position coloniale est bonne, mais il faut la maintenir, et puis surtout notre bonne réputation chez les peuples moins civilisés et des traditions plusieurs fois séculaires nous imposent dans le monde un rôle glorieux et utile qu'il est moins temps que jamais d'abandonner, en présence du mouvement général d'expansion dont tous les peuples donnent à l'heure actuelle le spectacle.

Or, dans ce mouvement général, deux grands faits surtout sont saillants. C'est d'une part la prise de possession de l'Afrique. Nous n'en occupons pas, il est vrai, les grands débouchés de la vallée du Nil et de la côte orientale, mais nous sommes postés un peu partout, prêts à toute éventualité.

C'est d'ailleurs autre part que se jouent les gros coups : l'Extrême Orient est une des puissantes agglomérations du monde, son commerce a atteint 10 milliards; il est certain que c'est dans le développement progressif de la puissance économique de cette partie du monde que se trouvera une des principales solutions de la crise actuelle.

De là vient la concurrence si âpre que se font autour de ces régions, peuplées de centaines de millions d'hommes, pour en accaparer les marchés, toutes les nations de l'Occident. Nous nous sommes laissé distancer à plusieurs égards par certaines d'entre elles, l'Angleterre, les États-Unis d'Amérique, l'Allemagne. Mais nous sommes bien placés pour reprendre un jour l'offensive et regagner le rang qui nous revient de droit. C'est la raison d'être de nos possessions d'Indo-Chine. Il ne faut pas que des considérations mesquines nous empêchent d'en saisir l'importance et les avantages.

POSSESSIONS COLONIALES

Grande-Bretagne	28 606 600 kil. carr.;	555 572 000 hab. env.	
France	10 984 400	—	50 000 000 —
Empire d'Allemagne	2 595 600	—	12 000 000 —
Pays-Bas	2 045 647	—	37 876 000 —
Etats-Unis	506 541	—	8 600 000 —
Portugal	2 090 000	—	7.270 000 —
Danemark	193 244	—	120 892 —
Italie	510 000	—	731 000 —

VOIES DE COMMUNICATION

Les voies de communication sont naturellement une conséquence directe de tous les grands faits précédemment énoncés.

Les plus importantes sont sans nul doute les *voies maritimes* reliant entre elles les grandes agglomérations de peuples, qui sont en même temps les grands centres de production et de consommation.

Ce sont les lignes de premier ordre, celles qui relient l'Europe à l'Amérique d'une part, à l'Extrême Orient d'autre part.

Puis viennent les voies qui unissent ces premiers centres aux autres moins importants et enfin celles qui établissent des relations entre ces derniers eux-mêmes.

On peut remarquer que le canal de Suez était un passage obligé pour les lignes de la première espèce. Il n'en sera pas de même pour le canal de Panama, s'il s'achève un jour.

L'activité des relations maritimes va sans cesse en augmentant. Le nombre des voiliers diminue, il est vrai, dans des proportions très sensibles depuis 1880, mais celui des vapeurs croît par contre d'une façon rapide. Il faut tenir compte aussi de ce fait, que les voyages deviennent en général toujours plus rapides : un seul navire transporte donc en un temps donné plus de marchandises qu'auparavant, ou à des distances plus grandes.

En 1884 le commerce sur mer a atteint 500 millions de tonnes de marchandises, dont les deux tiers ont été transportés sur vapeurs. Depuis, ce rapport s'est modifié dans de fortes proportions au détriment des voiliers.

La part de la Grande-Bretagne au tonnage général est de 46 pour 100, et avec ses colonies de 55 pour 100 ; mais cette proportion va en diminuant.

La France et l'Allemagne interviennent chacune pour une proportion de 6 pour 100.

Les *chemins de fer* n'existent encore à vrai dire que dans l'intérieur des grands centres susnommés. Cette situation s'est modifiée légèrement depuis la construction des lignes sibériennes et africaines.

Sur 814 000 kilomètres en exploitation à la fin de 1901, l'Amérique du Nord en compte 410 000, l'Europe 291 000 seulement. L'Inde anglaise, l'Amérique du Sud, l'Algérie, le Cap, l'Australie, se partagent le reste.

Les chemins de fer transportent actuellement plus de 2 milliards de tonnes de marchandises, mais naturellement à des distances moyennes bien inférieures à celles des navires. Ce sont ces derniers qui restent exclusivement et pour longtemps encore peut-être les intermédiaires du commerce intercontinental.

Postes. — Grâce à l'« Union postale universelle » organisée aux congrès de Berne (1874), Paris (1878), Lisbonne (1885), la poste enserre aujourd'hui dans ses mailles toute la terre habitée et parvient jusqu'aux plus extrêmes limites des pays civilisés, depuis la Nouvelle-Zélande au Sud jusqu'au Groenland au Nord.

Les relations postales sont particulièrement actives dans l'intérieur des grandes associations d'hommes de l'Europe et de l'Amérique. Elles suivent d'ailleurs dans leurs grandes lignes les lois du commerce général.

Le nombre de lettres échangées en 1875, un an après le Congrès de Berne, a été de 3 200 000 000. En 1903, ce nombre doit atteindre 15 milliards, dont 4 milliards pour les Etats-Unis, 3 585 millions pour l'Allemagne, 3 222 millions pour la Grande-Bretagne, 1 475 millions pour l'Autriche-Hongrie et 1 161 millions pour la France.

Télégraphes. — Les lignes télégraphiques, qui mettent davantage encore les divers pays en communication les uns avec les autres, enferment le monde entier dans un réseau fermé.

Plus de 2 000 câbles reposent au fond des mers. La longueur totale de ces câbles, en 1903, était de 412 000 kilomètres, soit dix fois celle de l'équateur.

Les plus importants sont ceux qui relient, à travers l'Atlantique, l'Europe à l'Amérique.

Un câble récemment posé traverse le Pacifique.

Par suite de la multiplicité des voies d'échange et de communication, l'*industrie* a pris partout un essor considérable. « Grâce au souffle de l'air, aux courants d'eau, à la vapeur et aux autres agents naturels que l'homme a chargés de son propre labeur, l'industrie achève chaque année une besogne de plus en plus grande, et contribue sans cesse plus activement à modifier l'aspect de la planète (E. Reclus). »

RÉPARTITION DES RACES ET DES RELIGIONS

La distribution des races a donné lieu à des classifications nombreuses. On a déjà marqué les grands traits qui distinguent sous ce rapport les divers continents (voir les Notices des cartes n°s 8, 56, 47, 51, 52, 55 et 62). Nous nous tiendrons ici aux lignes tout à fait générales de la statistique.

Les *Indo-Européens* (645 millions) sont répandus surtout en Europe, dans l'Asie occidentale, en Amérique.

Les *Mongols* (592 millions) occupent l'Asie centrale et l'Asie orientale, et sont représentés en Europe par les Lapons, les Finnois, les Magyars. — Les Chinois ont envahi une partie des pays du Pacifique.

Les *Nègres* originaires de l'Afrique équatoriale se trouvent en outre dispersés par la traite sur tout le pourtour de l'Atlantique, sauf en Europe. Ils comptent avec les *Sémites* méditerranéens (Arabes) et les *Hamites* du Sahara environ 181 millions d'hommes.

Les *Malais* et les *Papous* (océan Indien et Pacifique) : 55 millions.

Les *Dravidiens* (Inde méridionale) : 40 millions.

Les *Indiens d'Amérique* : 9 millions.

Les *religions* sont distribuées peut-être d'une façon plus régulière, et semblent se conformer davantage aux lois du relief et du climat.

Les *Chrétiens* (456 millions) ont suivi les destinées des Européens.

Les *Musulmans* occupent la bande des déserts de l'ancien monde et débordent des deux côtés, au Nord et au Sud : 171 millions.

Les *Bouddhistes* dans l'Asie orientale (486 millions).

Les *Brahmanes* dans l'Inde (140 millions).

Les *Fétichistes* dans l'intérieur de l'Afrique et de l'Australie, dans les îles océaniennes du Pacifique, et en Sibérie.

Les *Israélites* (8 millions) un peu partout, mais plus spécialement en Europe.

L. POIREL.

L'Europe ne constitue pas à proprement parler un tout indépendant. Ce n'est qu'une péninsule de l'Asie, l'extrémité, la pointe du continent asiatique, vaste trapèze, qui va s'élargissant vers l'Est et dont la base orientale se développe des îles de la Sonde au détroit de Bering.

La division en deux continents nous vient de l'antiquité; elle n'a qu'une valeur historique et conventionnelle. Le Caucase et l'Oural ne constituent pas des limites absolues. La Péninsule des Balkans et l'Anatolie sont reliées l'une à l'autre par une série remarquable d'îles disposées en chaînons. La Méditerranée ne forme pas davantage frontière. En réalité il y a beaucoup moins de différence entre l'Afrique du Nord et l'Espagne qu'entre les rivages de l'Europe du Sud et les côtes baltiques. Europe, Asie, Afrique se rencontrent sur la Méditerranée et perdent à l'approche de ses bords les caractères propres qui les distinguent.

De même à l'Ouest, sur l'Atlantique, qui a arrêté si longtemps les Européens, l'Islande et le Grœnland forment une sorte de transition entre l'Europe et l'Amérique.

DIMENSIONS

Dans ses limites officielles, l'Europe est de beaucoup la partie la moins considérable de l'ancien monde. Superficie, 10 252 169 kil. carr. (sans l'Islande). Comme l'Asie, l'Europe se prolonge plutôt dans le sens des parallèles (5 600 kil., 4 000 seulement du Nord au Sud du cap Nord à la Crète).

CÔTES

L'Europe est la partie du monde où les indentations sont le plus nombreuses et le plus variées, et où les côtes présentent par conséquent le développement proportionnel le plus considérable; soit 52 000 kil., dont : 5 800 sur l'océan Glacial; 13 500 sur l'Atlantique et ses annexes; 12 700 sur la Méditerranée et les mers voisines.

La nature de ces côtes est naturellement très variable. On peut cependant dire que les côtes méditerranéennes et la partie extérieure des côtes atlantiques (Norvège, Écosse, Bretagne, Espagne) sont en général hautes, rocheuses, relativement riches en indentations. Les côtes des mers intérieures (Manche, mer du Nord, Baltique, mer Noire) sont au contraire basses pour la plupart et n'ont guère d'autres découpures que les estuaires des grands fleuves.

CONFIGURATION GÉNÉRALE

L'Europe peut se partager en deux parties : 1° le *tronc* ou *partie continentale*, compris à peu près entre les lignes qui iraient de Bayonne à Astrakhan, et de Bayonne à la mer de Kara; 2° la *partie péninsulaire*, au Nord-Ouest et au Sud. L'Europe va donc, comme le reste du continent asiatique,

en s'effilant vers l'Ouest, et la largeur des isthmes qui séparent les mers du Nord de celles du Sud diminue d'une façon régulière, jusqu'à n'atteindre plus, entre Bordeaux et Cette (isthme français), que 400 kil. environ.

C'est surtout au grand nombre de ses dépendances péninsulaires et insulaires et aux échancrures si variées de ses côtes que l'Europe doit le rôle considérable qu'elle a joué dans le monde. La prépondérance politique et commerciale a successivement échu aux différentes îles et presqu'îles : Grèce, Italie, Espagne, France, Angleterre.

RELIEF DU SOL

L'Europe semble avoir atteint sa forme définitive; les mouvements volcaniques n'y ont plus guère d'importance. Seules les oscillations lentes des côtes, quelle qu'en soit la cause, modifient encore en certains points la répartition actuelle de la terre et de l'eau, mais sans toucher aux grands traits existants.

Le relief européen n'est pas caractérisé par une forme dominante et exclusive, comme en Afrique le plateau, en Amérique la plaine et les chaînes côtières. Toutes les formes s'y mêlent dans une heureuse harmonie. Le relief européen se rattache au système asiatique en deux points :

1° Les hauteurs du centre de la Russie, prolongation du dos de terrain qui, se détachant de l'Altaï, sépare le domaine de l'Ob de la dépression aralo-caspienne.

2° Le Caucase et le plateau d'Asie Mineure, qui se rattachent bien visiblement par delà la mer Noire et la mer de Marmara aux montagnes de la péninsule turco-hellénique.

On peut distinguer dans le système montagneux d'Europe :

1° Une masse centrale de hautes terres, en forme de plan incliné, constituant ce qu'on pourrait appeler la *haute Europe*, et ayant à peu près la figure d'un triangle, dont les sommets seraient vers Toulouse, Minden et Focsani. Les côtés de ce triangle sont en général déterminés par les points où les fleuves quittent la montagne pour entrer définitivement en plaine : p. ex. Bourges, Bonn, Dresde, etc. La hauteur moyenne de cette partie du continent dépasse 530 mètres. Le noyau montagneux est formé par les Alpes, dont le massif central français, les montagnes allemandes, les Carpates ne sont que des annexes. Tout autour, à l'Est, au Nord et à l'Ouest, la grande plaine européenne se continue, sans autre interruption que l'Oural, jusqu'à l'extrémité de l'Asie, à peine accidentée de faibles ondulations ou de plateaux peu élevés (plateau de Valdaï en Russie).

Au Sud, le massif central européen est séparé des divers systèmes péninsulaires par des dépressions (bief de Naurouze, plaines du Pô et de Roumanie), tout en s'y rattachant par des pédoncules plus ou moins étroits.

2° Les péninsules et les îles, parmi lesquelles celles du Nord : Scandinavie, Irlande, Grande-Bretagne, appartiennent aux formations les plus anciennes de l'Europe. Elles sont constituées par des systèmes d'une élévation relativement peu considérable et sont surtout remarquables par les découpures profondes de leurs côtes (fiords, firths, etc.).

Les trois péninsules du Sud ont souvent été comparées à celles qui terminent l'Asie, et dont elles ne seraient que la réduction : l'Espagne massive à l'Arabie; l'Italie avec la Sicile, à l'Inde avec Ceylan; la péninsule des Balkans à l'Indo-Chine.

Les contrastes, il est vrai, ne sont pas moins frappants que les ressemblances. Ces péninsules ne sont déjà plus, en tout cas, exclusivement européennes. Les Pyrénées ne forment pas moins limite que le Caucase, qui leur correspond à l'Est. Les plateaux espagnols et les Apennins ont des liens très étroits avec l'Atlas, de même que les Balkans ne sont que la contre-partie des montagnes d'Asie Mineure.

Ces différents systèmes continentaux et péninsulaires ne sont pas formés sur un même modèle; le caractère de l'Europe est d'offrir partout la plus grande variété : chaînes simples, à arêtes et à direction nettement définies (Caucase, Pyrénées); — chaînes parallèles sans ligne de faîte bien dessinée (Jura); — chaînes avec plateaux intérieurs (Apennins); — systèmes à massifs sans orientation bien nette, mais aux longues vallées longitudinales, qui les rendent facilement accessibles aux communications (Alpes, etc.). La forme de plateau n'est guère caractérisée qu'en Espagne, bien que beaucoup d'autres régions de l'Europe portent ce nom (Bavière, Lorraine, etc.).

L'*altitude* des montagnes européennes est loin d'atteindre celle des géants d'Asie. A part le Caucase, aucun sommet ne dépasse 5 000 mètres. D'ailleurs le volume moyen n'est pas toujours en rapport avec l'élévation absolue des pics. Le massif pyrénéen est à peu près aussi élevé en moyenne que les Alpes : les cols descendent beaucoup moins bas.

Comme une grande partie de l'Europe est occupée par la vaste plaine du Nord, — outre les plaines intérieures (Roumanie, Hongrie, Pô) et quelques dépressions au-dessous du niveau marin, — on admet que l'*altitude moyenne* de tout le continent ne dépasse pas 555 mètres.

HYDROGRAPHIE

Il est difficile d'établir en Europe une classification des fleuves, en raison même de la variété du relief. Il n'est pas moins illusoire de vouloir déter-

LONGUEUR ET DÉBIT COMPARÉS de quelques fleuves de l'Europe		
Longueur		Débit
58	Neva	2954
675	Pô	1718
776	Seine	507
840	Rhône	1720
895	Tage	330
980	Loire	985
1100	Elbe	1371
1320	Rhin	1975
2850	Danube	9180
5400	Volga	9889
1000 2000 3000 Kilomètres		2000 4000 6000 8000 Mètres cubes par seconde

mner des bassins et une ligne bien nette de partage des eaux. En aucun pays, au contraire les systèmes fluviaux ne sont plus indépendants du relief, et les fleuves n'ont un caractère moins uniforme : tout à la fois fleuves de montagnes, de plateaux et de plaines. C'est le cas, par exemple, du Danube et du Rhin, qui sont peut-être les deux fleuves européens par excellence.

EUROPE PHYSIQUE

PUBLIÉ PAR LA LIBRAIRIE HACHETTE ET Cⁱᵉ _ CARTE 6.

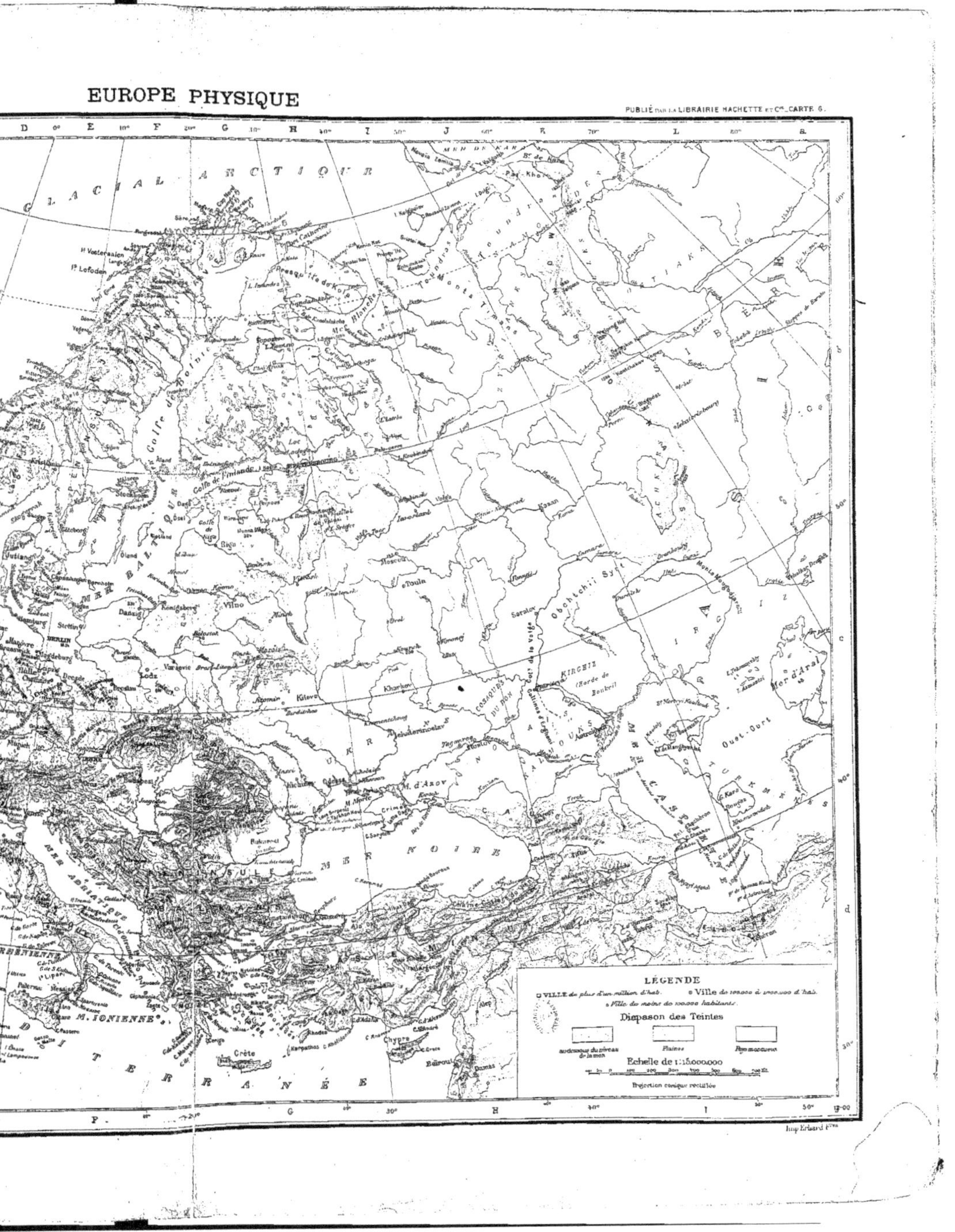

Le Rhin traverse et coupe le Jura entre Constance et Bâle, le plateau schisteux rhénan entre Bingen et Bonn; le Danube se fraye un passage par deux brèches étroites entre les Alpes et les Carpates d'une part, les monts de Transylvanie et les Balkans d'autre part.

Les fleuves de plaines eux-mêmes ne sont pas mieux enfermés dans des bassins : ceux qui se dirigent au sud, Volga, Don, Dniepr, ainsi que ceux du nord, Vistule, Oder, Elbe, ont à traverser plusieurs régions de hautes terres de la Russie d'Europe. (Comparer encore Loire, Rhône, Èbre.) Cette particularité si précieuse du percement des montagnes par les fleuves a naturellement pour conséquence de rendre le relief européen extrêmement pénétrable.

Le Pô, la Seine, la Garonne, le Guadalquivir, ont des bassins mieux caractérisés; le Douro, le Tage, le Guadiana, sont des fleuves de plateaux coulant dans des sillons étroits, sans véritables vallées.

La longueur des fleuves dépend moins de la distance absolue de la source à l'embouchure que des détours et des méandres du parcours : de là, de grandes différences entre les fleuves de plateaux et les fleuves de plaines (Tage, Volga). La constance du débit est une conséquence de la nature des sources, glaciers, montagnes, plaines, ainsi que de la nature du sol, de l'abondance et de la répartition des pluies.

Les deux grands centres d'origine des fleuves européens sont le noyau montagneux du Centre et les plaines du Nord-Est.

Les fleuves les plus navigables sont naturellement les fleuves de plaines, par opposition aux fleuves de plateaux et de montagnes. La Volga est navigable sur 16/17 de son cours (Danube, 11/12; Seine, 4/5; Rhin et Rhône, 2/5; Tage, 1/4; Tibre, 1/10).

Le caractère des embouchures varie suivant la nature des mers. Dans les mers sans marées, comme la Méditerranée et la mer Noire, les fleuves se terminent par des deltas (Danube, Pô, Rhône, Èbre); sur l'Océan, par de vastes estuaires (Tage, Gironde, Loire, etc.).

LACS

A part les vastes cuvettes à fond granitique de Finlande et de Suède et les grands lacs russes, les bassins lacustres les plus intéressants d'Europe sont ceux qui longent le pied des Alpes, au Nord et au Sud, servant de déversoirs et de régulateurs aux fleuves qui quittent la montagne (lacs du Salzkammergut, de Bavière, de Suisse, d'Italie).

Il faut ajouter deux autres catégories de lacs, généralement de faible étendue : 1° les étangs de plaines souvent réunis en grand nombre : Prusse, Poméranie, Mecklembourg, Hongrie, Sologne, Dombes; 2° les entonnoirs de montagnes : Alpes, Pyrénées, Tatra, etc.

CLIMAT

Essentiellement tempéré, pour plusieurs raisons :

1° La situation même de l'Europe, qui n'atteint pas au Sud la zone torride et ne dépasse guère au Nord le cercle polaire.

2° La position de ce continent sur le trajet des vents dominants du Sud-Ouest et de l'Ouest, entre les eaux tièdes de l'Atlantique nord-oriental et le bassin méditerranéen.

3° L'extrême découpure des côtes, qui permet à ces influences adoucissantes de se faire sentir au loin dans l'intérieur des terres. C'est pourquoi les isothermes sont beaucoup plus relevées vers le Nord en Europe qu'en Amérique et en Asie. Les températures y deviennent plus extrêmes, à mesure qu'on s'éloigne de la mer, c'est-à-dire qu'on s'avance, non pas au Nord, mais à l'Est (climat continental de Russie, Hongrie, etc.).

4° Le relief enfin n'est nulle part assez massif pour arrêter la répartition régulière des pluies et provoquer la sécheresse. Ce relief compense d'autre part l'influence de la latitude d'une façon remarquable, les hautes terres, les plus froides par conséquent, se trouvant surtout au Sud.

On peut distinguer trois grandes zones de climat, dont la délimitation ne peut avoir naturellement rien d'absolu :

Climat maritime.

1° L'Europe occidentale a des étés et des hivers relativement **tempérés**.

2° La région méditerranéenne a des étés **chauds** et des hivers **chauds**.

Climat continental extrême.

3° L'Europe orientale a également des étés **chauds**, mais des hivers **froids**.

Ces contrastes sont très bien indiqués par la disposition transversale des isothermes d'été et d'hiver, par rapport les uns aux autres.

En été, la chaleur décroît assez régulièrement du Sud au Nord; en hiver, au contraire, de l'Ouest à l'Est.

PLUIES

Ici encore, le caractère le plus sensible est la modération; l'Europe ne reçoit pas les énormes précipitations d'eau des tropiques, mais c'est le seul continent qui n'ait pas de déserts.

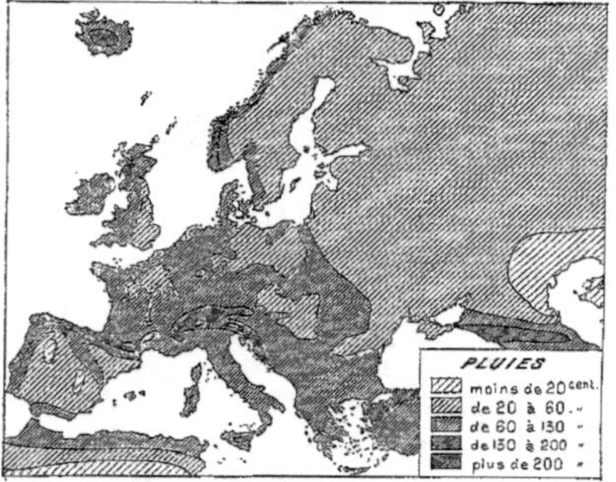

Sans parler de l'influence de l'altitude, qui se fait principalement sentir dans les régions montagneuses, où la précipitation annuelle dépasse souvent 2 mètres, on constate que la quantité de pluie tombée et le nombre des jours pluvieux vont en diminuant d'une façon régulière de l'Ouest à l'Est, de l'océan Atlantique à l'Asie.

	Jours de pluie.	Millimètres.
Côtes occidentales d'Irlande et d'Angleterre.	220	1100
France orientale : Lorraine.	150	600
Hongrie.	110	420
Russie orientale : Kazan.	90	350
Sibérie : Iakoutsk.	60	220

Répartition par saisons :

1° L'Europe occidentale reçoit surtout des pluies d'automne (air chaud et humide des vents d'Ouest sur des terres déjà refroidies).

2° Dans l'Europe centrale et dans l'Europe orientale tombent surtout les pluies d'été (l'air humide, très dilaté par le sol surchauffé, atteint constamment les zones froides de précipitation).

3° L'Europe méridionale, comme tous les pays méditerranéens, a des étés secs. C'est le printemps (côtes de France) et l'hiver (côtes de Sicile) qui sont particulièrement pluvieux.

VÉGÉTATION ET FLORE

La réunion de toutes ces conditions physiques (douceur du climat jusque dans les plus hautes latitudes, modération du relief, répartition assez régulière de l'humidité atmosphérique) permet à l'Europe d'offrir aux cultures une surface proportionnellement plus vaste que toutes les autres parties du monde. Nulle part ailleurs, ni en Asie, ni en Amérique, les limites de végétation des plantes du Midi (vignes, oliviers, orangers), aussi bien que des cultures septentrionales (céréales, forêts), ne s'avancent aussi loin vers le pôle.

Les **zones de végétation** sont naturellement en rapport intime avec celles des climats et des pluies.

La zone méditerranéenne, qui offre sur les côtes d'Afrique et d'Asie les mêmes caractères que sur celles d'Europe, est tout à fait à part et se limite en général assez brusquement aux chaînes de montagnes qui bordent la mer à une distance plus ou moins grande du rivage. Beaucoup de chaleur et de lumière, mais peu d'humidité. Pas de forêts : c'est le pays du « maquis » et des arbres à feuillage persistant (oliviers, orangers, palmiers, lentisques, myrtes, etc.).

Le sol est rocheux et en général peu fertile; on cultive surtout les plantes arborescentes : vigne, olivier, mûrier; le maïs et le riz y prospèrent également.

2° L'Europe occidentale et l'Europe centrale reçoivent encore beaucoup de chaleur, et surtout plus d'humidité. Le sol est très fertile; la vigne réussit encore dans les cantons les plus favorisés. C'est par excellence la région de la culture des céréales.

3° L'Europe septentrionale et l'Europe orientale ont des hivers trop froids et des étés trop courts, et l'abondance des pluies va rapidement en diminuant vers l'Est, où le climat est déjà asiatique (région des forêts et des steppes).

CONCLUSION

En somme, l'Europe est caractérisée dans toutes ses conditions physiques, relief, hydrographie, climat, végétation, par une **variété** très grande et aussi par un caractère général **moyen** qui exclut les extrêmes. Tout y est modéré. C'était donc une terre d'acclimatation excellente, aussi bien pour les plantes et pour les animaux que pour l'homme lui-même.

L. POIRET.

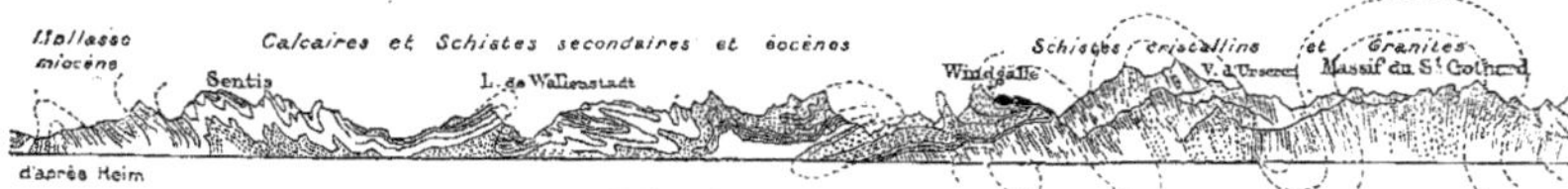

COUPE DU VERSANT NORD DES ALPES SUISSES

Plus de la moitié de l'Europe est située à une altitude inférieure à 200 mètres; un centième seulement de l'étendue totale du continent dépasse 2000 mètres au-dessus de la mer. Quant à sa hauteur moyenne, on peut l'évaluer à 290 mètres.

Au point de vue de leur répartition générale, les reliefs du sol européen peuvent être groupés de la manière suivante : 1° au Sud, les *chaînes méditerranéennes*, parmi lesquelles les Alpes l'emportent en altitude et en compacité; 2° au centre, les massifs de médiocre hauteur qui, étagés en quelque sorte au-devant des Alpes, parsèment le sol de l'Allemagne et de la France, entre les Karpates et les Pyrénées, des Sudètes aux Cévennes; 3° au Nord, les groupes, plus morcelés encore, des Iles Britanniques, avec les montagnes de la Péninsule Scandinave. Tout à fait à l'Est, par delà la grande plaine russe, court isolée la longue chaîne méridienne de l'Oural; quant aux sommets volcaniques de l'Islande, ils forment un tout à part.

À l'exception des Pyrénées, aucune des chaînes méditerranéennes ne reste rectiligne sur toute sa longueur : ainsi, les Alpes se recourbent en demi-cercle autour de la plaine du Pô; les Karpates entourent de même la plaine de Hongrie, les Apennins, la mer Tyrrhénienne, etc. L'alignement de ces différentes chaînes à la suite les unes des autres n'est pas moins frappant (Alpes et Karpates près de Vienne, Karpates et Balkans aux Portes de Fer, Alpes et Apennins près de Gênes, chaînes du Maroc et du sud de l'Espagne au détroit de Gibraltar, etc.). Il existe donc une sorte de continuité virtuelle entre tous ces reliefs, continuité qui d'ailleurs s'étend bien au delà des limites de l'Europe : les chaînes méditerranéennes font en effet partie de la grande zone montagneuse qui traverse de l'Ouest à l'Est tout l'ancien monde.

Si, au lieu de se borner à considérer la répartition des altitudes relativement au niveau actuel de la mer, on fait entrer en ligne de compte l'allure *disloquée* des masses minérales, il est aisé de constater que cette continuité des chaînes méditerranéennes correspond à un fait réel : elles représentent autant de bourrelets saillants, soulevés par le *plissement* général d'une bande de la surface terrestre comprise entre l'Europe centrale et l'Afrique; l'inégale amplitude des mouvements qui ont déterminé ce ridement du sol, la production de *fractures* et de dénivellations subséquentes, enfin le travail séculaire des eaux courantes, telles sont les causes multiples auxquelles est dû le morcellement apparent de la zone montagneuse en chaînes, formant autant d'unités distinctes au point de vue de la nomenclature géographique. Au point de vue géologique, ces montagnes sont les plus récentes de l'Europe, circonstance qui explique leur degré de conservation relativement aux chaînes plus anciennes, et leur supériorité d'altitude sur ces dernières; leur surrection date en majeure partie des temps tertiaires, comme le montre le redressement sur leurs flancs des couches déposées au fond des mers de cette époque.

La chaîne des **Alpes** est la plus importante par son développement et son relief, et en même temps la plus variée comme structure et comme formes extérieures. Après avoir décrit, entre le golfe de Gênes et la région des sources du Rhin, une courbe tournant sa convexité vers l'Ouest, la chaîne s'infléchit graduellement vers l'Est et conserve cette direction sur une grande longueur, jusqu'auprès de Vienne et de Trieste. Les granites, les schistes cristallins et, en général, les terrains les plus anciens

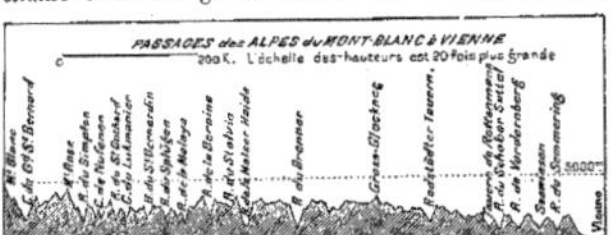

des Alpes constituent une large zone médiane, bordée de part et d'autre par deux zones d'assises secondaires et tertiaires où les calcaires dominent; ces deux zones latérales ne coexistent que dans la moitié orientale des Alpes, à l'est du lac Majeur; à l'ouest au contraire, la zone du Sud disparaît. Les massifs cristallins portent les plus hauts sommets et alimentent les principaux centres de glaciers (Mont-Blanc, 4810 m.). Les terrains stratifiés se montrent *plissés* d'une manière énergique : c'est-à-dire qu'au lieu d'avoir conservé leur allure plane originelle, les couches sont redressées jusqu'à la verticale, recourbées en *voûte* ou en *fond de bateau*, renversées, etc. En outre, grâce au travail d'érosion et de démolition poursuivi sans relâche par les eaux courantes, la topographie primitive a été complètement remaniée, comme le prouve le fréquent désaccord entre le relief actuel et la disposition souterraine des strates. Les Alpes sont découpées dans tous les sens par des vallées profondes, dont les principales se sont établies en conformité avec les lignes de plus grande pente générale de la surface, c'est-à-dire perpendiculairement à la direction des plis et des chaînons. Grâce à l'altitude du massif et au faible écartement des cours d'eau, la forme d'*arête* aiguë et de *pic* domine, surtout dans la zone cristalline médiane; de là les noms d'*aiguille* ou de *dent*, donnés à mainte sommité alpine. À leur naissance, les vallées affectent ordinairement la forme d'entonnoirs ou de *cirques*, éminemment favorable, quand l'altitude s'y prête, à l'accumulation permanente des neiges et à l'établissement de *glaciers*. Les cours d'eau qui descendent des Alpes se dirigent naturellement, de chaque côté, vers l'extérieur. La ligne de faîte entre les deux versants coïncide d'une manière générale avec la zone cristalline médiane.

De toutes les chaînes méditerranéennes, la chaîne des **Karpates** est celle qui s'avance le plus loin vers le Nord (presque jusqu'au 50° de lat. N.); c'est en même temps la plus sinueuse : dirigée d'abord au Nord-Est, elle ne tarde pas en effet à se recourber vers l'Est, puis vers le Sud-Est, en décrivant un arc convexe vers le Nord; parvenue à l'angle extrême de la Transylvanie, la chaîne rebrousse du côté de l'Ouest, pour changer encore d'orientation en approchant du Danube, et reprendre dans le Banat la direction du méridien. Cette partie extérieure de la courbe des Karpates est surtout constituée par des grès crétacés et éocènes, régulièrement plissés en ondulations parallèles. Dans une partie notable de sa longueur, la chaîne est d'ailleurs limitée à cette seule zone latérale: des massifs formés de terrains plus anciens, et notamment de roches granitiques, comparables par conséquent à la zone médiane des Alpes, n'apparaissent qu'à l'état isolé (Tatra, 2665 m.). On peut encore noter le grand développement des roches volcaniques tertiaires sur le versant méridional. Le coude Sud-Est est fermé du côté de l'Ouest par divers massifs à structure compliquée, qui isolent d'une manière complète les hautes plaines de la Transylvanie.

La **plaine hongroise**, dont une grande partie semble avoir été formée aux dépens des Karpates, abîmés dans la profondeur, est la seule grande plaine basse complètement fermée qu'il y ait en Europe; elle ne possède de communications avec l'extérieur que grâce au Danube, qui la traverse du Nord-Ouest au Sud-Est. Elle est divisée en deux compartiments d'inégale étendue par une chaîne de reliefs peu importants (*Forêt de Bakony*), qui représente probablement les débris d'une branche détachée de la masse principale des Alpes. Cette vaste dépression vient s'arrêter du côté de l'Ouest aux collines marquant l'extrémité de la zone centrale des Alpes, et au Sud elle confine aux plateaux calcaires ondulés de la Bosnie et de la Croatie, dominés au Sud-Ouest par les rides multiples du littoral dalmate.

Cette région des **chaînes illyriennes** (Alpes Dinariques, etc.) correspond au faisceau de plis qui se détache au Sud-Est de la zone méridionale des Alpes; aride, perméable et fissurée, c'est par excellence le pays des ca-

vernes et des cours d'eau souterrains. L'Adriatique, entre Fiume et Raguse, y baigne des îles nombreuses, dont les formes rectangulaires et la disposition en traînées curvilignes trahissent la structure plissée.

Au delà de la coupure d'Orsova, les montagnes du Banat se poursuivent sur le territoire serbe et prennent le nom de **Balkans**; cette nouvelle chaîne, se recourbant bientôt vers l'Est, continue à travers la Bulgarie jusqu'à la mer Noire, en formant ainsi, de l'autre côté du Danube, le pendant exact des plis des Karpates qui sépare la Roumanie de la Transylvanie. On remarquera que les reliefs relégués au Sud de la *Crimée* (1524 m.) regardent précisément, au delà de la partie plate de la mer Noire, l'extrémité actuelle des Balkans; quant au **Caucase**, ses rapports avec la Crimée sont plus manifestes encore, par l'intermédiaire des chaînes de collines qui, au Sud des bas-fonds de la mer d'Azov, forment les presqu'îles jumelles de Kertch et de Taman. Les Balkans, principalement formés de calcaires secondaires, ont des formes massives et peu découpées; le pied méridional de la chaîne est jalonné par une série de dépressions, dont la plus importante correspond au bassin de la Roumélie Orientale; au delà le puissant massif, granitique et schisteux, du *Rhodope* (Rilo-Dagh, 2950 m.). À l'Ouest du Vardar, et au Sud du massif culminant du Tchar-Dagh (5050 m.), nous retrouvons le prolongement des calcaires secondaires et des chaînes plissées de l'Illyrie; dans l'enchevêtrement des montagnes mal connues de l'Albanie, de la Macédoine et de l'Épire, on peut discerner comme prédominante la direction Sud ou Sud-Est : là court la chaîne du *Pinde*; puis, après la fosse transversale occupée par les golfes de Patras et de Corinthe, les monts du *Péloponnèse* (Taygète, 2408 m.), dont les derniers contreforts s'abaissent sous les flots marins aux caps Matapan et Malée. La chaîne partiellement submergée comprend les îles de Cythère, de Crète (Ida, 2458 m.), de Karpathos et de Rhodes, qui sépare, en décrivant une courbe convexe vers le Sud, les abîmes de l'Archipel grec des grands fonds de la Méditerranée, relie de ce côté les monts du Péloponnèse à la chaîne asiatique du Taurus. De la région du Pinde se détachent vers l'Est d'autres rameaux : ce sont les chaînes de marbre, courtes et morcelées, de la Béotie, de l'Attique et de l'Eubée, auxquelles font suite les crêtes à demi noyées des Cyclades, venant également rattacher en quelque sorte l'Europe à l'Asie Mineure. Une dernière branche du faisceau orographique albanais borde à l'Est la plaine de Thessalie, et culmine successivement dans les sommets fameux de l'Olympe (2972 m.), de l'Ossa et du Pélion. Nulle part en Europe, le littoral ne se montre aussi capricieusement découpé : les trois presqu'îles de la Chalcidique, avec le mont Athos (2066 m.) au Sud-Est, représentent à cet égard le terme le plus extrême de l'effilement des péninsules. Toutes les données géologiques s'accordent à montrer la formation de la mer Égée comme datant d'une période relativement très récente dans l'histoire du

ATLAS DE GÉOGRAPHIE MODERNE
de 0 à 100 m.
de 200 à 1000 m.
de 1000 à 2000 m.
de 2000 à 3000 m.
au-dessus de 3000 m.
OCÉAN GLACIAL ARCTIQUE
OCÉAN ATLANTIQUE
ILES BRITANNIQUES
MER DU NORD
LA MANCHE
MER MÉDITERRANÉE
MER ADRIATIQUE
MER TYRRHÉNIENNE
MER IONIENNE
Golfe de Botnie
Golfe de Finlande
Lac Ladoga
Cercle polaire arctique
AFRIQUE
ATLAS
Détroit de Gibraltar
C. St Vincent
Gravé par Erhard Frères 35 bis Rue Denfert-Rochereau, Paris

EUROPE
CARTE HYPSOMÉTRIQUE

PUBLIÉ PAR LA LIBRAIRIE HACHETTE ET Cⁱᵉ — CARTE 7

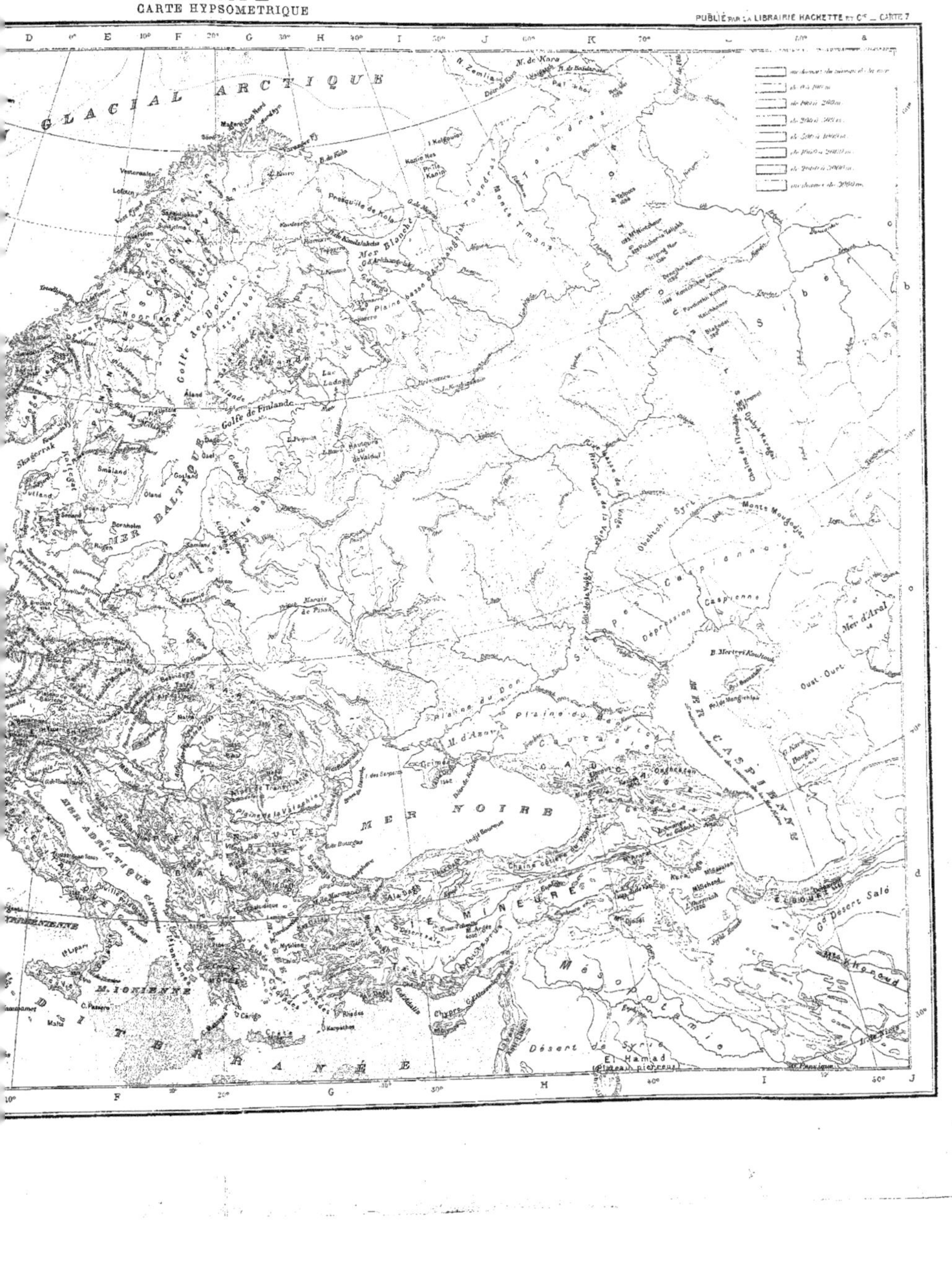

globe : le volcan de Santorin, surgissant du milieu d'un grand cirque cratériforme immergé, témoigne encore aujourd'hui, par ses éruptions, de l'instabilité du sol dans ces parages.

L'importance des phénomènes volcaniques est plus marquée encore en Italie avec l'Etna (3313 m.), les îles Lipari et le Vésuve (1289 m.); les produits d'éruptions antérieures à notre époque atteignent d'ailleurs un grand développement à l'intérieur de la courbe décrite vers l'Est par les **Apennins** exactement comme dans les Karpates : là se trouvent les remarquables cavités circulaires de Santa Croce et des lacs de Bolsena et de Bracciano. De même encore que la chaîne hongroise, les Apennins ne représentent pas une chaîne complète, et les plis extérieurs, formés de schistes et de grès tertiaires, constituent seuls une zone continue sur le versant adriatique, où d'innombrables cours d'eau parallèles se rendent séparément à la mer. Les sommets les plus importants, coïncidant avec les percées de calcaires d'âge secondaire, sont groupés au centre de la chaîne, au nord-est de Rome (Gran Sasso, 2921 m.). Une foule de petits massifs, où pointent des roches plus anciennes, apparaissent le long de la mer Tyrrhénienne; les granites et les schistes deviennent plus continus dans la presqu'île montagneuse de la Calabre, d'où ils passent en Sicile. Un seuil sous-marin peu déprimé (—524 m.) rattache cette grande île à la Tunisie en formant vers le Sud-Est le bassin de la Méditerranée occidentale.

Les deux grandes îles de Corse (Monte Cinto, 2710 m.) et de Sardaigne (Gennargentu, 1795 m.), formées principalement de granites et de schistes anciens, constituent dans l'orographie actuelle de la Méditerranée une double protubérance isolée, dont les attaches les moins déprimées avec le continent sont du côté de l'Italie par l'île d'Elbe, et qui semble représenter les restes de terres autrefois plus étendues. Elles sont étrangères au système des chaînes tertiaires méditerranéennes, dont la **Sierra Nevada** (3481 m.) et les groupes voisins représentent du côté de l'Ouest les derniers rameaux. Peut-être doit-on rattacher à ces chaînons du S.-E. de l'Espagne la ligne des Baléares, courant parallèlement aux montagnes littorales de Valence et de la Catalogne; celles-ci barrent du côté de la mer la plaine tertiaire de l'Èbre, formée de sédiments lacustres horizontaux, comme les deux autres plaines, plus élevées, des Castilles, séparées de la première par un faisceau de plis peu accusés dirigés vers le Sud-Est (*Sierra de Moncayo*, 2349 m.).

Avec les **Pyrénées** nous retrouvons une grande chaîne à structure symétrique comparable aux Alpes; les couches secondaires et tertiaires occupent deux bandes parallèles, au nord et au sud d'une large zone médiane présentant un grand développement de schistes primaires, avec nombreux massifs granitiques alignés en traînées discontinues (Maladetta, 3404 m.). La direction moyenne de la chaîne et de ses lignes structurales est O.-N.-O. environ; toutefois, du côté de la Méditerranée, cette direction fait place à celle de l'E.-N.-E., comme si les Pyrénées voulaient aller se rattacher, au delà du golfe du Lion, aux chaînons plissés de la Provence.

Les monts **Cantabres** (Picos de Europa, 2678 m.) prolongent vers l'Ouest, le long du golfe de Gascogne, la direction des Pyrénées; dans leur partie occidentale, ils se montrent constitués uniquement par des terrains cristallins et des schistes primaires, comme toutes les montagnes de l'intérieur de l'Espagne au nord du Guadalquivir : *Sierras de Gredos* (2661 m.), de *Guadarrama* (2405 m. à la Peñalara), *Morena*, etc.

L'oblitération des formes primitives, qui caractérise l'ancien massif espagnol, est réalisée d'une manière plus complète encore dans l'ensemble des reliefs plus humbles du centre de l'Europe. C'est d'abord, au nord de la large plaine tertiaire de la Garonne, le **Massif central français**, granitique, dont les points culminants n'atteignent leur altitude relativement considérable que grâce aux puissants cônes volcaniques tertiaires de l'Auvergne (Mont Dore, 1886 m.), et qui s'arrête à la dépression rectiligne du Rhône et de la Saône. Au delà de cette grande vallée naissent les premiers chaînons des Alpes, dont un certain nombre, se détachant vers le Nord du faisceau principal, s'isolent sous le nom de **Jura**, et se poursuivent jusqu'au voisinage du Rhin, en décrivant une courbe tournant sa convexité au Nord-Ouest. Entre le Jura et les Alpes, la partie basse de la Suisse est occupée par des collines de grès tertiaire ou *mollasse*; plus plate et plus large en Bavière, cette dépression devient le bassin supérieur du Danube, et se resserre ensuite entre les Alpes et le massif cristallin de la Bohême; la plaine tertiaire de la Moravie la prolonge au Nord-Est, en séparant le même massif des premières ondulations des Karpates, pour aboutir aux grandes plaines de l'est et du nord de l'Europe. Cette longue suite de dépressions qui, du delta du Rhône aux rives de l'Oder, accompagnent au Nord le pied des Alpes et des Karpates, correspond à la partie de l'Europe Centrale dont l'émersion définitive remonte le moins loin dans le passé : un bras de mer en occupait encore l'emplacement vers le milieu des temps tertiaires.

Le **massif bohémien**, où se concentrent les affluents supérieurs de l'Elbe, forme un quadrilatère occupé surtout par des roches primitives; il culmine au Nord-Est, dans le *Riesengebirge* (Schneekopf, 1605 m.); les produits d'anciennes éruptions tertiaires y sont abondants, notamment au pied de la falaise rectiligne qui coupe brusquement au Sud-Est le plan doucement incliné vers le N. de l'*Erzgebirge*. Vers le N.-O., la Bohême projette le long éperon schisteux du *Thüringer Wald*; puis surgit, isolé, au N., le petit massif du *Harz* (Brocken, 1142 m.). Fort enchevêtrés dans leur disposition sont les groupes de collines du centre de l'Allemagne, formées principalement de terrains secondaires dénivellés par des failles. Au Sud le trait le plus remarquable est l'escarpement terminal, faisant face au Nord, du plateau calcaire jurassique de la

Souabe et de la Franconie. A l'Ouest est la région schisteuse rhénane, à surface aplatie malgré l'allure tourmentée de ses couches primaires, que percent au fond de vallées tortueuses le Rhin, la Moselle et la Meuse (*Taunus, Hunsrück, Eifel, Ardennes*). Plus au Sud se trouvent les deux massifs jumeaux, granitiques et gréseux (Trias), des **Vosges** (Grand Ballon

1426 m.) et de la **Forêt-Noire** (Feldberg, 1495 m.), que sépare la longue fosse arrosée par le Rhin entre Bâle et Mayence. Des collines de calcaires jurassiques vont ensuite rejoindre au Sud-Est, par la *Côte d'Or*, les avancées du Massif Central; puis viennent les plaines et les collines, secondaires et tertiaires, du nord de la France et de la Belgique, continuées, au delà de la coupure peu profonde du Pas-de-Calais, par les reliefs et les terrains similaires du sud-est de l'Angleterre (*Bassin géologique anglo-parisien*). Quant à la saillie que fait vers l'Ouest le littoral Atlantique entre la Loire et la Seine (*Bretagne*), elle correspond, comme la plupart des massifs précédents, et de même que la *Cornouailles* anglaise, aux débris d'une ancienne chaîne, plissée vers la fin des temps primaires, à peu près à l'époque où se formaient les principaux bassins houillers de l'Europe Centrale.

Avec les montagnes schisteuses du **pays de Galles**, très rocheuses et très découpées (Snowdon, 1094 m.), nous abordons un nouvel ensemble de reliefs dont l'origine est plus ancienne, et dont les matériaux constitutifs ont acquis leur structure plissée pendant la première partie des temps primaires, après le dépôt du terrain silurien. Les massifs du Cumberland et du sud de l'Écosse sont analogues, mais moins élevés. Au nord des collines de grès et de porphyre qui s'étendent en écharpe du Forth à la Clyde s'élèvent les **Grampians** (Ben Nevis, 1345 m.), toujours schisteux, mais percés de massifs granitiques et fendus de part en part au Nord-Ouest par la curieuse dépression du Canal Calédonien. Quant aux îles qui accompagnent à l'Ouest les profondes échancrures du littoral, elles sont constituées en partie par de puissantes accumulations de laves et de produits volcaniques tertiaires. En **Irlande** comme dans la grande île anglo-écossaise, les avancées du rivage et les saillies du relief correspondent surtout aux roches granitiques et aux schistes anciens; le reste du territoire est occupé par des couches calcaires d'âge carbonifère.

Monts rocheux, côtes semées d'îles, vallées submergées, eaux surabondantes, ces traits reparaissent avec plus d'ampleur, de l'autre côté de la mer du Nord et de la fosse du Skager Rak, sur le sol scandinave. Là aussi, l'ancienne chaîne schisteuse n'est plus qu'une ruine; les points culminants, qui rarement présentent des formes élancées rappelant celles des sommets des Alpes, se trouvent du côté de l'Ouest, en Norvège (Ymes Fjeld, 2560 m.), de même que les principaux glaciers, relégués sur de hauts plateaux monotones. Le versant suédois, beaucoup plus large, s'incline doucement vers la Baltique et il est parcouru par de grands cours d'eau, moitié lacs et moitié fleuves. Au Sud-Est, un appendice très dilaté se projette entre la Baltique et le Kattegat : c'est la région, toujours formée de roches primitives, de la Suède méridionale, parsemée de vastes nappes d'eau (Venern, Vettern, etc.).

Plus encore que la Suède, la granitique *Finlande* est le pays des lacs, qui trahissent, comme dans tout le nord de l'Europe, l'état inachevé du modelé topographique, conséquence de l'occupation du sol, à l'époque

quaternaire, par d'immenses glaciers : les débris arrachés aux monts Scandinaves sont venus s'entasser irrégulièrement dans les plaines de l'Allemagne du Nord et de la Russie. Les îles plates et la péninsule du *Danemark*, servant de pont entre l'Allemagne et la Suède, sont presque entièrement découpées dans cette masse épaisse de terrain *erratique*.

La Russie, avec ses fleuves immenses et ses plaines sans limites, est aussi monotone d'aspect et de structure que le reste de l'Europe est varié : les terrains sédimentaires de tous les âges y sont restés horizontaux, même les plus anciens. C'est seulement le long de l'**Oural** que les assises primaires se montrent redressées et plissées, sous la forme d'ondulations parallèles, dirigées dans le sens du méridien. Continué apparemment du côté du Nord par la Novaïa-Zemlia, l'Oural s'élargit au sud et ses derniers chaînons viennent mourir sous les sables des steppes qui séparent les deux dépressions fermées de la mer Caspienne et du lac d'Aral.

Il est facile de résumer en peu de mots les faits principaux de l'évolution générale du continent européen. C'est au Nord, en Écosse et en Scandinavie, que semblent avoir apparu les parties les plus anciens d'une masse émergée; la mer occupait alors le centre et le sud : ses dépôts s'observent en Angleterre, en Bretagne, dans les Ardennes, en Bohême, dans les Alpes Orientales, en Espagne. À la fin de la période silurienne, nous voyons l'écorce terrestre se plisser et une chaîne puissante s'ajoute, du côté du Sud, au continent primitif (Écosse, Norvège, Pays de Galles). Plus tard, après le dépôt des assises dévoniennes et carbonifères, second ridement énergique, et production, en retrait sur la précédente, d'une nouvelle chaîne, aujourd'hui morcelée par des fractures plus ou moins verticales ou *failles*. Enfin, pendant les âges tertiaires, plissement des rides alpines en arrière des massifs primaires, rétrécissement de la Méditerranée et grande activité volcanique. La séparation de la mer Noire d'avec la Caspienne, désormais isolée, et son annexion à la Méditerranée grâce à l'affaissement de l'Archipel grec, l'ouverture du Pas-de-Calais, l'envahissement par les eaux marines de vastes surfaces au nord-ouest du continent, enfin l'extension temporaire des glaciers Alpins et Scandinaves, telles ont été les modifications les plus importantes subies par la géographie du sol européen depuis la fin des temps tertiaires.

Emm. de Margerie.

POPULATION

L'Europe, qui compte environ 394 millions d'hab., soit en moyenne 40 par kil. carr. (Asie, 19; Amérique, 4), est la partie du monde où la population est le plus également répartie. Peu de parties désertes :

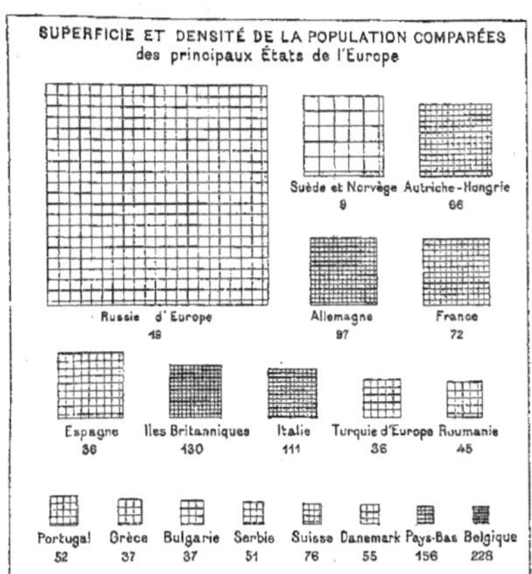

bords de la mer Glaciale. Pas d'immenses agglomérations, sauf sur un très petit nombre de points. C'est dans l'Europe occidentale (Belgique, Hollande, Angleterre, Italie, Allemagne, France, Suisse) que la population atteint la plus forte densité.

DISTRIBUTION DES RACES

L'Europe n'est pas moins variée dans ses **éléments ethnographiques** que dans ses conditions physiques, les mélanges de races s'y étant opérés facilement et sur une vaste échelle, notamment dans les régions frontières, où les différents peuples se sont heurtés les uns contre les autres (Rhin, Oder et Vistule, Danube, etc.).

Ce qui distingue aujourd'hui ce qu'on est convenu d'appeler les **races**, c'est beaucoup moins le type que la langue, et surtout l'éducation; il n'y a plus véritablement de races en Europe : il n'y a que des **nationalités**, groupées plus ou moins logiquement par les événements politiques.

Ces réserves faites, on peut distinguer dans la grande famille des peuples indo-européens trois groupes principaux : le groupe **gréco-latin**, le groupe **germanique** et le groupe **slave**.

I. Le groupe **gréco-latin** comprend en réalité des populations appartenant à des origines très diverses : Celtes, Ibères, Grecs, Latins, Germains. Les Celtes et les Ibères en particulier ont contribué pour une très large part au peuplement des régions atlantiques : les Ibères (Basques) en Espagne et en France; les Celtes en France et en Grande-Bretagne. Mais, à part les cantons peu nombreux où ces deux familles ont conservé l'usage de la langue primitive, toutes les populations comprises dans ce groupe parlent aujourd'hui des langues dérivées du grec et du latin et ont entre

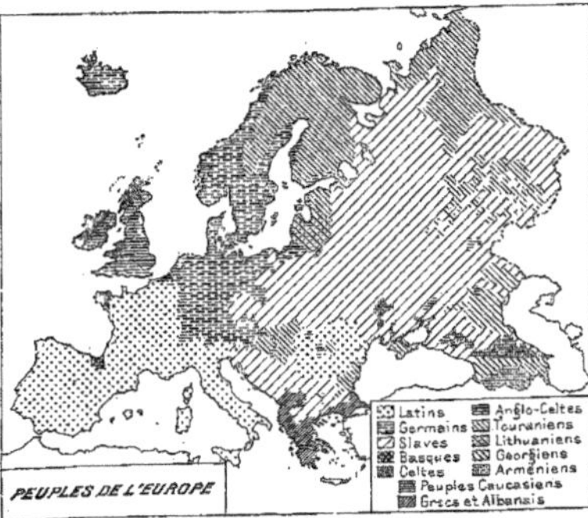

elles certaines affinités de civilisation qui les portent à s'unir, quand les nécessités de la politique n'y mettent pas obstacle. Ce groupe compte 110 millions d'individus : Latins 95 millions, Roumains 8 millions et demi, Grecs 3 millions et demi, Celtes 2 millions, Basques un demi-million.

II. Le groupe **germanique**, très fortement mélangé de Celtes dans la Grande-Bretagne, de Finnois et de Lapons en Scandinavie, de Slaves dans l'Allemagne orientale et en Autriche, comprend, avec les Hollandais et les Flamands, 160 millions d'individus. C'est le groupe le plus disséminé, celui qui a fondé dans les autres le plus de colonies (en Russie, en Roumanie, en Hongrie, en Transylvanie, etc.).

III. Le groupe **slave** se partage en trois familles :

a. Le groupe de l'Est : Russes, Ruthènes, Bulgares : 70 millions.

b. Celui de l'Ouest : Polonais, Tchèques, Slovaques, Wendes : 20 millions.

c. Le groupe du Sud-Ouest : Slovènes, Croates, Serbes : 7 millions et demi. En tout : 97 millions et demi.

Outre ces trois groupes, les descendants de la race **mongole** sont en Europe plus de 20 millions, partagés en trois groupes principaux :

a. Au Nord, les Finnois, les Lapons, les Samoyèdes, auxquels se rattachent les Livoniens et les Esthoniens : 9 millions.

b. Les Magyars (Hongrois), sur le Danube moyen, enfermés entre les Slaves au Nord et au Sud, les Allemands à l'Ouest, les Roumains à l'Est : 7 millions.

c. Les Turcs, disséminés dans la péninsule des Balkans, que les Grecs et les Bulgares leur disputent pied à pied. Les Tartares, qu'on peut leur adjoindre, occupent plusieurs cantons de la Russie orientale (Tartares du Caucase, Kalmouks, Kirghiz, Bachkirs) : 5 millions.

Ces différents groupes de populations se sont en quelque sorte tassés les uns sur les autres par ordre d'arrivée. Les Gréco-Latins, venus par le Sud lors de la conquête romaine, et les populations qu'ils ont civilisées, occupent le sud-ouest de l'Europe. Leur domaine propre est la Méditerranée.

Les Germains n'atteignent par aucun point la Méditerranée, mais ils sont les maîtres incontestés de la mer du Nord et d'une grande partie de la Baltique. Ils sont établis au nord-ouest et au centre de l'Europe.

Les Slaves, venus les derniers, ont fait plusieurs trouées jusqu'au cœur de l'Europe, par la Bohème et la Pologne au Nord, par les vallées de la Drave et de la Save au Sud. Mais ils sont entourés de tous côtés par les populations d'origine mongole, qui les ont à leur tour refoulés, et ils n'occupent qu'une très petite étendue de côtes sur la mer Adriatique et sur la mer Noire.

RELIGIONS

Les **différences de religions** correspondent généralement, en Europe, aux différences de races.

Les peuples de civilisation latine appartiennent en immense majorité à la religion **catholique romaine**, qui compte encore un grand nombre d'adhérents dans la famille germanique (Flamands, Allemands d'Allemagne et d'Autriche, Suisses), parmi les Slaves (Polonais, Tchèques, Ruthènes, Croates et Esclavons), chez les Hongrois, les Irlandais, etc. En tout, 162 millions.

Les **protestants** (avec leurs nombreuses sectes) ne se rencontrent guère que parmi les peuples de race germanique. Il faut y ajouter les Finnois, les Esthoniens. En tout, 81 millions.

La religion grecque est le culte de la grande majorité des Slaves, d'une partie des Finnois, des Roumains, des Grecs : 90 millions.

Les Tartares et les Turcs sont **musulmans** : 7 millions.

Les **israélites** sont disséminés un peu partout, mais particulièrement dans l'Europe orientale, chez les Slaves : 6 millions.

DÉVELOPPEMENT DE LA CIVILISATION

L'Europe présentait au développement de la civilisation un champ particulièrement favorable; c'est cependant de l'Afrique septentrionale et de l'Asie, qu'elle en a reçu les premiers germes.

Les causes qui ont favorisé ce développement sont :

1° Sa position par rapport aux autres parties du globe, à égale distance de l'Asie et de l'Afrique, et au centre des terres émergées.

2° Son relief, où tout est modéré, sans obstacles infranchissables (déserts ou montagnes); la facilité des communications entre le Nord et le Midi; la découpure extrême des côtes, donnant à la civilisation le caractère essentiellement péninsulaire et maritime. Toute l'Europe occidentale est découpée en régions distinctes, où les populations ont pu s'établir comme en autant de moules disposés à l'avance; nul continent n'était plus propre à faire naître, par la multiplicité même de ses régions naturelles, autant de nations diverses, à favoriser leurs influences réciproques, leurs mélanges.

3° Son climat, essentiellement modéré; la nature, sans y être avare ni prodigue, n'y donne rien qu'au travail, et contraint ainsi l'homme au déploiement de toutes ses facultés, ce qui est la condition même du progrès.

Aussi, à peine introduite en Grèce, la civilisation y prend-elle un merveilleux essor, pour de là, affinée et élevée, refluer sur l'Asie elle-même et embrasser toute la Méditerranée orientale.

Avec la domination romaine, la civilisation fait un pas vers l'Ouest, en

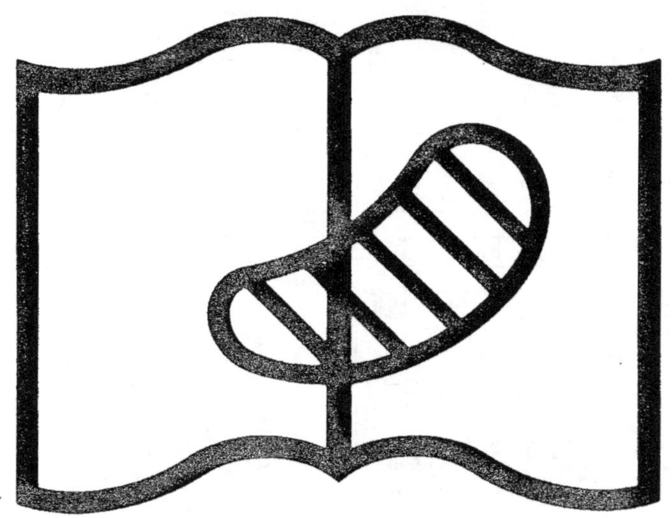

Original illisible

NF Z 43-120-10

ATLAS DE GÉOGRAPHIE MODERNE

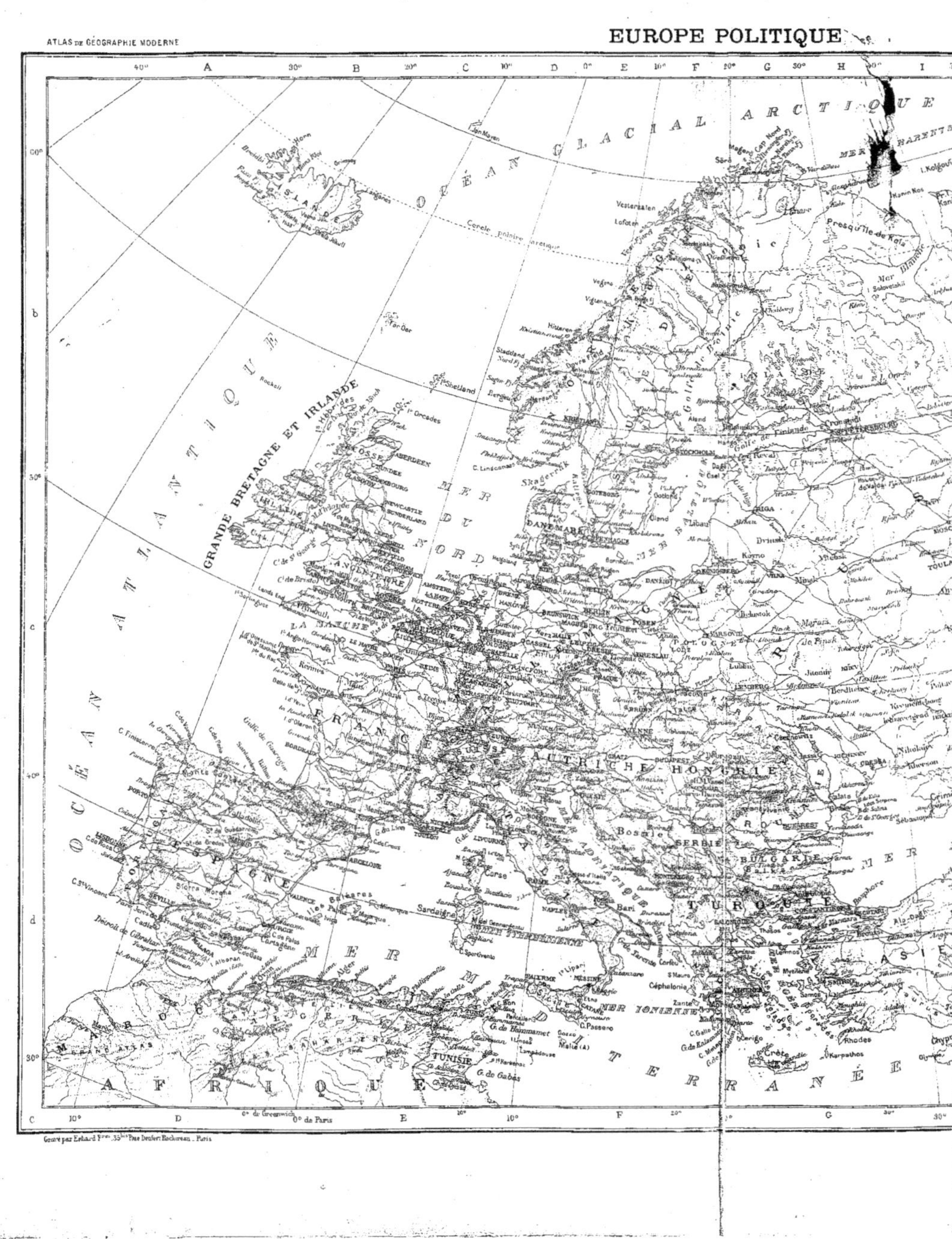

Gravé par Erhard Frères, 35 rue Denfert Rochereau - Paris

0° de Greenwich   0° de Paris

PUBLIÉ PAR LA LIBRAIRIE HACHETTE ET Cⁱᵉ. CARTE 8.

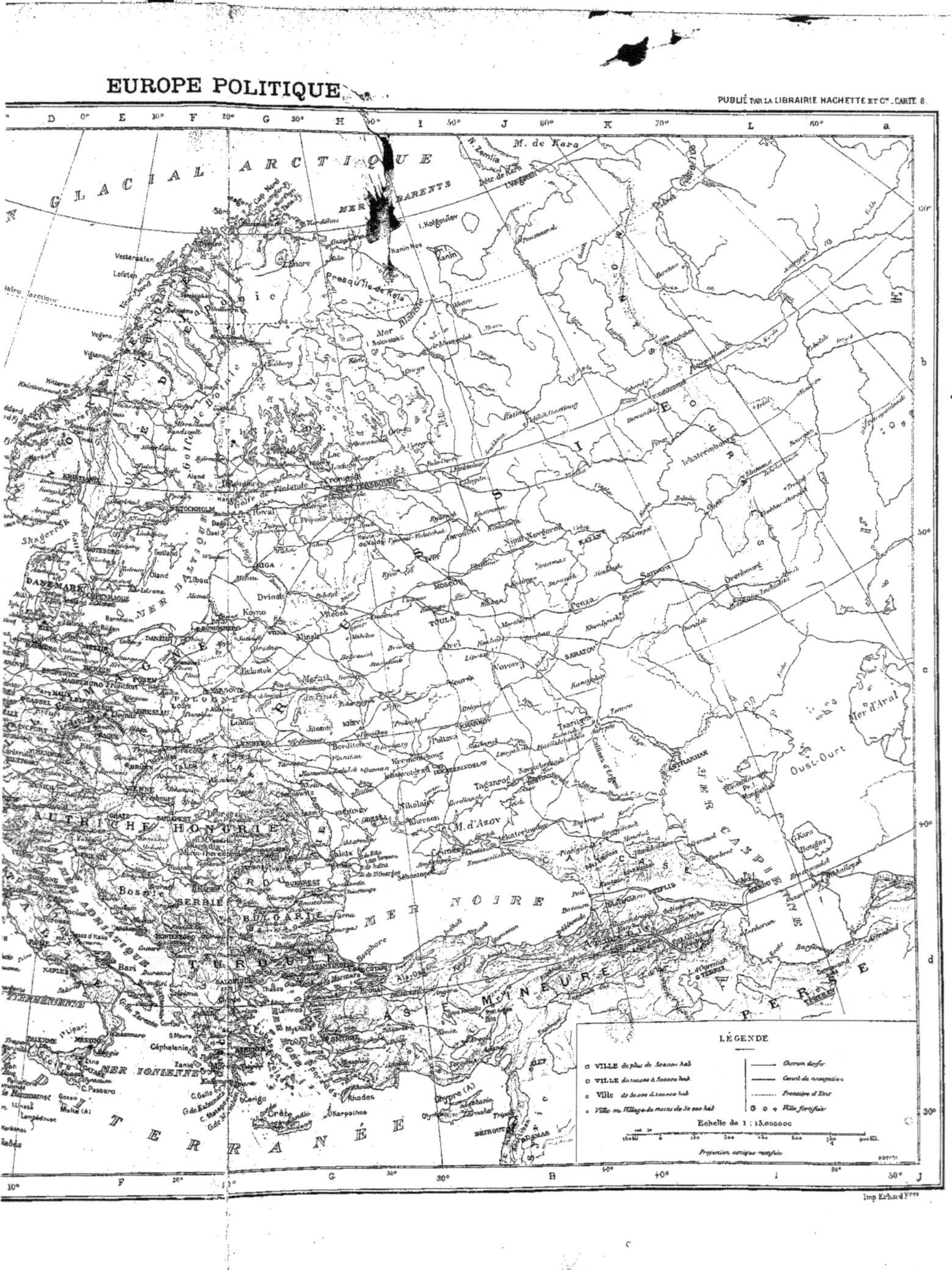

entourant la Méditerranée entière, dont l'Italie est à la fois le centre et le lien.

Puis viennent les invasions, les luttes entre le Nord et le Midi, Celtes et Gaulois, Cimbres et Teutons, Germains, Normands; le Nord finit par l'emporter. Le grand rôle de la Méditerranée a cessé, celui de l'Atlantique n'est pas encore venu.

Pendant tout le moyen âge, les peuples européens cherchent leur voie et leur équilibre, et ne parviennent pas encore à se constituer en nationalités distinctes.

La découverte de l'Amérique hâte le mouvement, en ouvrant l'océan et en fournissant un champ plus vaste à l'activité des peuples; ce sont les pays de l'Europe occidentale qui atteignent les premiers leur unité territoriale : France, Espagne, Angleterre, Hollande, en même temps qu'ils deviennent des puissances maritimes et coloniales de premier ordre.

L'Italie est de formation récente; la péninsule des Balkans est encore en travail. Mais c'est dans l'Europe centrale, au milieu de cette grande plaine où il n'y a pas de limites bien déterminées, que les luttes ont été les plus nombreuses et les plus longues. Elle est le champ de bataille de l'Europe; la Pologne y a sombré au profit des trois grands empires rivaux qui se sont partagé ses dépouilles : Allemagne, Autriche, Russie.

En somme, l'Europe n'était pas faite pour les grandes dominations; elles n'y ont jamais été de longue durée, si l'on fait exception de la plaine orientale, plus asiatique qu'européenne. La tendance perpétuelle a été la constitution en nationalités distinctes, dans des limites bien définies. Chaque nation a eu son heure de prépondérance, suivant une marche remarquablement régulière : Grèce, Italie, Espagne, France, Angleterre, Allemagne. Tout porte à croire que le tour de la Russie viendra.

Dans l'intervalle, l'Europe a débordé par-dessus l'Atlantique et le Pacifique, et peuplé de ses émigrants une partie des continents nouveaux. Mais, comme conséquence de cette expansion, elle voit aujourd'hui diminuer son importance économique, par suite de la concurrence toujours plus grande que lui font les pays d'outre-mer, particulièrement les États-Unis et l'Extrême-Orient. L'Amérique surtout ambitionne de prendre la succession de l'Europe, comme cette dernière avait pris celle de l'Asie, et de devenir ainsi le continent de l'avenir.

L. POIREL.

GÉOGRAPHIE ÉCONOMIQUE

PRODUITS MINÉRAUX

L'Europe est en général bien moins riche que l'Amérique en produits minéraux. Si l'industrie y est encore actuellement plus développée que dans ce dernier continent, c'est grâce à la proximité des lieux de consommation, ainsi qu'aux progrès de la civilisation, qui accroît les besoins, et à ceux de la science, qui permet d'exploiter d'une façon plus productive des ressources relativement restreintes.

Métaux précieux. — Rares en Europe.

Or. — Environ 16 tonnes en 1898 (mines de l'Oural près de 10 tonnes; Autriche-Hongrie, 2857 kilogrammes; Italie, 250; Suède, 126; Allemagne, 111) sur 450 tonnes de la production totale pendant la même année.

Platine. — 4900 kilogrammes en Russie.

Argent. — Environ 577 tonnes en 1898 (Espagne, 259 tonnes; Allemagne, 173,5; Autriche-Hongrie, 58; Grèce, 42; Italie, 25,5; France, 14,5) sur 5543 tonnes de la production totale.

Fer. — Minerai très abondant partout. Sur 75,5 millions de tonnes de production annuelle, 50 en Europe (Grande-Bretagne et Irlande, 14,4 millions de tonnes; Allemagne et Luxembourg ensemble, 16; France, 4,7; Russie, 3; Autriche-Hongrie, 5,1).

Le cuivre, le plomb, l'étain, le zinc, le mercure, etc., n'existent en Europe qu'en quantités peu considérables; toutefois l'Europe a conservé jusqu'à présent le monopole presque exclusif du traitement de ces minerais. C'est l'Espagne qui fournit la plus grande partie du cuivre (53 720 tonnes), du mercure (1557 tonnes), et du plomb (161 800 tonnes), extraits en Europe; la Prusse occupe la première place pour le zinc (642 000 tonnes); l'étain est extrait presque exclusivement en Cornouailles (4000 tonnes).

Houille. — On calcule que les gisements de houille actuellement connus couvrent une étendue de plus de 1 million de kil. carr., dont un cinquième environ en Europe.

La production totale annuelle du monde dépasse 660 millions de tonnes (1898). L'Europe fournit près de 436 tonnes de houille et de lignite (Grande-Bretagne et Irlande, 205,5; Allemagne, 127,6; France, 32,5; Autriche, 32; Belgique, 22).

Pétrole et Naphte. — La Russie (Caucase) est l'unique région de l'Europe qui produise du naphte (7636 000 tonnes).

Sel gemme et sel marin. — Production totale de l'Europe : 7 millions de tonnes. — Grande-Bretagne et Irlande, 1 909 000; Allemagne, 1 570 000; Russie, 1 547 000; France, 999 000; Autriche-Hongrie, 511 000; Espagne, 479 000; Italie, 451 000. Production du monde, près de 12 millions.

AGRICULTURE

Céréales. — L'Europe occupe jusqu'à présent la première place comme pays de production de céréales. Pour mieux faire ressortir la production relative des différents pays, nous donnons ci-dessous les moyennes de cinq années (1894-1898).

Froment. — Russie, 121,6 millions d'hectol.; France, 115,4; Hongrie, 50,0; Italie, 33,2; Espagne, 30,7; Allemagne, 30,0; Grande-Bretagne, 21,0; Roumanie, 20,6; Autriche, 15,0. La production totale annuelle de l'Europe peut être estimée à 450 millions (États-Unis, 180,4).

Seigle. — Russie, 260 millions d'hectol.; Allemagne, 70,8; Autriche, 26; France, 25,4; Hongrie, 17,2.

Orge. — Russie, 85,8 millions d'hectol.; Grande-Bretagne, 26,6; Allemagne, 25,8; Autriche, 19,7; Hongrie, 19,6; France, 16,2; Espagne, 15,6.

Avoine. — Russie, 208 millions d'hectol.; France, 91,4; Grande-Bretagne, 62,6; Allemagne, 51,2; Autriche, 57,2; Hongrie, 25,4; Suède, 22,4; Danemark, 13,4; Belgique, 10,0.

Maïs. — Hongrie, 45,0; Roumanie, 24,6; Italie, 25,7; Russie, 11,2; France, 9,8. À côté de cela, les États-Unis produisent 607,8.

Pommes de terre. — Allemagne, 424 millions d'hectol.; Russie, 241,7; Autriche, 154,8; Grande-Bretagne et Irlande, 84,2; Hongrie, 54,4; Belgique, 36,8; Pays-Bas, 27,4; Suède, 15,6; France, 4,2.

Vigne. — France, 31,7; Espagne, 29,8 (en 1896); Italie, 26,0 (1897); Autriche, 4,2; Allemagne, 1,4.

La production extra-européenne, jusqu'à présent insignifiante, commence à se développer, surtout aux États-Unis (Californie).

INDUSTRIE

Soie. — L'Europe produit près du quart de la soie du monde (Italie, 5 555 000 kilogr.; France, 559 000; Autriche-Hongrie, 275 000; Turquie d'Europe, 259 000; Caucase, 309 000). — Europe, 4 850 000; Monde, 17 552 000.

Laine. — L'Europe produit environ le tiers de la laine du monde et en travaille les 7/10e.

Coton. — Presque tout le coton travaillé en Europe est de provenance extra-européenne. La consommation de ce produit montait en 1898-99 à 13 190 000 ballots aux Îles Britanniques et à 4 836 000 ballots dans le restant de l'Europe. En tout 8 555 000 ballots contre 15 952 000 de la consommation mondiale. Nombre de broches : Grande-Bretagne, 46 000 000; Europe continentale, 55 000 000; Europe, 79 000 000; Monde, 105 000 000.

Lin. — C'est un produit européen par excellence. Europe, 51 159 500 boisseaux en 1898 et 20 125 000 en 1899; Monde, 72 959 000 en 1898 et 68 555 000 en 1899. Le poids des fibres : Europe, 807 570 kilogr. en 1898, 514 260 kilogr. en 1899.

Tabac. — L'Europe produit environ 250 millions de kilogr. de tabac et en consomme le double.

Sucre. — Production de sucre de betterave de l'Europe entière : 5 555 944 tonnes; Allemagne, 1 790 000; Autriche, 1 120 000; France, 970 000; Russie, 900 000. Les autres continents fournissent 2 859 500 tonnes de sucre de canne et 72 000 tonnes de sucre de betterave (1900).

COMMUNICATIONS

L'Europe possède le plus long réseau de chemins de fer du monde. Le réseau est le plus serré en Belgique (2 108 kil. sur 10 000 kil. carr. de superficie); en Grande-Bretagne et Irlande (1 111 kil. sur 10 000 kil. carr.); en Allemagne (1 005 kil. sur 10 000 kil. carr.); en Suisse (919 kil. sur 10 000 kil. carr.); aux Pays-Bas (850 kil. sur 10 000 kil. carr.); et, en France (791 kil. sur 10 000 kil. carr.). Il est le moins serré en Finlande (76 kil. sur 10 000 kil. carr.) et en Russie d'Europe (88 kil. sur 10 000 kil. carr).

Télégraphes. — 100 Anglais envoient par an 227 dépêches; 100 Suisses, 136; 100 Français, 109; 100 Norvégiens, 109; 100 Néerlandais, 105; et enfin 100 Belges, 100. Les nationaux d'autres pays européens en envoient bien moins. Le minimum appartient à la Russie : 15 dépêches par 100 personnes.

COMMERCE

Il est impossible de déterminer même approximativement la valeur du commerce de l'Europe avec les autres continents, les chiffres des importations (40 milliards en 1899) et des exportations (50 milliards pendant la même année) des différents pays se rapportant en grande partie aux transactions qu'ils effectuent entre eux.

Marine marchande. — Voici quel a été l'état de la marine marchande des principaux États maritimes pendant ces dernières années : Grande-Bretagne et Irlande (1899), 20 196 navires de 9 164 542 tonnes avec 244 155 hommes d'équipage; dans les colonies, 14 700 navires de 1 457 857 tonnes; Allemagne (1900), 3 759 navires de 1 737 798 tonnes; Norvège (1899), 6 826 navires de 1 554 954 tonnes; France (1899), 15 489 navires de 957 756 tonnes; Italie (1898), 6 148 navires de 815 162 tonnes. La part de l'Europe dans le tonnage général est estimée à 70 pour 100.

D. A.

Par sa situation et sa configuration, la France occupe une place unique dans le monde et dans l'histoire.

En France comme dans toutes les autres parties du globe, le travail de surrection du sol, puis l'œuvre de désagrégation par les agents atmosphériques, ont divisé la surface terrestre en parties plus élevées, régions de dispersion ou d'alimentation où surgissent et d'où s'éloignent les cours d'eau, et en parties plus déprimées, régions de concentration, d'aboutissement, où ces cours d'eau viennent se réunir, ralentir leur marche, déposer les particules arrachées aux régions supérieures, arroser, humecter ou inonder les nappes d'alluvions, puis terminer leur cours.

Entre les régions montueuses s'ouvrent des passages plus ou moins profonds, plus ou moins larges ou praticables, qui permettent aux régions inférieures, aux « bassins » proprement dits, de communiquer les uns avec les autres.

De la situation d'un pays en latitude, de la constitution de son sol, de son exposition aux vents de mer ou de terre, de son altitude générale dépendent le climat, la végétation naturelle ou cultivée. La disposition des parties hautes ou des parties basses intervient pour diriger le groupement de la population et les relations commerciales ou guerrières. De là dépend la possibilité, pour ce pays, de donner naissance à un peuple, de créer une civilisation, et de prendre sa place dans l'histoire.

Dans ses limites actuelles, la France présente vaguement une forme hexagonale. Avant les désastres de 1871, l'hexagone se prolongeait entre les Vosges et le Rhin. Nous conservons encore dans notre pensée cette forme à la France, puisque la partie que nous avons perdue redeviendrait française le jour où les vainqueurs la laisseraient libre de disposer d'elle-même.

Trois côtés de l'hexagone sont formés par des mers : Manche au nord-ouest, Océan à l'ouest, Méditerranée au sud-est. Deux par des montagnes : Pyrénées au sud-ouest, Alpes et Jura à l'est. Le sixième côté (nord-est) s'ouvre sur l'Europe par une série de montagnes douces, de plateaux et de larges plaines. De ce côté la France n'a que des bornes purement politiques.

Au centre même du pays, séparé par des plaines ou par des collines de toutes les montagnes ou de toutes les mers du pourtour, s'élève un vaste bloc de montagnes volcaniques, primitives ou calcaires; c'est le *Massif central*, sorte de cœur matériel de la France, d'où les eaux s'écoulent vers presque toutes mers, en alimentant presque tous nos fleuves.

Autour du Massif central, de tous côtés le sol s'abaisse, les plaines s'étendent, à peine ondulées de collines. La plaine du nord s'incline vers la Manche et le Nord, celle de l'ouest vers l'Océan, celles du sud et de l'est vers la Méditerranée.

Au nord-ouest, près du rebord des deux plaines, les collines se relèvent et un large promontoire s'avance dans la mer, rejetant les fleuves au nord et au sud et formant comme une île de terrains primitifs : la Bretagne.

Ainsi la France se présente comme formée d'un massif montagneux central, autour duquel s'ouvre une ceinture de larges bassins, inclinés vers les mers environnantes. Entre les rivages maritimes et ces bassins le terrain se redresse, en Bretagne d'abord, puis aux Pyrénées, aux Alpes, au Jura, formant à la France comme une ceinture alternativement composée de mers et de montagnes. Au nord-est seulement, par delà les Vosges et les Ardennes, la ceinture s'interrompt, et la France se mêle à l'Europe. Tel est le cadre géographique dans lequel s'est développée notre patrie.

Le Massif central couvre à peu près la septième partie de la France. Moins élevé que les Alpes ou les Pyrénées, mais bien plus important dans la vie générale de notre pays, il envoie des eaux à la Garonne, à l'Océan, à la Loire, à la Seine, au Rhône, à la Méditerranée. Il envoie en même temps à la France entière des habitants de race primitive, rustiques, robustes, endurcis par le sévère climat de ses montagnes. La France entière est tributaire du Massif central.

C'est au Puy de Sancy (1886 mètres), au milieu d'une chaîne de volcans éteints, les monts Dore, que le Massif central s'élève le plus haut. Deux autres rangées de volcans refroidis, celles des monts Dôme et du Velay, s'élèvent à l'est des monts Dore. Tous ces sommets reposent sur de larges bases formant plateaux; des coulées de lave durcie descendent dans leurs vallées; sur leurs pâturages, qui se cachent plusieurs mois sous la neige, les hivers sont longs et rudes. Quelques rares plaines, comme la fertile Limagne, se creusent au milieu des montagnes.

Au nord, à l'ouest, les volcans font place aux larges croupes granitiques des monts de la Marche et du Limousin, moins élevées; un peu moins froides, herbeuses ou vertes de forêts, et sillonnées d'eaux courantes qui vont pour la plupart à la Loire et à la Garonne, comme celles de la région volcanique.

La Margeride et les monts d'Aubrac, également faits de granit et de gneiss, s'appuient au sud à la chaîne des volcans. Sur leurs flancs, ou séparés d'eux par d'étroites vallées, s'appuient à leur tour les larges tables calcaires des *Causses*, arides, fissurées, perméables à l'eau du ciel, qui, les traversant perpétuellement dans toute leur épaisseur, finit par en miner les bases et par y creuser de longs gouffres où serpentent les rivières, sous des murailles à pic ou en surplomb. Sur le Causse, l'hiver dure plus de la moitié de l'année. Dans les vallées, la vigne fructifie au milieu des noyers et des châtaigniers, et les sources jaillissent de toutes parts au pied des falaises.

Causses, Margeride, monts d'Aubrac, Limousin, volcans des monts Dore, des monts Dôme et du Velay, forment comme un éventail ouvert au nord-ouest, et dont le nœud est aux monts du Lozère. De ce nœud divergent à l'ouest le Tarn et le Lot, au nord la Loire et l'Allier; les autres rivières tributaires de la Loire, de la Garonne, de la Charente même, naissent entre les rayons de l'éventail.

Vers le sud-est, sur toute son étendue, le Massif central, bordé par la muraille des Cévennes, s'abaisse brusquement. Au nord et à l'ouest des Cévennes, le climat dépend de l'Océan; au sud et au sud-est de leur longue crête en arc de cercle, il dépend de la Méditerranée. D'un côté, des brumes, les longues neiges d'hiver, les pluies fines de l'été et l'herbe fraîche; de l'autre, la pierre brûlée, les oliviers, les cigales, la mer bleue sous le ciel bleu : presque l'Afrique.

En se prolongeant vers le nord, les Cévennes changent de nom et perdent graduellement leur caractère méditerranéen : les monts de l'Ardèche, du Vivarais, du Lyonnais, du Beaujolais, se suivent en décroissant d'altitude. Un dernier massif, le Morvan, au vieux nom celtique, n'atteint que 1000 mètres, mais par l'Yonne il envoie des eaux à la Seine, et ses longs trains de bois descendent vers Paris.

La Bretagne est, comme le Massif central, une île de terrains primitifs et de population primitive. Ses montagnes, peu élevées, âpres et sauvages, font suite de loin aux collines du Perche et de Normandie, qui séparent les bassins de la Seine et de la Loire au moment où les deux fleuves semblaient vouloir se mêler. La Seine est rejetée à la Manche; la Loire, au golfe de Gascogne. Entre les deux se prolongent d'abord les collines Percheronnes et Normandes, puis les monts de Bretagne. Les premières montent à 417 mètres, tandis que la plus haute cime bretonne, la montagne d'Arrée, n'en a que 391. Mais la presqu'île bretonne, schisteuse ou granitique, entourée par une mer remuante, rongée par les courants qui en ont découpé les rives en îles, en îlots, en écueils, baignée dans la brume et les vents humides de l'Océan, est une des régions les plus originales et les plus attachantes de la France. Attachant et original aussi est son peuple, dur et courageux, poétique et rêveur, race simple et primitive comme celle d'Auvergne.

Par-dessus le golfe de Gascogne, que longe la plaine occidentale de France avec ses marais salants, sa rangée d'îles, puis sa longue plage déserte, bordée de dunes, les Pyrénées font face à la Bretagne. Toutes les deux se terminent par un Finisterre; toutes les deux ont des pluies abondantes et des eaux ruisselantes, mais les Pyrénées montent à 3298 mètres en France et à 3404 en Espagne; elles portent des glaciers, et leurs torrents ou leurs rivières vont d'une part à l'Océan, de l'autre à la Méditerranée. Moins hautes que les Alpes, moins variées, en France du moins, elles ne sont vraiment montagnes de premier ordre que dans leur partie centrale, du Balaïtous (3146 mètres) au Pic d'Estats (3141 mètres), et leurs cirques calcaires, Gavarnie, etc., dominés par le Mont-Perdu, sont sublimes. Leur muraille ininterrompue arrête les vents de l'Océan, et rend l'Espagne plus semblable à l'Afrique qu'à l'Europe.

Les Pyrénées se dépeuplent : le pays basque, à l'ouest, au profit de l'Amérique du Sud; le centre et l'est, au profit des villes françaises. Nulle part au monde les sources thermales ne sont aussi nombreuses et aussi abondantes. Les forêts, très diminuées, laissent échapper les eaux d'orages ou les neiges fondues en inondations de plus en plus désastreuses, mais la fertilité des plaines subpyrénéennes est incomparable : seule l'eau d'irrigation leur manque encore. A l'ouest, les nuages de l'Atlantique humectent la terre en toute saison, mais, vers l'est, l'atmosphère de la Méditerranée dessèche plaines et montagnes durant tout l'été.

Du pied oriental des Pyrénées, le golfe de Lyon ou du Lion prolonge jusqu'au Rhône et aux premiers renflements des Alpes son demi-cercle de terres plates et de grands étangs, dominé par la muraille des Cévennes. Par delà le Rhône, son delta et son ancien golfe comblé, surgissent les monts de Provence, en longues rangées, puis les Maures, l'Esterel, précédant les Alpes. Celles-ci, plus hautes mais plus entrecoupées de cols profonds que les Pyrénées, se courbent entre la France et l'Italie en arc de cercle, convexe et ramifié vers la France, concave et abrupt du côté opposé, où tous les chaînons et toutes les vallées convergent vers un point unique. A part les Alpes-Maritimes au sud, la Savoie et une partie du Dauphiné au nord, rien n'est aussi misérable, croulant, raviné, délabré que les Alpes françaises. Climat à fortes pluies, roches friables, déboisement, tout y a contribué; le pays se dépeuple, tandis que les ingénieurs essayent d'en fixer les pentes par l'herbe et les forêts. En s'éloignant de la mer, les Alpes s'élèvent et se chargent de glaciers. Le Mont-Blanc, point culminant de l'Europe centrale, atteint 4810 mètres.

La frontière de France descend alors vers le Léman, lac mi-alpin, mi-jurassique, le contourne vers l'ouest et remonte vers les croupes du Jura, que nous partageons avec la Suisse. Sur ces longs plateaux ondulés, décroissant de hauteur vers le nord-ouest, traversés de chaînons peu saillants, coupés de cassures profondes, les deux pays se sont réparti les pâturages, les villes de fabrique, les rivières ou les forêts. La France a la pente douce, la Suisse la pente raide, jusqu'à l'approche du Rhin.

Là passait naguère encore la frontière française, dans une des zones les plus « humaines » de l'Europe. A travers cette large dépression du Rhin, par la Suisse, l'Alsace, l'Allemagne, la Hollande, les génies des deux grandes races européennes eussent pu se fondre et se compléter l'un par l'autre : région de progrès et d'échange de pensée, tant qu'elle restait française d'un côté du Rhin, allemande de l'autre. La force a décidé que la France et son esprit devaient, jusqu'à nouvel ordre, reculer au delà des Vosges. Conquête fatale pour tous, même pour le vainqueur. Le jour où l'Allemagne a remplacé la frontière du fleuve et de la plaine par celle de la montagne, et incorporé à la « Patrie allemande » ce qui voulait rester avec la « Patrie française », l'Europe occidentale a été rompue en deux. Le centre de gravité politique, jusqu'alors proche de Strasbourg, s'est fatalement déplacé, non pas vers Berlin, mais vers Moscou.

Ce n'est point par la trouée de Belfort que la réconciliation se fera, puisque cette porte entre Français et Allemands n'a plus qu'un rôle : se hérisser, empêcher de passer.

De la trouée de Belfort, par la crête vosgienne, puis par les plateaux de l'Ardenne et les plaines flamandes, la France s'ouvre graduellement vers le nord de l'Europe; zone de contact matériel et moral, qui trop souvent s'est changée et pourrait se changer encore en champ de bataille.

A l'extérieur du Massif central et à l'intérieur des massifs frontières ou des côtes maritimes, se développent les bassins fluviaux où a grandi la France : bassins qui, par une singulière fortune, sont à la fois unis et séparés, de façon à se répartir sur la France entière comme un réseau de veines ou d'artères. Semblables au Gange, à l'Indus, au Brahmapoutra, à l'Iraouaddy, qui, alternativement, soit par leurs sources, soit par leurs embouchures, se rapprochent ou s'éloignent, unissent dans un berceau commun des peuples destinés à se séparer, ou rejoignent au même point d'arrivée des races venues de points opposés, tels fleuves de France, comme la Seine, la Meuse, la Moselle et la Saône, partent de points très proches pour s'éloigner à peine nés; en revanche, la Loire et la Seine, parties de régions diverses, se rapprochent jusqu'à presque se toucher, à n'être plus séparées par aucun obstacle, puis, après avoir ainsi confondu leurs bassins, s'éloignent, allant l'une à la Manche, l'autre à l'Atlantique, mais emportant chacune une part de richesse, de commerce, de vie sociale, puisée au bassin voisin. La Loire à son tour, si étrangère d'abord à la Garonne, s'incline vers elle à la fin de son cours et va se jeter dans le même golfe, sans que nul obstacle sépare leurs deux bassins inférieurs. La Garonne elle-même, par la partie sud-est de son cours, entre Pyrénées et Cévennes, communique sans le moindre obstacle avec l'Aude, la plaine Méditerranéenne, le Rhône. Enfin, si par le Rhône et la Saône on pénètre vers le nord, on arrive aux collines, aux plateaux, aux percées à peine surélevées qui s'inclinent bientôt vers l'Yonne, la Seine, la Marne la Meuse. Ainsi se dessine autour du Massif central comme une ceinture liquide formée de rivières qui serpentent au milieu d'un cercle de plaines

ÉCHELLE EN KILOMÈTRES
LA FRANCE
ET LES RÉGIONS ENVIRONNANTES
Dressée par A. Chardon, d'après les cartes de
la France, les États-Majors étrangers
et Schrader pour le …
Schrader pour …

Phototypie Berthaud, 31, rue de Bellefond, à Paris.

fertiles, tièdes, aimables, assez variées pour développer des aptitudes diverses, assez semblables pour constituer une même patrie.

Entre ces bassins fluviaux, les plus importants ne sont pas ceux qu'arrosent les rivières les plus considérables. Le plus peuplé de tous, celui de la Seine, n'est en aucun point bordé de véritables montagnes. C'est par une pente graduelle de larges plaines entrecoupées de coteaux, à travers des redressements de terrain que le fleuve et ses tributaires percent successivement, que la Seine atteint le bassin de Paris, puis les vallées de Normandie. Tout est modéré dans cette partie de la France : hauteurs modestes, cultivées, mais bien arrosées par un ciel fréquemment humide ; rivières moyennes, mais toujours alimentées, rarement débordées, jamais à sec. Climat frais, pluies douces et fréquentes. Nulle part d'obstacles sérieux à traverser pour atteindre les bassins voisins ; de nombreux canaux franchissant aisément les lignes de faîte vers l'Escaut, le Rhin, le Rhône, la Loire Aussi la Seine, si modeste d'aspect à côté de ce bassin, à l'extrémité de l'Europe atlantique, ne lui a pas permis de se développer à l'égal du bassin de la Seine. Étouffé au nord par le Massif central, il n'a que deux aboutissants. Les bassins de la Seine et du Rhône, communiquant l'un avec l'autre, en ont trois : Manche au nord, Méditerranée au sud, Europe au nord-est et à l'est. Aussi Bordeaux, Toulouse, Cette, sont-elles inférieures à Paris, Lyon, Marseille, le Havre, Rouen.

Quant au bassin du Rhône, prolongé par le large golfe comblé et par les plaines du littoral méditerranéen, ce n'est pas non plus son fleuve principal qui lui a donné son importance. Trop montagneux à l'origine, oblitéré à son embouchure par des vases que la marée ne vient pas balayer, le Rhône est principalement une trouée. Mais cette trouée se prolonge au nord par la Saône et par la Seine. Qu'on remonte le Rhône depuis la Méditerranée, ou qu'on descende vers lui du centre de l'Europe, on se dirige toujours vers les régions douces où serpentent les rivières calmes, Saône ou Seine, au milieu de leurs « coteaux modérés ».

Dans tous ces bassins, sans exception, deux cultures dominent, le froment et la vigne ; le pain et le vin : pain blanc et vin parfumé.

C'est dans cet anneau de plaines que la France s'est développée, recevant de toutes parts les influences les plus diverses, en même temps que ses montagnes et ses bassins supérieurs lui conservaient son caractère primitif, l'approvisionnaient incessamment de vieux sang gaulois, préservant ainsi sa personnalité, lui gardant ce tempérament joyeux, élastique, résistant, mobile, ouvert et sympathique aux choses du dehors, logique et toujours prêt à conclure des principes aux conséquences, de la suggestion à l'action.

Ce peuple, par un privilège unique, se trouvait avoir, par ses plaines, par ses fleuves, des ouvertures vers le monde entier. Le Rhône, la plaine et la côte méditerranéenne, l'ouvraient au monde ancien, aux influences de l'Asie, de l'Afrique, de la Grèce, de Rome. Sur cette côte, les villes, les caps, les fleuves, portent encore leurs noms antiques à peine déformés. Hercule a parcouru la Provence, et Jupiter a lancé du ciel la pluie de pierres qui recouvre la Crau. Le versant de la Manche et de l'Océan, au contraire, s'ouvre sur le monde nouveau : la Seine vers l'Angleterre et l'Amérique du Nord ; la Loire et la Garonne vers les deux Amériques. La Meuse, la Moselle, l'Escaut, les plaines flamandes, se tournent vers l'Europe septentrionale. Ici l'influence dominante est celle de l'invasion barbare : Hercule y est remplacé par les Normands, qui font des bords de la Seine leur deuxième patrie. Sur tout ce territoire, sud comme nord, Rome avait passé, imposant sa forte organisation et sa réglementation puissante, puis plus tard sa religion, à la Gaule entière. Ainsi la France a mêlé à sa vieille tradition deux traditions nouvelles, celle du monde méditerranéen qui lui arrive par le midi, celle du monde atlantique qui lui arrive par le nord. Nul pays au monde n'a été placé dans une situation pareille. Les pays atlantiques, Angleterre, Scandinavie, Allemagne, n'ont aucun contact avec la Méditerranée. Les pays méditerranéens, Italie, Grèce, ignorent l'Océan extérieur, autour duquel s'est développé le monde moderne. L'Espagne seule baigne ses côtes dans la mer intérieure et dans l'Océan, mais l'Espagne est séparée de l'Europe par les Pyrénées et divisée elle-même en compartiments étrangers les uns aux autres.

Michelet avait déjà remarqué que la France tourne vers chaque pays extérieur une région qui semble refléter ce pays. La Provence ressemble déjà à l'Italie, le Roussillon à la Catalogne, la Normandie ou le Boulonnais à l'Angleterre ; le Jura français se fond insensiblement avec le Jura suisse. Il en est exactement de même, à vrai dire, des pays voisins par rapport à nous : la Catalogne est sensiblement francisée, la Belgique ne nous est pas complètement étrangère, non plus que la Suisse française ; mais ces influences sont plus actives en France, à cause de cette zone aplanie où depuis des siècles elles ne cessent de se mêler, en convergeant vers un foyer commun.

Ce point, destiné à devenir le centre organique de la Patrie française, c'est Paris. Toutes les grandes voies qui traversent la plaine du nord ou qui contournent le Massif central se croisent vers l'endroit où la Loire et la Seine se rapprochent. De la Méditerranée à la Manche par les vallées de la Saône et de la Seine, du golfe de Gascogne aux plaines du nord-est par le Poitou et la Loire, on aboutit naturellement au point où Paris a grandi, et ce point est précisément au centre du plus grand épanouissement des plaines françaises, au « pôle attractif » de la France, suivant l'expression d'Élie de Beaumont. C'est là que viennent se rencontrer, se combiner comme dans un creuset les éléments si divers élaborés par les deux mondes presque opposés dont la France est comme la synthèse. Ne retrouve-t-on pas à travers toute notre histoire ce double courant ? N'est-ce pas sur notre côte méditerranéenne qu'ont débuté les Croisades, et de la France atlantique que sont partis les créateurs du Canada, les découvreurs du Mississippi, les fondateurs de la Louisiane ? Nos révolutions sont-elles autre chose que les explosions de ce creuset où s'opèrent des combinaisons de chimie sociale, lutte entre le tempérament gaulois, impatient du joug, et l'esprit d'organisation à outrance, que Rome nous a infusé ; tentatives de conciliation entre le sentiment humain de l'antiquité et le sentiment individuel du monde moderne ? N'y a-t-il pas eu une sorte d'instinct populaire plutôt qu'un calcul intéressé dans l'entreprise du double percement d'isthmes qui devait rapprocher le monde entier ? Ces choses ne sont ni voulues ni réfléchies, elles sont fatales ; là est une des principales raisons d'être de la France, telle que l'ont faite la nature et les siècles.

Il eût probablement suffi d'un faible redressement de terrain pour que les destinées du monde européen fussent différentes. Que le Massif central eût été uni aux Pyrénées et aux Vosges par une ligne de hauteurs continues, la France ne serait probablement pas née. Le versant méditerranéen, le versant océanien, auraient eu deux existences distinctes ; la France des Albigeois serait restée séparée de celle des Français, si, au lieu des plaines du Toulousain où s'opéra la fusion violente des deux Frances, les Cévennes avaient projeté un chaînon tant soit peu élevé vers les Pyrénées. De même, entre la haute Seine et la haute Saône, un obstacle même médiocre pouvait empêcher l'ouverture de cette grande voie sur laquelle se trouvent le Havre, Rouen, Paris, Dijon, Lyon, Marseille, et où passe la majeure partie du commerce et des voyageurs de la France. L'obstacle existant a pu donner lieu à des rivalités politiques, inspirer par exemple à la Bourgogne l'ambition de fermer la route et de tenir la France séparée en deux tronçons. Mais la disposition du sol devait presque fatalement amener la jonction des deux bassins de la Seine et du Rhône. Le jour où l'anneau de plaines et de fleuves entoura complètement le Massif central, la France put songer à se développer librement.

Étant donnée la nature expansive, sympathique et aventureuse du génie français, ce développement devait non seulement se produire au sein du pays, mais se porter ensuite au dehors, rayonner ou déborder hors de France. C'est ce qui arriva quand, après un ou deux siècles, la nationalité française se fut définitivement constituée. À côté des entreprises purement politiques que le pouvoir royal dirigeait vers les pays voisins, bornant son ambition à des rivalités princières, à des conquêtes souvent nominales, rarement réelles, les navigateurs, voyageurs, aventuriers et colons français commençaient à déborder sur le monde extraeuropéen, s'implantant au Canada, en Acadie, aux Antilles, avec une force telle, que rien n'a pu les en extirper depuis. Colonisation d'un caractère tout particulier qui, si on avait su la comprendre et voulu l'alimenter, aurait pu changer la face du monde, alors que l'Angleterre et la Hollande avaient à peine commencé à déborder sur les pays d'outre-mer, que l'Espagne et le Portugal ne cherchaient dans leurs colonies que des pays à exploiter et à rançonner.

La France semblait destinée à devenir l'institutrice des nations policées et l'initiatrice des nations sauvages. Telle était sa force d'expansion, que même les efforts de compression du pouvoir faisaient en quelque sorte jaillir en Europe et hors d'Europe l'influence française ; par exemple, la révocation de l'Édit de Nantes répandait des Français, non seulement dans toute l'Europe, mais jusque dans l'Afrique du Sud, où leurs noms de famille persistent encore aujourd'hui. Mais là comme dans toute l'histoire de la France, le double courant, mal compris ou insuffisamment fondu, indépendance et hardiesse d'un côté, puis réglementation de l'autre, stérilisait les tentatives les plus héroïques. Canada, Louisiane, c'est-à-dire Amérique du Nord, Inde, c'est-à-dire Asie, étaient destinées, après avoir été explorées, conquises, attirées, assimilées par les Français, à être réglementées, codifiées, gênées, restreintes, abandonnées, perdues par les gouvernants. À la manie despotique de réglementation, de restriction, se joignait — plaie dont nous souffrons toujours — l'ignorance des choses extérieures. Si la mer avait conduit les navires à Paris comme à Londres, peut-être la France aurait-elle eu plus nettement conscience de son rôle prodigieux, et aurait-elle accompli humainement l'œuvre d'assimilation et de conciliation que d'autres ont remplacée par l'extirpation des races arriérées. Comparons seulement la conquête du Canada ou de la Louisiane avec celle de l'Australie ou de la Tasmanie.

Aujourd'hui encore le mal n'est pas irrémédiable ; il suffirait d'ouvrir le cœur de la France au monde d'outre-mer pour susciter ou redresser bien des activités endormies ou fourvoyées. Mais à peine y songe-t-on aujourd'hui ; nul n'y songeait alors. L'une après l'autre toutes les tentatives échouaient. Le peuple le plus vraiment colonisateur peut-être qui ait existé depuis Rome (voir l'Algérie et le Canada) finissait par se croire lui-même incapable d'expansion, et tandis que ses rares enfants abandonnés et oubliés au loin pullulaient et devenaient peuples, les Français se repliaient sur eux-mêmes, reportant sur les luttes politiques ou sur la théorie de la société leur activité refoulée. Dans ce domaine encore, le rôle de la France a été grand et le reste du monde lui est redevable. Nul peuple moderne ne s'est comme elle préoccupé de liberté, d'humanité ou de justice Mais, à côté de ces préoccupations élevées, d'autres préoccupations plus immédiates, plus terre à terre, mais plus vitales peut-être, ont été négligées. L'admirable pays qui s'étend de la Manche à la Méditerranée aurait pu être mieux étudié, soigné, cultivé. Nous n'avons pas assez senti que le premier devoir envers la terre-patrie était de la porter à son plus haut épanouissement de prospérité, de beauté, d'équilibre matériel, de force productrice. Les dons que la France avait reçus à un degré peut-être unique n'ont pas été mis en valeur comme ils auraient dû l'être. Nous n'aimons pas assez le sol qui nous porte. Nos rivières, descendant de montagnes trop déboisées, inondent leurs plaines ou les laissent souffrir de la sécheresse au lieu de les irriguer et d'en tripler les moissons. Nos embouchures se comblent par les alluvions qui, arrachées aux massifs montagneux, auraient dû être répandues avec sollicitude sur les campagnes. Trop rares sont les régions, en dehors des plus pauvres (Landes, Sologne, Brenne, etc.), où l'homme a songé à aider la nature à se transformer elle-même. Nos champs ne produisent qu'une faible partie de ce qu'ils pourraient et devraient produire. Cultivée, choyée comme la Chine, la terre de France nourrirait aisément et mettrait à l'abri de la misère le double de sa population actuelle. Par le temps de lutte économique et de surexcitation industrielle que nous traversons, tout pays qui ne met pas en activité toutes ses ressources est destiné à être distancé, c'est-à-dire vaincu. Sans doute la mise en valeur du sol français et des ressources françaises est une œuvre colossale, pour laquelle bien des conditions seraient nécessaires, entre autres l'apprentissage de l'action indépendante et le remplacement de la centralisation par la libre initiative. Au lieu de tout attendre d'un dispensateur suprême, il faudrait apprendre à organiser l'activité nationale de façon que le travail de chacun profitât à tous, et celui de tous à chacun. A cette condition seulement nous arriverons à faire de la France ce qu'elle doit être. Nous ne devons plus négliger un seul de nos ports pendant que d'autres approfondissent les leurs, laisser chômer un hectare de nos champs pendant que d'autres se mettent en culture, laisser rétrécir ou à pauvre notre domaine, tandis que celui des autres s'accroît. La première préoccupation nationale devrait être de mettre pieusement en valeur toutes les richesses qui ont été départies à la France, et de les amener à leur maximum de puissance, non seulement dans l'ordre intellectuel ou moral, mais jusque dans le sol même de la Patrie.

F. SCHRADER.

SITUATION

Le 45° degré de latitude N. traverse la France dans sa moitié méridionale. La France est donc à peu près également éloignée du Pôle et de l'Equateur. Au N., elle atteint 51° 5′ de latitude, au S. 42° 20′. En longitude, elle s'étend sur 12° 21′, soit 7° 11′ à l'O. et 5° 10′ à l'E. de Paris.

SUPERFICIE

Les 536 408 kil. carrés que les dernières mesures donnent comme étendue de la France s'inscrivent dans un hexagone assez régulier, dont trois côtés, N.-E., E., S.-O., sont marqués par des limites terrestres, et les trois autres, N.-O., O., S.-E., par des limites maritimes : 2500 kil. env. de terre et 2700 env. de mer forment nos 5200 kil. de frontières.

RAPPORT du LITTORAL à la SURFACE de la FRANCE, des ILES BRITANNIQUES et de l'ALLEMAGNE.

Iles Britanniques 2777 m · France 1025 · Allemagne 571

1000 — 2000 — mètres de côtes pour 100 kil. carrés de surface

RELIEF DU SOL

C'est à travers la France, entre la Manche et la Méditerranée d'une part, entre l'Océan et la Méditerranée de l'autre, que l'épaisseur de l'Europe est réduite à son minimum; c'est également sur ces deux lignes que le pas-

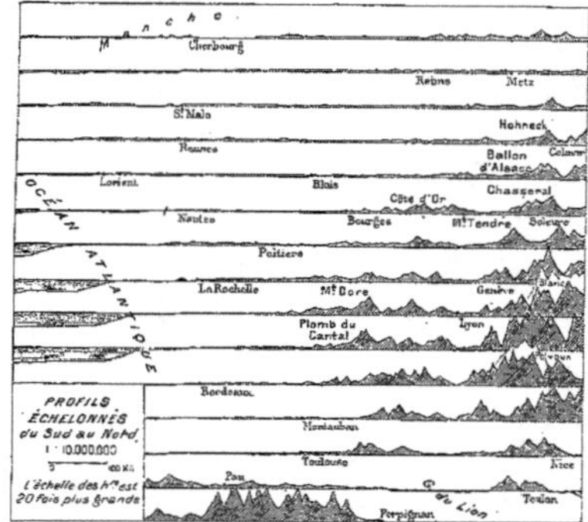

sage est le plus facile et les vallées le mieux ouvertes. Entre les deux dépressions se gonfle le **Massif Central français**; à l'est de la dépression orientale s'élèvent graduellement l'**Ardenne**, les **Vosges**, le **Jura**, les **Alpes**. Au sud de la dépression méridionale se dressent les **Pyrénées**. Une troisième ligne de dépression, celle du Rhin, ouvrait avant 1871 une communication entre la France et le centre de l'Europe.

L'arc de cercle des *Cévennes* forme vers le S.-E. le rebord dorsal du Massif Central. Il sépare la France atlantique de la France méditerranéenne. Son point culminant est le Mézenc (1754 mèt.). D'un autre point à peine moins élevé, le mont Lozère (1702 mèt.), s'écarte un éventail de montagnes et de vallées qui constitue le Massif Central proprement dit : plateaux calcaires des *Causses* au S.-O.; *monts d'Auvergne, de la Marche et du Limousin* au N.-O., formés de terrains primitifs ou volcaniques.

(Point culminant des monts d'Auvergne et de la France centrale : Puy de Sancy, 1886 mèt., dans le chaînon des Monts Dore; autres pics majeurs : le Puy Ferrand, 1846 mèt., le Puy Gros, 1804 mèt., le Plomb du Cantal, 1858 mèt., le Puy Mary, 1787 mèt.)

Le Puy de Dôme, sommet le plus connu de l'Auvergne, surmonté d'un observatoire, n'a que 1465 mètres, mais domine un pays tout hérissé de pustules volcaniques.

Vers le Limousin les monts s'abaissent; leur point culminant, le mont Besson, a 978 mèt.; le pays n'est qu'un vaste amoncellement de bosselures granitiques.

Vers le nord des Cévennes s'écartent les *monts de la Margeride, du Velay, du Forez*, dont les trois points culminants sont le Truc de Randon, 1554 mèt.; le Bois de l'Hôpital, 1425 mèt.; la Pierre-Surhaute, 1640 mèt.

Vers le N.-E. enfin, les Cévennes se prolongent par les chaînons des *monts de l'Ardèche, du Vivarais, du Lyonnais, du Beaujolais, du Charolais*, jusqu'au point où les bassins opposés ne sont plus séparés que par des bombements de moins de 400 mètres au-dessus de la mer, de quelques mètres parfois au-dessus des rivières ou des ruisseaux.

Enfin, le *Morvan*, tout à fait à part, s'avance au N. comme un éperon du Massif Central (902 mèt.).

Sur le pourtour de la France, alternant avec la mer, les Pyrénées, les Alpes, le Jura et les Vosges frangent la frontière.

Pyrénées. — 400 kil. de longueur d'une mer à l'autre; 100 dé largeur moyenne, dont un tiers seulement en France, le reste en Espagne : sommet culminant en France, le Vignemale (5298 mèt.). L'Espagne en a de plus élevés. D'autres sommets, Pic Long (3194 mèt.), Balaïtous (5146 mèt.), Narboré (5255 mèt.), Pique d'Estats, sommet culminant de toutes les Pyrénées Orientales (5141 mèt.), égalent presque le Vignemale. Le Pic du Midi de Bagnères (2877 mèt.) porte un observatoire qui veille sur tout le sud-ouest de la France, comme celui du Puy de Dôme sur le centre, celui de l'Aigoual sur le sud, celui du Ventoux sur le sud-ouest. Les passages ou *ports*, très élevés, dépassent en moyenne la moitié, parfois les deux tiers ou les trois quarts de la hauteur des monts. Les Pyrénées, vertes à l'O., près de l'Océan, sont âpres à l'E., vers la Méditerranée. Leur partie orientale se prolonge sur la France par les *Corbières*, calcaires et découpées.

Alpes. — Plus hautes, plus vastes, plus neigeuses, bien plus glacées que les Pyrénées, avec plusieurs grands lacs français, dont le plus grand, le

Léman, est partagé avec la Suisse. Le *Mont-Blanc* (4810 mèt.), point culminant de la chaîne entière, s'élève en France, sur la frontière d'Italie. De ce point suprême de l'Europe, les monts s'abaissent graduellement vers la Méditerranée. Les cimes de la *Vanoise*, celles de l'*Oisans*, les chaînons qui entourent le Viso, portent des glaciers et de larges névés. La Barre des Écrins, point dominant du *Pelvoux* et des montagnes de l'Oisans, a 4103 mèt. Près d'elle est la plus haute des villes françaises, Briançon (1521 mèt.), et le plus haut village français, Saint-Véran (2009 mèt.). Le *Viso* (5843 mèt.) est italien par sa cime : entre lui et la Méditerranée, la plupart des cimes culminantes sont également restées à l'Italie, sur laquelle les pentes tombent presque à pic. La France, au contraire, a des rangées d'avant-monts calcaires, qui s'allongent entre les Alpes propres et le Rhône.

Les cols des Alpes, plus entaillés que les ports des Pyrénées, ont de tout temps servi de routes : le mont Genèvre, près de Briançon, n'a que 1860 mèt.; le mont Cenis, 2098 mèt.

Un tunnel de 12 kil. 1/4 passe de la France en Italie, entre 1190 et 1524 mèt. d'altitude.

Jura. — Série de longues rides parallèles et de plateaux herbeux, de sapinières ou de murs rocheux montant graduellement vers le S.-E. Point culminant, le Crêt de la Neige (1724 mèt.). Ensuite viennent : le Reculet (1720 mèt.), le Colombier de Gex (1691 mèt.), le Montoissey (1671 mèt.), le Mont-Rond (1650 mèt.), le Crêt-d'Eau (1624 mèt.), que traverse un tunnel. De la plus haute ride, le regard tombe sur les lacs suisses, ou s'élève vers les grandes Alpes.

Vosges. — Françaises jusqu'en 1871, les Vosges ne nous appartiennent plus aujourd'hui que par leur versant occidental. Ce sont des monts arrondis, aux vallons verdoyants et boisés.

Le point culminant, le Grand Ballon ou Ballon de Guebwiller (1426 mèt.) nous a été pris avec l'Alsace. Parmi les Vosges demeurées françaises dominent le Hohneck (1366 mèt.), puis le Ballon d'Alsace (1250 mèt.). La Trouée de Belfort (345 mèt.) sépare les Vosges du Jura, et ouvre l'un vers l'autre les bassins du Rhône et du Rhin.

Là finissent nos montagnes : le reste de la France est plaines ou collines. L'*Argonne* (250 à 400 mèt.) et l'*Ardenne* (300 mèt. en France, 700 mèt. en Belgique) s'allongent au nord-ouest des Vosges. Les *collines de Normandie* et *du Perche* et les *monts de Bretagne* (597 mèt. dans les monts d'Arrée) se prolongent de l'E. à l'O., entre les versants de la Manche et de l'Océan.

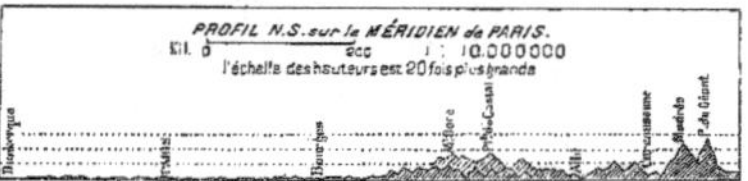

Plaines. — Une ligne menant de Bayonne à Mézières laisserait presque toutes les montagnes ou les plateaux à l'E., presque toutes les plaines à l'O. Seules les vallées de la Garonne, du Rhône et des affluents supérieurs de la Seine interrompraient cette zone d'élévations. Le *plateau de Lorraine*, au pied des Vosges, le *plateau de Langres*, entre les pentes de la Seine et celles de la Saône, le *plateau de Lannemezan*, au pied des Pyrénées, sont les seuls plateaux véritables de France, en dehors de ceux du Massif Central.

Parmi les plaines ou les vallées de grands fleuves, certaines sont fertiles et ont attiré le plus grand nombre d'habitants : vallées de la Garonne, de la Loire, de la Seine et de leurs affluents, de la Saône, du Rhône. D'autres, comme les Landes, la Sologne, sont maigrement peuplées ou peu fertiles. Dans l'ensemble, c'est la région des plaines qui renferme la majeure partie de la population du pays, tandis que les régions de montagnes nourrissent des populations plus clairsemées, mais plus robustes et plus résistantes. L'arrosement naturel des plaines et des coteaux de France en fait une des régions les plus fertiles de l'Europe, et cette fertilité pourrait être accrue dans bien des parties par un meilleur aménagement des eaux.

COTES

Les côtes de France ne sont véritablement montagneuses qu'aux extrémités des Pyrénées ou au pied des Alpes. Partout ailleurs, elles bordent des plaines, des plateaux ou des pays de collines.

Sur la mer du Nord, la côte est plate, le pays bas, la mer peu profonde. Après les caps rocheux qui rétrécissent le Pas de Calais, la côte plate reprend, bordée de dunes, jusqu'au plateau calcaire du pays de Caux, dont le rebord est coupé par la mer en falaises verticales, que les vagues délayent par le pied et font peu à peu reculer.

De l'embouchure de la Seine à la baie de Saint-Malo, côte irrégulière, entrecoupée de dunes, de rochers, de plages, d'étendues vaseuses; mer peu profonde, peu d'abris naturels.

Tout autour de la Bretagne, côte rocheuse, escarpée, découpée, battue par une mer agitée et par des marées qui montent parfois jusqu'à 15 et 16 mètres. Courants violents entre les nombreuses îles ou autour des caps; littoral dangereux.

De la Loire à la Gironde, l'ancien littoral, rongé par la mer, est marqué au large par une ligne d'îles rocheuses ou de hauts fonds : îles de Noirmoutier, d'Yeu, de Ré, d'Oleron. En revanche, le sable et la vase remplissent actuellement les détroits ou les golfes : baie de Bourgneuf, Anse de l'Aiguillon, Pertuis Breton, Pertuis d'Antioche, Pertuis de Maumusson.

De la Gironde à l'Adour, plages sablonneuses avec un bourrelet de hautes dunes, nues ou boisées de pins, enfermant une rangée d'étangs; aucun abri, sauf le Bassin d'Arcachon. Mer s'approfondissant graduellement du N. au S., jusqu'au Gouf de Capbreton, vallée sous-marine transversale au rivage.

Après l'Adour, les roches reparaissent et grandissent jusqu'au pied des Pyrénées. Mer profonde et roulant en lames énormes. C'est la baie de Biscaye, fond du golfe de Gascogne.

GOUF du CAP BRETON — 0 — 5 K.

Profondeurs : de 0 à 100ᵐ · de 100 à 200ᵐ · de 200ᵐ et au delà

Côte méditerranéenne : montagneuse au pied des Pyrénées jusqu'à Col-

ATLAS DE GÉOGRAPHIE MODERNE
MANCHE
ILES NORMANDES
Guernesey
Jersey
OCÉAN ATLANTIQUE
GOLFE DE GASCOGNE
MER MÉDITERRANÉE
GOLFE DU LION
PARIS
ROUEN
LE HAVRE
NANTES
BORDEAUX
TOULOUSE
MASSIF CENTRAL
ALPES DE PROVENCE
BRUXELLES
LILLE
BRIGHTON
SOUTHAMPTON
Ile de Wight
Plymouth
Lands End
Belle Ile
Ile de Noirmoutier
Ile d'Yeu
Ile de Ré
Ile d'Oléron
LÉGENDE
VILLE au-dessus de 100000 habitants
Ville de 30000 à 100000
Ville ou localité au-dessous de 30000 hab.
Diapason des Teintes
Echelle de 3.500.000
Projection conique simple
Gravé par Erhard, Frères, 35, Rue Denfert-Rochereau, Paris.

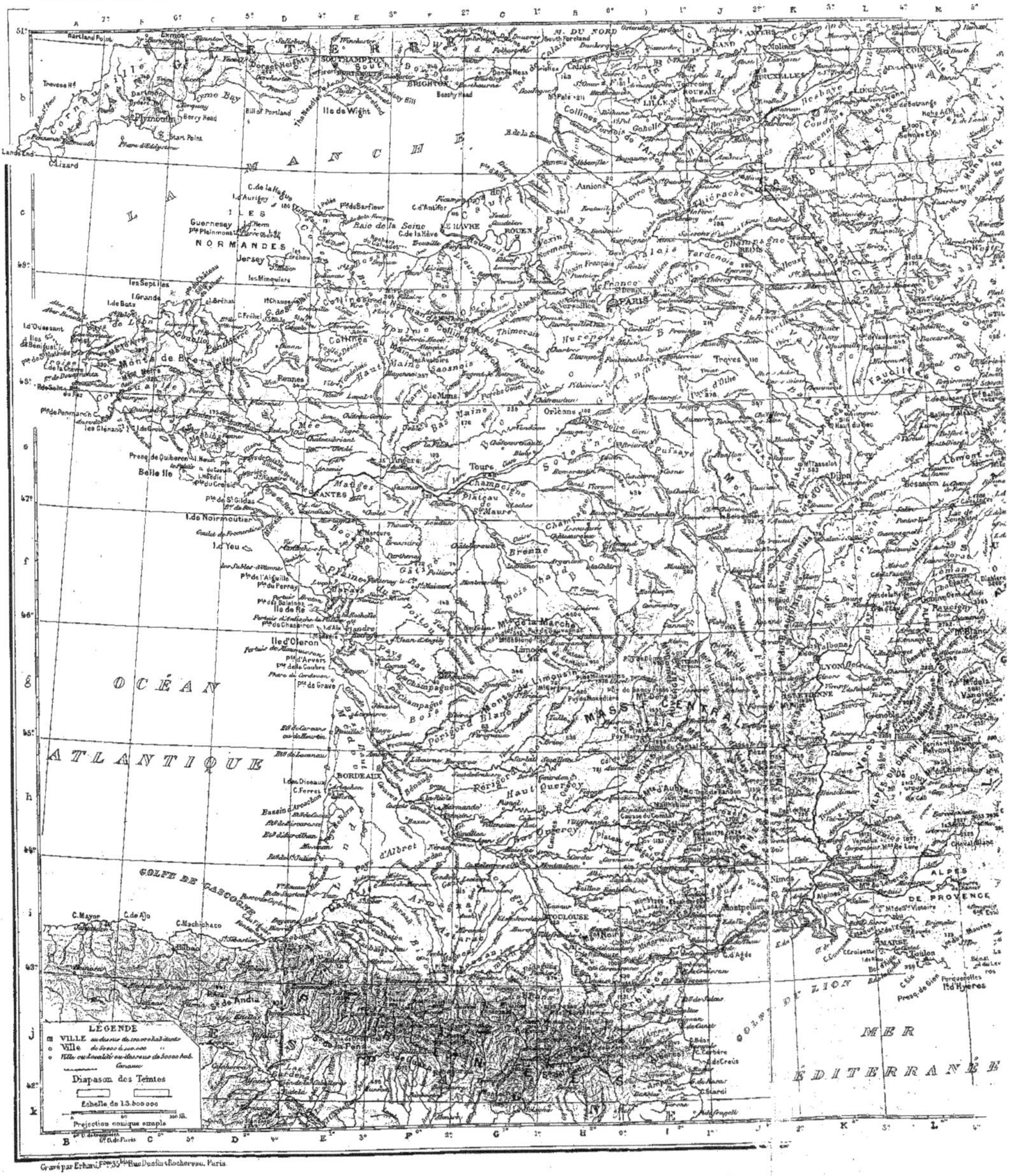

FRANCE PHYSIQUE

PUBLIÉ PAR LA LIBRAIRIE HACHETTE ET Cⁱᵉ. CARTE 10.

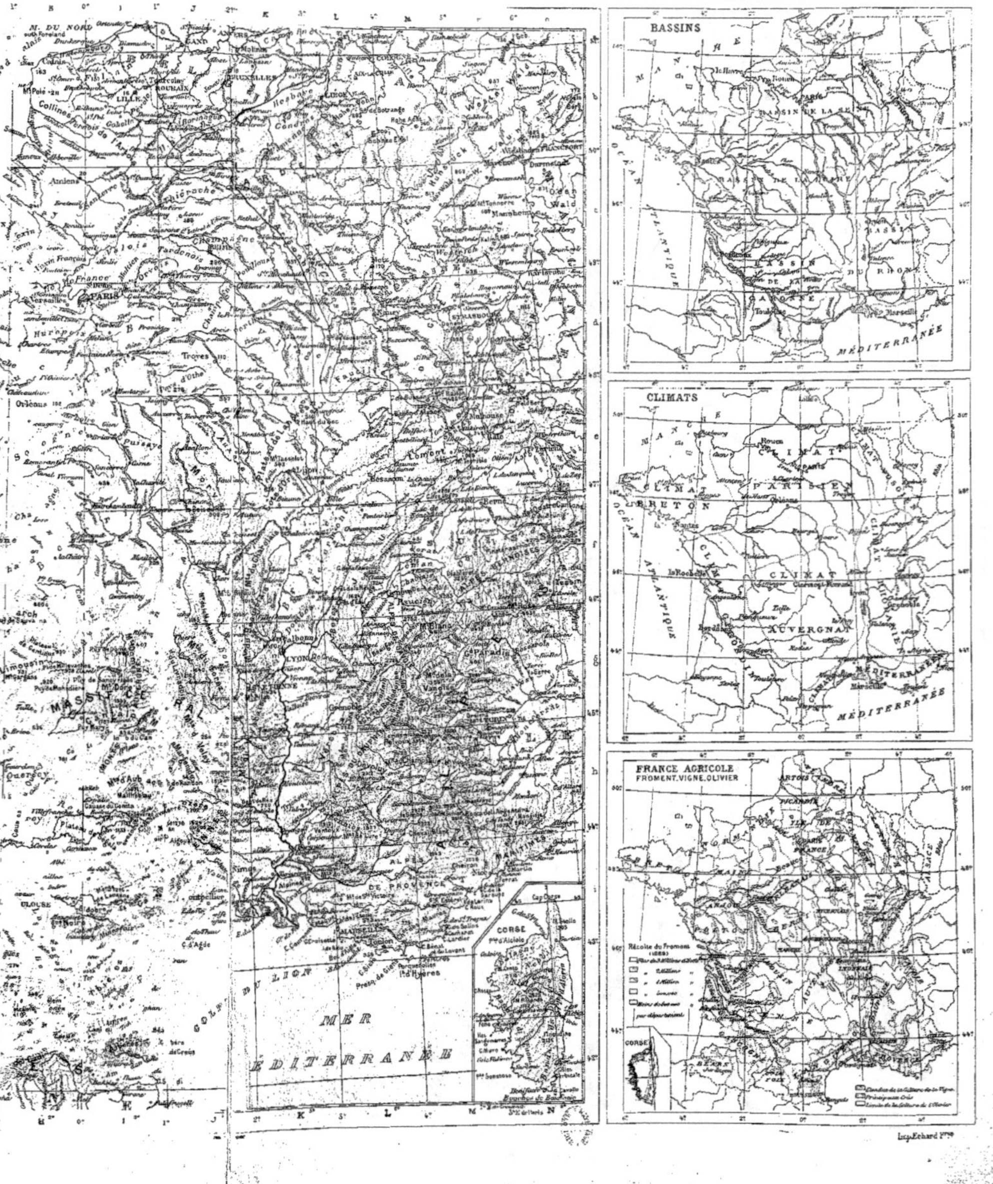

Imp. Erhard Frères

lioure. Entre Collioure et les bouches du Rhône, plate, sablonneuse, éloignée du pied des montagnes, privée d'abris naturels, doublée en beaucoup

de points par des cordons littoraux. C'est le golfe de Lyon ou du Lion, redouté des marins. À l'est du Rhône, les premières hauteurs entourent l'Étang de Berre (plutôt golfe ou lac), puis la côte de Provence s'avance en un demi-cercle de hautes montagnes, aux golfes arrondis et aux caps magnifiques : golfe de Marseille, monts de Provence, rade de Toulon, îles d'Hyères, montagnes des Maures et de l'Esterel, Alpes Maritimes. Mer profonde, abris nombreux et sûrs.

HYDROGRAPHIE

Des Vosges aux Pyrénées et aux Alpes, les eaux appartiennent aux bassins du Rhin, de la Seine, de la Loire, de la Garonne, du Rhône. Une foule de bassins côtiers s'intercalent entre les débouchés des grands bassins.

Bassin du Rhin. — Moselle. Descendue des Vosges, serpente dans le plateau de Lorraine et rejoint le Rhin entre les massifs de l'Eifel et du Hunsrück. Cours 500 kil. env., dont 556 navigables.

Meuse. Descendue du plateau de Langres, à peine séparée d'abord du bassin de la Seine, s'enfonce entre les rides de l'Argonne, les plateaux des Ardennes, reçoit la Sambre et se mêle au Rhin dans un delta confus. Longueur 950 kil., dont 450 en France (574 navigables). Débit moyen 400 mètres cubes par seconde, étiage 25, crues 700 env.

Bassin de la Seine. — Caractère général : *Douceur des pentes, absence de montagnes, terrains calcaires perméables, égalisant le débit, diminuant les étiages et les crues. Aussi la Seine est-elle le fleuve de France navigable aux gros bateaux le plus loin de la mer. Il suffirait de travaux peu considérables pour amener les grands navires de mer à Paris.*

La Seine descend du revers occidental de la Côte d'Or, reçoit l'Aube, venue du plateau de Langres, l'Yonne, descendue du Morvan, la Marne, née entre l'Aube et la Meuse, l'Oise, venue des collines des Ardennes, l'Eure et la Risle, originaires des collines du Perche. Cours de la Seine, 776 kil. (navigable, 656). Débit moyen 500, étiage 75, crues 2500. L'Yonne, la Marne et l'Oise égalent presque l'importance de la Seine.

Bassin de la Loire. — Caractère général : *Alimentation presque exclusive par une seule région, le Massif Central, composé de roches imperméables. Par conséquent, crues subites de tous les affluents à la fois, maigreur des eaux dans tout le bassin à la fois; cours inégal, lit encombré de sable, inondations redoutables. Navigation précaire et difficile, malgré la longueur du cours en plaine.*

Source, au Gerbier de Jonc, dans les monts du Vivarais. Affluents principaux, l'Allier, le Cher, l'Indre, la Vienne, tous issus du Massif Central. La Maine, formée de la Mayenne, de la Sarthe, du Loir, descendant des collines du Perche. Cours de la Loire 1008 kil. env. (plus ou moins navigable, 825). Débit moyen 375, étiage 100, crues 8000.

Bassin de la Garonne. — Caractère général : *Encadrement montagneux, au S. par les Pyrénées, au N.-E. par le Massif Central. Affluents répartis entre*

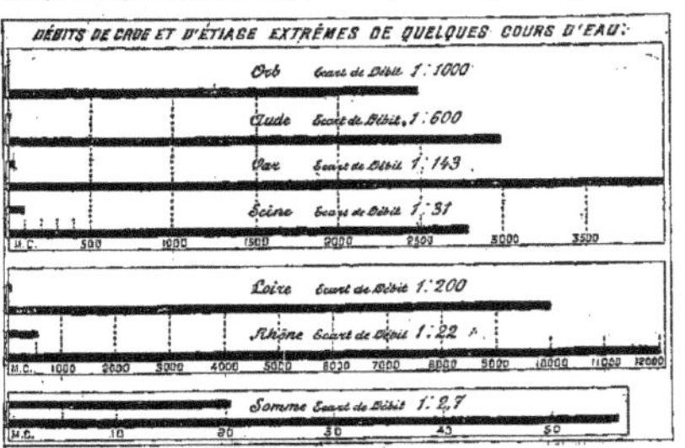

ces deux régions, dont la plus haute, les Pyrénées, couverte de neiges jusqu'au début de l'été. Inondations terribles quand tous les affluents donnent à la fois, ou quand les neiges fondent rapidement. Eaux maigres en été, quand les pluies deviennent rares. Grande plaine très fertile au centre du bassin.

La Garonne naît en Espagne, partie sur le versant N. des Pyrénées (Val d'Aran), partie sur le versant S. (glacier d'Aneto, et source du Goueil de Jouéou rejaillissant sur le versant N.). Affluents principaux : Neste, Ariège (Pyrénées), Tarn, Lot, Dordogne (Massif Central). À partir du confluent de la Dordogne, la Garonne devient le vaste estuaire de la *Gironde.* Cours de la Garonne, 650 kil. (navigable, 471). Débit moyen 700 mètres, étiage 40, crues 12000.

Bassin du Rhône. — Caractère général : *Grande masse d'eaux torrentielles, arrivant des Alpes à l'E., du Massif Central à l'O. Un seul affluent, la Saône, descendant en pente douce et coulant en plaine.*

Cours supérieur, en Suisse et en France, peu navigable, sauf sur l'épanchement formant le lac Léman. — Débit régularisé par le régime différent des affluents, ceux du Massif Central donnant plutôt en hiver, ceux des Alpes plutôt au printemps et en été. Navigation difficile sur le Rhône, à cause de la pente; facile sur la Saône. Embouchure partagée en bras sans profondeur.

Source du Rhône, au glacier du Rhône, en Suisse; source de la Saône, dans les Faucilles, au pied sud-ouest des Vosges. Grands affluents, l'Isère et la Durance, descendant des Alpes. Cours du Rhône 812 kil. (351 en France), navigable 489 (plus les lacs Léman, du Bourget et d'Annecy). Débit moyen 2200, étiage 550, crues 13000.

Fleuves côtiers. — Entre Rhin et Seine :

Escaut (avec la *Lys*). Cours 420 kil., dont 100 en France navigable, 543). Débit moyen 12, étiage 7, crues 400.

Somme. 245 kil. (canalisée). Débit 42, étiage 20, crues 57.

Entre Seine et Loire :

Orne. Cours 158 kil., navig. 16 kil. Débit 13, étiage 9, crues 500.

Vilaine. Cours 250 kil., navig. 96. Débit 80, étiage 8, crues 800.

Entre Loire et Garonne :

Sèvre-Niortaise. Cours 160 kil., débit de crue env. 200.

Charente. Cours 571 kil., navig. 188. Débit 95, étiage 55, crues 150.

Entre Garonne et Pyrénées :

Adour. Cours 301 kil., navig. 155. Débit 150, étiage 60, crues 1500 (le gave de Pau fournit presque toute l'eau de l'Adour).

Entre Pyrénées et Rhône :

Aude. Cours 225 kil. Débit 62, étiage 5, crues 5000.

Orb. Cours 144 kil. Débit 25, étiage 2,5, crues 2500.

Hérault. Cours 197 kil., navig. 11. Débit 50, étiage 6, crues 3700.

Entre Rhône et Italie :

Var. Cours 135 kil. Débit 43, étiage 28 (?), crues 4000. (L'écart de l'étiage à la crue maximum varie de 2,7 pour la Somme, à 1000 pour l'Orb.)

CLIMATS

La France est soumise aux influences atmosphériques de l'Océan et de la Méditerranée; de l'inégale répartition de ces influences et de la disposition variée du sol naissent deux grands climats, l'Atlantique et le Méditerranéen, et plusieurs climats locaux, généralement comptés au nombre de sept :

1. **Climat parisien** ou séquanien (*influence mitigée de la Manche*), moyenne + 10°. Hivers assez froids, étés tièdes, atmosphère généralement fraîche.

2. **Climat breton** ou **armoricain** (*égalisation par l'atmosphère marine*), moyenne + 11°. Hivers très doux, étés tempérés, pluie fréquente.

3. **Climat girondin** (*voisinage de la mer, latitude plus méridionale*), moyenne + 12°. Hivers doux, étés chauds, longs automnes.

4. **Climat auvergnat** (*région élevée, déjà éloignée de la mer*), moyenne + 11°, variant avec l'altitude. Hivers rudes, étés chauds, neige fréquente.

5. **Climat vosgien** (*éloignement de la mer, latitude septentrionale*), moyenne + 9°. Hivers froids et longs, étés chauds et courts.

6. **Climat lyonnais** ou **rhodanien** (*Jura et Alpes, éloignement de la mer*), moyenne + 11°. Ciel variable, hivers froids, pluie fréquente dans les montagnes, beaux étés.

7. **Climat méditerranéen**, moyenne + 14°. Hivers doux, étés secs, ciel bleu, grands vents du nord, pluies subites et courtes.

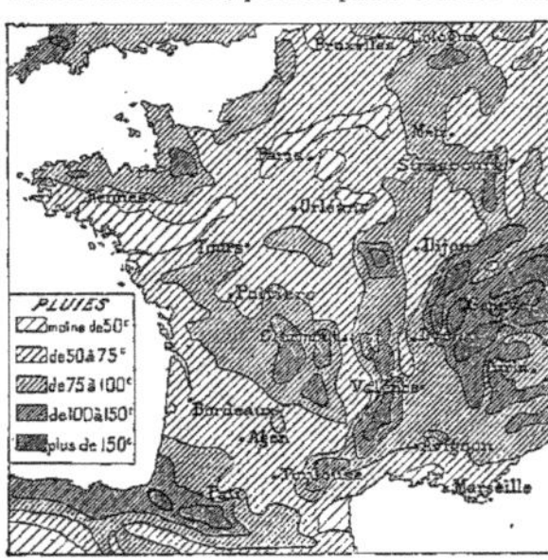

D'une manière générale, le climat se refroidit du S.-E. au N.-O. en été et de l'O. à l'E. en hiver. En janvier, il gèle moins à Brest qu'à Bayonne, à cause de l'influence adoucissante de la mer, qui entoure presque entièrement le nord-ouest de la France.

VÉGÉTATION

La végétation spontanée du sol français est aussi variée que le relief du sol et le climat de la France (voir aussi notice n° 12). Elle va des productions de l'Afrique du Nord ou de l'Europe méridionale (olivier, palmier) aux végétaux des régions boréales (sapin, genévrier) et même aux zones dépourvues de toute vie végétale et animale. L'olivier, la vigne et le *froment* caractérisent les principaux climats français. L'olivier ne croît que dans le bassin méditerranéen, la vigne sur les coteaux ou dans les vallées suffisamment exposées aux chaleurs de l'été, le froment dans les plaines ou les régions de faible élévation.

Fr. Schrader.

FRANCE HYPSOMÉTRIQUE ET GÉOLOGIQUE Carte N° 11

Au point de vue géologique, le trait le plus saillant que présente le sol de la France est l'opposition entre le Nord et le Midi : notre pays est à cheval sur deux zones de l'Europe dont l'histoire a été bien différente. Les massifs anciens et peu élevés du Nord et du Centre représentent les débris d'une chaîne qui, du moins en Bretagne et dans l'Ardenne, a depuis longtemps cessé de mériter l'épithète de montagneuse; et les plaines intermédiaires sont formées de couches postérieures restées horizontales (bassin de Paris). Quant aux chaînes méridionales, les Alpes, les Pyrénées et leurs annexes plus humbles, elles font partie de la zone des plissements tertiaires méditerranéens, dont l'accentuation finale appartient à une époque géologique toute récente; des plaines, présentant un caractère mixte, les séparent du Massif Central, et se développent surtout au Sud-Ouest, dans l'Aquitaine.

Bretagne.

Le littoral atlantique de la France projette vers l'Ouest, entre la Loire et la Seine, un vaste promontoire qui correspond également à une saillie dans le sens vertical : c'est la *Bretagne*, au sol imperméable, rocheux et accidenté. Les granites et les schistes cristallins y forment deux zones parallèles, le long de la côte Nord et de la côte Sud. Entre les deux court une large bande de schistes et de grès primaires, fortement plissés. La zone granitique méridionale, dont le relief est ordinairement peu accusé, est continue et s'épanouit au sud de la Loire pour former le massif de collines du *Bocage Vendéen* et les *hauteurs de la Gâtine* (mont Mercure, 285 m.); la zone septentrionale, qui porte les sommets principaux de la péninsule armoricaine (montagne d'Arrée, 391 m.; Ménez, 340 m.), est morcelée en une série d'affleurements distincts, alignés d'une manière confuse de l'Ouest à l'Est.

La partie la moins élevée de la Bretagne est celle qui correspond à la naissance de la presqu'île, entre la baie du Mont-Saint-Michel et l'embouchure de la Loire; le sol se relève à l'Est dans les *collines du Normandie* et les *collines du Maine* (les Avaloirs, 417 m.). Au Nord, on retrouve les schistes primaires dans la presqu'île du *Cotentin* et le bassin supérieur de l'Orne. Dans toute la région, les points culminants marquent l'affleurement des granites ou des grès; l'alignement fréquent des crêtes et des dépressions, parallèlement à la direction des couches redressées, trahit l'allure plissée de l'ensemble (landes de Lanvaux, Ille-et-Vilaine, etc.).

Massif Central.

Au delà des hauteurs de la Vendée, le sol s'abaisse dans la *trouée du Poitou*, qui établit une communication facile entre les bassins de la Loire et de la Gironde. Mais vers le Sud-Est le terrain ne tarde pas à se relever dans la vaste protubérance granitique du *Limousin* et de la *Marche*, prélude du puissant entassement de reliefs que l'on réunit sous le nom de *Massif Central de la France*; cette protubérance joue le rôle d'un centre important de dispersion des eaux vers le Nord, l'Ouest et le Sud, et sa surface ondulée s'élève vers l'Est jusqu'aux plateaux de Gentioux et de Mille-Vaches (900-1 000 m.).

A l'est de la traînée de bassins houillers qui s'étend de Moulins à Mauriac, l'*Auvergne* présente un aspect tout différent par suite de la superposition à la plate-forme granitique et schisteuse d'une série de massifs nettement individualisés, d'origine volcanique. C'est d'abord celui du *Mont Dore*, dont le sommet (pic de Sancy, 1 886 m.) est le point culminant du centre de la France; plus au Nord, ce sont les cratères successifs de la chaîne des *puys* de Clermont (Puy de Dôme, 1 465 m.), avec leurs coulées de laves, débordant dans les vallées latérales jusque sur la nappe de calcaire d'eau douce tertiaire qui remplit la grande dépression de la Limagne, interrompant brusquement à l'Est, sur plus de la moitié de sa largeur, le Massif Central. Au Sud enfin vient le *Cantal* (1 858 m.), puissante accumulation de produits éruptifs, à demi ruinée par le temps et entaillée dans toutes les directions par une série de vallées divergentes.

Au delà des *Montagnes de la Margeride*, où le soubassement granitique se montre au jour, les formations volcaniques reparaissent entre l'Allier et la Loire, dans le massif du *Velay* (1 425 m.), hérissé de pustules nombreuses, et, de l'autre côté de la dépression du Puy, dans le groupe du *Mézenc* (1 754 m.), aux pitons caractéristiques; quelques coulées de lave sont descendues jusque dans les vallées du *Vivarais*, et la table basaltique des *Coirons* s'avance même presque jusqu'au bord du Rhône.

Du côté du Sud, le Massif Central s'abaisse par une pente très brusque. Ce

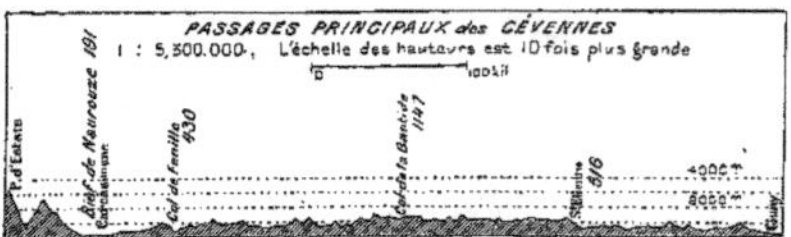

versant raide, dont l'apparence est vraiment montagneuse, porte le nom de *Cévennes* (mont Lozère, 1 702 m.). L'altitude de ce rebord escarpé diminue au sud de l'Aigoual (1 567 m.), dans les *Garrigues* (800-900 m.); en même temps les calcaires jurassiques s'avancent au loin vers le Nord pour former la région des *Causses*, vastes tables calcaires dont la surface est presque horizontale; le Tarn et ses rares affluents y ont creusé des vallées étroites et profondes, limitées par des escarpements abrupts, qui rappellent de tous points les célèbres *cañons* du Colorado, dans l'Amérique du Nord. A l'Ouest, les Causses sont bordés par un massif de schistes cristallins (Levezou, 1 157 m.) que traverse le Tarn et dont la surface s'abaisse graduellement vers les plaines de la Garonne. Au Sud, le sol se redresse une dernière fois dans la chaîne cristalline et schisteuse de la *Montagne Noire* (1 210 m.).

Au Nord-Est, le Massif Central projette d'abord, entre l'Allier et la Loire, l'éperon granitique et porphyrique du *Forez* (1 640 m.), aux cimes arrondies. Entre la Loire et le Rhône, l'alignement des Cévennes se prolonge avec le dôme imposant du mont Pilat (1 454 m.); puis, au delà de la dépression houillère de Saint-Étienne, viennent une série de massifs fort enchevêtrés : aux granites et aux porphyres servant de noyau à ces hauteurs d'entre Saône et Loire (*Lyonnais, Beaujolais, Charolais*) s'ajoutent souvent, dans le *Mâconnais* par exemple, des calcaires jurassiques, dénivelés par des fractures dirigées du Nord au Sud, comme le bord de la plaine bressane, qui vient couper obliquement ces chaînons successifs. Enfin, au delà de la coupure utilisée par le canal du Centre, et marquée par d'importants bassins houillers (Le Creusot etc.), les roches cristallines reparaissent une dernière fois dans le massif complètement isolé du *Morvan*

(902 m.) où l'Yonne prend sa source, et contre lequel les terrains secondaires viennent buter par failles. A l'Est, les plateaux calcaires de la *Côte d'Or* (656 m.) et de *Langres* (516 m.) servent de ligne de faîte entre la Seine et le Rhône; abruptes au Sud-Est, du côté de la plaine de la Saône, ils s'inclinent au contraire en pente douce vers le bassin de Paris, comme les couches qui les constituent.

Vosges.

La dépression de la Saône se ferme au Nord par une rangée de hauteurs en forme de croissant, les *Faucilles* (504 m.), qui rattachent le plateau de Langres aux *Vosges*. Ce massif, auquel la Forêt-Noire sert de pendant de l'autre côté de la plaine du Rhin, possède au Sud un noyau de granite, de porphyre et de schistes primaires, qui culmine immédiatement au-dessus de la *trouée de Belfort* dans les cimes arrondies des Ballons (Grand Ballon, 1 426 m.). Très abruptes sur le versant alsacien, les *Hautes Vosges* s'abaissent d'une manière plus graduelle du côté de la Lorraine; de nombreuses vallées en découpent la surface dans toutes les directions. Au Nord de la Bruche et de la Meurthe, les roches anciennes disparaissent et les grès triasiques atteignent auprès du Donon (1 010 m.), pour ne plus la quitter, la ligne de faîte. Au nord du passage de Saverne (551 m.), les *Basses Vosges*, toujours coupées brusquement par une faille vers l'Alsace, ne sont plus guère que des collines.

Ardenne.

Les Vosges se prolongent au Nord dans le *Hardt*, qui touche au *Hunsrück*, rebord des massifs schisteux servant de limite septentrionale au bassin de Paris sous le nom d'*Ardenne*. L'Ardenne présente l'apparence d'un plateau stérile et désolé (500-500 m.), accidenté çà et là de vallées tortueuses et profondes, comme celle que parcourt la Meuse entre Charleville et Givet; mais ses couches primaires de grès et d'ardoises, bien loin de participer à cette allure tranquille de la surface, se montrent au contraire plissées et contournées de mille manières, notamment dans le bassin houiller franco-belge. Ce sont d'anciennes montagnes depuis longtemps rasées, dont l'emplacement est même en partie occupé aujourd'hui par les plaines crayeuses ou tertiaires du *Hainaut* et de la *Flandre*.

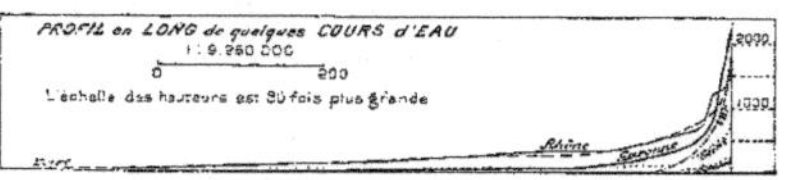

Bassin de Paris.

La vaste étendue de terrains secondaires et tertiaires remplissant l'intervalle entre les différents massifs anciens que nous venons de décrire a reçu des géologues le nom de *bassin de Paris*, destiné à rappeler la disposition en cuvette des couches, plongeant de tous les côtés vers le centre. Cette disposition en auréoles concentriques ne se traduit nettement dans le relief du sol que dans le secteur oriental du bassin, entre le Morvan et l'Ardenne : une série de ceintures parallèles, alternativement saillantes et déprimées, y marquent l'affleurement des terrains successifs, depuis les plaines triasiques de la *Lorraine* jusqu'aux coteaux tertiaires de la *Brie*, en passant par les lignes d'escarpement des *Woëvres* et de l'*Argonne* et les plaines crayeuses de la *Champagne*, chaque couche résistante formant une falaise tournée vers l'extérieur.

Au nord du massif tertiaire central, correspondant à peu près à l'ancienne *Ile-de-France*, et divisé lui-même en un certain nombre de plate-formes secondaires étagées en gradins, la craie se relève dans les plateaux de la *Haute-Normandie*, de la *Picardie* et de l'*Artois*, percée seulement par les deux boutonnières du *Boulonnais* et du *Pays de Bray*, qui laissent affleurer des assises plus anciennes. Vers le Sud, les calcaires lacustres des grandes plaines de la *Beauce* débordent largement dans le bassin de la Loire; entre ce fleuve et le Cher, les terrains secondaires se redressent jusqu'à 434 m. dans les collines du *Sancerrois*. La *Sologne* et la *Brenne*, au sol sableux parsemé d'étangs, les plaines du *Berry*, de la *Touraine* et du *Maine* ne présentent aucun accident remarquable. Vers l'Ouest, c'est seulement dans le *Perche* que les terrains secondaires, très variés de composition, arrivent à constituer des collines d'une hauteur notable (monts d'Amain, 521 m.), tournant leur face escarpée vers les schistes et les granites des collines de Normandie, tandis qu'à l'opposé le sol s'abaisse en pente douce vers l'Eure et la basse Seine.

Jura.

Les calcaires jurassiques qui, à l'est du bassin de Paris, remplissent tout l'espace compris entre le Morvan et les Vosges, se poursuivent au delà de la Saône et de l'Oignon, en se redressant pour former la région du *Jura*, d'où est venu leur nom; mais les couches sont ici affectées de nombreuses rides parallèles, alternativement creuses (*vals*) et saillantes (*voûtes*). Les voûtes sont souvent coupées de *cluses*, par où s'échappent les eaux tombées en amont, et leurs flancs se montrent entaillés longitudinalement par des *combes*. La régularité avec laquelle les assises marneuses succèdent aux assises compactes se traduit à la surface par des variations de pente corrélatives, qui impriment aux formes topographiques du Jura une symétrie et une simplicité inconnues dans le reste de l'Europe.

Considéré dans sa disposition horizontale, le Jura présente la forme d'un vaste croissant tournant sa convexité vers le Nord-Ouest; très étroit du côté de l'Est, il se dilate progressivement jusque vers Besançon et, après avoir pris la direction du méridien, il vient, au sud du Rhône, se rattacher aux chaînons subalpins des environs de Grenoble et de Chambéry. C'est dans le *Haut Jura*, du côté de la Suisse, que les rides sont à la fois les plus nombreuses et les plus accentuées (Crêt de la Neige, 1 723 m.); en Franche-Comté, les *plateaux*, ondulés et étagés, souvent découpés en vallées profondes, prédominant jusqu'à la falaise abrupte du *Vignoble* de Salins et de Lons-le-Saunier, au pied de laquelle s'étendent les plaines tertiaires de la *Bresse*. Au Nord du Doubs, près de Dôle, le petit pointement cristallin de la *Serre*, contre lequel viennent mourir les dernières rides jurassiennes, témoigne de la continuité souterraine des roches granitiques entre le Morvan et les Vosges.

Alpes.

Dans la partie des *Alpes* située sur le territoire français, le tracé général des plis et des crêtes s'incurve, du Valais aux Alpes Maritimes, en dessinant un croissant dont la convexité est tournée vers l'Ouest. La

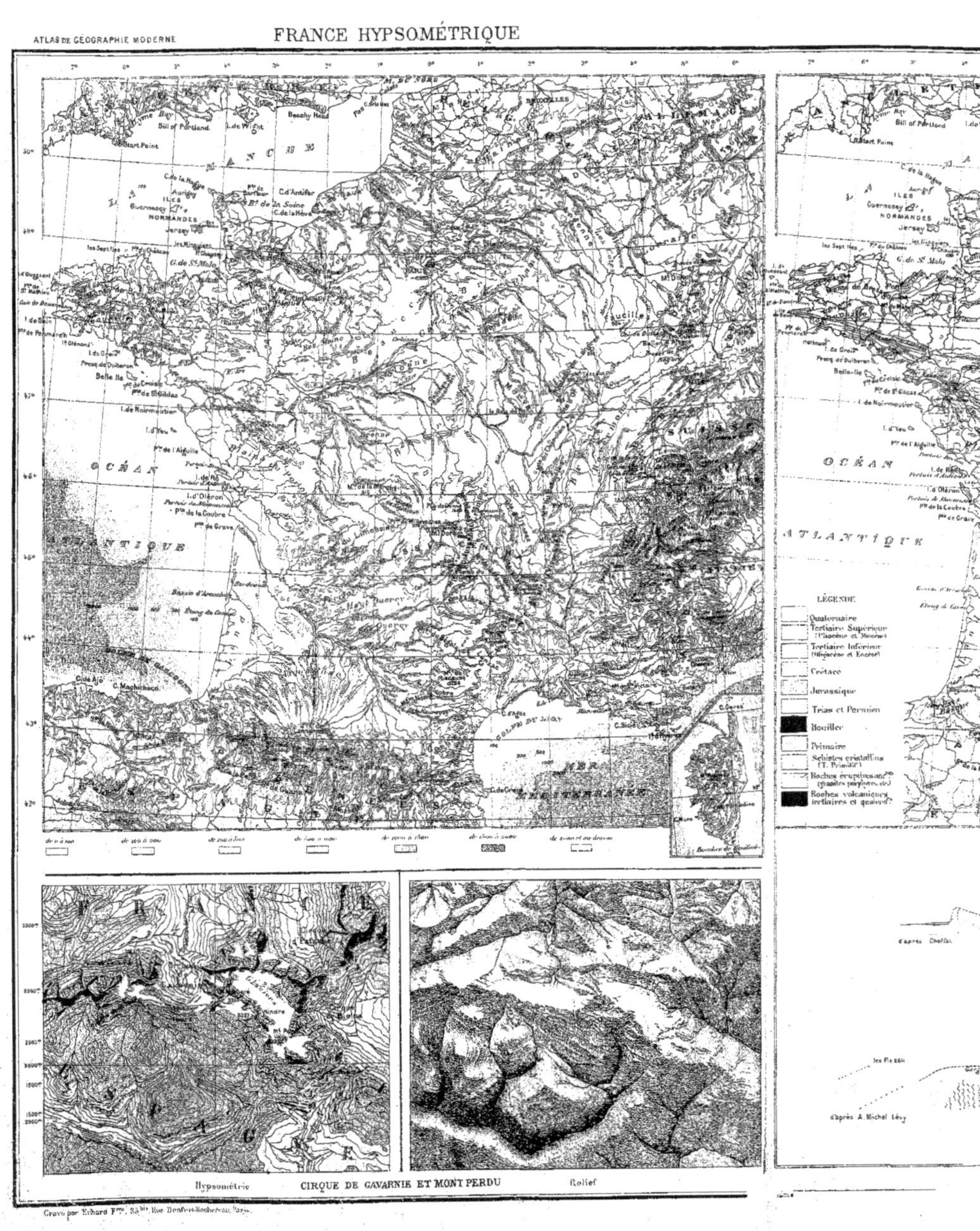

Hypsométrie — CIRQUE DE GAVARNIE ET MONT PERDU — Relief

FRANCE HYPSOMÉTRIQUE

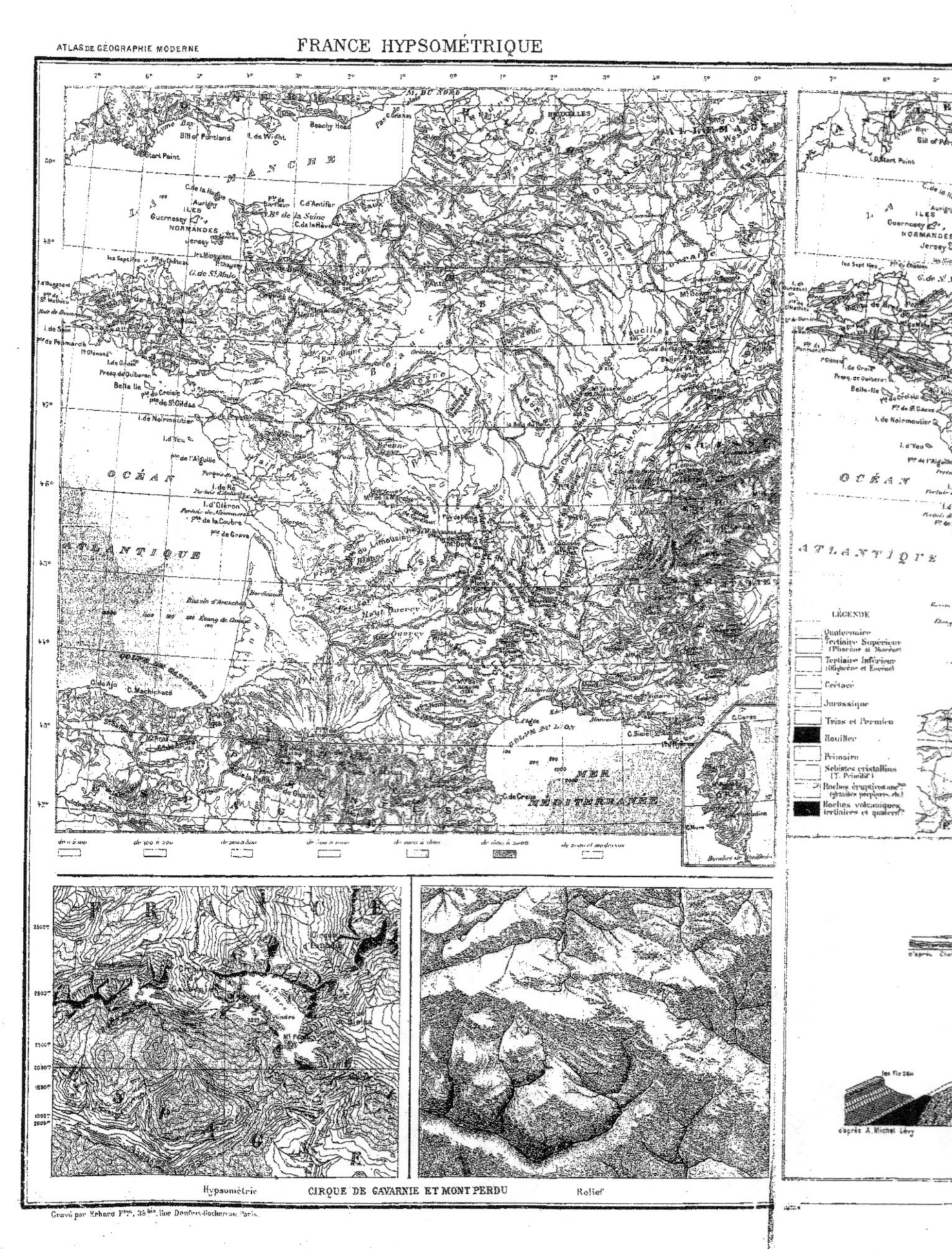

Hypsométrie — CIRQUE DE GAVARNIE ET MONT PERDU — Relief

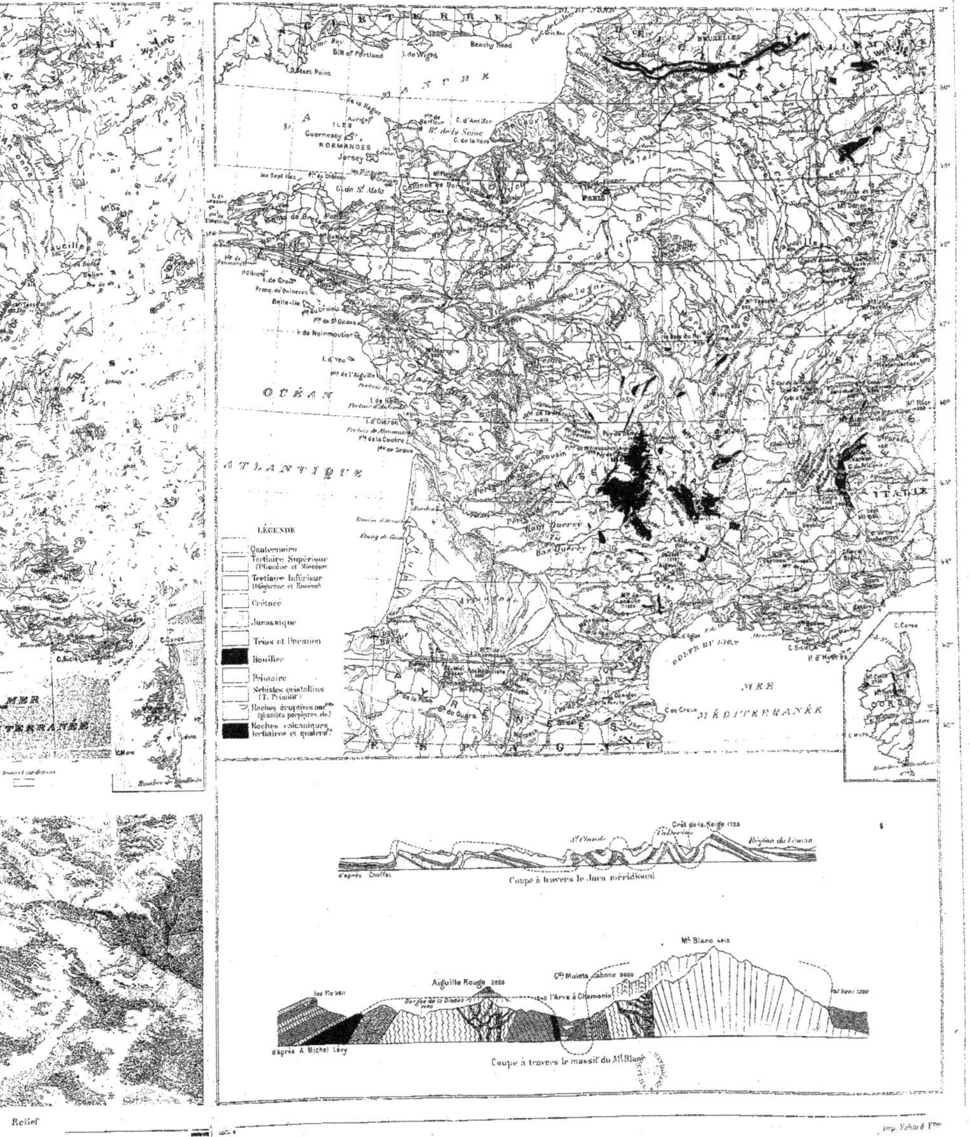

LÉGENDE
Quaternaire
Tertiaire Supérieur (Pliocène et Miocène)
Tertiaire Inférieur (Oligocène et Éocène)
Crétacé
Jurassique
Trias et Permien
Houiller
Primaire
Schistes cristallins (T. Primitif)
Roches éruptives anc.ⁿᵉˢ (granites porphyres etc.)
Roches volcaniques tertiaires et quatern.ⁱʳᵉˢ
OCÉAN ATLANTIQUE
MER MÉDITERRANÉE
GOLFE DU LION
MANCHE
BRUXELLES
PARIS
ANGLETERRE
ESPAGNE
ITALIE
CORSE
Crêt de la Neige 1723
Coupe à travers le Jura méridional
d'après Chauffat
St Claude
Région du Léman
Mt Blanc 4810
Aiguille Rouge 2869
Cⁿᵉ Muleto cabane 3050
les Fis 2611
Val Veni 1500
Coupe à travers le massif du Mt Blanc
d'après A. Michel Lévy
Relief
Imp. Erhard Frⁿˢ

ligne de faîte, beaucoup plus rapprochée du Piémont que de la vallée du Rhône, passe d'un chaînon à l'autre, en présentant un tracé plus ou moins sinueux.

La région dont la structure est le moins enchevêtrée est celle qui s'étend au nord et au sud de Grenoble; une large dépression, creusée dans les schistes jurassiques et occupée par le Drac et l'Isère (vallée de *Graisivaudan*), y sépare sur une grande longueur deux zones entièrement différentes comme aspect et comme âge des terrains : à l'Ouest, les chaînons calcaires extérieurs, jurassiques et crétacés (*Grande-Chartreuse*, 2 087 m.; *Vercors*,

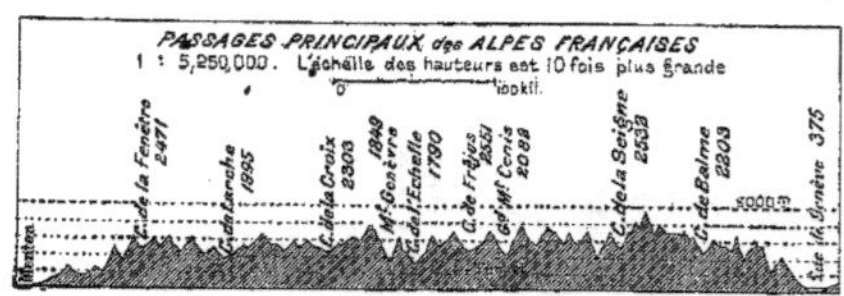

2 546 m.); à l'Est, les hauts sommets neigeux, formés de roches cristallines, de la *chaîne de Belledonne* (2 981 m.), que la Romanche, l'Arc et l'Isère traversent dans des gorges profondes.

La direction de la chaîne de Belledonne est prolongée au Nord par le massif du *Mont Blanc* (4 810 m.), ellipse de granite et de schistes cristallins, disposés en éventail et découpés en aiguilles; c'est là que se développent, au fond des cirques supérieurs, la célèbre *Mer de Glace*, longue de plus de 14 kil., et les autres glaciers de Chamonix. Parallèlement au massif du Mont Blanc se dirige, vers l'Ouest, la chaîne jumelle, également cristalline, du Brévent et des Aiguilles-Rouges.

A l'opposé, la chaîne de Belledonne se relie de même à d'autres massifs granitiques ou schisteux : les *Grandes-Rousses* (3 514 m.), et surtout le pâté circulaire du *Pelvoux*, principal centre glaciaire du Dauphiné (Barre des Écrins, 4 105 m.). Les roches cristallines disparaissent ensuite pour ne se montrer de nouveau qu'au nord du Var, dans le haut massif des *Alpes Maritimes* (3 297 m.) orienté N.O—S.E. L'intervalle, drainé par la Durance et l'Ubaye, est occupé par les schistes jurassiques et tertiaires inférieurs, qui s'avancent ainsi à une grande distance vers l'intérieur des Alpes, en portant des sommets dont l'altitude dépasse fréquemment 3 000 m.

Au dedans de la courbe décrite par la zone du Mont Blanc et du Pelvoux, les terrains carbonifère, triasique et jurassique présentent un grand développement (*Tarentaise*, *Maurienne*, *Briançonnais*); on y trouve même une bande isolée de couches marines d'âge tertiaire, portées jusqu'à 3 514 mètres d'altitude aux Aiguilles d'Arve. Plus à l'Est vient une nouvelle zone cristalline, située en majeure partie sur le territoire italien (mont Viso, 3 845 mètres, etc.).

Quant aux chaînes calcaires subalpines des environs de Grenoble, elles se prolongent également au Nord et au Sud, en conservant leur aspect caractéristique. Au nord de l'Isère, elles sont tronçonnées en une série de pâtés distincts par les coupures transversales du Chambéry, du lac d'Annecy et de l'Arve, pour culminer en face du Mont Blanc, au Buet (3 109 m.) et à la Dent du Midi (3 285 m.). Là s'introduit, entre les chaînes crétacées et les plaines tertiaires du lac de Genève, un nouvel élément : le massif schisteux très enchevêtré, jurassique et tertiaire, du *Chablais* (Dent d'Oche, 2 225 m.), qui se continue à l'Est dans les *Préalpes* de la Suisse Romande.

Au Midi, les plateaux ondulés du *Vercors*, coupés par de brusques escarpements, se relient vers le Sud-Est à l'éperon rectangulaire du *Dévoluy* (mont Aubiou, 2 795 m.); à partir de la vallée de la Drôme, les chaînons subalpins s'abaissent et s'orientent de l'Ouest à l'Est en se pressant nombreux jusqu'à la longue arête calcaire du *Ventoux* (1 912 m.) et de la *Montagne de Lure* (1 827 m.).

En approchant de la Durance, la topographie devient confuse, et la dépression tertiaire isolée de Digne semble marquer un arrêt dans les plissements alpins; mais ceux-ci recommencent bientôt dans les *Basses Alpes*, en suivant d'abord la direction du méridien, puis en s'infléchissant vers le Sud-Est, et enfin, dans le faisceau de rides parallèles du *Chens* (1 713 m.), et du *Cheiron* (1 778 m.), vers l'Est. Au nord de Nice et de Menton, le défaut de coordination des reliefs à une direction bien définie trahit l'allure tourmentée des couches, au centre commun de divergence des Alpes Maritimes, des Alpes Liguriennes et des chaînons de la Provence.

Dans les Alpes, les granites et les autres roches éruptives sont bien antérieures au plissement général, qui les a affectés vers le milieu des temps tertiaires, au même titre que les terrains stratifiés. C'est dans cette masse plissée que l'érosion a découpé ensuite la plupart des crêtes et des vallées actuelles; la saillie relative des différents chaînons se montre naturellement en rapport avec le degré de résistance des terrains : tandis que les roches cristallines constituent les sommets culminants, les schistes friables ont servi de point de départ à l'établissement des dépressions, en déterminant l'ouverture de cols transversaux, souvent alignés en enfilades successives.

Les eaux de l'intérieur des Alpes françaises viennent se concentrer dans quatre grandes artères, disposées d'une manière rayonnante : l'Arve, l'Isère (dont le bassin est le plus vaste), la Durance et le Var. Les trois premières sont elles-mêmes tributaires du Rhône, qui draine également les cours d'eau de moindre importance dont les sources ne dépassent pas les limites des chaînes calcaires subalpines.

Provence.

Bien que se rattachant d'une manière continue aux Alpes, la *Provence* mérite d'être considérée comme formant une région géologique distincte. Les grands traits de sa structure sont en rapport avec l'existence du double massif cristallin des *Maures* (779 m.) et de l'*Esterel* (616 m.), situé au Sud-Est, et dont l'émersion remonte à une époque très reculée. Des grès rouges analogues à ceux des Vosges, et contemporains des porphyres de l'Esterel, forment autour des Maures une dépression semi-circulaire (195 m.), empruntée par la voie ferrée de Toulon à Fréjus. Au Nord s'étendent les reliefs de la Provence calcaire, beaucoup moins importants comme saillie verticale que ceux des Alpes proprement dites, et orientés d'une manière générale de l'Est à l'Ouest (*Sainte-Baume*, 1 154 m.; *Sainte-Victoire*, 1 011 m.). Leur structure géologique est d'une extrême complication : les actions de plissement s'y sont fait sentir avec une telle intensité, que les plis couchés horizontalement, amenant des couches anciennes en superposition sur des couches plus récentes, y deviennent la règle. Au nord-ouest de la *Crau*, plaine de cailloux roulés, accumulés jadis par la Durance, se dresse la voûte très régulière des *Alpilles* (492 m.), prolongée vers l'Est par la crête du *Lébéron*; au delà des collines tertiaires d'Apt, les monts de *Vau-*

cluse s'élèvent graduellement jusqu'à l'arête du Ventoux, formant la bordure des chaînes subalpines du Dauphiné.

Pyrénées.

Les *Pyrénées*, servant de frontière commune à la France et à l'Espagne, se poursuivent de la Méditerranée au golfe de Gascogne avec une remarquable constance de direction (E. S. E. — O. N. O.). De part et d'autre d'une large zone médiane de schistes primaires, analogues à ceux de la Bretagne, avec massifs granitiques alignés en traînées discontinues, s'observent deux bandes parallèles de terrains secondaires et tertiaires; le développement de ces zones latérales est, au point de vue orographique, fort inégal sur les deux versants : en France, ce flanquement calcaire ne joue un rôle important qu'à l'est de la vallée de la Garonne, et notamment dans l'Aude (*Petites Pyrénées*); encore n'y arrive-t-il qu'à des altitudes modestes (pic de Bugarach, 1 251 m.). En Espagne au contraire, les assises secondaires et tertiaires, étalées sur une grande largeur, atteignent à plusieurs reprises la ligne de faîte, en portant alors des sommets (Mont Perdu, 3 352 m.) dont la hauteur égale presque celle du point culminant des Pyrénées tout entières (Maladetta, 3 404 m.). Moins longues, moins hautes et moins larges que les Alpes, les Pyrénées présentent aussi un relief moins diversifié : les vallées longitudinales de quelque importance y sont rares — on ne peut guère citer, en France, que la haute vallée de l'Ariège et le val de Fenouillet; les glaciers, autrefois beaucoup plus étendus, sont réduits actuellement à des dimensions fort restreintes.

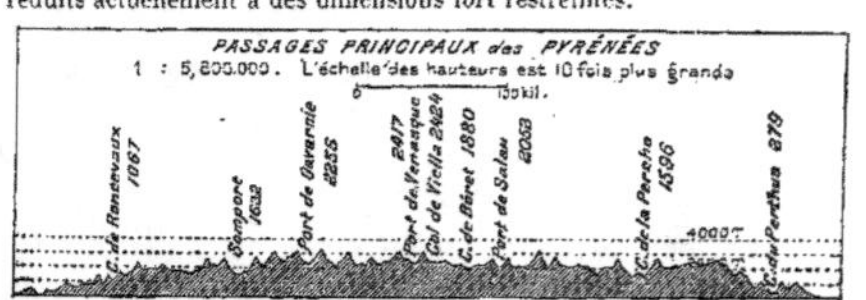

Au sud du noyau schisteux des *Corbières* s'ouvre, au cœur de la masse pyrénéenne, la plaine tertiaire du *Roussillon*, dominée par la pyramide régulière du Canigou (2 785 m.); cette brusque dépression semble être l'amorce d'une aire d'affaissement beaucoup plus vaste, qui, à l'époque tertiaire supérieure, serait venue séparer les Pyrénées des chaînons occidentaux de la Provence, suivant l'emplacement du golfe du Lion.

La masse principale des Pyrénées est située sur le versant espagnol, deux fois plus étendu que le versant français; la ligne de partage des eaux, dirigée en moyenne E. 18° S., subit vers le milieu de la chaîne un rejet qui la divise en deux tronçons parallèles d'importance à peu près égale; elle emprunte tour à tour les chaînons successifs, qui lui sont souvent obliques, et culminent à droite ou à gauche. Du côté de l'Ouest, les sommets présentent une remarquable gradation d'altitude, depuis la Rhune (900 m.) jusqu'au massif des Monts Maudits (3 404 m.); à l'Est, la hauteur des points culminants, entre la Garonne et la Méditerranée, se maintient aux environs de 2 900 m., la Pique d'Estats atteignant seule 3 141 m. Quant aux cols ou *ports*, aucun, dans la partie centrale de la chaîne, ne s'abaisse au-dessous de 2 000 m. A l'Est, la large dépression de la *Cerdagne* (col de la Perche, 1 596 m.) sépare de la masse principale des Pyrénées le puissant groupe montagneux du *Canigou* et de la *Sierra del Cadi*.

Les eaux des Pyrénées se rendent, au Nord, dans la Garonne et l'Adour; aux deux extrémités s'ajoutent de petits fleuves côtiers, développés surtout du côté de la Méditerranée avec l'Aude et les cours d'eau du Roussillon. De nombreux petits lacs parsèment, dans les hautes régions, la surface des massifs granitiques. Les grandes vallées aboutissent à des cirques, dont ceux de Gavarnie, de Troumouse et d'Estaubé sont en France, les plus célèbres.

Aquitaine.

L'*Aquitaine*, ou région des plaines du Sud-Ouest, est formée de couches horizontales présentant, au point de vue de leur âge relatif, un caractère mixte : du côté du Nord, ce sont des terrains secondaires s'appuyant contre les roches cristallines de la Vendée et du Massif Central et en continuité, par la trouée du Poitou, avec les terrains correspondants du bassin de Paris; au Sud, ce sont des terrains tertiaires, déposés en grande partie depuis le soulèvement des Pyrénées, et principalement d'origine lacustre.

La zone secondaire septentrionale, arrosée par la Charente, la Dordogne et le Lot, ne présente nulle part d'accidents topographiques comparables aux *ceintures* du bassin parisien, bien que l'allure générale des couches soit analogue.

Vers l'Est, les plaines tertiaires sont resserrées entre le Massif Central et les Pyrénées, et ne communiquent avec le versant méditerranéen du Languedoc que par la dépression dont profite le canal du Midi, entre la Montagne Noire et les Corbières.

Au Sud est la région des grands cônes sous-pyrénéens, dont la limite septentrionale dessine un demi-cercle, marqué par le cours de la Garonne jusqu'à Agen, puis par la Douze, la Midouze et l'Adour. Ces cônes, en grande partie formés d'alluvions anciennes, sont découpés suivant leurs génératrices par une multitude de vallées rayonnantes; distincts au pied des Pyrénées, où les deux centres principaux de divergence sont à Lourdes et à Lannemezan, au débouché des hautes vallées du Gave de Pau et de la Neste, ils viennent se confondre du côté de la plaine en un vaste éventail unique, dont la symétrie forme l'un des traits les plus frappants de la carte de France. Non moins remarquable est la dyssymétrie du profil dans toutes ces vallées de l'*Armagnac*, dont le versant occidental est toujours en pente douce, tandis que la berge de l'Est est constamment plus raide.

Enfin, entre la limite nord-ouest de l'éventail sous-pyrénéen et le cours inférieur de la Garonne, prolongée par l'estuaire de la Gironde, la région sableuse, absolument plate, des *Landes de Gascogne*, s'abaisse insensiblement vers l'Atlantique.

Corse.

La Corse, aujourd'hui séparée des reliefs français par des abîmes de plus de 2 000 m., se rattachait peut-être jadis au massif des Maures et aux chaînons orientaux des Pyrénées. Des roches granitiques forment l'ossature principale et la côte ouest de l'île (mont Cinto, 2 710 m.); au N. E. on observe des schistes anciens et des diorites, qui constituent notamment la presqu'île allongée du cap Corse. Dans la *plaine d'Aléria*, un étroit liséré de couches tertiaires et d'alluvions vient border ce noyau de terrains anciens.

EMM. DE MARGERIE.

FRANCE POLITIQUE & ADMINISTRATIVE — Carte N° 12

POPULATION

Population absolue en 1906 : 38 892 147, sans compter les troupes stationnées aux colonies et les marins hors de France. — Population par kil. carr. : 75. Très inégalement répartie, la population est généralement dense sur les côtes, le long des fleuves et dans les régions industrielles.

Elle est rare, au contraire, dans les pays montagneux (Alpes, Cévennes, Pyrénées, Corse), et sur certains plateaux (Brie, Beauce, Sologne), ainsi que dans les Landes. Les principaux centres de densité sont : la région du Nord (Flandre, Artois, Picardie); l'agglomération parisienne; la Normandie côtière; la Bretagne et l'Anjou; les régions du Rhône (Lyon) et de la Loire supérieure (Saint-Étienne); le littoral du Languedoc; les environs de Marseille; la région des Vosges. C'est dans les régions industrielles que la disproportion entre les populations urbaine et rurale est la plus grande.

La population rurale représente actuellement les 60 pour 100 de la population totale; elle décroît continuellement (76 pour 100 en 1846, 69,5 pour 100 en 1866, 63 pour 100 en 1896).

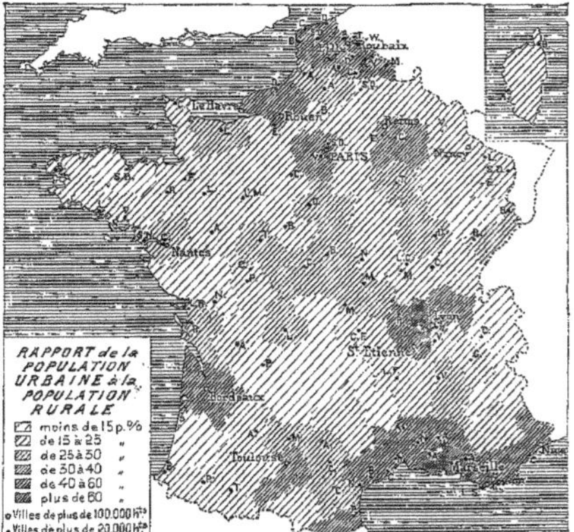

GRANDES VILLES

Tableau des villes de plus de 30 000 habitants (1906)

N°	Ville	Habitants	N°	Ville	Habitants
1	Paris	2 722 731	38	Boulogne (P.-de-C.)	51 388
2	Marseille	519 235	39	Boulogne-sur-Seine	49 727
3	Lyon	468 718	40	Avignon	48 234
4	Bordeaux	251 342	41	Lorient	46 954
5	Lille	205 907	42	Caen	44 428
6	Nice	149 448	43	Cherbourg	44 060
7	Toulouse	148 482	44	Bourges	43 580
8	Saint-Étienne	146 856	45	Clichy	41 076
9	Nantes	130 431	46	Neuilly-sur-Seine	39 814
10	Le Havre	129 470	47	Poitiers	39 025
11	Roubaix	121 115	48	Dunkerque	38 998
12	Rouen	117 467	49	Perpignan	38 845
13	Nancy	108 949	50	Saint-Ouen	37 505
14	Reims	107 779	51	Angoulême	37 085
15	Toulon	105 025	52	Pau	36 158
16	Amiens	90 554	53	Rochefort	35 715
17	Limoges	88 111	54	Montreuil	35 516
18	Angers	85 049	55	Asnières	35 495
19	Brest	82 489	56	Roanne	35 305
20	Tourcoing	81 031	57	Saint-Nazaire	34 586
21	Nîmes	80 155	58	Belfort	34 429
22	Montpellier	77 665	59	Montluçon	33 886
23	Rennes	75 123	60	Aubervilliers	33 857
24	Dijon	73 004	61	Cette	33 778
25	Grenoble	72 689	62	Douai	33 718
26	Orléans	67 493	63	La Rochelle	33 471
27	Tours	67 235	64	Vincennes	33 054
28	Calais	66 142	65	Le Creusot	33 036
29	Le Mans	65 031	66	Ivry	32 880
30	Saint-Denis	63 944	67	Pantin	32 470
31	Levallois-Perret	61 118	68	Valenciennes	32 572
32	Clermont-Ferrand	57 215	69	Cannes	32 321
33	Besançon	56 367	70	Carcassonne	31 088
34	Versailles	54 544	71	Périgueux	30 615
35	Troyes	52 097	72	Courbevoie	30 540
36	Saint-Quentin	52 898	73	Chalon	30 003
37	Béziers	52 222			

Il est à remarquer que treize des villes portées au tableau ci-dessus, *Saint-Denis, Levallois-Perret, Boulogne-sur-Seine, Clichy, Neuilly, Saint-Ouen, Montreuil, Asnières, Aubervilliers, Vincennes, Ivry, Pantin, Courbevoie,* ne sont que des prolongements ou des faubourgs de Paris. Avec ces villes et plusieurs autres ayant moins de 50 000 hab., la population de Paris serait d'environ 3 300 000 hab., soit près du douzième de la population de la France.

DIVISIONS ADMINISTRATIVES

La France est une république démocratique, ayant pour base le suffrage universel. Le pouvoir exécutif est confié au Président de la République; le pouvoir législatif est exercé par les deux Chambres (Sénat, 300 membres; Chambre des députés, 591 membres). La France est divisée en 86 départements et 1 territoire. Chaque département est divisé à son tour en arrondissements, en cantons et en communes.

Organisation judiciaire. — 1 cour de cassation; 26 cours d'appel; 1 cour d'assises par département : se tient généralement au chef-lieu, sauf dans les départements suivants : Bouches-du-Rhône (Aix); Cantal (Saint-Flour); Charente-Inférieure (Saintes); Corse (Bastia); Loire (Montbrison); Manche (Coutances); Marne (Reims); Meuse (Saint-Mihiel); Nord (Douai); Pas-de-Calais (Saint-Omer); Puy-de-Dôme (Riom); Saône-et-Loire (Chalon-sur-Saône); Vaucluse (Carpentras). — 1 tribunal de première instance par arrondissement : établi en général au chef-lieu de l'arrondissement, sauf les exceptions suivantes : Allier (*Cusset* au lieu de La Palisse); Ardennes (*Charleville* au lieu de Mézières); Bouches-du-Rhône (*Tarascon* au lieu d'Arles); Creuse (*Chambon* au lieu de Boussac); Isère (*Bourgoin* au lieu de la Tour-du-Pin); Jura (*Arbois* au lieu de Poligny); Meuse (*Saint-Mihiel* au lieu de Commercy); Hautes-Pyrénées (*Lourdes* au lieu d'Argelès). — Un *juge de paix* par canton.

Instruction publique. — Donnée dans des établissements d'enseignement *supérieur, secondaire* et *primaire.* L'ensemble du territoire français (y compris l'Algérie) est réparti en 16 universités, à la tête de chacune desquelles un *recteur.* L'enseignement primaire est *gratuit, laïque* et *obligatoire;* en 1899-1900, les élèves fréquentaient les écoles primaires publiques étaient au nombre de 5 852 984; les écoles dites libres étaient fréquentées, pendant la même année scolaire, par 1 697 248 élèves. Total : 5 550 252. Étudiants inscrits aux Facultés et Écoles supérieures : 31 864 (1902).

Divisions ecclésiastiques. — 17 archevêchés, 67 évêchés (dont 5 dans un chef-lieu de canton : *Séez* (Orne); *Luçon* (Vendée); *Viviers* (Ardèche); *Aire* (Landes); *Fréjus* (Var). Les protestants se rencontrent principalement dans le Gard, la Lozère, l'Ardèche, la Drôme, le Tarn, les Deux-Sèvres, les Charentes, le Doubs, la Seine; — les israélites sont groupés dans l'Est et dans les grandes villes.

ARMÉE

Circonscriptions militaires. — 20 corps d'armée (avec l'Algérie, qui en forme 1). **Effectif de paix (1905) :** Infanterie, 507 196; Cavalerie, 67 526; Artillerie, 75 947; Génie, 14 435; Équipages militaires, 10 612; États-majors, 4 994; Administration, écoles militaires, etc., 22 027; Gendarmerie et Garde Républicaine, 21 756; total, 587 286 hommes, dont 29 706 officiers (142 823 chevaux). — En temps de guerre, ce total monte à 4 550 000 hommes (armée active et réserve, 2 550 000; armée territoriale, 900 000; réserve de la territoriale, 1 100 000).

Marine. — 457 bâtiments de guerre et 44 000 hommes.

BUDGET DE 1906

RECETTES	Millions de fr.	DÉPENSES	Millions de fr.
Impôts directs	554	Dette publique	1 221
Impôts indirects et produits domaniaux	2 119	Pouvoirs publics	14
Produits des monopoles de l'État	858	Services généraux des ministères	1 957
Produits divers	72	Frais de perception des impôts et de régie	466
Ressources exceptionnelles et recettes d'ordre	117	Remboursements et restitutions	42
Total	5 700	Total	5 700

AGRICULTURE

Des 536 408 kil. carr. de la superficie de la France, 85 971 sont sous les forêts et bois, 369 771 forment le *sol agricole* et 82 666 sont occupés par les villes, villages, cours d'eau, terres incultes, etc. En 1901, la culture des céréales s'étendait sur 141 509 kil. carr.; vignes, 16 184 kil. carr.; autres cultures, 54 980 kil. carr.; prairies et pâturages, 55 760 kil. carr.

Productions principales (1901). — Céréales (Froment, 128 585 550 hectol.; seigle et méteil, 20 421 790; orge, 15 274 704; avoine, 105 848 532; maïs, 8 956 644; pommes de terre, 116 055 154 quintaux métriques; betteraves, 257 764 125 quintaux métriques; tabac, 260 660 quintaux métriques;

FRANCE

POLITIQUE ET ADMINISTRATIVE

LÉGENDE

- VILLE au-dessus de 100.000 habitants
- Ville de 50.000 à 100.000 "
- Ville de 20.000 à 50.000 "
- Ville ou localité au-dessous de 20.000 hab.
- Chemins de fer

Les chefs-lieux de département sont soulignés deux fois, ceux d'arrondissement une fois.

Échelle de 1 : 3.500.000

Projection conique simple

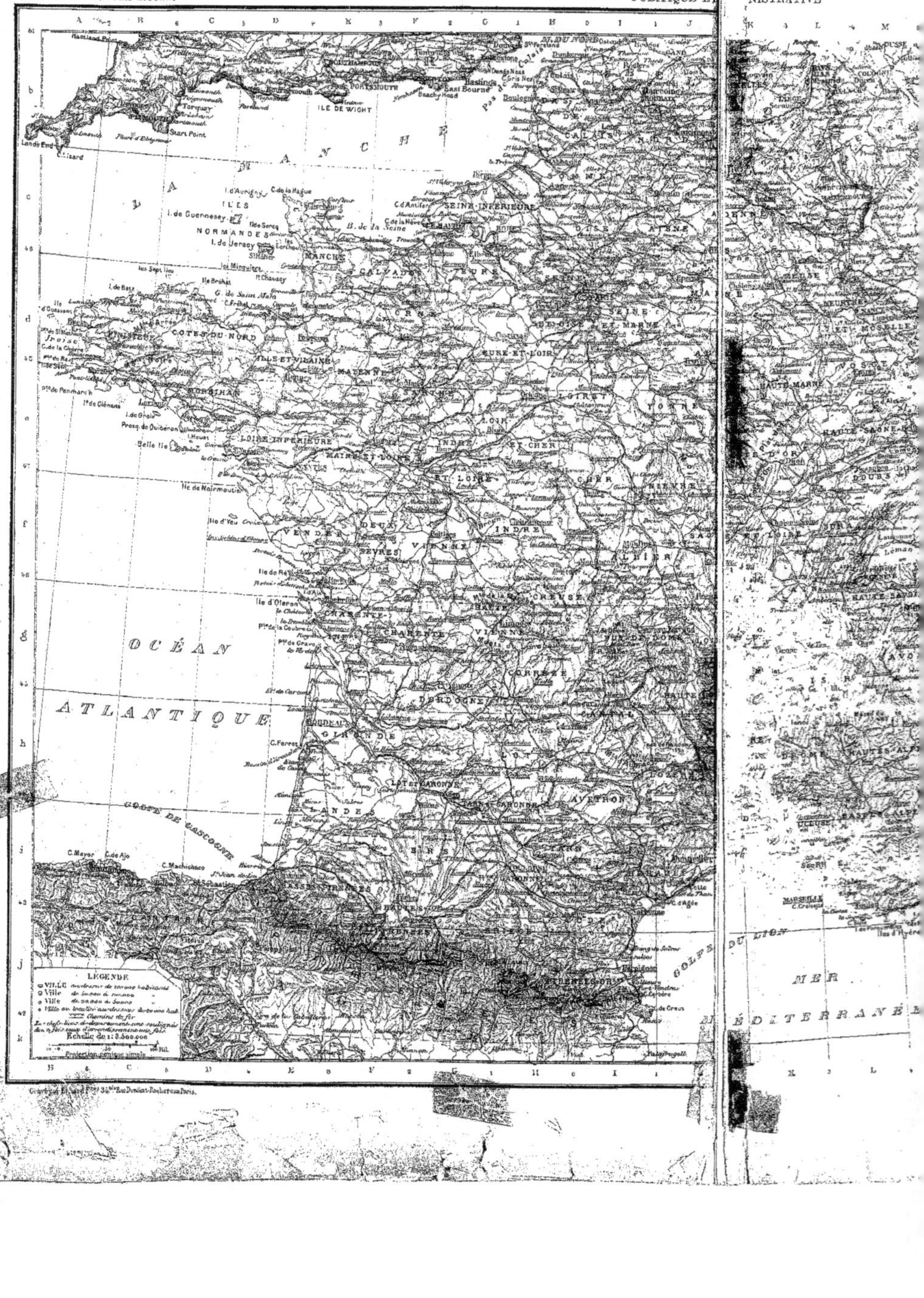

PUBLIÉ PAR LA LIBRAIRIE HACHETTE ET C.ⁱᵉ CARTE 12

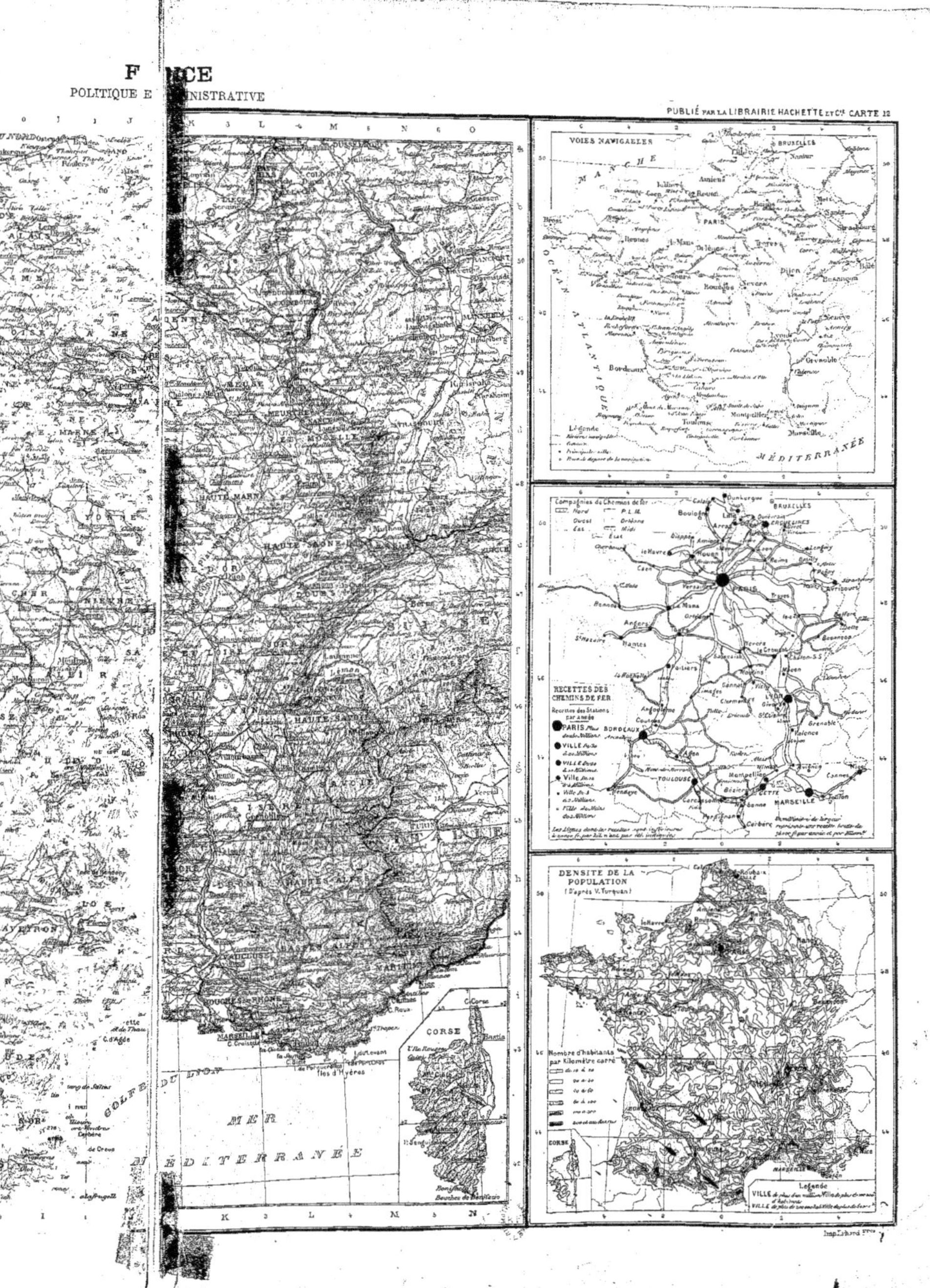

La division actuelle de la France est le résultat d'un seul et même décret porté par l'Assemblée Constituante le 15 janvier 1790[1]. Bien que répondant alors à une nécessité réelle, bien que consacrée depuis lors par une durée plus que séculaire, la division nouvelle n'a pas à tel point, dans l'usage, effacé l'ancienne division en provinces qu'il ne soit resté de celle-ci de nombreuses traces jusque dans le langage usuel. Bien plus : les noms de ces provinces ne sont en grande partie qu'un souvenir de ce qui a existé aux origines mêmes de la nation ; et, à côté de ces noms primitifs, il en existe d'autres, tout aussi anciens, qui survivent jusqu'à nos jours, alors même qu'ils n'avaient jamais désigné ou qu'ils avaient de longue date cessé de désigner des circonscriptions administratives : ainsi le *Bassigny*, le *pays de Caux*, le *Perche*, le *Roumois*, le *Vexin*, etc.

Avant 1790, la France comprenait 33 provinces principales portant le nom de *gouvernements*. Ces gouvernements offraient une étendue fort inégale, les plus vastes n'étant souvent que la réunion de plusieurs provinces antérieures. C'étaient, par ordre alphabétique :

1° L'*Alsace* (7 680 kil. carr.), cap. Strasbourg ;
2° L'*Angoumois* réuni à la *Saintonge* (9 780 kil. carr.), cap. Angoulême et Saintes :
3° L'*Anjou* (8 940 kil. carr.), cap. Angers ;
4° L'*Artois* (4 780 kil. carr.), cap. Arras ;
5° L'*Aunis*, le plus petit des gouvernements (2 000 kil. carr. env.), cap. la Rochelle ;
6° L'*Auvergne* (14 950 kil. carr.), cap. Clermont-Ferrand ;
7° Le *Béarn* réuni à la *Navarre française* (6 300 kil. carr.), cap. Pau ;
8° Le *Berry* (14 340 kil. carr.), cap. Bourges ;
9° Le *Bourbonnais* ou *duché de Bourbon* (7 890 kil. carr.), cap. Moulins ;
10° La *Bourgogne*, avec la *Bresse*, le *Bugey*, le *Charolais* et la *Dombes* (26 000 kil. carr.), cap. Dijon ;
11° La *Bretagne* (34 000 kil. carr.), cap. Rennes ;

12° La *Champagne* (30 700 kil. carr.), cap. Troyes ;
13° La *Corse* (8 750 kil. carr.), cap. Bastia ;
14° Le *Dauphiné*, avec le *Valentinois* et le *Viennois* (20 000 kil. carr.), cap. Grenoble ;
15° La *Flandre*, avec le *Cambrésis* et le *Hainaut* (3 810 kil. carr.), cap. Lille ;
16° Le *comté de Foix* (4 000 kil. carr.), cap. Foix ;
17° La *Franche-Comté* ou *comté de Bourgogne* (15 700 kil. carr.), cap. Besançon ;
18° La *Guyenne* et la *Gascogne* réunies (67 500 kil. carr.), cap. Bordeaux, formant le plus vaste des gouvernements, et comprenant : la première le *Bordelais*, l'*Agenais*, le *Quercy*, le *Périgord*, le *Rouergue* ; la seconde l'*Albret*, l'*Armagnac*, le *Bigorre*, le *Comminges*, la *Lomagne*, etc. ;
19° L'*Ile-de-France*, avec le *Beauvaisis*, la *Brie*, le *Gâtinais*, le *Hurepoix*, le *Laonnais*, le *Parisis*, le *Valois*, le *Vexin français*, etc. (18 500 kil. carr.), cap. Paris ;
20° Le *Languedoc*, avec l'*Albigeois*, le *Gévaudan*, le *Lauraguais*, le *Velay*, le *Vivarais*, etc. (41 500 kil. carr.), cap. Toulouse ;
21° Le *Limousin* (10 000 kil. carr. env.), cap. Limoges ;
22° La *Lorraine*, avec le *Barrois* et les *Trois-Evêchés* (22 400 kil. carr.), cap. Nancy ;
23° Le *Lyonnais*, avec le *Beaujolais* et le *Forez* (7 810 kil. carr.), cap. Lyon ;
24° Le *Maine* et le *Perche* réunis (10 000 kil. carr. env.), cap. le Mans ;
25° La *Marche* (4 900 kil. carr.), cap. Guéret ;
26° Le *Nivernais* (6 400 kil. carr.), cap. Nevers ;
27° La *Normandie* (30 180 kil. carr.), cap. Rouen ;
28° L'*Orléanais*, avec le *Blésois*, le *pays Chartrain*, le *Dunois* et le *Vendômois* (20 500 kil. carr.), cap. Orléans ;
29° La *Picardie*, avec l'*Amiénois*, le *Boulonnais*, le *Calaisis*, le *Ponthieu*, le *Vermandois*, etc. (12 690 kil. carr.), cap. Amiens ;
30° Le *Poitou* (20 000 kil. carr. env.), cap. Poitiers ;

---

1. Pour l'étude physique, économique, géologique, hypsométrique de la France, voir les notices des cartes 9, 10, 11, 12.

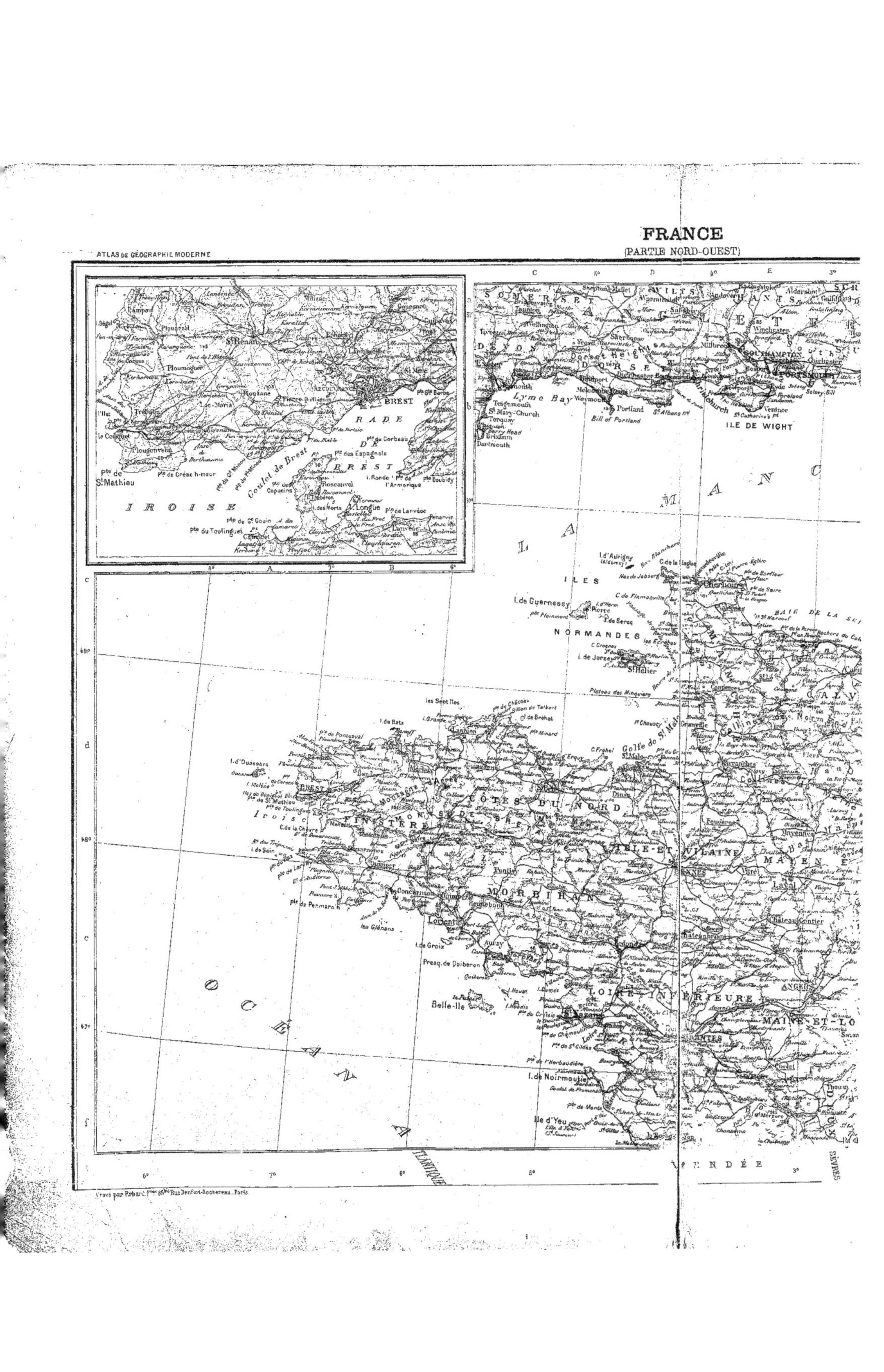

FRANCE
(PARTIE NORD-OUEST)

FRANCE
(PARTIE NORD-OUEST)

PUBLIÉ PAR LA LIBRAIRIE HACHETTE ET Cⁱᵉ. CARTE 13.

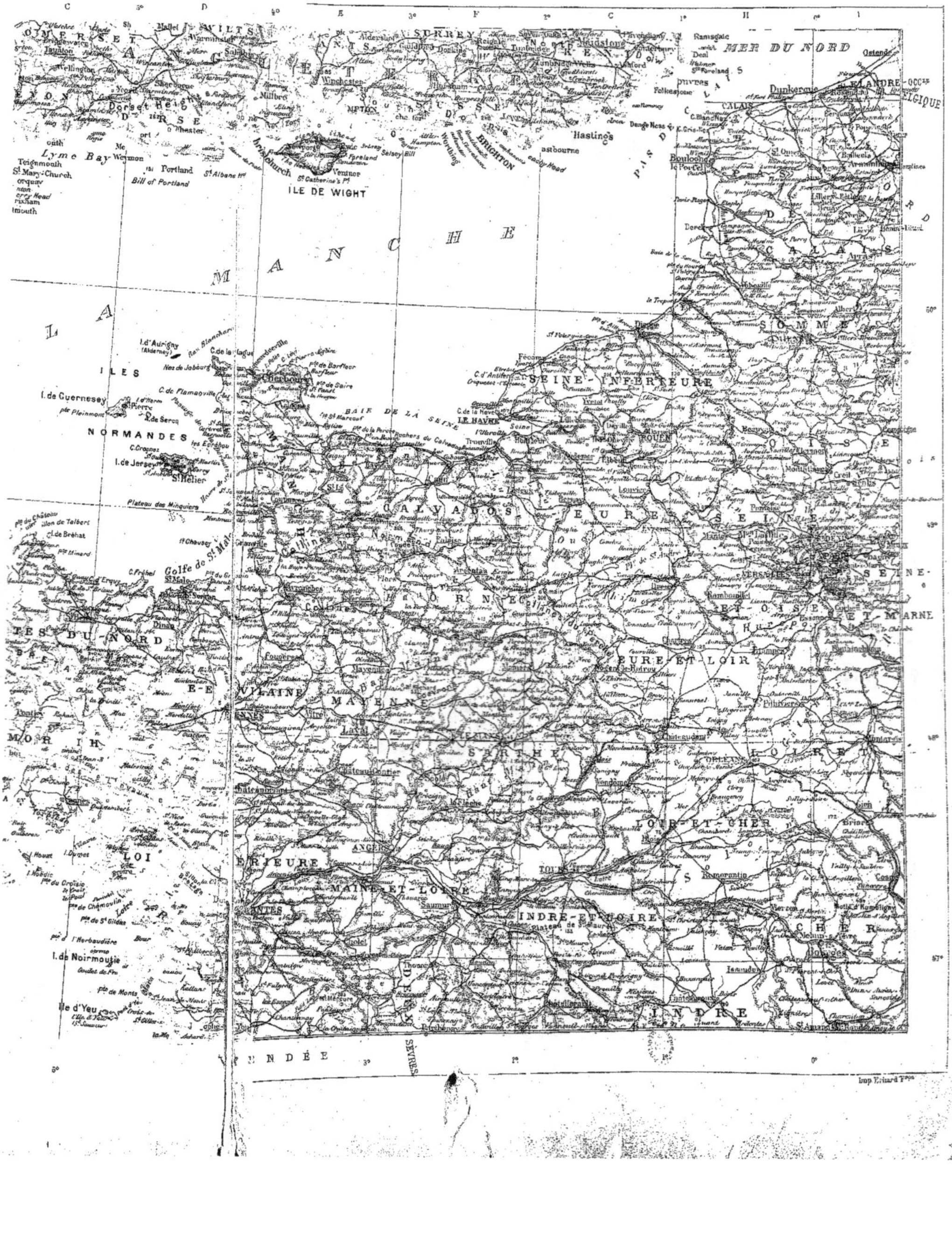

MER DU NORD

MANCHE

LA MANCHE

BAIE DE LA SEINE

PAS DE CALAIS

ILE DE WIGHT

Lyme Bay

NORMANDES

ILES

I. d'Aurigny
(Alderney)

I. de Guernesey

I. de Jersey

Plateau des Minquiers

Golfe de St Malo

CÔTES DU NORD

MORBIHAN

ILLE-ET-VILAINE

MAYENNE

SARTHE

MANCHE

CALVADOS

ORNE

EURE

SEINE-INFÉRIEURE

SOMME

PAS-DE-CALAIS

NORD

FLANDRE OCC.

BELGIQUE

OISE

SEINE

SEINE-ET-OISE

SEINE-ET-MARNE

EURE-ET-LOIR

LOIRET

LOIR-ET-CHER

CHER

INDRE

INDRE-ET-LOIRE

MAINE-ET-LOIRE

LOIRE-INFÉRIEURE

DEUX-SÈVRES

VENDÉE

ANGLETERRE

SOMERSET

DORSET

WILTS

SURREY

Dunkerque

CALAIS

Boulogne

Dieppe

Le Havre

ROUEN

Cherbourg

St Malo

Dinan

Nantes

Angers

I. de Noirmoutier

Ile d'Yeu

Imp. Erhard Frères

31° La *Provence* (21 280 kil. carr.), cap. Aix ;

32° Le *Roussillon*, avec la *Cerdagne* (3 630 kil. carr.), cap. Perpignan ;

33° La *Touraine* (6 940 kil. carr.), cap. Tours.

Le *Comtat Venaissin*, la *Savoie* et le *comté de Nice* n'ont été réunis à la France, depuis 1790, que pour être aussitôt transformés en départements.

Les anciennes provinces, soit organisées en gouvernements distincts, soit groupées dans des gouvernements plus grands, comme la Gascogne, le Languedoc et la Picardie, rappellent, sans les reproduire absolument, les divisions du sol gaulois ; beaucoup de noms surtout sont demeurés, alors que les limites des pays qu'ils désignaient avaient subi des modifications considérables.

Ces divisions primitives n'étaient point des provinces constituées par une autorité centrale : elles répondaient aux territoires que s'étaient respectivement assignés les tribus gauloises qui, à la fois ou successivement, vinrent, dès le viie siècle av. J.-C, occuper la région comprise entre le Rhin et les Pyrénées.

Les peuples Celtes ou Gaulois ayant une existence officiellement reconnue et dont le territoire portait le titre de *cité* étaient, sous Auguste, au nombre de 80, distribués sur 4 grandes provinces organisées par cet empereur d'après un état de choses déjà ancien. Les 4 provinces étaient : la *Narbonnaise* ou *Province* proprement dite, conquise la première, cent ans avant Auguste, et qui s'étendait entre les Alpes, le Rhône moyen, les Cévennes, la Garonne, les Pyrénées orientales et la Méditerranée ; la *Belgique*, la *Celtique* ou *Lyonnaise* et l'*Aquitaine*, conquises par César, qui, dans ses *Commentaires*, donne déjà cette division géographique comme basée sur les différences de races et généralement acceptée. Lyon fut la capitale commune de ces trois dernières provinces. L'Aquitaine de César fut notablement agrandie par Auguste du côté de la Celtique : bornée, ou à peu près, par la Garonne, elle était beaucoup trop petite comparativement aux autres grandes provinces ; on l'étendit jusque vers la rive g. de la Loire, et ce fut la seule province qui se conserva avec son nom durant les deux premières dynasties royales. Depuis le xiie siècle, le mot *Guyenne*, corruption de celui d'Aquitaine, servit à désigner une partie seulement du pays d'entre Loire et Pyrénées.

Les quatre grandes provinces furent démembrées sous les successeurs d'Auguste. A l'époque de l'invasion franque les provinces gauloises se trouvaient au nombre de 17. Mais, à part l'Aquitaine et la Provence, dont les noms se sont perpétués, elles ont eu sur la nomenclature régionale une influence nulle, et ce sont les noms des peuples qui l'ont emporté, s'appliquant souvent et à la province du moyen âge qui leur a succédé ou à la ville qui en était la capitale. D'*Abrincales* ou *Abrincatui* on a fait Avranches, Avranchin ; d'*Andecavi* ou *Andegavi*, Anjou, Angers ; d'*Arverni*, Auvergne ; d'*Atrebates*, Artois, Arras ; de *Bituriges*, Berri, Bourges ; de *Cadurci*, Quercy, Cahors ; de *Caletes*, pays de Caux ; de *Carnutes*, Chartres, d'où pays Chartrain ; de *Cenomani*, Maine, le Mans ; de *Convenæ*, Comminges ; de *Gabali*, Gévaudan ; de *Lemovices*, Limousin, Limoges ; de *Petrucorii*, Périgord, Périgueux ; de *Pictones* ou *Pictavi*, Poitou, Poitiers ; de *Rutheni*, Rouergue, Rodez ; de *Santones*, Saintonge, Saintes ; de *Turoni* ou *Turones*, Tours, Touraine ; de *Vellavi* ou *Vellauni*, Velay, etc.

Ces noms de peuples auraient presque tous péri peut-être, si la cité gauloise et gallo-romaine n'avait, géographiquement, été maintenue par l'autorité religieuse dès l'organisation des évêchés sous Constance Chlore et ses successeurs, et par là rendue indépendante des changements politiques ou administratifs. Sans les remaniements successifs des diocèses par les rois mérovingiens, le pape Jean XXII et Napoléon, nous aurions encore, dans l'ordre ecclésiastique, la division primitive de la **Gaule à peu près intacte**.

Les provinces, royaumes ou duchés créés par les Mérovingiens ne survécurent pas aux circonstances qui en avaient amené la formation. Les noms de Bourgogne et de Neustrie sont restés (le second jusqu'au xe siècle seulement), mais sans répondre aux limites qu'ont eues plus tard les duchés de Bourgogne et de Normandie. Un fait plus intéressant, c'est l'existence sous la première dynastie franque de pays secondaires ou *pagi*, restes probables de l'époque gallo-romaine et dont quelques-uns prirent dès le vie siècle une importance telle, que leur nom se substitua peu à peu à celui de la cité dont ils avaient d'abord été une fraction. L'Armagnac, le Bassigny, le Perche étaient des *pagi* ; la Champagne doit son nom à un *pagus*. Une autre grande province, la Gascogne, est désignée d'après les *Vascons*, peuple qui vint d'Espagne s'y établir au xie siècle.

Charlemagne, en investissant la plupart des évêques de la juridiction temporelle, rendit la suprématie aux diocèses dans l'ordre civil ; cette disposition n'était pas altérée par le rétablissement du royaume d'Aquitaine. La faiblesse des successeurs de Charlemagne changea rapidement l'état des choses.

Dès le commencement de la féodalité, c'est-à-dire dès les dernières années du ixe siècle, et plus tôt en Bretagne, les hauts personnages qui étaient pourvus de terres songèrent à les agrandir ; des régions entières qui avaient eu une existence administrative propre furent absorbées, d'autres réduites, de nouveaux domaines se formèrent, et, cent ans plus tard, tout était bouleversé à l'intérieur du royaume.

En créant pour son fils aîné Lothaire un royaume éminemment factice qui allait de la mer du Nord à la Méditerranée le long de l'Escaut, du plateau de Langres, de la Saône et du Rhône. Louis le Débonnaire traça une limite malheureuse, invoquée dans les traités suivants et notamment dans celui de Verdun (844), qui fit des pays situés entre cette limite d'une part, le Rhin et les Alpes d'autre part, autant de dépendances de l'Empire Germanique, autant de petits royaumes, de duchés, de comtés qu'il fallut arracher un à un à des souverainetés étrangères. Ce que Louis le Débonnaire et Charles le Chauve n'avaient pas su empêcher de s'accomplir à l'orient de la France, un monarque capétien, Louis VII, plus de trois siècles après, le laissa faire à l'occident, en répudiant sa femme Eléonore, duchesse d'Aquitaine, dont les domaines passèrent à l'Angleterre.

C'est pourtant à la dynastie capétienne qu'appartient l'honneur d'avoir reconquis la France province par province et de lui avoir rendu sa nationalité, en reprenant aux princes étrangers ou aux grands barons, soit de force, soit par la diplomatie, les pays soumis à leur influence ou à leur autorité. Si les rois capétiens renoncèrent à découper sans cesse le territoire français en royaumes, ils eurent trop souvent la faiblesse de constituer des apanages, qui toutefois n'eurent pour résultat, dès le xive et le xve siècle, que de créer au possesseur des revenus, et non pas une autorité souveraine. Une seule de ces concessions fut désastreuse : celle de la Bourgogne, que donna en 1032 Henri Ier à son frère et que laissa, en 1363, Jean le Bon à l'un de ses fils.

Nous ne pouvons mentionner ici les acquisitions temporaires, ni celles qui se rapportent à des régions peu considérables au point de vue territorial.

Le premier roi capétien, Hugues, et son fils Robert possédaient, et en partie seulement, l'Ile-de-France et l'Orléanais. Henri Ier, Philippe Ier, Louis VI, n'augmentèrent que peu la puissance royale. Louis VII, occupé de fondations monastiques et de croisades, sacrifia à la paix de son ménage les plus belles provinces de l'ouest, que sa femme répudiée apporta à la couronne d'Angleterre. Philippe Auguste fut le premier qui prit véritablement à cœur l'agrandissement de son patrimoine. En 1185, il acquit des portions considérables de l'Artois et de ce qui fut plus tard la Picardie ; en 1198, une partie de l'Auvergne. Profitant d'un crime du roi anglais Jean Sans-Terre, en 1202, il déclarait confisqués l'Anjou, le Poitou, la Touraine, le Maine, la Normandie. Philippe et son fils Louis VIII, en intervenant dans la guerre des Albigeois, préparèrent la réunion des vastes États des comtes de Toulouse, réunion consommée en 1271 à la mort d'Alphonse de Poitiers, et d'où sortit la province de Languedoc, en même temps que le Poitou revenait à la couronne.

Louis IX, à la suite des victoires de Taillebourg et de Saintes (1242), aurait pu garder ce qui restait aux Anglais sur le continent ; un sentiment de délicatesse l'en empêcha : il se contenta d'asseoir l'influence royale dans le midi et sur divers autres points par des acquisitions de fiefs et l'établissement d'agents royaux dans des villes souvent fondées à cet effet. Philippe le Bel, fort porté à dépouiller ses voisins, n'acquit définitivement que le Lyonnais (Forez et Beaujolais non compris). Le règne de Louis le Hutin valut à la France, par un mariage, une des plus belles provinces du royaume, la Champagne (1314). En 1349, par une cession consentie à l'amiable, le Dauphiné échappait à une suzeraineté impériale mal définie pour devenir la propriété de Philippe VI ; la même année, une vente mettait fin à la seigneurie indépendante de Montpellier. Le honteux traité de Brétigny (1360) et les revers qui l'avaient préparé rendirent le règne de Jean le Bon complètement stérile. Charles V ne put guère que reprendre en partie ce que son père avait cédé, en y joignant la Saintonge avec l'Aunis, l'Angoumois et le Limousin, et, par confiscation sur le roi de Navarre, le comté d'Évreux. Ces pays durent être reconquis de nouveau, ainsi que la Normandie, dans la seconde période de la guerre de Cent Ans ; ce fut l'œuvre de Charles VII ou plutôt de ses lieutenants (1450-1453). Le Comminges revint aussi à Charles VII, en 1453, par extinction. Sans faire la guerre et par une diplomatie toujours habile, souvent déloyale, Louis XI travailla avec succès à l'agrandissement territorial de la France. En 1465, un traité avec le duc de Bourgogne le rendit maître des villes de la Somme et des territoires environnants, qui formèrent le noyau de la province de Picardie. En 1477, la mort du dernier duc de Bourgogne et la jeunesse de son unique héritière lui offrirent l'occasion de s'emparer de ce magnifique pays ; il fut moins heureux en Franche-Comté ; mais la Provence, le Maine, l'Anjou, longtemps apanagés, revinrent par lui au domaine royal (1481) ; l'Armagnac, le Rouergue et l'Artois ne furent réunis que momentanément. Louis XI rendit en outre un service capital à la France en préparant et en rendant presque inévitable l'annexion de la Bretagne ; cette annexion fut réalisée par les deux mariages de l'héritière, Anne de Bretagne, avec Charles VIII et avec Louis XII, mais ne fut légalement prononcée que par François Ier, en 1532. Louis XII, en dehors de la Bretagne, ne fit guère que rapporter d'anciens apanages ; François Ier ajouta (1527) à ceux qui lui avaient appartenu personnellement les vastes possessions du connétable de Bourbon : le duché de Bourbon ou Bourbonnais, le duché et le dauphiné d'Auvergne, le Forez et le Beaujolais. Henri II acquit les Trois-Évêchés : Metz, Toul et Verdun (1552-1558), et recouvra Calais (1559), anglais depuis 1346. Henri IV, à son avènement (1589), apporta l'Albret, l'Armagnac, le Béarn, le Bigorre et le comté de Foix ; un traité avec la Savoie lui donna plus tard (1601) la Bresse et le Bugey. A Louis XIII la France doit l'Alsace moins Strasbourg, l'Artois (1640), le Roussillon (1642), conquêtes que les traités consacrèrent seulement sous Louis XIV (1648 et 1659), et la principauté de Sedan (1641). Louis XIV, par des conquêtes sur l'Espagne (1668-1679), eut la Flandre, le Hainaut, le Cambrésis, la Franche-Comté ; l'année 1681 lui donna Strasbourg. Louis XV envoyait un intendant en Lorraine en 1766 et plantait, deux ans plus tard, le drapeau français dans la Corse, achetée aux Génois. Le comté de Nevers, soumis du reste aux lois françaises, ne disparut qu'avec les institutions féodales, en 1789.

Depuis la Révolution, la division en départements a subi peu de modifications. En 1791, le Comtat Venaissin, par le vœu de la population (ratifié par un traité avec le pape), s'unissait à la France et devenait le département de Vaucluse. Napoléon, indépendamment de conquêtes qui n'eurent aucun résultat durable, augmenta de deux le nombre des départements continentaux en taillant celui de Tarn-et-Garonne dans quatre départements voisins et en dédoublant celui de Rhône-et-Loire. En revanche, la Corse, qui relevait de deux préfectures, forma un département unique.

Le nombre primitif de 83 fut ainsi porté à 86, et cette situation resta invariable pendant un demi-siècle. En 1860, Napoléon III, pour prix de l'aide accordée contre l'Autriche aux Italiens, reçut de ces derniers la Savoie et le comté de Nice, qui furent annexés, d'accord avec le vœu de leurs habitants : d'où les trois départements de la Savoie, de la Haute-Savoie, des Alpes-Maritimes, et le nombre total de 89.

Les limites extérieures et les divisions intérieures de la France paraissaient désormais fixées. Dix ans s'étaient à peine écoulés que nous perdions trois de nos départements les plus fermement attachés à la France, le Haut-Rhin, le Bas-Rhin et la Moselle (voir ci-dessous). Le traité de Francfort (10 mai 1871) nous enlevait l'Alsace et plus d'un tiers de la Lorraine ; et si nous n'avons perdu en apparence que deux départements, si nous maintenons dans nos statistiques officielles le nombre de 87, il ne faut pas oublier que c'est en nous obstinant à considérer l'arrondissement de Belfort comme représentant le département du Haut-Rhin ; que le département actuel de Meurthe-et-Moselle est moins étendu que celui de la Meurthe qu'il remplace, et que l'un des deux autres départements lorrains, celui des Vosges, a été sensiblement entamé.

La division de la France en régions administratives à peu près égales, soumises aux mêmes lois et gouvernées par les mêmes moyens, est une des œuvres les plus utiles qu'ait entreprises l'Assemblée Constituante ; mais, dans la réalisation de cette œuvre, le but a été dépassé. Rien de plus incohérent sans doute que les anciennes provinces, formées successivement sur des données diverses, régies par des coutumes locales qui parfois variaient d'une ville à une autre, les unes riches, les autres pauvres en privilèges, et où les juridictions civiles, ecclésiastiques et judiciaires ne concordaient presque jamais. Les limites elles-mêmes étaient tellement indécises et se compliquaient de tant d'enclaves, que rien n'est plus difficile aujourd'hui que de déterminer l'étendue exacte d'une province : aussi les évaluations de superficie données plus haut sont-elles seulement approximatives. Il était indispensable de remédier à ce désordre qui donnait lieu à des conflits interminables ; mais on voulut ôter aux divisions nouvelles toute physionomie traditionnelle, en tracer les limites de manière à couper le plus possible les vieilles limites provinciales, souvent même en dépit des accidents topographiques. On pensait effacer ainsi les noms de Breton, de Gascon, de Provençal, à travers lesquels on craignait, un excès peut-être, que l'habitant de la campagne et de la petite ville ne sût plus apercevoir sa qualité de Français. Si du moins on avait donné aux départements des noms dont la forme se prêtât à la désignation des populations qui les habitaient, il est probable que les anciennes provinces joueraient un rôle moins considérable dans le langage actuel. Mais quels dérivés, quels adjectifs tirer de « Bouches-du-Rhône », de « Maine-et-Loire », de « Pas-de-Calais »? Les noms plus brefs ont rapidement formé des adjectifs, comme Girondin, Vendéen, Ariégeois, etc., sans effacer toutefois les appellations antérieures. Force est donc à l'écrivain de revenir à tout instant aux anciennes provinces, de les considérer comme toujours existantes pour décrire les particularités de race, de mœurs, de caractère et de langue qui perpétuent en réalité cette existence.

C'est par les anciennes provinces que nous déterminons, comme nos ancêtres, les différentes variétés du caractère français. Les provinces de l'ancien régime nous servent aussi à marquer l'origine d'un grand nombre de productions agricoles. On dit aujourd'hui comme il y a cent ans : « le cidre de Normandie, les vins de Bourgogne, de Champagne, de Roussillon et de Touraine, les fromages d'Auvergne et de Brie, les volailles bressanes, les chevaux percherons ». On leur emprunte de même les noms des climats locaux : « climat breton, climat auvergnat ou limousin, climat gascon », dit néanmoins girondin, etc.... C'est de là la division provinciale enfin que procèdent les noms des idiomes anciens de la France : nous disons toujours en parlant du langage : le picard, le provençal, le gascon, le patois poitevin, etc. Enfin, nombre d'accidents du sol tirent leurs noms des provinces, et l'on ne cessera jamais de dire: le « golfe de Gascogne », les « monts d'Auvergne » et les « causses du Quercy ».

ANTHYME SAINT-PAUL.

NOTICES
SUR LES DÉPARTEMENTS

Le traité de Francfort a, comme nous le disons ci-dessus, enlevé à la France trois départements : la Moselle, le Bas-Rhin et le Haut-Rhin.

Le département de la *Moselle* (chef-lieu Metz), formé de parties de la Lorraine et des Trois-Evêchés, devait son nom à la rivière la Moselle, qui le traversait du S.-O. au N.-E., sur une longueur de 80 kil. Ce département avait, au dénombrement de 1866, une population de 452157 hab. sur 556889 hect. de superficie (84 par kil. carr.). L'arrondissement de Briey, laissé à la France par le traité de Francfort, a été incorporé au département actuel de Meurthe-et-Moselle.

Le département du *Bas-Rhin* (chef-lieu Strasbourg), formé de la Basse-Alsace et d'une partie de la Lorraine, avait, au dénombrement de 1866, une population de 588970 hab. sur 455545 hect. de superficie (129 par kil. carr.). Ce département est passé tout entier entre les mains du vainqueur.

Le département du *Haut-Rhin* (chef-lieu Colmar), formé de la Haute-Alsace, du Sundgau et du pays de Mulhouse, avait, au dénombrement de 1866, une population de 530285 hab. sur 410771 hect. de superficie (129 par kil. carr.). De ce département il nous est resté l'arrondissement de Belfort, conservé comme témoin de l'unité française, au nombre des divisions administratives de la *France actuelle*.

(Les chiffres s'appliquent à la population agglomérée d'après le recensement de 1906, sauf ceux marqués d'une ', pour lesquels on ne possédait encore, au moment de la mise sous presse, que les chiffres de 1901).

AIN. — Formé d'une partie de la Bourgogne. Tire son nom de l'Ain, affluent du Rhône. Situation, à l'E. de la France, frontière de la Suisse. Sol partagé entre deux régions : plaine à l'O., montagne à l'E. Point culminant, le Crêt de la Neige (1723 mèt.). Point le plus bas, le Rhône (166 mèt.). Climat frais et

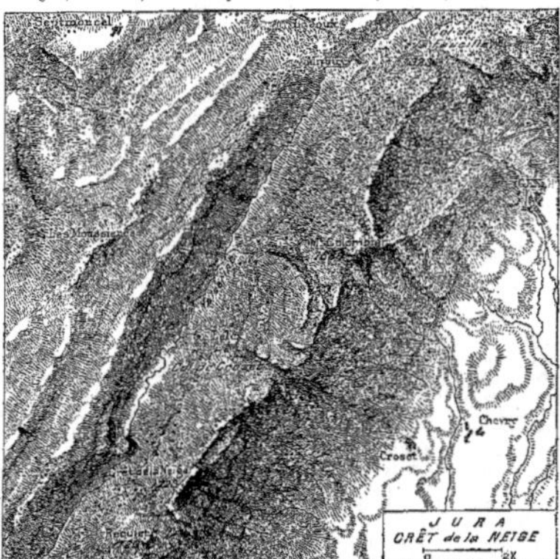

pluvieux. Toutes les eaux vont au bassin du Rhône. Sup. 582500 hectares. Population, 345836 habitants (59 par km²). Université de Lyon. 7e corps d'armée (Besançon). Evêché de Belley (archevêché de Besançon). Cour d'appel de Lyon. Chef-lieu, Bourg (20045 hab.), S.-P. Gex (2727), Belley (5707), Nantua (2891), Trévoux (2624).

AISNE. — Formé d'une partie de l'Ile-de-France et d'une partie de la Picardie. Tire son nom de la rivière de l'Aisne, affluent de l'Oise. Situation, au N.-E. de la France, frontière de Belgique. Sol entrecoupé de collines, de forêts, de terres crayeuses, de plaines. Point culminant, 254 mèt. Point le plus bas, l'Oise (57 mèt.). Climat frais et humide. La plus grande partie des eaux va à la Seine, mais l'Escaut et la Sambre naissent dans le dép., et une petite partie va à la Somme. Sup. 742700 hectares. Population, 534495 habitants (72 par km²). Université de Douai. 2e corps d'armée (Amiens). Evêché de Soissons (archevêché de Reims). Cour d'appel d'Amiens. Chef-lieu Laon (15288 hab.). S.-Préf. Château-Thierry (7347), Saint-Quentin (52708), Soissons (14554), Vervins (5187).

ALLIER. — Formé du Bourbonnais. Tire son nom de l'Allier, affluent de la Loire. Situation, au centre de la France. Sol montagneux au S.-E., plat et couvert de landes et d'étangs au N.-E., ondulé à l'O. Point culminant, le puy de Montoncel (1292 mèt.). Point le plus bas, le Cher (162 mèt.) Climat doux au bord des rivières, rude dans les montagnes. Exploitation de la houille. Toutes les eaux vont à la Loire par l'Allier et le Cher. Sup. 738000 hectares. Population, 417961 habitants (57 par km²). Université de Clermont-Ferrand. 13e corps d'armée (Clermont-Ferrand). Evêché de Moulins (archevêché de Sens). Cour d'appel de Riom. Chef-lieu Moulins (21888 hab.). S.-Préf. Gannat (5128), Lapalisse (2971), Montluçon (34254). Centre houiller, Commentry* (9200 hab.). Ville d'eau, Vichy (14254).

ALPES (BASSES-). — Formé d'une partie de la Provence. Tire son nom des montagnes qui le couvrent. Situation, frontière d'Italie. Sol très montagneux. Point culminant, aiguille de Chambeyron (3400 mèt.). Point le plus bas, la Durance (250 mèt.). Climat très varié, depuis les vallées où croît l'olivier, jusqu'aux neiges et aux glaciers. Pays très pauvre, ravagé par les torrents et les rivières. Les eaux vont en grande partie au Rhône par la Durance: le reste va au Var. Sup. 698700 hectares. Population, 115126 habitants (16 par km²). Université d'Aix. 15e corps d'armée (Marseille). Evêché de Digne (archevêché d'Aix). Cour d'appel d'Aix. Chef-lieu Digne (7436). S.-Préf. Barcelonnette (2405), Castellane (1556), Forcalquier (3054), Sisteron (3702)

ALPES (HAUTES-). — Formé d'une portion du Dauphiné et d'une partie de la Provence. Tire son nom des Alpes, les plus hautes de France avant l'annexion de la Savoie. Situation, frontière d'Italie. Sol hérissé de montagnes, coupé de vallées profondes, où s'étagent tous les climats, depuis celui du pôle jusqu'à celui de la Provence. Point culminant, la Barre des Ecrins, massif du Pelvoux (4103 mèt.). Point le plus bas, le Buech (455 mèt.). Toutes les eaux vont au Rhône par les affluents de l'Isère, par la Durance et par l'Eygues. Sup. 564200 hectares. Population, 107498 hab. (19 par km²). Université de Grenoble. 14e corps d'armée (Grenoble). Evêché de Gap (archevêché d'Aix). Cour d'appel de Grenoble. Chef-lieu Gap (10823 hab.). S.-Préf. Embrun (3752), Briançon (7524).

ALPES-MARITIMES. — Formé du comté de Nice et d'une petite partie de la Provence. Tire son nom des Alpes qui bordent la Méditerranée. Situation, frontière d'Italie. Sol montagneux, coupé de vallées dont les cours d'eau vont directement à la mer. Climat très doux toute l'année dans les vallées et au bord de la mer, très rude dans les montagnes. Productions : olivier, oranger, citronnier sur le rivage, sapin sur les montagnes. Point culminant, cime de Tinibras (3051 mèt.). Point le plus bas, la Méditerranée. Presque toutes les eaux vont directement à la mer (Siagne, Loup, Cagne, Var, Magnan, Paillon, Roya). Le reste va au Rhône (vallée de la Lane). Sup. 374800 hectares. Population, 354007 habitants (89 par km²). Université d'Aix. 15e corps d'armée (Marseille). Evêché de Nice (archevêché d'Aix). Cour d'appel d'Aix. Chef-lieu Nice (134252 hab.). S.-Préf. Grasse (20305), Puget-Théniers (1383). Villes d'hiver, Cannes* (30420), Menton* (2944), Antibes* (10947).

ARDÈCHE. — Formé d'une partie du Languedoc (Vivarais). Tire son nom de l'Ardèche, affluent du Rhône. Situation, région S.-E. de la France. Sol montagneux. Point culminant, le Mézenc (1754 mèt.). Point le plus bas, le Rhône (40 mèt.). Climats divers, suivant l'altitude. Plusieurs zones de végétation, depuis le mûrier, l'olivier, jusqu'aux plantes des pays froids. La plus grande partie des eaux va au Rhône, les autres à la Loire. Sup. 555000 hectares. Population, 347140 habitants (63 par km²). Université de Grenoble. 15e corps d'armée (Marseille). Evêché de Viviers (archevêché d'Avignon). Cour d'appel de Nîmes. Chef-lieu Privas (7000 hab.). S.-Préf. Largentière (2285), Tournon (5003). Ville manufacturière, Annonay* (17400).

ARDENNES. — Formé de portions de la Champagne, de la Picardie et du Hainaut. Tire son nom des hauteurs des Ardennes. Situation, au N.-E. de la France, frontière de la Belgique. Sol montagneux au N. et au centre (Ardennes, Argonne), plat et crayeux vers le S. Point culminant, la Croix-Scaille (504 mèt.). Point le plus bas, l'Aisne (59 mèt.). Climat inégal. Pays d'industrie. Les eaux vont en partie à la Meuse, en partie à la Seine. Sup. 525200 hectares. Population, 317505 habitants (60 par km²). Université de Douai. 6e corps d'armée (Châlons-sur-Marne). Diocèse de Reims. Cour d'appel de Nancy. Chef-lieu Mézières (9595 hab.). S.-Préf. Rethel (5708), Rocroi (2116), Sedan (19599), Vouziers (5456).

ARIÈGE. — Formé du comté de Foix et d'un morceau de la Gascogne. Tire son nom de l'Ariège, affl. de la Garonne. Situation, au S. de la France, frontière d'Espagne et d'Andorre. Sol montagneux, cultivé dans les vallées, boisé ou inculte au sommet des montagnes. Climat doux dans les vallées, semi-polaire sur les sommets. Point culminant, la Pique d'Estats (3141 mèt.). Point le plus bas, le lit de la Lèze (193 mèt.). Les eaux vont en grande partie à la Garonne, le reste à l'Aube. Sup. 490500 hect. Population, 205084 hab. (42 par km²). Université de Toulouse. 17e corps d'armée (Toulouse). Evêché de Pamiers (archevêché de Toulouse). Cour d'appel de Toulouse. Chef-lieu Foix (6750 hab.). S.-Préf. Pamiers (10410), Saint-Girons (5990).

AUBE. — Formé d'une portion de la Champagne et d'une petite partie de la Bourgogne. Tire son nom de l'Aube, affl. de la Seine. Situation, région E. de la France. Sol partagé entre des plaines crayeuses au N., de grandes forêts au S. Climat doux, humide. Point le plus haut, le Bois du Mont de Champignolle (366 mèt.). Point le plus bas, la Seine. Toutes les eaux vont à la Seine. Sup. 602500 hect. Population, 243670 hab. (40 par km²). Université de Dijon. 20e corps d'armée (Nancy). Evêché de Troyes (archevêché de Sens). Cour d'appel de Paris. Chef-lieu Troyes (55447 hab.). S.-Préf. Arcis-sur-Aube (2833), Bar-sur-Aube (4507), Bar-sur-Seine (3187), Nogent-sur-Seine (3829).

AUDE. — Formé d'une partie du Languedoc. Tire son nom de l'Aude, fleuve tributaire de la Méditerranée. Sol partagé entre la plaine et les montagnes; au S. les Pyrénées, au N. la Montagne-Noire, entre lesquelles s'ouvrent le col de Naurouze et la plaine du Languedoc. Point culminant, pic de Madrès, Pyrénées (2471 mèt.). Point le plus bas, la Méditerranée. Climats divers; plusieurs zones de végétation. Presque toutes les eaux vont à l'Aude et à quelques petits fleuves côtiers; les autres vont à la Garonne. Sup. 634100 hect. Population, 308327 hab. (49 par km²). Université de Montpellier. 16e corps d'armée (Montpellier). Evêché de Carcassonne (archevêché de Toulouse). Cour d'appel de Montpellier. Chef-lieu Carcassonne (30976 hab.). S.-Préf. Castelnaudary (9362), Limoux (7223), Narbonne (27059).

AVEYRON. — Formé d'une portion de la Guyenne (Rouergue). Tire son nom de l'Aveyron, sous-affl. de la Garonne. Situation, au S. du massif central. Sol montagneux, régions de Causses. Climat rude et inégal. Point culminant, dans les monts d'Aubrac (1471 mèt.). Point le plus bas, Aveyron (425 mèt.). Toutes les eaux vont à la Garonne, sauf celles de quelques pentes du S.-E. qui, par l'Orb et l'Hérault, vont à la Méditerranée. Sup. 877000 hect. Population, 377299 hab. (45 par km²). Université de Toulouse. 16e corps d'armée (Montpellier). Evêché de Rodez (archevêché d'Albi). Cour d'appel de Montpellier. Chef-lieu Rodez (15562 hab.). S.-Préf. Espalion (3725), Milhau (18482), Saint-Affrique (6551), Villefranche (8552). Centres houillers, Aubin* (9075), Decazeville* (11556).

FRANCE
(PARTIE NORD-EST)

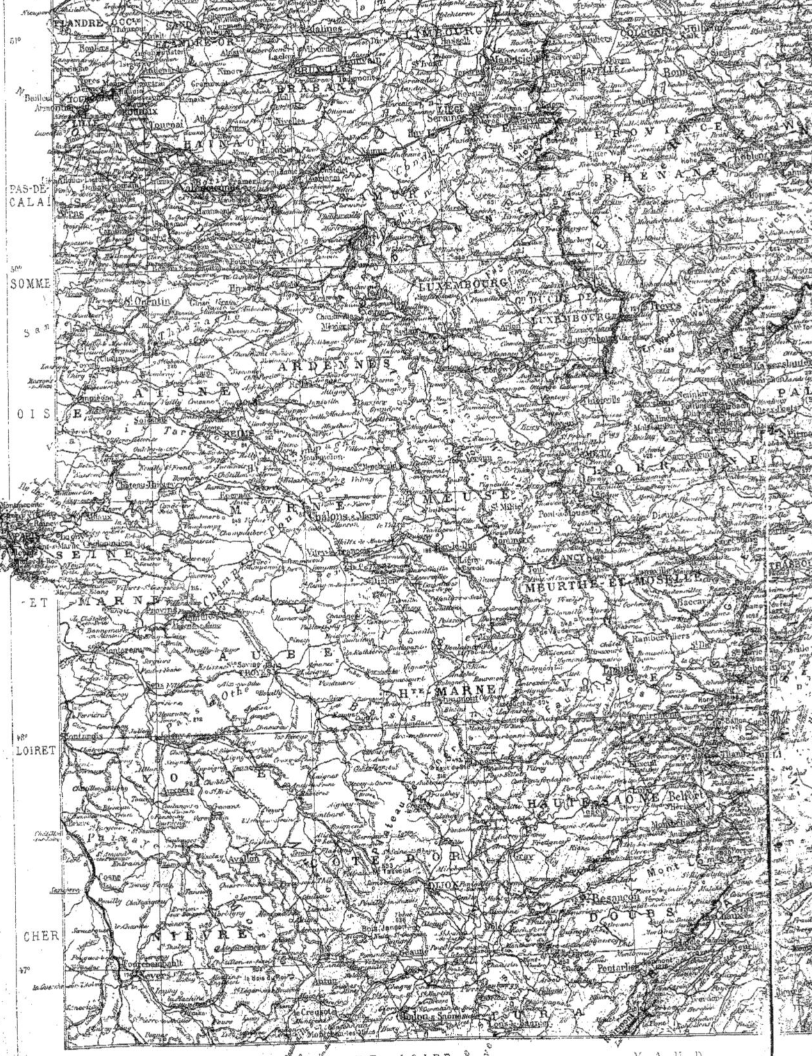

FRANCE
(PARTIE NORD-EST)

PUBLIÉ PAR LA LIBRAIRIE HACHETTE ET C.ᵉ — CARTE 14.

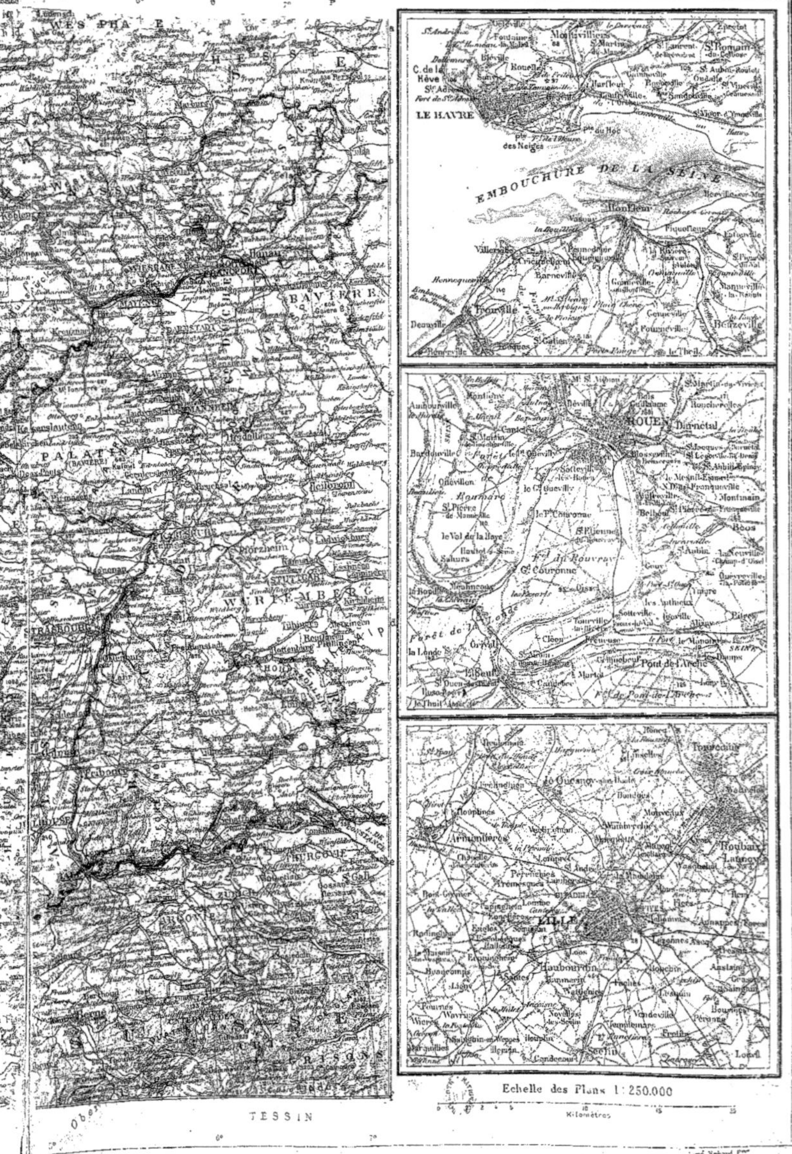

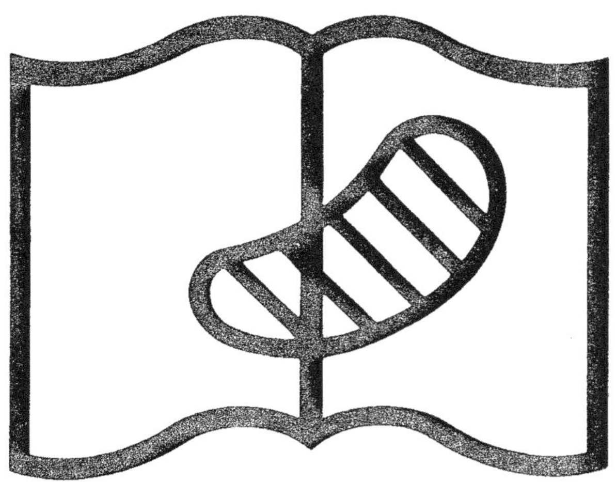

Original illisible

NF Z 43-120-10

BELFORT (TERRITOIRE DE). — Le territoire de Belfort est ce qui nous reste du département du Haut-Rhin, partie de l'Alsace. Il doit son nom à la forteresse qui surveille la Trouée de Belfort, large dépression ouverte entre les Vosges et le Jura. Situation, entre les contreforts S. des Vosges et les contreforts

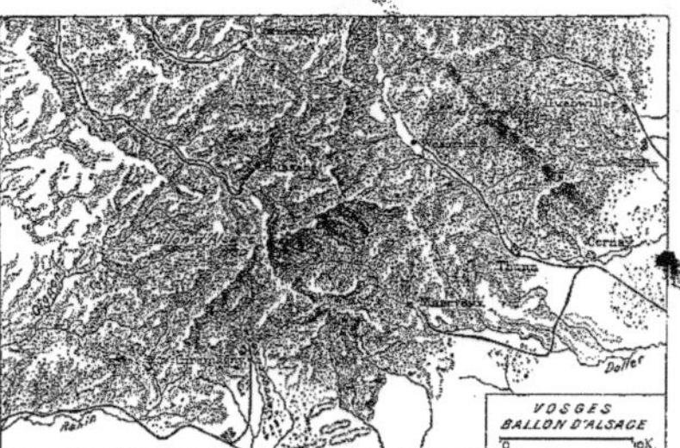

N. du Jura, sur la Trouée qui s'ouvre vers l'Alsace. Climat vosgien au N., rhodanien au S. Point culminant, Ballon d'Alsace (1250 mét.). Point le plus bas, rivière l'Allaine (330 mét.). Toutes les eaux vont au Rhône. Sup. 60 900 hect. Population, 95 421 hab. (157 par km²). Université de Besançon. 7e corps d'armée (Besançon). Archevêché de Besançon. Cour d'appel de Besançon. Chef-lieu Belfort (34 649).

BOUCHES-DU-RHONE. — Formé d'une partie de la Provence. Tire son nom de sa situation sur le cours inférieur du Rhône. Situation, au S. de la France, littoral de la Méditerranée. Sol partagé entre des plaines (Crau), des pâturages (Camargue), et un pays montagneux à l'E. Climat agréable, mais le mistral ou vent du N.-O. souffle parfois avec violence. Point culminant, le Baou de Bretagne (1043 mét.). Point le plus bas, la Méditerranée. Les eaux se partagent entre le Rhône et quelques petits fleuves côtiers. Sup. 524 700 hect. Population, 765 918 hab. (146 par km²). Université d'Aix. 15e corps d'armée (Marseille). Evêché de Marseille (archevêché d'Aix). Cour d'appel d'Aix. Chef-lieu Marseille (517 498 hab.). S.-Préf. Aix (29 829). Arles (28 110).

CALVADOS. — Formé d'une partie de la Normandie. Tire son nom de rochers qui bordent son littoral. Situation, au N.-O. de la France, rivage de la Manche. Pays de plaines et de coteaux, de prairies et de vergers. Climat humide et doux. Point culminant, mont Pinçon (365 mét.). Point le plus bas, la Manche. Les eaux vont à la Manche par la Touques, la Dives, l'Orne, la Seulles, la Vire, l'Aure, la Sienne; une petite partie va à la Seine. Sup. 569 200 hect. Population, 403 431 hab. (70 par km²). Université de Caen, 3e corps d'armée (Rouen). Evêché de Bayeux (archevêché de Rouen). Cour d'appel de Caen. Chef-lieu Caen (44 442 hab.). S.-Préf. Bayeux (7756 hab.), Falaise (7014), Lisieux (16 259), Pont-l'Evêque (2983), Vire (6555).

CANTAL. — Formé d'un morceau de l'Auvergne. Tire son nom de la montagne du Cantal. Situation, dans le Massif Central. Sol montagneux, volcanique. Climat rude et inégal. Point culminant, Plomb du Cantal (1858 mét.). Point le plus bas, le Lot (210 mét.). Les 4/5 des eaux vont à la Gironde, le 1/5 à la Loire. Sup. 577 500 hect. Population, 228 090 hab. (39 par km²). Université de Clermont-Ferrand. 13e corps d'armée (Clermont-Ferrand). Evêché de Saint-Flour (archevêché de Bourges). Cour d'appel de Riom. Chef-lieu Aurillac (17 772 hab.). S.-Préf. Mauriac (3594), Murat (3071), Saint-Flour (5065).

CHARENTE. — Formé de l'Angoumois, d'une petite partie du Poitou, du Limousin, de la Saintonge, de la Marche et du Périgord. Tire son nom de la Charente. Situation, à l'O. de la France. Pays de collines et de plaines. Climat doux et pluvieux. Point culminant, colline sur la frontière de la Haute-Vienne (366 mét.). Point le plus bas, la Charente (6 mét.). Les eaux vont à la Charente, à la Gironde et à la Loire. Sup. 597 200 hect. Population, 351 733 hab. (59 par km²). Université de Poitiers. 12e corps d'armée (Limoges). Evêché d'Angoulême (archevêché de Bordeaux). Cour d'appel de Bordeaux. Chef-lieu Angoulême (37 507 hab.). S.-Préf. Barbezieux (4204), Cognac (19 426), Confolens (3169), Ruffec (5375).

CHARENTE-INFÉRIEURE. — Formé de l'Aunis, de la Saintonge, et d'un morceau de l'Angoumois et du Poitou. Tire son nom de sa situation sur le cours inf. de la Charente. Situation, à l'O. de la France, littoral de l'Océan. Pays d'aspects très différents : le Bocage, la Champagne, les Pays-Bas, la Double, le Marais, la Dune. Climat tempéré et humide. Point culminant, colline près de la frontière des Deux-Sèvres (172 mét.). Point le plus bas, l'Océan. Les 3/5 de ses

eaux vont à la Charente, les 2/5 à la Sèvre Niortaise, à la Seudre et à la Gironde. Sup. 725.000 hect. Population, 453 793 hab. (63 par km²). Université de Poitiers. 18e corps d'armée (Bordeaux). Evêché de la Rochelle (archevêché de Bordeaux). Cour d'appel de Poitiers. Chef-lieu la Rochelle (33 858 hab.). S.-Préf. Jonzac (3287), Marennes (6408), Rochefort (36 094), Saintes (19 025), Saint-Jean-d'Angely (7 087).

CHER. — Formé d'une grande partie du Berry et d'un peu du Bourbonnais, du Nivernais et de l'Orléanais. Tire son nom du Cher, affl. de la Loire. Situation, au centre de la France. Sol en partie couvert de coteaux et de landes (Sologne). Climat tempéré. Point culminant, le mont de Saint-Marien (508 mét.). Point le plus bas, le Cher (89 mét.). Toutes les eaux vont à la Loire. Sup. 730 200 hect. Population. 343 484 hab. (47 par km²). Université de Paris. 8e corps d'armée (Bourges). Archevêché de Bourges. Cour d'appel de Bourges. Chef-lieu Bourges (44 135 hab.). S.-Préf. Saint-Amand-Mont-Rond (8002), Sancerre (2970).

CORRÈZE. — Formé d'une portion du Limousin. Tire son nom de la riv. Corrèze. Situation, région du Massif Central. Sol très accidenté, pays âpre. Point culminant, le Mont-Besson (984 mét.). Point le plus bas, la Vézère (80 mét.). Plusieurs étages de climats. Les eaux vont en grande partie à la Gironde, les autres à la Loire. Sup. 588 700 hect. Population, 317 430 hab. (54 par km²). Université de Clermont-Ferrand. 12e corps d'armée (Limoges). Evêché de Tulle (archevêché de Bourges). Cour d'appel de Limoges. Chef-lieu Tulle (17 243 hab.). S.-Préf. Brive-la-Gaillarde (20 656), Ussel (4748).

CORSE. — Formé d'une île de la Méditerranée. Situation, au S.-E. de la France. Point culminant. Monte-Cinto (2710 mét.). Point le plus bas, la Méditerranée. Plusieurs étages de climats. Végétation très variée. Les eaux vont à la mer par de petits cours d'eau. Golo, Tavignano, etc. Sup. 872 200 hect. Population. 291 160 hab. (33 par km²). Université d'Aix. 15e corps d'armée (Marseille). Evêché d'Ajaccio (archevêché d'Aix). Cour d'appel de Bastia. Chef-lieu Ajaccio (22 264 hab.). S.-Préf. Bastia (27 338), Calvi (2077), Corte (5188), Sartène (4578).

COTE-D'OR. — Formé d'une partie de la Bourgogne. Tire son nom de la chaîne calcaire de ce nom. Situation, à l'E. de la France. Sol très varié. Point culminant, le mont de Gien (725 mét.). Point le plus bas, la Saône (176 mét.). Climat continental tempéré. Les eaux vont au Rhône, à la Seine et à la Loire. Sup. 878 000 hect. Population 357 959 hab. (40 par km²). Université de Dijon. 8e corps d'armée (Bourges). Evêché de Dijon (archevêché de Lyon). Cour d'appel de Dijon. Chef-lieu Dijon (74 113 hab.). S.-Préf. Beaune (13 540), Châtillon-sur-Seine (4812), Semur-en-Auxois (3312).

CÔTES-DU-NORD. — Formé d'une portion de l'ancienne Bretagne. Tire son nom de sa situation sur le littoral de la Manche. Sol peu incliné. Point culminant, le sommet du Bel-Air (340 mét.), dans les monts du Menez. Point le plus bas, la Manche. Climat égal. Les eaux vont à la Manche ou à l'Océan par des fleuves côtiers. Sup. 721 700 hect. Population, 611 506 hab. (85 par km²). Université de Rennes. 10e corps d'armée (Rennes). Evêché de Saint-Brieuc (archevêché de Rennes). Cour d'appel de Rennes. Chef-lieu Saint-Brieuc (25 044 hab.). S.-Préf. Dinan (11 078), Guingamp (9212), Lannion (5856), Loudéac (5746).

CREUSE. — Formé d'une partie de la Marche et de fragments du Berry, du Bourbonnais, du Poitou et du Limousin. Tire son nom de la Creuse, sous-affl. de la Loire. Situation, au centre de la France. Sol élevé et pauvre. Pays d'émigration. Point le plus haut, cime de la forêt de Châteauvert (931 mét.). Point le plus bas, le lit de la Creuse (175 mét.). Climat rude et froid. Les eaux vont à la Loire et à la Dordogne. Sup. 580 500 hect. Population, 274 094 hab. (49 par km²). Université de Clermont-Ferrand. 12e corps d'armée (Limoges). Diocèse de Limoges. Cour d'appel de Limoges. Chef-lieu Guéret (8058 hab.). S.-Préf. Aubusson (7 015), Bourganeuf (3864), Boussac (1408).

DORDOGNE. — Formé d'un morceau de la Guyenne et d'une petite partie de l'Angoumois et du Limousin. Tire son nom de la Dordogne, affl. de la Garonne. Situation, au S.-O. de la France. Sol en grande partie couvert de vignes ou de bois. Point culminant, colline de la forêt de Vieillecour (478 mét.), frontière de la Haute-Vienne. Point le plus bas, conf. de la Dordogne et de la Lidoire (4 mét.). Climat tempéré. Presque toutes les eaux vont à la Gironde, une petite partie va à la Charente. Sup. 922 300 hect. Population, 447 052 hab (48 par km²). Université de Bordeaux. 12e corps d'armée (Limoges). Evêché de Périgueux (archevêché de Bordeaux). Cour d'appel de Bordeaux. Chef-lieu Périgueux (31 561 hab.). S.-Préf. Bergerac (15625), Nontron (3426), Ribérac (5627), Sarlat (6195).

DOUBS. — Formé d'une partie de la Franche-Comté. Tire son nom du Doubs, affl. de la Saône. Situation, à l'E. de la France, frontière de la Suisse. Sol élevé, climat froid. Point culminant, le Mont d'Or (1463 mét.). Point le plus bas, le lit de l'Ognon (200 mét.). Toutes les eaux vont au Rhône, sauf un petit torrent, le Jougnena, qui va à l'Orbe et au Rhin. Sup. 551 500 hect. Population, 298 438 hab. (56 par km²). Université de Besançon. 7e corps d'armée (Besançon). Archevêché de Besançon. Cour d'appel de Besançon. Chef-lieu Besançon (56 168 hab.). S.-Préf. Baume-les-Dames (3257), Montbéliard (10 455), Pontarlier (8776).

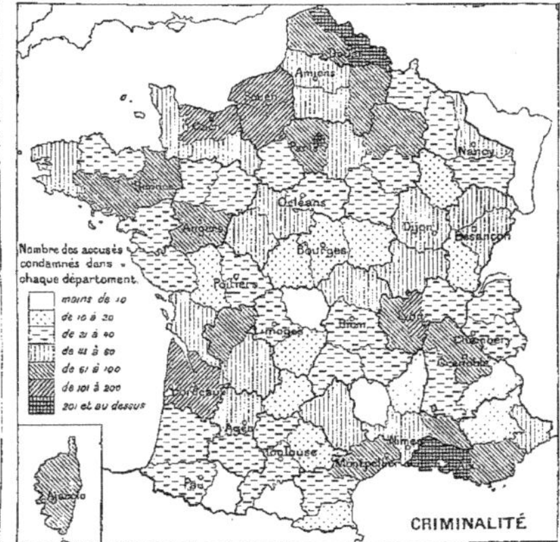

DROME. — Formé de parties du Dauphiné, du Comtat Venaissin et de la Provence. Tire son nom de la Drôme, affl. du Rhône. Situation, au S.-E. de la France. Point le plus haut, cime dans le Dévoluy (2405 mèt.). Point le plus bas, le Rhône (50 mèt.). Plusieurs étages de climats. Toutes les eaux vont au Rhône. Sup. 656 000 hect. Population, 297 270 hab. (43 par km²). Université de Grenoble. 14ᵉ corps d'armée (Grenoble). Evêché de Valence (archevêché d'Avignon). Cour d'appel de Grenoble. Chef-lieu Valence (28 112 hab.). S.-Préf. Die (3660), Montélimar (13 554), Nyons (3 514). Centre industriel, Romans * (17 140).

EURE. — Formé d'un morceau de l'ancienne Normandie. Tire son nom de l'Eure, affl. de la Seine. Situation, au N.-O. de la France. Sol fertile. Point culminant, colline près du Mesnil-Rousset (241 mèt.), frontière de l'Orne. Point le plus bas, l'estuaire de la Seine. Toutes les eaux vont à la Seine, sauf un petit coin qui va à la Touques. Sup. 605 700 hect. Population, 350 140 hab. (55 par km²). Université de Caen. 3ᵉ corps d'armée (Rouen). Evêché d'Evreux (archevêché de Rouen). Cour d'appel de Rouen. Chef-lieu Evreux (18 971 hab.). S.-Préf. les Andelys (5514), Bernay (8015), Louviers (10 302), Pont-Audemer (6111).

EURE-ET-LOIR. — Formé de fragments de la Normandie et de l'Orléanais. Tire son nom de l'Eure, affl. de la Seine et du Loir, affl. de la Loire. Situation, au N.-O. de la France. Sol partagé en deux parties distinctes : la Beauce, pays de plaines ; le Perche, pays de collines. Point culminant, colline de Vichères (285 mèt.). Point le plus bas, l'Eure (47 mèt.). Climat tempéré. Les eaux vont à la Seine et à la Loire. Sup. 595 800 hect. Population, (46 par km²). Université de Paris. 4ᵉ corps d'armée (le Mans). Evêché de Chartres (archevêché de Paris). Cour d'appel de Paris. Chef-lieu Chartres (23 219 hab.). S.-Préf. Châteaudun (7147), Dreux (9928), Nogent-le-Rotrou (8804).

FINISTÈRE. — Formé d'une partie de l'ancienne Bretagne. Tire son nom de sa situation à l'extrémité O. de la France, littoral de la Manche et de l'Océan. Sol accidenté. Climat tempéré et très égal. Point culminant, la chapelle de Saint-Michel de Braspart (391 mèt.). Point le plus bas, la mer. Toutes les eaux vont à la mer par de petits fleuves côtiers. Sup. 707 000 hect. Population, 705 105 hab. (112 par km²). Université de Rennes. 11ᵉ corps d'armée (Nantes). Evêché de Quimper (archevêché de Rennes). Cour d'appel de Rennes. Chef-lieu Quimper (19 516 hab.). S.-Préf. Brest (85 294), Châteaulin (4257), Morlaix (15 984), Quimperlé (9176).

GARD. — Formé d'une portion du Languedoc. Tire son nom du Gard, affl. du Rhône. Situation, au S. de la France, littoral de la Méditerranée. Pays montagneux et riche en houille au N., plat au S. Point culminant, l'Aigonal (1567 mèt.). Point le plus bas, la Méditerranée. Climat froid dans les montagnes, algérien au bord de la mer. Les eaux vont au Rhône, ou bien directement à la mer par les fleuves côtiers, Vistre, Vidourle, Hérault, et un petit coin verse ses eaux dans le bassin de la Garonne. Sup. 588 000 hect. Population, 421 166 hab. (72 par km²). Université de Montpellier. 15ᵉ corps d'armée (Marseille). Evêché de Nîmes (archevêché d'Avignon). Cour d'appel de Nîmes. Chef-lieu Nîmes (80 184 hab.). S.-Préf. Alais (27 435), Uzès (5182), le Vigan (4505). Villes de forges et de houillères la Grand-Combe * (7400) et Bessèges * (5126).

HAUTE-GARONNE. — Formé d'un morceau du Languedoc et d'une portion de la Gascogne. Tire son nom de sa situation sur le cours supérieur de la Garonne. Situation, au S. de la France, frontière d'Espagne. Sol divisé en deux parties : la plaine au N. et la montagne au S. Point culminant, le pic de Perdighero (3320 mèt.). Point le plus bas, le lit du Tarn (75 mèt.). Plusieurs étages de climats. Toutes les eaux vont à la Garonne. Sup. 636 500 hect. Population, 442 065 hab. (79 par km²). Université de Toulouse. 17ᵉ corps d'armée (Toulouse). Archevêché de Toulouse. Cour d'appel de Toulouse. Chef-lieu Toulouse (149 438 hab.). S.-Préf. Muret (3712), Saint-Gaudens (7120), Villefranche (2547).

GERS. — Formé d'une portion de la Gascogne. Tire son nom du Gers, affl. de la Garonne. Situation, au S.-O. de la France. Sol entrecoupé de nombreuses rivières. Pays de coteaux et de plaines. Point culminant, des collines près de Mont-d'Astarac (560 à 385 mèt.), frontière des Hautes-Pyrénées. Point le plus bas, le lit du Gers (55 mèt.). Climat doux et tempéré. Les eaux vont à la Garonne et à l'Adour. Sup. 629 000 hect. Population, 231 088 hab. (37 par km²). Université de Toulouse. 17ᵉ corps d'armée (Toulouse). Archevêché d'Auch. Cour d'appel d'Agen. Chef-lieu Auch (13 526 hab.). S.-Préf. Condom (6435), Lectoure (4310), Lombez (1481), Mirande (3642).

GIRONDE. — Formé d'un fragment de l'ancienne Guyenne. Tire son nom de l'estuaire où la Garonne et la Dordogne unissent leurs eaux. Situation, au S.-O. de la France, littoral de l'Océan. Sol divisé en coteaux couverts de vignobles à l'E. et landes sablonneuses, couvertes de forêts de pins, à l'O. Point culminant, colline de Samazeuil (165 mèt.), frontière de Lot-et-Garonne. Point le plus bas, l'Océan. Climat doux et égal. Toutes les eaux vont à la Gironde, sauf quelques ruisseaux qui vont à la Leyre, tribut du bassin d'Arcachon. Sup. 1 072 600 hect. (le plus vaste de la France). Population, 823 925 hab. (77 par km²). Université de Bordeaux, 18ᵉ corps d'armée (Bordeaux). Archevêché de Bordeaux. Cour d'appel de Bordeaux. Chef-lieu Bordeaux (251 947 hab.). S.-Préf. Bazas (4684), Blaye (4890), Lesparre (5840), Libourne (18 525), La Réole (4519).

HÉRAULT. — Formé d'un fragment du Languedoc. Tire son nom du fleuve côtier l'Hérault. Situation, au S. de la France, littoral de la Méditerranée. Sol montagneux au N., pays plat vers la mer. Point le plus haut, cime de l'Espinouze (1126 mèt.). Point le plus bas, la mer. Trois étages de climats, depuis les températures méditerranéennes jusqu'à celles des hauteurs des Cévennes. Sauf un petit coin qui appartient au bassin de la Garonne, les eaux s'écoulent directement vers la mer par de petits fleuves côtiers (Aunc, Orb, Hérault, Lez, Vidourle). Sup. 622 500 hect. Population, 482 779 hab. (77 par km²). Université de Montpellier. 16ᵉ corps d'armée (Montpellier). Evêché de Montpellier (archevêché d'Avignon). Cour d'appel de Montpellier. Chef-lieu Montpellier (77 111 hab.). S.-Préf. Béziers (52 268), Lodève (7505), Saint-Pons (2950). Port de commerce, Cette (33 240).

ILLE-ET-VILAINE. — Formé d'une partie de l'ancienne Bretagne. Tire son nom de l'Ille et de la Vilaine, qui s'unissent à Rennes. Situation, au N.-O. de la France, littoral de la Manche. Sol peu varié, climat uniforme. Point le plus haut, le tertre de Haute-Forêt (255 mèt.), sur la limite du Morbihan. Point le plus bas, la Manche. Les eaux vont à l'Océan par la Vilaine, à la Manche par le Couesnon, la Rance, etc. Sup. 699 000 hect. Population, 611 805 hab. (88 par km²). Université de Rennes. 10ᵉ corps d'armée (Rennes). Archevêché de Rennes. Cour d'appel de Rennes. Chef-lieu Rennes (75 640 hab.). S.-Préf. Fougères (23 557), Montfort (2451), Redon (6681), Saint-Malo (10 647), Vitré (10 002).

SUPERFICIE COMPARÉE DE LA TERRE, DE L'EUROPE ET DE LA FRANCE.	
France 536.408	
Europe 10.010.488	
Terre 130.000.000	Millions de Kilomètres carrés
10 20 30 40 50 60 70 80 90 100 110 120 130	

INDRE. — Formé de portion du Berry, de l'Orléanais, de la Marche et de la Touraine. Tire son nom de l'Indre, affl. de la Loire. Situation, au centre de la France. Sol divisé en plusieurs parties, le Boischaud, la Champagne (calcaire), la Brenne (marécages), et des collines granitiques vers le S. Climat humide et tempéré. Point culminant, la colline de la Frapne (459 mèt.). Point le plus bas, la Creuse (0 mèt.). Toutes les eaux vont à la Loire. Sup. 690 500 hect. Population, 290 216 hab. (42 par km²). Université de Poitiers. 9ᵉ corps d'armée (Tours). Diocèse de Bourges. Cour d'appel de Bourges. Chef-lieu Châteauroux (25 457 hab.). S.-Préf. Le Blanc (6520), la Châtre (4744), Issoudun (13 949).

INDRE-ET-LOIRE. — Formé de la Touraine, et de portions de l'Anjou, du Poitou et de l'Orléanais. Tire son nom de la Loire et d'un de ses affl., l'Indre. Situation, au centre de la France. Pays renfermant six régions naturelles : la Gâtine, collines peu fertiles, au nord de la Loire ; la Varenne, plaine fertile entre la Loire et le Cher ; la Champagne, coteaux ; le Véron, terre crayeuse ; le plateau de Sainte-Maure, et la Brenne, pays de landes. Climat tempéré. Toutes les eaux vont à la Loire. Sup. 615 760 hect. Population, 337 916 hab. (55 par km²). Université de Poitiers. 9ᵉ corps d'armée (Tours). Archevêché de Tours. Cour d'appel d'Orléans. Chef-lieu Tours (67 601 hab.). S.-Préf. Chinon (5813), Loches (5115).

ISÈRE. — Formé d'une portion de l'ancien Dauphiné. Tire son nom de l'Isère, affl. du Rhône. Situation, au S.-E. de la France. Sol de natures très diverses, depuis les régions des montagnes jusqu'aux marécages au niveau du Rhône. Climats très différents, suivant l'altitude. Point culminant, la Meije (3987 mèt.). Point le plus bas, le Rhône (134 mèt.). Toutes les eaux vont au Rhône. Sup. 825 500 hect. Population, 562 515 hab. (68 par km²). Université de Grenoble. 14ᵉ corps d'armée (Grenoble). Evêché de Grenoble (archevêché de Lyon). Cour d'appel de Grenoble. Chef-lieu Grenoble (73 022 hab.). S.-Préf. Saint-Marcelin (3505), la Tour-du-Pin (5085), Vienne (24 887). Ville industrielle, Voiron * (12 625).

JURA. — Formé d'un morceau de la Franche-Comté. Tire son nom des montagnes du Jura, qui le couvrent en grande partie. Situation, à l'E. de la France, frontière de la Suisse. Sol divisé en plusieurs régions : le Jura, région de montagnes calcaires surmontées de plateaux ; le Bon-Pays ou Vignoble, pays de collines ; la Bresse, pays de plaines. Climat froid et inégal. Les eaux vont au Rhône, sauf l'Orbe, qui va au Rhin. Point culminant, le Noirmont, frontière de Suisse (1550 mèt.). Point le plus bas, le Doubs (185 mèt.). Sup. 505 400 hect. Population, 257 725 hab. (50 par km²). Université de Besançon. 7ᵉ corps d'armée (Besançon). Evêché de Saint-Claude (archevêché de Lyon). Cour d'appel de Besançon. Chef-lieu Lons-le-Saunier (13 155 hab.). S.-Préf. Dôle (14 858), Poligny (4092), Saint-Claude (10 980).

LANDES. — Formé d'une partie de la Gascogne, d'un morceau du Béarn et d'un lambeau de la Guyenne. Tire son nom de ses landes, terre sablonneuses, plates, nues ou couvertes de pins maritimes. Situation, au S.-O. de la France, littoral de l'Océan. Sol divisé en deux parties : au S.-E. la Chalosse, région de collines fertiles ; partout ailleurs la lande. Point culminant, un coteau de la comm. de Laure

FRANCE
(PARTIE SUD-OUEST)

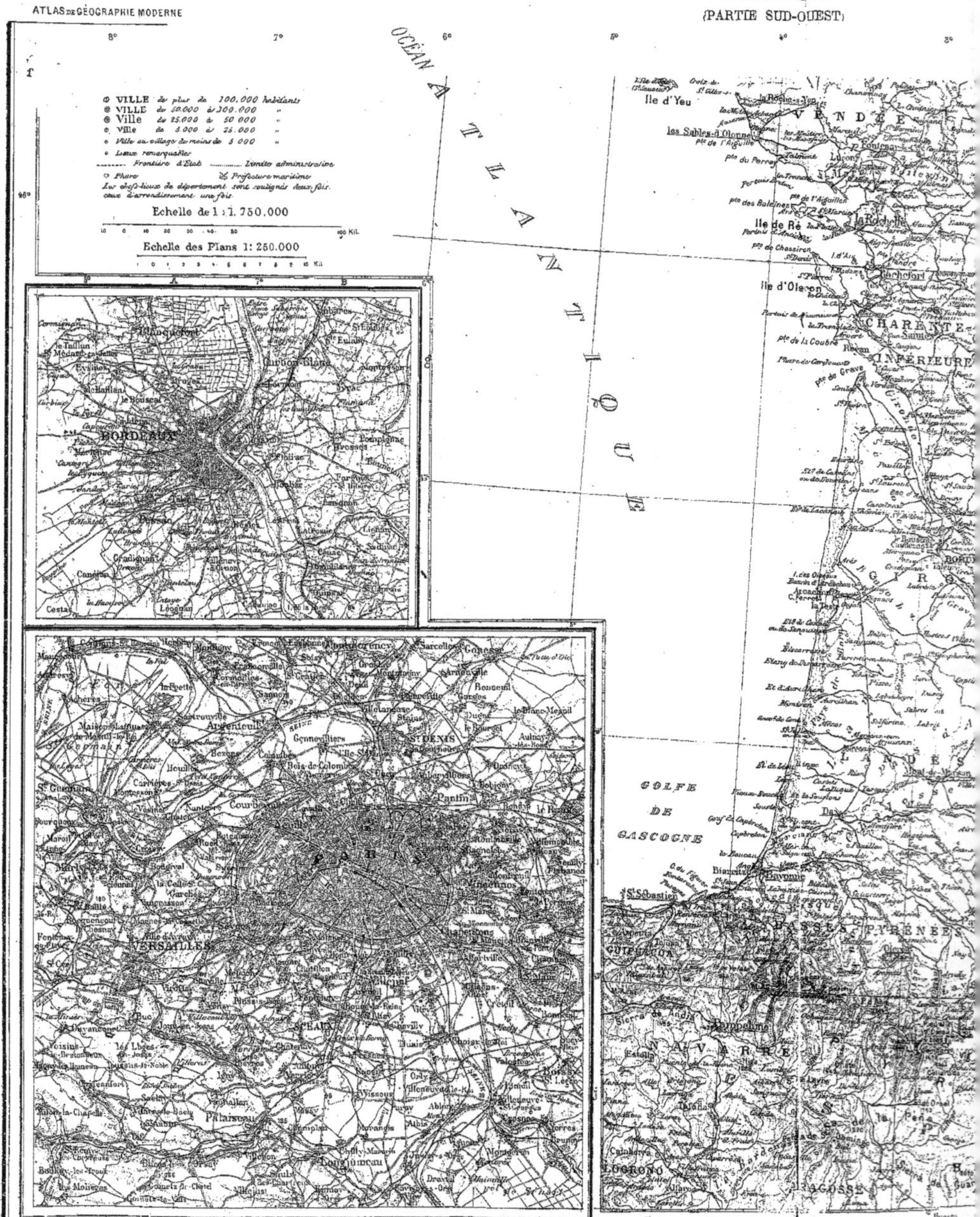

⊕ VILLE de plus de 100.000 habitants
⊕ VILLE de 50.000 à 100.000 "
◎ Ville de 25.000 à 50.000 "
◦ Ville de 5.000 à 25.000 "
∘ Ville ou village de moins de 5.000 "
∘ Lieux remarquables
‑‑‑‑‑‑‑ Frontière d'État .... Limite administrative
Phare 𝄞 Préfecture maritime
Les chefs-lieux de département sont soulignés deux fois,
ceux d'arrondissement une fois.

Echelle de 1 : 1.750.000

Echelle des Plans 1 : 250.000

OCÉAN ATLANTIQUE

BORDEAUX

DENIS

PARIS

VERSAILLES

GOLFE DE GASCOGNE

Ile d'Yeu

Ile de Ré

Ile d'Oléron

CHARENTE INFÉRIEURE

VENDÉE

Gravé par Erhard Frères, 35 bis, Rue Denfert-Rochereau, Paris.

FRANCE

(PARTIE SUD-OUEST)

PUBLIÉ PAR LA LIBRAIRIE HACHETTE ET Cie. CARTE 15.

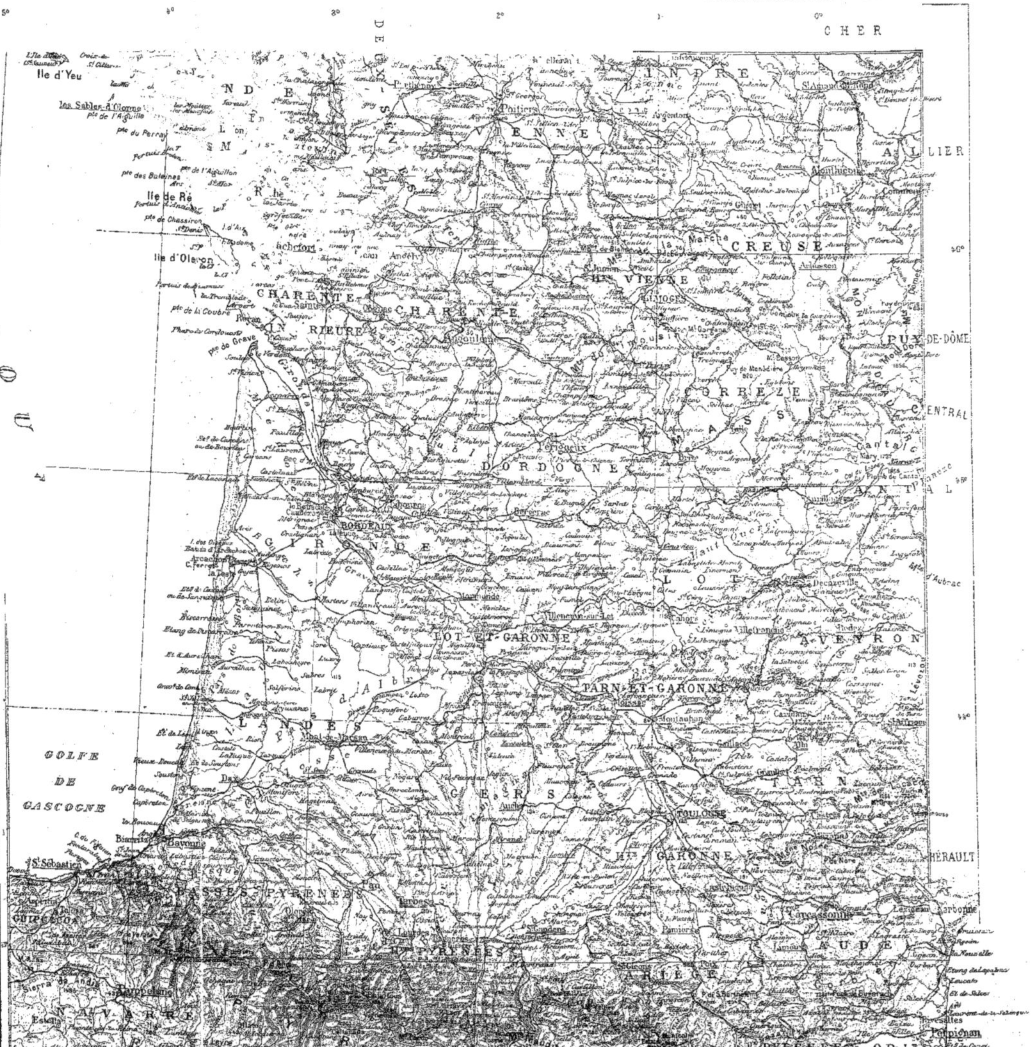

Imp. Erhard Fres.

227 mèt.). Point le plus bas, l'Océan. Climat humide et uniforme. Les eaux vont en grande partie à l'Adour, d'autres aux étangs et à la Leyre, quelques petits ruisseaux descendent dans la Garonne. Superficie, 936 500 hect. Population, 2×5 597 h. (31 par km²). Université de Bordeaux. 18e corps d'armée (Bordeaux). Evêché d'Aire (archevêché de Bordeaux). Cour d'appel de Pau. Chef-lieu Mont-de-Marsan (11 925 hab.). S.-Préf. Dax (14 210), eaux thermales, Saint-Sever (4 644).

LOIR-ET-CHER. — Formé de parties de l'Orléanais et de la Touraine. Tire son nom du Loir et du Cher, affl. de la Loire. Situation, au centre de la France. Sol divisé en trois régions : au N. le Perche, pays de bois ; au milieu de la Beauce, plaine fertile ; au S. la Sologne, région stérile. Point culminant, le Haut-Cormont (256 mèt.). Point le plus bas, le Loir (43 mèt.). Climat tempéré. Les eaux vont à la Loire. Sup. 642 000 hect. Population, 276 019 hab. (43 par km²). Université de Paris. 5e corps d'armée (Orléans). Evêché de Blois (archevêché de Paris). Cour d'appel d'Orléans. (Chef-lieu Blois 23 972 hab.). S.-Préf. Romorantin (8 574), Vendôme (9 804).

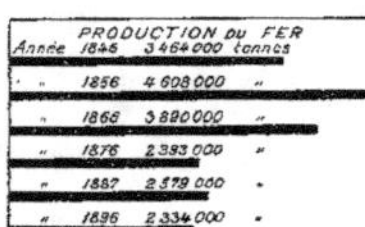

POPULATION comparée de la FRANCE, de l'EUROPE et du GLOBE					
France 39 000 000					
Europe 391 000 000					
Globe 1 500 000 000					
Millions d'habitants 400	600	800	1000	1200	1400

LOIRE. — Formé d'une partie du Lyonnais. Tire son nom du fleuve qui le traverse du S. au N. Situation, dans le massif central, partie E. Nettement partagé en deux régions : au centre la plaine du Forez, pays tiède et cultivé ; tout autour, le mont. Point culminant, Pierre-sur-Haute (1640 mèt.), limite du Puy-de-Dôme. Point le plus bas, le Rhône (158 mèt.). Plusieurs climats. Végétation variée. Exploitation houillère. La plus grande partie des eaux vont à la Loire, le reste va au Rhône. Sup. 479 800 hect. Population, 643 945 hab. (134 par km²). Université de Lyon. 13e corps d'armée (Clermont-Ferrand). Archidiocèse de Lyon. Cour d'appel de Lyon. Chef-lieu Saint-Etienne (146 788 hab.). S.-Préf. Montbrison (7 651), Roanne (33 516). Villes industrielles, Firminy* (16 905), Saint-Chamond* (15 469), Rive-de-Gier* (16 087).

LOIRE (HAUTE-). — Formé d'un morceau du Languedoc et de lambeaux du Lyonnais et de l'Auvergne. Tire son nom de sa situation sur le cours supérieur de la Loire, au milieu du massif central. Sol volcanique et montagneux. Point culminant, la cime du Mézenc (1754 mèt.). Point le plus bas, l'Allier (390 mèt.). Plusieurs climats, du tempéré au mi-polaire. Les eaux vont à la Loire. Sup. 500 000 hect. Population, 314 770 hab. 63 par km². Université de Clermont-Ferrand. 13e corps d'armée (Clermont-Ferrand). Evêché du Puy (archevêché de Bourges). Cour d'appel de Riom. Chef-lieu le Puy (21 420 hab.). S.-Préf. Brioude (4 805), Yssingeaux (7 784).

LOIRE-INFÉRIEURE. — Formé d'une partie de la Bretagne et du pays de Retz. Tire son nom de sa situation sur le cours inférieur de la Loire. Situation, à l'O. de la France, littoral de l'Océan. Pays plat. Point culminant, colline de la Poitevinière (115 mèt.). Point le plus bas, l'Océan. Climat doux et humide. Les eaux vont à la Loire ou à la Vilaine, et à de petits fleuves côtiers. Sup. 664 971 hect. Population, 666 748 hab. (100 par km²). Université de Rennes. 11e corps d'armée (Nantes). Evêché de Nantes (archevêché de Tours). Cour d'appel de Rennes. Chef-lieu Nantes (133 247 hab.). S.-Préf. Ancenis (4 998), Châteaubriant (7 169), Paimbœuf (2 580), Saint-Nazaire (35 762).

LOIRET. — Formé d'une partie de l'Orléanais et d'un lambeau du Berry et de l'Ile-de-France. Tire son nom du Loiret, affl. de la Loire. Situation, au centre de la France. Sol divisé en 4 régions : au N.-O. la Beauce, plate et riche ; au N.-E. le Gâtinais, pays boisé, humide ; au S. la Sologne, pays de landes et d'étangs ; le long du fleuve, le Val de Loire, large et fertile. Point culminant, une colline de 275 mèt. près des limites du Cher. Point le plus bas, le Loing (68 mèt.). Climat tempéré. Les eaux vont à la Loire et à la Seine. Sup. 681 400 hect. Population, 364 909 hab. (54 par km²). Université de Paris. 5e corps d'armée (Orléans). Evêché d'Orléans (archevêché de Paris). Cour d'appel d'Orléans. Chef-lieu Orléans (68 614 hab.). S.-Préf. Gien (7 914), Montargis (15 104), Pithiviers (6 295).

LOT. — Formé d'un pays de la Guyenne (Quercy). Tire son nom du Lot, affl. de la Garonne. Situation dans sa partie O. du Massif central. Sol de natures très différentes. Pays de causses ou plateaux calcaires dans le centre, de collines à l'O. et au S. Climats variés. Point culminant, la Bastide du Haut-Mont (781 mèt.). Point le plus bas, le Lot (65 mèt.). Toutes les eaux vont à la Garonne. Sup. 522 600 hect. Population, 216 611 hab. (41 par km²). Université de Toulouse. 17e corps d'armée (Toulouse). Evêché de Cahors (archevêché d'Albi). Cour d'appel d'Agen. Chef-lieu Cahors (13 202 hab.). S.-Préf. Figeac (5 870), Gourdon (4 260).

LOT-ET-GARONNE. — Formé d'une partie de Guyenne et Gascogne. Tire son nom de ses deux principaux cours d'eau. Situation au S.-O. de la France. Sol divisé en deux parties : la colline au N., à l'E. et au centre ; les landes au S.-O. Point culminant, la colline de Bel-Air (275 mèt.), frontière de la Dordogne. Point le plus bas, la Garonne (6 mèt.). Climat uniforme. Les eaux vont à la Garonne. Sup. 558 400 hect. Population 274 810 hab. (51 par km²). Université de Bordeaux. 17e corps d'armée (Toulouse). Evêché d'Agen (archevêché de Bordeaux). Cour d'appel d'Agen. Chef-lieu Agen (25 441 hab.). S.-Préf. Marmande (9 748), Nérac (6 518), Villeneuve-sur-Lot (13 540).

LOZÈRE. — Formé d'un morceau du Languedoc. Tire son nom des monts Lozère. Situation, au S.-E. du Massif Central. Sol composé de plateaux élevés, nus (causses), et de gorges profondes. Pays d'émigration. Point le plus haut, le pic Finiels (1702 mèt.). Point le plus bas, le lit du Tarn (380 mèt.). Climat très froid, sauf dans les vallées. Les eaux vont à la Garonne, à la Loire et au Rhône. Sup. 517 000 hect. Population, 128 016 hab. (25 par km²). Université de Montpellier.

16e corps d'armée (Montpellier). Evêché de Mende (archevêché d'Albi). Cour d'appel de Nîmes. Chef-lieu Mende (7 007 hab.). S.-Préf. Florac (1 840), Marvejols (3 643).

MAINE-ET-LOIRE. — Formé de l'Anjou. Tire son nom de la Loire et d'un de ses affl., le Maine. Situation, à l'O. de la France. Sol de natures très variées. Pays accidenté, pittoresque surtout dans le S.-O. (Bocage). Point culminant, le coteau des Gardes, au N.-E. de Cholet (210 mèt.). Point le plus bas, le lit de la Loire (6 mèt.). Climat à peu près uniforme. Les eaux vont à la Loire. Sup. 728 500 hect. Population 513 490 hab. (70 par km²). Université de Rennes. 9e corps d'armée (Tours). Evêché d'Angers (archevêché de Tours). Cour d'appel d'Angers. Chef-lieu Angers (82 935 hab.). S.-Préf. Baugé (3 199), Cholet (20 427), Saumur (16 392), Segré (4 018).

RAPPORT de l'ARMÉE avec la POPULATION totale		
Armée 550.000		
Population totale 39 252 000		
Millions d'habitants 10	20	30

MANCHE. — Formé d'une partie de la Normandie. Tire son nom de la mer qui baigne ses côtes. Situation, au N.-O. de la France. Sol de natures très variées. Cultures variées. Climat doux et humide. Point culminant, le coteau de Saint-Martin-de-Chaulieu (368 mèt.) près des frontières de l'Orne et du Calvados. Point le plus bas, la Manche. Les eaux s'écoulent directement vers la mer par des fleuves côtiers ; une petite partie va à la Loire. Sup. 644 100 hect. Population, 487 443 hab. (76 par km²). Université de Caen. 10e corps d'armée (Rennes). Evêché de Coutances (archevêché de Rouen). Cour d'appel de Caen. Chef-lieu Saint-Lô (12 181 hab.). S.-Préf. Avranches (7 360), Cherbourg, port militaire, (43 857), Coutances (6 824), Mortain (2 229), Valognes (5 746). Autre ville importante, Granville* (11 667).

MARNE. Formé d'un fragment de la Champagne. Tire son nom de la Marne, affl. de la Seine. Situation, au N.-E. de la France. Pays en grande partie composé de terres crayeuses, peu fertiles (Champagne Pouilleuse). Point culminant, un coteau de la Montagne de Reims (280 mèt.). Point le plus bas, le lit de l'Aisne (50 mèt.). Climat et végétation uniformes. Toutes les eaux vont à la Seine. Sup. 820 400 hect. Population, 434 157 hab. (53 par km²). Université de Paris, 6e corps d'armée (Châlons-sur-Marne). Evêché de Châlons-sur-Marne (archevêché de Reims). Cour d'appel de Paris. Chef-lieu Châlons-sur-Marne (27 808 hab.). S.-Préf. Epernay (21 657), Reims (109 859), Sainte-Menehould (499 !), Vitry-le-François (8 487).

MARNE (HAUTE-). — Formé d'un morceau de la Champagne et d'un petit morceau de la Bourgogne et de la Franche-Comté. Tire son nom de sa situation sur le cours supérieur de la Marne. Situation, à l'E. de la France. Sol couvert en partie de forêts. Climat uniforme. Point culminant, la cime du Haut-du-Sec (516 mèt.). Point le plus bas, le lit de la Voire (110 mèt.). Les eaux vont à la Seine, à la Meuse et au Rhône. Sup. 625 800 hect. Population, 221 724 hab. (35 par km²). Université de Dijon. 7e corps d'armée (Besançon). Evêché de Langres (archevêché de Lyon). Cour d'appel de Dijon. Chef-lieu Chaumont (14 872 hab.). S.-Préf. Langres (9 805), Wassy (5 674). Ville importante, Saint-Dizier (14 601).

MAYENNE. — Formé du Bas-Maine et d'un morceau de l'Anjou. Tire son nom de la rivière Mayenne. Situation au N.-O. de la France. Sol peu varié. Point culminant, le mont des Avaloirs, dans la forêt de Multonne, frontière de l'Orne et de la Sarthe (417 mèt.). Point le plus bas, le lit de la Sarthe (20 mèt.). Climat tempéré. Les eaux vont à la Loire, une petite partie à la Vilaine et à la Sélune, petit fleuve côtier. Sup. 514 600 hect. Population, 305 457 hab. (60 par km²). Université de Rennes. 4e corps d'armée (le Mans). Evêché de Laval (archevêché de Tours). Cour d'appel d'Angers. Chef-lieu Laval (29 751 hab.). S.-Préf. Château-Gontier (6 975), Mayenne (10 020).

MEURTHE-ET-MOSELLE. — Formé d'une portion de la Lorraine et d'une partie des Trois-Evêchés (Metz, Toul et Verdun). Tire son nom des deux rivières la Meurthe et la Moselle, qui vont ensemble au Rhin. Situation, au N.-E. de la France, frontière d'Alsace-Lorraine. Sol montagneux (Vosges). Plusieurs climats. Point culminant, les cimes des Vosges, frontière d'Alsace-Lorraine (900 mèt.). Point le plus bas, le lit de la Moselle (170 mèt.). Les eaux vont au Rhin. Sup. 527 500 hect. Population, 517 508 hab. (98 par km²). Université de Nancy. 6e et 20e corps d'armée. Evêché de Nancy (archevêché de Besançon). Cour d'appel de Nancy. Chef-lieu Nancy (110 570 hab.). S.-Préf. Briey (2 850), Lunéville (24 266), Toul (13 663).

PRODUCTION du FER	
Année 1845 — 4 464 000 tonnes	
1856 — 4 608 000 »	
1866 — 3 890 000 »	
1876 — 2 383 000 »	
1887 — 2 579 000 »	
1896 — 2 334 000 »	

MEUSE. — Formé d'une portion de la Lorraine, des Trois-Evêchés et d'une petite partie de la Champagne. Tire son nom de la Meuse, qui le traverse du S. au N. Situation, au N.-E. de la France. Sol divisé en deux parties : l'Argonne ou montagne, la Woëvre ou plaine. Climat uniforme. Point culminant, le Buisson d'Amanty (425 mèt.). Point le plus bas, le lit de la Saulx (115 mèt.). Les eaux vont au Rhin et à la Meuse. Sup. 625 900 hect. Population, 280 220 hab. (45 par km²). Université de Nancy. 6e corps d'armée (Châlons-sur-Marne). Evêché de Verdun (archevêché de Besançon). Cour d'appel de Nancy. Chef-lieu Bar-le-Duc (17 307 hab.). S.-Préf. Commercy (7 856), Montmédy (2 441), Verdun-sur-Meuse (21 706). Autre ville importante Saint-Mihiel* (9 350).

MORBIHAN. — Formé d'un morceau de la Bretagne. Tire son nom du golfe parsemé d'îles qui découpe ses terres. Situation, à l'O. de la France, littoral de l'Océan. Point culminant, un coteau sur les frontières des Côtes-du-Nord (297 mèt.). Point le plus bas, l'Atlantique. Climat doux et uniforme. Les eaux vont à l'Océan par les fleuves côtiers, rivière de Quimperlé, Blavet, rivière d'Auray, Vilaine, Oust. Sup. 709 300 hect. Population, 573 152 hab. (81 par km²). Université de Rennes. 11e corps d'armée (Nantes). Evêché de Vannes (archevêché de Rennes). Cour d'appel de Rennes. Chef-lieu Vannes (23 561 hab.). S.-Préf. Lorient (46 555), Ploërmel (5 424), Pontivy (9 306).

NIÈVRE. — Formé du Nivernais et d'un morceau de l'Orléanais. Tire son nom de la Nièvre, affl. de la Loire. Situation, au centre de la France. Sol de natures très variées. Pays d'aspects très divers. Climat rude et humide dans la Morvan, tempéré ailleurs. Point culminant, la cime du Preneley (850 mèt.) frontière de Saône-et-Loire. Point le plus bas, la Loire (135 mèt.). Les eaux vont à la Loire et à la Seine. Sup 688 700 hect. Population, 343 972 hab. (46 par km²). Université de Dijon. 8e corps d'armée (Bourges). Evêché de Nevers (archevêché de Sens). Cour d'appel de Bourges. Chef-lieu Nevers (27 050 hab.). S.-Préf. Château-Chinon (2 222), Clamecy (5 154), Cosne (8 457).

NORD. — Formé de la Flandre française et de parties du Hainaut et du Cambrésis. Tire son nom de sa situation à l'extrémité N. de la France. frontière de Belgique. littoral de la mer du Nord. Sol peu accidenté. divisé en deux régions, la Flandre au N. et au centre, l'Ardenne au S.-E. Point culminant, colline du bois de Saint-Hubert (271 mèt.). sur la frontière de Belgique. Point le plus bas, la mer. Climat brumeux, plutôt froid. Pays de manufactures, houilles, forges, filatures, sucreries, etc. Les eaux vont à l'Escaut, à la Meuse, à l'Yser, à l'Aa et à la Seine. Sup. 577 500 hect. Population, 1 815 861 hab. (526 par km²). Université de Lille. 1er corps d'armée (Lille). Archevêché de Cambrai. Cour d'appel de Douai. Chef-lieu Lille (205 602 hab.). S.-Préf. Avesnes (6015), Cambrai (2 832), Douai (33 247), Dunkerque (38 287), Hazebrouck (12 819). Valenciennes (31 730). Centres houillers, Anzin* (14 444), Denain* (23 204). Villes industrielles, Tourcoing (81 671), Roubaix (121 017).

PRODUCTION DE LA HOUILLE EN FRANCE COMPARÉE A LA CONSOMMATION.
Production. 32 356 000 t.
Consommation 43 295 000 t.
Millions de tonnes

OISE. — Formé d'une partie de l'Ile-de-France et d'un morceau de la Picardie. Tire son nom de l'Oise, affl. de la Seine. Situation, au N. de la France. Sol peu mouvementé. Point culminant, à l'O., près d'Auneuil (255 mèt.). Point le plus bas, l'Oise (20 mèt.). Climat assez tempéré. Les eaux vont à la Seine. quelques petits cours d'eau à la Somme et à la Bresle. Sup. 588 500 hect. Population, 410 049 hab. (70 par km²). Université de Paris. 2e corps d'armée (Amiens). Evêché de Beauvais (archevêché de Reims). Cour d'appel d'Amiens. Chef-lieu Beauvais (20 248). S.-Préf. Clermont (5188), Compiègne (16 808). Senlis (7126).

ORNE. — Formé d'une partie de la Normandie, du duché d'Alençon, et du Perche. Tire son nom de l'Orne, tributaire de la Manche. Situation, au N.-O. de la France. Sol accidenté. Point culminant, dans la forêt d'Ecouves (417 mèt.). Point le plus bas, le lit de l'Orne (50 mèt.). Climat humide. Les eaux vont à la Seine, à de petits fleuves côtiers (Touques, Dives, Orne), et à la Loire. Sup. 614 500 hect. Population, 315 993 hab. (51 par km²). Université de Caen. 4e corps d'armée (le Mans). Evêché de Séez (archevêché de Rouen). Cour d'appel de Caen. Chef-lieu Alençon (17 845 hab.). S.-Préf. Argentan (6387), Domfront (4665), Mortagne (3800). Ville industrielle, Flers* (13 580).

PAS-DE-CALAIS. — Formé de l'Artois, du Boulonnais, du Calaisis, de l'Ardrésis, des pays de Langle et de Bredenarde, et d'une partie de la Picardie. Tire son nom du détroit qui sépare la France de l'Angleterre. Situation, au N. de la France, littoral de la Manche. Sol presque plat, sauf les collines du Boulonnais. Point culminant, colline au S.-O. de Desvres (212 mèt.). Point le plus bas, la mer. Climat humide et brumeux. Les eaux vont à l'E. vers l'Escaut, à l'O. directement vers la Manche par l'Aa, la Liane, l'Authie, la Slack, le Wimereux et la Canche. Sup. 675 000 hect. Population, 1 012 466 hab. (150 par km²).

Université de Lille. 1er corps d'armée (Lille). Evêché d'Arras (archevêché de Cambrai). Cour d'appel de Douai. Chef-lieu Arras (24 921 hab.). S.-Préf. Béthune (13 007), Boulogne-sur-Mer (51 201), Montreuil (3553), Saint-Omer (20 995), Saint-Pol (3970). Autre ville importante, Calais, réuni à Saint-Pierre-lès-Calais (66 627 hab.).

PUY-DE-DOME. — Formé d'une partie de l'Auvergne et de petites parties du Bourbonnais et du Lyonnais. Tire son nom du volcan éteint qui domine Clermont-Ferrand. Situation, dans le Massif Central. Sol divisé en plaine (Limagne), et montagne ou plateau. Plusieurs climats : tempéré dans la plaine, vif et froid sur les montagnes. Point culminant le Puy de Sancy (1886 mèt.). Point le plus bas, le lit de l'Allier (268 mèt.). Les eaux vont en grande partie à la Loire, les autres à la Gironde. Sup. 800 400 hect. Population, 555 419 hab. (67 par km²). Université de Clermont-Ferrand. 13e corps d'armée (Clermont). Evêché de Clermont (archevêché de Bourges). Cour d'appel de Riom. Chef-lieu Clermont-Ferrand (58 365 hab.). S.-Préf. Ambert (7 581), Issoire (5 603), Riom (10 627), Thiers (17 418).

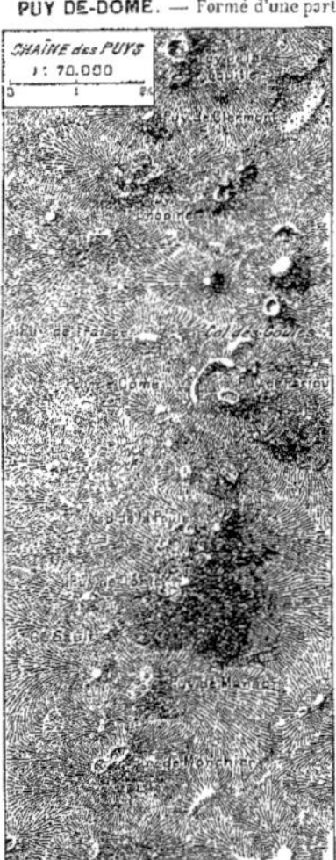

PYRÉNÉES (BASSES-). — Formé du Béarn et du Pays Basque français. Tire son nom de la partie de la chaîne des Pyrénées qui le borne au S., et qui diminue de hauteur aux approches de la mer. Situation, à l'extrémité S.-O. de la France. frontière d'Espagne, littoral de l'Océan. Sol divisé entre les régions de montagnes au S. et les régions de plaines et de collines au N. et vers la mer (Landes, Chalosse). Point culminant, pic de l'Alias (2976 mèt.). Point le plus bas l'Océan. Plusieurs étages de climats. Les eaux vont à l'Adour, à la Nivelle ou à la Bidassoa, sauf quelques ruisseaux du versant espagnol (vallée d'Iraty), qui dépendent politiquement de la France. Sup. 771 200 hect. Population, 425 817 hab. (55 par km²). Université de Bordeaux. 18e corps d'armée (Bordeaux). Evêché de Bayonne (archevêché d'Auch). Cour d'appel de Pau. Chef-lieu Pau (35 268 hab.). S.-Préf. Bayonne (26 488), Mauléon Licharre (4045), Oloron-Sainte-Marie (9 281), Orthez (6 254).

PYRÉNÉES (HAUTES-). — Formé de pays de la Guyenne-Gascogne. Tire son nom de la chaîne des Pyrénées, dont il possède les plus hautes cimes françaises. Situation, au S.-O. de la France. frontière d'Espagne. Sol divisé en trois régions : la montagne au S., la plaine de Bigorre au N., le plateau de Lannemezan à l'E. Point culminant, le sommet du Vignemale (3298 mèt.). Point le plus bas, le lit de l'Adour (120 mèt.). Plusieurs étages de climats, jusqu'aux neiges persistantes. Les eaux vont à la Garonne et à l'Adour. Sup. 455 500 hect. Population, 209 397 hab. (46 par km²). Université de Toulouse. 18e corps d'armée (Bordeaux). Evêché de Tarbes (archevêché d'Auch). Cour d'appel de Pau. Chef-lieu Tarbes (25 869 hab.). S.-Préf. Argelès-Gazost (1757), Bagnères-de-Bigorre (8591).

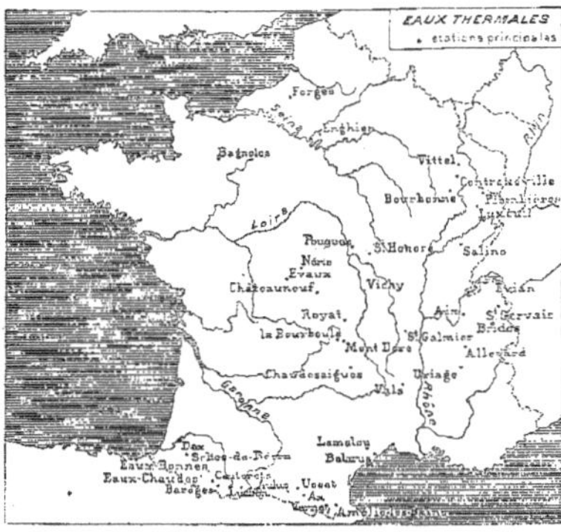

PYRÉNÉES-ORIENTALES. — Formé du Roussillon, avec quelques fragments du Languedoc. Tire son nom de sa situation à l'extrémité orientale des Pyrénées. Situation, au S. de la France. littoral de la Méditerranée. frontière d'Espagne. Sol très accidenté. couvert de montagnes au S. et à l'O. (Pyrénées et Corbières), formé d'alluvions à l'E. (plaines du Roussillon). Point culminant, le puy de Carlitte (2921 mèt.). Point le plus bas, la mer. Plusieurs étages de climats, depuis la région semi-africaine jusqu'aux neiges. Les eaux vont à la Méditerranée par le Tech, la Têt, l'Agly, l'Aude : à la Garonne par l'Ariège : à l'Ebre par la Sègre : au g. de Rosas, par la Muga. Sup. 414 100 hect. Population, 213 171 hab. (51 par km²). Université de Montpellier. 16e corps d'armée (Montpellier). Evêché de Perpignan (archevêché d'Albi). Cour d'appel de Montpellier. Chef-lieu Perpignan (38 898 hab.). S.-Préf. Céret (5841), Prades (3873).

RHONE. — Formé du Lyonnais et du Beaujolais. Tire son nom du fleuve qui le traverse du N. au S. Situation, à l'E. du Massif central. Sol généralement montueux, mais sans grande élévation. Point culminant, cime du Saint-Rigaud (1012 mèt.), dans les monts du Beaujolais. Point le plus bas, le lit du Rhône (140 mèt.). Climat humide dans la vallée du Rhône, assez rude dans les montagnes. La majeure partie des eaux va au Rhône, le reste à la Loire. Sup. 285 900 hect. Population. 858 907 hab. (300 par km²). Université de Lyon. 7e, 8e, 13e et 14e corps d'armée. Lyon forme, comme Paris. un gouvernement militaire indépendant. Archevêché de Lyon. Cour d'appel de Lyon. Chef-lieu Lyon (472 114 hab.). S.-Préf. Villefranche (16 051). Villes industrielles. Tarare* (12 554), Givors* (12 452).

CHEMINS DE FER
Produit kilométrique brut
Hongrie. 16 000
Russie. 31 800
France. 32 200
Suisse. 33 000
Autriche. 40 500
Allemagne. 44 000
Belgique. 45 000
États-Unis. 67 000
Francs　20 000　40 000　60 000

SAONE (HAUTE-). — Formé d'une partie de la Franche-Comté. Tire son nom du cours supérieur de la Saône. Sol partagé en deux régions : les Vosges, pays montagneux, froid ; le plateau, région calcaire. Les eaux vont au Rhône par la Saône. Point culminant, le Ballon de Servance (1189 mèt.). Point le plus bas, le confluent de l'Ognon et de la Saône (189 mèt.). Climats variés. Sup. 537 400 hect. Population, 265 890 hab. (49 par km²). Université de Besançon. 7e corps d'armée (Besançon). Archidiocèse de Besançon. Cour d'appel de Besançon. Chef-lieu Vesoul (10 465 hab.). S.-Préf. Gray (6 679). Lure 6473.

SAONE-ET-LOIRE. — Formé d'une partie de la Bourgogne. Tire son nom de ses deux principaux cours d'eau. Situation, au N.-E. du Massif Central. Sol divisé en quatre régions : le Morvan au N.-O., contrée élevée et froide ; le Charolais, pays de pâturages ; les coteaux ; la Bresse. Point culminant, le Bois-du-Roi (902 mèt.), frontière de la Nièvre. Point le plus bas, le lit de la Saône (168 mèt.). Les eaux vont au Rhône et à la Loire. Sup. 862 600 hect. Population, 613 317 hab. (71 par km²). Université de Lyon. 8e corps d'armée (Bourges). Evêché d'Autun (archevêché de Lyon). Cour d'appel de Dijon. Chef-lieu Mâcon (19 059 hab.). S.-Préf. Autun (15 470), Chalon-sur-Saône (20 951), Charolles (3808), Louhans (4494). Ville industrielle, le Creusot (33 437 hab.).

SARTHE. — Formé de fragments du Maine, de l'Anjou et du Perche. Doit son nom à la Sarthe, tribut. de la Loire. Situation, au N.-O. de la France. Sol peu accidenté. Point culminant, signal de la forêt de Perseigne (340 mèt.). Point le plus bas, confl. du Loir avec l'Argance (20 mèt.). Toutes les eaux vont à la Loire. Sup. 624 400 hect. Population, 421 470 hab. (68 par km²). Université de Caen, 4e corps d'armée (le Mans). Evêché du Mans (archevêché de Tours). Cours d'appel d'Angers. Chef-lieu le Mans (65 467 hab.). S.-Préf. la Flèche (10 665), Mamers (3924), Saint-Calais (3676).

SAVOIE. — Formé d'une partie de l'ancienne Savoie, dont il a gardé le nom. Il aurait dû s'appeler Haute-Savoie, sa hauteur moyenne étant supérieure à celle du département voisin, bien qu'aucune cime de la Savoie n'atteigne la hauteur du Mont-Blanc, point culminant de la Haute-Savoie. Situation, à l'E.-S.-E. de la France, frontière du Piémont (Italie). Sol hérissé de hautes montagnes couronnées de neiges et de glaciers. Plusieurs étages de climats, depuis celui des vallées où croît la vigne jusqu'aux températures polaires. Point culminant, l'Aiguille de la Vanoise (3861 mèt.). Point le plus bas, le confluent du Rhône et du Guiers (212 mèt.). Toutes les eaux vont au Rhône. Sup. 618 700 hect. Population, 257 967 hab. (41 par km²). Université de Chambéry. 14e corps d'armée (Grenoble). Evêchés de Moûtiers et de Saint-Jean-de-Maurienne ; diocèse d'Annecy (archevêché de Chambéry). Cour d'appel de Chambéry. Chef-lieu Chambéry (25 027 hab.). S.-Préf. Albertville (6364), Moûtiers (2708), Saint-Jean-de-Maurienne (3110).

SAVOIE (HAUTE-). — Formé d'une partie de l'ancienne Savoie. Son nom lui vient, non de la hauteur générale de ses montagnes, mais du massif isolé du Mont-Blanc (4810 mèt.), point culminant de l'Europe centrale, qui forme la limite S.-E. du département. Situation, à l'E.-S.-E. de la France, frontière de la Suisse et de l'Italie. Sol montagneux ; cimes s'élevant graduellement des bords du lac de Genève au massif du Mont-Blanc. Climat doux dans les vallées, polaire sur les hautes cimes. Point le plus bas, le confluent du Rhône et du Fier (250 mèt.). Toutes les eaux vont au Rhône. Sup. 459 700 hect. Population, 260 616 hab. (57 par km²). Université de Chambéry. 14e corps d'armée (Grenoble). Evêché d'Annecy (arche-

FRANCE
(PARTIE SUD-EST)

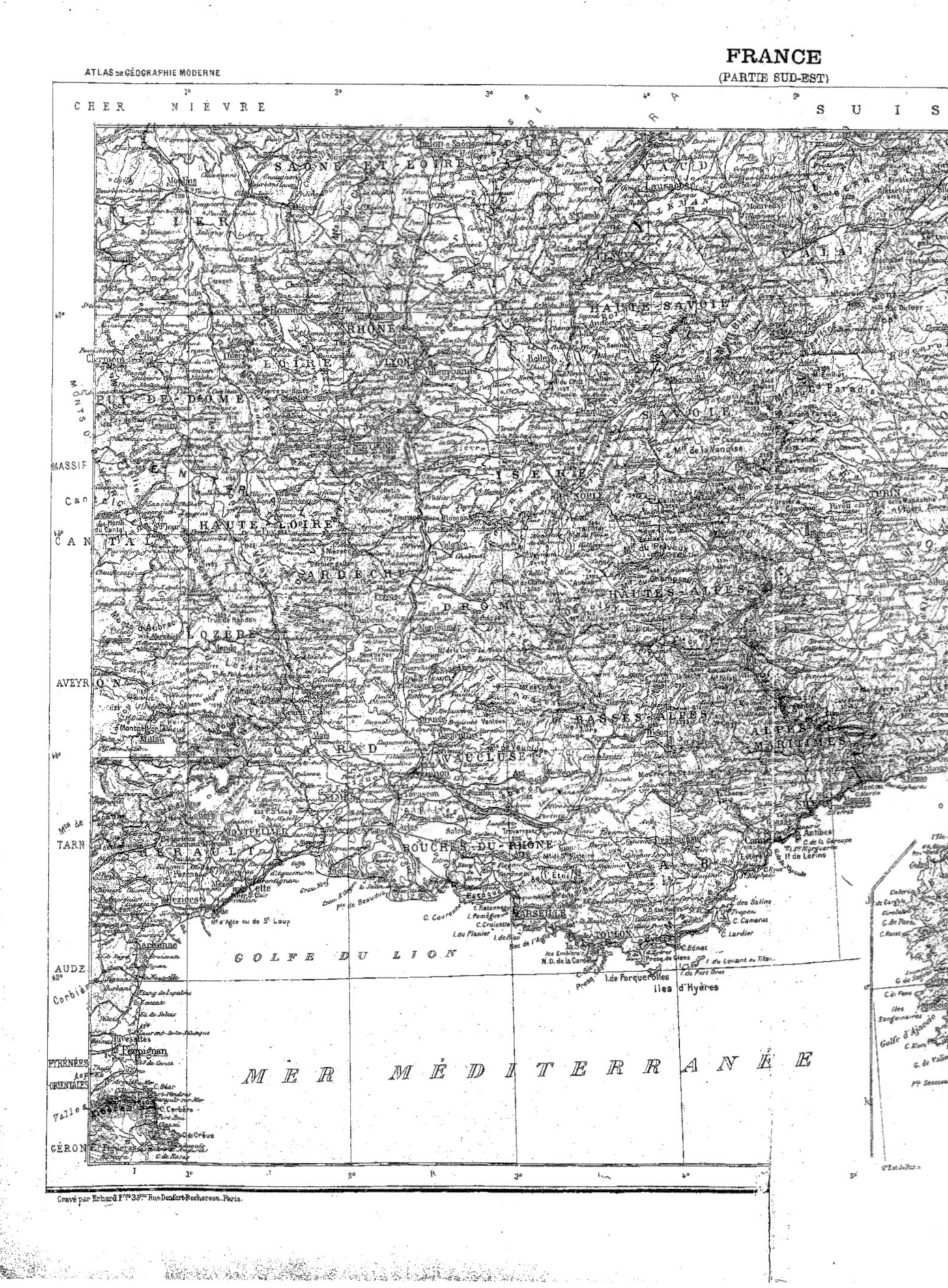

FRANCE
(PARTIE SUD-EST)

PUBLIÉ PAR LA LIBRAIRIE HACHETTE ET Cie. CARTE 16.

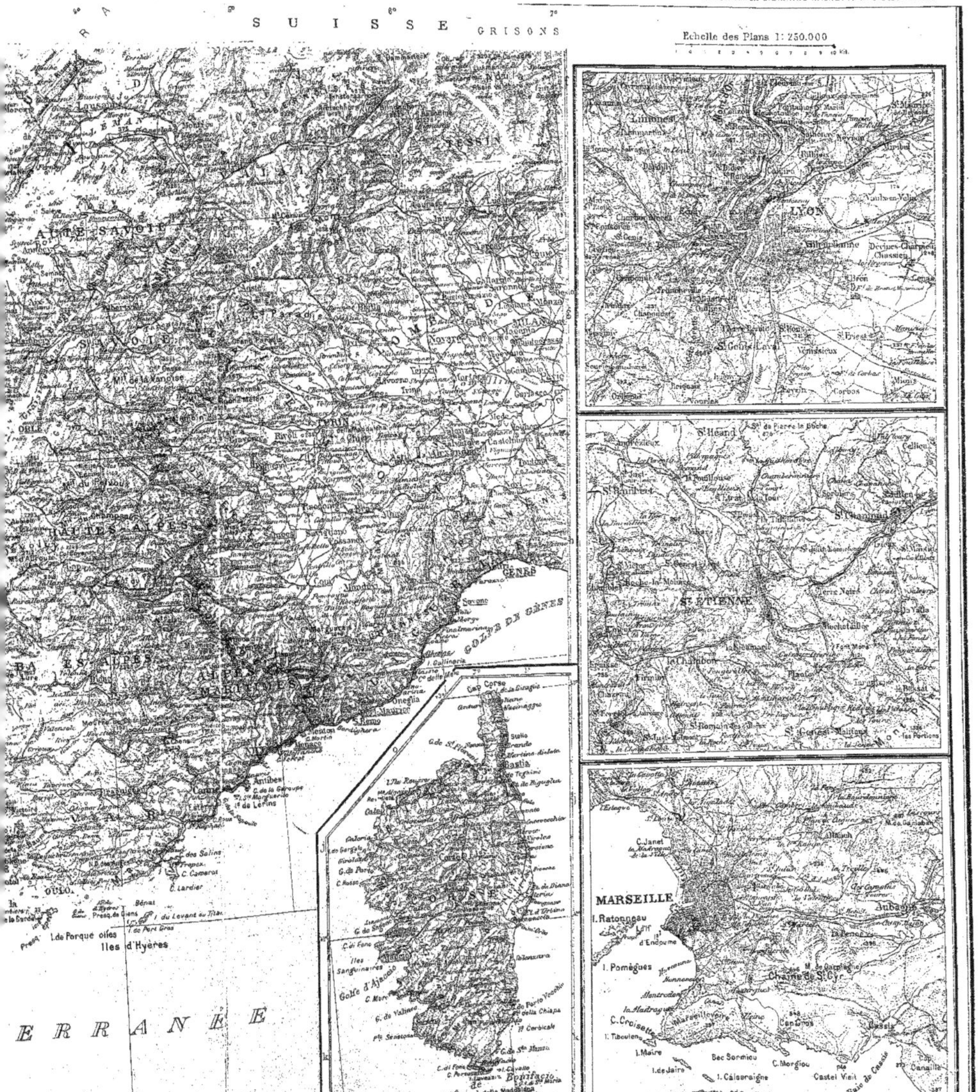

Imp. Erhard Frès

vêché de Chambéry). Cour d'appel de Chambéry. Chef-lieu Annecy (14 551 hab.).
S.-Préf. Bonneville (2160), Saint-Julien-en-Genevois (1440), Thonon-les-Bains (7043).

SEINE. — Formé d'un fragment de l'Ile-de-France. Tire son nom du fleuve qui traverse Paris. Situation, au N. de la France. Point culminant, le plateau de Châtillon (164 mèt.). Point le plus bas, le lit de la Seine (26 mèt.). Climat tempéré. Toutes les eaux vont à la Seine. Sup. 47 900 hect. Population, 3 848 518 hab.

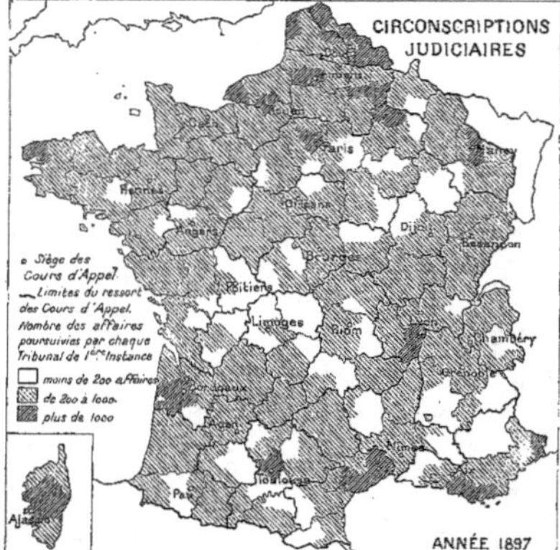

(8034 par kᵐ). Université de Paris, 2ᵉ, 3ᵉ, 4ᵉ et 5ᵉ corps d'armée. Paris a un gouvernement militaire indépendant. Archevéché de Paris. Cour d'appel de Paris Chef-lieu Paris (2 763 393 hab.)

SEINE-INFÉRIEURE. — Formé d'une partie de l'ancienne Normandie. Doit son nom à sa situation à l'embouchure de la Seine. Situation, au N. de la France, littoral de la Manche. Sol formé du plateau de Caux, du pays de Bray et du val de la Seine. Point le plus haut, une colline de 246 mèt., au S.-E. de Neufchâtel. Point le plus bas, la mer. Climat humide. Les eaux vont en partie à la Seine, en partie à la Manche par la Bresle, l'Arques et autres fleuves côtiers. Sup. 654 100 hect. Population, 865 879 hab. (136 par kᵐ). Université de Caen. 3ᵉ corps d'armée (Rouen). Archevêché de Rouen. Cour d'appel de Rouen. Chef-lieu Rouen (118 459 hab.). S.-Préf. Dieppe (23 629), le Havre (132 430), Neufchâtel (4293), Yvetot (7135). Ville industrielle, Elbeuf* (19 050, 28 801 avec Caudebec)*, Bolbec* (11 820). Port de pêche, Fécamp* (15 581).

SEINE-ET-MARNE. — Formé de la majeure partie de la Brie et d'une partie du Gâtinais. Tire son nom de la Seine et de la Marne, son affluent. Situation, au N. de la France. Sol en grande partie composé d'une grande plaine fertile (Brie). Son point culminant est la butte Saint-Georges (215 mèt.). Point le plus bas, le lit de la Seine (32 mèt.). Les eaux vont à la Seine. Sup. 588 800 hect. Population, 361 939 hab. (61 par kᵐ). Université de Paris. 5ᵉ corps d'armée (Orléans). Evêché de Meaux (archevêché de Paris). Cour d'appel de Paris. Chef-lieu Melun (13 008 hab.). S.-Préf. Coulommiers (6801), Fontainebleau (14 190), Meaux (13 924), Provins (8064).

SEINE-ET-OISE. — Formé d'une partie de l'Ile-de-France. Doit son nom à la Seine et à l'Oise, son affluent. Il enveloppe en entier le département de la Seine. Sol partagé en plusieurs régions : le Val de Seine, le Vexin français, plateau, le Hurepoix, pays de forêts et d'étangs, la Beauce, le Gâtinais et la Brie, plaines. Point culminant, une colline près de Neuilly-en-Vexin (210 mèt.). Point le plus bas, le lit de la Seine (12 mèt.). Presque toutes les eaux vont à la Seine, une faible partie à l'Eure. Sup. 565 800 hect. Population, 749 753 hab. (134 par kᵐ). Université de Paris. 2ᵉ, 3ᵉ, 4ᵉ et 5ᵉ corps d'armée. Evêché de Versailles (archevêché de Paris). Cour d'appel de Paris. Chef-lieu Versailles (54 820 hab.). S.-Préf. Corbeil (9022), Etampes (9245), Mantes (8329), Pontoise (8402), Rambouillet (6165).

SÈVRES (DEUX-). — Formé de parties du Poitou, de l'Aunis et de la Saintonge. Doit son nom à la Sèvre Niortaise, tributaire de l'Océan, et à la Sèvre Nantaise, qui va à la Loire. Situation, à l'O. de la France. Sol divisé en trois régions : la Gâtine, humide et boisée; la Plaine, sèche et nue; le Marais. Point culminant, le terrier de Saint-Martin-du-Fouilloux (272 mèt.). Point le plus bas, le lit de la Sèvre Niortaise (3 mèt.). Climat doux et humide. Les eaux vont à la Loire, à la Sèvre Niortaise et à la Charente. Sup. 605 500 hect. Population, 339 466 hab. (56 par kᵐ). Université de Poitiers. 9ᵉ corps d'armée (Tours). Diocèse de Poitiers. Cour d'appel de Poitiers. Chef-lieu Niort (23 329 hab.). S.-Préf. Bressuire (4967), Melle (2553), Parthenay (7155).

SOMME. — Formé de la Picardie et d'une petite partie de l'Artois. Doit son nom à la Somme, tribut. de la Manche. Pays plat. Climat brumeux. Point le plus haut, colline à l'O. de Neuville-Coppegueule (210 mèt.). Point le plus bas, la mer. Les eaux vont à la Manche par l'Authie, la Somme et la Bresle. Sup. 627 000 hect. Population, 552 567 hab. (85 par kᵐ). Université de Lille. 2ᵉ corps d'armée (Amiens). Evêché d'Amiens (archevêché de Reims). Cour d'appel d'Amiens. Chef-lieu Amiens (90 920 hab.). S.-Préf. Abbeville (20 704), Doullens (5927), Montdidier (4445), Péronne (4525).

TARN. — Formé d'une partie du Languedoc. Doit son nom au Tarn, affl. de la Garonne. Situation, au S. du Massif Central. Sol divisé en deux parties : la Montagne à l'E. et au S. (Cévennes, Montagne Noire), la Plaine et le Coteau à l'O. Point culminant, le pic de Montalet (1266 mèt.). Point le plus bas, le lit du Tarn (86 mèt.). Plusieurs climats, depuis les températures méridionales jusqu'aux hivers longs et rigoureux. Les eaux vont à la Garonne, sauf quelques torrents qui vont à l'Aude. Sup. 578 000 hect. Population, 330 335 hab. (57 par kᵐ). Université de Toulouse. 16ᵉ corps d'armée (Montpellier). Archevêché d'Albi. Cour d'appel de Toulouse. Chef-lieu Albi (23 305 hab.). S.-Préf. Castres (28 272), Gaillac (7535), Lavaur (6388). Ville manufacturière, Mazamet* (13 978)

TARN-ET-GARONNE. — Formé de fragments du Languedoc, de la Guyenne et de la Gascogne. Doit son nom à ses deux principaux cours d'eau. Situation, au S.-O. de la France. Sol peu accidenté. Point culminant, une colline près des limites de l'Aveyron (498 mèt.). Point le plus bas, le lit de la Garonne (50 mèt.). Climat tempéré. Les eaux vont à la Garonne. Sup. 373 000 hect. Population, 188 553 hab. (51 par kᵐ). Université de Toulouse. 17ᵉ corps d'armée (Toulouse). Evêché de Montauban (archevêché de Toulouse). Cour d'appel de Toulouse. Chef-lieu Montauban (28 688 hab.). S.-Préf. Castelsarrasin (7496), Moissac (8218).

VAR. — Formé d'une partie de la Provence. Doit son nom au torrent du Var, qui le séparait de l'Italie avant l'annexion du comté de Nice. Situation, au S.-E. de la France, littoral de la Méditerranée. Sol montagneux (Estérel et Maures), incliné vers la Méditerranée. Climat semi-africain sur les côtes, froid sur les montagnes. Végétation variée comme les climats, depuis le palmier et l'olivier du bord de la mer jusqu'au sapin des montagnes. Point culminant, la pyramide de La Chens (1713 mèt.). Point le plus bas, la mer. Les eaux vont au Rhône et aux fleuves côtiers, Gapeau, Argens, Siagne. Sup. 601 400 hect. Population, 324 638 hab. (54 par kᵐ). Université d'Aix. 15ᵉ corps d'armée (Marseille). Evêché de Fréjus (archevêché d'Aix). Cour d'appel d'Aix. Chef-lieu Draguignan (9770 hab.). S.-Préf. Brignoles (4574), Toulon, port militaire (105 549, avec la Seyne 124 604). Ville d'hiver, Hyères* (17 659).

VAUCLUSE. — Formé du Comtat Venaissin, de la principauté d'Orange et d'une partie de la Provence. Doit son nom à la Fontaine où naît la Sorgues. Situation, au S.-E. de la France. Sol montagneux à l'E. et au S., plat le long du Rhône. Point culminant, le mont Ventoux (1912 mèt.). Point le plus bas, le confluent du Rhône et de la Durance (12 mèt.). Plusieurs zones de végétation. Les eaux vont toutes au Rhône. Sup. 357 800 hect. Population, 239 178 hab. (67 par kᵐ). Université d'Aix. 15ᵉ corps d'armée (Marseille). Archevêché d'Avignon. Cour d'appel de Nîmes. Chef-lieu Avignon (48 512 hab.). S.-Préf. Apt (6418), Carpentras (10 721), Orange (10 305).

VENDÉE. — Formé du Bas-Poitou. Doit son nom à la Vendée, affl. de la Sèvre Niortaise. Situation, à l'O. de la France, littoral de l'Atlantique. Sol accidenté dans le Bocage, plat dans le reste du dép., marécageux ou bordé de marais salants au bord de la mer. Point culminant, colline à l'E.-S.-E de Pouzauges (288 mèt.). Point le plus bas, l'Océan. Climat tempéré et maritime. Les eaux vont, soit à la Loire, soit à l'Océan par plusieurs petits fleuves côtiers. Sup. 697 100 hect. Population, 442 777 hab. (64 par kᵐ). Université de Poitiers. 11ᵉ corps d'armée (Nantes). Evêché de Luçon (archevêché de Bordeaux). Cour d'appel de Poitiers. Chef-lieu la Roche-sur-Yon (13 085 hab.). S.-Préf. Fontenay-le-Comte (10 326), les Sables-d'Olonne (12 675).

VIENNE. — Formé de parties du Poitou, de la Touraine et du Berry. Tire son nom de la Vienne, affl. de la Loire. Situation, à l'O. de la France. Sol accidenté, mais sans montagnes. Point culminant, colline de Prun (233 mèt.). Point le plus bas, le lit de la Vienne (35 mèt.). Climat tempéré, plutôt humide. Les eaux vont à la Loire, à la Charente, ou à la Sèvre Niortaise. Sup. 702 500 hect. Population, 335 543 hab. (47 par kᵐ). Université de Poitiers. 9ᵉ corps d'armée (Tours). Evêché de Poitiers (archevêché de Bordeaux). Cour d'appel de Poitiers. Chef-lieu Poitiers (39 502 hab.). S.-Préf. Châtellerault (18 480), Civray (2465), Loudun (4655), Montmorillon (5051).

VIENNE (HAUTE-). — Formé d'une partie de l'ancien Limousin, et de fragments du Berry, de la Marche et du Poitou. Tire son nom de la Vienne, affl. de la Loire, dont le cours sup. traverse le dép. Situation, à l'O. du Massif Central. Sol montagneux et généralement peu fertile. Pays d'émigration. Point culminant, colline au N.-E. de Beaumont (777 mèt.). Point le plus bas, le lit de la Gartempe (125 mèt.). Climat assez rude. Les eaux se partagent entre la Loire, la Charente et la Gironde. Sup. 549 000 hect. Population, 385 752 hab. (70 par kᵐ). Université de Poitiers, (12ᵉ corps d'armée (Limoges). Evêché de Limoges (archevêché de Bourges). Cour d'appel de Limoges. Chef-lieu Limoges (88 597 hab.). S.-Préf. Bellac (4520), Rochechouart (4464), Saint-Yriex (7910).

TÉLÉGRAPHES
Longueur comparée des Fils télégraphiques de la France et de quelques autres pays
Italie 188 000 Kil.
Autriche-Hongrie 312000
Allemagne 533000
France 595 000
Iles Britanniques 946 000
0 100 200 Kilomètres 700 800 900

VOSGES. — Formé d'une partie de la Lorraine, avec des fragments de la Franche-Comté et de la Champagne. Doit son nom à la chaîne des Vosges, dont il possède le versant occidental. Situation, à l'E. de la France, frontière d'Alsace. Sol montagneux vers l'E., collines et plateaux à l'O. Climat rude et froid. Point culminant, le Hohneck (1366 mèt.). Point le plus bas, lit de la Saône (230 mèt.). Les eaux vont en grande partie au Rhin, une faible partie au Rhône et à la Seine. Sup. 596 000 hect. Population, 429 812 hab. (72 par kᵐ). Université de Nancy. 20ᵉ corps d'armée (Nancy). Evêché de Saint-Dié (archevêché de Besançon). Cour d'appel de Nancy. Chef-lieu Epinal (29 058 hab.). S.-Préf. Mirecourt (3511), Neufchâteau (4079), Remiremont (10 548), Saint-Dié (22 136).

YONNE. — Formé de parties de la Bourgogne, de la Champagne, de l'Orléanais et de l'Ile-de-France. Doit son nom à l'Yonne, affl. de la Seine. Situation, au N.-E. du Massif Central. Sol accidenté au S.-E., vers les monts du Morvan. Point culminant, cime dans le bois de Lapeirouse (609 mèt.). Point le plus bas, lit de l'Yonne (55 mèt.). Climat tempéré dans les plaines et les collines, froid dans le Morvan. Les eaux vont à la Seine, quelques ruisseaux à la Loire. Sup. 749 400 hect. Population, 345 190 hab. (42 par kᵐ). Université de Dijon. 5ᵉ corps d'armée (Orléans). Archevêché de Sens. Cour d'appel de Paris. Chef-lieu Auxerre (20 931 hab.). S.-Préf. Avallon (5848), Joigny (6057), Sens (13 007), Tonnerre (4522).

SITUATION. — SUPERFICIE

L'Algérie et la Tunisie forment avec le Maroc une vaste région naturelle, un îlot montagneux isolé du reste de l'Afrique, borné au Nord et à l'Est par la Méditerranée, à l'Ouest par l'océan Atlantique, au Sud par le Sahara.

Superficie : Algérie 890 000 kil. carr. (Territoires du Sud 690 000 kil.); Tunisie 167 000 kil. carr. environ (France 536 408 kil. carr.).

GÉOLOGIE

Résultat d'un plissement ayant affecté surtout les terrains secondaires. Les terrains anciens n'apparaissent que par exception, principalement sur le littoral ; les couches tertiaires, déposées postérieurement aux grands mouvements du sol, ont conservé leur disposition horizontale. Elles ont été presque partout enlevées par les érosions. Les dépôts quaternaires se rencontrent surtout au Sud, dans le Sahara. Les terrains les plus fréquents sont la *craie* et les *marnes argileuses* dans le Nord, le *grès* dans le Sud.

OROGRAPHIE

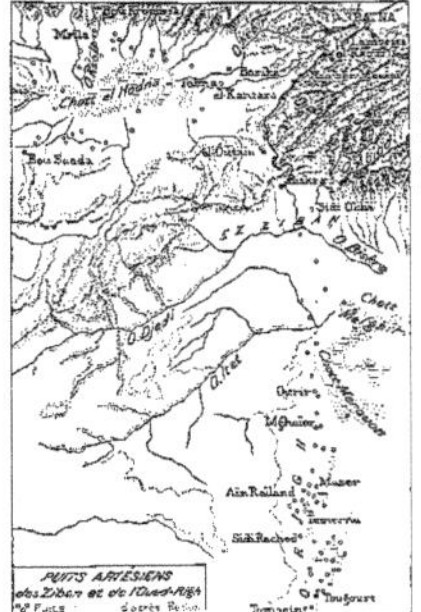

Ces mouvements du sol ont produit en Algérie et en Tunisie deux grandes rides, qu'on peut désigner sous les noms d'**Atlas tellien** et d'**Atlas saharien**. Elles servent de rebord à la région intermédiaire des Hauts Plateaux (Alt. moy. 800 à 1000ᵐ). Écartées de 150 à 200 kil. dans l'Ouest, ces deux chaînes, dont les nombreuses fractures déterminent des massifs distincts, vont se rapprochant vers l'Est et finissent en Tunisie au Ras Sidi Ali el Mekki et au cap Bon, qui enserrent le golfe de Tunis. Un plissement moins important forme une chaîne côtière, souvent interrompue par les embouchures des fleuves. Sommets principaux : *Atlas tellien* : Djebel Tnouchfi 1842ᵐ, Ouarsenis 1985ᵐ, Lella Khédidja (Kabylie) 2308ᵐ, Babor 2004ᵐ, *Atlas saharien* : Djebel Mazi 2150ᵐ, Djebel Aïssa 2256ᵐ (dans les Ksour), Chélia 2329ᵐ (Aurès).

CÔTES

Montagneuses et découpées, mais sans échancrures profondes. Des rades peu sûres et exposées aux vents dominants du Nord-Est, ou insuffisamment protégées par des éperons montagneux (le lac de Bizerte est transformé en un excellent port). La côte orientale de la Tunisie est généralement basse et sablonneuse. Les fonds insuffisants forcent les navires à mouiller au large.

HYDROGRAPHIE

La disposition orographique du pays explique l'absence de grandes vallées. Celle de la Medjerda fait exception ; orientée dans la direction des soulèvements montagneux, elle ouvre un chemin entre l'Algérie et la Tunisie. Les rivières ne sont que des torrents; aucune n'est navigable. On utilise leurs eaux, surtout dans la province d'Oran, en les emmagasinant par des barrages, encore trop peu nombreux. Un seul cours d'eau traverse les Hauts Plateaux, le Chélif. Les autres rivières sorties de l'Atlas saharien vont se perdre au Sud dans les sables ou les Chott. Sur les nappes souterraines on a, en certains endroits, foré des puits artésiens et créé des oasis. Au sud de la province de Constantine, une région est située au-dessous du niveau de la mer, avec des Chott. Le projet d'y faire entrer la Méditerranée est peu pratique et paraît abandonné.

CLIMAT

Il subit l'influence de la Méditerranée sur la côte. Écart entre les températures extrêmes peu considérable. De + 5° ou + 5° (centigrades) à + 55 ou 40° à Alger. Température moyenne + 20°. La barrière de l'Atlas tellien soustrait les Hauts Plateaux à l'influence marine, et l'Atlas saharien les défend mal contre le voisinage du Sahara. Écart de température sur les Hauts Plateaux de — 6° à + 58°. Température moyenne + 19°; la neige n'y est pas rare. L'écart est plus

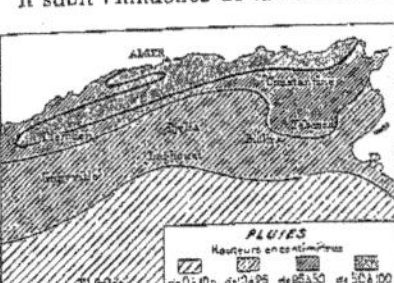

considérable dans le Sahara : de — 6° à + 45 ou 50°. Il n'y pleut presque jamais.

RÉGIONS NATURELLES. — CULTURES

Toutes ces causes déterminent en Algérie l'existence de trois régions distinctes : 1° le **Tell**, comprenant le littoral et les flancs de l'Atlas tellien. C'est la région colonisée et cultivée (blé et orge, huile d'olive, vignes). La colonisation et les cultures gagnent sur les Hauts Plateaux dans la province de Constantine, mieux pourvue d'eau. Sétif est au centre d'une région à blé: 2° les **Hauts Plateaux**, pays de pâturages (moutons), où pousse l'alfa; 3° le

Sahara, où le manque d'eau rend toute culture impossible (oasis et palmiers autour des sources). Les montagnes ont de belles forêts (chêne-liège). Il y a dans le Tell de riches mines de fer (Aïn Mokra, Beni Taf).

Les relations et le commerce s'exerçant en Algérie entre les régions différentes, c'est-à-dire du Nord au Sud et du Sud au Nord, expliquent la division administrative en trois provinces s'étendant chacune de la mer au Sahara.

GÉOGRAPHIE POLITIQUE ET ÉCONOMIQUE

A. *Algérie*

Population (Recensement de 1901), 4 739 351 hab. (5,3 par kilom. carr.).

Sujets français (Arabes, Kabyles, M'Zabites)	4 072 089
Français (d'origine ou naturalisés)	364 257
Espagnols	155 265
Israélites naturalisés (et leurs enfants)	57 152
Italiens	38 791
Marocains	23 872
Tunisiens	2 594
Autres nationalités	25 551

Les Espagnols sont surtout nombreux dans la province d'Oran. La natalité des Israélites est la plus considérable : 55 pour 1000. Après eux viennent les Espagnols, 59 pour 1000, puis les Français, 55 pour 1000, et les Italiens, 51 pour 1000. La population indigène s'est accrue depuis l'occupation. Elle se compose de deux peuples très différents, les Arabes, conquérants, nomades, musulmans, fanatiques; les Berbères ou Kabyles, sédentaires, cultivateurs, musulmans sans ferveur, à peu près semblables à nos paysans, et qui, bien plus nombreux que les Arabes, devraient depuis longtemps être assimilés aux coutumes européennes.

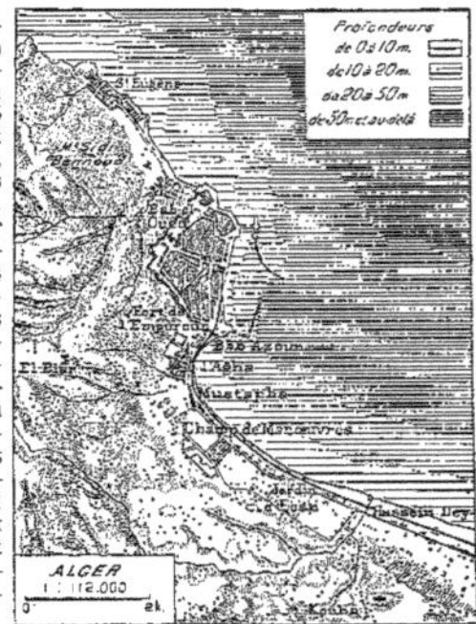

VILLES (1901)

Alger	96 542 hab.
Oran	88 255
Constantine	48 243
Mustapha	37 187
Bône	36 995
Tlemcen	32 382
Blida	29 057
Tizi-Ouzou	27 558
Sidi-bel-Abbès	25 759
Philippeville	21 251
Mascara	20 914
Mostaganem	17 956
Sétif	15 141
Médéa	15 118
Bougie	14 552
Bordj Ménaïel	13 985
Dellys	13 977
Oued Zenati	13 060
Condé-Smendou	12 387
Orléansville	12 275
Saint-Denis du Sig	11 694
Isserville	10 528

Ne sont comprises dans ce tableau que les *communes de plein exercice* au-dessus de 10 000 hab. Les *communes mixtes*, dirigées par un administrateur civil ou militaire, ont souvent une population totale considérable, mais presque entièrement éparse, par exemple, dans l'arrondissement d'Alger : Palestro (41 628 hab.), Aumale (38 568); dans l'arrondissement d'Orléansville : Chéliff (56 020); dans l'arrondissement de Tizi-Ouzou : Djurjura (62 775), Fort-National (55 668), Dra-el-Mizan (46 009), Azeffoun (54 166); dans l'arrondissement de Mostaganem : Ammi-Moussa (58 110), La Mina (48 276); dans l'arrondissement de Bougie : Soummam (109 158), Guergour (69 287), Akbou (66 500); dans l'arrondissement de Constantine : Fedj-Mezala (64 286) et El Milia (55 115 hab.).

ALGÉRIE-TUNISIE

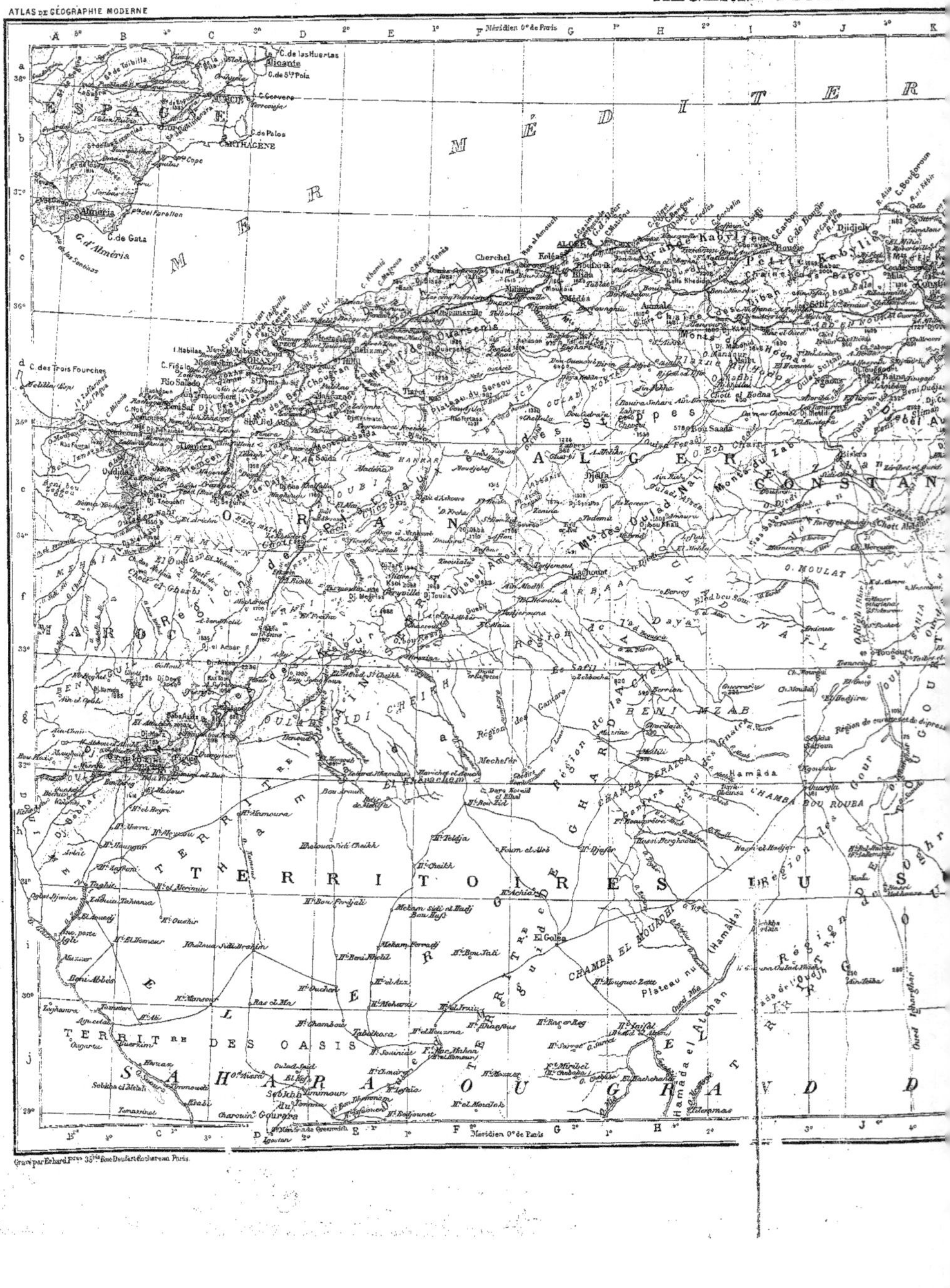

Gravé par Erhard Frères 35bis Rue Denfert-Rochereau Paris.

ALGÉRIE-TUNISIE

PUBLIÉ PAR LA LIBRAIRIE HACHETTE ET Cie CARTE 17

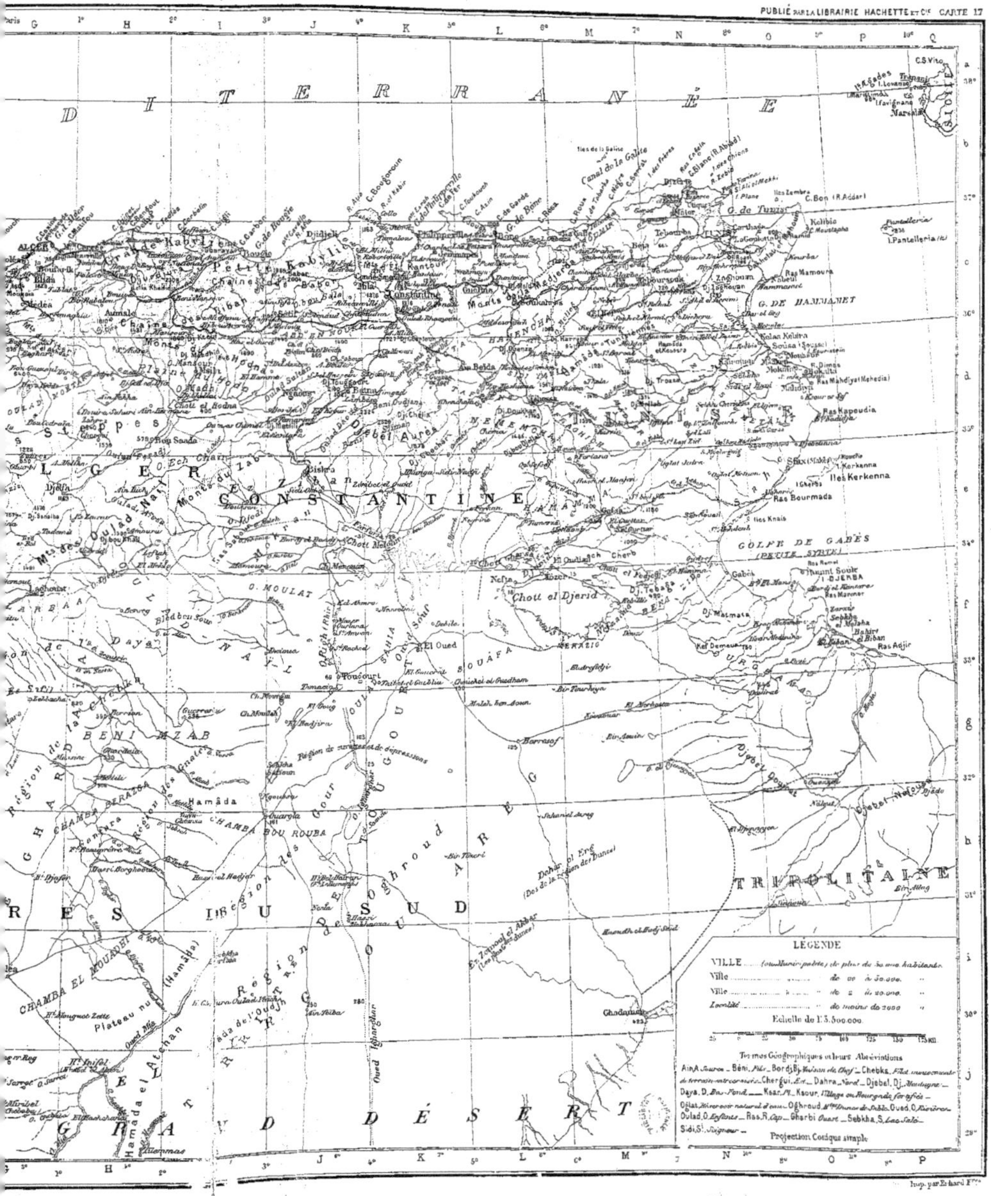

Imp. par Erhard Fres

Parmi les *communes indigènes*, gouvernées par des officiers de l'armée, Biskra (59 554 hab.), Bou-Saâda (53 290), Djelfa (53 208), dans la division d'Alger; Aflou (41 277), dans la division d'Oran; Touggourt (60 548), Tébessa (59 572), dans la division de Constantine.

ADMINISTRATION

Un **gouverneur général** ayant auprès de lui un conseil supérieur de gouvernement. Les divers services sont rattachés aux ministères de la métropole (décrets *de rattachement*, 26 août 1881).

Trois **provinces**, comprenant chacune un territoire civil (formant un **département**) et un territoire militaire.

Département d'Alger, chef-lieu Alger, Sous-préfectures : Miliana, Médéa, Orléansville, Tizi-Ouzou.

Département d'Oran, chef-lieu Oran, Sous-préfectures : Mascara, Mostaganem, Sidi-bel-Abbès, Tlemcen.

Département de Constantine, chef-lieu Constantine; Sous-préfectures : Bône, Bougie, Guelma, Philippeville, Sétif, Batna.

Trois **divisions militaires** : Alger, Oran et Constantine.

3 sortes de **communes** : plein exercice (organisation presque analogue à celle des communes françaises); mixtes (régies par des administrateurs français); indigènes.

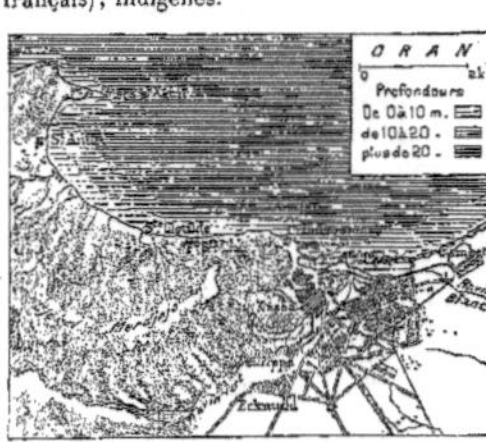

Le 6 décembre 1902 le Sénat a adopté un projet de loi qui sépare l'Algérie proprement dite des régions méridionales, lesquelles sont constituées en groupement spécial dénommé : *Territoires du Sud*. Ces territoires, au nombre de 4 : — Territoires d'Aïn Sefra, des Oasis, de Ghardaïa et Touggourt, possèdent une organisation administrative et financière plus simple, réglementée par un décret en date du 14 août 1905.

BUDGET (1904)

Dépenses. . . . . 62 491 875 fr.
Recettes 69 896 547

COMMERCE

Pas de barrière douanière entre l'Algérie et la métropole, mais seulement un *octroi de mer*, dont les produits sont répartis entre les communes.

COMMERCE DE L'ALGÉRIE EN 1904

Importations . . . . 567 411 000 fr.
Exportations 272 198 000
Total . . . . 659 609 000 fr.

Les marchandises importées et exportées peuvent être classées de la façon suivante :

Objets d'alimentation : Importations 56 849 000; exportations 184 429 000.

Matières nécessaires à l'industrie : importations 52 716 000; exportations 74 190 000.

Objets fabriqués : Importations 257 846 000; exportations 15 579 000.

Dans ces chiffres la part de la France est de 525 516 000 fr., soit 310 920 000 fr. pour l'importation et 214 596 000 fr. pour l'exportation.

Mouvement de la navigation (1904)

Entrés dans les ports d'Algérie : 3568 navires, dont 2314 français, jaugeant 1 860 580 tonnes, et 1254 étrangers, jaugeant 1 069 124 tonnes.

Sortis des ports algériens : 5661 navires, dont 2275 français, jaugeant 1 870 004 tonnes, et 1386 étrangers, jaugeant 1 207 468 tonnes.

La marine marchande de l'Algérie comprend (1904) 842 navires, jaugeant 23 286 tonneaux.

VOIES DE COMMUNICATION

Chemins de fer : 3071 kil. au 31 décembre 1904. Une grande ligne reliant entre elles les villes du Tell et se prolongeant jusqu'à Tunis par la vallée de la Medjerda.

Perpendiculairement à celles-ci, des voies dites *de pénétration*, traversant les Hauts Plateaux et allant jusqu'au Sahara.

Télégraphes (1903) : Longueur des lignes : 11 935 kilomètres.

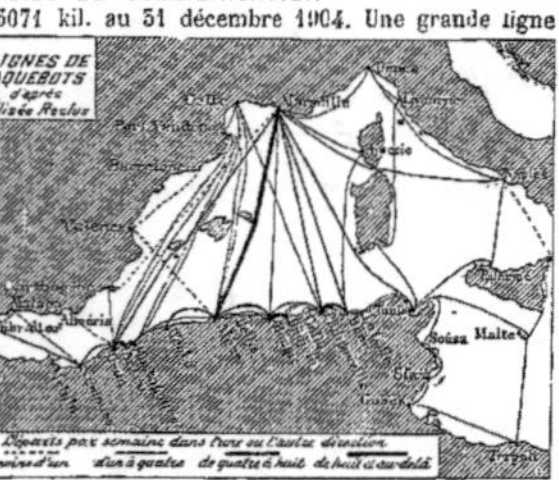

B. Tunisie.

La Tunisie, placée depuis 1881 sous le **protectorat de la France**, a conservé son **bey** et son administration indigène. Un **résident général** exerce un contrôle sur les actes du souverain et peut y opposer son veto. Des **contrôleurs civils** (six) exercent le même contrôle sur les autorités provinciales.

POPULATION

Environ 1 900 000 habitants (11 par kil. carr.). On compte environ 60 000 Israélites, 26 700 Français, 65 800 Italiens, 12 700 Maltais, 5000 autres Européens. Le reste de la population est composé de mahométans.

Capitale : Tunis 170 000 habitants (dont 50 000 Européens et 25 000 Israélites).

BUDGET (1904)	
Recettes.	77 284 200 fr.
Dépenses.	67 281 400 fr.

COMMERCE (1904)	
Importations.	85 584 457 fr.
Exportations.	76 851 787 fr.

Principaux articles d'exportation : Céréales 25 509 128 fr.; huile d'olives 9 259 458 fr.; phosphates 11 512 163 fr.; alfa 2 701 590 fr.; animaux 2 550 750 fr.

Entrée des ports tunisiens en 1904 : 12 731 navires dont 1982 français jaugeant 1 569 668 tonneaux, et 10 749 étrangers, jaugeant 1 674 420 tonneaux.

Chemins de fer (1904) : 962 kil.

Télégraphes (1904) : longueur des lignes, 3449 kil.

HISTOIRE

Algérie et Tunisie. — Dans les temps anciens, une race non homogène, les **Berbères**, occupe le nord de l'Afrique. Sur les côtes sont établies des colonies phéniciennes. Carthage vaincue, la **domination romaine** s'établit lentement. La conquête dure de 200 av. J.-C. à 45 apr. J.-C. (organisation des deux provinces en Mauritanie Césarienne et Tingitane). La domination romaine, quelque importante qu'elle ait été, ne s'est guère étendue au delà du Chélif et de Tlemcen, dans le Tell. A l'époque des invasions, les **Vandales** arrivent par Gibraltar; puis les **Byzantins**,

sous Justinien, reprennent possession du pays. Au milieu du VIIe siècle commence l'**invasion arabe** qui ne modifie pas sensiblement l'ethnographie du pays, le fond de la population restant toujours Berbère, mais qui impose aux habitants la religion de Mahomet. L'époque de la domination arabe est une époque d'anarchie. Des dynasties locales se succèdent et la **domination turque** établie au XVIe siècle par un aventurier, Khaïr-eddin Barberousse, n'arrête pas la décadence. L'occupation de l'Algérie, commencée en 1850 par la France, et celle de la Tunisie (1881) ont ouvert définitivement ces pays à la colonisation et à l'influence européennes.

De 1885 à 1887, dix nouveaux villages ont été livrés à la colonisation en Algérie et huit centres anciens ont été agrandis. L'Algérie et la Tunisie sont appelées à un développement économique de plus en plus rapide et à un grand avenir.

L. GALLOIS.

COLONIES FRANÇAISES

RÉSUMÉ DE L'HISTOIRE COLONIALE

La France est le premier des États d'Europe qui soit entré dans la voie de la colonisation. Les marins dieppois ont précédé les Portugais eux-mêmes sur la côte occidentale d'Afrique. Au XVe siècle plus d'un nom français brille au premier rang dans l'histoire des grandes découvertes : Paulmier de Gonneville aborde sur la côte brésilienne en 1504, trois ans après Cabral ; quelques années plus tard, Parmentier, « le grand capitaine français », parcourt l'océan Indien et visite Madagascar et les îles de la Sonde. François Ier donne une forme précise aux projets d'établissement dans les pays lointains : sous ses ordres Jacques Cartier explore à deux reprises le Saint-Laurent, et fonde sur ses rives la Nouvelle-France. Mais les soucis de la politique européenne et les guerres religieuses empêchent les derniers Valois de poursuivre cette tentative, malgré les efforts de Coligny, qui voit là une salutaire diversion aux querelles de l'époque. Même sur les terres nouvelles, les passions religieuses ne s'apaisent pas : ce sont elles qui dispersent, au bout de peu de temps, la colonie amenée au Brésil par Villegagnon en 1555, tandis qu'une incursion des Espagnols met fin, dix ans plus tard, à l'établissement fondé par Ribaud en Floride.

La France coloniale ne commence vraiment qu'avec Henri IV. C'est sous son règne que Champlain explore le Canada jusqu'aux grands lacs, fonde Québec, et crée la France d'Amérique. L'œuvre d'Henri IV est poursuivie avec ardeur par Richelieu. De 1635 à 1645, la France établit sa domination sur quelques-unes des Antilles. En même temps se fonde la Compagnie des Indes Orientales, qui a en vue la conquête de Madagascar, et l'on consolide l'établissement du Sénégal, qui date déjà du siècle précédent.

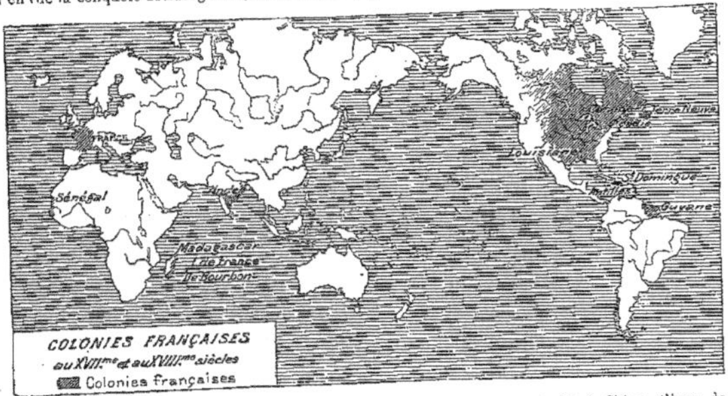

Après Richelieu vint Colbert, le véritable fondateur de l'ancien empire colonial. C'est sur l'Amérique que se portent ses principaux efforts. Le Canada se peuple rapidement, et les colons s'avancent vers le sud. En 1682, Cavelier de La Salle découvre le Mississippi et prend possession, au nom de la France, de la *Louisiane*. Cette dénomination s'appliquait à un territoire beaucoup plus étendu que l'État actuel de l'Union américaine : elle embrassait le bassin tout entier du Mississippi. En même temps la domination française s'étend et s'affermit dans les Antilles et s'établit en Guyane.

COLONIES FRANÇAISES
au XVIIme et au XVIIIme siècles
▓ Colonies françaises

Ainsi, à la mort de Colbert, l'Amérique du Nord presque entière était au pouvoir de la France. Mais la paix d'Utrecht, qui termina en 1715 la guerre désastreuse de la Succession d'Espagne, vint déjà arracher de grands morceaux de ces possessions : l'Acadie, Terre-Neuve, les territoires de la baie d'Hudson. De plus, les États de la Nouvelle-Angleterre, moins vastes, mais plus peuplés, pénétrant comme un coin entre Canada et Louisiane, constituaient une menace dont on allait bientôt reconnaître la gravité.

Le règne de Louis XV, qui devait être si funeste pour nos colonies, eut pourtant d'heureux débuts. En 1721, la France occupait l'île Maurice. Puis l'attention se porta sur l'Hindoustan, où des comptoirs s'étaient fondés dès la fin du XVIIe siècle. Un homme de génie, Dupleix, nommé gouverneur en 1741, arriva en quelques années, par des conquêtes, par des alliances avec divers princes, à créer un véritable empire indien. Tant en pays conquis qu'en protectorats, la France possédait la côte orientale de l'Inde et le Dekkan presque tout entier. Mais Dupleix fut rappelé en plein succès, grâce à la coupable complaisance du gouvernement, et le traité de Godeheu, en 1754, anéantit cette œuvre grandiose.

Ainsi, au milieu du XVIIIe siècle, la France avait été sur le point de régner dans cet Hindoustan, devenu aujourd'hui une des plus belles possessions anglaises. L'Angleterre allait la remplacer aussi dans l'Amérique du Nord. Au cours de la guerre de Sept Ans, en 1759, Québec succomba après une héroïque résistance, et le Canada fut définitivement perdu. Toutefois cette colonie ne cessa pas d'être française, même sous la domination britannique. Ses vaillants colons, restés fidèles à la langue et aux mœurs de la mère-patrie, ont prodigieusement augmenté en nombre et en influence ; ils n'étaient que 65 000 lors de la prise de Québec ; ils sont aujourd'hui plus de 2 000 000, tant au Canada qu'aux États-Unis, et ils constituent la France du Nouveau Monde.

Le traité de Paris, en 1763, nous fit encore perdre la Louisiane. Du vaste empire colonial édifié par Henri IV, Richelieu, Colbert, il ne restait que quelques lambeaux. La France avait laissé prendre par l'Angleterre cette suprématie sur toutes les mers qu'elle-même aurait pu exercer.

Le traité de 1783, qui suivit la guerre d'Amérique, nous rendit bien quelques colonies. Mais les luttes de la Révolution et de l'Empire les firent toutes perdre. La Louisiane, restituée en 1795, fut vendue par Napoléon aux États-Unis en 1803 ; Saint-Domingue tomba au pouvoir des anciens esclaves. Le drapeau français disparut, pour ainsi dire, de toutes les terres lointaines.

Les traités de 1815 remirent la France en possession du Sénégal, de l'île Bourbon, de la Guadeloupe et de la Martinique, des établissements de l'Inde. Mais ce n'étaient là que des lambeaux dispersés de l'ancien empire : la France ne comptait plus comme puissance coloniale.

En 1830 elle renoua hardiment ses anciennes traditions, en prenant Alger et en commençant la conquête de cette magnifique province d'Algérie. Son nouveau domaine colonial s'est depuis lors constamment accru. Au siècle dernier, il avait deux centres : l'Amérique du Nord et l'Inde. Il en a trois aujourd'hui : l'Afrique, où depuis 1890 l'Algérie et la Tunisie se relient au Soudan par le Sahara, et où le Soudan est uni à son tour au Congo, depuis le traité de 1899, par la rive orientale du lac Tchad ; Madagascar, conquise définitivement en 1895, d'abord protectorat, puis devenue colonie française en 1897 ; l'Indo-Chine enfin, où la France pénétra en 1862, en conquérant la Cochinchine, et qui s'est accrue depuis lors du Cambodge, du Tonkin, de l'Annam et du Laos.

En même temps s'est créé, à partir de 1842, malgré l'abandon des tentatives d'établissement en Nouvelle Zélande, un modeste empire d'Océanie.

Ainsi la France a repris son rang parmi les puissances coloniales de premier ordre. Elle a démenti la réputation qu'on lui avait faite d'être inhabile à la colonisation. L'exemple du Canada ne montrait-il pas cependant toute la vigueur physique et morale dont la race française est encore capable ? Les graves fautes d'autrefois, les fautes moins graves commises plus récemment tiennent à une politique débile ou à des systèmes faux ; mais les systèmes passent, tandis que la race n'est pas près de disparaître. La population s'accroît trop lentement, dit-on, pour fournir assez d'émigrants aux colonies ; cela est vrai, mais cette faible natalité est la conséquence temporaire d'un état social momentané. Qu'importe, du reste, si les émigrants viennent d'ailleurs ? nous voyons, par l'exemple de l'Algérie, où s'établissent tant d'Espagnols et d'Italiens, qu'ils se francisent à la seconde génération. Aussi, malgré les prévisions pessimistes, est-il permis d'espérer que l'avenir réserve encore de belles pages à l'histoire coloniale française.

En comparant cette histoire à celle des autres puissances, on est frappé d'un fait remarquable : presque partout les Français se sont concilié les sympathies des populations au milieu desquelles ils venaient s'établir. Déjà au XVIe siècle les Indiens du Brésil, las des cruels traitements des Portugais, les recevaient comme des libérateurs ; même phénomène en Floride, où les Espagnols faisaient sentir durement leur domination. Sauf pour les Antilles, où les Caraïbes furent exterminés avec barbarie, l'histoire des établissements français n'offre aucun de ces honteux épisodes qui souillèrent celle des colonies espagnoles ou anglaises.

La France d'aujourd'hui reste fidèle à ces traditions. Elle ne traite pas en simples sujets les populations conquises. Elle essaye au contraire de se les assimiler, de leur enseigner sa langue, de leur inculquer ses mœurs et ses principes, de transformer graduellement ces étrangers en citoyens. Sans doute cette tentative est destinée à des fortunes diverses. Il est peu probable que l'influence française puisse régner sans conteste sur les races jaunes de l'Indo-Chine, élèves de la Chine, initiées par ce vieil empire à la civilisation ; mais d'un autre côté, elle ne les trouve pas absolument rebelles : déjà elles savent user de nos inventions, consommer nos produits, se familiariser avec notre langue et nos mœurs. L'empire d'Indo-Chine ne vaut pas celui de l'Inde, perdu si misérablement au siècle dernier ; il maintiendra au moins l'influence de la France dans une partie du monde d'où il ne conviendrait pas qu'elle fût absente : en même temps il offrira un marché toujours grandissant aux produits de la métropole.

Tableau des principales colonies et des pays de protectorat
(non compris l'Algérie-Tunisie et le Sahara).

Nous donnons ici la population et, pour un certain nombre de colonies, la superficie en chiffres ronds. Les chiffres exacts, là où il en existe, se trouvent plus bas, dans les notices spéciales consacrées à chaque colonie.

	kil. carr.	habitants
Afrique		
Afrique Occidentale française	1 757 400	12 700 000
Sénégal	189 280	101 000
Haut-Sénégal et Niger	—	—
Guinée française	238 350	1 500 000
Côte d'Ivoire	510 000	2 400 000
Dahomey	152 000	1 000 000
Congo français	1 800 000	10 000 000
Gabon	294 375	—
Moyen-Congo	453 625	—
Oubangui-Chari	554 750	—
Tchad	—	—
Côte française des Somalis	22 750	20 000
Océan Indien		
Madagascar et dépendances	592 000	2 645 000
Mayotte, Glorieuses, Comores	2 072	85 000
Réunion	2 500	173 000
Nouvelle Amsterdam et Saint-Paul	73	—
Kerguélen	3 414	—
Asie		
Inde française	500	273 000
Indo-Chine française	721 500	18 926 000
Cochinchine	59 500	2 973 000
Cambodge	120 000	1 553 000
Annam	230 000	7 096 000
Laos	255 000	912 000
Tonkin	116 000	6 451 000
Kouang-Tchéou	—	180 000
Océanie		
Nouvelle-Calédonie et dépendances	20 079	52 000
Tahiti et établissements d'Océanie (Marquises, Touamatou, Îles Australes)	4 002	30 438
Clipperton	6	—
Amérique		
Saint-Pierre et Miquelon	242	6 482
Guadeloupe et dépendances	1 780	157 806
Martinique	987	207 011
Guyane française	80 000	32 908

COLONIES D'AFRIQUE

Madagascar. — La grande île de Madagascar, dont la superficie est de 592 000 kil. carrés et la population d'environ 3 millions d'habitants, et

COLONIES FRANÇAISES
FEUILLE I

COLONIES FRANÇAISES
FEUILLE I

PUBLIÉ PAR LA LIBRAIRIE HACHETTE ET Cⁱᵉ. CARTE 18.

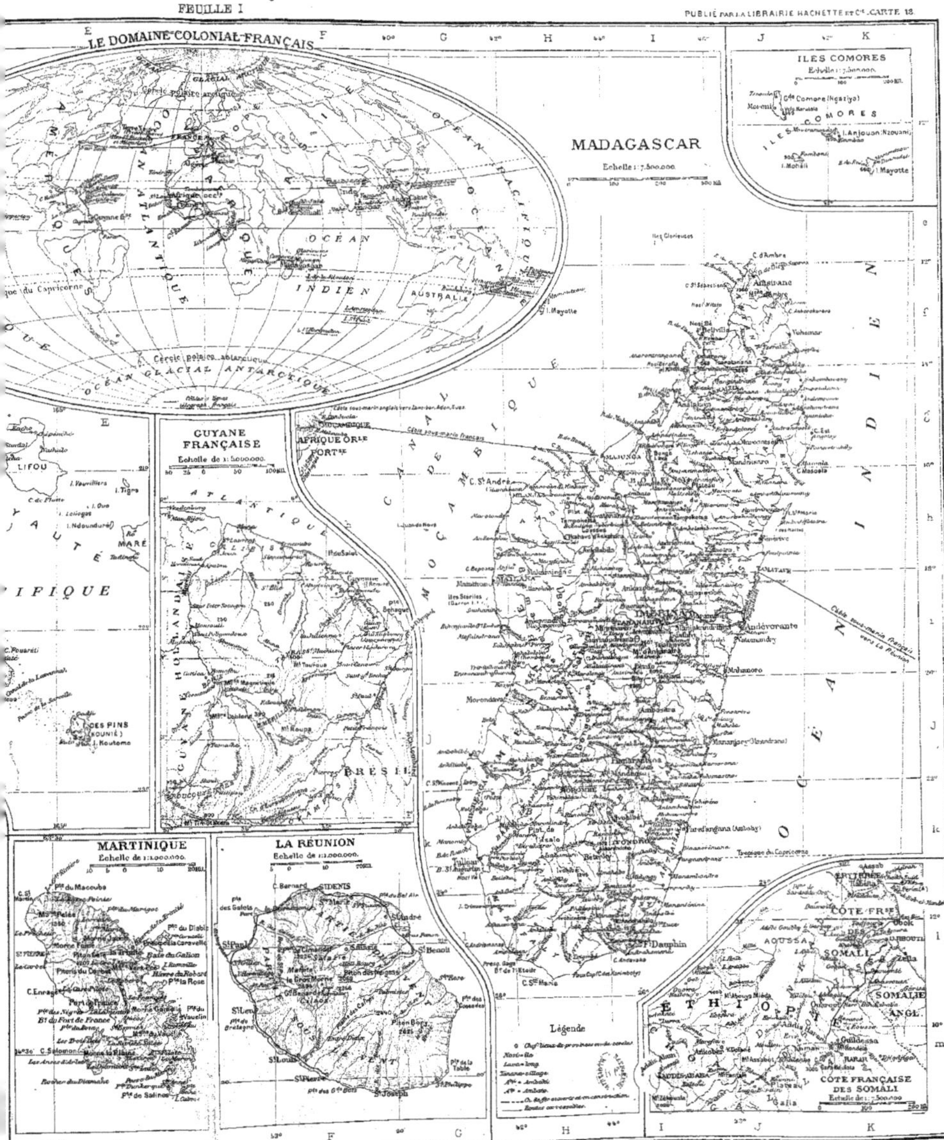

LE DOMAINE COLONIAL FRANÇAIS

MADAGASCAR
Echelle 1 : 7.500.000.

ILES COMORES
Echelle 1 : 3.000.000

GUYANE FRANÇAISE
Echelle de 1 : 5.000.000.

MARTINIQUE
Echelle de 1 : 2.000.000.

LA RÉUNION
Echelle de 1 : 2.000.000.

CÔTE FRANÇAISE DES SOMALI
Echelle 1 : 7.500.000

Légende

OCÉAN INDIEN

CANAL DE MOZAMBIQUE

OCÉAN ATLANTIQUE

BRÉSIL

ÉTHIOPIE

SOMALIE ANGL.

sur ce nombre 1 million de Hovas, qui sont la race dominante, était soumise au protectorat français depuis le 17 décembre 1885. Elle a été déclarée colonie française le 6 août 1896. La royauté y a été abolie et la reine conduite à la Réunion, puis à Alger. Le premier établissement français dans l'île date de 1642; elle fut constamment disputée entre les influences anglaise et française : celle-ci a fini par triompher. De nombreux postes ont été créés surtout dans le centre et dans le nord de l'île, et une voie ferrée devant relier Tamatave à la capitale Tananarive est en grande partie construit. Des routes carrossables ont remplacé, pour bien des trajets, les anciennes pistes malgaches et un réseau télégraphique relie entre elles les principales villes, lesquelles par le fait du câble Majunga-Mozambique sont en communication directe avec la mère-patrie. Madagascar est surtout un pays agricole et d'élevage. Les troupeaux de bœufs sont nombreux et la race est en voie d'amélioration. Le sol de l'île est généralement fertile et se prête à des exploitations très variées : riches cultures tropicales sur la côte; cultures vivrières diverses sur les plateaux. Au point de vue minéral on trouve à Madagascar, en petite quantité, le plomb, le cuivre, l'étain, le zinc, le platine. Le fer est par contre abondant. En 1904, le mouvement commercial de Madagascar s'est élevé à 45 846 000 fr., dont 35 521 000 fr. avec la France. Importations : 26 419 000 fr.; exportation : 19 427 000 fr.

Les Comores. — Ce petit archipel, qui s'étend au Nord-Ouest de Madagascar, comprend les quatre îles de Mayotte, Anjouan, Mohéli et Grande Comore ou Angazia. Elles ont ensemble une superficie de 2072 kil. carrés et une population d'environ 85 000 hab. Mayotte a un commerce actif; elle exporte surtout du sucre et du rhum. Le total général de son commerce était en 1904 de 5 869 000 fr., dont 2 891 000 avec la France.

Réunion. — L'île de la Réunion a 2512 kil. carrés et 175 000 hab. C'est une terre volcanique, couverte de montagnes, dont la plus haute, le *Piton des Neiges*, s'élève à 3069 m., et bordée sur tout son pourtour d'une plage fertile qui est la région la plus peuplée de l'île. La ville la plus peuplée et le chef-lieu de la Réunion, est Saint-Denis, sur la côte septentrionale. La population de l'île se compose pour près des trois quarts de Français, blancs, mulâtres et nègres, pour le reste d'Hindous, de Cafres et de Malgaches. Les productions de l'île sont principalement la canne à sucre, le maïs, le café, la vanille. Le total général du commerce, tant à l'exportation qu'à l'importation, était en 1904 de 52 889 000 fr.

Côte française des Somalis et dépendances. — Cette possession, située à l'entrée de la baie de Tadjoura, se développe le long de la côte, du cap Doumaira au cap Djibouti, et, dans l'intérieur, qui est un désert arrosé par de rares averses en temps d'hivernage, sur une largeur d'environ 80 kil.; on peut ainsi évaluer la surface de cette petite colonie à 22 750 kil. carrés. Elle a environ 20 000 hab., nègres croisés de Gallas et d'Arabes, appelés Danakils ou Afars. Le chef-lieu, *Djibouti*, a remplacé depuis quelques années Obok qui ne peut être utile que comme port, dépôt de charbon, et petit comptoir d'une région peu étendue. C'est le point de départ des routes de caravanes se dirigeant vers l'intérieur et la tête de ligne du chemin de fer ouvert jusqu'à Addis Harar et dont la construction se poursuit vers Addis-Ababa, la capitale de l'Éthiopie. Au N.-E. d'Obok, de l'autre côté du détroit de Bab-el-Mandeb, sur la côte d'Arabie, est l'ancien établissement français de *Cheikh-Saïd*, acquis en 1868 par des armateurs et négociants de Marseille, et momentanément abandonné. Le mouvement commercial de la Côte française des Somalis s'est élevé en 1904 au chiffre de 29 162 000 fr. dont 12 666 000 pour les importations.

COLONIES D'AMÉRIQUE

Saint-Pierre et Miquelon. — Les trois îlots de Saint-Pierre, de Grande Miquelon et de la petite Miquelon, ceux-ci réunis par un isthme sablonneux, sont les lambeaux qui nous restent des anciennes possessions de Terre-Neuve, cédées à l'Angleterre en 1713. Ils n'ont ensemble qu'une superficie de 242 kilomètres carrés, et une population de 6482 habitants. Malgré son exiguité, son rude climat, ses terres peu fertiles, cette colonie tient un rang assez élevé par son importance commerciale. Son exportation était, en 1904, de 7 660 000 francs, son importation de 6 251 000 francs. Sa seule richesse est la morue, que les pêcheurs bretons, normands et flamands viennent pêcher sur le grand banc de Terre-Neuve et dans le détroit de Belle-Isle. Le chef-lieu est *Saint-Pierre*, dans l'île du même nom (5560 hab.). Il n'y a qu'une autre agglomération communale, *Miquelon*, à laquelle s'ajoute *Langlade*. Mais la population de la colonie se double pendant la saison de pêche.

Guyane. — La Guyane occupe, dans ses limites actuelles, entre l'Oyapock, le Maroni et les monts Tumuc-Humac, une superficie d'environ 80 000 kilomètres carrés. Pays marécageux et malsain sur le littoral, couvert de forêts dans l'intérieur, la Guyane est la plus délaissée des colonies françaises. Après avoir été le lieu de déportation de condamnés politiques, elle ne reçoit plus depuis 1854 que des convois de transportés, des Arabes et des noirs, et, depuis 1886, des relégués dans les divers pénitenciers du Maroni. La population n'était que de 32 908 hab. en 1901. L'agriculture est presque nulle. On ne cultive qu'un peu de canne à sucre, de café, de cacao. La seule industrie est la recherche de l'or, qui se trouve dans les alluvions des rivières. Encore ne donne-t-elle pas de résultats très rémunérateurs. La valeur de l'exportation de la Guyane était en 1904 de 10 655 000 fr., celle de l'importation de 11 692 000 fr. Le chef-lieu est *Cayenne*, seul centre citadin de la colonie; sa population, y compris les libérés et les condamnés en cours de peine, est de 12 612 habitants.

Guadeloupe et dépendances. — La Guadeloupe est une île double, composée de deux masses insulaires, la Basse-Terre ou Guadeloupe proprement dite, et la Grande-Terre, séparées l'une de l'autre par un étroit bras de mer, la *Rivière Salée*. La Basse-Terre est montagneuse : le *Sans-Touché*, son point culminant, s'élève à 1484 mètres. La Grande-Terre est légèrement ondulée. Avec les îles et îlots qui en dépendent naturellement, Marie-Galante, la Désirade, les Saintes, plus deux autres îles des Petites Antilles, qui lui sont rattachées au point de vue administratif, Saint-Barthélemy et Saint-Martin (celle-ci pour deux tiers française, pour un tiers hollandaise), la Guadeloupe occupe une superficie de 1780 kilomètres carrés, peuplée en 1901 de 157 806 hab., en majorité gens de couleur, comme dans la Martinique. On compte que les personnes de race blanche pure ne sont qu'une vingtaine de mille. La température est très élevée; la moyenne n'est pas inférieure à 26°. L'année se divise en trois saisons : l'hivernage, qui va de juillet à novembre, et, pendant lequel règnent parfois des vents violents et des cyclones; la saison fraîche, de décembre à mars; la saison chaude, d'avril en juillet. La principale source de richesse de la Guadeloupe est la culture de la canne à sucre. L'exportation totale de la colonie était en 1904 de 12 933 000 francs et l'importation de 15 260 000 francs.

Le chef-lieu de la Guadeloupe est *Basse-Terre* (7000 hab.), sur la côte sud-occidentale de l'île de ce nom; mais la ville la plus peuplée, le véritable chef-lieu commercial, est *Pointe-à-Pitre* (17 000 hab.), dans la Grande-Terre.

Martinique. — La Martinique a 987 kilomètres carrés et 207 011 habitants (1901). C'est une île montagneuse; le plus haut de ses sommets, la *Montagne Pelée*, est un volcan de 1350 mètres d'altitude. Le climat est à peu près le même que celui de la Guadeloupe; le sol est très fertile. La canne à sucre, est également la principale ressource du pays. Exportation, en 1904 12 646 000 francs; importation, 14 988 000 francs. La population est formée de blancs, au nombre d'environ 10 000, de sang-mêlés, qui sont de beaucoup l'élément le plus vivace, et de noirs. Le chef-lieu est *Fort-de-France* (16 056 hab.); mais *Saint-Pierre*, qui a été entièrement détruite par la terrible éruption de la Montagne Pelée en 1902, était la ville la plus peuplée et la plus commerciale de la colonie.

COLONIES D'OCÉANIE

La Nouvelle-Calédonie. — La Nouvelle-Calédonie qui s'étend en ellipse allongée du S.-E. au N.-O., a 20 079 kilomètres carrés de superficie avec ses dépendances dont les plus importantes sont les îles *Loyauté*, à l'Est, françaises depuis 1864 seulement. C'est une île montagneuse (*Mont Humboldt*, 1654 m.) dont les côtes ouest sont barrées à quelque distance d'un récif presque continu de roches coralliennes. La Nouvelle-Calédonie est une terre fertile, sous un climat excellent. On peut y cultiver tous les légumes d'Europe à côté des plantes des tropiques. L'élève du bétail y est florissant et alimente l'industrie des viandes salées. En outre, la Nouvelle-Calédonie a des gisements miniers considérables : or, antimoine, chrome, surtout nickel. Le commerce de l'île et ses dépendances s'élevait en 1904, pour l'exportation à 11 041 000 francs, pour l'importation à 12 478 000 fr.

Mais ces richesses ne sont pas exploitées comme elles pourraient l'être. L'île est avant tout une colonie pénitentiaire. Plus de la moitié de sa population blanche, 18 000 habitants environ, est composée de transportés et de libérés. Les indigènes se nomment Canaques. Leur nombre décroît

rapidement. L'ensemble de la population de l'île et de ses dépendances était en 1901, de 53 775 hab. Le chef-lieu de la colonie est *Nouméa* (7854 hab. en 1901), sur la côte occidentale, au fond d'une des plus belles rades de l'Océanie. Le port est fermé à l'O. par l'île *Nou*, où se trouve le pénitencier-dépôt des transportés. *L'île des Pins* ou *Kounié*, dans le prolongement S.-E. de la grande terre, qui fut la résidence des déportés de la Commune, est aujourd'hui assignée comme séjour aux relégués.

A la Nouvelle-Calédonie se rattachent les îles Wallis et Foutouna.

Le petit archipel *Wallis*, dont l'île principale est *Ouvéa*, terre basse, entourée de récifs de corail d'une grande fertilité, n'a que 96 kilomètres carrés de superficie avec 5500 hab. environ. L'île de *Foutouna*, de formation volcanique, a 115 kilomètres carrés et environ 5500 habitants.

L'archipel des *Nouvelles-Hébrides*, situé dans le voisinage de la Nouvelle-Calédonie, quoique étant virtuellement dans la sphère d'influence française, est placé sous le contrôle d'une commission navale franco-anglaise.

L'Archipel de la Société. — Cet archipel se divise en deux groupes : les *Iles au Vent*, de 1179 kilomètres carrés et de 12 000 habitants, dont Tahiti, de beaucoup la plus grande, avec ses 1042 kilomètres carrés et les *Iles sous le Vent*, de 471 kilomètres carrés, avec 6000 habitants. Tahiti est une île d'un climat délicieux, d'une fertilité admirable : mais elle est trop petite pour avoir beaucoup de cultures rémunératrices. Les seules cultures de quelque importance sont le coton, la canne à sucre, et le cocotier. La population totale est de 10 750 habitants (1897). Le chef-lieu, *Papeete*, a 5580 hab.

Les Marquises. — L'archipel des Marquises comprend 11 îles, d'une étendue totale de 1274 kilomètres carrés, divisées en deux groupes distincts. La plus grande, *Nouka-Hiva*, dans le groupe du N.-O., a 482 kilomètres carrés. Elle est montagneuse, comme la plupart des autres, et son point culminant s'élève à 1170 mètres. Il n'y a pour ainsi dire pas de colonisation, et l'île ne compte qu'une centaine d'Européens, sur 4300 de population totale.

Les Touamotou sont une rangée d'îles basses, ou *atolls*, au nombre d'environ 80. Elles suffisent à peine à nourrir leurs quelques milliers d'habitants. La nacre et les perles donnent pourtant lieu à un commerce de quelque importance. Elles ont ensemble 1100 kilomètres carrés et 4000 hab. Le petit archipel des *Gambier*, dont la plus grande île est *Mangaréva*, a 580 hab. seulement, en voie de décroissance rapide.

Les îles Toubonaï ou Australes, ont 174 kilomètres carrés et 1865 habitants. On leur rattache l'île de *Rapa* ou *Oparo*, qui possède une rade excellente.

Ces quatre archipels sont réunis administrativement sous le nom d'Établissement de l'Océanie. La population totale de ces établissements était, en 1901, de 51 000 habitants. Le mouvement commercial de Tahiti était en 1904 de 3 565 000 francs à l'exportation et de 3 220 000 à l'importation.

H. Jacottet.

N. B. — Pour les autres colonies françaises, voir la notice de la carte n° 19; pour l'Algérie-Tunisie, la notice de la carte n° 17.

COLONIES D'AFRIQUE

AFRIQUE OCCIDENTALE FRANÇAISE

Un décret présidentiel du 18 octobre 1904 modifiant les décrets de 1899 et de 1902 a réorganisé le gouvernement général de l'Afrique occidentale française, qui comprend :

1° La colonie du Sénégal au S. du fleuve et limitée à l'est par le cours du Falémé ;

2° La colonie de la Guinée française ;

3° La colonie de la Côte d'Ivoire ;

4° La colonie du Dahomey ;

5° La colonie du Haut-Sénégal et du Niger, qui comprend les anciens territoires du Haut-Sénégal et du Moyen-Niger et ceux qui formaient le troisième territoire militaire ; le chef-lieu sera établi à Bammako (cette colonie se compose : 1° des cercles d'administration civile, parmi lesquels sont compris ceux qui formaient le deuxième territoire militaire ; 2° d'un territoire militaire dit : « territoire militaire du Niger », qui comprend les anciennes circonscriptions des premier et troisième territoires militaires) ;

6° Le territoire civil de la Mauritanie.

Chacune des colonies composant le gouvernement général de l'Afrique occidentale française est administrée, sous la haute autorité du gouverneur général, par un gouverneur des colonies portant le titre de lieutenant-gouverneur et assisté par un secrétaire général. Le territoire civil de la Mauritanie est administré par un commissaire du gouvernement général.

Le climat de l'Afrique occidentale française est celui de la zone intertropicale. L'année s'y partage en deux saisons : la saison sèche ou bonne saison, de novembre à juin, et la saison des pluies (hivernage ou mauvaise saison), de juin à novembre.

Au point de vue de la végétation, l'Afrique occidentale française se divise en un certain nombre de zones qui se succèdent à peu près parallèlement à la côte de Guinée.

C'est, en allant du sud au nord : 1° la zone de la forêt équatoriale où abondent les essences précieuses, où croissent spontanément la liane à caoutchouc, le palmier à huile, le kolatier, l'igname ; les principales cultures de cette région sont : celles du kola, du café, du tabac, de la canne à sucre, de l'indigo, des arbres à aromates, etc. ; 2° la zone soudanienne où croît le karité ou arbre à beurre et le palmier à huile ; les cultures qu'on peut y entreprendre avec le plus de succès sont celles de l'arachide, du coton, de l'indigo, du mil ; 3° la zone de la steppe ou zone de pâturages où l'on peut cultiver le blé, l'orge, le dattier ; 4° la zone saharienne ou désertique, séparée de la précédente par une zone de transition où l'on trouve le gommier, l'arbre à myrrhe, le séné.

Les populations de l'Afrique occidentale française sont constituées, en majeure partie, par les groupes ethniques appartenant à la race noire (Nigritiens) ; Mandé (Mandingues, Soninké, Bambara, Soussou, Mandé-Dioula) répandus dans toute l'Afrique occidentale ; Ouolof habitant surtout le Bas-Sénégal et dont la langue est répandue dans toute la Sénégambie ; Songhay, populations mixtes de bons cultivateurs dans le N.-E. de la boucle du Niger ; Haoussa, entre le Niger et le Tchad, dont la langue est l'idiome commercial par excellence du Soudan Central.

Juxtaposés ou mêlés à ces populations noires, sont les Foulbé, Foula ou Peul, races au teint rougeâtre, peut-être d'origine égyptienne, dans le Bas-Sénégal, la boucle du Niger, le Fouta-Djalon ; les Toucouleurs, qui sont des métis de Peul et de Ouolof ; les Maures (métis de Berbères, d'Arabes et de Noirs), nomades, sur la rive droite du Sénégal ; les Touareg (Berbères nomades, cultivateurs ou pasteurs) dans la région saharienne.

Sénégal. — L'ancienne colonie du Sénégal, fondée vers 1626, prise deux fois par les Anglais, rendue à la France en 1815, s'est bornée jusqu'à 1854 à quelques établissements sur la côte, puis s'est agrandie graduellement vers l'est par annexions et protectorats. Aujourd'hui la colonie du Sénégal comprend les territoires situés au sud du fleuve entre la côte et le cours du Falémé. Les principaux cercles ou postes sont ceux de : Bakel, Matam, Podor, Dagana, Louga, Cayor, Dakar-Thiès, Siné-Saloum, district de Casamance.

La superficie du Sénégal est de 189 280 kil. carrés ; la population administrée directement est d'environ 101 000 hab. Quant à la population totale, elle est encore indéterminée.

Le chef-lieu du Sénégal, Saint-Louis (20 000 hab.), résidence du lieutenant-gouverneur, est relié depuis 1885 par une voie ferrée de 264 kil. de longueur à Dakar (12 000 hab.), port principal du pays sur une rade magnifique et siège du gouvernement général de l'Afrique occidentale française.

Commerce (avec celui de la colonie du Haut-Sénégal et Niger) en 1904 : Importations, 49 846 759 fr. ; exportations, 29 920 895 fr.

Guinée française. — La Guinée française s'étend sur la côte de l'Atlantique entre la Guinée portugaise et la colonie anglaise de Sierra Leone : elle englobe la région montagneuse très salubre du Fouta-Djalon et les hauts bassins du Niger, du Sénégal et de la Gambie. Sa superficie est d'environ 258 550 kil. carrés et sa population approximative de 1 500 000 habitants.

Son chef-lieu Konakry, belle ville qui se développe rapidement, sera prochainement relié, par un chemin de fer (en construction), à Kouroussa sur le haut Niger. Mouvement commercial en 1904 : Importations, 14 802 065 fr. ; exportations, 18 675 256 fr.

Côte d'Ivoire. — La colonie de la Côte d'Ivoire, entre la République de Libéria et la Côte de l'Or anglaise, a une superficie de 510 000 kil. carrés et une population approximative de 2 400 000 hab. Le siège du lieutenant-gouverneur, primitivement à Grand-Bassam, ville et port le plus important de la colonie, a été, en 1900, transféré, par mesure d'hygiène, à Bingerville, localité qui a été créée de toutes pièces sur la rive septentrionale de la lagune Ebrié et qu'un chemin de fer en construction reliera à la région du Baoulé.

À partir des lagunes de la côte (navigables pour les vapeurs calant un mètre) s'étend vers l'intérieur, sur une profondeur de 500 kil. environ, une épaisse forêt vierge qui ne s'éclaircit guère que dans la région du Baoulé. Commerce en 1904 : Importations, 15 585 582 fr. ; exportations, 10 286 745.

Dahomey et dépendances. — Le Dahomey, situé sur le golfe de Guinée entre le Togo allemand et les possessions anglaises du Lagos et de la Nigeria, s'étend vers l'intérieur jusqu'aux rives du Niger. La superficie est évaluée à 152 000 kil. carrés et sa population approximative à un million d'habitants.

Le chef-lieu de la colonie, Porto-Novo, 16 500 hab., bâti sur le bord de la lagune, communique directement par eau avec Cotonou, port important destiné à devenir, lors de l'achèvement du chemin de fer en construction qui doit le relier au Niger, l'un des points commerciaux les plus considérables de la Côte occidentale d'Afrique.

Mouvement commercial en 1904 : Importations, 10 681 298 fr. ; exportations, 11 150 009 fr.

Colonie du Haut-Sénégal et du Niger. — Le territoire civil de cette colonie s'étend à l'est et au nord des trois premières colonies précitées jusqu'à la frontière ouest du Dahomey en englobant le Macina, le Yatenga et le Mossi ; le territoire militaire du Niger s'étend à l'est du territoire civil et au nord du Dahomey jusqu'aux rives du lac Tchad.

Le commandement du territoire militaire du Niger est exercé, sous l'autorité du lieutenant-gouverneur du Haut-Sénégal et Niger, par un colonel qui réside à Niamey sur le Moyen-Niger.

C'est à Kayes, tête de ligne du chemin de fer qui relie le cours navigable du Sénégal à celui du Niger, qu'est provisoirement fixée la résidence du lieutenant-gouverneur de la colonie du Haut-Sénégal et Niger.

Commerce en 1904 (voir Sénégal).

Territoire civil de la Mauritanie. — Ce territoire comprend, au nord du fleuve Sénégal et jusqu'au marigot de Karakoro, les cercles du Trarza, du Brakna, du Gorgol et du Tagant avec la résidence du Guidimaka. Le poste le plus important et le plus avancé vers le nord est celui de Tidjikdja avec le Fort Coppolani.

CONGO FRANÇAIS

La colonie du Congo français, appelée naguère Ouest-Africain, a pour origine l'établissement du Gabon, fondé, en 1844, sur un estuaire du littoral. Aux termes du décret du 11 février 1906 les possessions du Congo français sont placées sous la haute direction d'un commissaire général du gouvernement dont la résidence est à Brazzaville. Elles comprennent : 1° le Gabon ; 2° le Moyen-Congo ; 3° l'Oubangui-Chari ; 4° le Territoire militaire du Tchad. Les trois premières circonscriptions constituent des colonies autonomes distinctes, ayant leurs chefs-lieux respectifs à Libreville, Brazzaville et Bangui. Le Gabon et l'Oubangui-Chari sont respectivement placés sous l'autorité immédiate d'un lieutenant-gouverneur ; le Moyen-Congo sous celle d'un administrateur en chef faisant la même fonction. Le Territoire militaire du Tchad est administré, sous l'autorité du lieutenant-gouverneur de l'Oubangui-Chari, par l'officier commandant les troupes qui y sont stationnées. Il réside à Fort-Lamy.

Le climat et les productions du Congo français sont ceux des régions équatoriales et intertropicales.

La plus grande partie de la population du Congo français appartient à la race noire du groupe Bantou. Les musulmans dominent dans le nord. Les Fans ou Pahouins sont prépondérants dans le Congo propre. Les deux idiomes commerciaux de la région septentrionale sont le yakoma et l'arabe.

L'ensemble de la population peut s'évaluer grossièrement à 10 millions d'âmes.

ATLAS DE GÉOGRAPHIE MODERNE.

SÉNÉGAL, GUINÉE FRANÇ.ᴱ
TERRIT.ᴿᴱˢ OCCIDENTAUX DU
HAUT SÉNÉGAL ET NIGER
Echelle de 1:7.500.000

CONGO FRANÇAIS
Echelle de 1:7.500.000

DAHOMEY
Echelle de 1:7.500.000

Gravé par Erhard, 35 Rue Denfert-Rochereau, Paris.

PUBLIÉ PAR LA LIBRAIRIE HACHETTE ET Cⁱᵉ — CARTE 19.

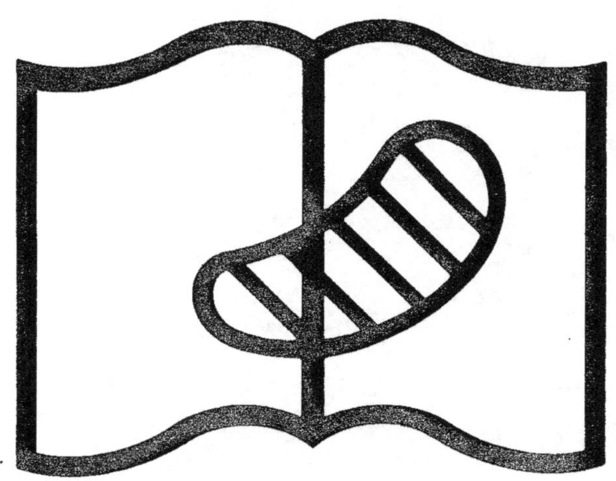

Original illisible

NF Z 43-120-10

Gabon. — S'étend sur la côte de l'Atlantique entre la Guinée espagnole et le Caméroun au nord, la limite du bassin conventionnel du Congo et le méridien de Makabana à l'est, l'enclave portugaise de Cabinda au sud. Cette colonie correspond d'une manière générale à la région montagneuse des bassins côtiers. Sa superficie est de 294 575 kil. carr.

Moyen-Congo. — S'étend à l'est de Cameroun et du Gabon jusqu'aux frontières de l'Etat Indépendant du Congo qui, avec l'enclave de Cabinda, le borne également au sud. Sa limite au nord coïncide avec celle du bassin conventionnel du Congo jusque et non compris le bassin de l'Ombella et l'enclave de Bangui. Sa superficie est de 455 625 kil. carr.

Oubangui-Chari. — Au nord et à l'est de la précédente. Sa limite septentrionale est le 7ᵉ parallèle jusqu'à son intersection avec la limite du bassin conventionnel, puis cette ligne se partage jusqu'à la frontière de l'Etat Indépendant qui la borne au sud. Sa superficie est de 354 750 kil. car.

Territoire militaire du Tchad. — Comprend tous les territoires situés au nord de l'Oubangui-Chari placés sous l'influence de la France en vertu des conventions internationales et ne dépendant pas du gouvernement de l'Afrique occidentale française. Superficie indéterminée.

Mouvement commercial du Congo français en 1904 : Imp. 9 058 140 fr.; exp. 12 135 463 fr.

M. CHESNEAU.

COLONIES D'ASIE

Inde française. — Du magnifique empire hindou que Martin, Dupleix, Bussy, La Bourdonnais disputèrent, au siècle dernier, à l'Angleterre, il ne nous reste que cinq petits territoires, *Pondichéry, Karikal, Yanaon, Mahé* et *Chandernagor*, et quelques *loges*, comptoirs sans importance. De ces territoires, qui ont ensemble 508 kil. carrés et 280 462 hab., dont 928 Français seulement, le plus important est Pondichéry, qui a 291 kil. carrés et 175 000 hab., presque tous Dravidiens, de langue tamoul. Il comprend la grande ville du même nom, l'un des ports les plus actifs de la côte de Coromandel, trois cités plus petites et de nombreux villages. Mais il ne forme pas un tout homogène, étant coupé

de nombreuses enclaves anglaises. Le territoire appartient à la France depuis 1683. Les principales industries de l'Inde française sont la filature, le tissage et la teinture des étoffes connues sous le nom de *guinées*, la fabrication des huiles et la tannerie.

La culture principale est celle du riz. En 1904, le chiffre total du commerce était de 56 275 000.

Indo-Chine française. — L'Indo-Chine française comprend six pays différents : la Cochinchine, occupée partie en 1862, partie en 1866; le Cambodge, protégé depuis 1863; l'Annam et le Tonkin, dont le protectorat a été établi par le traité du 6 août 1885, le Laos réuni en un seul gouvernement depuis 1899 et le territoire de Kouang-Tchéou, cédé à la France en 1898 à la suite d'un accord avec la Chine.

Le Tonkin, l'Annam et la Cochinchine ne sont, au point de vue ethnographique, qu'un seul et même pays. Les Annamites, qui le peuplent, ont pour ancêtres les anciens Giao-chi, venus du Tonkin, et qui, se dirigeant du Nord au Sud, envahirent l'Annam, puis la Cochinchine, qu'ils arrachèrent aux Cambodgiens. Par la race, ils sont très rapprochés des Chinois, dont ils ont les coutumes, la religion, l'organisation politique et sociale, l'écriture, et dont ils reconnaissaient autrefois la suzeraineté.

Quant aux Cambodgiens, descendants des anciens Khmers, bien que de race jaune, ils se sont mélangés avec des conquérants venus de l'Inde. Ceux-ci leur ont transmis leur langue, leur religion et leur art, dont l'antique splendeur nous est révélée par les beaux monuments d'Angkor.

Habités par un même peuple, le Tonkin, l'Annam et la Cochinchine sont assez différents de nature et d'aspect. L'Annam, sans y comprendre les régions montagneuses habitées par des tribus sauvages, est un étroit rebord littoral; la Cochinchine et une partie du Tonkin sont de grandes plaines alluviales. Aussi les Annamites ont-ils comparé leur empire à un bâton portant à chacun de ses deux bouts un sac rempli de riz. Mais cette comparaison ne s'applique plus à l'Indo-Chine française actuelle, puisque la limite entre l'Annam et le Siam est aujourd'hui fixée au Mékong.

Le *Tonkin* a 116 000 kil. carrés de superficie et 6 500 000 habitants (1901). Il se divise en un delta, très densément peuplé, très cultivé, et en montagnes et forêts presque inhabités. Le delta est celui du fleuve Rouge, ou Song-Koï, qui vient de la province chinoise de Yunnan, et se bifurque à Sontay, enserrant entre ses nombreux bras des terres grasses, faciles à remuer, couvertes de villes, de villages et de rizières. Une des branches du delta se mêle par des canaux à Thai-Binh, parallèle au Song-Koï, et plus accessible que lui aux grands navires.

La capitale du Tonkin est Hanoï, grande ville de 127 000 hab. environ. L'ancienne citadelle, prise en 1873 par Francis Garnier et reprise en 1882 par Rivière, qui tous deux furent tués sous ses murs, a été construite par des officiers français, venus à la fin du XVIIIᵉ siècle aider le roi Gia-Long à reconquérir son royaume.

Les autres villes principales sont Haï-phong, le grand port du Tonkin, Nam-Dinh, Bac-Ninh, Sontay, Quang-Yen, Hung-Yen, Haï-Duong, etc.

L'*Annam* a 140 000 kil. carrés et 6 124 240 habitants. Les villes et villages n'y occupent qu'un versant étroit, où coulent de courtes rivières. Les montagnes, dont certains sommets atteignent plus de 2 000 mètres, sont en grande partie couvertes de forêts et habitées par des populations à peu près sauvages. La capitale est Hué, où réside l'empereur d'Annam, elle s'élève sur le Tuong-Trien à quelques kilomètres de la mer.

La Cochinchine a 56 900 kil. carrés et 2 968 500 hab. (1901). C'est une plaine alluviale, appartenant au delta du grand fleuve Mékong, ou Cambodge, qui, descendu des hauts plateaux du Thibet, traverse toute l'Indo-Chine du Nord au Sud et se divise près de Pnom-Penh en deux branches, le fleuve Postérieur ou rivière de Bassac, et le fleuve Antérieur ou Tien-Giang. Les autres rivières de la Cochinchine, les deux Vaïco, le Donnaï, la rivière de Saïgon, se mêlent entre eux et aux branches du delta par des canaux nombreux. Ainsi toute la Cochinchine est une terre basse, traversée de rivières et de canaux aux eaux dormantes, rendue très malsaine par la chaleur et l'humidité.

La capitale est Saïgon, qui compte 47 578 hab., Cholon, ville chinoise, compte 165 000 hab. La population européenne, presque toute française, s'élève en Cochinchine à plus de 4 000 habitants. Les Chinois sont venus s'établir en quantités considérables dans les villes de la Cochinchine.

Le *Cambodge* a 120 000 kil. carrés et 1 500 000 hab. Il est tout entier dans le bassin du Mékong. Ce grand fleuve y subit encore l'influence de la marée; il offre jusqu'aux rapides de Khône une magnifique voie de navigation. La capitale est Pnom-Penh, située sur le fleuve, près du lieu dit les Quatre-Bras; ces quatre bras sont le Mékong supérieur, puis les deux branches de son delta, et enfin le Tonlé-Sap, qui est tour à tour émissaire ou affluent, suivant la saison; cette rivière aboutit au Grand Lac, qui n'a que 260 kil. carrés aux eaux basses, et s'étend lors des crues à 1 500 ou 1 600. Plus grand encore à une époque antérieure, il baignait alors de ses flots de crue les monuments d'Angkor.

Le *Laos* a 500 000 kil. carrés. Il comprend les vastes régions sillonnées par les affluents de la rive gauche du Mékong. Il est bordé à l'Ouest par le Mékong et à l'Est par les montagnes de l'Annam. Sa population est estimée à 800 000 habitants. La capitale administrative est Vien-Tiane sur le Mékong. La ville de Luang-Prabang, capitale du royaume de ce nom compte, 12 000 habitants. On doit comprendre également dans l'administration du Laos la zone réservée de 25 kilomètres (traité du 5 octobre 1893) qui borde la rive droite du Mékong. Dix agences commerciales ont été créées sur cette zone.

Le territoire de *Kouang-Tchéou*, situé dans la presqu'île de Loui-Tchéou (Province chinoise du Kouang-Toung), contourne la baie qui lui a donné son nom. L'ensemble du territoire est d'environ 850 kil. carrés. La population est de 190 000 habitants. Ma Tché est le centre administratif du territoire.

L'Indo-Chine française, formée par ces six pays, a donc une superficie de 756 000 kil. carrés, et une population de 18 millions d'hab. Elle ne sera jamais une colonie de peuplement : son climat, sa population, déjà très dense, du moins dans tous les pays de plaines et sur le littoral, l'en empêchent: mais elle deviendra une magnifique colonie d'exploitation, lorsque le réseau de chemin de fer actuellement en construction sera terminé.

Les régions montagneuses de l'Annam et du Tonkin renferment toute espèce de minerais; les gisements houillers du Tonkin sont très étendus, et leur qualité est excellente. Au Cambodge on trouve les minerais de fer de Phnum-Deck. Parmi les produits agricoles sus-

ceptibles d'exportation, le premier rang est tenu par le riz de la Cochinchine, qui est envoyé dans l'Amérique du Sud, à Java, à Manille, à Singapour et à la Réunion. On peut encore citer les cotons, la laine, la canne à sucre. Comme produits industriels, le Tonkin a ses meubles incrustés et ses soies.

Le commerce général de l'Indo-Chine s'est élevé en 1904 à 541 404 000 fr., se décomposant ainsi : importations, 184 995 000 fr.; exportations, 156 409 000 fr.

Les importations françaises (1904) se sont élevées à 86 501 000 fr. Les exportations sur la France à 41 208 000 francs.

L'Indo-Chine française est administrée, en vertu du décret du 3 février 1890, par un gouverneur général, ayant sous ses ordres un lieutenant-gouverneur en Cochinchine, et quatre résidents supérieurs, en Annam, au Tonkin, au Cambodge et au Laos. Le gouverneur général contrôle également l'administration indigène de l'empereur d'Annam, du roi du Cambodge et des rois de Luang-Prabang.

Aux possessions françaises se rattachent l'île de Kerguelen, les îles Saint-Paul et Amsterdam, et l'îlot de Clipperton. Elles sont toutes inhabitées.

Kerguelen, découverte en 1772 par le marin français dont elle porte le nom, s'élève dans la partie australe de l'océan Indien, par 49° lat. S., et 69° longit. E. Sa superficie est d'environ 3 700 kil. carrés. C'est une île de formation volcanique, découpée de nombreuses baies, et portant des montagnes assez élevées. Le climat est très rude. Kerguelen fut autrefois très fréquentée par les baleiniers. Depuis lors, les baleines ayant disparu, elle n'a plus été visitée que par des expéditions scientifiques.

Saint-Paul et *Nouvelle-Amsterdam* sont deux îles volcaniques qui s'élèvent dans l'océan Indien, la première par 58° 42′ 58″ lat. S., 75° 11′ 0″ longit. E., la seconde par 37° 47′ 46″ lat. S., 75° 4′ 56″ longit. E.

Clipperton, acquise en 1858, sur la côte d'Amérique, par 10° 13′ lat. N. et 111° 28′ longit. O., a 5 kil. carrés de superficie. C'est un îlot de formation corallienne.

H. JACOTTET.

SITUATION

Insulaire, à l'ouest de l'Europe, et au point exceptionnellement favorable de l'océan Atlantique où se trouve, à peu de chose près, le centre des terres émergées. Deux grandes îles : la **Grande-Bretagne**, comprenant l'Angleterre et l'Ecosse ; l'**Irlande** et plusieurs petites îles et archipels.

SUPERFICIE

514 145 kil. carr. (France 556 408.)

RELIEF DU SOL

GRANDE-BRETAGNE. — La chaîne des **monts Grampians**, allant du Sud-Ouest au Nord-Est, sur 400 kil. d'étendue, sépare en Ecosse les *Lowlands* (basses terres), qui comprennent le sud et l'est du pays, et les *Highlands* (hautes terres), qui comprennent le nord et l'ouest. Le plus haut sommet, le *Ben Nevis*, a 1345 m. au-dessus du niveau de la mer. Dans le Nord, hauteurs de *Caithness* et *Inverness* ; point culminant, 800 m. Dans le sud de l'Ecosse et le Cumberland, massifs schisteux moins saillants.

Dans le pays de Galles, les *Cambrian Mountains*, dont le plus haut sommet est le *Snowdon* (1089 m.).

Les **côtes**, rocheuses ou granitiques au Nord, à l'Ouest et au Sud-Ouest, deviennent des collines crayeuses au Sud-Est et s'affaissent à l'Est en plages sablonneuses.

La partie sud-est de l'Angleterre forme une région de **plaines** et de collines peu élevées (*North Downs* et *South Downs*, 274 m.).

IRLANDE. — La partie centrale de l'île est occupée par une vaste **plaine**, dont la plus grande hauteur au-dessus du niveau de la mer ne dépasse pas 75 m. Les plus hautes **montagnes** s'élèvent au Sud-Ouest, dans le comté de Kerry. À l'Ouest, monts *Connemara* (600 à 800 m.). À l'Est, montagnes de *Wicklow*. Au Nord, *chaussée des Géants*. Altitude des plus hauts sommets : Carrantuohill (*Kerry*), 1041 m. ; Lugnaquilla (*Wicklow*), 926 m. ; Mweelrea (*Connemara*), 819 m. ; Slieve-Donard (*Mourne Mountains*), 852 m.

HYDROGRAPHIE

Les Iles Britanniques sont la contrée par excellence des **rivières** au cours de peu d'étendue, coulant d'abord dans un lit étroit et peu profond

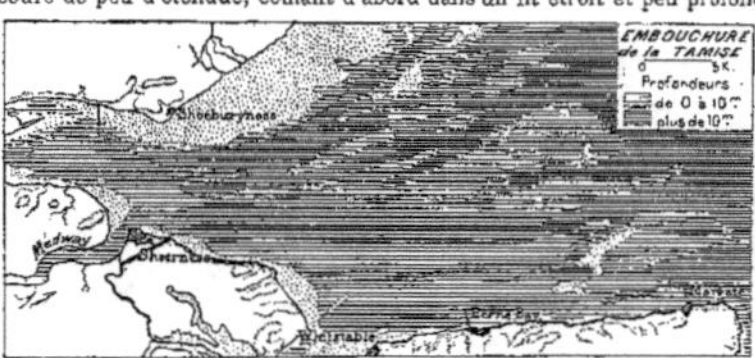

et s'élargissant soudainement pour former à leur embouchure de vastes estuaires, qui sont autant de ports naturels accessibles aux navires du plus fort tonnage.

Les **lacs** des Midlands, au centre de l'Angleterre, au fond inégal et de profondeurs très variables, ne sont utilisés que par le canotage et les bateaux à petit tirant d'eau de la navigation de plaisance. Même particularité pour les lacs de l'Irlande. Les lacs de l'Ecosse, plus larges et surtout plus profonds, reliés entre eux par un système de canaux dont le plus remarqua-

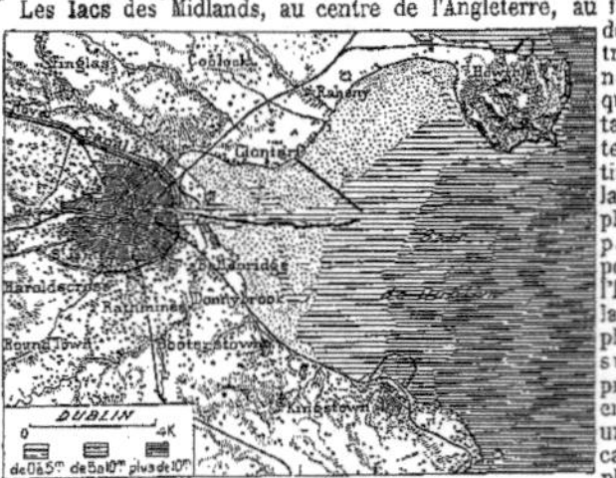

ble est le **canal Calédonien** (*Caledonian canal*), forment une voie de communication sûre et étendue, parcourue par des navires de tonnage moyen.

CLIMAT

Remarquablement **humide**, **doux** et **égal**, grâce à la tiédeur relative

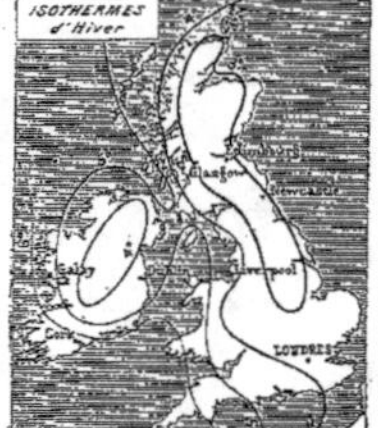

des eaux qui entourent les îles. La température moyenne de l'Irlande (par 52° de latitude Nord) est la même que sous le 58° degré aux Etats-Unis ;

elle est plus douce au nord de l'Ecosse qu'en Amérique à 20 degrés plus près de l'équateur. Hiver plus froid aux bords de la Tamise que dans les Hébrides. Ciel brumeux et pluvieux. La brume est surtout fréquente dans le ciel des grandes villes manufacturières ; la pluie dans les régions de l'Ouest, du Sud-Ouest et dans les districts montagneux. Londres et les centres industriels, tels que Manchester, Birmingham, etc., sont souvent enveloppés d'une brume particulière, appelée **brouillard jaune** (*yellow fog*), assez épaisse pour empêcher la libre circulation de l'air.

La **neige** est rare sur la zone littorale, où elle ne séjourne presque jamais ; elle ne persiste durant tout l'hiver que dans les montagnes.

POPULATION (1905)

43 217 687 hab. (137 par kil. carr. ; France, 75).

Colonies et protectorats : 552 459 600 hab.

GRANDES VILLES (1901)

ANGLETERRE

Londres	4 556 541 hab.	Cardiff	164 333 hab.
Liverpool	702 247	Sunderland	146 077
Manchester	606 751	Oldham	137 246
Birmingham	522 204	Blackburn	127 626
Leeds	428 968	Brighton	125 478
Sheffield	409 070	Ystradyfodwg	113 735
Bristol	339 042	Preston	112 989
Bradford	279 769	Norwich	111 733
Hull	240 259	Birkenhead	110 915
Nottingham	239 745	Gateshead	109 888
Salford	220 957	Plymouth	107 636
Newcastle on Tyne	247 025	Derby	105 915
Leicester	211 579	Halifax	104 936
Portsmouth	188 925	Southampton	104 824
Bolton	168 215	South Shields	100 858

ÉCOSSE

Glasgow	735 906 hab.	Dundee	160 874 hab.
Edimbourg	316 479	Aberdeen	143 722

IRLANDE

Dublin	290 638 hab.	Belfast	349 180 hab.

ADMINISTRATION — CULTES

Monarchie constitutionnelle héréditaire ◼ a le titre de roi de la Grande-Bretagne et d'Irlande, défe◼◼◼oi ; il porte aussi celui d'empereur des Indes, mais seulement ◼◼es actes relatifs à cette colonie. **Parlement** composé de deux chambres : la chambre des Lords, comprenant 591 membres, dont 16 lords représentatifs d'Ecosse, élus pour chaque législature et 28 lords représentatifs d'Irlande élus à vie, et la chambre des Communes, nommée par le vote des contribuables, comprenant 670 membres, dont 465 pour l'Angleterre, 30 pour le pays de Galles, 72 pour l'Ecosse et 105 pour l'Irlande. Les lois sont votées par le Parlement et sanctionnées par la Couronne. Les **ministres** sont responsables.

Le Royaume-Uni est divisé en **comtés** (*shires*) ; l'Angleterre en compte 42, le pays de Galles 12, l'Ecosse 52 et l'Irlande 52. Les principaux fonctionnaires du comté sont : le *lord-lieutenant*, nommé par la couronne, sorte de gouverneur gardien des rôles (*custos rotulorum*) ; le *sherif*, nommé par la couronne, chargé du maintien de la paix publique et de l'exécution des lois, qui préside aux élections, dresse la liste du jury, convoque les jurés, fait arrêter les individus prévenus de crime ou de

délit, fait exécuter les jugements et a la garde des prisons. Par exception, les shérifs de Londres et du comté de Middlesex sont élus par les bourgeois de la Cité. Les *juges de paix* sont nommés par le grand-chancelier, sur la proposition du lord-lieutenant. Les *coroners*, mandataires de la

ILES BRITANNIQUES

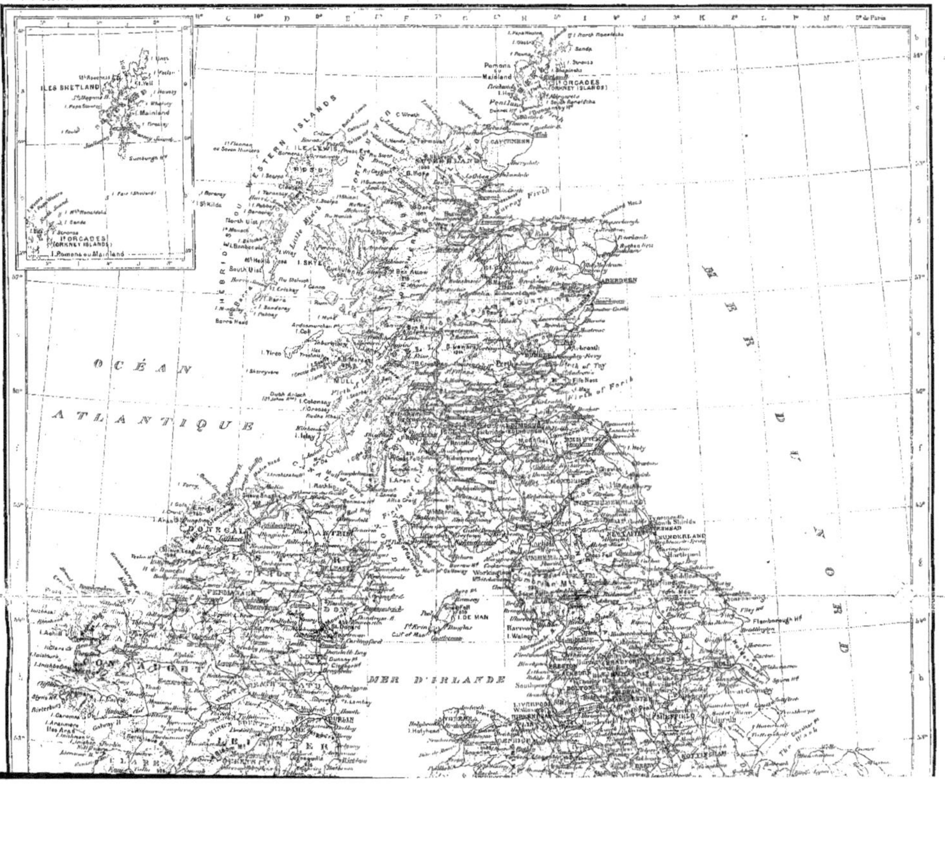

PUBLIÉ par la LIBRAIRIE HACHETTE et Cⁱᵉ _ CARTE 30 _

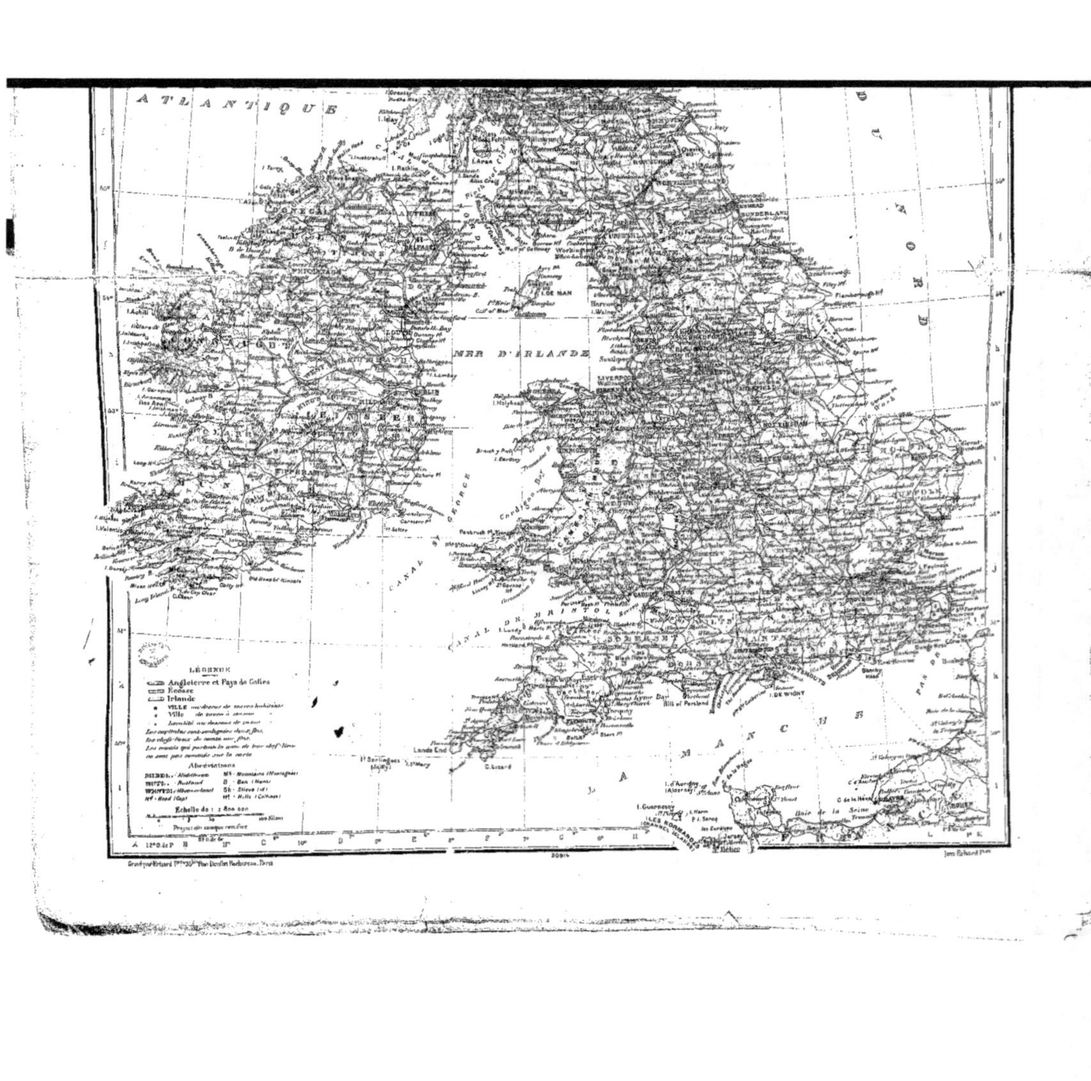

couronne élus par les francs-tenanciers (*freeholders*, propriétaires du sol) des comtés, ont des pouvoirs très étendus; ils sont chargés de la direction des enquêtes en cas de décès par suite de violence, de meurtre, d'assassinat, d'accident, de suicide, d'incendie suspect. Les **bourgs** (*boroughs*) représentés au Parlement et les **cités**, sièges d'un évêché ou ayant obtenu une charte d'incorporation, ont leur administration indépendante du comté; elle se compose d'un *mayor* ou maire, d'*aldermen* ou échevins et d'un conseil municipal (*town council*). Les **paroisses** sont des divisions politiques et religieuses à part, régies par l'assemblée des contribuables ou *vestry*. La **cité de Londres** est l'objet d'une administration toute spéciale.

L'**Église anglicane** ou Église établie est l'Église nationale de l'Angleterre; elle a été celle de l'Irlande jusqu'au 1ᵉʳ janvier 1871, époque à laquelle l'Église a été séparée de l'État dans ce pays. Elle comprend en Angleterre 2 archevêchés, celui de Cantorbéry, dont le titulaire est le primat et sacre le souverain comme chef de l'Église, et celui d'York, et 31 évêchés, soit en tout 33 diocèses; en Irlande, 2 archevêchés, ceux d'Armagh et de Dublin, et 11 évêchés, en tout 13 diocèses: dans les colonies, 65 évêchés. Les archevêques et 24 évêques d'Angleterre seuls sont de droit membres de la chambre des Lords. Les revenus annuels de l'Église établie sont évalués à 7 250 000 livres sterling (181 000 000 francs), y compris le produit de la **dime**, qui est encore prélevée en Angleterre et dans le pays de Galles au profit du clergé. Le traitement fixe des archevêques et évêques varie de 15 000 livres sterling ou 375 000 francs (*Cantorbéry*) à 2000 livres ou 50 000 francs (*Sodor et Man*).

L'Église presbytérienne est l'Église nationale d'Écosse aux termes de l'Acte d'union. L'exercice de tous les cultes, de toutes les formes de croyance, est toléré dans toute l'étendue des Iles Britanniques.

Voici la répartition des diverses dénominations religieuses d'après le dernier recensement: **Anglicans**: Angleterre, 17 781 000; Irlande, 668 000; Écosse, 73 000; total, 18 522 000; **Presbytériens**: Écosse, 1 475 000; Irlande, 498 000; total, 1 971 000; **Sectes protestantes dissidentes**: Angleterre, 5 971 000; Écosse, 1 486 000; Irlande, 96 000; total, 5 535 000; **Catholiques romains**: Angleterre, 1 058 000; Irlande, 4 150 900; Écosse, 320 000; total, 5 528 900; **Israélites**: Angleterre, 39 000; Écosse, 6400; total, 45 400.

AGRICULTURE

La **propriété** est en général **peu divisée**: domaines de 8 hectares et au-dessus, 93,8 0/0 de la superficie totale des terres cultivées de la Grande-Bretagne: Angleterre, 95 0/0; Pays de Galles, 91,3 0/0; Écosse, 93,6 0/0. En Irlande, elle est tout entière entre les mains de quelques grands seigneurs, qui afferment à des agents, lesquels sous-louent à leur tour en subdivisions infinitésimales aux tenanciers qui cultivent. La pomme de terre constitue, avec l'élevage du porc, la principale ressource du fermier irlandais; si la récolte vient à manquer, il en résulte une disette générale. Les arbres fruitiers croissent bien, surtout dans la partie méridionale. Le pommier se trouve en grande quantité dans les comtés du sud de l'Angleterre, où l'on fabrique beaucoup de cidre.

L'**humidité du sol** est favorable au développement et à l'entretien des herbages, prairies et pâturages.

Les essences forestières sont les mêmes que celles du nord et du centre de l'Europe. L'Irlande est presque entièrement dépouillée de ses bois, arrachés pour livrer le terrain à la culture de la pomme de terre.

COMMERCE — INDUSTRIE

La prédominance **industrielle et commerciale** de l'Angleterre sur toutes les autres nations européennes s'explique: 1° par l'abondance de ses gisements de houille et de fer; 2° par ses immenses colonies, déversoirs naturels de ses produits ouvrés et manufacturés; 3° par sa **marine marchande**, maîtresse du transit entre les diverses parties du monde; 4° par le tempérament à la fois tenace et calme, le sang-froid et l'activité pratique de la race anglo-saxonne.

COMMERCE comparé des ILES BRITANNIQUES et de la FRANCE
France 11 milliards (1899)
I. Britanniques 20 milliards (1899)
Milliards de fr. 5 | 10 | 15 | 20

L'**outillage mécanique** y est porté à un tel degré de perfection, que le monde entier en est tributaire.

Les **manufactures** sont disséminées sur tous les points du Royaume-Uni. Citons particulièrement les manufactures de **coton** (Manchester), de **laine**, de **lin**, les **fabriques de soie**, d'objets en fer, acier, quincaillerie et **coutellerie** (Sheffield), la **bijouterie**, les faïences, les **porcelaines**, les **tanneries**, peausseries et **ganteries**, la **verrerie**; les **manufactures de papier**, nombreuses dans les comtés de Kent, de Devon, de Hertford, d'York, et dans une partie de l'Écosse. De riches gisements houillers, surtout ceux des districts du centre, de Newcastle-on-Tyne, de Sunderland et de Cardiff, suffisent à l'approvisionnement des Iles Britanniques et alimentent en outre une exportation importante vers les divers pays de l'Europe.

ARMÉE — MARINE

L'**armée** permanente est exclusivement recrutée par les enrôlements volontaires. La **milice** du Royaume-Uni, dont les cadres font partie de l'armée régulière, se recrute de la même manière: mais, en cas de besoin, tout homme n'appartenant ni à l'armée régulière ni à un corps de volontaires peut être incorporé dans la milice de 18 à 50 ans.

L'effectif total de paix: armée permanente: 209 557 hommes et 11 743 officiers; milice, volontaires et troupes coloniales: 742 568 hommes et officiers. Nombre de chevaux: 53 916 (1905-06).

La **marine** se recrute aussi exclusivement par les engagements volontaires. et ses officiers parmi les élèves de l'école navale de Darmouth. En 1905, la flotte comprenait 424 bâtiments de guerre (France, à la même date, 427).

COMMUNICATIONS

Les Iles Britanniques sont sillonnées de **voies ferrées** et de **canaux.**

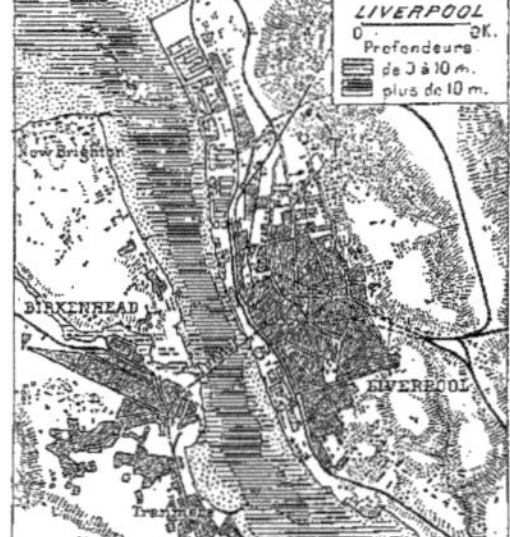

56 447 kil. de chemins de fer au 31 décembre 1904: 25 163 en Angleterre, 5977 en Écosse et 5307 en Irlande.

Développement énorme des **communications maritimes**: ports côtiers reliés par des services réguliers de vapeurs et de voiliers; lignes transatlantiques de Londres, Liverpool, Glasgow, Londonderry (Moville) et Queenstown, vers tous les points habités du globe.

En 1905, l'État possédait 10 172 bureaux de **télégraphe**. Longueur des lignes: 84 570 kil.; des fils, 950 000 kil. Nombre des dépêches internes en 1905: 89 millions.

COLONIES ET POSSESSIONS

Europe. — *Iles de la Manche*, 196 k. c., 95 618 hab. (01); *Gibraltar*, 5 k. c., 26 850 hab. (01); *Malte*, 305 k. c., 198 990 hab. (1904).

Asie. — *Chypre*, 9282 k. c., 243 184 hab. (05); *Empire Indo-Britannique* (avec Aden et dépendances), 4 809 100 k. c., 295 215 000 hab. (01); *Ceylan*, 65 995 k. c., 3 740 562 hab. (05); *Établissements des Détroits*, 5932 k. c., 598 881 hab. (05); *Borneo Nord, Labouan*, etc., 204 782 k. c., 550 000 hab.; *Hong-Kong* et territoire à bail, 1035 k. c., 420 724 hab. (05); *Wei-Hai-Wei*, 738 k. c., 125 750 hab.; *Bahrein*, 600 k. c., 68 000 hab. (1830).

Afrique. — *Gambie et dépendances*, 9600 k. c., 115 000 hab.; *Sierra Leone*, 69 700 k. c., 1 100 000 hab.; *Côte de l'Or*, 580 870 k. c., 1 486 455 hab. (01); *Lagos*, 69 000 k. c., 1 500 000 hab.; *Nigeria*, 944 728 k. c., 12 400 000 hab.; *Côte des Somalis*, 155 000 k. c., 500 000 hab.; *Afrique Orientale anglaise*, 467 500 k. c., 4 050 000 hab.; *Ouganda*, 231 500 k. c., 1 649 856 hab. (05); *Zanzibar*, 2640 k. c., 200 000 hab.; *Le Cap*, 717 588 k. c., 2 405 552 hab. (04); *Protectorat de l'Afrique Centrale britannique*, 106 154 k. c., 705 207 hab. (04); *Natal*, 95 676 k. c., 1 059 787 hab. (05).

Amérique. — *Domination ou Puissance du Canada*, 9 589 700 k. c., 5 528 847 hab.; *Terre-Neuve* avec *Labrador* 440 670 k. c., 220 245 hab.

POPULATION comparée des ILES BRITANNIQUES de leurs COLONIES et de leurs PROTECTORATS
Des Britanniques 41.600.000
Colonies et Protectorats 352.500.000
Millions d'hab. 50 | 100 | 150 | 200 | 250 | 300 | 350

(05); *Petites Antilles*, 8410 k. c., 795 273 hab. (05); la *Jamaïque*, 10 896 k. c., 795 598 hab. (05); *iles Bahama*, 11 405 k. c., 55 190 hab. (02); *Honduras anglais*, 19 580 k. c., 58 981 hab. (05); *Guyane*, 246 470 k. c., 295 848 hab. (05).

Océan Pacifique. — *Commonwealth d'Australie*, 7 929 014 k. c., 4 312 000 hab. (05); *Nouvelle-Zélande*, 270 955 k. c., 887 940 hab. (05); *iles Fiji*, 20 857 k. c., 117 696 hab. (05); diverses petites iles, 57 214 k. c., 202 517 hab.

Océan Indien. — *Ile Maurice* et dépendances, 1826 k. c., 373 356 hab. (01); *Seychelles* et dépendances, 490 k. c., 19 972 hab. (03).

Océan Atlantique. — *Bermudes*, 50 k. c., 19 455 hab. (03); *Ascension*, 88 k. c., 454 hab.; *Sainte-Hélène*, 125 k. c., 3500 hab. (05); *Tristan da Cunha*, 116 k. c., 76 hab. (03); *iles Falkland*, 12 552 k. c., 2044 hab. (03).

GÉOGRAPHIE HISTORIQUE

La population des Iles Britanniques est formée de la fusion d'éléments très complexes. Les peuplades qui habitaient la Grande-Bretagne au moment de l'invasion romaine se fondirent rapidement dans la race conquérante, à l'exception des Calédoniens et des Pictes, qui, retranchés dans les montagnes de l'Écosse, ne purent jamais être soumis. Ceux-ci, au départ des légions romaines, attaquèrent les Bretons, qui appelèrent à leur secours les Angles et les Saxons du Danemark, lesquels s'établirent dans l'île et y fondèrent sept royaumes. Canut le Grand inaugure la domination danoise (1015) et, sous Guillaume le Conquérant (1066), les Normands deviennent maîtres de l'Angleterre. Les nobles émigrent en foule de Normandie dans la Grande-Bretagne. A l'accession de la maison de Plantagenet ou d'Anjou au trône (1154), un nouvel élément s'introduit par l'immigration des provinces de l'ouest de la France; plus tard, la guerre de Cent Ans et le long établissement des Anglais en France accentuent l'analogie entre les deux peuples. Mais bientôt la séparation de l'Angleterre d'avec l'Eglise romaine et la Réforme mettent une barrière infranchissable entre les deux pays, et la joyeuse Angleterre (*Merry England*) devient la prude et rigide Albion. Cette nation atteint son apogée sous Elisabeth la Grande (1558). L'*invincible Armada*, envoyée d'Espagne par Philippe II pour conquérir l'Angleterre et anéantir le protestantisme, est dispersée; Drake et Raleigh découvrent des pays jusqu'alors inconnus. Le traité d'Utrecht (1712) donne à l'Angleterre la Nouvelle-Écosse et Terre-Neuve. Son commerce dès lors s'étend et son essor **colonial** ne s'arrête plus. Elle acquiert le Canada par le traité de Paris (1765), puis les Indes et l'Amérique septentrionale, qui secoue bientôt le joug de la métropole et se constitue en confédération des Etats-Unis d'Amérique (1776).

Deux caractères sont communs aux trois peuples du Royaume-Uni: ils sont sectaires en religion, et ils naissent **navigateurs** et **commerçants**. Un courant d'émigration qui, loin de se ralentir, n'a fait que s'accentuer dans ces dernières années, a répandu la race anglo-saxonne dans tous les pays nouveaux au delà des mers, particulièrement aux Etats-Unis et en Australie. En 1905, 209 258 sujets britanniques (170 505 Anglais, 14 578 Écossais, 50 155 Irlandais) ont quitté le sol natal pour aller se fixer aux Etats-Unis (122 589), dans l'Amérique britannique (82 457), en Australie (15 181), en Afrique (26 285) et en d'autres pays (15 928). Résultat: **diffusion de la langue anglaise** et sa prépondérance dans le monde sur tous les autres idiomes parlés.

Henri Boland.

BELGIQUE

SITUATION — SUPERFICIE — POPULATION

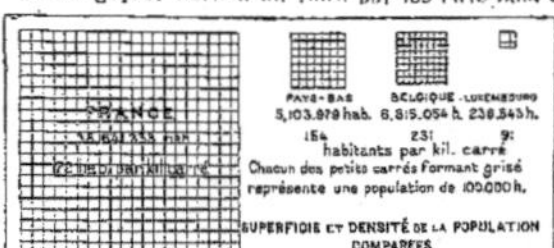

La **Belgique**, bornée au Nord par les Pays-Bas, à l'Est par l'Allemagne et le grand-duché de Luxembourg, au Sud par la France, à l'Ouest par la mer du Nord, a une superficie de 29 457 kil. carr. (France, 556 408) et une population de 6 693 548 hab. (1904), 240 par kil.carr.(France,75).

RELIEF DU SOL — HYDROGRAPHIE — CLIMAT

Du littoral endigué (67 kil. de côtes), avec quelques champs au-dessous du niveau de la mer, le **sol de la Belgique s'élève** graduellement vers l'Est et le Sud-Est jusqu'au plateau des Ardennes, où se trouve la **Baraque Michel** (675 m.), point le plus élevé du territoire belge.

La Sambre et la Meuse forment une ligne de démarcation à peu près exacte entre la région des plaines au Nord-Ouest, coupée de mamelons isolés sans importance, et la contrée montagneuse au Sud-Est.

Le terrain côtier, bordé d'une rangée de dunes, a subi de notables changements depuis quelques siècles; les larges **baies** qui s'ouvraient sur la mer du Nord se sont **ensablées** : le port de Lombardzyde est aujourd'hui dans les terres; Bruges, Damme et l'Écluse ont l'une après l'autre vu se combler leurs bassins et s'éloigner la mer qui leur apportait le mouvement commercial, la richesse et la vie.

Dans les deux Flandres et dans la Campine, la surface du sol est formée de sables marins. Le riche et fertile pays de Waes n'est qu'une agglomération de tourbières asséchées; ses polders, qui occupent la place des anciens lacs intérieurs ou *moeres*, sont défendus par des digues contre un retour offensif des eaux accumulées à la base des dunes.

Le massif de l'**Ardenne** ou des **Fagnes**, qui va des frontières de France à celles de l'Allemagne, est formé de roches calcaires et schisteuses. Sur le versant méridional, une petite partie des bassins de la Semoy et de la Chiers, abritée au Nord par les Fagnes, relève du district lorrain et appartient géologiquement aux assises jurassiques.

La Belgique est **largement arrosée**, mais sans posséder en entier aucun fleuve important. Deux grands cours d'eau, la Meuse et l'Escaut, traversent, l'un la région des montagnes, l'autre celle des plaines; tous deux naissent en France et vont se jeter dans la mer sur le territoire néerlandais. Par contre, une rivière française, l'Oise, prend sa source en Belgique, près de Chimay. L'Yser, avec son affluent l'Yperlée, arrose une partie de la Flandre-Occidentale et se jette dans la mer du Nord.

Au point de vue du **climat**, la Belgique peut se diviser en deux zones bien distinctes : celle de l'Ouest, au climat maritime, doux, humide, assez égal; celle de l'Est, sur la frontière allemande, au climat continental, âpre et sec. Au Sud-Est, le climat du plateau des Ardennes offre de notables variations, suivant les expositions. La **température moyenne** de la Belgique est celle de Bruxelles : moyenne annuelle, 10°; printemps, 9°,15; été, 17°,56; automne, 10°,27; hiver, 2°,87.

ADMINISTRATION — INSTRUCTION — CULTES

La Belgique est une **monarchie constitutionnelle parlementaire**. Le roi a le commandement en chef de l'armée, forte de 48 000 hommes sur le pied de paix et de 188 000 hommes sur le pied de guerre.

Le pouvoir législatif est exercé par **deux Chambres**: le Sénat, dont les membres sont élus pour huit ans et soumis à réélection, par moitié, tous les quatre ans, et la Chambre des Représentants, composée d'un nombre de membres fixé d'après la population (1 député par 40 000 habitants), élus pour quatre ans et soumis à réélection, par moitié, tous les deux ans. Les ministres sont responsables.

Le royaume est divisé en 9 **provinces**, administrées par des gouverneurs; ce sont celles d'**Anvers**, de **Brabant**, de la **Flandre-Occidentale**, de la **Flandre-Orientale**, de **Hainaut**, de **Liège**, de **Limbourg**, de **Luxembourg** et de **Namur**. Ces provinces ont leurs assemblées locales, appelées **conseils provinciaux**.

Les communes ont à leur tête un **bourgmestre** et des **échevins**, ceux-ci nommés par les **conseils communaux**, qui jouissent de pouvoirs très étendus et dont les décisions sont généralement indépendantes de la sanction du gouvernement.

La Constituante de 1893 a donné au peuple belge le **suffrage universel**. Sont électeurs de droit tous les Belges âgés de 25 ans, en dehors des cas d'incapacité prévus par la loi; le vote est **plural**, c'est-à-dire qu'en sus de la voix que lui vaut sa qualité de citoyen, le Belge peut avoir une ou deux voix supplémentaires, attribuées à la propriété et à la capacité (degré d'instruction, professions libérales, etc.). Tous les Belges sont éligibles aux conseils communaux et provinciaux et à la Chambre des Représentants; mais, pour être sénateur, il faut payer 2116 francs d'impositions directes.

L'instruction n'est pas obligatoire; cependant chaque commune est tenue de posséder une **école primaire** et l'enseignement y est donné gratuitement aux enfants pauvres, sur la demande des parents. Tous les centres de population sont dotés d'**écoles moyennes** pour les deux sexes. L'enseignement supérieur se donne dans quatre **universités** : deux appartiennent à l'État, celles de Gand et de Liège; la fameuse *Alma Mater* de Louvain est sous la direction de l'épiscopat, et l'Université de Bruxelles est un établissement libre, soutenu par le parti libéral. Anvers possède une célèbre **Académie des Beaux-Arts**; Bruxelles, Anvers, Louvain ont des **Conservatoires de Musique**.

La grande majorité de la population professe la **religion catholique** mais il n'y a pas en Belgique de religion d'État et le libre exercice de tous les cultes est garanti par la Constitution. Le pays est divisé en 6 diocèses, dont 1 archevêché, Malines, et 5 évêchés, Bruges, Gand, Liège, Namur et Tournai. On compte 10 000 protestants et 4000 israélites.

VILLES PRINCIPALES

Bruxelles	598 599 hab.	Malines	58 101 hab.
Anvers	291 949	Bruges	55 728
Liège	168 532	Verviers	49 168
Gand	162 482	Louvain	42 194

COMMERCE — INDUSTRIE — COMMUNICATIONS

L'industrie et le commerce, favorisés par la situation du pays et par sa neutralité garantie par les grandes puissances européennes, ont pris en Belgique, depuis un demi-siècle, un merveilleux essor. L'outillage mécanique, en partie fabriqué dans le pays, mais plus généralement de provenance anglaise, a été porté à un haut degré de perfection.

Le total général des **importations**, qui était en 1851 de 98 millions de francs, a atteint, en 1905, 2885 millions, et celui des **exportations**, de 405 millions à peine en 1851, est arrivé à 2486 millions de francs.

Le mouvement **commercial** est servi par un réseau des plus complets de **chemins de fer** et de **voies navigables**, reliant entre eux les centres de population et de production et s'épanouissant en branches multiples vers les frontières pour s'y souder avec les voies ferrées et fluviales des contrées limitrophes. Chemins de fer en 1905 : 4557 kilomètres.

Le réseau **télégraphique** avait au 31 décembre 1904 une longueur de lignes de 6618 kilomètres et une longueur de fils de 56 675.

Le mouvement des ports belges est très considérable : 9005 navires jaugeant 11 176 259 tonnes à l'entrée; 9056 navires jaugeant 11 144 849 tonnes à la sortie (1904).

Des lignes régulières de vapeurs relient Anvers et Ostende à l'Angleterre. Anvers est le point de départ d'une ligne de steamers pour New-York et des vapeurs à destination du Congo, dont le roi des Belges est le souverain; plusieurs services transatlantiques y ont établi des escales.

Les principaux **centres industriels** sont : les bassins houillers de Liège, de Charleroi et de Mons; les vallées de la Sambre et de la Meuse, avec leur succession ininterrompue d'usines, hauts fourneaux, forges, verreries, manufactures d'armes, de produits chimiques, etc.; Verviers et toute la vallée de la Vesdre, pour la filature de la laine et la fabrication des draps et étoffes de laine; Gand, le Manchester belge, avec un débouché direct sur la mer par le canal à grande section qui le relie au port hollandais de Terneuzen, pour les filatures de coton et de lin; Ninove, pour les fabriques de fil et de cotonnades; Tournai, pour les tapis et la bonneterie; Courtrai, pour les toiles et les dentelles; Malines, pour les dentelles et les tapis; Roulers, pour son important marché de toile, etc. Brasseries, taille de diamants, etc. Le développement de l'industrie n'a pas fait négliger l'agriculture; le lin, le tabac, le houblon, les céréales, sont cultivés, surtout dans les Flandres, sur une large échelle. Alost est l'entrepôt des **houblons**, dont les cultures les plus étendues sont aux environs de Poperinghe. Gand, la seule ville des Flandres qui ne soit pas en décadence, mène de front avec l'industrie la culture des **plantes d'ornement**. De ses 400 serres, qui représentent un capital de 75 millions de francs, elle exporte annuellement des fleurs pour 10 millions.

GÉOGRAPHIE HISTORIQUE

Le royaume de Belgique, dont la population est la plus dense des États de l'Europe, est habité par deux races distinctes, qui se partagent à peu près également son territoire : les Flamands, qui forment 45 pour 100 et les Wallons 40 pour 100 de la population totale. Les premiers appartiennent à la race germanique; les seconds sont de souche gauloise. Mais si nombreuses et si continues ont été les infusions de sang étranger sous les diverses dominations qui se sont succédé ou pays durant plusieurs siècles, que les uns et les autres se dérobent à l'analyse ethnique.

En effet, morcelée en territoires tour à tour assujettis aux Espagnols, aux Bourguignons, aux Autrichiens, plus récemment réunie à la France, puis à la Néerlande, la Belgique ne possède son autonomie que depuis 1830. Ce petit peuple, tenu dans un demi-servage pendant une période aussi longue, n'a pourtant cessé de combattre pour ses libertés. Les beffrois des Flandres et le perron de Liège sont encore debout, et rappellent les efforts des bourgeois et des corporations pour arracher à leurs maîtres la reconnaissance des droits populaires toujours mis à néant d'une part, toujours revendiqués de l'autre, avec un mutuel et égal acharnement. Ce qu'il y a de commun entre ces deux races si différentes, Flamands et Wallons, c'est précisément cette passion intense pour la liberté, qui seule peut retenir unis en une nation des éléments si distincts et si peu faits pour s'entendre.

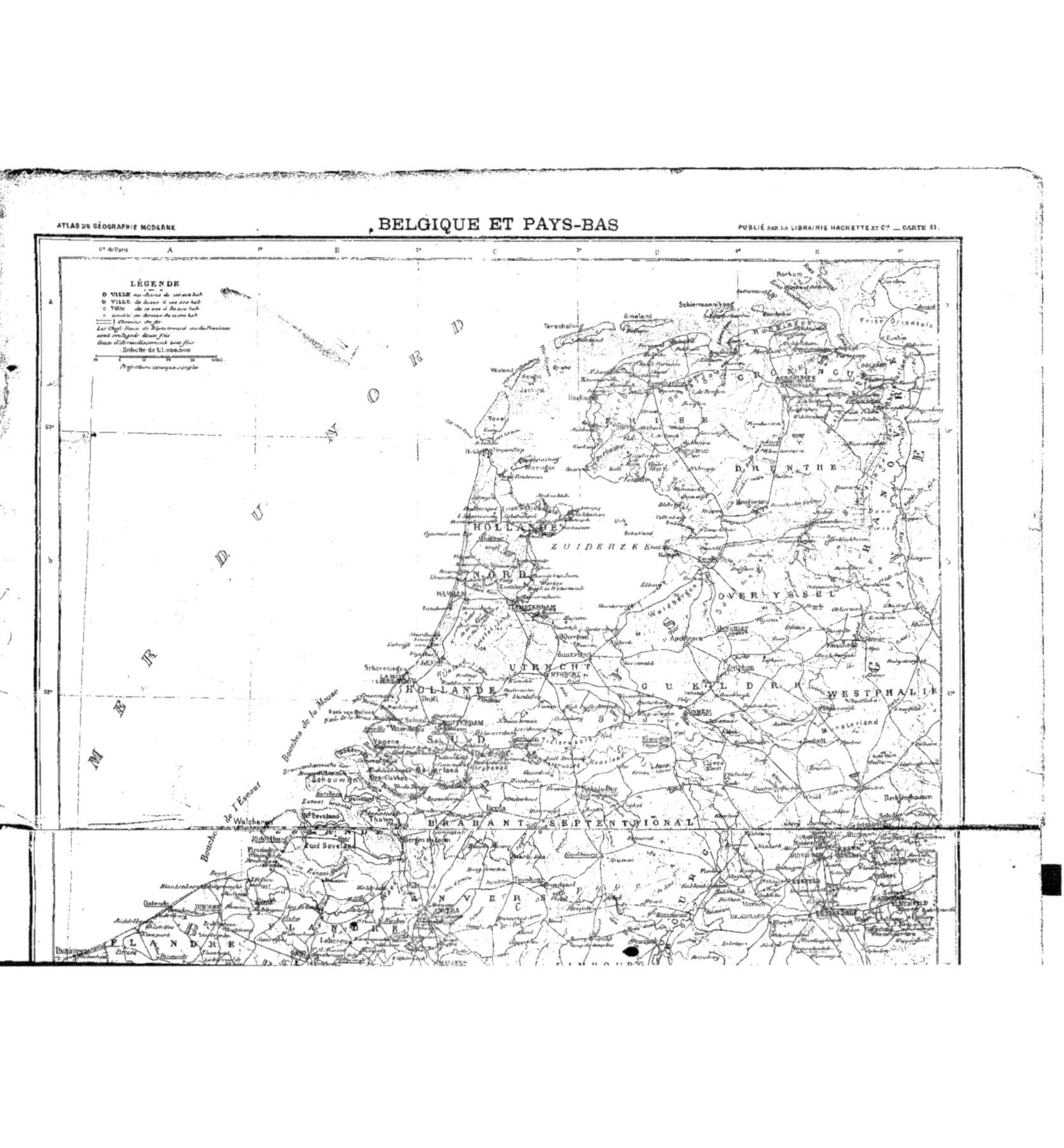
LÉGENDE
MER DU NORD
HOLLANDE SEPTENTRIONALE
HOLLANDE MÉRIDIONALE
ZUIDERZEE
FRISE
GRONINGUE
DRENTHE
OVERYSSEL
UTRECHT
GUELDRE
WESTPHALIE
BRABANT SEPTENTRIONAL
FLANDRE
ANVERS
LIMBOURG
HANOVRE
Frise Orientale
Texel
Terschelling
Ameland
Schiermonnikoog
Borkum
Amsterdam
Rotterdam
Bouches de la Meuse
Bouches de l'Escaut
Walcheren
Middelbourg
Ostende
Dunkerque

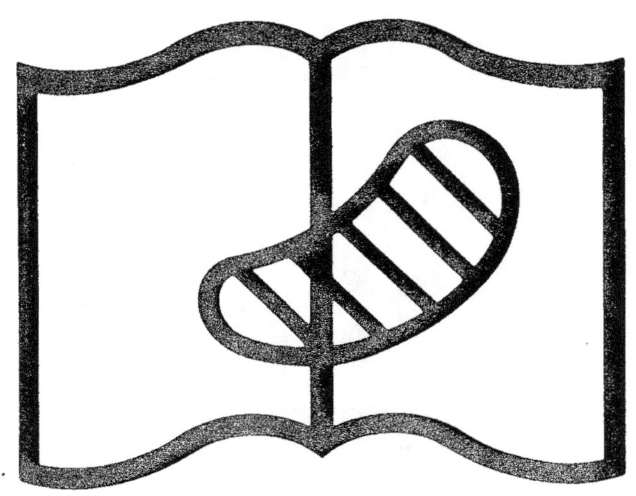

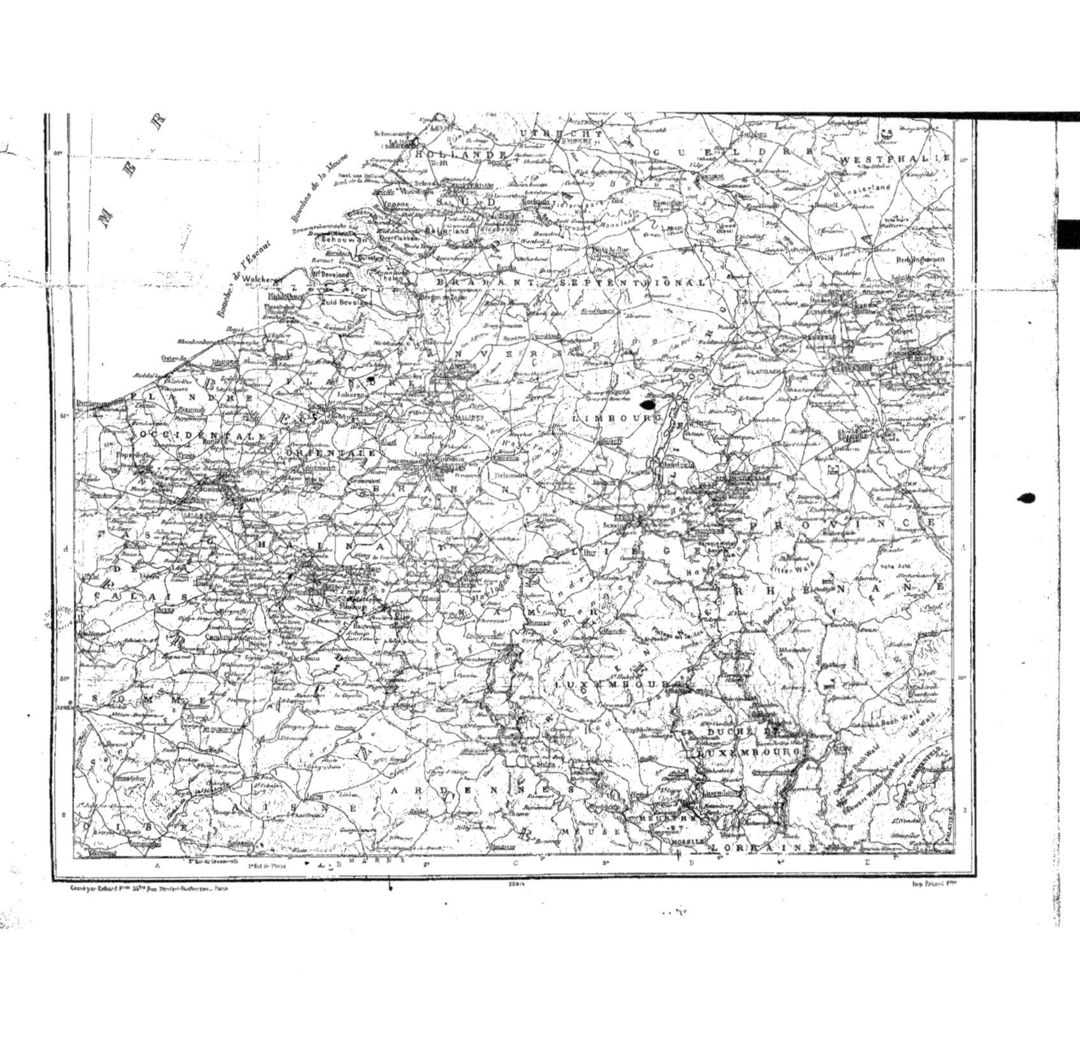

Les **Wallons** au teint pâle, à la charpente osseuse, l'emportent en longévité de 25 pour 100 sur les **Flamands** hauts en chair, à la belle et opulente carnation; les premiers sont vifs, primesautiers et frondeurs, prompts à la colère, mais prompts à l'oubli des injures, tandis que les seconds, d'apparence résignée, au masque impassible, ont des haines terribles et durables.

La Belgique puise aux sources de civilisation françaises; sa capitale, Bruxelles, est un Paris en miniature; tout y procède de Paris, journaux, littérature, modes, existence sociale. Cependant l'influence française y est tenue en échec par le mouvement flamand; l'union des langues flamande et néerlandaise, qui n'avait pu se faire sous le régime hollandais, de 1815 à 1830, est devenue un fait accompli depuis la séparation des deux pays, et le flamand est reconnu comme langage officiel au même titre que le français.

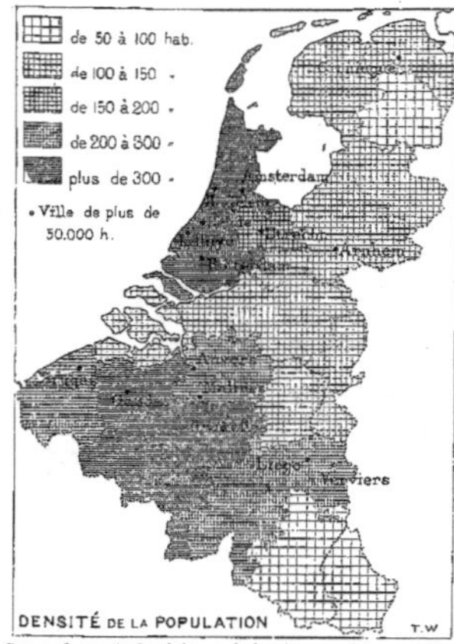

PAYS-BAS

SITUATION — SUPERFICIE — POPULATION

Le royaume des Pays-Bas, borné à l'Ouest et au Nord par la mer du Nord, à l'Est par l'Allemagne, au Sud par la Belgique, s'étend sur une superficie de 33 000 kil. carr. (France, 536 408), avec une **population de 5 510 000 hab.** (1904), 173 par kil. carr. (France, 75).

RELIEF DU SOL — HYDROGRAPHIE — CLIMAT

Plaine ininterrompue. Le point culminant de la Hollande proprement dite est l'*Imbosch*, dans la Veluwe (110 m.) Cependant dans le Limbourg méridional des collines atteignent jusqu'à 240 m. La province insulaire de Zélande, celles de Hollande-Nord et Hollande-Sud et une bande de terrain à l'ouest du Zuiderzée, sont au-dessous du niveau de la mer. Dans

les provinces de Frise, de Groningue, de Drenthe, et aussi dans une partie de l'Over-Yssel et de la Gueldre, d'immenses **tourbières**, continuées par une zone déserte de bruyères, forment à la Néerlande une ligne de défense naturelle du côté de l'Ems et de l'Allemagne. Dans le Brabant-Septentrional, importantes tourbières du *Peel*. Principaux **fleuves**: le Rhin, la Meuse, l'Yssel et l'Escaut.

Réseau extrêmement développé de canaux, dont les plus importants sont: le canal de Rotterdam, celui de Noord-Holland et le canal d'Amsterdam à la mer.

Climat maritime, sauf dans la Frise et la Hollande orientale, où le climat est plus continental. Température douce, mais très inégale et sujette à d'incessantes variations; brumes épaisses; pluies fréquentes.

ADMINISTRATION — INSTRUCTION — CULTES

Monarchie constitutionnelle parlementaire. Pouvoir législatif exercé conjointement par **deux Chambres**: États Généraux et États Provinciaux.

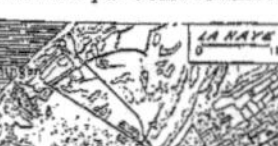

Les conseils municipaux (*Gemeente-raad*) ont des pouvoirs très étendus. L'organisation générale ressemble dans ses grandes lignes à celle de la Belgique.

Le royaume est divisé en onze provinces: Hollande-Nord, Hollande-Sud, Utrecht, Zélande, Brabant-Septentrional, Limbourg, Gueldre, Over-Yssel, Drenthe, Groningue et Frise.

L'instruction est peu développée dans les classes inférieures et le nombre des illettrés est considérable pour un pays qui fut jadis le premier de l'Europe par ses imprimeries et ses écoles. Le niveau de l'instruction **moyenne** est par contre très élevé et la célèbre Université de Leyde, quoique déchue de son ancienne importance, est restée à la tête des établissements d'instruction des Pays-Bas et brille encore d'un vif éclat.

La liberté des cultes est absolue. On compte 3 067 971 protestants, qui se répartissent entre l'église réformée, l'église évangélique luthérienne, la secte des Remontrants et celle des Mennonites; 1 798 915 catholiques romains, 103 288 israélites, 17 926 individus professant un autre culte et 115 179 personnes sans confession.

VILLES PRINCIPALES (1904).

Amsterdam	551 415 hab.	Groningue (Groningen) 71 490 hab.
Rotterdam	370 390	Haarlem 68 255
La Haye ('sGravenhage)	234 459	Arnhem 60 528
Utrecht	112 796	Leyde (Leiden) 56 044

COMMERCE — INDUSTRIE — COMMUNICATIONS

Mouvement des échanges en 1904. — Importations 4 840 millions de francs, dont importations des colonies hollandaises, 752 millions de francs; exportations 3 972 millions de francs, dont exportations aux colonies, 156 millions de francs.

Mouvement des ports en 1904. — Entrée, 12 394 navires, jaugeant ensemble 10,9 millions de tonnes; sortie 12 412 navires, jaugeant ensemble 10,9 millions de tonnes. Grands ports: Amsterdam et Rotterdam; services directs par vapeurs pour les Indes Néerlandaises, la Grande-Bretagne, la France et la plupart des ports de la mer du Nord et de la Baltique. Flessingue, avec ses bassins à eau profonde et ses immenses docks, s'efforce, infructueusement jusqu'à présent, d'arracher à Anvers le transit commercial de l'Europe centrale; un service quotidien de vapeurs anglais dessert de Londres-Queensborough ce port, tête de ligne du chemin de fer direct vers l'Allemagne.

Le commerce est surtout alimenté par les **produits coloniaux**. Les principaux **centres industriels** sont ceux de Tilbourg, pour la fabrication des draps, et de la Twenthe, pour les filatures de coton.

COMMERCE SPÉCIAL comparé des PAYS-BAS et de la FRANCE (en 1899)
Pays-Bas 6,998,000,000 francs — Par habitant 1.351 francs
France 9.558,900,000 — Par habitant 247 francs — Milliards de francs

Les polders et alluvions de la Hollande offrent des terrains d'une fertilité remarquable: aussi l'agriculture est-elle très développée dans les Pays-Bas. On y cultive le colza sur une grande échelle, le lin, le chanvre et le tabac; peu de céréales. L'élevage du bétail fait l'objet d'un trafic considérable. La production horticole est énorme; les **tulipes** de Hollande ont une réputation universelle.

Marine marchande. — 736 navires (269 vapeurs et 467 voiliers), jaugeant ensemble 401 328 tonneaux (1904).

Chemins de fer. — 2926 kilomètres (1905).

Télégraphes. — Lignes de l'État, 6918 kil.; longueur des fils, 50 435 (1904).

GÉOGRAPHIE HISTORIQUE.

La population des Pays-Bas est composée, pour la majeure partie, de Frisons, de Franks et de Saxons. Depuis que la Hollande a conquis son indépendance politique et la liberté religieuse en se constituant en confédération sous le nom de Provinces-Unies, le peuple batave, même à travers les périodes les plus troublées, n'a cessé de poursuivre deux grands buts: 1° reconquérir le sol envahi par les eaux et le défendre contre les empiètements de la mer; 2° se répandre au dehors et trouver dans les pays lointains et inexplorés, avec un exutoire pour son activité, des éléments de richesse pour la métropole.

Les envahissements de la mer avaient enlevé à partir du treizième siècle 6050 kil. carr. du sol néerlandais; 580 000 hectares, valant plus de 406 millions de francs, ont été regagnés depuis le commencement du seizième siècle; le lac de Haarlem, d'une surface de 180 kil. carr. et d'une profondeur moyenne de 4 mètres, a été asséché; le Zuiderzée le sera à son tour, et ce travail, projeté depuis longtemps, rendra à la culture 196 670 hect. de terrain. On calcule que la surface de la Hollande s'accroît ainsi en moyenne de 3 hect. par jour.

Des digues gigantesques, de 8 à 10 m. de hauteur sur 50 à 100 m. de largeur, protègent les terres basses contre l'invasion des eaux. Les

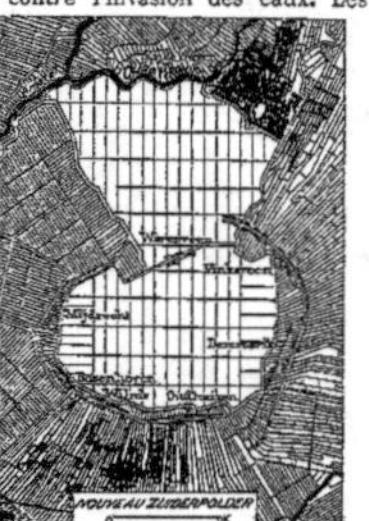

terrains ainsi mis en culture portent le nom de *polders*. Les eaux, continuellement ramenées dans les dépressions des polders par la pluie ou les infiltrations, sont conduites par un réseau de fossés jusqu'à des pompes à vent ou à vapeur, qui les rejettent sans cesse à la mer. Les polders situés au-dessus du niveau des basses mers peuvent se vider spontanément par les portes alternativement ouvertes ou fermées.

Les Hollandais ont atteint leur second but en acquérant l'immense domaine colonial des îles de la Sonde, sur lequel on trouvera des détails dans la notice qui accompagne la carte de l'Archipel Asiatique.

POPULATION comparée des PAYS-BAS et de ses COLONIES
Pays-Bas 5,703,379 — Colonies 35,184,200 — Millions d'hab.

Les qualités maîtresses du Hollandais sont la ténacité, l'ordre et la propreté, cette dernière poussée parfois jusqu'à l'exagération, mais rendue nécessaire par le climat.

HENRI BOLAND.

SITUATION

La Suisse est comprise entre 3° 37' et 8° 9' de longitude Est de Paris et entre 45° 48' et 47° 48' de latitude Nord.

Ses limites sont : au Nord, l'Alsace et l'Allemagne (Bade, Wurtemberg, Bavière); à l'Est, l'Autriche; au Sud, l'Italie; à l'Ouest, la France.

SUPERFICIE

41346 kil. carr. (France 536408).

SUPERFICIE COMPARÉE DE LA SUISSE ET DE LA FRANCE
Suisse 41.346 kil. carré
France 536.408 . . .
Mille K.C. 100000 · 200000 · 300000 · 400000 · 500000

RELIEF DU SOL

Pays essentiellement **montagneux**. Les deux tiers de sa superficie sont occupés par les Alpes, qui s'étendent au Sud ; le Jura limite la Suisse au Nord-Ouest et au Nord. Entre ces deux chaînes de montagnes et les lacs de Genève et de Constance s'étend la plaine suisse (altitude de 5 à 600 m.), assez accidentée. Le point le plus élevé de la Suisse est le Mont Rose (4638 m.) et le plus bas le lac Majeur (197 m.).

La chaîne des Alpes est plus escarpée sur le versant Sud que sur le versant Nord. Du point central, le Gothard, partent deux vallées longitudinales, celle du haut Rhin vers le Nord-Est, et celle du Rhône ou du Valais vers le Sud-Ouest, et trois vallées transversales, celle du Tessin vers le Sud, celle de la Reuss vers le Nord et celle du Hasli ou de l'Aar vers le Nord-Ouest.

Au nœud du Gothard viennent aboutir au Sud les Alpes du Valais et des Grisons, au Nord les Alpes Bernoises et Rhétiques. Le massif du Mont Blanc (Alpes de Savoie) touche à peine la Suisse par son extrémité Nord.

Points culminants : le Mont Rose (4638 m.), le Dôme de Mischabel (4554 m.), le Cervin du Matterhorn (4482-4505 m.), le Grand Combin (4517 m.), dans les Alpes Pennines; le Finsteraarhorn (4275 m.) et la Jungfrau (4168 m.), dans les Alpes Bernoises; le Bernina (4052 m.), dans les Alpes Rhétiques.

Le Jura s'étend en Suisse sur une longueur de 280 kil. entre Genève et Schaffhouse; c'est un bombement calcaire, composé en grande partie de roches perméables, caractérisé par des vallées souvent sans cours d'eau, ceux-ci traversant la montagne dans des cluses ; son point culminant en Suisse est la Dôle (1678 m.).

HYDROGRAPHIE

Les principaux **cours d'eau**, le Rhône, l'Aar, le Rhin, le Tessin, la Reuss, partent tous du nœud ou des environs du Saint-Gothard ; l'Inn, affluent

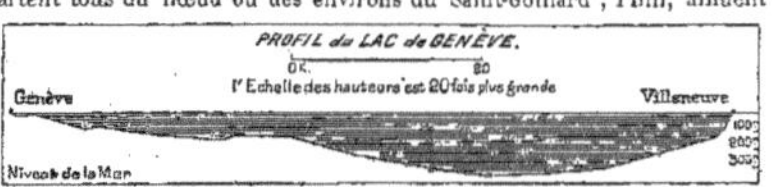

du Danube et plus considérable que ce fleuve en amont de leur confluent. traverse la partie orientale de la Suisse.

Au pied des Alpes et du Jura s'étendent de nombreux lacs, formés par l'entrecroisement des chaînons qui arrêtent les eaux, ou par les moraines des anciens glaciers. Les hautes régions montagneuses n'ont que de petits lacs. La région supérieure des Alpes est chargée de neige et de glaciers qui remplissent les hautes vallées. Le glacier d'Aletsch, le plus vaste de l'Europe, a une longueur de 25 kil. Le massif de glaciers le plus important est celui du Mont-Rose (gl. de Gorner, etc.).

(*V*. également la notice : *Alpes*.)

CLIMAT

A altitude égale, le climat de la Suisse est plus doux dans les vallées des

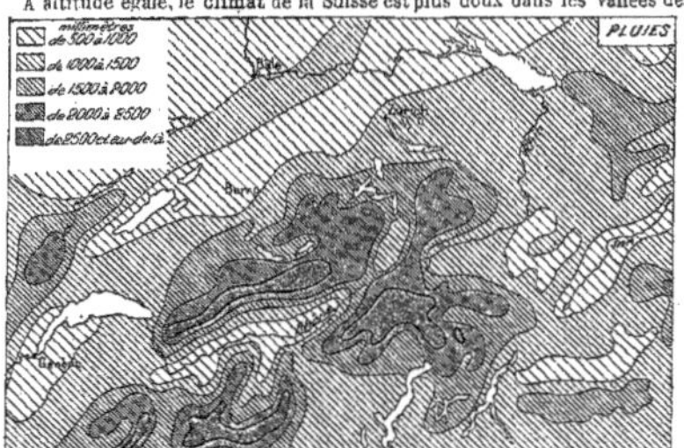

Alpes que sur le plateau, à l'Ouest qu'à l'Est; il devient âpre sur le Jura tandis que sur les bords du Léman, vers Montreux, on rencontre le chêne vert en pleine terre. Les pluies sont fréquentes et les neiges abondantes.

POPULATION

5 515 445 habitants, 80 par kil. carr. (France, 72) (1900).

On compte 1916157 protestants, 1579664 catholiques, 12264 juifs.

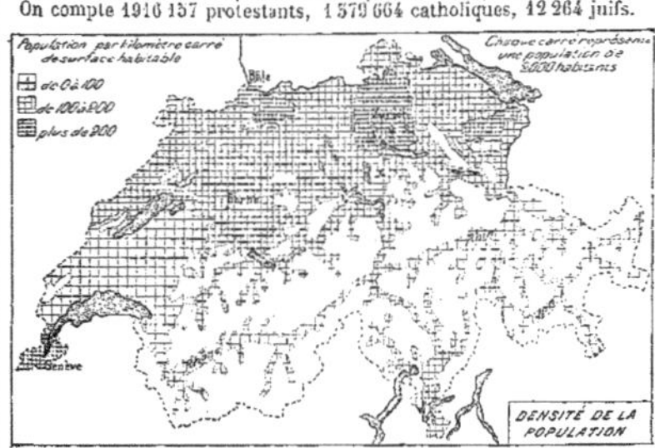

D'après le recensement de 1900, sur 5515443 hab., 2512949 parlent l'allemand, 750917 le français, 221182 l'italien, 38651 le romanche et 11744 d'autres idiomes.

VILLES PRINCIPALES

Zurich	175 055 h.	La Chaux-de-Fond	59 608 h.
Bâle	124 592 h.	Lucerne	52 801 h.
Genève	112 756 h.	Bienne	25 594 h.
Berne	70 339 h.	Winterthur	25 066 h.
Lausanne	51 986 h.	Neuchâtel	22 550 h.
Saint-Gall	50 625 h.		

ORGANISATION POLITIQUE

La Suisse est une **république fédérative**, composée de 22 cantons, dont 3 divisés en demi-cantons, formant 25 Etats indépendants, avec un gouvernement central siégeant à Berne. L'autorité supérieure de la Confédération est exercée par l'**Assemblée fédérale**, composée de deux conseils, le **Conseil national**, comprenant les députés élus à raison de 1 membre par 20 000 âmes, et le **Conseil des Etats**, composé de 44 membres élus à raison de 2 par canton. L'autorité exécutive fédérale est exercée par le **Conseil fédéral**, composé de 7 membres, nommés pour trois ans par l'assemblée et dont le

Président, élu pour un an, porte le titre et exerce les fonctions de Président de la Confédération; il y a en outre un **Tribunal fédéral**, siégeant à Lausanne, pour l'administration de la justice en matière fédérale. L'armée, les douanes, les postes et télégraphes, les monnaies et la législation commerciale sont du ressort de la Confédération. Après avoir été adoptées par les Chambres, les lois sont soumises au **referendum**, ou vote populaire, si la demande en est faite par 30 000 citoyens ou par 8 cantons. Les cantons ont des constitutions analogues à celle de la Confédération. Seulement ils ne possèdent qu'une Chambre et même, dans quelques-uns, les lois sont directement votées par le peuple réuni dans ses comices en *Landsgemeinden*.

Les 22 cantons sont : Zurich, Berne, Lucerne, Uri, Schwyz, Unterwald (Obwalden et Nidwalden), Glaris (Glarus), Zug, Fribourg, Soleure (Solothurn), Bâle (Bâle-Ville et Bâle-Campagne), Schaffhouse, Appenzell (Rhodes-Extérieures et Rhodes-Intérieures), Saint-Gall, Grisons (Graubunden), Argovie (Aargau), Thurgovie (Thurgau), Tessin, Vaud, Valais, Neuchâtel et Genève.

AGRICULTURE — PRODUCTIONS NATURELLES

Le sol se répartit comme suit entre les principales cultures : champs et jardins, 25 0/0; forêts, 21 0/0; prés et pâturages, 26 0/0; glaciers, terrains improductifs, 28 0/0. La vigne est surtout cultivée dans les cantons de Vaud, Neuchâtel, Zurich et le Valais. La Suisse orientale possède de superbes vergers. L'élevage du bétail est très florissant. Les races bovines de la Gruyère et de l'Emmenthal ont une réputation méritée. Le ver à soie est élevé dans les cantons du Tessin, de Grisons, d'Argovie, de Zurich et de Thurgovie.

La production des mines est peu importante : 100 000 quintaux de fer, 469 000 quintaux de sel (1899), 190 000 quintaux de lignite, 1 000 000 quintaux d'asphalte.

ARMÉE

L'armée fédérale se compose de l'armée régulière ou élite (**Bundes Auszug**), formée des hommes de 20 à 32 ans (151 776), de la **Landwehr**.

SUISSE

HAUTE
MARNE
HAUTE-SAÔNE
FRANCE
DOUBS
JURA
HAUTE
ALSACE
MULHOUSE
BÂLE
SOLEURE
BADE
SCHAFFHOU
ZURICH
ZUG
SCHWYZ
LUCERNE
LA CHAUX-DE-FONDS
NEUCHÂTEL
BIENNE
BERN
FRIBOURG
VAUD
SAVOIE
VALAIS
TESSIN
WORTEMBERG
ISÈRE

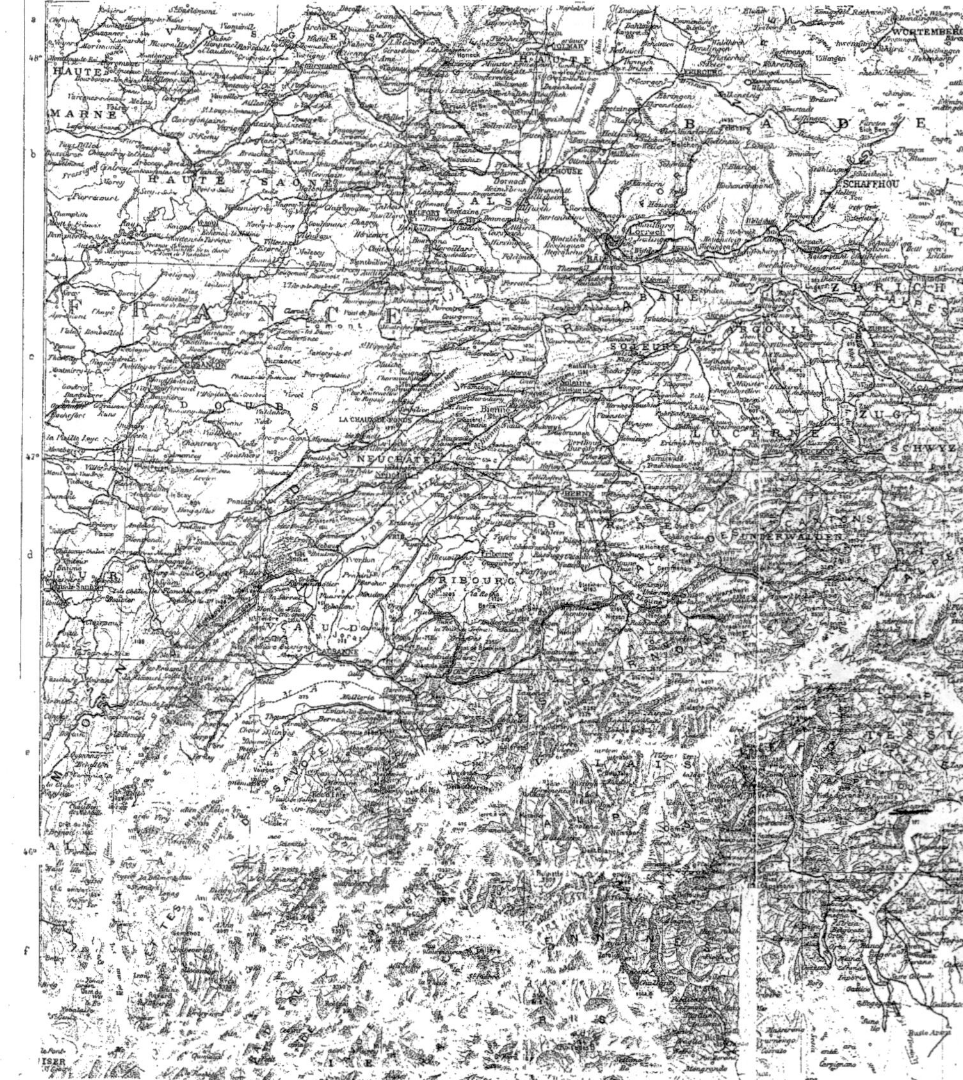

SUISSE

PUBLIÉ PAR LA LIBRAIRIE HACHETTE ET Cie — CARTE 22

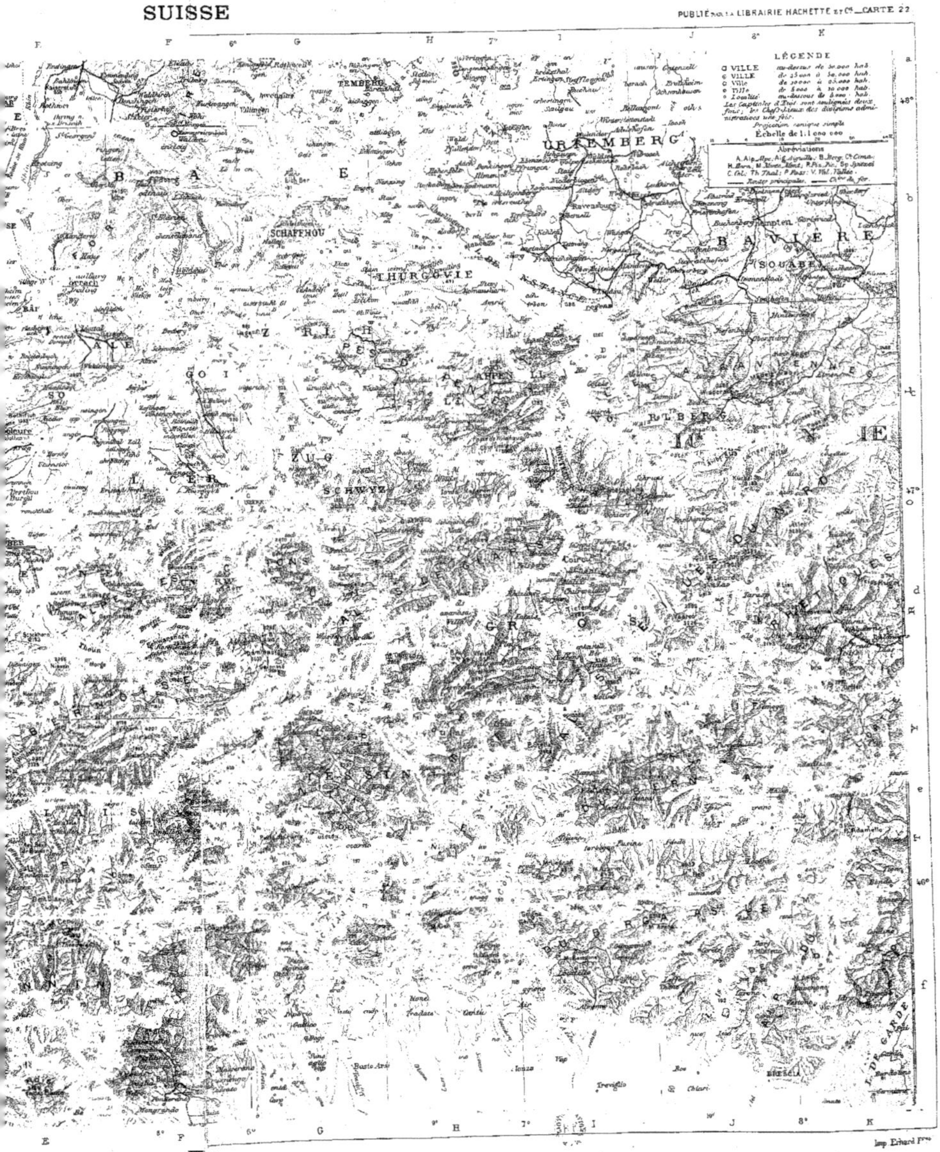

LÉGENDE
VILLE au-dessus de 50.000 hab.
VILLE de 25.000 à 50.000 hab.
Ville de 10.000 à 25.000 hab.
Ville de 5.000 à 10.000 hab.
Localité au-dessous de 5.000 hab.
Les Capitales d'État sont soulignées deux fois ; les Chefs-Lieux des divisions administratives une fois.
Projection conique simple
Échelle de 1:1 000 000
Abréviations
A. Alp. Alpe; Aig. Aiguille; B. Berg; Ca Cima; H. Horn; M. Monte, Mont; P. Piz, Pic; Sp. Spitze; C. Col; Th. Thal; P. Pass; V. Val, Vallée.
Routes principales. Ch. de fer.
BAVIÈRE
(SOUABE)
THURGOVIE
SCHAFFHOUSE
ZUG
SCHWYZ
Kempten
Ravensburg
BRESCIA
L. DE GARDE

Imp. Erhard Fres

qui comprend tous les hommes de 33 à 44 ans (80 000), et du **Landsturm** ou réserve territoriale, auquel appartiennent tous les hommes de 17 à 50 ans qui ne font partie ni de la Landwehr ni de l'armée régulière (300 000 environ).

INSTRUCTION

7000 écoles fréquentées par environ 685 000 élèves.

Les cantons les plus instruits sont ceux de Bâle-Ville, Zurich et Vaud : 4 illettrés sur 1000 hab.

Les cantons les moins instruits sont ceux de Nidwalden, Fribourg, Valais, Schwyz et Appenzell (Rhodes-Intérieures) : de 113 à 515 illettrés sur 1000 hab.

Nombre des recrues ne sachant ni lire ni écrire : 0,94 (1899).

L'instruction publique est, en Suisse, plus que partout ailleurs en Europe, l'objet des préoccupations et de la sollicitude du gouvernement. Dans beaucoup de villages, l'édifice le mieux construit est la maison d'école. Les cités importantes ont élevé à l'enseignement de véritables palais ; le Polytechnicum de Zurich est sans rival en Europe. L'enseignement supérieur se donne dans 5 universités, Bâle, Zurich, Berne, Genève et Lausanne et dans 2 académies, celles de Neuchâtel et de Fribourg.

La Suisse ne compte pas moins de 25 grandes bibliothèques publiques et 1629 bibliothèques scolaires et populaires, avec près de 3600 sociétés d'instruction, d'art et de gymnastique, comprenant environ 250 000 membres.

COMMERCE — INDUSTRIE

Les principales branches d'industrie sont l'horlogerie, la bijouterie, le coton et les soies, la broderie, le tressage de la paille, la fabrication des dentelles. Pour l'horlogerie, la Suisse

occupe le premier rang en Europe ; pour l'industrie du coton, elle vient immédiatement après l'Angleterre, la France et l'Allemagne, et pour celle de la soie elle n'est dépassée que par la France et l'Angleterre. Les principaux centres industriels sont : la Chaux-de-Fonds pour l'**horlogerie**, Winterthur pour les **tissus de coton**, Saint-Gall pour la **broderie mécanique des étoffes**. Bâle et Zurich font la concurrence à Lyon pour les **soies**. Fabrication des machines

et des instruments de mathématiques très développée ; fabriques de fromages, de cigares et tabacs, d'articles de bois sculpté, etc.

L'organisation du voyage a atteint en Suisse un développement et des raffinements qui font de l'industrie des **hôtels** l'une des sources les plus considérables de la richesse du pays.

Les principaux articles d'exportation sont, outre les produits de l'industrie, les asphaltes, le bétail, les bois, les fruits ; la Suisse importe surtout les matières premières nécessaires à son industrie, les grains et les vins, les articles de Paris.

COMMUNICATIONS

Aucun pays n'a autant dépensé que la Suisse pour construire de bonnes routes et des chemins de fer ; son réseau de voies ferrées est un des plus complets de l'Europe ; il en est de même de son réseau télégraphique. Le

percement du Gothard a mis en communication les pays du nord des Alpes avec ceux du sud (Allemagne-Italie) ; le tunnel du Simplon a ouvert une voie analogue entre l'Italie et la France ; le tunnel de l'Arlberg (Tyrol) a donné à la Suisse une porte sur les contrées du sud-est de l'Europe. Chemins de fer exploités au 1er janvier 1904 : 4400. Télégraphes en 1904 : longueurs de lignes, 6170 kil. ; longueur des fils, 22 571 kil.

HISTOIRE

Les recherches des anthropologistes semblent établir, dit M. Eugène Borel, que la Suisse est habitée depuis le moment où la race humaine commença à paraître en Europe. Outre les vestiges de l'existence de l'homme durant la période glaciaire, qui ont été recueillis dans des cavernes où ils se trouvaient enfouis avec des ossements d'animaux, on a découvert dans presque tous les lacs de la Suisse de très anciens établissements bâtis sur pilotis, qui démontrent l'existence dans les âges préhistoriques d'une population nombreuse déjà et parvenue à un certain degré de civilisation. On admet généralement qu'elle appartenait à la race indo-européenne et était un rameau de la grande souche gallo-celtique, qui, avant d'être repoussée par les Romains et les tribus germaniques, habitait presque tout l'ouest et le centre de l'Europe.

Les Helvètes, premiers habitants historiques de la Suisse, après avoir

fait passer sous le joug l'armée romaine (107 ans av. J.-C.), furent vaincus par Jules César (58 av. J.-C.) et tombèrent sous la domination romaine.

A l'époque de l'invasion des Barbares, les Allemanes, les Burgondes et les Ostrogoths pénétrèrent successivement dans le pays. Les Allemanes s'emparèrent de toutes les parties où l'on parle actuellement allemand, les Burgondes occupèrent celles où l'on parle le français, et les Ostrogoths celles dont les langues sont le romanche et l'italien. A la fin du cinquième siècle et dans la première moitié du sixième, les victoires de Clovis et de ses successeurs sur les Burgondes, les Allemanes et les Ostrogoths firent passer sous la domination des Francs les diverses races du sol helvétique. La Suisse fit partie de l'empire de Charlemagne et fut partagée entre ses successeurs ; en 1054, elle se trouva réunie sous le sceptre des empereurs d'Allemagne.

Les comtes de Habsbourg (famille impériale d'Autriche), devenus tout puissants dans le pays, y établirent des baillis tyranniques. Les paysans des cantons forestiers (Waldstætten) se révoltèrent, fondèrent le noyau de la confédération helvétique (1308) et battirent les armées autrichiennes à Morgarten (1515). Les victoires de Sempach (1386) et de Næfels (1388) anéantirent définitivement la puissance de l'Autriche en Suisse ; en 1467, il ne lui restait que le Frickthal, qu'elle a conservé jusqu'en 1802.

D'autres cantons vinrent successivement s'ajouter aux trois premiers : Uri, Schwyz et Unterwald. Ce sont : Lucerne (1332), Zurich (1351), Glaris et Zug (1352), Berne (1353), Fribourg et Soleure (1481), Bâle et Schaffhouse (1501), Appenzell (1513), Argovie, Thurgovie, Saint-Gall, Grisons, Tessin et Vaud (1805), Neuchâtel, Valais et Genève (1815).

Les principales guerres des Suisses furent, durant ce laps de temps, celle de Bourgogne, illustrées par les victoires de Grandson et Morat (1476) et de Nancy (1477) ; celle de Souabe, contre l'empire allemand, avec la grande victoire de Dornach (1499) ; celle d'Italie, avec la bataille de Novare (1513). Après leur défaite à Marignan (1515), les Suisses, incorporés aux armées françaises et réduits au rang de mercenaires, n'intervinrent plus comme nation dans les guerres étrangères.

Cette époque de décadence fut marquée par les troubles et les guerres religieuses qui accompagnèrent la Réforme, tandis que les gouvernements, de démocratiques qu'ils étaient, devenaient oligarchiques. Dans cette fédération de républiques féodales, la bourgeoisie orgueilleuse et riche de Berne fit durement sentir son influence et l'imposa plus d'une fois les armes à la main.

La Révolution française eut son contre-coup en Suisse ; les patriotes vaudois, aidés par la France, secouèrent le joug de Berne ; dont la chute entraîna celle de la Confédération. La Suisse fut organisée en République démocratique et unitaire (1798-1805). A la suite de la révolte de 1802, Bonaparte donna au pays une Constitution plus conforme à ses traditions fédéralistes, sous le nom d'**acte de médiation**.

A la chute de l'Empire, l'aristocratie releva la tête et le Congrès de Vienne sanctionna le **Pacte fédéral de 1815**, qui régit la Suisse jusqu'en 1848. La période de 1830 à 1847 fut marquée par d'incessants troubles intérieurs. En 1847, les cantons catholiques ayant formé une ligue de défense connue sous le nom de **Sonderbund**, la guerre civile éclata et se termina par la victoire des fédéraux et la capitulation des cantons sonderbundiens.

Le 1er mars 1848, Neuchâtel, resté jusque-là principauté et fief personnel du roi de Prusse, tout en étant canton suisse, secoua l'autorité de ce monarque, et le 12 septembre de la même année le peuple suisse, régénéré, se donnait une constitution unitaire et libérale, qui a été revisée en 1874 dans un sens démocratique.

L'unité suisse est due à des causes purement physiques. La montagne l'a faite. la montagne a empêché le lien de se briser. A la fois défense na-

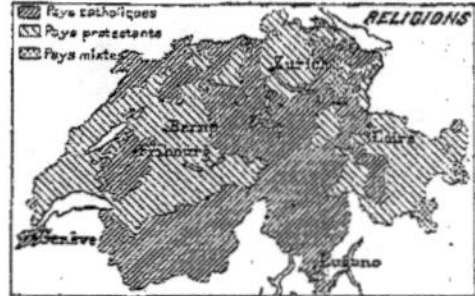

turelle et barrière, avant que le génie humain eût percé à travers les Alpes des routes et des tunnels, si elle mettait la population à l'abri des incursions des peuples voisins, elle l'encerclait aussi dans d'étroites limites où, bon gré mal gré, l'entente et l'accord étaient de rigueur, à moins de vouloir s'entre-détruire et ouvrir une brèche aux convoitises étrangères. Les cantons confédérés s'étaient unis de manière à former un domaine complètement barré au Sud et à l'Est par les Alpes, à l'Ouest par le Jura. Tenant les hauts versants de la France, de l'Italie et de l'Allemagne, les montagnards de la Suisse étaient indépendants des populations des plaines et merveilleusement situés pour leur rendre au besoin des services qu'ils savaient se faire largement payer. De là ce phénomène de populations de races diverses, séparées par l'origine, le langage, et depuis la Réforme par la différence de croyances, se fédérant et vivant côte à côte, unies durant plusieurs siècles, sans jamais se mélanger.

Les Suisses essaiment et, leur terrain étant trop exigu et souvent trop ingrat, ils émigrent. Plus de 600 000 Suisses sont établis à l'étranger, et, dans l'Amérique du Nord, par exemple, ils sont, avec les Canadiens-Français, l'élément le plus rebelle à la fusion dans le vaste creuset des Etats-Unis, celui qui résiste le mieux à l'absorption et retient le

plus longtemps sa nationalité distincte. Chez eux et à l'étranger, qu'ils parlent le français, l'allemand, le romanche ou l'italien, qu'ils professent la religion catholique ou les cultes protestants, les Suisses sont Suisses avant tout et ils se distinguent par l'ardeur au travail, l'âpreté au gain et l'amour de la liberté.

HENRI BOLAND.

Les Alpes occupent la partie centrale de l'Europe et renferment le point culminant de cette partie du monde. Le Caucase, il est vrai, s'élève plus haut, mais il est situé à la limite de l'Europe et de l'Asie.

Les Alpes inclinent leurs versants et envoient leurs eaux vers la mer Méditerranée, vers l'Adriatique, vers la mer Noire et vers la mer du Nord.

Elles couvrent presque toute la Suisse, et une partie de la France, de l'Italie, de l'Allemagne, de l'Autriche.

LIMITES

Le soulèvement alpin est limité au Sud par l'Adriatique, par les plaines de la Lombardie et du Piémont, par le col de Cadibone et par la Méditerranée; à l'Ouest, par le cours du Rhône et par les chaînons du Jura; au Nord, par les plateaux de Bavière et le Danube. Vers l'Est, il est plus difficile de lui assigner des limites précises, et les opinions varient avec les auteurs. Cependant une ligne allant de Vienne vers le Sud à la rencontre de la Save sépare presque partout la région montagneuse à l'Ouest des plaines de la Hongrie à l'Est. Depuis la Save, le chemin de fer reliant Vienne à Trieste, par les plateaux et les montagnes de la Carniole, traverse une dépression, le seuil d'Adelsberg, qui semble limiter nettement les Alpes vers le Sud-Est, et les séparer des chaînons littoraux de l'Adriatique, dont certains portent cependant le nom d'Alpes.

DIVISIONS DU SYSTÈME DES ALPES

A première vue, le système des Alpes se présente sous la forme d'un bombement allongé, dont l'extrémité occidentale se replie brusquement vers le Sud; mais si l'on veut entrer dans l'étude détaillée de cette vaste région, il paraît d'abord difficile de définir les traits caractéristiques de la chaîne, et de trouver un ordre quelconque dans le chaos de ses chaînons et de ses vallées. On groupait autrefois les accidents autour de ses plus hauts sommets, au lieu de chercher les grandes lignes dans les ruptures du sol, dont ces cimes n'étaient qu'un accident. On sait aujourd'hui que les chaînes ou groupes de montagnes sont le résultat de plissements ou de fractures du sol amenés par un refoulement latéral, et non point le résultat d'une expansion de matières ignées qui aurait fait jaillir les grands sommets et redressé sur leurs flancs les couches des sommets qui les entourent. C'est donc en examinant ces plis ou ces fractures que nous pouvons espérer nous rendre compte de la conformation des pays montagneux. Quant aux sommets, leur altitude actuelle n'est qu'un état passager dans le travail séculaire de leur abaissement, et ne correspond pas nécessairement à leur importance géographique.

ALIGNEMENTS PRINCIPAUX

En considérant non plus seulement les grands massifs et leurs ramifications, mais les dépressions qui les séparent, on est tout d'abord frappé d'un trait dominant dont paraît dépendre tout l'ensemble du système. Nous voulons parler de la longue suite de vallées qui se prolonge de Grenoble, au Sud-Ouest, à Vienne, en Autriche, au Nord-Est, et qui sert successivement de lit à l'Isère, à l'Arve, au Rhône, au Rhin, à l'Inn, à la Salzach, à l'Enns et à la Salza. C'est là en quelque sorte l'axe principal de plissement des Alpes, et sur toute carte bien faite il apparaît comme bien plus important que les sommets. Cette longue suite de brisures, semblable à un sillon, partage les Alpes en deux rangées, l'une située à l'intérieur, l'autre à l'extérieur de la grande courbe formée par la chaîne entière. C'est donc cette grande fosse longitudinale qui devra nous diriger dans l'étude et la classification des Alpes. D'autres alignements s'entre-croisent avec celui-là et délimitent les grands massifs, en les séparant transversalement par des dépressions profondes. Ces dépressions transversales ou obliques ont partagé la masse même des Alpes en blocs inégalement surélevés, inclinés, fracturés en massifs secondaires, dans lesquels les agents atmosphériques ont à leur tour accompli leur travail d'érosion et de rongement, enlevant aux régions les plus élevées des fragments qu'ils transportaient ensuite dans les vallées et dans les plaines, en les triturant de plus en plus, les transformant graduellement en cailloux, en gravier, en sable, en vase fine, et les déposant au pied des monts, depuis les alluvions des vallées supérieures jusqu'aux vases fluides des deltas du Rhône, du Rhin, du Pô ou du Danube. C'est ainsi que dans le cours des siècles, par surrection d'abord, par démolition ensuite, les Alpes ont pris l'aspect sous lequel nous les voyons aujourd'hui.

GRANDS MASSIFS

Au Nord de la grande vallée longitudinale s'élèvent les massifs de la

Grande-Chartreuse, du Chablais, des Alpes Vaudoises et Bernoises, des Alpes de Glaris, des Alpes Bavaroises, des Alpes de Salzbourg et des monts autri-

chiens, qui forment la rangée extérieure. Au Sud s'élèvent les groupes du Pelvoux, de la Maurienne, du Mont-Blanc, du Valais, des Alpes Tessinoises, des Alpes Grisonnes, de l'Œtzthal, des Tauern, qui forment la masse des Alpes intérieures.

De Grenoble, en se dirigeant au Sud, vers la Méditerranée, on rencontre une autre suite de vallées qui semblent continuer, en suivant la courbe des Alpes, le grand trait longitudinal dont nous venons de parler. Cette longue ligne, orientée à peu près du Nord au Sud, sépare le Vercors, les avant-monts de la Drôme et le massif du Ventoux des massifs du Pelvoux, du Viso, des Alpes Maritimes.

Le massif du Mont-Blanc, qui renferme la cime la plus élevée de toute la chaîne (4810 mètres), n'est pas le plus important des Alpes, ni même celui qui présente la plus grande altitude moyenne. Il est dépassé à cet égard par le massif du Mont-Rose, dans les Alpes Pennines ou Valaisanes. Celui-ci, véritable centre orographique des Alpes, se dresse au sud du Rhône, entre le col de Ferret à l'Ouest et le Simplon à l'Est, jusqu'à une altitude de 4638 mètres. Nulle part les Alpes ne présentent une plus grande masse de glaciers et de névés.

Au nord du Mont-Blanc et du Mont-Rose, les Alpes Bernoises s'élèvent entre le lac de Genève, le Rhône, le col du Grimsel, l'Aar, et les plaines du pied du Jura. Parmi les glaciers des Alpes Bernoises, se trouve le glacier d'Aletsch, le plus long de toute l'Europe : 25 kilomètres.

A l'Est de l'Aar et du Grimsel, et jusqu'à la Reuss, s'étendent les Alpes des Quatre-Cantons, bien moins élevées ; puis les Alpes de Glaris, également secondaires (Tödi, 5625 mètres). Le Rhin, qui les borne au Sud et à l'Est, les isole du massif des Alpes Lépontiennes, que le Simplon sépare des Alpes Pennines, et dont le point suprême n'atteint que 3598 mètres.

Les Alpes Réthiques ou des Grisons, situées au Nord et au Sud de l'Engadine ou haute vallée de l'Inn; les Alpes Tyroliennes et les Alpes Cadoriques, situées à l'Ouest et à l'Est de l'Adige; enfin la longue rangée des Alpes Noriques, avec les Hautes et Basses Tauern, qui se prolonge du col du Brenner à Vienne, ayant au Nord les massifs de Salzbourg et d'Autriche, au Sud les Alpes Carniques, Styriennes, les Karawanka et les Alpes Juliennes, telles sont les principales divisions conventionnelles de la chaîne à l'Est du Mont-Blanc.

Sur toute la longueur de la double rangée des Alpes, les massifs intérieurs surpassent en hauteur les chaînons extérieurs. Ainsi les sommets de la Grande-Chartreuse n'atteignent que la moitié de la hauteur des monts de l'Oisans. Le Chablais est dominé de 1500 à 2000 mètres par la cime du Mont-Blanc. Les Alpes Bernoises sont inférieures à celles du Valais ; et si les montagnes de Glaris dominent légèrement le massif de l'Adula, en arrière de ce massif s'élèvent à plus de 4000 mètres les pitons de la Bernina, puis ceux de l'Ortler et de la Wildspitze, point culminant de l'Œtzthal, qui font face aux Alpes Bavaroises, bien moins élevées ; enfin les massifs de Salzbourg et des Alpes Autrichiennes sont surpassés au Sud, au delà des vallées de la Salzach et de l'Enns, par les deux longues chaînes des Tauern, que dominent les neiges du Gross-Glockner.

DÉPRESSIONS SECONDAIRES, VALLÉES, LACS, COLS

On peut donc considérer les Alpes, surtout dans leur partie occidentale, comme formées de deux longues rangées de massifs, séparées par une longue dépression qui forme une série presque ininterrompue de vallées et de cols. C'est au centre même de la dépression que se trouve le massif du Saint-Gothard, l'un des moins importants des Alpes comme élévation, mais le principal peut-être par le grand nombre de passages qui l'entaillent et se descendent.

Les fendillements secondaires, plus ou moins transversaux, qui dessinent entre les grands massifs un réseau de vallées et de cols profondément déprimés, suivent, comme la crevasse principale, des directions souvent rectilignes. Ainsi la vallée de l'Adda semble se prolonger, par une suite de dépressions à peine interrompues, jusque vers Domo d'Ossola. Dans d'autres parties des Alpes, en France par exemple, certaines vallées, telles que celles du Rhône, de l'Isère, de l'Arc, de la Durance, se replient en longs méandres, suivant la direction des fractures qui ont présidé à leur formation ; et tantôt elles se prolongent en ligne droite dans le sens des Alpes principales, tantôt elles les croisent, également en droite ligne, en se dirigeant du Sud-Est au Nord-Ouest, suivant la direction qu'Élie de Beaumont attribuait au système particulier du mont Viso.

Ces deux orientations principales, Nord-Est et Nord-Ouest, dominent dans la partie occidentale des Alpes. Plus à l'Est, des accidents diversement prolongés se mêlent et s'entre-croisent de plus en plus, formant comme un lacis de brisures ou de plis dirigés vers tous les points de l'horizon.

Ces inégalités, transformées en vallées par le travail des siècles, descendent au Nord, à l'Ouest et au Sud, vers les plateaux d'Allemagne, les redressements du Jura ou les plaines d'Italie, et, par l'effet du mouvement de bascule qui a soulevé les chaînons des Alpes comme les voussures d'une longue voûte irrégulière, les parties situées à l'extrémité inférieure des chaînons principaux se sont abaissées en un grand nombre de points au-dessous des parties environnantes. C'est grâce à ces cavités, préservées par les anciens glaciers contre les apports des vallées supérieures, que les Alpes ont pu conserver cette merveilleuse ceinture de grands lacs, à laquelle elles doivent peut-être leurs plus grandes beautés. À l'Ouest, les lacs de Genève, de Neuchâtel, de Morat, de Bienne, se suivent dans les dépressions voisines du Jura. Au Nord, les lacs de Thoune, de Brienz, de Lucerne, de Wallenstadt, de Zurich, de Constance, et d'innombrables nappes d'eau moins importantes, s'étendent au pied des Alpes Suisses et Allemandes. Vers le Sud, ce sont les lacs Majeur, de Lugano, de Côme, de Garde, d'Iseo, étendus au pied même des monts et séparés de la plaine par les longues collines morainiques de la période quaternaire.

Dans le centre même de la chaîne, il n'y a pas de grands lacs ; et les fractures, s'élevant en même temps que la masse des montagnes, dessinent à leur extrémité supérieure des cols profondément ouverts entre les hautes sommités.

La profondeur relative de ces échancrures est un des traits caractéristiques des Alpes. Tandis que les sommets alpins s'élèvent fréquemment au-dessus de 4000 mètres, il n'est pas rare que les cols demeurent au-dessous de la moitié de cette hauteur.

Le groupe du Saint-Gothard, situé à l'origine des vallées du Rhin, du Tessin, de la Toce, du Rhône, de l'Aar et de la Reuss, a été longtemps représenté comme le massif principal des Alpes. En réalité, il présente simplement un faible entassement, tout ébréché de cols. Là est précisément son importance au point de vue des relations internationales, et il était tout désigné pour le percement qui devait réunir le Nord et le Midi. A l'Est du Saint-Gothard, les cols du Bernardin et du Splügen font commu-

Karlsruhe
Nancy
Lunéville
Troyes
Épinal
STRASBOURG
STUTTGART
Ulm
Augsbourg
MUNICH
Ratisbonne
JURA DE SOUABE
Langres
Belfort
Mulhouse
Bâle
Dijon
Besançon
ALPES D'APPENZELL
ALP. CALCAIRES
ALPES DE BAVIÈRE
Innsbruck
Chalon-s-Saône
BERNE
ALPES CENTRALES
ALPES DES CANTONS
LAC DE GLARIS
Massif de l'Ötzthal
ALPES DOLOMITIQUES
Mâcon
ALPES BERNOISES
ALPES PENNINES
ALPES LÉPONTIENNES
ALPES RHÉTIQUES
ALPES
Cervin
M. Rose
ALPES OCCIDENTALES
LYON
ALPES BERGAMASQUES
Côme
Bergame
Brescia
Grenoble
Como
Mantoue
Crémone
Valence
Montferrat
Brie della Maddalena
Alexandrie
Plaisance
APENNIN LIGURE
GÊNES
Rivière du Levant
APENNIN
Avignon
Nîmes
Mont du Luberon
PROVENCE
Rivière du Ponent
Golfe de Gênes
Livourne
FLORENCE
MARSEILLE
Toulon
Cap Sicié
I. de Porquerolles
I. du Levant
I. Pt Cros
Îles d'Hyères
Cap Corse
I. Capraja
I. Gorgone
Bastia
I. D'ELBE
I. Pianosa
MER MÉDITERRANÉE
MER TYRRHÉNIENNE
I. Monte Cristo

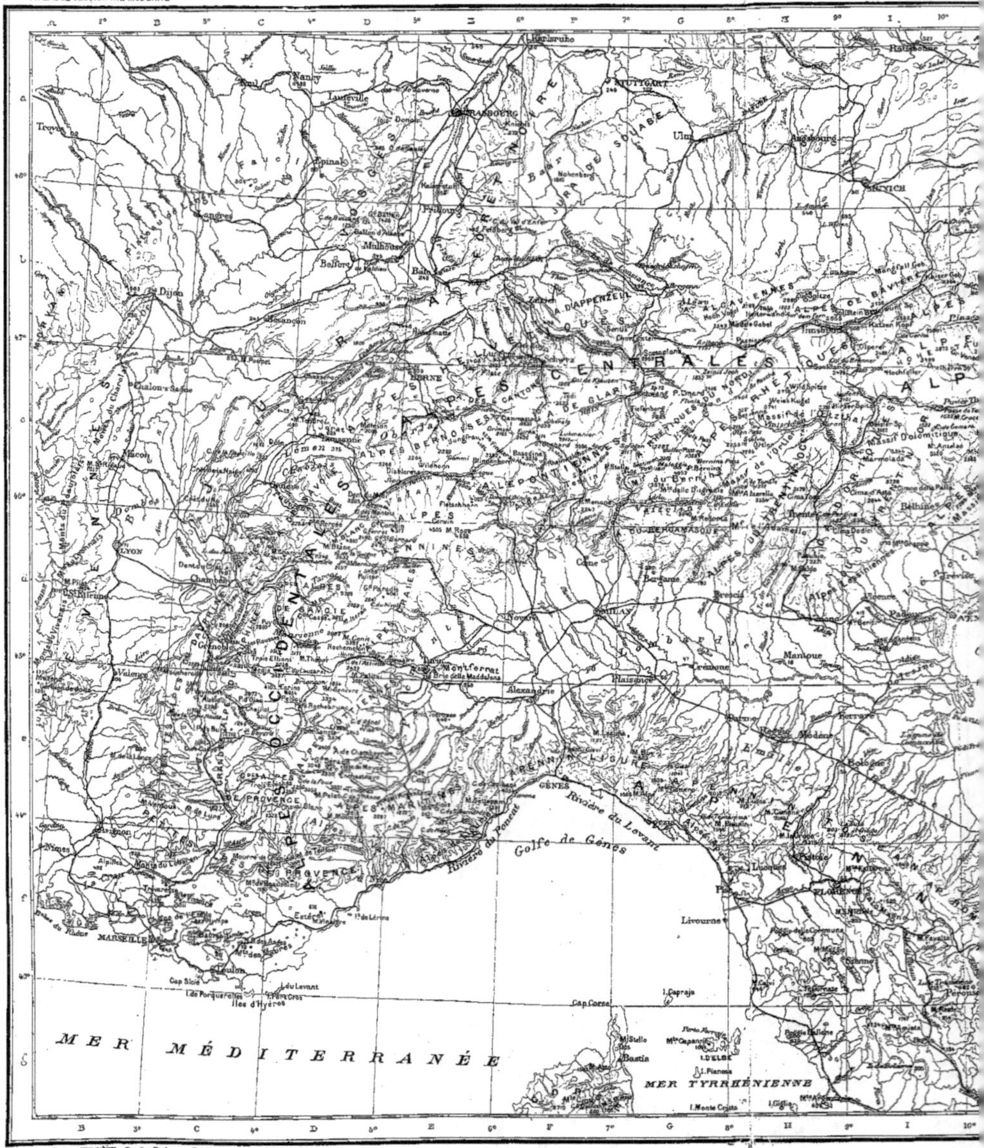

ALPES

PUBLIÉ PAR LA LIBRAIRIE HACHETTE ET Cie CARTE 23

ALPES ORIENTALES
ALPES CENTRALES
Golfe de Venise
MER ADRIATIQUE
MER TYRRHÉNIENNE
Rivière du Levant
Golfe de Gênes
VENISE
VIENNE
MUNICH
TRIESTE
MILAN
Padoue
Vicence
Brescia
Mantoue
Crémone
Plaisance
Parme
Modène
Ferrare
Bologne
Florence
Livourne
Ancone
Laibach
Fiume
Zara
Linz
Passau
Ulm
Stuttgart
Bastia
Golfe de Trieste
Iles Illyriennes
LÉGENDE
de 0 à 500m.
de 500 à 1000m.
au-dessus de 1000m.
Sommet
Col
Echelle de 1:2 500 000
Projection conique simple

Imp. Erhard Frères

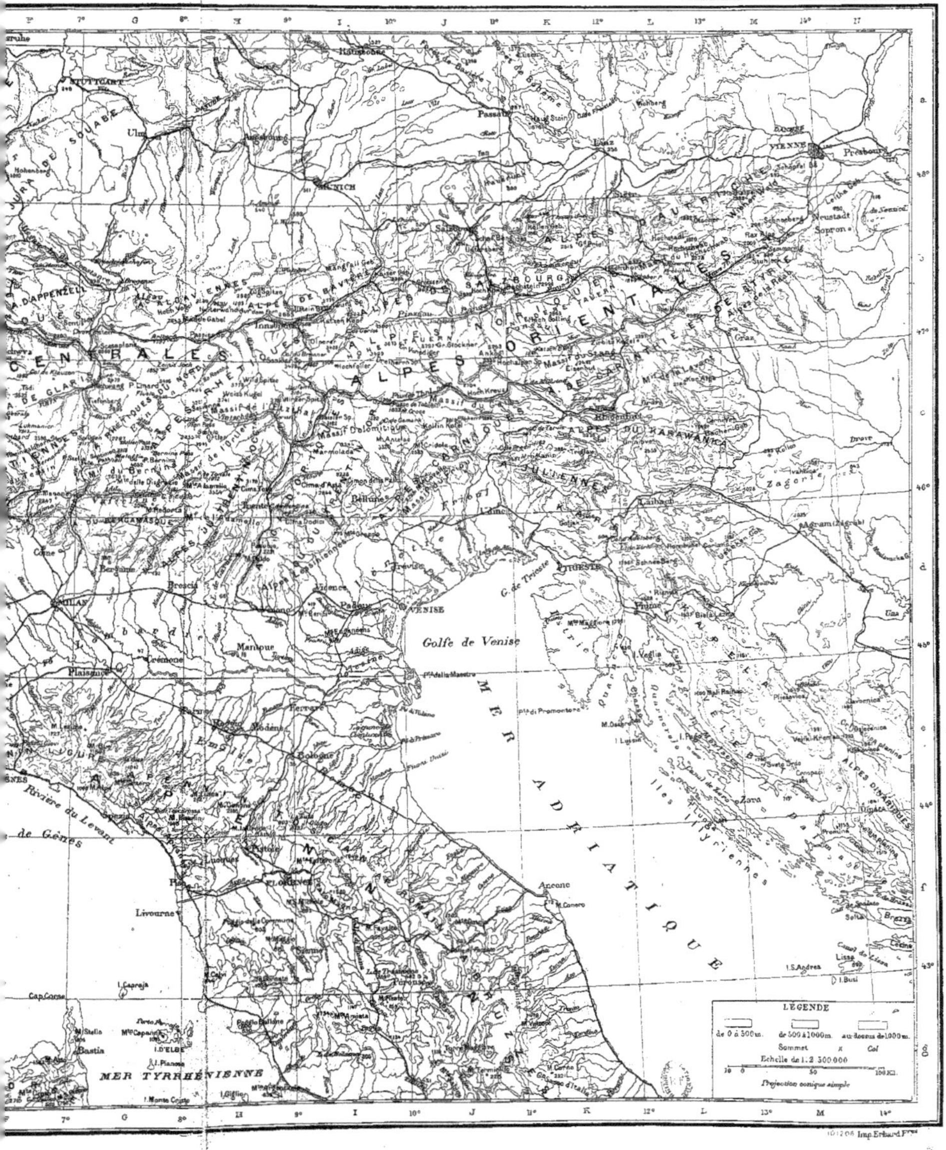

niquer le bassin du Rhin avec le lac Majeur, le lac de Côme et la plaine Lombarde. Le seuil de la Maloggia ouvre un passage entre l'Inn et les plaines d'Italie par le lac de Côme. Si, partant du même lac, on remonte l'Adda vers l'Est, on rencontre la dépression du Stelvio, qui s'abaisse plus loin et communique presque de plainpied avec l'Inn et le Danube. Plus au Nord-Est encore, l'affaissement du Brenner ouvre la route la plus directe entre Innsbruck et Vérone, entre le bassin du Danube et les plaines de l'Adige. Enfin, à l'Est du Brenner, les cols et les massifs perdent graduellement de leur importance. Du reste, dans cette partie de la chaîne, les principales percées conduisent, au Nord comme au Sud, vers des tributaires directs ou indirects de la mer Noire, et ne peuvent plus servir de passage entre le Nord et le Midi. Soit par le Danube, soit par la Drave, soit par la Save, on descend également vers la plaine hongroise, ou bien on va se perdre dans ce remous de peuplades slaves qui, venant de l'Est, se sont arrêtées et enchevêtrées dans le dédale des Alpes orientales.

Si au contraire on s'éloigne du Saint-Gothard vers l'Ouest, on rencontre les massifs les plus puissants et les plus glacés de toutes les Alpes, et en même temps les grandes percées s'ouvrent de plus en plus directes entre le Nord et le Sud, entre l'Occident et l'Orient. C'est par les brisures de cette partie de la chaîne qu'Annibal et Bonaparte sont descendus sur l'Italie, et que Rome, débordant en sens inverse, a répandu sa civilisation sur les Gaules. Immédiatement à l'Ouest des créneaux du Saint-Gothard, le Simplon et le Grand-Saint-Bernard entaillent profondément le col du Mont-Cenis, celui du Mont-Genèvre, le col de l'Arche, s'ouvrent largement entre la France et la plaine italienne ; tous ces cols, divergeant vers la France, convergent au contraire vers le même point de l'Italie.

Bien différentes en cela des cols des Pyrénées, les dépressions des Alpes ont permis non seulement le passage des conquérants, mais, dans une

certaine mesure, la fusion des races et des langues entre les deux versants : les vallées qui du Mont-Rose descendent vers l'Italie sont habitées par une population de langue allemande ; celles qui du Mont-Blanc ou du Viso s'abaissent vers la plaine du Piémont appartiennent à la langue française. Enfin, l'existence même du peuple suisse n'est devenue possible que grâce à la facilité avec laquelle les Alpes se laissent traverser dans toute leur épaisseur.

COMMUNICATIONS

Les Alpes n'ont jamais servi de frontière continue entre deux peuples ou deux races, comme les Pyrénées. L'Autriche, la France, la Suisse, l'Italie, ont débordé tour à tour ou débordent encore les limites indiquées par les fleuves, les lacs ou les crêtes ; ou, pour mieux dire, la contexture même des massifs alpins en fait plutôt un obstacle qu'une limite, et cet obstacle a été franchi dans plusieurs directions dès avant les temps historiques. La nécessité de passer du versant méditerranéen au versant atlantique et vice-versa, soit pour le commerce, soit pour la guerre, a fait de bonne heure reconnaître et pratiquer les cols alpins ; l'attrait exercé par les régions tièdes et fertiles du cercle intérieur des Alpes, par la belle plaine de la Lombardie et la péninsule italienne qui la continue, a, durant bien des siècles, occasionné comme un appel de populations septentrionales et occidentales. Un reste de cet état de choses subsiste dans la nationalité autrichienne d'une partie du versant italien, « l'Italia irredenta » des patriotes transalpins. Aussi les Alpes sont-elles traversées par un grand nombre de routes hardies, d'une construction admirable, alors que des chaînes de moindre épaisseur, comme les Pyrénées, ne sont guère franchies que par des sentiers.

Cependant, cet obstacle, bien que partiellement franchissable, déterminait par sa masse même un refoulement des grands courants commerciaux à travers les plaines voisines ; les frais nécessités par le transport des marchandises par-dessus les cols alpins n'en permettaient guère la traversée qu'aux voyageurs ou aux denrées précieuses et légères.

Parmi les isthmes européens dessinés entre les mers extérieures et la Méditerranée, c'était l'isthme français qui s'assurait la majeure partie du trafic, grâce à la possibilité qu'il donnait d'éviter les montagnes. Dès lors, Marseille restait la métropole commerciale de toute la Méditerranée occidentale ; Gênes n'avait que le débouché de la plaine lombarde.

Mais, avec le développement des relations internationales qui suivit l'établissement des voies ferrées, des percées souterraines remplacèrent graduellement les routes du siècle dernier, rendant les communications de plus en plus rapides et économiques entre les versants opposés.

Cette transformation ne pouvait se faire qu'au détriment de la France, qui avait jusqu'alors bénéficié de la dépression occidentale, et au profit de Gênes ou de Trieste, situées l'une au centre même de l'hémicycle des Alpes, l'autre au pied de leurs rameaux orientaux.

Jusqu'à ce jour, cinq grandes percées ont permis à autant de voies ferrées de traverser la chaîne. Celle de Modane relie la France aux plaines du Piémont ; celle du Saint-Gothard a détourné au profit de l'Allemagne une partie du commerce de l'Europe occidentale ; celles du Brenner et du Semmering font communiquer l'Allemagne orientale et l'Autriche avec le bassin de l'Adriatique. Enfin, la trouée du Simplon, la moins élevée et la plus directe de toutes, ouvre un chemin facile entre le Rhin et le golfe de Gênes, au grand détriment du commerce français. Les raccourcis projetés à travers le Jura ou les Alpes Bernoises ne seront que d'insuffisants palliatifs à ce déplacement des grands courants commerciaux. Seules, l'ouverture de la Seine aux grands navires de mer jusqu'à Paris et l'amélioration de la navigation du Rhône pourraient ramener le commerce général vers la France, en rendant de nouveau le transport à travers la plaine occidentale plus avantageux que l'emploi des grandes percées alpines.

ALPES FRANÇAISES

Parmi les massifs des Alpes, celui du Mont-Blanc est situé au point précis où se rencontrent les frontières de la France, de l'Italie et de la Suisse. A l'est du Mont-Blanc, les Alpes appartiennent à la Suisse, à l'Autriche, à l'Italie ; à l'ouest et au sud, elles se partagent entre l'Italie et la France.

Du massif du Mont-Blanc à la Méditerranée, la longueur des Alpes Françaises est de 540 à 550 kilomètres. Leur largeur est de 200 kilomètres en moyenne, en y joignant le versant italien. L'orientation seule des Alpes Françaises leur donne déjà un caractère original. Tandis que les Alpes centrales et orientales, du Mont-Blanc à l'Autriche, se prolongent à peu près de l'Ouest à l'Est, conservant ainsi la même latitude, et par suite le même climat, la même végétation, la même physionomie générale, les Alpes Françaises, s'étendant entre le lac de Genève et la Méditerranée sur plus de trois degrés de latitude, présentent des contrastes saisissants, dus aux divers climats qui enveloppent leurs cimes ou arrosent leurs vallées. Ces contrastes sont encore accrus par le fait que les plus grandes hauteurs et les plus vastes glaciers se trouvent dans la partie Nord, tandis que la partie Sud ne présente que des montagnes relativement modestes. De la sorte les deux influences de la latitude et de l'altitude concourent à produire les mêmes effets, tandis qu'elles se contredisent dans la partie orientale de la chaîne. Aussi les Alpes Françaises présentent-elles tous les genres de paysage montagnard, depuis les fraîches et verdoyantes vallées de la Savoie jusqu'aux gorges presque africaines du littoral méditerranéen ; depuis les rives humectées du Léman jusqu'aux lits desséchés des torrents des Alpes Maritimes ou Provençales. Dans l'ensemble, elles sont plus sévères, plus âpres, moins hospitalières d'aspect que les Alpes orientales, si nous exceptons de ce jugement les massifs de la Savoie. Mais elles ne le cèdent aux Alpes Suisses ou Tyroliennes ni pour la fierté des sommets, puisque le Mont-Blanc domine toute l'Europe, ni pour l'ampleur des surfaces glacées, car les glaciers de Tarentaise, de Maurienne, du Pelvoux, égalent presque en étendue ceux de la Suisse Bernoise ou Valaisane. Si les beaux lacs de la Suisse et de l'Italie leur font défaut, car elles touchent à peine le Léman et n'ont que des lacs d'étendue bien modeste, elles possèdent en revanche la beauté de la lumière, les roches ensoleillées, les parois fauves ou brûlées ; une végétation qui, du lichen et du sapin voisins des neiges, va jusqu'à l'olivier de Provence, jusqu'au pin d'Italie, jusqu'au palmier et aux aloès de la côte méditerranéenne. Elles offrent enfin l'admirable littoral de la Méditerranée, qui dans certaines parties peut faire oublier les rives des grands lacs.

Les grands traits géologiques de la chaîne franco-italienne se présentent avec une assez grande simplicité. Les terrains primitifs y forment des bandes parallèles, orientées du N.-N.-E. au S.-S.-O. et qui cadrent avec la direction générale de la grande ligne de brisure des Alpes, mais non pas avec la ligne de faîte, irrégulière dans les Alpes comme dans toutes les grandes chaînes de montagnes. La bande occidentale, la moins large des deux, mais la plus importante comme orographie, comprend le massif du Mont-Blanc, auquel correspond, sur l'autre versant de la vallée de Chamonix, la rangée des Aiguilles-Rouges ; puis elle se prolonge vers la longue chaîne de Belledonne, dominant ainsi la rive droite de la vallée de Graisivaudan. Au S.-E. de cette rangée, le puissant massif du Pelvoux forme comme un prolongement oblique de terrain primitif et semble s'aligner en une rangée parallèle, mais interrompue, avec quelques sommets granitiques de la Maurienne et le puissant massif des montagnes du Valais, situées entre les vallées d'Aoste et d'Evolena. La deuxième bande continue s'étend le long de la plaine piémontaise et s'avance jusqu'aux sommets de la crête.

Tout l'intervalle compris entre ces deux bandes, à l'exception du massif du Pelvoux et des pointements isolés de la Maurienne, est occupé par des montagnes appartenant surtout aux formations carbonifères et triasiques. A l'O. de la bande la plus occidentale, les roches se suivent dans leur ordre naturel ; sur une rangée de monts jurassiques s'appuie une bande de sommets crétacées, puis les étages tertiaires font leur apparition à l'approche de la plaine.

A l'exception du Pelvoux, en se dirigeant vers le S., on ne rencontre plus que des roches de sédiment ; d'abord des montagnes jurassiques de la haute et de la moyenne Durance, puis une large bande irrégulière de terrain crétacé qui forme les montagnes à escarpements de la Drôme et de la Provence, et enfin, près des montagnes comme plus au N., les terrains tertiaires. Toutefois une bande transversale de terrain primitif occupe la crête de la chaîne à l'origine de la Stura, et jusqu'au col de Tende. De plus, tout à fait au S., par delà les terrains permiens et triasiques qui s'étendent de Toulon à Grasse, deux massifs de roches cristallines complètement isolés s'élèvent au bord même de la Méditerranée : ce sont les montagnes des Maures et celles de l'Esterel, massifs complètement isolés des chaînons alpins, et que les géologues considèrent comme tout à fait indépendants du système des Alpes.

Fr. Schrader.

SUPERFICIE

La superficie de l'Italie est de 286 682 kil. carrés, les 53/100 de la superficie de la France (536 408 k. c.). L'Italie s'étend cependant en latitude plus que notre pays, puisque de l'Ortler au cap Passero, on compte 1 150 kil.; mais la largeur qui n'excède pas 566 kil. entre le mont Tabor et l'embouchure du Pô, se réduit considérablement dans la partie péninsulaire. L'Italie n'a pas moins de 6 785 kil. de **côtes**, avec les îles grandes et petites, qui en dépendent (5 657 kil. pour la partie péninsulaire et 3 128 kil. pour les îles).

GÉOGRAPHIE PHYSIQUE

L'Italie peut se subdiviser en une partie continentale et une partie péninsulaire. La première est encadrée par les Alpes, et arrosée par le Pô et ses affluents. Le Pô, qui n'a que 650 kil. de cours, n'en est pas moins un des fleuves les plus riches en eau qu'il y ait en Europe. Sorti du mont Viso, il recueille par ses affluents de gauche les eaux qui découlent des névés et des glaciers des Alpes. Ces rivières se chargent en outre de débris qu'elles déversent dans les grands lacs du pied méridional des Alpes ou dans la plaine lombarde. Cette plaine est constituée par les alluvions qui, au cours des siècles, ont comblé le golfe ouvert entre les Alpes et l'Apennin, et s'avancent encore aujourd'hui dans l'Adriatique, d'environ 70 mètres par an.

L'abondance et la rapidité de ces rivières ont reculé vers le Sud le lit du Pô, à la limite entre le talus de déjection des Alpes et celui de l'Apennin, d'où ne descendent que de courtes rivières — L'*Adige*, qui naît dans les Alpes Rhétiques, confond ses alluvions avec celles du delta du Pô. — Les autres tributaires de l'Adriatique sont peu considérables.

La péninsule d'Italie a pour épine dorsale la longue chaîne de l'*Apennin* (ou des Apennins), qui va du col de Cadibone jusque vers 40° de latitude, où commencent les monts Sila et Aspromonte. À l'intérieur de la conca-

vité de l'Apennin se sont produites de puissantes éruptions volcaniques, et les plaines de l'Italie doivent leur étendue aux grandes quantités de

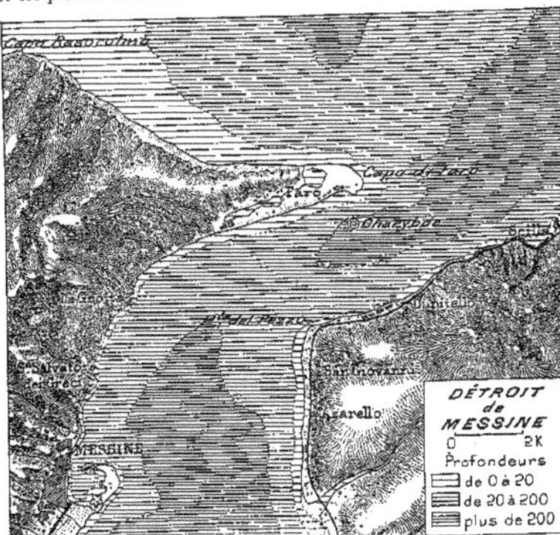

tuf qui ont empiété sur la mer. Aujourd'hui encore, les foyers volcaniques sont visibles (Vésuve, Champs Phlégréens, etc.). L'Apennin se ramifie en chaînons entre lesquels serpentent les cours d'eau qui vont à la mer Tyrrhénienne; cette nécessité de franchir plusieurs chaînes donne à

l'*Arno* 250 kil. de cours (115 en ligne droite de la source à l'embouchure), et 371 au *Tibre*, au lieu de 222.

L'Apennin septentrional, formé de roches tertiaires, finit au seuil qui conduit de la vallée du Métaure (Metauro) dans celle du Tibre. Aussitôt après commencent les formations jurassiques de l'Apennin central. La chaîne atteint son point culminant dans le *Gran Sasso d'Italia* (2 921 mètres), qui domine les Abruzzes. La principale route à travers cette partie de la chaîne est l'ancienne *via Flaminia*. L'Apennin méridional, plus praticable, offre la grande dépression de Bénévent (*via Appia*). Enfin le *Monte Pollino* (2 248 m.) marque les dernières éminences de l'Apennin.

Au delà commencent les montagnes granitiques de la Calabre, formées des monts de la *Sila* et *Aspromonte*, que sépare un seuil de 250 mètres, puis les monts de Sicile, dominés par l'*Etna* (3 313 mètres).

Le *Monte Gargano* est une ancienne île, rattachée au reste de la péninsule par une ceinture de plaines.

Dans l'Italie péninsulaire, les principales **plaines** sont : les *marais Pontins*, au sud de Rome, désolés par la malaria; — la *Campanie*, riche et peuplée (Terre de Labour) : — sur l'autre versant de l'Apennin, la plaine (*Tavoliere*) de Pouille, sèche et brûlée, servant au pâturage.

CLIMAT

L'Italie du nord a un **climat** continental, avec des hivers froids et des étés brûlants (Milan : janvier, 0°,6; juillet, 24°). À mesure qu'on s'avance vers le Sud, dans le climat méditerranéen, les hivers deviennent doux, mais la température d'été reste la même à Messine qu'à Milan; la pluie devient rare en été, et le sirocco se fait

parfois sentir (Naples : janvier 9°,2; juillet, 24°,5; Catane, 11°,3 et 28°,4).

POPULATION

En 1901, la **population** de l'Italie a atteint le chiffre de 32 449 754 hab..

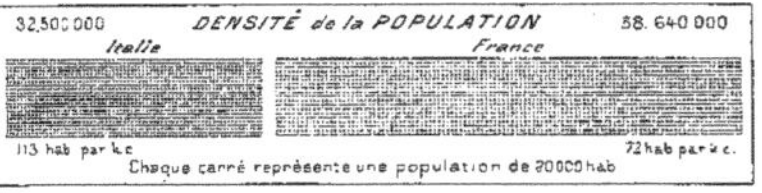

soit 113 par kil. carr. (France, 72). La densité moyenne atteint jusqu'à 176 en Lombardie, 192 en Campanie, 204 en Ligurie; elle tombe à 49 dans la Basilicate et à 33 dans la Sardaigne. Cette population s'accroît rapidement, par suite de l'excédent des naissances sur les décès (343 naissances, 231 décès sur 10 000 hab. en 1900); mais l'**émigration** enlève chaque année à l'Italie un grand nombre d'individus (155 209 en 1900); ce sont naturellement les cantons pauvres, les pays de montagnes, qui fournissent le contingent le plus fort. En 1891, on comptait près de deux millions d'Italiens à l'étranger.

ATLAS DE GÉOGRAPHIE MODERNE — PUBLIÉ PAR LA LIBRAIRIE HACHETTE ET C.ie   CARTE 24

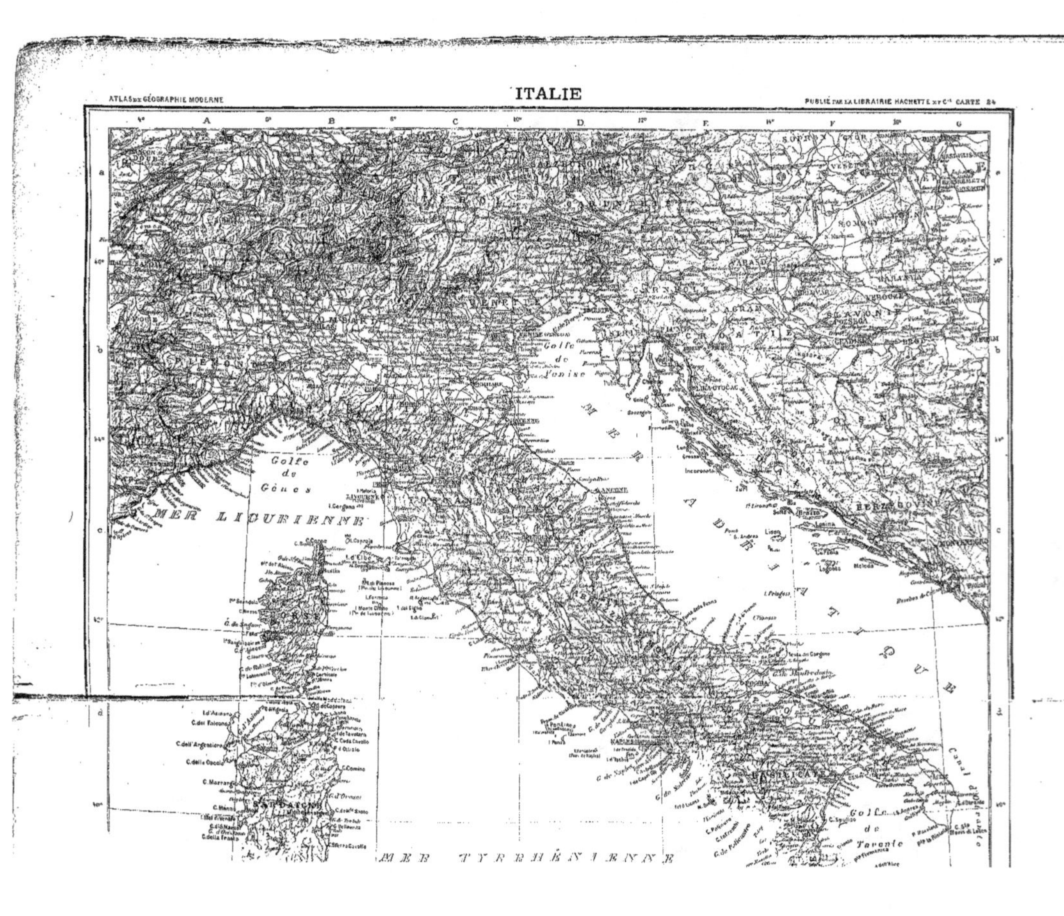

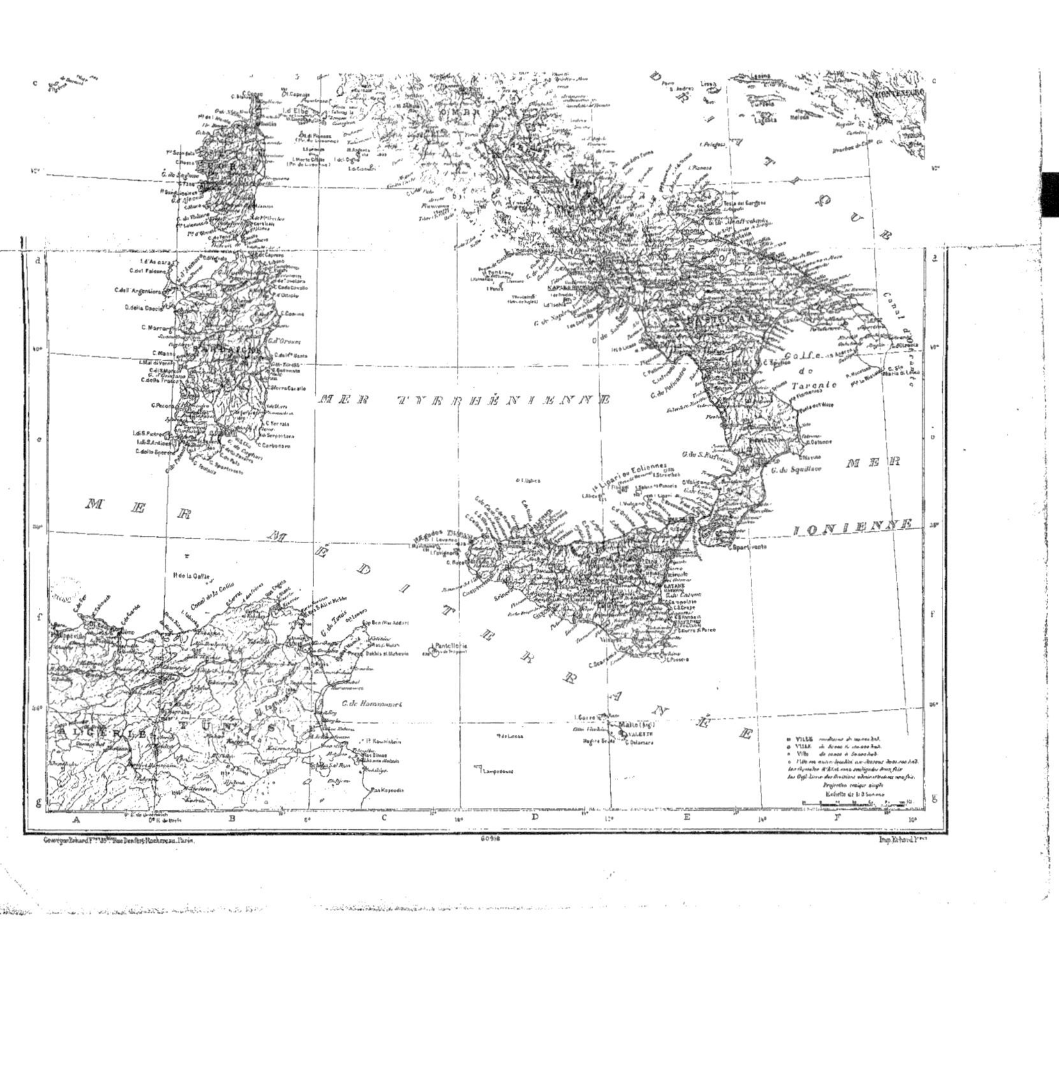

Naples	563 751 hab.	Florence	204 950 hab.
Milan	491 460 »	Bologne	152 009 »
Rome	463 000 »	Venise	151 841 »
Turin	335 039 »	Messine	149 825 »
Palerme	310 332 »	Catane	149 694 »
Gênes	234 800 »		

ADMINISTRATION

L'Italie est une **monarchie constitutionnelle** ; le roi est le chef du pouvoir exécutif, à condition que ses actes soient contresignés par un ministre.

Le pouvoir législatif est partagé entre le roi et les deux Chambres : 1° le Sénat, composé des princes de la famille royale et de membres nommés par le roi, à vie et en nombre illimité ; 2° la Chambre des députés, formée par 508 membres, élus directement par autant de collèges. Est électeur, tout Italien âgé de 21 ans, payant 20 lires de contributions directes et sachant lire et écrire, restriction qui n'est pas sans importance dans un pays comme l'Italie, où l'**instruction** est encore peu développée. En 1872, on comptait 587 illettrés sur 1000 conscrits ; en 1897, ce chiffre était encore de 574. Les écoles régimentaires remédient en partie à cet état de choses ; un grand nombre d'écoles primaires se sont fondées (on en comptait près de 66 000 en 1896) ; en outre, l'enseignement est donné dans les écoles secondaires et dans vingt et une universités.

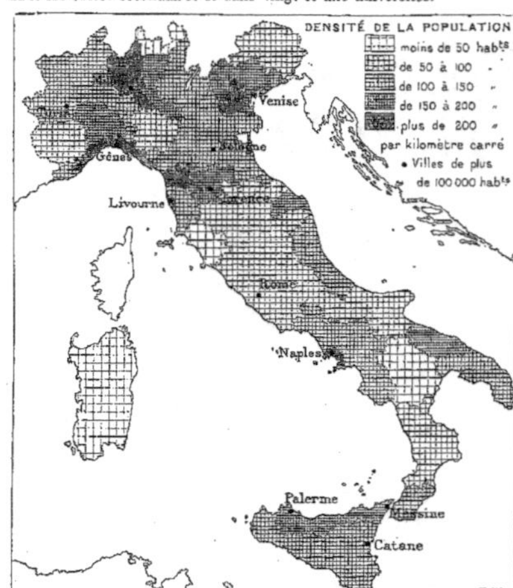

Les grandes **divisions territoriales** de l'Italie sont le Piémont, la Ligurie, la Lombardie, la Vénétie, l'Émilie, les Marches, la Toscane, l'Ombrie, Rome (Latium), les Abruzzes et le Molise, la Campanie, les Pouilles, la Basilicate, les Calabres, la Sicile, et la Sardaigne. Elles se partagent en 69 *provinces*, partagées à leur tour en 284 *arrondissements*, qui se subdivisent eux-mêmes en 1806 *mandements* et en 8261 *communes*. La capitale, depuis 1870, est Rome, centre historique du pays.

AGRICULTURE — INDUSTRIE — COMMERCE

L'**agriculture** forme la principale occupation des Italiens et la plus grande richesse du royaume. Nul coin de terre n'est perdu dans la vallée du Pô, admirablement arrosée ; on y cultive les céréales, le chanvre, le lin. En Ligurie, en Toscane, sur une grande partie du littoral montagneux, fleurit la culture en terrasses, qui convient surtout aux arbres fruitiers (vignobles, plantations d'oliviers). Le midi de l'Italie se prête déjà aux cultures intertropicales et nulle part le palmier-dattier ne s'avance plus loin vers le Nord ; la Sicile et l'Apulie possèdent même le coton.

De toutes les cultures, c'est celle de la vigne qui a pris dans les dernières années le plus d'extension. Les grands vignobles se trouvent le long de l'Adriatique, de Venise aux Pouilles, dans l'Italie du Sud, le Piémont, la vallée

de l'Arno, en Sicile. Les vins parfumés du Piémont, du Véronais, de Toscane, et de Sicile sont connus comme vins de table et vins de dessert ; enfin, la réputation du Marsala, du Lacrima-Cristi, n'est plus à faire, et l'on connaît les noms des vins classiques de l'antiquité romaine. La production, qui atteignait les 37 millions d'**hectolitres** en 1891, est descendue graduellement, sous le coup du phylloxera et de la peronospora, jusqu'à 24 millions en 1890 et a remonté ensuite à 52 millions en 1899.

Une grande partie de l'Italie méridionale est utilisée comme pâturages, où l'**élevage** du bétail (moutons et bêtes à cornes) est largement pratiqué.

Les **richesses minérales** n'abondent pas en Italie ; on ne peut guère citer que les excellents minerais de fer de l'île d'Elbe, les marbres (Car-

rare, etc.), le soufre de Sicile, auquel le soufre japonais fait une concurrence active ; les combustibles minéraux font à peu près défaut.

Malgré tout, l'Italie a voulu devenir un pays d'industrie. La construction des machines se développe à Naples, Livourne, Gênes (San Pier d'Arena), Turin, Milan et Venise. La Spezzia, S. Pier d'Arena, Castellammare, Livourne et Venise, ont des chantiers de constructions navales. Le *fer* est travaillé à Terni, à Brescia et à Lecco. L'arrondissement de Biella et le nord de la province de Vicence possèdent de nombreuses et importantes manufactures de *draps*. L'industrie de la *soie* prospère à Milan et dans la Lombardie.

Le **commerce** italien dépasse 3 milliards de lires (en 1904, 1914 millions à l'importation, 1597 à l'exportation). Outre les voies ferrées, l'Italie dispose pour son trafic d'une marine marchande,

MARINE MARCHANDE comparée de l'ITALIE et de la FRANCE
Italie 1 044 758 tonnes
France 1 235 341

dont le tonnage occupe un rang élevé parmi les marines du globe (en 1904, 5654 navires jaugeant 1 044 758 tonnes, dont 501 vapeurs jaugeant 460 535 tonnes).

ARMÉE — MARINE

L'Italie a cru devoir chercher dans une puissante organisation militaire la garantie de son unité et de son indépendance.

Aux termes des lois de 1875 et 1888, le service militaire est obligatoire pour tout Italien. L'effectif de paix est de 278 000 hommes ; en temps de guerre, il s'élève à 1 425 000 hommes dont 350 000 de milice mobile et 500 000 de milice territoriale) auxquels il faudrait ajouter 570 000 hommes de la 2e catégorie et 1 500 000 de la 5e.

L'armée italienne forme 12 corps, dont les quartiers généraux sont : I. Turin ; II. Alexandrie ; III. Milan ; IV. Plaisance ; V. Vérone ; VI. Bologne ; VII. Ancône ; VIII. Florence ; IX. Rome ; X. Naples ; XI. Bari ; XII. Palerme. L'armée italienne a concentré en temps de paix ses principales masses aux abords des frontières les plus exposées : dans l'Italie du Nord tiennent garnison environ la moitié de l'infanterie, les trois quarts de la cavalerie, de l'artillerie de campagne et du génie. Des troupes spéciales, remarquablement entraînées, les chasseurs alpins (7 régiments), ont pour mission de couvrir les Alpes, dont la pente très courte et la disposition en vallées convergentes permettraient trop aisément l'accès du Piémont.

Un ensemble de travaux de fortification a complété la réorganisation militaire. Rome a été pourvue de forts détachés ; l'on a amélioré les ouvrages de Gênes, de la Spezzia, de Venise, d'Ancône, d'Alexandrie, de Messine, et des frontières autrichienne et française.

Le développement de la **marine** de guerre a accompagné celui des forces de terre. En 1905, l'Italie possédait 522 navires de 453 617 tonnes ; la marine dispose de 26 000 hommes d'équipage, avec la Spezzia et Venise pour principaux arsenaux.

VOIES DE COMMUNICATION

Le **réseau ferré** italien se composait en 1905 de 16 212 kilomètres de lignes, dont plusieurs sont d'une importance internationale, par exemple les lignes du mont Cenis, du Saint-Gothard, du Brenner, et de la Pontebba. Mais la plupart sont à voie unique, et la vitesse commerciale est encore peu considérable.

L'Italie possède encore des chemins de fer à voie étroite et des tramways à vapeur (2 852 kil.).

Lignes télégraphiques : 46 000 kilomètres en 1902.

HISTOIRE CONTEMPORAINE

Morcelée pendant des siècles, l'Italie a dû à la maison de Savoie son unité, que ni la papauté ni le saint empire n'avaient su lui donner. Le souverain qui a réalisé les aspirations nationales est Victor-Emmanuel, aidé du comte de Cavour. En 1859, l'intervention française, les victoires de Magenta et de Solférino, valent au Piémont la Lombardie, enlevée à l'Autriche. La Toscane, Modène, Parme, la Romagne, se joignent au Piémont. Pendant ce temps, Garibaldi renverse le roi des Deux-Siciles (1860). En dehors du royaume d'Italie, constitué en 1861, il ne restait plus que les États de l'Église, au pape, et la Vénétie à l'Autriche. L'alliance de l'Italie avec la Prusse et les victoires de

celle-ci en Bohème (1866) firent perdre à l'Autriche la Vénétie, remise à la France, puis cédée à Victor-Emmanuel. Rome, qu'occupait encore une garnison française, fut évacuée par nous en 1870, et les Italiens y entrèrent aussitôt. La capitale de l'Italie, qui avait été Turin, puis Florence, fut désormais Rome, la capitale historique. L'unité italienne était ainsi achevée.

P. Camena d'Almeida.

ESPAGNE

SITUATION — SUPERFICIE

La péninsule ibérique est située au S.-O. de l'Europe, entre l'océan Atlantique et la Méditerranée. Le détroit de Gibraltar la sépare de l'Afrique, les Pyrénées l'isolent de l'Europe. Elle occupe 589 407 kil. carrés, dont 497 250 pour l'Espagne (avec les Baléares mais sans les Canaries), et 92 157 pour le Portugal.

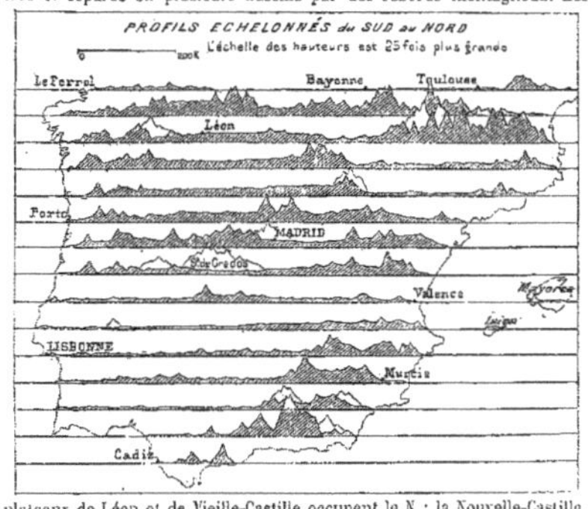

Ses côtes océaniques s'étendent sur 1 875 kil., les côtes méditerranéennes sur 1 550 kil. L'isthme pyrénéen mesure 418 k. Total : 3 643 k.

RELIEF DU SOL

Le centre de la Péninsule forme une masse élevée de 500 à 1 000 mètres et séparée en plusieurs bassins par des rebords montagneux. Les

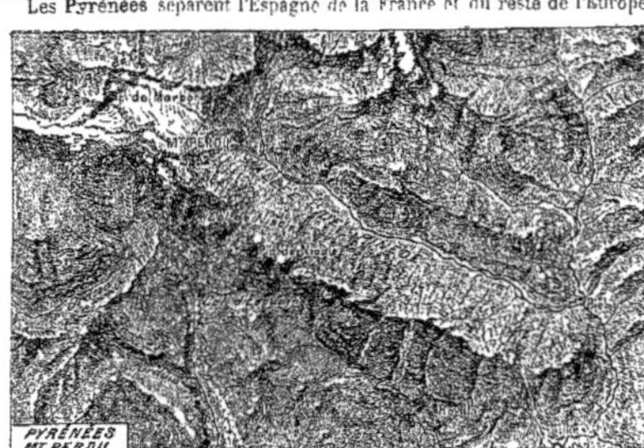

plateaux de Léon et de Vieille-Castille occupent le N.; la Nouvelle-Castille le centre.

Autour de ces plateaux rayonnent au N. la vallée de l'Èbre; à l'E. les plaines de Valence et de Murcie; au S. l'Andalousie; à l'O. le Portugal. Les Pyrénées séparent l'Espagne de la France et du reste de l'Europe.

kiles vont au golfe de Gascogne au cap de Créus, entre les plaines où coulent la Garonne au N., l'Èbre au S. Leur largeur moyenne est de 120 k. La grande masse des Pyrénées est située en Espagne; là sont les pics principaux : Mont-Perdu (3 352 mèt.), Posets (3 367 mèt.), Pic d'Aneto (3 404 mèt.), le plus haut de tous. Des neiges persistantes et quelques glaciers couronnent la partie centrale de la chaîne.

Les **Monts Cantabres** continuent les Pyrénées à l'O. sur 359 kilom. environ. Ils atteignent 2 642 mèt. (Picos de Europa), plongent au N. dans l'Océan, mais s'appuient au S. à des plateaux de 800 à 1 000 mèt., semblables en cela à plusieurs autres régions montagneuses de la Péninsule, qui n'ont guère qu'un versant.

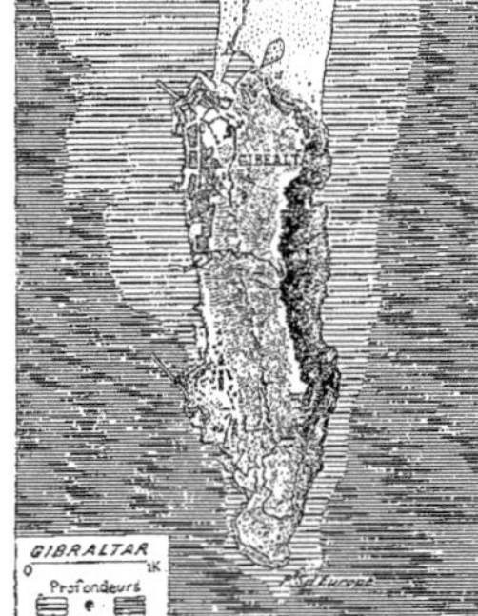

Les sierras de la Demanda et du Moncayo bordent au N. les plateaux de Léon et de Vieille-Castille. Celles de Gata et da Estrella s'allongent à l'O. de ces plateaux, au-dessus des plaines du Portugal.

Les sierras de Gredos et de Guadarrama séparent les plateaux de Vieille et Nouvelle-Castille. La sierra Morena borde la Nouvelle-Castille vers le Sud, s'élevant fort peu au-dessus du plateau du côté du Nord. Enfin, la **sierra Nevada**, très courte, mais plus haute que les Pyrénées (3 481 mèt.), domine la côte andalouse de la Méditerranée. Toutes ces chaînes, ramifiées en diverses directions ou soudées à la masse des hautes terres, couvrent l'Espagne presque entière d'un réseau de montagnes âpres et sauvages. Seules les Pyrénées et la sierra Nevada sont indépendantes.

Les fleuves d'Espagne sont longs, mais relativement pauvres. Leur débit est inégal, abondant en hiver et au printemps, presque nul en été et en automne. La pente de leur lit les rend peu navigables. L'Èbre, alimenté cependant par les neiges des Pyrénées, ne porte bateau que grâce à des travaux de canalisation. Le Tage, le Miño, le Guadalquivir admettent la navigation dans leur cours inférieur, grâce à la marée. Sur le golfe de Gascogne, de petites rivières, comme le Nervion de Bilbao, alimentées par des pluies abondantes et grossies par le flux, reçoivent les plus gros navires. Sur la côte méditerranéenne, au contraire, les ports se sont éloignés des fleuves, qui déposent des deltas à leur embouchure, et qui servent surtout à l'irrigation. Leurs eaux répandues sur le territoire des huertas (jardins) de Valence, Murcie, etc., donnent à la terre une prodigieuse fertilité.

CLIMAT

Extrême en froid et en chaleur sur les plateaux; africain sur les côtes méditerranéennes et en Andalousie; humide et tiède sur la côte océanique, rude et inégal aux approches des montagnes. Chute annuelle des pluies : Oviédo 2m,060, Madrid 275 millimètres. Températures moyennes : l'isotherme de 15° passe au N. de la Péninsule, celle de 20° au sud.

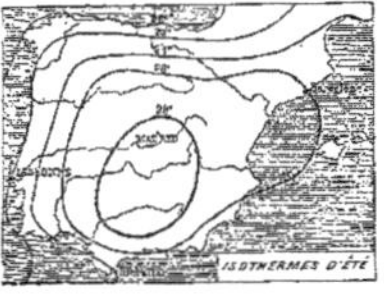

POPULATION, GRANDES VILLES (1900)

18 618 086 habit. environ (36 par kil. carré, France 72).

Madrid	539 585 hab.	Lorca	69 856 hab.
Barcelone avec les faubourgs	533 000 »	Cadix	69 582 »
		Valladolid	68 789 »
Valence	213 550 »	Palma	63 957 »
Séville	148 315 »	Jerez	63 475 »
Malaga	130 109 »	Cordoue	58 275 »
Murcie	111 559 »	Santander	54 094 »
Carthagène	99 871 »	Alicante	50 142 »
Saragosse	99 118 »	Gibraltar, place forte appartenant à l'Angleterre (1901)	
Bilbao	85 506 »		
Grenade	75 900 »		26 830 »

ADMINISTRATION

L'Espagne est organisée en monarchie constitutionnelle. Les ministres responsables gouvernent avec le concours de deux Chambres : l'une élue directement par le pays; l'autre, le Sénat, composée de membres choisis par le pouvoir ou élus par des catégories d'électeurs. Depuis 1841, l'ancienne division traditionnelle de l'Espagne en grandes unités provinciales, encore usitée dans le langage courant et correspondant à la formation historique et ethnographique du pays, a été remplacée administrativement par la division en 49 provinces (y compris les îles Canaries). A l'exception des provinces basques, toutes portent le nom de leur chef-lieu. Au point de vue militaire, le pays est partagé en capitaineries générales.

INSTRUCTION PUBLIQUE — CULTES

Le nombre des illettrés était en 1860 de 75 0/0. Depuis lors il a sensiblement décru et, en 1889, ne s'élevait plus qu'à 68 0/0. L'Etat contribue pour une très faible proportion aux frais de l'enseignement : les familles et les communes en supportent la plus grande part.

Les anciennes universités existent encore pour la plupart (à Barcelone, Grenade, Madrid, Salamanque, Santiago, Séville, Valence, Valladolid et Saragosse), mais la faible part qu'elles prennent au mouvement intellectuel ne correspond pas aux puissantes facultés du peuple espagnol. La religion catholique est religion d'Etat.

ATLAS DE GÉOGRAPHIE MODERNE.

Gravé par Erhard Frères, 35, Rue Denfert-Rochereau, Paris.

ESPAGNE & PORTUGAL

PUBLIÉ PAR LA LIBRAIRIE HACHETTE ET Cie CARTE 25

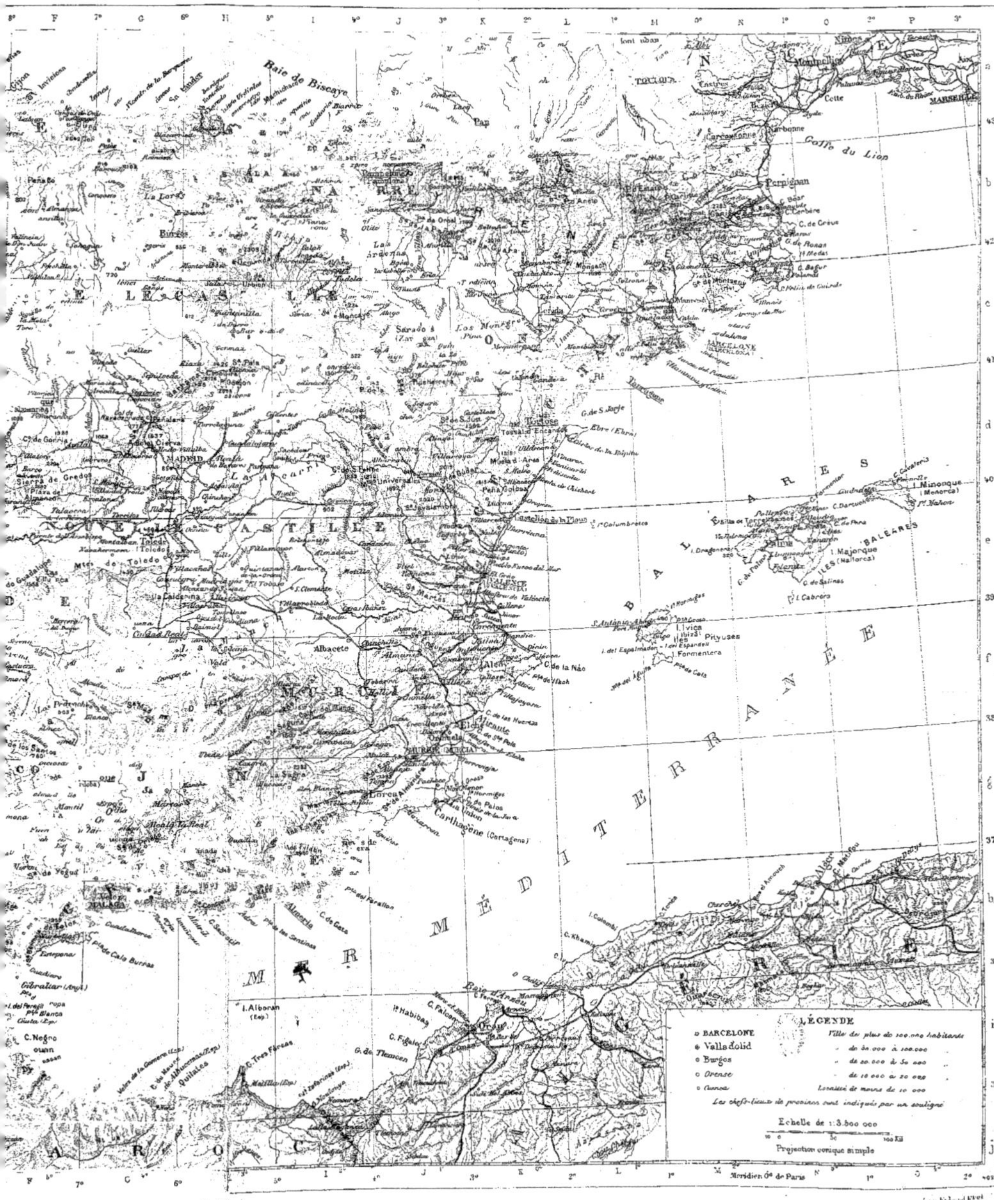

LÉGENDE
BARCELONE — Villes de plus de 100.000 habitants
Valladolid — de 50.000 à 100.000
Burgos — de 20.000 à 50.000
Orense — de 10.000 à 20.000
Cuenca — Localité de moins de 10.000
Les chefs-lieux de provinces sont indiqués par un souligné
Echelle de 1:3.800.000
Projection conique simple
Méridien Oe de Paris
Baie de Biscaye
Golfe du Lion
MÉDITERRANÉE
BALÉARES
MADRID
Perpignan
Narbonne
Montpellier
MARSEILLE
Carthagène (Cartagena)
Gibraltar (Angl.)
Oran
Alger
Malaga
Almeria
Albacete
Toledo
Burgos
Lérida
I. Majorque (Mallorca)
I. Minorque (Menorca)
I. Ivica
Formentera
Castellon de la Plana
C. de la Nào

Imp. Erhard Frères

Budget ordinaire de 1903 : Recettes, 969 357 258 fr.; Dépenses, 933 251 315 fr. Dette publique (1902), 10 410 000 000 fr. Armée : sur le pied de paix. 115 000 h.; sur le pied de guerre, 869 000 h. — Marine militaire, 56 navires dont 1 cuirassé.

L'Espagne, partout où elle a de l'eau, est merveilleusement fertile. Elle produit, dans les Castilles, du blé; en Andalousie, aux pays de Murcie, de Valence, en Catalogne, des oranges, citrons, figues, melons, pêches, abricots, glands doux, riz, grenades, olives, raisins, etc. Le chêne, le noyer, le châtaignier croissent dans les montagnes. Certaines parties sont absolument improductives : par exemple une grande partie de la Manche, grande plaine aux eaux salées; la plaine d'Aragon, peu ou point irriguée, brûlée, séchée, stérile; le nord de l'Estrémadure.

Les régions montagneuses renferment du fer (Asturies), de la houille (Belmez, San Juan de las Abadesas), du mercure, du plomb, de l'argent, du cuivre (Tharsis, Rio-Tinto), du zinc, du sel, etc.

Importation en 1901, 945 millions. Exportation, 790 millions.

L'Espagne exporte des vins. des huiles d'olive, du blé, des métaux, de la laine, des fruits, etc., et importe du tabac, du sucre, du coton, du cacao, des tissus de laine, de soie, des mulets, etc.

Le port d'exportation de minerais le

plus important est Bilbao. Barcelone, puis Cadix sont les premiers ports pour le commerce général. Carthagène communique surtout avec l'Algérie.

L'Espagne est pauvre en voies de communication. Peu de ses rivières sont navigables; elle compte de rares canaux. Les chemins de fer convergent pour la plupart des extrémités de la Péninsule vers Madrid, qui en occupe le centre. De là ils rejoignent le réseau européen, en contournant les deux extrémités des Pyrénées (Réseau en 1902, 15 516 k.). De nombreux chemins de fer locaux servent à l'exploitation des mines. Une ligne ininterrompue suit à peu de distance la côte méditerranéenne, depuis Aguilas jusqu'en France. Les chemins de fer sont le principal moyen de transport de l'Espagne intérieure, à cause du faible débit des cours d'eau. En revanche, le mouvement maritime est très actif, pour les mêmes raisons, sur le pourtour de la Péninsule.

Télégraphes, 76 440 kil. de fils (1901),

Une guerre malheureuse avec les États-Unis d'Amérique a fait perdre récemment à l'Espagne Cuba, Porto-Rico, les archipels des Philippines, etc. Il ne lui reste plus que les établissements de la côte du Maroc, Fernando-Po et quelques îles minuscules dont la superficie totale n'est que de 228 000 kil. carrés et la population de 273 710 hab. (Avant la guerre, les colonies espagnoles s'étendaient sur 429 000 kil. carrés et avaient près de 10 000 000 d'habitants.)

Rio de Oro, 200 000 kil. carrés, 100 000 hab.

Guinée espagnole. 26 000 kil. carrés, 150 000 hab.

Fernando-Po et dépendances, 2 000 kil. carrés, 23 710 hab.

PORTUGAL

Le Portugal s'incline tout entier vers l'Océan Atlantique. Sur ses 92 000 kil. carrés vivent 5 428 800 habitants (avec les Açores et Madère), soit 61 au kil. carré (Espagne 36, France 72),

Quatre grands fleuves, le Minho, le Douro, le Tejo (Tage), le Guadiana, arrosent le Portugal au sortir de l'Espagne.

Le Portugal n'a pas de plateaux comme la partie espagnole de la Péninsule. Son point culminant s'élève à 1993 mètres. Le climat est moins extrême que celui de l'Espagne : on ne compte guère que 10 ou 11 degrés d'écart entre les moyennes d'été et d'hiver à Lisbonne.

Les plus grandes villes sont (1900) : Lisbonne, 357 000 hab. — Porto, 172 421 hab. — Braga, 24 509 hab. — Setubal, 24 819.

Outre les 6 provinces continentales, Minho (ou Entre-Douro-et-Minho), Tras-Os-Montes, Beira, Estremadura, Alemtejo et Algarve, on comprend

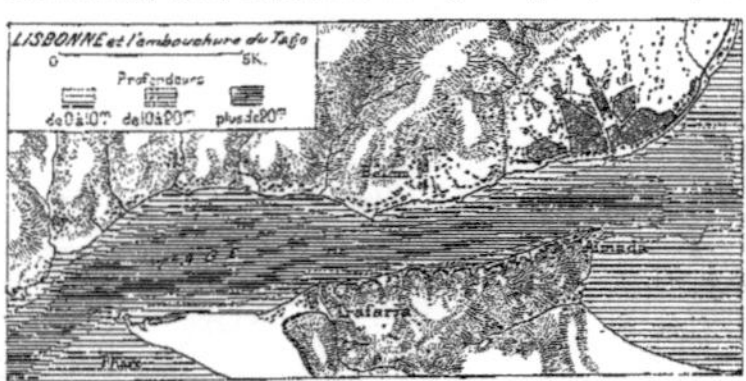

dans le royaume de Portugal les îles Açores et Madère. Le gouvernement est une monarchie constitutionnelle avec deux Chambres, la Chambre des pairs et celle des députés.

La religion catholique est religion d'État, mais le culte protestant est toléré. L'Inquisition a été abolie en 1821.

L'armée compte : sur le pied de paix 32 000 hommes; sur le pied de guerre 150 000 hommes, plus 9 000 hommes de troupes coloniales. La flotte se compose de 42 navires, avec 5 000 marins.

Budget (1903-04) : Recettes, 247 000 000 fr.; Dépenses, 255 000 000 fr.; Dette publique, 4 164 000 000 fr.

Les colonies restées au Portugal se trouvent en Afrique et en Asie :

Îles du Cap Vert, 3 850 kil. carrés, 147 400 hab.

Guinée, 37 000 kil. carrés, 200 000 hab.

Île de S. Thomé, 930 kil. carrés, 37 800 hab.

Île du Prince, 150 kil. carrés, 4 550 hab.

Angola, 1 315 460 kil. carrés, 1 500 000 hab.

Établissements de l'Afrique Orientale, 768 740 kil. carr., 3 120 000 hab.

Établissements de l'Inde (Goa, Damao, Diu), 5 660 kil. carr., 572 290 hab.

Macao, 12 kil carrés, 78 600 hab.

Timor et Kambing, 16 250 kil. carrés, 200 000 hab.

Total : 2 146 052 kil. carrés, 5 860 420 hab.

La Péninsule ibérique a occupé une place prépondérante dans l'histoire du monde. Peuplée d'abord d'indigènes mal connus (Ibères), puis de Phéniciens, de Grecs, de Carthaginois, de Romains, plus tard encore de Suèves, d'Alains, de Vandales, de Visigoths, elle fut au viiie siècle envahie par les Arabes, qui la conquirent en entier, sauf une étroite région des montagnes septentrionales. Pendant plus de sept siècles, l'histoire de la

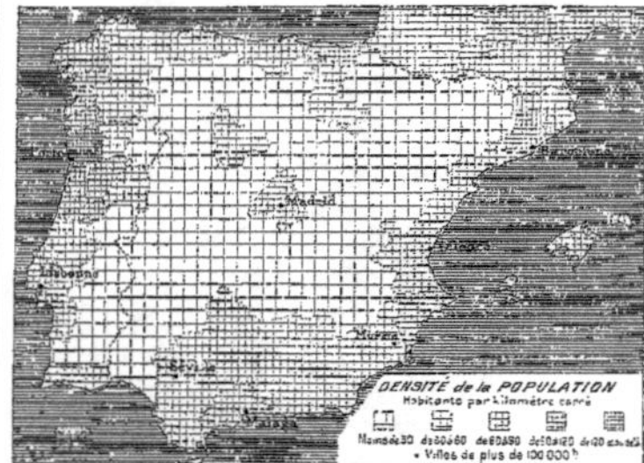

Péninsule se résume dans la brillante floraison de la civilisation arabe, puis dans la longue lutte de la Reconquête, qui, pendant quatre siècles, fit lentement rétrograder les Arabes vers l'Afrique. L'expulsion finale des Musulmans coïncidant avec la découverte de l'Amérique, l'Espagne prit rapidement la première place en Europe; mais, immédiatement après cette période de puissance, l'affluence de l'or, l'étendue énorme des possessions, la lourde charge de trop nombreuses armées, la surexcitation du fanatisme après plusieurs siècles de luttes religieuses, l'écrasement de la vie intellectuelle et morale sous le poids de l'Inquisition, la perte des colonies, le fourmillement croissant des partis politiques, la guerre civile et la guerre étrangère, firent graduellement descendre l'Espagne à un degré de faiblesse et de misère dont elle n'a commencé à se relever que dans la première moitié du xixe siècle.

Le Portugal, de son côté, devenu indépendant au xie siècle, avait fondé comme l'Espagne de nombreuses colonies et le pape avait dû intervenir pour partager entre les deux pays l'empire du monde. La principale colonie portugaise, le Brésil, s'est affranchie de la métropole, comme les colonies espagnoles d'Amérique.

Quelle que soit la fortune à venir du Nouveau Monde, c'est l'Espagne qui y aura exercé, à côté de l'Angleterre, la plus grande influence. Elle a même su, mieux que l'Angleterre, se fondre avec le pays nouveau, et dans certaines régions s'incorporer à la race indigène, s'enracinant ainsi dans le sol, tout en communiquant aux peuples conquis le puissant caractère de la race conquérante. Ce caractère, difficile à définir, mélange de rudesse et de générosité, d'héroïsme et d'insouciance, de ténacité et de philosophie, mais dans lequel dominent les qualités élevées et fortes, ne permet pas de douter que le peuple espagnol ne soit destiné à occuper encore une place importante dans l'histoire future de l'humanité.

FR. SCHRADER.

SUPERFICIE

Le groupe politique des pays allemands comprend, sur une **superficie** de 540 596 kil. carr., des régions dont le relief, le climat, l'ethnographie, les mœurs, diffèrent beaucoup. Le domaine primitif du germanisme, autant toutefois qu'on peut le déterminer, s'est arrondi de toutes parts, grâce à la colonisation systématique, à la politique ou à la guerre.

SUPERFICIE comparée de l'ALLEMAGNE et de la FRANCE — France (550596) — Allemagne (540596)

RELIEF DU SOL

Au Nord et à l'Est se développe une vaste plaine, continuation de la plaine russe, où l'on ne rencontre aucune altitude de 550 mètres; au

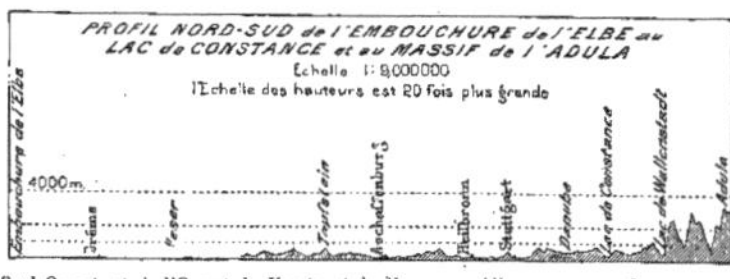

Sud-Ouest et à l'Ouest, la Haute et la Moyenne Allemagne renferment un système complexe de plateaux et de montagnes.

Le *plateau bavarois*, adossé aux Alpes et s'abaissant vers le Danube d'une pente assez régulière, se maintient à une hauteur d'environ 500 mètres (Munich, 519 m.); de la frontière Tyrolienne au Danube, sa largeur peut être évaluée à 150 ou 200 kilomètres. Il est ridé au Sud-Ouest par quelques sillons de montagnes et de collines.

Le plateau bavarois joue le rôle de jonction entre les grandes Alpes et les montagnes de l'intérieur de l'Allemagne.

Entre le Danube et le Main, le haut pays est formé d'un mélange de terrasses et de montagnes proprement dites. C'est d'abord le plateau du *Jura souabe*, dont la pente septentrionale est abrupte, puis le *Jura*

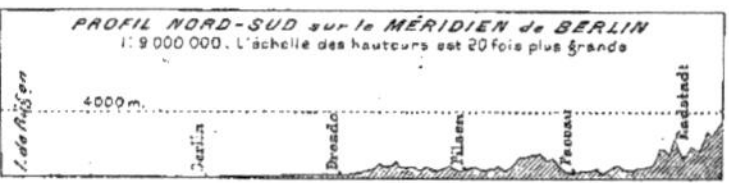

franconien, qui s'abaisse brusquement à l'Ouest. Au delà des terrasses de Souabe et de Franconie se dresse le massif de la *Forêt-Noire*, long de 200 kilomètres, large de 50 ou 60. A la Forêt-Noire correspondent, de l'autre côté de la plaine d'Alsace, les *Vosges*, système de structure analogue. Le Jura allemand ne mesure que 550 mètres environ d'altitude moyenne.

On comprend sous le nom de *hauteurs de la Moyenne Allemagne* une série de soulèvements orientés soit du Sud-Ouest au Nord-Est, comme le *Taunus* et le *Hunsrück*, soit du Sud-Est au Nord-Ouest, comme le *Thüringer Wald*; puis une région confuse de petits plateaux et de collines qui se terminent par le *Teutoburger Wald*, l'*Ardenne* et l'*Eifel*. Les plus hauts sommets de la Moyenne Allemagne sont voisins de 800 mètres. Le *Harz* s'élève à 1140.

HYDROGRAPHIE — CLIMAT

Ce relief et l'éloignement des grands bassins océaniques déterminent le *régime pluviométrique* de l'Allemagne. D'Ouest en Est, à la surface de la plaine, on se rapproche graduellement du **climat extrême ou continental**; les pluies diminuent (Brême 0ᵐ,70; Berlin 0ᵐ,59; Danzig 0ᵐ,48); le contraste des saisons froide et chaude s'accentue, les variations de température deviennent plus brusques. L'Allemagne de l'Ouest et du Sud-Ouest doit à son altitude une recrudescence des pluies, au voisinage des océans une température plus douce et plus uniforme.

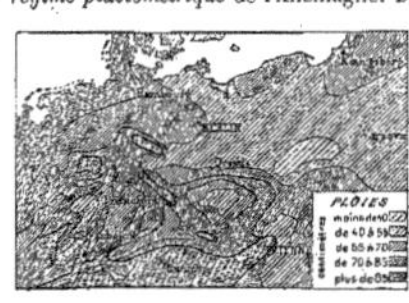

Francfort-sur-le-Main a + 10° de moyenne annuelle, c'est-à-dire un climat analogue à celui de la France orientale, Berlin + 9°, Posen + 8°, et

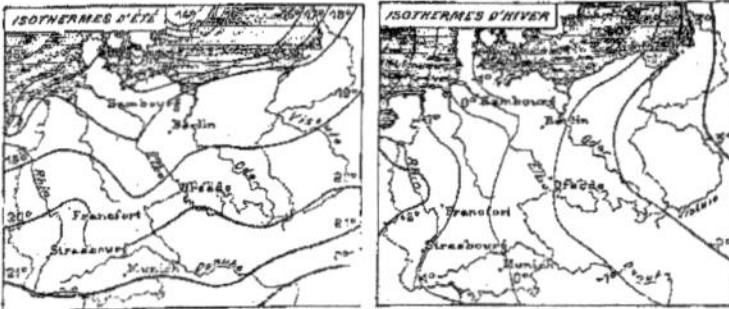

Danzig + 7°. Bien entendu, les plateaux du Sud-Ouest et les pays de montagnes subissent des hivers rigoureux. Malgré ces différences, la disposition du sol en plan incliné du Sud au Nord équilibre dans une certaine mesure les températures moyennes de l'ensemble du pays, en refroidissant par l'influence de l'altitude le climat des régions méridionales.

Cet ensemble de conditions thermiques et pluviométriques n'a que des rapports éloignés avec le réseau fluvial de l'Allemagne, réseau presque sans relations avec la structure du pays. Le Rhin, si souvent considéré comme le fleuve germanique par excellence, n'est allemand ni par son cours supé-

rieur ni par son cours inférieur, et son cours moyen ne l'a pas toujours été. A Bâle il a déjà reçu tout son contingent alpestre et franchi 2 000 mètres de pente; depuis son entrée en Allemagne jusqu'à Mayence, il n'en franchit plus que 180. Le Jura et les terrasses de Souabe et de Franconie lui envoient leur tribut par le *Neckar* et le *Main*. Le Neckar coule à travers la région des plateaux de la Souabe et passe successivement dans plusieurs bassins que séparent des gorges resserrées. Le Main, beaucoup moins rapide, coule avec de nombreux détours au cœur des pays Franconiens. En face, l'*Ill* a drainé les eaux du flanc oriental des Vosges. La *Moselle* apporte au Rhin le produit du versant occidental des Vosges et du plateau lorrain, encore des eaux venues de pays étrangers à l'Allemagne. Resserrée d'abord dans une étroite vallée du plateau lorrain, où les eaux forment souvent des séries de rapides, elle entre dans le bassin de Trèves, pour s'engager de nouveau, pendant son cours inférieur, entre deux lignes montagneuses.

Le *Danube*, à l'inverse du Rhin, naît en Allemagne, mais pour s'en éloigner bientôt; il ne reçoit qu'à la frontière autrichienne, par l'Inn, son premier tribut de glaciers alpestres; ses affluents bavarois sont pauvres et médiocres; l'*Iller* et le *Lech* sont plus utiles à l'industrie qu'à la navigation; l'*Isar*, au nom celtique, ne rend guère plus de services, tant à cause de la rapidité de son cours que des brusques variations de son régime.

Le *Weser*, formé de la *Fulda* hessoise, est allemand de sa source à son embouchure: fleuve secondaire d'ailleurs, de longueur (520 kil.) et de volume.

L'*Elbe* sort de Bohême déjà puissante, mais s'accroît encore notablement de la *Saale* thuringienne et de la *Havel*, émissaire de la dépression centrale des plaines du Nord.

L'*Oder*, issu des Sudètes et des Karpates, coule presque en entier sur le territoire impérial, en pays slaves et prussiens (900 kil.). De la *Vistule*, la Prusse n'a que le cours inférieur. Elbe, Oder et Vistule sont en communication facile par la dépression centrale de la plaine allemande, que remplissent des chapelets lacustres et des rivières au cours incertain et lent.

En Allemagne moins que partout ailleurs les fleuves ne sont séparés par des ceintures de bassins. Loin de là: à l'exception du Danube, ils coulent tous transversalement à la pente générale du sol et descendent du Sud-Est au Nord-Ouest, vers la mer du Nord ou la mer Baltique.

Le littoral allemand, terminaison de la plaine sur ces mers, est bas, peu hospitalier, pauvre en indentations. Sur la côte de la mer du Nord, les seuls golfes bien marqués sont les *estuaires* du Weser et de l'Elbe, puis la rade de la Jade; les îles plates de la Frise ne sont point une richesse. Également pauvres et monotones sont les formes de la côte Baltique, avec les lagunes du *Kurisches-Haff* et du *Frisches Haff*. Rügen est mieux découpée. Le *golfe de Kiel* est l'indentation la plus remarquable de la ligne côtière.

GÉOGRAPHIE HISTORIQUE, POLITIQUE ET STATISTIQUE

Comment un peuple compact et homogène a-t-il pu se fonder dans ce cadre aux formes insuffisamment définies? Par l'effort persévérant de la politique, par l'action continue qu'a exercée la race germanique, par la conquête enfin, jadis accomplie contre des pays barbares, plus tard contre des pays civilisés. Sur 52 millions d'individus, les statistiques les plus favorables au germanisme comptent tout au plus 45 millions d'Allemands. Les Polonais sont plus de 2 millions en Silésie et en Prusse; on compte aussi parmi les sujets de l'empire des Danois et des Français de langue ou de cœur. D'ailleurs, sans sortir de l'Allemagne proprement dite, on trouve des différences, ou même des contrastes frappants, entre l'Allemand du Sud, le Bavarois par exemple, et le Prussien, l'Allemand du Nord.

Le même contraste se montre dans les aspirations religieuses de l'Allemand du Nord, de l'Allemand du Sud, et des Slaves annexés de l'Est. Les protestants, au nombre de 29 millions, sont en majorité dans l'Allemagne septentrionale et moyenne; le catholicisme, avec 17 millions de fidèles, est resté prépondérant au Sud et chez les Polonais.

L'histoire d'Allemagne n'a pas en réalité la continuité de tradition que certains historiens se plaisent à lui donner. Othon le Grand et Frédéric Barberousse personnifient dans la pensée populaire la tradition de l'unité allemande, en même temps que l'expansion du *Saint-Empire romain de nation germanique*; mais l'unification réelle de l'Allemagne ne s'est accomplie que bien plus tard, et a été par-dessus tout l'œuvre de la politique prussienne au xviiiᵉ et au xixᵉ siècle. Mentionnons seulement l'habileté avec laquelle cette politique a su tirer parti de l'organisation scientifique de l'Allemagne pour la faire servir à l'unification administrative et militaire du pays.

Avec ses 60 millions d'habitants (112 au kil. carré), la grande **monarchie fédérale constitutionnelle** d'Allemagne est l'un des pays les plus peuplés du monde. La *Prusse* vient au premier rang (57 293 524 hab., 107 au kil. carré). Dans l'*Allemagne du Sud*, la Bavière (6 524 372 hab., 86 au kil. carré), le *Wurtemberg* (2 500 550 hab., 118 au kil. carré), les grands-duchés de *Bade* (2 009 520 hab., 155 au kil. carré) et de *Hesse* (1 210 104 hab., 157 au kil. carré), sont les plus impor-

POPULATION comparée de l'ALLEMAGNE et de la FRANCE — France 39 Millions — Allemagne 60 Millions — Millions d'hab.

ALLEMAGNE

ALLEMAGNE

PUBLIÉ PAR LA LIBRAIRIE HACHETTE ET Cie CARTE 28

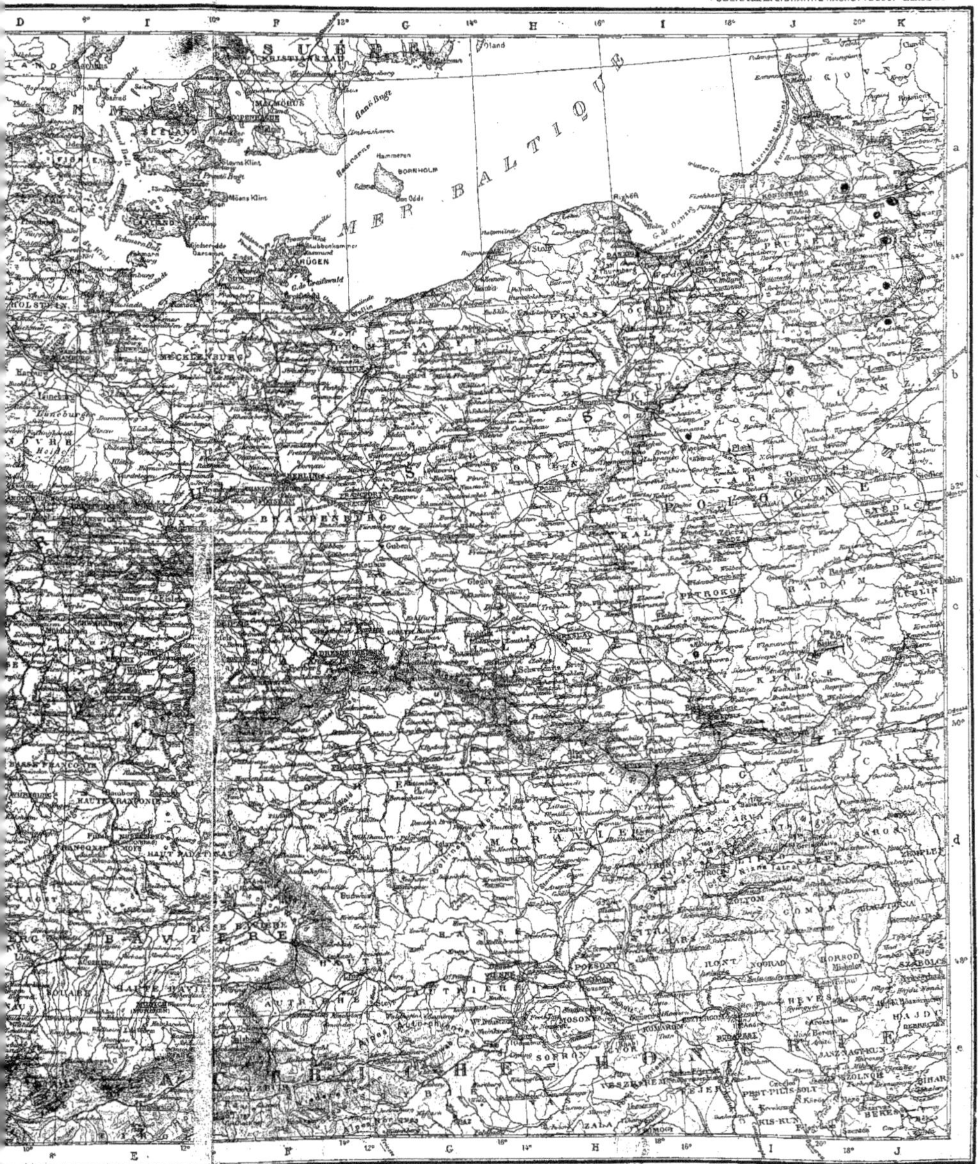

Imp Erhard Fres

tants États. *L'Alsace-Lorraine* (1814564 hab., 125 au kil. carré) est
gouvernée par des lois spéciales et particulièrement rigoureuses. Après la

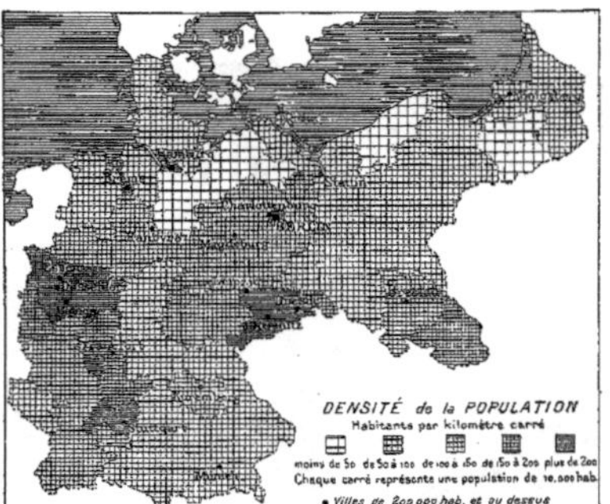

Prusse, l'Allemagne du Nord compte le populeux royaume de *Saxe* (4508555
hab., 501 au kil. carré), les grands-duchés de *Mecklembourg-Schwerin* et
Strelitz, de *Saxe-Weimar*, de *Saxe-Cobourg-Gotha*. et d'*Oldenbourg*, les
duchés de *Saxe-Meiningen*, de *Saxe-Altenbourg*, de *Brunswick* et d'*Anhalt*,
les principautés de *Schwartzbourg-Rudolstadt* et de *Schwartzbourg-Sonders-
hausen*, de *Waldeck*, de *Lippe-Detmold*, de *Schaumbourg-Lippe*, de *Reuss*
(ligne aînée) et de *Reuss* (ligne cadette), et les villes libres et hanséatiques
de *Lubeck*, *Brême* et *Hambourg*.

L'**instruction** à tous les degrés est très répandue en Allemagne. En
1903, il y avait 21 universités, 9 écoles spéciales, 1540 écoles secondaires,
et près de 60000 écoles primaires avec 145000 instituteurs ou institutrices et 8850000 élèves.

GRANDES VILLES

Le développement de la civilisation urbaine a une importance toute
particulière en Allemagne. Dans ce pays que la nature ne semblait pas pré-
destiner à l'unité politique, l'unité morale, qui en a été la condition et le
prélude, est venue de la propagande organisée par les associations des
grands centres urbains. La vie littéraire, la vie universitaire ont façonné

les divers
peuples al-
lemands à
l'union,
malgré la
différence
profonde
des condi-
tions géo-
graphi-
ques de
chaque
région : ce
sont elles
qui ont ré-
veillé les
grands
souvenirs
histori-
ques et se
sont ser-
vies de l'u-
nité alle-
mande du
passé pour
préparer celle du présent. Mais les villes mêmes d'où rayonna la propagande patriotique avaient presque toutes leur emplacement bien fixé par
des causes naturelles.

Chaque région avait son chef-lieu nettement indiqué par la nature;
dès qu'un lien s'établit entre les nombreuses métropoles régionales, la
fusion politique fut assurée.

Les grandes villes de l'Allemagne, si diverses d'aspect et de caractère,
sont les images vivantes de son histoire complexe. *Berlin*, douze fois plus
peuplée qu'à la mort de Frédéric II, est une création de la politique des
princes de Brandebourg ; tout y révèle une croissance hâtive. *Hambourg*,
sur l'estuaire de l'Elbe, est une ville de commerce, belle et opulente. La
commerçante *Leipzig*. *Munich* est, comme Berlin, une capitale artificielle.
Dresde garde un cachet artistique qui attire l'étranger. « Avec ses quartiers tortueux, son vieil hôtel de ville, ses toits à pignons, ses balustrades
sculptées, son air d'antique opulence bourgeoise, *Brême* rappelle vivement
le passé. » (Vidal-Lablache.) Citons encore *Cologne*, *Augsbourg*, *Francfort-
sur-le-Mein*, *Nuremberg*, infiniment curieuse avec ses anciens monuments
et ses maisons pittoresques. puis toute la pépinière de villes industrielles
des provinces rhénanes : *Barmen*, *Krefeld*, *Aix-la-Chapelle*, *Dortmund*.
Enfin *Halle*, *Brunswick*, d'autres villes, comme *Weimar*, *Iéna*, *Heidel-
berg*, etc., qui ont exercé une influence hors de proportion avec leur faible
importance numérique.

En 1905 l'Allemagne comptait 41 villes dont la population était supérieure à 100 000 habitants. Ce sont :

Berlin	2 040 148	Nuremberg	294 426	Stettin	224 119
Hambourg	802 795	Dusseldorf	253 274	Königsberg	225 770
Munich	538 983	Hanovre	250 024	Brême	214 881
Dresde	516 996	Stuttgart	249 445	Duisburg	192 346
Leipzig	503 687	Chemnitz	244 927	Dortmund	175 377
Breslau	470 904	Magdebourg	240 633	Halle	169 916
Cologne	428 722	Charlotten-		Altona	168 320
Francfort-sur-		bourg	239 559	Strasbourg	167 675
le-Mein	334 978	Essen	231 563	Kiel	165 772

Elberfeld	162 853	Aix-la-Chapelle	144 093	Karlsruhe	111 200
Mannheim	162 607	Schöneberg	141 010	Krefeld	110 344
Danzig	159 648	Posen	156 808	Plauen	105 581
Barmen	156 080	Brunswick	156 162	Wiesbaden	100 953
Rixdorf	155 515	Kassel	120 467		
Gelsenkirchen	147 005	Bochum	118 464		

GÉOGRAPHIE ÉCONOMIQUE

L'Allemagne unie a mis à profit avec une énergie et une habileté merveilleuse toutes ses ressources matérielles. Médiocrement douée pour l'agriculture, elle produit beaucoup, à force de science et d'ingéniosité. Les belles
forêts de l'Allemagne du Sud et de la Moyenne Allemagne (158 000 kil. carr.)
sont parmi les mieux entretenues du monde. Les régions où l'agriculture
est le plus développée sont l'Allemagne du Nord et de l'Est, surtout la Saxe
et la Silésie : de là provient la meilleure partie des 260 millions d'hectolitres de *céréales*, froment, mais surtout avoine et seigle, que récolte l'empire. Les districts à « lœss » de
la Saxe et de la Silésie sont
d'une fertilité remarquable.
Par l'étendue et l'intensité de
ses cultures de pommes de
terre, le sol allemand compense sa pauvreté en froment
et même en vignobles, car
l'alcool de pommes de terre
devient souvent cognac. Cependant les bords du lac de
Constance, la riche Alsace, et
d'autres pays rhénans, donnent des *vins* estimés (2 millions d'hectolitres). L'Allemagne tient encore le premier
rang en Europe pour la culture industrielle de la *betterave*, prospère dans l'Anhalt,
le Brunswick, la Saxe et la Silésie (plus de 300 000 hect.)
Les *houblons* de Franconie,
de Bade, d'Alsace-Lorraine, de

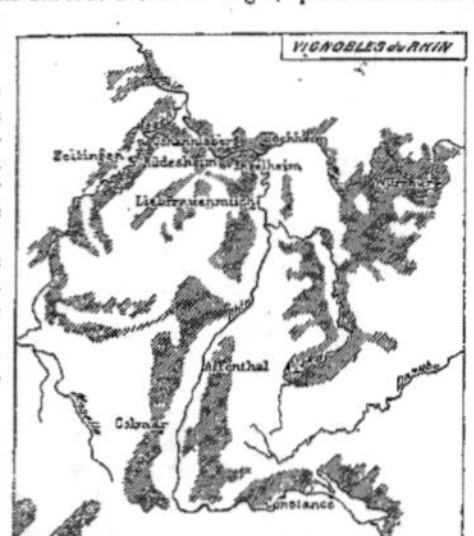

Wurtemberg, n'ont pas moins bonne réputation (28 000 tonnes). On remarquera la prépondérance des **cultures industrielles**; l'industrie est le
mode majeur de l'activité économique de l'Allemagne.

Sa richesse en **prairies** (60 000 kil. carr.), son climat, lui permettent
d'élever de nombreux *bestiaux*, bêtes à cornes de Bavière, d'Oldenbourg,
de Schleswig-Holstein (19 millions), chevaux de Prusse orientale, de
Hanovre et de Mecklembourg (4 200 000), moutons de Prusse (9 700 000).

Mais cette agriculture ne saurait nourrir la nombreuse population de
l'Allemagne : son industrie y supplée. Avec 150 millions de tonnes de houille
tirée des bassins du Rhin, de la Saxe et de la Silésie, avec les riches mines
de fer des mêmes régions, avec les cuivres de la Westphalie, du Hanovre et
de la Saxe, les plombs, les zincs des pays rhénans et silésiens, l'empire a
pu organiser une prodigieuse industrie métallurgique. Qui ne connaît
l'usine Krupp, d'Essen, qui occupe 15 000 ouvriers, les fabriques d'armes,
d'aiguilles, d'objets de quincaillerie de toutes sortes d'Iserlohn, de Remscheid, de Duisburg, de Solingen ! Stettin, Kiel, Altona ont d'actifs chantiers
de constructions navales, la Saxe, de célèbres porcelaineries et faïenceries ;
Elberfeld, Cologne, des fabriques de tissus de coton ; Krefeld, Barmen,
des manufactures de soieries rivales de Lyon. Et avec quelle rapidité tous
les genres d'industries se réunissent autour des trois groupes de houillères
de la Westphalie, de la Saxe et de la Silésie ! Quelle prodigieuse agglomération de villes dans ces trois centres !

Le **commerce** allemand n'est pas moins prospère. Servi à l'intérieur par
55 000 kilomètres de voies ferrées, par 27 000 kilomètres de voies navigables, par une excellente orga-
nisation des postes et des télégraphes, il s'élevait en 1905 à
près de 17 milliards de francs.
Une flotte de 2 552 375 tonnes,
dont 1657 vapeurs (1905), porte
au loin les produits de l'industrie
nationale. *Hambourg*, complété
par l'avant-port de Cuxhaven, est
le premier port de l'Empire ;
Brême, avec Bremerhaven, est
aussi bien armée et a gagné la
clientèle excellente des émigrants allemands. *Stettin*, *Kiel*,
Danzig, *Lubeck*, *Königsberg*, se-

ront de redoutables rivaux, le jour où le canal ouvert à travers le seuil
déprimé qui sépare la Baltique de la mer du Nord deviendra non seulement une voie stratégique, mais une route commerciale. Dans ces dernières années, c'est au profit de l'Allemagne que se sont accomplis les
principaux changements dans l'équilibre commercial de l'Europe.

L'**armée** allemande, fortement accrue par d'incessantes mesures, compte,
sur le pied de paix, environ 500 000 hommes, dont 70 000 cavaliers ; sur le
pied de guerre, 5 millions d'hommes. Des défenses formidables ont été
accumulées sur la frontière occidentale, surtout dans les deux camps
retranchés de Metz et de Strasbourg ; l'Alsace-Lorraine seule est occupée
par un effectif de paix de plus de 60 000 soldats. À l'Est, du côté de la
Russie, un autre système de forteresses non moins puissant a été
organisé.

La **flotte** se composait en 1906 de 250 bâtiments et d'un effectif de
45 000 hommes. L'organisation même de l'Allemagne moderne en fait un
grand empire militaire dont l'existence au centre de l'Europe modifie
toutes les conditions de développement de cette partie du monde.

Forte sur terre et sur mer, l'Allemagne a voulu s'assurer des colonies
pour le cas où les marchés d'Europe, largement ouverts à son industrie,
viendraient à se fermer. En Afrique, *Togo*, *Cameroun*, le *Sud-Ouest Africain* et l'*Afrique Orientale Allemande* ; la *Terre de l'Empereur-Guillaume*,
l'*Archipel Bismarck*, les *îles Marshall*, les *Carolines*, les *Salomon* (partagées entre l'Allemagne et l'Angleterre), les *Mariances* et les *Samoa* dans
l'océan Pacifique, n'ont pas encore donné les résultats attendus.

MARCEL DUBOIS.

Des bords de la Seine à ceux de l'Elbe, des côtes plates de la mer du Nord aux hautes terres des Alpes centrales et du Jura, s'étend une région où les chocs de peuples, où les combats ont été nombreux, où les vicissitudes de la guerre ont amené des modifications prodigieusement rapides et fréquentes des frontières. La civilisation agricole, industrielle et commerciale y étale ses plus beaux spectacles, et la zone qui contient les plus fameux champs de bataille de l'Europe continentale renferme aussi les provinces les plus riches et les plus industrieuses, les villes les plus populeuses, le réseau des voies de communication le plus compliqué.

C'est que la région franco-allemande est par excellence un pays de passage. Faute de barrières montagneuses élevées et nettement orientées, l'état politique n'a pu être stable; tantôt une race, tantôt une autre a gagné du terrain; les conflits, dont le souvenir remonte aux origines mêmes de notre histoire, s'aggravent et se perpétuent au lieu de s'atténuer, parce que la nature n'indique pas exactement le droit de chacun, parce que les domaines sont mal délimités physiquement.

Au point de vue géologique, cette région comprend essentiellement, dans sa partie centrale, le plateau schisteux rhénan et les étendues triasiques de la Lorraine, du Wurtemberg, de la Franconie; au Nord, les terrains modernes des Pays-Bas et du Hanovre. Les masses de roches primitives des Vosges et de la Forêt-Noire encadrent au centre la belle plaine d'Alsace. À l'Est de cette masse composée de tant d'éléments divers, s'adosse le bourrelet des roches primitives de la Bohème; à l'Ouest, se développent les courbes concentriques des terrains jurassiques et crétacés de la France orientale.

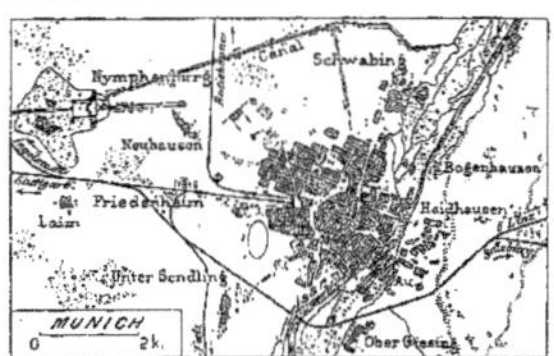

Le *relief* est de contours incertains et mal caractérisés. Au Nord s'étend la plaine, sans accidents notables, des bords de l'Elbe à la frontière française. Une seconde zone, de relief médiocre, est formée par la ligne des hauteurs qui couvrent les Provinces Rhénanes, la Hesse, le Nassau, la Westphalie, les pays de Brunswick et d'Anhalt; ce sont le *Taunus*, le *Spessart*, le *Vogelsgebirge*, la *Rhœn*, le *Thüringer-Wald*, le *Fichtelgebirge*. Médiocre obstacle pour les peuples qui, venus des plaines, voulaient gagner la haute Allemagne, cette série de hauteurs n'a pu jouer aucun rôle pour arrêter les migrations et invasions dirigées d'Est en Ouest.

Le relief des pays français situés entre Moselle et Saône, des pays allemands compris entre Main et Danube, est plus important par l'altitude des monts qui le composent, plus confus par l'orientation, par les formes, moins cohérent et continu. *Vosges* aux croupes arrondies et plateau de Lorraine, monts de la *Forêt-Noire* correspondant exactement aux Vosges par

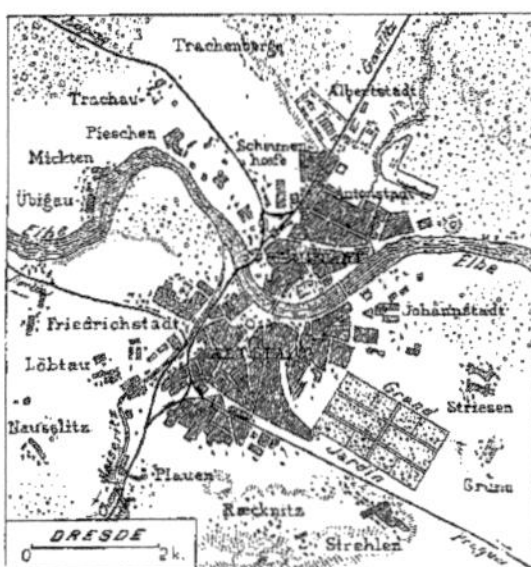

delà les plaines d'Alsace, *Jura Souabe, Jura Franconien, Odenwald, Terrasses de Franconie* et *de Souabe*, tous ces systèmes offrent des brèches nombreuses aux routes de la guerre ou du commerce.

Les *variations thermiques* ne sont point assez grandes d'Ouest en Est pour établir entre les régions de la France orientale et de l'Allemagne occidentale un contraste saisissant. Alsace et pays de Bade, Lorraine et Wurtemberg, Provinces Rhénanes et Westphalie, ne diffèrent point profondément à cet égard. On est dans une zone de transition, où l'éloignement du grand réservoir Atlantique rend déjà les contrastes plus violents entre les deux saisons extrêmes et amène de brusques sautes de température inconnues à l'Europe occidentale; déjà le régime de pluies d'été assez abondantes commence à se marquer.

Du moins on a pu croire longtemps, malgré les démentis répétés de l'histoire, que l'*hydrographie* de la région franco-allemande fournissait le trait caractéristique capable de mettre quelque ordre dans cette confusion. Le Rhin, qui coule au cœur de ce pays de transition, a semblé et semble encore à beaucoup de géographes et de politiques l'élément majeur de pacification et d'ordre, c'est-à-dire de séparation entre les races, les peuples, les États. Si large qu'il soit, le fossé n'a pas arrêté le débordement de la race Celtique jusqu'au cœur de la vallée du Danube; il n'a pas empêché les premières invasions Germaniques en Gaule, invasions refoulées pendant plusieurs siècles, depuis le temps de César jusqu'à la décadence de

l'Empire. C'est que les affluents du grand fleuve, Moselle à gauche, Neckar et Main à droite, offrent des chemins soit vers les domaines de la Seine et du Rhône à l'Ouest, soit vers ceux du Danube et de l'Elbe à l'Est. Le domaine du Rhin et de son cortège d'affluents, n'ayant aucune unité, n'a jamais pu servir de cadre à un État intermédiaire assez homogène pour durer.

Aussi l'*histoire* nous présente-t-elle le spectacle d'une série de contestations, de guerres entreprises pour la possession de cette région intermédiaire, de vicissitudes territoriales, de traités conclus avec ou sans l'illusion d'un accord durable entre les partis. Les successeurs d'Auguste, vainqueurs de la Germanie, n'appuient pas au Rhin tout entier leur système de défense des pays gaulois: la Germanie supérieure comprend les deux rives de son cours moyen, et un rempart est tracé entre Danube moyen et Rhin inférieur sur une longueur de près de 600 kilomètres, tant est médiocre la sécurité qu'inspire la barrière fluviale si souvent franchie. Aux quatrième et cinquième siècles, la préfecture des Gaules s'abrite derrière le même rempart artificiel. Si l'on donna, dans la répartition administrative qui consacra le rétablissement d'un ordre relatif, au troisième siècle, le Rhin comme limite aux provinces de Germanie deuxième, de Belgique première et de Germanie première, il fut difficile de s'en tenir longtemps à cette apparente protection.

Au moyen âge, le royaume des Francs englobe, par delà le Rhin, une large bande, depuis le lac de Constance jusqu'aux pays Westphaliens. L'Austrasie se développe sur les deux rives du fleuve, touche à la Seine moyenne et à l'Oise, ainsi qu'à la Saale. Même confusion sous Charlemagne et à l'époque des démembrements; ni le traité de Verdun ni le traité de Mersen ne tiennent compte de la limite rhénane; la France orientale de Louis le Germanique empiète sur la rive gauche, comme l'empire romain avait empiété sur la rive droite.

Puis vient le temps où l'empire d'Allemagne règne sur l'étendue complète de ces pays de transition; ni Rhin, ni Vosges, ni Moselle ne l'arrêtent à l'Ouest. Après une première avancée en pays lorrain sous Louis XI, la France atteint le Rhin alsacien à la fin de la période moderne. On sait comment ces chères conquêtes ont été perdues.

Que de batailles, que de morts dans ces marches et ces contre-marches d'États rivaux! Où la nature n'a point mis de limites certaines, les hommes devaient se battre. En dehors mêmes des pays qui, comme l'Alsace, la Lorraine, le Palatinat, ont été l'enjeu des guerres, que de champs de bataille dans les vallées qui s'ouvrent devant les conquérants de l'Est ou de l'Ouest!

Dans la région franco-allemande les *races* se sont mêlées par le fait même de ces vicissitudes historiques, de ces empiètements en l'un ou l'autre sens. Au cours des contestations politiques qu'une géographie complaisante a parfois envenimées, on s'est vu le plus souvent réduit à invoquer les arguments linguistiques pour sortir du chaos de l'histoire; et ces arguments sont bien précaires. Quand la nature ne parle pas clairement, c'est la volonté humaine qui doit trancher les querelles.

Quel riche et beau domaine que cette zone de transition entre la France et l'Allemagne! Alsace-Lorraine et pays de Bade, Palatinat, Provinces Rhénanes et Westphalie sont comblés des plus grands bienfaits de l'agriculture et de l'industrie: dans le voisinage du Rhin, c'est-à-dire au cœur même de la région, s'élèvent nombre de villes prospères et populeuses. Vosges et Forêt-Noire, plateaux de Lorraine, de Souabe et de Franconie portent une belle parure de bois. L'Alsace a dans ses plaines de riches cultures de céréales, sur ses coteaux des vignobles célèbres, Ribeauvillé, Riquewihr, etc.; pays de Bade et Palatinat rivalisent avec elle. Champs de betteraves, houblonnières couvrent dans les mêmes pays de vastes étendues. Les grasses prairies ne manquent pas à cette merveilleuse vallée du Rhin.

Les *houillères* de la Sarre, des bassins d'Aix-la-Chapelle et de la Ruhr assurent aux pays rhénans une industrie active. Voici le *groupe Westphalien*, avec la gigantesque usine métallurgique d'Essen, où l'on travaille tant pour la civilisation et pour la mort de l'homme, avec les fabriques de tissus de Barmen et d'Elberfeld. En face c'est le *groupe* presque aussi remarquable *des Provinces Rhénanes*, dont les métropoles sont Krefeld, Aix-la-Chapelle, Duisbourg, Cologne; métallurgie, tissage, filature, n'y sont pas moins en honneur. L'industrieuse Alsace-Lorraine, où l'habileté de l'homme a fait autant et plus que la nature, honorait et honore le génie français par ses filatures de Guebwiller, de Mulhouse et de Thann, par ses verreries artistiques de Saint-Louis et de Saint-Quirin, par ses faïenceries de Sarreguemines, rivales de celles de Saxe. Toutes ces merveilles marquent la rencontre des deux influences pacifiques de la France et de l'Allemagne; mais la France peut certes revendiquer largement sa part. Non seulement l'Alsace-Lorraine est bien marquée au coin de sa civilisation moderne, mais nos réfugiés protestants ont été les initiateurs du mouvement industriel des Provinces Rhénanes et de la Westphalie. Et si les plus riches de ces régions ont eu la bonne fortune de découvrir la houille pendant une période de domination allemande, c'est l'étincelle de l'esprit français qui éveilla à la grande vie industrielle les peuples, d'ailleurs si bien doués, de la zone intermédiaire que baigne le Rhin.

EUROPE CENTRALE
PARTIE DU NORD-OUEST

EUROPE CENTRALE

PARTIE DU NORD-OUEST

PUBLIÉ PAR LA LIBRAIRIE HACHETTE ET Cie _ CARTE 27_

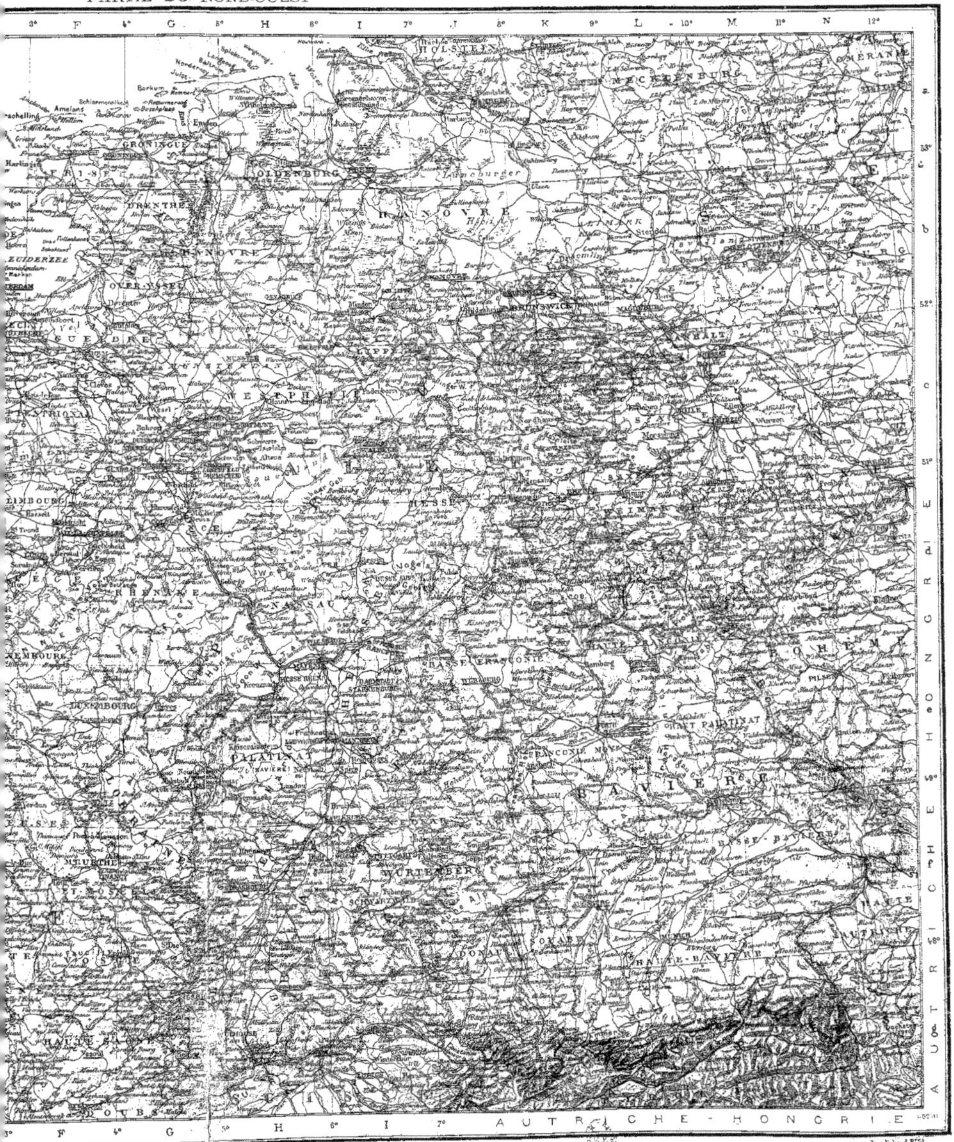

Imp Erhard Fres

Le *commerce*, bien longtemps avant l'industrie manufacturière, traversa ces pays fortunés ; là s'ouvrent des chemins suivis de toute antiquité par le trafic de l'Europe occidentale avec l'Europe centrale et orientale. Au temps de Charlemagne, les convois de marchands passaient des pays de la Moselle à la Hesse et à la Thuringe. La vallée du Rhin fut la route d'accès des marchands flamands qui gagnaient l'Europe centrale ; par le Main et le Neckar, on allait aux pays Danubiens et à la Bohême.

Aujourd'hui le réseau des *voies ferrées* est complexe et serré dans ces régions. La vallée du Rhin, desservie par une ligne sur chaque rive, ouvre un grand couloir de pénétration entre la mer du Nord et les Alpes, c'est-à-dire vers la mer Méditerranée. Par les pays de la Moselle et de la Lahn se développent les voies de fer qui unissent l'Allemagne du Nord à la France par Metz, Koblenz et Magdebourg. La vieille voie historique de Hesse et de Thuringe, jalonnée par les villes d'Aix-la-Chapelle,

Cologne, Eisenach, Gotha et Erfurt, n'a point perdu de sa valeur. Enfin le Palatinat, l'Alsace-Lorraine, le pays de Bade et le Wurtemberg sont sillonnés par plusieurs rubans ferrés qui joignent les contrées de l'Europe occidentale à la vallée Danubienne, et par là à l'Europe orientale. Les zones industrielles de la Westphalie et des Provinces Rhénanes possèdent un réseau aussi compliqué que celui des provinces manufacturières les plus peuplées de la Grande-Bretagne, de la France du Nord et de la Belgique.

La médiocrité du relief de cette région mal caractérisée a permis l'établissement de *voies de navigation* qui stimulent la vie économique et contribuent à son intensité. Le Rhin, corrigé et réglé par de magnifiques travaux d'art, est l'artère centrale ; la passe de Bingen a été rectifiée et ne gêne plus la navigation des bateaux d'un assez fort tonnage, qui pénètrent jusqu'à la hauteur de Strasbourg, au point où le fleuve sort de la zone des pentes rapides.

Le Main inférieur a été grandement amélioré ; des travaux non moins importants ont été entrepris pour ouvrir la Moselle au trafic dans de meilleures conditions. Enfin le réseau de la navigation rhénane a été uni à ceux du Danube, du Rhône et de la Seine. Si la persistance des traditions de haine politique ne paralysait en grande partie les échanges commerciaux, la navigation y serait beaucoup plus active. La jonction entre Rhin et Danube par le Main et l'Altmühl, grâce au *canal Ludwig* (Louis), est une œuvre compliquée qui ne saurait rendre que de médiocres services. Mais c'est du côté de la région française que s'ouvrent les meilleures communications navigables. Le *canal du Rhône au Rhin*, long de 565 kilomètres, franchissant la trouée de Belfort, porte également remarquable de guerre et de commerce, donne aux pays rhénans le chemin d'une des plus belles contrées de notre France et de la Méditerranée. Le *canal de la Marne au Rhin* (270 kilomètres) serait une voie précieuse et fréquentée, si la soupçonneuse hostilité de l'Allemagne n'avait élevé, en

dépit des traités, une vraie muraille de Chine entre les pays annexés et l'ancienne patrie. On peut dire que le Rhin moyen est plus français qu'allemand d'inclination, en raison même de la nature physique du pays

et des facilités de jonction des réseaux hydrographiques, qui sont beaucoup plus grandes à l'Ouest qu'à l'Est.

La région franco-allemande fut de tout temps, grâce à tant d'avantages naturels, fort peuplée et riche en belles et grandes villes. L'Allemagne du Sud-Ouest, depuis l'annexion de l'Alsace-Lorraine, ne représente guère que le cinquantième partie du territoire de l'Empire ; mais elle porte près d'un septième des *grandes villes* d'une population supérieure à 50 000 habitants. La plaine du Rhin compte en moyenne 150 habitants par kilomètre carré ; dans les districts de « lœss » qui sont situés au pied des monts de la Forêt-Noire, des Vosges, du Haardt et de l'Odenwald, cette moyenne atteint 200. En Alsace-Lorraine il n'y a que trois grandes villes, Strasbourg, Mulhouse et Metz. *Strasbourg* (151 000 hab.), l'antique *Argentoratum*, est placée juste au point où le Rhin devient régulièrement navigable, et en face du seuil de Saverne, qui ouvre vers les pays français une communication si facile. Successivement ville épiscopale, république, puis ville impériale, elle joua un rôle important dans l'histoire moderne de la patrie française. *Metz* fut au onzième siècle une riche ville impériale. Unie à la France, elle avait trouvé dans cette union une grande prospérité, à laquelle mit fin la conquête allemande ; sa population tomba alors, par le fait de l'émigration d'une partie des plus notables français, de 57 000 à moins de 50 000. L'immigration allemande, encouragée par tous les moyens, n'est pas encore parvenue à faire disparaître les maux de l'annexion. Mais à côté de ces deux grandes cités historiques, l'Alsace-Lorraine compte nombre de petites et industrieuses villes, situées au pied même des Vosges, comme Thann et Guebwiller, ou bien au cœur même de la montagne, comme Sainte-Marie-aux-Mines. d'autres au milieu de la plaine, comme Colmar et Schlestadt. *Mulhouse* (89 100), que son annexion à la France avait rendue si prospère, reste une des villes industrielles les plus remarquables de l'Europe.

Dans la Province Rhénane, *Barmen* et *Elberfeld*, qui forment un groupe de 500 000 habitants à peu près également partagés entre l'une et l'autre, eurent pour origine un village du seizième siècle qui comptait quelques centaines d'habiles artisans. *Aix-la-Chapelle* (*Aachen*) rappelle de glorieux souvenirs (*Civitas Aquensis*), et donne aussi le spectacle d'une grande activité manufacturière. *Mannheim* (141 100 avec son port de Ludwigshafen) marque l'endroit où s'arrête la grande navigation du Rhin ; c'est aujourd'hui l'une des villes de commerce les plus florissantes de l'Allemagne. Son port reçoit, dans de vastes entrepôts, non seulement les houilles de l'Allemagne du Nord-Ouest, mais les cargaisons de céréales et de coton d'Amérique. *Mayence* (*Mainz*, 84 200), au confluent du Rhin et du Main, jouait déjà un rôle considérable à l'époque romaine (*Moguntiacum*) ; on y a retrouvé les restes gigantesques du pont qu'avaient construit les légions. *Coblence* (*Koblenz*), également d'origine romaine (*Confluentes*), est beaucoup moins importante ; c'est une tête de pont, une position stratégique par excellence, que couvre la citadelle d'Ehrenbreitstein. Mais *Cologne* a dépassé de beaucoup toutes les anciennes cités dont les noms romains sont aisément reconnaissables. C'est le port central du Rhin inférieur allemand, et aussi le lieu de passage des voies ferrées qui unissent Paris à Berlin et à Saint-Pétersbourg par le trajet le plus rapide. Fondée en 51 par Agrippine (*Colonia Agrippina*), Cologne ne cessa de prospérer. On a pu dire que son histoire retrace en abrégé une partie de la civilisation rhénane. Métropole ecclésiastique, puissante cité de la Hanse germanique, elle est devenue aussi ville industrielle et commerciale (372 500 hab.).

En somme, il est peu de pays qui puissent revendiquer, dans l'histoire de l'industrie, du commerce et des arts, des souvenirs aussi glorieux que ceux de la région franco-allemande. La contrée a beaucoup de valeur par elle-même ; elle en emprunte beaucoup aussi à son rôle d'intermédiaire entre des peuples qui, mal séparés par la nature, se rencontraient sur ce terrain des luttes de la paix et de la guerre. Parmi tous les fragments dont se compose ce groupe peu homogène, dont l'étude générale n'est pas moins intéressante, l'Alsace seule présente un ensemble de caractères cohérents, et seule offre une véritable unité. Enfermée, mais mal enfermée, à l'Est

comme à l'Ouest, elle a, par sa richesse, par le génie particulier de ses habitants, excité les plus vives convoitises. La nature ne désignait clairement aucun propriétaire légitime des pays rhénans ; l'arsenal historique auquel on a emprunté les armes les plus déloyales dans cette querelle sans solution absolument juridique, n'a jamais pu et ne pourra jamais fournir d'arguments décisifs. On ne s'étonnera pas que les géographes aient eu et aient encore quelque peine à déterminer dans cette zone mixte ce que l'on appelle « une frontière naturelle ». En réalité, il n'y a rien à espérer de la géographie pour la solution de ce redoutable problème de politique ; c'est dans le droit des gens qu'il faudrait la rechercher,

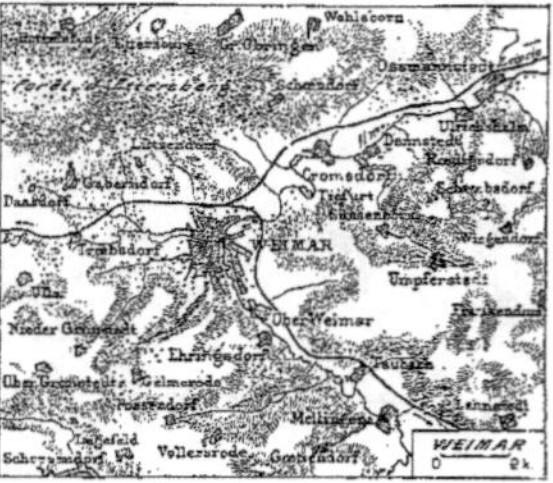

et c'est par l'expression de la volonté d'hommes libres, librement exprimée, que de telles questions devraient être résolues.

MARCEL DUBOIS.

SITUATION

L'empire d'Autriche-Hongrie, tel que les événements historiques l'ont défini, est, on peut le dire, un contresens géographique et ethnographique. Formé de la juxtaposition d'éléments divers, hétérogènes, souvent opposés les uns aux autres par le jeu même des dispositions de la nature, il manque d'unité naturelle, et ce n'est que par un miracle persévérant d'art politique et administratif que l'unité lui est conservée.

Sans l'étroite échappée qui lui est ménagée au fond et sur la côte orientale de l'Adriatique, il serait entièrement englobé au milieu d'États divers; il en est peu, du moins, qui aient autant de voisins limitrophes : l'Italie au Sud-Ouest, la Suisse à l'Ouest, l'Empire d'Allemagne, représenté par la Bavière au Nord-Ouest, par la Saxe et la Silésie prussienne au Nord; l'Empire Russe au Nord-Est et à l'Est, la Roumanie à l'Est et au Sud, la Serbie au Sud, ainsi que la Turquie et le Montenegro, représentent les intérêts aussi divers qu'opposés avec lesquels l'Autriche-Hongrie doit compter dans ses relations extérieures.

SUPERFICIE — DIVISIONS PHYSIQUES

La superficie de l'empire austro-hongrois est de 625 318 kil. carrés ; elle est de plus d'un sixième supérieure à celle de la France; mais sa disposition géographique est beaucoup moins heureuse. Tandis que la France est formée de la juxtaposition de bassins divergents aboutissant tous à des issues maritimes différentes dans des directions multiples, on peut dire qu'à l'exception des vallées supérieures de l'Elbe, de l'Oder et de la Vistule, et du littoral de l'Adriatique, l'Autriche-Hongrie n'est formée que d'un seul bassin, celui du Danube, dont l'unique issue maritime est située en dehors des limites de son territoire.

SUPERFICIE comparée de l'AUTRICHE-HONGRIE et de la FRANCE
France (528608)
Autriche-Hongrie (625318)

RAPPORT de la SURFACE au LITTORAL de l'AUTRICHE-HONGRIE et de la FRANCE
Autriche-Hongrie 2,3
France 10,66
Kilomètres de côtes pour 1000 kil. carrés

Pour parer à cet inconvénient grave, l'Autriche et la Hongrie, qui sont séparées de la mer Adriatique par des plateaux étendus et des crêtes élevées, ne trouvent aux rivages de cette mer, sur laquelle elles possèdent cependant près de 700 kilomètres de côtes, que deux uniques issues, presque deux points mathématiques : le port de Trieste pour l'Autriche, celui de Fiume pour la Hongrie.

Il résulte de cette définition que le relief général de l'Autriche-Hongrie doit être extérieur et concentrique au pays : c'est ce qui ressort à première vue de l'examen de la carte. Et cependant, malgré cette simplicité de structure apparente, l'unité géographique telle qu'elle résulte de l'ensemble de l'orographie et de l'hydrographie d'un pays, manque à l'Autriche-Hongrie, de même que l'unité ethnographique et politique. Rares sont les portions de ses limites conventionnelles qui se confondent avec des frontières naturelles. Deux régions seules, parmi celles dont l'agrégation disparate constitue son domaine, ont les caractères d'entités géographiques bien déterminées : la Bohême et la Hongrie. Toutes deux, presque complètement entourées de montagnes qui leur forment comme une ceinture extérieure et les délimitent nettement, voient les dispositions naturelles du sol contribuer à grouper les populations qui les habitent. La Bohême cependant présente la première antithèse géographique que nous ayons à signaler : tandis que l'hydrographie la rattache au bassin de la mer du Nord par le cours de l'Elbe et de ses affluents, l'orographie, plus puissante, l'attribue indubitablement au bassin du Danube par le relief naturel du sol, plus élevé au Nord et à l'Ouest que vers le Sud-Est. Mais le Tyrol et la Carinthie, isolés au milieu des replis du contrefort oriental des Alpes, la Carniole et l'Istrie, la Croatie et la Dalmatie qui subissent l'attraction de l'Adriatique, la Galicie et la Bukovine, séparées du reste de l'empire par le puissant relief du Tatra et des Karpates qui les rejettent vers les plaines basses de la Pologne et de la Russie, n'ont aucune affinité géographique entre elles ni avec les parties voisines.

RELIEF DU SOL — HYDROGRAPHIE

Le relief du sol, tout extérieur, est très inégalement réparti. Très puissant à l'Ouest et à l'Est, où il est constitué d'un côté par le massif des Alpes, de l'autre par la longue chaîne anguleuse du Tatra, des Karpates et des Alpes

PROFIL O.-E. au SUD de VIENNE
1:7000.000. L'échelle des hauteurs est 10 fois plus grande.
0 — 500 Kil.
Alpes — mètres

de Transylvanie, il est beaucoup plus faible au Nord-Ouest et au Nord, où les monts de Bohême, l'Erzgebirge et les monts Sudètes n'apparaissent que comme de hautes collines plus ou moins abruptes, et au Sud, où les tables calcaires de la Carniole et de la Croatie et les collines de la Bosnie et de la Serbie s'élèvent progressivement, à mesure qu'elles s'éloignent des plaines dont elles limitent l'étendue. Ce sont d'immenses plaines presque sans ondulations qui occupent, en effet, tout l'espace compris au milieu de cette circonférence de montagnes, fond de lac desséché, d'une extraordinaire fertilité, et que le Danube et ses affluents, la Drave et la Save sur la rive droite, la Theiss et la Maros sur la rive gauche, pour ne parler que des principaux, arrosent abondamment. Mais là encore apparaissent les anomalies géographiques qui caractérisent l'Autriche-Hongrie : loin de reculer devant les obstacles formidables que leur opposent les chaînes de montagnes qui leur barrent le passage, les fleuves les traversent par des défilés d'un caractère sauvage et grandiose, qui en rompent la continuité. Ainsi l'Elbe se fraye un passage entre l'Erzgebirge et les monts Sudètes; l'Aluta ou

Olt franchit les Alpes de Transylvanie par le défilé de Turnu Rosu (la Tour Rouge); enfin, le Danube échappe à l'étreinte des Karpates et des Balkans qui, en se rapprochant les uns des autres, semblent vouloir le retenir prisonnier dans les plaines de Hongrie, par le célèbre défilé dit des Portes de Fer ou de la Porte de Fer, comme le voudraient ses dénominations turque et allemande, qui compte parmi les accidents pittoresques les plus remarquables de l'Europe.

Les montagnes de la Dalmatie, percées et fissurées à l'infini, boivent toutes les pluies : c'est le Carso, région des rivières souterraines, des cours d'eau qui s'élancent d'une caverne, fuient dans une vallée, disparaissent dans une nouvelle grotte, et parfois, comme la Narenta, finissent en un delta marécageux.

CLIMAT

Avec une aussi grande diversité de structure topographique, l'Autriche-Hongrie ne peut posséder un climat uniforme : la seule définition que l'on en puisse donner d'une manière générale résulte de l'écart des températures extrêmes constatées aux points opposés, quelquefois en une même localité de l'Autriche-Hongrie. Le thermomètre y monte en été à + 34°,25 et y descend en hiver à — 34°,58, d'où un écart de température de 68°,6. On peut donc dire que le climat de l'Autriche-Hongrie est un climat continental ou extrême. C'est surtout dans les grandes plaines de la Hongrie que se font le plus sentir les effets du climat très variable, aux saisons fortement et nettement tranchées. Dans toute la région des plaines (Bohême, Hongrie, Galicie et Bukovine), hiver très froid, été très chaud, pluies rares; dans toutes les régions de montagnes, dans les Alpes, dans les Karpates et sur les plateaux de la Carniole et de la Croatie, la moyenne de la température s'abaisse, mais l'écart diminue; le climat devient plus régulier en même temps que plus humide. Les régions riveraines de l'Adriatique subissent l'influence du climat méditerranéen ; l'hiver y est très doux, troublé cependant parfois par les rafales de la borra, vent glacé et violent, redouté des navigateurs, qui descend avec furie des hauts plateaux ; l'été y est très chaud, souvent étouffant, lorsque souffle le sirocco ; l'abondance des pluies y est plus grande qu'en aucune autre partie de l'empire, sauf dans les régions les plus élevées des massifs montagneux.

POPULATION

C'est surtout dans la répartition des populations que s'accuse le défaut d'unité de l'Autriche-Hongrie. Le recensement du 31 décembre 1900 attribue à la monarchie une population de 45 510 855 habitants : c'est une moyenne de 72 habitants par kil. carré. Mais cette population est répartie de la manière la plus inégale; condensée autour des quelques

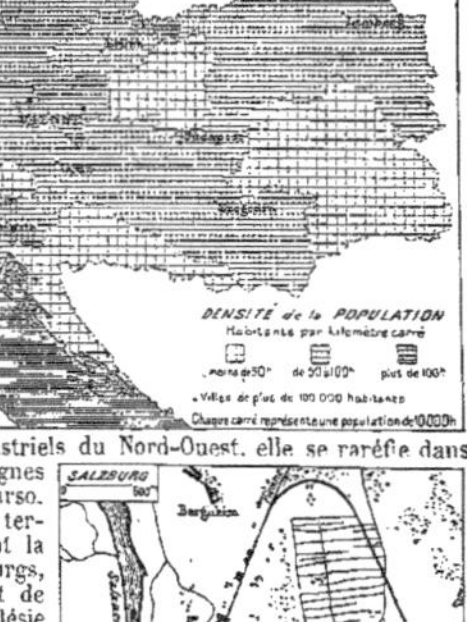

villes et dans les centres industriels du Nord-Ouest, elle se raréfie dans les régions des hautes montagnes et sur les plateaux stériles du Carso. Dans la Basse-Autriche, sur le territoire de laquelle se trouvent la ville de Vienne et ses faubourgs, la densité de la population est de 156 par kil. carré; en Silésie et en Bohême, elle tombe à 152 et à 122 ; la Hongrie et la Transylvanie ne comptent plus que 59 habitants par kil. carré ; dans les hautes montagnes du Tyrol et de Salzbourg, la densité n'est plus que de 32 et de 27 habitants par kil. carré.

RACES

La diversité n'est pas moindre si l'on considère la répartition des races. Il n'y a pas d'empire qui soit moins homogène si l'on tient compte des origines diverses des populations, des langues qu'elles parlent, et des cou-

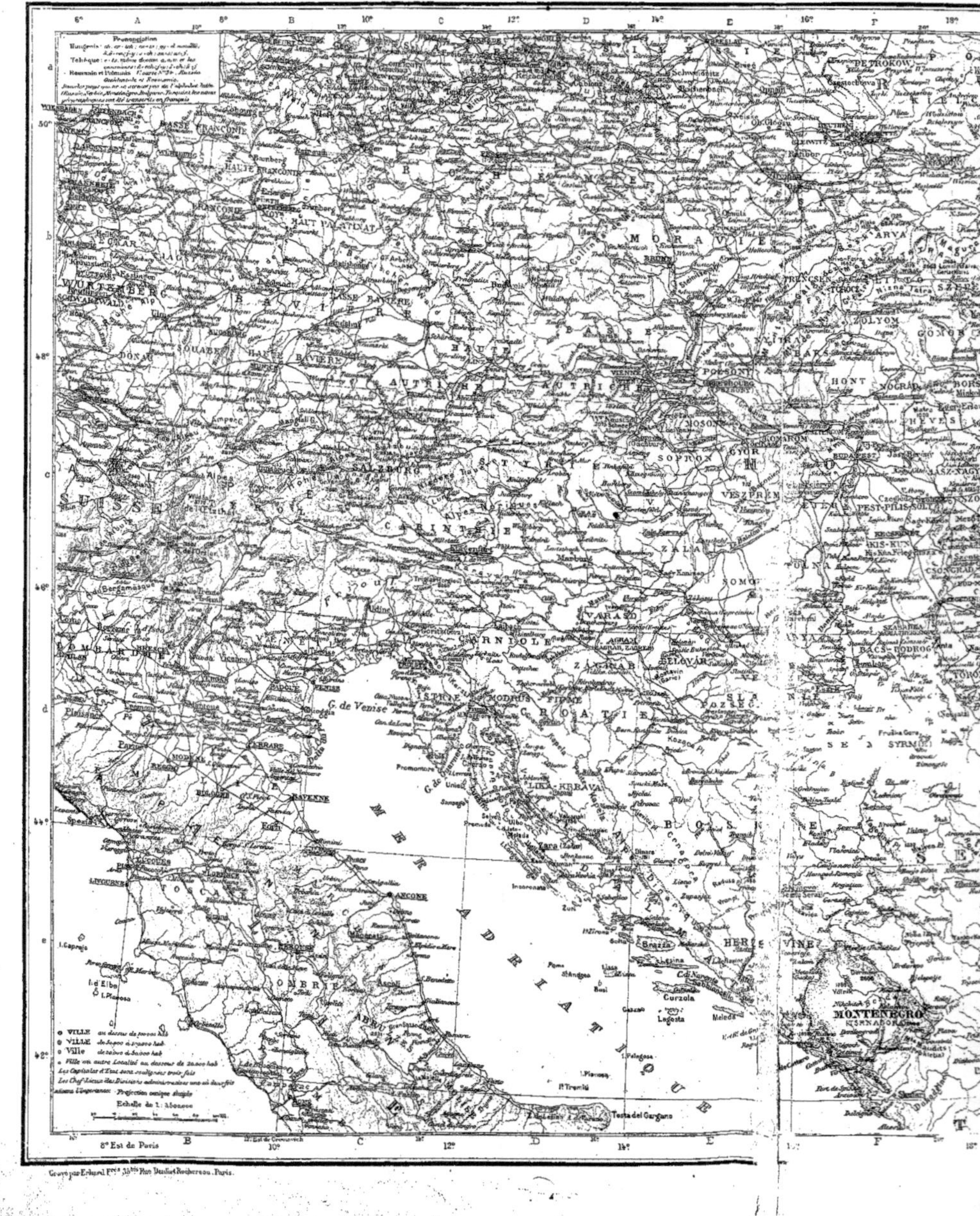
ATLAS DE GÉOGRAPHIE MODERNE
BASSE FRANCONIE
HAUTE FRANCONIE
HAUT PALATINAT
WURTEMBERG
BAVIÈRE
SOUABE
DANUBE
MORAVIE
BOHÊME
AUTRICHE
SALZBOURG
STYRIE
CARINTHIE
SUISSE
LOMBARDIE
CARNIOLE
CROATIE
G. de Venise
MER
ADRIATIQUE
MONTENEGRO
HERZEGOVINE
SLAVONIE
ZAGRAB
FIUME
BELOVAR
POSONY
SOPRON
GYÖR
VESZPREM
ZALA
SOMOG
VARASD
PEST-PILIS-SOLT
BACS-BODROG
PETROKOW
Czestochowa
OMBRIE
I. d'Elbe
I. Pianosa
I. Capraja
Brazza
Curzola
Lagosta
Meleda
G. de Venise
FERRARE
RAVENNE
ANCONE
Testa del Gargano
VILLE   au dessus de 50000 hab.
VILLE   de 5000 à 50000 hab.
Ville   de 2000 à 5000 hab.
Ville ou autre Localité au dessous de 2000 hab.
Les Capitales d'État sont soulignées trois fois
Les Chef-Lieux des Divisions administratives une ou deux fois
Projection conique simple
Échelle de 1:2600000
8° Est de Paris
10° Est de Greenwich
Gravé par Erhard Frères, 35 bis Rue Denfert-Rochereau, Paris.

AUTRICHE-HONGRIE

PUBLIÉ PAR LA LIBRAIRIE HACHETTE ET Cie. CARTE 28.

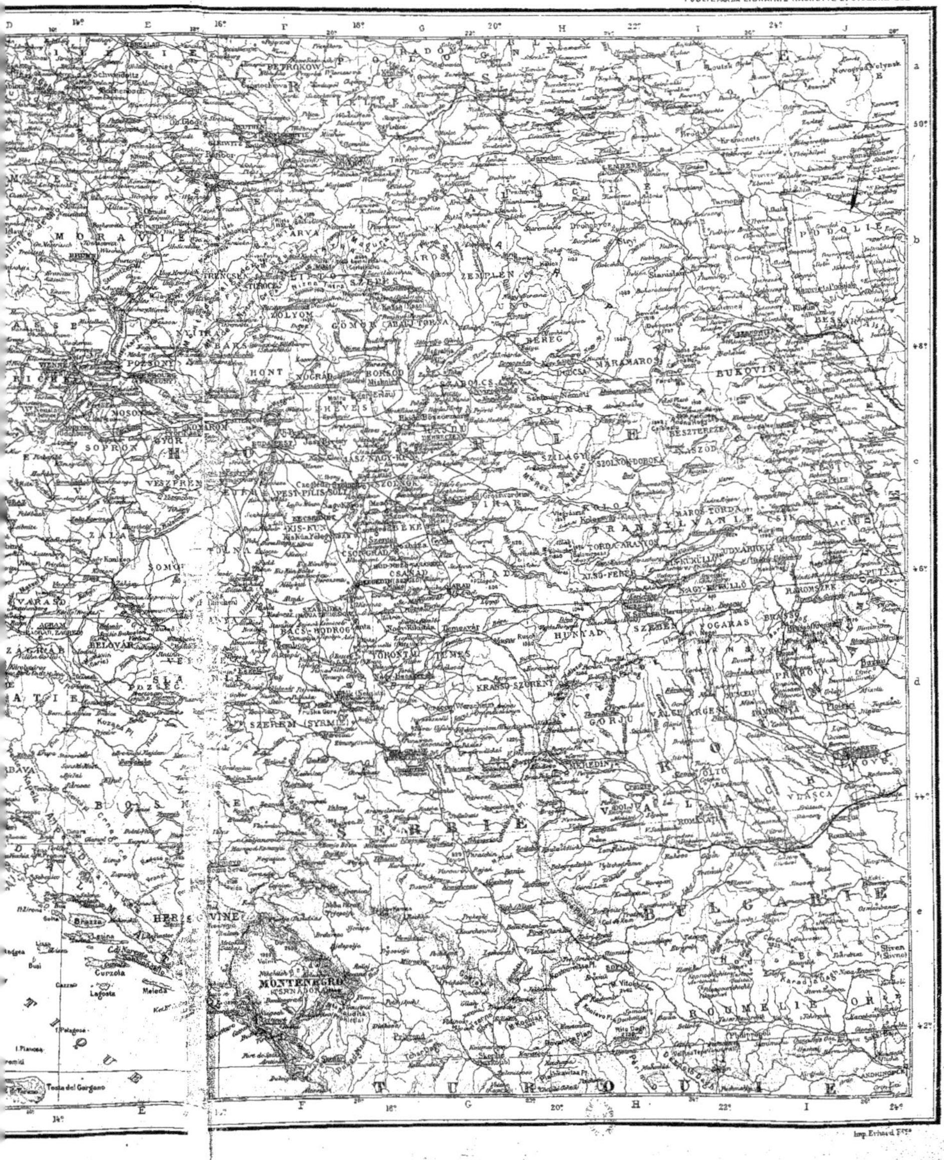

Imp. Erhard Fres

fessions religieuses auxquelles elles appartiennent. Tout le massif oriental des Alpes et leur versant septentrional appartiennent sans conteste à la race d'origine allemande ; dans les grandes plaines centrales règne sans mélange l'élément magyar ; mais au nord et au sud de l'empire s'étalent deux larges bandes parallèles, qui s'étendent l'une jusqu'à la Bohême, l'autre jusqu'à l'Istrie, et qui déterminent le domaine de la race slave. Dans son mouvement d'invasion vers l'Occident, la migration slave rencontrant sur sa route, au sortir des steppes de la Russie, le bastion des Karpates défendu par les Magyars, s'est divisée en deux courants : l'un a contourné les Karpates par les plaines du Nord (Polonais, Moraves et Tchèques de Bohême) ; l'autre, obligé par le groupe roumain de se détourner vers le Sud, a remonté le Danube par sa rive droite, et les Slovènes, les Dalmates, les Croates, les Slavons, les Bosniaques et les Serbes ont constitué le groupe des Slaves du Sud ou Iougo-Slaves, qui tend à s'étendre et à mordre dans le domaine magyar. Antérieurement à ces invasions les Roumains s'étaient déjà établis dans l'angle intérieur des Karpates, en Transylvanie ; ni Magyars, ni Allemands, ni Slaves n'ont pu les en déloger ; ils y sont encore, englobant dans leur masse de plus de 2 800 000 habitants des colonies éparses de Saxons et de Szeklers d'origine magyare. L'élément allemand représente plus de 10 millions d'habitants ; l'élément magyar plus de 7 millions ; l'élément tchèque et morave à peu près autant ; l'élément roumain près de 3 millions. Les Polonais et les Ruthènes sont au nombre de plus de 7 millions ; les Slavons, les Serbes et les Croates de plus de 4 millions. Ajoutons à cela des Tsiganes, des Wendes, des Arméniens, des Dalmates, Slaves modifiés par l'influence des républiques italiennes du moyen âge, et des Juifs, venus pour la plupart de la Pologne russe et de la Petite Russie, et nous aurons donné une idée de la confusion de tempéraments, d'idées, de langues que présente l'empire austro-hongrois.

VILLES PRINCIPALES

De cette diversité de races et d'intérêts il résulte qu'il n'y a pas en Autriche-Hongrie de centralisation ni de centre politique unique ; chaque nationalité a le sien. Vienne, dont la population est de 1 674 957 habitants, est bien plus la capitale du groupe allemand qu'elle n'est la capitale de l'empire ; Budapest, avec ses 752 322 habitants, est le centre de l'élément magyar. Les Tchèques de Bohême ont leur capitale à Prague, qui compte 201 589 habitants ; les Croates et les Slavons ont fait de la ville d'Agram (Zagreb), avec ses 61 002 habitants, leur centre politique et intellectuel ; les Polonais ont Cracovie, avec 91 325 habitants ; les Ruthènes ont Lemberg, avec 159 877 habitants ; Graz, avec 138 080 et Brünn avec 109 546 habitants sont des chefs-lieux de province et des centres d'industrie et de commerce. L'élément commercial enfin, dont il faut tenir compte, parce que c'est en lui que se trouve le lien de tous ces intérêts divers, a fait de Trieste une ville de 178 599 habitants avec ses faubourgs.

CULTES

On ne compte pas en Autriche-Hongrie moins de dix confessions religieuses distinctes. Les catholiques romains, autrichiens et hongrois, l'emportent avec plus de 27 millions de fidèles ; les catholiques de rite grec et les grecs orthodoxes en comptent plus de 7 millions, les protestants 3 800 000, et les juifs 1 800 000.

CONSTITUTION POLITIQUE — DIVISIONS ADMINISTRATIVES

La Monarchie austro-hongroise est de nature essentiellement fédérative. Malgré les aspirations à l'autonomie de chacune des nationalités, deux seulement, les groupes allemand et magyar, ont jusqu'à présent conquis une indépendance officielle et exercent sur toutes les autres une suprématie de fait. C'est ce qu'on appelle le dualisme. Deux couronnes, la couronne impériale d'Autriche et la couronne royale de Hongrie réunies sur une même tête, celle de l'Empereur-Roi d'Autriche-Hongrie ; deux parlements, l'un, autrichien, à Vienne, l'autre, hongrois, à Budapest ; deux ministères séparément responsables devant leur parlement respectif ; un ministère spécial composé de trois départements, affaires étrangères, guerre et finances, chargés des affaires communes et tenus d'en rendre compte à une assemblée composée de délégations des deux parlements : des diètes locales, sortes de conseils généraux, sans autorité et sans influence politique, constituées dans les chefs-lieux des provinces, pour donner une sorte de satisfaction aux aspirations fédératives des diverses nationalités : tels sont les éléments principaux de cette organisation politique compliquée.

Les deux territoires de la Monarchie sont dénommés en deçà ou au delà de la Leitha, suivant qu'ils se trouvent situés d'une part ou de l'autre de cette petite rivière, choisie pour limiter la juridiction réciproque des deux ministères.

Le budget général se compose de trois budgets distincts :

I. — Le budget des dépenses communes à la monarchie tout entière. — Ce budget, alimenté par quelques ressources spéciales et par les contributions proportionnelles des deux fractions cisleithane et transleithane, est toujours en équilibre.

II. — Le budget des pays cisleithans.

III. — Le budget des pays transleithans.

ARMÉE — MARINE

L'armée se divise en trois parties : l'armée active, la landwehr (honrédség en Hongrie) et le landsturm.

Sur le pied de paix, l'armée active comprend, en 1905, 295 593 hommes, 22 752 officiers, et 60 758 chevaux.

La marine de guerre, qui se développe en sécurité dans la magnifique rade de Pola, comprend 132 navires de guerre (dont 12 navires cuirassés), portant 927 canons et montés par 14 663 hommes d'équipage.

AGRICULTURE — INDUSTRIE — COMMERCE

La scission que nous avons déjà signalée dans l'état politique du pays se retrouve dans son état économique : la Hongrie est surtout agricole, l'Autriche surtout industrielle. Pour une fois, les faits sont d'accord avec la natur

Les grandes plaines fertiles de la Hongrie, abondamment arrosées par le Danube et ses affluents, sont le domaine de l'agriculture : champs de culture — 14 millions d'hectares, pâturages et prairies — 7 millions et demi, forêts — 9 millions. Les moissons et les pâturages y alternent. Récolte annuelle de froment de la Hongrie : environ 40 millions de quintaux métriques ; maïs — environ 55. Dans les immenses pâturages errent environ 2 millions de chevaux, près de 7 millions de bœufs, 8 millions de moutons et plus de 7 millions de porcs.

Le régime de la culture est encore celui de la grande propriété ; après les céréales et les bestiaux, viennent les vins. 325 997 hectares de vignobles sont répartis autour de la plaine hongroise sur des coteaux d'origine volcanique : en Autriche : 248 526 hectares. Récolte annuelle moyenne : 2 000 000 en Hongrie, 3 500 000 en Autriche.

Les grandes forêts du territoire austro-hongrois fournissent des bois à brûler et à ouvrer.

La Bohême est le grand foyer industriel de l'Autriche-Hongrie, grâce à l'existence de ressources minérales, notamment de houille au voisinage de l'Herzgebirge. L'industrie nationale de la Bohême est celle de la verrerie et des cristaux. Les autres industries s'acclimatent et se développent peu à peu en Autriche-Hongrie.

Exportations en 1905 : 2068 millions de couronnes. Importations : 2158 millions. Principaux articles d'exportation en 1904 : Bois, 50,6 millions de couronnes ; sucre, 151,9 ; bétail, 98,6 ; œufs, 105,6 ; houille, 26,2 ; céréales, 44,5 ; verre, 56,9, etc. Principaux articles d'importation : coton, 215,2 ; houille, 105,9 ; laine, 150,0 ; tabac, 52,6 ; machines, 52,6, etc.

Marine marchande en 1904 : 13 554 bâtiments, dont 250 bâtiments à vapeur. La puissante Compagnie maritime du Lloyd austro-hongrois a son siège à Trieste. La navigation du Danube est exploitée par les vapeurs de la Compagnie de navigation du Danube.

COMMUNICATIONS

Chemins de fer (au 1ᵉʳ janvier 1905) : 41 800 kilomètres dont 21 600 kilomètres en Autriche et 20 200 kilomètres en Hongrie.

Réseau télégraphique (en 1905) : Autriche : longueur des lignes, 40 375 kilomètres ; longueur des fils, 187 922 kilomètres ; Hongrie : longueur des lignes, 23 240 kilomètres ; longueur des fils, 121 675 kilomètres.

PAYS D'OCCUPATION

Le traité de Berlin, du 13 juillet 1878, a placé sous l'administration de l'Autriche-Hongrie les provinces turques de Bosnie et d'Herzégovine. Superficie : 51 027 kilomètres carrés. Population, toute d'origine slave, mais dont une partie a embrassé l'islamisme : 1 591 036 habitants. Chemins de fer construits pour les besoins de l'occupation militaire : 1093 kilomètres (1905).

ROLE HISTORIQUE

Si l'Autriche-Hongrie, dans son état actuel, est un contresens géographique et ethnographique, comme nous le disions au début, c'est un contresens nécessaire. Il faut ménager à toutes les races qui ont envahi successivement l'Europe, une zone de contact où se prépare la fusion, l'unification des tempéraments et des idées. C'est l'Autriche-Hongrie qui fournit ce terrain de frottement où s'amortissent les chocs. Elle est nécessaire à la tranquillité et à la stabilité de l'Europe.

Léon Rousset.

Des trois presqu'îles méridionales qui prolongent le continent européen au sein de la Méditerranée, l'une, la plus orientale, a eu plus particulièrement, depuis la plus haute antiquité, le privilège de voir ses destinées exercer une influence remarquable sur les progrès de la civilisation en Europe, soit pour l'accélérer, soit pour le retarder. Largement soudée au continent européen par une base étendue, elle en est cependant presque complètement séparée par une ceinture liquide ininterrompue : ceinture fluviale au Nord, par les cours de l'Una, de la Save et du Danube; ceinture

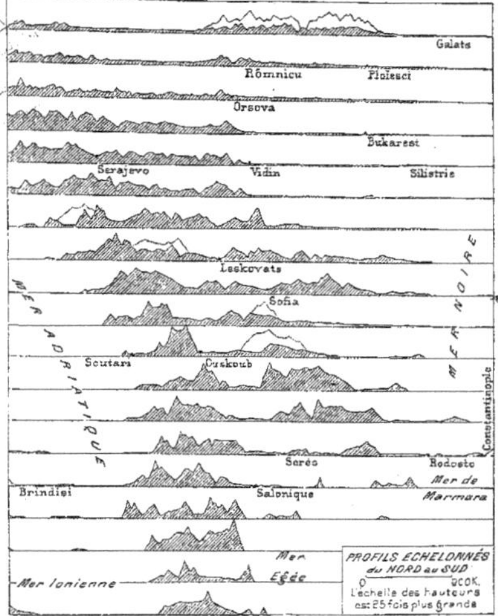

maritime à l'Est, au Sud et à l'Ouest, formée de la mer Noire, du Bosphore, de la mer de Marmara, des Dardanelles, de la mer Égée, de la Méditerranée, du canal d'Otrante et de la mer Adriatique. Sa forme extérieure est très irrégulière, sa surface très tourmentée, de sorte qu'au premier abord il est difficile de distinguer les grands reliefs qui lui donnent sa physionomie particulière; l'un d'eux, cependant assez isolé pour être plus apparent, a de tout temps attiré plus facilement le regard : c'est la chaîne des **Balkans**; l'usage a fait appliquer à la région tout entière le nom d'un des accidents du sol qui ne jouent dans sa constitution générale qu'un rôle tout à fait secondaire : nous avons nommé la presqu'île des Balkans.

Malgré l'obscurité dont le défaut d'études géologiques et topographiques précises enveloppe encore le centre de la presqu'île des Balkans, au relief des plus complexes, on peut faire ressortir un certain nombre de faits intimement liés à la constitution orographique elle-même. D'abord, la forme générale de la presqu'île, qui se présente comme une étoffe taillée de biais, et qui est tout entière déjetée vers le S.-E. Ensuite, ses contours extérieurs, que l'on peut ramener à quatre directions principales : l'une, du N.-O. au S.-E., parallèle à l'axe de l'Adriatique; une autre, presque perpendiculaire à la précédente, du N.-E. au S.-O., marquée par la coupure qui sépare l'Europe de l'Asie. Puis deux autres directions également perpendiculaires entre elles, mais inclinées de 40 à 45 degrés sur les précédentes: telle la portion de côtes de l'Adriatique de San Giovanni di Medua au cap Linguetta, dirigée du N. au S., et la côte de Macédoine, de Salonique au fond du golfe de Xéros, dirigée de l'O. à l'E.

De cet exposé il résulte que la direction prédominante dans le contour extérieur est celle du N.-O. au S.-E. Or on remarque que de Salonique à Banjaluka, la suite des vallées forme comme une grande coupure presque continue au travers de la presqu'île des Balkans, précisément dans cette direction. Des études géologiques récentes montrent également que des massifs de roches d'origine ignée jalonnent cette ligne de Mitrovitsa à Banjaluka. De part et d'autre de cette ligne s'étendent des systèmes bien différents : à l'O., les crêtes et les tables calcaires du rivage de l'Adriatique; à l'E., les deux groupes du Rhodope, formé en majorité de roches cristallines, et des Balkans, contemporains des Alpes de Transylvanie.

A part quelques hauts sommets situés dans le massif principal du Rhodope (le Rilo, 2950 mèt.), c'est dans la région occidentale que se rencontrent les pics les plus élevés (le Dormitor, 2528 mèt., le Kom, 2448 mèt., le Lioubotin Vrh (Char Dagh, 5050 mèt.), la Babachnitsa, 2600 mèt., la Yablanitsa, 2282 mèt.); et bien que la succession de ces hauts sommets,

parallèle au rivage de l'Adriatique, ne forme pas de crête continue, ils déterminent cependant le relief général de la presqu'île, dont les hautes régions sont toutes accumulées dans la partie occidentale, formant une large bande de direction parallèle à celle du rivage de l'Adriatique, et dont les pentes très étendues se dirigent à la fois vers le N., menant les eaux au Danube, et vers le S.-E., conduisant les eaux à la mer Égée.

En général, on peut dire que le centre de la presqu'île des Balkans forme un haut plateau triangulaire qui sert lui-même de support aux montagnes les plus élevées et dont les trois sommets seraient situés à Serajevo, Sofia et Metsovo, cette dernière localité étant située au nœud du Pinde, au point de rencontre des limites de la Thessalie, de l'Épire et de la Macédoine.

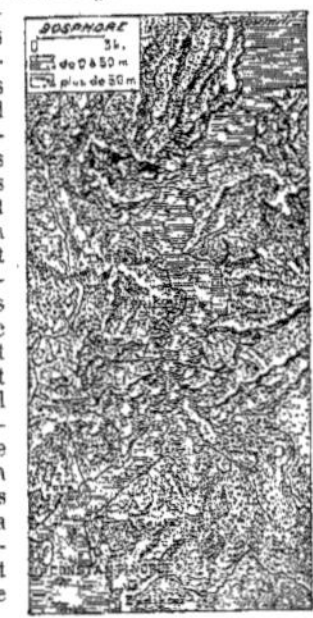

C'est de là en effet que s'écoulent, en rayonnant, les grands **cours d'eau** qui arrosent la presqu'île des Balkans proprement dite. Ce ne sont cependant pas les hautes montagnes que supporte ce haut plateau central qui forment toujours ligne de partage des eaux. Par une anomalie assez étrange, au pied de montagnes de plus de 5000 mètres d'altitude, des seuils qui n'atteignent pas 100 mètres suffisent à déterminer la séparation de bassins très divergents; ainsi naissent côte à côte et presque dans les mêmes marécages de la plaine de Kossovo, au centre même du haut plateau triangulaire que nous venons de définir, la Sitnitsa, affluent de l'Ibar qui coule vers le Danube, et le Vardar qui se jette dans le golfe de Salonique; un peu plus loin, c'est un affluent de la Morava, tributaire du Danube, qui n'est séparé d'un affluent du Vardar que par un seuil de quelques mètres d'élévation. Ce n'est cependant pas là le réservoir unique dont dépende l'irrigation de la péninsule. En dehors de la Save et du Danube qui en baignent la base dans toute son étendue, nous voyons le Lim et la Tara, qui en se réunissant vont former la Drina, affluent du Danube, naître sur le versant septentrional des Alpes d'Albanie, tandis que de leur versant méridional s'écoule le Drin Blanc.

Le Drin Noir, qui recueille les eaux du précédent avant de se jeter dans l'Adriatique, sort du lac d'Okhrida; près du Devol (Semeni), qui sert de déversoir aux lacs de Drenovo et Svirina et qui se jette à l'Adriatique, naît la Bistritsa, qui aboutit au golfe de Salonique; un seul des grands lacs du massif albanais n'a pas d'écoulement au dehors : le lac de Presba; l'Isker, la Maritsa, la Nesta et la Strouma descendent des pentes des monts Rhodope.

Le **climat** de la presqu'île des Balkans est loin d'être uniforme : extrême

dans la grande plaine danubienne de la Bulgarie, il est tempéré dans le sud de la Serbie, dans la Thrace et dans les plaines inférieures de la Macédoine, rafraîchies en été par la brise de mer. Dans tout le nord de la péninsule et dans le périmètre du haut plateau central, au voisinage des montagnes élevées, les hivers sont très rigoureux; en revanche, Constantinople et les bords du Bosphore et de la mer de Marmara sont réputés pour la douceur de leur climat et la sérénité de leur ciel.

Les difficultés périodiques qui naissent dans la presqu'île des Balkans ont pour cause la rivalité des **races** éparses dans cette région. C'est surtout en Macédoine que le départ des populations est le plus difficile à faire; ailleurs la localisation est plus tranchée. Ainsi, la Bosnie et l'Herzégovine, le Monténégro et la Serbie sont habités par des familles bien distinctes de la race Yougo-slave; en Bulgarie et en Roumélie Orientale, domine sans conteste le peuple bulgare; l'Albanie est presque exclusivement peuplée

par les Skiptars; tout le long du rivage maritime, depuis Constantinople jusqu'à Salonique, sur une bande de quelques lieues d'épaisseur, la majo-

ISTRIE
CARNIOLE
CROATIE
SLAVONIE
BOSNIE
HERZÉGOVINE
DALMATIE
SERBIE
NOVIBAZAR
MONTENEGRO
KOSOVO
SCUTARI
MONASTIR
MACÉDOINE
BULGARIE
ROUMÉLIE
MER ADRIATIQUE
MER TYRRHÉNIENNE
MER IONIENNE
BASILICATE
CALABRE
SICILE
G. de Manfredonia
Golfe de Tarente
Canal d'Otrante
CORFOU
ARTA
CÉPHALONIE
ZANTE
ACARNANIE ET ÉTOLIE
ÉLIDE
MESSÉNIE
CHALCIDIQUE
SPORADES
ARCHIPEL
Leucade
Lipari ou Éoliennes
I. Vulcano
G. de Squillace
C. Spartivento
C. Passero
CATANE
Etna
SYRACUSE
10° E de Greenwich
10° E de Paris

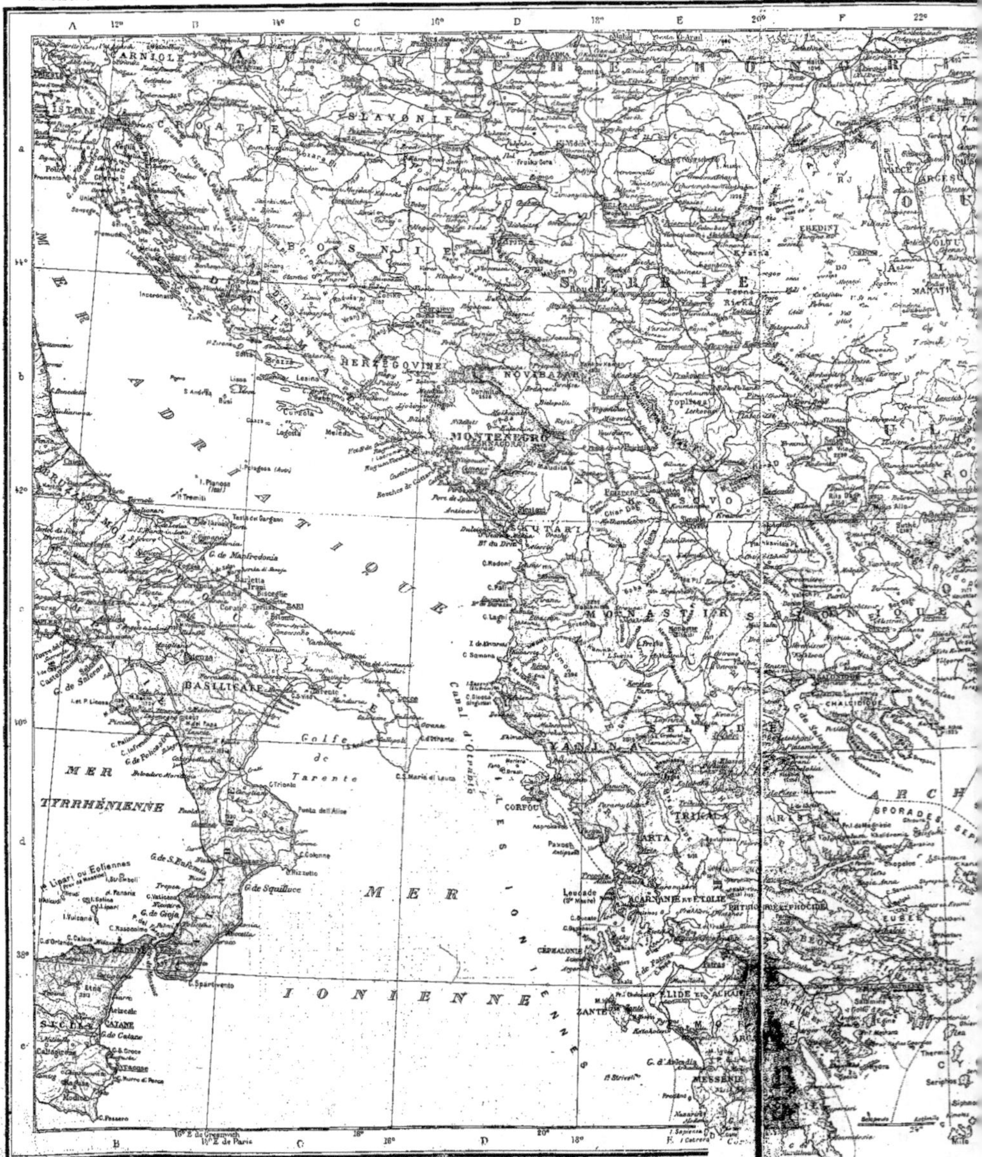

PUBLIÉ PAR LA LIBRAIRIE HACHETTE ET Cⁱᵉ — CARTE 29

rité des habitants est de descendance byzantine, ce que l'on est convenu d'appeler des Grecs : on les trouve encore formant d'importants noyaux au milieu de la population des grandes villes de la Thrace et de la Macédoine : Constantinople, Andrinople, Philippopoli, Salonique et Monastir. Les Turcs sont disséminés un peu partout ; mais ils ne sont guère en majorité que dans les villes de Stamboul (quartier de Constantinople) et d'Andrinople. À Salonique, ce sont des Israélites, d'origine espagnole, qui forment à eux seuls près des deux tiers de la population. Les groupes les mieux définis ont réussi, après bien des luttes, à s'assurer une certaine autonomie : les Serbes et les Bulgares se sont constitués en principautés ou en royaumes indépendants ; les Turcs exercent sur une partie de la péninsule une suzeraineté de fait ; les Grecs ont réussi à se faire admettre par eux dans les conseils du gouvernement et à l'exercice des hautes fonctions de l'empire ; les Albanais sont quasi indépendants dans leurs montagnes.

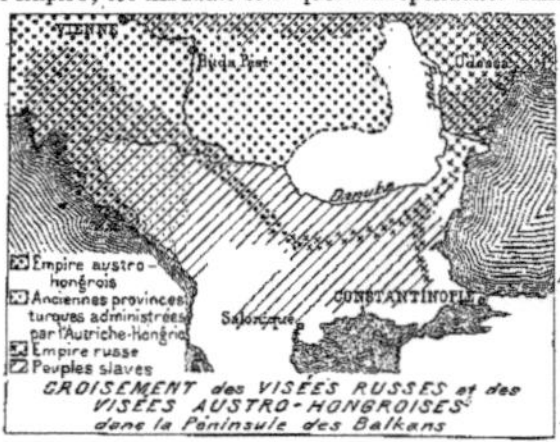

Les trois cultes prédominant dans la presqu'île des Balkans sont : la religion grecque orthodoxe, professée par les Grecs, les Serbes et les Bulgares et une partie des Toskes ou Albanais du Sud ; la religion catholique, que suivent une partie des Bosniaques, une fraction importante des Guèghes ou Albanais du Nord ; enfin l'islamisme, auquel obéissent les Turcs, une partie importante des Bosniaques, des Albanais du Nord et du Sud.

La conquête ottomane avait autrefois placé toute la presqu'île des Balkans sous la suzeraineté du Sultan. Au courant du XIXᵉ siècle, quelques-unes des nationalités que nous avons énumérées ont réussi, avec le concours de l'Europe, à s'affranchir de cette tutelle et à se constituer en États indépendants ou autonomes. En réalité, la presqu'île des Balkans proprement dite comprend actuellement : la Turquie d'Europe, le Monténégro, la Serbie, la Bulgarie, à laquelle est annexée la Roumélie-Orientale, la Bosnie et l'Herzégovine, dont le traité de Berlin a confié l'administration à l'Autriche, la Dalmatie et la Valachie.

TURQUIE D'EUROPE

Superficie. — 170 540 kil. carr.

Population. — 6 086 500 habitants (36 par kil. carr.).

Divisions administratives. — Le territoire de la Turquie d'Europe est divisé en 7 gouvernements ou vilayets, administrés par des Pachas ou gouverneurs généraux : — *Constantinople.* Ville principale, Constantinople, capitale de l'empire, avec 945 000 habitants. — *Andrinople.* Ville principale, Andrinople, 81 000 hab. — *Salonique.* Ville principale, Salonique, 105 000 hab. — *Monastir.* Ville principale, Monastir, 45 à 50 000 hab. — *Kossovo.* Ville principale, Prichtina, 45 000 hab. — *Scutari* (d'Albanie). Ville principale, Scutari, 56 000 hab. — *Yanina.* Ville principale, Yanina, 18 000 hab. Le sandjak frontière de *Seïfdjé* a une organisation indépendante.

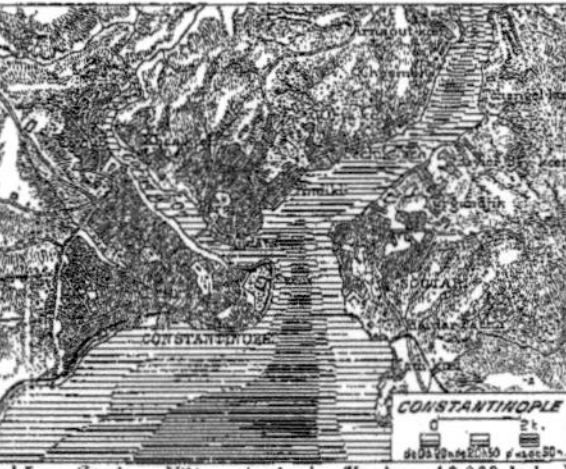

Productions. — Le sol de la Turquie d'Europe, surtout dans les vallées où la végétation profite à la fois de la douceur de la température et de l'humidité résultant du voisinage des cours d'eau, est extraordinairement fertile ; la production n'y est encore limitée que par suite de l'indolence ou du manque de ressources des cultivateurs, dont les efforts se heurtent aux entraves que leur oppose une administration mal dirigée. En Thrace, la culture principale est celle des céréales ; en Macédoine, les productions les plus abondantes sont les céréales, le vin et le tabac ; enfin, les deux provinces fournissent encore en quantités considérables des peaux de chèvre et de mouton. Dans les régions montagneuses, dans le massif du Rhodope, dans les monts de la Macédoine et de l'Albanie, s'étendent d'immenses forêts, peu et mal exploitées, faute de moyens de transport.

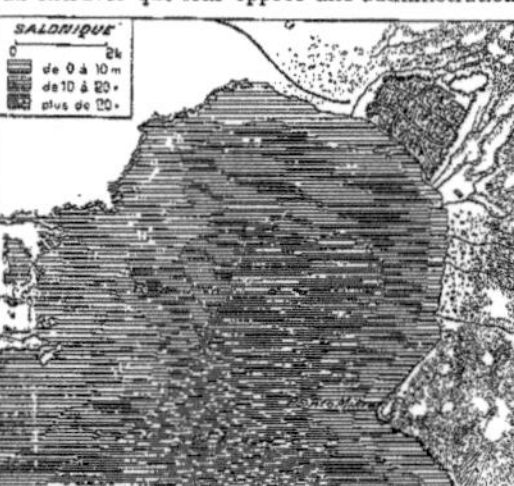

Voies de communication. — Commerce. — Les principales voies ferrées sont les tronçons des grandes voies internationales de Paris à Constantinople et de Paris à Salonique. La première, de Moustafa-Pacha à Constantinople, a 356 kilomètres de développement ; la seconde, de Vrania à Salonique, 330 kilomètres. La longueur totale des chemins de fer exploités en 1905 est de 4971 (dans la Turquie d'Europe seulement).

Mouvement des principaux ports (entrées et sorties comprises), en 1903-1904 :

50 547 vapeurs, jaugeant 46 714 000 tonnes,
144 072 voiliers, jaugeant 2 806 000 tonnes,
Total : 194 619 navires, jaugeant 49 520 000 tonnes.

Si l'on fait abstraction de quelques établissements industriels récemment créés à Constantinople et à Salonique, l'industrie est presque nulle dans la Turquie d'Europe.

Armée. — Marine. — Sur les sept corps d'armée qu'entretient le gouvernement ottoman, trois ont leur siège dans la Turquie d'Europe et ont pour quartiers généraux Constantinople, Andrinople et Monastir. — La flotte comprenait, en 1904, 78 bâtiments dont 16 cuirassés. 19 bâtiments dont 2 cuirassés étaient en construction.

Gouvernement. — La Turquie d'Europe fait partie de l'Empire Ottoman, dont le régime politique est celui d'une monarchie absolue et théocratique, tous les pouvoirs civils, militaires et religieux étant concentrés entre les mains du sultan, qui est en même temps Commandeur des Croyants, et qui gouverne son empire par l'intermédiaire de ministres, de gouverneurs généraux et de mouchirs, maréchaux commandant les corps d'armée, qu'il nomme et révoque à son gré.

SERBIE

Superficie. — 48 503 kil. carr.

Population (31 déc. 1904). — 2 677 000 habitants (55 par kil. carr.).

Divisions administratives et villes principales. — Le territoire de la Serbie est divisé en 16 départements. Les villes principales sont : Belgrade, la capitale, 69 790 hab. et Nich, 24 595 hab.

Productions. — Le sol de la Serbie est particulièrement fertile. On y récolte des céréales, notamment du maïs ; les fruits y sont fort abondants, surtout les prunes, que l'on fait sécher pour l'exportation ; enfin, les agriculteurs serbes élèvent en grand nombre des porcs, dont la majeure partie est exportée ; dans certaines localités, près de Negotin par exemple, la vigne réussit bien et produit un vin estimé. Les forêts couvrent de grands espaces en Serbie ; plusieurs gisements minéraux, de houille, de mercure et de galène argentifère notamment, sont déjà en pleine exploitation.

Commerce (1904). — Importations, 61 millions de francs ; exportations, 62 millions.

Voies de communication. — Réseau des routes nationales assez étendu ; chemins de fer en 1905 : 562 kil. La ligne principale de Belgrade à Tsari-Brod fait partie de la grande voie internationale de Paris à Constantinople et à Salonique.

Armée. — 27 400 hommes, avec 458 canons.

Gouvernement. — Monarchie constitutionnelle. Le roi gouverne assisté de ministres responsables devant une chambre unique, dont les membres sont nommés, un quart par le roi et les trois autres quarts par le peuple, et qui porte le nom de Skouptchina.

BULGARIE ET ROUMÉLIE ORIENTALE

Superficie. — 96 660 kil. carr.

Population (1900). — 3 744 285 habitants (39 par kil. carr.).

Divisions administratives. — Le territoire des deux provinces est divisé en 12 districts ou départements, 9 pour la Bulgarie et 3 pour la Roumélie Orientale. — Les villes principales sont : Sophia, capitale de la Bulgarie, siège du gouvernement des deux provinces, 67 789 hab. ; Philippopoli, capitale de la Roumélie Orientale, 45 055 hab. ; Varna, 34922 hab. ; Rouchtchouk, 33712 hab. ; Slivno, 24549 hab. ; Choumla, 23 102 hab.

Productions. — Les principales productions du sol de la Bulgarie et de la Roumélie Orientale sont les céréales. Mais les produits les plus importants pour le commerce extérieur sont les peaux de chèvres et de moutons, et, en Roumélie Orientale, l'essence de roses, qui a une renommée universelle.

Commerce (1904). — Imp. : 150 millions de fr. ; exp., 158 millions.

Voies de communication. — 1566 kilomètres de chemins de fer, dont le tronçon de Tsari-Brod à Moustafa-Pacha fait partie de la grande voie internationale de Paris à Constantinople (1904).

Armée. — 55 000 hommes, 9100 chevaux et 1080 canons.

Gouvernement. — Les deux provinces sont gouvernées par un prince élu par la grande Sobranié, réunion des représentants du pays, et par un ministère responsable devant une assemblée unique.

MONTÉNÉGRO

Superficie. — 9080 kil. carr.

Population. — 227 841 habitants (25 par kil. carr.).

Villes principales. — Cettinyé, la capitale, 2920 habitants ; Podgoritsa, 6554 hab. ; Nikchits, 5550 hab. ; Dulcigno, 5000 hab. ; Antivari, 2114 hab.

Productions. — Les productions du sol sont si rares parfois, qu'elles ne suffisent pas à assurer la subsistance des habitants.

Commerce. — L'exportation des produits de l'industrie pastorale peut être évaluée à environ 1 250 000 francs.

Voies de communication. — Il n'y a encore au Monténégro qu'un petit nombre de routes carrossables. — Il n'y a pas de chemins de fer.

Armée. — Tous les Monténégrins sont astreints au service militaire. On peut ainsi, en cas de guerre, réunir un corps de 56 000 hommes.

Gouvernement. — Le pays est gouverné par un prince héréditaire, assisté de quelques ministres qui ne relèvent que de son autorité.

BOSNIE, HERZÉGOVINE, CRÈTE

Les puissances ont délégué à l'Autriche, par le traité de Berlin (juillet 1878), le soin de pacifier et d'administrer la Bosnie et l'Herzégovine, qui sont ainsi rattachées de fait aux États de l'Europe centrale, et distraites du nombre des États compris dans la presqu'île des Balkans.

À la suite des événements de 1897, les puissances ont imposé à la Turquie l'autonomie de la Crète.

Léon P....

APERÇU GÉNÉRAL, SITUATION ET DIMENSIONS

La Grèce, si petite sur la carte, a joué un grand rôle dans le monde. quand ce monde se bornait aux pays riverains de la Méditerranée; elle a encore aujourd'hui, grâce au génie original de ses habitants, une importance hors de proportion avec sa population, son étendue et la valeur de son sol. Sa frontière continentale, que les annexions pacifiques de 1881 ont reportée vers le Nord au delà de la Thessalie, est toute conventionnelle, sauf le long d'une partie du cours de la rivière Arta.

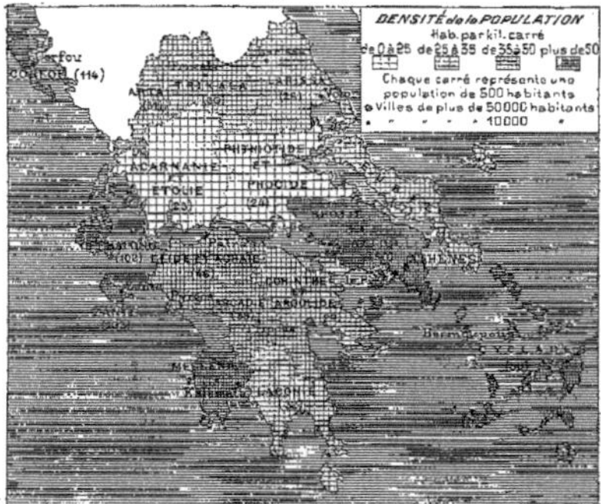

Depuis la dernière guerre et le changement insignifiant dans la limite avec la Turquie, le royaume de Grèce occupe une superficie de 64 789 kil. carrés.

RELIEF

Le sol grec se compose en majeure partie de ces roches crétacées dont la série longe sans interruption les bords de l'Adriatique et de la mer Ionienne, couvrant la Dalmatie, le Montenegro et l'Albanie. Des massifs isolés de schistes cristallins n'apparaissent qu'au Nord-Est, sur les bords du golfe de Salonique, aux deux extrémités de l'Eubée et au sud du Péloponèse.

Le sol est montagneux par excellence; les plaines de Thessalie, la plus développée, de Messine, d'Élide, de Basse-Acarnanie, de Béotie, d'Attique, n'ont qu'une faible étendue. L'altitude moyenne des pays grecs est considérable.

Dans ce chaos de montagnes il est difficile d'introduire une classification qui tienne compte de tous les faits. Bien que le territoire hellénique compte des plateaux, cette forme n'est nulle part caractérisée sur une grande étendue, sauf peut-être dans la région centrale du Péloponèse, autour de Mantinée et de Tripolis. La majorité des chaines de montagnes présente une direction assez bien marquée du Nord-Ouest au Sud-Est; mais il y a aussi des croupes orientées d'Ouest en Est, dont le croisement avec l'autre système produit à l'Est et à l'Ouest une série de bassins fermés, de compartiments indépendants les uns des autres.

La plus centrale des chaines orientées du Nord-Ouest au Sud-Est est le *Pinde* ou *Grammos*, que l'on considère, pour cette raison, comme l'arête saillante et maitresse des monts de la Grèce continentale. Se détachant des systèmes Albanais au nœud du Tchar-dagh, le Pinde projette à l'Est la puissante chaine de l'*Othrys*, à l'Ouest des rameaux nombreux et confus entre lesquels ne se développent que des vallées étroites; vers la mer Égée,

au contraire, les montagnes s'écartent et enferment quelques larges plaines, comme la Thessalie. Tel est le contraste entre les deux versants du Pinde. Au Sud, le relief s'accentue par l'Œta et par le *Liakoura* ou *Parnasse*; dans toute cette région, on rencontre de nombreux sommets compris entre 2000 et 2500 mètres. Au Nord-Est, dans le massif cristallin qui ferme la Thessalie du côté de la mer Égée, se dressent le *Kissovo* (*Ossa*) et le *Plessidhi* (*Pélion*). Le *Parnès* (*Osia*) et le *Pentélique* forment le relief de la péninsule d'Attique.

L'Ossa et le Pélion sont déjà des *massifs* absolument indépendants, presque *insulaires*. Tel est le nom qu'on applique aux montagnes du Péloponèse et des îles grecques. Les hauteurs de Morée se composent d'une citadelle centrale, l'*Arcadie*, mélange de plateaux, de bassins et de chaines confuses; Strabon l'appelait « l'Acropole de la Grèce ». L'altitude moyenne y dépasse 500 mètres. Au nord les *monts Aroaniens* forment bordure abrupte du côté de l'Achaïe. Au sud se dessinent des chaines qui séparent la Laconie de la Messénie; la plus remarquable est le *Pendétactylon* ou *Taygète*, qui porte le point culminant de toute la Morée, le *Saint-Élie* (2408 mètres).

HYDROGRAPHIE

La Grèce appartient au climat méditerranéen, qui est caractérisé par des pluies hivernales. Ces pluies, qui tombent entre octobre et mars, sont d'ailleurs peu abondantes (40 centimètres en moyenne), et s'abattent par averses orageuses, brusques et violentes, bien plutôt que par ondées persistantes de quelques jours : les cours d'eau ont donc de rapides alternatives de disette et de surabondance. En outre, les pluies ne sont pas également partagées : la majeure partie est apportée par les vents d'ouest; le versant de la mer Ionienne est donc beaucoup plus arrosé que celui de la mer Égée. Enfin les monts ne conservent point de neiges éternelles; les pluies proprement dites sont par conséquent l'aliment à peu près exclusif des fleuves.

Les cours d'eau de l'Occident, *Aspro-potamos* (Achéloüs), *Gastouni* (Pénée), *Rouphia* (Alphée), sont plus abondants que ceux de l'Orient : ils ne sont

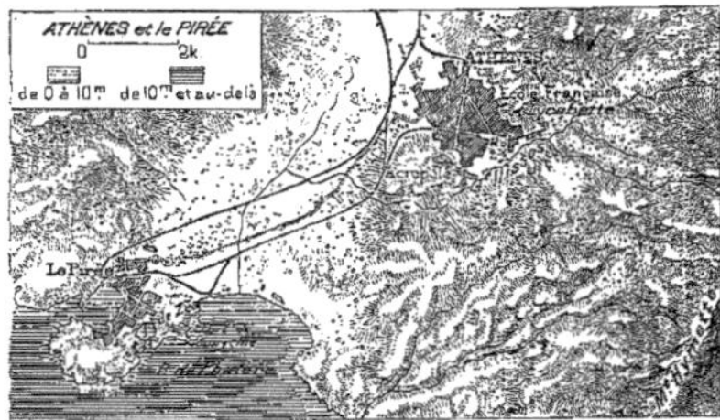

d'ailleurs nullement comparables à ceux de nos pays, puisque les régions qu'ils drainent sont d'une surface très restreinte. Les fleuves de la Sicile, de l'Algérie et du sud-est de l'Espagne peuvent seuls donner une idée de leur pauvreté et de leurs brusques écarts de niveau. Ce sont d'ailleurs de puissants agents d'érosion; le delta de l'Aspro-potamos s'avance rapidement en face de l'île de Céphalonie. A l'est, la *Salambria* (Pénée) doit son importance à l'étendue considérable des contrées qu'elle draine, et à la modicité des pentes. Le *Sperchios* comble rapidement de ses alluvions le golfe de Lamia. Le célèbre *Céphise* et l'*Ilissos* d'Attique ne sont que de faibles ruisseaux.

Mais, dans un terrain fissuré comme celui de la Grèce, les fleuves ne représentent point la valeur exacte des eaux fournies par les nuages et absorbées par la terre. Outre le tribut enlevé par l'évaporation, le sol dévore une partie des précipitations. Qui ne connait les prodiges de la circulation souterraine dans les pays calcaires? La Grèce offre de nombreux exemples de perte soudaine et verticale des eaux de surface, comme en Acarnanie (*khônevtra*), de perte dans des conduits horizontaux (*katavothra*); ailleurs les eaux ainsi engouffrées reparaissent soudain en des sources puissantes (*képhalaria*) : c'est le fait qu'on observe à la sortie de notre source de Vaucluse. Enfin on compte de nombreux **lacs**, soit enfermés dans des cuvettes imperméables, comme les marais du légendaire bassin de Lerne, soit intermittents, soit munis d'un déversoir qui communique avec un fleuve.

COTES

La Grèce est, avec les Iles Britanniques, le pays d'Europe qui possède, eu égard à sa superficie, le plus riche développement de **côtes**, la plus belle articulation littorale. C'est un effet de sa structure montagneuse; presque partout la montagne est en contact avec la mer, sans interposition de plaines basses. Donc, à cet égard, la côte orientale est très supérieure à la côte occidentale, puisque les fleuves de l'Ouest roulent une plus grande quantité d'eaux et d'alluvions. La Grèce est la péninsule de la péninsule des Balkans : si la presqu'ile majeure compte près de 5000 kilomètres de

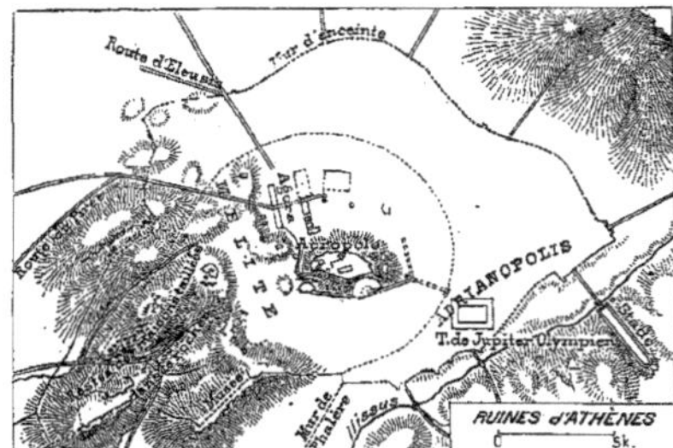

côtes pour 500 000 kil. carr. de surface, ce sont les pays Helléniques qui contribuent pour la plus forte part à ce résultat. Les *golfes* de Volo, d'Athènes, d'Égine, de Nauplie, de Marathonisi, de Coron, d'Arkadia, de Corinthe et d'Arta frangent profondément les contours de la Grèce. Mais combien les échancrures du littoral Égéen sont plus délicates que celles d'Ionie ! Le *monde insulaire* est aussi beaucoup plus riche à l'Est : l'*Eubée*, les *Sporades* septentrionales, les *Cyclades*, *Andros*, *Naxos*, *Paros*, *Milo*, *Santorin*, sont, comme la Grèce, dentelées de golfes et de caps. Au Sud, *Cérigo* se dresse en face du cap Malée. A l'Ouest, *Zacynthe*, *Céphalonie*, *Sainte-Maure*, *Thiaki* (Ithaque) et *Corfou* sont d'un dessin beaucoup moins délicat ; de même l'Élide a des côtes plates et inhospitalières. l'Acarnanie des plaines alluviales et des bas-fonds. Les caps saillants et rocheux sont innombrables sur la côte orientale et dans les Cyclades (caps Malée, des Colonnes (Sounion), Skyli), rares à l'Occident.

CLIMAT

Le climat de la Grèce est assez doux et tempéré, grâce aux brises de mer qui pénètrent de toutes parts, et à la variété du relief. L'air est d'une pureté et d'une transparence remarquables. Il n'y a d'étendues malsaines

GRÈCE

SALONIQUE
CHALCIDIQUE
Hagion Oros
C. Pladi
TURQUIE
PINDE
ARTA
TRIKALA
LARISSA
ARCHI...
SPORADES DU NORD
Skyros
ACARNANIE ET ÉTOLIE
PHTHIOTIDE
PHOCIDE
Leucade
(Ste Maure)
CÉPHALONIE
EUBÉE
Thiaki (Ithaque)
ÉLIDE ET ACHAIE
CORINTHIE
ZANTE
ZACYNTHE
MORÉE
MER IONIENNE
ARCADIE
(PÉLOPONÈSE)
Golfe d'Arkadia
MESSÉNIE
ARGOLIDE
LACONIE
Hydra
Seriphos
CYCLADES
Milos
(Milo)
C. Matapan
(Ténare)
Cérigo (Cythère)
MER DE
MER MÉDITERRANÉE
CRÈTE ou CANDIE

LÉGENDE
ARCADIE   Nome ou Province
○ ATHÈNES   Ville au-dessus de 50000 hab¹
● PATRAS   de 25000 à 50000
● Zante   de 5000 à 25000
● Corinthe   au-dessous de 10000
⌖ Ruines et Lieux historiques
Les chefs-lieux des nomes et des vilayets sont
indiqués par un souligné.
ÉCHELLE DE 1:2.000.000
Projection conique simple

20° E. de Greenwich
18° E. de Paris

GRÈCE

PUBLIÉ PAR LA LIBRAIRIE HACHETTE ET Cⁱᵉ — CARTE 30

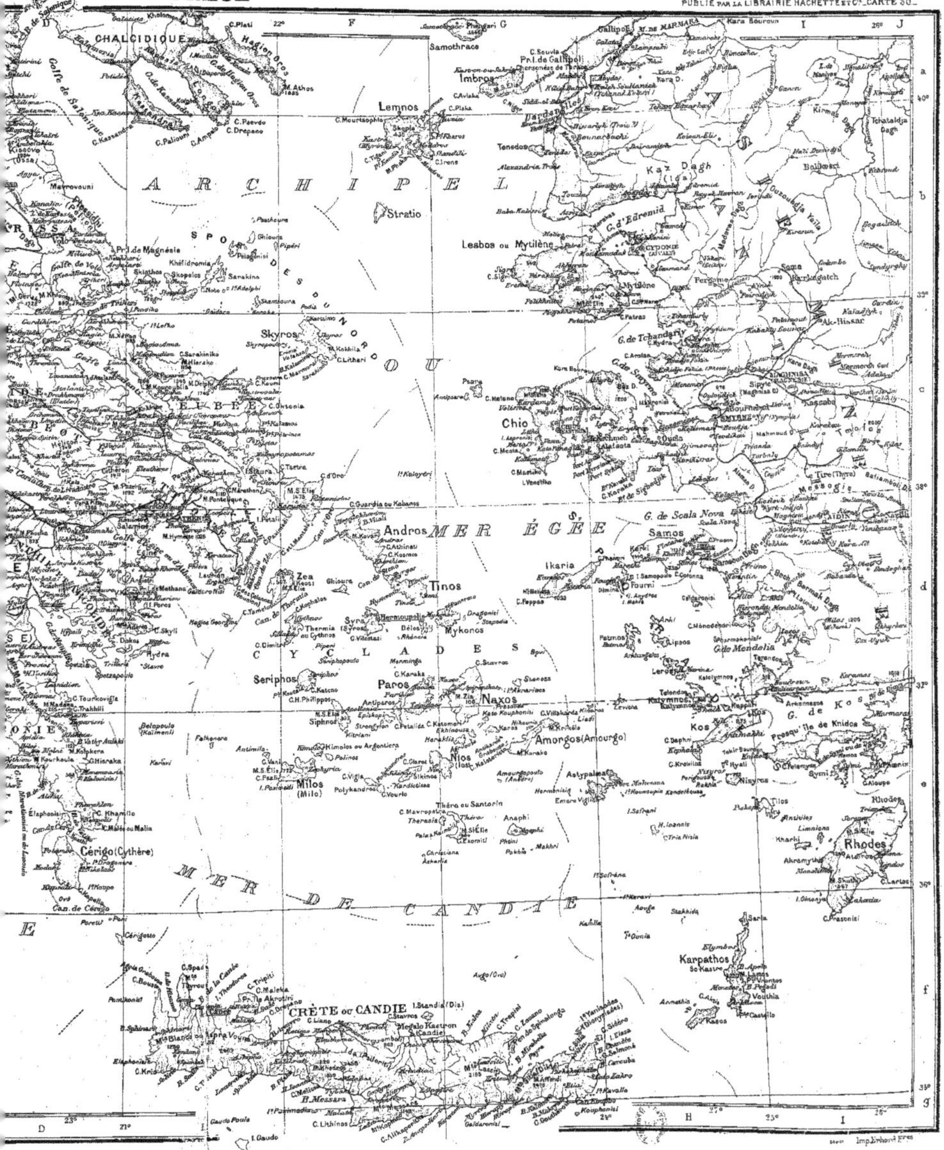

CHALCIDIQUE

ARCHIPEL

SPORADES DU NORD OU

MER ÉGÉE

CYCLADES

MER DE CANDIE

Lemnos
Imbros
Samothrace
Stratio
Skyros
EUBÉE
Lesbos ou Mytilène
Mytilène
Chio
Psara
Andros
Tinos
Zea
Syra (Syros)
ou Cythnos
Mykonos
Délos
Seriphos
Paros
Naxos
Siphnos
Amorgos (Amourgo)
Nios (Ios)
Milos (Milo)
Théra ou Santorin
Anaphi
Cérigo (Cythère)
Samos
Ikaria
Fourni
Kos
Nisyros
Tilos
Rhodes
Karpathos
Kasos
CRÈTE ou CANDIE
Megalo Kastron (Candie)

Kaz Dagh (Ida)
G. d'Edremid
G. de Tchanderli
G. de Scala Nova
G. de Kos
Presqu'île de Knidos

Imp. Erhard Frès.

ÉCHELLE 1:2.000.000

que les zones marécageuses des bassins fermés, des lacs intermittents ou des apports alluviaux de la côte ; là régnent de redoutables fièvres. Les îles jouissent d'un climat d'une douceur merveilleuse, tant dans la mer Ionienne que dans la mer Égée. La moyenne annuelle d'Athènes est de + 18°,5 centigrades, celle de janvier + 8°, celle de juillet + 27°. Bien entendu, le climat varie beaucoup en Grèce, même à de courtes distances, à cause de l'extrème complication du relief.

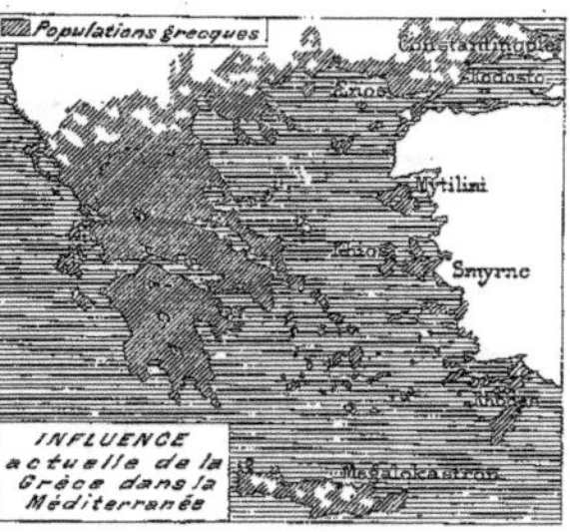

POPULATION

D'après le dernier recensement de 1896, la Grèce compte 2 455 806 habitants, soit 57 par kil. carré. La religion grecque orthodoxe est professée par l'immense majorité des Hellènes; on comptait toutefois dans les provinces du Nord 25 000 mahométans.

ADMINISTRATION

Par la loi du 17 juillet 1899, la Grèce est divisée en 26 nomes :
Attique, Béotie, Phthiotide, Phocide, Étolie et Acarnanie, Eurytanie, Larissa, Magnésie, Trikala, Karditsa, Arta, Achaïe, Élide, Triphylie, Messénie, Lacédémone, Laconie, Arcadie, Argolide, Corinthe, Eubée, Cyclades, Corfou, Leucade, Céphalonie et Zante.
Les limites et par conséquent la superficie et la population de ces nomes n'étant pas encore connues, on a conservé sur la carte et dans la figure indiquant la densité de la population les divisions d'avant 1899 dont la plupart correspondaient aux circonscriptions territoriales de l'ancienne Grèce.

VILLES

Athènes, la capitale du royaume, compte 111 000 habitants. Ses magnifiques monuments, le Parthénon, le temple de la Victoire Aptère, l'Erechthéion, le Théséion, évoquent les plus chers souvenirs de l'Hellénisme. Le *Pirée* (42.000 hab.) est relié à Athènes par une voie ferrée. *Patras* (58 000 hab.) est le centre du commerce des raisins secs. *Hermoupolis* (17 000 hab.), dans l'île de Syra, reçoit les navires qui de l'Occident se rendent vers Smyrne ou Constantinople.

Les autres villes de plus de 10 000 habitants sont : Trikala, 21 149; Corfou, 17 918; Volo, 16 207; Larissa, 15 575; Zante, 14 650; Kalamata, 14 298; Pyrgos, 12 705 et Tripoli, 10 465.

GÉOGRAPHIE ÉCONOMIQUE

La Grèce est, par sa nature géologique et par l'excès de son relief, un pays pauvre. L'agriculture y est une médiocre ressource; l'industrie commence à peine à se développer; c'est au commerce, et au commerce maritime en particulier, qu'elle a dû son antique fortune et qu'elle doit sa brillante renaissance.

Sur 15 600 kilomètres carrés de terres arables, on y récolte peu de céréales. Mais la **vigne** couvre près de 400 000 hectares et donne 1 million et demi d'hectolitres de vin (1899), sans compter une abondante exportation de raisins secs. Les **oliviers** de Corfou, de Messénie, de Laconie, d'Attique et de Béotie sont au nombre de 12 millions. *Orangers, citronniers, figuiers* prospèrent dans le Péloponèse. Le **bétail** est peu nombreux; la Thessalie pourra développer beaucoup l'élevage du gros bétail. La **pêche** contribue largement à la nourriture du peuple grec.

L'**industrie** métallurgique ne comprend guère jusqu'ici que l'extraction et le premier traitement des minerais de plomb argentifère du *Laurion* (Ergastiria).

Mais le **commerce** grec est d'une activité extraordinaire. En peu d'années on a réparé et multiplié les routes, établi 1055 kilomètres de voies ferrées qui unissent Athènes au Péloponèse et aux provinces du Nord-Est; ce n'est pas une œuvre médiocre en un pays si montagneux. Et sur la mer, qui est le vrai chemin des Grecs, ils ont une flotte commerciale de 545 000 ton-

neaux; déjà les armateurs possèdent 209 vapeurs et se préparent à faire concurrence aux grandes compagnies européennes. La valeur annuelle du commerce est de plus de 200 millions, le mouvement des ports de 4 700 000 tonneaux à l'entrée, d'autant à la sortie. Le *Pirée, Syra, Volo* sont fort actifs.

ARMÉE — MARINE

L'armée grecque, réorganisée sur le modèle français, compte (en 1905) 28 800 hommes en temps de paix et 192 000 en temps de guerre. La **flotte** de guerre se compose de 47 bâtiments montés par d'excellents équipages.

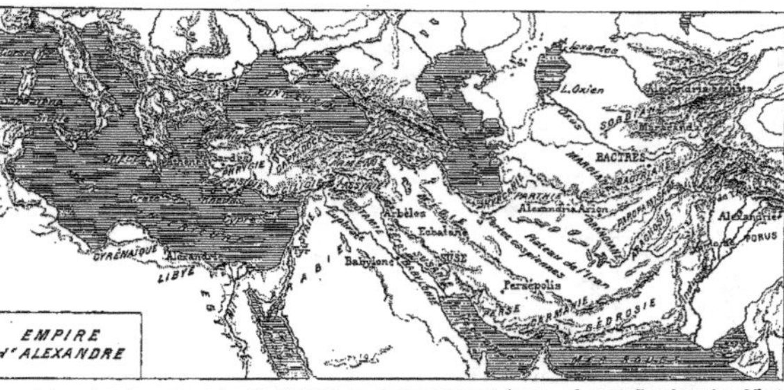
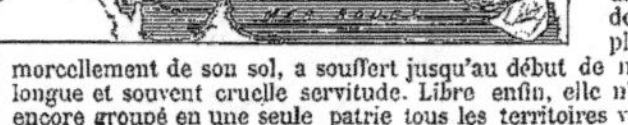

GÉOGRAPHIE HISTORIQUE ET POLITIQUE

La Grèce, vouée dans l'antiquité à des divisions qu'explique l'extrème morcellement de son sol, a souffert jusqu'au début de notre siècle d'une longue et souvent cruelle servitude. Libre enfin, elle n'a cependant pas encore groupé en une seule patrie tous les territoires voisins du sien où l'on parle la belle langue des ancêtres, à peine déformée par des siècles de domination étrangère. Il est impossible de déterminer si la race hellénique est restée pure, si des Slaves ou d'autres nouveaux venus ont peuplé quelques lambeaux de la Grèce proprement dite.

En tout cas, ce peuple a gardé les meilleurs dons physiques et intellectuels de ses illustres aïeux, la sobriété, l'endurance, l'adresse, le sens pratique, le goût des belles œuvres littéraires, le patriotisme le plus ardent.

La **royauté constitutionnelle** régit la Grèce depuis qu'elle a recouvré son indépendance; mais on peut dire que nul pays, parmi les plus sages républiques du monde, ne jouit au même degré de la meilleure des démocraties, celle des mœurs. Aucun privilège de naissance, aucune inégalité de fortune ne porte atteinte à la franche et simple familiarité qui unit tous les Hellènes.

La Grèce, malgré le génie de ses habitants, malgré son ardent patriotisme, est grandement gênée dans son développement par les progrès de l'Autriche-Hongrie vers Salonique, par les aspirations ambitieuses des Bulgares et des Serbes; l'éloignement graduel des Turcs ne compense pas pour elle ces graves menaces de l'avenir.

MARCEL DUBOIS.

PÉNINSULE SCANDINAVE

La péninsule scandinave comprend la **Suède** et la **Norvège**. Ces deux pays forment deux États absolument distincts; mais au point de vue géographique ils sont dans une étroite dépendance l'un de l'autre. Pour cette raison, nous réunirons la Suède et la Norvège dans une même description physique.

SITUATION

La péninsule scandinave s'étend du 55° 20' au 71° 10' de lat. Nord et entre le 2° 50' et le 21° 44' 31" de long. Est de Paris.

Elle est bornée au Nord par l'océan Glacial, à l'Ouest par l'océan Atlantique et la mer du Nord, au Sud par la mer du Nord et la mer Baltique et à l'Est par la mer Baltique, le golfe de Botnie, la Finlande et la Russie.

SUPERFICIE

770 166 kil. carr.; 447 862 pour la Suède, 522 304 pour la Norvège (France, 556 408).

RELIEF DU SOL

Les côtes de la péninsule scandinave sont découpées par de nombreux fjords, qui pénètrent à une très grande distance dans l'intérieur des terres. Le Sognefjord (Norvège) a une longueur de 170 kil. Elles sont de

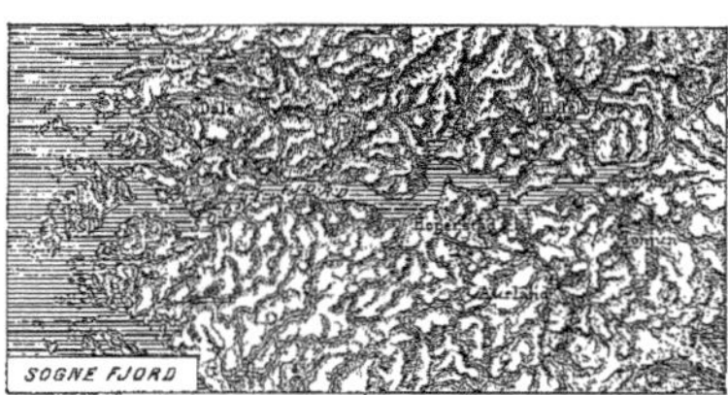

plus bordées sur presque toute leur étendue par un archipel côtier (*Skärgård* en suédois, *Skergaard* en norvégien). Les rives des fjords de Suède sont en général peu accidentées; en Norvège, au contraire, ces baies sont bordées de hautes montagnes et leur moindre profondeur se trouve presque toujours à l'entrée.

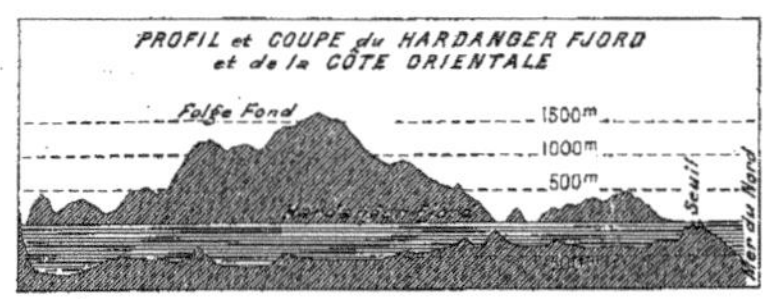

La partie occidentale de la Scandinavie est occupée par un puissant relief montagneux.

Ce relief couvre toute la Norvège et la Suède occidentale. Il est formé

de plateaux et de massifs isolés, posés sur un socle commun ayant une hauteur de 600 à 900 m. Il s'élève brusquement au-dessus de l'Océan, puis s'abaisse rapidement à l'Est, détachant seulement des lignes de collines au milieu de la Dalécarlie et des forêts de la Laponie. Le relief scandinave forme deux groupes distincts, séparés par une dépression ouverte à l'est de Trondhjem : au Nord le Kjölen (la quille), qui se termine sur le plateau de Finmark, et au Sud le Dovre, et les massifs montagneux de la Norvège méridionale.

Points culminants. En Norvège : le Galdhöpigen (2560ᵐ), le Sneehätte (2500ᵐ), le Jaegevarre (1910ᵐ).

En Suède, l'Areskutan (1572ᵐ), le Sulitjelma (1851ᵐ), le Sarektjokko (2080ᵐ), le Kebnekaisse (2294ᵐ).

Glaciers. En Norvège, le Folge Fond, le Jostedalsbræ (900 kil. carr.), le plus étendu de l'Europe continentale, le Svartisen.

En Suède les glaciers couvrent seulement une superficie d'environ 170 kil. carr.

HYDROGRAPHIE

En Norvège les **vallées** sont en général très courtes et en pente raide; en Suède, au contraire, elles atteignent un grand développement.

Le principal **cours d'eau** de Norvège est le Glommen, avec son affluent le Gudbrandsdalslaag.

Principaux **fleuves** de Suède : le Kalix Elf (458 kil.), le Ljusne Elf (391 kil.), le Dal Elf et le Göta Elf, émissaire du lac Venern.

2 1/2 pour 100 de la superficie de la Norvège sont occupés par des lacs. Principaux bassins lacustres : le Mjösen et le Rösvand.

En Suède les lacs couvrent un douzième de la surface du pays. Les plus étendus sont le Venern, le Vettern, le Mälarn, le Storsjö, le Tornesjö.

CLIMAT

Température moyenne annuelle de la Norvège, + 2°,5. **Climat marin**

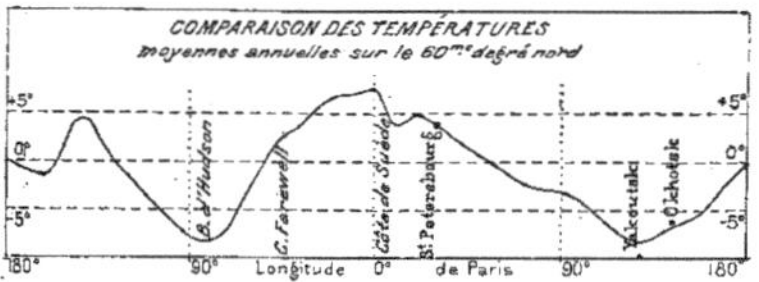

dans l'Ouest. **Pluies** abondantes sur le littoral de la mer du Nord et de l'océan Glacial. En somme, climat remarquablement doux pour la latitude.

La Suède a au contraire un **climat continental**. Dans une partie de la

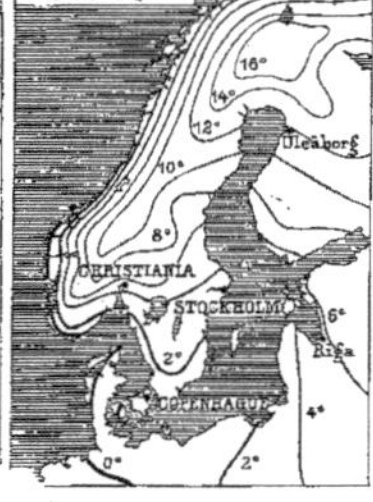

Laponie la température moyenne ... année est de — 2°. Moyenne de la Suède méridionale, + 7°.

SUÈDE

POPULATION

5 221 291 hab., dont 6 846 Lapons; 12 par kil. carr. (France, 72).

Le luthéranisme est religion d'État. On compte 49 765 dissidents, dont 1 749 catholiques, 5 400 juifs.

VILLES PRINCIPALES

Ville	hab.	Ville	hab.
Stockholm	517 964 hab.	Norrköping	44 378 hab.
Göteborg	158 050	Gefle	50 776
Malmö	70 797		

ORGANISATION POLITIQUE

La Suède est une **monarchie parlementaire**. Le pouvoir exécutif appartient au roi, assisté ministres; le pouvoir législatif est partagé entre le roi et le Parlement (**Riksdag**), composé de deux Chambres.

Au point de vue administratif, la Suède est divisée en 25 préfectures (*Län*).

AGRICULTURE — PRODUCTIONS NATURELLES

Un quinzième seulement du sol de la Suède est cultivé. Elle produit cependant des **céréales** en quantité supérieure à la consommation du pays. La richesse du pays consiste en **forêts**. Superficie des bois : 17 140 860 hect. La vente des bois ouvrés ou bruts s'élève annuellement à 120 millions. Mines de fer très importantes à Gellivara, en Laponie; à Fahun et à Dannemora, en Dalécarlie. Production annuelle : 9 millions de tonnes. Mine de zinc à Ammeberg, sur le Vettern.

La principale pêche de la Suède est celle du hareng.

ARMÉE — MARINE.

Sur pied de paix l'**armée suédoise** est forte de 64 000 hommes.

La **flotte** se compose de 72 bâtiments à vapeur.

INSTRUCTION

Instruction obligatoire. Tous les jeunes Suédois savent lire et écrire, 12 151 **écoles**, fréquentées par 712 274 enfants (en 1901).

Universités à Lund et à Upsala.

COMMERCE — INDUSTRIE — COMMUNICATIONS

Nombreuses usines métallurgiques. La principale est celle de Motala (acier réputé). Les bois ouvrés, les **allumettes**, le **papier à pâte de bois**, les **tissages**, sont les principales industries de la Suède. Exportation des allumettes en 1902 : pour 10 800 000 fr.

Chemins de fer. Longueur du réseau : 12 289 kil. à la fin de 1903. La Suède est, relativement à sa population, le réseau de chemins de fer le plus étendu de l'Europe.

Canal de Gothie entre Söderköping et Göteborg (73 kil.).

Télégraphes. Longueur des lignes en 1902, 9 566 kil.; longueur des fils, 29 116 kil.

HISTOIRE

La population de la Suède se compose de **Scandinaves**, de **Lapons** et de **Finnois**. Les premiers sont arrivés par le Sud, les Svears d'abord, puis les Goths; les seconds débouchèrent par le Nord. Les premiers faits importants de l'histoire de la Suède sont les expéditions des Vikings, puis l'introduction du christianisme (829). Les Varègues, qui ont exercé une si puissante influence en Russie, seraient des aventuriers suédois.

En 1397, Marguerite, reine de Danemark et de Norvège, devint souveraine de Suède. Par le traité dit Union de Kalmar, chacun des trois pays conservait ses privilèges sous un seul roi électif.

En 1525, cette union fut brisée et la Suède redevint indépendante sous Gustave Wasa.

L'avènement de Gustave-Adolphe marque le début de la **période glo-**

BORNHOLM
Échelle de 1:1 300 000

ISLANDE
Échelle de 1:5 000 000

FÆRÖER
Échelle de 1:2 000 000

SKAGERRAK

KATTEGAT

MER DU NORD SEPTENTRIONALE

MER BALTIQUE

OCÉAN ATLANTIQUE

JUTLAND

HOLSTEIN

HANOVRE

OLDENBURG

MECKLENBURG-SCHWEIN

POMÉRANIE

SJÆLLAND

FIONIE

MÖEN

FALSTER

ELFSBORG

JÖNKÖPING

HALLAND

KRISTIANSTAD

MALMÖHUS

Baie d'Aalborg

Skagens Odde

Golfe de Kiel

Fehmarn Belt

Baie de Helgoland

Blaavands Huk

Lim Fjord

Ringkjöbing

Stavning Fjord

PUBLIÉ PAR LA LIBRAIRIE HACHETTE ET Cie — CARTE 32.

risuse de la Suède. Ce roi conquiert l'Ingrie, la Carélie, la Livonie, Elbing et Marienbourg, puis prend part à la guerre de Trente Ans. Le traité de

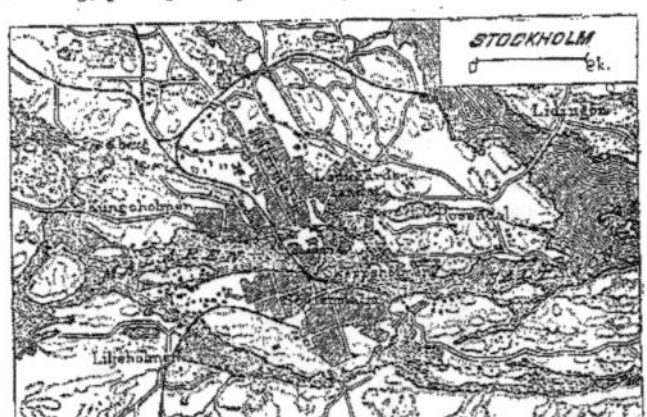

Westphalie assure à la Suède la Poméranie, Stettin, Brème ; ceux de Brömsebro (1645) et de Copenhague (1660) lui donnent la partie méridionale de la Suède occupée par le Danemark ; enfin la paix d'Oliva (1660) lui reconnaît la possession de l'Esthonie et de la Livonie. La Baltique devient un lac suédois. Cette période de grandeur est de courte durée. Charles XII perd la Livonie, l'Esthonie, l'Ingrie, la Carélie et une partie de la Finlande (1721-1743). En 1809 les Russes achèvent la conquête de la Finlande, et en 1814 la Suède perd la Poméranie.

NORVÈGE

POPULATION

2 240 052 habitants, dont 20 700 Lapons et 9 300 Finnois : 7 par kil. carré. Le luthéranisme est religion d'État. On compte 55 000 dissidents, dont 2 000 catholiques, 600 juifs.

VILLES PRINCIPALES

Kristiania (ou Christiania). 227 626 hab. Trondhjem . . . . . 58 180 hab.
Bergen . . . . . . : . 72 251 Stavanger 50 613

ORGANISATION POLITIQUE

La Norvège forme un **royaume indépendant.** Le pouvoir exécutif appartient au roi, qui l'exerce par un conseil composé de 8 ministres et 7 conseillers. Le pouvoir législatif est exercé par le Storthing, composé de deux chambres.

Au point de vue administratif, la Norvège est divisée en 20 **préfectures** (*Amt*).

AGRICULTURE — PRODUCTIONS NATURELLES

La récolte des céréales est insuffisante pour nourrir la population.

Exportation de **bois** bruts et ouvrés pour une valeur de plus de 105 millions de francs, de poissons pour 86 millions de francs.

Minerais de fer et pyrite de **cuivre** abondants.

INSTRUCTION

Obligatoire. Tous les jeunes Norvégiens savent lire et écrire. 6 011 écoles primaires fréquentées par 261 508 enfants (1900). **Université** à Kristiania.

ARMÉE — MARINE

Armée : 50 000 hommes sur pied de paix. **Marine :** la flotte se compose de 55 bâtiments à vapeur.

Proportionnellement au nombre de ses habitants, la Norvège possède la plus grande **flotte commerciale** du monde. La flotte marchande norvégienne (7 202 navires) a un tonnage de 1 443 508 (1904), avec un effectif de 52 500 marins.

COMMERCE — INDUSTRIE — COMMUNICATIONS

La principale industrie de la Norvège est celle de la pêche (morue et hareng). 100 000 pêcheurs. Valeur du poisson : 26 millions. Exportation de bois et de glace.

Longueur des **chemins de fer** en 1904 : 2 405 kil.

Longueur des **lignes télégraphiques** (1903) : 9 641 kil. Longueur des fils : 19 209 kil.

HISTOIRE

A la fin du viiie siècle commence pour la Norvège l'époque historique par les expéditions des **Normands.**

En 872, Harald Haarfager fonde l'unité de la Norvège, mais elle se rompt à sa mort et jusqu'à l'Union de Kalmar (1397) le pays reste mor-

celé en plusieurs royaumes. Après la dissolution de cette union, la Norvège fit partie du Danemark jusqu'en 1814, époque à laquelle elle devint indépendante.

DANEMARK

SITUATION

Le Danemark, situé entre le 54°33' et le 55°47' de lat. Nord, et compris entre 6°43' et 12°50' (Bornholm) de longit. Est de Paris, se compose de la partie septentrionale de la presqu'île de Jutland (Jylland) et de 150 îles environ, disséminées entre cette presqu'île et la Suède. Les principales sont Seeland (Sjælland) et Fionie (Fyen). Plus à l'Est, dans la Baltique, se trouve Bornholm.

SUPERFICIE

39 665 kil. carr. (France, 556 408), avec ses colonies : 252 860 kil. carr.

RELIEF DU SOL

Pays peu accidenté. Çà et là quelques collines s'élèvent à 150 m. Le point le plus élevé des collines de Fionie atteint 150 m. ; le monticule culminant du Danemark, situé en Jutland, le Ejer Barnehöj, se trouve à 172 m.

HYDROGRAPHIE

La côte est découpée par de nombreux fjords. Le Limfiord traverse de part en part l'extrémité septentrionale du Jutland et la transforme en île.

Partout le sol est parsemé de lacs, d'**étangs** et de **tourbières.**

Le cours d'eau le plus important est le Gudenaa en Jutland (long. 158 kil.).

CLIMAT

Température moyenne de Copenhague + 7°,4.

POPULATION

2 465 000 hab., soit 62 hab. par kil. carr. (France, 72) ; avec ses colonies : 2 586 000 hab.

Le luthéranisme est religion d'État. On compte 17 000 dissidents, dont 5 575 catholiques, 5 476 juifs.

Copenhague (Kjöbenhavn). 476 806 hab. Odense . . . . . 40 138 hab.
Aarhuus . . . . 51 814 Aalborg 51 457

ORGANISATION POLITIQUE

Monarchie parlementaire. Le roi exerce le pouvoir exécutif. Il partage avec le Parlement (Riksdag), composé de deux Chambres (**Landsting** et **Folketing**), le pouvoir législatif. Le roi a un droit de *veto* absolu.

Au point de vue administratif, le Danemark est divisé en 20 **départements** (*Amt*).

AGRICULTURE

Pays agricole. L'élevage du bétail est florissant. Proportionnellement au chiffre de sa population, le Danemark est le pays d'Europe qui possède le plus grand nombre de bêtes à cornes (1 745 440 en 1898) ; moutons, 1 074 000.

ARMÉE — MARINE

Armée : 60 000 hommes sur pied de paix. **Marine :** la flotte se compose de 86 bâtiments à vapeur. **Flotte marchande :** 5 589 navires, jaugeant 414 279 ton. (1903).

INSTRUCTION

Obligatoire. Tous les jeunes Danois savent lire et écrire. 2 940 écoles primaires fréquentées par 525 899 enfants. Une **université** à Copenhague.

COMMERCE — INDUSTRIE — COMMUNICATIONS

Grand commerce de **beurre** (192 millions de francs). Importantes minoteries. 248 **distilleries** produisant 54 à 55 millions de litres d'alcool. Brasseries nombreuses, exportant 1 million de litres de bière.

Chemins de fer exploités : 3 030 kil. (1903)

Télégraphes : longueur des lignes, 6 032 kil. ; longueur des fils, 17 505 kil. (1898).

HISTOIRE

L'histoire ne commence pour le Danemark comme pour les autres États scandinaves qu'au viiie siècle, par les expéditions des **Normands.** Au commencement du xie siècle, Canut le Grand avait ajouté au Danemark l'Angleterre et la Norvège. A sa mort cet empire se démembra.

En 1387, Marguerite réunit sous le même sceptre les trois royaumes scandinaves par l'Union de Kalmar, mais ce pacte fut définitivement brisé en 1523.

Le Danemark prend part à la première période de la Guerre de Trente Ans, mais sans succès, et bientôt après il perd toutes les provinces qu'il possédait en Suède (1645 à 1660).

A la suite de ces échecs, la monarchie devient absolue sous Frédéric III (1665). Deux guerres furent entreprises sans résultat pour reconquérir les provinces suédoises (1675-1679 et 1699-1750). Pendant le reste du xviiie siècle le Danemark reste en paix, et il ne reprend les armes qu'en 1801, pour soutenir le droit des neutres (bombardement de Copenhague par Nelson, 2 avril 1801) et en 1807 comme allié de la France. Son dévouement à notre cause fut puni de la perte de la Norvège (traité de Kiel, 1814). En 1864, le Danemark fut diminué encore du Slesvig et du

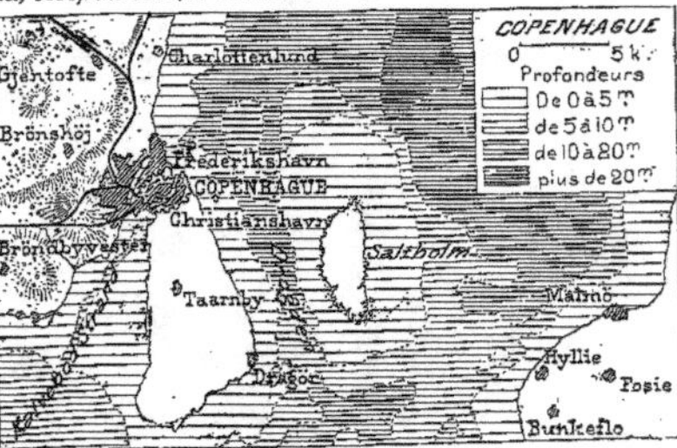

Holstein à la suite d'une courte guerre, soutenue héroïquement contre les forces unies de la Prusse et de l'Autriche.

Le Danemark possède l'archipel des Færöer composé de 22 îles, formant un département spécial (popul. 15 230, presque tous pêcheurs), et enfin l'**Islande.** Cette île jouit d'une sorte d'autonomie ; elle a un parlement particulier. Elle n'a point de dette publique et a au contraire un fonds de réserve (popul. 78 470). Enfin le Danemark possède sur la côte occidentale du Groenland un certain nombre de petits établissements (11 900 hab.) et aux **Antilles** les petites îles de Saint-Jean, Saint-Thomas et Sainte-Croix (30 527 hab.).

Charles Rabot.

AGRICULTURE [1]

L'**Agriculture** occupe plus de 9/10 de la population, surtout dans la région des *Terres Noires* (**Tchernoziom**) qui s'étend des Carpathes à la Sibérie, sur environ 100 millions d'hectares de superficie. 560 millions d'hectares, soit 2/5 des terres de la Russie d'Europe, sont cultivables. De

ce nombre les terres de labour couvrent 155 millions, les prés et pacages 66 millions, les forêts 160 millions. Dans la région du tchernoziom les terres de labour représentent de 70 à 80 pour cent de la superficie totale du territoire; hors la zone des terres noires elles atteignent rarement 40 pour cent.

Les terres labourables de la Russie d'Europe proprement dite et de la Pologne se répartissent ainsi qu'il suit entre les différents genres de propriétaires : domaines et apanages, 56,5 pour cent; communes rurales, 55 pour cent; particuliers, 2,85 millions.

Des 155 millions d'hectares de terres labourées de la Russie d'Europe et de la Pologne, 28 millions sont ensemencés de seigle, 16,5 de blés, 50 de différentes céréales, telles que avoine (15,6), orge (8), sarrasin (2,5), millet (2,8), etc. 68 millions d'hectares sont sous prairies artificielles, jachères, etc. Les forêts couvrent 169 millions d'hectares.

Les moyennes en hectolitres de céréales récoltés, par hectare sont : pour le seigle 7,9 (France 15,8), pour le grand blé 7,9 et le petit blé 6,0 (France 16,0) pour l'avoine 12,2 (France 22,5). Le rendement des pommes de terre est de 65,7.

La récolte des céréales varie beaucoup suivant les années. Pendant les 15 dernières années, la récolte du seigle a atteint 119,1 pour cent de la récolte moyenne (en 1894) et s'est abaissée à 70,4 pour cent (en 1891); la récolte du blé a varié de 125,4 pour cent au maximum (en 1888) à 65,1 pour cent au minimum (en 1886). Ces variations sont encore plus considérables d'une région à l'autre, et rares sont les années où telle ou telle autre contrée de la Russie d'Europe, particulièrement dans le Sud et le Sud-Est du pays, ne soit atteinte de disette.

Le produit moyen (de 1898 à 1902) des céréales pour la Russie d'Europe et la Pologne a été de 51 millions de tonnes, dont 20 millions pour le seigle et 10 millions pour les blés. Pommes de terre, 20 millions.

La moyenne de la production de betteraves est d'environ 58 millions de quintaux. Le tabac est cultivé dans la zone du tchernoziom, mais le plus souvent en très petite quantité. Les qualités supérieures proviennent de la Bessarabie, de la Tauride et du Caucase.

Dans la zone méridionale, surtout en Crimée, on cultive les *arbres fruitiers*; la *vigne* jusqu'au 48e degré de latitude. Les *forêts* se trouvent principalement dans le Nord. Le centre est peu boisé. Dans le midi, des *steppes* à perte de vue n'ont aucune végétation arborescente. Les essences qui dominent au Nord sont le pin, le sapin, entremêlés du mélèze et du cèdre à l'Est, et du bouleau, du tremble et de l'aulne à l'Ouest. Dans le centre de la Russie on rencontre le plus souvent le chêne, l'érable, le frène et le tilleul. L'étendue des forêts diminue tous les ans dans des proportions effrayantes; il y a des régions qui étaient boisées au commencement du xixe siècle et qui n'ont plus d'arbres que dans de rares jardins.

L'*élève du bétail* est très importante. Au 1er janvier 1904, on comptait en Russie près de 60 millions de bêtes à laine, dont 15 millions de mérinos, plus de 59 millions de gros bétail, 22 millions de chevaux, près de 15 millions de porcs.

La pêche occupe en Russie un demi-million de personnes, sans compter les millions de paysans qui s'y livrent pendant les loisirs que leur laissent les travaux des champs. La consommation du poisson s'élève à 1 527 000 tonnes. Le produit de la pêche dépasse 68 millions de roubles.

MINES

Or. 40 080 kilogrammes (1903); **platine**, 6 223 (1901); **argent**. 552 (1901); **cuivre**, 8000 tonnes (1901); **fer**. 2 506 000 tonnes (1905); **plomb**,

étain, **zinc**, en quantités peu considérables. La plupart des mines se trouvent dans l'*Oural*, l'*Altaï*, le *Saïan* et la *Transbaïkalie*.

Sel, 1 696 000 tonnes (1901); **houille**, 17 241 500 tonnes en 1905 (4 554 000 seulement en 1897); **naphte**, 9 552 000 tonnes en 1905 (2 735 000 en 1887).

Le nombre des ouvriers des mines et des usines métallurgiques a été en 1897 de 548 000, dont 314 000 étaient employés à l'extraction (59 490) et au traitement des minerais de fer (494 591 seulement en 1901).

INDUSTRIE

La Russie est un pays essentiellement agricole. Il n'y a pas bien longtemps encore tous les objets manufacturés étaient importés de l'étranger ou provenaient de la petite industrie locale. Mais depuis quelques dizaines d'années apparaissent les grands établissements et la Russie commence à s'affranchir de l'industrie étrangère. La plupart des fabriques et usines se trouvent dans les grands centres de population, Saint-Pétersbourg, Moscou, etc., en Pologne et dans les régions minières.

Le tableau ci-dessous permet de juger des progrès de la grande industrie en Russie pendant la période décennale de 1887 à 1897.

NOMS DES INDUSTRIES	NOMBRE DE FABRIQUES ET D'USINES EN 1897	NOMBRE D'OUVRIERS		VALEUR de la PRODUCTION en milliers de roubles	
		en 1887	en 1897	en 1887	en 1897
Matières textiles. . .	4.449	509.178	642.520	465.044	946.203
Produits de l'alimentation	16.512	905.225	255.357	575.286	648.116
Mines et métallurgie. .	5.412	390.915	544.533	156.012	395.749
Produits métalliques. .	2.412	105.300	214.511	112.618	310.626
Produits animaux . . .	4.258	38.876	64.418	79.495	152.058
Façonnage du bois. . .	2.357	30.703	86.275	25.688	102.897
Céramique.	5.413	67.546	143.291	28.965	82.590
Produits chimiques. . .	760	21.154	33.320	21.509	59.555
Fabrication du papier .	552	19.491	46.190	21.050	45.490
Diverses.	955	41.882	66.249	50.892	117.767
Totaux. . .	39.029	1.518.048	2.098.262	1.354.409	2.839.144

Dans l'industrie textile, les fabriques d'articles en *coton* ont produit en 1897 pour plus de 450 millions de roubles de marchandises (252 millions en 1887); fabriques de *laine*, 192 millions (105 en 1887); celles de lin, 42 millions (30 en 1887); fabriques de *soie*, 29 millions (14 en 1887).

Des fabriques de produits de l'alimentation, les *distilleries* ont produit, en 1897, pour environ 44 millions de roubles d'alcool (45 en 1887), vendu presque exclusivement par l'État, les *brasseries* pour 33 millions de bière (autant en 1887); les *raffineries* ont livré en 1897 pour 84 millions de roubles de sucre (61 en 1887).

COMMERCE

L'Empire Russe n'a proportionnellement que 1 kil. de côtes pour près de 450 kil. carrés de surface. Les rivières sont nombreuses par rapport à l'étendue du pays : dans la Russie d'Europe il n'y a pas plus de 82 825 kil. de

voies navigables, soit 1 kil. pour 68 kil. carrés. En outre, les cours d'eau sont gelés pendant les froids de l'hiver et ont peu de profondeur pendant les sécheresses de l'été. La navigation n'existe dans la plupart des cas que pendant les crues du printemps. Le seul avantage des rivières russes, au point de vue commercial, c'est leur divergence de points rapprochés, qui facilite les portages de bassin à bassin et l'établissement des canaux. Ces derniers jouent un grand rôle pour le commerce. La première place. pour le trafic qui s'y fait, appartient au système des canaux qui relient la Caspienne avec la Baltique par la Volga et la Néva, le canal *Marie*, celui de *Tikhvin* et celui de *Vychnii Volotchek*.

Les canaux reliant la mer Noire avec la Baltique par le *Dniepr* d'un côté et la *Duna*, le *Nieman* et la *Vistule* d'un autre, sont moins importants et ne servent qu'au flottage. La longueur des canaux est de 1 689 kil., dont 334 kil. de canaux de jonction, 890 kil. de rivières à écluses et 465 kil. de voies de garage.

La Russie d'Europe possède actuellement un réseau de chemins de fer très considérable comme longueur (50 571 kil. au 1er janvier 1904), mais bien peu en rapport avec l'énorme étendue du pays (10 kil. pour 1 000 kil. carr.; France, 78 kil. 5). La Russie d'Asie est traversée par 7 775 kil. de voies ferrées (0 kil. 6 par 1 000 kil. carr.), dont la ligne la plus importante met en communication les côtes de l'Atlantique avec celles du Pacifique.

La première place parmi les puissances faisant le commerce avec la Russie appartient à l'Allemagne (exp., 252,4 millions de roubles; imp., 255,7 millions de roubles). Viennent ensuite : Grande-Bretagne (exp., 218,0; imp., 111,9); France (exp., 79,9; imp., 28,0); Pays-Bas (exp., 101,0; imp., 10,4); Autriche-Hongrie (exp., 57,0; imp., 27,8); Etats-Unis (exp., 5,5; imp., 62,6); Italie (exp., 56,7; imp., 11,0); Belgique (exp., 45,4; imp., 6,5); Finlande (exp., 46,6; imp., 22,6); Chine (exp., 1,4; imp., 18,8). Toutes les puissances ensemble : exportations, 949,5; importations, 601,5. La moyenne des exportations par terre et par mer pendant la période triennale de 1901-1905 a été de 835 millions de roubles; celle des importations : 554 millions de roubles.

À l'exportation, les denrées alimentaires entrent pour 64 pour cent, les matières brutes et demi-ouvrées pour 51 pour cent, les animaux pour 2,6 pour cent, les objets fabriqués pour 2,4 pour cent. A l'importation : denrées alimentaires, 56; matières brutes et demi-ouvrées, 15,4; animaux, 0,5; objets fabriqués, 28,5 pour cent.

Tout en étant un état essentiellement continental, l'Empire Russe importe plus de 50 pour cent et exporte plus de 71 pour cent de marchandises par voie de mer, mais les navires russes ne représentent que

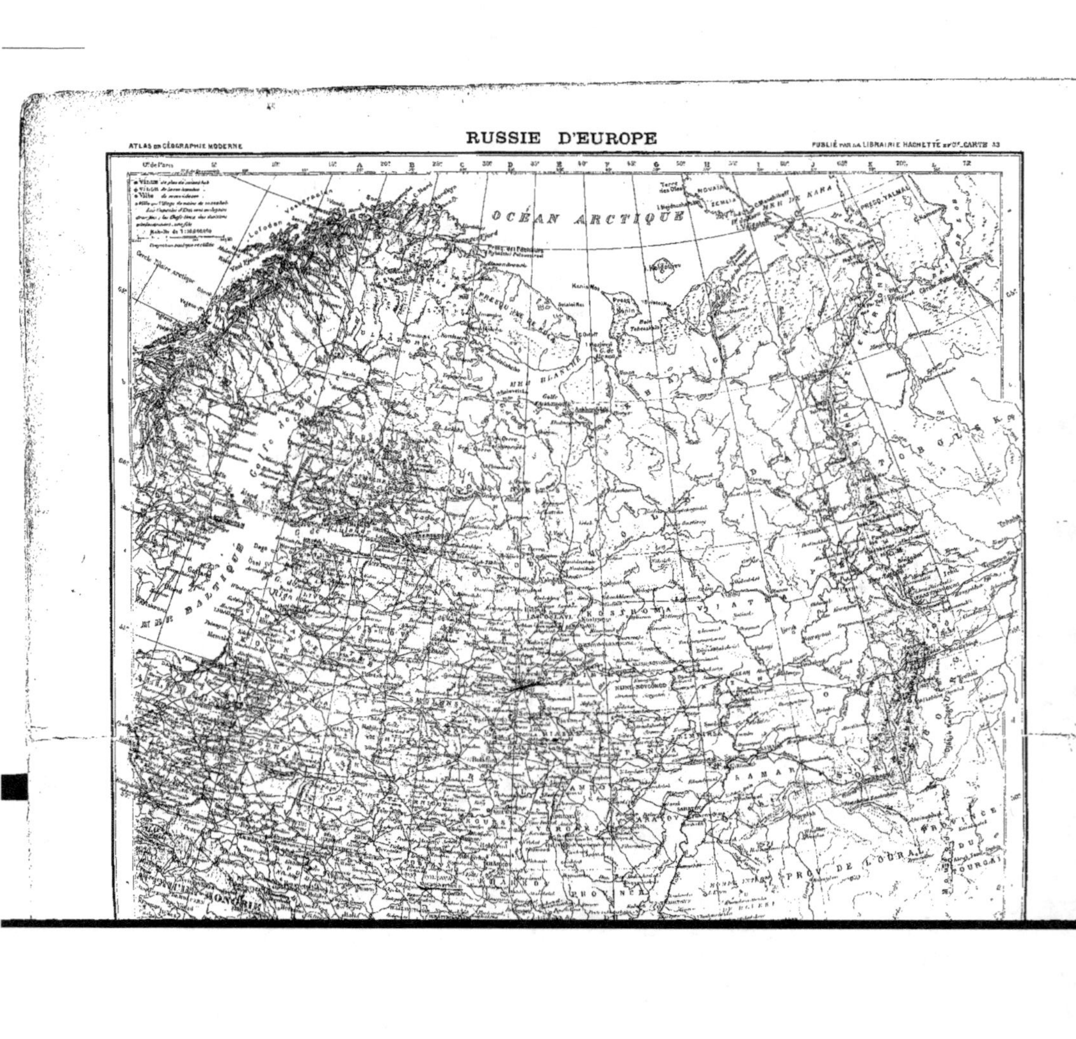

ATLAS DE GÉOGRAPHIE MODERNE
PUBLIÉ PAR LA LIBRAIRIE HACHETTE ET Cie. CARTE 33
OCÉAN ARCTIQUE
MER BLANCHE
BALTIQUE
PROV. DE L'OURAL

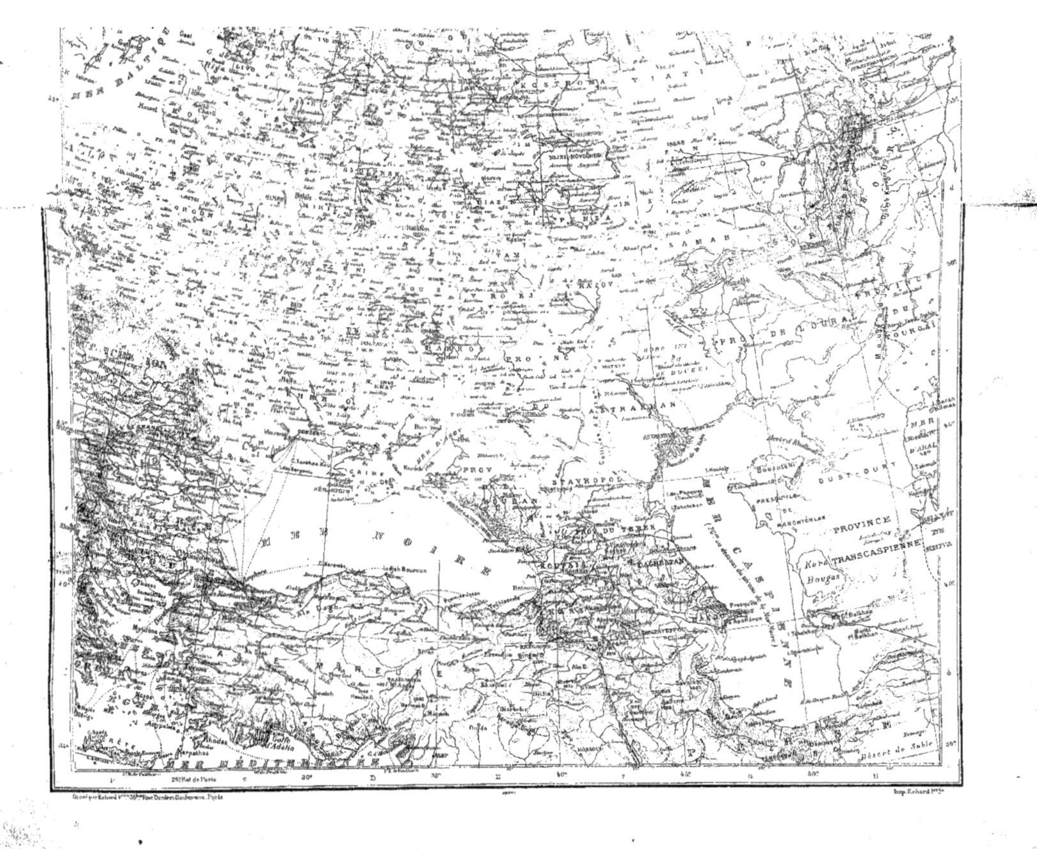

MER BALTIQUE
MER NOIRE
MER MÉDITERRANÉE
MER CASPIENNE
KOSTROMA
VIATKA
NIJNI-NOVGOROD
ASTRAKHAN
STAVROPOL
CRIMÉE
POLTAVA
PROVINCE DE L'OURAL
PROVINCE DU OURGAÏ
PROVINCE TRANSCASPIENNE
DU TEREK
DAGHESTAN
KOUTAÏS
SAMARA
MER D'ARAL
OUST-OURT
PRESQU'ILE DE MANGHYCHLAK
KHIVA
Désert de Sable
Est de Paris
Imp. Richard Frères

8 à 10 pour cent du tonnage des navires au long cours entrant dans les ports russes (navires anglais, 55 pour cent; danois, 12 pour cent; allemands, 11,8 pour cent; suédois et norvégiens, 10 pour cent).

EN 1905	NAVIRES ENTRÉS	TONNAGE	NAVIRES SORTIS	TONNAGE
Mer Baltique	5.850	5.732.584	5.882	5.800.441
Mer Noire et mer d'Azov.	5.047	7.025.202	4.941	6.848.818
Mer Blanche	776	436.555	763	437.155
Totaux. . .	11.653	11.191.341	11 588	11.086.413

Les principaux ports sont : *Saint-Pétersbourg* avec *Kronstadt, Odessa, Riga, Rewel, Nikolaïev, Libau, Batoum, Taganrog.* Les autres ports rangés par ordre de leur importance pour le mouvement général du

commerce, sont : *Novorossitsk, Bakou, Marioupol, Théodosie, Berdiansk, Arkhangelsk, Pernau, Narva, Eupatoria, Sébastopol. Windou* et 67 autres.
Le commerce continental se fait avec l'Europe à l'O. et les différents États asiatiques au S. Les douanes les plus importantes sont : Wierzbolow, Aleksandrowo, Grajewo, Mlawa et Nieszawa du côté de l'Allemagne; Sos-

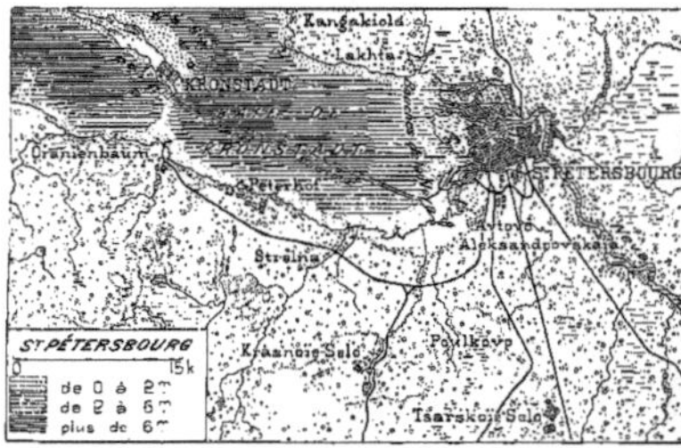

nowice, Granica, du côté de l'Autriche. Des douanes de dépôt à l'intérieur du pays : Moscou, Saint-Pétersbourg, Varsovie.
Le commerce intérieur est assez actif. Le nombre d'entreprises privées payant patente et d'entreprises exemptées de l'impôt s'élève à près de 540 000. Les opérations des entreprises soumises à l'impôt de répartition s'élèvent à environ 10 milliards de roubles; les 950 entreprises tenues à rendre des comptes publics, dont près de 550 maisons de crédit, font des opérations pour la même somme. L'ensemble des opérations commerciales se chiffre donc par environ 20 milliards de roubles par an.
La Russie possède beaucoup de foires importantes, dont la plus célèbre est celle de **Nijnii Novgorod**. Cette dernière, qui se tient du 15 juillet au 10 septembre, est la plus importante du monde entier. Les transactions qui y ont lieu atteignent le chiffre énorme de 172 millions de roubles.

ARMÉE — MARINE

L'armée russe compte sur le pied de paix environ un million d'hommes. La durée du service effectif est de 4 à 5 ans; il est recruté chaque année environ 290 000 conscrits, sur près d'un million de jeunes gens valides ayant atteint l'âge de vingt et un ans. En temps de guerre, les effectifs peuvent donc être triplés rien qu'avec les exemptés.
La marine comptait, avant la guerre, 64 cuirassés et 550 autres vaisseaux dont 50 croiseurs, 22 canonnières, 175 torpilleurs, 6 yachts, 9 vaisseaux-écoles, 25 transports, et 67 petits bâtiments. Le personnel de la marine comprend environ 2 800 officiers et 52 700 sous-officiers et marins.

BUDGET

Les recettes annuelles dépassent deux milliards de roubles; les dépenses atteignent généralement le même chiffre. En 1905 les recettes

ordinaires de l'année se sont élevées à 2 051 800 814 roubles; les dépenses ordinaires ont été de 1 885 026 556 roubles.
Dans les recettes, les chemins de fer de l'État entrent pour plus de 455 millions de roubles, le monopole de la vente des boissons alcooliques pour environ 542 millions, les produits des douanes pour environ 241 millions. Les plus fortes dépenses sont : dette publique, 288 millions; guerre, 550 millions; marine, 115 millions; finances, 566 millions; voies de communications, 456 millions. Par contre, l'Instruction publique n'absorbe que 59 millions de roubles.

POIDS ET MESURES

Unité de poids : livre = 0 k. 40 951.
Mesures linéaires : pied anglais = 0 m. 3 048; 1 verste = 500 sajènes = 3500 pieds = 1 067 mètres.
Mesure de superficie : 1 dessiatine = 1 hect. 0925.

MONNAIES

L'unité monétaire est le **rouble**, qui vaut 2 fr. 66 2/3. Depuis 1897 le papier-monnaie a le même cours que les pièces d'or ou d'argent.

Janvier 1905.   D. Aïtoff.

FINLANDE

SITUATION — LIMITES — SUPERFICIE

Située au nord-ouest de la Russie, entre le 60° et le 70° degré de latitude, la Finlande est limitée à l'Ouest par la Suède et le golfe de Botnie, au Sud par le golfe de Finlande, à l'Est par les gouvernements de Saint-Pétersbourg, d'Olonets et d'Arkhangelsk, au Nord par la Laponie Norvégienne. Sa superficie est de 373 612 kilomètres carrés.

RELIEF DU SOL

Le sol de la Finlande est granitique et forme un plateau ondulé, mais de faible élévation. Ce plateau s'incline en pente douce vers l'Océan Glacial; par contre, du côté du golfe de Finlande il se termine très brusquement.

HYDROGRAPHIE

Nulle part au monde il n'y a autant de réservoirs d'eau stagnante qu'en Finlande; dans le gouvernement de Saint-Michel, par exemple, les lacs couvrent à peu près la moitié de la superficie. Un autre trait caractéristique, c'est le parallélisme des rivières de la côte du golfe de Botnie, qui coulent toutes du Sud-Est au Nord-Ouest, à l'encontre des rivières scandinaves qui, de l'autre côté du golfe, coulent du Nord-Ouest au Sud-Est. La plus vaste nappe d'eau de la Finlande est le lac Saïma, recouvrant, avec tout son réseau de lacs secondaires et de rivières, environ 1 760 kilomètres carrés de superficie. Le Saïma s'écoule dans le golfe de Finlande par le Wuoxen, qui forme, à sa sortie du lac, la belle cascade d'Imatra.

CÔTES

Les côtes de Finlande sont aussi dentelées que celles de la Suède et sont riches en petites baies, criques, fjords. D'innombrables îles et îlots en défendent les approches; les plus importantes parmi les îles sont les Åland dans le golfe de Botnie.

CLIMAT

Le climat est très rude, mais sain; très froid dans l'hiver, qui dure jusqu'à sept mois; chaud et sec pendant l'été. L'air est très sain, sauf à proximité de certains marais.

POPULATION

2 781 019 habitants (8 par kilomètre carré). De tous les pays situés sous cette latitude, la Finlande est le plus peuplé et le mieux cultivé, et la population s'y accroît avec une grande rapidité : en 1820 elle n'était que de 1 177 546; elle a donc plus que doublé en 82 ans. Villes principales : *Helsingfors*, 100 812 hab., avec une importante université; *Abo*, 40 493 hab.; *Tammerfors*, 38 759 hab.; *Viborg*, 38 210 hab.; *Uleaborg*, 17 095 hab. (1902).

ADMINISTRATION

Depuis 1809, la Finlande forme un grand-duché, avec l'Empereur de Russie pour grand-duc. Le pouvoir législatif est entre les mains d'une diète composée de quatre ordres : noblesse, clergé, bourgeoisie, paysans. Le grand-duc est représenté par le gouverneur général, qui réside à Helsingfors, préside le sénat impérial et commande l'armée. À partir du 1ᵉʳ janvier 1872 la langue finoise est officielle, mais la diète est polyglotte. L'armée nationale a été récemment abolie par un ukase impérial et les jeunes Finlandais doivent faire leur service à l'égal des conscrits russes.

AGRICULTURE — INDUSTRIE — COMMERCE

Les terres labourables sont très rares en Finlande; toutefois l'agriculture est la ressource principale du pays. On y cultive le seigle, l'orge, l'avoine et très peu de froment. Parmi le bétail, on peut citer les chevaux finlandais, petits, trapus et forts. Les marbres et les granits de Finlande sont très estimés. Peu de manufactures et d'usines. Le chiffre des importations dépasse celui des exportations (en 1905: importations, 267 millions de francs, exportations, 215 millions de francs). La Finlande expédie principalement des bois de construction et de chauffage (127 millions de francs), du beurre (24 millions), du papier (26 millions), etc. Pour le commerce maritime, elle possédait, en 1905: 2365 navires à voiles jaugeant 285 462 tonnes, et 322 vapeurs jaugeant 55 019 tonnes. Total 2687 navires jaugeant 340 481 tonnes. Chemins de fer, au 31 décembre 1905 : 3243 kilomètres.

D. Aïtoff.

RUSSIE (Suite)

APERÇU HISTORIQUE

Parmi les tribus qui habitaient aux temps préhistoriques le territoire actuel de la Russie d'Europe, une surtout, qui fut plus tard désignée sous le nom de *slave*, attire sur elle une attention toute particulière, parce que

c'est elle qui a servi d'élément fondamental pour la formation du peuple russe.

Le centre du domaine des Slaves orientaux se trouvait à l'endroit d'où sortent les grands fleuves russes : la Volga avec l'Oka, le Dniepr, la Duna, le Nieman. D'autres Slaves formaient les États de Bohême et de Pologne, de Bulgarie, de Croatie, de Dalmatie et de Serbie.

Tous ces Slaves parlaient à peu près la même langue, adoraient les mêmes dieux, avaient les mêmes mœurs et coutumes. Ils vivaient par familles isolées, fondées sur le principe patriarcal ; les familles ayant les mêmes intérêts formaient ensemble une commune ou *mir* soumise à l'autorité des anciens de chaque famille, qui se réunissaient en conseil ou *vetché*. Les terres d'un village appartenaient en commun à tous les membres de la commune ; la famille ne possédait en propre que sa récolte et l'enclos qui entourait la maison. Les communes les plus rapprochées formaient un groupe, appelé *volost* ou *pogost*.

Chaque volost avait au moins un *gorod* ou *goro-*

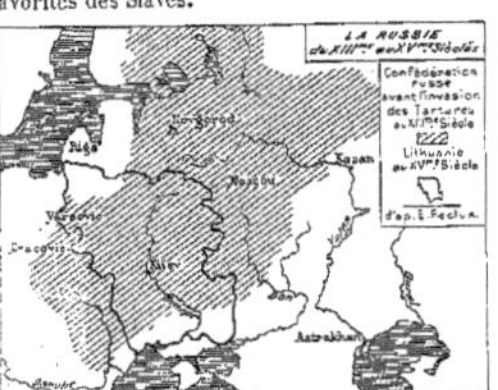

ditche (lieu entouré de pieux), où les habitants se réfugiaient en cas d'attaque d'une tribu voisine. L'agriculture et la chasse étaient les occupations favorites des Slaves.

... expulsés, et qu'en 862 les Slaves les appelèrent de leur propre initiative, pour « être gouvernés par eux selon la justice ». La

Toute idée d'unité d'une peuplade et, à plus forte raison, celle de l'unité de la nation slave, était absolument étrangère à cette race : l'idée de gouvernement et d'État devait être importée du dehors.

Vers le IX° siècle, les Slaves de l'Ilmen furent conquis par des Varègues sur l'origine desquels les historiens ne sont pas d'accord. Les chroniques anciennes disent qu'en 859 les Varègues furent expulsés, et qu'en 862 les Slaves les appelèrent de leur propre initiative, pour « être gouvernés par eux selon la justice ». La domination qu'exercèrent les Varègues ne changea en rien l'organisation du mir ; la vetché continuait à délibérer à côté des princes varègues, les milices locales combattaient aux côtés de leurs bandes d'aventuriers ; mais, dans tous les cas, c'est à l'arrivée des Varègues en Slavie que commence l'histoire politique de la Russie.

Pendant ce temps, le christianisme grec commençait à pénétrer en Slavie. L'invention de l'alphabet slave par les frères Cyrille et Méthode, et la traduction des livres grecs en langue slave, entreprise par eux, furent d'une grande importance pour la propagation de l'orthodoxie grecque. Déjà au IX° siècle le nombre de chrétiens dans l'armée des princes était très considérable. Enfin, en 988, le prince Vladimir se fit baptiser avec toute sa famille et une grande quantité de peuple.

Les prêtres venus de Byzance apportèrent avec eux les germes du pouvoir central, l'idée du tsar (César), de l'empereur, sacré par Dieu, maître absolu de ses sujets. Cette idée du prince autocrate devait se substituer peu à peu à l'idée primitive de princes à la solde des tribus, qui les gardaient tant qu'ils leur étaient utiles, et qu'on pouvait congédier à la première velléité d'abus de pouvoir. L'orthodoxie grecque isola pour longtemps la Russie du monde occidental ; elle fut une des causes de la rivalité de la Russie orthodoxe et de la Pologne catholique, mais elle n'apporta pas l'idée du pouvoir spirituel étranger, rival et supérieur au pouvoir séculier national.

Plusieurs principautés slaves, sortes de républiques, avec prince pour président et chef de milice, se fondèrent dans la Slavie. Malgré les guerres pour la suprématie et les incursions des petites hordes voisines

(Petchénègues, Polovtsy et autres), elles se développaient au point de vue social et économique, quand tout à coup les hordes innombrables des Mongols et des Tartares envahirent leur territoire. Après les batailles de la Kalka (1224), de Riazan (1237), de Kolomna et de la Sita, les principautés mal unies, et cédant à la supériorité numérique des envahisseurs (Baty avait amené avec lui plus d'un demi-million de guerriers), furent conquises les unes après les autres.

Comme tous les conquérants dont la culture est inférieure à celle des vaincus, les Mongols n'eurent tout d'abord aucune influence sur les Slaves. Ils les laissaient être païens au fond et chrétiens à la surface, prélevaient les tributs, donnaient l'investiture aux princes, aux archevêques et aux évêques. Mais plus tard, en soutenant les princes les plus soumis et payant le plus fort tribut, ils cimentèrent l'union des Slaves et c'est sous l'influence du joug mongol que se

fonda, grandit et se fortifia la puissance du royaume moscovite, devenu ensuite Empire Russe. A. Rambaud dit au sujet de cette période de l'histoire russe : « Autour de Moscou, acheva de se former une race résignée, patiente, énergique, entreprenante, faite pour endurer la mauvaise fortune et profiter de la bonne, et qui à la longue devait avoir le dessus sur la Russie Occidentale et sur la Lithuanie. Là grandit une dynastie de princes politiques et persévérants, prudents et impitoyables, de triste et terrible mine, marqués au front du sceau de la fatalité. Ils furent les fondateurs de l'Empire Russe, comme les Capétiens le furent de la monarchie française. »

Peu à peu et successivement, la principauté de Moscou s'agrandit aux dépens de la république novgorodienne, des principautés de Tver, de Rostov, de Iaroslavl. Depuis le XV° siècle elle ne fait que grandir de tous les côtés : guerres contre la Grande Horde, prise du royaume de Kazan (1552) et d'Astrakhan (1554), guerres contre la Lithuanie, annexion de la république de Pskov, de la principauté de Riazan et de Novgorod-Seversk, acquisition de Smolensk. Pendant ce temps et indépendamment des conquêtes occidentales, les Russes se propagent vers l'Est, se mélangent avec les peuplades voisines.

Le XVIII° siècle commença avec la conquête des provinces Baltiques, la guerre avec les Suédois (Poltava, 1709), les réformes administratives, militaires, ecclésiastiques et économiques. En 1703, fut fondé Saint-Pétersbourg, et la Russie se mit en rapports plus fréquents et plus étroits avec l'Europe occidentale. En même temps, la Russie s'avance vers la Caspienne. Guerres avec la Turquie, annexion d'une partie de la Pologne (premier partage, 1772), guerres avec la Perse, conquêtes en Asie ; la Sibérie jusqu'au Pacifique, la Caucasie, le Turkestan, la Transcaspienne.

Pendant l'accroissement du pouvoir politique, grandissait la servitude du peuple. Le paysan attaché à la glèbe, au XVI° siècle, perd jusqu'à sa liberté individuelle et devient *serf*. Le servage augmente et s'aggrave avec le pouvoir impérial, à travers les troubles, les émeutes de Stenka Razine, de Pougatcheff ; mais à la fin du XVIII° siècle et au commencement du XIX° siècle la révolution française, l'incursion de Napoléon en Russie et la visite des alliés en France, à travers l'Europe, inculquèrent à une partie de la société russe des idées nouvelles. Le courant de l'opinion, le mouvement littéraire de 1840, la guerre de Crimée, ébranlèrent à tel point l'institution du servage, que lorsque le gouvernement, croyant prendre l'initiative de l'abolition, constitua des commissions consultatives composées principalement des propriétaires de serfs, il ne trouva presque aucune opposition, et le manifeste du 5 mars 1861 (suppression du servage) n'amena ni troubles, ni guerre civile, comme le fit plus tard un acte pareil aux États-Unis.

Cette réforme exerça une grande influence sur le développement économique et industriel de la Russie. Ce n'est que depuis le jour où le travail est devenu libre que l'industrie nationale a pris son essor. La suppression du servage ouvrit l'ère des réformes, établissement des *zemstvos* (assemblées provinciales électives), institution du jury, des juges de paix électifs, etc. Depuis, ces concessions faites à l'opinion publique furent retirées les unes après les autres et des réformes venues d'en haut il ne resta, au début du XX° siècle, que la réforme initiale, l'abolition du servage. Cette politique de réaction a été une des causes de la récente guerre en Extrême-Orient qui secoua dans ses fondements la population du vaste empire. Sous la poussée de la classe ouvrière et de l'élite intellectuelle du peuple russe le gouvernement autocratique fut forcé de proclamer (manifeste du 30 octobre 1905) l'inviolabilité de la personne ainsi que les libertés de la parole, de la conscience, des réunions et des associations, et de convoquer des représentants du pays sans l'assentiment desquels aucune loi ne doit désormais être promulguée. Nous assistons actuellement (janvier 1907) à une lutte dramatique entre l'autocratie mourante, mais très puissante encore, et le peuple russe dont l'unique force est dans la conscience de son droit.

D. AÏTOFF.

N. B. — Pour la géographie physique de la Russie, voir la Notice de la carte n° 37 ; pour la géographie économique, voir la Notice de la carte n° 35.

RUSSIE OCCIDENTALE — ROUMANIE

PUBLIÉ PAR LA LIBRAIRIE HACHETTE ET Cⁱᵉ CARTE 34

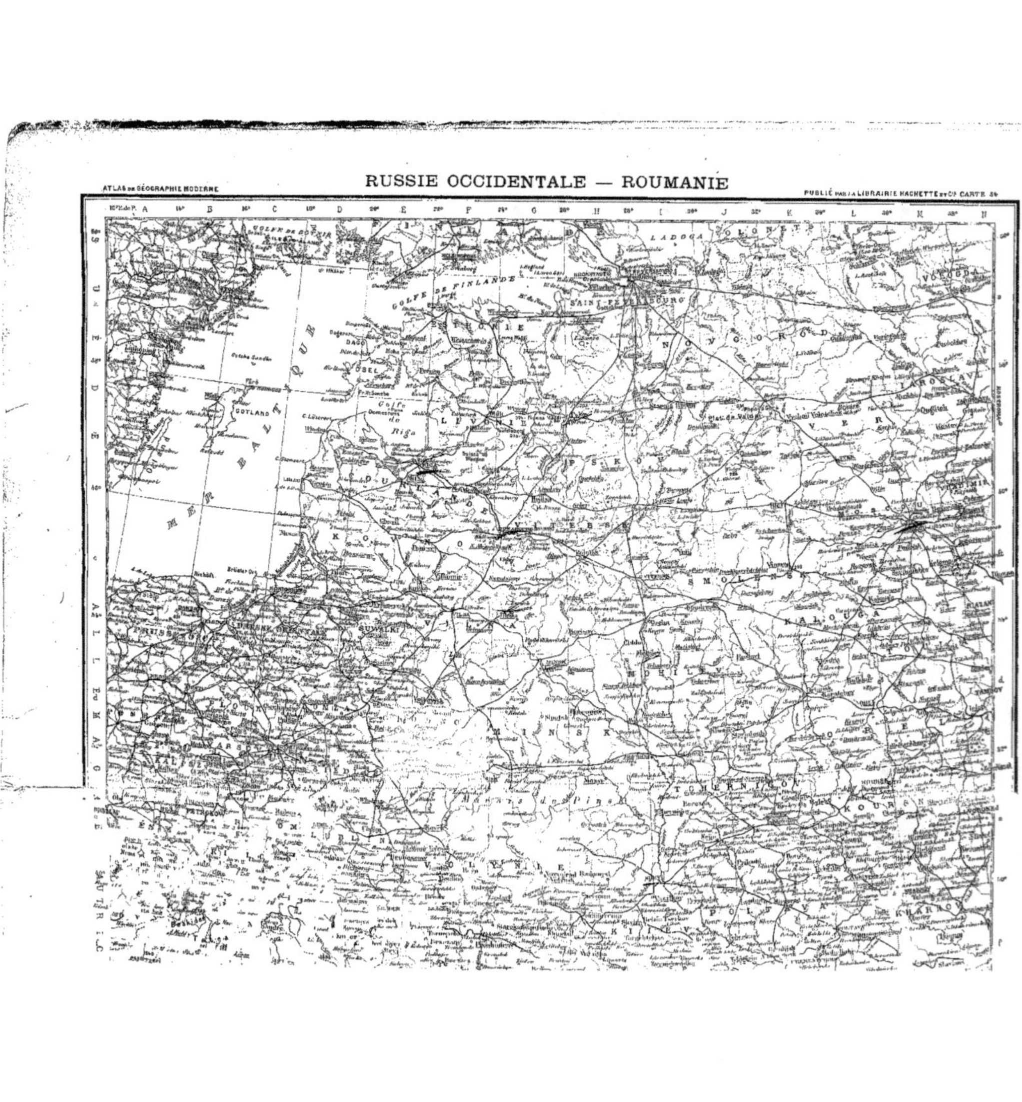

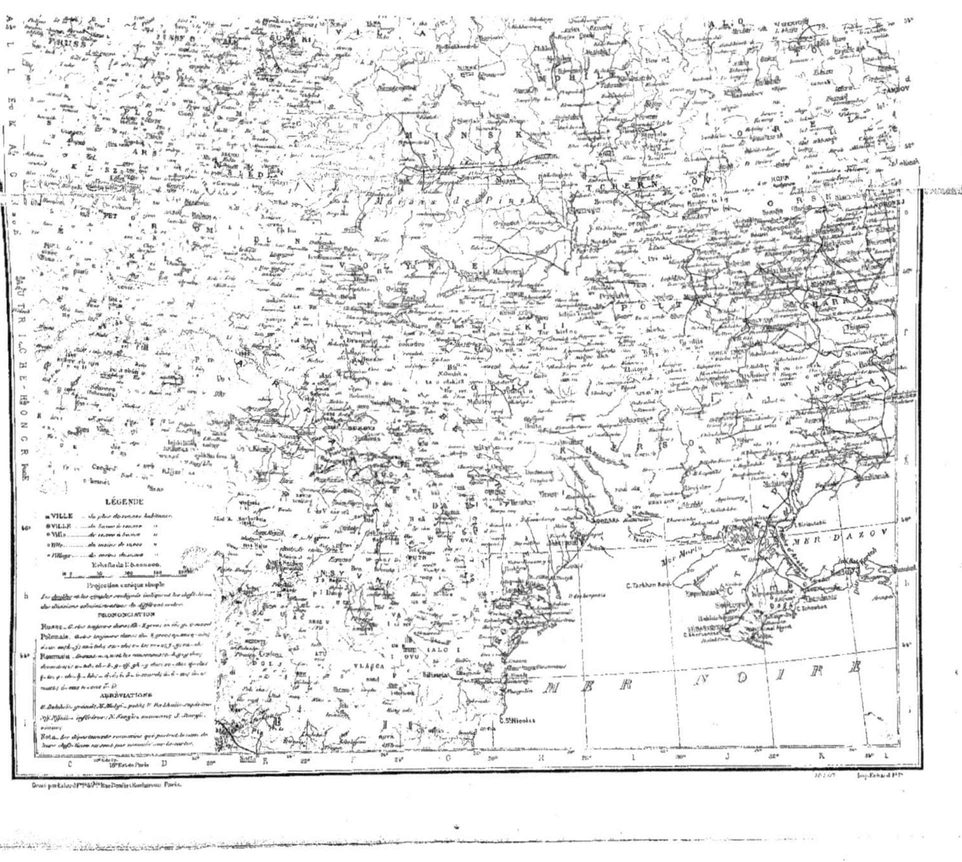

LÉGENDE
VILLE ... de plus de 50.000 habitants
VILLE ... de 5.000 à 50.000 "
Ville ... de 10.000 à 5.000 "
Ville ... de moins de 10.000 "
Village ... de moins de 5.000 "
Échelle de 1:5.000.000.
Projection conique simple
PRONONCIATION
Russe
Polonais
Roumain
ABRÉVIATIONS
Nota.
MER D'AZOV
MER NOIRE
MINSK
TCHERNIGOV
VOLHYNIE
KHERSON
Gravé par Erhard Frères, Rue Bonaparte, Paris.

ROUMANIE

Si l'on pouvait appliquer à la géographie les définitions de la mécanique, on dirait que la Roumanie est une contrée dont le centre de gravité tombe hors du territoire auquel les événements historiques l'ont délimitée; autrement dit, la Roumanie telle qu'elle existe actuellement donne l'impression d'un pays qui est en état d'équilibre géographique instable.

Située à l'est de l'Europe (entre 43°38' et 48°15' de latitude Nord et entre 20°10' et 27°20' de longitude à l'Est du méridien de Paris), la Roumanie s'étale sur tout le versant extérieur de la chaîne anguleuse formée par les Karpates et les Alpes de Transylvanie. Adossée d'un côté à un obstacle presque infranchissable, elle est complètement ouverte et sans défense de toute part ailleurs; elle occupe le glacis d'un bastion dont la pointe est dirigée vers le Sud-Est, et dont le réduit ne lui appartient pas. On en déduit immédiatement les conséquences : manque de défense contre les invasions qui viennent de l'Est ou du Sud, manque de cohésion entre les deux faces du glacis séparées par le bastion et entre lesquelles par conséquent il ne peut y avoir de communication qu'en contournant la pointe extérieure. Des deux faces du glacis, l'une, tournée vers le Sud, adossée au Nord aux Alpes de Transylvanie et limitée au Sud par le lit du Danube, porte le nom de **Valachie**; l'autre, tournée vers le Nord-Est, adossée à l'Ouest aux Karpates et limitée à l'Est par le lit du Pruth, porte le nom de **Moldavie**. Absolument dissemblables au point de vue physique, ces deux provinces ont été encore pendant longtemps séparées par les tendances politiques qui en avaient fait deux principautés indépendantes l'une de l'autre. A part les régions montagneuses sur lesquelles chacune d'elles s'appuie, le caractère particulier de la Valachie est celui d'un pays de plaine, le caractère de la Moldavie celui d'un pays de collines; encore faut-il noter qu'en Valachie la région montagneuse est moins profonde et moins praticable qu'en Moldavie.

La **superficie** de la Roumanie est évaluée, en y comprenant le territoire de la Dobroudja, à 131 020 kil. carr. Un peu plus de la moitié de cette surface revient à la Valachie (77 480 kil. carr.); le reste à la Moldavie (57 940 kil. carr.) et à la Dobroudja (15 600 kil. carr.). Le territoire roumain peut se diviser aisément en trois régions distinctes entre lesquelles la superficie totale se répartit à peu près également : la région montagneuse, en y comprenant les vallées qu'elle renferme, la région des collines, qui lui succède immédiatement, et la région des plaines.

Le **relief du sol** de la Roumanie est formé par un système orographique extérieur et non compensé, c'est-à-dire qui n'existe que d'un seul côté; le pays est donc tout entier déjeté vers le dehors; en outre, l'arête principale formant un angle pénétrant, elle rejette les pentes dans deux directions divergentes. Les deux portions de cette arête portent les noms d'**Alpes de Transylvanie**, depuis Verciorova sur le Danube, à la hauteur des rapides des Portes de Fer, jusqu'à la vallée du Buzeu, à l'angle même du massif, et de **Karpates de Moldavie**, depuis cet angle jusqu'au confluent de la Dorna et de la Bistritsa, près du village de Dorna Vatra, à la hauteur de Suczawa. Les Alpes de Transylvanie sont en général plus abruptes que les Karpates de Moldavie; le nombre des hauts sommets (ayant une altitude d'environ 2 000 mètres) y est plus considérable que dans les secondes : l'un des pics les plus élevés des Alpes de Transylvanie est l'Om (2 508 mètres), celui des Karpates de Moldavie, le Ciahleu (1 907 mètres). Les passages qui permettent de franchir les deux crêtes sont peu nombreux; cependant il faut mentionner la gorge de Turnu Rosu, qui divise complètement la chaîne des Alpes de Transylvanie, tant par sa longueur, et livre passage au cours de l'Oltu, né sur le versant transylvain des Karpates de Moldavie; la gorge du Jiu, né dans un bassin intérieur des Alpes de Transylvanie, est également digne d'être indiquée; en outre, les Alpes de Transylvanie peuvent être franchies par les passes du Vulcanu, de Prédéal et de Bodza, et les Karpates de Moldavie par celles d'Oitoz, de Gyimes et de Tölgyes. Dans les Alpes de Transylvanie, les vallées perpendiculaires à l'arête principale et dirigées du Nord au Sud sont courtes et peu praticables; les cours d'eau qui y prennent naissance fournissent la plus grande partie de leur parcours en pays de plaine; dans les Karpates de Moldavie au contraire, les vallées, fortement inclinées sur l'arête principale, sont orientées du Nord-Ouest au Sud-Est; elles sont longues, praticables et les cours d'eau qui les suivent y fournissent la presque totalité de leur parcours.

Le **Danube** est la grande artère fluviale de la Roumanie. Par un phénomène hydrographique remarquable, que peuvent aisément expliquer

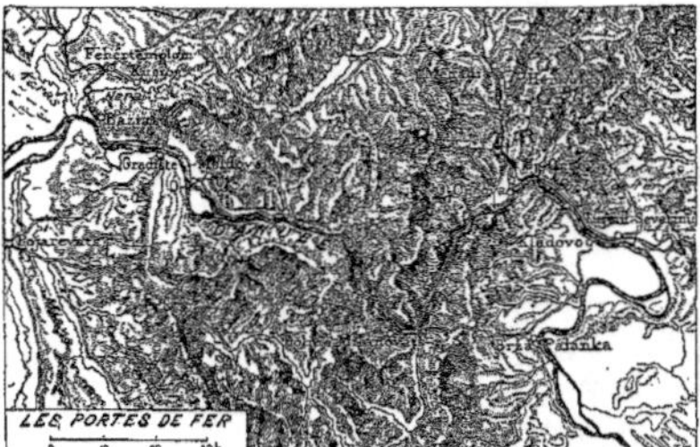

l'action et la réaction exercées en sens contraire sur le cours du fleuve par les deux nappes d'eau descendues l'une du versant méridional des Alpes de Transylvanie, l'autre du versant septentrional des Balkans, que le Danube pénètre, au sortir des Portes de Fer, dans la grande plaine, l'ancien golfe roumano-bulgare, il est dévié brusquement vers le Sud; puis, arrivé à une certaine distance des Alpes de Transylvanie, à celle où se faisaient équilibre les efforts latéraux dont il subissait l'influence à l'époque où il se déversait au sein du golfe, le Danube reprend la direction de l'Ouest à l'Est, et coule parallèlement à l'arête principale; il suit à distance l'inflexion du relief du sol et se recourbe vers le Nord, en même temps que les Karpates de Moldavie, et n'est forcé de rebrousser chemin vers l'Est que sous l'effort des grands cours d'eau moldaves, le Sereth et le Pruth, qui l'empêchent de remonter plus loin vers le Nord. Son influence s'est exercée d'une façon remarquable sur le cours inférieur de ses affluents de gauche, qui traversent la plaine valaque. Toutes parallèles entre elles à l'origine, c'est-à-dire coulant dans la direction du Nord-Ouest au Sud-Est, comme cela arrive d'ailleurs pour les cours d'eau moldaves, les rivières valaques s'infléchissent de plus en plus vers l'Est, à mesure qu'elles se rapprochent du coude décrit par le Danube à la hauteur de Silistrie.

Les principaux affluents du Danube, en Valachie, sont : le Jiu, grossi de la Motru et du Gilort, l'Oltu, l'Argesu, grossi de la Dâmbovitsa, et la Ialomitsa; en Moldavie, le Sereth, augmenté des eaux de la Moldova, de la Bistritsa, de la Trotusu, du Buzeu, de la Bârladu, et le Pruth.

Le **climat** de la Roumanie est un climat extrême. La température la plus élevée que le thermomètre ait indiquée en plaine est de + 36 degrés; la plus basse est de — 28 degrés; dans les montagnes le thermomètre est même descendu en hiver jusqu'à — 35 degrés. Cela tient à ce que le territoire roumain est ouvert sans obstacle aux vents qui soufflent des steppes de la Russie. A Bucarest, il y a en moyenne soixante-quatorze jours de pluie et onze jours de neige; la quantité d'eau tombée est de 0m,674, la quantité de neige de 0m,720. L'hiver est long, le printemps très court, ne dépassant pas parfois une quinzaine; l'automne est la plus belle saison de la Roumanie.

La **population** de la Roumanie est évaluée à 5 900 000 habitants, soit 45 hab. par kil. carré. Les Roumains, peuple formé du mélange des colonies romaines amenées par Trajan et des tribus Daces qui occupaient le sol à l'époque de la conquête romaine, ont conservé la marque indélébile de cette influence latine; leur langue, presque entièrement formée de racines latines, en porte le témoignage convaincant; elle garde cependant aussi, par la présence de mots d'origine slave, magyare, turque, la trace des invasions successives et du joug que le pays a dû subir pendant de longs siècles.

Les principales **villes** de la Roumanie sont : Bucarest (Bucuresci), la capitale, 282 071 hab.; Iassi, ancienne capitale de la Moldavie, 78 067 hab.; Galats, le principal port maritime de la Roumanie, sur le Danube, et le plus grand entrepôt des céréales du pays, 62 678 hab.; Braïla, 58 092 hab.; Botosani, centre d'une importante région agricole, 32 193 hab.; Ploiesci, centre de croisement des principales lignes de chemins de fer, 42 687 hab.; Craiova, 45 438 hab.

Le **culte** dominant en Roumanie est celui de l'Église orthodoxe roumaine. On évalue approximativement le nombre des chrétiens orthodoxes à 5 400 000, celui des catholiques et des protestants à 168 000, des Arméniens à 6 600, des israélites à 269 000 et des mahométans à 45 700.

Le royaume de Roumanie, proclamé le 25 mai 1881, est régi par une constitution élaborée en 1866, modifiée en 1879 et en 1884, qui admet le principe monarchique et le régime parlementaire. Le **gouvernement** est composé du roi, d'un parlement formé de la réunion de deux chambres, et d'un ministère responsable. Administrativement, la Roumanie est divisée en 32 districts ou départements.

L'**armée**, divisée en armée permanente, armée territoriale (Dorobantsi pour l'infanterie et Calarachi pour la cavalerie), milice et levée en masse, comprend en temps de paix environ 3500 officiers et près de 65 000 hommes avec 18 000 chevaux et 450 canons; en temps de guerre, elle doit fournir 4 corps d'armée d'un effectif total de près de 7 200 officiers et 280 000 hommes avec 73 000 chevaux et 650 canons.

La **marine** se compose de 20 bâtiments, jaugeant près de 3 000 tonnes et armés de 57 canons.

La Roumanie est un pays essentiellement **agricole** : 60 pour cent de sa population s'occupent de l'agriculture. Dans toute l'étendue du royaume, 40,8 pour cent sont consacrés à la culture des céréales, 12,2 pour cent aux pâturages et aux prairies, 1,1 pour cent aux vignobles et 0,4 pour cent à la culture des pruniers; les forêts couvrent 19,7 pour cent et les terrains incultes représentent 25,8 pour cent.

Les récoltes variant d'une année à l'autre, nous donnons la production moyenne annuelle des cinq dernières années, de 1900 à 1904 en millions d'hectolitres : froment, 25,5 (27 en 1902, 19 en 1904); seigle, 2,2 (5,4 en 1901, 0,8 en 1904); orge, 7,4 (10,5 en 1905, 4,1 en 1904); avoine, 6,5 (11,1 en 1903, 5,1 en 1900); maïs, 26,1 (41,2 en 1901, 6,9 en 1904); vin 1,6 (3,5 en 1900, 0,8 en 1904); prunes, 1,9 (3,6 en 1900, 0,5 en 1901); tabac, 52,1 mille quintaux (43,9 en 1903, 18,1 en 1904).

La région montagneuse de la Roumanie est très riche en **bois à ouvrer** et en **produits minéraux**, houille, pétrole, sel gemme, etc. Production de pétrole en 1903-1904 : 410 000 tonnes (222 000 seulement en 1899-1900). Le sel gemme, dont l'extraction est d'environ 100 000 tonnes par an, procure à l'État, qui en a le monopole, un revenu très considérable.

La Roumanie commence à exporter plus de marchandises qu'elle n'en importe. Ainsi, de 1900 à 1904, la moyenne de ses importations n'était que de 275 millions de francs contre 525 millions de francs d'exportations, tandis que pendant la période quinquennale précédente la moyenne des importations était de 344 et celle des exportations de 249 millions.

A l'importation ce sont les étoffes qui tiennent la place prépondérante. Viennent après les métaux ou objets fabriqués avec des métaux. A l'exportation ce sont les céréales qui fournissent le plus. Viennent après les fruits (prunes), les bois et le combustible minéral. Pendant les cinq dernières années, l'exportation des céréales a varié de 172,7 millions de francs en 1900 à 292,8 millions en 1902.

Les plus forts clients de la Roumanie sont : la Belgique, 147 millions de francs; l'Autriche-Hongrie, 41 millions; la Grande-Bretagne, 37 millions; les Pays-Bas, 85 millions; l'Italie, 47 millions; l'Allemagne, 35 millions; la Turquie avec la Bulgarie, 21 millions; la France, 19 millions. Les pays qui importent le plus sont : l'Allemagne, 91 millions; l'Autriche-Hongrie, 96 millions; la Grande-Bretagne, 51 millions; la France, 17 millions; l'Italie, 15 millions; la Turquie et la Bulgarie, 16 millions (1905).

La Roumanie a environ 3200 kil. de **voies ferrées** (1900), 3278 bureaux de **poste** (1905), 2820 bureaux de **télégraphe** (1905). Longueur des lignes télégraphiques : 7015 kil.; celle des fils : 18 511 kil.

Au point de vue historique, si la Roumanie comprenait toutes les régions peuplées par les populations de race et de langue roumaines, c'est-à-dire la Moldavie, la Valachie, la Transylvanie et le Banat, territoire de l'ancienne Dacie, elle formerait un groupe compact d'environ 10 millions d'habitants, solidement assis dans la forteresse que forme la Transylvanie, protégée par le rempart des Karpates, et constituerait ainsi le boulevard de l'Europe contre les invasions de l'Orient. Réduite à la Moldavie et à la Valachie, elle est ouverte à toutes les invasions et n'a plus aucune force de résistance; son histoire est celle de toutes les guerres et de toutes les invasions qui, depuis les Romains, ont désolé l'Orient; c'est à peine si, à de rares intervalles, elle peut se glorifier de courtes périodes d'histoire vraiment nationale, illustrées par des hommes tels qu'Étienne le Grand et Michel le Brave.

Léon Rousset.

LIMITES

L'Asie n'a sur plusieurs points que des **limites conventionnelles** : c'est la tradition seule qui la borne au Caucase et à l'Oural; le Bosphore, les Dardanelles, l'Archipel ne sont pas des limites beaucoup plus tranchées. En réalité, l'Europe n'est qu'une péninsule asiatique.

L'Asie est mieux séparée de l'Afrique; mais à l'Est elle est entourée d'une série remarquable d'îles, disposées en guirlande et qui se rattachent étroitement au continent. Il est donc profondément irrationnel de ne pas comprendre dans l'Asie l'archipel malais, qui n'est que la boucle méridionale de cette ceinture. Les îles Aléoutiennes forment l'anneau du Nord et rattachent l'Asie à l'Amérique.

SUPERFICIE

Elle varie d'une façon notable suivant qu'on y fait rentrer ou qu'on en exclut les îles de la Sonde : 44 millions 1/2 de kil. carrés dans le premier cas, 42 millions 1/2 dans le second ; c'est en tout cas plus que l'Europe et l'Afrique réunies.

CONFIGURATION GÉNÉRALE

Au **Nord** le continent est **peu articulé**, peu d'îles et de presqu'îles; les golfes ne sont que des estuaires de fleuves; les caps, des croupes massives.

À l'**Est**, depuis la mer de Bering jusqu'au golfe de Siam, s'allonge une série de **mers intérieures**, séparées alternativement l'une de l'autre par des presqu'îles et des îles : Kamtchatka, île Sakhalin, etc.; quelques-unes se subdivisent pour former des golfes sur le continent : mer Jaune, golfe de Petchili; mers de Chine, golfe du Tonkin; — ou de petites mers intérieures à l'Est : Méditerranée japonaise, mers de la Sonde.

Au **Sud**, les **presqu'îles** sont la forme prépondérante; comme en Europe, leur degré de complication va en augmentant vers l'Est, — mais en Asie les golfes qui les séparent sont de plus en plus prolongés à mesure qu'on s'avance vers l'**Ouest** : les derniers, golfe Persique, mer Rouge, sont même fermés par des détroits.

Dans l'ensemble, c'est à l'**Ouest** que le continent est **le plus découpé**, que les isthmes sont le moins larges, entre le golfe Persique et la mer Rouge d'une part, la Méditerranée, la mer Noire, la mer Caspienne d'autre part; mais nulle autre part dans le monde on n'est plus éloigné de toute mer qu'au centre de l'Asie.

Avec l'archipel de la Sonde, les îles asiatiques représentent un peu plus du seizième de la superficie totale (1/20 en Europe), les péninsules un cinquième (1/4 en Europe). L'Asie a 58 000 kil. de côtes, soit 1 kil. pour environ 700 kil. carrés (290 en Europe, 1420 en Afrique).

RELIEF DU SOL

La direction générale est celle des parallèles, comme en Europe, mais les **chaînes** sont souvent déviées de façon à prendre la direction Nord-Sud : Syrie, Oural, Japon, Indo-Chine, etc.

Les plaines n'occupent en Asie qu'une surface proportionnellement restreinte; à part la plaine du Nord, on ne rencontre ailleurs que quelques vallées fluviales, très vastes sans doute, toisées à la mesure de l'Europe, mais qui en réalité disparaissent dans l'ensemble. La plaine du Nord ne comprend elle-même véritablement que les deux dépressions de l'Aral et de l'Ob, séparées l'une de l'autre par les hauteurs des steppes Kirghizes. A l'est du Ienisséi, elle perd son caractère propre; la distinction n'est plus aussi nette entre la montagne et la plaine : c'est plutôt une région de **collines** et de **plateaux**, qui va d'ailleurs se rétrécissant très vite dans la direction du Nord-Est; les fleuves y deviennent de plus en plus courts.

SYSTÈME OROGRAPHIQUE GÉNÉRAL

Au Sud, le plateau du Dekkan, penché vers l'Est, forme une masse indépendante, dont les sommets les plus élevés se rencontrent dans la pointe méridionale et à Ceylan. Il est séparé au Nord du plateau de l'Iran et des chaînes de l'Himalaya par les larges vallées de l'Indus et du Gange.

Or, c'est précisément à l'endroit où la plaine du Nord pénètre le plus avant au Sud, vers le 68e méridien de Paris, que les plaines basses de l'Inde s'avancent à leur tour le plus loin vers le Nord. Les deux dépressions se correspondent et ne sont séparées l'une de l'autre que par un massif large tout au plus de quelques centaines de kilomètres. C'est le « toit du Monde », comme on a si justement nommé le Pamir dès les anciens âges. Les chaînes de l'Hindou-Kouch sont à cet endroit serrées

comme en un faisceau, et les masses montagneuses s'en vont à partir de ce point, s'élargissant et s'étalant vers le Nord-Ouest et surtout vers le Nord-Est, en forme d'éventail. C'est la limite véritable entre l'Asie orientale et l'Asie occidentale, entre l'Asie « extra Imaum » et l'Asie « intra Imaum » des anciens. Cette division se retrouve dans l'histoire comme dans le relief.

A l'Ouest, les masses élevées se subdivisent en deux larges ailes, que séparent l'une de l'autre le golfe Persique et la Mésopotamie, et qui se soudent à la hauteur d'Alep par un seuil peu élevé.

L'aile du Nord-Ouest s'étale d'abord en un vaste plateau, sillonné de montagnes et fermé de chaînes bordières, disposées en étage. Un nouveau rétrécissement en face du Caucase donne à l'Arménie et au Kurdistan la forme plutôt montagneuse; la forme de plateau réapparaît en Anatolie.

L'aile du Sud comprend surtout le large plateau sablonneux et en grande partie désert de l'Arabie : les hauteurs sont à l'Ouest, et se rattachent au Taurus par les monts du Liban.

Il va sans dire, au reste, que ces deux systèmes ne se limitent pas aux frontières conventionnelles attribuées à l'Asie; ils se relient étroitement aux montagnes d'Europe et d'Afrique : les chaînes de la péninsule des Balkans ne sont que le prolongement du relief de l'Asie Mineure et le plateau Libyen n'est visiblement que la contre-partie de celui d'Arabie.

A l'Est du Pamir s'étendent d'immenses plateaux d'altitudes diverses : le Han-Haï au Nord (Tarim et Gobi, 800 à 1100 mètres), le Thibet au Sud (3500 à 4500 mètres). Le Kouen-Lun, qui les sépare, est par la masse, sinon par l'élévation absolue des sommets, la chaîne maîtresse, la véritable Cordillère de l'Asie orientale. L'Himalaya, au Sud, est une barrière rigide, que percent en quelques endroits seulement des vallées resserrées : Indus, Brahmapoutra, etc. Au Nord, en revanche, le Thian-Chan, l'Altaï et les montagnes qui en sont le prolongement, sont beaucoup plus découpés. Les différentes chaînes sont séparées l'une de l'autre par de vastes dépressions qui sont des passages naturels pour les fleuves et pour les hommes (Dzoungarie). Une de ces dépressions, découverte récemment aux environs de Louktchoun presque au point central du double continent d'Asie-Europe, s'enfonce à 50 m. au-dessous du niveau des mers.

Tous les systèmes orientaux détachés du Pamir s'étendent et se ramifient à l'extrême, jusqu'à former le long du Pacifique un front qui embrasse plus de 60 degrés de latitude.

Une ligne de **volcans** se poursuit à travers les groupes d'îles, depuis le Kamtchatka jusqu'aux îles de la Sonde. C'est un des anneaux de la grande ceinture de feu du Pacifique.

Altitudes absolues. — C'est en Asie que se trouvent les plus hauts sommets du monde : Gaurisankar (Himalaya), 8840 m.; Dapsang (Karakoroum), 8615 m.; Tengrikhan (Thian-Chan), 7540 m.; Demavend, 5465 m.; Ararat, 5172 m., etc.

Altitude moyenne de l'Asie : 940 mètres.

HYDROGRAPHIE

Il n'y a pas en Asie de ligne naturelle de partage des eaux; les **fleuves** coupent les montagnes en tous sens; la plupart d'entre eux prennent en elles leur source à l'intérieur des plateaux et ne peuvent arriver à la mer qu'en franchissant les chaînes qui les bordent. L'Asie offre deux grands centres de dispersion des eaux : l'Himalaya et le plateau du Thibet d'une part, d'où s'écoulent au moins huit grands fleuves, depuis l'Indus jusqu'au Hoang-Ho; la région de l'Altaï d'autre part, où prennent naissance la plupart des fleuves sibériens et l'Amour. On peut indiquer comme centres secondaires le Thian-Chan et les monts d'Arménie.

VERSANTS EXTÉRIEURS et BASSINS FERMÉS — Bassins fermés

Un grand nombre de cours d'eau asiatiques n'ont pas d'écoulement vers la mer : tous ceux de la dépression aralo-caspienne finissent dans des lacs fermés (mer Caspienne, Aral, Balkhach, etc.), ou se perdent dans les sables : Mourghab, Heri-Roud, etc. Dans l'Asie occidentale, la mer Morte, le lac d'Our-miah, le lac Hamoun, de même que vers l'Est le Lob-Nor et la plupart des lacs thibétains (Konkou-Nor, etc.), sont également sans issue.

Les fleuves d'Asie sont souvent appariés et réunis en couple; ils prennent leur source et se déversent l'un près de l'autre, après s'être séparés plus ou moins dans leur cours moyen : Ob et Ienisséi, Yang-tse-Kiang et Hoang-Ho, Gange et Brahmapoutra, Indus et Satledj, Amou-Daria et Syr-Daria, Tigre et Euphrate.

L'Asie ne forme pas une masse compacte comme l'Afrique ; son relief est beaucoup plus déchiqueté, ses fleuves peuvent en conséquence quitter de bonne heure la montagne ou le plateau, et couler ensuite en plaine sur des milliers de kilomètres avant d'atteindre la mer. Ils sont donc en général navigables sur une bonne partie de leur cours, sauf au Sud-Est, où les montagnes touchent de trop près la mer.

A part l'Ob et le Ienisséi, qui se déversent dans de larges estuaires, les autres fleuves d'Asie forment presque tous des deltas. Mais, tandis que quelques-uns de ces deltas font saillie sur la ligne des côtes (Lena, Mé-Kong, Irraouaddi, Indus), d'autres comblent le fond des golfes (Hoang-Ho, Song-Koï, Gange, Euphrate).

LONGUEUR COMPARÉE DES PRINCIPAUX FLEUVES (5088 kilomètres)

Fleuve	Longueur (kilomètres)
Ienisséi-Angara-Selenga	4750
Amour	4377
Mékong	4840
Ob	4220
Hoang-Ho	4192
Indus	3700
Gange	2708
Euphrate	2600
Brahmapoutre	2533
Saleven	1780

(échelle : 1000 — 2000 — 3000 — 4000 — 5000)

ASIE PHYSIQUE

Gravé par Erhard Frères, 35 bis Rue Denfert-Rochereau, Paris.

PUBLIÉ PAR LA LIBRAIRIE HACHETTE ET Cⁱᵉ — CARTE 35

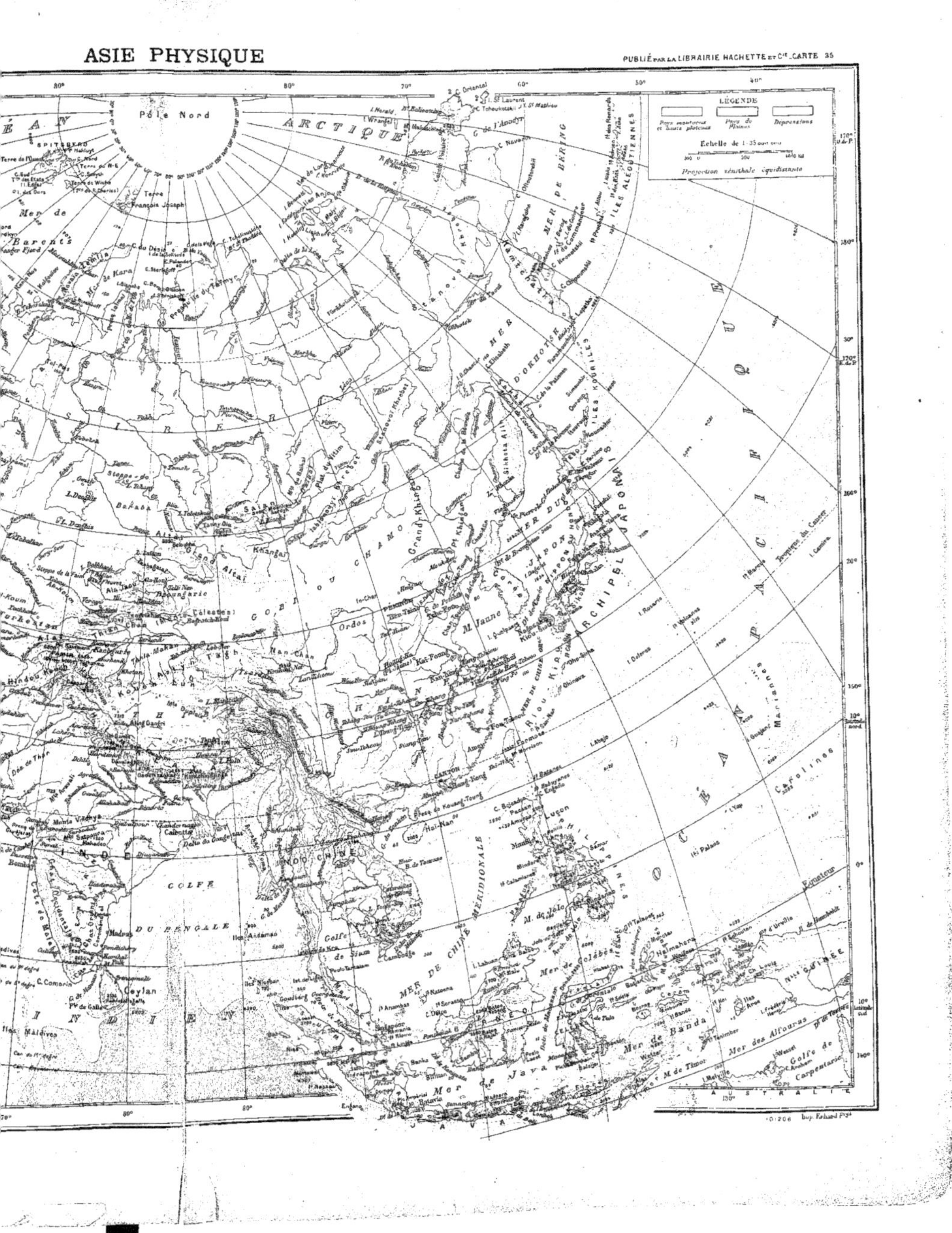

LACS

Les principaux sont les fonds sans écoulement des dépressions et des plateaux. Ce ne sont souvent que de vastes marécages, dont l'évaporation et le dessèchement graduel rétrécissent peu à peu la surface et où les fleuves forment de larges deltas. Le Baïkal, lac de montagne, mérite une place à part.

Superficie des lacs asiatiques : Aral, 65 000 kil. carr. ; Baïkal, 34 000 kil. carr.; Balkhach, 21 000 kil. carr. ; Koukou-Nor, 6 000 kil. carr.

CLIMAT

L'Asie est située en grande partie dans la zone tempérée; elle ne dépasse guère au Sud les tropiques, ni au Nord le cercle polaire. La pointe la plus méridionale du continent n'atteint pas l'équateur : seules les îles de la Sonde sont coupées par la Ligne. Mais, par suite de ses formes massives et de la disposition de son relief, l'Asie a dans la majeure partie de son étendue un climat continental et par conséquent extrême....

En été, le minimum barométrique se trouve sur les plateaux surchauffés de l'Iran et du Thibet : les vents soufflent donc du Nord-Est et du Nord dans toute l'Asie septentrionale et centrale, du Sud-Ouest, c'est-à-dire du Sahara, dans l'Asie occidentale, du Sud et du Sud-Est dans les Indes et dans la Chine méridionale. Ces derniers vents seuls sont humides : c'est proprement la **mousson** ; tous les autres sont secs.

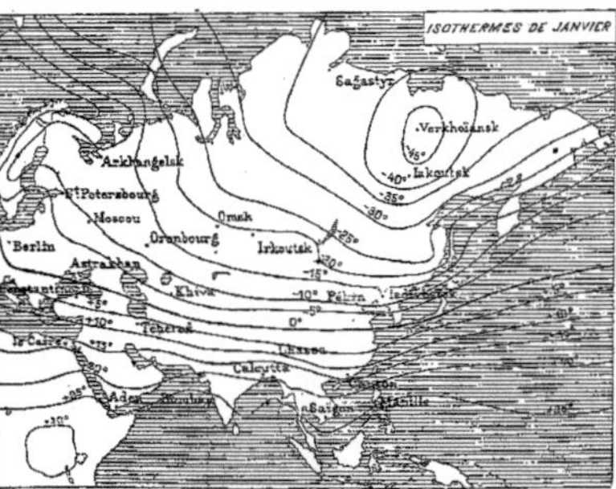

En hiver le maximum se tient dans la Sibérie orientale, faisant dominer dans toute l'Asie des vents d'Est, de Nord-Est et du Nord, également secs et continentaux.

Si donc on excepte la partie Sud-Est et quelques régions de côtes en Syrie et en Asie Mineure, l'Asie est en général fermée aux influences adoucissantes de la mer : nulle part les contrastes ne sont plus violents entre les extrêmes de température. Il est dans le monde peu de régions aussi torrides que les rivages du golfe Persique, situés pourtant au nord des tropiques; c'est en Sibérie, sous le cercle polaire, que se trouve en revanche l'un des pôles du froid de l'hémisphère nord : à Verkholansk l'écart des températures moyennes extrêmes dépasse 65 degrés (— 50 en janvier, + 16 en juillet), et l'écart des températures extrêmes absolues peut atteindre 85 degrés. Sur les côtes correspondantes de Suède, l'écart moyen n'est que 15 ou 20 : de même pour Pékin et Naples, situés sous le même parallèle. Dans le même endroit et dans un seul jour les variations sont parfois énormes. Sur cette immense étendue de pays qui va de la Méditerranée et de la mer Rouge au Pacifique et qui est bornée au Sud par l'Himalaya, l'air est sec, les **pluies** sont rares et bornées à de courtes périodes (hiver au Sud-Ouest, été au Nord-Est), les neiges perpétuelles ne descendent pas au-dessous de 5500 mètres, malgré la rigueur des hivers :

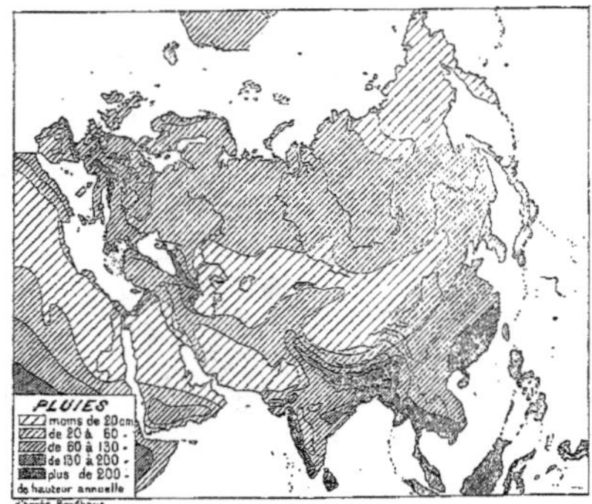

c'est le pays des **steppes**, des déserts, pays mal peuplé, favorable surtout au développement de l'élevage et à la vie nomade, et où la culture régulière n'est possible que grâce à une irrigation savante et par conséquent à l'intervention incessante de l'homme. Dès que l'homme se retire, les sables et les marécages reprennent possession du sol, le pays redevient stérile et insalubre : c'est l'histoire de toute l'Asie occidentale.

Le contraste est parfait avec l'Asie du Sud-Est, le pays des moussons, où les précipitations atteignent sur les côtes occidentales des péninsules jusqu'à 4 m. de hauteur annuelle, et montent dans certains cantons privilégiés (Assam) jusqu'à 12 et 13 m. C'est à cette humidité si abondante, jointe à une température chaude relativement constante, qu'est due la richesse exubérante de la végétation tropicale des Indes et des îles de la Sonde, jusqu'en Chine et au Japon. Ce sont aussi ces pluies qui donnent naissance aux nombreux fleuves de cette région, et c'est enfin dans les vallées de ces fleuves, peu à peu comblées d'un limon prodigieusement fécond, que s'entassent les populations les plus pressées de la terre.

Toutefois ces pluies si précieuses ne tombent que pendant une partie de l'année, lors de la mousson du Sud, c'est-à-dire en été. Un retard de quelques jours dans le renversement des vents et dans l'arrivée de la période humide suffit parfois à ruiner les moissons et à provoquer des famines terribles.

VÉGÉTATION. — FAUNE

En règle générale les limites de **végétation** des diverses plantes s'avancent beaucoup moins loin vers le Nord en Asie qu'en Europe : céréales, 62° lat. N. (au lieu de 68° en Europe); vignes 42° (au lieu de 52°); palmiers 38° (au lieu du 42°). C'est une conséquence évidente du climat continental, aux hivers trop froids.

La plus grande partie de la **Sibérie** n'est que la continuation de la plaine russe, qu'elle rappelle à tous égards. Les pluies d'été, peu abondantes, mais régulièrement réparties dans toute la saison, favorisent la végétation forestière. Ce sont en effet les **forêts** qui caractérisent la région, au nord des steppes Kirghizes : elles s'étendent jusqu'au delà du 70° de lat. N. C'est le pays des **animaux à fourrure**, de l'ours, du renne.

L'**Asie occidentale et centrale** est la région des **steppes**, aux étés brûlants. Les troupeaux de **chèvres**, de **moutons**, sont nombreux, mais nécessairement nomades, passant d'un lieu à l'autre suivant les saisons (transhumance). La **région méditerranéenne** est une terre d'élection pour les **fruits**, et c'est de là que nous viendraient la plupart des arbres de nos vergers, peut-être même la vigne. Les vallées bien arrosées de Syrie, d'Asie Mineure, de Transcaucasie, les parties irriguées de la Mésopotamie et du Turkestan, peuvent recevoir toutes les cultures, depuis les **céréales** jusqu'au **coton** et à l'**indigo**. Le **chameau** est l'animal servant de préférence aux transports.

L'**Asie des moussons** est la région **agricole** par excellence du continent, celle où toutes les conditions sont réunies : qualités du sol, chaleur, humidité. Dans les jongles et les forêts vierges vivent les grands animaux : **éléphants**, **rhinocéros**, **tigres**. Le **riz** y est cultivé partout et fournit une nourriture facile et abondante, qui explique en grande partie la densité si forte de la population. Les **céréales** réussissent sur les plateaux de l'Inde, l'**opium** dans la vallée du Gange, le **thé** en Chine, les **épices** dans la péninsule de Malacca et dans les îles de la Sonde. La culture du **mûrier** atteint en Chine une importance considérable.

L'Asie est donc très inégalement favorisée sous le rapport des conditions de température et d'humidité et de la richesse de la végétation; certaines régions sont les plus cultivées et les plus peuplées de la terre, mais le continent asiatique n'offre pas à l'homme dans toutes ses parties un champ de colonisation également favorable.

L. POIREL.

DENSITÉ DE LA POPULATION

826 millions d'habitants, soit plus de la moitié de la population totale du globe, bien que la densité générale (19) soit beaucoup plus faible qu'en Europe (37). Mais, comme on doit s'y attendre d'après les conditions physiques, cette population est répartie sur le continent d'une façon extraordinairement inégale. Les pays des moussons renferment plus de 85 pour 100 de toute l'Asie; la Chine et l'Inde sont les deux plus grandes

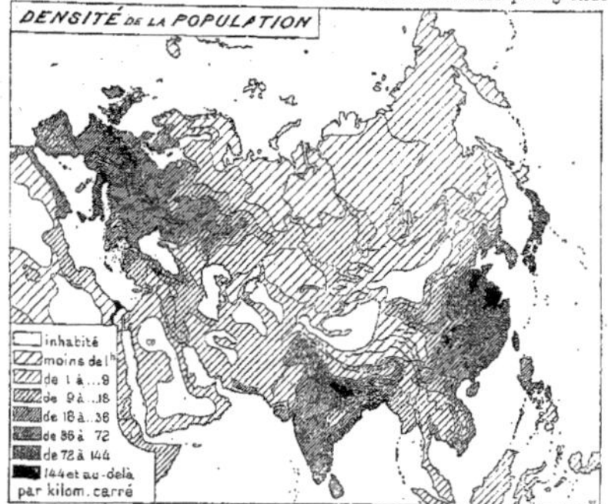

fourmilières d'hommes de la terre : nulle part, même en Europe, ne se pressent sur un espace égal d'aussi puissantes masses, nulle part les villes énormes renfermant des centaines de milliers et des millions d'habitants ne sont plus nombreuses : Canton, 1 250 000 hab.; Tokio, 1 440 000 hab.; Tientsin, 1 000 000 hab.; Pékin, 1 000 000 hab.; Bombay, 776 000 hab.; Calcutta, 1 027 000 hab., etc.

En revanche, le reste de l'Asie est à peu près vide (5 hab. au kil. carr.). C'est à peine si on y compte 5 ou 6 villes dont la population dépasse 100 000 habitants : Tebriz, 200 000 hab.; Téhéran, 280 000 hab.; Smyrne, 200 000 hab.; Damas, 154 000 hab.; Tachkent, 156 000 hab.

ETHNOGRAPHIE

Le nœud du Pamir a été jadis pour les peuples une limite comme pour le relief : à l'Est la race jaune, à l'Ouest les peuples aryens; mais ce n'est qu'une borne d'origine qui a été de bonne heure dépassée ou plutôt tournée de part et d'autre, et qui ne correspond plus à la réalité.

La race mongole (575 millions) occupe tout le littoral du Pacifique; mais son domaine va se rétrécissant vers l'Ouest, où il se partage en deux rameaux. Au Nord, il comprend les Toungouses, les Yakoutes, les Samoyèdes, les Ostiaks, les Finnois; au centre et au sud du continent il embrasse les Japonais, les Coréens, les Mandchoux, les Chinois, les Annamites, les Birmans, les Tibétains, les Turkmènes et les Kirghizes. La race mongole se retrouve encore au delà de la mer Caspienne, chez certaines peuplades de la Transcaucasie et chez les Turcs osmanlis d'Asie Mineure. Entre les deux rameaux, les Slaves (Russes) forment une bande étroite et numériquement faible (5 millions), mais compacte.

Mais c'est au Sud que les populations indo-européennes ou aryennes sont en plus grand nombre. Elles sont établies dans la partie supérieure de la péninsule gangétique, où elles constituent des races très mêlées : Hindous proprement dits, Radjpoutes, Mahrattes, etc., sur le plateau de l'Iran et en Arménie. Les Grecs et les Levantins (descendants d'Européens et d'indigènes) sont nombreux en Asie Mineure. En tout 200 millions d'individus.

Les Sémites, représentés par les Arabes et les Juifs, sont une douzaine de millions dans la Syrie, l'Arabie, la vallée de l'Euphrate.

Les Dravidiens, au teint noir, ont été refoulés dans la pointe méridionale de l'Inde et dans le nord de Ceylan, 40 millions.

Les Malais des îles de la Sonde empiètent un peu sur le continent dans la péninsule de Malacca.

RELIGIONS

C'est d'Asie que sont sorties la plupart des religions. Les Juifs (1 demi-million) et les Chrétiens (5 millions) ne sont plus représentés que par des colonies éparses, en Asie Mineure, en Arménie, en Sibérie, en Syrie, en Chine, dans l'Inde et en Indo-Chine.

Les Musulmans (150 millions) ont conquis en revanche toute l'Asie occidentale et une bonne partie de l'Asie centrale, où ils continuent leurs progrès. L'insouciance qu'engendre le fatalisme de leur religion, n'est pas

de nature à rendre une grande prospérité à tous ces pays d'antique civilisation. On compte encore d'importantes colonies musulmanes dans l'Inde, en Chine même, dans la péninsule de Malacca et dans les îles de la Sonde.

Les habitants de l'Inde sont restés fidèles pour la plupart au brahmanisme (190 millions), religion de l'idéal, qui, sous l'action du climat des tropiques, accorde aux facultés intuitives de l'homme une importance extrême, au détriment de ses forces actives.

Les Mongols du centre et de l'est de l'Asie ont adopté en général la réforme du bouddhisme (500 millions), qui n'est guère qu'un code de morale sociale, convenant à merveille à l'esprit essentiellement pratique des Chinois et de leurs voisins immédiats.

Les Mongols de la Sibérie sont encore païens.

PEUPLEMENT DE L'ASIE

Les plaines basses et fertiles qui s'étendent au pied des plateaux du centre de l'Asie ont été souvent considérées comme le berceau des peuples, comme le centre de dispersion des races. Quoi qu'il en soit de ces questions fort controversées, on peut reconnaître en Asie dans les mouvements de peuples deux grandes directions : dans le sens des parallèles, les Indo-Européens ont reflué dans l'Inde, en refoulant vers le Sud les populations primitives. En revanche les Mongols, arrêtés à l'Est par une mer vide, ont cherché vers l'Ouest une issue pour écouler leur trop-plein, et la menace de leurs invasions a pendant plusieurs siècles fait trembler l'Europe.

Outre ce mouvement inverse dans la direction des grandes lignes du continent, les peuples des steppes du Nord ont été de tout temps attirés vers le Sud : c'est le même phénomène qui s'est produit en Europe lors des grandes invasions. Citons à l'Ouest les Touraniens, les Scythes, les Turcs Seldjoucides; dans l'Asie orientale, les conquérants sont toujours également venus du Nord. Il s'est produit une sorte de tassement dans la direction du Sud : les Chinois débordaient sur les frontières de l'Indo-Chine, à mesure qu'ils étaient eux-mêmes refoulés successivement à l'autre bout par les Mongols et les Mandchoux, la domination suprême passant toujours aux derniers venus (succession des « dynasties »).

C'est qu'en effet en Asie, plus qu'en aucun autre continent, le contraste est grand entre le Nord et le Sud, par suite des chaînes puissantes, des plateaux massifs qui séparent les deux zones.

Au Nord, dans ces pays de forêts et de grands fleuves, où la température peu clémente rend l'agriculture si précaire, les habitants ne vivent que de chasse et de pêche; plus au Sud, les steppes alternativement couverts d'herbes plantureuses et complètement dénudés les rendent nomades et pasteurs; dans les deux cas la population reste forcément clairsemée et relativement barbare.

Dans l'Asie méridionale, un climat plus facile, une terre plus féconde invitent davantage les peuples à la culture, les forment à la vie sédentaire et par suite à la civilisation.

Mais encore faut-il bien distinguer l'Est de l'Ouest. A l'Est, dans toute la zone des moussons, où l'humidité abonde et où le sol peut nourrir presque sans culture une population très dense, la civilisation s'est développée de bonne heure et s'est maintenue sans interruption jusqu'à nos jours. A l'Ouest, au contraire, la nature est beaucoup plus avare : l'eau est mesurée parcimonieusement à la terre, le sol, suffisamment fertile, ne produit néanmoins qu'à force de travail et de soins qui entretiennent, grâce à l'irrigation, l'humidité nécessaire aux cultures. De grandes civilisations ont ainsi pu fleurir sous les anciens empires, et plus tard à l'époque d'Alexandre et jusqu'aux Arabes. Mais du jour où sous le coup d'événements historiques, d'invasions, de guerres, les hommes ont disparu ou sont devenus moins nombreux, le sable a repris ses droits et a plongé toute cette Asie occidentale, naguère si prospère et si riche, dans l'état de décadence profonde où nous la voyons maintenant; le mal s'accentue encore tous les jours, et plus on tardera, plus l'œuvre de colonisation et de reconquête deviendra difficile.

FORMATION TERRITORIALE DES ÉTATS

En général, l'Asie, aux énormes plateaux fermés, aux vastes plaines fluviales intérieures, aux puissantes chaînes de montagnes, véritables barrières, se prêtait à merveille à l'établissement de ces immenses dominations, dont la forme morcelée de l'Europe permettait difficilement la constitution sur notre partie du monde.

Mais ici encore il faut distinguer les zones. Au Nord et en général dans tous les pays où règne par nécessité la vie pastorale et nomade, les peuples, ne pouvant se fixer, n'ont pu en conséquence former d'Etats. La vie patriarcale de la tribu est restée la forme dominante jusqu'au jour où la Russie est venue imposer son autorité par la force et incorporer la plus grande partie de cette région dans son empire. Mais les anciennes dominations n'ont guère dépassé au Nord la limite de l'Oxus; les Arabes

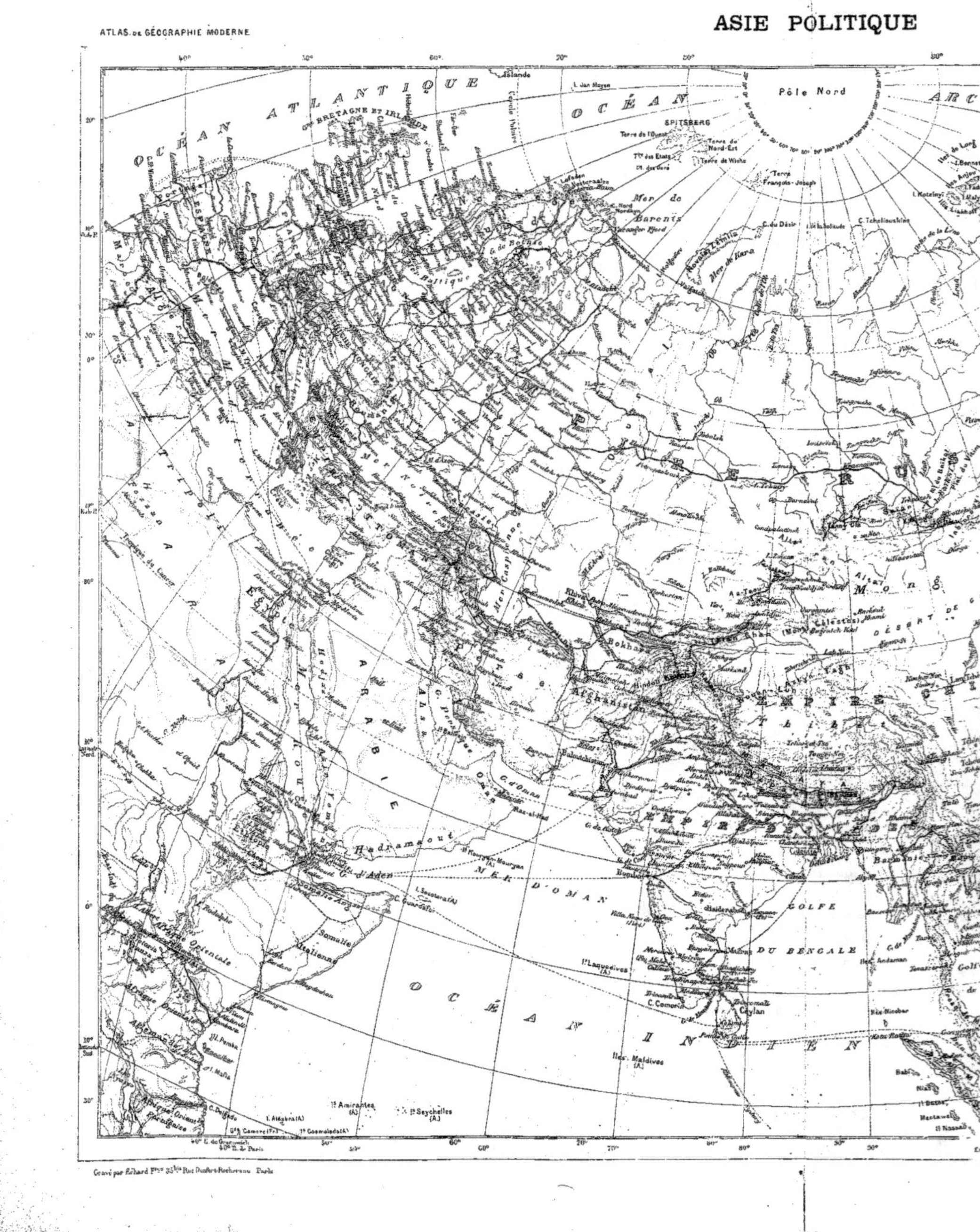
Pôle Nord
OCÉAN ATLANTIQUE
OCÉAN
ARCT
GDE BRETAGNE ET IRLANDE
Islande
I. Jan Mayen
SPITSBERG
Mer de Barents
Mer de Kara
OCÉAN INDIEN
MER D'OMAN
GOLFE DU BENGALE
Golfe Persique
G. d'Oman
G. d'Aden
Hadramout
ARABIE
Afghanistan
EMPIRE CHINOIS
MONGOLIE
DÉSERT DE GOBI
THIBET
Ceylan
C. Comorin
Iles Maldives
Iles Seychelles
Iles Amirantes
I. Socotra
C. Guardafui
Somalie Italienne
Afrique Orientale
Afrique Orientale Portugaise

PUBLIÉ PAR LA LIBRAIRIE HACHETTE ET C⁹ — CARTE 36

LÉGENDE

ÉTAT de plus de 100 Millions d'habitants
ÉTAT de 10 à 100
ÉTAT au-dessous de 10

Possessions européennes

France — Angleterre — Pays-Bas
Allemagne — Portugal — États-Unis

VILLE de plus d'un million d'habitants
Ville de 100 mille à un million d'habitants
Ville de moins de 100 mille habitants

Les capitales d'état et les chefs-lieux des colonies sont indiqués par un souligné.

Échelle de 1:35.000.000

Projection azimutale équidistante

Chemin de fer — Route
Ligne des Paquebots

Pôle Nord

OCÉAN ARCTIQUE

MER DE BÉRING

MER D'OKHOTSK

MER DU JAPON

EMPIRE JAPONAIS

OCÉAN PACIFIQUE

EMPIRE CHINOIS

MONGOLIE

DÉSERT DE GOBI

EMPIRE THIBÉTAIN

Philippines

MER DE CHINE MÉRIDIONALE

GOLFE DU BENGALE

Golfe de Siam

Mer de Célèbes

Mer de Banda

Mer des Moluques

Mer de Java

OCÉAN INDIEN

JAVA

Australie

Golfe de Carpentarie

Carolines (Allem⁹)

Archipel de Magellan

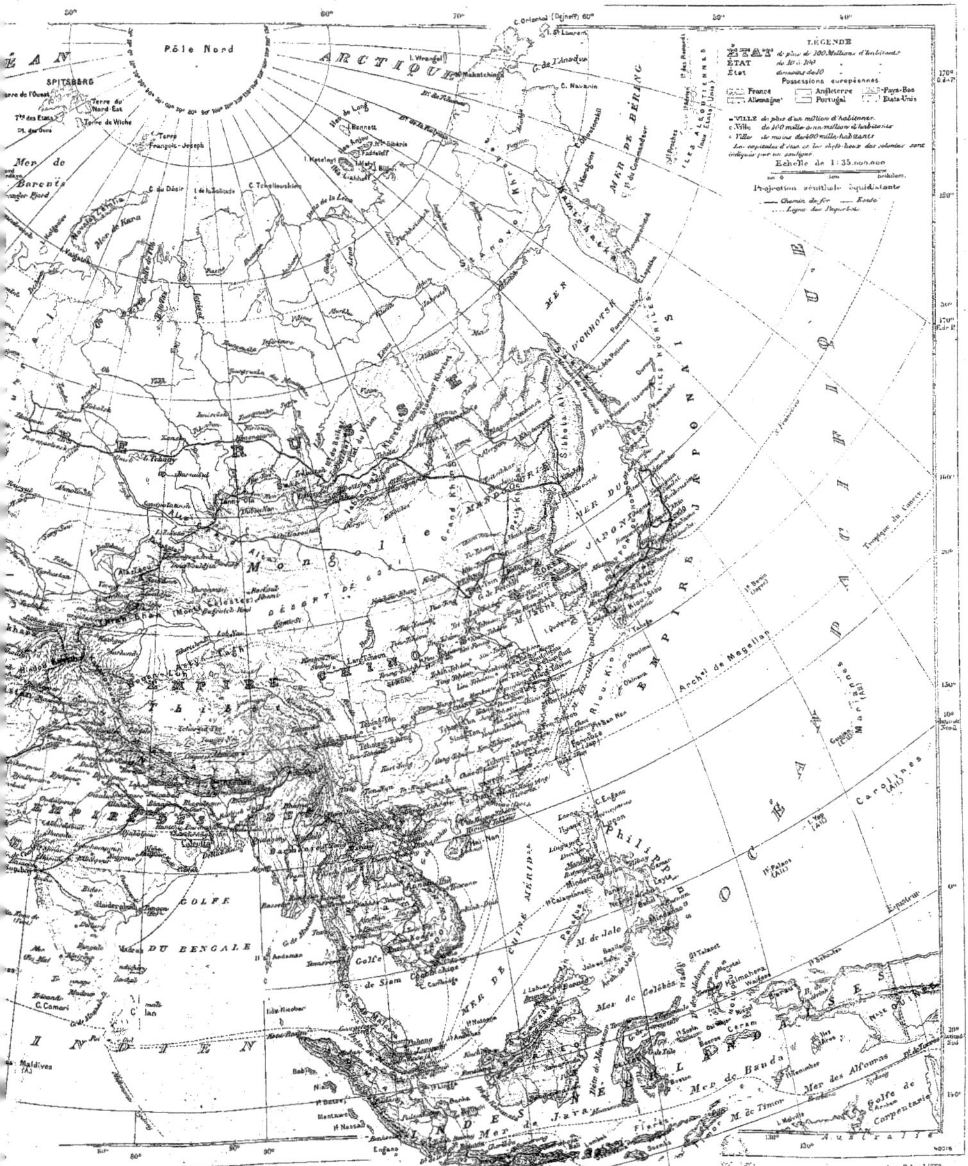

eux-mêmes ne sont pas allés plus loin ; quand aux empires que les Mongols ont fondés pendant le moyen âge, ils ont toujours conservé en quelque

sorte un caractère nomade ; les capitales changeaient avec les hommes. Il n'y avait pas en réalité de centre, et Karakoroum même n'était qu'une résidence d'été, où les hordes venaient en masse passer la bonne saison.

L'Asie orientale offrait aux peuples des conditions tout opposées. Deux vastes régions, aux plaines chaudes et bien arrosées, présentaient au développement de la puissance politique, comme à celui de la civilisation, deux cadres bien nets. La limite d'influence des moussons formait naturellement la borne des États ; rien ne les attirait au Nord, et l'élévation du relief les en séparait encore davantage. Entre les deux régions, un pays intermédiaire, très difficilement pénétrable, à cause de la direction des chaînes de montagnes, empêchait toute communication et tout contact. C'est là que se sont développées les deux plus anciennes et deux des plus grandes civilisations du monde, la **civilisation chinoise** et la **civilisation hindoue** ; mais ce furent des civilisations fluviales et, si l'on peut dire, continentales ; la mer n'a pas été pour elles une limite moins rigide que les montagnes : ni les Hindous ni les Chinois n'ont été des peuples véritablement maritimes, ils sont restés enfermés chez eux. Ces civilisations enserrées dans des cadres trop fixes, sans rapport avec le reste du monde, sans contact l'une avec l'autre, se sont non seulement fixées, mais figées dans le pays même. Après un rapide et brillant développement, elles sont restées stationnaires durant des siècles. Ce n'est que la conquête européenne venue par mer qui a pu ouvrir l'Inde dans ces derniers siècles et accomplir l'œuvre où Alexandre avait échoué. Les Chinois, attaqués de toutes parts, persistent à s'enfermer chez eux, et c'est sans contredit à sa qualité d'île que le Japon doit d'avoir adopté si spontanément la civilisation occidentale.

L'Asie occidentale forme l'intermédiaire entre les deux aspects si différents qu'offre, en raison de causes géographiques bien nettes, l'histoire du Nord et du Sud-Est : le relief y est moins puissant, les espaces moins vastes, les frontières moins rigides, la mer enfin y pénètre davantage. La civilisation et la constitution des États présentent encore un caractère continental et local, mais du moins les Mèdes, les Perses, les Assyriens, les Babyloniens, les Hébreux ne sont pas restés entièrement étrangers les uns aux autres, et ils ont subi même à plusieurs reprises des influences extérieures. Des conquêtes les ont plusieurs fois fondus en une seule domination où chaque peuple, tout en conservant son caractère original, gagnait au contact des autres : les Perses, les Grecs, les Arabes, les Turcs ont tour à tour opéré cette union, dont les conquêtes d'Alexandre sont

restées comme le plus parfait symbole. De plus, l'Asie occidentale a dû au voisinage de la Méditerranée un nouvel élément de mobilité et de progrès : c'est par là que la civilisation asiatique s'est répandue dans le reste du monde, mais c'est aussi par là que les deux continents voisins d'Afrique et surtout d'Europe ont à leur tour réagi sur leur aîné : Phéniciens, Grecs, Occidentaux.

Aujourd'hui encore ces grands traits sont visibles dans la distribution des États d'Asie : au Nord, l'immense plaine garde son unité sous la domination russe ; le Japon, la Chine, l'Inde ont pu changer de maîtres, ce sont toujours les mêmes empires ; la Chine a seulement englobé les plateaux de l'intérieur. L'Indo-Chine a toujours été et reste morcelée.

A l'Ouest, la répartition est peut-être moins normale : le plateau de l'Iran est partagé entre trois États, Perse, Afghanistan, Béloutchistan, dont les limites varient, il est vrai, au gré des diplomates européens. Les Turcs en revanche occupent tout le reste de l'Asie occidentale, qui pourrait cependant être partagé, comme il le fut naguère : seuls quelques États arabes restent indépendants.

L'Asie n'est pas plus séparée des continents voisins au point de vue politique qu'au point de vue physique, puisque anciennement les Grecs, les Romains, les Arabes, aujourd'hui les Russes et les Turcs, ont étendu leur domination des deux côtés des frontières officielles.

VALEUR ÉCONOMIQUE

La valeur économique de l'Asie varie suivant les régions.

Au Nord les forêts et les mines, à l'Ouest les troupeaux, sont jusqu'à présent la principale ressource des habitants ; mais la Sibérie méridionale, le Turkestan, la Mésopotamie, l'Asie Mineure, la Syrie et même l'Arabie renferment d'excellentes terres qui n'attendent que les colons et les chemins de fer pour produire en abondance des céréales, du coton, du maïs, du tabac, du café, des graines oléagineuses, des plantes tinctoriales. Déjà le chemin de fer transcaspien a produit toute une révolution de ce genre. Le Transsibérien en produira une autre, bien plus importante.

Au reste l'Asie septentrionale et occidentale n'aura jamais, comme pays producteur, qu'une importance secondaire ; mais c'est un point de passage d'une valeur capitale entre l'Europe et cette autre moitié de l'Asie, qui restera toujours le centre de vitalité du continent. On sait d'ailleurs que la Chine et l'Inde ne sont pas seulement des pays de production intense ; leur population si pressée offre en outre aux produits d'Europe des débouchés énormes, en attendant qu'elle fabrique les objets nécessaires à ses besoins et que, plus tard même, elle nous inonde à son tour de ses

produits : d'inépuisables gisements de **houille** et de **métaux** fournissent à l'industrie le combustible et la matière première, dans ces pays où la main d'œuvre est si abondante et si peu coûteuse.

EXPANSION EUROPÉENNE

Les Européens poursuivent en Asie deux buts : 1° s'ouvrir les riches pays du Sud-Est ; 2° tenir à l'Ouest les routes qui y mènent.

Mais la Russie occupe tout le Nord, l'Angleterre une bonne partie du Sud : c'est donc à l'Est sur les frontières de Chine, à l'Ouest autour des voies naturelles de passage, que les compétitions sont vives. A l'Ouest, d'Asie-Mineure en Iran, les Occidentaux, Anglais, Français, Allemands, s'efforcent de pénétrer le continent asiatique ; les Russes essaient de le

percer et d'en sortir par une mer extérieure. C'est ce croisement de visées qui complique et aggrave la " Question d'Orient ". Au Sud, l'Angleterre a hérité de l'Inde Française, que la France n'a pas su conserver ; mais là aussi la Russie s'avance par le Nord. A l'Est, enfin, la Chine, avec la seule civilisation antique qui ait fortement persisté, est entamée à la fois par la Russie au Nord, par l'Angleterre et la France au Sud, par l'Europe entière, par le Japon européanisé et les États-Unis, sur toute la côte Pacifique. C'est la question d'Extrême Orient.

Tandis que la France a beaucoup perdu de son influence séculaire dans la Méditerranée orientale, où elle se laisse distancer par l'Allemagne, la Russie et l'Angleterre, d'autre part, sa position nouvelle en Indo-Chine peut lui donner une place prépondérante dans la transformation prochaine des pays du Pacifique.

L. POIREL.

SITUATION

L'Empire Russe occupe la moitié orientale de l'Europe et toute la partie septentrionale de l'Asie. Les points les plus éloignés l'un de l'autre sont : le cap Oriental et l'embouchure du Danube (7450 kilomètres, la longueur exacte de l'Amérique du Sud).

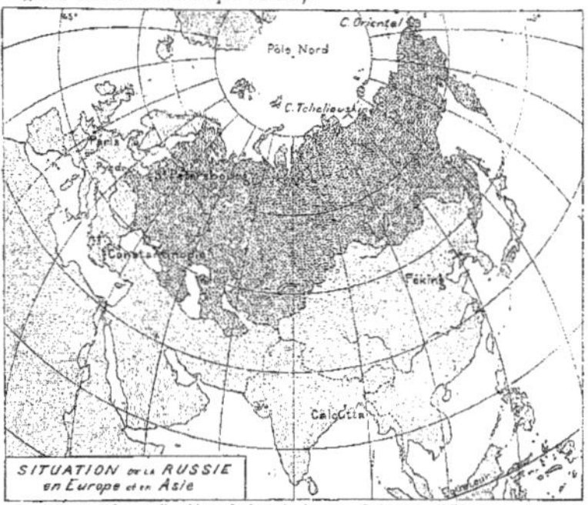

De l'Est à l'Ouest il s'étend depuis le cap Oriental (172° env. Ouest de Paris) jusqu'au village de Pyzdry en Pologne (15° 18' Est de Paris), soit une longueur de 172° 42'.

Le point le plus septentrional, le cap Tcheliouskine, n'est qu'à 12° environ du pôle. Le point le plus méridional, sur le Heriroud, district Transcaspien, est à 55° de l'équateur. Mais, tandis que toutes les côtes du nord, à l'exception d'une partie de la mer Blanche, se trouvent au delà du cercle polaire, au sud du 45° parallèle ne se trouvent qu'une partie de la Crimée, la Caucasie, le district Transcaspien, le Turkestan et une petite partie de la Mandjourie russe. L'Empire Russe est donc véritablement l' « Empire du Nord ».

SUPERFICIE

22 434 995 kil. carr. (5 657 038 kil. carr. en Europe, 16 777 957 kil. carr. en Asie), environ la moitié de l'Asie (44 500 000 kil. carr.) et les deux tiers de l'Afrique (30 000 000 kil. carr.). L'Empire Russe occupe la vingt-troisième partie de la surface de la terre, plus du sixième des terres émergées. Comme aire, c'est **quarante et une fois la France**, plus de

deux fois l'Europe (10 010 486 kil. carr.), deux fois l'Empire Chinois (11 574 356 kil. carr.), deux fois la France avec ses colonies. — Parmi les groupements politiques, l'Empire Britannique est le seul qui la dépasse en étendue (28 085 000 kil. carr.); mais, tandis que cet Empire est dispersé sur toute la surface de la terre, l'Empire Russe présente, de la Baltique au Pacifique et de l'océan Glacial à ses confins méridionaux, un ensemble compact, sans aucune solution de continuité.

LIMITES — COTES

Sur l'ensemble des **limites**, deux tiers environ sont maritimes et un tiers terrestre; mais, parmi les mers environnantes, l'océan Arctique est presque toujours et partout fermé par les glaces; les mers de Bering, d'Okhotsk et du Japon, libres pendant plusieurs mois de l'année, baignent des côtes désertes, trop éloignées des principaux centres de population et de production de l'Empire; la mer Blanche (4450 kil. de côtes) n'est navigable que pendant trois mois; la mer Baltique (6750 kil.) est dangereuse pour la navigation et est occupée par les glaces sur la plupart de ses côtes pendant cinq mois de l'année; enfin la mer Caspienne est complètement fermée. Seules la mer Noire (2015 kil.) et la mer d'Azov (1470 kil.) sont presque toujours libres; mais la première, profonde et aisément navigable, a peu de ports, et la seconde n'a pas de profondeur. De plus, toutes deux sont séparées des mers extérieures par une série de détroits.

Sur l'ensemble de ses limites terrestres, l'Empire Russe ne touche que

par 4500 kil. env. à l'Europe occidentale, par 8000 kil. env. aux différents pays peuplés de l'Asie et par 7 500 kil. aux montagnes ou aux déserts de la

---

Mongolie. Sur 22 millions de kil. carr. d'étendue, l'Empire Russe n'a que 20 000 kil. env. de limites utilisables, soit 1 kil. pour 1000 kil. carr. de superficie. On comprend dès lors les longs efforts de la Russie pour conquérir les **côtes** de la Baltique, efforts couronnés de succès sous Pierre le Grand, et les tendances actuelles vers Constantinople et la Méditerranée d'un côté, et vers les mers libres de glace du Pacifique de l'autre.

RELIEF DU SOL

Plaine ininterrompue de l'Ouest à l'Est et du Nord au Sud, **Monta-**

gnes très élevées sur les frontières méridionales : Caucase, Thian-Chan, Ala-Taou, Tarbagataï, Altaï, Saïan, monts du Baïkal, monts des Pommiers, Khingan, Sikhota-Alin, Kamtchatka. La seule chaîne transversale, l'Oural, ne s'élève qu'à 1608 m. à son point culminant et on peut presque partout la traverser sans obstacles. Ses pentes, surtout du côté de l'Asie, sont douces et l'établissement de routes carrossables ne présente aucune difficulté. Dans la partie asiatique la plaine s'incline généralement vers le nord; dans la partie européenne, elle s'incline, par contre, vers toutes les mers environnantes. La douceur des pentes est si grande, que le point culminant des hauteurs de Valdaï, d'où sortent les plus grands fleuves de la Russie d'Europe, n'est qu'à 551 m. au-dessus du niveau des mers. L'étendue des montagnes bordières est si insignifiante par rapport à celle de la plaine, que, malgré leur énorme élévation, l'altitude moyenne de la Russie n'est évaluée qu'à environ 170 m.

HYDROGRAPHIE

La Russie d'Europe a les plus grands lacs de l'Europe, le Ladoga (18 129 kil. carr.) et l'Onega (9 751 kil. carr.); le plus grand **fleuve** de l'Europe, tant par la longueur de son cours que par l'étendue de son

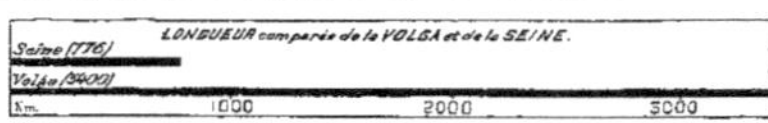

bassin, la Volga. La Russie d'Asie possède deux lacs qui sont des mers : la Caspienne et l'Aral; d'autres encore, comme le Baïkal, 22 fois plus grand que le Léman. Mais les plus grands fleuves, ceux de la Russie asiatique surtout, coulent dans des pays peu ou point peuplés et se dirigent vers l'océan Arctique, glacé pendant toute l'année. Seuls les fleuves tributaires de la Baltique, de la mer Blanche, de la mer Noire et de la Caspienne, ainsi que les canaux qui les réunissent, ont une certaine importance au point de vue commercial. Tous les autres n'ont servi et ne servent encore que pour la colonisation russe : en dehors des bassins miniers de la Sibérie et du Turkestan peu arrosé, presque tous les villages de la Russie d'Asie se sont établis sur les rives des fleuves.

Le plus long des fleuves russes est le Selenga-Angara-Ienisseï (4750 kil.), qui occupe la cinquième place parmi les fleuves de la terre, après le Missouri-Mississippi, le Nil, l'Amazone et le Yang-Tse. L'Amour a 4380 kil. de cours, l'Ob 4250 kil., la Lena 4040 kil., la Volga 3400 kil., l'Oural 2580 kil., le Dniepr 2140 kil., le Syr-Daria 2080 kil., le Don 1810 kil., la Petchora 1650 kil., l'Amou-Daria 1520 kil., le Dniestr 1545 kil., la Soukhona-Dvina 1215 kil. Plusieurs affluents ou sous-affluents dépassent par la longueur de leur cours les plus grands fleuves de l'Europe (Irtych, 2800 kil.; Kama, 1790 kil.; Oka, 1470 kil.).

CLIMAT

L'Empire Russe est un État continental. Le plus grand océan qui le baigne est un océan glacé. Aucune hauteur ne l'abrite des vents polaires; au contraire, de hautes montagnes barrent au Sud le chemin aux vents venant des pays tropicaux. Conséquence : le climat de chaque région, de chaque ville russe, est plus rigoureux et plus excessif que celui des régions et des villes de l'Europe occidentale situées sous les mêmes latitudes. Les figures ci-contre montrent avec quelle vitesse les isothermes moyennes de

l'année et surtout les isothermes de l'hiver, s'inclinent vers **le Sud** à mesure qu'elles s'approchent de l'intérieur du pays. A Orenbourg, par

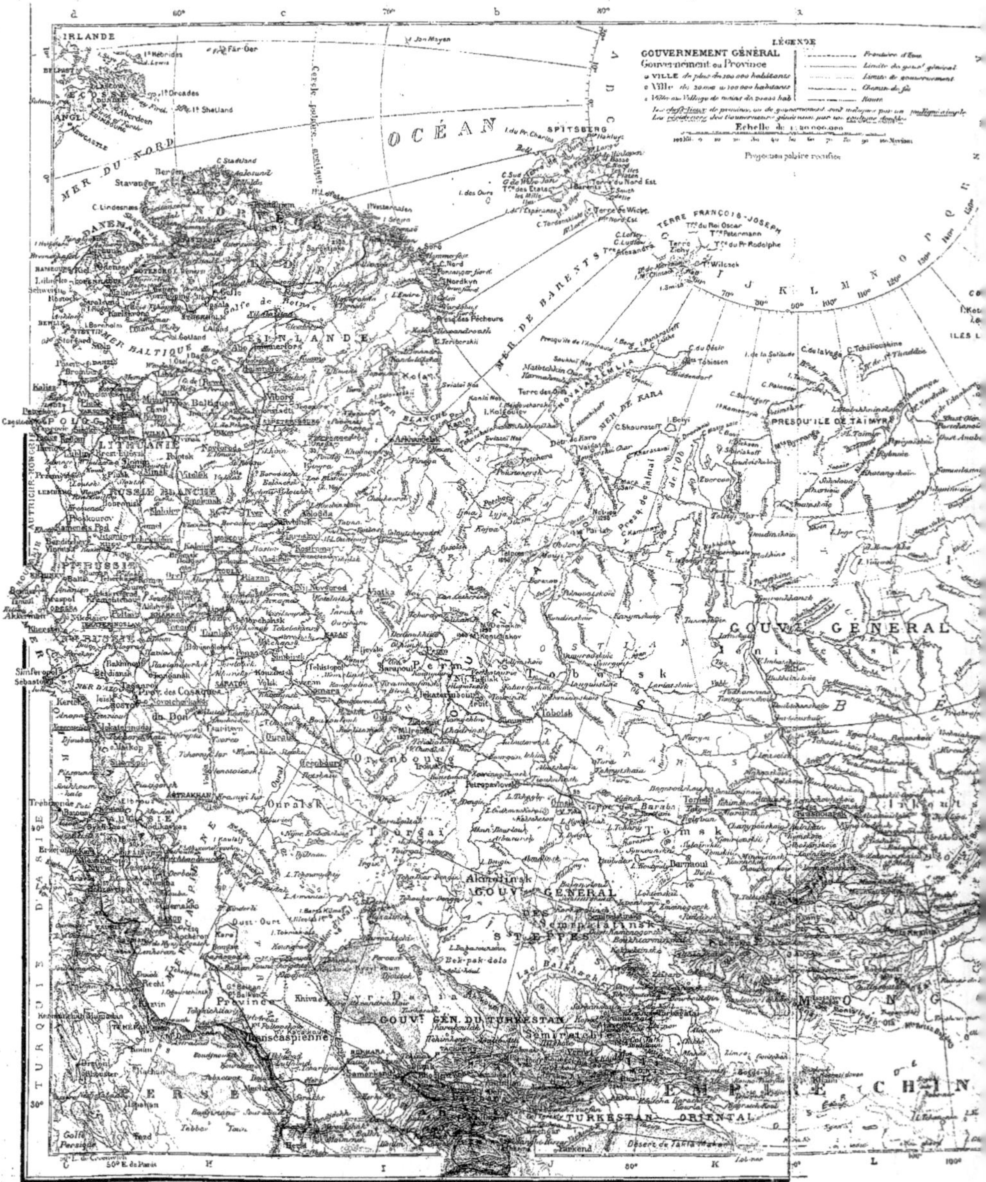

LÉGENDE

GOUVERNEMENT GÉNÉRAL
Gouvernement ou Province
○ VILLE *de plus de 100 000 habitants*
○ Ville *de 20 000 à 100 000 habitants*
○ Ville *ou Village de moins de 20 000 hab.*

Les chefs-lieux de province, de gouvernement sont indiqués par un caractère simple
Les résidences des gouverneurs généraux sont par un caractère double

Frontière d'État
Limite de gouv.t général
Limite de gouvernement
Chemin de fer
Route

Échelle de 1:20 000 000

Projection polaire rectifiée

OCÉAN

MER DU NORD

MER BALTIQUE

MER DE BARENTS

MER BLANCHE

MER DE KARA

IRLANDE
ÉCOSSE
ANGL.
DANEMARK
NORVÈGE
FINLANDE
POLOGNE
LITHUANIE
RUSSIE BLANCHE
PRUSSE
AUTRICHE-HONGRIE
RUSSIE
TURQUIE D'ASIE
PERSE
SPITSBERG
TERRE FRANÇOIS-JOSEPH
PRESQU'ÎLE DE TAIMYR
NOUVELLE ZEMLIA
GOUV.t GÉNÉRAL
Perm
Tobolsk
Orenbourg
Tomsk
Ouralsk
Tourgaï
Akmolinsk
GOUV.t GÉNÉRAL
DES STEPPES
GOUV.t GÉN. DU TURKESTAN
Transcaspienne
EMPIRE CHINOIS
TURKESTAN ORIENTAL
Désert de Takla Makan

Gravé par Erhard Frères, 35 Rue Denfert-Rochereau, Paris.

EMPIRE RUSSE

exemple, la température moyenne annuelle est la même qu'à Saint-Pétersbourg, situé à 8 degrés plus au Nord. Au mois de juillet, cette même

ville a la température de Toulouse, située à 8 degrés plus au Sud, et au mois de janvier il y fait plus froid qu'à Arkhangelsk. éloignée de 15 degrés

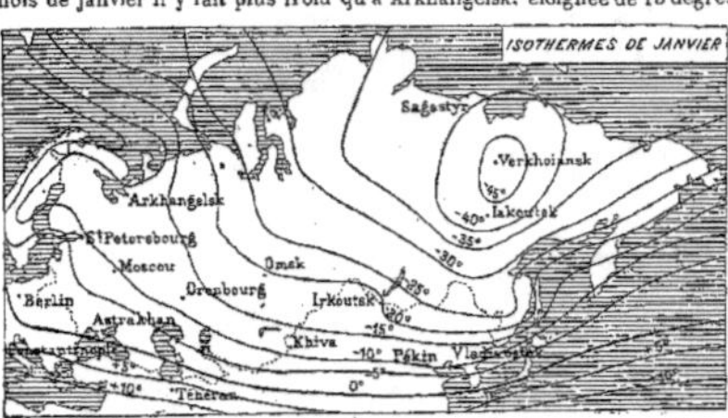

au Nord. Il en résulte que dans la zone méridionale on peut cultiver certaines légumineuses d'Algérie, qui ne demandent que des chaleurs estivales, tandis que les arbres fruitiers manquent dans la partie orientale de cette zone, à cause des froids rigoureux de l'hiver.

Comme opposition de climats, on peut citer la Transcaucasie, où croissent les oliviers et même les cotonniers, et Verkhoïansk, où se trouve le « pôle du froid ». Les pluies sont de plus en plus rares à mesure qu'on se dirige de l'O. vers l'E. La sécheresse des étés diminue fortement la fertilité du sol. Les lacs et les rivières perdent en général par l'évaporation plus qu'ils ne reçoivent par les pluies, surtout depuis que le déboisement a dénudé une grande partie du pays. Il en résulte que bien des rivières autrefois navigables ne le sont plus aujourd'hui. Le niveau de la mer Caspienne et d'un grand nombre de lacs de l'Asie centrale, comme l'Issykkoul et la mer d'Aral, s'abaisse continuellement.

Dans presque toute l'étendue de l'empire russe, la température moyenne de l'hiver descend au-dessous de zéro. Tous les cours d'eau gèlent; le sol est couvert de **neige** pendant plusieurs mois. Quelques régions méridionales seules font exception.

POPULATION

126.411.736 habitants au recensement du 9 février 1897, soit 5,6 habitants par kilomètre carré. En y ajoutant la population de la Finlande où le recensement n'a pas eu lieu et dont le nombre d'habitants était, pour la même année, évalué à deux millions et demi, on obtient pour l'ensemble de l'empire, près de 129 millions d'habitants. Cette population accroît de 1,7 pour cent par an. Le nombre probable d'habitants en 1904 est donc d'environ 140 millions.

Deux États seulement ont une population supérieure : l'empire britannique, 387 millions, et l'empire chinois, 450 (?) millions.

Cette population est très inégalement répartie : pendant que la Russie d'Europe, sans la Finlande, mais avec la Pologne (9.455.943 hab.) et le versant Nord du Caucase (3.752.556 hab.), a 107.405.914 habitants, 19 habitants par kilomètre carré, l'immense territoire de la Russie d'Asie avec la Transcaucasie ne possède que 18.964.915 habitants, soit près de 1 habitant par kilomètre carré. Sur ce nombre, la Transcaucasie a 5.516.139 habitants, le Turkestan 5.260.406, le gouvernement des Steppes, 2.461.278 et enfin la Sibérie, 5.727.090. Sur les 12 millions de kilomètres carrés de la Sibérie, n'habitent donc guère plus d'hommes que dans la seule ville de Londres.

La majeure partie de la population est *slave*. Viennent ensuite : les Lithuaniens, les Finnois, les Turco-Tartares, les différentes races aryennes de la Caucasie, les Arméniens, les Mongols, les Samoyèdes, les Tchouktches, les Ioukaghirs, les Koriaks, les Kamtchadales, etc. Plusieurs millions de Juifs habitent principalement la partie sud-occidentale de la Russie d'Europe.

Le culte dominant est la *religion grecque-orthodoxe* (87 384 480). Viennent ensuite les sectaires de l'orthodoxie (2 173 738[1]), les catholiques (11 420 927), les protestants (3 743 209), les adeptes d'autres cultes chrétiens (1 221 511), les musulmans (13 889 421), les israélites (5 189 401), et enfin les adeptes d'autres cultes non chrétiens (645 505).

Le nombre des naissances a été de 5 890 818 en 1897, de 5 769 218 en 1898 et de 5 916 155 en 1899 ; celui des décès de 5 716 556 en 1897, de 5 845 968 en 1898 et de 5 729 764 en 1899. L'accroissement en 3 ans a donc été de 6 284 225, ce qui représente un taux annuel d'environ 15 pour mille. Il naît en moyenne 105 garçons sur 100 filles : 102,7 chez les catholiques, 104,3 chez les protestants, 104,6 chez les orthodoxes, 105,4 chez les musulmans et enfin 155,7 chez les juifs.

L'*instruction* est peu répandue. Enseignement supérieur : 10 universités avec 16 000 étudiants et 800 professeurs ; les universités sont à Moscou, Saint-Pétersbourg, Kiev, Iouriev, Varsovie, Kharkov, Kazan, Odessa, Tomsk et Helsingfors. — 46 écoles supérieures.

---

(1) En réalité leur nombre est beaucoup plus grand, mais la plupart des sectaires sont comptés comme orthodoxes.

Les établissements d'enseignement secondaire dépendent du ministère de l'Instruction publique, de ceux de la Guerre et de la Marine, du Saint-Synode, des ministères de l'Agriculture, des Voies et Communications, des Finances, etc. Leur nombre qui doit atteindre 1.500 à 1.400 est impossible à établir, certaines écoles pouvant être aussi bien comptées comme secondaires ou comme primaires supérieures.

Le nombre des écoles primaires dépendant des différentes administrations a été en 1898 de 78 699 ; personnel enseignant : 154 652 instituteurs et institutrices ; nombre d'élèves : 3 138 165 garçons et 1 057 431 filles, total : 4 195 594.

La population est groupée dans les villes, bourgs, villages, campements, aouls, etc. Un huitième environ (16.289.184 hab.) de la population habite les villes (1/4 en France, 1/2 en Angleterre).

ADMINISTRATION

L'empire russe est une **monarchie autocratique absolue**. L'empereur ou *tsar* est le chef temporel et spirituel de tous ses sujets. Il gouverne par l'intermédiaire de ministres choisis par lui, responsables vis-à-vis de lui seul, et d'institutions créées par lui ou ses prédécesseurs. Il édicte les lois, déclare la guerre, conclut la paix, etc. L'empire est divisé en 98 **gouvernements ou provinces** : Russie d'Europe proprement dite 50, Pologne 10, Finlande 8, Caucasie 12, Sibérie 9, Asie centrale 9. Les gouverneurs dépendent du ministre de l'Intérieur. La plus vaste des divisions administratives de l'empire est la province de Iakoutsk, superficie 3.929.194 kilomètres carrés, plus de 7 fois la France ; la moins étendue est le cercle de Zakataly, superficie 5.980 kilomètres carrés. Le gouvernement qui compte le plus grand nombre d'habitants est celui de Viatka (5.082.788 hab.) ; celui qui en compte le moins, le gouvernement de la mer Noire (54.228 hab.). Le maximum de densité de la population est atteint par le gouvernement de Petrokow, avec 85 habitants par kilomètre carré sans les grandes villes, et 113 avec les villes. Le minimum par la Province Maritime, avec 0,1 habitant par kilomètre carré.

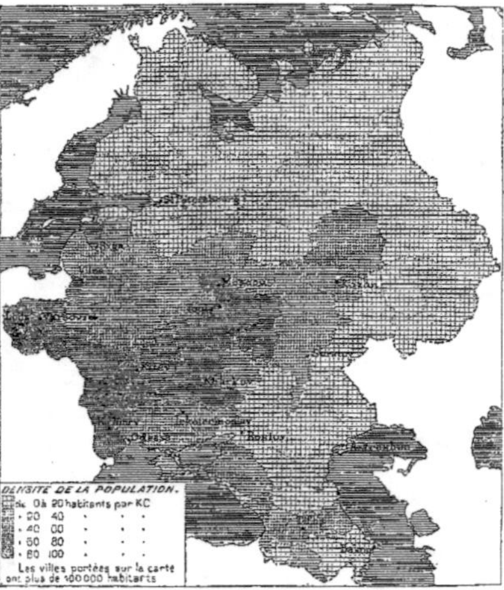

VILLES PRINCIPALES

RUSSIE D'EUROPE

St-Pétersbourg...	1.267.025 hab.	Saratov.........	137.109 hab.
Moscou.........	988.614 —	Kazan.........	131.508 —
Odessa.........	405.041 —	Iekaterinoslav....	121.216 —
Riga.........	256.197 —	Rostov.........	119.889 —
Kiev.........	247.432 —	Astrakhan......	113.001 —
Kharkov.........	174.846 —	Toula.........	111.048 —
Vilna	159.568 —	Kichinev	108.796 —

POLOGNE

Varsovie.........	658.209 hab.	Lodz............	515.209 hab.

CAUCASIE

Tiflis	160.645 hab.	Bakou..........	112.255 hab.

ASIE CENTRALE

Tachkent.........	156.414 hab.

SIBÉRIE

Tomsk	52.430 hab.	Irkoutsk.........	31.484 hab.

FINLANDE

Helsingfors.......	81.119 hab.	Abo	55.281

D. AÏTOFF.

(Pour l'agriculture, les mines, l'industrie, le commerce et l'histoire, voir les cartes : *Russie d'Europe* et *Russie occidentale*.)

CAUCASIE

SITUATION

A l'Ouest, *détroit de Kertch* (mer d'Azov, mer Noire) ; à l'Est, *péninsule d'Apchéron* (mer Caspienne).

Au Nord, *dépression du Manytch* (Europe) ; au Sud, *Arménie turque et persane* (Asie).

SUPERFICIE

472 554 kil. carr. (France, 536 408).

RELIEF DU SOL

Au Nord, *la plaine russe* ; à l'Ouest, *la mer Noire* ; à l'Est, *la Caspienne*, déprimée de 26 mètres au-dessous du niveau des Océans.

Entre la mer d'Azov et la Caspienne s'étend la dépression du *Manytch*, en partie desséchée. Les eaux descendues des vallées du Caucase s'y répandent dans une longue série de lacs marécageux, orientés de l'Ouest à l'Est.

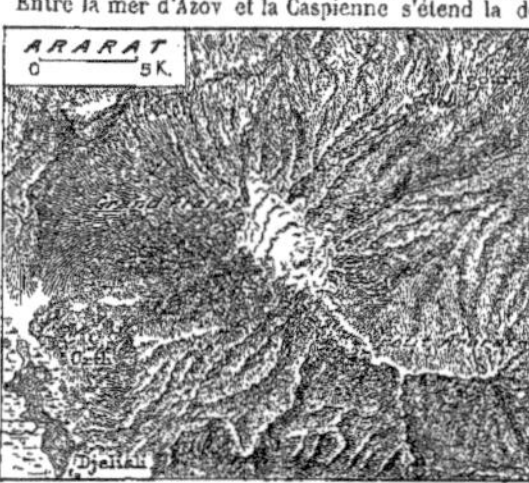

La *chaîne du Caucase* (longueur 1100 kil., largeur moyenne 100 à 200 kil.) est plus escarpée sur son versant sud que son versant nord. A part ce trait, elle ressemblerait aux Pyrénées, avec des dimensions plus considérables. La pente sud tombe brusquement sur la mer Noire à l'Ouest, sur la vallée de la Koura au Sud.

Sommets principaux : *Elbrous* (5647 mèt.), *Kachtan Taou* (5211 mèt.), *Dykh Taou* (5159 mèt.), *Kazbek* (5045 mèt.), tous au Nord de la ligne de faîte. Les hauteurs se soutiennent à l'Est du Kazbek plus loin qu'à l'Ouest de l'Elbrous. Au centre de la chaîne s'ouvre le *passage de Darial* (V. plus bas). Au Sud, une dépression de 925 mètres, le *col de Souram*, sépare le Caucase des hauts plateaux d'Arménie. Malgré sa latitude plus méridionale, le Caucase porte entre ses plus hautes cimes des glaciers aussi importants que ceux des Alpes.

L'*Arménie* est un haut massif hérissé de montagnes volcaniques : *Ararat* (5157 mèt.), *Alagœz* (4095 mèt.), etc.

Le massif de l'Ararat, centre historique du plateau d'Arménie, et pic central du faîte de plateaux et de hautes terres qui se prolonge à travers l'ancien monde, du cap de Bonne-Espérance au détroit de Bering, s'élève sur le prolongement oriental de la chaîne volcanique d'entre Araxe et Euphrate ; mais de sa masse conique blanche de neige et rayée de scories noires il domine de si haut les autres montagnes, qu'elles semblent lui faire cortège comme à un maître, et que les collines et les plateaux accidentés s'étendent en plaines à sa base. Le massif se compose de deux montagnes distinctes, alignées suivant la direction du Caucase. Le Grand-Ararat élève sa double pointe au Nord-Ouest ; le Petit-Ararat arrondit sa cime au Sud-Est, séparé du géant voisin par une dépression profonde. L'ensemble des deux cimes avec leurs contreforts occupe entre les deux plaines de Bayazid et d'Erivan une superficie d'environ 960 kil. carr. Tandis que les montagnes voisines, également d'origine éruptive, versent les eaux à torrents et en remplissent des lacs vastes et profonds, les pentes de l'Ararat restent arides et brûlées. Pendant la période de sécheresse, elles sont même inhabitables, à cause du manque d'ombrage et d'humidité : la solitude y est absolue comme au milieu des déserts de sable. Il faut donc que les eaux de neige et de pluie disparaissent dans les fissures du sol, sous les cendres et les laves, soit pour s'amasser en lacs dans l'intérieur de la terre, soit plutôt pour s'épancher en un réseau de fleuves cachés.

Le plus grand lac de l'Arménie russe, le *Goktcha* ou *Sevanga*, est à 1932 mèt. d'altitude. Certaines villes, comme Kars, sont à plus de 1800 mèt. Au Sud, le plateau s'abaisse vers le Tigre et l'Euphrate, tous deux descendus de l'Arménie turque.

HYDROGRAPHIE

La première place parmi les rivières du Caucase appartient à la *Koura* (1527 kil.) et à son affluent l'*Araxe* (1022 kil.). Viennent ensuite : la *Kouban* (880 kil.), la *Kouma* (655 kil.), le *Terek* (615 kil.) et le *Rion* (315 kil.). Le plus grand lac, Goktcha ou Sevanga, a une superficie de 1595 kil. carr.

Peu de rivières navigables. Ce sont, pour le bassin de la mer Noire : la Kouban, navigable pour les bateaux à vapeur depuis le confluent de la Laba, à 116 kil. de l'embouchure ; le Rion, sur 85 kil. ; le Tchorokh, sur 70 kil. — Pour le bassin de la mer Caspienne : la Koura, navigable du confluent de l'Alazan, sur un cours de 546 kil. ; le Terek, depuis le confluent de la Malka, sur une longueur de 403 kil.

Les plus importants parmi les ports, peu nombreux, sont : *Poti* et *Batoum*, sur la mer Noire ; *Derbent* et *Bakou*, sur la mer Caspienne.

CLIMAT

Rude et inégal. Déjà asiatique au nord-est de la chaîne et au sud de la Volga, c'est-à-dire extrêmement sec et alternativement très froid ou très

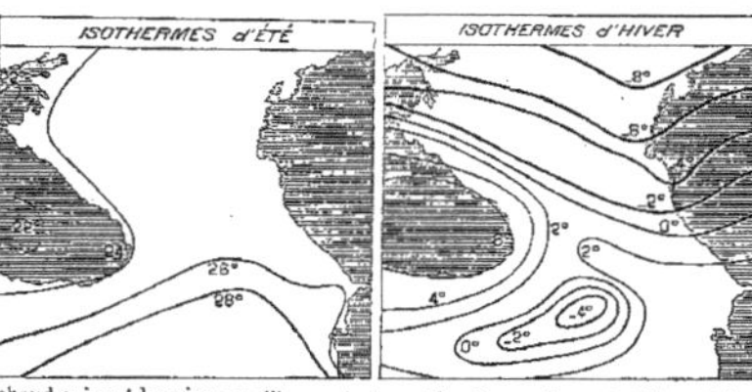

chaud suivant la saison ou l'heure du jour. Vers le nord-ouest et l'ouest de la chaîne, l'air reçoit encore l'humidité apportée par les vents venus de l'Océan, de la Méditerranée ou de la mer Noire. Vers le sud et l'est, la sécheresse et la chaleur s'accroissent. Sur les plateaux ou entre les massifs d'Arménie, l'extrême chaleur et l'extrême froid se succèdent. A des étés de 45 degrés font suite des hivers de 50 ou 55, qui gèlent les lacs pour plusieurs mois.

Les pluies, très abondantes à l'ouest, sont au contraire insuffisantes à l'est et au sud. Si, d'une part, elles peuvent atteindre ou dépasser une tranche annuelle de 3 ou 4 mètres, d'autre part elles peuvent ne donner que 150 millimètres par an, aussi peu que dans certaines parties du Sahara. La sécheresse de l'air et la faible quantité de neige qui recouvre les sommets orientaux du Caucase et ceux de l'Arménie y relèvent la limite des neiges persistantes jusque bien au-dessus de 5000 mètres. C'est seulement dans le Caucase occidental et central que se trouvent les grandes cimes neigeuses et les vastes glaciers.

POPULATION

La population (9 554 775 hab. 19 par kil. carr.) est répartie très inégalement : dense au sud de la chaîne, principalement sur la frontière turque, elle est clairsemée dans les steppes du Nord et presque nulle sur la chaîne.

Cette population est un mélange de races très variées. Au recensement de 1897, le nombre des Géorgiens en Caucasie était de 1 552 455, celui des Tartares et des Turcs de 1 879 908, celui des Arméniens de 1 116 461, celui des Lezghiens et autres montagnards de 1 091 782. Les Russes comptaient pour près d'un tiers dans la population totale (3 154 898).

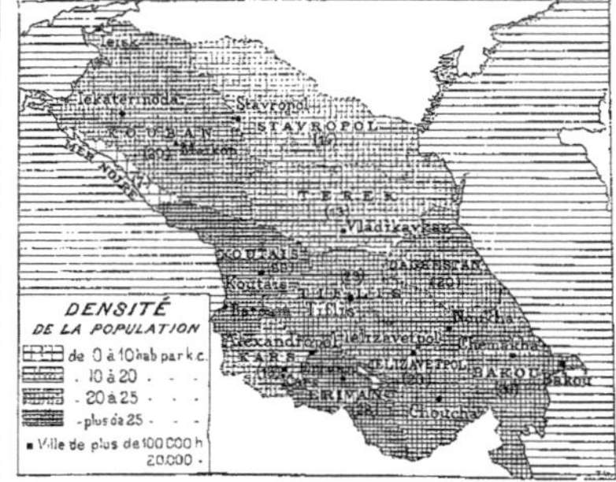

La population des régions caucasiennes, encore inférieure à celle de la Russie d'Europe, s'est accrue rapidement depuis la conquête russe, malgré les guerres, les émigrations, les exils en masse, l'insalubrité de quelques districts. L'immigration des Cosaques et des paysans russes, celle des Arméniens fugitifs ont compensé les départs, et l'accroissement des habitants par l'excès des naissances s'est produit régulièrement dans tous les districts de la contrée, même chez les immigrants slaves. Le taux actuel de la mortalité est moindre en Caucasie que dans toutes les autres parties de l'empire russe, et même le pays occupe à cet égard un des premiers rangs parmi les contrées du monde, puisque le nombre des décès n'y représente en moyenne que les deux tiers des naissances. — Les Arméniens considèrent le mont Ararat et les plaines de l'Araxe comme leur véritable patrie. C'est là qu'est de nos jours le lieu central de rassemblement pour leur race, et nulle part ils n'habitent en population plus homogène, moins entremêlée d'éléments étrangers : c'est là aussi, paraît-il,

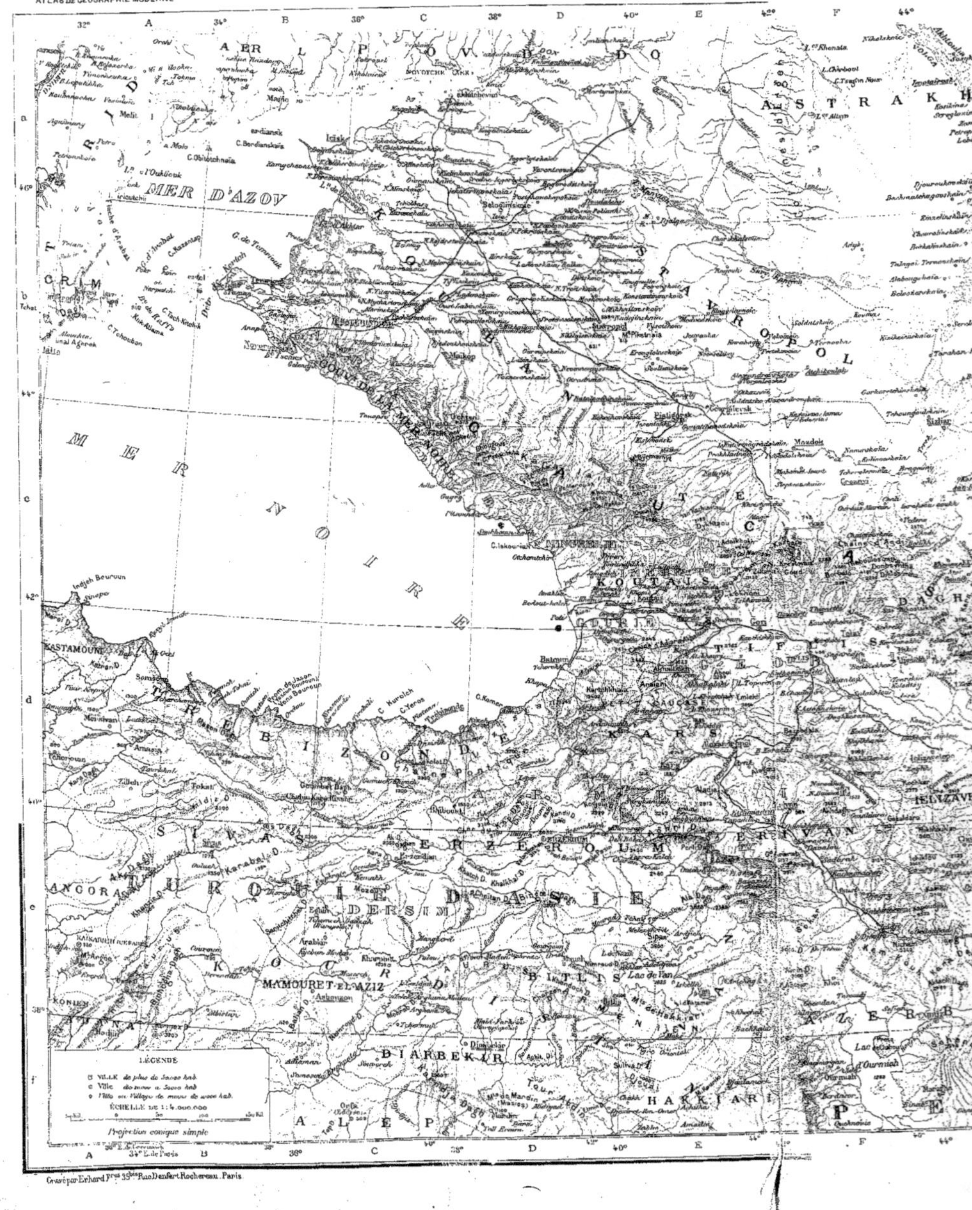
MER D'AZOV
MER NOIRE
CRIMÉE
ASTRAKHAN
STAVROPOL
KOUBAN
KOUTAÏS
TIFLIS
DAGHESTAN
CAUCASE
KARS
ERIVAN
ERZEROUM
TURQUIE D'ASIE
TREBIZONDE
SIVAS
ANGORA
DERSIM
MAMOURET-EL-AZIZ
DIARBEKIR
BITLIS
HAKKIARI
ALEP
AZERBEIDJAN
Lac de Van
KASTAMOUNI

LÉGENDE
Ville de plus de 50000 hab.
Ville de moins a 50000 hab.
Ville ou Village de moins de 5000 hab.
ÉCHELLE DE 1:4.000.000
Projection conique simple

CAUCASIE

PUBLIÉ PAR LA LIBRAIRIE HACHETTE ET Cie CARTE 38

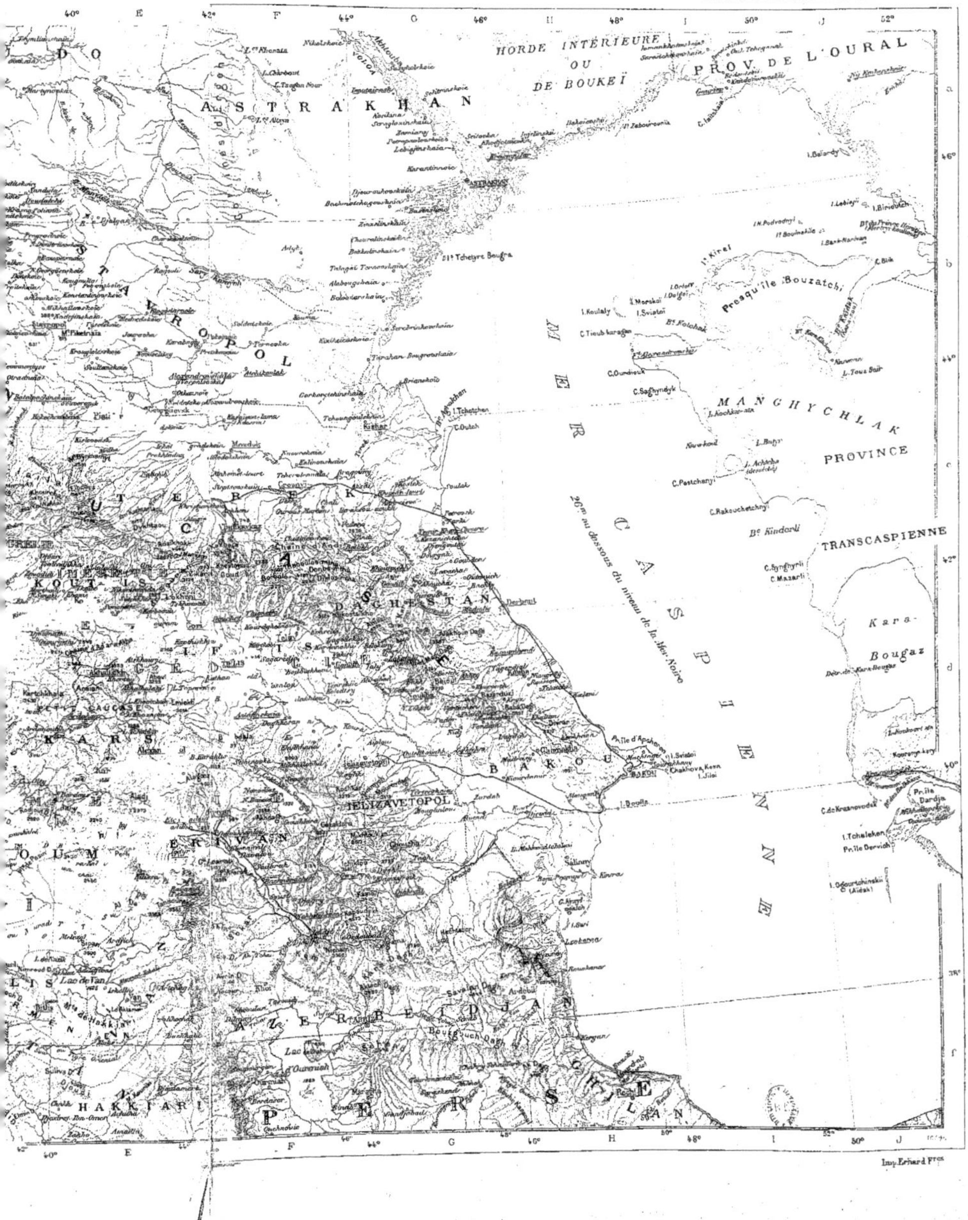

Imp. Erhard Fres

que la langue est le plus pure et se rapproche le plus de l'arménien encore
employé dans les églises, mais complètement disparu de l'usage depuis la
fin du quatorzième siècle.

GRANDES VILLES

Bakou	179 155 hab.	Koutaïs	32 492 hab.
Tiflis	160 645	Alexandropol	32 018
Iekaterinodar	65 697	Erivan	20 035
Vladikavkaz	49 924	Batoum	28 512
Stavropol	46 965	Choucha	25 656
Novorossiisk	40 584	Noukha	24 811
Ieisk	35 446	Kars	20 891
Maïkop	34 191	Chemakha	20 008
Ielisavetpol	35 090		

ADMINISTRATION

La Caucasie forma jusqu'en 1879 une subdivision de l'Empire russe,
avec le titre de lieutenance du Caucase. Depuis cette époque, elle fait
partie intégrante de l'Empire, et se divise en 12 gouvernements civils :

Gouvernement de Bakou;	*Province de la Kouban;*
Province de Batoum;	*Gouvernement de Koutaïs;*
Province de Daghestan;	*Gouvernement de la Mer Noire;*
Gouvernement d'Erivan;	*Gouvernement de Stavropol;*
Gouvernement de Ielisavetpol;	*Province du Terek;*
Province de Kars;	*Gouvernement de Tiflis.*

L'Église chrétienne d'Arménie est dirigée par le *catholicos*, en résidence à
Etchmiadzin (Arménie russe). La *religion grecque orthodoxe* et le *mahométisme*
dominent dans le reste du pays.

AGRICULTURE

La région située au sud du Caucase a fourni à l'Europe le plus grand
nombre de ses *arbres fruitiers* et plusieurs céréales, entre autres le froment; l'abricotier, le pêcher, le pommier, le poirier, le cognassier, la
vigne, le noyer, etc., croissent encore spontanément dans les vallées de
l'Arménie ou du Caucase.

La plupart des *cultures* sont identiques à celles de l'Europe. De vastes
étendues, trop élevées ou trop sèches, restent *improductives*, surtout à
l'est, où la précipitation des pluies ne suffit pas à fertiliser le sol.

COMMERCE — INDUSTRIE

Le principal article d'exploitation
est le *pétrole*, qui jaillit en sources
abondantes à l'extrémité orientale
de la chaîne, près de Bakou.

Les *bois* du Caucase sont exportés
dans les pays voisins.

COMMUNICATIONS

Sur le versant nord, un chemin
de fer atteint *Vladikavkaz*. Un embranchement de cette voie ferrée
se dirige au port de Novorossiisk.
Un autre embranchement, plus important encore que la ligne initiale, va à *Bakou*, par Petrovsk et
Derbent sur le littoral de la mer
Caspienne et rejoint le chemin de
fer qui relie cette mer à la mer
Noire. Sur le versant sud, une
ligne va de la *mer Noire* (Batoum,
Poti) par *Tiflis* et la vallée de la
Koura à Bakou. De là des vapeurs
traversent la Caspienne jusqu'à
Krasnovodsk, tête de ligne du *chemin de fer de l'Asie centrale.*

Un embranchement se détache
de Tiflis vers le sud, et se bifurque
bientôt en deux lignes, dont l'une
se dirige vers Kars et l'Arménie
turque, tandis que l'autre se prolonge vers Erivan, Nakhitchevan et
l'Arménie persane, en longeant la
rive gauche de l'Araxe.

Entre les deux versants du Caucase, le principal passage est la dépression de *Darial*, qui s'ouvre au
pied du Kazbek et réunit *Tiflis* à
Vladikavkaz par une route de
277 kilomètres, dont le point culminant est à 2390 mètres. Aucune
autre route carrossable ne traverse
la chaine proprement dite.

HISTOIRE

Le Caucase, situé entre l'Europe
et l'Asie, sur une des grandes routes des peuples, fut de tout temps un
des points importants de la terre, ainsi que l'Arménie. C'est sur le mont
Ararat que la tradition hébraïque fait échouer l'arche de Noé; c'est sur
une des cimes du Caucase que la tradition grecque plaçait Prométhée
enchaîné. Pline estimait à 130 le nombre des dialectes parlés dans les
vallées de la Colchide. Attaquées pendant leur passage au pied des monts,
les hordes vaincues s'étaient réfugiées dans la montagne pour échapper à
leurs ennemis. Encore aujourd'hui, le mélange des races est plus confus
dans le Caucase que partout ailleurs, mais ces races reculent rapidement
devant l'envahissement des Slaves. Jusqu'au siècle dernier, tous les envahisseurs qui défilaient au pied du Caucase avaient été repoussés par les
peuplades montagnardes. Ces peuplades, en partie antérieures à toute
histoire, et dont certaines langues (le géorgien entre autres) n'ont pas
d'origine connue, ont été graduellement conquises par la Russie, les
unes de gré, comme les Géorgiens, que leur roi légua en 1799 à l'empereur de Russie, les autres de force, comme les Tcherkesses (Circassiens)

du versant nord, ou les Abkhases du versant sud. Depuis la victoire des
Russes, les peuplades caucasiennes émigrent, se dispersent ou se perdent.
Près d'un million de Slaves occupent déjà les terres abandonnées par leurs
anciens habitants. 200 000 Circassiens au moins ont fui vers la Turquie
d'Asie ou d'Europe. 800 à 900 000 Géorgiens habitent encore le versant
asiatique. C'est parmi les peuplades caucasiennes que se trouvent peut-être
les plus beaux représentants de la race humaine.

Plus au sud, 500 à 600 000 Arméniens, qui se nomment eux-mêmes
Haïkanes, habitent les hautes croupes que se partagent la Russie, la Turquie et la Perse. Ils sont âpres au gain, émigrent dans tout l'Orient
et dans les villes méditerranéennes, où on les redoute pour leur extrême
finesse.

L'Arménie, qui n'a plus aujourd'hui d'existence politique, joua jadis un
rôle important parmi les monarchies asiatiques; les traditions nationales
remontent jusqu'à Haig, petit-fils de Japhet, qui, 22 siècles avant notre
ère, aurait quitté Babylone pour fonder la puissance arménienne. Ses suc-

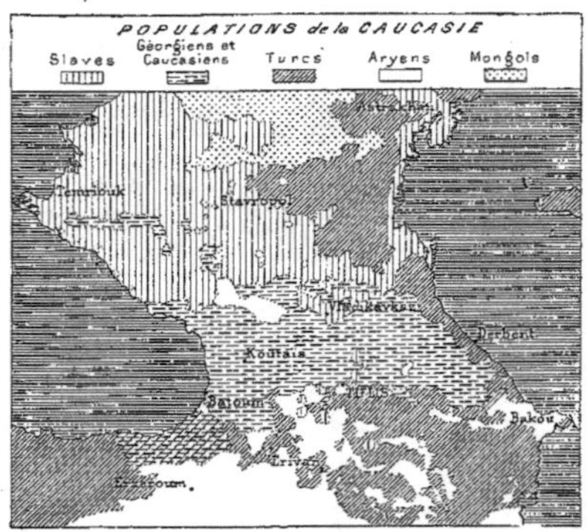

cesseurs auraient conquis l'Assyrie septentrionale et la Cappadoce et se
seraient alliés avec Ninus, pour être ensuite vaincus par Sémiramis et perdre
jusqu'à l'époque de Sardanapale toute indépendance politique.

C'est seulement au sixième siècle avant notre ère, sous Tigrane Ier, que
le pays retrouva son ancienne prospérité.

Alexandre le Grand, ses successeurs, puis les rois syriens s'emparèrent
les uns après les autres de l'Arménie, qui ne retrouva que de courts mo-
ments de liberté jusqu'au milieu du deuxième siècle avant Jésus-Christ.
Cette fois encore la période de prospérité fut courte, et c'est devant les
Romains que l'Arménie succombe de nouveau, ne gardant plus qu'une
indépendance nominale.

Au quatrième siècle, les Romains la partagent avec les Perses, et en
428 le pays tombe définitivement sous la domination persane.

Une fois encore, du septième au onzième siècle, les Arméniens se flat-
tèrent d'avoir fondé un État durable; mais, vers 1070, Grecs, Turcs, Kurdes
s'y établirent, pour être à leur tour remplacés par les Mongols au treizième siècle, par les Turcomans au quinzième, par les Turcs ottomans au
seizième.

Une fraction du pays, vers le Sud-Ouest, avait bien réussi à garder une
existence indépendante : c'est l'Arménie des Croisés, dont le dernier roi,

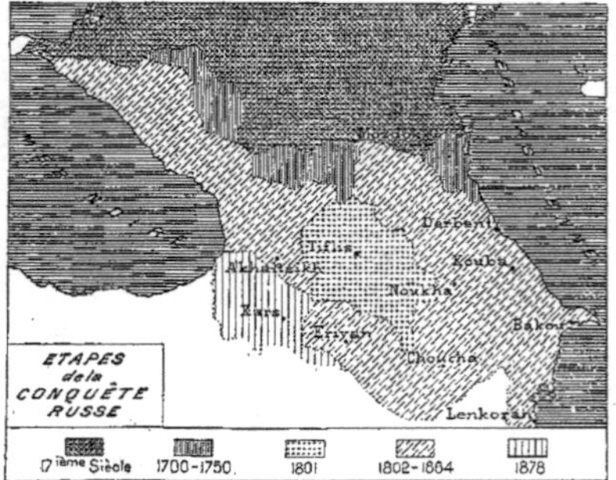

exilé, mourut à Paris en 1391. — Ce malheureux pays ne s'est plus jamais relevé. Partagé en trois tronçons, il garde cependant un sentiment de
nationalité tenace, il résiste à l'absorption politique ou religieuse des
Russes et des Turcs. Les montagnards du Caucase ont gardé la haine des
vaincus contre les vainqueurs et se rappellent avec orgueil les temps de
l'ancienne indépendance. La prépondérance des envahisseurs slaves, déjà
les plus nombreux relativement, est surtout militaire, et la Caucasie est
pour eux aussi bien une place de guerre qu'un pays de colonisation. Pour
le moment, c'est la Russie qui gagne du terrain en Arménie; à chaque
guerre elle fait un pas en avant, et elle s'approche déjà des vallées tributaires du golfe Persique.

Par les pentes méridionales du Caucase et par l'Arménie, la Russie
s'avance à la fois vers la Mésopotamie et vers la Méditerranée.

Fr. Schrader.

La Turquie d'Asie occupe presque toute la partie occidentale du continent asiatique, celle que l'on appelle quelquefois Asie Antérieure, à cause de son mouvement de projection vers le continent européen; elle comprend toute la partie située à l'Ouest d'une ligne tirée dans le prolongement du rivage oriental de la mer Caspienne jusqu'à l'entrée du golfe Persique et couvre une superficie de 1 890 468 kilomètres carrés : trois fois et demie celle de la France. Le développement des côtes est considérable : la Turquie d'Asie touche à la fois à la mer Noire, à la mer Égée, à la Méditerranée, à la mer Rouge, à l'Océan Indien et au golfe Persique. Sa forme générale est celle d'un immense quadrilatère dont deux côtés se seraient entr'ouverts pour livrer passage à deux vastes promontoires projetés, celui du Nord-Ouest, l'Asie Mineure, vers l'Europe, celui du Sud-Ouest, l'Arabie, vers l'Afrique. Malgré les avantages d'une situation exceptionnelle qui en fait le pont jeté entre trois continents, le lieu de passage obligé entre trois mondes, la Turquie d'Asie est de tous les pays voisins de l'Europe celui qui est encore le moins civilisé. C'est qu'à vouloir unir sous une domination uniforme des contrées disparates, simplement juxtaposées comme les pièces d'une marqueterie, il y a peut-être un défi porté à la nature, qui rend stériles ses dons les plus précieux.

La Turquie d'Asie n'a point, en effet, d'unité naturelle. Au point de vue de la constitution physique, on peut la partager en six régions distinctes : la région montagneuse d'Erzeroum, caractérisée par le massif de l'Ararat et les sources de l'Euphrate; l'Asie Mineure; la région de Diarbékir, caractérisée par la chaîne du Taurus arménien et les sources du Tigre; la Mésopotamie; la Syrie avec la Palestine, et l'Arabie. Un fait domine toute cette constitution : si l'on embrasse du regard une carte s'étendant de la chaîne du Caucase à la mer d'Oman et de la mer Égée à l'Afghanistan, on remarque qu'il existe depuis Diarbékir jusqu'à Bandar-Abbas, à l'entrée du golfe Persique, une longue suite de montagnes dont la direction, du N.-O. au S.-E., est parallèle à celle de la chaîne du Caucase; c'est la direction générale des montagnes de l'Iran : l'axe de la région mésopotamienne, qui prolonge le golfe Persique au sein du continent asiatique, lui est parallèle. D'autre part, la vallée du Djihoun, accusée par les chaînes du Taurus de Cilicie et de l'Anti-Taurus, et que prolonge à l'intérieur des terres le golfe d'Alexandrette, est perpendiculaire à cette direction. On a donc deux axes, l'un que nous appellerons axe caucasique, parallèle à la chaîne du Caucase,

l'autre, axe anti-caucasique, qui lui est perpendiculaire, et qui est parallèle à la direction générale des détroits (les Dardanelles et le Bosphore) qui séparent l'Europe de l'Asie. Si l'on examine de près une carte de l'Asie Mineure, on reconnaît que le relief et les contours de cette presqu'île portent à l'évidence l'empreinte de cette double influence. Un schéma formé de lignes tracées successivement dans ces deux directions, d'Erzendjian à Ineboli, d'Incboli à Baba-Kaleh, à l'entrée du golfe d'Edremid, de Baba-Kaleh à Castel Orizzo, de Castel Orizzo à Adalia, d'Adalia au cap Anamour, du cap Anamour à Erzendjian en passant par Adana, reproduit exactement la forme extérieure de l'Asie Mineure.

L'Arabie, grand plateau compris entre deux dépressions maritimes, la mer Rouge et le golfe Persique, dont les directions sont aussi parallèles à l'axe mésopotamien, s'est formée sous la même influence.

Mais avec la Syrie et la Palestine apparaît un autre système. Les chaînes parallèles du Liban et de l'Anti-Liban, qui forment le relief et le contour méditerranéen de ces deux contrées, sont orientées du Nord au Sud, et l'on peut reconnaître dans les monts de la région de Diarbékir et de la Haute Mésopotamie, dans la chaîne du Taurus arménien notamment, orientées de l'Ouest à l'Est, l'existence d'un axe perpendiculaire à celui du Liban. Cette double analogie avec la presqu'île des Balkans, où l'on retrouve exactement les mêmes axes orographiques, fait de ces deux régions, l'Asie Antérieure et l'Europe orientale, un tout géographique où les affinités sont si fortes, que leurs destinées devaient être à tout instant confondues ou réagir constamment l'une sur l'autre. L'histoire le prouve.

Plaines et montagnes sont très inégalement réparties sur le territoire de la Turquie d'Asie. Masse confuse et tourmentée, la région d'Erzeroum, d'origine plutonique, formée de volcans éteints, contient les plus hauts sommets de la Turquie d'Asie : le grand Ararat (5 157 mèt.), situé sur le territoire russe, le petit Ararat (3 914 mèt.), le Bingœl-Dagh (3 200 mèt.), l'Ala-Dagh (3 520 mèt). Elle renferme aussi de grands lacs aux eaux chargées de sels de soude, dont un seul, le lac de Van, remarquable parce qu'il reproduit, en miniature, les formes de la mer Noire, est situé sur le territoire turc. C'est dans le labyrinthe formé par le chaos de ces roches volcaniques que l'Euphrate prend ses sources, celle de l'Euphrate occidental près d'Erzeroum, celle de l'Euphrate oriental aux pentes du Bingœl-Dagh.

L'Asie Mineure, limitée à l'Est par la vallée du Djihoun, et rattachée par le Karabel-Dagh, prolongement de l'Anti-Taurus, aux Alpes Pontiques qui dépendent du précédent système, est un grand plateau d'une altitude d'environ 1 000 mètres, incliné vers le Nord, c'est-à-dire vers la mer Noire, et dont les berges abruptes dominent les rivages méditerranéens de plus de 3 000 mètres, tandis qu'elles s'abaissent au-dessous sur les bords de la mer Noire. Les vallées qui en ravinent les pentes vers l'Ouest s'ouvrent en éventail sur la mer Égée.

L'intérieur est un vaste plateau, désert salé et marécageux au centre, sillonné de plissements parallèles dont l'altitude atteint parfois 2 000 mètres, ou creusé de marécages où dorment des eaux stagnantes, comme celles du Touz-gœl (le lac salé), et qui sert de piédestal à un cône volcanique majestueux, le mont Argée, qui s'élève au-dessus de la ville de Kaisarieh à l'altitude de 3927 mètres.

De la vallée du Djihoun au Tigre, les deux systèmes orographiques dont nous avons signalé l'existence se pénètrent, et produisent, par l'entrecroisement de leurs chaînons, une transition entre les montagnes de la Syrie et celles de l'Iran; le changement de direction s'opère progressivement de manière à former comme un cirque de montagnes au nord de la Mésopotamie; on y trouve encore des monts de 2 500 mètres, comme dans le Karadja-Dagh; c'est là que le Tigre prend sa source, dans le Taurus arménien, non loin du cours de l'Euphrate, près des mines de Sivan-Maaden.

Au sortir de cette région déjà moins rude, le Tigre et l'Euphrate coulent à la rencontre l'un de l'autre, l'un «avec la vitesse de la flèche ou du tigre», l'autre paresseusement, doublant la longueur de son cours par d'interminables méandres, à travers la plaine mésopotamienne.

La Syrie et la Palestine, formées de deux chaînes parallèles, le Liban et l'Anti-Liban, et de leurs prolongements, et de la dépression qu'elles comprennent entre elles, offrent au géographe un autre sujet d'étonnement; ici ce n'est plus l'altitude qu'il faut noter, c'est la profondeur de la dépression : la mer Morte, à laquelle aboutit le Jourdain, dont l'apport ne suffit pas à alléger la lourdeur des eaux du lac, ni à compenser les pertes de son évaporation, s'enfonce à 394 mètres au-dessous du niveau de la Méditerranée, entre des berges qui atteignent 800 à 1 000 mètres d'altitude.

L'Arabie, qui commence dans la solitude morne et desséchée que laissent entre elles les montagnes de la Palestine et les rives marécageuses de l'Euphrate, s'étend jusqu'à la mer d'Oman en un vaste plateau, incliné de la mer Rouge vers le golfe Persique et sillonné d'immenses fleuves sans eau, comme en témoigne le prodigieux lit desséché de l'Oued-er-Roumman, qui développe ses berges arides depuis les collines de Madian sur les bords de la mer Rouge jusqu'à Souk-ech-Chiokh, aux rives de l'Euphrate, en aval de Basra (Bassorah).

Il n'existe entre toutes ces régions aucun lien naturel; leur ensemble manque de cohésion. Européenne par l'inclinaison générale du sol qui porte le courant de ses eaux de drainage vers des mers européennes, le Kyzyl-Irmak à la mer Noire, le Ghédiz-Tchaï et le Mendéré-Sou à la mer Égée, l'Asie Mineure est séparée de l'Asie par de redoutables remparts montagneux que l'on ne peut franchir que par les passes difficiles du Taurus de Cilicie, ou par les vallées encaissées des Alpes Pontiques, qui aboutissent au cul-de-sac d'Erzeroum.

La Syrie et la Palestine, dont les arêtes montagneuses, prolongées jusqu'au Sinaï, forment un trait d'union entre les montagnes de l'Europe et de l'Asie et celles du continent africain, isolées par les déserts de l'Arabie au long de la côte méditerranéenne, ressentent plus l'influence de l'Europe que celle de l'Asie.

Les régions de Van, d'Erzeroum et de Diarbékir, enfermées dans un dédale inextricable de montagnes, arrosées par des fleuves dont le cours n'est point praticable, n'ont que des relations difficiles avec le reste du monde.

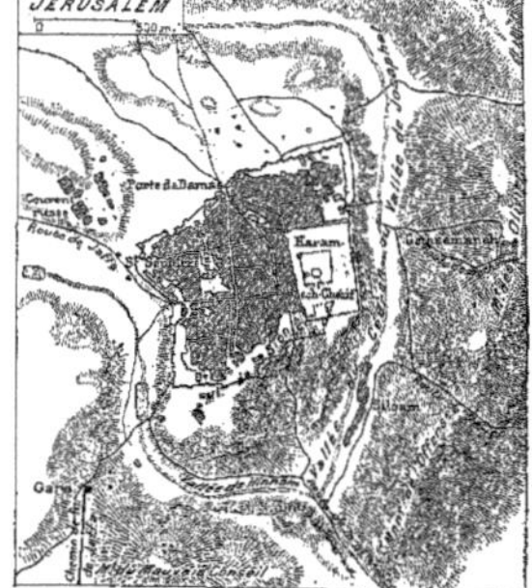

C'est à la Mésopotamie seulement, subissant l'influence des deux grands fleuves qui la fertilisent, inclinée dans le sens de leur cours vers l'Océan asiatique par excellence, l'Océan Indien, que l'Asie commence véritablement.

L'Arabie mystérieuse, cachant ses rares oasis derrière une ceinture de déserts presque impénétrables, se dérobe à la fois à l'étreinte de l'Asie et de l'Afrique, qui la pressent chacune de son côté, et laisse une lacune entre les deux grands continents.

Malgré le grand développement de ses côtes et les nombreux golfes (golfe d'Adalia, golfe d'Alexandrette), baies et caps qui les découpent à l'infini, les ports naturels, profonds et sûrs, sont rares dans la Turquie d'Asie; les côtes de l'Asie Mineure riveraines de la mer Noire ou de la Méditerranée et celles de la Syrie et de la Palestine sont en général peu hospitalières; le long de la mer Égée seulement, les indentations de la côte, plus profondes, à l'instar des fjords, et les innombrables îles et îlots de l'Archipel peuvent fournir aux navires de bons mouillages. Dans la Méditerranée, l'île de Chypre, cédée récemment à l'Angleterre, forme la seule dépendance de l'Asie Mineure.

La répartition des eaux de drainage de la Turquie d'Asie accuse le même défaut d'équilibre que celle du système orographique; on pourrait presque dire que l'hydrographie de cette contrée se réduit à deux cours d'eau, le Tigre et l'Euphrate, qui, réunis sous le nom de Chatt-el-Arab, déversent leurs eaux au sommet du golfe Persique. L'Asie Mineure cependant possède

MER NOIRE
MER DE MARMARA
CONSTANTINOPLE
KASTAMOUNI
ANGORA
Samothrace
Imbros
Lemnos
Ténédos
Mytilène (Lesbos)
Chio
KARSI
Samos
Ikaria
Naxos
Kos
Astropalaia
Rhodes
Karpathos
Kasos
CRÈTE
AIDIN
KONIA
CILICIE
Golfe d'Adalia
CHYPRE (Angl.)
MER MÉDITERRANÉE
BOUCHES DU NIL
ALEXANDRIE
Rosette
Damiette
Ras Harzeit
Ras el Kanais

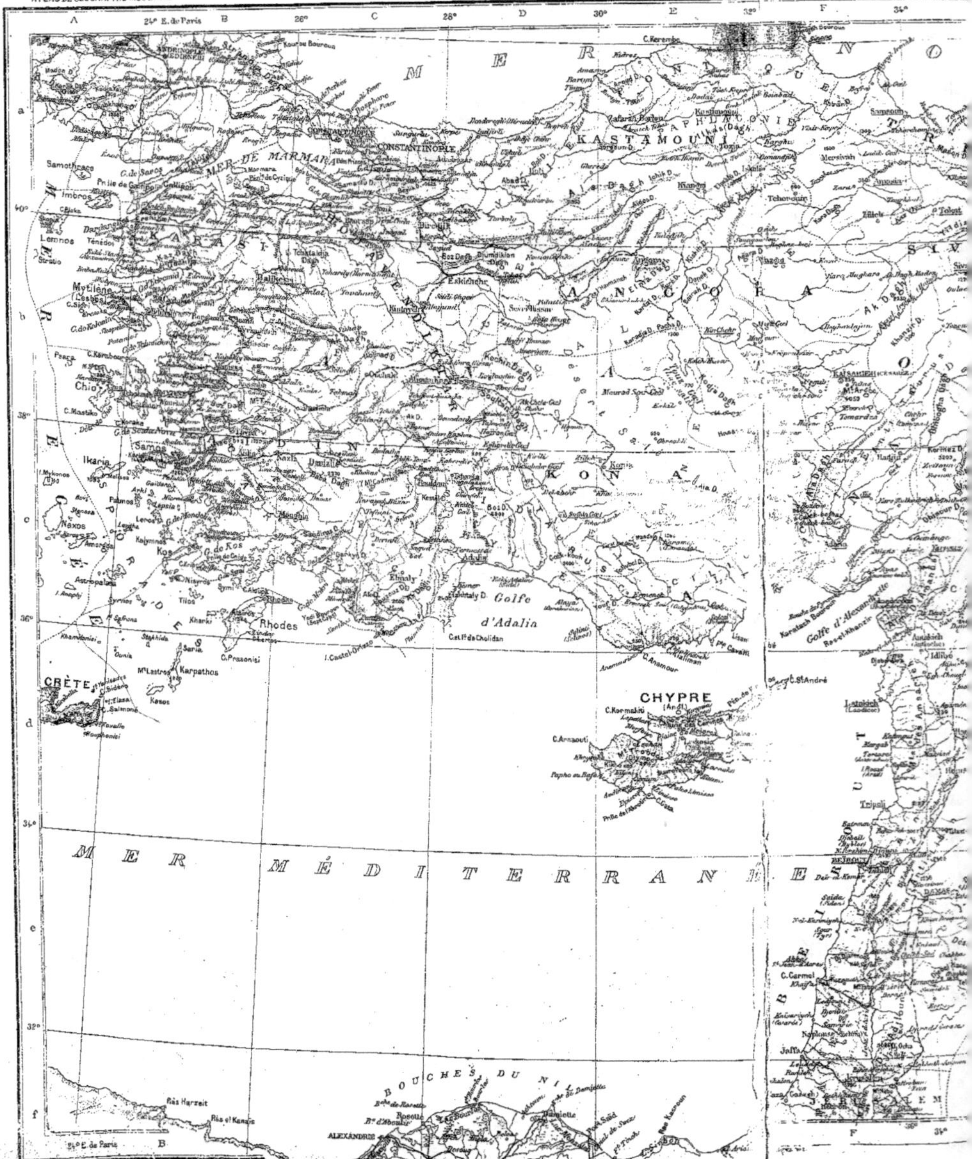

PUBLIÉ PAR LA LIBRAIRIE HACHETTE ET Cie. CARTE 39.

quelques bassins secondaires, mais de faible étendue : celui du Tchorouk,
qui se jette dans la mer Noire, près de Batoum ; ceux du Yéchil-Irmak et
du Kyzyl-Irmak, qui atteignent tous deux les rivages de la mer Noire, de part et d'autre de Samsoun ; celui du Sakaria, qui, depuis Angora, embrasse

toute la Bythinie, et aboutit aussi à la mer Noire ; ceux du Ghédiz-Tchaï
et du Mendéré-Sou (Néandre), tributaires de la mer Égée et voisins de
Smyrne ; celui du Djihoun, qui porte au golfe d'Alexandrette les eaux descendues de l'Anti-Taurus ; la Syrie ne possède guère d'autre fleuve que
le Nahr-el-Asi (Orontes), qui atteint la Méditerranée près d'Antioche, et la
Palestine, le Jourdain, affluent de la mer Morte. L'Arabie est presque
totalement dépourvue d'eaux courantes.

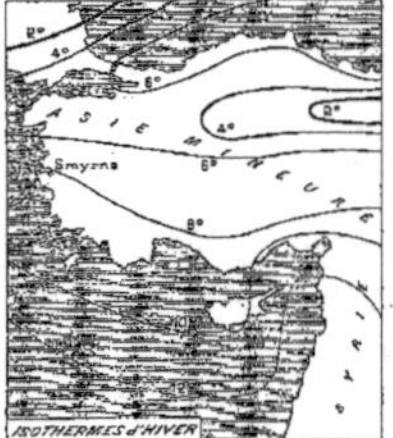

Le climat suit dans ses inégalités celles des systèmes orographiques et
hydrographiques. Froid et humide dans la région d'Erzeroum et de Van,
il se tempère à mesure que l'on se rapproche des bords de la Méditerranée
ou du golfe Persique ; l'air se dessèche et se surchauffe au contact des
sables arides et brûlants des steppes de l'Arabie.

D'une fécondité merveilleuse dans les vallées, aux bords des grands
fleuves et sur les rivages méditerranéens, le sol est, en général, frappé de
stérilité sur les plateaux ou dans les grandes plaines arabiques.
Favorisées par un sol fertile et un climat admirablement propice
sur les rivages de l'Asie Mineure, les récoltes y accomplissent leur
évolution avec une remarquable rapidité ; toutes les cultures y
réussissent : les céréales, les graines oléagineuses (sésame), les
fruits (figues de Smyrne, raisins et vins de Smyrne et de Chypre)
enrichissent l'Asie Mineure ; les bois du Liban (cèdre) font la fortune de la Syrie ; les riches cultures de la plaine mésopotamienne
font des environs de Bagdad et de Basra (Bassorah) des jardins
enchantés.

Mais, sauf pour les régions maritimes, la plupart des produc-
tions de ces riches contrées restent inutilisées, faute de moyens de transport suffisants. Des difficultés de navigation ne permettent pas d'utiliser
les cours de l'Euphrate et du Tigre comme ils devraient l'être ; les routes
manquent encore en bien des endroits, et les richesses forestières et
minières des régions montagneuses restent inexploitées ; quelques
lignes de chemins de fer amorcées péniblement sous la pression des
puissances européennes intéressées, et dont le plus long ne dépasse pas
encore le cen-
tre de l'Asie
Mineure, sont
les seules
voies ferrées
de cette partie
de l'Empire
Ottoman.

Quant à la
population de
la Turquie d'A-
sie (l'Arabie
non com-
prise), elle est
évaluée à
15 775 500 ha-
bitants, ce qui
ne représente
que 9 habi-
tants par kilo-
mètre carré.
Accumulée
sur les rivages

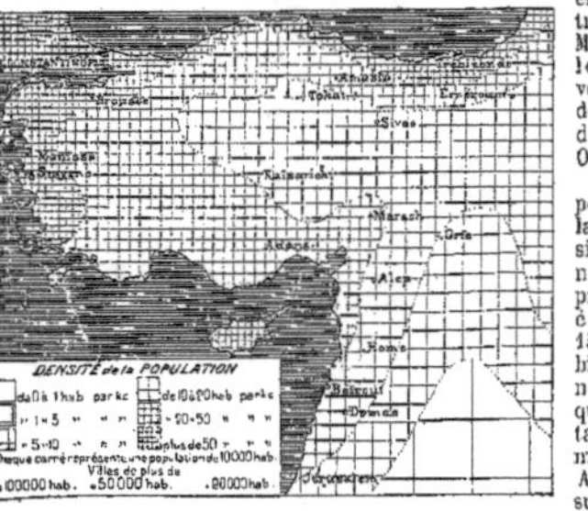

de l'Asie Mineure et de la Syrie, et dans la plaine mésopotamienne, elle est
rare sur les plateaux de l'Asie Mineure et dans les monts desséchés de la
Palestine, et, agglomérée dans les rares oasis intérieures de l'Arabie, elle
laisse absolument déserts les steppes étendus qui les entourent. Elle se
compose en majeure partie, mais sans qu'on puisse évaluer la valeur de
chaque groupe, de Grecs massés sur les rivages de l'Asie Mineure, d'Arméniens dans la région d'Erzeroum et de Van, de Kurdes dans celle de Diarbékir, de Syriens (Druses et Maronites) en Syrie, d'Alep à Damas, d'Arabes en
Palestine et en Arabie ; les Turcs, disséminés un peu partout, sont réunis en
plus grand nombre sur les hauts plateaux de l'Asie Mineure et dans les grandes
villes de la plaine mésopotamienne, Mossoul, Bagdad et Basra (Bassorah).

La Turquie d'Asie, qui fait partie de l'Empire Ottoman, et qui est soumise
par conséquent à l'autorité civile, militaire et religieuse du Sultan, est
gouvernements ou vilayets.

Les villes principales sont : Smyrne 200 000 hab., Damas 154 000, Bagdad
145 000, Alep 127 149, Beyrouth 120 000, Brousse 76 503, Kaisarieh 72 000,
Kerbela 65 000, Mossoul 61 000, Homs 60 000, Orfa 55 000, Marach 52 000,
Adana 45 000, Homa 45 000, Konieh 44 000, Aïntab 48 150, Sivas 43 122,
Jérusalem 41 555, Erzéroum 58 900, Bitlis 38 886, Aïdin 56 250, Magnésie
55 000, Trebizonde 55 000, Diarbékir 54 000, Amasia 50 000, Hillé 30 000,
Kerkouk 50 000, Van 50 000, Tokat 29 890, Angora 27 825, Mouch 27 000, Adalia
25 000, Ismid 25 000, Mardin 25 000, Naplouse 24 850.

Mais ce n'est pas
dans leur état actuel que les contrées de la Turquie d'Asie présentent
pour l'esprit humain la plus grande somme d'intérêt. C'est la région
de la terre où se sont accomplis les événements les plus considérables
dans l'histoire des premiers âges de l'humanité, et rien ne peut impres-
sionner plus fortement l'esprit que le contraste de sa dégradation actuelle avec la splendeur dont elle éclaira le monde antique. Quelle
réunion surprenante de faits prodigieux et de légendes touchantes accumulés dans ce territoire restreint ! N'est-ce pas en pleine Mésopotamie
que les traditions des premiers hommes plaçaient le Paradis terrestre ?
C'est sur le mont Ararat que la tradition fait échouer l'arche de Noé. C'est la
Palestine, la terre promise, la terre de Chanaan, qui marque le terme de
l'exode des Hébreux, conduits par Moïse. Puis, voici la civilisation qui naît
sur les bords de la Méditer-
ranée, dans ces opulentes
villes de Tyr et de Sidon,
dont les habitants, les Phéniciens, inventent l'alphabet ;
en même temps qu'eux, si-
non avant, les Assyriens et
les Babyloniens n'ont-ils pas
appris à graver en caractères
cunéiformes, sur des briques
de terre séchées, l'expression
de leur pensée ? Que de souvenirs grandioses n'évoquent
pas les noms d'Assur et de
Nimroud, ceux de Sémiramis
et de Sardanapale ! Nous res-
tons confondus d'admiration
devant les restes magnifiques
que l'archéologue exhume
aujourd'hui des tumulus qui
recouvrent de leurs décom-

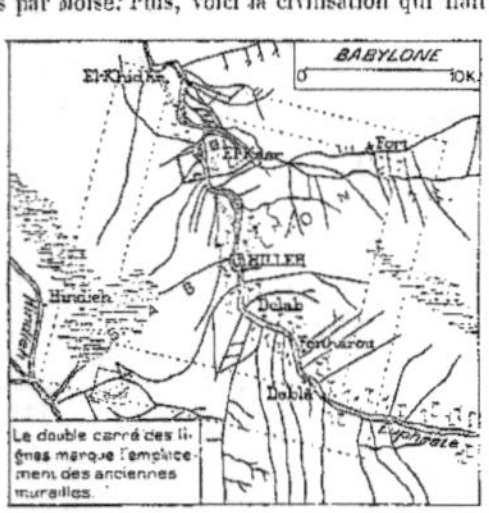

bres les ruines de Babylone et de Ninive. Et tandis que les noms de ces
grandes villes nous rappellent la légendaire figure de Cyrus, ne pensons-
nous pas du même coup à ce riche empire de Lydie qu'illustre encore le
nom de Crésus ? N'est-ce pas au sein des colonies grecques fixées sur
les bords ensoleillés de l'Asie Mineure, baignés par les flots parfumés de
la mer Égée, rives aimées des dieux, qu'Apelle, Homère et Hérodote furent
nourris par les Muses ? N'est-ce pas à l'ombre du temple d'Éphèse que
s'épanouissaient les lettres et les arts sous les formes les plus pures et les
plus gracieuses qu'ils aient jamais revêtues ? Mais voici que les Mèdes et les
Perses, les
Grecs, et les
Macédoniens,
Darius, Alexan-
dre, Xénophon,
avec ses Dix
Mille, immorta-
lisés par leur
célèbre re-
traite, Xerxès
et Artaxerxès
se disputent
l'empire de ce
monde dont la
richesse excite
déjà toutes les
convoitises. Sa-
lomon, fils de
David, emplit le
monde de son
renom et de sa gloire, au point que la reine de Saba vient du fond des
déserts pour admirer les magnificences du Temple de Jéhovah.

De nouveaux conquérants arrivent, cette fois, de l'Occident, et leur
nom, les Romains, évoque pour nous celui de Mithridate. La domination
romaine met fin aux querelles qui désolent et ruinent l'Orient. Et alors,
dans le calme d'un ordre politique assuré, l'homme entend retentir à son
oreille la parole de paix et de consolation, la plus belle doctrine morale
qui ait jamais été prêchée sur la terre ; c'est à Jérusalem que s'achève
le grand drame dont le souvenir gouverne le monde depuis dix-neuf
siècles. Puis vient la décadence, époque d'obscurité dont les ombres
sont encore de temps à autre traversées par la lueur rapide que jette dans
son parcours quelque astre éphémère. Mahomet, animé d'un caractère
énergique et d'une éloquence mystique, essaye de secouer ce corps en-
gourdi dont la léthargie s'empare déjà. C'est à peine si l'ère aimable des
Califes de Bagdad, illustrée par le souvenir de Haroun-al-Raschid, parvient
à lui rendre pour quelques instants les apparences de la vie. Les croisades
l'agitent encore de quelques dernières et douloureuses convulsions, et
puis il s'endort définitivement sous la domination des Turcs.

Mais le souvenir de toutes ces gloires ne s'est pas éteint. Les archéo-
logues ont entrepris de restituer devant nous le spectacle de toutes les
splendeurs des civilisations disparues, en attendant que les hommes, stimulés
par de si grands souvenirs, sachent secouer leur torpeur et puiser dans le
sol, favorisé par la nature et revivifié par leur travail, le génie qu'il avait
communiqué à leurs pères.   Léon Rousset.

N. B. — Pour l'Arabie et la Mésopotamie, voir aussi la carte n° 49.

PERSE

SITUATION

La Perse ou Iran a pour confins : au Nord, une partie du cours de l'Araxe, qui la sépare de la Transcaucasie russe, les rives méridionales de la Caspienne et le désert de sable de Kara-Koum, qui sépare cette mer du Khanat de Khiva; à l'Est, l'Afghanistan et l'Empire Indo-Britannique ; au Sud, la mer d'Oman, le détroit de Hormouz et le golfe Persique; à l'Ouest, la Turquie d'Asie. Dans ces limites, la plus grande longueur est de 2 210 kil., la plus grande largeur de 1 400 kil.

SUPERFICIE

Environ 1 645 000 kil. carr. (France 556 408).

COTES

La ligne de la Caspienne, avec ses trois petits golfes, peut mesurer 1 000 kil. : la côte de la mer d'Oman, du détroit de Hormouz ou Ormus et du golfe Persique, 2 050 kil. La Perse aurait donc 3 050 kil. de frontières maritimes, contre 5 030 kil. de frontières terrestres.

Les côtes de la Caspienne, bien boisées, ont un climat humide et fiévreux; celles du golfe Persique sont sèches et arides, avec vents chauds et violents.

RELIEF DU SOL

La Perse est limitée au Nord par la chaîne du Démavend et le Caucase arménien, prolongements directs de l'Hindou-Kouch, et au S.-O. par le massif des monts Zagros (Elvend, Sefid Kouh, Ouchtourank, Kouh Dinar, etc.). Semblables aux marches d'un escalier gigantesque, les plateaux s'étagent en larges gradins, et conduisent des rivages de la mer Caspienne ou du golfe Persique jusqu'à une terrasse centrale supportée par deux crêtes parallèles du massif principal, dont le pic suprême, le Kouh-i-Déna, ne le cède qu'au Démavend. Les plateaux ayant enterré la base des montagnes, les cimes abruptes et les crêtes escarpées émergent du sol horizontal comme d'une mer solidifiée. On passe sans transition de la plaine immense dans le chaos ; les flancs des rochers, trop inclinés pour retenir les terres végétales, sont également incapables de porter des arbres ou même des mousses.

Hamadan (ancienne Ecbatane), Ispahan, Mechhed-Mourgab (ancienne Pasagarde), Persépolis, Chiraz, Darab (ancienne Pasargade), qui furent tour à tour capitales de la Médie ou de la Perse, sont situées sur le plateau qui

s'étend entre les deux crêtes. Cette longue terrasse, qui mesure en moyenne 150 kil. de large, 1 100 kil. de long, et se tient à 1 700 mètres d'altitude, est presque horizontale. Elle constitue non seulement l'échine géographique et orographique du pays, mais aussi son centre politique.

Dans les chaînes du Nord, on signale deux sommets : à l'Est, le pic Démavend (5 465 m.) ; à l'Ouest, le mont Ararat, situé sur le territoire russe (5 156 m.). Le Kouh-i-Déna, point culminant de la rangée du Kouh-Dinar, atteint lui-même 5 200 mètres au-dessus du niveau du golfe Persique. L'Ararat et le Kouh-i-Déna sont portés sur des bases à gradins, dont ils forment le point culminant. Le Démavend, au contraire, s'élève comme une immense pyramide au-dessus de la plaine de Téhéran, qu'il dépasse de 4 600 mètres.

HYDROGRAPHIE

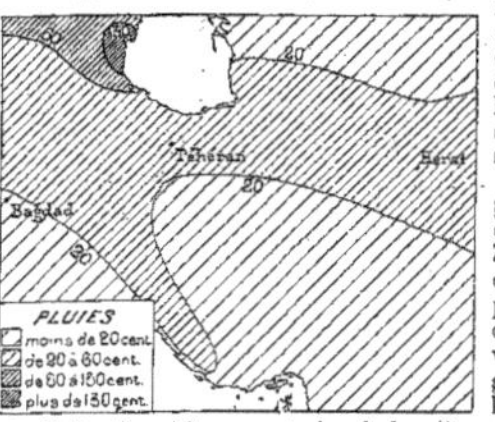

Bien que le sol de la Perse soit hérissé de chaînes de montagnes très hautes, couronnées parfois de glaciers, bien qu'il pleuve et qu'il gèle sans merci pendant toute la durée du long hiver iranien, il n'existe pas de fleuves dans le patrimoine des Grands Rois.

En Médie on signale deux petites rivières : l'Adji-Sou et le Kyzyl-Ouzen. Le célèbre Zendè-Roud (fleuve de vie), qui traverse Ispahan, se perd dans les sables à quelques lieues de la ville. Fleuves, rivières, pluies et neiges sont immédiatement bus, et se perdent dans le sol. Si l'on franchit, au contraire, la barrière rocheuse qui ferme l'ouest

et le sud de la Perse, on rencontre, à mesure que les plateaux s'abaissent et que les croupes de montagnes se découvrent, des cours d'eau torrentueux d'abord, puis des rivières, et enfin les immenses cours d'eau de la Susiane, tels que la Kerkha, l'Ab-i-diz, le Karoun, et les fleuves du Fars, l'Ab-Ergoun, le Zab, le Sefid-Roud, le Prestaf, le Nabend-Roud et l'Ab-i-Chour, qui se jettent dans le golfe Persique. Le Karoun peut porter des bateaux à vapeur sur la partie comprise entre son embouchure et Ahouaz, soit environ sur 160 kilomètres, et les barques à voiles d'Ahouaz, à Chouster (120 kilomètres environ). Les autres fleuves, malgré leur débit, ne sont pas fréquentés par la batellerie. Ils sont en général trop irréguliers et trop rapides.

Pour suppléer aux eaux superficielles, les premières peuplades qui remontèrent les gradins étagés entre le golfe Persique durent apprendre à recueillir les eaux profondes, et à les amener à la surface du sol au moyen de galeries souterraines, à faible pente. Ce procédé de captation nécessite des travaux immenses, une dépense de forces et de temps considérable, mais il est seul pratique, car la nappe se tient dans chaque plateau à un même niveau, et ne peut fournir de sources jaillissantes. Les galeries (canat en langue persane), longues parfois de 50 à 60 kilomètres, traversent un terrain très résistant, uniquement composé de cailloux roulés et de sable. Le volume des galets va en décroissant du Nord au Sud et, en chaque lieu, des couches superficielles aux couches profondes.

Du rapprochement de ces faits il semble résulter que toutes les vallées des montagnes iraniennes furent submergées antérieurement à l'époque quaternaire. L'inondation, amassée entre les deux crêtes parallèles du Zagros, se déversa plus tard à l'Orient, au Sud et à l'Occident.

A mon avis, les vallées du massif iranien ont été comblées par une inondation d'un caractère *diluvien*. On peut reconnaître à de nombreux indices que les eaux entrèrent en Perse par le Nord-Ouest.

Dans les défilés de l'Arménie, où les courants acquièrent une extrême violence, les parois des roches sont striées horizontalement et polies sur une hauteur considérable. A mesure que s'ouvre l'angle formé par les deux grandes rangées de monts, les stries s'atténuent, disparaissent, et l'on pénètre dans la région des hauts plateaux. De même les galets sont d'autant plus massifs qu'on les rencontre dans les régions les plus voisines des défilés de l'Arménie et dans les couches les plus profondes, parce que les blocs, de moins en moins volumineux, sont abandonnés par les torrents à mesure que diminue l'impétuosité des flots.

CLIMAT

Le climat se ressent de l'absence de rivières et de la sécheresse du sol.

L'hygromètre marque parfois de 11 à 12 degrés et ne s'élève jamais au-dessus de 25. Aussi bien la pureté de l'air est-elle incomparable. La nuit, et sur les hauts plateaux, on distingue à l'œil nu les satellites de Jupiter ; quant à la planète, elle lance de tels éclats, que les corps opaques exposés à ses rayons portent une ombre très nette sur une feuille de papier. L'électricité règne en souveraine maîtresse. Il suffit, la nuit, de déchirer lentement une feuille de papier pour produire une lueur comparable à celle d'une allumette.

Toute médaille a son revers. La pureté de l'atmosphère n'opposant aucune résistance aux rayons solaires et au rayonnement nocturne, on peut passer en moins de quelques heures d'une température de 7 degrés à 62 degrés

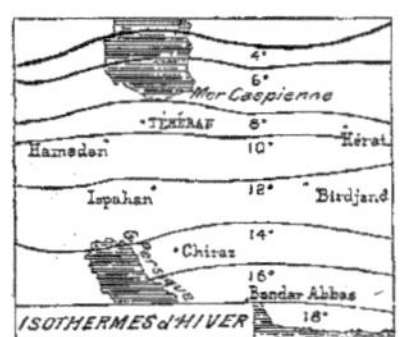

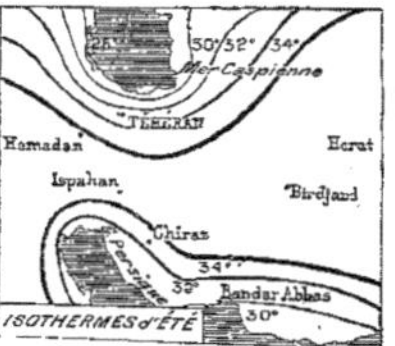

centigrades. C'est ce qui m'est arrivé sur le Kouh-Khoud le 20 juillet 1881. En Susiane, j'ai relevé au soleil 72 degrés centigrades le 15 mai 1886.

POPULATION

Estimation officielle de la population en 1897, environ 9 000 000 d'habitants. En 1881, elle se répartissait comme suit : population urbaine, 1 964 000; population rurale, 5 780 000; nomades, 1 911 000 ; soit 4,7 habitants par kil. carr. (Asie, 19 ; France 75).

GRANDES VILLES

Téhéran.	280 000 hab.	Kerman. . . . . . 60 000 hab.
Tabriz.	200 000 »	Barférouch. . . . . 50 000 »
Ispahan.	70 000 »	Chiraz. . . . . . 50 000 »
Mechhed.	60 000 »	Yezd. . . . . . 45 000 »

LÉGENDE
TÉHÉRAN .... Ville au dessus de 100.000 hab.
ISPAHAN .... Ville de 50.000 à 100.000 hab.
Kirman .... Ville de 20.000 à 50.000 hab.
Asterabad .... Localité au dessous de 20.000 hab.
Les Capitales d'État sont soulignées deux fois
Les Chefs-lieux de provinces une fois
Abréviations: H. Bagh, mont, montagne; K. Kouh, mont,
montagne; R. Rivière, fleuve; cap: J. Sources
Échelle de 1:7.500.000
Projection conique rectifiée
Gravé par Erhard Frères 35 bis Rue Denfert-Rochereau Paris.

PERSE — AFGHANISTAN

PUBLIÉ PAR LA LIBRAIRIE HACHETTE ET Cie CARTE 40

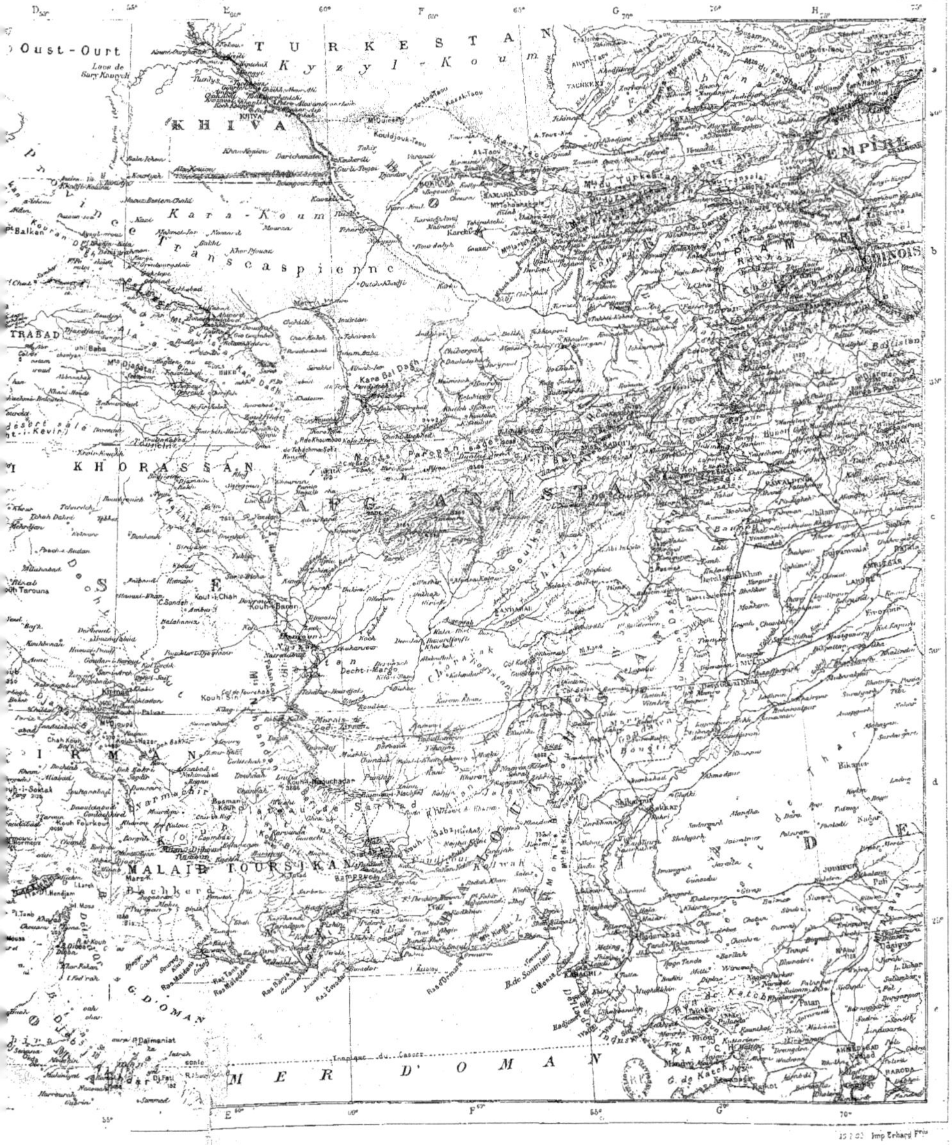

15 7 03 Imp Erhard Frès

ADMINISTRATION — INSTRUCTION — CULTES

La Perse, malgré la création d'un Parlement en 1906, est une monarchie absolue ; toutefois le chah ne détient pas, comme en Turquie et au Maroc, la moindre parcelle de l'autorité religieuse ; son pouvoir est limité par les préceptes du Coran, par la coutume, par l'immense influence des *moucheïds*, chefs acclamés de la religion, et même des simples prêtres.

La Perse est administrativement divisée en grands et petits gouverne-

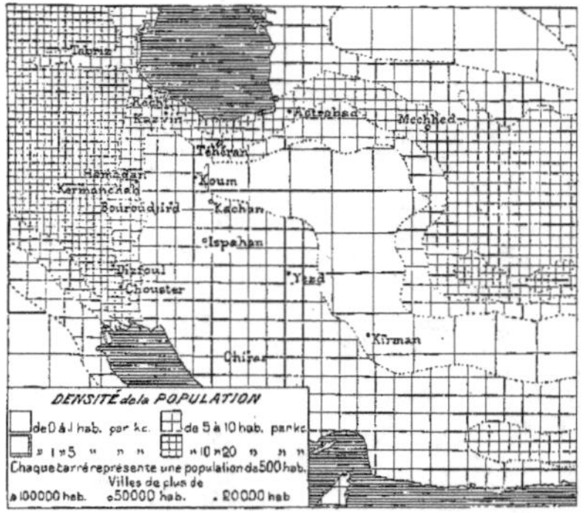

ments sous des *hakems* (généraux) et des *naïebs* (lieutenants). Ces gouvernements sont eux-mêmes subdivisés en districts ou cantons. Les *hakems* ou gouverneurs recueillent l'impôt et ont droit de vie, de torture et de mort, par la délégation spéciale du chah. Les villages du Nord et du Centre obéissent aux maires, ou *ket-khoda*. Dans le Sud, l'autorité est aux mains des chefs de clans, qui se nomment *ilkhani* dans les tribus persanes, et *cheikh* dans les tribus arabes.

INSTRUCTION. — L'instruction élémentaire est assez développée. Des écoles ou *médressé* sont annexées aux mosquées. Les enfants des classes élevées sont généralement instruits chez eux par un *mollah* ; grâce à la présence d'instructeurs européens chargés de l'organisation de l'armée et à la création des collèges spéciaux de Téhéran et d'Ispahan, ils peuvent recevoir dans leur pays une éducation occidentale, que quelques-uns d'entre eux vont compléter en Europe. Hormis de très rares exceptions, les filles n'apprennent ni à lire, ni à écrire, sous prétexte que ces connaissances favorisent les intrigues amoureuses.

CULTES. — Les neuf dixièmes de la population persane appartiennent officiellement au mahométisme chiite, qui est religion d'État. On ne compte plus qu'environ 8000 guèbres ou zoroastriens.

ARMÉE

L'armée régulière (nizam) est recrutée par enrôlement forcé. Chaque province doit fournir un ou deux régiments. Il en est de même pour l'armée irrégulière (redif). On estime que la Perse pourrait mettre sur pied 54 000 hommes environ. Les documents officiels portent ce chiffre à 100 000 hommes. Actuellement 24 000 hommes seulement sont sous les armes.

BUDGET

Les recettes sont d'environ 54 000 000 de francs dont 7 millions proviennent des douanes. Les dépenses s'élèvent à environ 25 000 000 de francs (armée, 9 000 000 ; budget de la cour royale, 7 500 000 francs ; administration civile, 750 000 ; clergé, 650 000 francs, etc.).

AGRICULTURE

La sécheresse absolue du sol et de l'air, conséquence de la constitution géologique du pays, rend la Perse rebelle à toute culture non irriguée. En revanche, le sol est fertile et, quand il est sollicité par des agriculteurs habiles et de copieux arrosages, il produit en abondance du riz, du blé, de l'orge. Il est inutile de parler des pêches, des prunes, des cerises et des raisins : leur réputation est classique. L'amandier, le noyer, le pistachier, l'oranger, le citronnier, le *madani* (arbre donnant des oranges blanches très douces, mais fades), le grenadier, le figuier, le cognassier doux fournissent des fruits excellents. Les cucurbitacées sont merveilleuses. Enfin le cotonnier, le pavot et le tabac donnent des récoltes très lucratives ; de même le dattier. Les oranges viennent dans le Mazanderan et dans le Sud ; le pêcher et ses congénères dans toute la Médie et la Perse centrale ; l'amandier, le pistachier et le noyer dans les pays du Nord. Le tabac et le pavot sont surtout cultivés dans les environs de Chiraz et d'Ispahan.

Le riz est particulier au Mazanderan, le blé et l'orge n'ont pas de régions spéciales. L'agriculture est prospère dans le Nord et le Centre, et surtout dans les districts de Tabriz, Zendjan, Kazvin, Véramine, Koum, Ispahan, Yezdikhast, Abadeh, Chiraz, Sarvistan, Firouzabad. Les plaines de la Susiane sont comparables pour la fertilité à celles de la Terre promise, mais restent en friche, faute de bras pour les cultiver.

On doit placer à côté des produits du sol les merveilleuses laines fournies par les moutons persans. Les tapis, les cachemires brodés à Kirman, témoignent de leur finesse et de leur beauté.

COMMERCE

Le commerce de la Perse consiste essentiellement dans la vente des tabacs, de l'opium, du coton, de la laine brute et des tapis.

COMMUNICATION

Il n'existe pas de port, dans le sens que nous donnons à ce mot. Marchandises et voyageurs prennent terre, dans le Nord, à Enzeli et Barferouch, sur la Caspienne ; dans le Sud, à Bandar-Bouchir, Lingéh, Bandar-Abbas, sur le golfe Persique, Dieu sait au prix de quelles difficultés et de quels obstacles ! Les uns et les autres exportent les produits

susmentionnés de l'agriculture et de l'industrie persanes et reçoivent

d'Angleterre des cotonnades, de la coutellerie, des cuivres en feuilles ; d'Allemagne, des draps ; de France, des soieries et du sucre en pains ; de la Russie, de la quincaillerie et des cuirs.

Peu de routes, pas de canaux, pas de chemins de fer, si ce n'est le bout de ligne qui relie Téhéran au pèlerinage de Chah - Abdoul - Azim. Le télégraphe anglais qui unit les Indes à Londres a concédé un fil spécial au chah en échange du droit de traverser son royaume.

HISTOIRE

L'histoire persane est confuse et obscure jusqu'à l'invasion médique. Les Mèdes, comme les Aryens de l'Inde, conquirent pied à pied leur nouvelle patrie. Cyaxarès († 584) détruit l'empire de Ninive et unifie le royaume morcelé jusque-là en petites principautés tributaires de l'Assyrie. Son fils Astyagès est renversé par son vassal Cyrus. Sous le règne de ce prince, les Perses, vassaux des Mèdes, soumettent la Chaldée, la Lydie, toute l'Asie Mineure, et étendent leur puissance dans le Nord-Est jusqu'à

l'Iaxartes, dans l'Est jusqu'à l'Indus. Cambyse, fils de Cyrus, achève l'œuvre de son père par la conquête de l'Égypte (525), et dès lors l'histoire des Akhéménides devient un tissu d'intrigues et de drames sanglants. Les *guerres médiques* (492-449) viennent révéler la faiblesse de l'immense empire oriental. Les luttes de la Perse contre la Grèce se terminent par le traité d'Antalcidas (587), qui livre à la Perse les Grecs de l'Asie Mineure. C'est le dernier éclair que jette la Perse. Bientôt elle est assujettie aux Macédoniens sous Alexandre le Grand, et, à la mort de ce dernier, elle échoit aux Séleucides. Les dynasties des Parthes, dont la domination est troublée par les incursions romaines, chassent les étrangers. Les Sassanides s'emparent du pouvoir (228), et enfin l'Islam apparaît. C'est l'époque de la conquête arabe (652). Puis viennent les dynasties turques des Seldjoucides (1058-1194), des Ghourides (1155-1225), suivies de la domination mongole (1225-1355). L'invasion tartare lui succède sous Tamerlan ; puis, durant un siècle (1406-1499), les provinces désolées de l'ancien empire sont livrées à des hordes de Turcomans. De 1499 à 1722, dynastie iranienne des Sofis ; usurpation afghane ; enfin un aventurier, Nadir Kouli Khan, expulse les envahisseurs, et prend la couronne en 1755 sous le nom de Nadir Chah. Agha Mohammed, un eunuque, fonde la dynastie actuelle (1792).

Des rapports nouveaux et plus suivis avec les grandes puissances ont fait pénétrer en Perse, depuis le commencement du XIXᵉ siècle, de meilleures idées d'organisation et plus de stabilité politique. Les voyages du Chah en Europe ont ouvert le pays aux idées et à l'activité de l'Occident, mais la Perse n'est plus que l'ombre de ce qu'elle a été. Convoitée à la fois par les Anglais et par les Russes, elle doit sa meilleure garantie d'existence à ce double courant de convoitise. Les Russes paraissent l'emporter ; leur influence est prépondérante à Téhéran, et déjà la Perse apparaît comme moralement et matériellement vassale du puissant Empire du Nord.

MARCEL DIEULAFOY.

AFGHANISTAN

Borné à l'Ouest par la Perse, au Sud et à l'Est par l'Empire anglo-indien, l'Afghanistan s'étend au Nord au delà de la chaîne de l'Hindou-Kouch jusqu'à la rivière Ak-Sou et le lac Victoria (Zor-Koul) pour redescendre sur le versant gauche de l'Oxus (Amou-Daria) où une ligne partant de Kélif rejoint l'Heri-Roud. Ce pays essentiellement montagneux, véritable Suisse asiatique, a une altitude de plus de 1200 mètres au-dessus du niveau de la mer. C'est à travers ses massifs que s'ouvrent les passages importants qui conduisent de l'Asie russe dans l'Inde anglaise ; de là, notamment du Khaiber, sont venues les invasions à toutes les époques. Ce simple énoncé explique l'importance politique du pays et la bataille que s'y livrent les influences moscovite et britannique. Déjà en 1838 l'Afghanistan avait été occupé par les troupes anglaises ; mais en 1841 un soulèvement éclata, l'armée anglaise fut détruite, et le pays redevint libre. Une seconde invasion des Anglais en 1879 eut pour conséquences l'occupation temporaire de Kaboul et de Kandahar et l'annexion à l'Empire indien des principaux passages ouverts entre l'Inde et l'Afghanistan.

La superficie est évaluée à 625 000 kil. carr. environ, avec une population approximative de 5 000 000 d'habitants, répartis en tribus, dont plusieurs sont presque indépendantes de l'émir.

Les parties cultivables du pays sont très fertiles ; on y fait généralement deux récoltes par an, l'une de blé, d'orge ou de lentilles, l'autre de riz ou millet. Les routes sont des chemins impraticables aux voitures, à l'exception de celles construites par les Anglais, de Peschawer à Kaboul et de Chaman, le terminus actuel du réseau ferré de l'Inde Nord-occidentale, à Kandahar ; les marchandises sont transportées à dos de chameau.

Villes principales : Kaboul, Herat, Kandahar et Khoulm.

SITUATION — SUPERFICIE

La péninsule médiane de l'Asie méridionale, appuyée au N. à l'Himalaya et baignée à l'O. par la mer d'Oman, à l'E. par le golfe du Bengale, est coupée vers son centre par une suite de chaînes de montagnes de hauteur peu considérable. La région au N. de ces chaînes porte le nom d'*Hindoustan*: le triangle isocèle situé au S. s'appelle le *Dekkan*. L'Hindoustan se confond avec la masse continentale de l'Asie et ses limites ne peuvent pas être déterminées; quant à la péninsule proprement dite, sa superficie est d'environ deux millions de kilomètres carrés, soit quatre fois la France.

L'Inde péninsulaire, qui a été le berceau de l'*empire Indo-Britannique*, n'est plus actuellement qu'une partie, de beaucoup la plus grande il est vrai, de cet empire. Au point de vue politique et administratif notre description s'appliquera donc à toute la région de l'Asie méridionale qui s'étend des confins de l'Empire Russe au N. (point extrême 57°,10′ N., 79°,28′ E. de Paris) au cap *Comorin* au S., et des frontières indécises de l'Afghanistan et du Baloutchistan à l'O. au Mékong qui la sépare de l'Indo-Chine française à l'E.

Une partie de l'Empire des Indes se trouve sous le gouvernement direct de l'Angleterre, une autre partie, à peu près égale à la première, est semi-indépendante. Au recensement de 1901, le territoire anglais s'étendait sur 2 815 743 kil. carr.; les états tributaires sur 1 766 856 kil. carr. Le total de 4 040 655 kil. carr. en 1891 s'est élevé à 4 582 599 par des acquisitions faites au détriment de l'Afghanistan et du Baloutchistan.

RELIEF DU SOL

L'Inde péninsulaire se compose d'un vaste plateau de 400 à 1 000 mètres d'altitude. Elle est rattachée par une bande de plaines basses aux puissants massifs du *Karakoram* et de l'*Himalaya*. En dehors des limites politiques de l'Inde Anglaise, dans un état officiellement indépendant, le Népal, se dresse le roi des monts actuellement mesurés, le mont *Everest* (8 840 m.). Le second sommet de l'Himalaya, le *Kantchindjinga* (8 476 m.), se trouve dans le Sikkim, devenu anglais en 1889. Le troisième, le *Davalaghiri* (8 176 m.), est dans le Népal. Le Karakoram possède le *Dapsang*

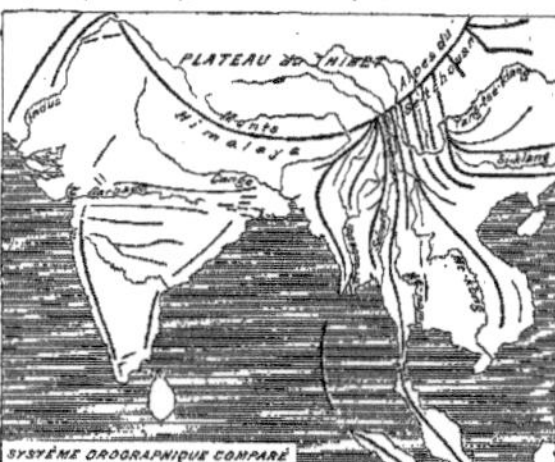

(8 620 m.) qui ne cède en altitude qu'au mont *Everest* parmi les monts d'altitude connue.

Plusieurs autres sommets dépassent 8 000 mètres. Le *Raki-Potchi* du Karakoram, quoique moins élevé (7 791), se dresse à près de 6 000 mètres à pic au-dessus de la vallée du Gilghit.

Les monts de l'Assam ont plusieurs cimes de plus de 5 000 mètres. Les Vindhyas descendent à 1 500 à 500 mètres, tandis que le mont *Abou* des Aravalis atteint 1 725 mètres. Les Satpouras ne dépassent pas 1 560; le *Malayaghiri* de l'Orissa est à 1 187. Les Ghâts vont en grandissant vers le Sud et ont leur sommet suprême, le *Dodabetta* des Nilghiris, à 2 670 mètres; mais celui-ci est dépassé par l'*Anamoudi* du massif d'Anamalai, qui atteint 2 697. Enfin, dans Ceylan, le *Pedrotallagalla* mesure 2 558 mètres, dépassant le *Pic d'Adam*, plus connu comme plus en vue de la mer, et qui n'a que 2 262 mètres.

HYDROGRAPHIE

Les puissants fleuves de la plaine sub-himalayenne, qui arrosent les provinces les plus riches et les plus peuplées de l'Empire Indo-Britannique, et le long desquels se fit, dès les temps préhistoriques, la prise de possession de la Péninsule par les envahisseurs venant du N.-E. et du N.-O., prennent tous naissance sur l'un ou l'autre versant des Himalaya, drainant ainsi toute cette chaîne majestueuse, la plus haute de la Terre.

L'*Indus* et son principal affluent le *Satledj* commencent sur le plateau du Tibet et traversent l'Himalaya par des gorges profondes. Le *Tsan-Po*, identifié depuis peu avec le *Brahmapoutre*, commence à une très faible distance du Satledj, dans la même fissure longitudinale que celui-ci, et coule dans une direction diamétralement opposée. Le *Gange* et ses affluents drainent le versant méridional: un chaînon de l'Himalaya sur lequel est situé Simla sert de ligne de partage entre les bassins de l'Indus et du Gange. Ce dernier bien plus important que l'Indus, qui a pourtant donné son nom à la Péninsule, joua un rôle prépondérant dans l'histoire de l'Inde. C'est, après le Yang-Tsé-Kiang, le cours d'eau qui a la plus grande importance au point de vue économique. Le sol de son bassin est des plus féconds; les cités qui se sont établies sur ses rives sont riches et industrieuses; nulle part, sinon en Chine, les embarcations ne sont plus nombreuses.

Dans la péninsule proprement dite, la *Narbadah* et la *Mahanad*, roulent en crue un énorme volume d'eau. Les fleuves côtiers au S. de la Tapti, très courts, sont très abondants pendant la mousson.

Il n'y a d'autres lacs à citer que le *Sambhar*, en Radjpoutana, pour son sel; ceux de la vallée de Kachmir, pour leur beauté; le lac *Kolar* et les lagunes de *Chilka* et de *Palikat* sur la côte orientale.

CLIMAT

Sauf dans les vallées de l'Himalaya, où la température varie suivant la

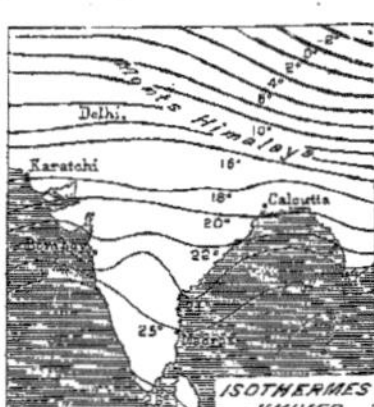

saison, l'altitude et l'exposition aux vents, l'écart des moyennes de juillet et de janvier est peu sensible dans la Péninsule. Il grandit pourtant du S. au N. et s'accentue dans la région continentale, de l'E. à l'O.

La mousson du S.-O. et l'alizé du S.-E. et parfois du S. règnent de juin à septembre. L'alizé du N.-E. qui souffle pendant les autres mois est sans humidité. La carte ci-contre montre la quantité de pluie reçue par les différentes régions de l'Inde: tandis qu'aux environs de Multan il en tombe moins d'un décimètre par an, à *Cherra-Punji* (pron. Tcherra-Poundji) les chutes atmosphériques sont les plus considérables du monde.

DIVISIONS TERRITORIALES — POPULATION

La constitution territoriale de l'Inde est bien plus compliquée encore que ne l'était jadis celle de la Confédération allemande. Le nombre des États semi-indépendants soumis à des degrés plus ou moins grands au gouvernement indo-britannique atteint le chiffre de 266. Parmi ces États il y a deux royaumes (Haidarabad et Kachmir) égaux chacun en étendue à la Grande-Bretagne; à côté de cela il existe des états comme Lawa dans le Radjpoutana qui sont plus petits que la république de St-Marin. Il y a des royaumes dont les chefs ont le droit de vie et de mort sur leurs sujets et des républiques démocratiques sans aucun chef. Quelques États forment une masse compacte, d'autres se composent d'un grand nombre de parcelles enclavées dans les territoires d'un autre État ou d'une province indo-britannique. Les uns sont placés sous la surveillance d'agents du gouvernement central (Haidarabad, Baroda, Mysore, Kachmir, Radjpoutana, Inde Centrale); les autres dépendent des gouverneurs des provinces indo-britanniques dans lesquelles ils sont enclavés.

La *religion* dominante de l'Inde est l'hindouisme (près de 207 millions); le nombre des musulmans dépasse 62 millions. Les bouddhistes, habitant principalement la Birmanie, sont au nombre de 9 477 000; les différents cultes chrétiens ne comptent que 2 923 000 adeptes. On estime le nombre d'aborigènes fétichistes à environ 9 millions. Le nombre de Parsis est de 94 000; celui des juifs, de 18 000 (1901).

Au point de vue des *races*, le recensement de 1901 divise la population de l'Inde en 118 groupes répartis d'après les langues. Les principaux groupes linguistiques sont: Groupe indo-aryen 221 millions; dravidien, 56 millions; tibéto-barman, 9 millions; kolarien, 5 millions; iranoaryen, 1,5 millions. — L'anglais est parlé par environ 240 000 personnes.

Le *mouvement de la population* ne peut être indiqué que pour le territoire britannique. Les naissances varient (1902) de 28 par 1 000 dans la province de Madras, à 46 par 1 000 dans les provinces unies d'Agra et Aoudh. Le minimum des mortalités se présente dans la province de Madras (20 par 1 000), le maximum dans le Pandjab (44 par 1 000).

En ce qui concerne l'*Instruction publique*, le recensement de 1901 compte: 15 586 421 personnes sachant lire et écrire, et 277 728 485 personnes ne sachant ni lire ni écrire. Il existe des *Universités* à Calcutta, Madras, Bombay, Allahabad et au Pandjab. Le nombre d'écoles de toute sorte était en 1904 de 155 758; celui des élèves atteignait 4 882 981 dont seulement 515 296 filles.

INDE

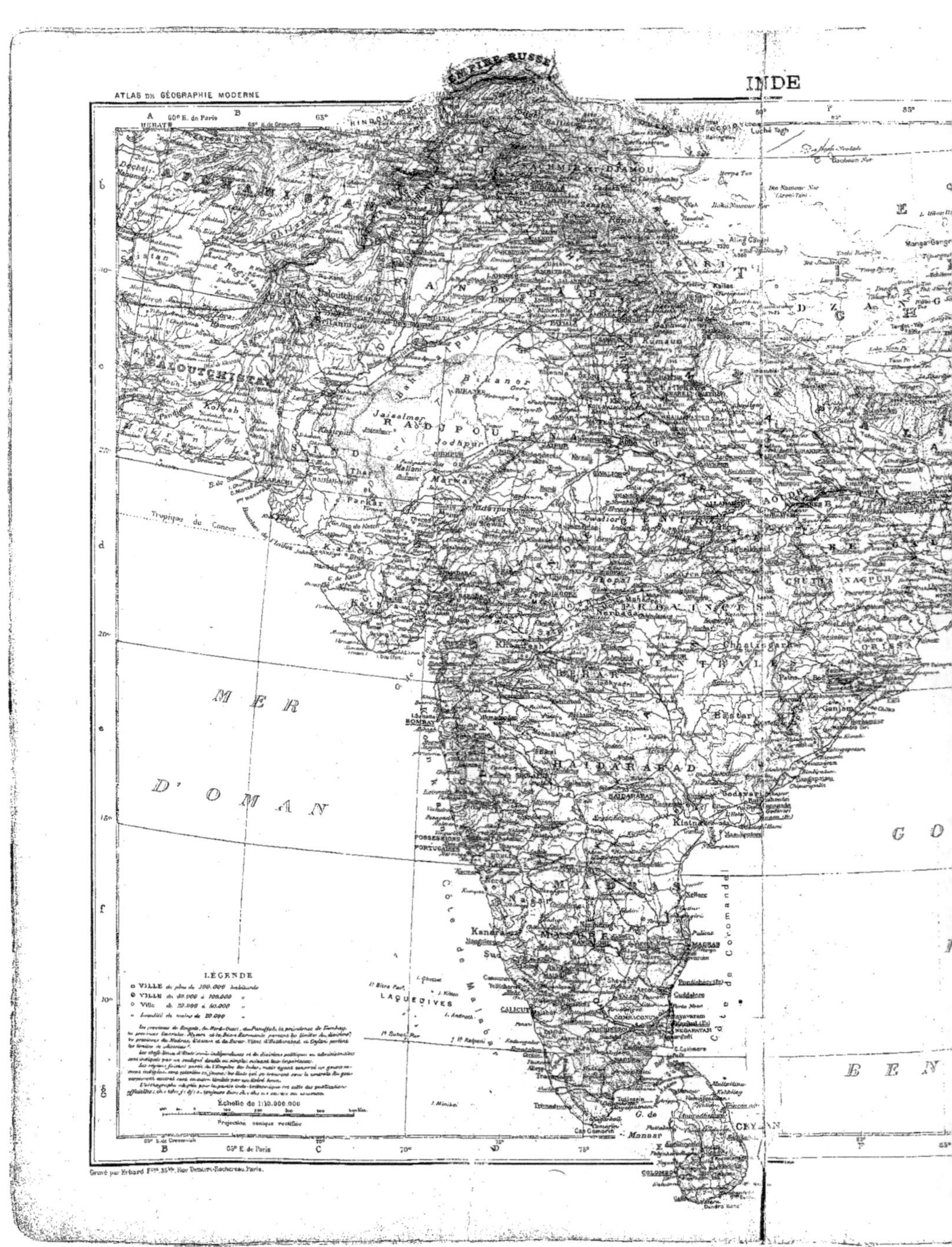

Gravé par Erhard Frères, 35 bis, Rue Denfert-Rochereau, Paris.

PUBLIÉ PAR LA LIBRAIRIE HACHETTE et Cie _ CARTE 41.

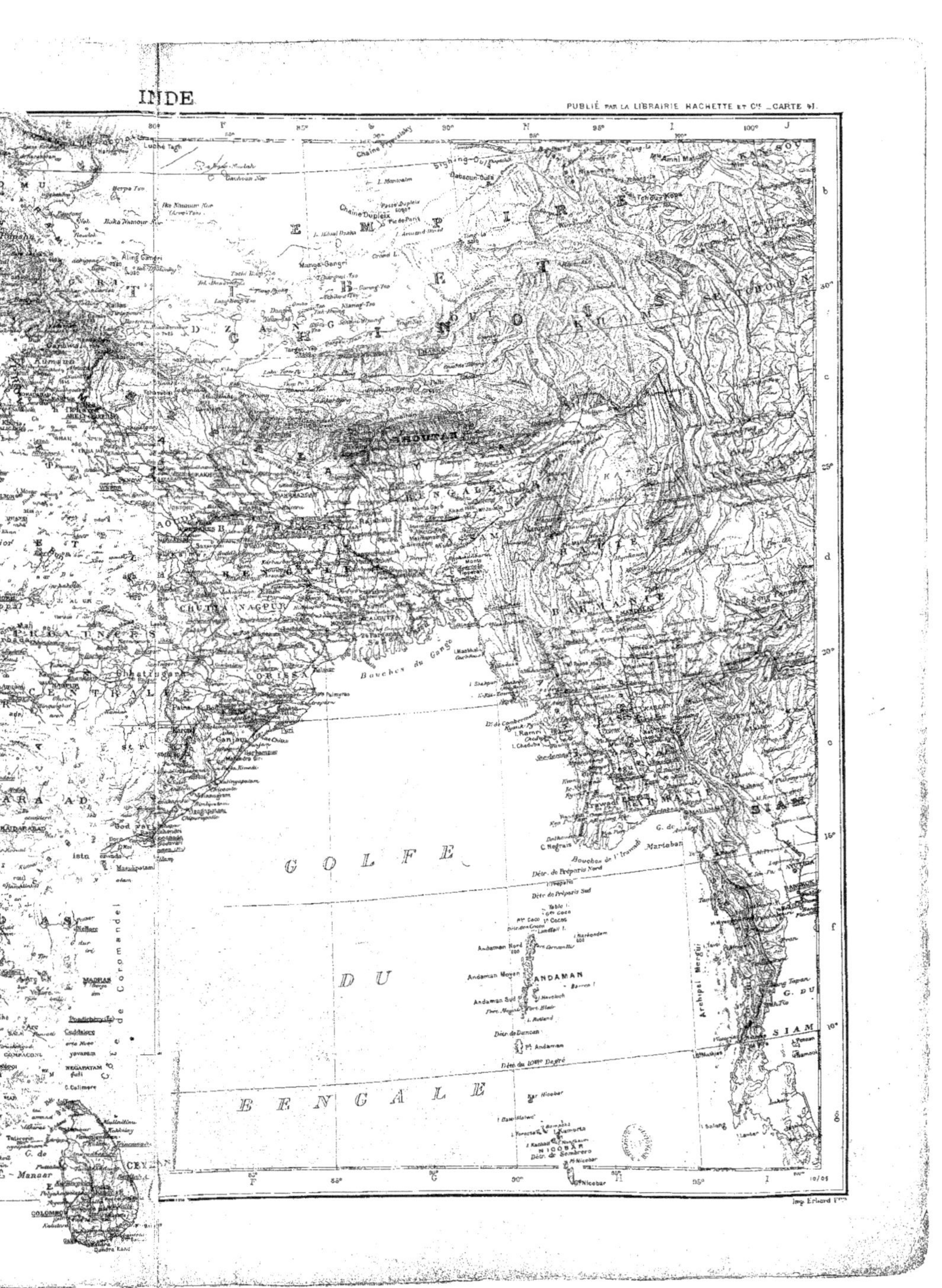

Nous donnons ci-dessous la superficie et la population de chacune des divisions territoriales de l'Inde, d'après le recensement de 1901.

DIVISIONS TERRITORIALES	SUPERFICIE EN KIL. CAR.	POPULATION EN 1901	DEN-SITÉ
Provinces			
1. Bengale (¹)	391 533	74 744 866	191
2. Provinces Unies d'Agra et Aoudh	277 343	47 691 782	179
3. Madras	367 035	38 209 436	104
4. Pundjab	251 784	20 330 339	81
5. Bombay, Sind et Aden	318 725	18 559 561	58
6. Provinces Centrales	223 920	9 876 646	44
7. Barmanie	613 126	10 490 624	17
8. Assam (¹)	145 664	6 126 343	42
9. Berar	45 867	2 754 016	60
10. Adjmir-Merwara	7 021	476 912	68
11. Kourg	4 097	180 607	44
12. Province frontière du N.-O.	42 645	2 125 480	50
13. Baloutchistan	118 628	308 246	5
14. Andamans	8 140	24 649	3
Total	2 815 743	231 899 507	82

(¹) Avant la formation de la nouvelle province de Bengale oriental et Assam.

États ou Agences			
Radjpoutana (20 états)	330 518	9 841 765	29
Haïdarabad	214 179	11 141 142	52
Inde Centrale (140 états.)	204 041	8 628 781	42
Les 18 états de Bombay	170 514	6 749 466	40
Mysore	76 257	5 448 925	72
Les 34 états du Pandjab	94 614	4 424 308	46
Les 5 états de Madras	25 819	4 186 967	162
Les 28 états du Bengale	100 105	3 748 544	37
Kachmir et Djamou	209 522	2 905 578	14
Baroda	20 975	1 952 692	95
Les 15 états des Provinces Centrales	76 254	1 996 385	26
Les 2 états des Provinces Unies	13 154	802 097	61
Sikkim	7 300	59 014	8
Baloutchistan	224 054	1 049 808	5
États tributaires et protectorats	1 766 856	62 903 558	36

VILLES

Calcutta et faubourgs.	1 026 987 hab.	Jaipur	160 167 hab.
Bombay et faubourgs.	776 006 —	Bangalore	159 046 —
Madras	509 346 —	Howrah	157 594 —
Haïdarabad	448 466 —	Puna	153 320 —
Lucknow (Laknô)	264 049 —	Patna	134 785 —
Rangun	234 881 —	Bareli	131 208 —
Bénarès	209 331 —	Nagpur	127 734 —
Delhi	208 575 —	Srinagar	122 618 —
Lahore	202 964 —	Surat	119 306 —
Cawnpore	197 170 —	Mirat	118 129 —
Agra	188 022 —	Karachi	116 663 —
Ahmadabad	185 889 —	Madura	105 984 —
Mandalay	183 816 —	Trichinopoli	104 721 —
Allahabad	172 052 —	Baroda	103 790 —
Amritsar	162 429 —		

Outre ces villes de plus de 100 000 hab., il y avait, au recensement de 1901, 52 villes de de 50 000 à 100 000 hab., 167 villes entre 20 000 et 50 000 hab. Le nombre total des villes et des villages des provinces britanniques de l'Inde est d'environ 562 000, dont près de 300 000 ont moins de 200 hab., 160 000 de 200 à 500 hab., 68 000 de 500 à 1 000 hab.

AGRICULTURE

La population de l'Inde anglaise est essentiellement rurale. Dès que la densité de cette population atteint un habitant par acre, la lutte pour l'existence commence à devenir dure ; à un habitant par demi-acre elle est terrible. Dans certains districts, une bonne récolte suffit à peine à nourrir la population et des milliers de vies humaines dépendent chaque automne d'un peu plus ou moins de centimètres de pluies tombées.

La famine périodique est un trait caractéristique de l'Inde. La plus ancienne disette connue remonte à 1769-70. Un tiers de la population du Bengale périt à cette époque. Mais c'est la famine du Behar de 1873-74 qui a la première attiré l'attention de la Métropole ; plus de 160 millions de francs ont été employés pour secourir les affamés. Les pertes des récoltes de 1876-78 occasionnèrent la grande famine de l'Inde méridionale : la mortalité augmenta pendant cette période de 40 pour 100 et les naissances diminuèrent de 16 pour 100.

Il est impossible de donner des indications précises sur les récoltes de l'Inde, ces récoltes dépendant en grande partie des conditions atmosphériques, extrêmement variables dans cette contrée. Toutefois ou peut indiquer l'étendue des champs cultivés en 1903-04 : Riz, 70 205 110 acres ; Blé 25 612 750 ; Autres céréales, 93 025 176 ; Canne à sucre, 2 280 242 ; Thé, 506 227 ; Coton, 11 885 670 ; Autres plantes textiles 3 175 025 ; Oliviers, 14 555 796 ; Indigo 712 041 ; Tabac, 975 377 ; Café, 104 259 (1 acre = 0, 404 686 d'hectare).
Forêts : 67 millions d'acres ou 271 000 kil. carrés.

INDUSTRIE

La grande industrie est pour ainsi dire nulle. Il y avait en 1904-05 : 201 filatures de coton avec 5 250 068 broches, 48 440 métiers et 196 569 ouvriers, 38 usines pour le jute avec 409 170 broches, 19 991 métiers et 133 162 ouvriers, 6 filatures de laine, avec 25 951 broches et 737 métiers, 8 fabriques de papier employant 4 266 ouvriers. Les 202 houillères ont produit en 1904 plus de 8 millions de tonnes de charbon.

La petite industrie indigène date de l'antiquité la plus reculée ; le filage du coton est contemporain du *Mahabharata* et par la délicatesse des tissus, la pureté et la finesse des couleurs, la grâce du dessin, les cotonnades hindoues dépassent les produits similaires de l'Europe. Citons également les soieries, les châles de Cachemire, les cuirs du Goudzerat, les broderies, les produits d'orfèvrerie, de coutellerie, les poteries de terre et de métal, les bois et ivoires ciselés, etc.

COMMERCE

Le commerce maritime extérieur s'est élevé en 70 ans, de 1854-55 à 1904-05, de 145 millions à 3 180 millions de roupies (une roupie, environ 1 fr. 60). Commerce maritime, en 1904-05 : imp., 1 459 millions de roupies : exp., 1 741 m. — Commerce terrestre : imp., 70 m. ; exp., 61 m. Total général : imp., 1 509 millions de roupies ; exp., 1 802 m. de r.

COMMUNICATIONS

Limitée vers le N.-O., le N. et le N.-E. par les plus puissantes chaînes de montagnes du monde, dont les cols sont peu accessibles, c'est surtout par mer que l'Inde communique avec le reste du globe.

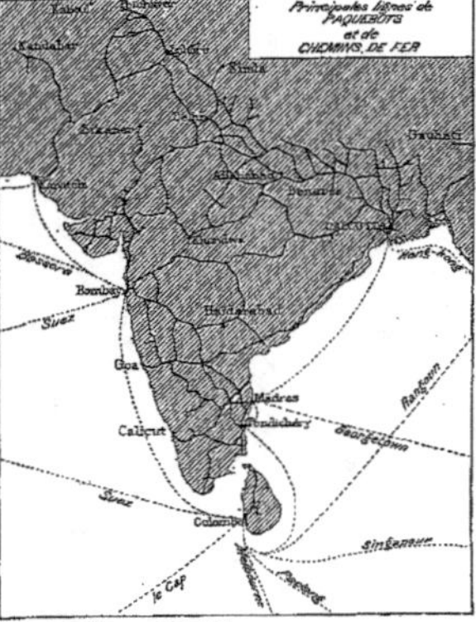

À l'intérieur, l'empire Indo-Britannique possède 44 590 kil. de chemins de fer (décembre 1904), près de 180 000 kil. de routes entretenues ; des cours d'eau navigables (le Gange, le Brahmapoutra, l'Indus et l'Irraouaddy), des canaux (principalement dans l'Inde péninsulaire).
Près de 50 000 bureaux de poste (1904) expédiant un demi-milliard de lettres ou cartes postales et 34 millions de journaux.
2127 bureaux télégraphiques ; 96 122 kil. de lignes, 341 916 kil. de fils.

ARMÉE — MARINE

Armée européenne : 2 606 officiers. 71 962 hommes de troupes. — Armée indigène : 5 115 officiers européens, 144 711 officiers indigènes et hommes de troupes. Total 222 594.
Marine : 2 cuirassés à tourelles, 2 canonnières de 1ʳᵉ classe, 1 aviso à aubes, 4 transports, 7 bateaux-torpilles, 4 vapeurs en fer, 8 vapeurs en acier, 11 vapeurs de moindre dimension, etc.

BUDGET (1904)

Recettes : 1 256 millions de roupies. Dépenses : 1 211 millions de roupies.

HISTORIQUE

Les races primitives de l'Inde, caractérisées par un teint noir, des cheveux crépus, ont été exterminées ou refoulées dans les parties les plus inaccessibles de l'Inde par des *Dravidiens* au teint brun, à la tête forte, aux membres robustes. Plus tard, ces derniers ont été refoulés à leur tour des plaines du Nord dans les régions montagneuses du Centre et du Nord, par les *Aryas*, tribus de même famille que les Perses, Grecs, Italiens, Slaves, Germains, Celtes et autres races principales de l'Europe. Les Aryas ont apporté dans l'Hindoustan les types supérieurs de civilisation et de religion. Leur littérature la plus ancienne, les *Védas*, nous montre leurs ancêtres vivant par tribus, tantôt en guerre les uns contre les autres, tantôt réunis contre les aborigènes noirs. Bientôt apparaissent les *castes* et en même temps la *religion védique* devient le *brahmanisme*. Le *bouddhisme*, né dans l'Inde au viᵉ siècle av. J.-C., se répand jusqu'au cercle polaire, en Chine, au Japon, dans la Malaisie. Les sciences exactes ont eu leur origine dans l'Inde (c'est aux Hindous que nous devons le système décimal et les chiffres dits arabes). En médecine, en musique, les Aryas de l'Inde devancèrent de beaucoup les peuples de l'Occident. Leur art architectural s'affirma dans des chefs-d'œuvre admirables ; leurs poèmes épiques, le *Ramayana* et le *Mahabharata*, sont immortels.

En relations de commerce ou de guerre, depuis la plus haute antiquité, avec les Babyloniens, les Assyriens, les Mèdes, les Perses et les Grecs, les Hindous furent successivement conquis par les Grecs d'Alexandre, les Scythes, les Arabes, les Turcs, les Afghans, les Mongols qui fondèrent la dynastie des Grands-Mogols disparue à la suite de la mutinerie de 1857 après laquelle le dernier Grand-Mogol fut détrôné, ses fils exécutés.

À la fin du xvᵉ siècle les Portugais débarquèrent dans l'Inde et commencèrent l'ère de la conquête politique de l'Hindoustan par les Européens. Ils furent suivis par les Danois, les Autrichiens, les Hollandais. Les Français parurent au début du xviiᵉ siècle. Dupleix (1741-1755) créa une armée franco-hindoue, intervint dans les querelles des princes indigènes, imposa le protectorat français aux plus puissants d'entre eux, et fonda un empire qui comprenait les trois quarts de l'Inde péninsulaire.

Les Anglais, dont les débuts en 1599, furent très modestes, devinrent maîtres du Carnatic après le traité de 1754 conclu avec la France. La victoire de *Plassey* (1757) leur donna le Bengale, celle de *Baxar* (1764) brisa les forces de l'empereur mongol. Depuis l'Inde britannique ne fit que grandir et le 1ᵉʳ janvier 1877 la reine Victoria prit le titre d'impératrice des Indes.

Très peu nombreux (100 000 personnes à peine noyées dans une population indigène de 280 millions), les Anglais jouent un rôle très considérable dans leur empire asiatique qui touche au Nord à l'empire de Russie. S'il surgit un jour un conflit entre les deux puissances, si, à la faveur de ce conflit, l'Inde retourne aux Hindous, cette Inde sera certainement bien différente de celle d'avant la conquête anglaise.

D. AÏTOFF.

SITUATION

L'Indo-Chine est la plus orientale des trois grandes péninsules méridionales de l'Asie. Son nom, inventé par Malte-Brun, lui vient d'une combinaison de ceux de l'Inde, à laquelle elle touche au Nord-Ouest, et de la Chine, qui la borne au Nord. En effet, elle constitue par sa nature une transition entre les deux pays; les diverses races qui l'habitent sont formées d'éléments venus de l'un et de l'autre, et en ont subi les deux influences dans leur organisation politique et sociale, leurs religions, leurs langages, leurs écritures. Comme il est naturel, l'influence hindoue est prédominante à l'Ouest, l'influence chinoise à l'Est.

L'Indo-Chine se divise en deux parties distinctes : au Nord, une grande masse, de forme ovale, orientée du Nord-Ouest au Sud-Est; au Sud-Ouest, et s'y enracinant, une presqu'île effilée, ayant la même orientation, et se prolongeant jusque près de l'équateur : c'est la presqu'île de Malacca, ou péninsule malaise. La longueur totale de l'extrême frontière Nord, par 27° 15′ latitude Nord, à la pointe de la presqu'île de Malacca, est de 2860 kilomètres; la plus grande longueur de l'Indo-Chine proprement dite, du Nord-Ouest au Sud-Est, est de 2175 kilomètres; sa plus grande largeur, de la côte d'Arrakan à celle du Tonkin, est de 1620 kilomètres.

La mer des Indes, qui enveloppe l'Indo-Chine à l'Ouest, y forme le golfe de Pégon ou de Martaban, qui se continue au Sud en une sorte de mer intérieure, bornée à l'Ouest par l'arc des Andaman et des Nicobar, dont la courbe prolongée aboutit à Sumatra. Cette île est séparée de la presqu'île de Malacca par le détroit du même nom. Au Sud-Est et à l'Est, la péninsule indo-chinoise est baignée par la mer de Chine, qui y forme le profond golfe de Siam et le golfe plus largement ouvert du Tonkin.

SUPERFICIE

La superficie de l'Indo-Chine est évaluée approximativement à 2 114 000 kilomètres carrés, soit à peu près quatre fois celle de la France (556 408 kilomètres carrés).

RELIEF DU SOL

La péninsule indo-chinoise est formée de grandes vallées fluviales, dirigées du Nord-Ouest au Sud-Est et bordées de chaînes de montagnes étroites et allongées, dont la hauteur ne dépasse 2000 mètres qu'en un petit nombre de points. Cette configuration nous explique pourquoi l'Indo-Chine est si peu peuplée relativement à l'Inde. Les passages sont difficiles d'une vallée à l'autre, au-dessus de monts couverts de forêts, et les vallées elles-mêmes, descendant vers le Sud, offrent de brusques contrastes de climats, qui étaient peu favorables à la marche d'invasions venues du Nord. Les régions les mieux placées pour recevoir une nombreuse population sont celles des bassins inférieurs des fleuves, de l'Irraouaddi, du Ménam, du Mékong et du Song-Koï. C'est là en effet que se sont formés des centres de civilisation, les foyers de vie de la péninsule; mais par leur position même ces pays offraient un accès facile à l'étranger : c'est par eux qu'ont pénétré d'abord les Hindous et les Chinois, puis dans notre siècle les Européens, Anglais et Français, qui s'y disputent encore la prépondérance.

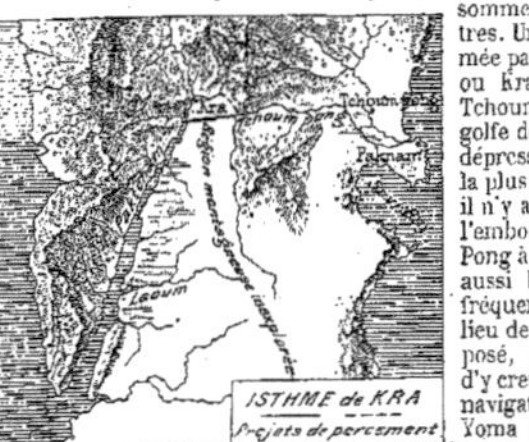

Les chaînes de montagnes les plus importantes sont, en partant de l'Ouest : l'*Arrakan Yoma* (2164 mètres au point culminant), qui sépare l'Irraouaddi des fleuves côtiers de l'Arrakan; il se termine au cap *Negrais*, borne sud-occidentale de la péninsule, mais il se continue au large par la chaîne des Andaman et des Nicobar; le *Pégou Yoma* (600 mètres) sépare l'Irraouaddi du Sitang, fleuve secondaire; le *Chan Yoma* (point culminant 3194 mètres) sépare les bassins de ces deux fleuves de celui de la Salouen, de l'autre côté de laquelle s'étend, parallèlement, le *Ta-nong-taong-ghyi*; ces deux chaînes s'unissent plus au Sud et se prolongent par les arêtes parallèles, coupées de nombreuses brèches, qui couvrent la presqu'île de Malacca, et dont quelques sommets atteignent 2000 mètres. Une des brèches est formée par la rivière de Pakchan ou Kra à l'Ouest, et par le Tchoum-Pong, tributaire du golfe de Siam à l'Est. Cette dépression marque la partie la plus étroite de la péninsule; il n'y a que 44 kilomètres de l'embouchure du Tchoum-Pong à l'estuaire de Pakchan; aussi l'isthme de Kra est-il fréquemment utilisé comme lieu de passage, et l'on a proposé, à plusieurs reprises, d'y creuser un canal de grande navigation. A l'Est du Chan Yoma et de son prolongement, les bassins du Ménam sont séparés par quelques massifs insulaires, dont l'un, le *Kao-Donrek*, ou *monts de Baxzac* (1100 mètres), s'étend de l'Est à l'Ouest. Le bassin du Mékong est séparé de ceux du Song-Koï et des fleuves côtiers de l'Annam par un faîte qui suit, avec un remarquable parallélisme, les inflexions de la côte du Tonkin, de l'Annam et de la Cochinchine, décrivant une grande courbe, dont la convexité est tournée vers l'Est. Ce faîte, encore peu exploré, se relève çà et là en chaînes de 2000 mètres et plus, et en plateaux, dont le mieux connu est celui des *Boloven* ou de *Saravan*, haut de 950 à 1000 mètres.

HYDROGRAPHIE

Les fleuves indo-chinois les plus importants sont : l'*Irraouaddi*, la *Salouen*, le *Ménam*, le *Mékong* et le *Song-Koï*, ou *Fleuve Rouge*. Les quatre premiers suivent, du Nord au Sud, et du Nord-Ouest au Sud-Est, les vallées parallèles creusées entre les chaînes. Le cours supérieur de l'Irraouaddi n'a été reconnu que tout récemment; on sait désormais qu'il prend sa source dans une région de montagnes qui s'étend au sud des pentes orientales du Thibet. En aval de Prome, il se divise en deux bras, la rivière de Bassein à l'Ouest, l'Irraouaddi proprement dit, de beaucoup le plus grand, à l'Est : celui-ci se ramifie à son tour en branches nombreuses, formant un vaste delta. La Salouen prend probablement naissance dans le Thibet sous le nom de Lou-Kiang, ou Loutsé-Kiang; elle coule droit au Sud et gagne la mer à Maulmein, par un delta peu étendu. Le Ménam se forme de deux branches, le Mé-ping et le Ménam proprement dit, et gagne la mer à Bangkok. Le premier rang parmi ces fleuves appartient au Mékong ou Cambodge, qui, né dans le Thibet, où il porte le nom de Lan-Tsan-Kiang, coule, tout en décrivant de vastes courbes, dans l'axe même de la péninsule, du Nord-Ouest au Sud-Est. La partie moyenne de son cours est interrompue par des rapides, mais en son embouchure aux chutes de Khôn il offre une belle voie de navigation. Près de Pnom-Penh, il se divise en deux branches, le fleuve Postérieur, ou rivière de Bassac à l'Ouest, et le fleuve Antérieur, ou Tien-Giang à l'Est. A ces deux branches s'unissent d'autres rivières par un lacis de coulées qui serpentent à travers les terres marécageuses de la basse Cochinchine. Le Song-Koï, ou fleuve Rouge, prend sa source dans la province chinoise de Yun-nan, vers laquelle il ouvre une importante voie de communication déjà utilisée par le commerce; le Song-Koï, grossi de divers affluents, forme, lui aussi, un delta dont la fourche est à Sontaï; ses eaux s'entremêlent par des canaux à celles du Taï-Binh, qui suit un cours parallèle.

Outre ces grands fleuves, la péninsule indo-chinoise compte de nombreux fleuves côtiers; les plus importants sont ceux du versant occidental, qu'alimentent des pluies d'une grande abondance.

CÔTES

En dehors des terres alluviales des deltas, les côtes de la péninsule sont généralement rocheuses; des phénomènes de soulèvement ont été constatés sur le rivage de l'Arrakan, du fond du golfe de Bengale au cap Negrais; la côte occidentale de la presqu'île de Malacca est aussi dans une aire d'exhaussement, mais elle recule, érodée peu à peu par le courant du détroit.

CLIMAT

Le climat est celui de la zone tropicale. L'année est divisée, comme dans l'Inde, en deux saisons, déterminées par l'alternance des moussons. La mousson du Sud-Ouest, règne de mai à septembre ; c'est alors la saison humide. Au contraire, la mousson du Nord-Est, qui souffle de septembre à mars, amène le temps sec. La période intermédiaire entre les deux moussons est marquée par de fortes chaleurs. En général, la température de la péninsule est très élevée. Dans le Sud, les écarts annuels sont peu considérables; ainsi à Saigon, dont la moyenne est 27°.01 d'après des observations de sept années, l'écart entre les températures extrêmes n'est que de 2°,85. Dans le Nord nous trouvons des variations plus grandes : Hanoï a une

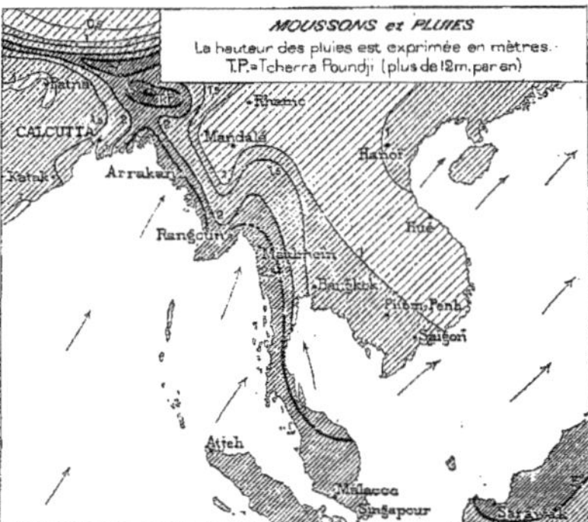

moyenne de 24°; mais le thermomètre y oscille, suivant les saisons, de 35° à 7°. Dans l'intérieur du Tonkin ou du Siam, on constate assez fréquemment des températures de 7° à 8°.

Les pluies sont abondantes, mais inégalement réparties. C'est naturellement la côte occidentale, exposée à la mousson du Sud-Ouest, qui en reçoit la plus forte part. Ainsi la précipitation annuelle atteint 5 mètres dans l'Arrakan, et jusqu'à 6 mètres sur le versant ouest de l'Arrakan-Yoma, tandis que le versant est n'en reçoit que 1m,50 environ. De même le rivage occidental de la presqu'île de Malacca est abondamment arrosé, et sur le Poulo-Pinang la chute annuelle est, dit-on, de 8m,45. La moyenne de Bangkok est de 1m,49, celle de Saigon de 1m,74. Le versant occidental du faîte entre le Mékong et le Song-Koï reçoit de même une quantité de pluies beaucoup plus grande que le versant oriental, et l'on peut s'en convaincre à l'abondance de sa végétation.

FAUNE ET FLORE

La flore et la faune ressemblent surtout à celle de l'Inde. Mais, tandis qu'en Birmanie le caractère hindou domine presque exclusivement, des éléments siniques s'y mêlent en grand nombre dans le Siam et dans l'Annam, tandis que dans la presqu'île de Malacca on rencontre des espèces animales et végétales qui lui sont communes avec l'archipel malais. En général, les

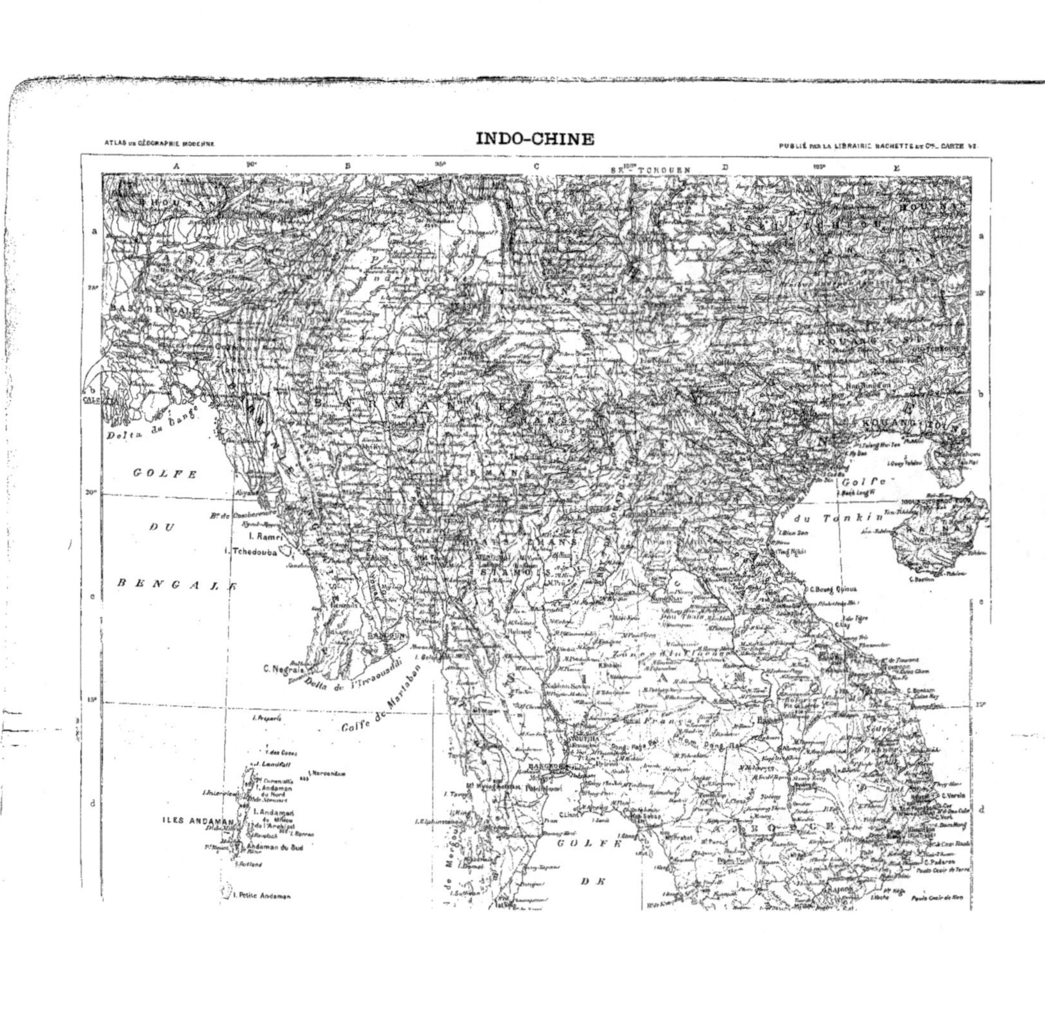
INDO-CHINE
GOLFE DU BENGALE
GOLFE DE
Golfe du Tonkin
Delta du Gange
Delta de l'Irraouaddi
Golfe de Martaban
ILES ANDAMAN
I. Andaman du Nord
I. Andaman du Milieu
I. Andaman du Sud
I. Petite Andaman
I. Ramri
I. Tchedouba
C. Negrais
CALCUTTA
BANGKOK
TCHOUEN
TONKIN
SIAM
BIRMANIE

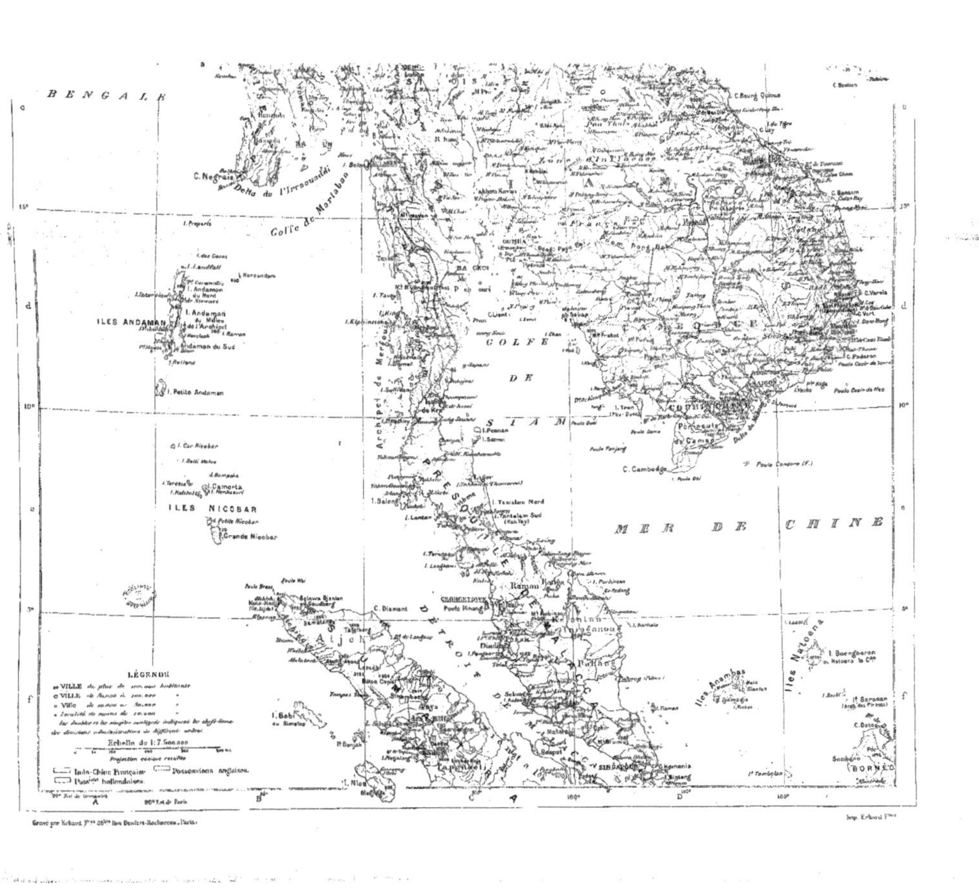

BENGALE
Golfe de Martaban
Delta de l'Irraouaddi
C. Negrais
GOLFE DE SIAM
MER DE CHINE
ILES ANDAMAN
I. Preparis
I. des Cocos
I. Landfall
I. Narcondam
I. Andaman du Nord
I. Interview
I. Andaman du Milieu de l'Archipel
I. Ronan
Andaman du Sud
I. Rutland
I. Petite Andaman
ILES NICOBAR
I. Car Nicobar
I. Batti Malve
I. Bompoka
I. Teressa
I. Camorta
I. Katchal
I. Nankaouri
I. Petite Nicobar
I. Grande Nicobar
BA CKOI
COCHINCHINE
Pointe de Camau
C. Cambodge
C. Varela
C. Bourg Quirus
Poulo Condore (F.)
Iles Anambas
Iles Natoena
BORNEO
Archipel de Mergui
I. Salang
I. Lanta
I. Tantalan Nord
I. Tantalan Sud (Koh Tao)
GEORGETOWN
Port Swettenham
C. Diamant
Ramm
Pahang
DÉTROIT DE MALACCA
I. Babi ou Simalur
P. Banjak
I. Nias
SINGAPOUR
Bintang
I. Tantalan
LÉGENDE
VILLE de plus de 100.000 habitants
VILLE de 50.000 à 100.000
Ville de moins de 50.000
Localité de moins de 10.000
Les doubles et les simples soulignés indiquent les chefs-lieux
des divisions administratives de différent ordre.
Echelle de 1: 7.500.000
Projection conique revisée
Indo-Chine Française
Possessions anglaises
Possessions hollandaises
96° Est de Greenwich
96° Est de Paris
Gravé par Erhard Frères 35bis Rue Denfert-Rochereau, Paris.
Imp. Erhard Frères

forêts de l'Indo-Chine renferment beaucoup d'essences précieuses, le teck, l'acacia dont on extrait le cachou, l'arbre à vernis, le bois d'aigle, brûlé seulement dans les palais et dans les temples.

La grande faune est représentée par les éléphants, que Barmans et Siamois réussissent fort bien à domestiquer, les rhinocéros, les buffles sauvages, les tigres, etc.

PRODUCTIONS MINÉRALES

La plupart des montagnes de l'Indo-Chine sont riches en gisements miniers, fer, plomb, cuivre, étain, argent, or. L'étain se trouve surtout dans la presqu'île de Malacca, où la production annuelle dépasse 8 millions de francs. La Barmanie a des carrières de jade. Le Tonkin a de riches dépôts de charbon, dont l'exploitation a commencé. Enfin on trouve des sources de pétrole sur le versant oriental de l'Arrakan Yoma.

POPULATION

Les populations de l'Indo-Chine se sont formées d'éléments divers. D'après le Dr Harmand, qui a pu étudier lui-même beaucoup des races de la péninsule, on peut les diviser en cinq groupes : 1° Le groupe formé par les Annamites, les Thaïs, subdivisés en Chans, Laotiens et Siamois, et les Barmans. Ces divers peuples appartiennent à une même race, parente des Chinois ; mais les Barmans, et plus encore les tribus voisines des Assamais et des Arrakanais, ont subi un fort mélange d'éléments hindous. Les traits caractéristiques de ce groupe sont une petite taille (1ᵐ,59 à 1ᵐ,64), une couleur de peau généralement jaunâtre, des cheveux noirs et abondants, mais un système pileux peu développé sur le reste du corps, des yeux petits et obliques, etc. Les langues de ces différents peuples se ressemblent beaucoup par la grammaire, bien que les vocabulaires en soient très différents ; l'annamite et le siamois sont

purement monosyllabiques ; le barman, par contre, s'écarte, sur quelques points, du monosyllabisme et se rapproche du thibétain. 2° Les Khmers, ou Cambodgiens, qui ont subi profondément l'influence hindoue. 3° Les populations sauvages, disséminées dans l'intérieur et connues sous les divers noms de *Moïs*, *Muongs*, en Cochinchine, en Annam, de *Kakyen*, en Barmanie, etc. Elles ont été peu étudiées : aussi n'est-ce qu'artificiellement qu'on peut les réunir en un seul groupe. 4° Les populations sauvages de la presqu'île de Malacca, dont les noms sont tous précédés de l'appellation générique d'*orang*, qui signifie « homme » ; elles se rattachent probablement aux Negritos, mais la plupart ont été

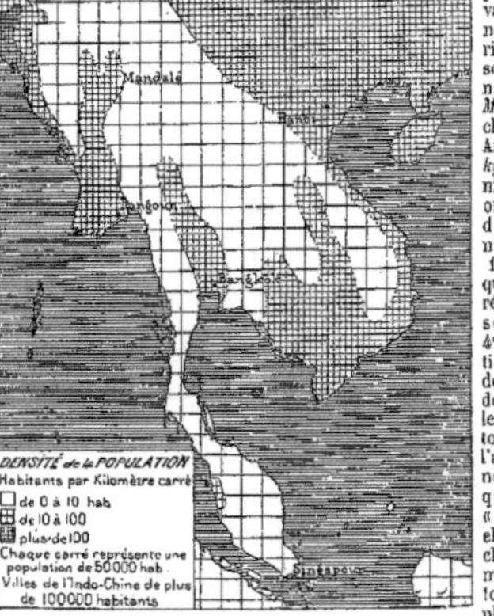

fortement modifiées par les Malais. 5° Les Malais, que l'on rencontre non seulement dans la presqu'île de Malacca, mais même dans l'intérieur de l'Indo-Chine.

A ces divers éléments ethniques, l'émigration en ajoute de nos jours un autre, celui des Chinois des provinces méridionales, qui viennent se fixer en foule dans les villes du Tonkin, de l'Annam, de la Cochinchine, à Singapour, etc.

AGRICULTURE — INDUSTRIE — COMMERCE

La principale culture de l'Indo-Chine est celle du riz. Elle est répandue surtout en Barmanie, en Cochinchine, dans le delta du Tonkin. D'autres cultures sont celles du thé en Barmanie et dans la presqu'île de Malacca, du tabac en Barmanie, du coton et du maïs en Annam et au Tonkin.

L'industrie est déjà active dans la basse Barmanie. On y fabrique des tissus de soie, du papier, des ouvrages en or, en argent et en ivoire. La soie est également tissée au Tonkin, dont une industrie florissante est la fabrication des meubles incrustés et laqués.

Les objets principaux du commerce d'exportation sont le riz, les bois d'ébénisterie, les soieries, etc.

Il est difficile d'estimer la valeur totale du commerce indo-chinois.

Cependant, avec les chiffres connus, on arrive à un total d'environ 2 milliards, dont moitié pour les établissements du Détroit.

DIVISIONS POLITIQUES

A part le royaume de Siam, qui conserve, avec les États laotiens reconnaissant sa suzeraineté, une certaine indépendance, et quelques petits États de la presqu'île de Malacca, l'Indo-Chine est aujourd'hui partagée entre la France et la Grande-Bretagne.

Nous donnons ici la liste des États de l'Indo-Chine, avec leur population et leur superficie en chiffres ronds.

	Superficie en kil. carr.	Population
Barmanie avec Arrakan et Ténassérim (anglais)	687 000	7 700 000
Manipour (anglais)	19 500	125 000
Tribus à l'est et au sud de l'Assam (indép.)	72 800	200 000
Siam	514 000	5 700 000
Annam, Tonkin, Cochinchine, Laos (français)	615 500	13 592 500
Cambodge (français)	120 000	1 500 000
Etats indépendants de la presqu'île de Malacca	81 500	300 000
Etablissements anglais du Détroit	3 570	512 000
Total	2 114 000	31 629 500

VILLES PRINCIPALES

Les villes principales de l'Indo-Chine sont :

Barmanie :	Mandalé	183 816 hab.
	Rangoun	254 881 —
	Maulmein	58 446 —
Siam :	Bangkok	350 000 —
	Ayuthia	50 000 —
Laos :	Lakhon	25 000 —
	Xieng-Maï	50 000 —
Cambodge :	Pnom-Penh	45 000 —
Cochinchine :	Saïgon	47 578 —
Annam et Tonkin :	Hanoï	127 000 —
	Hué	50 000 —
	Nam-Dinh	50 000 —
	Haï-Phong	15 000 —
Presqu'île de Malacca :	Singapour	150 000 —
	Georgetown	60 000 —
	Malacca	20 000 —

HISTORIQUE

Le plus ancien fait dont l'histoire fasse mention en Indo-Chine, la colonisation armée de l'Annam par les Chinois, date de 214 avant notre ère. C'est vers la même époque que le brahmanisme se répandit dans la péninsule. Ces deux faits nous montrent ainsi dès l'origine la coexistence des deux influences diverses qui devaient se disputer l'Indo-Chine. Au ve siècle de notre ère, le bouddhisme, apporté de Ceylan au Pégou, ou basse Barmanie, se répandit chez les Barmans, les Siamois et les Cambodgiens ; un siècle plus tard il parvenait jusqu'au Laos. Quant à l'Annam, il reçut la nouvelle religion de la Chine ; de là le caractère très différent que le bouddhisme a revêtu chez les Annamites, sur lesquels il a d'ailleurs peu de prise.

Au viiie siècle, ce fut le royaume Khmer ou Cambodgien qui acquit la prépondérance dans la péninsule. Il s'étendait de la mer du Sud jusqu'au Laos ; sa puissance dura longtemps ; elle ne commença à décliner qu'à la fin du xviie siècle. Au xviiie siècle les Annamites enlevèrent aux Cambodgiens toutes leurs provinces méridionales, la Cochinchine française actuelle, et le roi de Siam se saisit de deux de leurs provinces orientales.

Les conquêtes des puissances européennes ne commencent que dans notre siècle. En 1824 les Anglais s'établissent à Singapour, en 1825 à Malacca, en 1826 dans l'Arrakan et le Ténassérim ; en 1852, ils prennent le Pégou, ou basse Barmanie, et la Barmanie se trouve ainsi divisée en deux États, l'un anglais, l'autre indépendant. Mais le premier fait forcément sentir son attraction, et en 1885 la Barmanie indépendante tombe, comme un fruit mûr, entre les mains des Anglais.

La France, à laquelle un roi de Siam avait déjà envoyé une ambassade sous Louis XIV, et qui était entrée, sous Louis XVI, en rapport avec Gia-Long, le roi détrôné de l'Annam, ne prit pied en Indo-Chine qu'en 1859. En 1862 elle y acquérait son premier établissement, trois provinces de la Cochinchine, auxquelles trois autres venaient s'ajouter en 1867 ; entre temps, en 1863, elle proclamait son protectorat sur le Cambodge. Nous avons mentionné à la notice *Colonies françaises* l'établissement du protectorat sur le Tonkin et l'Annam, et l'acquisition d'un empire indo-chinois, dont il sera facile, en y mettant quelque esprit de suite, de faire une florissante colonie.

HISTOIRE GÉOGRAPHIQUE

L'Indo-Chine a été presque ignorée de l'antiquité romaine, et l'on ne sait même pas si la *Chersonèse d'Or* de Ptolémée est réellement la presqu'île de Malacca. Elle ne fut connue de l'Occident que par l'intermédiaire des Arabes, à partir du viie siècle de notre ère. Au moyen âge, quelques Génois, Vénitiens et Grecs voyagèrent dans l'extrême Orient, effleurèrent diverses régions de la péninsule ; ainsi Marco Polo visita la Barmanie, Nicolao di Conti l'Arrakan et le royaume d'Ava. Mais la véritable histoire géographique commence avec les Portugais, qui apparaissent dans les mers indo-chinoises en 1508, et s'établissent en 1511 à Malacca. Aux Portugais succèdent les Hollandais. Mais au xviie siècle la pénétration de l'Indo-Chine par les Européens subit un temps de recul ; ils furent expulsés du Cambodge, du Tonkin et de la Cochinchine. Cependant quelques missionnaires, parmi lesquels un certain nombre de Français, parcoururent encore la péninsule et en rapportèrent des cartes et des documents intéressants ; deux ambassades françaises furent envoyées à la cour de Siam en 1685 et en 1687. Plus tard les Jésuites, qui travaillaient à la cour de Chine, acquirent quelques notions sur les régions indo-chinoises limitrophes, et à la fin du xviiie siècle les Anglais, qui cherchaient déjà à pénétrer en Barmanie, nous donnèrent les premiers détails exacts sur l'intérieur.

Les explorations se sont multipliées dans notre siècle. Nous pouvons citer parmi les voyageurs français les missionnaires Pallegoix et Taberd, Mouhot, qui remonta en 1861 le Mékong jusqu'à Louang-Prabang, puis Doudart de Lagrée, qui commanda, de 1866 à 1868, la grande expédition du Mékong, Francis Garnier, l'un des membres et l'écrivain de cette expédition, qui devait mourir au Tonkin en 1873, après un des faits d'armes les plus extraordinaires de notre époque ; enfin MM. Dupuis, Harmand, Dutreuil de Rhins, Neis, Kergaradec, Aymonier, Pavie, Cupet, etc.

H. JACOTTET.

SITUATION

L'Archipel Asiatique ou « Insulinde » occupe l'espace qui sépare l'Asie de l'Australie, en face de nos possessions d'Indo-Chine: il est partagé par l'équateur en deux parties sensiblement égales. Ses *limites* sont assez difficiles à déterminer : la presqu'île de Malacca devrait en faire partie si l'isthme de Kra était un détroit; Wallace y comprend la Nouvelle-Guinée.

Quoi qu'il en soit, toutes les îles contenues dans ces limites ont entre elles de grands points de ressemblance; elles forment un tout géographique.

Il convient pourtant de distinguer deux groupes faciles à reconnaître à première vue : Sumatra, Java, Bornéo, les Philippines, regardent l'Asie, vers laquelle sont tournées, comme au Japon, les terres basses.

Les autres groupes, Célèbes, les Moluques, la partie orientale des îles de la Sonde, sont au contraire penchés vers l'Australie.

Il y a là comme deux mondes qui se tournent le dos. Mais l'unité existe, grâce à la proximité des rivages, qui a facilité les relations et adouci les contrastes, en favorisant l'essor d'une civilisation maritime.

L'Archipel Asiatique était appelé par sa situation à rapprocher les deux continents si différents de l'Asie et de l'Australie : il joue le même rôle que l'Archipel Grec entre l'Europe et l'Asie, ou encore mieux les Antilles entre les deux Amériques.

SUPERFICIE

L'Archipel a sensiblement la forme d'un triangle, occupant un espace égal aux trois quarts de l'Europe. Les plus grandes îles de cet archipel sont :

NOMS DES ILES	NOMS DES PAYS AUXQUELS LES ILES APPARTIENNENT	SUPERFICIE en kilomètres carrés	
		PARTIELLE	TOTALE
Nouvelle-Guinée	Pays-Bas	394.780	
	Angleterre	229.102	805.541
	Allemagne	181.650	
Bornéo	Pays-Bas	540.578	743.955
	Angleterre	196.577	
Sumatra	Pays-Bas	—	433.795
Célèbes	»	—	179.416
Java	»	—	125.622
Luçon	États-Unis	—	108.882
Mindanao	»	—	97.968
Timor	Pays-Bas	16.511	
	Portugal	15.162	32.617
	Indigènes	944	
Halmahera	Pays-Bas	—	17.998
Ceram	»	—	17.152
Florès	»	—	13.174
Paragua	États-Unis	—	14.584
Panay	»	—	13.538
Samar	»	—	13.471
Soembawa	Pays-Bas	—	13.285
Banka	»	—	11.342
Soemba	»	—	11.069
Mindoro	États-Unis	—	10.167

CÔTES

Basses en général sur le rebord intérieur de la courbe, où sont pourtant toutes les grandes villes, Batavia, Manille, — élevées et rocheuses sur l'océan Indien. — Un grand nombre d'îles sont entourées d'une ceinture de récifs coralliens.

La découpure des côtes offre de grands contrastes : à côté de Bornéo si massive, les Philippines, les Moluques, sont découpées, émiettées à l'extrême; l'île Célèbes n'est qu'un faisceau de péninsules effilées. Somme toute, et grâce à son caractère même d'archipel, l'Insulinde est très articulée, beaucoup plus par exemple que l'Europe, tant vantée pour son extrême découpure côtière. Ce sont donc d'autres causes qui ont empêché ce pays de jouer dans l'histoire de la civilisation un rôle aussi considérable que le nôtre.

RELIEF DU SOL

Le trait le plus caractéristique consiste dans l'entre-croisement de courbes qui semblent appartenir à plusieurs systèmes; à remarquer tout

particulièrement la longue traînée de volcans qui s'étend presque sans interruption et sur une courbe très régulière de Sumatra à Timor d'une part, de cette dernière à Formose, à travers les Moluques et les Philippines d'autre part, laissant complètement en dehors Célèbes, où il n'y a qu'un seul volcan, et Bornéo, où il n'y en a pas du tout.

L'Archipel Asiatique est le pays du monde où les volcans sont proportionnellement le plus nombreux et peut-être le plus actifs (éruptions de 1880, à Manille, et de 1885, île Krakatau).

Java est entièrement volcanique et doit ainsi son existence aux causes mêmes qui contribuent périodiquement à la dévaster (Wallace). Le point culminant de cette île est le volcan de Semeroe (3 670 m.). Le soubassement des autres îles est en général de nature calcaire ; à Sumatra, à Bornéo, les côtes sont en de nombreux endroits perforées de cavernes, où l'on recueille les nids d'hirondelles. Les sommets sont pour la plupart constitués par du terrain primaire, mais on ne connaît pas exactement encore l'altitude de tous les points. Le pic le plus élevé semble toutefois être celui de Kina Balou, dans l'île de Bornéo (4 170 m.).

HYDROGRAPHIE

L'Archipel Asiatique est par excellence le pays des mers fermées ; on en compte jusqu'à six ou sept qui ont reçu des noms spéciaux. Mais leurs profondeurs sont très variables : les deux plateaux sous-marins, qui s'adossent d'une part à l'Asie, de l'autre à l'Australie, sont séparés par un détroit large de 1 000 kilomètres, avec des gouffres de 2 000 à 5 000 mètres d'où les îles surgissent sans connexion apparente les unes avec les autres, toutes d'origine volcanique ou corallienne. C'est cette bande qui est la véritable limite des deux continents; c'est la zone où les deux mondes se mêlent. Elle est pourtant déjà plus australienne qu'asiatique, mais il ne faudrait pas exagérer la brusquerie des contrastes, entre Bali et Lombok, par exemple.

Les cours d'eau de la plupart des îles ne sont en général que des torrents ; quelques-uns pourtant sont de vrais fleuves (Bornéo en possède de plus longs que le Rhin); comme dans toutes les mers fermées, ces cours d'eau tendent à former des deltas.

CLIMAT

Le **climat** est le facteur qui fait véritablement l'unité de l'Archipel. Tropical par la latitude, il est, par la situation géographique, soumis à la double influence du Pacifique et de l'océan Indien. Le choc des alizés et des moussons y occasionne les typhons, si fréquents dans ces parages, et cette lutte des vents, jointe à l'évaporation intense d'une mer surchauffée et à la discontinuité des chaînes de montagnes, assure à ce pays la plénitude des pluies tropicales (2 mètres en moyenne par an).

Toutefois là aussi il y a contraste. L'influence de l'alizé australien se fait sentir dans toute la partie Sud-Est et y rend les précipitations moins abondantes.

La répartition des saisons est celle des tropiques en général (saison sèche et saison humide).

On remarquera d'ailleurs que, l'Archipel Asiatique se trouvant à cheval sur l'équateur, la répartition des saisons y varie naturellement suivant qu'on se trouve au nord ou au sud de la ligne, ou plutôt elle est partout assez indécise, et elle l'est d'autant plus qu'on s'élève davantage en altitude : dans la montagne il pleut d'une façon presque constante et l'année n'a véritablement pas de saisons ; ainsi, tandis qu'à Batavia les précipitations annuelles n'atteignent pas 2 mètres, Buitenzorg (Sans-souci), le lieu de plaisance de la capitale, éloigné seulement d'une cinquantaine de kilomètres, mais situé déjà à près de 300 mètres d'altitude, reçoit plus de 4 mètres d'eau.

La température reste sensiblement la même toute l'année, ce qui rend encore plus factice la division en saisons ; elle est uniformément de 26° et l'écart entre les moyennes du mois le plus chaud et du mois le plus froid — s'il on peut vraiment employer cette expression — ne dépasse nulle part 2°.

De pareilles conditions de température et d'humidité ne sont pas favorables, malgré le relief, à l'acclimatement des blancs, qui ne peuvent s'y établir à demeure, encore moins y travailler ; et bien que de vastes espaces soient encore, à Bornéo, à Sumatra, vides d'habitants, ce pays ne sera jamais pour les Européens une colonie de peuplement, mais une magnifique colonie d'exploitation commerciale (tout comme notre Tonkin).

FLORE ET FAUNE

C'est ce climat constamment chaud et très humide qui fait mûrir les substances concentrées, les fortes épices : poivre, cannelle, etc.

Il donne naissance, à l'Ouest surtout, à une végétation luxuriante aux feuilles larges et nombreuses. Toutes les grandes îles sont couvertes de forêts vierges.

A l'Est apparaissent déjà les plantes aux feuilles grêles et effilées (eucalyptus, acacias), qui caractérisent l'Australie.

Le contraste entre les deux mondes est plus remarquable encore dans la faune, plutôt asiatique à l'Ouest et plutôt australienne à l'Est.

D'un côté, les grands animaux du vieux monde, éléphants, rhinocéros, restés dans le pays depuis la séparation d'avec l'Asie et qui n'auraient pu franchir ces bras de mer ; de l'autre, une faune absolument différente : marsupiaux, kangourous, etc.

POPULATION

La **population** est très diversement répartie et les chiffres ne sont d'ailleurs pas exactement connus pour toutes les parties de l'Archipel. On peut

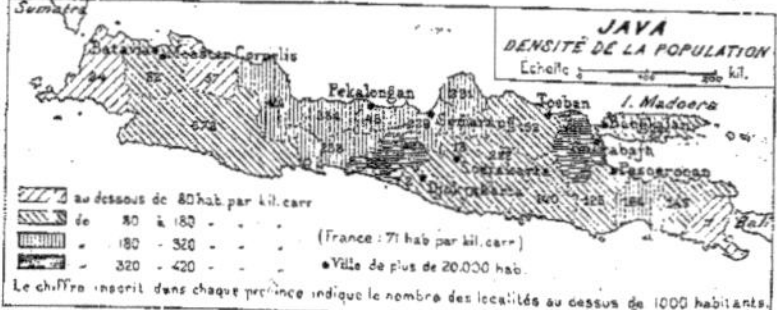

évaluer la population totale à 43 millions d'habitants, dont :
Possessions hollandaises, 38 000 000 (50 000 Européens, 560 000 Chinois).
Possessions américaines, 7 635 426 (1905).
Possessions anglaises, 556 000.
Possessions portugaises, 200 000.
Ce qui donne, sur une superficie d'environ 2 millions de kilomètres carrés, une population kilométrique de 21 et demi. Elle n'est en réalité

ATLAS DE GÉOGRAPHIE MODERNE.

Gravé par Erhard Frères, 35, Rue Denfert-Rochereau, Paris.

ARCHIPEL ASIATIQUE

PUBLIÉ PAR LA LIBRAIRIE HACHETTE ET Cie_CARTE 43.

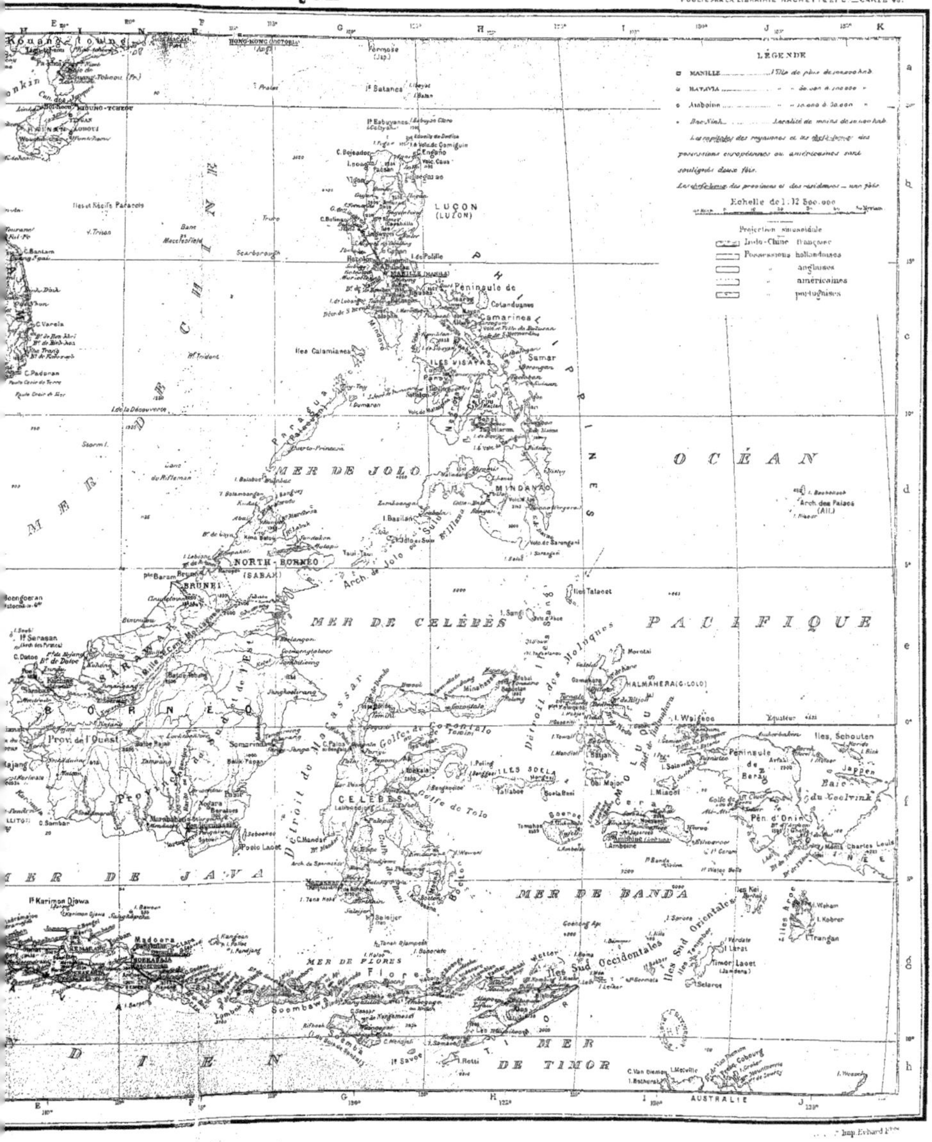

Imp. Erhard Fres

que de 2,5 à Bornéo, et 8,0 à Sumatra, mais elle atteint 191 à Java (Belgique, 240 ; Pays-Bas, 167 ; France, 75). — La population de Java a décuplé depuis un siècle.

Les Chinois ont été de tout temps très nombreux dans l'Archipel : c'est leur première étape. Massacrés et bannis à différentes reprises, ils reviennent toujours, parce qu'ils sont indispensables dans les pays où les indigènes ne sont pas suffisamment nombreux et ne travaillent guère, et où les blancs ne s'acclimatent point. Ce sont eux qui défrichent Bornéo pour le compte des Anglais, qui exploitent les mines de Banka pour les Hollandais ; ce sont eux encore qui servent d'intermédiaires pour une grande partie du commerce. Bons à tous les métiers, ils ne se rebutent d'aucun, bravent tous les climats, supportent toutes les humiliations et finalement restent maîtres du terrain : c'est une véritable invasion pacifique.

DIVISIONS ADMINISTRATIVES

Les trois quarts de l'Archipel Asiatique (exactement 1 915 417 kilomètres carrés, près de soixante fois la métropole) appartiennent à la *Hollande*.

Les États-Unis occupent 296 510 kilomètres carrés dans les Philippines. Les *Anglais* au nord de *Bornéo*, les *Portugais* à *Timor*, se partagent le reste.

Les *colonies hollandaises* ne sont pour la plupart que de simples protectorats ; elles sont réparties en résidences et en gouvernements. Le gouverneur général réside à *Batavia*. L'armée des Indes Orientales se recrute

exclusivement par des engagements volontaires d'Européens ou d'indigènes ; au 1er janvier 1904 son effectif était de 1594 officiers et 36 537 soldats, dont 12 850 Européens, 27 Africains et 23 680 indigènes.

La flotte des Indes Orientales hollandaises se composait en 1903 de 19 bâtiments montés par 2424 européens et 1000 indigènes.

GRANDES VILLES

Batavia (Java)	115 887 hab.
Soerakarta (Java)	109 459
Soerabaja (Java)	146 944
Manille (Luçon)	219 928

AGRICULTURE

Peu développée dans l'ensemble de l'Archipel. Les **forêts** occupent encore de beaucoup la majeure partie du pays. Bornéo n'est qu'une immense jungle.

Le sol est pourtant en général d'une fertilité prodigieuse, grâce tout à a fois :

1° Au *climat* (chaleur, humidité, lumière, tout est réuni) ;

2° À la *qualité du sol* (en majeure partie volcanique) ;

3° Au *relief*, qui permet à des cultures très diverses de prospérer également sous le même ciel et sur la même terre.

La plaine basse est le pays des rizières. On y récolte aussi le maïs, l'indigo, la canne à sucre, les épices.

Dans la seconde zone on cultive le café, le tabac, le thé.

Au-dessus viennent les prairies et les forêts.

Java est la seule île où existe un mode d'exploitation régulier. Les Hollandais y ont établi le *système de culture* imaginé par van den Bosch en 1832 : l'État possède à peu près toute la terre et l'exploite directement par les indigènes. Ces derniers ont été longtemps soumis à un travail forcé ; ils devaient cultiver le café, l'indigo, le tabac, la canne à sucre et vendre le tout au gouvernement au prix fixé par ce dernier. Ce système s'adoucit peu à peu. À partir de 1890 il ne sera plus appliqué qu'à la culture du café.

Une Société anglaise, organisée à l'instar des grandes Compagnies du siècle dernier, avec privilège de la métropole, la *North Borneo Company*, s'est réellement emparée de la partie septentrionale de la grande île, et en quelques années elle est arrivée à des résultats surprenants. C'est par le tabac surtout qu'elle s'enrichit. Cette culture épuisante réussit à merveille dans un terrain neuf, fertilisé encore pour de longues années par les cendres des forêts incendiées.

Les plantations de tabac prennent aussi une grande extension dans les Philippines.

Les différentes espèces ont été longtemps localisées par les Hollandais dans telles ou telles îles. Amboine avait, par exemple, le monopole du clou de girofle. La concurrence des pays étrangers a forcé la métropole à abandonner ce système bizarre ; la culture de ces plantes précieuses a repris sa distribution primitive ; les anciennes forêts de muscadiers, de girofliers recouvrent de nouveau les îles d'où elles avaient disparu depuis des siècles : la nature reprend ses droits.

INDUSTRIE

Le seul minerai sérieusement exploité est l'étain, à Banka et à Billiton. Il y a de la houille à Luçon.

COMMERCE

Alimenté surtout par les productions agricoles, café, sucre, tabac, épices.

A. *Commerce des colonies hollandaises en 1905* (en milliers de florins).

Pour compte.	Importations	Exportations
De l'État	10 007	28 765
Des particuliers	177 055	245 671
TOTAL	187 060	274 454

Principaux articles d'exportation : Sucre, 69 252 000 florins ; tabac 41 845 000 ; café, 30 537 000 ; étain, 25 272 000 : copra, 11 101 000 ; gutta-percha, 5 005 000 ; gomme, 5 057 000, riz, 4 520 000 ; pétrole, 10 154 000 : peaux, 5 727 000 : thé, 5 806 000 : rotang, 4 952 000 ; muscades, 2 576 000 ; indigo, 2 847 000 ; poivre, 6 058 000.

B. *Commerce des possessions anglaises* en 1905 (en milliers de dollars).

	Importations	Exportations
North Borneo	4 212	3 229
Brunei et Sarawak	5 850	7 512
Labuan	1 876	2 650
TOTAL	11 938	13 571

C. *Commerce des Philippines* en 1905-1904 (en milliers de dollars).

Importations	54 504
Exportations	54 412

D. *Commerce des possessions portugaises* (Timor) en 1905 (en milliers de milreis.

Importations	244
Exportations	246

VOIES DE COMMUNICATION

Chemins de fer. — Java, 2 060 kil. ; Sumatra, 512 kil. ; Luçon, 192 kil.

Dix compagnies (trois hollandaises, une française, quatre anglaises, une allemande, une espagnole) font le service des malles d'Europe et assurent les communications entre les îles de l'Archipel.

Télégraphes. — Indes Orientales hollandaises en 1905 : longueur des lignes de l'État, 11 691 kil. ; longueur des fils, 16 246 kil. ; longueur des câbles, 1 674 kil. — Philippines en 1904 : longueur des fils, environ 15 000 kil.

GÉOGRAPHIE HISTORIQUE ET ETHNOGRAPHIQUE

Il y a dans l'Archipel deux principaux éléments de population :

Les vrais indigènes, les *Indonésiens* (Battas de Sumatra, Dayaks de Bornéo, Tagals de Luçon) sont une race blanche, se rapprochant du type caucasique. Ils ont été refoulés dans l'intérieur des îles et vivent à l'état sauvage. Les *Malais*, d'où qu'ils viennent, ont le type mongol très prononcé. Leur domaine dépasse de beaucoup les limites de l'Archipel et ils se subdivisent en plusieurs groupes.

L'influence énervante du climat a été adoucie pour eux par le relief du sol, comme pour les Incas par l'élévation des plateaux des Andes. Ils semblent avoir eu de bonne heure une certaine culture sous les influences successives du bouddhisme, du brahmanisme et de l'islamisme. Aujourd'hui ils sont presque tous musulmans, à l'exception des catholiques des Philippines. La religion a souvent fait des fanatiques, et la mer, parsemée d'îles, les a rendus navigateurs et commerçants.

Leur pays, fréquenté de longue date par les Arabes, visité en partie et décrit par Marco Polo au treizième siècle, a passé des mains des Portugais, qui l'occupèrent durant un siècle, dans celles des Hollandais, qui en occupent encore la plus grande partie. Batavia a été fondée en 1610.

Les Philippines, découvertes par Magellan, sont devenues quelques années plus tard la propriété des Espagnols, qui les ont ainsi nommées en l'honneur de Philippe II. Elles appartiennent actuellement aux États-Unis.

ÉTAT ACTUEL

Aujourd'hui les îles Malaises traversent une période de crise. Les colonies hollandaises surtout sont depuis vingt ans en décadence ; le commerce décroît ; le budget local se solde par un déficit, après avoir longtemps enrichi la métropole.

La négligence de cette dernière, les guerres interminables de Sumatra, la démoralisation, le luxe, ont sans doute contribué pour beaucoup à cet état de choses ; mais il en faut accuser surtout des causes économiques plus générales, et notamment la concurrence étrangère, qui a tant déprécié les principales cultures de l'Archipel, le café, le sucre, les épices.

Mais ce n'est là sans doute qu'un accident passager. Une région aussi fertile, aussi favorisée de tous les dons de la nature, et dont la dixième partie seulement est exploitée, a devant elle un grand avenir.

L. POIREL.

GÉOGRAPHIE PHYSIQUE

La carte de l'Asie orientale offre dans ses principales lignes une configuration générale tout à fait remarquable : la plupart des traits caractéristiques de cette partie du continent, grande chaîne de montagnes (l'Himalaya), rivages et archipels, y prennent une forme curviligne ; les rivages particulièrement forment trois arcs convexes successifs. C'est la plus grande de ces courbes (3500 kilomètres), entre la mer du Japon et le golfe du Tonkin, qui sert de base à un grand triangle appuyé ainsi sur la mer de Chine et dont le sommet se place au centre même de l'Asie, coïncidant avec le mont Tagharma (6480 mètres), l'un des piliers du « Toit du monde » (Pamir). Les deux longs côtés de ce triangle se confondent dans presque toute leur étendue avec des chaînes de montagnes importantes : au Nord, avec les Thian-Chan d'abord, les monts Altaï ensuite, et plus loin avec les monts de la Transbaïkalie ; au Sud, avec la chaîne curviligne de l'Himalaya, puis au delà, avec les chaînons qui, du Yun-Nan au golfe du Tonkin, forment la base de la presqu'île indo-chinoise. L'espace compris dans ce vaste triangle mesure 11 millions et demi de kilomètres carrés, plus grand d'un dixième que celui de l'Europe tout entière. La superficie de l'Empire Chinois, ainsi défini, est cependant inférieure de moitié à celle de l'empire de Russie et supérieure seulement d'un cinquième à celle des États-Unis d'Amérique.

Une ligne tirée du point où le Brahmapoutre sort des gorges de l'Himalaya jusqu'au golfe de Liao-Toung, partage exactement cet immense territoire en deux régions distinctes : au nord-ouest de cette ligne, toutes les dépendances extérieures de la Chine ; au sud-est, la Chine proprement dite.

La région du Nord-Ouest, dont la superficie de 7 millions et demi de kilomètres carrés représente plus des trois cinquièmes de l'étendue totale de l'empire chinois, forme un énorme plateau intérieur, complètement entouré de montagnes ; de grandes terrasses descendent par échelons du versant septentrional de l'Himalaya, où elles se trouvent à une altitude moyenne de 4000 mètres, jusqu'à la grande cuve que forment le désert du Gobi et les steppes de la Mongolie, dont les fonds les plus bas ne descendent pas au-dessous d'une altitude de 900 à 1100 mètres. Vers l'Est et le Sud-Est, la ceinture de montagnes qui enserre ce vaste bassin intérieur se plisse en de nombreux replis parallèles, comprenant entre eux de longues et profondes vallées par lesquelles s'écoulent vers le Sud et l'Est les eaux provenant des hautes régions. De ces nombreux et puissants cours d'eau, nous ne retiendrons ici que deux qui s'écoulent vers l'Est, et résument en eux les caractères essentiels de la Chine proprement dite, qu'ils traversent de part en part ; ce sont : le Hoang-Ho ou Fleuve Jaune, et le Kin-Cha-Kiang (fleuve au sable d'or), nommé aussi Ta-Kiang (grand fleuve) ou Yang-Tse-Kiang (fleuve fils de l'Océan), mais plus connu en Europe sous le nom de Fleuve Bleu.

La région du Sud-Est est en effet tout entière occupée par la Chine proprement dite, et à part deux ou trois petits bassins secondaires, réservés sur les lisières extérieures du Sud et de l'Est, celui du Si-Kiang, au nord du Tonkin, celui du Min-Kiang, en face de Formose, et celui du Tsien-Tang-Kiang, au sud de l'embouchure du Fleuve Bleu, cette région est, on peut le dire, formée des deux uniques bassins des deux grands fleuves qui la traversent. Chacun d'eux a d'ailleurs son caractère particulier. La Chine du Nord, le domaine du Fleuve Jaune, est, à l'exception des régions montagneuses du Chen-Si et du Chan-Si, un pays de plaines et de plateaux, couvert d'un épais manteau d'alluvions quaternaires, la « Terre Jaune » ou Hoang-Tou, qui lui donne un aspect particulier ; là, les cours d'eau peu nombreux, difficilement navigables, coulent dans des lits ensablés, impuissants souvent à les contenir, d'où les terribles et périodiques inondations du Fleuve Jaune ; cette terre, fertile lorsque la sécheresse n'y déchaîne pas la famine, est la terre classique du blé.

La Chine du Midi, au contraire, où règne sans partage le puissant Fleuve Bleu, est une région tourmentée, hérissée de montagnes boisées, au milieu desquelles coulent d'innombrables cours d'eau torrentueux, mais utilisés par la batellerie sur presque tout leur parcours ; là, pas de plaines ; des lacs y occupent les expansions

des vallées ; l'eau, partout abondamment répandue, coulant de terrasse en terrasse, depuis le sommet des montagnes, et le climat aidant, y assure à la végétation une vigueur extraordinaire : c'est le pays du riz.

Une chaîne orientée de l'Ouest à l'Est, celle des Tsing-Ling, qui comprend l'une des montagnes sacrées de la Chine, le Hoa-chan, sépare, dans la partie supérieure et moyenne, le bassin du Fleuve Jaune de celui du Fleuve Bleu. Une ligne circulaire, formant ligne de partage des eaux et constituée par une série de chaînons qui se succèdent depuis le Yun-Nan jusqu'à Hang-Tchéou, les Mei-Ling, les Nan-Ling et les Ou-Yi-Chan, limite au Sud et au Sud-Est le bassin du Fleuve Bleu, et le sépare des petits bassins secondaires que nous avons précédemment énumérés. Le massif montagneux du Chan-Toung, isolé entre la mer Jaune et le golfe de Petchili, est réuni au continent par les énormes dépôts d'alluvions apportés vers leurs deltas, incessamment croissants, par les deux grands fleuves.

Un immense développement de côtes très découpées, parsemées d'îles, au nombre desquelles se trouvent les grandes terres de Haï-Nan et de Taï-Wan ou Formose, au long de la mer de Chine, de la mer Jaune, des golfes de Petchili et de Liao-Toung, complète le réseau des fleuves e des rivières, si favorable au développement de la navigation et de l'activité commerciale.

CLIMAT

On comprend que sur une si vaste étendue de terre le climat ne soit point uniforme : on peut dire que l'Empire Chinois est partagé entre le climat sibérien et le climat tropical ; on n'y constate point de climat tempéré analogue à celui des régions européennes. Toute la partie de l'empire chinois formée des dépendances extérieures de la Chine, et l'on peut y ajouter aussi tout le bassin du Fleuve Jaune, c'est-à-dire la Chine du Nord, appartiennent au climat sibérien : température extrême, très froide en hiver, très chaude en été, pas de saisons intermédiaires, tempêtes de vent et abondantes chutes de neige, mais peu de pluies. Le bassin du Fleuve Bleu, au contraire, et les bassins secondaires du Midi appartiennent au climat tropical : étés chauds, hivers très doux, temps délicieux à l'automne, saison des pluies bien marquée au printemps, régime des vents soumis à l'alternance régulière des moussons, mais troublé parfois par ces grandes tempêtes giratoires que les Chinois appellent Taï-Fong (grands vents), et nous, Typhons.

AGRICULTURE, INDUSTRIE

De là résultent au point de vue de l'exploitation du sol et de ses produits des différences considérables. Les dépendances extérieures de l'Empire Chinois, formées de grandes steppes dénudées ou de solitudes sablonneuses ou marécageuses presque sans eau d'irrigation, glacées en hiver, grillées en été, n'offrent pas des conditions naturelles favorables à la culture ; il n'est guère possible que d'y utiliser à la nourriture des bestiaux l'herbe qui y croît naturellement. C'est donc l'industrie pastorale qui y domine, tout au moins dans les parties où la vie est encore possible, et la population, d'ailleurs très clairsemée, a des habitudes nomades qui excluent l'existence de toute agglomération sédentaire un peu considérable. Comme nous l'avons dit, la Chine du Nord ou le bassin du Fleuve Jaune offre un sol fertile, facile à cultiver et favorable à la culture des céréales ; mais l'extrême rigueur du climat y limite naturellement le nombre des espèces végétales qu'il est possible d'y faire venir. Par contre,

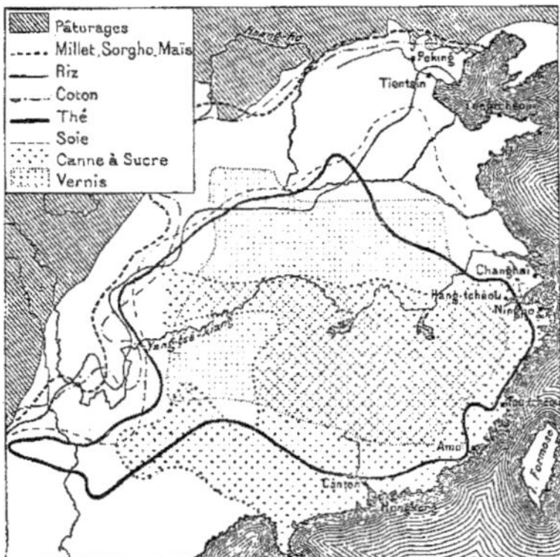

la Chine méridionale, c'est-à-dire le bassin du Fleuve Bleu, offre une richesse naturelle incomparable : le riz y est, pour les habitants, la principale ressource alimentaire ; mais, à côté de cela, les légumes, les fruits, dans une infinie variété, les plantes textiles, comme le coton, ou ligneuses, comme le bambou, le mûrier, qui sert à l'élevage du ver à soie, y prospèrent en quantité ; le riz, enfin, fait dans toute la Chine méridionale l'objet de cultures si étendues, qu'elles suffisent à la consommation du monde entier. Les richesses minérales apportent leur part à ce merveilleux trésor : les sources de gaz naturel et de pétrole de Se-Tchouen fournissent aux habitants un combustible peu onéreux ; les mines de houille du Ho-Nan, encore peu exploitées, paraissent assez puissantes pour entretenir dans l'avenir une industrie active, les dépôts de kaolin alimentent ces fabriques de porcelaine dont les produits, décorés par l'invention de l'artiste chinois, sont célèbres dans le monde entier.

L'industrie est encore peu développée dans l'Empire Chinois. Le génie particulier de la race, favorable à la prospérité de la petite industrie, ne s'est pas encore plié aux exigences de la grande production ; le moment viendra cependant où les Chinois s'approprieront les procédés et les arts de l'Occident ; mais, dans l'intérêt même des nations occidentales, qui seraient incapables de supporter cette formidable concurrence, il ne faut point souhaiter de voir hâter l'accomplissement de cet événement.

ATLAS DE GÉOGRAPHIE MODERNE

GOLFE DU BENGALE

Gravé par Erhard Frères, 35 Rue Denfert-Rochereau., Paris.

ATLAS DE GEOGRAPHIE MODERNE
AKMOLINSK
SEMIPALATINSK
ARRONDISSEMENT DE KOBDO
TARBAGATAI
DZOUNGARIE
SOUS-IN-KIANG
Désert de Tahla Makan
Ala chan
Ordos
GOBI
MONG
Aimak de Touchetou Khan
Tsasagtou Khan
Sain Noin
KAN-SOU
LAN-TCHEOU-FOU
CHEN-SI
Tibet
KOU-KOU NOR
THIAN-KHAM
SSE-TCHOUEN
KOEI-TCHEOU
YUNNAN
KOUANG-SI
HIMALAYA
NEPAL
AUDH
PROVINCE
BENGALE ORIENTAL
BENGALE
GOLFE DU BENGALE
Golfe du Tonkin
Gravé par Erhard Frères, 35 bis, Rue Denfert-Rochereau, Paris.

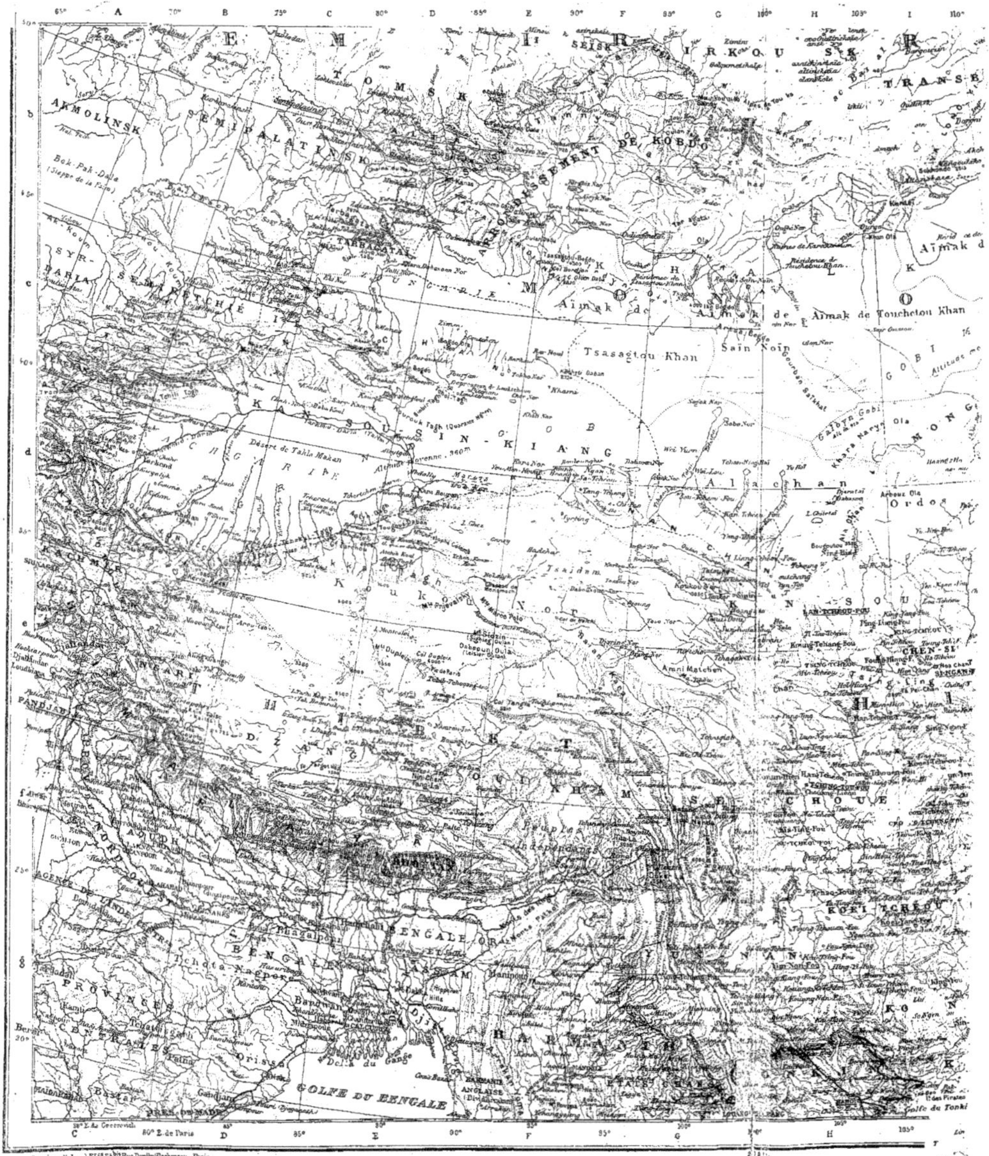

EMPIRE CHINOIS
PUBLIÉ PAR LA LIBRAIRIE HACHETTE ET Cie CARTE 44
GOUVERNEMENT DE KOBDO
Tsasagtou Khan
Aimak de
Aimak de ouchetou Khan
Aïmak de Tsetsen Khan
TRANSBAIKALIE
KHALKHA
MONGOLIE MÉRIDIONALE
GOBI
Ala chan
Ordos
G. de Petchili
HÉ LONG KIANG
AMOUR
MER DU JAPON
KANSOU
CHEN SI
HONAN
HOU PÉ
SSE TCHOUEN
KHAM
YUN NAN
KOEI TCHÉOU
KOUANG SI
KOUANG TONG
FORMOSE
MER JAUNE
MER DE CHINE
MER DE CHINE ORIENTALE
MER DE CHINE MÉRIDIONALE
KIANG SOU
Golfe du Tonkin
LÉGENDE
VILLE de plus de 500.000 hab.
VILLE de 100.000 à 500.000
Ville de 50.000 à 100.000
Localité de moins de 50.000
Échelle de 1:12.500.000
Projection conique rectifiée.
Imp. Erhard Frères

POPULATION

La **population** de l'Empire Chinois, qui appartient toute à la race jaune, présente un type bien différent de celui des diverses races qui peuplent l'Europe, et trop connu pour qu'il soit nécessaire d'y insister : face aplatie, nez déprimé, pommettes saillantes, yeux bridés et relevés vers les tempes. Mais, à côté de ces signes physiques, il convient de faire remarquer les caractères moraux de cette population : grande intelligence et aptitude remarquable sinon à l'invention, du moins à l'assimilation, sobriété, endurance au travail, patience et persévérance inépuisables, mépris de la mort; et, pour compléter ce tableau des forces naturelles de la race, il faut ajouter qu'elle est très prolifique. Enfin, ce qui contribue encore à augmenter sa cohésion, elle jouit d'un sens national et patriotique si développé, que les émigrants ne consentent jamais à se laisser enterrer en pays étranger, et que des sociétés de secours mutuels s'organisent pour rapatrier les corps des plus pauvres.

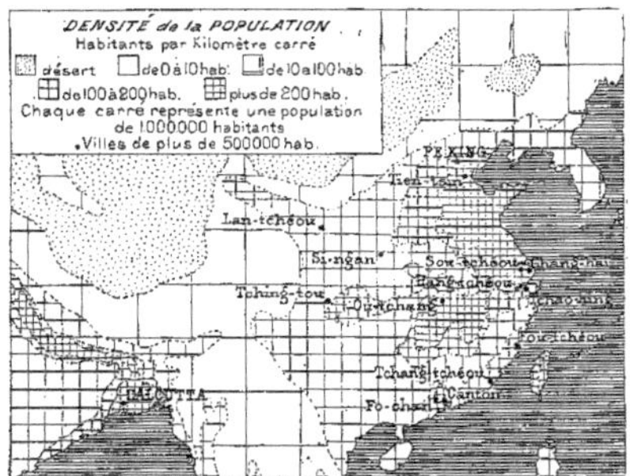

Cette population, qui n'est point partout uniforme, est très inégalement répartie sur l'étendue de l'Empire Chinois. Sur les hautes terrasses de l'Himalaya, on rencontre la famille thibétaine : dans le Turkestan chinois, une population en majeure partie formée de métis, de Chinois et de Turcomans : dans les steppes de la Mongolie, les tribus nomades mongoles; enfin, dans la Mandjourie, comprise entre le fleuve Amour, la rivière Soungari et les rives du golfe de Liao-Toung, la race forte et aguerrie des Tartares « Mandjoux ». Bien que cette dernière, celle des conquérants, se soit répandue un peu dans toute la Chine proprement dite, elle n'a point réussi à modifier les caractères de sa population, qui appartient tout entière à la race chinoise, à l'exception de quelques îlots de populations autochtones isolées dans quelques massifs montagneux du Koeï-Tchéou.

Nous donnons ci-dessous la superficie et la population, très problématiques du reste, des divisions administratives ou territoriales de l'Empire Chinois (la superficie a été calculée dans notre Bureau cartographique ; la population est empruntée à la « Bevölkerung der Erde » de Supan, no 155, p. 46).

Chine proprement dite :

	Kil. carrés	Habit. en 1894
Pe-Tchi-Li	512 500	15 304 000
Chan-Toung	146 900	37 438 000
Chan-Si	211 000	9 645 000
Ho-Nan	178 100	19 858 000
Kiang-Sou	107 800	19 181 000
Ngan-Hoeï	145 750	18 118 000
Kiang-Si	179 700	18 682 000
Sou-Kien	152 800	16 608 000
Tché-Kiang	98 500	11 496 000
Hou-Pé	178 100	20 349 000
Hou-Nan	178 100	12 867 000
Chen-Si	200 000	7 858 000
Kan-Sou	354 400	9 285 000
Se-Tchouen	556 250	52 899 000
Kouang-Toung (avec Haï-Nan)	242 200	14 540 000
Kouang-Si	220 500	4 871 000
Yun-Nan	590 600	8 598 000
Koeï-Tchéou	162 500	5 441 000
Kan-Sou-Sin-Kiang	1 512 500	
Ili	75 400	1 000 000
Tarbagataï	64 000	
Total	5 423 400	282 016 000

Mandjourie

	Kil. carrés	Habit. en 1894
Hé-Loung-Kiang	515 600	400 000
Girin	287 500	630 000
Chin-King	145 500	4 500 000
Total	948 400	5 530 000

	Kil. carrés	Habit. en 1894
Mongolie	2 612 500	1 850 000
Région du Koukou-Nor	1 000 000	2 250 000
Thibet	1 068 700	
Total de l'Empire	11 053 000	291 646 000

VILLES PRINCIPALES

Les données sur la population des villes de Chine sont très incertaines; même pour la capitale de l'Empire les évaluations varient entre 500 000 et 2 000 000. Nous ne donnons donc que la population des plus grandes villes ouvertes au commerce étranger :

Han-Kéou	850 000 hab.		Chang-Haï	620 000 hab.
Canton	800 000		Sou-Tchéou	500 000
Tien-Tsin	700 000		Tchoung-King	500 000
Hang-Tchéou	700 000		Nanking	500 000
Péking	650 000		Ning-Po	255 000
Fou-Tchéou	650 000		Tching-Kiang	140 000

CULTES

Les doctrines philosophiques et les pratiques religieuses sont très répandues et très respectées parmi les populations de l'Empire Chinois; mais le culte tel que nous l'entendons paraît manquer de sens pour ce peuple. Les lettrés s'inspirent des maximes de philosophie et de morale professées par Confucius, sans attacher à la vénération dont ils les entourent le sens d'un acte religieux; le peuple adresse ses prières, ou plutôt ses demandes, suivant ses penchants et quelquefois simultanément, aux divinités du bouddhisme ou de la secte de Tao, dite aussi de Lao-Tse. Ces divinités ont des temples et des monastères fréquentés, répandus dans les diverses parties de l'Empire, sans que l'on puisse dire qu'elles sont l'objet de religions analogues à celles qui motivent la croyance et la foi des peuples de race blanche. Une forme particulière du bouddhisme qui domine dans toutes les dépendances extérieures de la Chine a pour sanctuaire une petite localité des hauts plateaux du Thibet, nommée Lhassa, centre de l'influence des lamas et résidence d'un dignitaire religieux, le Dalaï Lama, dont il serait inexact d'assimiler les fonctions et le rôle à ceux du pape.

ADMINISTRATION

Le système de **gouvernement** de l'Empire Chinois diffère suivant que les régions font partie de la Chine proprement dite ou de ses dépendances extérieures. Jusqu'à ces dernières années, les Chinois appelaient indifféremment la contrée parcourue par les deux grands fleuves, Tchong-Kouo (royaume du milieu). Houa-Kouo (royaume des fleurs) ou Che-Pa-Cheng (les dix-huit provinces). Cette dénomination séculaire indiquait par elle-même le nombre des divisions administratives de la Chine proprement dite; elle n'a pas cessé de lui être applicable, malgré la création toute récente d'une nouvelle province, celle de Kan-Sou-Sin-Kiang, formée des territoires reconquis sur les Musulmans révoltés, dans le Turkestan oriental. Créée sur les dépendances extérieures de la Chine, cette province introduit dans ce territoire, jusqu'alors nommé Fan-Pang (les feudataires barbares), le système de gouvernement fortement organisé qui n'englobait jusqu'alors que la Chine proprement dite. Cependant, le reste de ce territoire reste encore soumis à des administrations locales qui n'ont que des rapports de tributaires à suzerain avec le gouvernement de Péking. Le Thibet, par exemple, est administré par un résident chinois; les tribus mongoles sont soumises à l'autorité de khans qui en répondent à l'empereur ; la Mandjourie est gouvernée par un fonctionnaire spécial qui relève de la maison de l'empereur.

En principe, le gouvernement de la Chine est le gouvernement monarchique héréditaire le plus absolu. Ce n'est qu'à la puissance céleste que l'empereur doit rendre compte de son peuple; il doit subir néanmoins les remontrances publiques que peuvent lui adresser des censeurs intègres et courageux; c'est le seul tempérament apporté à ce gouvernement d'apparence autoritaire. En pratique, il procède cependant des doctrines démocratiques et se rapproche du système fédératif, tant est grande l'autonomie laissée pour toutes les affaires mêmes, aux provinces et aux gouverneurs généraux qui les administrent. La plupart des dépenses étant créées et réglées dans les provinces mêmes, le budget de l'administration centrale ne saurait donc donner une idée des ressources financières de la Chine; il en est de même de l'armée et de la marine.

ROLE HISTORIQUE

On ne peut s'attendre à trouver ici un aperçu, même sommaire, de l'histoire de la Chine. Comment, dans un espace aussi restreint, essayer de retracer l'histoire d'un peuple, le seul peuple de la terre qui soit resté depuis 4000 ans groupé en corps de nation, et qui en est aujourd'hui à sa vingt et unième dynastie d'empereurs ? Le fait essentiel de cette histoire, c'est que, depuis deux mille ans avant notre ère, la race qui peuple encore aujourd'hui le versant oriental du continent asiatique s'étend, se développe, se multiplie d'une manière prodigieuse, malgré les révolutions et les invasions, observant avec une persévérance religieuse, qui fait sa force, le code social que Confucius a eu la gloire de lui donner, il y a vingt-cinq siècles. C'est à la forte constitution de la famille, à la solidarité absolue qui unit ses membres sous l'autorité du père de famille, que la société chinoise doit son invulnérabilité; elle se compose en réalité d'une fédération de familles groupées sous l'autorité absolue d'un père commun, l'empereur; mais, respectant l'indépendance de chaque famille dans la sphère des intérêts particuliers et de l'emploi des forces dont elle dispose, l'autorité de l'empereur ne se fait sentir que pour maintenir la solidarité qui les unit entre elles et qui fait la force de cette nation. De là le caractère de monarchie à la fois absolue et démocratique qui la caractérise, le génie des affaires, et l'esprit d'association si répandus parmi ses membres, et qui résultent de la fois de l'initiative qui appartient à chacun pour tirer parti de ses facultés et se créer des ressources, et de la solidarité qui les unit tous au sein de la famille.

Jusqu'au commencement du xixe siècle, la Chine, trouvant en elle-même la satisfaction de ses besoins, respectueuse des institutions qui avaient préservé sa nationalité depuis l'origine des temps, défiante des nouveautés, qui troublent l'esprit et la conscience, avait réussi à s'isoler du reste du monde. Les peuples d'Europe, la France et l'Angleterre en tête, ont réussi à faire tomber ces barrières. Est-ce à leur plus grand profit? L'avenir le dira.

Actuellement quatre Etats européens : la France, le Portugal, l'Angleterre et l'Allemagne possèdent sur les côtes de Chine des territoires concédés à bail ou à titre définitif.

France. La France occupe, depuis le 9 août 1898, un territoire dans la *baie de Kouang-Tchéou*. 700 kil. carr. ; 60 000 hab. ; 154 hab. par kil. carré.

Portugal. Le territoire portugais se borne à la ville de *Macao*, possédant sur ses 12 kilomètres carrés, 78 627 habitants.

Angleterre. Le territoire de *Hong-Kong*, appartenant à l'Angleterre à titre définitif, a été agrandi le 9 juin 1898 par une annexion temporaire (99 ans) d'une zone de 1000 kilomètres carrés d'étendue avec 100 000 habitants de population. Hong-Kong propre ne s'étend que sur 79 kilomètres carrés, mais il a 259 910 habitants. Son commerce a été en 1899 de 885 126 livres sterling à l'importation et de 2 688 600 à l'exportation. L'Angleterre possède en outre, également à bail (depuis le 24 mai 1898), le territoire de *Wei-Haï-Wei* sur les côtes nord du Chan-Toung. 100 kilomètres carrés; 118 000 habitants.

Allemagne. En vertu d'un traité du 6 mars 1898, l'Allemagne occupe la *baie de Kiao-Tchéou*, qui couvre 501 kilomètres carrés et a 84 000 habitants. Par traité du 27 mars 1898, la Chine avait concédé à la Russie la pointe méridionale de la Mandjourie (*Kouang-Toung*) pour une durée de quatre-vingt-dix-neuf ans : en vertu du traité signé à Portsmouth, le 23 septembre 1905, à la fin de la guerre russo-japonaise, ce bail a été rétrocédé au Japon.

LÉON ROUSSET.

CHINE ORIENTALE

Nous avons réservé pour la notice qui accompagne la carte de la Chine orientale tous les détails de sa vie nationale qui portent la marque de l'influence du monde extérieur. C'est par l'étendue de ses côtes que la Chine se trouve surtout en contact avec les étrangers, et avec les plus entreprenants de tous, avec les peuples de l'Europe. Il a fallu du temps, des efforts, malheureusement aussi des actes de violence pour vaincre la répugnance que les Chinois opposaient à l'admission des étrangers chez eux et à leurs affaires. Cependant, peu à peu, de mauvais gré d'abord, plus volontiers ensuite, ils ont concédé aux Européens (ce terme général désigne en Chine tous les individus de race blanche) le droit de résider et de se livrer au négoce dans un certain nombre de ports, dont les

plus importants sont situés sur la côte orientale, et les autres sur le cours du Fleuve Bleu : ce sont les villes qui doivent naturellement fixer le plus l'attention des étrangers.

Péking, d'abord, la capitale de l'empire et la résidence de l'empereur, a été ouverte aux représentants des puissances étrangères, qui y habitent. Péking est située au milieu des terres basses qui bordent à l'Ouest le golfe de Petchili, à peu près à mi-distance du golfe et des mon-

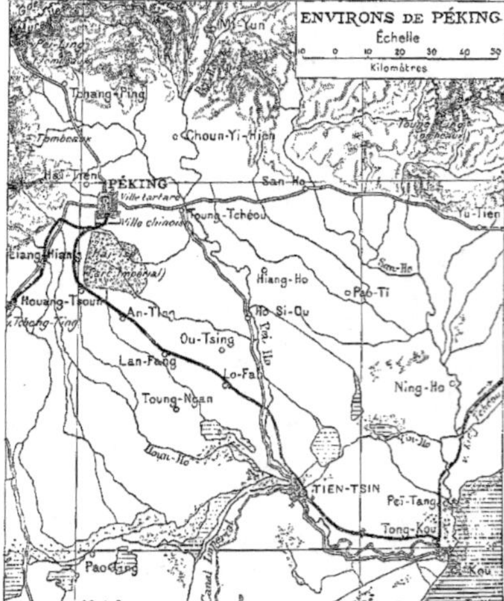

tagnes qui forment la limite de la province de Chen-Si. Bien qu'il s'y fasse un mouvement d'échanges assez actif, surtout avec les caravanes qui viennent de la Sibérie et de la Mongolie par le passe de Kalgan, c'est plutôt une ville administrative qu'une ville commerçante. C'est là que siègent tous les grands conseils et tous les grands ministères d'empire. Sa population est considérable; mais, faute de recensement certain, elle subit les évaluations les plus fantaisistes, variant de 600 000 à 1 650 000 habitants.

Le port chinois qui fait le plus grand nombre d'affaires avec tous les pays étrangers est **Chang-Haï**, situé près de l'embouchure du Fleuve Bleu, sur le Hoang-Pou. C'est là qu'aboutissent toutes les lignes de bateaux à vapeur et que se font toutes les réexpéditions pour les autres localités de l'intérieur de la Chine. Sa population est d'environ 650 000 habitants (1904). C'est là qu'est établie la colonie étrangère la plus nombreuse, qui a créé, à côté et en dehors de la ville chinoise, une ville cosmopolite des plus agréables et des plus florissantes. Le commerce étranger et direct de Chang-Haï a été en 1904 de 682 500 000 francs à l'importation, et de 455 000 000 de francs à l'exportation.

Koou-Loung, près de Hong-Kong, importait en 1904 pour 62 500 000 francs et exportait pour 55 650 000 francs.

Canton, chef-lieu de la province de Kouang-Toung, est le port chinois le plus anciennement ouvert au commerce des étrangers. Il compte une population d'environ 900 000 habitants. Le mouvement commercial de son port a été en 1904 de 90 860 000 francs à l'importation, et de 158 915 000 francs à l'exportation.

Swatow, ville de 60 000 habitants, est un port situé sur la côte méridionale du Fou-Kien. Son mouvement commercial a été en 1904 de 49 550 000 francs à l'importation et de 25 555 000 francs à l'exportation.

Amoï, voisine de la précédente, est une ville de 114 000 habitants. Importation : 48 650 000 francs; exportation : 7 650 000 francs.

Fou-Tchéou, grande ville de 650 000 habitants, chef-lieu de la province de Fou-Kien, sur le Min-Ho, à environ 50 kilomètres de son embouchure, est le grand marché d'exportation de thés. Son mouvement commercial avec l'étranger a été en 1904 de 26 425 000 francs à l'importation, et de 18 445 000 francs à l'exportation. A mi-chemin de la ville à la mer, se trouve un arsenal maritime créé par des Français.

Tché-Fou, ville de 82 000 habitants, est un port de la côte septentrionale de la province de Chan-Toung, sur le golfe de Petchili. Importation : 29 050 000 francs; exportation : 15 855 000 francs.

Han-Kéou, grande ville de 850 000 habitants, sur la rive gauche du Fleuve Bleu, au confluent d'un de ses plus grands affluents, le Han-Kiang, le siège d'une importante colonie étrangère et le centre de la préparation spéciale que les Russes font subir au thé dit en briques, ou de caravane. Son mouvement commercial avec l'extérieur a été en 1904 de 44 800 000 francs à l'importation et de 24 990 000 francs à l'exportation.

Ou-Tchéou, port fluvial sur le Si-Kiang, importait en 1904 pour 26 250 000 francs, et exportait pour 10 500 000 francs.

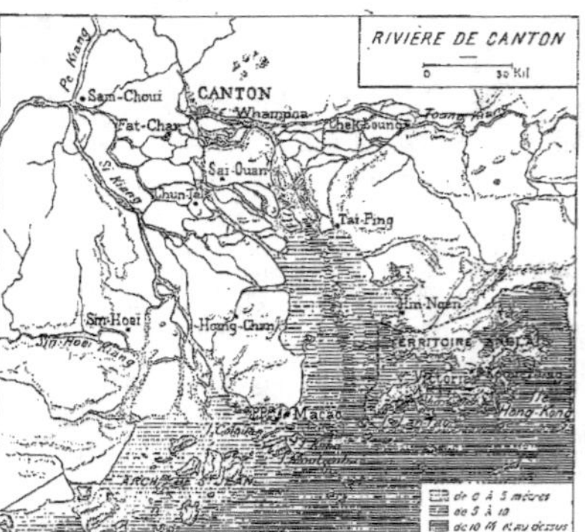

Lappa, près de Macao, importait pour 17 850 000 francs et exportait pour 20 475 000 francs.

Tien-Tsin, malgré son grand nombre d'habitants, près de 750 000, et l'importance de sa situation entre Péking et le golfe de Petchili, n'occupe que le 6e rang par le chiffre de son commerce étranger et direct. Importation : 56 910 000 francs; exportation : 14 910 000 francs.

Niou-Tchouang, à l'embouchure du Liao-Ho en Mandjourie, importe pour 14 700 000 francs, exporte pour 5 600 000 francs.

Pak-Hoï, au nord du golfe du Tonkin, importe pour 6 545 000 francs, exporte pour 5 920 000 francs.

Mong-Tsé, loin de tout fleuve navigable, commerce principalement avec le Tonkin. Importation : 21 550 000 francs; exportation : 16 450 000 francs.

En somme le commerce extérieur de la Chine s'élevait en 1904 à 1 204 412 000 francs à l'importation et à 858 205 000 francs à l'exportation. En 1900, l'importation s'élevait à 823 millions, l'exportation à 620 millions de francs.

Les principaux articles de commerce sont : à l'importation — les cotonnades, l'opium, le pétrole, les métaux et le sucre; à l'exportation — la soie brute, le thé, le coton, les soieries et les peaux.

A la suite de la guerre de 1860, après la prise de Péking, le gouvernement chinois ayant reconnu la supériorité des armes européennes, songea à utiliser les services des officiers français et anglais pour écraser l'insurrection des Taï-Ping. Les bons résultats de cette campagne la conduisirent à créer successivement, sous la direction d'officiers européens, des arsenaux pour la construction de navires de guerre, et des corps de troupes instruites à l'européenne.

Les forces militaires de la Chine se composent des troupes dites de « 8 bannières » et des « troupes provinciales ». Leur effectif réel n'est pas connu.

La flotte compte 21 bâtiments de 44 590 tonnes, armés de 301 canons et ayant 4146 hommes. Il existe en outre 18 canonnières, 27 torpilleurs, 6 batteries flottantes et 14 canonnières pour le service douanier.

CORÉE

La Corée, comprise tout entière dans la presqu'île qui sépare le golfe de Petchili de la mer du Japon, est un pays montagneux, dont l'ossature est formée d'une chaîne principale, prolongement des montagnes de la Mandjourie, et qui longe le bord oriental de la presqu'île. Sa superficie est d'environ 218 000 kil. carr. Jadis nominalement tributaire de la Chine, qui en défendait l'accès aux étrangers, la Corée est devenue, depuis le traité de Portsmouth, du 5 septembre 1905, un royaume vassal du Japon.

MONGOLIE
MER DE CHINE ORIENTALE
MER JAUNE
G. de Petchili
G. de Broughton
JAPON
NIPPON
KIOU-SIOU
SIKOK
PROVINCE MARITIME
LIAO-TOUNG
PE-TCHE-LI
PEKING
CHAN-TOUNG
HONAN
KIANG-SOU
NGAN-HOEI
HOU-PE
TCHE-KIANG
KIANG-SI
FOU-KIEN
KOUANG-TOUNG
FORMOSE
HAI-KANG
OUEN-TO
TCHIONG
TCHIENG
TJIEN
TA-TO
I. Quelpaert
NAGASAKI
KAGOSIMA
Okinava Sima
Nambou Soto
Isigaki-Sima (Groupe du Sud)
Tsoubou Soto (Gr. du Milieu)
G. de Hang Tchou
Gravé par Erhard Frères 35 bis Rue Denfert Rochereau, Paris.

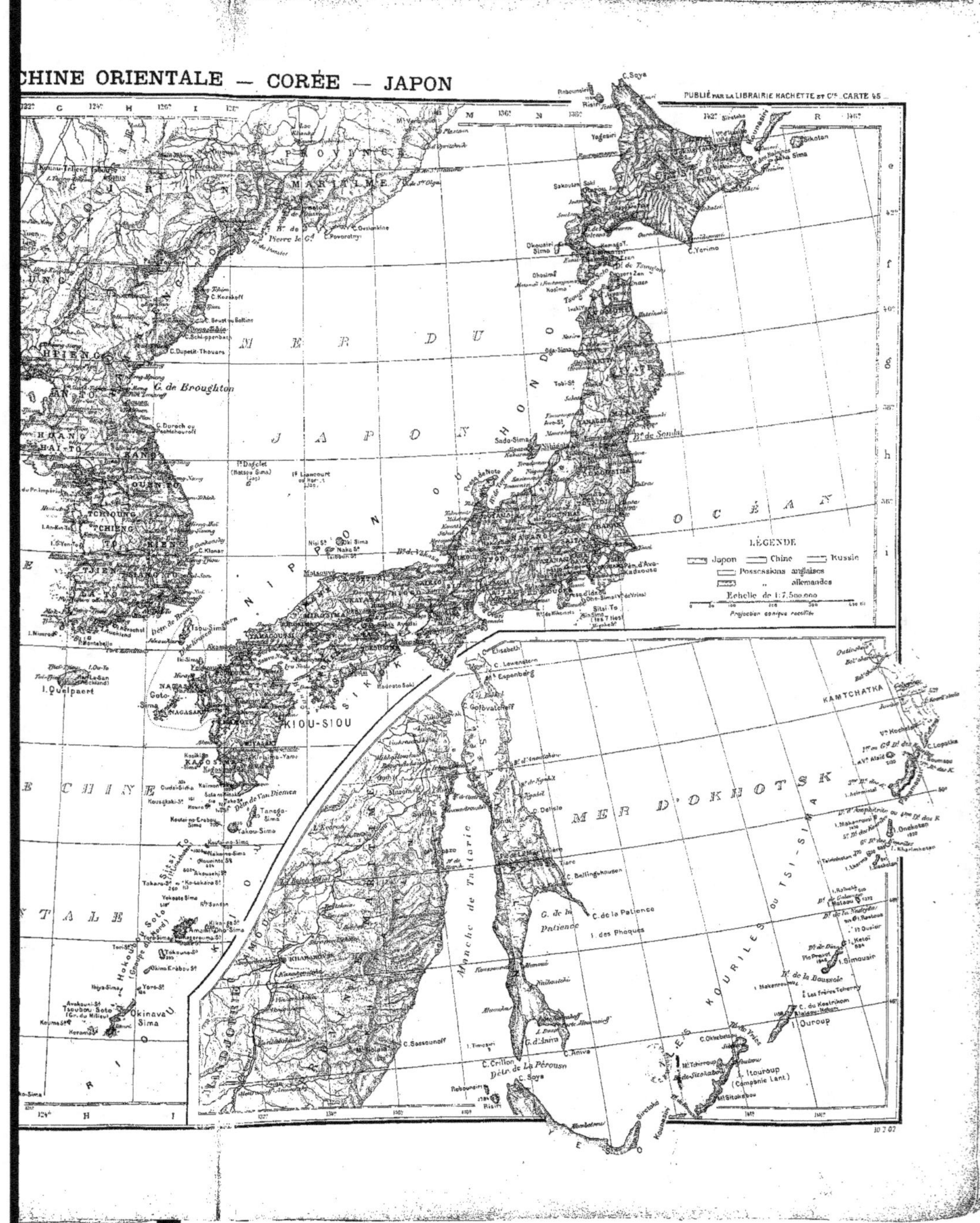
PUBLIÉ PAR LA LIBRAIRIE HACHETTE ET Cⁱᵉ .CARTE 45
PROVINCE MARITIME
MER DU JAPON
OCÉAN
HONDO
NIPPON
JAPON
G. de Broughton
KIOU-SIOU
SIKOK
LÉGENDE
Japon   Chine   Russie
Possessions anglaises
"   allemandes
Echelle de 1:7.500.000
Projection conique rectifiée
NAGASAKI
I. Quelpaert
CHINE ORIENTALE
KAMTCHATKA
MER D'OKHOTSK
Manche de Tartarie
G. de la Patience
I. des Phoques
KOURILES ou TSI-SIMA
Détr. de La Pérouse
C. Soya
 Itouroup
(Compagnie Land)
Okinava Sima
Kerama

Population présumée : 10 000 000 d'habitants.

Les Japonais ont réussi en 1876 à faire ouvrir un certain nombre de ports coréens au commerce étranger; ce sont les ports de Fousan, Gensan et Ningsan. D'autres ports ont été ouverts depuis. Les noms de ces ports sont indiqués sur la carte par un souligné.

Le commerce extérieur de la Corée se montait en 1902 à 64 448 000 fr à l'importation et à 16 987 000 à l'exportation.

JAPON

L'archipel du Japon s'étend du Nord-Est au Sud-Ouest en un long chapelet d'îles qui forment trois arcs diversement inclinés sur le méridien et tournant tous les trois leur concavité vers le continent asiatique. Ainsi se succèdent au Nord-Est, depuis la pointe du Kamtchatka, la longue rangée des îles Kouriles, au centre, les Huit-Îles, portion principale de l'empire japonais, et au Sud-Ouest les îles Cécile et Riou-Kiou, qui rejoignent l'extrémité septentrionale de l'île Formose. Des détroits sans largeur et sans profondeur séparent ces îles du continent asiatique, du Kamtchatka, de l'île de Sakhalin, ou de la presqu'île de Corée; les mers qui s'étendent entre les îles japonaises et la côte asiatique sont médiocrement profondes, sauf la mer du Japon, dont les fonds s'abaissent au delà de 5000 mètres, mais le rivage oriental des îles du Japon domine des abîmes insondables;

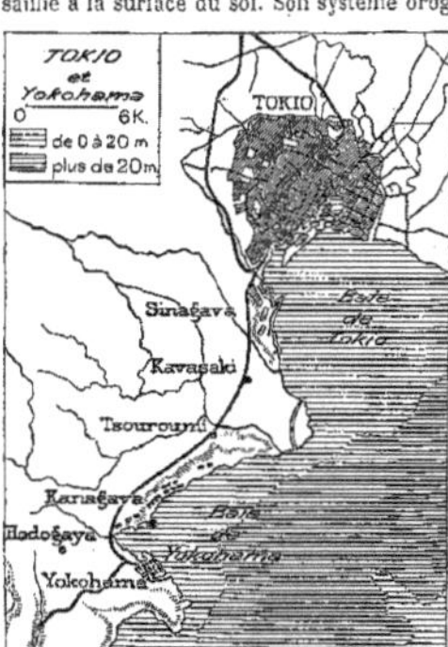

c'est à l'orient de l'archipel que se trouvent les plus grandes fosses océaniques connues; le fond de l'océan Pacifique s'y abaisse à plus de 8000 mètres de profondeur.

Les Japonais comptent les îles de leur empire au nombre de 524, dont quatre principales, situées dans la portion centrale de l'Archipel.

La surface totale de ces îles est évaluée à 582 416 kilomètres carrés, dont 226 579 pour l'île de Nippon, 18 210 pour l'île de Sikok, 43 615 pour l'île de Kiou-Siou et les Riou-Riou et 94 012 pour l'île de Hokkaïdo ou Yezo avec les Kouriles. Formose, conquise sur la Chine, mesure 35 000 kil. carr., et la partie méridionale de Sakhalin, cédée par la Russie en vertu du traité de Portsmouth, peut être évaluée à 35 000 kil. carr. L'ensemble de l'Empire japonais couvre 450 416 kilomètres carrés (France 536 408).

L'archipel japonais est entièrement de nature volcanique; les volcans en activité y sont encore nombreux, et les roches éruptives y font partout saillie à la surface du sol. Son système orographique paraît être la consé-

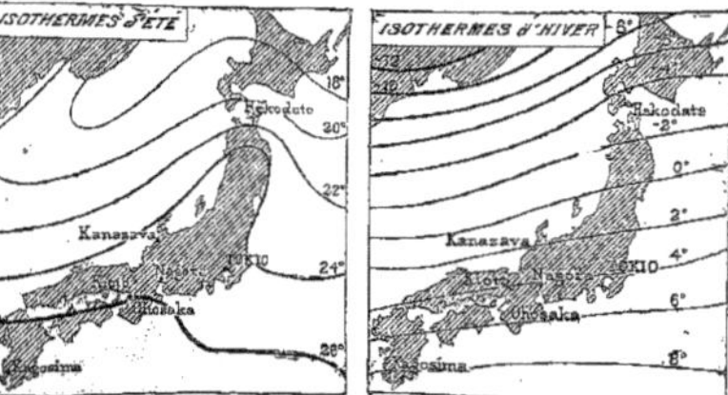

quence de l'entre-croisement de deux axes, l'un dirigé presque parallèlement au méridien, l'autre très incliné du Nord-Est au Sud-Ouest; c'est à cet entre-croisement que seraient dues la forme presque quadrangulaire de l'île de Yéso et la forte courbure de l'île de Nippon. Les montagnes du Japon, en général boisées, quelquefois couronnées de sommets couverts de neiges éternelles, sont presque toujours extrêmement pittoresques. La plus remarquable est le Fouzi-Yama (5750 mètres), près de Tokio. Dans un pays aussi accidenté, semé de bassins fermés, les lacs ne sont pas rares et contribuent à l'ornementation du pays : tel le lac Biva, près de Kioto; en revanche, les plaines sont peu étendues, elles n'y occupent pas plus du huitième de la superficie; les cours d'eau ne peuvent donc y prendre de développement, et la plupart ne sont que des torrents; le plus important est le Sinano-Gava, qui débouche dans la baie de Nihigata, après un parcours de près de 500 kilomètres.

De la situation géographique du Japon, complètement entouré par les eaux de la mer, il est facile de conclure que son climat est essentiellement maritime, c'est-à-dire tempéré et humide; cependant l'étendue de l'empire est si grande dans le sens du méridien, que la température moyenne est dans les différentes îles est très inégale; ainsi, tandis que dans l'île de Kiou-Siou la température moyenne est de 15 degrés, elle n'est plus que de 8 à 9 degrés dans le Nord, dans l'île de Yéso; dans cette dernière même, la plus basse température de l'hiver est de 22 degrés, tandis qu'à Nagasaki la plus haute température de l'été est de 35 degrés. Le ciel est généralement couvert et la pluie est abondante, surtout dans le midi; à Nagasaki, la couche annuelle d'eau de pluie atteint 2m,20, tandis qu'elle ne dépasse pas 70 centimètres dans l'île de Yéso.

La nature du sol, auquel la décomposition des roches volcaniques fournit tous les éléments de la fertilité, et le climat moyen très favorable à la végétation, permettent à l'agriculture de prendre au Japon un développement considérable. Le riz, le blé, le thé, la soie et le sucre en sont les principaux produits. Les roches éruptives sont également parsemées de filons métallifères; et, parmi les métaux qui y sont plus abondamment répandus, on trouve l'or, l'argent, le cuivre et le fer. La houille y forme aussi d'importants dépôts.

Le mouvement des échanges du Japon avec le monde extérieur est développé. Les importations augmentent dans une forte proportion : 640 millions de francs en 1901, 680 en 1902, 795 en 1903, 928 en 1904, 1220 en 1905. Les exportations augmentent moins : 650 millions de francs en 1901, 649 en 1902, 724 en 1903, 798 en 1904, 804 en 1905. Les pays qui prennent la plus grande part à ce mouvement commercial sont : à l'importation, l'Angleterre, les Indes anglaises, les Etats-Unis, la Chine.

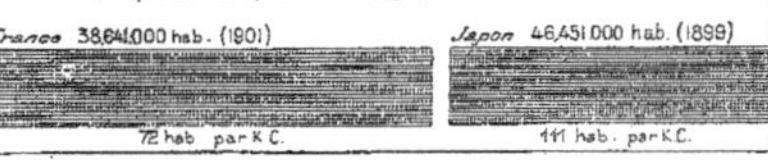

l'Allemagne et l'Indo-Chine française, et à l'exportation, les Etats-Unis, la Chine, la France et l'Angleterre.

Au point de vue administratif, l'empire du Japon est divisé actuellement en 46 départements dont 3 fou, ceux de Tokio, de Kioto et d'Ohosaka, et 43 ken.

La population du Japon était, au 1er janvier 1906, de 47 812 138 habitants, soit 100 habitants par kilomètre carré. Les villes principales du Japon sont : Tokio, la capitale de l'Empire, 1 818 655 habitants; Ohosaka, 995 945;

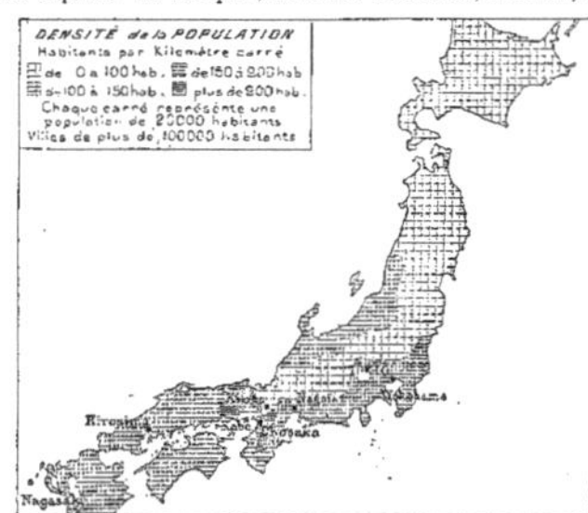

Kioto, l'ancienne résidence du Mikado, 380 568; Yokohama, centre d'une importante colonie étrangère, 320 035; Nagoïa, 288 659; Kobe, où se trouve une colonie étrangère considérable, 285 002; Nagasaki, 153 293; Hirosima, 121 196; Sendaï, 100 231.

De grands efforts ont été faits au Japon pour y développer l'instruction et les travaux publics, en adaptant à ses besoins les méthodes de l'Occident. Les établissements d'instruction primaire et secondaire y sont nombreux. En 1905, la longueur des voies ferrées exploitées était de 10 094 kil., et celle des lignes télégraphiques de 64 408 kil.

L'effectif de l'armée en temps de paix est évalué à 250 000 hommes.

Flotte en 1906 : 191 bâtiments (dont 8 cuirassés, 25 croiseurs, etc.), avec 52 500 hommes.

Les origines de la race et de l'histoire des Japonais se perdent dans les obscurités de la légende. Les peuples qui habitaient les îles de l'archipel japonais subirent d'abord l'influence civilisatrice qui leur venait de la Chine. Sa littérature et sa philosophie acquirent droit de nationalité au Japon. Cependant l'état social des Japonais était resté jusqu'à ces dernières années très différent de celui des Chinois; peuple guerrier et fier, le peuple japonais répudiait l'organisation démocratique de la société chinoise; sa constitution était essentiellement féodale. Plus défiant encore que le peuple chinois, il s'obstinait à rester isolé du reste du monde, lorsqu'en 1868 un coup de théâtre inattendu vint bouleverser tout l'édifice politique de cette nation. L'empereur du Japon, ou Mikado, secouant tout à coup le joug de taïkouns ou maires du palais, qui depuis longtemps gouvernaient effectivement l'empire, brisa l'influence prépondérante des grands vassaux (daïmios), et résolut d'adopter les coutumes gouvernementales des peuples de l'Occident. Une constitution parlementaire, un code calqué sur le code Napoléon, une nouvelle division administrative de l'Empire, dans laquelle des ken (départements) venaient se substituer aux anciennes provinces féodales, une armée et une marine, des écoles organisées à l'européenne, furent les nouveautés qui vinrent brusquement changer les habitudes des Japonais. Il est curieux d'opposer à la prudence avec laquelle les Chinois procèdent à l'introduction des idées occidentales dans leur empire, l'enthousiasme avec lequel les Japonais leur ont ouvert, subitement et sans réserve, les portes de leur pays.

Léon Rousset.

SITUATION

L'**Afrique** continentale est comprise entre 57° 19' 40" lat. Nord, — 34° 51' 15" lat. Sud, — 19° 55' 7" longit. Ouest, — 49° 7' 57" longit. Est. Elle est bornée au Nord par la Méditerranée, à l'Ouest par l'Atlantique, à l'Est par l'Océan Indien, le golfe d'Aden et la mer Rouge, et n'est reliée au reste du monde que par l'**isthme de Suez**.

CONFIGURATION GÉNÉRALE

Le continent africain, large et massif dans sa moitié septentrionale (au N. de l'équateur), se rétrécit et s'allonge en pointe obtuse dans sa partie méridionale (au S. de l'équateur).

Dimensions extrêmes : du Nord au Sud, maximum. . . . . 8100 kil.
de l'Est à l'Ouest, maximum. . . . . 7500 kil.

SUPERFICIE

Afrique continentale. . . . . 29 200 000 kil. carr.
Iles africaines. . . . . 625 000 » »

Continent et îles. . . . . 29 825 000 » »
(Europe 10 010 480 ; France 556 408).

CÔTES

Les **côtes** du continent africain ont un développement total de 28 500 kil. (l'Europe, 5 fois plus petite, mais plus découpée, a 52 000 kil. de côtes). Les contours sont arrondis, tantôt convexes, tantôt concaves, se soudant les uns aux autres sans coudes brusques. Les principaux **caps** sont : le cap **Blanc** (Tunisie), le cap **Spartel** (détroit de Gibraltar), le cap **Blanc** (Sahara occidental), le cap **Vert** (Sénégal), le cap des **Palmes** (Liberia), le cap **Lopez** (Congo français), le cap de **Bonne-Espérance** et le cap das **Agulhas** c'est-à-dire des Aiguilles (Colonie du Cap), le cap **Delgado** (Moçambique) et le cap **Guardafui** (Somali). D'autre part, **golfes** immenses, faiblement échancrés, mais largement ouverts ; par ex. : les **Syrtes** et le golfe de **Guinée**. L'Afrique présente une masse compacte, à peine entamée par 3 **estuaires** (Cameroun, Gabon et Congo) ; les autres embouchures des grands fleuves (Nil, Niger, Zambèze) se terminent par des deltas.

Peu d'**îles** littorales, sauf quelques **îles madréporiques** dans la mer Rouge et quelques îlots rocheux sur la côte méditerranéenne du Maroc, quelques îles basses et plates sur les côtes de la Tunisie et au sud du cap Vert (archipel des **Bissagos**), et des îles marécageuses à l'embouchure des « Rivières du Sud », ou dans les deltas du Niger et de l'Ogôoué. Puis, sur la côte orientale, les îles de **Mafia**, **Zanzibar**, **Pemba**, **Lamou**, **Manda**, **Pata** et enfin **Socotora**. Plus au large, dans l'Atlantique, les **Açores**, **Madère**, les **Canaries**, les îles du **Cap Vert** ; puis, au fond du golfe de Guinée, **Fernando-Po**, de **Principe**, c'est-à-dire île du Prince, **São Thomé**, **Annobom**. Dans l'Océan Indien, la grande île de Madagascar, avec **Nossi-Bé** et les **Comores**, les **Mascareignes**, les **Seychelles**, etc. Enfin, de véritables **îles océaniques** : l'**Ascension**, **Sainte-Hélène**, et **Tristão da Cunha**, dans l'Atlantique.

RELIEF DU SOL

Pas d'ossature nettement dessinée ; quelques chaînes de montagnes ou massifs sans connexion les uns avec les autres. A très peu d'exceptions près, toutes les chaînes de montagnes et les hauts sommets sont à la périphérie : l'**Atlas** et ses ramifications (point culminant 4500 m.), dans le nord-ouest de l'Afrique ; les massifs de l'**Azdjer** (1300-1500 m.) et du **Tibesti** (mont **Tarso**, 2400 m.), dans le Sahara central ; le massif éthiopien (Ras Dajan ou **Ankoua** (?), 4620 m.), voisin de la mer Rouge ; les monts **Marra** (point culminant 1440-1850 m.), dans le Dar-Four ; les montagnes de l'Adamaoua (mont **Guendero**, 2000 m.), au S. du Bénoué ; les monts **Cameroun** (**Mongo ma Loba**, 3960 m.) ; une chaîne encore mal connue, qui se dirige parallèlement à la côte, du Kameroun au Gabon. Dans l'Afrique australe, on trouve la chaîne des **Drakenberge** (**Mont aux Sources**, 3355 m.), entre le pays des Bassoutos et le Natal ; puis, beaucoup plus au Nord, dans l'Afrique orientale, le mont **Elgon** (4500 m.), les cimes neigeuses du **Kilima N'djaro** (6010 m.) et du **Kénia** (5600 m.), entre la côte et le Victoria Nyanza, enfin, à l'ouest de ce lac, les monts **Rouenzori** (6100 m.), que Stanley croit être les monts de la Lune des anciens. Les volcans **Kirounga** au nord du lac Kivou. Les monts de l'**Atakora**, dans le nord du Dahomey, les monts de **Drouplé** (3000 m.), près des sources du Cavally et les massifs montagneux du **Fouta Djalon** (900 à 1500 m.), un peu au nord de ces dernières montagnes, complèteraient cette ceinture de montagnes, ce rempart, dont le pic de **Teyde** (5720 m.), dans l'île de Ténériffe, le pic **Clarence** (2850 m.), dans l'île de Fernando-Po, et, de l'autre côté de l'Afrique, les monts **Tsaratanana** (2880 m.), dans l'île de Madagascar, constituent les forts avancés.

A l'intérieur de ce cadre de montagnes, dont deux seulement (Kilima N'djaro et Kénia) dépassent en hauteur le Mont Blanc, doivent évidemment se trouver de **hautes terres**, puisque l'Afrique, dépourvue de grands massifs montagneux, a une altitude **moyenne de 673 m.**, tandis que l'Europe a seulement 525 m., l'Amérique du Sud 600 m., l'Amérique du Nord 610 m. Il n'y a que l'Asie qui, grâce aux puissantes chaînes de l'Himalaya, de l'Hindou-Koh, du Karakoroum, du Kouenloun, du Thian-Chan, etc., surpasse l'Afrique comme altitude moyenne (940 m.).

La hauteur des terres varie considérablement, depuis les altitudes négatives des oasis de **Siouah** et d'**Aradj**, qui sont à 25 et 70 m. **au-dessous** du niveau de la Méditerranée, jusqu'aux plateaux de 1100 à 1400 m. d'élévation, où le **Nil**, le **Congo** et le **Zambèze** ont leurs sources, et jusqu'à ceux, non moins élevés, où naissent le Limpopo, l'**Orange** et le **Vaal**. En règle générale, les terres tendent à s'élever depuis le fond de la Grande-Syrte et la côte occidentale du Sahara (50-200 m.), en traversant le Sahara (200-500 m.) et les bassins du Chari, du **Ouellé** et du **Congo**, jusqu'aux plateaux de l'**Ounyamouèzi**, du **Lobemba** (**Oubemba**) et du **Garrenganzé** (1250-1400 m.). Puis, par une pente insensible, on descend dans la vallée où coule le **Zambèze** (900-1000), pour remonter de nouveau vers les fraîches prairies du **Transvaal**, de l'État

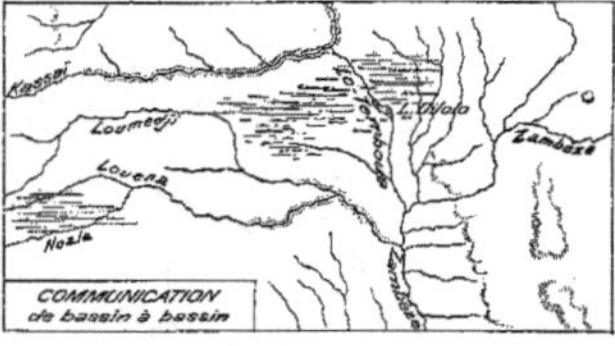

d'**Orange** et du **Basouto**, adossées à la chaîne des Drakenberge, et là, d'une hauteur de 3000 m., on domine, comme du bord d'un bastion colossal, l'Océan, dont on n'est plus guère qu'à 150 kil. à vol d'oiseau.

Il ne faudrait pas toutefois se figurer des pentes régulières et uniformes. Au contraire, elles sont rompues par de nombreux accidents : reliefs accentués et cuvettes plus ou moins profondes ; par exemple, les chaînes intermédiaires des monts **Tummo**, au Nord, et des monts **Matoppo**, au Sud, et les dépressions occupées par le lac Tchad (ou Tsade), par la steppe de **Ouembéré** (au S.-E. du Victoria Nyanza), par le lac **Ngami**, etc.

On remarquera aussi que les lignes de partage des eaux entre le Nil (par le Lohogati ou le Kaghéra et le lac Victoria Nyanza) et le Congo (par le Malagarazi, le Tanganyika et la Loukouga), de même qu'entre le Congo (par le **Tchambézi** et le lac **Bangouéolo**) et le Zambèze (par la **Loangoua** ou **Aroangoa**), ou entre ce même Zambèze (par la **Lotemboua-** sud et le **Liambaï**) et le Congo (par la **Lotemboua-nord** et le **Kassaï**), sont tout à fait imperceptibles, même pour des instruments de nivellement délicats. Ces fleuves ont leurs premières ramifications sur un plateau marécageux, parfaitement horizontal, où la cause la plus fortuite peut solliciter l'eau à couler dans un sens plutôt que dans l'autre. Tel est ce fameux lac **Dilolo**, à double écoulement, d'où sortent, d'un côté le Zambèze, et de l'autre le Congo.

HYDROGRAPHIE

I. — BASSINS FLUVIAUX PRINCIPAUX.

DÉSIGNATION.	SUPERFICIE DU bassin. kil. carr.	BRANCHE MÈRE du fleuve.	LONGUEUR kil.
1. Bassin du **Nil**	2 810 500	Bahr-el-Djébel	5940
2. » du **Niger**	2 650 200	Djoliba	4160
3. » du **Congo**	3 206 000	Tchambézi	4200
4. » du **Zambèze**	1 430 000	Liba ou Liambaï	2660

II. — BASSINS FLUVIAUX SECONDAIRES.

DÉSIGNATION.	SUPERFICIE DU bassin.	BRANCHE MÈRE du fleuve.	LONGUEUR
5. Bassin du **Sénégal**	500 000	Bafing	1700
6. » de l'**Ogôoué**	500 000	Ogôoué	1200
7. » de la **Quanza**	505 000	Quanza	1200
8. » du **Cunene**	272 000	Cunene	1200
9. » de l'**Orange**	1 275 000	Senkou	2140
10. » du **Limpopo**	560 000	Marico	1600
11. » du **Rovouma**	334 000	Rovouma	1100

III. — BASSINS INTÉRIEURS OU FERMÉS.

DÉSIGNATION.	SUPERFICIE
12. Bassin de l'**Igharghar**	816 500 kil. carr.
13. » du lac **Tchad**	1 820 000 » »
14. » du lac **Ngami**	785 000 » »

Les **fleuves** de l'Afrique, même les plus grands, ne sont guère navigables. Ceux dont l'embouchure n'est pas obstruée par une barre de sable, ou dont le delta offre des bras assez profonds, sont immanquablement coupés, à quelque distance de la côte, par des seuils rocheux, qui donnent naissance à des rapides, à des chutes ou à de véritables cataractes. En arrière de ce point, le fleuve peut redevenir navigable sur un certain parcours ; mais plus loin il est de nouveau interrompu par un obstacle.

Quant aux **lacs** africains, ils ne sont point situés dans les vallées inférieures ou dans les plaines, mais presque tous à une certaine altitude, sur les plateaux de l'intérieur.

AFRIQUE PHYSIQUE

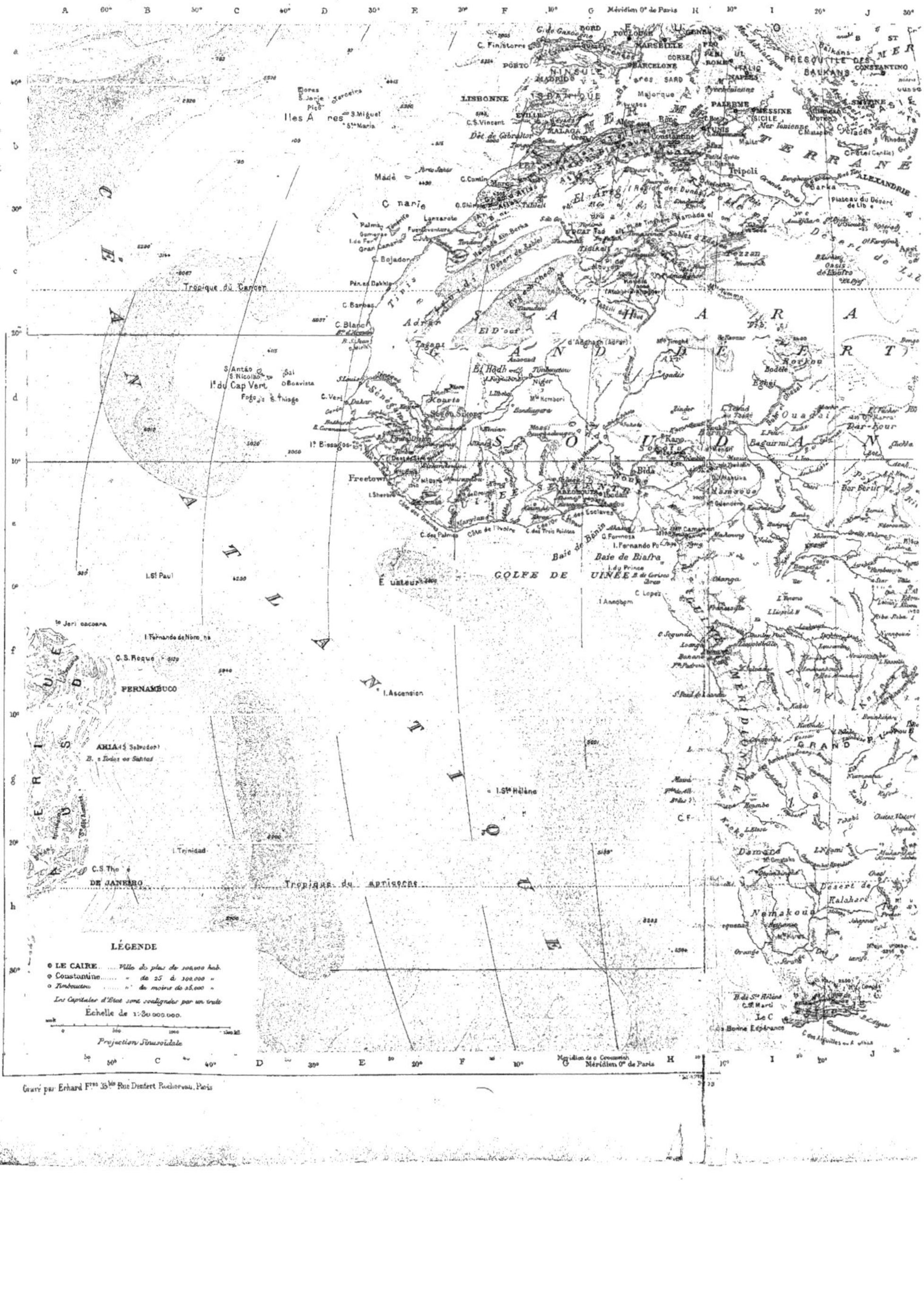

LÉGENDE

⊙ **LE CAIRE** ..... *Ville de plus de 100,000 hab.*
⊙ Constantine ...... " *de 25 à 100,000* "
○ Timbouctou ...... " *de moins de 25,000* "

Les Capitales d'État sont soulignées par un trait

Échelle de 1:30,000,000.

Projection Sinusoïdale

AFRIQUE PHYSIQUE

PUBLIÉ PAR LA LIBRAIRIE HACHETTE ET Cie (CARTE No 46)

Diapason des Teintes

Au-Dessous du niveau de la mer — Plaines — Pays montueux

Imp. Erhard Frs

NOMS DES LACS.	SUPERFICIE.		ALTITUDE.
Lac Oukéréoué (Victoria Nyanza). . . .	83 510 kil. carr.		1 180 m.
» Mwoutan N'zighé (Albert Nyanza)	4 650 »	»	680 »
» Albert Edouard.	3 000 »	»	960 »
» Tanganyika.	31 450 »	»	854 »
» Nyassa.	35 240 »	»	464 »
» Bangouéolo ou Bemba.	21 250 »	»	1 228 »
» Moëro	5 000 »	»	970 »
» Tchad ou Tsâde	34 000 »	»	250 »
» Tana ou Tsana	2 980 »	»	1 755 »

CLIMAT

La majeure partie de l'Afrique a un climat tropical. Entre le 15° lat. N. et le 20° lat. S., la chaleur est excessive et l'air très humide. Les pluies y sont fréquentes et torrentielles. Maximum de la chaleur : bords de la mer Rouge (Massaouah 50°), et Soudan oriental (Khartoum 47°); maximum d'humidité, côtes de Guinée et région des grands lacs.

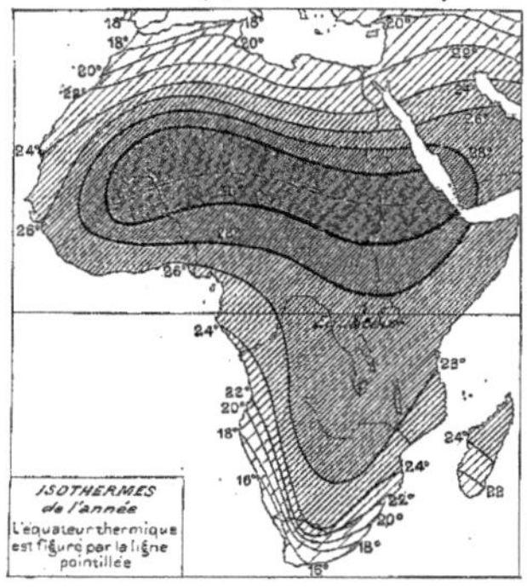

Au nord et au sud de cette large zone tropicale se trouvent des contrées chaudes et sèches (le **Sahara**, au Nord; le **Kalahari**, au Sud). Puis, aux deux extrémités du continent (en Algérie et au Cap), des pays tempérés, avec pluies hivernales, et abaissement sensible de la température suivant l'altitude. Les figures indiquent les modifications que les saisons font subir aux règles générales ci-dessus énoncées.

« De toutes les parties du monde, dit M. Élisée Reclus, l'Afrique est celle où les phénomènes du climat présentent en moyenne le plus de régularité : la cause en est à la forme massive du continent et à sa position sur la rondeur équatoriale. Dans la région la plus rapprochée de la ligne des équinoxes, au Nord et au Sud, les pluies tombent en toutes saisons grâce à la rencontre des vents alizés, qui, en se neutralisant l'un l'autre, maintiennent fréquemment le calme dans l'atmosphère et permettent aux vapeurs locales de se condenser sans voyager au loin. La symétrie des climats se complète par l'alternance régulière des vents et des pluies, dans la zone maurétanienne et dans celle du cap de Bonne-Espérance, qui appartiennent l'une et l'autre à la région des pluies subtropicales, tombant dans l'hiver respectif de chaque hémisphère. L'Afrique est plus nettement partagée en régions distinctes par les déserts qu'elle ne le serait par de larges bras de mer, et la distribution des peuples s'y est faite presque uniquement suivant le régime du climat en proportion de l'abondance des pluies et de la verdure. »

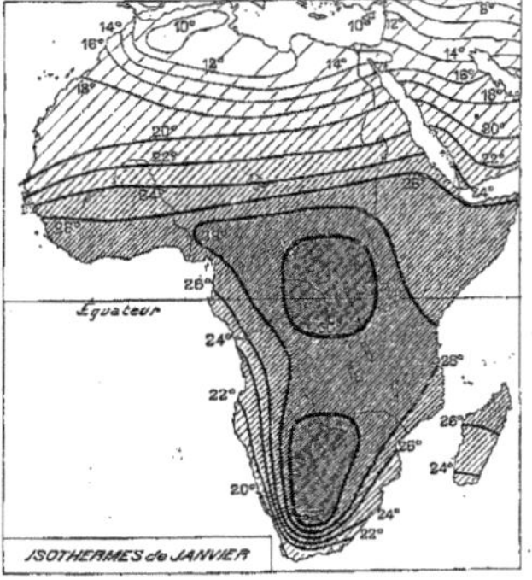

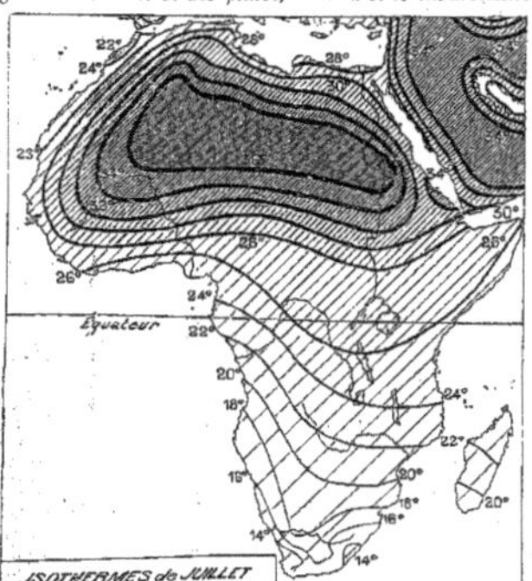

L'Afrique est le seul continent susceptible encore de nous réserver des surprises quant aux richesses minérales, dont, sur divers points, on y signale l'existence, mais qu'on n'a que très imparfaitement jusqu'ici réussi à exploiter. La découverte des champs **diamantifères** de Kimberley et celle des **champs aurifères** du Transvaal ne sont sans doute que le prélude de découvertes plus importantes. Il y a encore d'immenses espaces qui n'ont pas été explorés suffisamment, et où l'on découvrira très certainement le **fer** et, avec moins de certitude, l'**or**, l'**argent**, le **cuivre**, la **houille**, le **pétrole**. Quelques recherches isolées ont déjà fait découvrir ce dernier sur les bords de la mer Rouge, et la houille dans le bassin du Roufidji.

FLORE

La superficie de l'Afrique continentale se répartit comme suit :

Lacs.	200 000 kil. carr.	
Déserts.	10 000 000 »	»
Brousse et steppes.	5 800 000 »	»
Plaines herbeuses ou savanes.	6 250 000 »	»
Forêts et terres cultivables.	6 570 000 »	»
Total	29 200 000 kil. carr.	

La végétation du Nord de l'Afrique a une grande analogie avec celle des régions méditerranéennes de l'Europe (Espagne, Provence, Italie, Grèce) qui lui font face, de même que la végétation de la côte Ouest de la mer Rouge ressemble à celle de la côte orientale de cette même mer. Au Sud et à l'Ouest de ces deux zones s'étendent le Sahara et le désert de Libye, où l'on ne saurait guère parler que de dattiers. La véritable flore africaine, caractérisée par le **baobab**, le **palmier**, le **doum**, le **deleb ou borassus**, commence au Sud. Elle couvre toute la zone à laquelle on est convenu de donner le nom de **Soudan** (Soudan occidental ou Soudan français, Soudan central, Soudan oriental ou Soudan égyptien), et s'étend en forêts immenses bien au sud

de l'équateur. Il existe en Afrique une grande uniformité de végétation, et souvent sur d'immenses espaces s'étalent des forêts composées du même arbre ou des champs entiers de la même graminée. La verdure n'existe que durant une partie de l'année; les sécheresses prolongées semblent détruire toute plante et calciner toute racine; la terre se crevasse profondément. Mais, aussitôt que la saison des pluies (la **massika**) arrive, tout renaît et reverdit, et le paysage se transforme complètement. Il n'y a guère d'exception à cette règle que dans les régions, fort rares du reste, où l'air est constamment chaud et humide (par exemple, dans « le pays des Rivières », ou sur les côtes du Bénin et du Dahomey). A partir du 20° lat., on retrouve, dans le Kalahari, la contre-partie du Sahara et du désert de Libye, et, plus au Sud encore, une région moins désolée, où la **vigne** pousse, comme elle pousse aussi sur le versant méditerranéen de l'Atlas (vignobles du Cap et vignobles de l'Algérie).

La flore de l'Afrique australe n'est pas sans quelque analogie avec celle du Sahara; mais les **acacias épineux**, les **mimosas** et quelques rares **welwitchia** y remplacent les palmiers et les dattiers. Plus près du Cap, les plantes introduites par l'homme ont étouffé ou expulsé en grande partie les espèces indigènes.

FAUNE

Même observation pour la faune que pour la flore, ou plutôt grande analogie entre la faune actuelle du nord de l'Afrique et celle des temps préhistoriques du midi de la France, de l'Espagne, de l'Italie. Le **lion**, la **panthère**, l'**hyène**, le **chacal**, qui vivaient jadis sur le littoral méditerranéen de l'Europe, se rencontrent encore au Maroc, mais deviennent rares en Algérie. La même espèce de **singes** dont on conserve quelques spécimens comme curiosité sur le rocher de Gibraltar, est abondamment représentée dans les forêts de la Kabylie. Quant aux grands pachydermes, si jamais ils ont existé dans la Maurétanie et en Numidie, il y a longtemps qu'ils se sont retirés plus au Sud, de l'autre côté du Sahara. Ils ont été remplacés, dans le Nord, par les **animaux domestiques** introduits par l'homme, tels que le chameau, l'âne, le chien, le cheval, le bœuf, la chèvre, le mouton. L'extension de ces derniers vers le Sud est limitée par un diptère, la **mouche tsétsé**, dont la piqûre est funeste à certains animaux. La mouche tsétsé occupe un immense domaine, qui paraît s'étendre à toute l'Afrique intertropicale, depuis le Bahr-el-Ghazal et le Sennaar, au Nord, jusqu'aux rives du Zambèze, au Sud. Il faut remarquer cependant qu'à mesure que le gibier devient plus rare ou disparaît, la mouche tsétsé diminue. Un autre insecte dont il convient de parler, ce sont les **sauterelles ou criquets**, dont les invasions périodiques, dans le Nord du continent africain, sont si fatales aux récoltes.

La faune caractéristique de l'Afrique australe comprend : l'**éléphant** (différent de celui de l'Inde), le **rhinocéros**, l'**hippopotame**, la **girafe**, le **zèbre**, le **buffle** et de nombreuses variétés d'**antilopes**. Ces dernières sont représentées dans le Sahara et le Soudan par des troupeaux de **gazelles**. Le **gorille** paraît être cantonné dans certaines régions de la côte occidentale. L'**autruche** est devenue fort rare. Les **crocodiles**, en revanche, pullulent dans les rivières et les fleuves de l'Afrique équatoriale.

D. KALTBRUNNER.

POPULATION

Il serait difficile de déterminer avec quelque certitude le chiffre total de la population de l'Afrique. L'évaluation qui paraît le plus acceptable est celle de 200 000 000 d'habitants.

La superficie de l'Afrique continentale et des îles africaines étant de 29 825 000 kilomètres carrés, la densité moyenne de la population est d'à peu près 7 habitants par kilomètre carré, c'est-à-dire cinq fois moindre que celle de l'Europe prise dans son ensemble, et dix fois moindre que celle de la France. Il ne faut pas perdre de vue toutefois que la population de l'Afrique est très inégalement répartie : excessivement dense sur certains points du littoral, dans les estuaires et sur les rives des fleuves, elle est à peu près nulle sur

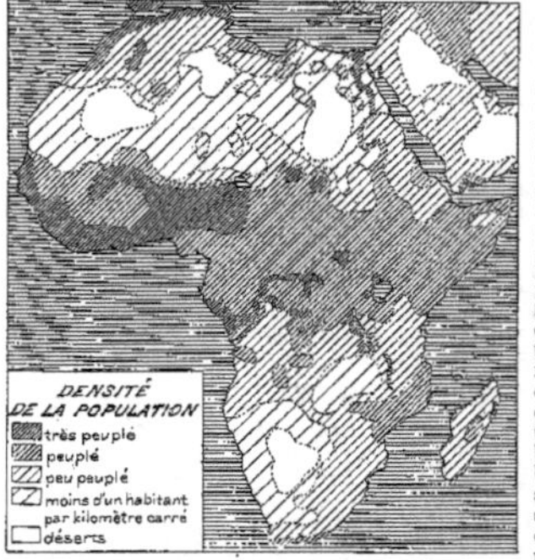

d'immenses espaces, tels que le Sahara, le Kalahari, etc. Les explorations récentes constatent, en outre, qu'à l'intérieur du continent africain d'importantes agglomérations d'habitants sont séparées entre elles par des zones désertes.

DIVISIONS POLITIQUES

Quoique les Blancs aient fondé des comptoirs sur la côte d'Afrique dès le xive siècle, ce n'est guère qu'à la fin du xviiie qu'ils ont résolument tenté la pénétration de l'intérieur. La civilisation européenne, qui s'était tout d'abord portée sur les zones tempérées du continent au sud et au nord : Cap, Algérie, Égypte, n'hésite bientôt plus à se lancer dans la conquête des régions tropicales. Vers la fin du xixe siècle, la lutte entre les différentes puissances pour l'obtention d'une sphère d'influence dans l'intérieur se précipite, les explorations se succèdent, les traités avec les indigènes se multiplient. Le moment est venu de régler définitivement la part de chacun dans le dépeçage de ce nouveau champ d'expansion. Ce sera surtout l'œuvre de la conférence internationale de Berlin de 1885, complétée et achevée depuis par de nombreux arrangements et conventions entre puissances qui n'ont laissé demeurer en Afrique comme États indépendants indigènes que le Maroc, l'Abyssinie et la république nègre de Libéria.

Actuellement, les divisions territoriales du continent en allant du nord au sud et de l'ouest à l'est sont les suivantes :

L'Algérie et la Tunisie, possession et protectorat français, continués à travers le Sahara par une zone d'influence qui les unit aux possessions de l'Afrique occidentale française.

Le Maroc, sultanat indépendant, renfermant de nombreuses tribus insoumises, et ayant un gouvernement très instable.

Le Rio de Oro, possession espagnole sur la côte de l'Atlantique entre le cap Bojador et le cap Blanc.

L'Afrique occidentale française qui englobe sous ce nom les colonies ou territoires suivants : La Mauritanie, territoire civil, entre le cap Blanc et le Sénégal ; le Sénégal, colonie comprise entre le cours du fleuve et la côte jusqu'au cap Roxo (moins l'enclave de la Gambie) ; la Guinée française, colonie bordant l'Atlantique entre la Guinée portugaise et Sierra Leone ; le Haut-Sénégal et Niger, avec le Territoire militaire du Niger, continuant les précédentes vers l'est à travers la zone soudanaise et la zone intermédiaire des steppes sahariennes jusqu'au lac Tchad et se poursuivant au sud et jusque sur le littoral du golfe de Guinée par les colonies de la Côte d'Ivoire et du Dahomey.

Enclavées dans le bloc compact des possessions françaises de l'Afrique occidentale se rencontrent : sur l'océan Atlantique, les colonies anglaises de la Gambie et de Sierra Leone, la Guinée portugaise et la république nègre indépendante de Libéria ; sur le golfe de Guinée, la colonie anglaise de la Côte de l'Or et la colonie allemande du Togo.

De l'embouchure du Niger au lac Tchad s'étend la possession britannique de la Nigeria, bornée à l'est par la colonie allemande du Cameroun.

À l'est du Cameroun, entre la côte, le Congo et l'Oubangui se prolongeant au nord jusque dans les régions sahariennes où il se confond avec les territoires du Haut-Sénégal et Niger, est le Congo français qui comprend les colonies du Gabon (enclavant la Guinée espagnole), du Moyen Congo, de l'Oubangui-Chari, et le Territoire militaire du Tchad.

Au sud-est du Congo français se trouve l'État indépendant du Congo qui occupe le bassin presque tout entier du grand fleuve. Au sud, bordant l'Atlantique, avec un hinterland qui atteint le Zambèze, est la possession portugaise de l'Angola, puis la colonie allemande du Sud-Ouest africain enveloppant le petit territoire anglais de Walfish Bay. Contigués vers l'ouest à ces possessions, s'étendent, du cap de Bonne-Espérance aux lacs Nyassa et Tanganyika, les riches colonies ou protectorats anglais du Cap, du Natal, du Bechouanaland, de l'Orange, du Transvaal, de la Rhodesia, de l'Afrique centrale anglaise ou Nyassaland.

À l'est, l'Afrique orientale portugaise se prolonge sur le littoral de l'océan Indien jusqu'à la Rovouma. Au nord de ce fleuve, l'Afrique orientale allemande étale ses territoires de la côte aux lacs Nyassa, Tanganyika, Kivou et Victoria, tandis que l'Afrique orientale anglaise occupe, au-dessus de cette colonie et jusqu'au 5e parallèle nord environ, l'espace compris entre l'État indépendant du Congo, l'océan Indien et le cours de la Djouba.

Dans la presqu'île, des Somalis on rencontre : la Somalie Italienne sur l'océan Indien ; la Somalie Anglaise sur le golfe d'Aden ; et plus loin, à l'entrée de la mer Rouge, la Côte française des Somalis bornée au nord par la colonie italienne de l'Erythrée. Le bassin supérieur du Nil est occupé par le Soudan Anglo-Égyptien que continue au nord l'Égypte, vice-royauté nominalement vassale de la Turquie, mais sous l'influence prépondérante de l'Angleterre.

Au milieu de ces possessions qui le séparent à la fois du Nil Blanc et de la mer, le royaume indigène de l'Éthiopie a su maintenir vaillamment, jusqu'à présent, sa complète indépendance.

De toutes les îles africaines la plus importante, Madagascar, est colonie française, ainsi que la Réunion, les Comores et les Glorieuses. L'Angleterre possède dans l'océan Indien l'île Maurice, les Seychelles, les Amirantes, les îlots Aldabra, Cosmolédo, Farquhar etc., ainsi que Sokotora. Dans l'Atlantique, le Portugal possède Madère, les îles du Cap-Vert, les Bissagos, l'île du Prince et San Thomé. L'Espagne a les Canaries, Fernando Po, Annobom ; l'Angleterre, l'Ascension et Sainte-Hélène.

RACES

Races principales. — Hamites ou *Hamitiques* (*Fellahs* de la vallée du Nil, descendants des anciens Égyptiens) ; *Berbères* (comprenant les *Kabyles* de la région montagneuse du nord de l'Afrique, de la Tunisie jusqu'au Maroc, et les *Touareg* ou *Imochars* du Sahara central).

Sémites, comprenant les *Abyssins*, descendants d'anciens immigrants venus du sud de l'Arabie ; les *Arabes*, répandus dans le nord de l'Afrique, qui sont en réalité des Sémites et non pas exclusivement des Arabes, car la conquête du nord de l'Afrique par les Arabes et l'invasion colossale qui a suivi, entraînèrent à leur suite des peuples de divers points de l'Asie. Quant aux « Arabes » qui s'établirent sur la côte orientale de l'Afrique, en particulier à Zanzibar, ils venaient surtout de l'Oman, de la Mésopotamie et de la Perse.

Nègres, comprenant les *Nigritiens* (*Soudanais, Haoussaouas, Mandingues*, etc., qui occupent l'Afrique dans toute sa largeur, au sud du Sahara et presque jusqu'à l'équateur) ; les *Bantous*, appelés aussi *Bounda* et *Loundu* (peuples et tribus désignés sous une foule de noms différents et qui couvrent presque toute l'Afrique méridionale. Leurs plus nobles représentants sont les *Cafres* ou *Zoulous*),

et les *Akkas, Obongos*, etc., petits groupes de *peuples-nains* qu'on rencontre sous l'équateur, du haut Nil jusqu'à l'Atlantique, et qui sont peut-être les derniers débris d'une race autochtone.

Hottentots, ou Koi-Koïn, relégués dans la partie sud-ouest de l'Afrique australe.

En outre, à Madagascar on rencontre les Hovas, dans la partie orientale de l'île et sur les plateaux, et les Sakalaves, dans la partie septentrionale et la partie occidentale de l'île.

Variétés. — Ces races, mélangées à tous les degrés, ont donné lieu à d'innombrables variétés. Par exemple : *Tedas* ou *Tibbous* (dans la partie orientale du Sahara, avec le Tibesti comme centre), mélange de Berbères et de Nigritiens.

Maures (à l'autre extrémité du Sahara, au nord du fleuve Sénégal), mélange de Berbères et de Nigritiens, à moins que ce ne soient les restes des anciens *Mauri* de la Mauritanie, refoulés au sud par l'invasion arabe. On appelle aussi « Maures » (de l'espagnol « los Moros », les Musulmans) les descendants des Arabes et des Berbères jadis expulsés de l'Espagne. Ces « Maures » sont fixés dans les villes.

Souahélis (sur la côte orientale), métis d'Arabes et de Nègres. À vrai dire, *Souahéli* signifie simplement « habitant du Sahel, ou littoral », et n'implique pas absolument une idée de race.

Griquas (dans le sud de l'Afrique), descendants des anciens Boers hollandais du Cap et de leurs esclaves hottentotes.

LANGUES

Langues de l'Afrique septentrionale : le *copte* (dérivé de l'ancien égyptien) ; le *berbère* (soit le *tamachek* des Touareg, le *kabyle* des montagnards algériens, le *chillouk* des Berbères du Maroc, etc.) ; l'*arabe* (dans ses dialectes algériens et moghrebins).

Langues du Soudan : le *bora mabang* (langue des Mabas du Ouadaï) ; le *haoussa* (parlé dans tout le bassin du lac Tchad, sur le Niger et jusqu'à la côte de Guinée) ; le *mandingue*, le *peul*, le *bambara*, etc. (dans le Soudan occidental et dans la Sénégambie) ; le *ouolof* (au Sénégal).

Langues de l'Afrique orientale : le *ghez* ou *geez* (en Éthiopie) ; le *tigré*, l'*amharinien* (en Abyssinie) ; le *galla* (en pays galla) ; le *somali* (chez les Somalis). Puis tous les idiomes dont le nom commence par *ki* : *kisouahéli* (langue des Souahélis, ou habitants du littoral), *kisambara* (langue de l'Ousambara), etc.

Langues de l'Afrique méridionale : le *kimbounda* (langue des Boundas ou Bantous de l'Angola) ; le *cafre* ou *zoulou* (langue du sud-est de l'Afrique australe) ; puis de nombreux idiomes dont le nom commence par *se* : *sésouto* (dialecte des Bassoutos), *setchouana* (dialecte des Betchouanas, etc.) ; enfin le *nama*, le *herero*, etc. (langues des peuples du sud-ouest de l'Afrique).

AFRIQUE POLITIQUE

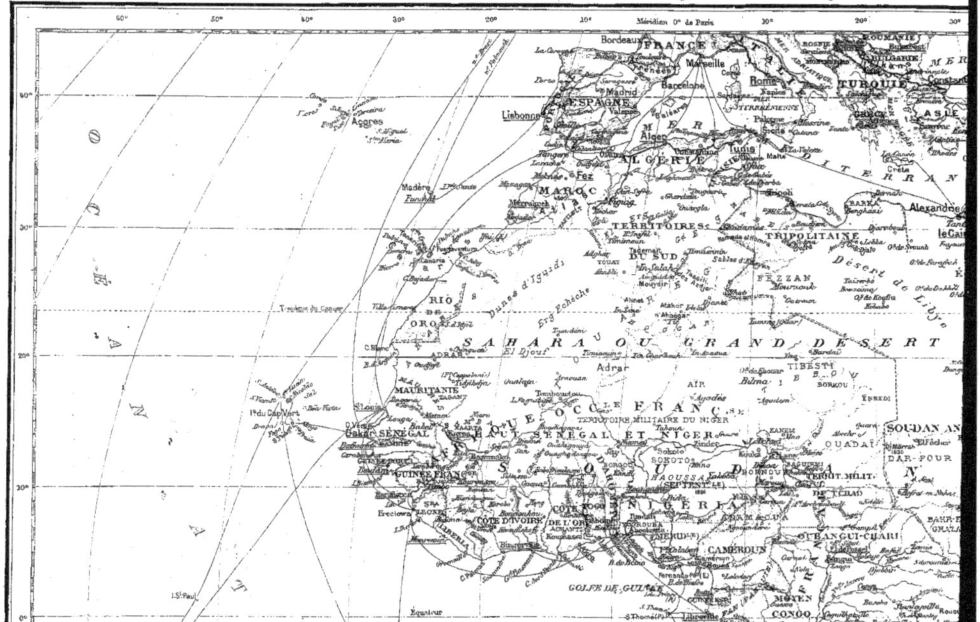

Gravé par Erhard Fres 35bis Rue Denfert-Rochereau, Paris

AFRIQUE POLITIQUE

PUBLIÉ PAR LA LIBRAIRIE HACHETTE ET Cie CARTE 47.

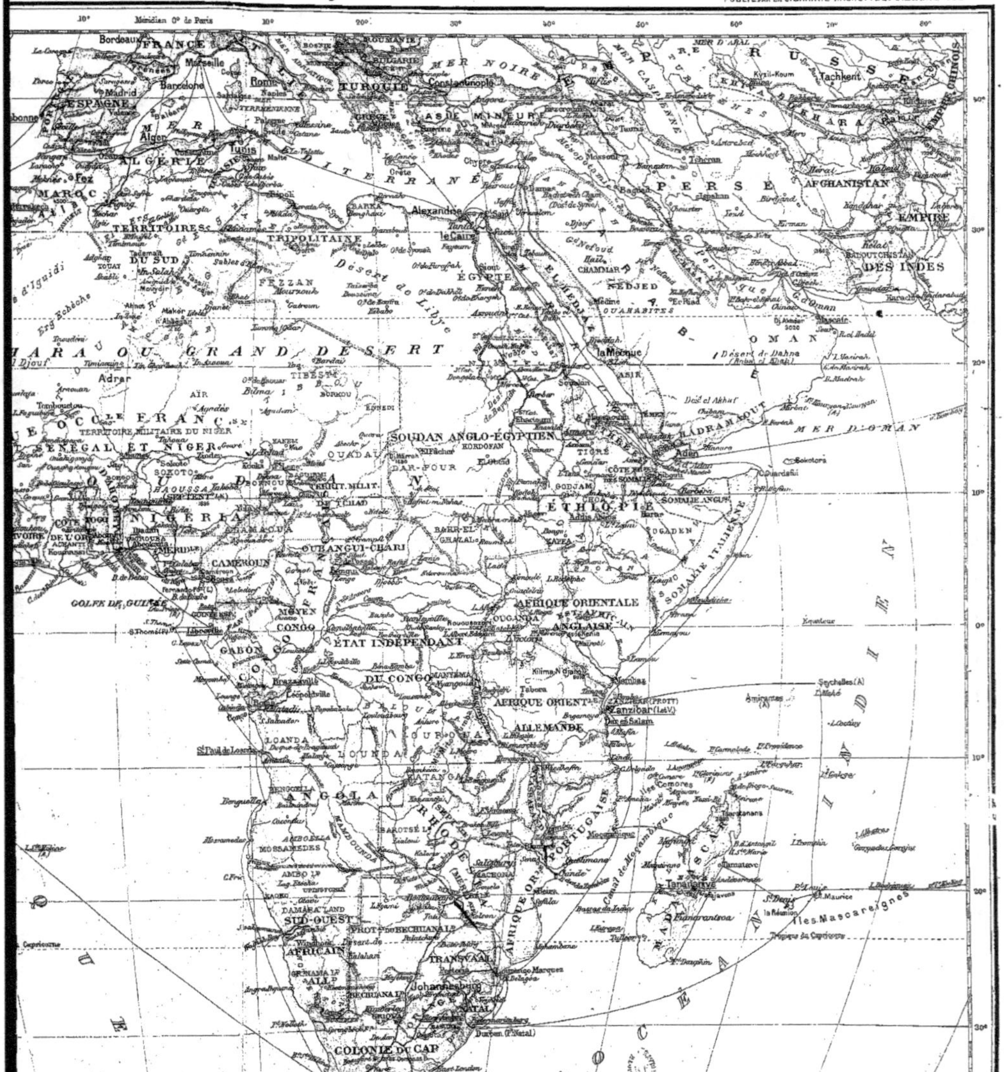

Imp. Erhard Frères

RELIGIONS

La religion *musulmane* domine en Afrique, principalement au nord de l'équateur. Elle y fut introduite lors de la conquête arabe, de l'an 660 à 710, et surtout lors de la grande invasion arabe, de 1048 à 1400. Les relations commerciales qui existaient de très ancienne date entre l'Arabie, foyer de l'Islam, et la côte orientale d'Afrique, contribuèrent aussi à la répandre sur cette côte, d'où elle a pénétré dans la région des grands lacs et sur le haut Congo jusqu'aux chutes de Stanley. Implantée d'abord dans le nord de l'Afrique, comme ailleurs, par la force, bien plus que par la persuasion, mais s'adaptant mieux que d'autres aux idées et aux convenances des indigènes, elle ne tarda pas à faire de nombreux adeptes, et fait encore aujourd'hui de rapides progrès.

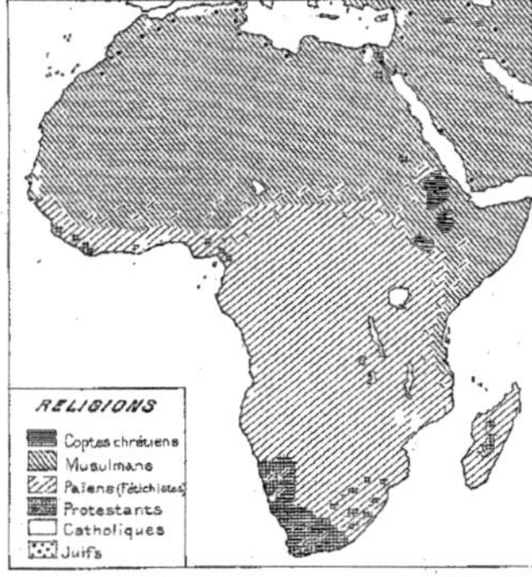

Le *paganisme*, sous sa forme la plus grossière, le *fétichisme*, est le propre de la Haute-Guinée. La religion des peuples de l'Afrique subéquatoriale est encore trop peu connue pour qu'on puisse préciser.

Le *catholicisme* règne en Algérie et en Tunisie parmi les colons. Il est répandu aussi dans les possessions portugaises de l'Angola et du Mozambique. On le trouve, sous une forme spéciale, chez les *coptes* chrétiens d'Égypte et d'Abyssinie.

Le *protestantisme* est représenté dans les États de Transvaal et d'Orange, fondés par les anciens Boers hollandais; dans la colonie du Cap et au Natal, peuplés à l'origine d'Anglais dissidents, et par des stations missionnaires disséminées dans toute l'Afrique, très nombreuses dans la Haute-Guinée, dans l'Afrique australe et dans l'île de Madagascar.

Le *judaïsme* n'existe qu'à l'état sporadique : on rencontre des Juifs dans presque toutes les villes du nord de l'Afrique, en particulier au Maroc, ainsi que dans les oasis du Sahara et en divers points du Soudan; mais nulle part en Afrique cette religion n'a une étendue territoriale.

GENRE DE VIE

Nomades. — Principalement dans l'Afrique septentrionale, depuis les côtes de la mer Rouge jusqu'aux confins du Sahara vers l'océan Atlantique. Puis à l'extrémité sud-ouest du continent, depuis le Counène jusqu'au fleuve Orange et au delà. Ces nomades sont *pasteurs*; on ne rencontre guère de nomades exclusivement *chasseurs* que dans l'Afrique australe, dans la *région* du lac Ngami et aux abords du Kalahari, et isolément dans le bassin du haut Congo ou dans celui du haut Zambèze.

Sédentaires. — Les peuples sédentaires, tout à la fois *pasteurs* et *agriculteurs*, sont répandus dans tout le Soudan, ainsi que dans les pays Gallas et Somalis, chez les Massaï et dans l'Ouganda et l'Ounyoro, avec cette particularité que ces deux occupations y sont distinctes et réservées à des classes ou castes différentes. Quant aux peuples où les mêmes individus sont *agriculteurs et en même temps éleveurs de bétail*, on les rencontre dans l'extrême nord de l'Afrique (Maroc, Algérie, Tunisie, Tripolitaine), en Éthiopie (Abyssinie et Choa), sur le haut Nil et dans le pays des Rivières; puis, sous l'équateur, entre le lac Tanganyika et la côte, dans la région des lacs Nyassa et Bangouéolo, sur les deux rives du Zambèze, et à travers le Transvaal et l'État libre d'Orange jusqu'à la Cafrerie et au Natal. On en trouve aussi, sur la côte occidentale, dans la plus grande partie des possessions portugaises de l'Angola et du Bihé.

Les peuples *plus exclusivement agriculteurs* occupent la vallée du Nil, les régions littorales et les estuaires de la Haute-Guinée, depuis l'embouchure du Sénégal jusqu'au delta du Niger, puis le Cameroun, l'Ogôoué et tout le bassin du Congo jusqu'à la côte ouest du Tanganyika, et enfin tout le littoral de l'Afrique orientale au sud de l'équateur jusqu'au Zambèze.

INDUSTRIE

Les peuples de l'Afrique ne possèdent guère en propre que des *industries domestiques*. La préparation des aliments, parfois aussi leur conservation dans des silos, quand ce sont des récoltes, ou par le séchage et le fumage, quand il s'agit de poisson ou de gibier; la construction de huttes ou cabanes, généralement recouvertes d'herbes sèches ou de feuillage; la fabrication de quelques ustensiles très primitifs, d'engins de chasse ou de pêche; le creusement de canots ou de pirogues; la confection de vêtements rudimentaires, tel est à peu près le cadre dans lequel se renferme l'activité industrielle des indigènes. Il y a toutefois, parmi le nombre, des tribus plus avancées, qui savent travailler le fer et qui en fabriquent des armes ou des instruments agricoles recherchés des leurs voisins. L'Africain, lorsqu'il se décide à sortir de son indolence, n'est guère porté à exercer une industrie ou un métier; il se fait plutôt colporteur ou marchand, à moins que le voisinage d'un établissement européen ne lui fournisse l'occasion d'offrir ses services comme portefaix, comme piroguier ou comme ouvrier pour travailler aux mines. Encore est-il rare que ces services soient de longue durée : l'indigène retourne volontiers à sa douce oisiveté dès qu'il a amassé un petit pécule. Il est douteux que l'Afrique intertropicale fournisse jamais les éléments de travail soutenu et régulier qui seraient nécessaires pour y mettre en œuvre les richesses naturelles du sol ou pour y introduire des industries telles que nous les entendons en Europe. Les essais d'exploitation agricole sur une vaste échelle sont encore trop récents et trop peu nombreux pour que l'expérience permette de se prononcer, et des tentatives sérieuses d'implanter et de développer d'autres branches quelconques d'industrie parmi les indigènes n'ont pas encore été faites.

COMMERCE

Le commerce est, et restera longtemps sans doute, la seule ressource que présente l'Afrique. Les entraves qui s'opposent à son développement sont encore nombreuses; l'hostilité des tribus ne permet guère aux négociants européens de s'avancer à l'intérieur ou de sortir des routes battues. Des régions considérables dans le Sahara, le Soudan, l'Afrique équatoriale, ne s'entr'ouvrent que difficilement et les tribus qui y ont le monopole du commerce sont excessivement jalouses de leurs prérogatives. Il n'y a pas longtemps encore que des relations commerciales directes n'existaient sur aucun point de l'Afrique : nul ne pouvait trafiquer avec les tribus de l'intérieur sans subir les exigences de toutes les tribus intermédiaires, pas plus qu'il n'était admis que ces tribus de l'intérieur vinssent opérer directement leurs échanges à la côte. Quand ces barrières auront entièrement disparu, le commerce de l'Afrique sera tout à la fois plus important et plus rémunérateur. Actuellement beaucoup de produits indigènes ne parviennent pas jusqu'aux établissements européens, parce que les prélèvements qu'opèrent en amont par des trop nombreux intermédiaires enlèveraient tout profit au producteur. D'autre part, les articles d'origine européenne trouveraient certainement un bien plus ample débouché à l'intérieur, si (du fait de ces mêmes intermédiaires) ils n'y arrivaient hors de prix pour des populations dont les ressources sont très limitées. Une autre raison qui fait que le commerce de l'Afrique n'atteint pas encore toute l'ampleur dont il serait susceptible, c'est la difficulté et la lenteur des transports à l'intérieur du continent, qui renchérissent outre mesure la marchandise : les riches produits du centre de l'Afrique ne peuvent supporter ces frais exorbitants et ils sont pour nous comme s'ils n'existaient pas. Enfin, un dernier inconvénient, c'est le manque d'un moyen d'échange uniforme, d'une monnaie qui facilite les transactions : dans telle région de l'Afrique, les indigènes ne reçoivent comme payement que des cauris (espèces de petits coquillages); ailleurs, ce sont des barres de sel, des spiritueux ou des marchandises de telle ou telle nature, à l'exclusion de toutes autres.

VOIES DE COMMUNICATION

Les moyens de communication entre l'Europe et l'Afrique deviennent d'année en année plus nombreux et plus rapides. Il n'y aura bientôt aucun point important de la côte qui ne soit régulièrement desservi par des paquebots ou qui ne soit rattaché à l'Europe par les câbles télégraphiques sous-marins. Mais le côté faible de l'Afrique, c'est le manque de communications faciles entre la côte et l'intérieur du continent. Les fleuves sont, presque tous sans exception, ou fermés à leur embouchure par des barres de sable, ou coupés à peu de distance en amont par des rapides et des chutes; la plupart même présentent tout à la fois l'un et l'autre de ces inconvénients. Au delà de ces obstacles, le fleuve redevient parfois navigable. Tel est le cas, pour le Congo, qui au-dessus de la région des chutes offre avec ses nombreux affluents un magnifique réseau navigable de plus de 15 000 kilomètres de développement. En attendant que le réseau ferré, déjà important en Algérie, en Égypte et au Cap, et qui s'accroît sans cesse par l'adjonction de nouvelles lignes de pénétration, soit suffisamment développé, les transports se font par le moyen de caravanes. Le chameau est l'unique bête de somme qu'on puisse utiliser dans le nord de l'Afrique pour la traversée du désert. C'est en vain que, dans l'Afrique tropicale, on a essayé d'en faire autant d'employer des éléphants, des mulets ou des bœufs : le climat et les piqûres de la mouche tsétsé font périr ces animaux; il faut ici avoir recours aux épaules de l'homme, et les caravanes s'y composent d'une longue file de porteurs. Plus au Sud, dans l'Afrique australe, c'étaient naguère de lourds chariots attelés de bœufs qui transportaient les marchandises; mais ce mode primitif tend de plus en plus à disparaître pour faire place à la locomotive.

CIVILISATION

L'ancienne Égypte fut le berceau de la civilisation pour les peuples de la Méditerranée (Grecs, Romains, etc.), qui ne tardèrent pas à surpasser leurs maîtres. La partie de l'Afrique située au sud du Sahara demeura fort longtemps exclue de toutes relations avec les autres peuples. Les Phéniciens et, plus tard, les Carthaginois eurent à peine quelques rapports commerciaux avec les habitants de l'intérieur. Les Arabes seuls paraissent s'être établis, très anciennement déjà, sur la côte orientale et y avoir fondé des établissements prospères. Les Grecs, les Romains, les Vandales s'en tinrent au nord de l'Afrique et ne franchirent pas le Sahara. Les Arabes couvrirent l'Afrique septentrionale et, entraînant à leur suite les Berbères, passèrent en Espagne, où ils fondèrent les royaumes de Séville et de Grenade. Ce fut l'époque brillante de la civilisation africaine, d'autant plus brillante que l'Europe était alors retombée dans l'ignorance. Expulsés de l'Espagne vers 1210-1220, les Maures (Arabes et Berbères d'Espagne) retraversèrent le détroit, et quelques-uns d'entre eux, pénétrant au Sud, répandirent des lumières nouvelles dans le Soudan et y fondèrent des États puissants pour le milieu où ils se trouvaient. Les anciens navigateurs portugais paraissent avoir connu ces royaumes de Mellé ou Melli, de Monomotapa et autres, dont les traces ont disparu de nos jours. Pendant longtemps les Européens se contentèrent d'avoir des comptoirs sur la côte. A mesure que se multipliaient les plantations dans les deux Amériques, le besoin de bras s'y faisait sentir; les indigènes y avaient été décimés ou exterminés; il fallait donc chercher ailleurs, et *la demande faisant naître l'offre*, c'est aux Européens ou descendants d'Européens établis en Amérique ou aux Antilles qu'il faut faire remonter l'origine de la *traite des nègres*. Les commerçants et aventuriers de toutes nations qui fréquentaient la côte d'Afrique, étaient des *négriers* : l'or, l'ivoire et les esclaves composaient seuls leur cargaison. L'influence exercée sur les peuples de l'Afrique par les Européens fut désastreuse, d'autant plus que leur exemple ne tarda pas à être suivi au Soudan par les chasseurs d'esclaves égyptiens, et dans l'Afrique orientale par les Arabes de Zanzibar. La répression de la traite et, bien plus encore, l'abolition de l'esclavage en Amérique et aux Antilles, firent cesser en partie le commerce des esclaves.

Avant 1800, aucun explorateur n'avait pénétré bien loin à l'intérieur. Hornemann fut le premier qui tenta la traversée de l'Afrique, de Tripoli au golfe de Guinée; il paya de sa vie cette tentative audacieuse. Peu à peu (surtout depuis 1860), les explorateurs sillonnèrent toutes les parties de l'Afrique; les régions intérieures furent mieux connues. Les explorateurs y avaient souvent sacrifié leur vie pour l'avancement de la science; les nations de l'Europe entendirent y trouver un profit plus réel : elles se partagèrent entre elles les contrées découvertes (Conférence de Berlin en 1885). Aujourd'hui les pays qui ne sont pas compris dans la zone d'influence d'une nation européenne sont rares, et les frontières, presque partout arrêtées dans leurs grandes lignes, ne demandent plus qu'à être fixées définitivement sur le terrain.

D. KALTBRUNNER ET M. CHESNEAU.

MAGHREB

Toute la vaste région qui s'étend dans le coin nord-ouest de l'Afrique, entre l'Atlantique, la Méditerranée et le Sahara et que les Arabes désignent sous le nom de Maghreb, c'est-à-dire « pays de l'Occident », est une contrée qui ne forme qu'un même ensemble géographique, ayant une constitution orographique, un climat et une population analogues. Politiquement, le Maghreb comprend les trois États de la Tunisie, de l'Algérie et du Maroc.

Algérie et Tunisie (voir carte 17).

Maroc. — La dénomination de Maroc est inconnue dans le pays même ; pour les Arabes c'est le Maghreb el Aksa « l'Occident extrême ».

Limité à l'est par l'Algérie, le Maroc n'a pas, au sud, de frontière nettement définie.

Le système orographique est semblable à celui de l'Algérie mais beaucoup plus caractérisé. Le faite du pays est constitué par le Grand Atlas, orienté sud-ouest nord-est et dont le Djebel el Aïachi (4500 mètres environ) est le point culminant. Parallèlement au Grand Atlas, s'étend, plus au sud, l'Anti-Atlas, de hauteur moyenne, puis le Bani, simple arête rocheuse ; au nord, se déroule, parallèlement à la côte, la chaîne sauvage et escarpée du Rif qui domine la Méditerranée. Les cours d'eau sont nombreux, mais aucun n'est navigable et les embouchures de la plupart d'entre eux sont généralement obstruées par les sables.

Le climat du Maroc, très agréable sur le versant nord-ouest du Grand Atlas où l'humidité de l'air régularise la température, est, au contraire, extrême sur le versant saharien où le ciel reste pur pendant des mois entiers.

Les zones de végétation coïncident avec les zones climatériques. Dans la zone maritime, végétation verdoyante avec cultures variées : arbres fruitiers, céréales, légumes, lin, chanvre, etc. ; sur le versant saharien, végétation désertique avec de riches oasis là où l'eau vient féconder le sol.

Les richesses agricoles du Maroc sont complétées par celles du sous-sol qui consistent en gisements de cuivre, de fer, d'or, de plomb argentifère, d'antimoine encore inexploités.

La superficie du Maroc peut être évaluée à environ 459 000 kilomètres carrés et sa population à 8 ou 9 millions d'habitants. Les *Berbères* (les plus anciens habitants du pays), agriculteurs et éleveurs, dominent ; puis viennent les *Arabes*, les *Maures* (métis de Berbères et d'Arabes), les *Juifs* qui, dans les villes, font presque tout le commerce et les *Nègres* dans le sud. Les Européens sont peu nombreux.

L'unité politique du Maroc n'est qu'un mot. La plupart des tribus ne reconnaissent que la suprématie religieuse du sultan et à la cour même on divise le pays en *B'lad em-Makhzen* ou pays soumis au Gouvernement et *B'lad es-Saïba* ou pays insoumis.

Malgré une armée assez nombreuse, le sultan n'exerce qu'une autorité peu étendue. Les guerres continuelles de tribu à tribu désolent le pays, les impôts rentrent mal et l'insécurité et l'arbitraire paralysent tout essor. Il n'existe ni voies ferrées, ni routes.

La cour habite tour à tour les trois capitales du Maroc : *Fez*, la résidence la plus ordinaire, centre intellectuel des pays et un des foyers du fanatisme musulman (70 000 hab.), *Meknès* (20 000 hab.), *Marrakech* ou *Maroc* (50 000 hab.). La ville la plus fréquentée par les Européens est *Tanger* (20 000 hab.) où sont les légations et les consulats. L'oasis la plus importante est le *Tafilelt*.

L'Espagne occupe *Ceuta*, quelques îlots de la côte méditerranéenne et *Ifni* sur l'Atlantique. Les principaux ports marocains ont une petite colonie de trafiquants étrangers. L'ensemble du commerce des ports marocains était, en 1900, de 41 000 000 de francs pour l'importation et de 33 050 000 francs pour l'exportation.

Le Maroc, où furent fondées les plus lointaines colonies phéniciennes et carthaginoises, a été tour à tour soumis à la domination romaine, à l'invasion vandale, à la domination byzantine, pour être finalement conquis par les Arabes en 681. C'est avec Edris, un descendant d'Ali, gendre de Mahomet, que commence, en 788, la série des dynasties musulmanes du Maghreb.

TRIPOLITAINE

Contrée sans aucune unité géographique qui constitue, entre la Tunisie et l'Égypte, un vilayet ou province turque. Elle comprend la Tripolitaine proprement dite avec l'oasis de Ghadamès, le plateau de Barka, (ancienne Cyrénaïque) le Fezzan et l'Oasis de Rhat. Superficie 1 051 100 kilomètres carrés. Population 1 000 000 d'hab.

La Tripolitaine forme, pour ainsi dire, la lisière du Sahara sur la Méditerranée : on y trouve, comme dans le grand désert, des plaines de sable parfois profondément déprimées et des plateaux rocailleux : plateau de Barka, entre le golfe de Bomba et la Grande Syrte, vastes hamadas qui se prolongent dans l'ouest, vers la mer, par des falaises déchiquetées. Le climat, méditerranéen sur le versant septentrional des plateaux, devient saharien plus au sud.

Végétation très pauvre, sauf sur les pentes maritimes. Population très clairsemée où domine l'élément berbère. Les Arabes habitent les plaines. Ces deux races sont de fanatiques musulmans. Chef-lieu *Tripoli* 50 000 hab., port et point de départ des caravanes pour le Soudan.

En 1904 : importations, 9 052 500 francs ; exportations, 9 664 000 francs.

La Tripolitaine, qui a passé successivement sous la domination carthaginoise, grecque et romaine, fut une des plus brillantes contrées de la Méditerranée ; elle a été dévastée et ruinée par les Arabes au vii° siècle. Pachalik de l'Empire Ottoman en 1551, la Tripolitaine resta presque indépendante jusqu'en 1835 pour rentrer, alors, sous l'autorité plus directe de la Turquie.

SAHARA

Vaste région qui s'étend sur tout le nord de l'Afrique, de la vallée du Nil à l'océan Atlantique, entre le Maroc, l'Algérie, la Tunisie, la Tripolitaine, au Nord, et les États du Soudan, au Sud. Dans le sens physique, le Sahara comprend la zone nord-africaine où, faute de pluies régulières, le pays revêt l'aspect d'un *désert*. Mais il y a sur le pourtour de cette zone des espaces où la transition est insensible, ce qui rend fort vague la délimitation. — Superficie. 6 200 000 kil. carr. (France 536 408). — Aspect général. Le Sahara n'est ni une immense plaine de sable, ni une dépression dont le niveau serait inférieur à celui des mers environnantes. Ce n'est pas non plus un ancien fond de mer desséché. Le Sahara a ses collines et ses montagnes, ses vallées et ses lits de rivières. Son altitude moyenne est de 330 mètres. Les massifs montagneux du Tibesti,

du Tassili septentrional, de l'Ahaggar, de l'Aïr ou Ashen, de l'Adrar oriental et de l'Adrar occidental en marquent les principaux accidents orographiques. De nombreux *ouadi*, généralement à sec, sillonnent en tous sens la surface du Sahara et sont peut-être les vestiges d'anciens fleuves taris. Les plaines uniformes, les plateaux caillouteux et les longues rangées de dunes n'occupent guère que la moitié de la superficie totale. — Climat. Écart énorme entre les fortes chaleurs du jour (40° à 50° à l'ombre) et la froideur des nuits (— 2° à — 5°). Séries d'années sans pluie. Vent d'une extrême violence ; le *simoun* soulève des tourbillons de sable, dessèche les outres et expose les voyageurs à périr de soif, mais n'ensevelit pas les caravanes, comme on s'est plu à le dire. Le *mirage* présente souvent au voyageur l'image trompeuse de nappes d'eau ou de fraîches oasis là où il n'y a que des sables arides. — Population. La faible population du Sahara (env. 500 000 hab.) se compose de *Touareg* ou *Imochagh*, de *Teda* ou *Tibbou*, de *Maures* et d'*Arabes*, qui habitent les oasis ou parcourent en nomades les immenses solitudes du désert. Les principales oasis sahariennes sont : dans la partie occidentale, *Tendouf*, *Ouadan*, *Chingueti*, *Tichit*, *Tidjikdja*, *Araouan* et la ville de *Timbouctou*, 8 000 hab., occupée par la France (décembre 1893) ; dans le Sahara central, le groupe des oasis du *Touat* et du *Tidikelt* (avec *In Salah*, occupé par la France en janvier 1900), *Temassinin*, *Amguid*. *Idelès*, *Tintelloust*, *Agadès* ; puis sur la route de Mourzouk au lac Tchad, le groupe des oasis de *Kaouar*, *Bilma*, *Agadem* ; enfin en plein désert de Libye, le groupe des oasis de *Koufra*. — Les principaux établissements européens sont situés sur les côtes de l'océan Atlantique. Ils se composent de quelques comptoirs ou stations de pêche que possède l'Espagne dans son protectorat de *Rio de Oro* (entre le cap Blanc et le cap Bojador) et des établissements français ou escales d'*Arguin* et de *Portendik*, sur le littoral qui s'étend du cap Blanc inclusivement jusqu'au fleuve Sénégal et qui appartient à la France. — Commerce. Le sel, les dattes, les plumes d'autruche et quelque peu de poudre d'or sont presque les seuls articles que fournit le Sahara. Mais le commerce de transit, qui se fait actuellement par les caravanes, prendra une importance considérable lorsque l'un ou l'autre des projets de *chemins de fer transsahariens* aura reçu son exécution. La convention du 5 août 1890 a placé la plus grande partie du Sahara occidental dans la zone d'influence française.

SOUDAN OCCIDENTAL ET CENTRAL. GUINÉE

La partie occidentale et centrale du Soudan comprend, outre la zone côtière de l'Atlantique, les deux grands bassins du Niger et du Tchad.

D'une façon générale, chacun des deux bassins considérés est constitué par une plaine d'élévation médiocre qui va en s'élevant insensiblement par terrasses ou plateaux successifs à partir de la région d'inondation du lac Débo pour l'un et de la nappe lacustre sans écoulement du Tchad pour l'autre, jusqu'aux extrémités, où se dressent par-ci par-là quelques massifs montagneux plus ou moins importants : Fouta-Djalon, Atakora, Guendéro, Marrah, Tibesti, Zaranda.

La région maritime du Soudan occidental sur l'Atlantique comprend : 1° les bassins du Sénégal, de la Gambie et des petits fleuves qui prennent naissance dans le massif du Fouta-Djalon ; 2° la zone des bassins côtiers qui s'étend, au delà de l'île Sherbro jusqu'à l'embouchure du Niger et qui est connue sous la dénomination de Guinée.

Quelques-uns des fleuves de la Guinée prennent leur source assez loin dans l'intérieur de la boucle du Niger. Aucune élévation importante ne sépare les bassins de ces cours d'eau de celui du grand fleuve, les massifs importants, tels que ceux du Nimba et de Drouplé (2000-5000 mètres), se trouvant en deçà de la ligne de partage des eaux.

Jusqu'au Cap Vert les côtes sont basses, droites et sablonneuses ; du Cap Vert à l'île Sherbro elles sont profondément découpées en estuaires pour redevenir, sur le golfe de Guinée, basses, régulières, sablonneuses et bordées de lagunes peu profondes communiquant avec la mer par des chenaux très

AFRIQUE
(PARTIE NORD-OUEST)

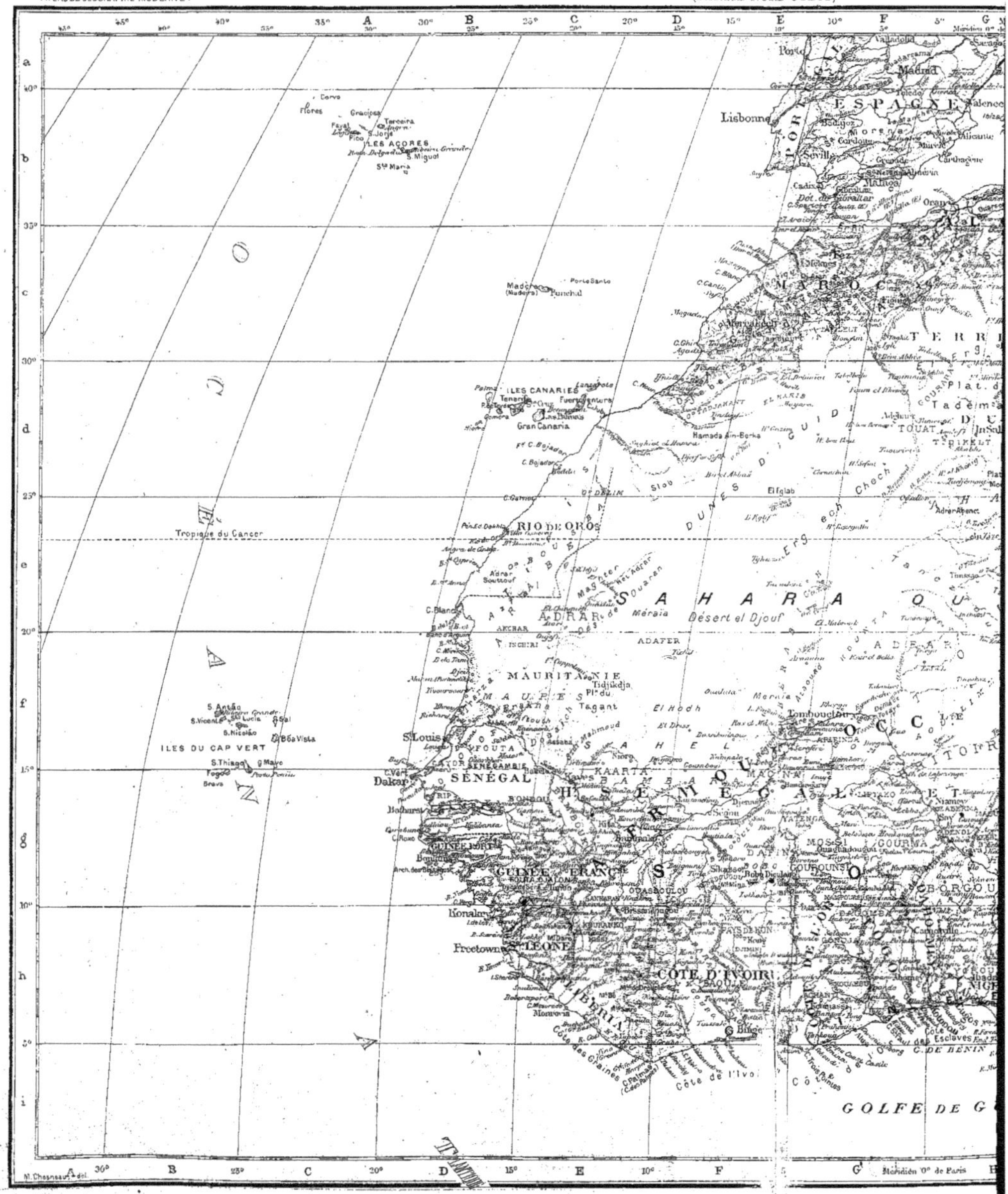

AFRIQUE
(PARTIE NORD-OUEST)

PUBLIÉ PAR LA LIBRAIRIE HACHETTE ET C.ⁱᵉ — CARTE 48.

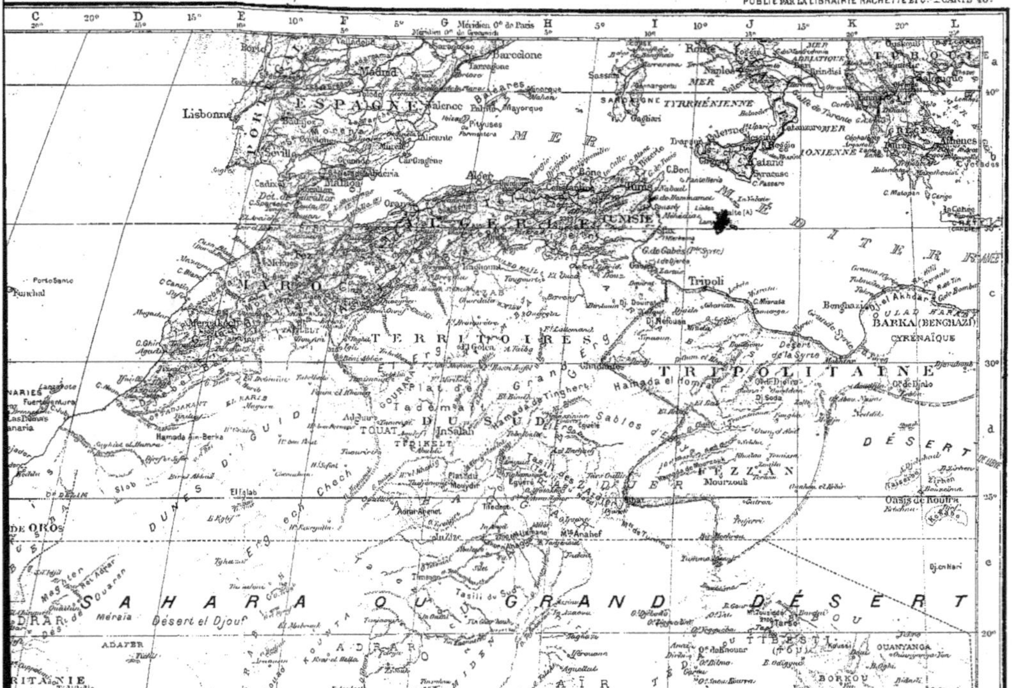

nalaisèment praticables. L'approche de la côte de Guinée est rendue très difficile par la *barre* d'eau et d'écume que forment les hautes vagues du large en déferlant sur le rivage.

Le climat du Soudan occidental et central est caractérisé par l'alternance très régulière d'une saison sèche et d'une saison pluvieuse; cette dernière va en diminuant de durée du sud au nord.

La chaleur, partout très élevée en moyenne, dépend de la saison et non de la latitude. La température, d'une uniformité accablante (27-28°), pendant la saison humide, est sujette à des écarts considérables pendant la saison sèche, où les jours étouffants alternent avec les nuits froides.

Les zones de végétation se succèdent parallèlement, en décroissant d'intensité, de la côte de Guinée, que borde une large ceinture de forêts vierges, au Sahara parsemé de maigres buissons épineux.

La population qui domine dans tout le Soudan est la race noire par excellence (Nigritiens ou Nègres soudanais) qui a donné son nom à la contrée (*Bled es Soudan* signifiant en effet pays des noirs). Mêlés ou juxtaposés aux Nègres on rencontre des Touareg et des Arabes nomades dans la zone de transition saharienne, des Foulah, Peul ou Foulbé dans toute la partie centrale. La grande majorité des populations du Soudan est adonnée à l'agriculture.

La majeure partie de la région soudanaise de l'ouest et du centre est occupée par les colonies ou les territoires qui constituent l'**Afrique occidentale française** et les dépendances septentrionales du **Congo français** (voir carte 19), tandis que le long de la côte, se prolongeant dans l'intérieur en formant autant d'enclaves, pour ainsi dire, dans la masse compacte des possessions de la France, on rencontre successivement les possessions européennes suivantes :

Gambie. — Colonie anglaise enclavée entre les territoires du Sénégal et de la Casamance. Elle consiste en une étroite bande de terrain qui longe les deux rives du fleuve Gambie depuis son embouchure jusqu'au point où il cesse d'être navigable (Yarboutenda).
Superficie : 9600 kil. carrés. Population : 90 400 hab.
Capitale : *Bativrst*, 9000 hab.
Le climat de la Gambie est relativement salubre.
Principaux produits exportés : arachides et cotonnades indigènes.
En 1904 : importations, 7 600 000 francs; exportations, 7 775 000 francs.

Guinée portugaise. — Colonie agricole et commerciale entre la Casamance et la Guinée française. Arrosée par les fleuves navigables Géba et Rio Grande, dont les forêts riveraines sont riches en acajou. À l'entrée du vaste estuaire de ces fleuves se groupe l'archipel des Bissagos.
Superficie : 33 900 kil. carrés. Population : 170 000 hab.
Capitale : *Boulam*, 5800 hab. Centre commercial : *Bissão*.
Principaux produits : caoutchouc, cire, graines oléagineuses, ivoire.
Commerce en 1903 : Importations, 2 459 682 francs; exportations, 1 541 450 francs.

Sierra-Leone. — Colonie anglaise entre la Guinée française et le Liberia, s'étendant à l'est jusqu'aux sources du Niger. Le sol de Sierra-Leone, assez accidenté dans sa partie septentrionale et orientale, est bas et marécageux sur la côte méridionale. Le principal fleuve de la colonie est la Rokelle, dont le cours est navigable sur une soixantaine de kilomètres. Un chemin de fer met en communication la capitale avec la frontière libérienne. Climat très malsain.
Superficie : 67 700 kil. carrés. Population 1 026 482 hab.
Capitale et seule ville importante : *Freetown*, 50 000 hab., un des meilleurs ports de l'Afrique occidentale.
Principaux produits d'exportation : peaux, bétail, fruits tropicaux.
Commerce en 1904 : Importations, 17 925 000 francs; exportations, 12 125 000 francs.

Liberia. — République noire entre le Sierra Leone et la Côte d'Ivoire, sans frontières déterminées vers le nord, ayant pour origine une colonie de Nègres libérés, fondée en 1821 par une Société philanthropique des Etats-Unis d'Amérique et constituée en république en 1848.
La côte du Liberia est généralement haute, avec un système de lagunes peu développé. Le pays consiste en un plateau s'élevant graduellement, par terrasses successives, vers l'intérieur, qui est couvert de forêts.
Fleuves principaux : le Saint-Paul et le Cavally. Le cours inférieur de ce dernier constitue la limite orientale du pays.
L'autorité du gouvernement libérien ne s'étend guère au delà d'une étroite zone côtière. La langue officielle est l'anglais.
La tribu la plus remarquable de la côte est celle des Kroumen, bons travailleurs et excellents marins qui rendent de grands services pour le déchargement des navires sur toute la côte de Guinée.
Superficie : indéterminée. Population civilisée : environ 20 000 Nègres protestants.
Capitale : *Monrovia*, 5000 hab.
Principaux produits d'exportation : café, huile de palme, caoutchouc.
Commerce (importations et exportations) ne dépassant pas 10 500 000 fr.

Côte de l'Or. — Colonie anglaise sur le golfe de Guinée, s'étendant vers l'intérieur entre la Côte d'Ivoire française et la colonie allemande du Togo, jusqu'au 11ᵉ degré de latitude nord. C'est un pays généralement bas, avec une chaîne de collines s'étendant au nord-ouest de la basse Volta dans le pays Achanti. La Volta est le principal fleuve de la Côte de l'Or; elle n'est navigable, dans sa partie inférieure, que pour les petites embarcations. Différentes sections du cours de ses deux bras constituent : Volta blanche et Volta noire, et de son artère principale, forment la frontière de la colonie, soit à l'est, soit à l'ouest. Climat très malsain.
Superficie : 308 870 kil. carrés. Population : 1 486 435.
Capitale : *Akra*, 16 270 hab. Villes importantes : *Elmina, Cape Coast Castle*.
Un chemin de fer relie *Sekondi*, sur la côte, à *Koumassi*, dans l'intérieur.
Principaux produits : caoutchouc, huile et noix de palme, or, ivoire, bois précieux.
Commerce en 1904 : Importations, 30 050 000 francs; exportations, 33 500 000 francs.

Togo. — Colonie allemande entre la Côte de l'Or et le Dahomey; s'étend au nord jusqu'au 11ᵉ degré de latitude. Les deux principaux cours d'eau du Togo, la Volta et le Mono, lui servent en partie de frontière à l'ouest et à l'est. Le Togo est traversé par des rides montagneuses qui se prolongent au nord-est par la chaîne de l'Atakora. Climat malsain.
Superficie : 87 200 kil. carrés. Population : 1 500 000 habitants.
Capitale et port principal : *Lomé*. Postes importants à *Misahöhe, Bismarckburg, Sansanné Mango*.
Un chemin de fer reliera très prochainement Lomé à Misahöhe.

Produits principaux : huile et noix de palme, caoutchouc.

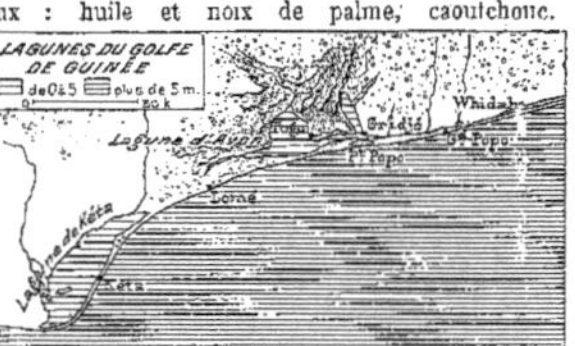

Commerce en 1905 : Importations, 9 700 592 francs; exportations, 4 945 798 francs.

Nigéria. — Les possessions anglaises réunies sous le nom de Nigéria s'étendent sur la côte du golfe de Guinée entre le Dahomey et le Caméroun, qui les bornent à l'ouest et à l'est. Elles sont séparées, au nord, du territoire militaire de Niger par une ligne qui, partant du fleuve aux environs d'Ilo, court, entre les 15ᵉ et 16ᵉ parallèles, rejoindre les rives du lac Tchad, aux environs de Barroua.

Principaux produits : huile et noix de palme, caoutchouc, ivoire, cuir, bois précieux.

La Nigéria a été scindée en deux parties : Nigéria méridionale et Nigéria septentrionale, séparées par une ligne qui coïncide à peu près avec le 7ᵉ degré de latitude nord.

Nigéria méridionale. — Sous le nom général de Nigéria méridionale sont réunis :
1° La colonie, qui comprend tous les territoires s'étendant le long de la côte immédiatement à l'est du Dahomey et qui constituaient auparavant la colonie de Lagos;
2° Le protectorat, qui englobe, outre le pays du Yoroubas, qui dépendait précédemment de la colonie de Lagos, tout le delta du Niger avec ses marigots innombrables qui font communiquer ensemble toutes les régions de cette côte basse et marécageuse.
La superficie de la colonie est de 8960 kilomètres carrés, celle du protectorat d'environ 200 000 kilomètres carrés. La population totale de toute la Nigéria méridionale peut être évaluée très grossièrement à 5 000 000 d'habitants.
Le chef-lieu de la colonie est *Lagos*, 42 000 habitants, port extrêmement important sur la lagune et qu'un chemin de fer en construction exploité déjà jusqu'à Ibadan doit relier au Niger. Les villes les plus importantes de l'arrière-pays sont *Abéokouta* et *Ibadan*, 100 000 habit. Le siège du gouvernement du protectorat est à *Calabar* sur la rivière du même nom.
Le climat de toute la Nigéria méridionale est des plus insalubres.
Commerce en 1904 : 142 400 000 francs. Importations, 69 125 000 francs; exportations, 75 275 000 francs.

Nigéria septentrionale. — La Nigéria septentrionale comprend l'empire de Sokoto avec la majeure partie de ses dépendances et la plus grande partie du Bornou. C'est une région doucement accidentée, fertile, salubre et peuplée en grande partie de musulmans.
Deux voies fluviales importantes la traversent : le Niger (sur les rives inférieures duquel le traité de juin 1898 concède à la France deux escales : enclaves d'Arenberg et Toutée) et son grand affluent la Bénoué.
Les Haoussa, race industrieuse dont la langue est l'idiome commercial de tout le Soudan central, peuplent une grande partie de la contrée.
Le siège de l'administration est à *Zounguérou*, sur la Kadouna.
La superficie de la Nigéria septentrionale est d'environ 816 000 kil. carrés, avec une population d'environ 20 000 000 d'habitants.
Commerce en 1902 : Importations, 1 475 000 francs; exportations, 1 700 000 francs.

Caméroun. — Colonie allemande située entre la Nigéria et le Congo français, sur la côte de la baie de Biafra, qui est assez profondément découpée par de nombreux estuaires. Le plus important de ceux-ci est la baie de Caméroun, qui constitue un excellent havre.
La colonie comprend la majeure partie de l'Adamaoua et une partie du Bornou. Elle s'étend jusqu'aux rives sud du Tchad. Le pays va en s'élevant par terrasses successives de la côte basse vers l'intérieur, qui est constitué par un plateau ondulé généralement herbeux, qui tombe abruptement sur la vallée de la Bénoué. Au nord de la baie de Caméroun s'élève le pic du même nom (4055 mètres). La rivière la plus importante est la Sanaga, qui est navigable sur une partie de son cours.
Le 7ᵉ parallèle constitue la limite approximative entre les Nègres de race bantoue et les Nigritiens.
Superficie : 495 000 kil. carrés. Population : environ 3 500 000 hab.
Capitale : *Bouéa*. Principal centre commercial : *Douala*.
Productions : huile de palme, caoutchouc, ébène, café.
Commerce en 1905 : Importations, 16 858 891 francs; exportations, 11 645 985.

Guinée espagnole. — Sur la côte, immédiatement au sud du Caméroun. Climat équatorial. Superficie, avec les îles Elobey qui en dépendent, 25 700 kil. carrés. Population : 159 000 hab. Chef-lieu : *Bata*.

ILES ET ARCHIPELS

Iles Madère. Groupe d'îles et d'îlots appartenant au Portugal. — *Superficie* de l'archipel : 815 kil. carr. — *Population* : 150 574 hab., soit 164 hab. par kil. carr. — L'île principale, *Madère*, a 700 kil. carr. — Capitale : *Funchal*, 20 844 hab.

Canaries. Archipel de sept îles, appartenant à l'Espagne. — *Superficie* totale : 7273 kil. carr. — *Population* : 358 364 hab. — *Gran Canaria* a donné son nom à l'archipel, mais n'est pas la plus grande. *Tenerife* est remarquable par son mont volcanique, le Pic de Teyde (3 720 m.). *Hierro* ou « île de fer », la plus petite, a donné son nom à un méridien initial. Capitale de l'archipel : *Santa-Cruz de Tenerife*, 50 314 hab.

Iles du Cap-Vert. Archipel de neuf îles, appartenant au Portugal. — *Superficie* totale : 3822 kil. carr. — *Population* : 147 424 hab. Cap. de l'archipel *La Praya*, 4000 hab., dans l'île de São Thiago. *Mindello* ou *Saint-Vincent*, 4 200 hab., port commercial dans l'île de São Vicente ou Saint-Vincent.

Fernando Po. Île espagnole. — *Superficie* : 1998 kil. carr. — *Population* : 20 742 hab. Capitale : *Santa-Isabel*, 1 500 hab.

Ile du Prince. Île portugaise. *Superficie* : 114 kil. carr. — *Population* : 4527 hab. Capitale : *São Antão*, 1800 hab.

Sax Thomé. Île portugaise. *Superficie* : 825 kil. carr. — *Population* : 37 776 hab. Capitale : *Cidade de São Thomé*.

Annobom. Île espagnole. *Superficie* : 17 kil. carr. — *Population* : 1204 hab. Ch.-l. *San Antonio de Praia*.

Ascension. Île anglaise. — *Superficie* : 88 kil. carr. — *Population* : 410 hab. Ch.-l. *Georgetown*.

Sainte-Hélène. Île anglaise. *Superficie* : 122 kil. carr. — *Population* : 3458 hab. Ch.-l. *Jamestown*.

M. Chesneau.

BASSIN DU NIL

La majeure partie du bassin du Nil, c'est-à-dire le delta, la vallée du fleuve, les déserts libyque et arabique et le Soudan oriental, est occupée par l'Egypte et ses dépendances.

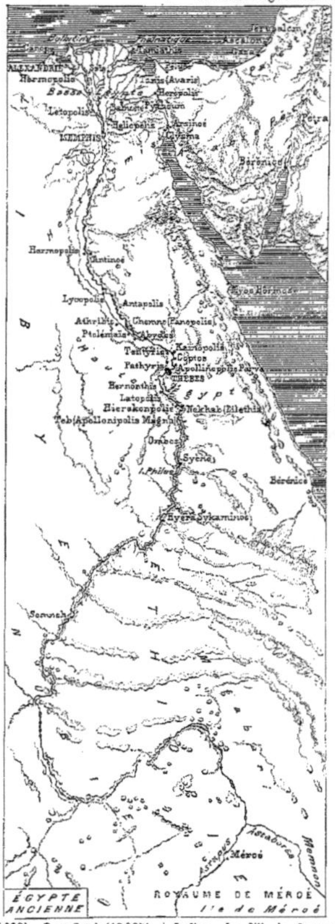

Egypte. — L'Egypte proprement dite comprend la vallée du Nil depuis la Nubie, le Delta, une partie du désert de Libye, avec les oasis jusqu'à Siouah; le désert entre le Nil et la mer Rouge et la côte de cette dernière jusqu'à Souakin; la péninsule du Sinaï, entre la Méditerranée, le golfe de Suez et le golfe d'Akabah. SUPERFICIE. 994 300 kil. carr. La vallée du Nil, encaissée entre deux plateaux arides, d'abord gréseux, puis calcaires à partir de quelques kilomètres en aval d'Assouan, se déroule comme un ruban de verdure. À la hauteur du Caire, elle s'étale en une immense plaine alluviale, sillonnée par les divers bras du Nil et coupée de nombreux canaux : c'est la Basse-Egypte, qui constitue la partie la plus fertile du pays. La vallée du Nil ne présente guère qu'une ouverture latérale, espèce de brèche par laquelle on pénètre dans la dépression du Fayoûm, dont l'un des points (le ouadi Raïan) est à 83 mètres au-dessous du niveau du Nil. La chaine d'oasis qui s'étend à l'Ouest de la vallée du Nil offre aussi des dépressions du sol, dont quelques-unes descendent même à un niveau inférieur à celui de la Méditerranée. Le *Nil*, l'unique fleuve de l'Egypte, traverse le pays du Sud au Nord sans recevoir d'affluent. Sa largeur n'excède nulle part 1100 mètres. Près de son embouchure, il se divise en plusieurs bras, qui s'écartent comme les branches d'un éventail et dont les deux principaux sont : le *bras de Rosette* à l'Ouest (long de 219 kil.) et le *bras de Damiette* à l'Est (long de 220 kil.). Leur écartement, à la côte, est de 145 kilomètres. Ces trois lignes forment un triangle, dont la ressemblance avec la quatrième lettre de l'alphabet grec (Δ) a valu le nom de *delta* à cette partie du cours du Nil. Sur la côte même et séparées de la mer par des cordons littoraux, s'étendent des lagunes peu profondes : lacs *Menzaléh, Bourlos, Aboukir, Edkou* et *Mariout*. Une des particularités du Nil, ce sont ses crues périodiques. Ce phénomène, qui pouvait passer pour surprenant dans un pays où il ne pleut pour ainsi dire jamais, s'explique parfaitement aujourd'hui par la quantité d'eau qui tombe, pendant près de huit mois consécutifs, dans le bassin supérieur du fleuve. Le limon que charrient les eaux est un puissant engrais pour les terres qu'elles recouvrent lors des inondations. Depuis 1902, pour conquérir un plus vaste territoire encore à la culture, un gigantesque barrage établi au-dessus d'Assouan, permet d'emmagasiner les eaux du Nil et de le déverser suivant les besoins de l'irrigation dans la zone cultivable de la vallée inférieure. — CLIMAT. Agréable et très constant; température moyenne du Caire, 22°; extrêmes + 5° comme minimum et 40° comme maximum. Pluies rares et peu abondantes; rosée nocturne assez forte, surtout dans la Basse-Egypte. — POPULATION : 9 821 045 hab., presque entièrement concentrée dans la vallée du Nil et dans le Delta. *Fellahs, Coptes, Arabes, Turcs, Juifs, Arméniens,* etc. Les étrangers, en majeure partie Européens, sont au nombre de 112 500. Villes principales : *Le Caire* (563 187 hab.), *Alexandrie* (345 047), *Tantah* (57 289), *Port-Saïd* (42 095), *Assiout* (42 012), *Zagazig* (55 713), *Suez* (12 500). — ORGANISATION POLITIQUE. L'Egypte comprend, politiquement, deux grandes divisions : La Basse-Egypte (Masr el Bahri) et la Haute-Egypte (El Saïd). Ces grandes divisions se subdivisent à leur tour en provinces et gouvernements, puis en cercles et en districts. Le Khédive, ou vice-roi d'Egypte, est nominalement vassal de la Turquie. Depuis 1882, l'Angleterre dirige la politique et l'administration égyptiennes. — PRINCIPALES CULTURES : céréales, coton, canne à sucre. — COMMERCE. En 1905 : importations, 558 940 500 fr.; exportations, 527 758 587 fr. — COMMUNICATIONS. Voies fluviales : outre le Nil (sauf aux cataractes), il y a 115 canaux navigables, dont la longueur totale est de plus de 5000 kil. Chemins de fer : en exploitation en 1905 : 3597 kil.; Réseau télégraphique : 18 346 kil. en 1905. Le canal de Suez (169 kil.); exécuté en 1859-1869 sous la direction de M. Ferdinand de Lesseps, a livré passage en 1905 à 4116 navires jaugeant ensemble 15 154 105 tonneaux. Recettes en 1905, 115 829 667 fr.

HISTOIRE. — L'histoire de l'Egypte remonte jusque vers l'an 5000 avant notre ère. Les dynasties qui se succédèrent ont laissé des monuments remarquables (pyramides de Gizeh, ruines de Thèbes, Louqsor, etc.). En 527 avant J.-C., Cambyse conquit l'Egypte, qui passa tour à tour sous la domination persane, grecque, romaine, byzantine, arabe et turque. Expédition française (1798-1801). Annexion de la Nubie et du Soudan oriental (1820-1870). Révolte d'Arabi Pacha (1881-1882). Bombardement d'Alexandrie (11 juillet 1882) et mise sous tutelle de l'Egypte par les Anglais. Insurrection mahdiste (1881-1885) et perte du Soudan égyptien qui est reconquis par une expédition anglo-égyptienne (1896-1898).

Soudan anglo-égyptien. — Le Soudan anglo-égyptien comprend la Nubie, le Kordofan, le Darfour, la province du Bahr-el-Ghazal et la région occidentale du haut Nil jusqu'au lac Albert, c'est-à-dire toute l'espèce de cuvette qui constitue le Soudan oriental et qu'entourent de tous côtés, sauf au nord où elle se relie sans démarcation précise avec l'Egypte, une ligne presque ininterrompue de hauteurs : massif de l'Ennedi et du Djebel

Marrah, faîte adouci séparant les eaux du Congo de celles du Nil, rebord du plateau équatorial, escarpements du massif éthiopien. Politiquement, il est borné par les dépendances du Congo français, l'Etat indépendant du Congo, l'Afrique orientale anglaise, l'Ethiopie et l'Erythrée.

Climat analogue à celui du Soudan central et occidental, c'est-à-dire avec température sensiblement égale et relativement modérée près des régions équatoriales humides et d'autant plus excessive qu'on se rapproche du désert où l'air est plus sec.

Le Soudan est bien arrosé par l'artère maîtresse du pays, le Nil, et ses affluents : Bahr-el-Ghazal, Sobat, Nil Bleu, Atbara. La région du Bahr-el-Ghazal, notamment, avec son réseau serré de cours d'eau ruisselants, a mérité le nom de «Pays des rivières». Les rives du haut Nil sont malheureusement marécageuses sur une très vaste étendue, et le cours du fleuve est souvent obstrué par un entrelacis de plantes aquatiques nommé « Sedd ».

Le sol est très fertile dans la région du Nil Bleu. Les productions du pays sont celles de tout le Soudan.

Superficie approximative 2 460 000 kil. car.; population évaluée à deux millions d'habitants, composée de hamites et de sémites, de nègres soudanais et de tribus nilotiques de coloration rougeâtre.

Capitale : *Khartoum* (14 025 hab.). Principales villes : Omdourman (59 916 hab.), ancienne capitale du Mahdi. Elle comptait alors environ 400 000 hab. Ouadi-Halfa, El-Obeïd, El-Fâcher.

De Ouadi-Halfa partent deux voies ferrées : l'une traverse le désert de Nubie jusqu'à Khartoum; l'autre remonte le Nil jusqu'à la 3ᵉ cataracte. Un chemin de fer relie Berber sur le Nil à Souakin sur la mer Rouge.

AFRIQUE ORIENTALE

Sous la dénomination d'Afrique orientale on peut réunir toute la région de hauts plateaux, coupée par l'équateur, bornée à l'ouest par le Soudan oriental et la cuvette du Congo, et à l'est par la Mer Rouge et l'Océan Indien.

Politiquement, cette région englobe l'Erythrée, l'Ethiopie, les Somalies française, anglaise et italienne, l'Afrique orientale anglaise et l'Est africain allemand.

L'Afrique orientale fait partie d'un ancien plateau, formé en majeure partie de roches archéennes, qui devait autrefois s'étendre à travers toute l'Afrique tropicale et se relier à la péninsule hindoue.

Sous l'influence d'une activité volcanique très intense, le niveau primitif de ce plateau a été modifié : 1° Par des soulèvements qui ont constitué des massifs montagneux parfois très élevés; 2° Par des effondrements, affectant généralement une forme allongée, que des bouleversements plus récents ont parfois en partie comblés et que bordent généralement des sommets volcaniques dont quelques-uns donnent encore des signes d'activité.

L'hydrographie de l'Afrique orientale a naturellement subi l'influence des grandes lignes de dislocation du sol.

Trois bassins principaux qui se succèdent, plus ou moins parallèlement, de l'ouest à l'est, se partagent les eaux de la contrée : le bassin du Nil, le bassin fermé de la grande dépression érythréenne, et le bassin de l'Océan Indien. Le Nil, le fleuve le plus important de la contrée, trouve sa source principale dans l'immense réservoir du lac Victoria: il reçoit le surplus des eaux des lacs Albert et Albert-Edouard, et ses affluents de droite; Sobat, Nil Bleu, Atbara, proviennent tous des hauts plateaux éthiopiens.

Dans le fond de la grande vallée de fracture qui se prolonge de la mer Morte jusque dans l'Ougogo, se succèdent, du nord au sud, plusieurs cours d'eau sans écoulement vers la mer : Aouache qui se perd dans les marais et les lacs de l'Aoussa près du golfe de Tadjourah, Omo, Kério, Tourkouel, affluents du lac Rodolphe, etc.

À l'est de ce grand « fossé » de l'Afrique orientale, presque tous les cours d'eau, sont tributaires de l'Océan Indien : Chebehli, Djouba, Tana, Pangani, Roufiyi, Rovouma.

En dehors de ces trois grandes zones d'écoulement des eaux, se trouvent plusieurs autres petits bassins fermés qui occupent le fond de dépressions moins importantes, tandis qu'au sud du lac Victoria, les eaux d'une partie du plateau s'écoulent dans le lac Tanganyika, tributaire du bassin du Congo.

Climat généralement chaud : humide avec température assez constante dans les parties basses ; sèche avec températures excessives sur le plateau. Il y a deux saisons de pluies correspondant aux deux équinoxes.

Dans les régions montagneuses la précipitation atmosphérique est considérable, et la végétation forestière luxuriante. La végétation est très riche aussi sur la côte et le long des cours d'eau; mais, sur les plateaux, elle varie suivant la nature du sol : sources et pâturages dans les terrains formés de laves désagrégées qui retiennent l'humidité; steppes caractérisées par une herbe dure et des buissons épineux dans les terrains généralement sablonneux où l'eau pénètre à une grande profondeur.

Le bassin du lac Victoria appartient à la zone climatique de l'Afrique centrale équatoriale, c'est-à-dire que même en dehors des deux saisons de pluies équinoxiales le ciel est toujours nuageux et les précipitations atmosphériques fréquentes.

AFRIQUE
(PARTIE NORD-EST)

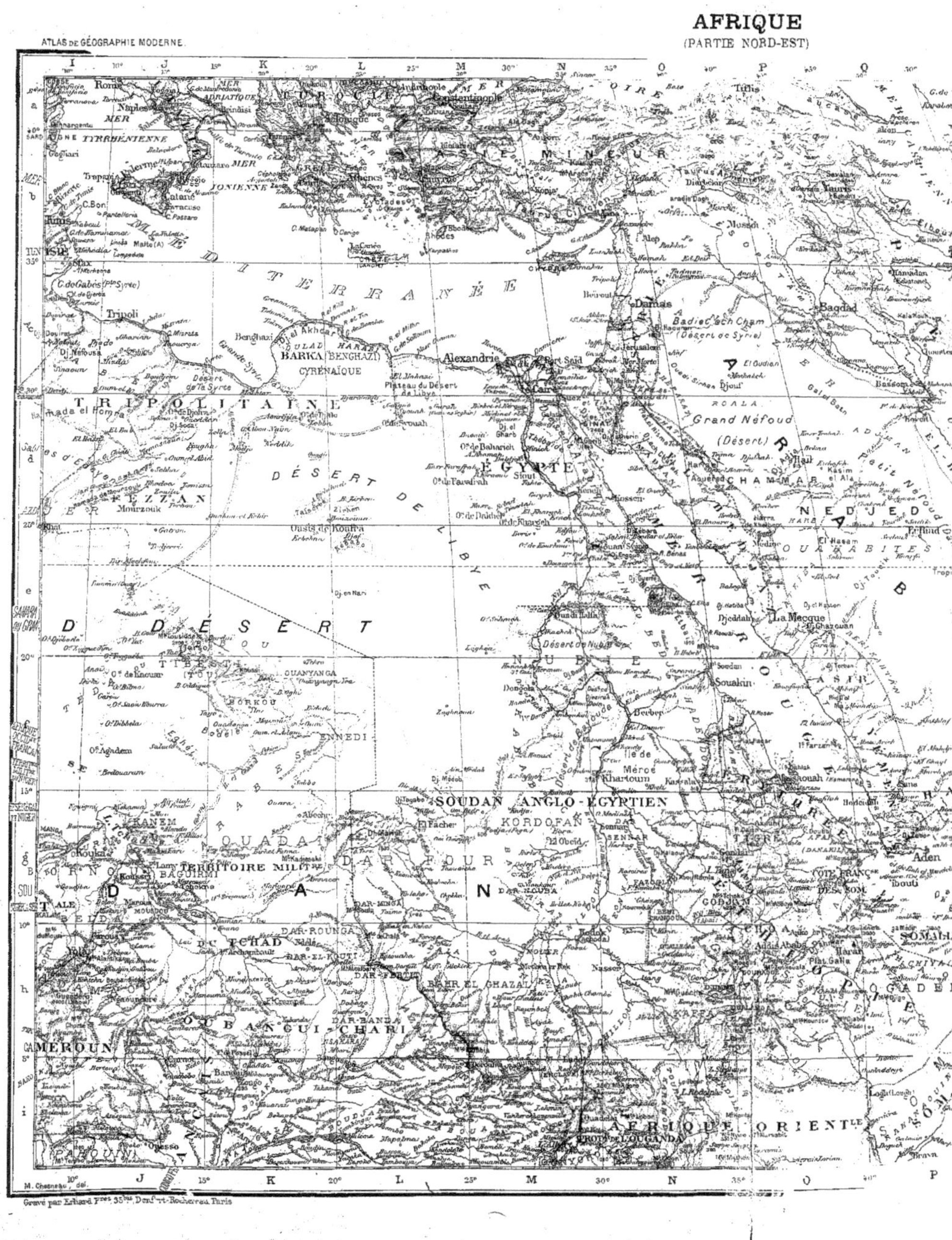

AFRIQUE
(PARTIE NORD-EST)

PUBLIÉ PAR LA LIBRAIRIE HACHETTE ET Cⁱᵉ.—CARTE 49.

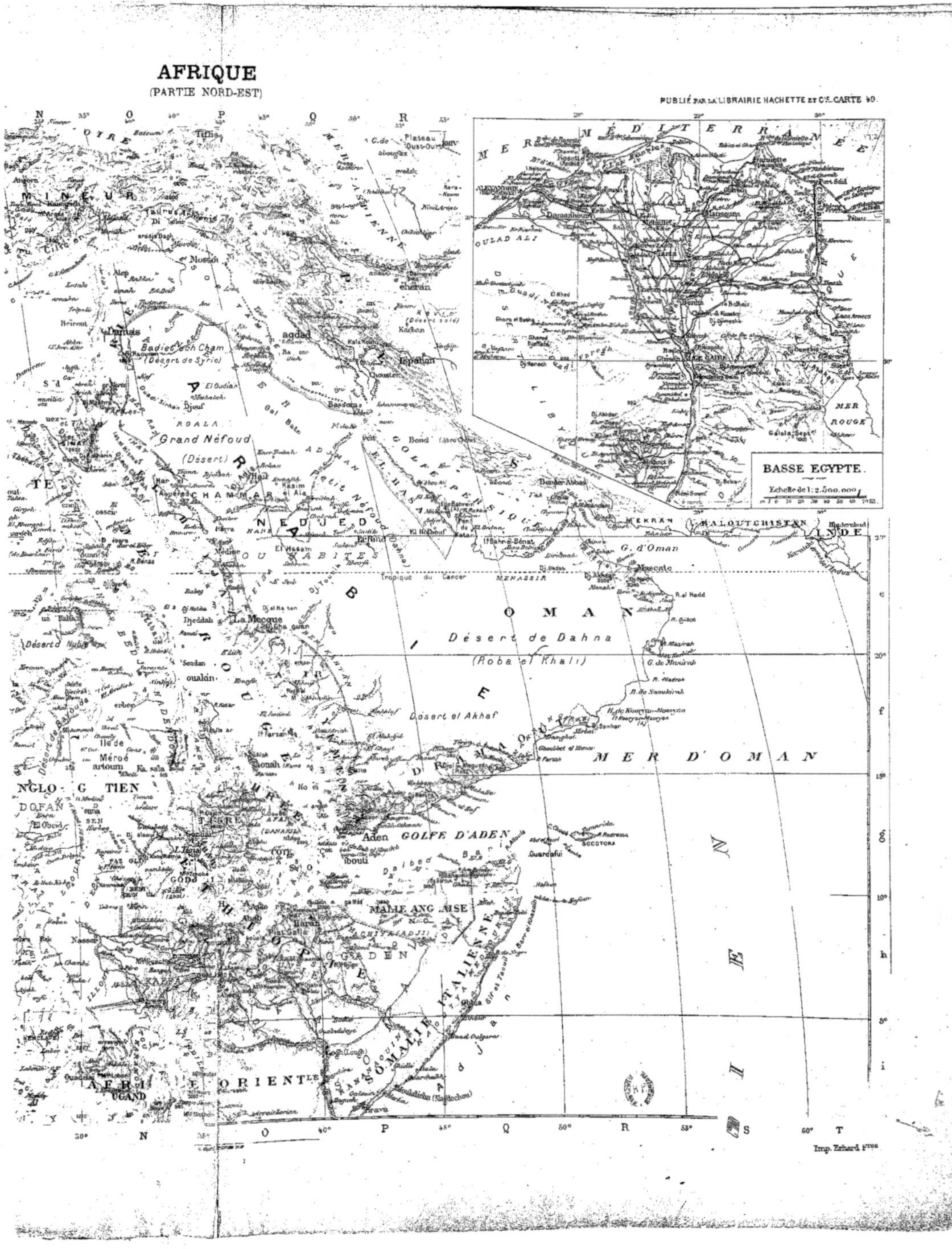

BASSE ÉGYPTE.
Échelle de 1 : 2.500.000

Les principaux produits sont : l'ivoire, le caoutchouc, les peaux, la gomme, l'or.

Les populations qui habitent l'Afrique orientale appartiennent à plusieurs groupes ethniques. Au nord, se rencontrent des peuples hamitiques et sémitiques plus ou moins mélangés et une race *nilotique rouge* dont les Massaï sont les représentants les plus notables.

Au sud de l'équateur dominent les Nègres de race bantoue. Sur la côte on rencontre, se livrant exclusivement au commerce, de nombreux Arabes et des Banyans venus de l'Inde.

La langue commerciale la plus répandue dans la partie sud de l'Afrique orientale est le Souahili.

Erythrée. — Possession italienne qui s'étend sur la côte de la mer Rouge entre le Ras Kasar et le Ras Doumeïrah. Elle est bornée au nord et à l'ouest par le Soudan égyptien; au sud par l'Ethiopie et la côte française des Somali.

Superficie, 130 000 kilomètres carrés. Population : environ 279 551 hab. en majeure partie nomades de race éthiopienne se livrant à l'élevage.

Le pays consiste en un haut plateau s'elevant abruptement au-dessus de la zone littorale, aride et improductive.

Climat relativement tempéré dans la zone élevée.

Massaouah (7800 hab), port important sur la mer Rouge, est la ville principale de la colonie. Un petit chemin de fer, ouvert jusqu'à Saati, la reliera à *Asmara* sur le plateau, où ont été récemment transférées les principales administrations de l'Erythrée.

Produits : perles (pêcheries des îles Dahlak), peaux, or.

Commerce de Massaouah en 1904 : Imp. : 7 777 266 francs; exp. : 2 814 688 francs.

C'est en 1880, par l'occupation officielle de la baie d'Assab que l'Italie prit pied en Afrique. En 1885, elle s'empara de Massouah, puis par différents traités, agrandit son domaine et voulut imposer son protectorat à l'Ethiopie. La sanglante défaite éprouvée par ses troupes à Adoua en 1896 ramena la colonie de l'Erythrée à ses limites actuelles.

Ethiopie. — L'Ethiopie qui comprend les royaumes ou provinces du Tigré, de l'Amhara, du Godjam, du Choa; et dont la domination s'étend sur le Kaffa, le Harar et une grande partie des territoires Galla et Somali sans démarcation bien définie au sud, est bornée au nord et au nord-est par l'Erythrée, à l'ouest par le Soudan égyptien, au sud par l'Afrique orientale anglaise, à l'est par la Côte française des Somali et la Somalie anglaise, au sud-est par la Somalie italienne.

Superficie : environ 1 000 000 de kilomètres carrés. Population approximative 3 500 000 hab. de races très mélangées, principalement hamites et sémites.

L'Ethiopie propre est constituée par un immense plateau presque entièrement formé par des roches granitiques et des terrains volcaniques. Allongé du nord au sud avec sa pente légèrement inclinée vers l'est il se dresse brusquement au-dessus de la plaine aride du littoral qui va en s'élargissant vers le sud. L'intérieur de ce plateau, profondément découpé par les eaux, forme une série de tables rocheuses très escarpées que dominent encore de hauts sommets. La dépression centrale est occupée par le lac Tana d'où sort le Nil Bleu.

La partie sud-est de l'Ethiopie, au-delà de la grande dépression érythréenne où coule l'Aouache et où s'alignent les lacs Zouaï, Abassé, Abéra, Rodolphe, etc., est constituée par un vaste plateau qui s'incline en pente douce vers l'Océan Indien. Il est sillonné par les branches supérieures de la Djouba et par l'Ouebi Chebehli. Il est principalement habité par des Galla.

Entre l'escarpement des hautes terres éthiopiennes, celui du plateau galla et la zone littorale s'étend une plaine triangulaire très aride d'où surgissent quelques élévations volcaniques.

Au point de vue du climat l'Ethiopie propre se divise en trois zones : la *kolla* à la chaude température soudanaise dans le fond des vallées, la *déga* sur les hauts plateaux, la région à plus saine du pays, où dominent les pâturages et la région intermédiaire appelée le *voïna-déga* qui produit les plantes de la région méditerranéenne. Bien arrosée, avec un sol très fertile et une température chaude l'Ethiopie réunit toutes les conditions de prospérité agricole, mais l'élevage constitue encore la principale occupation des habitants. Le fer est abondant dans la région et l'or se rencontre dans le Ouallega et le pays des Béni Changoul. Les principaux produits exportés sont : la civette, le café, la gomme, la cire, l'or et l'ivoire.

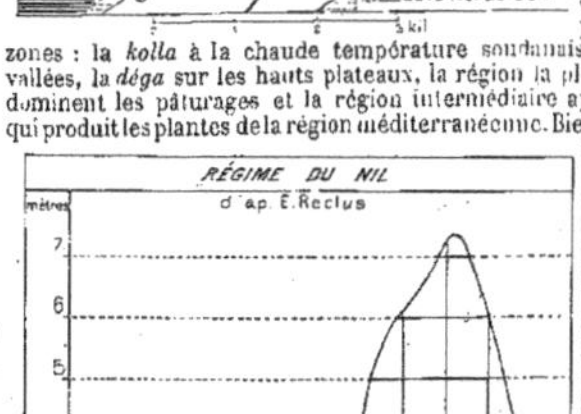

Commerce en 1902 Imp. : 2 661 082 de francs; exp. : 5 275 787 francs.

Les villes sont nombreuses mais généralement petites : *Addis-Ababa* (50 000 hab.) est la résidence actuelle du Négous avec Addis Alam. Un chemin de fer en construction doit le relier à Harar (55 000 hab.), le centre commercial de la région orientale, qu'une voie ferrée de 500 kilomètres met déjà en communication, par la station d'Addis-Harar (Dirédaoua), avec le port français de Djibouti.

Le gouvernement est une monarchie absolue avec un système politique féodal analogue à celui de l'Europe au Moyen âge. La religion nationale est le christianisme copte, mais il y a en outre un grand nombre de musulmans et de païens.

La dénomination d'Abyssinie, employée pour désigner l'ensemble des territoires réunis sous la souveraineté du Négous Ménélik, a été à peu près définitivement abandonnée, depuis plusieurs années, pour l'appellation plus générale d'Ethiopie (empruntée à une vague expression de l'antiquité).

Le nom d'Abyssinie reste plus spécialement réservé à la partie de l'Ethiopie propre qui comprend le Tigré, l'Amhara et le Godjam.

Histoire. — En 1855, le Négous Théodoros avait réuni sous son sceptre les diverses parties de l'Ethiopie. Vaincu par les Anglais en 1868, il laissa, à sa mort, le pays livré à l'anarchie. Johannès reconstitua l'empire en 1872. Le 5 novembre 1889, Menelik, roi du Choa, se fit couronner roi d'Ethiopie et soutint quelques années plus tard une lutte victorieuse contre l'Italie, qui voulait lui imposer son protectorat (voir Erythrée).

Côte française des Somali. — (Voir carte 18).

Somalie anglaise. — S'étend sur la côte du Golfe d'Aden entre les Somalies française et italienne. Au sud-ouest il est borné par les territoires éthiopiens. Le pays consiste en un plateau dont l'escarpement assez élevé (Djebel Sérout 2180 mètres) tombe abruptement au nord sur une plaine côtière plus ou moins large, et dont la pente douce, en grande partie aride, s'abaisse insensiblement vers le sud où s'écoule l'ouadi Nogal.

Superficie : 155 000 kilomètres carrés. Population : 153 000 hab.

Produits principaux : ivoire, gomme, peaux, épices.

Commerce en 1904-1905 : Imp. : 8 200 000 francs; exp. : 7 500 000 francs.

Villes principales : *Berbéra* (50 000 hab.), *Zeïla* (15 000 hab.), point de départ des caravanes vers l'Abyssinie.

Somalie italienne. — Comprend la zone côtière, large d'environ 290 kilomètres, qui s'étend sur le golfe d'Aden et l'Océan Indien, entre la Somalie anglaise et l'Est africain britannique, et que bornent, vers l'intérieur les possessions éthiopiennes. Au point de vue physique, c'est la fin de la pente douce du plateau galla sur l'Océan.

Superficie : 580 000 kilomètres carrés. Population : environ 400 000 hab.

Chef-lieu : *Itala*. Principaux ports : Brava, Merka, Moukdicha, Ouarcheik.

La population indigène qui habite la possession italienne est, comme celle de la colonie anglaise, composée de Somali, race appartenant au groupe hamitique. Ce sont tous des musulmans fanatiques.

Mêmes produits que la Somalie anglaise.

Commerce en 1902-1905 : Imp. : 2 966 287 francs; exp. : 222 650 francs.

ARABIE

Bien que, pour les géographes, l'Arabie appartienne au continent asiatique, elle est, pour ainsi dire, la continuation de l'immense désert qui s'étend presque sans interruption sur tout le Nord de l'Afrique, des côtes de l'Océan Atlantique jusqu'à celles de la mer Rouge. Ses habitants eux-mêmes, par leur type, leur genre de vie, leurs coutumes, se rapprochent bien plus des populations du Sahara que de celles des plateaux de l'Asie. — Superficie. 3 100 000 kil. carr. — Population : 6 000 000 d'habitants, soit moins de 2 habitants par kil. carr. (France, 74). — Côtes. 5 700 kilomètres. Bordées de bancs de coraux dans la mer Rouge; très élevées sur le golfe d'Aden et sur la mer d'Oman; basses dans le golfe Persique.

Aspect général. — Vaste plateau de moyenne hauteur, adossé à une chaîne de montagnes qui occupe tout le littoral de la mer Rouge, et s'inclinant en pente douce vers l'Euphrate et le golfe Persique. La surface de ce plateau se compose en grande partie de plaines arides et d'affreux déserts de sable (*Nefoud* et *Roba el Khali*). Les vallées du Nedjed au centre du plateau et les régions montagneuses du littoral offrent seules des terres cultivables.

Aucun fleuve méritant ce nom; mais de nombreux *ouadi*, à sec la majeure partie de l'année.

Climat. — Chaleur excessive sur le littoral; modérée dans les montagnes; élevée et uniforme dans le désert.

Divisions politiques. — Tout le nord de l'Arabie, entre les montagnes de la Syrie (Haouran) et la vallée de l'Euphrate, appartient aux Arabes nomades. Le Nedjed, au centre du pays, forme deux États indépendants : le *Chammar*, capitale *Haïl* (15 000 hab.), et le *Nedjed* propre ou royaume ouahabite, capitale *Er-Riad* (25 000 hab.). L'*Oman*, État indépendant, capitale *Mascate* (30 000 hab.). Le *Hadramaout*, divisé entre de nombreuses confédérations et tribus; centres principaux : *Terim* (20 000 hab.), *Chibam* (20 000 hab.). — Provinces turques : *El-Hasa* avec la ville de *Koreït* (20 000 hab.); le *Hedjaz*, avec les villes saintes de *la Mecque* (45 000 hab.) et *Médine* (16 000 hab.) et le port de *Djeddah* (17 000); l'*Assir* et le *Yemen*, avec la ville de *Sana* (30 000 hab.). — Les Anglais sont établis à *Aden* (41 222 hab.) et sur le territoire environnant. Ils occupent aussi l'*île de Bahreïn*, chef-lieu Ménamah (40 000 hab.) sur le golfe Persique et l'*île de Périm*, à l'entrée de la Mer Rouge. — La France possède *Cheikh-Saïd*.

Histoire. — A une époque très reculée, le Sud de l'Arabie était un pays riche et florissant, occupé par les Himyarites. Le royaume de Saba fut célèbre au temps de Salomon, mais Mareb, sa capitale, était depuis longtemps détruite lorsque les Arabes, fanatisés par Mahomet, entreprirent la conquête du monde et sa conversion à l'Islam, l'Arabie se dépeupla et, depuis l'hégire jusqu'au milieu du siècle dernier, son histoire est aussi obscure que celle des temps anciens.

De 1810 à 1820 les Turcs établirent leur domination sur diverses parties de l'Arabie.

M. Chesneau,

AFRIQUE ORIENTALE

Afrique orientale anglaise. — S'étend sur la côte de l'Océan Indien entre la Somalie italienne et l'Afrique orientale allemande et, dans l'intérieur, jusqu'à l'État Indépendant du Congo. Ses limites septentrionales sont encore indéterminées. Au point de vue physique, elle peut être partagée en zones plus ou moins parallèles à la côte. D'abord une plaine littorale basse bordée d'îlots coralliens; puis, sur le plateau intérieur, une

bande de pays ondulé et stérile; enfin, les plaines herbeuses de la région volcanique, coupées par la grande dépression érythréenne, qui s'inclinent doucement sur le lac Victoria et la vallée du Nil.

Les lacs Albert et Albert-Edouard occupent le fond de la grande vallée d'effondrement dite de l'Afrique centrale; entre ces deux lacs s'élèvent les monts Roouenzori. Au point de vue politique, elle forme trois divisions: 1° le protectorat de l'Est Africain, capitale *Mombaz* (27 000 hab.), port important et la ville la plus considérable du pays; 2° le protectorat de l'Ouganda; capitale indigène: *Mengo*; chef-lieu administratif: *Entebbé*; 5° le protectorat de Zanzibar, comprenant les iles de Zanzibar et de Pemba et la zone côtière de l'Afrique orientale anglaise; ville principale: *Zanzibar*, 60 000 habitants, centre commercial très important.

Superficie totale: 701 640 kilom. carr.; population: environ 6 000 000 d'hab. composée d'Arabes et de Banyans sur la côte, de Massaï, de Somali et de Nègres bantous dans tout le reste de la contrée.

Principaux produits: ivoire, caoutchouc, bétail, gommes, peaux.

Commerce en 1904-1905: Imp. 16 700 000 fr.; exp.: 7 550 000 fr.

Un chemin de fer de 950 kilom. relie le port de Mombaz au lac Victoria.

Afrique orientale allemande. — S'étend le long de l'Océan Indien entre l'Afrique orientale anglaise et l'Afrique orientale portugaise et, à l'intérieur jusqu'à l'État Indépendant du Congo. Même constitution physique que l'Afrique orientale anglaise; mais, outre la dépression érythréenne, on rencontre plusieurs autres effondrements de moindre importance, dont quelques-uns constituent des bassins fermés: dépression du Ouembéré, dépression du lac Rikoua. De l'une de ces fractures secondaires surgit le massif du Kilimandjaro. La limite même de l'Afrique orientale allemande vers l'intérieur est constituée par la grande dépression de l'Afrique centrale, au fond de laquelle les lacs Kivou et Tanganyika succèdent aux lacs Albert et Albert-Edouard, dont ils ont été séparés par le soulèvement volcanique du Kirounga.

Superficie, 948 500 kil. carr.; population, 7 000 000 hab., en majorité de race bantoue. Arabes et Asiatiques sur la côte.

Villes principales: *Dar es Salam* (15 000 hab.), chef-lieu de la colonie; Bagamoyo, Tabora. Un chemin de fer est en construction de Tanga, sur la côte, vers l'intérieur.

Principaux produits: caoutchouc, céréales, café.

Commerce en 1904: Imp., 17 925 610 fr.; exp., 11 188 200 fr.

BASSIN DU CONGO

Le bassin du Congo comprend le vaste plateau en cuvette, de forme à peu près circulaire, situé sous l'équateur, et dont les dépressions principales sont marquées par d'anciens fonds lacustres où viennent converger les grands affluents du fleuve. Tout autour de ce plateau, le terrain se relève insensiblement jusqu'aux seuils plus ou moins accentués qui séparent le bassin du Congo des bassins voisins.

Au point de vue orographique, deux lignes de hauteurs: chaîne côtière à l'ouest et chaîne des monts Mitoumba à l'est partagent la cuvette du Congo en trois zones étagées d'inégale hauteur: zone littorale, bassin central, bassin supérieur. C'est à travers ces deux chaînes que s'ouvrent la plupart des brèches qui servent de passage au fleuve et à plusieurs

de ses affluents et dans lesquelles ceux-ci subsistent, sous forme de chutes et de rapides, des dénivellations parfois considérables.

Le climat du bassin du Congo est généralement chaud, mais assez régulier; sur la côte et dans la partie occidentale, il y a deux saisons, une sèche et une pluvieuse. Vers le centre équatorial, les pluies sont pour ainsi dire continuelles.

Au point de vue de la végétation, on peut considérer dans le bassin du Congo deux zones bien caractérisées: 1° la forêt vierge, qui s'étend à 4 degrés environ au sud et au nord de l'équateur; 2° la savane herbeuse et la brousse à végétation plus indigente.

La plupart des populations qui habitent le bassin du Congo appartiennent à la race bantoue. De nombreux commerçants arabes, ou plutôt zanzibarites, sont installés sur le haut Congo.

Etat Indépendant du Congo. — L'État Indépendant du Congo, qui occupe la presque totalité du bassin du grand fleuve africain, ne possède sur la côte que la partie nord de l'estuaire du Congo accessible aux grands steamers jusqu'à Matadi.

Les seuls moyens de communication de l'État Indépendant, en dehors des voies ferrées qui réunissent les trois plus grands biefs navigables du fleuve (de Matadi à Léopoldville et de Stanleyville à Ponthierville) et du chemin de fer de Boma au Mayombé, sont, jusqu'à présent, les rivières qui constituent un magnifique réseau navigable de plus de 15 000 kilom. où fonctionne un service régulier de bateaux à vapeur qui dessert de nombreux postes.

Sup. 2 382 800 kil. car. Pop. 19 000 000 d'hab. dont environ 2511 Blancs.

Villes principales: *Boma*, résidence du Gouverneur général; Léopoldville; Nouvelle-Anvers; Stanleyville.

Principaux produits: Caoutchouc, ivoire, noix et huile de palme.

Commerce en 1905: Imp., 20 075 000 francs; exp. 55 052 000 francs.

L'Etat Indépendant du Congo a été créé par le consentement de toutes les puissances à la conférence de Berlin en 1885. Déclaré perpétuellement neutre il a été placé sous la souveraineté de Léopold II, roi des Belges. La Belgique a le droit de l'annexer l'Etat Indépendant qui, en tous cas, doit lui revenir de droit à la mort du Roi-Souverain.

Le Gouvernement central siège à Bruxelles et est placé sous la direction d'un Secrétaire d'Etat unique, chef de tous les services. La direction locale est confiée à un gouverneur général assisté d'un vice-gouverneur.

AFRIQUE AUSTRALE

Au sud des régions précédemment décrites s'étend l'Afrique australe qui va en s'effilant vers le sud jusqu'au cap des Aiguilles.

Le relief de l'Afrique australe est celui du continent tout entier: c'est-à-dire un plateau déprimé au centre et bordé à l'ouest, à l'est et au sud par des soulèvements montagneux. Ce plateau a une altitude moyenne assez considérable. Au nord, le terrain s'élève insensiblement pour constituer le seuil plat qui sépare le bassin du Congo de celui du Zambèze.

La partie la plus basse de la région déprimée est occupée par les bassins du Ngami et du grand Makarikari.

Les montagnes bordières les plus hautes se trouvent à l'est où elles constituent les Drakensberge qui s'élèvent, par une série de terrasses, jusqu'à une altitude de 3 555 mètres au Mont aux Sources.

Cette chaîne va en s'abaissant au nord pour être remplacée, au delà du Limpopo, par un plateau élevé d'où surgissent des montagnes de hauteurs variables.

Au sud, les Drakensberge se transforment en une série de rides sensiblement parallèles à la côte qui vont en s'abaissant vers la mer. Le point culminant de ce système se rencontre au Compass Berg, 2590 mètres.

A l'ouest, la chaîne côtière se continue par plusieurs rangées de montagnes dominées d'abord par le Mont Omataka, 2680 mètres, puis, au delà du Kounéné, par le Mont Lovili, 2570 mètres. Une zone basse, de largeur variable, généralement malsaine, s'étend sur les côtes orientales et occidentales entre la chute du plateau et la mer. La côte méridionale très escarpée est, au contraire, presque partout rocheuse.

Les deux principaux fleuves de l'Afrique australe sont le Zambèze, tributaire de l'Océan Indien, et l'Orange qui se jette dans l'Océan Atlantique. Dans la dépression plate du lac Ngami se perd le cours du Koubango-Okavango.

Les zones de climat de l'Afrique australe présentent, en sens inverse, la disposition des zones de l'Afrique septentrionale entre la Méditerranée et le Soudan. C'est en allant du Sud au Nord: 1° une zone de pluies moyennes avec un climat analogue à celui de l'Algérie, mais moins chaud; 2° une zone sèche, analogue à celle du Sahara, comprise entre le 32e degré environ et le tropique; 5° une zone analogue à celle du Soudan caractérisée par une saison pluvieuse et une saison sèche. Cette dernière dure d'autant plus longtemps qu'on s'éloigne du rivage de l'océan Indien, car les vents dominants viennent du nord-est.

La majorité de la population se compose de Nègres de race bantoue, auxquels viennent s'ajouter les Hottentots dans la partie occidentale et un assez grand nombre de Blancs disséminés aujourd'hui un peu partout; parmi ces derniers, les Boers, descendants des premiers colons hollandais et français, forment le groupe le plus remarquable.

Trois puissances se partagent l'Afrique australe: 1° l'Angleterre, dont les possessions, qui s'étendent sans solution de continuité du Cap au lac Tanganyika comprennent: la colonie du Cap et ses dépendances, Natal, le Basutoland, les colonies du Transvaal et de l'Orange, le protectorat du Bechuanaland, le protectorat de l'Afrique centrale, la Rhodésia; 2° le Portugal avec ses deux colonies de l'Angola à l'ouest et de l'Afrique orientale portugaise à l'est; 5° l'Allemagne avec sa possession du Sud-Ouest Africain.

Colonie du Cap. —La colonie du Cap s'étend, sur la côte, entre le Sud-Ouest Africain allemand et le Natal. Le protectorat du Bechuanaland, les colonies du Transvaal, de l'Orange, du Basutoland la bornent au nord.

L'enclave de Walfisch Bay sur la côte du Sud-Ouest Africain allemand en fait partie.

Les ports naturels, assez nombreux, sont généralement médiocres.

Les chaînons parallèles au littoral sud marquent les degrés pour atteindre le haut plateau intérieur dont la pente générale est inclinée vers l'Ouest.

AFRIQUE
(PARTIE SUD)

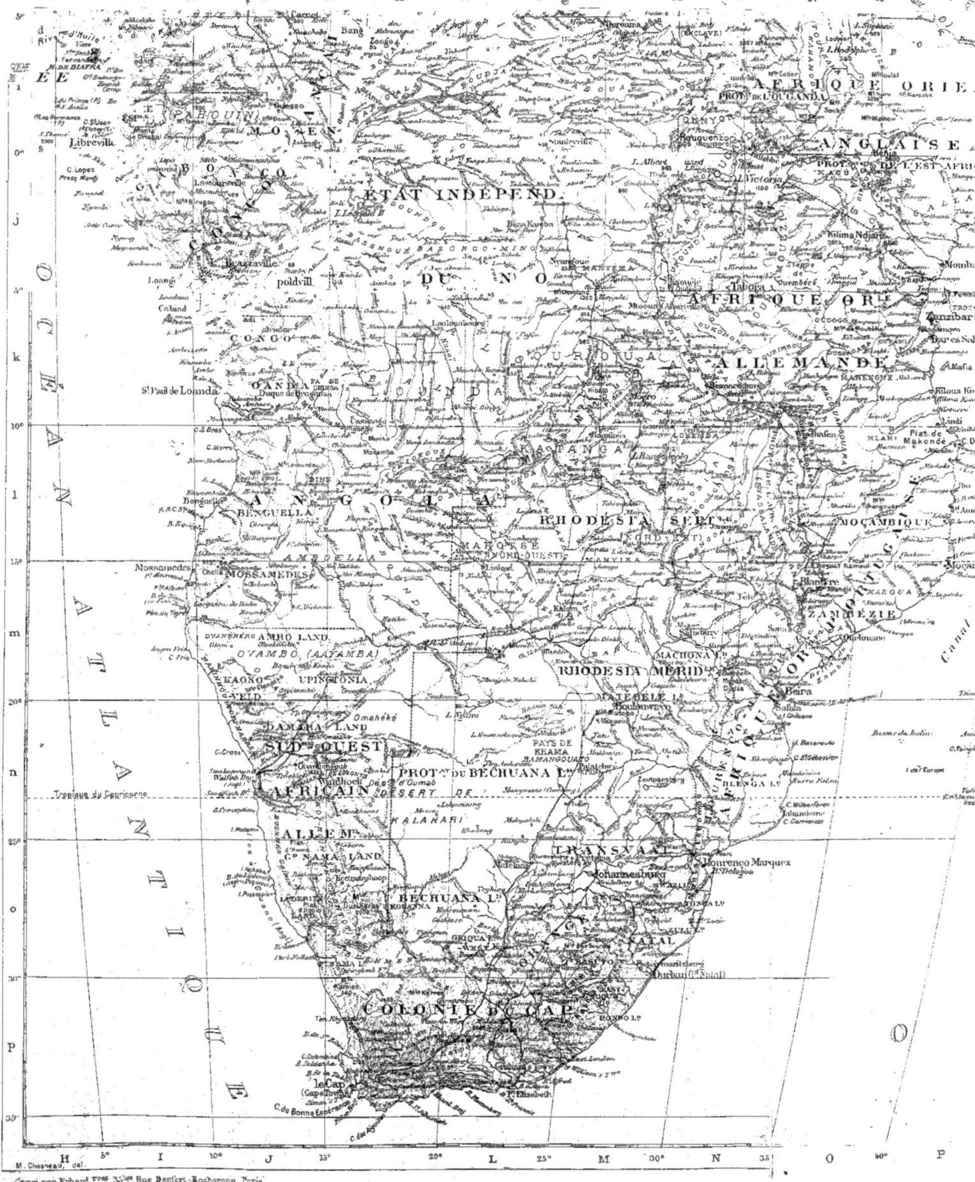

AFRIQUE
(PARTIE SUD)

PUBLIÉ PAR LA LIBRAIRIE HACHETTE ET Cⁱᵉ — CARTE 50.

AFRIQUE ORIENTALE ANGLAISE

PROVINCE DE L'EST AFRICAIN

AFRIQUE ORIENTALE ALLEMANDE

Zanzibar (Let.V.)
Dar es Salam
Mombaz (Mombassa)
Pemba
Lindi
C. Delgado
Plat. de Makonde

RHODESIA SEPT.ᵗ (E.D.ⁱ....)

MOÇAMBIQUE

Iles Comores
Canal de Mocambique

RHODESIA MÉRID.ᵉ

MACHONA L.ᵈ
MATEBELE
Beira
ZAMBÉZIE
Blantire
Tete

PAYS DE KHAMA

TRANSVAAL
Johannesbourg
Lourenço Marquez
B.ᵈᵉ Delagoa

Madagascar
Majunga
Tananarive
Tamatave
Fianarantsoa
Tuléar

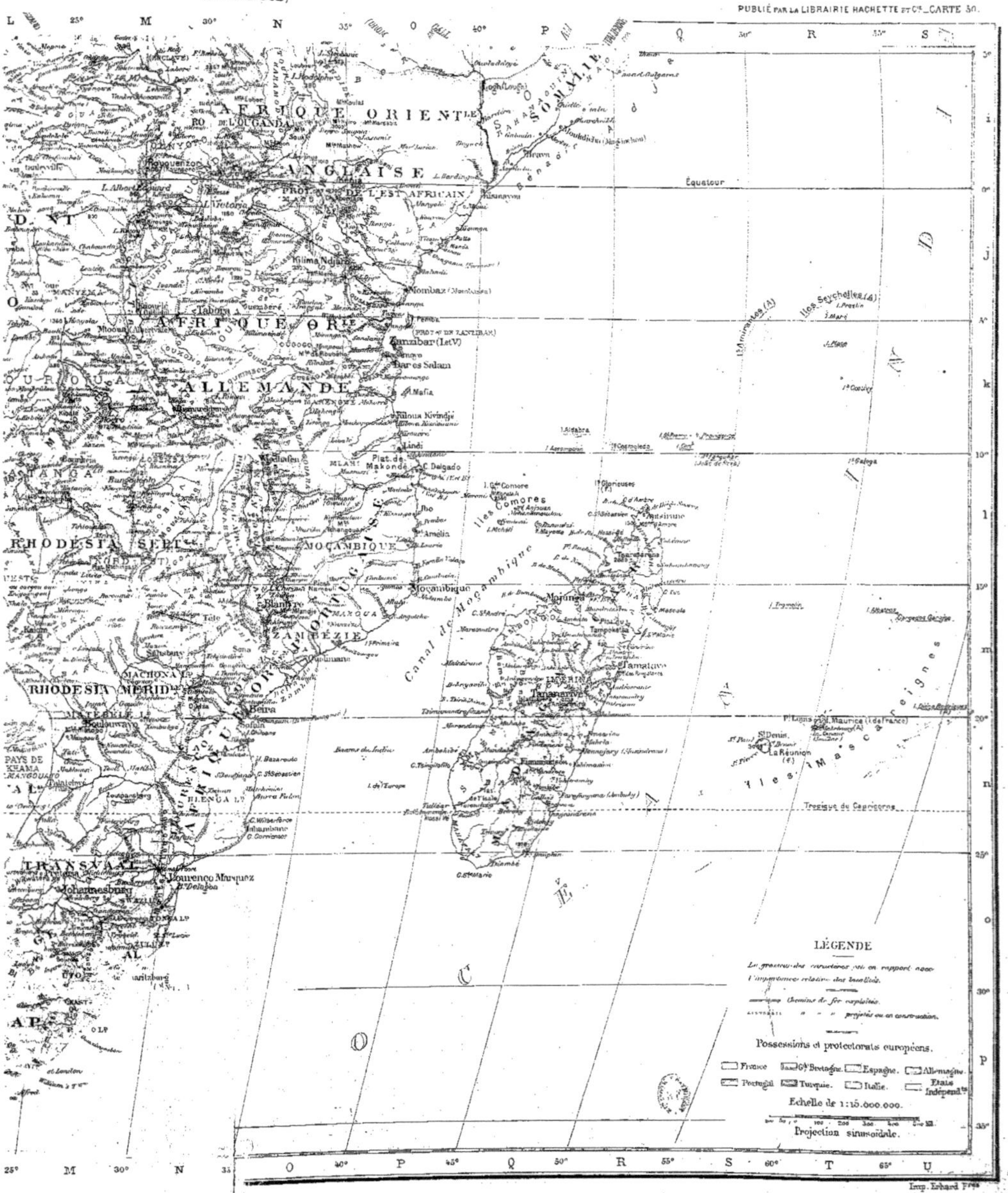

Iles Seychelles (A.)
Iles Mascareignes
I. Maurice (à la France)
La Réunion (F.)
St Denis

Équateur
Tropique du Capricorne

En dehors de la zone occidentale de la Colonie, qui est sablonneuse et stérile, on peut distinguer trois régions en allant du sud au nord : d'abord une zone montagneuse et fertile, puis des plaines étendues recouvertes de brousse, enfin des prairies verdoyantes qui se boisent insensiblement.

À l'est s'étend une nouvelle région montagneuse verdoyante.

Climat très sain. Superficie 717 388. kil. carrés ; population, 1 850 000 indigènes, en majorité Cafres, et 579 741 Européens ou Blancs.

La colonie du Cap est une colonie à gouvernement responsable. Le pouvoir exécutif est confié au gouverneur et au Conseil exécutif composé de fonctionnaires nommés par la Couronne. Le pouvoir législatif est représenté par deux Chambres : la Chambre haute et le Conseil législatif. Au Cap réside également un haut Commissaire britannique pour toutes les colonies de l'Afrique australe.

Villes principales : *Le Cap (Cape Town)* (77 668 hab. ; avec les faubourgs 169 641 hab.), siège du gouvernement et port important sur la baie de la Table : Kimberley (34 331 hab.) ; Port Elisabeth (32 959 hab.) ; East London (25 220 hab.).

Un réseau ferré important relie les principales villes de la colonie entre elles et avec les possessions voisines.

Principales productions : céréales, vins, fruits, laines, mohair, plumes d'autruche, beurre, bétail, peaux, guano.

Les diamants constituent la principale richesse minérale de la contrée.

Les mines de Kimberley, possédées par la Compagnie de Beers, sont les plus importantes du monde. La valeur de l'extraction annuelle s'élève à environ 112 500 000 francs. Il y a également dans la colonie quelques mines de cuivre et de charbon.

Commerce en 1905 : Imp. 500 000 000 de fr. ; exp. 845 500 000 fr.

Natal. — Colonie de la Couronne, qui s'étend sur la Côte de l'Océan Indien, immédiatement au sud du Transvaal. En dehors de la zone littorale, basse, c'est un pays accidenté, aux terres fertiles et bien cultivées.

Climat très sain dans la partie élevée.

Superficie : 93 676 kil. carrés ; population : 1 108 754 hab.

Villes principales : Durban (65 905 hab.), port sur la côte relié à *Pietermaritzburg* (31 199 hab.), capitale de la colonie, par un chemin de fer qui se prolonge au nord jusque dans le Transvaal.

Productions : Céréales, sucre, thé, bétail, houille.

Commerce en 1904 : imp. 266 850 000 fr. ; exp. 56 850 000 fr.

Basutoland. — Colonie de la Couronne située dans la région montagneuse arrosée par le haut-Orange et ses affluents. Terres très fertiles et excellents pâturages.

Superficie : 26 658 kil. carrés ; population : 548 848 hab.

Principale localité : *Maseru* (862 hab.), capitale du pays.

Principaux produits : céréales et laines.

Commerce (1904-05). Imp. : 3 750 000 fr. ; exp. : 4 125 000.

Transvaal. — Situé en majeure partie sur le grand plateau entre le Vaal et le Limpopo, le Transvaal peut se diviser en deux régions : le haut Veldt ou Veldt herbeux, la plus considérable, au sud et à l'ouest, et le bush Veldt au nord et à l'est.

Le grand Veldt est aride, dénudé, couvert d'une herbe maigre avec çà et là quelques arbres rabougris et des buissons épineux ; le bush Veldt moins élevé et plus chaud est généralement bien boisé.

Le prolongement septentrional des Drakensberge forme la limite orientale du haut Veldt dont le climat est très sain.

Le Transvaal, au point de vue agricole, est surtout un pays d'élevage.

Superficie : 304 913 kil. carrés. Population : indigène, 1 050 029 hab. ; blanche, 300 225 hab.

Villes principales : *Prétoria* (36 700 hab.), capitale Johannesburg (158 580 hab.), ville la plus importante et centre minier des champs aurifères du Witwatersrand.

Depuis la découverte des riches gisements aurifères du Transvaal en 1885 et 1886, l'industrie dominante du pays est l'exploitation minière.

Commerce (1905) : imp. 395 497 375 fr. ; exp. 569 978 375, dont 543 552 575 fr. pour l'or et les diamants.

Un réseau ferré relie le Transvaal au Cap, à Durban et à Lourenço Marquez.

Colonie de la rivière Orange. — S'étend sur le haut plateau entre le Vaal et le Caledon-Orange.

Configuration et aspect analogues à ceux des territoires qui l'entourent : plateau légèrement ondulé avec quelques lignes de hauteurs et de nombreuses petites éminences isolées à sommet fréquemment plat, appelées *kopjes.* Climat sain.

Superficie : 125 200 kil. carrés ; population totale en 1904 : 387 315 hab.

Capitale et villes principales : *Bloemfontein* (environ 6000 hab.), qu'un chemin de fer relie au réseau du Cap et au Transvaal.

Pays d'élevage. Une mine de diamants est exploitée à l'ouest de la Colonie, ainsi que des mines de charbon.

Productions : Céréales, bétail, diamants, houille.

Commerce en 1904-05 : Imp., 81 275 000 fr. ; exp. 56 600 000 fr.

Les deux colonies du Transvaal et de l'Orange constituaient, avant 1902, deux républiques indépendantes qui avaient été fondées par les Boers (descendant des anciens colons hollandais et français) fuyant la domination anglaise au Cap. La découverte de mines d'or, au Transvaal, en 1885, amena une affluence considérable d'émigrants, venus principalement du Cap, qui ne tardèrent pas à provoquer une grande agitation dans le pays. Cette agitation, habilement entretenue par les agents de la Compagnie à charte Sud-africaine amena, en 1899, une guerre avec l'Angleterre qui dura deux ans et demi et qui se termina par l'annexion des deux républiques au domaine colonial anglais.

Protectorat du Bechuanaland. — Situé au nord du Cap, entre le Transvaal et le Sud-Ouest Africain allemand, est en général aride et sec. Il comprend les vastes étendues du désert de Kalahari utilisées comme territoires de chasse. C'est surtout un pays d'élevage avec une population très clairsemée.

Superficie : 648 400 kil. carr. ; population : 120 776 hab.

La ville indigène la plus importante est celle du roi Khama, chef des Bamangouato, *Palatchwé* (25 000 hab.), près de la grande voie ferrée qui reliera le Cap au Caire.

Protectorat de l'Afrique centrale anglaise. — S'étend sur le haut plateau à l'ouest et au sud du lac Nyassa.

Superficie : 106 434 kil. carr. ; population : 924 451 hab., dont 450 Européens et 250 Hindous.

Villes principales : Blantyre (6000 hab.) ; *Zomba*, le siège de l'administration ; toutes deux sur le haut plateau du Chiré.

Climat tropical relativement sain.

C'est un pays essentiellement agricole, avec des plantations de café très importantes.

Principaux produits : café, céréales, riz, ivoire, caoutchouc.

Commerce en 1904-1905 : Imp. 5 525 000 fr. ; exp. 1 200 000 fr.

Une voie ferrée relie Port Herald à Blantyre.

Rhodésia. — S'étend au nord du protectorat du Bechuanaland et du Transvaal jusqu'à l'État du Congo et l'Afrique orientale allemande.

Superficie : 1 058 000 kil. car. ; population : 1 550 000 hab.

La Rhodésia est scindée par le cours du Zambèze en deux parties : Rhodésia méridionale et Rhodésia septentrionale.

La Rhodésia méridionale est constituée par un vaste plateau qui se redresse au centre de la partie orientale pour former la chaîne montagneuse des Matoppo. Elle forme deux provinces : le Machonaland et le Matébéléland.

Climat chaud et malsain dans les parties basses, mais salubre sur le plateau où la saison sèche est très agréable.

Principales villes : *Salisbury*, capitale ; Boulouwayo, reliées par voie ferrée à Beira et au réseau du Cap. C'est de Boulouwayo que se détache la grande ligne future du Cap au Caire qui franchit le Zambèze à Livingtone. Le pays se prête admirablement à l'élevage. De riches gisements aurifères et houillers sont exploités.

La Rhodésia septentrionale comprend le plateau dépassant 1 000 mètres d'altitude, recouvert d'une végétation tropicale assez abondante, qui est situé au nord du Zambèze où il continue à l'ouest le plateau du protectorat de l'Afrique centrale anglaise.

Centre administratif : *Fort Jameson.* Autres localités : Fife, Abercorn.

Principaux produits : caoutchouc et ivoire. Colonie d'avenir agricole. Imp. en 1904-1905 : 25 800 000 fr. ; exp. 28 450 000 fr.

Angola. — Possession portugaise qui s'étend sur la côte de l'Atlantique entre l'État du Congo au nord, la Rhodésia à l'est, le Sud-Ouest Africain allemand au sud. La petite enclave de Cabinda, au nord de l'estuaire du Congo, en fait partie. L'Angola comprend la partie occidentale du grand plateau de l'Afrique du sud avec une zone littorale qui va en diminuant de largeur du nord au sud. Dans la partie méridionale de la colonie, le rebord montagneux du plateau s'épanouit en un assez large massif qui tombe abruptement sur la mer (Mont Chella).

Climat malsain dans les parties basses, mais très salubre sur le plateau de Benguella et de Mossamedes.

Superficie : 1 270 500 kil. carr. ; population : 5 800 000 hab.

Toutes les villes importantes sont sur la côte : *Saint-Paul de Loanda* (16 000 hab.), capitale, tête de ligne d'un chemin de fer qui atteint Ambaca dans l'intérieur ; Cabinda, Benguella, Mossamedes.

Productions : café, caoutchouc, sucre, ivoire, bétail, or.

Commerce en 1905 : imp., 24 742 768 fr. ; exp., 22 886 562 fr.

Afrique orientale portugaise. — S'étend sur le littoral de l'Océan Indien entre l'Afrique orientale allemande au nord et les possessions anglaises à l'ouest et au sud. Elle occupe la plaine côtière et les pentes orientales du plateau austral. La côte, assez découpée au nord, est basse, sablonneuse et bordée de petites lagunes au sud. Le Zambèze, qui est navigable jusqu'aux chutes de Kébrabassa, divise le pays en deux parties.

Climat généralement malsain.

Superficie : 761 100 kil. carr. ; population : 2 300 000 hab.

Deux capitales : *Lourenço Marquez* (6650 hab.), centre commercial le plus important du pays, sur l'excellente baie de Delagoa, relié, par un chemin de fer, à Pretoria et Johannesburg, et *Moçambique* (5500 hab.). Autre ville importante : Beïra (4599 hab.), port et tête de ligne du chemin de fer de Salisbury.

Principaux produits : caoutchouc, ivoire.

Commerce en 1904 : imp. 35 298 092 fr. ; exp. 7 597 687 fr.

Sud-Ouest Africain allemand. — Constitue la partie occidentale du plateau du Kalahari sur la côte de l'Océan Atlantique entre l'Angola au nord et les possessions anglaises à l'est et au sud. C'est une contrée montagneuse assez aride, surtout au sud et à l'est, composée de plateaux en gradins dominés par des chaînons et des massifs souvent élevés avec une zone côtière basse et sablonneuse assez étroite. Les pluies sont rares ; aussi, en dehors de l'Orange, du Kounéné et de l'Okavango, aucun des nombreux fleuves côtiers du pays n'a d'eau durant toute l'année.

La zone de brousse qui succède au désert du littoral et le plateau du Kalahari offrent de fort bons pâturages.

Superficie : 823 500 kil. car. ; population : 200 000 hab.

Le port de Swakopmund est relié par chemin de fer à *Windhoek* la capitale, sur le plateau, et à la région minière d'Otavi dans le nord de la contrée.

Productions : bétail, guano, plumes d'autruche.

Commerce en 1903 : imp. 9 915 442 fr. ; exp. 4 304 388 fr.

ILES DE L'OCÉAN INDIEN

Madagascar, Comores, La Réunion et dépendances. — Possessions françaises (Voir carte 18).

Maurice et dépendances. — Colonie anglaise comprenant Maurice, Rodrigues et Diego Garcia. Superficie : 2121 kil. carr. ; population : 383 864 hab. Capitale : *Port-Louis.*

Productions : sucre non raffiné, produits médicinaux, chanvre.

Seychelles et dépendances. — Colonie anglaise comprenant environ 74 îles réparties entre la côte d'Afrique, Madagascar et Maurice.

Superficie : 490 kil. carr. ; population : 20418 hab.

Produits : huile de coco, savon, vanille, guano.

H. CHESNEAU.

SITUATION ET LIMITES

Le nom d'**Océanie**, dans son sens le plus précis, désigne l'ensemble des archipels de l'océan Pacifique central, habités par les populations polynésiennes, micronésiennes et mélanésiennes. L'Australie et l'Archipel Asiatique n'en font pas rigoureusement partie, bien qu'on puisse les y comprendre, en donnant au terme une plus large acception.

Ainsi définie, l'Océanie est comprise entre l'Australie, les Moluques, les Philippines, l'archipel Japonais à l'Ouest, et le continent américain à l'Est ; à ce continent se rattachent naturellement les petits groupes d'îles qui s'étendent au large de son littoral, et dont les principaux sont les Revilla-Gigedo et les Galapagos. Les limites astronomiques de l'Océanie sont 32° 48' lat. Nord (îlot de Crespo), 55° 15' lat. Sud (îlots du groupe Macquarie), 126°52' longit. Est (îles Boh), et 107°48'14" longit. Ouest (îlot de Sala y Gomez).

Elle comprend deux grandes masses insulaires, la Nouvelle-Guinée et la Nouvelle-Zélande, celle-ci dédoublée elle-même en deux îles, et toute une série d'archipels, divisés, au point de vue ethnographique, en trois régions : la Mélanésie, à laquelle se rattache la Nouvelle-Guinée, au Sud-Ouest, la Micronésie, au Nord-Ouest et la Polynésie, beaucoup plus étendue, dans laquelle on peut faire rentrer la Nouvelle-Zélande, à l'Est et au Sud-Est.

DISTRIBUTION ET DIVISION DES ARCHIPELS

La Nouvelle-Guinée, les archipels mélanésiens, la Nouvelle-Zélande, sont disposés suivant une grande courbe, concentrique à celle que décrivent les rivages orientaux de l'Australie, et qui va d'abord du Nord-Ouest au Sud-Est, puis, par la Nouvelle-Zélande, se recourbe vers le Sud-Ouest.

C'est la direction Nord-Ouest — Sud-Est qui prédomine dans les rangées parallèles des archipels polynésiens et dans les deux archipels micronésiens des Marshall et des Gilbert. L'archipel excentrique d'Hawaii suit une

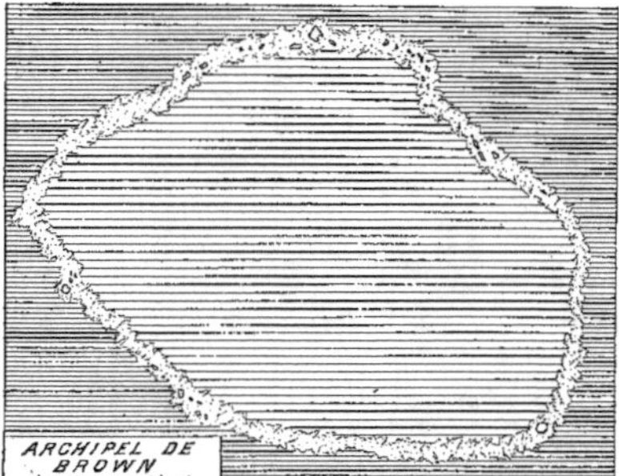

orientation semblable. Aux Marshall viennent se rattacher perpendiculairement les Carolines, qui se prolongent vers l'Ouest par les Palaos, au nord desquelles les Mariannes sont orientées du Nord au Sud, en décrivant une légère courbe dont la convexité est tournée vers l'Est.

La Micronésie comprend les archipels des Mariannes, des Carolines, des Palaos, des Marshall et des Gilbert, et, plus au Nord, un certain nombre d'îlots dispersés, et réunis artificiellement par quelques géographes sous les noms d'archipels Magellan et Anson.

La Mélanésie comprend, outre la Nouvelle-Guinée, les Archipels de l'Amirauté et de la Nouvelle-Bretagne (aujourd'hui archipel Bismarck), des Salomon, de Santa-Cruz, des Nouvelles-Hébrides, de la Nouvelle-Calédonie, avec les îles Loyauté, enfin l'archipel Viti ou Fiji, habité par une population mélangée.

La Polynésie comprend les archipels Ellice, Tonga, Phénix, Samoa, Cook ou Hervey, Manahiki, avec quelques îles dispersées plus au Nord, de la Société, Touboual ou des îles Australes, Touamotou, Gambier, Marquises, et, à ses deux extrémités, l'archipel Hawaii ou Sandwich, et la Nouvelle-

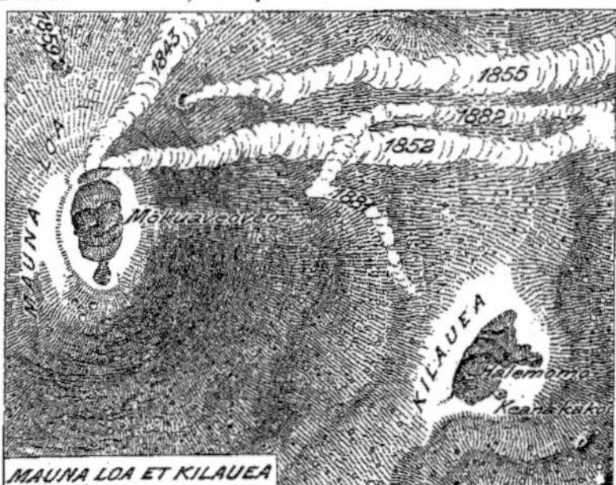

MAUNA LOA ET KILAUEA

Zélande, avec les îles Kermadec, Chatham, Bounty, Antipodes, Auckland, Campbell, Macquarie.

Au point de vue de la formation, toutes ces îles peuvent se ramener à deux types différents : les îles hautes ou montagneuses, d'origine volca-

nique, et les îles basses, d'origine corallienne. Les premières dominent dans la Mélanésie et dans les grands archipels polynésiens ; les autres sont les plus nombreuses dans l'ensemble de la Polynésie et constituent presque toute la Micronésie.

Les îles basses, ou **atolls**, sont formées de récifs madréporiques, élevés au-dessus de volcans qui, d'après Darwin, se seraient peu à peu enfoncés dans l'océan, mais qui, d'après des théories plus récentes, auraient été submergés dès l'origine. Ces récifs, disposés d'abord à fleur d'eau, sont peu à peu surélevés, en quelques points, par les matériaux qu'y déposent les vagues, et se couvrent bientôt de végétation. Ainsi prend naissance sur le récif tout un chapelet d'îlots ; le bassin intérieur qu'ils circonscrivent, et qui est en communication avec la mer par des passes parfois navigables, s'appelle le *lagon*. Il peut arriver, mais le cas se présente rarement, que le récif se recouvre de terre sur toute son étendue et forme ainsi un cordon continu autour du lagon. Celui-ci peut alors se dessécher. Il arrive aussi quelquefois qu'un soulèvement local exhausse l'île coralligène à une certaine hauteur (jusqu'à 90 m.) au-dessus du niveau de la mer. Ce cas se présente notamment dans les îles Loyauté.

Les îles hautes sont remarquables par les formes hardies et pittoresques de leurs montagnes. En plusieurs archipels, notamment aux îles Hawaii, aux Nouvelles-Hébrides, dans l'archipel Bismarck, en Nouvelle-Zélande, on rencontre des volcans actifs ; ceux des îles Hawaii (Mauna Loa, avec le cratère de Kilauea, Mauna Kea), s'élèvent jusqu'à plus de 4000 mètres.

SUPERFICIE

Mélanésie	951 433	kil. carr.
Nouvelle-Guinée et îles avoisinantes	805 541	—
Archipel Bismarck	47 100	—
Iles Salomon	45 900	—
Iles Viti	20 857	—
Nouvelle-Calédonie et îles Loyauté	19 825	—
Nouvelles-Hébrides	13 227	—
Santa-Cruz, Tucopia et Chesterfield	1 005	—
Micronésie	3 534	—
Carolines	1 450	—
Mariannes	1 140	
Gilbert	455	
Marshall	400	—
Petites îles au N. des Mariannes	111	—
Polynésie	297 453	—
Nouvelle-Zélande et dépendances	271 067	—
Hawaii	16 702	—
Samoa	2 787	—
Iles de la Société	1 650	—
Tonga	1 592	—
Marquises	1 274	—
Touamotou	947	—
Autres groupes d'îles	1 654	—
Australie et îles avoisinantes	7 631 500	—
Tasmanie	67 894	—
Océanie	8 951 814	—

CLIMAT

Le Pacifique est parcouru par les vents alizés qui soufflent, respectivement, de chaque côté de l'équateur, du Nord-Est au Sud-Ouest et du Sud-Est au Nord-Ouest. Entre les deux se trouve une zone de calmes, occupant

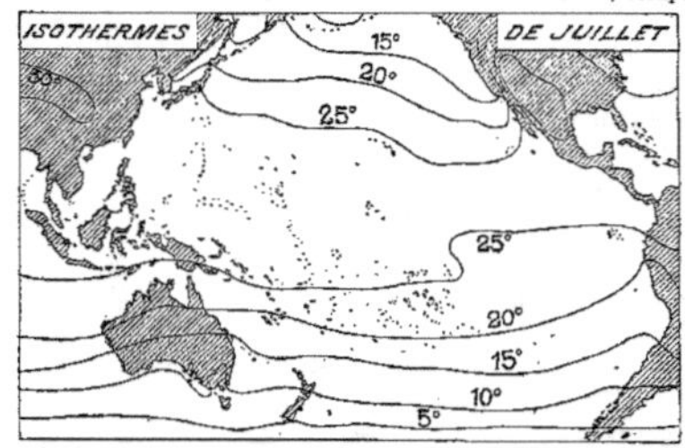

une largeur de 5 à 10 degrés, et se déplaçant, comme d'ailleurs tout le système des alizés, en même temps que le soleil sur l'écliptique.

Les alizés ne conservent, d'une façon constante, leur direction normale

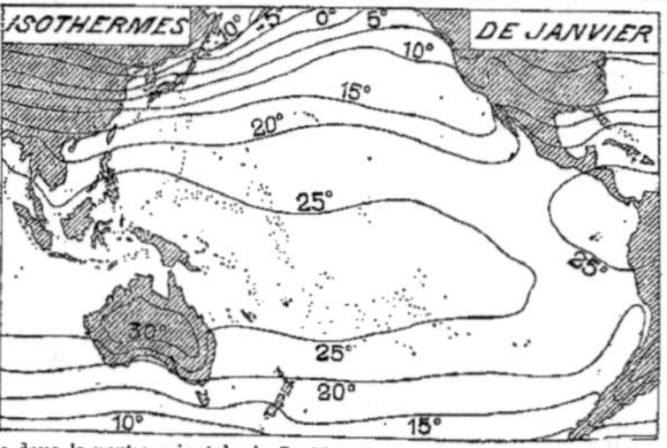

que dans la partie orientale du Pacifique ; plus à l'Ouest, les nombreux archipels les font dévier dans leur marche et les transforment en brises alternantes. Enfin, dans les archipels occidentaux, l'alizé alterne avec

LÉGENDE

(Fr.) France.
(A.) Angleterre.
(E.U.) Etats-Unis.
(P.) Portugal.
Russie.
(H.) Pays-Bas.
(All.) Allemagne.

Echelle à l'Equateur
1 : 60.000.000

Echelle des latitudes croissantes

OCÉANIE

PUBLIÉ PAR LA LIBRAIRIE HACHETTE ET Cie_CARTE 51_

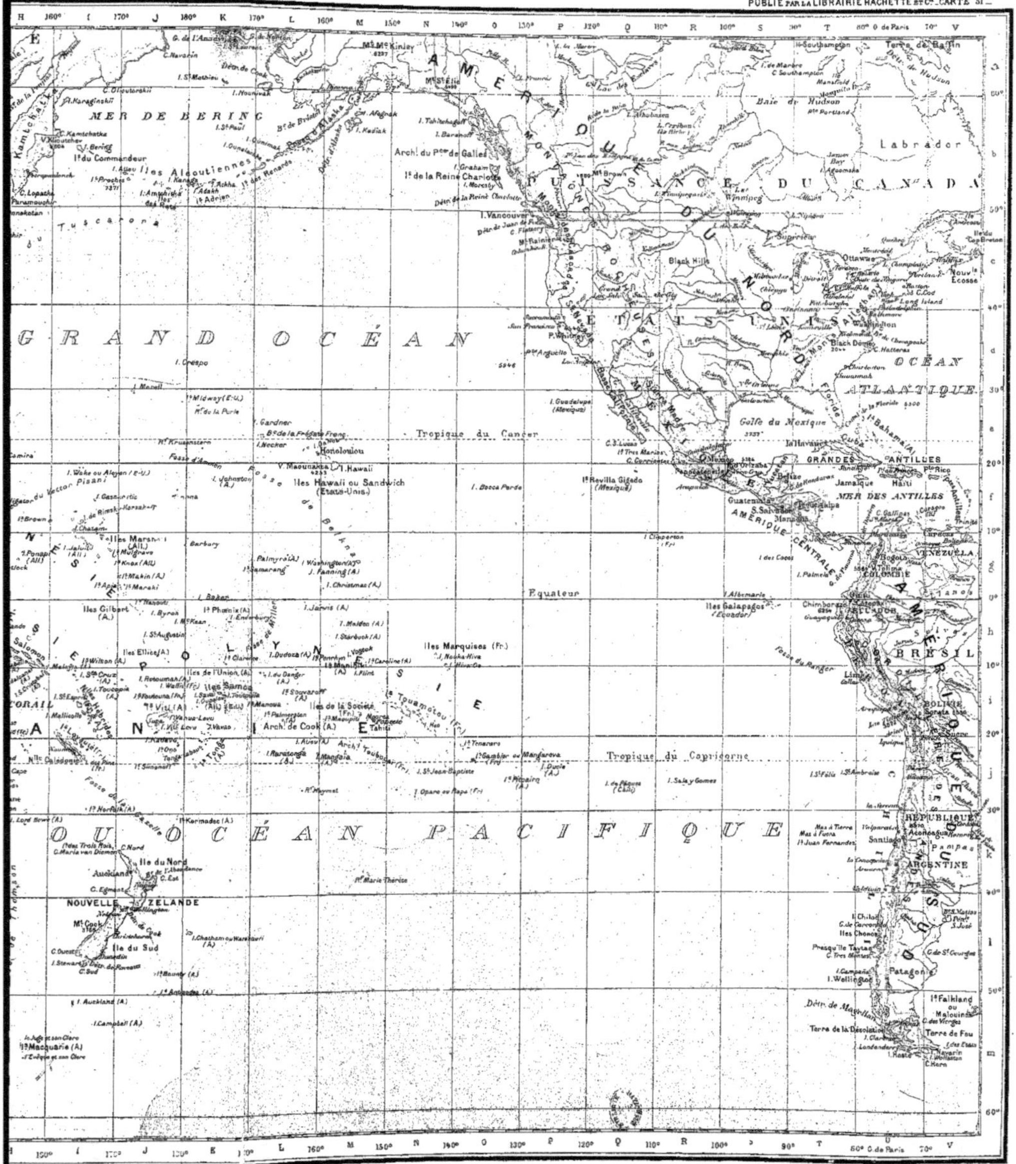

Imp. Erhard Fres

les moussons de l'océan Indien, qui soufflent respectivement du Nord-Ouest et du Sud-Ouest au nord et au sud de l'équateur.

Alizés et moussons apportent une grande quantité de vapeurs humides. Mais, dans les îles qui subissent la seule influence de l'alizé, les côtes tournées **au vent** reçoivent une plus grande part de **pluies**, et sont en

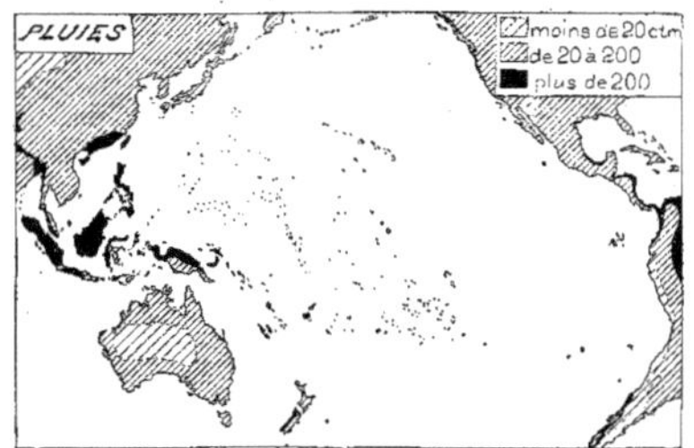

conséquence plus fertiles que celles qui se trouvent **sous le vent**. Là où les alizés alternent avec les moussons, les pluies sont naturellement abondantes ; aussi les archipels mélanésiens sont-ils les plus fertiles de l'Océanie. En revanche les îles basses, dont le sol échauffé empêche la condensation de l'air humide qui passe au-dessus d'elles, ne reçoivent qu'une faible quantité d'eau.

La température moyenne des archipels va de 35 à 25 degrés vers le Nord ; dans les parages au sud de la Nouvelle-Zélande, elle descend jusqu'à 15, 10 et même au-dessous de 10 degrés.

Le Pacifique est traversé de l'Est à l'Ouest par le **grand courant équatorial**, divisé en deux branches par une zone intermédiaire, dans laquelle le courant se dirige en sens inverse.

FAUNE ET FLORE

L'Océanie a une faune et une flore spéciales, mais tenant plus dans son ensemble de l'Asie que de l'Australie, avec quelques éléments américains dans l'archipel Hawaii. Faune et flore vont en s'appauvrissant vers l'Est. Les îles basses n'ont que quelques espèces d'arbres, tels que le cocotier et le pandanus, quelques plantes comestibles, entre autres l'igname et le taro. Avant l'arrivée des Européens, la faune était des plus pauvres : le rat était le seul mammifère commun à tous les archipels. Même la Nouvelle-Guinée et la Nouvelle-Zélande sont **dépourvues de grands animaux**. La première possède une faune à caractère australien, avec diverses espèces de marsupiaux. Elle est surtout remarquable par sa richesse en **oiseaux** et en **insectes**; c'est la patrie des merveilleux oiseaux de paradis.

Les produits de l'Océanie susceptibles d'être échangés ne sont pas très nombreux. L'un des principaux est le **copra**, amande de coco desséchée. Les archipels mélanésiens ont été en grande partie dépouillés de leur **bois de santal**, qui fut longtemps l'objet d'un fructueux commerce. La Nouvelle-Calédonie a des mines de **cuivre** et de **nickel**, la Nouvelle-Zélande des **gisements aurifères** considérables, et des couches de **houille** que l'on commence à exploiter. La **canne à sucre** est cultivée avec succès dans l'archipel Hawaii ; on a commencé aussi à l'exploiter aux Viti, où la culture du coton fut quelque temps rémunératrice, lors de la guerre de sécession des États-Unis. Toutes les cultures d'Europe prospèrent à la Nouvelle-Zélande, qui fournit déjà des quantités considérables de **céréales**. La Nouvelle-Guinée est à peine entamée par la civilisation : ses richesses sont encore presque complètement ignorées.

POPULATION

L'Océanie est peuplée par deux races différentes, quoique sans doute de même origine et apparentées aux Indonésiens de l'Archipel Asiatique. Ce sont les **Mélanésiens**, à peau noire, à cheveux crépus et laineux, et les **Polynésiens**, à peau claire, à cheveux lisses et ondulés, dont les **Micronésiens** ne forment qu'une subdivision. Aux Mélanésiens se rattachent étroitement les **Papouas** de la Nouvelle-Guinée ; la population des archipels est d'ailleurs mêlée d'éléments malais et négritos. Les **Maoris** de la Nouvelle-Zélande sont des Polynésiens.

Les Mélanésiens ont gardé, dans la plupart des archipels, leurs coutumes féroces, les guerres constantes, l'anthropophagie. Ils se montrent peu abordables aux blancs, n'ont subi que très peu leur influence. Au contraire, les Polynésiens les ont dès l'abord reçus en amis ; ils sont entrés dans les voies de la civilisation européenne, et ont changé de mœurs et de religion. Mais ils payeront sans doute cette transformation de l'existence même de leur race, car presque partout ils diminuent rapidement.

Les Européens se sont établis, la plupart du temps en maîtres, dans les archipels ; ayant besoin pour leurs cultures de travailleurs plus actifs que les indigènes, ils y ont attiré les Chinois, qui sont particulièrement nombreux dans l'archipel Hawaii. En outre, les Mélanésiens sont employés dans quelques archipels polynésiens et en Australie. Leur importation a été longtemps une véritable traite. Le gouvernement anglais la fait surveiller depuis 1877, par des agents placés à bord des bâtiments engagés dans le *Labour Trade* et par des croiseurs.

COLONISATION

Les puissances européennes se sont emparées de l'Océanie presque tout entière. La **France** possède la Nouvelle-Calédonie avec les îles Loyauté et Chesterfield, l'archipel de la Société, les îles Toubouaï, Marquises, Touamotou, Gambier, Wallis, Foutouna, Alofi, Clipperton ; elle partage avec l'Angleterre le droit de possession des Nouvelles-Hébrides. L'**Angleterre** a la Nouvelle-Zélande avec ses dépendances : les îles Chatham, Kermadec, Bounty, des Antipodes, Auckland, Campbell, de Cook ; les îles Viti ou Fiji avec l'île Rotoumah ; les îles Tonga (protectorat) ; la partie sud-est de la Nouvelle-Guinée dépendant de Queensland ; les îles de Lord Howe, Norfolk et Pitcairn dépendant de la Nouvelle-Galles du Sud ; les îles Macquarie dépendant de la Tasmanie ; les îles Johnston, Fanning, de l'Union, l'Phénix, Gilbert, Ellice, Salomon (tout le groupe, sauf l'île Bougainville, appartenant à l'Allemagne), Santa-Cruz, Manahiki, Tucopia et Ducie. L'**Allemagne** a la partie N.-E. de la Nouvelle-Guinée (terre de l'Empereur Guillaume),

l'archipel Bismarck, l'île Bougainville attachée administrativement à l'archipel Bismarck et faisant partie, au point de vue physique, des îles Salomon, les Carolines, les Mariannes, les îles Marshall, les Palaos, les îles Samoa (une partie). Les **États-Unis** ont les Philippines, les Hawaii, l'île Guam, les îles Samoa (une partie), les îles Wake et Johnston. Les **Pays-Bas** possèdent la partie occidentale de la Nouvelle-Guinée, jusqu'au 141° degré Est de Greenwich, avec les îles voisines.

Les possessions des puissances extra-européennes, les États-Unis exceptés, ont peu d'importance : le **Japon** possède le petit groupe des îles Bonin et quelques îlots situés à l'E. de ce groupe ; le **Chili** s'est emparé en 1888 de l'île de Pâques ; l'**Ecuador** a les Galapagos ; le **Mexique** les îles Revilla Gigedo.

COMMUNICATIONS

Diverses lignes de paquebots mettent en communication les principaux archipels avec l'Amérique et l'Australie : la plus importante est celle qui va de San-Francisco à Sydney, par les îles Hawaii. Une autre relie Vancouver

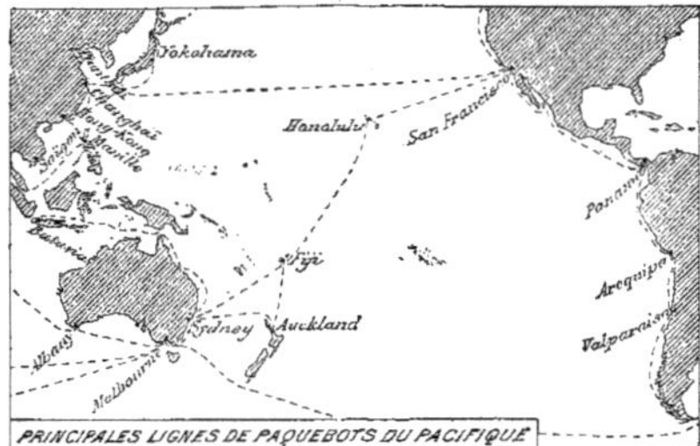

à Sydney. La Nouvelle-Zélande, l'archipel Fiji, la Nouvelle-Calédonie, sont reliés à Sydney ou à Melbourne par des lignes de vapeurs spéciales. Tahiti, dans l'archipel de la Société, n'est en communication régulière avec San-Francisco que par des navires à voiles.

HISTORIQUE

Ce furent les Espagnols qui firent les premières découvertes en Océanie. Dans son célèbre voyage autour du monde, Magellan toucha, en 1521, aux Mariannes, qu'il appela les îles des Larrons. Quelques années plus tard, le Portugais Jorge de Menezes découvrait la Nouvelle-Guinée, qu'Alvaro de Saavedra retrouvait quelques mois plus tard. C'est à ce voyageur aussi qu'est due la reconnaissance des premières îles de l'archipel des Carolines. En 1567, Mendana reconnut les îles Salomon, et, dans un second voyage, fait trente ans plus tard, les Marquises, Tahiti, les Santa-Cruz et les Nouvelles-Hébrides. En 1606 Quiros et Torres passent à Tahiti et voient les Nouvelles-Hébrides. Séparé de son compagnon par une tempête, Torres parcourt le premier le détroit auquel son nom est resté attaché, et reconnaît la côte sud de la Nouvelle-Guinée.

Les Hollandais, devenus maîtres de l'Archipel Asiatique, explorèrent à leur tour le Grand-Océan. En 1642, Tasman découvrit la Nouvelle-Zélande, et l'année suivante les Viti.

Le dix-septième siècle ouvre l'ère des **explorations** purement scientifiques, conduites principalement par des marins anglais et français. Elles avaient en particulier pour but la découverte de la Grande Terre Australe, qu'on supposait exister dans l'hémisphère sud. Elles commencèrent dès les premières années du règne de Georges III. La première en date est celle du commodore Byron, qui partit en 1764 avec deux bâtiments ; mais son voyage n'eut aucun résultat pour la connaissance du Pacifique ; il se borna à faire une bonne hydrographie du détroit de Magellan. En 1767, l'expédition de Wallis et de Carteret reconnut le groupe de la Nouvelle-Irlande (aujourd'hui partie de l'archipel Bismarck).

Le plus célèbre d'entre les explorateurs du Pacifique est James Cook, dont les trois voyages achevèrent de faire connaître l'Océanie. Il reconnut entièrement la Nouvelle-Zélande et l'archipel de la Société, découvrit la Nouvelle-Calédonie et la côte sud-orientale de ce continent australien, entrevu par Tasman, puis les îles Hawaii, où il trouva la mort en 1779. Son troisième voyage, poussé jusqu'au 71° lat. S., démontra définitivement la non-existence du continent austral, du moins avec les dimensions qu'on lui donnait. L'on peut dire qu'après les trois expéditions de Cook la carte du Pacifique ne différait guère de ce qu'elle est aujourd'hui.

Les voyages de La Pérouse, de Marchand, de d'Entrecasteaux et de Vancouver complétèrent ces découvertes sur bien des points de détail. Les expéditions de notre siècle, parmi lesquelles la France occupe une place d'honneur, avec Freycinet, Duperrey, Bougainville, Dumont-d'Urville, Dupetit-Thouars, n'avaient plus à faire de découvertes proprement dites, mais elles nous ont rapporté une foule de renseignements précieux sur l'Océanie et ses habitants.

Aux explorateurs succédèrent les **missionnaires**, tant catholiques que protestants, qui, nominalement au moins, ont converti au christianisme la plupart des Polynésiens et des Micronésiens ; puis vinrent les colons. Les premiers de ceux-ci, matelots déserteurs, **convicts** échappés d'Australie, aventuriers sans scrupules, eurent la plus **funeste influence** sur ces populations aimables et confiantes, auxquelles ils apportèrent l'ivrognerie et les germes de maladies fatales. Plus tard ils furent remplacés par de meilleurs éléments. Il semble pourtant que, du moins en Polynésie, le voisinage des Européens soit mortel aux indigènes. Ceux-ci diminuant presque partout avec une effroyable rapidité, la place sera bientôt laissée aux nouveaux occupants, et la race polynésienne ne pourra se maintenir que par des croisements.

A part les Carolines et les Mariannes, occupées par l'Espagne depuis le XVI° siècle, les archipels océaniens n'ont été annexés politiquement que dans notre siècle aux puissances européennes. Ainsi la prise de possession de Tahiti est de 1842 (annexion définitive, 1880), celle de la Nouvelle-Calédonie de 1853. L'Angleterre n'est maîtresse de la Nouvelle-Zélande que depuis 1839, l'annexion des Fiji date de 1874. L'entrée en scène de l'Allemagne et des États-Unis est toute récente.

H. JACOTTET.

AUSTRALIE Carte N° 52

SITUATION

L'**Australie** est située au sud-est de l'Archipel Asiatique, qui la sépare de l'Asie. Points extrêmes : à l'Ouest, pointe Escarpée (*Steep point*), 110°45′ Est de Paris; à l'Est, cap Byron, 151°20′ E. de Paris; au Nord, cap York, 10°42′; au Sud, promontoire Wilson, 59°9′. Longueur maxima de l'Est à l'Ouest, 5 800 kil. environ; largeur maxima du Nord au Sud, 5 100 kil. environ.

SUPERFICIE

7 627 852 kil. carr. — L'Australie est la plus grande île du globe (14 fois la France, 4/5 de l'Europe). Elle se divise en cinq colonies, formant depuis 1900 une Confédération appelée *Commonwealth of Australia*. La plus grande est L'Australie Occidentale, 2 527 885 kil. carr. (France, Belgique, Allemagne, Autriche-Hongrie, Italie et Espagne réunies = 2 529 325 kil. carr.). L'Australie du Sud, en y comprenant le Territoire du Nord, 2 341 611 kil. carr. Queensland, 1 750 721 kil. carr. (France, Belgique, Allemagne et Autriche-Hongrie = 1 728 785 kil. carr.). La Nouvelle-Galles du Sud, 799 159 kil. carr. (Suède et Norvège = 773 997 kil. carr.). Victoria, 229 078 kil. carr. (Grande-Bretagne = 229 915 kil. carr.).

CÔTES

Le continent australien a une forme régulière et massive; ses côtes sont peu découpées et sur une étendue de 15 à 14 000 kil. ne présentent qu'un petit nombre de golfes, de baies et de ports. La partie occidentale des côtes du Sud, échancrée en forme d'arc de cercle et appelée *Grande Baie Australienne*, présente une plage unie, tantôt basse et sablonneuse, tantôt escarpée en falaises de 100 à 200 mètres de haut. La mer n'y reçoit pas un ruisseau et n'y forme pas un port. Les côtes occidentales ont à peu près la même apparence. Par contre, la partie orientale des côtes du Sud et les côtes orientales de Victoria et de la Nouvelle-Galles du Sud sont assez variées. Le rivage du Pacifique présente un aspect pittoresque : des montagnes, des collines, des forêts toujours vertes, des pâturages. — Les côtes du Nord-Est sont peu abordables, à cause des nombreux récifs madréporiques soudés les

uns aux autres et formant une rangée de brisants dangereux, la *Grande Barrière (Great Barrier Reef)*.

Les ports les plus vastes et les plus profonds sont : le port Jackson, avec la ville de Sydney; le port Darwin, dans le Territoire du Nord: le port Phillip, avec la ville de Melbourne, Adélaïde, Brisbane, Newcastle et Fremantle.

RELIEF DU SOL

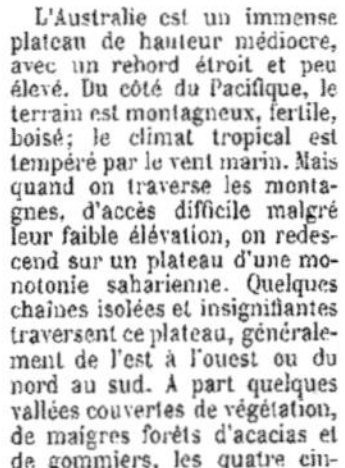

L'Australie est un immense plateau de hauteur médiocre, avec un rebord étroit et peu élevé. Du côté du Pacifique, le terrain est montagneux, fertile, boisé; le climat tropical est tempéré par le vent marin. Mais quand on traverse les montagnes, d'accès difficile malgré leur faible élévation, on redescend sur un plateau d'une monotonie saharienne. Quelques chaînes isolées et insignifiantes traversent ce plateau, généralement de l'est à l'ouest ou du nord au sud. A part quelques vallées couvertes de végétation, de maigres forêts d'acacias et de gommiers, les quatre cinquièmes de l'intérieur de l'Australie ne sont que désert, solitude, terre nue, sans autre végétation que les herbes sèches, les arbustes épineux, sans lacs, sans rivières véritables, sans vie animale. — Les bonnes terres cultivables se trouvent au pied des montagnes et sur le littoral. Leur étendue totale ne dépasse peut-être pas celle de la France, soit un quatorzième du continent australien. Plus loin dans l'intérieur existe une zone assez large d'excellents pâturages, disposés en forme d'anneau autour du centre stérile.

La partie sud-est du plateau est la plus élevée. C'est là aussi que se trouvent les plus hautes **montagnes** du continent : Alpes Australiennes, montagnes Bleues, Pyrénées, Great Dividing Range, Grampians. Le point culminant de ces montagnes et de l'Australie tout entière se trouve dans le massif du mont *Kosciusko*, à 2 241 mètres au-dessus du niveau de la mer, pas même la moitié de la hauteur du Mont Blanc (4 810 m.).

HYDROGRAPHIE

La proximité de l'équateur, l'étendue des plateaux intérieurs, la faible élévation des montagnes qui condensent peu de nuées et ne possèdent ni glaciers, ni neiges persistantes, ont pour conséquence la **sécheresse** du climat et le faible volume des rivières. Le point le plus déprimé du plateau est au sud-est du centre géométrique du continent. C'est là que se trouvent les plus grandes nappes d'eau, les lacs *Eyre, Gairdner, Torrens*, lacs sans profondeur, qui sont plutôt d'immenses lagunes. Le lac Eyre est le seul qui reçoive quelques rivières : *Barcoo, Warburton, Macumba*; mais ces rivières sont à sec la plupart du temps à sec. — Les rivières côtières sont courtes et peu ou point navigables. Le seul **fleuve** important est le *Murray*. La longueur totale de ce « Nil australien » est de 1 800 kil.; son bassin est de 70 millions d'hectares. Le Murray est navigable pour les petits bateaux à vapeur, depuis l'embouchure jusqu'à la ville d'Albury. Ses principaux affluents sont : le *Murrumbidgee*, grossi du *Lachlan*, et le *Darling*, supérieur au fleuve principal par la longueur de son cours (2 000 kil.).

Les pentes de l'ouest australien sont tellement faibles qu'aucune rivière ne peut s'y former; à la suite des grandes pluies, l'eau s'étend sur le sol ou s'écoule en filets irréguliers. Quelques lagunes salées, Amadeus, Austin, Lefroy, gardent un peu d'eau même pendant l'été. D'autres n'existent que pendant les rares pluies de l'hiver. D'autres encore apparaissent et s'étendent pendant une période de quelques années, puis disparaissent aussi vite qu'elles avaient apparu. — Un tiers au moins du continent est

inexploré; mais on peut dire avec assurance que les explorations futures, tout en ajoutant quelques détails à la topographie et à l'hydrographie de l'Australie, ne modifieront en rien l'idée générale que l'on peut déjà se faire du pays tout entier.

CLIMAT

La position géographique et les traits topographiques et hydrographiques déterminent le climat ou plutôt les climats de l'Australie. Celui de la

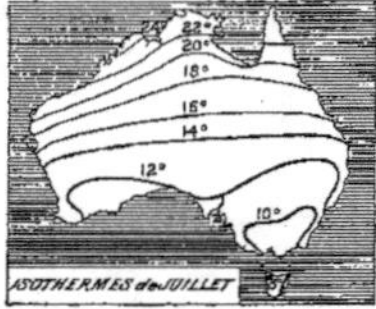

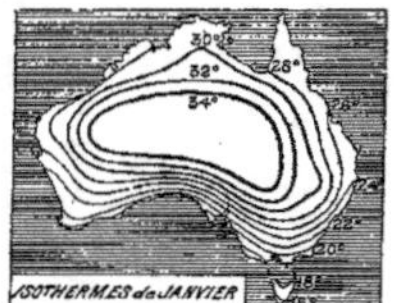

zone côtière est en général très salubre. Le thermomètre ne descend presque jamais au-dessous de zéro et monte quelquefois, au soleil, à 80° C., et à l'ombre, à 40°; mais cette chaleur tropicale est tempérée par le vent marin. Les **pluies** sont rares, mais abondantes. Tout autre est le climat de l'intérieur, où le vent de fournaise, la sécheresse de l'air, la rareté des pluies et l'absence de toute végétation rendent la vie animale impossible.

FLORE ET FAUNE

La **flore** australienne a peu de variété. Les **forêts** ne se composent guère que d'acacias et de gommiers odorants, dont quelques-uns atteignent 150 mètres et dépassent en hauteur les plus grands arbres de la Californie. Peu de sous-bois, branches rares, feuillage terne et peu abondant.

La **faune** est aussi peu variée que la flore; la plupart des espèces sont propres à l'Australie et ne se trouvent que dans cette partie du monde. Les plus caractéristiques sont les marsupiaux, comme le kangourou, et l'ornithorynque, mammifère à bec d'oiseau. Les oiseaux sont pour la plupart muets. Le plumage d'un grand nombre d'espèces est brillant et varié.

POPULATION

En 1788, date de la formation de la première colonie d'Européens à Botany-Bay, il y avait 1 050 blancs. En 1902, cent quatorze ans après,

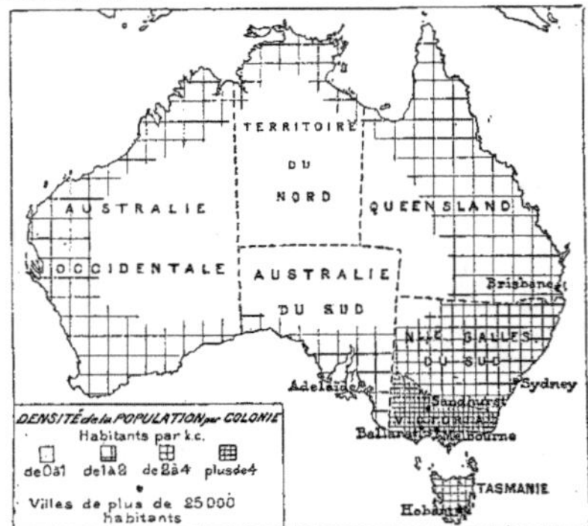

la population blanche de l'Australie s'élevait à 3 709 920 hab., répartis ainsi qu'il suit par colonies :

COLONIES EN 1902	SUPERFICIE KIL. CARR.	POPULATION BLANCHE	
		ABSOLUE	KILOMÉTRIQUE
Nouvelle-Galles du Sud.	799 159	1 408 650	1,6
Victoria.	229 078	1 205 510	5,1
Queensland.	1 750 721	514 850	0,3
Australie du Sud	985 720	565 790	0,16
Territoire du Nord	1 355 891		0,08
Australie Occidentale	2 527 285	215 140	0,06
Total.	7 627 852	3 709 920	0,45

Pendant les premières années de la colonisation et surtout après la découverte des mines d'or, la population augmentait principalement par l'immigration. Actuellement elle augmente presque autant par l'excédent des naissances que par le flux des immigrants.

Pendant que la population blanche augmente, les indigènes disparaissent. Il n'en reste plus que 148 000 environ,

La mortalité, très faible en comparaison de celle des pays européens, se répartit ainsi par colonies : Nouvelle-Galles du Sud, 11,9 pour 1 000;

AUSTRALIE

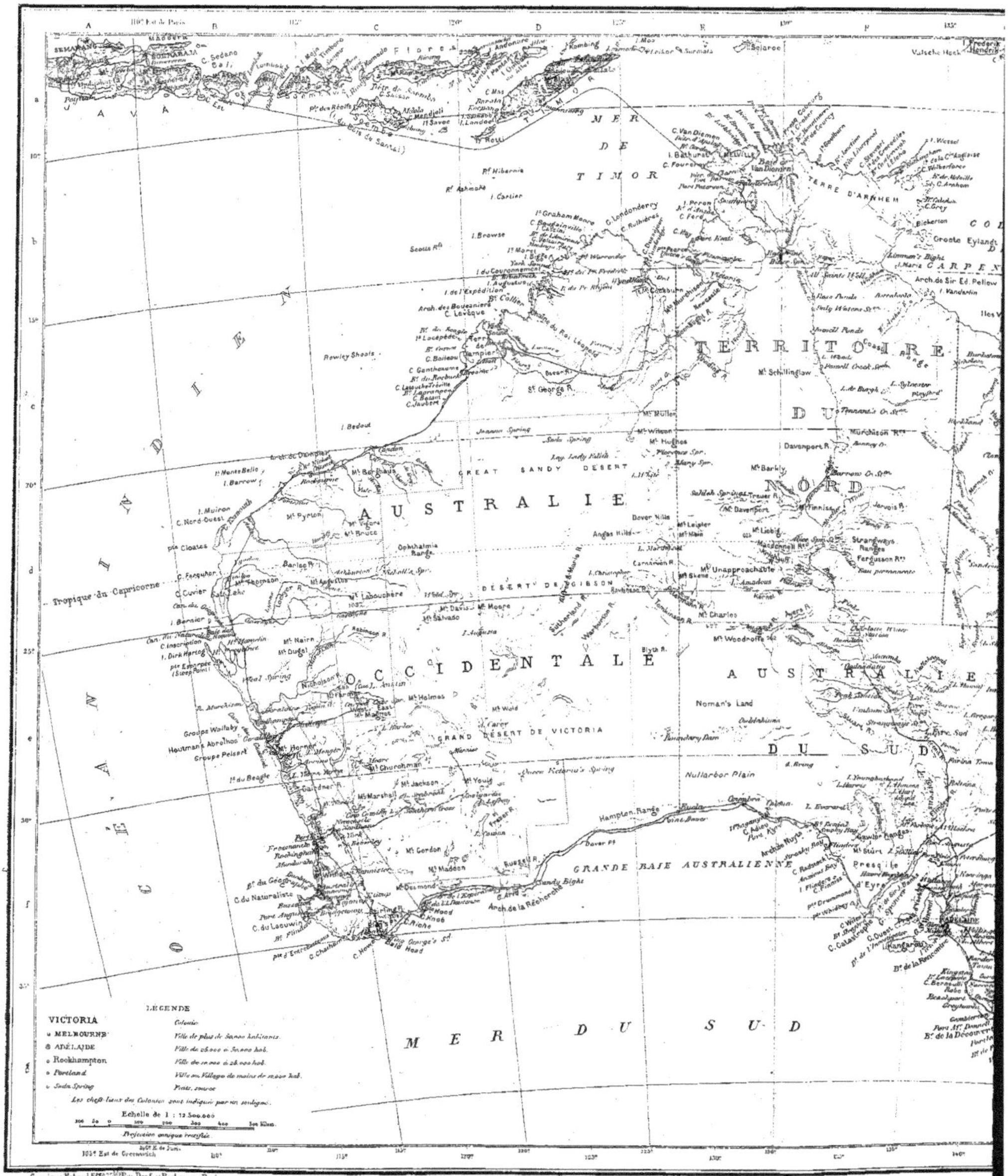

JAVA
TIMOR
MER DE TIMOR
TERRE D'ARNHEM
OCÉAN INDIEN
TERRITOIRE DU NORD
AUSTRALIE OCCIDENTALE
AUSTRALIE DU SUD
GREAT SANDY DESERT
DÉSERT DE GIBSON
GRAND DÉSERT DE VICTORIA
GRANDE BAIE AUSTRALIENNE
MER DU SUD
Tropique du Capricorne
Nullarbor Plain
Noman's Land
Perth
Fremantle
Albany
LÉGENDE
VICTORIA Colonie
MELBOURNE Ville de plus de 50.000 habitants
ADÉLAÏDE Ville de 25.000 à 50.000 hab.
Rockhampton Ville de 10.000 à 25.000 hab.
Portland Ville ou Village de moins de 10.000 hab.
Soda Spring Puits, source
Les chefs-lieux des Colonies sont indiqués par un souligné.
Echelle de 1 : 12.500.000
Projection conique tronquée
105° Est de Greenwich

Gravé par Erhard Frères 35bis Rue Denfert Rochereau, Paris.

40811

PUBLIÉ PAR LA LIBRAIRIE HACHETTE ET Cⁱᵉ — CARTE 52

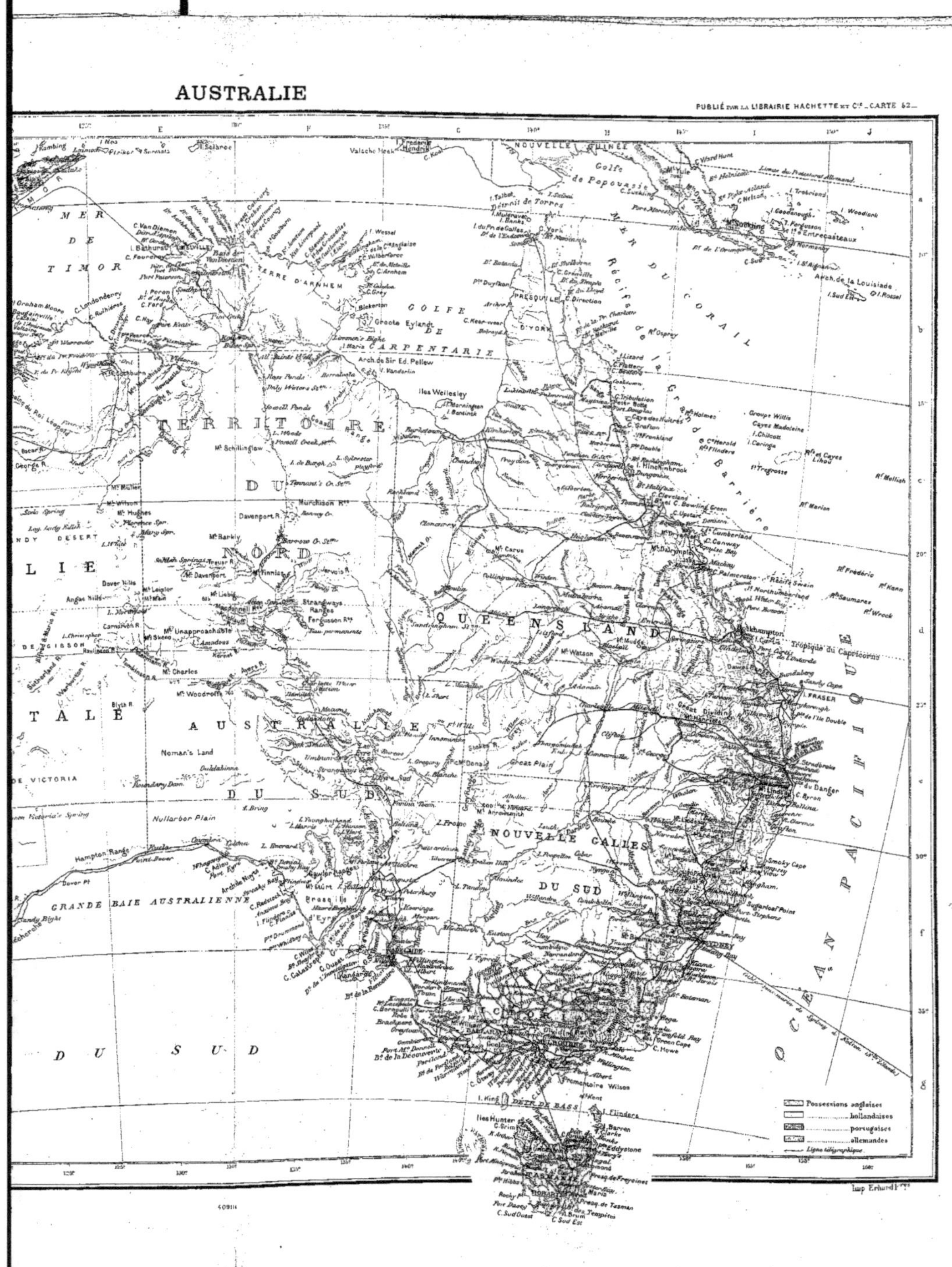

Victoria, 13,4; Queensland, 11,0; Australie du Sud, 11,9; Australie Occidentale, 13,2 (France, 20,5 pour 1 000).

COLONIES EN 1901	NAISSANCES	DÉCÈS	EXCÉDENT des naissances sur les décès	IMMIGRATION	ÉMIGRATION	EXCÉDENT de L'IMMIGRATION sur L'ÉMIGRATION	EXCÉDENT TOTAL
N.-Galles du Sud.	37 835	16 646	21 189	81 190	58 249	22 941	44 130
Victoria	30 461	16 177	14 284	87 557	97 933	— 10 376	3 908
Queensland. . .	14 216	6 204	8 012	34 082	35 288	— 1 206	6 806
Australie du Sud	8 947	4 314	4 633	36 808	39 926	— 3 118	1 515
Australie Occidentale . . .	6 233	2 841	3 392	37 860	21 004	16 859	20 251
Total. . .	97 692	46 182	51 310	277 497	252 397	25 100	76 610

RELIGIONS

Pas de religion d'État. La religion protestante, avec une variété infinie de sectes, dépasse toutes les autres par le nombre d'adeptes (2 720 175). Catholiques romains 824 436 (1901).

INSTRUCTION PUBLIQUE

Trois universités (Sydney, Melbourne, Adélaïde) donnent l'enseignement supérieur et délivrent des grades universitaires admis comme équivalents de ceux de la métropole.

L'enseignement secondaire est libre, avec quelques subventions des colonies.

L'enseignement primaire est presque partout obligatoire, gratuit pour les moins fortunés et laïque si les parents le désirent.

AGRICULTURE

Le tableau suivant indique en hectares l'étendue des terres cultivées pour 1902 :

COLONIES EN 1902	TERRES CULTIVÉES EN HECTARES	NOMBRE D'HECTARES PAR KIL. CARR.	PAR HAB.
Nouvelle-Galles du Sud.	909 000	1,1	0,7
Victoria.	1 477 000	0,4	1,2
Queensland.	194 000	0,1	0,4
Australie du Sud (sans le territoire du Nord).	1 270 000	0,6	3,5
Australie Occidentale.	92 000	0,04	0,4
Total.	3 933 000	0,52	1,0

Principales cultures : céréales, foins, pommes de terre, vigne, tabac, coton, canne à sucre.

ÉLEVAGE

L'élevage des **moutons** est l'industrie la plus importante de l'Australie (52,5 millions de têtes environ). La Nouvelle-Galles du Sud en a le plus grand nombre (26,6 millions). Viennent ensuite : Victoria, 10,9 millions; Queensland, 7,2 millions; Australie du Sud, 4,9 millions; Australie Occidentale, 2,7 millions. Au point de vue du nombre de têtes par habitant, Nouvelle-Galles du Sud occupe la première place (19 moutons par habitant), Queensland (14), Australie du Sud (13), Australie Occidentale (12), Victoria (9).

La plupart de ces moutons sont des mérinos. La **laine** australienne est d'une finesse exceptionnelle.

PRODUITS DU SOUS-SOL

L'**or** a été découvert en 1851, dans la Nouvelle-Galles du Sud, à Lewis Pond Creek, non loin de Guyons, et peu après dans Victoria, aux environs de Ballarat (ou Ballaarat). Depuis cette époque, on a découvert un grand nombre de mines d'or. Un tiers environ de la colonie de Victoria se compose de roches aurifères. On estime le produit total de l'or, depuis sa découverte jusqu'à 1902, à 9 milliards 472 millions de francs (Victoria, 6 milliards 890 millions).

Le produit minier le plus important après l'or est le **cuivre**, découvert en 1845 près de Kooringa (Burra-Burra), dans l'Australie du Sud. Les mines de houille sont aussi nombreuses et riches, mais la houille est inférieure à celle d'Angleterre. — Il existe des mines d'**argent**, de **plomb**, etc. Dans le Territoire du Nord on trouve des **pierres précieuses**.

INDUSTRIE

De nombreuses fabriques, manufactures et usines se sont créées depuis quelques années dans les principaux centres des cinq colonies. Elles se répartissent ainsi qu'il suit :

COLONIES	NOMBRE de MANUFACTURES	OUVRIERS et OUVRIÈRES
Nouvelle-Galles du Sud.	2 839	52 818
Victoria.	2 869	54 778
Australie du Sud.	745	14 246
Queensland.	1 995	22 843
Australie Occidentale.	487	9 689
Total.	8 935	154 374

COMMERCE

Importations, en 1902, 1 624 millions de francs.
Exportations, — 1 696. —
Principaux articles d'exportation : laine, or, cuivre, céréales, viandes conservées, cuirs et peaux, coton, tabac, sucre, raisin et vins.

COMMUNICATIONS

Il existe six compagnies maritimes subventionnées par les colonies, et plusieurs compagnies libres. La partie habitée du continent est traversée en tous sens par des lignes de **chemins de fer**, réparties ainsi qu'il suit

COLONIES EN 1903	LIGNES EN EXPLOITATION
Nouvelle-Galles du Sud.	5 182 kil.
Victoria..	5 444 —
Queensland.	4 527 —
Australie du Sud.	3 059 —
Australie Occidentale.	3 452 —
Total.	21 664 kil.

Un **câble sous-marin** relie Port-Darwin à Banjoewangi (Java). Un autre réunit Sydney à Nelson (Nouvelle-Zélande), et un troisième Melbourne à Georgetown (Tasmanie). Un **télégraphe** transcontinental traverse l'Australie du Nord au Sud, de Palmerston à Melbourne. Un autre va de Perth à Adélaïde. Toutes les villes considérables communiquent télégraphiquement. Longueur totale des lignes 72 971, des fils, 196 044 kil. (1902).

VILLES IMPORTANTES (1902)

Sydney.	508 510 hab. (avec les faubourgs).	
Melbourne..	502 610 — — —	
Adélaïde.	163 723 — — —	
Brisbane.	122 815 — — —	
Newcastle..	58 010 — — —	
Ballarat.	43 825 — — —	
Perth.	42 474 — — —	
Bendigo (Sandhurst).	30 774 — — —	

HISTORIQUE

L'Austalie fut découverte par les Portugais entre 1507 et 1529, mais ce ne fut qu'au début du xviie siècle que commencèrent les véritables explorations dues aux Hollandais de Batavia, qui explorèrent entre 1606 et 1644 les côtes Nord, Ouest et Sud. Le marin qui a le plus contribué à la reconnaissance de ces côtes fut Abel Tasman. L'aspect stérile du rivage occidental, la férocité de ses habitants et l'inutilité présumée de l'île au point de vue commercial retardèrent les tentatives de colonisation. Les côtes du Pacifique, incomparablement mieux dotées que les autres, restaient inconnues. Cook, le premier, aborda en 1770 à la pointe sud-est du continent, reconnut toute la côte Est, du cap Howe jusqu'au cap York, et en prit possession au nom de l'Angleterre en lui donnant l'appellation de Nouvelle-Galles du Sud (New South Wales).

Au commencement de notre siècle, les marins français Baudin et Freycinet prirent également part à l'exploration des côtes australiennes.

La première colonisation anglaise fut tentée en 1788 à Botany Bay; mais, le site choisi ayant été reconnu peu favorable, on se transporta sur la rive méridionale d'une autre baie, nommée Port Jackson. La ville créée reçut le nom de Sydney. Ce premier établissement se composait de 757 **convicts**, de 200 colons libres, et des hommes envoyés pour garder le pénitencier.

Nous ne pouvons que mentionner les noms des voyageurs qui ont le plus contribué à la connaissance du continent. Ce sont : Lawson, qui le premier a traversé les montagnes Bleues; Evans et Oxley (rivières Macquarie et Lachlan); Hovell et Hume (partie occidentale de Victoria, jusqu'au port Philippe); Allan Cunningham (baie Moreton); Ch. Sturt (Darling et Murray); Mitchell (voyages importants à l'ouest de la chaîne côtière); le comte Strzelecki (exploration des Alpes Australiennes et notamment du massif du mont Kosciuszko); les trois frères Gregory, qui explorèrent, pendant quinze ans, l'Australie Occidentale; John Eyre (lacs Torrens et Eyre); Ludwig Leichhardt, qui traversa le Queensland de la baie Moreton jusqu'au port Essington, et qui périt en 1848 pendant une seconde expédition qu'il avait entreprise pour traverser l'Australie de l'est à l'ouest; baron von Mueller (Alpes Australiennes, district de Kimberley, etc.); Mac Douall Stuart, qui traversa le continent du Sud au Nord, d'Adélaïde à la baie de Van Diemen; Burke, qui put également traverser l'Australie de Melbourne au golfe de Carpentarie et mourut de soif et de privations pendant le retour; Warburton, qui traversa les solitudes de l'Australie Occidentale, entre la ligne télégraphique et le fleuve De Grey; John et Alexandre Forrest, ainsi que Giles, qui explorèrent l'Australie Occidentale. De nos jours d'autres voyageurs continuent les explorations des différentes parties du continent, les uns comme géographes, d'autres à la recherche de nouveaux pâturages. Ces expéditions ont fait connaître ou relever les deux tiers du continent.

La découverte de l'or en 1851 a joué un rôle très important dans le développement prodigieux de l'Australie. Jusqu'à ce moment elle était peuplée de colons libres et d'anciens **convicts** ou de leurs descendants, qui formaient deux populations séparées. La découverte des mines d'or, le **rush** qui s'ensuivit, l'arrivée brusque des flots de déclassés, d'aventuriers, de tous les coins du monde, changea les rapports mutuels des anciens habitants. La fièvre de l'or les rapprocha tous et les colons libres oublièrent les nuances qui les séparaient des descendants de forçats. De

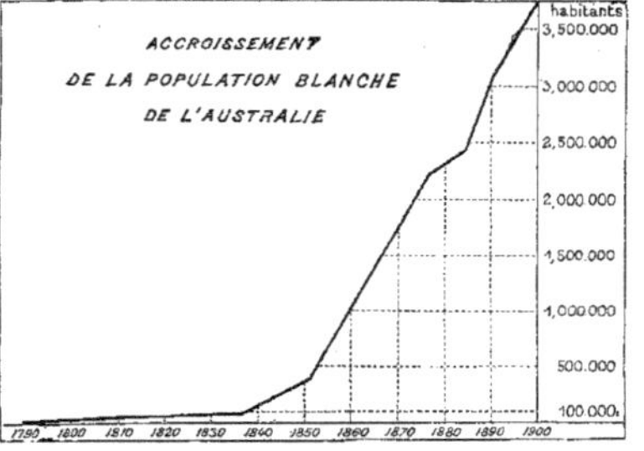

cette époque date l'accroissement rapide de la population de l'Australie: 500 000 en 1851, près de 3 700 000 actuellement.   D. AITOFF.

Pour le chapitre *Constitution*, voir la notice *Australasie* (carte n° 53).

On comprend sous le nom d'**Australasie** les principales possessions britanniques de l'océan Pacifique : l'Australie, la Tasmanie, la Nouvelle-Zélande, les îles Viti ou Fiji et la partie britannique de la Nouvelle-Guinée.

SUPERFICIE — POPULATION

8 216 500 kil. carrés environ. 5 800 000 hab. (1 hab. par 2 kil. carr.)

AUSTRALIE

Voir la notice de la carte n° 52.

TASMANIE

SITUATION — SUPERFICIE

La Tasmanie est située au sud de l'Australie, entre les parallèles de 40°53′ et 43°59′ et les méridiens de 142°19′ et 146°5′ Est de Paris. Elle a la forme d'un triangle équilatéral, arrondi au sud. Sa **superficie** est de 68 509 kil. carr. (Grèce, 64 689 kil. carr.).

COTES — RELIEF DU SOL

Les côtes sont bien découpées et présentent un grand nombre de petites baies et de ports bien abrités, dont les principaux sont : à l'Ouest, **Port Davey**; au Nord, **Port Sorell**, et au Sud, la **baie des Tempêtes** et **Port Espérance**.

Le **terrain** est montueux et accidenté. Principaux sommets : **Cradle mountain** (1 546 m.) et **Ben Lomond** (1 528 m.).

HYDROGRAPHIE

Pays bien arrosé; principaux cours d'eau : le **Derwent** (208 kil.), l'**Arthur** et le **Tamar**, ce dernier navigable jusqu'à Launceston. Le plus grand lac est le **Great Lake** (1 165 m. d'altitude).

CLIMAT

Remarquable par sa douceur. Température moyenne de l'année, 12°; de l'été, 16°,5; de l'hiver, 8°,3. Pluies assez abondantes, surtout sur les côtes occidentales (hauteur moyenne 0ᵐ,625 par an).

POPULATION

Les premiers blancs, des **convicts**, arrivèrent en Tasmanie en 1804. L'île était habitée à cette époque par environ 5 000 indigènes noirs.

En 1901, les blancs étaient au nombre de 172 475 (2,5 par kil. carr.) ; actuellement ce nombre doit monter à environ 185 000 ; quant aux indigènes, ils ont été tous exterminés.

En 1901 il y a eu 4 930 naissances, 4 814 décès; excédent 5 116 ; 25 084 immigrés, 23 751 émigrés; excédent, 1 333. Excédent total des naissances sur les décès et de l'immigration sur l'émigration, 4 449, soit 2,6 pour 100.

Pas de **religion** d'État. En 1901, le protestantisme comptait 142 054 adeptes; le catholicisme 50 421.

L'**enseignement** primaire est obligatoire et gratuit, laïque ou religieux suivant le désir des parents. En 1902, il y avait 488 écoles de tout genre, avec 57 916 élèves.

Les villes les plus importantes sont :

Hobart. . . . 24 655 hab.   Launceston. . . . 18 077 hab.

AGRICULTURE — INDUSTRIE — COMMERCE

En 1905 on comptait 287 400 hectares de **terres cultivées** (4,2 hect. par kil. carr. de superficie et 1,7 hect. par habitant). Cultures principales : céréales, arbres fruitiers de tout genre. Le nombre des **moutons** s'élevait en 1905 à 1 679 508, soit 10 par habitant.

La première place parmi les **produits du sous-sol** appartient aux abondantes mines d'étain découvertes en 1872 au mont Bischoff. L'or existe également en abondance.

Importations en 1902 : 67 millions de francs.
Exportations en 1902 : 81 millions de francs.
Mouvement des ports en 1902 : 964 navires, 887 485 tonnes à l'entrée et 944 navires, 879 750 tonnes à la sortie.
Principaux articles d'exportation : laine, or, argent, étain, bois, etc.

COMMUNICATIONS

1 000 kil. de chemins de fer en exploitation (1902). Câble sous-marin reliant Georgetown avec Melbourne.

HISTORIQUE

Découverte en 1642 par Abel Tasman, l'île a reçu les premiers colons en 1804, date de la création du pénitencier de Hobartown (actuellement Hobart). Elle s'est constituée en colonie indépendante en 1854.

NOUVELLE-ZÉLANDE

SITUATION

La Nouvelle-Zélande est située dans l'océan Pacifique, à 2 000 kil. environ au sud-est de l'Australie. Elle se compose de deux grandes et de plusieurs petites îles. La **superficie** totale est de 269 957 kil. carr. (Italie, 288 540 kil. carr.).

COTES — RELIEF DU SOL

Longueur des côtes : 4 800 kil. env. (1 kil. pour 56 kil. carr.). Principaux **ports** : Auckland, Dunedin et Lyttelton. — Peu d'îles près des côtes. La seule importante est l'île Stewart, séparée de l'île du Sud par le détroit de Foveaux.

Les deux îles de la Nouvelle-Zélande sont traversées dans toute leur longueur par une chaîne de montagnes, très élevée surtout dans l'île du Sud. Plusieurs cônes volcaniques éteints ou en activité dressent leurs têtes au-dessus de 2000 mètres. Dans l'île du Nord, Ruapehu (2 804 mètres); Egmont (2 551 mètres), majestueux dans son isolement, en dehors de la chaîne principale et près de sa côte. Dans l'île du Sud, les

Southern Alps (Alpes du Sud), dont plusieurs sommets, couverts de neiges persistantes, portent d'énormes glaciers descendant jusqu'à 300 mètres d'al-

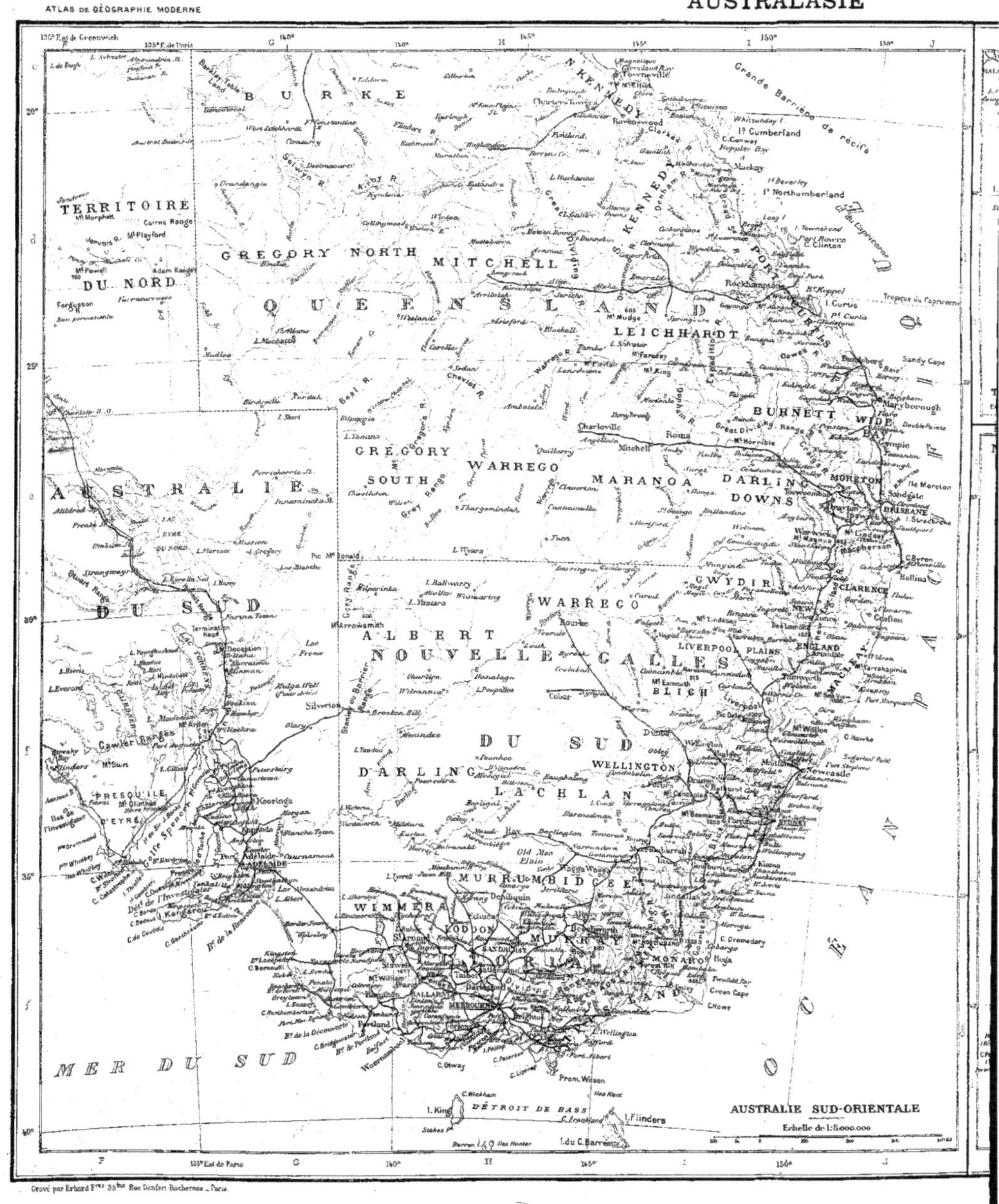
BURKE
TERRITOIRE
DU NORD
GREGORY NORTH
MITCHELL
QUEENSLAND
LEICHHARDT
KENNEDY
BURNETT
WIDE BAY
GREGORY
SOUTH
WARREGO
MARANOA
DARLING
DOWNS
MORETON
GWYDIR
CLARENCE
NEW ENGLAND
AUSTRALIE
DU NORD
DU SUD
ALBERT
WARREGO
NOUVELLE GALLES
LIVERPOOL PLAINS
BLIGH
DU SUD
PRESQU'ILE
D'EYRE
DARLING
LACHLAN
WELLINGTON
MURRUMBIDGEE
WIMMERA
LODDON
MURRAY
VICTORIA
MONARO
MER DU SUD
DÉTROIT DE BASS
I. King
I. Flinders
OCÉAN
AUSTRALIE SUD-ORIENTALE
Echelle de 1:5.000.000

PUBLIÉ PAR LA LIBRAIRIE HACHETTE ET Cⁱᵉ — CARTE 53.

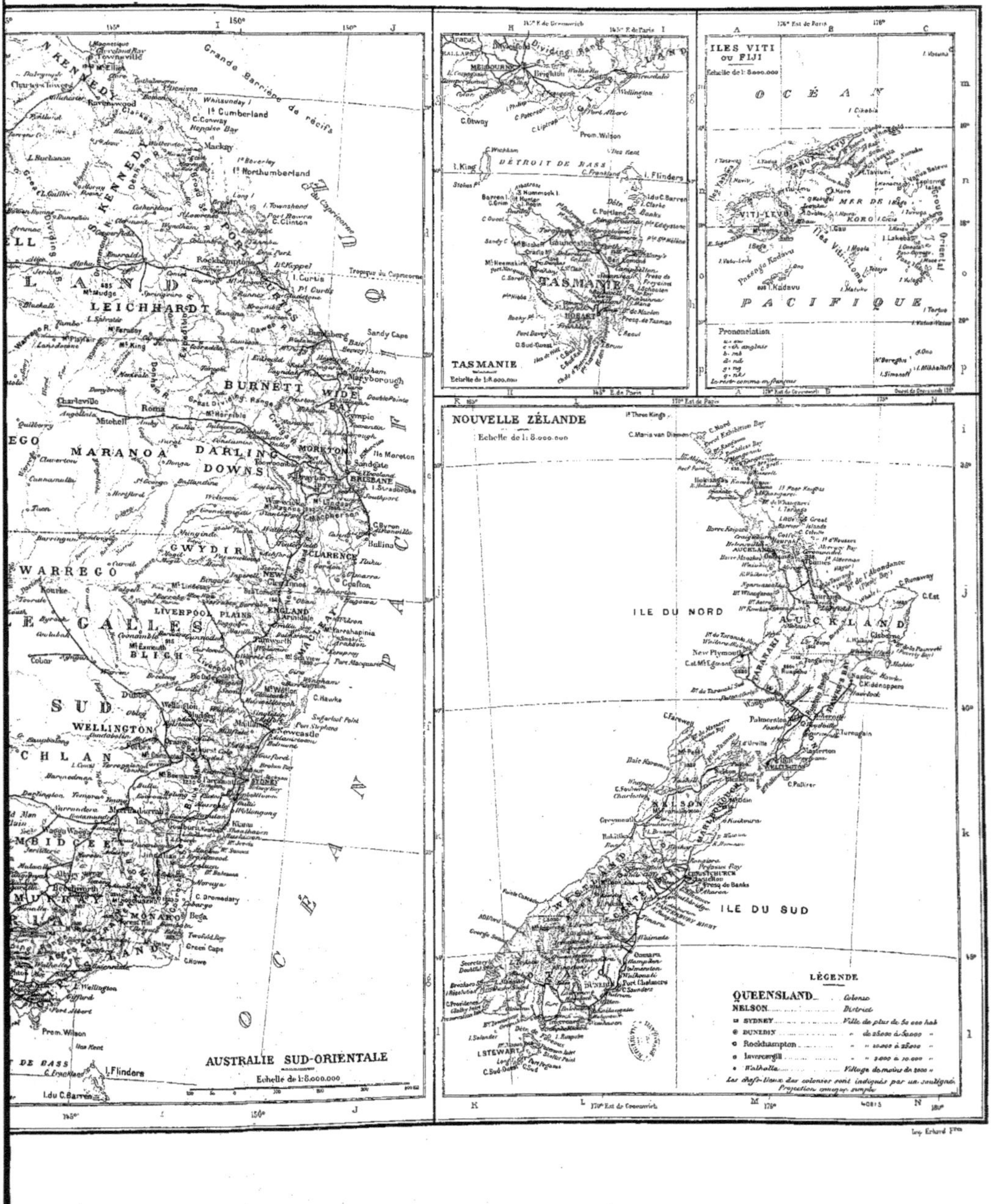

ILES VITI
ou FIJI

Echelle de 1: 3.000.000

OCÉAN

PACIFIQUE

Prononciation

TASMANIE

Echelle de 1:8.000.000

NOUVELLE ZÉLANDE

Echelle de 1: 8.000.000

ILE DU NORD

ILE DU SUD

AUCKLAND

AUSTRALIE SUD-ORIENTALE

Echelle de 1:8.000.000

LÉGENDE

QUEENSLAND .... Colonie
NELSON .... District
SYDNEY .... Ville de plus de 50 000 hab.
DUNEDIN .... de 25000 à 50000 "
Rockhampton .... 10000 à 25000 "
Invercargill .... 5000 à 10000 "
Walhalla .... Village de moins de 5000 "

Les chefs-lieux des colonies sont indiqués par un souligné.
Projection conique simple

Imp. Erhard Frères

litude, se prolongent sur 500 kil. (Pyrénées, 400 kil.). Le point culminant est le mont Cook (3 768 mètres), qui domine le glacier de Tasman.

A l'est de la chaîne jusqu'à la côte, se trouvent des plaines fertiles.

HYDROGRAPHIE

Principales rivières : le Waikati, dans l'île du Nord, 270 kil. ; le Molyneux ou Clutha, dans l'île du Sud. Le Taupo est le plus grand lac de l'île du Nord, et le Te Anau le plus grand de l'île du Sud.

CLIMAT

Agréable et sain. L'île du Nord, la plus chaude, a la même température moyenne (14°,5) que Rome, Montpellier et Milan ; le climat de l'île du Sud, plus éloignée de l'équateur, est comparable à celui des îles Normandes ;

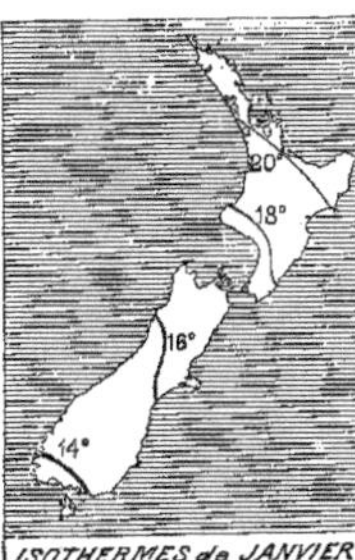

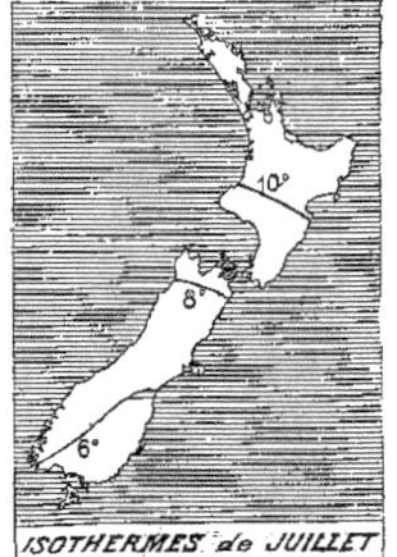

la température moyenne de l'année y est de 12°. — Température moyenne de l'été : dans l'île du Nord, 18°,5 ; dans l'île du Sud, 18°,3 ; température de l'hiver, respectivement 10° et 7°,2. La neige tombe rarement dans la plaine. Les pluies sont surtout abondantes sur les côtes occidentales.

POPULATION

Les indigènes de la Nouvelle-Zélande (**Maoris**) étaient au nombre de 120 000 environ lors du débarquement des premiers colons blancs. En 1901, ils n'étaient plus que 43 143.

Les premiers immigrants blancs arrivèrent en 1840 et s'établirent sur l'emplacement actuel de Wellington. En 1901 la population blanche s'élevait à 772 719 hab. (2,9 par kil carr.). Il y eut 20 491 naissances et 7 634 décès ; excédent, 12 857 ; 25 086 immigrés et 18 564 émigrés : excédent, de l'immigration sur l'émigration, 6 522 ; excédent total : naissances et immigration 19 379, soit 2,5 pour 100.

Pas de religion d'État. Protestants, 605 916 ; catholiques, 109 822 ; juifs, 1 611 ; payens, 2 452 ; 18 295 sans religion (1901).

Enseignement obligatoire, laïque et gratuit. 2 108 écoles publiques avec 155 700 élèves (1903).

AGRICULTURE — INDUSTRIE — COMMERCE

5 448 000 hectares de terres cultivées (20 hect. par kil. carr. et 7 hect.

par hab.). **Bétail**, 29 millions de têtes dont 20 542 727 moutons (1903).

L'or a été découvert en 1852 à Coromandel, en 1861 à Tuapeka ; d'autres gisements aurifères ont été trouvés depuis. Valeur de l'or extrait de 1857 à 1902 inclusivement : 1 488 millions de francs (49 m. en 1902). Gisements houillers, argentifères, etc.

3 185 manufactures, usines et fabriques de tout genre (1900).

  Importations en 1902. . . . . 285 millions de francs
  Exportations   541

Principaux articles d'exportation : laine, or, viande conservée ou congelée, céréales, etc. Mouvement des ports en 1902 : 1 119 navires, 1 922 285 tonnes.

COMMUNICATIONS

3 871 kil. de chemins de fer en exploitation. La ville de Nelson est reliée à Sydney par un câble sous-marin.

VILLES IMPORTANTES (Recensement de 1901)

Auckland	34 215 hab.	Dunedin	24 879 hab.
Wellington	43 638 hab.	Christchurch . . .	47 538 hab.

HISTORIQUE

La Nouvelle-Zélande fut découverte par Abel Tasman (1642). En 1769, cent vingt-sept ans après, l'île du Nord fut visitée par Cook, qui aborda d'abord dans la baie qu'il appela **Poverty Bay** (baie de la Pauvreté) et ensuite dans **Mercury Bay**, où il prit possession de l'île au nom du roi George III. L'île du Sud fut annexée par Cook en 1770. Les premiers blancs qui s'établirent dans la Nouvelle-Zélande furent les missionnaires de la baie des Îles, qui fondèrent une mission à l'endroit où se trouve maintenant la ville de Russell. Mais la colonisation ne commença qu'en 1840. En 1841, la Nouvelle-Zélande, qui dépendait jusqu'alors de la Nouvelle-Galles du Sud, fut constituée en colonie indépendante.

ILES VITI ou FIGI

SITUATION — SUPERFICIE

Archipel de 255 îles et îlots, au nord-est de la Nouvelle-Zélande et à l'est de l'Australie, entre les parallèles de 15° et de 22° de latitude Sud et les méridiens de 179° Ouest de Paris et 172°40′ Est de Paris.

Les plus importantes de ces îles sont : **Viti-Levu, Vanua-Levu, Taviuni, Kadavu, Lakeba** et **Vanna-Balevu**.

Leur superficie est de 17 à 20 000 kil. carr.

RELIEF DU SOL — HYDROGRAPHIE

Archipel montagneux. On y rencontre toutes les natures de terrain, depuis les roches volcaniques jusqu'aux îlots de corail.

La rivière la plus importante est le Rewa, dans l'île Viti-Levu, navigable sur 60 kil. environ.

CLIMAT

Le climat est très sain. Les chaleurs tropicales sont tempérées par les brises marines. Température moyenne de l'année, 20°,6 ; maximum, au soleil, 50° ; minimum, 15°,5. Hauteur moyenne annuelle des pluies, 2ᵐ,89.

POPULATION

120 124 hab., dont 2 459 blancs (mars 1902). Les aborigènes étaient 200 000 environ en 1859 ; leur nombre diminue sensiblement, comme dans les autres colonies de l'Australasie.

L'archipel ne possède que deux villes : Suva et Levuka.

AGRICULTURE — COMMERCE

On cultive le maïs, le coton, la canne à sucre, le café, etc.

Mouvement des ports en 1902 : 140 navires entrés avec 174 155 tonnes. Valeur totale des importations en 1902 : 15 171 000 francs. Exportations pendant la même année : 13 579 000 francs. Principaux articles d'exportation : sucre, copra (huile de coco), fruits, coton, maïs, etc.

COMMUNICATIONS

Services réguliers par vapeurs pour Sydney, la Nouvelle-Zélande et la Nouvelle-Calédonie.

HISTORIQUE

Découvertes par A. Tasman en 1643, les îles ne furent visitées de nouveau que par Cook. En 1804, quelques convicts évadés de la Nouvelle-Galles du Sud s'établirent dans l'île Rewa. En 1874, le roi indigène se soumit au protectorat de l'Angleterre. L'année suivante, les îles furent constituées en colonie distincte.

CONSTITUTION DES COLONIES DE L'AUSTRALASIE

Les **colonies de l'Australasie** sont indépendantes les unes des autres. Elles jouissent toutes d'un gouvernement responsable. Les constitutions des colonies ne présentent que peu de différences avec la constitution anglaise. Le souverain est représenté par un gouverneur, nommé par la couronne ; la Chambre des Lords par le Conseil législatif (**Legislative Council**) ; la Chambre des Communes par l'Assemblée législative (**Legislative Assembly**), nommée par le peuple. Les lois de la métropole ne sont appliquées dans les colonies qu'une fois confirmées par les pouvoirs législatifs locaux et, par contre, les lois édictées par les parlements coloniaux n'entrent en vigueur qu'après avoir reçu la sanction royale. Le cens est si minime, que le suffrage peut être considéré comme universel.

Récemment les cinq colonies de l'Australie et la Tasmanie se sont constituées en une République fédérale sous le nom de Commonwealth of Australia. La constitution fédérale élaborée à Melbourne (mars 1898 et janvier 1899) entra en vigueur le 1ᵉʳ janvier 1901.

NOUVELLE-GUINEE

La Nouvelle-Guinée, appelée aussi Papouasie ou Terre des Papous, est située au nord de l'Australie, dont elle est séparée par le détroit de Torrès. Sa superficie est de 785 562 kil. carr. L'île est traversée dans toute sa longueur par des chaînes de montagnes très élevées, telles que Charles-Louis, monts de Finisterre, etc. Plusieurs pics dépassent la limite des neiges persistantes. Le système fluvial est peu connu ; l'île semble pourtant être bien arrosée. Grâce à l'élévation du sol et aux pluies abondantes, la température moyenne de la Nouvelle-Guinée n'est pas excessive ; elle varie de 27 à 32° ; la température maxima ne dépasse pas 39°. Le nombre d'habitants est évalué à un demi-million environ. L'île appartient à trois puissances européennes : le Nord-Ouest aux Pays-Bas, le Nord-Est à l'Allemagne et le Sud-Est à l'Angleterre. Sa découverte est due aux Portugais (1526).

D. Aitoff

L'Amérique septentrionale occupe une surface à peu près égale à la moitié de l'Asie ou au double de l'Europe. L'un des continents les plus réguliers de forme, il ressemble singulièrement à l'autre moitié du Nouveau

SUPERFICIE COMPARÉE de l'AMÉRIQUE du NORD ET DES AUTRES CONTINENTS

Australie 7 630 000
Europe 10 000 000
Amérique du Sud 17 860 000
Amérique du Nord 21 000 000
Afrique 30 000 000
Asie 44 500 000

10   20   30   40
Millions de kilomètres carrés

Monde, l'Amérique du Sud; comme elle, c'est un triangle dont la base est tournée vers le nord, tandis que la pointe s'allonge dans la direction du sud. En ajoutant au continent septentrional toutes les terres adjacentes, le Groenland, l'archipel Polaire, les Antilles, on trouve qu'il l'emporte en superficie d'un quart environ sur le continent austral.

On désigne fréquemment l'Amérique entière par le nom de Monde Occidental; mais cette expression, dont la valeur est toute relative, rappelle seulement la situation du Nouveau Monde par rapport aux contrées d'où viennent les navigateurs qui l'ont découvert et les colons qui l'ont peuplé. Au point de vue historique, l'Amérique du Nord est bien à l'ouest de l'Europe, mais par sa disposition géographique elle se rattache à l'Asie, pour constituer, relativement à l'Ancien Monde, l'hémisphère oriental. La grande saillie des terres qui commence au sud de l'Afrique et contourne la mer des Indes, puis traverse l'Asie obliquement vers le détroit de Bering, se continue par d'au-

tres arêtes de montagnes le long des côtes occidentales de l'Amérique. Entre les deux mondes, l'Ancien et le Nouveau, le détroit de Bering n'est qu'une simple éraflure du sol, n'ayant en moyenne qu'une épaisseur liquide de 40 mètres et fermée chaque année par un isthme de glaçons : une île partage le bras de mer en deux passages, et du promontoire extrême de l'Asie, on discerne parfois celui du Nouveau Monde. Du côté de l'Europe au contraire, l'Amérique est séparée de l'Islande, des îles Britanniques, de la Scandinavie, du Spitzberg par les larges étendues de l'Atlantique boréal, et les abîmes intermédiaires n'ont pas moins de 4 000 mètres à l'endroit le plus profond. Il semble pourtant, à en juger par la constitution géologique des terres affrontées, qu'elles firent jadis partie d'un même corps continental : Labrador, Groenland, Islande et Norvège furent probablement réunis dans les âges anciens.

Actuellement, l'Amérique du Nord ne se relie au continent du Sud que par la succession des terres de l'Amérique centrale, rétrécie de distance en distance par des isthmes étroits. En réalité, le continent septentrional se termine au-dessus du plateau mexicain, au-dessus de cet isthme de Tehuantepec où bientôt peut-être les grands navires glisseront sur rails d'une mer à l'autre. Quant à l'Amérique du Sud, elle est nettement limitée, à l'ouest du delta de l'Atrato, par la dépression du sol qui sert de portage aux Indiens entre le versant du golfe d'Urabá et celui de l'océan Pacifique. La chaîne d'isthmes qui réunit les deux continents n'a pas toujours existé, mais les études faites par les naturalistes sur l'ancienne extension des flores et des faunes en Amérique ont prouvé que les continents du Nord et du Sud furent jadis rattachés par une autre chaîne de terres émergées, celle des Antilles, dont il ne reste plus de nos jours que les fragments.

Le Groenland, dont la superficie égale le quart de l'Europe, est à maints égards distinct de l'Amérique, et même la partie la plus grande de cette grande île est séparée de la côte américaine par un bras

RAPPORT COMPARÉ des CÔTES à la SUPERFICIE de l'AMÉRIQUE DU NORD et de l'EUROPE (sans les îles)

Amérique du Nord ... k. 2,45
Europe ... 3,42

1   2   3
Kilomètres de côtes pour mille kilom. carrés de superficie

de mer d'environ 500 kilomètres en largeur, dont le lit à des milliers de mètres en profondeur. Les autres îles de la zone arctique sont aussi, en diverses parties de leur pourtour, limitées par de profondes rainures, mais dans l'ensemble elles reposent sur un socle immergé qui les rattache aux immenses plaines de l'Amérique anglaise. Il suffirait d'une poussée de quelques centaines de mètres pour les unir au continent, de même qu'un abaissement du sol peu considérable

aurait pour conséquence la fragmentation de tout le territoire canadien en un grand nombre d'îles, pareilles à celles de l'archipel Polaire. Cette multitude d'îles, de péninsules, de détroits, de fjords, que présentent les terres boréales de l'Amérique du Nord, donne à l'ensemble de la masse continentale un développement de côtes supérieur à celui de l'Europe elle-même; mais, par l'effet du climat rigoureux, cette riche membrure n'a aucune valeur économique dans l'histoire. Qu'importent les nombreux bras de mer, les golfes et les ports, puisque tous ces parages sont très difficilement accessibles à l'homme et que les eaux en sont généralement recouvertes par une dalle continue de glace? En 1850 seulement, succédant à plus d'une centaine de tentatives, la circumnavigation de l'Amérique fut enfin complétée par la rencontre de Mac Clure et de Kellett dans un détroit de l'océan Glacial. La grande péninsule du Labrador, une des rares membrures du continent qui se dirigent vers le nord, n'est pas aussi difficile d'accès que les îles polaires, puisque les navires la contournent chaque année; mais les navires ne peuvent guère s'y hasarder que pendant deux mois de l'année, et de nos jours même, malgré l'aide de la vapeur, on n'a pu établir de ligne régulière de navigation entre l'Atlantique et la baie de Hudson. Par une singulière coïncidence, les deux péninsules proprement dites qui se détachent de la terre ferme au sud de l'Amérique septentrionale, la Floride et la presqu'île de Californie, sont également parmi les terres qui n'ajoutent rien par leur développement côtier aux privilèges historiques du Nouveau Monde. Au contraire, ce sont plutôt des obstacles au commerce et au peuplement. La Floride est un vaste marécage entouré de récifs; la presqu'île de Californie une chaîne de rochers stériles.

La richesse des articulations péninsulaires, qui a tant fait pour la prospérité de l'Europe, est remplacée dans l'Amérique du Nord par un privilège correspondant, la longueur des fleuves navigables et des chaînes de lacs ou mers intérieures qui pénètrent au loin dans le continent. Une des voies fluviales, celle du Mississippi, offre avec sa ramure d'affluents un développement total de 15 000 mètres, plus que n'en présente aucun autre fleuve de la superficie

terrestre, et les grands navires, jadis arrêtés par la barre dès l'entrée, peuvent maintenant pénétrer sans peine dans l'eau profonde par une nouvelle bouche, puis remonter le fleuve devant les quais de la Nouvelle-Orléans. Le Saint-Laurent, dans lequel la marée pénètre à 1 000 kilomètres de la mer, ne peut, il est vrai, se comparer au Mississippi pour la longueur de ses voies navigables, mais il donne accès à la Méditer-

ranée canadienne, cette mer d'eau douce composée de cinq grands lacs, dont un seul, le lac Supérieur, dépasse en superficie tous les autres bassins lacustres qui se trouvent sur la Terre. On peut dire que la mer se trouve ainsi transportée dans le cœur même du continent. Au nord-ouest du lac Supérieur, d'autres nappes lacustres se succèdent jusqu'à la mer Glaciale, dans une coulière formée entre le plateau cristallin de l'est et les roches sédimentaires de l'ouest. Mais ces lacs, de même que les rivières affluentes et les fleuves de sortie, entre autres le Nelson et le Mackenzie, sont encore presque en entier dans les solitudes, et le rude climat boréal ne permettra d'en susciter qu'une bien faible part à la vie historique.

La structure générale de l'Amérique du Nord est d'une grande simplicité et présente une remarquable analogie avec celle de l'Amérique du

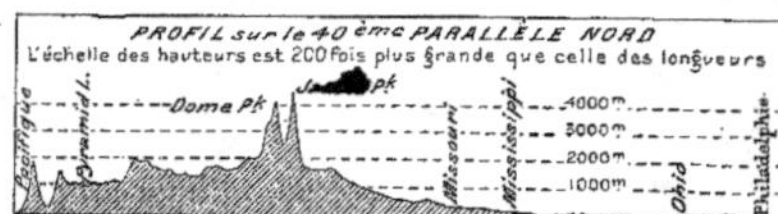

Sud. Une saillie montagneuse élevée, l'épine dorsale du continent, longe la côte occidentale du nord au sud et limite à l'occident un plateau d'une assez grande largeur, où se développent des chaînes parallèles à celles du littoral. La rangée maîtresse commence à l'extrémité septentrionale par les îles Aléoutiennes et la péninsule d'Alaska, puis se continue, sans autre interruption que les vallées des fleuves et des rivières, jusqu'à l'isthme de Tehuantepec. C'est dans une chaîne côtière parallèle à la chaîne maîtresse et du double plus élevée que se dresse la plus haute montagne de l'Amérique du Nord, le pic de Saint-Élie, ayant près de 6 000 mètres. Le mont du Beau Temps (Fair Weather) et le Crillon font partie de la même rangée côtière, tandis que dans l'intérieur des terres le mont Wrangel rivalise presque en hauteur avec le Saint-Élie et lance encore quelques vapeurs de son cratère à demi empli de neiges. Les montagnes

ASIE
OCÉAN GLACIAL DU NORD
MER DE BERING
ÎLES ALÉOUTIENNES
ALASKA
SIBÉRIE
Détroit de Bering
B. de Bristol
Monts d'Alaska
OCÉAN PACIFIQUE
Montagnes Rocheuses
Chaîne Côtière
I. Vancouver
C. Mendocino
S. FRANCISCO
GREAT BASIN
Plateau du Colorado
Désert Gila
Sierra Madre
Llano Estacado
Baie de Hudson
TERRE DE BAFFIN
PRESQU'ÎLE
L. Winnipeg
L. Supérieur
CHICAGO
MILWAUKEE
DETROIT
CLEVELAND
CINCINNATI
St LOUIS
GOLFE DU MEXIQUE
C. Sable
MONTS
Golfe de Californie
Plateau
NOUV. ORLEANS
LA HAVANE
C. Catoche
Mérida
YUCATAN
Golfe de Campêche
Îs Revilla Gigedo
Golfe de Tehuantepec
AMÉRIQUE CENTRALE
Tropique du Cancer
Îles Hawaii ou Sandwich
Golfe du Mexique
MEXICO
Acapulco
I. Clipperton
C. Corrientes

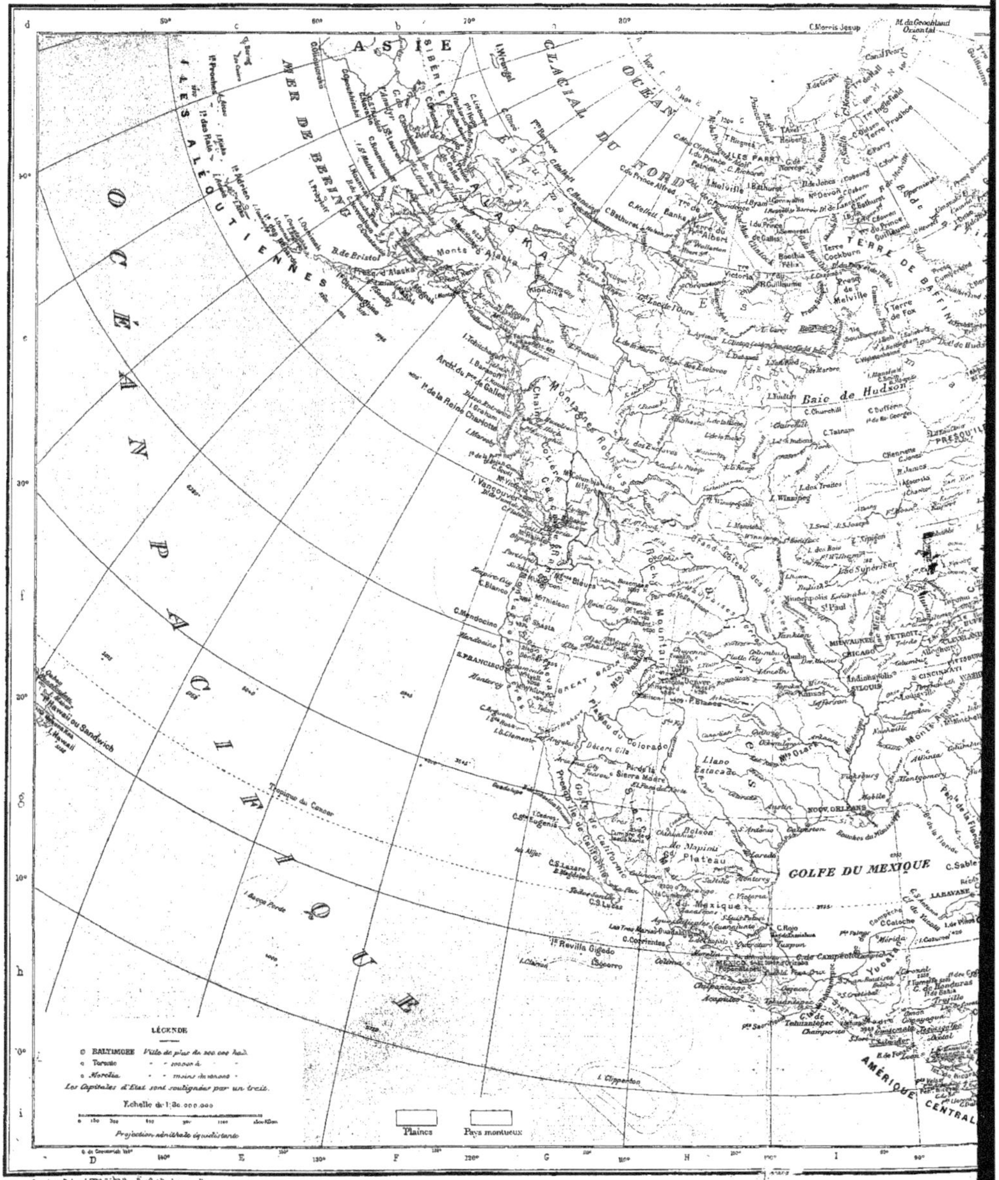

LÉGENDE
BALTIMORE   Ville de plus de 200 000 hab.
Toronto   —   100 000 à
Morelia   —   moins de 50 000
Les Capitales d'État sont soulignées par un trait.
Échelle de 1:30.000.000
0   150   300   450   900   1200   1800 Kilom.
Projection azimuthale équidistante
Plaines   Pays montueux

AMÉRIQUE DU NORD PHYSIQUE

PUBLIÉ PAR LA LIBRAIRIE HACHETTE ET Cie _ CARTE 5b.

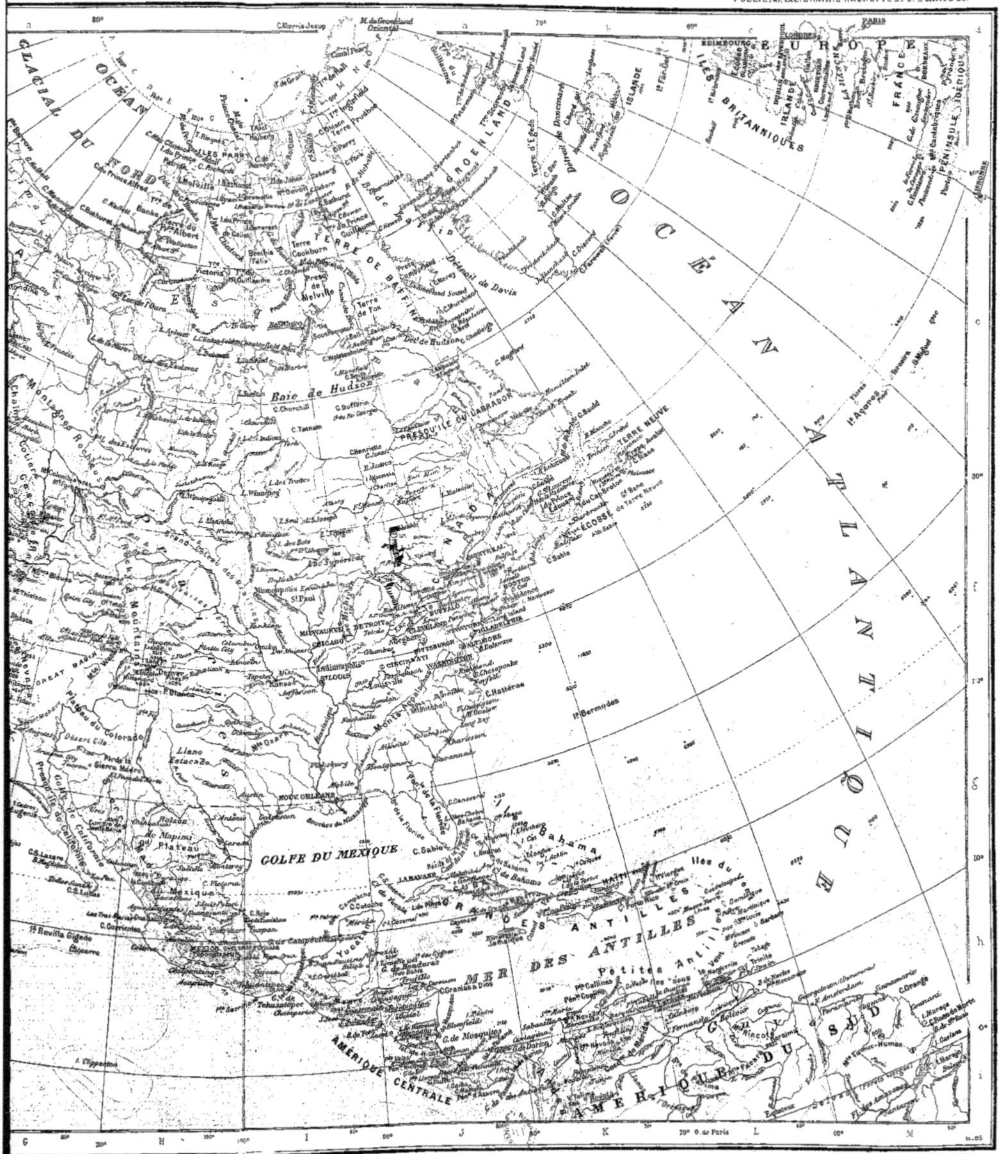

Imp Erhard Frès

Rocheuses proprement dites, ou « montagnes de Roches » qui limitent à l'est le grand plateau d'Utah, avec ses lacs salés, ses nappes argileuses presque stériles et ses buttes sans arbres, sont moins élevées que le Saint-Élie, bien qu'elles atteignent en moyenne à la hauteur des Alpes d'Europe. Ce qui donne aux Rocheuses leur caractère particulier parmi tous les systèmes orographiques, c'est la multitude des plissements parallèles qui se succèdent de l'est à l'ouest, sur le socle immense qui occupe la partie occidentale du continent. Tous ces chaînons sont orientés dans le sens du nord au sud, et comme encadrés entre les deux grandes chaînes bordières, des Rocheuses à l'orient et de la Sierra Nevada à l'occident. Une autre chaîne, plus basse, longe aussi le littoral californien. Des sommets presque comparables au Saint-Élie ne se retrouvent dans le continent américain du Nord que sur le pourtour du plateau mexicain; ce sont le Popocatepetl et le pic d'Orizaba, volcans encore en activité comme leur rival du nord, le Wrangel, et quelques montagnes de l'Orégon.

A l'est des montagnes Rocheuses, des terrasses successives s'abaissent comme autant de degrés vers la dépression médiane du continent; puis au delà le sol se redresse pour former à l'est, parallèlement au rivage de l'Atlantique, d'autres saillies de montagnes, les Laurentides, les divers groupes de la Nouvelle-Angleterre, les Adirondack, les Alleghanys : l'ensemble de ces monts, connu sous le nom de système Apalachien, se développe aussi en plissements parallèles comme ceux des Rocheuses. Ainsi les plaines médianes se trouvent encadrées entre deux hauts rebords à multiples remparts, qui constituent, au point de vue géologique, les véritables berges continentales. Vers le centre de la dépression s'entre-mêlent dans un dédale de lacs les sources des grands fleuves. La rivière Rouge du Nord qui, par le Winnipeg et le Nelson, se déverse dans la baie de Hudson, s'épanche de la même cuvette que le Mississippi, le puissant affluent du golfe du Mexique; tout à côté naît le Saint-Louis, branche maîtresse de la ramure fluviale dont, au sortir des grands lacs, le tronc prendra le nom de Saint-Laurent; enfin dans le labyrinthe infini des canaux, des lacs et des rivières naissent les courants qui se réunissent dans le Mackenzie pour se jeter dans l'océan Boréal. Ainsi dans l'Amérique du Nord le centre principal de l'épanchement des eaux n'est point un faîte élevé, c'est au contraire une région basse qui fut anciennement le fond d'une mer intérieure. Toutefois la zone des montagnes Rocheuses où naissent les branches maîtresses du Missouri est aussi une région de

partage importante entre les versants maritimes. Une partie de ce faîte est le «Pays des Merveilles», le Parc National des États-Unis, où coulent des rivières d'eau thermale, où jaillissent les geysers en colonnes, en gerbes, en ombrelles. Au nord-ouest, à l'ouest, s'épanchent des cours d'eau qui descendent vers la Colombia ; au sud naissent en rares fontaines les premiers filets humides qui forment le Colorado et qui se sont creusé dans la direction du golfe de Californie de si formidables cluses ou *cañons* à travers les strates horizontales des plateaux de calcaires et de grés.

La partie du continent que l'on peut considérer comme en dehors du territoire cultivable et qui ne peut convenir au développement de sociétés nombreuses représente environ le tiers de la superficie totale. C'est le fragment du Nouveau Monde limité au sud par l'isotherme annuel du point de glace, qui passe à peu près sur le faîte de partage, au nord du Saint-Laurent, puis se recourbe au nord-ouest à travers la Puissance du Canada et suit la côte méridionale de l'Alaska jusqu'aux Aléoutiennes. D'autre part, les terres qui bordent le golfe du Mexique et la mer des Caraïbes ont une température annuelle qui dépasse 20 degrés, déjà très élevée pour les habitants de

race blanche qui se sont établis sur le littoral; toutefois la hauteur des plateaux dans le Mexique et l'Amérique centrale modère le climat et adapte la contrée au séjour des populations d'origine européenne. Quant à la région médiane de l'Amérique du Nord qui comprend le Canada et les États-Unis, elle se prête admirablement par le sol, l'abondance des pluies, du moins dans les régions de l'est et du centre, les autres conditions climatiques, au développement de populations pressées. Même la zone de peuplement futur s'étend au nord-ouest bien au delà des limites actuelles de la région colonisée. Les bords du lac Winnipeg et du Manitoba, les plaines et les vallées que parcourent le Saskatchewan et la rivière de la Paix, sont des régions destinées à recevoir des millions d'hommes. Les côtes occidentales d'Orégon, Colombie Britannique et même Alaska méridional, pourraient aussi nourrir des millions d'émigrants; mais la trop grande abondance des pluies est nuisible aux cultures : en maints endroits les plantes pourrissent avant de fructifier. Les vents qui soufflent du sud-ouest à travers le Pacifique, et le grand « Courant Noir » dont les eaux se sont réchauffées dans les mers du Japon, élèvent notablement la température moyenne de cette partie du littoral; mais ils contribuent aussi à lui donner cette atmosphère humide qui en rend le séjour si pénible aux hommes nés sous d'autres climats. Vers l'intérieur, les pluies diminuent par degrés et dans les vallées des Alpes canadiennes, traversées par un chemin de fer transcontinental, les jours pluvieux et les beaux jours se succèdent de manière à rythmer agréablement les saisons. Cette région alpestre des Rocheuses contraste singulièrement par ses glaciers, ses lacs, ses rivières et ses cascades avec les âpres étendues salines qui s'étendent au sud entre les crêtes parallèles des monts uniformes.

Les immigrants de toutes nations, qui se mêlent dans l'Amérique du Nord en une race nouvelle, constituent déjà dans les États-Unis le groupe de l'humanité qui dispose de la plus grande puissance politique et de l'initiative industrielle la plus hardie. Des Anglo-Saxons, nom général sous lequel on comprend d'ordinaire tous ceux qui parlent anglais, quels que soient leur langue et leur lieu d'origine, Bretons ou Angles, Celtes, Irlandais ou Écossais, constituent la masse ethnique à laquelle s'agrègent les colons venus de toutes les parties du monde et dans laquelle se perdent, par les croisements, les rares représentants des anciennes tribus autochtones. Les millions d'Allemands qui peuplent les villes du nord des États-Unis sont maintenant par les mœurs, la politique, et en très grande majorité par la langue, au nombre de ces « Anglo-Saxons », ainsi

que les colons d'origine scandinave. Même les six millions de nègres et de gens de couleur qui vivent principalement dans les États mississipiens et atlantiques, se tiennent pour des Anglo-Saxons, et d'année en année en acquièrent le genre de vie. Quant aux Chinois qui menaçaient d'envahir les États-Unis en masses profondes et que l'on savait d'avance être irréductibles à la civilisation américaine, l'entrée des États-Unis leur est désormais presque complètement interdite. Les seuls Européens qui jusqu'à maintenant aient réussi

à sauvegarder leur nationalité en contact avec les Anglo-Saxons sont les colons de race « latine ». Les Espagnols, les premiers venus parmi les blancs d'Europe, occupent sans partage, si ce n'est avec les « Indiens », tout le territoire américain que borne au nord-est le Rio Grande, et même dans le Nouveau-Mexique, terre annexée par les Anglo-Saxons d'Amérique depuis un demi-siècle, l'idiome castillan a toujours gardé sa prépondérance. Les Français, descendants de colons et de planteurs venus longtemps après la découverte de l'Amérique, se sont maintenus en société distincte dans la Louisiane et dans plusieurs des Antilles; dans Haïti les nègres africains parlent français, et dans le Canada oriental, le Manitoba, les États de la Nouvelle-Angleterre, s'est accompli le prodigieux accroissement des Franco-Canadiens, actuellement trente fois plus nombreux qu'ils ne l'étaient, il y a un siècle, au jour de la conquête.

ÉLISÉE RECLUS.

DENSITÉ DE LA POPULATION

L'Amérique du Nord compte une population totale d'environ 105 700 000 habitants, c'est-à-dire environ 5 par kil. carr. (Europe, 35 ; Asie, 19). Comme on peut s'y attendre d'après les conditions physiques, cette population est fort inégalement répartie sur le continent américain, dont une vaste surface est occupée par les régions polaires, à peu près désertes.

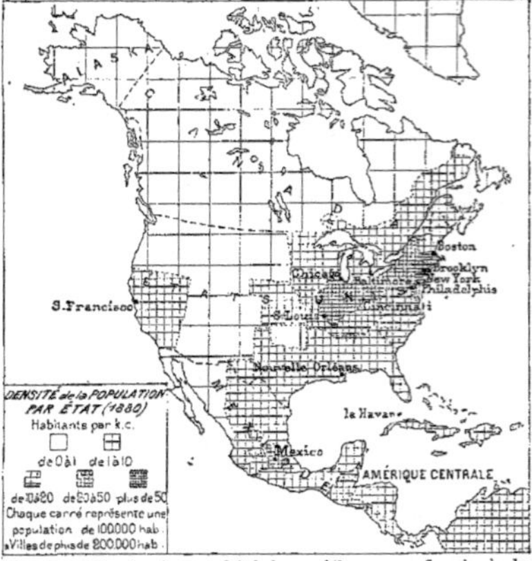

Tandis qu'elle n'atteint que 0,5 hab. par kil. carr. au Canada, la densité de la population atteint 8 aux États-Unis, au Mexique et dans les républiques de l'Amérique centrale, pour s'élever jusqu'à 20 aux Antilles. Cette disproportion s'accuse davantage si l'on compare entre elles les diverses régions ou provinces de chaque division politique : dans la puissance du Canada, par exemple, l'île du Prince-Édouard a 20 hab. par kil. carr., la Nouvelle-Écosse 9, Ontario et le Nouveau-Brunswick 5, Québec 1,8, le Manitoba 1,5, la Colombie britannique 0,2 et les immenses territoires du Nord-Ouest (5 495 100 kil. carr.) seulement 0,04 ; aux États-Unis, tandis que le district de Columbia a 1515 hab. par kil. carr., le Rhode-Island 152, le Massachusetts 130, New-Jersey 95, le Connecticut 70 et New-York 57, le Minnesota n'a encore que 8 hab. par kil. carr., le Nebraska 5, le Texas et la Californie 4, le Colorado et l'Orégon 2, le Nevada et le Wyoming 0,1 et les territoires, de 0,1 (N. Mexique) à 0,04 (Alaska).

RACES — LANGUES

Les races aborigènes, décimées par les guerres intestines, refoulées par les blancs, sont depuis longtemps réduites à l'impuissance dans l'Amérique du Nord ; on ne compte que 108 142 Indiens au Canada, et aux États-Unis 257 224 (non compris l'Alaska), dont 158 200 établis sous le contrôle de l'administration fédérale dans les réserves. Au Mexique, par contre, les Indiens représentent 58 pour 100 de la population totale, et ils forment, avec les métis et les nègres, la presque totalité de la population de l'Amérique centrale, où l'on ne trouve que 50 000 blancs sur 4 185 000 hab.

La race blanche est incontestablement maîtresse dans le Centre et le Nord, tandis que les races aborigènes, mélangées, il est vrai, aux blancs, semblent devoir se maintenir dans les régions méridionales.

Au point de vue ethnographique, les 105 millions d'habitants de l'Amérique du Nord se répartissent de la manière suivante :

Blancs et créoles	79 1|2 millions
Nègres	16 —
Indiens	9 —
Mongols	1|2 million.

Les 79 millions d'hab. appartenant à la race blanche se subdivisent à leur tour comme suit :

Anglo-Saxons	57 millions.
Irlandais	15 —
Allemands	13 —
Français	5 —
Espagnols	4 —
Divers	5 —

La race anglo-saxonne domine au Canada (la province de Québec exceptée) et aux États-Unis ; la race ibérique au Mexique, dans l'Amérique centrale, à Cuba et à Porto-Rico.

La race française possède complètement la province de Québec (1 522 154 Canadiens-Français sur une population totale de 1 649 552, au recensement de 1901) ; elle domine dans une partie des Petites Antilles et lutte difficilement en Louisiane, surtout à la Nouvelle-Orléans, où elle perd chaque jour du terrain. Cette race a donné dans l'Amérique du Nord des preuves d'une étonnante fécondité : les 65 000 colons français laissés au Canada à la conclusion du traité de Paris (1765) sont aujourd'hui représentés par 2 millions 1|2 de descendants environ, 1 649 552 au Canada et 1 million aux États-Unis. Par un hasard étrange, l'émigration canadienne-française aux États-Unis s'est principalement portée vers les États de la Nouvelle-Angleterre, d'où sortirent au siècle dernier les hordes armées qui anéantirent la puissance française au Canada ; elle y a pris une importance numérique telle, que les autres éléments de la population doivent compter avec elle et que déjà elle a pu se faire représenter dans la plupart des législatures et faire conférer aux siens d'importantes charges publiques. Si ce mouvement se continue, on pourrait presque supputer l'heure où la Nouvelle-Angleterre francisée se rejoindra avec la province de Québec pour former une agglomération continue de langue française. Par contre, l'Ouest, ouvert à la civilisation par les pionniers et les missionnaires français, est devenu complètement allemand par l'immigration des vingt-cinq dernières années. Pourtant l'introduction de la culture de la vigne a amené en Californie une immigration française relativement considérable ; de sorte que, si le chiffre des Français de l'Amérique du Nord est peu élevé, comparé à d'autres nationalités, il s'étend sur une immense quantité de terrain : du Saint-Laurent à la baie de Hudson et aux territoires récemment ouverts au Nord, de la Gaspésie aux grands lacs et au Mississippi et de ce fleuve à la Californie en passant par Saint-Louis, ville française dont la population oublie trop le français, et par le Kansas, où l'on rencontre des colonies agricoles canadiennes prospères, la colonisation française dans l'Amérique du Nord forme une ligne ininterrompue. S'appuyant d'une part sur la province de Québec, d'où elle projette des éperons au Nord jusqu'à l'extrême limite des terres habitables, au Sud-Est dans toute la Nouvelle-Angleterre, à l'Ouest jusqu'aux sources du lac Supérieur et aux plaines du Far-West, d'autre part sur la Louisiane, d'où elle s'étend vers la Californie, cette ligne enserre de toutes parts la race anglo-saxonne, à l'exception d'une trouée au Sud-Est, des bouches du Mississippi à la baie de New York (l'Amérique nègre), dans un réseau français, faible il est vrai sur la plupart des points, mais qui constituerait néanmoins une base d'opérations de la plus haute valeur, si une œuvre réelle et sérieuse de diffusion de la langue et des idées françaises pouvait être tentée dans le Nouveau Monde. Un groupe nombreux et prospère de résidents français représente notre race au Mexique.

La race germanique est tassée au nord-ouest et au centre des États-Unis.

Les Danois ont quelques établissements au Groenland.

Les nègres, maîtres à Haïti, sont surtout nombreux dans le sud-est des États-Unis, au Mexique, dans l'Amérique centrale et aux Antilles ; les indiens dans la partie ouest du Canada et des États-Unis, au Mexique et dans l'Amérique centrale.

La race mongole est disséminée un peu partout aux États-Unis, où elle s'accroissait de telle manière, que le Congrès de Washington a cru devoir en restreindre l'invasion ; elle est surtout massée en Californie, nombreuse aussi dans la Colombie britannique et aux Antilles.

La langue française est officielle dans la province de Québec, à Saint-Pierre et Miquelon, dans les Antilles françaises et dans la république de Haïti ; l'espagnol au Mexique, dans l'Amérique centrale, à Cuba, à Porto-Rico, et dans la république de Santo-Domingo ; partout ailleurs, sauf à la Jamaïque et aux îles du Vent, l'anglais domine, et on peut même affirmer que son domaine embrasse le continent tout entier, car il y est prépondérant comme langue du commerce et des affaires et il le devient de plus en plus

comme organe familier, dans les relations usuelles.

De la fusion des races si diverses qui ont colonisé le continent américain, une race nouvelle est issue, qui procède à la fois du Nord, dont elle a l'esprit méthodique et pratique et la gravité réfléchie, et du Midi, dont elle possède l'initiative, la fougue et l'élan.

La race américaine, débarrassée des préjugés et des entraves qui enrayent le développement des vieilles sociétés, douée au plus haut degré de la puissance créatrice et de la faculté d'assimilation, absorbe les autres sur son passage. Persuadée que l'avenir lui appartient, elle marche d'un pas assuré vers ses destinées.

RELIGIONS

Le dénombrement des populations de l'Amérique du Nord au point de vue religieux présente de sérieuses difficultés, les recensements officiels aux États-Unis ne tenant aucun compte des croyances. Cependant il résulte des plus récentes statistiques particulières que le catholicisme romain et le méthodisme sont les deux confessions dominantes, celles qui ont recruté le plus grand nombre d'adhérents et accompli les progrès les plus rapides dans les vingt dernières années.

Voici la répartition religieuse approximative actuelle de la population nord-américaine :

Catholiques romains : 29 557 000, dont 2 229 000 au Canada (Canadiens-Français et Irlandais), 8 447 800 aux États-Unis (Canadiens-Français, Français, Irlandais, Allemands, etc.), 12 580 000 au Mexique, 4 millions aux Antilles et 2 1/2 millions dans l'Amérique centrale.

Méthodistes : 6 726 000 dont 5 810 000 aux États-Unis et 916 900 au Canada.

Protestants de toutes les autres sectes : 21 815 000, dont 20 millions aux États-Unis et 1 815 000 au Canada.

Bouddhistes : 500 000 (Chinois).

Mormons : 166 125 aux États-Unis, dans la région du Grand Lac Salé.

Les Israélites, disséminés sur tous les points des États-Unis (1 043 800) et dans quelques centres du Canada (16 432), sont riches et influents.

Les Indiens sont en grande majorité convertis au christianisme ou tout au moins à la pratique extérieure des religions chrétiennes. La plupart professent la religion catholique romaine ; cependant les missionnaires méthodistes et anglicans ont réussi à se faire parmi eux un certain nombre d'adhérents.

On ne compte que très peu de païens, parmi les débris des tribus aborigènes restées à l'état sauvage.

AMÉRIQUE DU NORD POLITIQUE

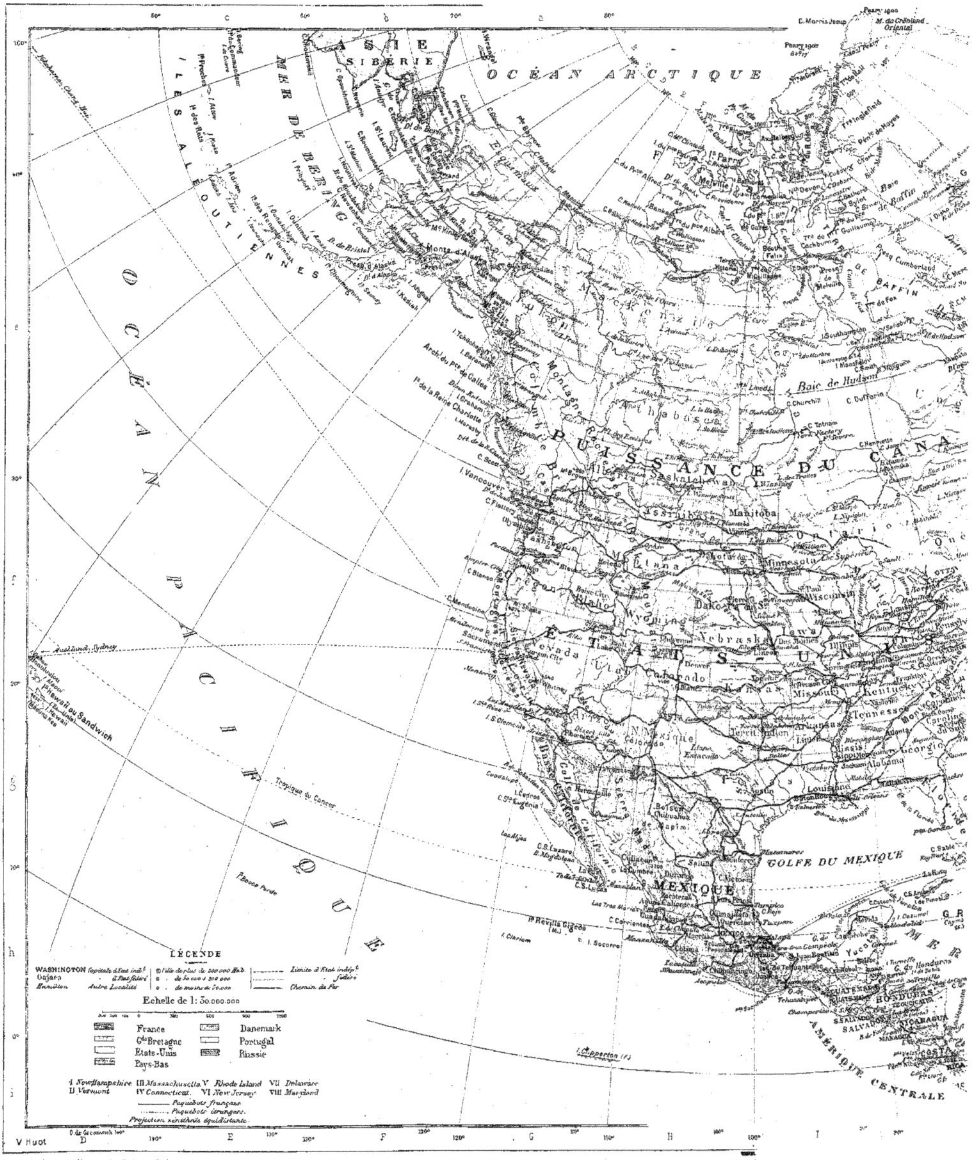

ASIE
SIBÉRIE

OCÉAN ARCTIQUE

MER DE BÉRING

ÎLES ALÉOUTIENNES

OCÉAN PACIFIQUE

Tropique du Cancer

PUISSANCE DU CANADA

ÉTATS-UNIS

Manitoba

Wyoming — Nebraska — Iowa

Nevada — Colorado — Kansas — Missouri — Kentucky — Tennessee

Louisiane

GOLFE DU MEXIQUE

MEXIQUE

AMÉRIQUE CENTRALE

GUATEMALA — HONDURAS — SALVADOR — NICARAGUA — COSTA RICA

Baie de Hudson

I. Vancouver

Archipel Alexandre

LÉGENDE

WASHINGTON (capitale d'État indé.)
Oajaca (Ch.-l. d'État fédéré)
Hamilton (Autre Localité)

Limite d'État indép.
Limite d'État fédéré
Chemin de Fer

Échelle de 1: 30.000.000

France
G.de Bretagne
États-Unis
Pays-Bas
Danemark
Portugal
Russie

I New Hampshire   III Massachusetts   V Rhode Island   VII Delaware
II Vermont   IV Connecticut   VI New Jersey   VIII Maryland

Paquebots français
Paquebots étrangers
Projection azimutale équidistante

V. Huot

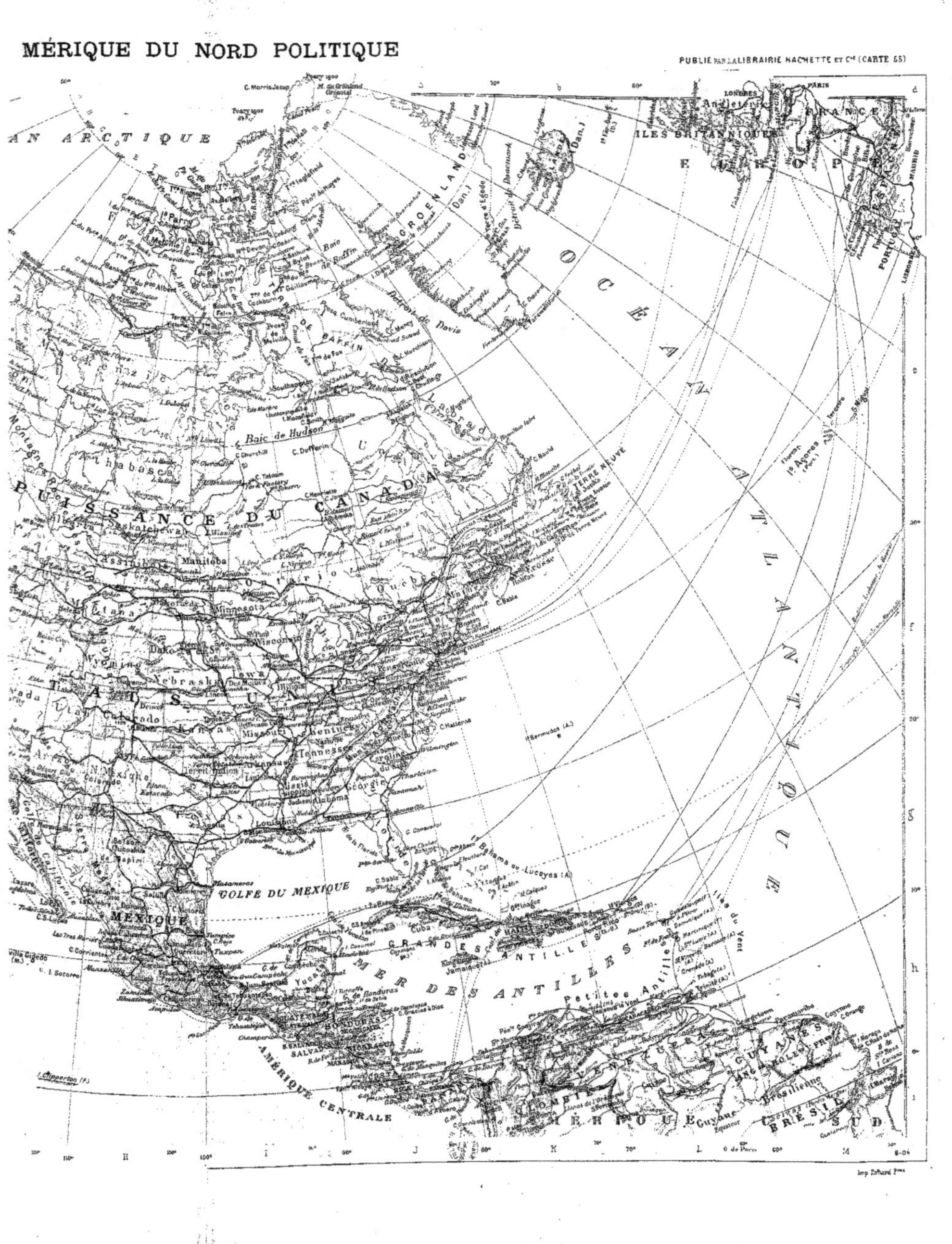
MÉRIQUE DU NORD POLITIQUE
PUBLIÉ PAR LA LIBRAIRIE HACHETTE ET Cie (CARTE 55)
OCÉAN ARCTIQUE
GROENLAND (Dan.)
OCÉAN ATLANTIQUE
ÎLES BRITANNIQUES
EUROPE
FRANCE
ESPAGNE
PORTUGAL
LONDRES
PARIS
MADRID
LISBONNE
Açores (Port.)
TERRE NEUVE
Baie de Hudson
Détroit de Davis
PUISSANCE DU CANADA
Athabasca
Saskatchewan
Manitoba
Assiniboia
Ontario
Québec
Minnesota
ÉTATS-UNIS
Dakota
Wyoming
Nebraska
Iowa
Nevada
Colorado
Kansas
Missouri
Kentucky
Tennessee
Caroline
Géorgie
Alabama
Louisiane
Floride
Bermudes (A.)
N. Mexique
Texas
MEXIQUE
GOLFE DU MEXIQUE
Cuba
Yucatan
Bahama ou Lucayes (A.)
GRANDES ANTILLES
MER DES ANTILLES
Petites Antilles
Îles du Vent
AMÉRIQUE CENTRALE
GUATEMALA
HONDURAS
SALVADOR
NICARAGUA
GUYANES
BRÉSIL
AMÉRIQUE DU SUD
Équateur
I. Clipperton (Fr.)
Imp. Erhard Frès

DÉVELOPPEMENT DE LA CIVILISATION

Ouverte à la civilisation européenne par les découvreurs et explorateurs français, espagnols et anglais, l'Amérique du Nord est restée dans un état stationnaire jusqu'à la seconde moitié de ce siècle. Le développement intense de la civilisation dans le Nouveau Monde ne date que de la découverte de l'or en Californie. Jusque-là, les immenses plaines de l'Ouest n'avaient reçu aucune colonisation européenne; mais, du jour où se fit la poussée formidable qui jetait sur les rives du Pacifique, pêle-mêle, aventuriers, déclassés, déshérités du sort, naufragés des tempêtes politiques et sociales, ou simples ambitieux amenés par la soif de l'or, l'attention fut attirée sur l'Amérique du Nord et le mouvement d'expansion européenne au delà de l'Atlantique ne devait plus s'arrêter.

La fièvre de l'or calmée, les espérances des immigrants, déçus pour la plupart dans leurs calculs, se reportèrent sur les immenses richesses naturelles de la contrée; la Californie se colonisa d'une manière permanente et, depuis, chaque année a amené son contingent d'immigrants, qui peu à peu relient l'Atlantique au Pacifique par un noyau de population dont la densité s'accroît avec une rapidité extraordinaire.

Au Canada, l'accroissement général de la population a été de 11,1 pour 100 de 1891 à 1901 et, pendant la même période décennale, les États-Unis se sont augmentés de 13 321 145 habitants (21,1 pour 100).

Les régions désertes se sont ainsi transformées en fourmilières humaines; on a vu du jour au lendemain surgir de terre des villes, dont quelques-unes sont rapidement devenues géantes : telles, aux États-Unis, Chicago, sur l'emplacement de laquelle ne se trouvait en 1835 qu'une pauvre ferme perdue au milieu des marécages voisins du lac Michigan, et qui comptait 505 185 hab. au recensement de 1880 (1 698 575 aujourd'hui); au Canada, Winnipeg, la métropole du Manitoba, dont la population a augmenté, de 241 hab. en 1871, à 7 985 en 1881 et 42 540 en 1901.

Il est à remarquer que les grandes cités industrielles et commerciales ne sont généralement pas choisies pour capitales des États. Ainsi, New York n'est pas la capitale de l'État du même nom, dont le gouvernement est établi à Albany; Springfield est le chef-lieu de l'Illinois, et non Chicago, etc. Les capitales fédérales elles-mêmes des États-Unis et du Canada, Washington et Ottawa, sont des cités en dehors de toute activité matérielle, improvisées uniquement pour servir de siège au gouvernement central.

La civilisation de l'Amérique du Nord a dû son développement sans précédent dans l'histoire des peuples à la méthode de colonisation adoptée au Nouveau Monde, où l'on commence par créer des routes, des chemins de fer, des centres de vente et d'approvisionnement avant de faire appel à l'immigration, par rendre une région habitable avant d'y attirer des habitants, et aussi aux institutions décentralisatrices qui laissent une liberté complète à l'individu, l'habituent de bonne heure à se passer de toute tutelle, à ne compter qu'à sur lui-même, et favorisent ainsi, au bénéfice de la communauté et de l'État, l'expansion des forces morales et matérielles de chaque habitant. En revanche, les régions les plus anciennement peuplées des États-Unis montrent déjà des symptômes d'arrêt dans leur développement. Tandis que certaines parties du Canada français présentent le maximum de natalité du monde entier, c'est dans certaines régions de la Nouvelle-Angleterre que la population est arrivée à l'état le plus voisin de la stérilité.

DIVISIONS POLITIQUES.

Le continent Nord-Américain se répartit actuellement en trois groupes politiques.

1° La zone septentrionale, à l'exception d'une bande de terrain à l'Ouest, l'Alaska, cédée par la Russie aux États-Unis, constitue l'Amérique britannique ou Puissance du Canada, formée par la fédération des provinces d'Ontario, de Québec, du Nouveau-Brunswick, de la Nouvelle-Écosse, du Manitoba, de l'île du Prince-Édouard, de la Colombie britannique et des Territoires du Nord-Ouest. L'île de Terre-Neuve est restée jusqu'ici en dehors de la fédération.

2° La zone médiane est occupée par la confédération des États-Unis d'Amérique.

3° La zone méridionale constitue le territoire des États-Unis du Mexique et des États de l'Amérique centrale.

Cette répartition de l'Amérique du Nord ne cadre pas avec les traits physiques du continent. Ni le Canada au nord, ni le Mexique au sud, ne sont séparés des États-Unis par des barrières naturelles; la frontière canadienne surtout est une ligne de démarcation essentiellement idéale et conventionnelle. Dans la constitution physique de l'Amérique du Nord, aucun obstacle sérieux ou seulement appréciable ne s'oppose à la poussée en avant de l'État du centre vers les deux États extrêmes : ni chaîne de montagnes, ni grand fleuve, ni accident de terrain n'y forment des limites faciles à défendre et susceptibles d'arrêter un envahissement. Le relief de l'Amérique du Nord est tout entier sur les zones côtières de l'Est et de l'Ouest, où de puissants massifs se dressent, et font de l'immense plaine centrale comme un monde isolé, abrité du côté de l'Atlantique et du côté du Pacifique; cette région plane court, presque ininterrompue, du Nord au Sud, à travers le continent, du Saint-Laurent au golfe du Mexique, et s'échancre par delà en un plateau donnant libre accès au cœur de la République Mexicaine.

A cette absence de divisions naturelles se joint la communauté des intérêts économiques, combinée avec l'affinité d'organisation politique et une même direction de l'esprit public, dans les différents États, dans un sens démocratique et progressif.

D'un autre côté, l'influence des capitaux des États-Unis est prépondérante au Canada et au Mexique, dont les richesses naturelles et industrielles ne peuvent être mises en œuvre que par le puissant levier de l'argent américain; leur commerce est tributaire des États-Unis, l'assimilation est virtuellement accomplie, et l'union définitive n'est plus qu'une question de temps et de forme. Il reste à savoir si elle sera consacrée par une fédération politique ou simplement par une union commerciale et douanière, qui laisserait au Canada et au Mexique leur autonomie politique et donnerait aux contractants les avantages d'une fusion économique sans risquer d'introduire dans l'Union américaine des éléments de trouble et un germe de dissolution pour l'avenir.

GÉOGRAPHIE ÉCONOMIQUE.

Nous nous bornons à donner ici quelques indications générales, en renvoyant le lecteur, pour les détails, à la notice accompagnant les cartes n°s 56 à 60.

Le continent nord-américain est beaucoup plus riche en produits minéraux que l'Europe; l'or, l'argent, le cuivre, le fer, le plomb, l'étain, le zinc, s'y rencontrent en dépôts immenses. Les gisements houillers des États-Unis et les puits d'huiles minérales de la Pensylvanie paraissent inépuisables. Le Canada a dans son sol de grandes richesses minérales, qui n'attendent que des capitaux pour être mises en valeur.

La partie centrale du continent est d'une fertilité remarquable, qui atteint son maximum dans la vallée du Mississippi; la mise en culture de l'Ouest des États-Unis et d'une partie du Nord-Ouest Canadien a jeté sur le marché européen d'immenses quantités de blé, amené une baisse constante des prix et provoqué en Europe une crise agricole dont tous les efforts semblent impuissants à conjurer les effets. Enfin la culture de la vigne a pris en Californie une telle extension, que le jour ne paraît pas éloigné où les vins américains viendront en Europe même faire la concurrence aux produits de nos vignobles.

Des pays nord-américains, les États-Unis sont le plus prospère : depuis quatorze années leurs exportations dépassent les importations dans une progression continue; en 1905, cet excédent a été de 1935 millions de francs, et le mouvement total des échanges, qui n'était que de 2 milliards 240 millions de francs en 1865, a atteint en 1902 le chiffre colossal de 12 milliards 800 millions, soit une augmentation de plus de 10 milliards en 40 ans. A l'égard du commerce extérieur, les États-Unis ne le cèdent qu'à l'Angleterre. Le commerce intérieur est difficile à évaluer; mais il est considérable.

Ce développement extraordinaire a été secondé par la construction d'un réseau très complet de chemins de fer et l'établissement de lignes de navigation maritimes et fluviales.

On comptait aux États-Unis à la fin de 1901 319 911 kil. de voies ferrées, 50 117 kil. au Canada et 17 756 kil. au Mexique. Plusieurs grandes lignes sont jetées à travers l'Amérique du Nord pour relier l'Atlantique au Pacifique. Au Canada, le *Canadien Pacifique*, aboutissant à Vancouver, se prolonge par un service de vapeurs vers Yokohama. Aux États-Unis, le *Northern Pacific* prend sa tête de ligne à Duluth, émule et bientôt rivale de Chicago comme entrepôt des blés de l'Ouest et d'où les grands transatlantiques pourront gagner la mer par les lacs et le Saint-Laurent, après l'achèvement des travaux d'approfondissement du passage du Sault-Sainte-Marie (entre le lac Supérieur et le lac Huron) et l'élargissement du canal Welland (entre le lac Érié et le lac Ontario), évitant ainsi les frais de chemin de fer et le transbordement de la cargaison à Montréal ou à New York. Le *Central* et l'*Union Pacific*, le *Santa Fé-Topeka*, et le *Southern Pacific*, convergent tous vers San-Francisco, et se prolongent de là par des services maritimes sur la Chine, le Japon, les îles du Pacifique, la Nouvelle-Zélande et l'Australie. L'impossibilité de passer d'Europe en Extrême-Orient par les détroits glacés du Nord-Ouest a eu pour conséquence un transit sans cesse grandissant à travers l'Amérique du Nord. La cité de Mexico est reliée par chemin de fer à la Vera-Cruz, à la Nouvelle-Orléans, à San-Francisco, à Chicago, à Saint-Louis, à Kansas City, à Montréal et à New York, d'où un grand nombre de navires, vapeurs et voiliers, partent chaque semaine pour l'Europe.

Les ports côtiers sont mis en communication par de multiples services maritimes, et la profondeur des grands fleuves, tels que le Mississippi et le Saint-Laurent, a permis l'établissement de voies fluviales complétées et reliées par un système de canaux à grande section, et sillonnées de steamers plats à étages et à balancier, véritables palais flottants, destinés au transport des voyageurs et des marchandises.

Le réseau télégraphique des États-Unis s'étend sur une longueur de 537 900 kil. (les lignes des chemins de fer, du gouvernement et des particuliers non comprises); celui du Canada sur 57 890 kil.; celui du Mexique sur 70 402 kil. On ne compte pas moins de 5 955 250 kil. de fils téléphoniques aux États-Unis (1902).

Ce dernier pays n'est plus, depuis plusieurs années, tributaire de l'Europe pour les produits fabriqués; le sol rocailleux, maigre et ingrat de la Nouvelle-Angleterre s'est couvert de manufactures qui suffisent à la consommation du continent tout entier. Seuls les articles fins, draps, étoffes, soieries, etc., sont encore importés d'Europe; mais ce débouché ne tardera pas à se fermer à son tour et la production américaine, protégée contre la concurrence étrangère par des droits d'entrée onéreux, demeurera maîtresse absolue du terrain, malgré les réclamations de l'Ouest, région agricole et d'exportation, et partant acquise au libre-échange.

CONCLUSION.

En résumé, deux faits sont saillants dans la situation actuelle de l'Amérique du Nord : au point de vue politique, la tendance des États-Unis à englober les autres États dans une fédération commune; au point de vue économique, le développement inouï du commerce et de l'industrie, leur expansion devenue menaçante pour l'Europe, et l'antagonisme sourd qui existe entre l'Est ou versant de l'Atlantique, manufacturier et protectionniste, et l'Ouest ou versant du Pacifique, agricole et libre-échangiste.

De ces faits combinés il résulte que l'Amérique du Nord tend à se constituer en un monde à part, impénétrable aux autres continents et se passant aisément d'eux.

Le percement de l'isthme de Panama ou de l'isthme de Nicaragua aura pour effet de hâter cet isolement voulu de l'Amérique du Nord, de la séparer physiquement, politiquement et économiquement des autres continents, et d'augmenter ses ressources commerciales et industrielles, au détriment surtout de l'Europe, pour laquelle la lutte deviendra de plus en plus difficile.

HENRI BOLAND.

Puissance en français, Dominion en anglais, ce nom date de 1867.

En 1867, le Bas-Canada ou Canada Français (aujourd'hui province de Québec), le Haut-Canada ou Canada Anglais (aujourd'hui province d'Ontario), le Nouveau-Brunswick et la Nouvelle-Écosse, partie continentale de l'ancienne Acadie française, s'unirent en une Confédération qui s'appela Puissance du Canada, Dominion of Canada. Depuis, la Puissance a rassemblé toutes les autres contrées de l'Amérique Anglaise du Nord : en 1870, la Compagnie de la Baie d'Hudson lui a cédé ce Nord-Ouest sans bornes dans lequel se sont découpés successivement les Etats de Manitoba, d'Alberta, de Saskatchewan, les territoires de Keewatin, Yukon, Mackenzie, Franklin, Ungava. En 1871 a été absorbée la Colombie Anglaise (British Columbia) par delà les Montagnes Rocheuses; en 1873, l'île du Prince Édouard, complément de l'Acadie. Seule l'île de Terre-Neuve reste encore en dehors de la Puissance.

; La confédération canadienne est presque aussi grande que l'Europe : celle-ci étant estimée à 10 252 169 kilomètres carrés, la Puissance du Canada s'étend sur 9 589 700 kilomètres carrés, soit les 95/100 de l'aire européenne.

En admettant ces 9 589 700 kilomètres carrés, le Canada, Terre-Neuve non comprise, égale presque dix-huit fois la France (556 408 kilomètres carrés), sa première métropole, et trente fois la Grande-Bretagne (514 559 kilomètres carrés), sa suzeraine actuelle. Mais cette surface immense n'est pas partout habitable.

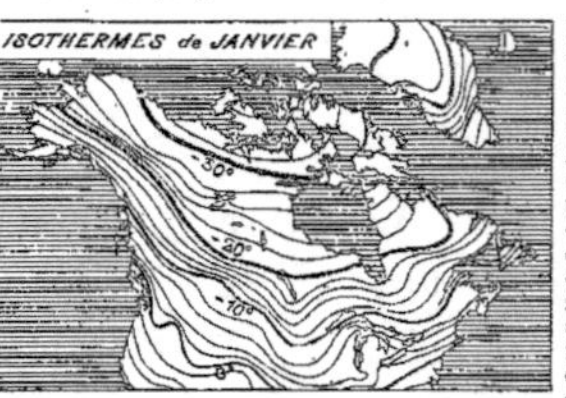

Sans justifier à la lettre la plaisanterie de Voltaire sur les « arpents de neige », le Canada n'en est pas moins une région beaucoup plus froide que l'Europe à latitudes égales : frigidité qui a sa grande cause dans l'absence d'un haut relief le séparant des glaces arctiques et éternelles, et non pas dans l'élévation du sol. En dehors des chaînes, massifs, plateaux des Laurentides (1200 à 1500 mètres) et du long et large accident des Rocheuses (4000 mètres et plus, jusqu'au-dessus de 5000), le Canada est un pays bas, dont on a même fixé, sans preuve sérieuse, l'altitude moyenne à 100 mètres, ou même au-dessous.

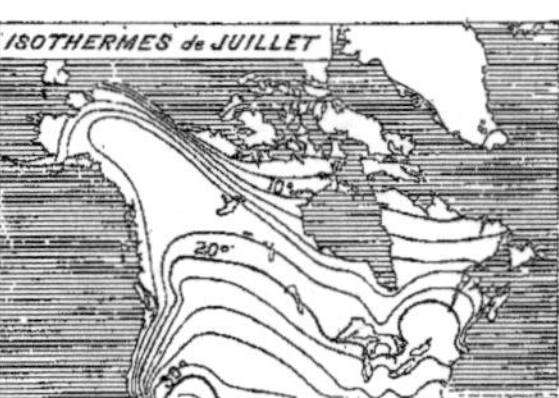

Si l'altitude générale du sol n'a que peu de part à la sévérité du climat canadien, il n'en est pas de même de la nature de ses roches : une fraction très notable du Dominion, depuis le Saint-Laurent jusqu'à la baie d'Hudson, et tous les pays qui gravitent autour de cette mer intérieure, jusque bien au loin sur le bas du Mackenzie, appartiennent au système des Laurentides, monts et plateaux de roches anciennes, granits et gneiss, essentiellement froides, humides, prodigues de lacs, de marais, et le plus souvent stériles. Les Laurentides couvrant de la sorte une grande part de la Confédération, une autre grande part est faite par les vastes « prairies » du Nord-Ouest, sol bien plus moderne, plus fertile, composé de sédiments; à l'occident de ces prairies, que borde au nord la région des « forêts », s'élèvent les Rocheuses, l'une des chaînes majestueuses du globe; et au couchant des Rocheuses se déroule un océan de hautes montagnes : c'est la Colombie anglaise, dont le rivage fjordique, à l'ouest de la chaîne des Cascades, est une contrée extrêmement mouillée, assez égale et douce de climat pour qu'on ait pu la comparer sous ce rapport à la très égale et douce Angleterre. Le reste de la Puissance relève essentiellement du Pôle : c'est l'empire des arbres hauts d'un à deux pieds ou traînant sur le sol, celui des mousses et lichens, des lacs glacés, de la mort plus que de la vie.

Ce qui contraste le plus avec ces Sibé-

ries, ces toundras canadiennes, c'est, tout au sud du pays, la rive heureuse de la rivière Saint-Clair, du lac Saint-Clair, de la rivière Détroit. Là, dans la pointe, semblable à un fer de lance, que projette au Sud-Ouest la grande péninsule ontarienne entre les grands lacs Huron, Ontario, Érié, les cultures sont à peu près celles de notre « Occitanie » dans les belles vallées de la Dordogne, de la Garonne, du Lot, du Tarn; seulement les hivers y sont plus fréquemment rudes qu'en Gascogne, malgré la situation plus méridionale; la vigne y croît, et elle y croît bien.

De ce « Paradis » de la Puissance au néant des caps polaires, la végétation, à mesure qu'on s'avance vers le Nord, se comporte comme celles de la France du Sud-Ouest, de la France du Nord, de l'Allemagne, de la Russie centrale, de la Russie septentrionale, des toundras sibériennes. De très

vastes districts sont à souhait pour la culture du blé, des céréales : tels le Manitoba et quelques contrées du Nord-Ouest; d'autres se prêtent admirablement à l'élevage, à la laiterie, beurrerie et fromagerie : tels la province de Québec, une portion du territoire qui verse ses fleuves dans la baie James (golfe méridional de la baie d'Hudson), le territoire de Saskatchewan, celui d'Alberta au pied des Rocheuses, etc. Quant aux mines, or, argent, fer, cuivre, asbeste, etc.,etc., tous les métaux se rencontrent à profusion dans les Laurentides, et aussi dans les monts du Soleil Couchant (ainsi que les Indiens nommaient les

Monts Rocheux) : à ce point de vue, le Canada est sans contredit l'un des premiers pays de la Terre. Encore plus l'est-il pour l'étendue, la beauté des forêts, et surtout pour les facilités qu'offre à l'industrie un lacis de rivières absolument magnifiques.

Toutes ces eaux s'ordonnent en quatre grands bassins, dont le plus grand est celui de la mer ou baie d'Hudson, le plus beau celui du Saint-Laurent.

Le premier a pour maître fleuve le Nelson, déversoir de trois grands lacs accouplés, Winnipeg, Manitoba, Winnipegosis : le Winnipeg boit la Rivière Rouge du Nord, venue des États-Unis, la splendide rivière Winnipeg, écoulement d'une infinité de lacs, la Saskatchewan, arrivée des Rocheuses par deux longs bras, Saskatchewan du Nord et Saskatchewan du Sud.

De grandes rivières françaises, l'Ottawa, long chapelet de lacs unis par des rapides, le fougueux Saint-Maurice, le profond Saguenay accourent au Saint-Laurent, fleuve entre tous remarquable par les cinq grands lacs qu'il déverse, Supérieur, Michigan, Huron, Érié, Ontario, qui sont comme les poumons de l'Amérique du Nord, par sa cascade du Niagara, par ses rapides en amont de Montréal, par sa ville de Montréal, qui est la métropole commerciale de la Puissance, par sa ville de Québec, qui en est la cité historique, par son golfe magnifique, par le volume et la beauté de ses eaux, navigables jusqu'à Montréal pour les plus lourds navires.

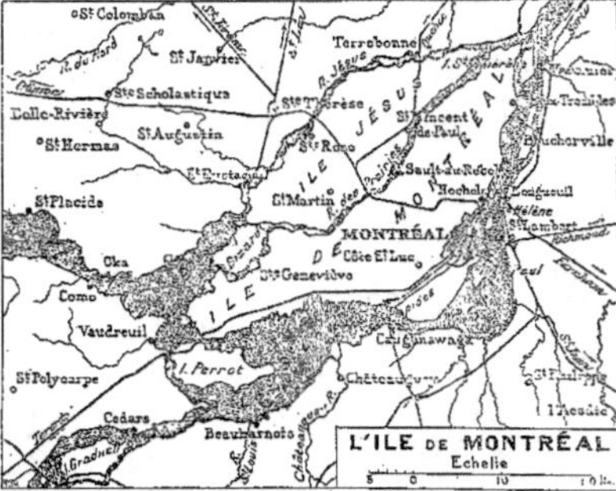

Vers la mer polaire descend le vaste Mackenzie, fait de l'Athabaska et de la Rivière de la Paix. Il remplit les deux grands lacs d'Athabaska et des Esclaves, et reçoit l'émissaire du lac de l'Ours.

A la mer Pacifique se précipite, de cagnon en cagnon, le violent Fraser, fleuve central de la Colombie Britannique.

On peut, sans trop forcer la nature des choses, comparer la Puissance à la partie du monde dont elle atteint de près la surface, à l'Europe.

Physiquement, c'est une Europe qui a pour Russie le Nord-Ouest et pour Méditerranée la rive des Grands Lacs; le Canada proprement dit, les provinces Maritimes (Nouveau-Brunswick, Nouvelle-Écosse) et les îles de l'Atlantique représentant, à l'est du Dominion, ce qu'est à l'ouest de l'Ancien Continent, l'Europe insulaire et péninsulaire.

Ethnographiquement, c'est une Europe où manquent les Slaves, les Germains, et où il n'y a que deux peuples en présence : les pseudo-Germains qu'on appelle Anglais et les pseudo-Latins qu'on appelle Français.

Politiquement, c'est une Europe composée de provinces dont chacune a son parlement spécial, et qui toutes envoient des représentants, députés et

PUISSANCE DU CANADA

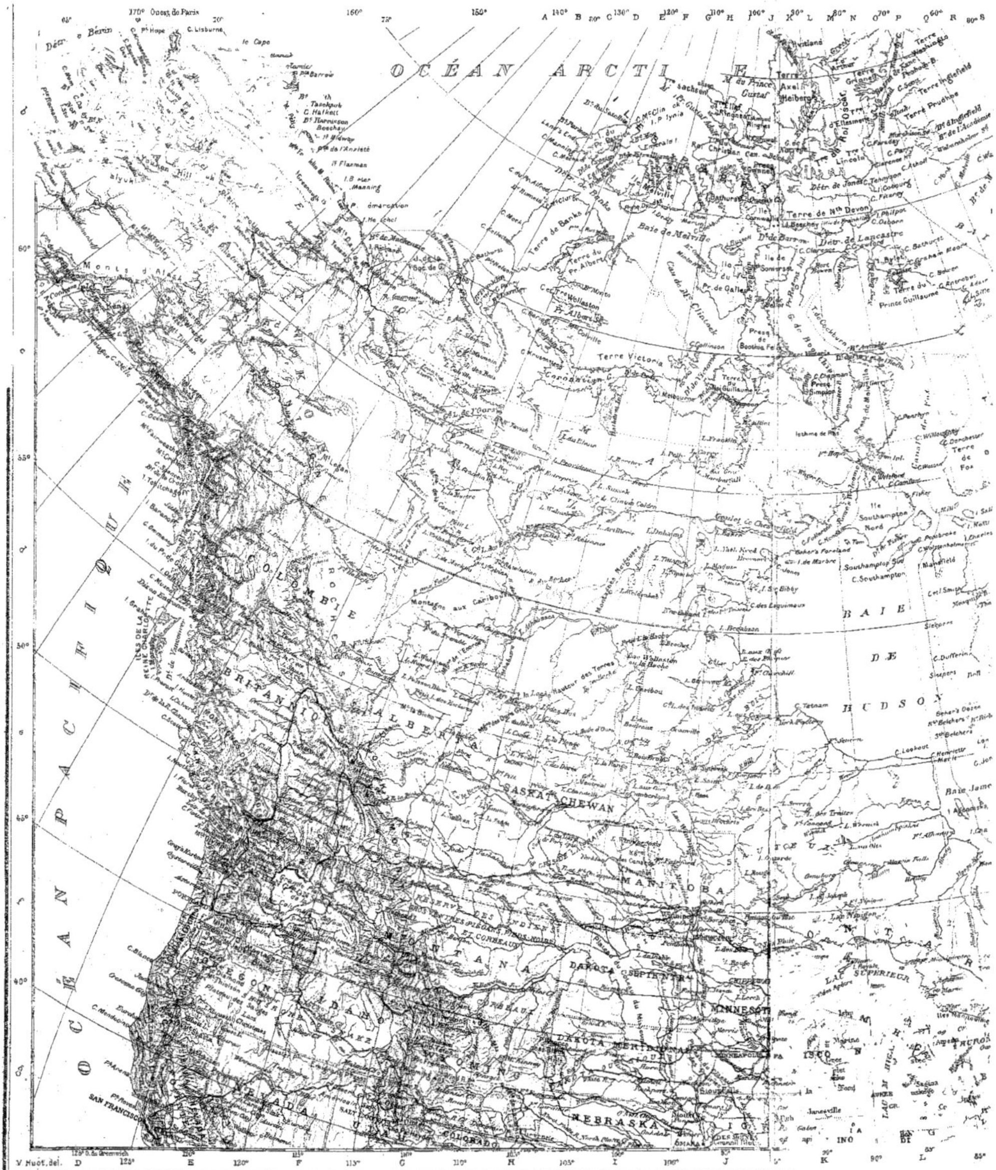

Gravé par Erhard Fres 35bis Rue Denfert Rochereau, Paris

PUISSANCE DU CANADA

PUBLIÉ PAR LA LIBRAIRIE HACHETTE ET CIE — CARTE 56

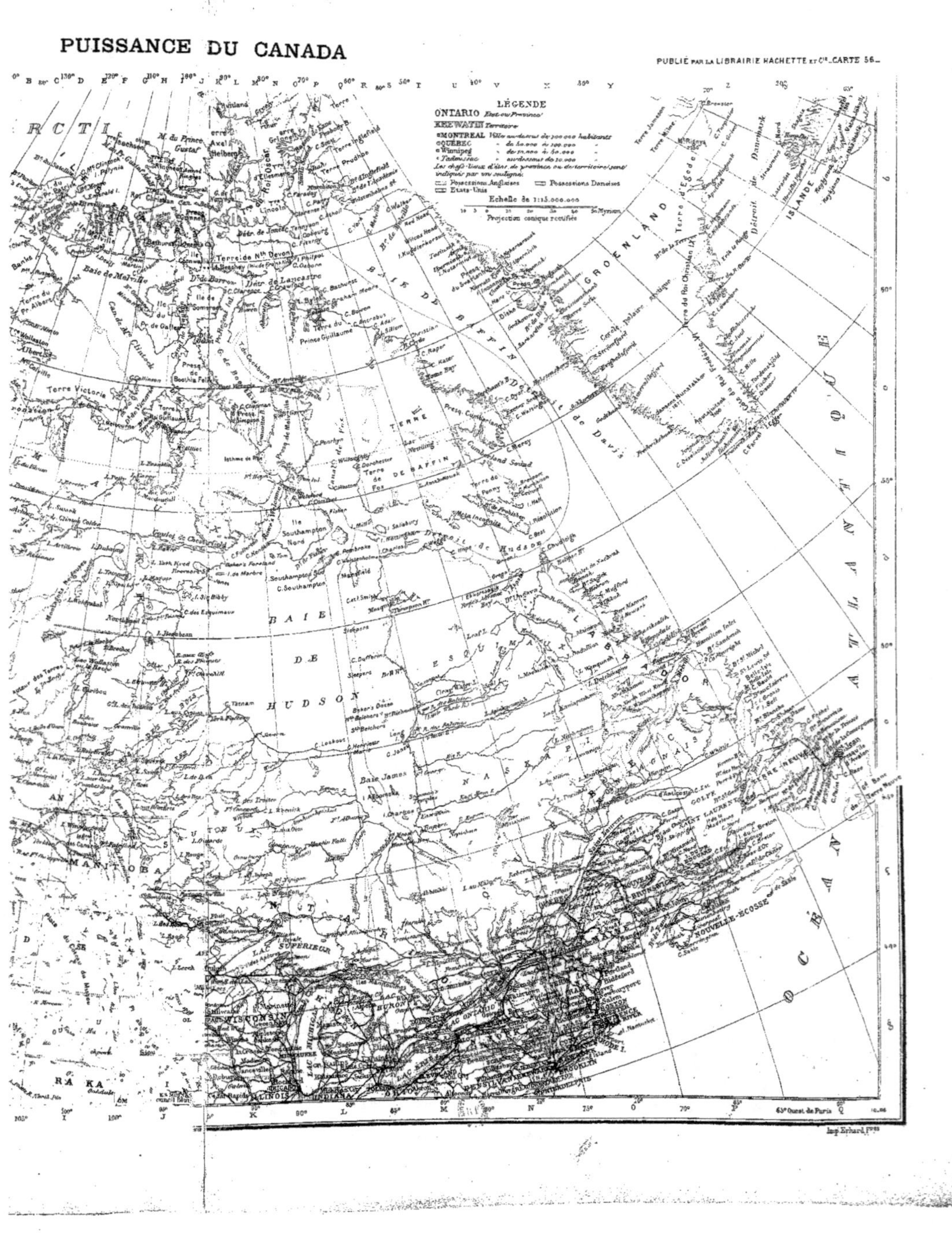

sénateurs, à un parlement général, comme si l'Europe, enfin fédéralement unie, déléguait des représentants à une assemblée commune, dans une ville telle, par exemple, que Genève.

Les Français, qui font ici face aux Anglais, les ont précédés sur ce sol sévère, entre les sapins et les pins, dans le pays du Saint-Laurent, au pied des mornes des Laurentides. Deux fois moins nombreux que les Anglais et beaucoup moins recrutés qu'eux par l'immigration cosmopolite, ils sont plus durs au mal, plus endurcis contre le nord, plus rustiques, plus féconds, plus essaimants.

Jacques Cartier, le Breton, découvrit le Canada dès 1535 ; mais c'est seulement 75 ans après (grâce à l'affreux incident des guerres de religion) que les premiers colons arrivèrent, en 1608, avec Champlain le Saintongeais.

Il vint très peu de colons, 10 000 en tout, dit-on, de 1608 à 1759, la plupart sous le grand roi Louis XIV : il est plus juste de dire sous le grand ministre Colbert. Ces colons provinrent surtout de Normandie, d'Ile-de-France, de Picardie, de Bretagne ; plus un lot compact, très considérable, de Saintongeais et de familles poitevines.

Quand Québec tomba, Montcalm mort, en 1759, il n'y avait encore que 65 000 Français au bord du Saint-Laurent, presque tous entre Québec et Montréal, à la rive du Nord ou à la rive du Sud, et le long du Richelieu, belle et claire rivière issue du lac Champlain ; tandis qu'au midi du Canada la Nouvelle-Angleterre comptait ses Anglais, mêlés de Hollandais, de Flamands, de Suédois, d'Allemands, de réfugiés de l'édit de Nantes, par très nombreuses centaines de mille : 20 anglophones au moins contre 1 seul francophone.

La colonisation anglaise ne commença sérieusement qu'après la guerre de l'Indépendance de l'Amérique, par l'arrivée de quelques milliers de « Loyalistes », c'est-à-dire de gens ayant quitté le territoire des États-Unis pour se fixer sur le territoire anglais.

Ces immigrants s'établirent dans les provinces Maritimes ou dans le sud du Bas-Canada, et surtout dans une nouvelle province, constituée le long du Saint-Laurent et sur le rivage des grands lacs, pour l'opposer, sous le nom de Haut-Canada ou de Canada Anglais, au Bas-Canada ou Canada Français : c'est aujourd'hui la province d'Ontario.

Après 1815 le Canada fut envahi par une avalanche d'immigrants, Anglais, Écossais, Irlandais, Allemands, etc. ; tantôt plus lent, tantôt plus rapide, le courant ne s'est jamais tari, pendant que pas un seul Français ne venait renforcer l'élément national franco-canadien. C'est pour cela qu'Ontario, croissant hâtivement, a depuis longtemps dépassé Québec, et que maintenant le Nord-Ouest développe plus hâtivement encore des territoires où jusqu'à ce jour les Français ne vont guère.

Pourtant un faible courant français, ruisselet encore au lieu du torrent qu'il faudrait, a commencé de descendre vers la province de Québec et le Manitoba : d'abord des dizaines, puis des centaines par an, et aujourd'hui plus de mille. S'il grossit et ne cesse plus de couler, il agrandira la France d'Amérique, menacée non pas d'anéantissement, ni même de rétrécissement, car elle est trop vivace, mais condamnée sans cela à ne pas croître assez vite pour prendre sa légitime moitié d'empire.

Il serait dommage qu'elle n'atteignît pas à de hautes destinées, cette France nouvelle, car notre race, dont tout le monde reconnaît au Canada les qualités solides et les qualités aimables, a fait preuve là-bas d'une

ACCROISSEMENT des CANADIENS-FRANÇAIS
depuis l'abandon
63.000   en 1763
1.649.352 en 1901

extraordinaire vitalité. Presque entièrement resserrée, il y a cinquante ou soixante ans, entre Québec et Montréal, aux deux rives de son fleuve superbe, elle a repris, sans recul désormais possible, tout son Bas-Canada, franchi l'Ottawa, conquis des comtés jadis anglophones sur la rive droite de cette rivière, envahi, par des colonies agricoles, les terres rudes et boisées du nord de l'Ontario et assis les fondements d'une autre jeune France dans

les prairies orientales du Manitoba ; en même temps, elle s'est assuré plusieurs comtés de l'ancienne Acadie, et pour son malheur, par une émigra-

tion de tous les jours, elle a stérilisé et stérilise encore dans les usines de la Nouvelle-Angleterre, ou disséminé dans les défrichements du Far West, un tel nombre de familles, qu'on évalue à 500 000, 800 000, ou même un million, le nombre des Franco-Canadiens fixés ou campés aux États-Unis. Une partie de ceux-là sont perdus, dans un avenir plus ou moins prochain, pour la race dont ils se sont imprudemment égarés. D'autres se ressaisissent, se groupent, et prétendent envahir graduellement le nord-est des États-Unis.

Ce que sont devenus Anglais et Français dans cette commune patrie, le recensement décennal de 1881 le résume comme suit :

5 571 515 habitants, dont :

Français (au Canada seulement)	1 649 352
Irlandais	989 858
Anglais	1 265 575
Écossais	798 986
Allemands	509 741

Les autres éléments n'ont aucune importance. On comptait 126 895 Indiens en 1901.

Au recensement de 1901 on comptait 2 228 997 catholiques, presque tout le reste appartenant aux sectes et sous-sectes de la religion protestante.

Politiquement la Puissance comprend neuf provinces : Québec ou Bas-Canada, Ontario ou Haut-Canada, Nouveau-Brunswick, Nouvelle-Écosse, Manitoba, Ile du Prince-Edouard, Colombie Anglaise, Alberta, Saskatchewan ; et cinq territoires plus ou moins voués pour toujours à la solitude : Keewatin, Yukon, Mackenzie, Ungava, Franklin.

PROVINCES ET TERRITOIRES	SUPERFICIE en kil. carr.	POPULATION en 1901.
Ile du Prince-Édouard	5 600	105 259 hab.
Nouvelle-Écosse	53 500	459 574 —
Nouveau-Brunswick	72 500	331 120 —
Québec	892 600	1 648 898 —
Ontario	577 200	2 182 947 —
Manitoba	194 000	255 211 —
Colombie Britannique	965 100	178 657 —
Alberta	1 514 400	72 841 —
Saskatchewan		91 460 —
Keewatin		9 800 —
Yukon	5 515 800	27 219 —
Mackenzie		5 216 —
Ungava		5 115 —
Franklin		»
	9 389 700	5 571 515 hab.

Les principales villes du Dominion sont (1901) : Ottawa 59 928, Montréal 267 750, Toronto 208 040, Québec 68 840, Hamilton 52 634, Winnipeg 42 340, Halifax 40 832, Saint-John 40 711, London 27 981, Victoria 20 816, et Vancouver 26 133.

La suzeraineté de l'Angleterre est affirmée par un gouverneur général qui a le droit de veto, mais qui ne l'exerce jamais. C'est un personnage essentiellement décoratif ; on le choisit parmi ceux des lords anglais qui parlent le mieux notre langue ; le français étant une des deux langues officielles du Canada, il ouvre et ferme les sessions du Parlement par un discours français ainsi que par un discours anglais.

Le Parlement fédéral siège à Ottawa, sur la rive droite de la grande rivière des « Outaouais ». Nommé par des comtés, des villes, des quartiers de grandes cités, il comprend, au moment présent, 214 députés, dont le nombre se règle, après chaque recensement, suivant la population respective des provinces, d'après le principe fondamental que la province de Québec envoie 65 mandataires aux Communes ; chaque État nomme autant de députés que le lui permet la comparaison de son chiffre d'hommes avec celui de la province française. Cette disposition a pour but de maintenir à notre élément sa part légitime dans la représentation fédérale.

A côté de la Chambre siège un Sénat de 87 membres, nommés à vie par le gouverneur général en conseil, c'est-à-dire en réalité par le ministère issu de la représentation nationale, ni même le gouverneur n'est que le prête-nom. En ce moment Québec fournit 24 sénateurs, Ontario 24, la Nouvelle-Écosse 10, le Nouveau-Brunswick 10, l'Ile du Prince-Édouard 4, le Manitoba 4, la Colombie Anglaise 3, l'Alberta 4, le Saskatchewan 4.

Les parlements sectionnels ou provinciaux ont à leur tête, émanant d'eux, des ministères qui possèdent la puissance réelle. Comme le gouverneur général d'Ottawa, le lieutenant-gouverneur de chacune des provinces n'a qu'une valeur d'apparat. Au parlement de Québec on n'use guère que du français ; dans celui de Winnipeg, on n'en use que peu. Dans tous les autres l'anglais seul est employé, mais qui veut y parler français en a le droit, et ce droit s'est déjà affirmé à Toronto et à Frédéricton.

Il n'y a pas d'armée permanente, mais seulement une milice.

Le régime général du pays, politiquement, administrativement, socialement, est extrêmement large ; la commune est autonome, libre, les impôts directs nuls, les impôts indirects rares ; l'argent que l'État dépense lui vient surtout des douanes, de la vente des terres, de la location des forêts. L'année fiscale 1905 a donné, en recettes ordinaires, 66 057 069 dollars ; en dépenses ordinaires, 51 601 905 dollars. La dette publique au 1ᵉʳ juillet 1903 est de 261 606 989 dollars.

On développe très rapidement le réseau des chemins de fer, qui comprenait à la date de 1905 50 705 kilomètres, dont 4 952 kilomètres pour le grand chemin de fer du Pacifique Canadien, qui relie les deux océans, de Québec à Vancouver, ce dernier port point de départ d'un service de paquebots pour la Chine et le Japon ; le Pacifique Canadien raccourcit de cinq à six jours le trajet de Liverpool à la côte chinoise.

La longueur du réseau télégraphique est de 59 207 kilomètres de lignes ; nombre de bureaux 3 004 ; celui des dépêches 5.5 millions.

Le Canada est prospère, libre, ample, sain, magnifique. Les Français qui désertent la France ne trouveront nulle part pays plus français, plus grand, plus beau.

Onésime Reclus.

SITUATION

Les États-Unis d'Amérique occupent la partie médiane du continent nord-américain, entre l'océan Atlantique et l'océan Pacifique. Le territoire de la confédération, compris entre 127° et 70° de longitude Ouest et entre 26° et 49° de latitude Nord, est borné : au Nord, par l'Amérique Britannique ou Puissance du Canada; à l'Est, par l'océan Atlantique; au Sud, par le Mexique et le golfe du Mexique; à l'Ouest, par l'océan Pacifique. Dans cette délimitation n'est point compris le vaste district d'Alaska, acheté le 50 mars 1867 à la Russie par les États-Unis, dont le sépare la Colombie Britannique, et formant l'extrémité nord-ouest du continent.

SUPERFICIE

9 585 029 kil. carr., soit près de la moitié du continent (21 000 000 kil. carr.), près de cinq fois le Mexique (1 987 200 kil. carr.), et plus de dix-sept fois la France (536 464 kil. carr.).

Cette surface territoriale se répartit ainsi qu'il suit, entre les différents États :

	kil. carrés		kil. carrés
Alabama	155 520	Montana	578 550
Arkansas	139 470	Nebraska	200 740
Californie	410 140	Nevada	286 700
Caroline du Nord	155 520	New-Hampshire	24 100
Caroline du Sud	79 170	New-Jersey	20 240
Colorado	269 150	New-York	127 550
Connecticut	12 925	Ohio	106 540
Dakota (Nord et Sud)	584 460	Orégon	248 710
Delaware	5 510	Pensylvanie	117 100
District de Colombie	180	Rhode-Island	5 240
Floride	151 980	Tennessee	108 910
Georgie	154 050	Texas	688 540
Idaho	219 620	Utah	220 060
Illinois	146 720	Vermont	24 770
Indiana	94 140	Virginie	109 940
Iowa	145 100	Virginie Occidentale	64 180
Kansas	212 580	Washington	179 170
Kentucky	104 650	Wisconsin	145 140
Louisiane	126 180	Wyoming	255 550
Maine	85 570		
Maryland	54 620	**Territoires, etc.**	
Massachusetts	21 540	Alaska	1 550 527
Michigan	152 585	Arizona	292 710
Minnesota	215 910	Indian Territory	81 520
Mississipi	121 250	Nouveau-Mexique	517 470
Missouri	179 780	Oklahoma	101 080

Comme on le voit, le seul territoire d'Alaska, comme aire, représente plus de deux fois et demie la France, que l'État du Texas dépasse en superficie, tandis que l'Arizona, la Californie, le Colorado, les Dakotas réunis, le Montana, le Nevada et le Nouveau-Mexique ont une surface supérieure à la moitié de la France. Les deux plus petits États sont le Rhode Island, avec 5240 kilomètres carrés (département de Vaucluse, 3578 kil. carr.), et le Delaware, avec 5510 kilomètres carrés (département du Doubs, 5515 kil. carr.). Le district fédéral de Colombie n'a que 180 kilomètres carrés, un peu plus du tiers du département de la Seine (479 kil. carr.).

CÔTES

La découpure côtière des États-Unis, sans présenter les développements des côtes d'Europe, est cependant assez prononcée. Du côté de l'Est, de larges baies s'ouvrent et offrent des abris naturels aux navires. Citons, par exemple, la baie du Massachusetts, avec sa ceinture d'îles qui protègent la rade au fond de laquelle se dessine le port de Boston, avec ses immenses docks et ses nombreux bassins; plus au Sud, l'admi-

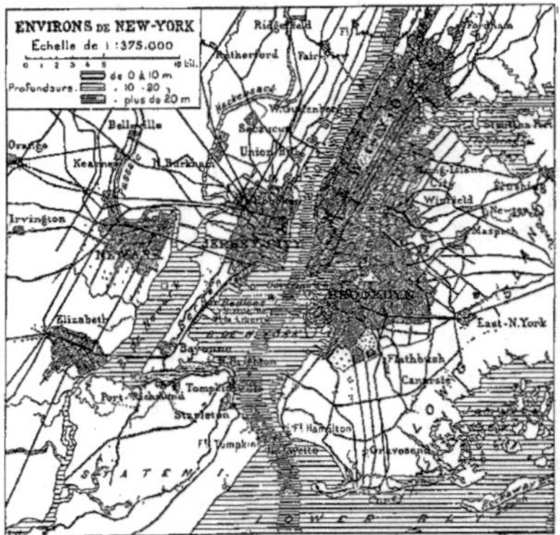

rable baie de New-York, l'une des plus belles et des plus vastes du monde, avec son agglomération de cités géantes : New-York, la métropole commerciale de la confédération, Brooklyn (dans l'île de Long Island, qui divise la baie en deux parties, le *Sound* et la baie proprement dite), Jersey-City, Newark, Hoboken, sur les bords de la rivière Hudson; plus loin encore celle de Delaware, sur laquelle s'ouvre le large estuaire qui permet aux grands navires de remonter la rivière Delaware jusqu'à Philadelphie. Toute cette côte, de Portland au cap Charles, est saine; mais, à partir de la baie Chesapeake, elle devient marécageuse

sur tout le littoral de l'Atlantique et du golfe du Mexique, jusqu'à Galveston, port du Texas.

La côte du Pacifique, peu articulée dans sa partie supérieure, du cap Flattery à la pointe de los Reyes, s'ouvre tout à coup pour former un double bassin par deux fjords, allant l'un dans la direction de l'Est, l'autre au Sud, position merveilleuse pour une ville maritime : c'est là que s'est bâti San-Francisco, entrepôt du commerce américain avec la

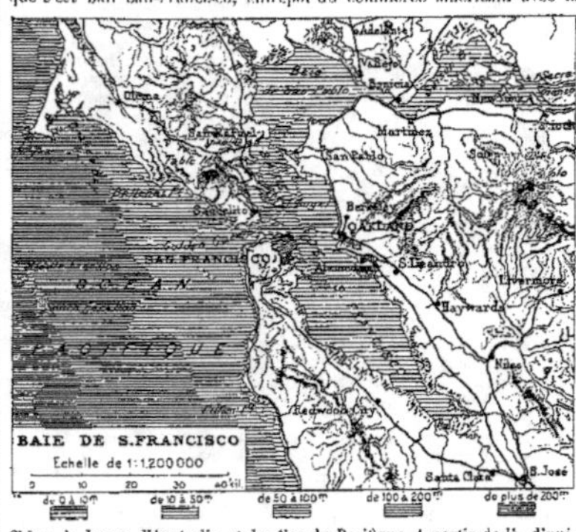

Chine, le Japon, l'Australie et les îles du Pacifique. A partir de là, d'uniforme qu'elle était, la côte devient extrêmement découpée et dessine de nombreuses indentations, légères et peu profondes cependant, mais mises à l'abri des vents du large par une série de petits archipels, entre lesquels s'ouvrent des passages sûrs, fort justement appelés canaux ou *inlets*. Toute cette zone côtière du Pacifique est saine et appelée à un grand avenir. La longueur de la ligne de côtes des États-Unis, sur les deux océans, est estimée à 22 000 kilomètres, sans tenir compte des baies et estuaires, et non compris 5000 kilomètres sur les grands lacs canadiens.

RELIEF DU SOL

Le relief des États-Unis s'accuse particulièrement sur le versant du Pacifique. Le massif des Montagnes Rocheuses, ces Alpes américaines qui forment comme l'épine dorsale des deux Amériques, courant du Nord au Sud, des régions polaires du Territoire du Nord-Ouest au détroit de Magellan, à travers le Canada, les États-Unis, le Mexique, l'Amérique Centrale et l'Amérique du Sud, où la chaîne prend le nom de Cordillère des Andes, sépare la partie occidentale des États-Unis du reste du territoire, avec lequel les communications sont assurées par des défilés élevés, dont plusieurs sont traversés par le chemin de fer. A l'ouest des Montagnes Rocheuses et bordant la côte du Pacifique, le *Cascade Range* (Montagnes des Cascades), le *Coast Range* (Chaîne Côtière) et la *Sierra Nevada* commandent et limitent un haut plateau, consistant principalement en déserts rocheux et sablonneux, dans lequel se trouve la cuvette du Grand Lac Salé, et qui s'étend jusqu'aux Montagnes Rocheuses. A l'est de ce dernier massif, la contrée forme une plaine légèrement ondulée, qui va s'abaissant vers le Sud, dans la direction des marécages du golfe du Mexique, et s'étend jusqu'à l'Atlantique, ininterrompue, si ce n'est par le massif secondaire des Alleghanys, plateau dont les *Appalaches* sont le rebord. Cette plaine presque tout entière, à partir des contreforts des Montagnes Rocheuses jusqu'au delà du Mississippi, consiste en immenses savanes et en prairies luxuriantes. Au nord des Alleghanys, de petites chaînes se dressent à peu de distance des côtes de l'Atlantique, avec des ramifications projetées jusqu'aux grands lacs : *Adirondacks, Castkills, Green Mountains, White Mountains,* etc.

Principaux sommets. *Cascade Range* : mont Jefferson (5427 m.); mont Rainier (4404 m.); *Sierra Nevada* : mont Whitney (4543 m.); *Montagnes Rocheuses* : Pic Blanca (4411 m.); Pikes Pk. (4294 m.); mont Harvard (4584 m.); Long Peak (4549 m.); Grand Teton (4172 m.); *Appalache* : Black Dome ou Mitchells Pk (2045 m.); *White Mountains* : mont Washington (1918 m.); *Adirondack* : mont Marcy (1640 m.); *Green Mountains* : mont Mansfield (1359 m.); *Castkill* : High Peak (1100 m.).

Dans l'Alaska, le mont Saint-Élie (5495 m.); le mont Mac Kinley (6257 m.).

HYDROGRAPHIE

Les États-Unis sont par excellence le pays des lacs. Ils partagent avec le Canada cette grande région lacustre d'où sort le Saint-Laurent, et qui fait pénétrer la mer jusqu'au Far West américain, composée du lac Supérieur, la plus vaste mer intérieure du globe, du lac Michigan, du lac Huron, du lac Saint-Clair, du lac Érié et du lac Ontario. Un seul de ces lacs, le lac Michigan, appartient en totalité aux États-Unis, qui possèdent la rive inférieure des autres, la rive supérieure étant canadienne.

Le lac Supérieur a 80 800 kilomètres carrés de superficie; il est situé à 182 mètres au-dessus du niveau de la mer; sa profondeur moyenne est de 145 mètres, sa profondeur maxima de 507 mètres. Ses eaux présentent cette particularité d'être si froides, qu'il est dangereux de s'y baigner même au cœur de l'été. Il est relié au lac Michigan et au lac Huron par la rivière Sainte-Marie, d'une superficie de 590 kilomètres carrés.

Le lac Michigan, situé à 176 mètres d'altitude, a 58 140 kilomètres carrés de superficie, une profondeur moyenne de 99 mètres et une profondeur maxima de 265 mètres. Le lac Huron, situé à 176 mètres d'altitude, a 61 640 kilomètres carrés de superficie, une profondeur moyenne de 80 mètres et une profondeur maxima de 214 mètres. Il est relié par la rivière Saint-Clair (65 kilomètres carrés) au lac Saint-Clair (1060 kilomètres carrés), relié lui-même au lac Érié par la rivière Détroit (65 kilomètres carrés).

Le lac Érié, situé à 172 mètres d'altitude, a 25 800 kilomètres carrés de superficie, une profondeur moyenne de 20 mètres et une profondeur

ETATS-UNIS

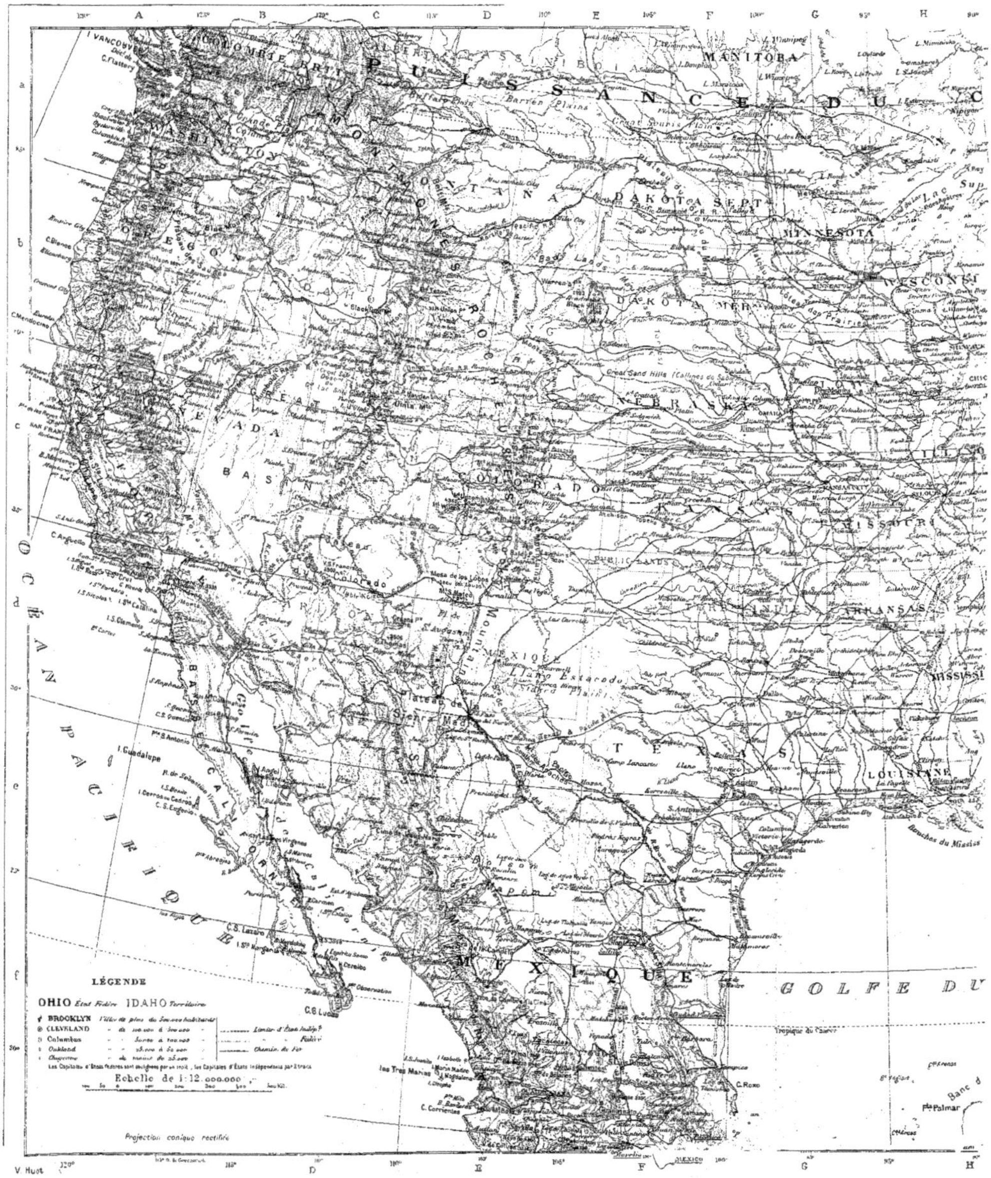

LÉGENDE

OHIO État Fédéré   **IDAHO** Territoire

Echelle de 1:12.000.000

Projection conique rectifiée

ETATS-UNIS

PUBLIÉ PAR LA LIBRAIRIE HACHETTE ET Cie — CARTE 57.

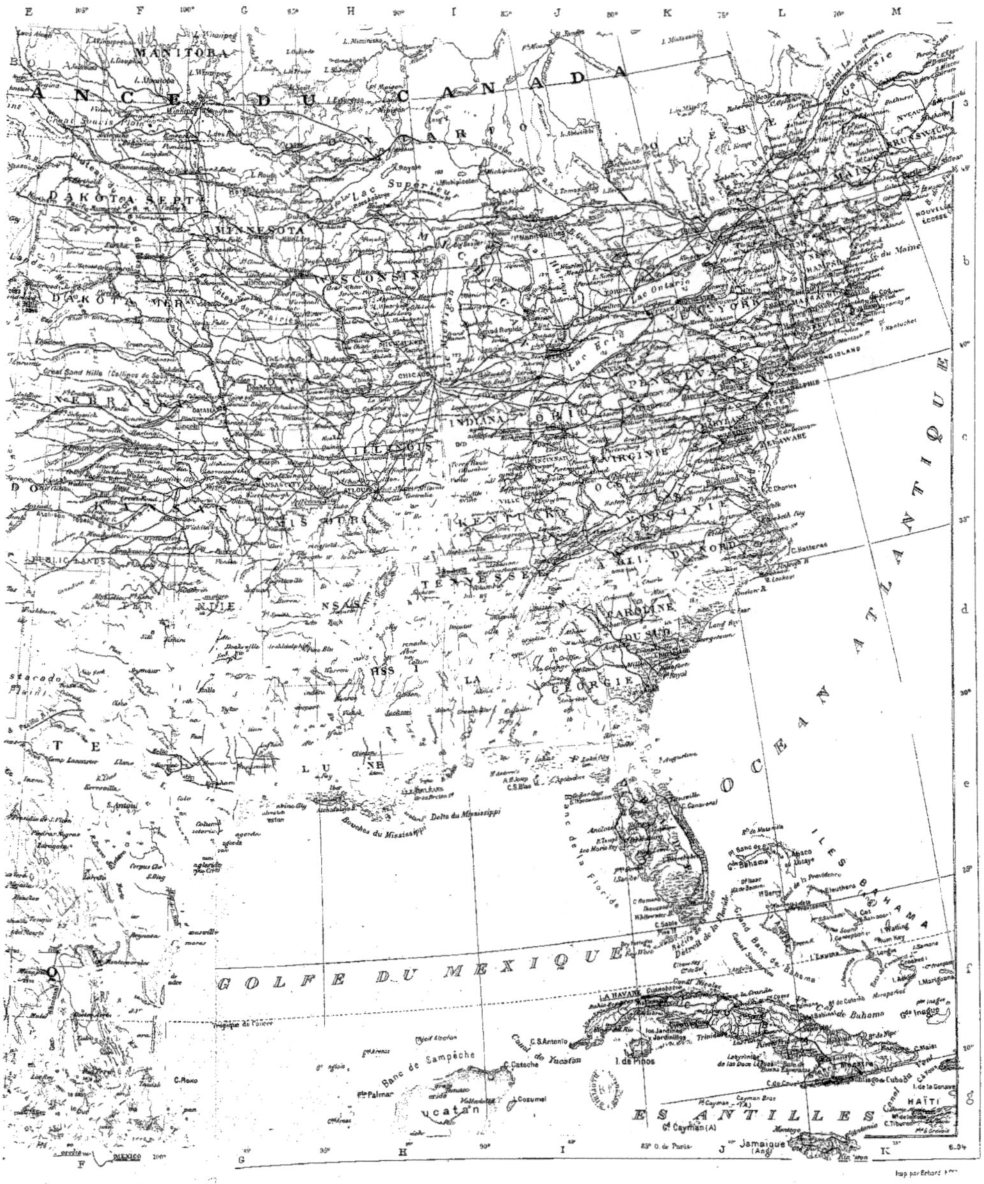

Imp. par Erhard Fres

maxima de 64 mètres. Il est relié par le Niagara (40 kilomètres carrés) au lac Ontario.

Le lac Ontario, situé à 71 mètres d'altitude, a 18 750 kilomètres carrés de superficie, une profondeur moyenne de 90 mètres et une profondeur maxima de 225 mètres. De ce sextuple bassin lacustre, d'une superficie totale de 246 750 kilomètres carrés, sort le Saint-Laurent, d'une longueur de 1155 kilomètres, dans lequel la marée reflue jusqu'à Trois-Rivières, à 1000 kilomètres de l'Océan.

Tout le territoire des États-Unis, à l'exception de la partie sud-orientale, est semé de lacs grands et petits, innombrables cuvettes dont nous ne mentionnerons ici que le Grand Lac Salé (*Great Salt Lake*) dans l'Utah, et les lacs George (ancien lac du Saint-Sacrement) et Champlain, dans l'État de New-York, qui relient le bassin de la rivière Hudson à celui du Saint-Laurent par le Richelieu.

Le centre de dispersion des eaux aux États-Unis se trouve au Nord-Ouest, dans le massif des Montagnes Rocheuses; c'est le merveilleux Parc National de Yellowstone, avec ses eaux frémissantes, ses gouffres, ses cañons et ses geysers : de là s'élancent à la fois, dans une zone remarquablement restreinte, les sources de la Columbia et du Humboldt, qui vont à l'océan Pacifique, et celles du Missouri, tributaire du golfe du Mexique.

Des trois grands bassins des États-Unis, celui du golfe du Mexique est de beaucoup le plus important ; c'est là, en effet, que déverse ses eaux le plus grand fleuve de la terre, le Mississippi-Missouri, qui présente, avec ses affluents et sous-affluents, un développement de plus de 15 000 kilomètres. Depuis la source du Missouri, il a 5882 kil. de longueur; cette dernière rivière seule a 3865 kilomètres, et le Mississippi proprement dit 3940 kilomètres. C'est au-dessus de Saint-Louis que les deux grandes rivières confluent; leurs eaux, jusque-là limpides et transparentes, deviennent bientôt jaunes et limoneuses et, contenues par des digues ou levées, coulent majestueusement vers le Sud, au milieu de la plus fertile des vallées nord-américaines, entraînant avec elles des vases que le fleuve dépose à son embouchure, des alluvions qui s'accumulent et conquièrent du terrain sur la mer. Le Mississippi ou Meschacébé, « la Grande Eau », à la plus gigantesque des ramures, reçoit sur son parcours des affluents dignes eux-mêmes du nom de fleuves, le Yellowstone, le Nebraska, l'Arkansas, l'Ohio, la Red River, et de toutes parts arrivent, ces maîtresses branches du colosse, des rivières dans lesquelles d'autres cours d'eau s'épanchent à leur tour, incomparable gerbe fluviale qui draine, du Nord au Sud, toutes les eaux du centre des États-Unis. Avant de traverser la Nouvelle-Orléans, le Mississippi s'éparpille en bayous projetés à droite et à gauche du fleuve, qui serpentent vers la mer à travers les marécages, avec une légère bande de terre cultivable sur leurs bords, et forme un delta qui empiète sur le golfe du Mexique et dont les passes, draguées et approfondies, permettent aux grands vaisseaux de remonter jusqu'à la Nouvelle-Orléans.

LONGUEUR COMPARÉE DES PRINCIPAUX FLEUVES	
Saint-Laurent	1135 kil.
Rio Grande del Norte	2352 »
Mississippi	3940 »
Missouri	3865 »
Mississippi depuis la source du Missouri	5882 kil.

Dans le golfe du Mexique se jettent encore l'Alabama, le Colorado du Texas et le Rio Grande ou Rio Bravo del Norte (2352 kilomètres de longueur), qui, à partir d'El Paso del Norte, forme frontière entre les États-Unis et le Mexique.

Les cours d'eau qui se déversent dans l'océan Atlantique et dans l'océan Pacifique sont relativement de peu d'importance; nous citerons, parmi les premiers, le Hudson, le Delaware, la Susquehanna, le Potomac et le Savannah; parmi les seconds, la Columbia, le Sacramento et le Colorado.

Nous ne ferons ici que mentionner le Saint-Laurent, dont la rive droite appartient aux États-Unis entre le cap Vincent et Cornwall, mais qui est trop essentiellement un fleuve canadien pour que nous nous en occupions dans cette notice.

La superficie des divers bassins est évaluée comme suit :

Rivières se jetant dans l'océan Pacifique. . . . 1 667 996 kil. carr.
—   —   — Atlantique. . . . 1 266 140   —
—   —   — dans le golfe de Mexique . . 4 559 654   —

dont 3 256 914 kil. carr. sont drainés par le Mississippi-Missouri.

Les rivières tributaires de l'Atlantique sont, pour la plupart, étroites et interrompues par des rapides; quelques-unes s'élargissent vers leur embouchure, reçoivent la marée et sont accessibles aux grands navires : telles sont le Hudson, le Delaware et la Susquehanna.

CLIMAT

Les États-Unis offrent, par suite de leur étendue, une grande variété de climats. Ainsi, d'après les observations les plus récentes, la température moyenne annuelle est de 5° dans le Wyoming, 6° dans le Minnesota, le Montana et le Vermont, 7° dans le Maine et le Wisconsin, 8° dans l'Alaska, le Dakota, le Michigan et le New-Hampshire, 9° dans le Colorado, l'Iowa, le Massachusetts, le Nebraska, New-York et le Rhode Island, 10° dans le Connecticut, l'Illinois et le Nevada, 11° dans l'Idaho, l'Indiana, le Kansas, le Nouveau-Mexique, le Washington, l'Utah et la Virginie Occidentale, 12° dans le Delaware, le Maryland, l'Ohio, l'Orégon et la Pensylvanie, 13° dans la Californie, le District de Colombie, le Kentucky et le Missouri, 14° dans la Georgie, le Tennessee et la Virginie, 15° dans la Caroline du Nord, 16° dans le Territoire Indien, 17° dans l'Arkansas et la Caroline du Sud, 18° dans le Mississippi, 19° dans l'Alabama, et 21° dans l'Arizona, la Floride et la Louisiane. Les caractères distinctifs de la température du nord au centre des États-Unis sont, d'une part, la prépondérance des

extrêmes, extrême chaud l'été, extrême froid l'hiver, et l'absence de transition entre les saisons, le passage brusque des grands froids aux chaleurs torrides; d'autre part, l'écart considérable entre le climat des diverses zones et celui des pays d'Europe situés sous la même latitude, sous l'influence des courants froids qui descendent le long des côtes, tandis que les courants chauds du golfe du Mexique s'éloignent à l'Est, vers l'Europe.

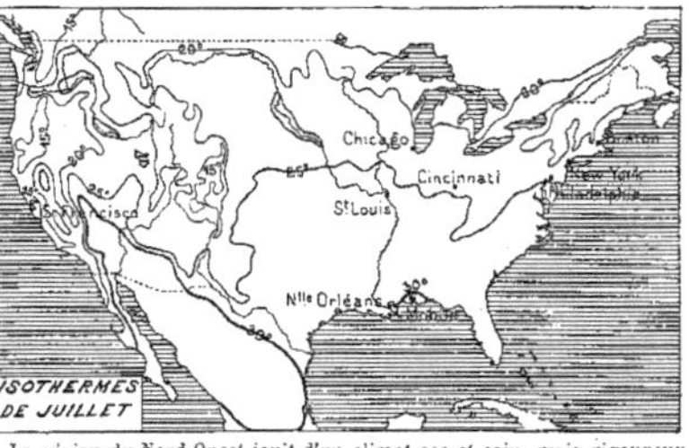

La région du Nord-Ouest jouit d'un climat sec et sain, mais rigoureux de novembre à avril, par l'intensité de la gelée et l'énorme quantité de neige, plus redoutable encore par les *blizzards*, appelés *poudreries* par les Canadiens, tourbillons de neige et de vent qui aveuglent, enveloppent et étouffent, qui soulèvent et transportent à de grandes distances tout ce qui se trouve dans le rayon de l'ouragan. Les États de la Nouvelle-Angleterre ont un climat plus doux, mais désagréable par son humidité. La zone méridionale, et particulièrement la Louisiane et la Floride, est rendue malsaine par les marécages et les eaux croupissantes; l'atmosphère y est moite et énervante; de mai à octobre, la fièvre y règne, fièvre intermittente qui consume lentement et débilite les constitutions les plus robustes, ou fièvre jaune, qui exerce d'effrayants ravages et décime la population.

En général, le printemps est une saison inconnue aux États-Unis; la transition entre l'hiver et l'été n'est marquée que par une courte période

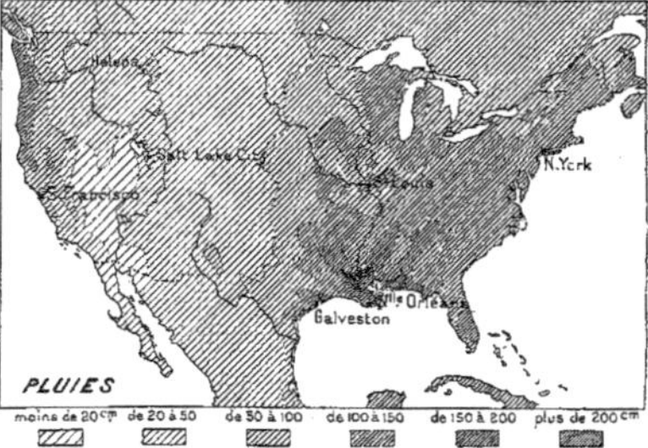

de pluies. Celles-ci sont surtout fréquentes dans l'Alaska, où la moyenne annuelle tombée sur la côte occidentale, durant les vingt dernières années, atteint 2 m,18; dans la partie côtière du territoire de Washington, de l'Orégon, sur les côtes de l'Atlantique et particulièrement dans le Sud-Ouest, entre le cap Hatteras et le Mississippi d'une part, le rivage de la Floride et celui de la Louisiane de l'autre.

La saison la plus agréable est l'automne (de septembre au commencement de novembre), appelé par les Américains *Indian Summer* et par les Canadiens l'été des sauvages.

La Californie est la région la plus favorisée. Elle est salubre entre toutes; ses vallées, abritées des vents du nord et de l'est par le double rempart des chaînes côtières et des Montagnes Rocheuses, ouvertes aux souffles tièdes du Pacifique, ont un printemps perpétuel. C'est, dans l'Amérique du Nord, la terre d'acclimatation par excellence pour l'homme.

HENRI BOLAND.

(Pour la suite de cette notice, voir au verso de la carte n° 58 : *États-Unis*, parties E. et O. amplifiées.)

POPULATION

La population des États-Unis était au dernier recensement (1ᵉʳ juin 1900) de 76 303 387 hab., soit 8 hab. par kil. carr. (France, 72). Elle est quinze fois et demie plus forte qu'elle ne l'était il y a un siècle (4 millions d'hab en 1790), et si elle continuait à augmenter dans les mêmes proportions, les États-Unis atteindraient avant soixante ans le chiffre de population de l'Europe entière (345 millions d'hab.).

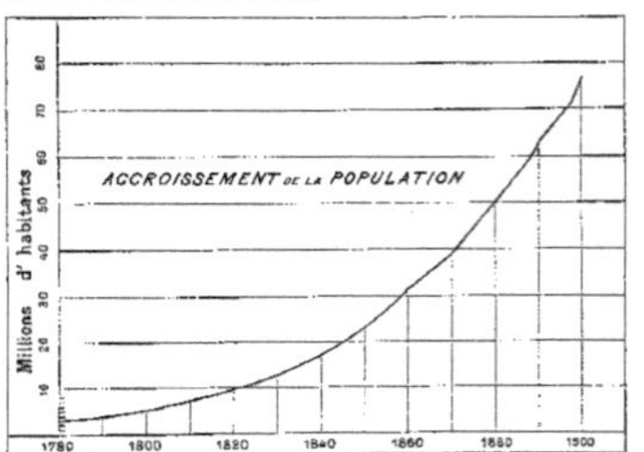

En 1900, la population se répartissait : d'après la couleur, en 66 990 802 blancs, 8 840 789 nègres, 205 036 Asiatiques et 266 760 Indiens civilisés; d'après la nationalité, en 56 740 759 indigènes et 10 250 065 étrangers; mais il est à remarquer que pas moins de 15 687 522 indigènes étaient nés de parents étrangers, et si, pour établir l'indigénat, on remontait de deux générations, c'est à peine si le cinquième de la population totale des États-Unis y aurait droit.

C'est surtout par l'immigration que la population des États-Unis s'est ainsi augmentée; dans l'espace de 80 années, de 1821 à 1902, on compte 20 655 561 immigrants, dont 7 154 612 Anglo-Saxons, 5 147 824 Allemands, 1 050 887 Canadiens (Anglais et Français), 1 572 289 Suédois et Norvégiens,

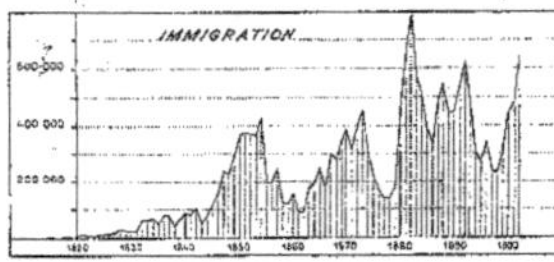

et seulement 411 721 Français. L'immigration française, totalement noyée dans l'Ouest sous le flot de l'immigration germanique, a pu résister dans les États de la Nouvelle-Angleterre, grâce à l'appoint de l'immigration canadienne-française, qui refoule et absorbe peu à peu, pacifiquement, du noyau primitif de la confédération, les rares descendants des *Puritans* ou premiers colons, réduits à l'impuissance par la stérilité de plus en plus absolue à laquelle leur race semble s'être volontairement condamnée.

De 1870 à 1880, l'augmentation de la population blanche a été de 29,2 0/0; de la population nègre, 34,67 0/0; de la population mongole, 66,75 0/0. (Augmentation totale : de 1790 à 1800, 35,1 0/0; de 1800 à 1810, 36,38 0/0; de 1810 à 1820, 33,06 0/0; de 1820 à 1850, 32,51 0/0; de 1850 à 1840, 33,52 0/0; de 1840 à 1850, 35,85 0/0; de 1850 à 1860, 35,11 0/0;

de 1860 à 1870, 22,65 0/0; de 1890 à 1900, 21 0/0). Le centre de la population qui en 1790 était à l'embouchure de la Susquehanna dans l'Atlantique, était en 1880 à Cincinnati; dans ses déplacements successifs vers l'Ouest, il a suivi une ligne à peu près droite, en se maintenant au cœur de la confédération, sans que les courants de l'émigration l'aient, à aucune période, fait dévier vers le Nord ou vers le Midi.

VILLES PRINCIPALES

Le quart de la population totale des États-Unis est massé dans les villes.

Le tableau ci-après montre l'augmentation de la population des principaux centres durant les 60 dernières années.

Ces chiffres sont aujourd'hui de beaucoup dépassés : New-York en 1900 a une population de 3 457 202 hab., ce qui la place, à ce point de vue, au second rang parmi les villes du monde (Londres, 4 579 107 hab.; Paris, 2 714 068; Berlin, 1 888 848, etc.).

Parmi les villes non dénommées au tableau ci-dessous, dont la progression a été la plus rapide durant les vingt dernières années, nous citerons : Minneapolis (13 066 hab. en 1870, 202 718 en 1900), et Saint-Paul (20 030 hab. en 1870, 163 065 hab. en 1890) dans le Minnesota. Omaha (Neb.) est aujourd'hui une ville de 102 555 hab. Denver (Col.) en a

155 859; FallRiver (Mass.), 104 865; Saint-Joseph (Mo.), 102 979; Los Angeles (Col.), 102 479; Memphis (Tenn.), 102 320; Scranton (Pen.), 102 026; Portland (Ore.), 90 426.

VILLES	POPULATION					
	1840	1860	1870	1880	1890	1900
Albany (N. Y.)	33 721	62 367	69 422	90 758	94 923	94 151
Alleghany (Pa.)	...	28 702	53 180	78 672	105 287	129 896
Baltimore (Md.)	134 379	212 418	267 354	332 313	434 479	508 957
Boston (Mass.)	93 383	177 812	250 526	362 839	448 477	560 892
Brooklyn	36 233	266 661	396 099	566 663	réuni à N.-York	—
Buffalo (N. Y.)	18 213	81 129	117 714	155 134	255 664	352 387
Chicago (Ill.)	4 479	109 260	298 977	503 185	1 099 850	1 698 575
Cincinnati (Ohio)	46 338	161 044	216 239	255 139	296 908	325 902
Cleveland (Ohio)	6 071	43 417	92 829	160 146	261 353	381 768
Columbus (Ohio)	6 048	18 629	31 274	51 647	88 150	125 560
Détroit (Mich.)	9 102	45 619	79 577	116 340	205 876	285 704
Indianapolis (Ind.)	2 692	18 611	48 244	75 056	105 436	169 164
Jersey-City (N. J.)	3 072	29 226	82 546	120 722	163 005	206 433
Kansas-City (Mo.)	...	4 418	32 260	55 785	132 716	163 752
Louisville (Ky.)	21 210	68 033	100 753	123 758	161 129	204 731
Lowell (Mass.)	20 796	36 827	40 928	59 745	77 696	94 969
Milwaukee (Wis.)	1 700	45 246	71 440	115 712	204 486	285 315
Newark (N. J.)	17 290	71 914	105 059	136 508	181 850	240 070
New-Haven (Conn.)	14 890	39 267	50 840	62 882	81 298	108 027
Nouvelle-Orléans (La.)	102 193	168 675	191 418	216 090	242 039	287 104
New-York (N. Y.)	312 710	805 651	942 292	1 206 299	2 504 815	3 477 202
Paterson (N. J.)	7 596	19 588	33 579	51 031	78 347	105 171
Philadelphie (Pa.)	258 037	562 529	674 022	847 170	1 046 964	1 293 697
Pittsburg (Pa.)	21 115	49 217	86 076	156 389	258 617	321 616
Providence (R. I.)	23 171	50 666	68 904	104 857	132 146	175 597
Richmond (Va.)	20 153	37 910	51 038	64 670	81 388	85 050
Rochester (N. Y.)	20 191	48 204	62 386	89 366	133 896	162 608
Saint-Louis (Mo.)	16 469	160 773	310 864	350 518	451 770	575 238
San-Francisco (Cal.)	500	56 802	149 473	233 959	298 997	342 782
Syracuse (N. Y.)	11 014	28 119	43 051	51 792	88 143	108 374
Toledo (Ohio)	1 222	13 768	31 584	50 137	81 434	131 822
Troy (N. Y.)	19 334	39 252	46 465	56 747	60 956	60 651
Washington (D. C.)	23 364	61 122	109 199	147 293	230 392	278 718
Worcester (Mass.)	7 497	24 960	41 105	58 291	84 655	118 421

ADMINISTRATION — INSTRUCTION — CULTES

Les États-Unis forment une République fédérative, comprenant 45 États semi-indépendants : *Alabama, Arkansas, Californie, Caroline du Nord, Caroline du Sud, Colorado, Connecticut, Dakota Nord, Dakota Sud, Delaware, Floride, Géorgie, Idaho, Illinois, Indiana, Iowa, Kansas, Kentucky, Louisiane, Maine, Maryland, Massachusetts, Michigan, Minnesota, Mississippi, Missouri, Montana, Nebraska, Nevada, New Hampshire, New Jersey, New York, Ohio, Oregon, Pennsylvanie, Rhode Island, Tennessee, Texas, Utah, Vermont, Virginie, Virginie Occidentale, Washington, Wisconsin* et *Wyoming*; 1 district fédéral : le *District de Colombie*; et 3 Territoires organisés : *Arizona, Nouveau Mexique* et *Oklahoma*. La confédération possède en outre l'*Alaska* et le *Territoire Indien*, non encore organisés. Le territoire d'*Hawaii* compte également dans la confédération.

La constitution du 17 décembre 1787 a réparti les pouvoirs de l'État entre trois corps indépendants et distincts les uns des autres : le pouvoir exécutif, le pouvoir législatif et le pouvoir judiciaire.

Le pouvoir exécutif est personnifié par le Président, nommé pour quatre ans et rééligible à l'expiration de son mandat. Pour l'élection du Président, chaque État nomme, par le vote populaire, autant de délégués (*electors*) qu'il envoie de sénateurs et de représentants au Congrès fédéral. Les délégués de chaque État se réunissent au jour fixé dans leurs capitales d'État respectives et votent pour un Président au scrutin secret. Les bulletins sont ensuite envoyés à Washington et ouverts par le Président du Sénat en présence du Congrès, et le candidat qui a obtenu la majorité des voix est déclaré élu Président pour l'exercice suivant. Si aucun des candidats n'a réuni la majorité, la Chambre des Représentants élit un Président parmi les trois candidats qui ont obtenu le plus de voix. Le Président reçoit 50 000 dollars (250 000 fr.) par an; il choisit les ministres ou secrétaires sans avoir à se préoccuper dans ses nominations des vœux du Congrès. Ils reçoivent 8 000 dollars (40 000 fr.) par an. Les ministres sont responsables vis-à-vis du Président seulement; le Président vis-à-vis de la Nation. En résumé, le pouvoir exécutif est complètement indépendant du Parlement. Le Président nomme à tous les emplois publics.

Il existe aussi un Vice-Président, qui est *ex officio* Président du Sénat et reçoit en cette dernière qualité 8 000 dollars (40 000 fr.) par an. Si le Président meurt en fonctions, le Vice-Président lui succède de droit pour l'achèvement de son mandat. En cas de décès ou d'incapacité du Président ou du Vice-Président, le sénateur occupant *pro tempore* la présidence du Sénat et, à son défaut, le président (*speaker*) de la Chambre des Représentants exerce la Présidence jusqu'à ce que le Congrès ordonne une nouvelle élection. Le pouvoir législatif est exercé par le Congrès, qui se compose du Sénat (*Senate*) et de la Chambre des Représentants (*House of Representatives*); il est tenu de se réunir au moins une fois par an.

Le Sénat se compose de 2 membres par État (90). Ils sont nommés individuellement pour 6 ans par la Législature de chaque État; tous les deux ans, un tiers des sénateurs est soumis à réélection. Le Président du Sénat a voix prépondérante et décisive quand il y a égalité de voix; dans les autres cas, il n'a pas le droit de voter. Les Sénateurs reçoivent 5 000 dollars (25 000 fr.) par an.

La Chambre des Représentants se compose de 325 membres, nommés dans chaque État séparément par le suffrage universel en proportion de la population de l'État (1 pour 154 325 hab.), pour le terme de deux ans. Le Président (*speaker*) de la Chambre des Représentants reçoit 8 000 dollars (40 000 fr.) par an; les Représentants ont le même salaire que les Sénateurs.

Le Président a sur les votes du Congrès un droit de *veto*, qui peut être annulé par le vote des deux tiers des membres de chaque Chambre.

Le pouvoir judiciaire réside dans la Cour suprême des États-Unis (*supreme Court of the United States*), qui se compose d'un juge suprême (*chief justice*, 10 500 dollars par an) et de huit juges (*justices*, 10 000 dollars par an), nommés à vie par le Président avec la sanction du Sénat.

Chaque État a son organisation politique particulière et sa législature à part (Sénat et Chambre des Représentants), qui édicte, pour tout ce qui n'est pas du ressort fédéral, des lois promulguées par le Gouverneur

PARTIE OCCIDENTALE

ETATS-UNIS

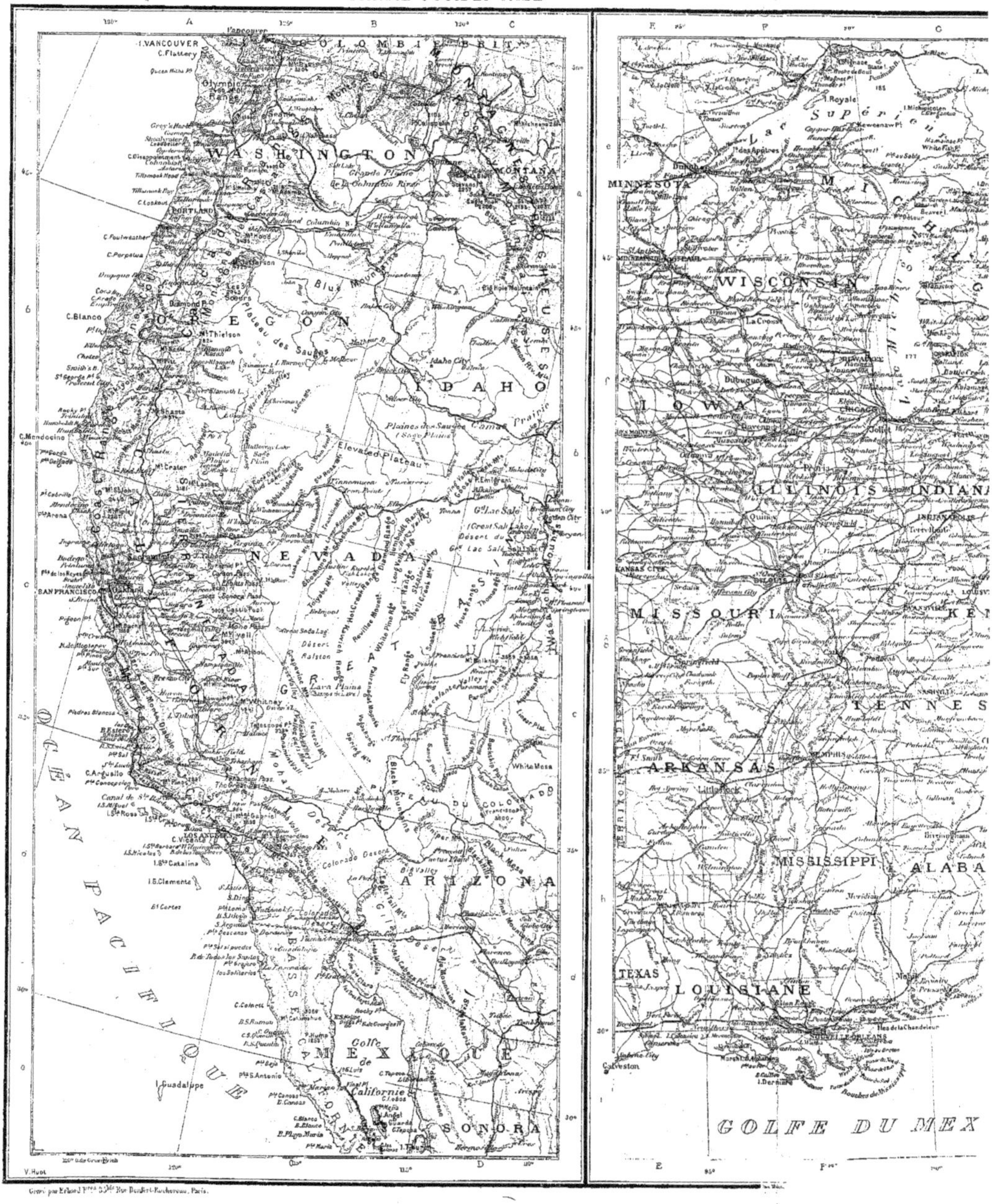

Gravé par Erhard F^res 35bis Rue Denfert-Rochereau, Paris.

ETATS-UNIS

PUBLIÉ PAR LA LIBRAIRIE HACHETTE ET Cie   CARTE 58

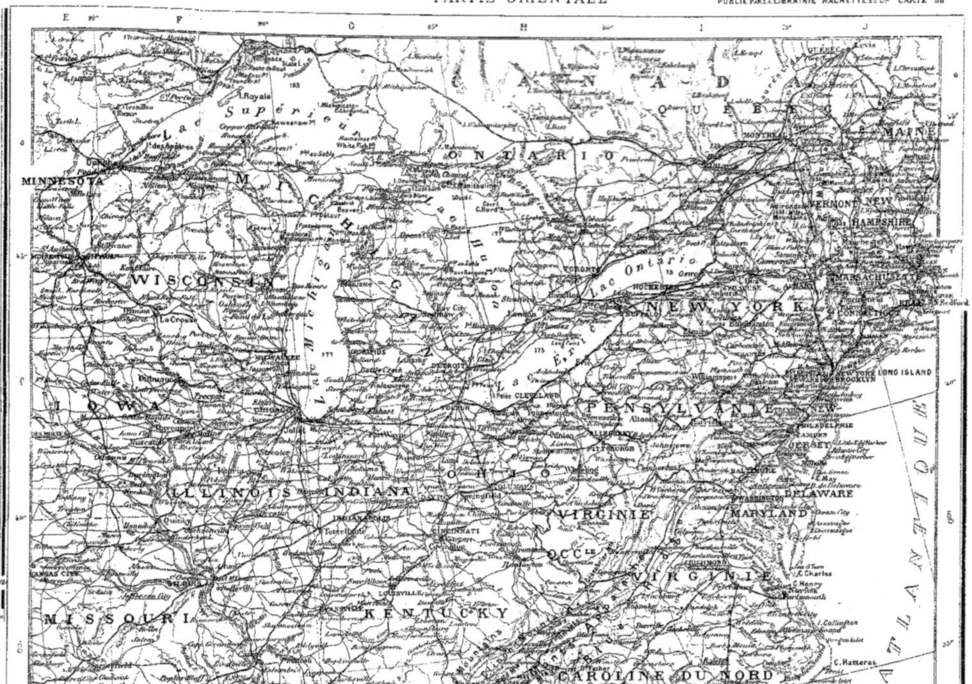

CANADA

QUÉBEC

Lac Supérieur

ONTARIO

Lac Ontario

Lac Érié

MAINE

MINNESOTA

MICHIGAN

WISCONSIN

VERMONT

NEW HAMPSHIRE

MASSACHUSETTS

NEW YORK

IOWA

ILLINOIS   INDIANA   OHIO

PENSYLVANIE

NEW JERSEY

DELAWARE

MARYLAND

VIRGINIE OCCle

VIRGINIE

MISSOURI

KENTUCKY

CAROLINE DU NORD

TENNESSEE

ARKANSAS

CAROLINE DU SUD

MISSISSIPPI   ALABAMA   GEORGIE

TEXAS   LOUISIANE

FLORIDE

OCÉAN ATLANTIQUE

GOLFE DU MEXIQUE

LÉGENDE

OHIO *État Fédéré.*   UTAH, *Territoire.*

CHICAGO   *Ville de plus de 500000 Habts*
BUFFALO   » de 100000 à 500000 »
RICHMOND   » de 50000 à 100000 »
Covington   » de 20000 à 50000 »
Kivkuk   » de 10000 à 20000 »
Horeb   » de moins de 10000 »

Limite d'État Indépendt   Chemins de Fer

ÉCHELLE DE 1:8.000.000.

Les Capitales d'États Indépendant sont soulignées par
deux traits; les Capitales d'États Fédérés par un
seul trait.

Les réserves indiennes sont indiquées en orange

Projection conique rectifiée

E   F   G   Ulle de Greenwich   H   Ude Paris

Imp. par Erhard Frères

et valables dans l'étendue de l'État. Le Gouverneur et le Lieutenant-Gouverneur de chaque État sont nommés par le suffrage universel.

Capitale fédérale : Washington, district de Colombie.

Instruction publique. — En 1902, on comptait aux États-Unis 464 Universités et Collèges, avec 8 911 professeurs et 88 852 étudiants ; 102 écoles de droit, avec 1 135 professeurs et 15 912 étudiants ; 154 écoles de médecine, avec 5 029 professeurs et 26 821 étudiants ; 148 écoles de théologie, avec 1 034 professeurs et 7 545 étudiants.

Les écoles primaires ont été fréquentées en 1902 par 15 375 276 élèves, les écoles secondaires par 550 611.

La dépense totale pour les écoles publiques (primaires et secondaires), durant l'exercice 1901-02, a été de 1 176 000 000 de fr.

Cultes. — Séparation absolue de l'Église et de l'État. Catholiques romains, 8 447 800 ; Méthodistes, 5 810 000 ; Baptistes, 4 millions ; Protestants de toutes les autres sectes, 20 millions ; Bouddhistes, 500 000 ; Mormons, 166 125 ; Juifs, 1 043 800. Il reste un très petit nombre de païens parmi les tribus indiennes insoumises.

ARMÉE — MARINE

Armée. — Sur le pied de paix, 100 000 hommes. Effectif de guerre de l'armée régulière et de la milice réunies, 215 749 hommes. De plus, sont portés sur les rôles, comme valides, 10 843 268 hommes.

Marine. — 136 bâtiments, 542 782 tonneaux, 1 281 canons, 26 946 hommes d'équipage.

Le budget de l'armée et de la marine s'élève à 185 millions de dollars (915 millions de fr.), ce qui représente une dépense de 12 fr. par tête d'hab. (France, plus de 25 fr.).

BUDGET — DETTE PUBLIQUE

Recettes (1903-04) 729 767 664 dollars = 3 650 000 000 fr.

Dépenses — 677 956 778 — = 3 390 000 000 fr.

La dette publique, qui s'élevait au 31 août 1865 à 2 756 431 571 dollars = 78 dollars 25 c. par tête d'hab., était réduite au 30 septembre 1905 à 912 559 440 dollars = 12 dollars par tête d'hab., ce qui donne un amortissement de plus de neuf milliards de fr. en 58 ans.

La fortune des États-Unis est estimée à 275 milliards, celle de la Grande-Bretagne à 225 milliards, et celle de la France à 200 milliards. En 1850, la fortune de la Grande-Bretagne était évaluée à 112 1/2 milliards et celle des États-Unis à 42 milliards seulement. Les rôles sont intervertis : les États-Unis sont, à l'heure actuelle, le pays le plus riche et le plus prospère du monde.

AGRICULTURE — COMMERCE — INDUSTRIE

La vallée du Mississippi est la partie la plus fertile des États-Unis. Dans le Nord-Ouest, d'immenses espaces sont consacrés à la culture du blé et à l'élevage du bétail. En 1905, la production totale du froment aux États-Unis a atteint 252 millions d'hectolitres (65 millions en 1860, 104 millions en 1870, 175 en 1880, 140 en 1890) ; celle du maïs ou blé d'Inde, 744 millions d'hectolitres (215 millions en 1850, 504 millions en 1860, 276 millions en 1870, 605 en 1880) ; celle de l'avoine, 285 millions d'hectolitres (65 millions en 1860, 102 millions en 1870, 147 en 1880, 265 en 1890) ; celle de l'orge, 48 millions d'hectolitres (6 millions en 1860, 11 millions en 1870, 16 en 1880, 24 en 1890) ; celle du seigle, 11 millions d'hectolitres (8 millions en 1860, 6 millions en 1870, 8 en 1880, 9 en 1890) ; celle du sarrasin, un peu plus de 5 millions d'hectolitres (2 1/2 millions en 1850, 6 millions en 1860, 3 1/5 millions en 1870, 4 1/2 en 1880). En 1899, celle du coton a donné 9 142 858 balles valant 1 674 millions.

La valeur totale des récoltes d'une année aux États-Unis en céréales, coton, tabac et pommes de terre, moyenne prise sur l'ensemble des années 1884-90, est de douze milliards de francs. La valeur des fermes et exploitations agricoles était estimée en 1900 à plus de cent milliards de francs, et le tiers seulement du pays est mis en culture.

Produits minéraux. — Valeur de l'or et de l'argent recueillis aux États-Unis en 1901 : 750 millions de fr. (monde entier, 1 200 millions).

Houille. Production de 1902 : 259 millions de tonnes (Grande-Bretagne 227, Allemagne 107, France 52, Belgique 23).

Fer. Production de 1902 : 17,8 millions de tonnes (Grande-Bretagne 13,4, Allemagne 17,9, France 4,8).

Acier. Production de 1902 : 14,9 millions de tonnes (Grande-Bretagne 5,2, Allemagne 1,7, France 1,175).

Dépôts de *plomb* inépuisables dans le Missouri ; très riches dans l'Illinois et le Wisconsin. Immenses dépôts de *cuivre* (très riches au lac Supérieur), de *zinc* et d'*étain*. Dans la Californie, on trouve en abondance l'argent, le cuivre et le plomb. Dans le Kentucky, dépôts considérables de mercure et de charbon ; nitrières dans le Kentucky, le Tennessée et la Virginie.

Sel. 3 millions de tonnes ; valeur, 45 345 000 fr.

Pétrole. Sources inépuisables en Pennsylvanie. Production totale aux États-Unis en 1902 : 154 millions d'hectolitres valant 348 millions de fr.

La culture de la *vigne* a pris une telle extension en Californie depuis dix ans, qu'elle ne tardera pas à atteindre la valeur le produit des minéraux de cet État. Production générale : 1 199 425 hect. en 1888 (année la plus forte). Depuis 1874, la consommation des vins indigènes est supérieure à celle des vins importés.

Commerce. — Importations (1905) : 5 484 millions de fr. Exportations : 7 417 millions de fr. Total des échanges : 12 900 millions de fr. (4 100 en 1870 ; 5 200 en 1875 ; 7 500 en 1880 ; 10 585 en 1898). Le chiffre des exportations, inférieur à celui des importations jusqu'en 1875, lui a été supérieur après 1875. En 1905, la valeur des exportations dépasse celle des importations de 1 955 millions de francs.

Mouvement des ports en 1901-02. (Long cours.) Entrées, 56 597 navires, 50 654 000 tonneaux ; sorties, 56 280 navires, 50 444 000 tonneaux.

Marine marchande. (1902) 24 273 navires, de 5 797 902 tonneaux, 5 fois celui de la marine marchande française (1 110 988 tonneaux). La marine marchande des États-Unis a le premier rang après celle de la Grande-Bretagne : elle accapare 20 0/0 de la recette totale des transports maritimes commerciaux du monde entier (France 6 0/0).

Industrie. — Nombre de manufactures aux États-Unis en 1900 : 512 754, représentant un capital de plus de quarante-neuf milliards de francs. Valeur des produits manufacturés : 65 milliards de francs.

La production du *sucre* a monté à 510 614 tonnes en 1901-02.

COMMUNICATIONS

Les États-Unis sont traversés dans tous les sens par un réseau très complet de chemins de fer, relié au Nord à celui du Canada et au Sud à celui du Mexique. En exploitation en 1901 : 519 911 kil. (Europe, 500 000). L'extension du réseau des voies ferrées a été puissamment favorisée par le développement du commerce intérieur. Les recettes annuelles des transports de marchandises par chemins de fer se chiffrent par plus de 5 milliards ; elles excèdent ce que déboursent pour le même objet

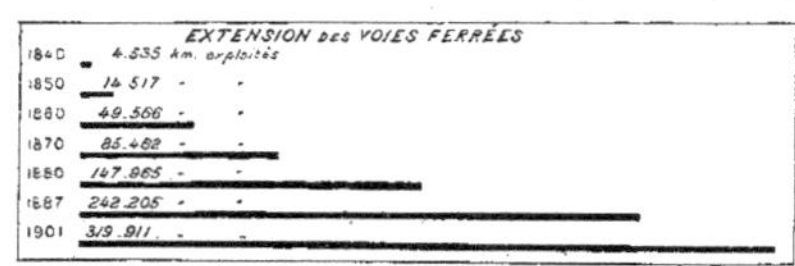

l'Angleterre, la France et l'Italie réunies. Le réseau des chemins de fer de Pennsylvanie transporte à lui seul un tonnage plus considérable que celui de tous les vaisseaux de commerce de l'Angleterre.

Postes (1900-01). Nombre des bureaux, 78 202. Recettes, 578 400 000 francs.

Télégraphes. Longueur des lignes, 515 610 kil., lignes des chemins de fer, du gouvernement et des particuliers non comprises (France 146 000, Allemagne 154 000).

Téléphones. — Longueur des lignes : 3 955 250 kil.

Les communications maritimes et fluviales ont une grande importance aux États-Unis. Les grands ports de l'Atlantique, Boston, New-York et Philadelphie sont reliés à l'Europe et à l'Amérique du Sud par de mul-

tiples services de vapeurs ; San-Francisco est la tête de ligne des paquebots pour la Chine, le Japon, les îles du Pacifique, la Nouvelle-Zélande et l'Australie ; la Nouvelle-Orléans commande le trafic avec le Mexique, l'Amérique Centrale et les Antilles. Des services réguliers mettent en communication constante tous les ports côtiers, et les grands fleuves, complétés artificiellement et reliés par 8 000 kil. de canaux, sont sillonnés

de palais flottants à vapeur, de même que les grands lacs ; mais, sur ceux-ci, aussi bien que sur les cours d'eau de la région septentrionale, la navigation est arrêtée par les glaces.

Les États-Unis, depuis qu'ils sont arrivés à se suffire à eux-mêmes, cherchent à déborder sur leurs voisins et à monopoliser entre leurs mains le commerce du Nouveau Monde. Déjà leurs capitaux et leur esprit d'entreprise ont pénétré au Canada et au Mexique, et absorbé les transactions de ces deux pays. Mais l'Amérique du Nord ne leur suffit plus, et ils cherchent à l'heure actuelle à englober les États de l'Amérique du Sud et ceux de l'Amérique Centrale dans une union commerciale et douanière qui leur livrerait les immenses ressources naturelles de ces riches contrées et ouvrirait un débouché aux produits des manufactures des États-Unis. Si cela pouvait être atteint, ce serait le coup de grâce porté aux industries du vieux continent : la prodigieuse activité nord-américaine s'exercerait alors sur une surface de terrain de 41 millions de kil. carr., peuplée de 145 millions d'habitants, et les deux Amériques, commercialement unies, formeraient un monde à part, isolé des autres, hermétiquement fermé au commerce et à l'industrie de l'Europe.

Henri Boland.

SITUATION

Le Mexique forme, au sud des États-Unis, comme une pointe terminale, à peu près triangulaire, par laquelle l'Amérique du Nord se rattache à l'Amérique Centrale et à l'Amérique du Sud. Sa largeur, d'un océan à l'autre, est de 2 000 kil. au maximum et de 210 kil. seulement au minimum.

SUPERFICIE

1 987 201 kil. carr. (France, 536 408).

CÔTES. — RELIEF DU SOL

2 580 kil. de **côtes** sur le golfe du Mexique et la mer des Antilles, et 6 230 kil. sur le golfe de Californie et l'océan Pacifique.

La côte orientale se creuse en un vaste demi-cercle qui forme le fond du golfe du Mexique. Sur toute son étendue, la plage est basse, sablonneuse ou bordée de lagunes et de marigots. Les seuls bons **ports** de cette côte sont : Tampico, la Vera-Cruz et Campêche. La côte occidentale est plus élevée, plus saine et mieux découpée; la péninsule de la Basse-Californie y enferme un golfe long, étroit et sans profondeur. Ports principaux : Guaymas, Mazatlan, San Blas et Acapulco. Vers le Sud, une inflexion du rivage forme le golfe de Tehuantepec et réduit à 210 kil. la largeur de l'isthme qui sépare les deux océans. Indépendamment des îles nombreuses qui se détachent à droite et à gauche de la péninsule de la Basse-Californie, on compte comme appartenant au Mexique : le petit archipel de Las Tres Marias, le groupe des îles Revilla Gigedo, l'île Cozumel, etc.

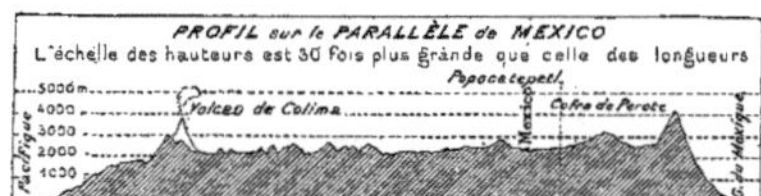

Pris dans son ensemble, le pays est un **plateau** de 2 000 à 2 500 m. d'altit., s'abaissant à l'Est et à l'Ouest vers la mer, au Nord vers la dépression du rio Gila et celle du rio Grande del Norte, au Sud vers la dépression de Tehuantepec et les terres basses du Yucatan. Ce plateau est légèrement incliné du Sud au Nord et de l'Ouest à l'Est, avec une dépression sensible, le *Bolson*, au centre. Le bord occidental du plateau est limité par la chaîne principale ou *Sierra Madre* du Pacifique, dont les crêtes dépassent 3 000 m.; le bord oriental est marqué par les crêtes moins élevées des deux chaînes du Nuevo Leon et du Tamaulipas, qui atteignent à peine 2 000 m. Au sud, l'arête du plateau est jalonnée par une série de hautes cimes : *Popocatepetl* (5 452 m.), *Nevado de Toluca* (4 500 m.). Plus au Sud, parallèlement à cette

arête, s'étend une autre ligne de hauts sommets : volcan de *Colima* (3 940 m.), pic de *Tancitaro* (3 860 m.), et beaucoup plus à l'Est, le *Zempoaltepec* (4 000 m.). Près de la côte, courent, dans la même direction générale, la *Sierra Madre* du Guerrero et la chaîne du Soconusco (2 400 m.), séparées par la dépression de l'isthme de Tehuantepec, dont le point culminant ne dépasse pas 200 m. Parmi les hauts sommets non mentionnés ci-dessus, il faut encore citer : le pic d'*Orizaba* ou *Citlaltepetl* (5 550 m.), l'*Iztaccihuatl* (4 790 m.), le *Cofre de Perote* (4 090 m.), le *Nevado de Colima* (4 450 m.), le *Malinche* (4 122 m.). Une zone de terres basses, de 50 à 100 kil. de largeur, borde les côtes, entre le pied du plateau et la mer. La péninsule de la Basse-Californie n'offre, sur toute sa longueur, qu'une chaîne de **montagnes** peu élevées, dont le versant abrupt est tourné vers l'Est.

HYDROGRAPHIE

Le Mexique n'a de **cours d'eau** important qu'à sa frontière septentrionale : le rio *Bravo del Norte* ou rio *Grande del Norte* (bassin 544 000 kil. carr.; longueur 2 500 kil., soit plus de 5 fois la Seine; navigable jusqu'à 5 ou 600 kil. de son embouchure). Quant au rio *Colorado*, il n'appartient au Mexique que par son cours inférieur (120 kil. environ). Presque tous les autres cours d'eau, sauf le *Grijalva* (650 kil.) et l'*Usumacinta* (700 kil.), ne sont navigables qu'à leur embouchure. La péninsule de la Basse-Californie n'a que des torrents.

Le plus grand lac du Mexique est celui de *Chapala* (90 kil. de long); les plus renommés sont les six lacs de la vallée de Mexico : *Texcoco, Xaltocan, San Cristobal, Chalco, Xochimilco, Zumpango*, bien que ce soient plutôt des lagunes sans profondeur; les lacs de *Patzcuaro* et de *Cuitzeo* sont très pittoresques. On trouve aussi de vastes **lagunes** dans la partie centrale du plateau, où les eaux manquent d'écoulement. Sur toute l'étendue des côtes, des lagunes forment d'immenses nappes d'eau saumâtre.

CLIMAT

La latitude du Mexique en fait une **terre tropicale**. Les différences d'altitude ou le voisinage plus ou moins immédiat de la mer lui donnent une grande variété de climats. On y distingue des terres chaudes ou *Tierras Calientes*, des terres tempérées ou *Tierras Templadas*, et des terres froides ou *Tierras Frias*.

Les premières vont de la zone littorale, basse et marécageuse, jusqu'à 1 000 mètres d'altitude. La chaleur y est humide et excessive. Température moyenne 30 à 31°. Les terres tempérées comprennent les versants, entre 1 000 et 2 000 m. d'altit.; la température y est plus douce et plus égale. Moyenne 23 à 25°. Les terres froides comprennent les plateaux et les cimes au-dessus de 2 000 m. Le climat y est sec et com-

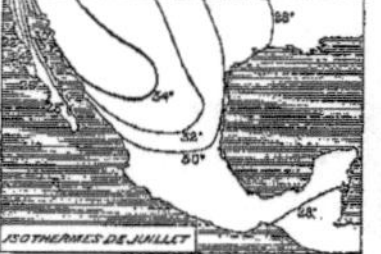

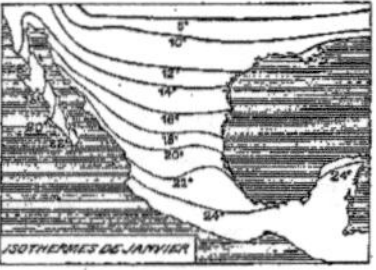

parativement froid. Moyenne 15 à 17°. La règle n'est pas sans exception, et l'on trouve même au cœur du plateau des localités de « Terre chaude ».

L'année n'a que deux saisons : l'été ou saison des pluies (*tiempo de aguas*), et l'hiver ou saison sèche (*tiempo de secas*). Ces deux saisons se succèdent brusquement, presque sans transition et sans changement sensible de température. La différence est moins tranchée à mesure qu'on s'avance vers le Nord, et les pluies y commencent plus tard. Les vents dominants sont : le *Norte* (ou vent du Nord), parfois très violent dans le golfe du Mexique et sur la côte orientale, et le *Sur* (vent du Sud), très dangereux de mai à octobre, sur la côte occidentale.

POPULATION

13 607 259 hab., 7 par kil. carr. (France, 73). La proportion était en 1900 de 19 0/0 de blancs et de créoles; 43 0/0 de métis et de nègres,

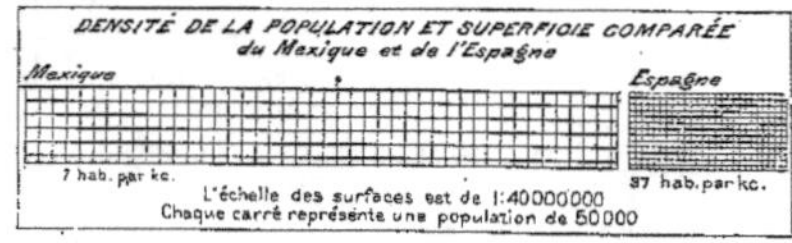

et 58 0/0 d'Indiens. Une très petite proportion des gens de race métissée et d'Indiens peut être considérée comme civilisée.

L'espagnol est la langue officielle du Mexique.

VILLES PRINCIPALES

Mexico	544 721 hab.	Mérida	43 630 hab.
Guadalajara	101 208	Lagos	43 320
Puebla	95 521	Guanajuato	41 486
Leon	63 263	Pachuca	37 487
Monterey	62 266	Morelia	37 278
San Luis Potosi	61 019	Aguas Calientes	35 052
Dolores Hidalgo	54 930	Oajaca	35 049

CALIFORNIE

ARIZONA

NOUVEAU MEXIQUE

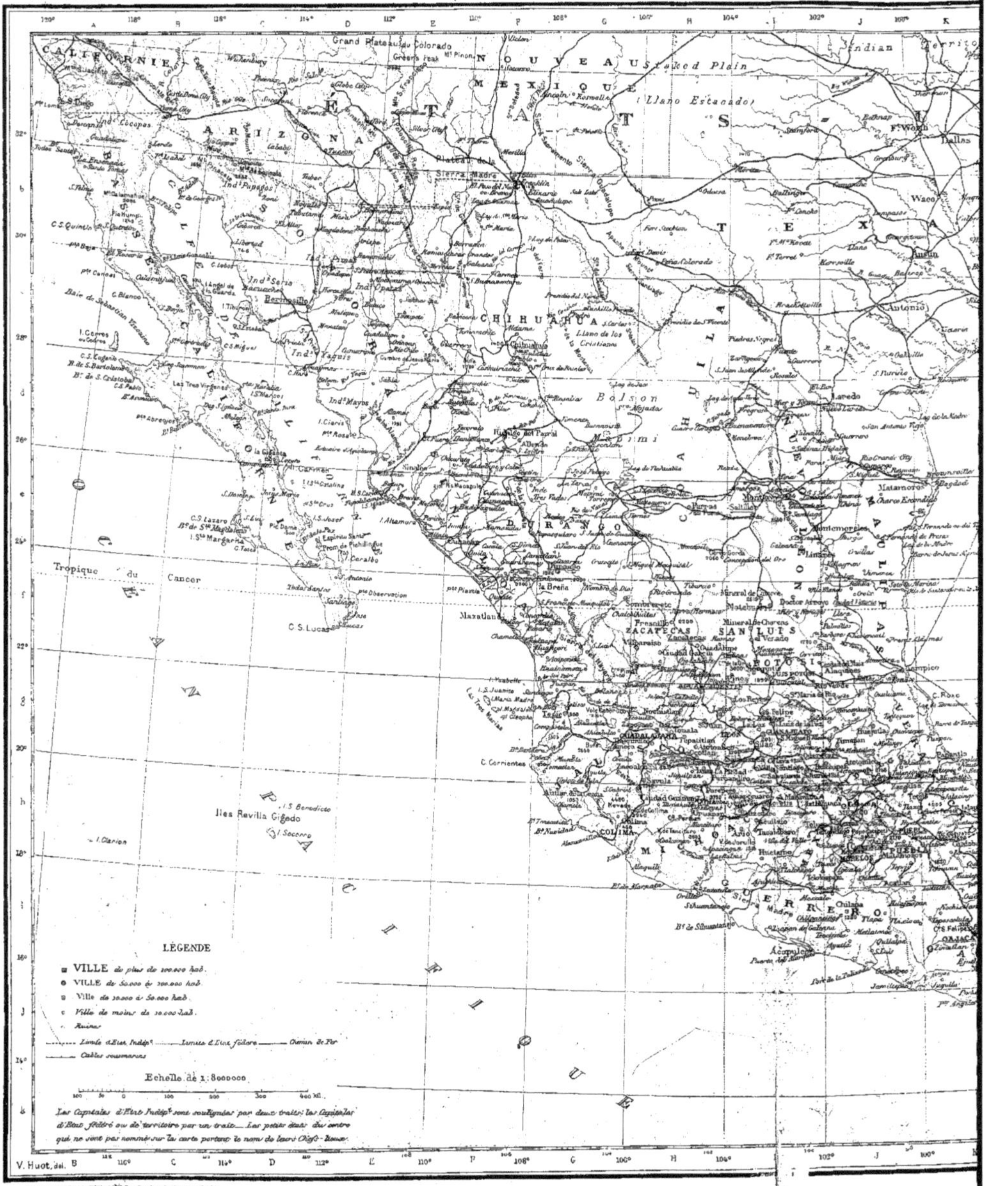

ÉTATS

Grand Plateau du Colorado

Green's Peak

M.t Pinon

Staked Plain

(Llano Estacado)

Plateau de la Sierra Madre

TEXAS

CHIHUAHUA

Bolson

DURANGO

Tropique du Cancer

Mazatlan

ZACATECAS SAN LUIS POTOSI

Iles Revilla Gigedo

I.S. Benedicto

I. Clarion

I. Socorro

GUADALAJARA

COLIMA

GUERRERO

OAXACA

Acapulco

LÉGENDE

▪ VILLE de plus de 100.000 hab.
◉ VILLE de 50.000 à 100.000 hab.
▫ Ville de 10.000 à 50.000 hab.
∘ Ville de moins de 10.000 hab.
  Ruines

Limite d'État Indép.t   Limite d'État fédéré   Chemin de Fer
Câbles sousmarins

Echelle de 1:8000000

100   50   0   100   200   300   400 Kil.

Les Capitales d'État Indép.t sont soulignées par deux traits; les Capitales
d'État fédéré ou de territoire par un trait. — Les petits états du centre
qui ne sont pas nommés sur la carte portent le nom de leurs Chefs-lieux.

MEXIQUE

PUBLIÉ PAR LA LIBRAIRIE HACHETTE ET Cie · CARTE N° 59
Imp. par Erhard Frères

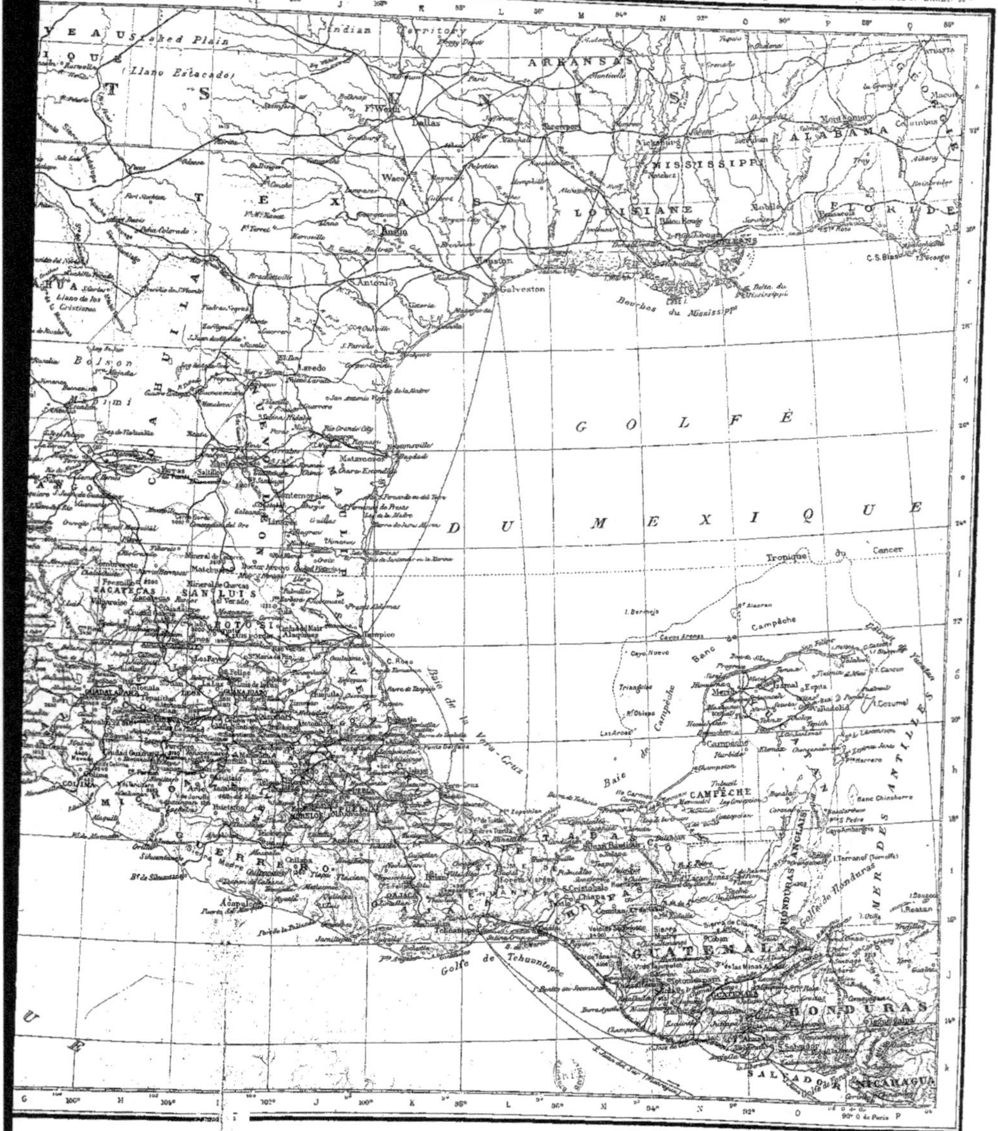

ADMINISTRATION — INSTRUCTION — CULTES

Le Mexique est une **République fédérative**, composée de 27 Etats, plus 1 district fédéral et 2 territoires; savoir : *Sonora, Chihuahua, Coahuila, Nuevo Leon, Tamaulipas, Vera Cruz, Tabasco, Campêche, Yucatan, Sinaloa, Jahsco, Colima, Michoacan, Guerrero, Oajaca, Chiapas, Durango, Zacatecas, Aguascalientes, San Luis Potosi, Guanajuato, Queretaro, Hidalgo, Mexico, Morelos, Puebla* et *Tlaxcala*.

District fédéral : *Mexico*, ville et banlieue. Territoires : *Tepic* et *Basse-Californie*.

La Constitution établit : un **Congrès** (pouvoir législatif), formé de deux Chambres : **Sénat** et **Chambre des députés**. Le pouvoir exécutif est confié à un **Président**, rééligible tous les quatre ans. Le pouvoir judiciaire est exercé par la **Cour suprême** et par les tribunaux de districts et de cantons.

Instruction publique. Outre les établissements supérieurs (académies, instituts, lycées, etc.), on compte 156 écoles spéciales et 8 702 écoles primaires, avec 458 106 élèves des deux sexes. Les bibliothèques, musées, observatoires, sociétés savantes, etc. sont nombreux.

Cultes. Pas de religion d'Etat. Séparation complète de l'Église et de l'État. Les catholiques sont en immense majorité (15 355 015). Ils ont 5 archevêques (à Mexico, Morelia et Guadalajara), et un vicaire apostolique. Il y a 51 795 protestants.

ARMÉE — BUDGET

L'armée se compose de 50 000 hommes sur le pied de paix, 80 000 sur le pied de guerre.

Le **budget général** (1905-06) prévoit 254 356 000 francs de dépenses et 229 259 000 francs de recettes. Dette publique (1904) : 762 millions.

AGRICULTURE

Les **terres chaudes** ont toutes les productions des contrées tropicales (**canne à sucre, coton, indigo, cacao, café, riz, tabac, vanille,** etc.): elles y viennent à merveille. Mais cette fertilité n'existe pas sur le plateau central. Là, le cultivateur est parfois astreint à un rude travail pour arriver à produire du **maïs**, de l'orge ou du blé, dans un sol assez médiocre. Il y souffre souvent de la sécheresse et de la disette. Les parties du pays les plus favorables, pour l'Européen surtout, sont les versants entre 500 et 1 500 m. d'altitude.

L'élevage des bêtes à cornes et des chevaux est pratiqué principalement dans les États de la frontière du Nord, tandis que, plus au Sud, dans les savanes des terres chaudes, on élève des troupeaux de moutons.

Les **forêts** de la région chaude donnent lieu à une active exploitation de bois de construction et de bois d'ébénisterie, ainsi qu'à la récolte de **plantes textiles,** tinctoriales ou médicinales.

INDUSTRIE

La principale industrie du Mexique consiste dans l'extraction des **métaux précieux.** Une zone métallifère s'étend du Nord-Ouest au Sud-Est, de l'Etat de Sonora à celui de Oajaca, sur une étendue de plus de 2 000 kil. Les principaux centres d'exploitation sont Zacatecas, Guanajuato et Pachuca. Il y a aussi des mines dans le Coahuila, le Nuevo Leon et le Tamaulipas. Les sierras orientales sont moins riches que les autres. On extrait, en outre, des **pierres précieuses,** des **marbres** variés, de l'albâtre et des matériaux de construction. L'or a été récemment découvert dans la Basse-Californie.

Les **filatures** de **coton**, de **soie**, de **lin** et les **fabriques de tissus** occupent plus de 50 000 familles. Les fabriques de **papier** suffisent à la consommation en livres et en journaux; les **distilleries** sont très actives et livrent des produits recherchés. Une industrie dans laquelle excellent les Indiens, c'est la **poterie** et l'imitation en terre cuite des types les plus divers d'individus de toutes classes et de tous métiers.

COMMERCE

Il n'existe, le long des côtes et sur les frontières, qu'un certain nombre de points par lesquels peut s'effectuer le commerce avec l'extérieur. Les droits de douane perçus en ces points sur les marchandises introduites au Mexique s'élèvent en moyenne à 100 pour 100 de la valeur de ces marchandises.

Le long de la frontière septentrionale, toutefois, une zone de 20 kil. de largeur, s'étendant d'un océan à l'autre, est déclarée zone libre ou franche: les articles de consommation journalière peuvent y entrer en franchise.

Un traité d'amitié et de commerce a été conclu en 1888 entre la France et le Mexique. Il assure au commerce français les droits de la nation la plus favorisée.

Les **importations** s'élèvent à 429 millions de francs. Elles consistent principalement en cotonnades, toileries, lainages, machines et pièces de machines, instruments et outils aratoires, comestibles, quincaillerie, mercerie et produits chimiques ou drogueries.

Les **exportations** dépassent le chiffre de 515 millions de francs, sur lesquels il y a pour 185 millions de métaux précieux (or et argent, en lingots ou monnayés.) L'or et l'argent convertis en piastres ou dollars par les Monnaies des divers États du Mexique sont considérés comme marchandise; leur frappe n'a aucun rapport avec les besoins de la circulation. Les autres articles exportés sont : métaux ordinaires (plomb, cuivre, minerai), bétail, chevaux, peaux et cuirs, crins, vanille, café, cacao, sucre, miel, tabac, plantes textiles (*henequen ixtle*), bois de teinture, bois d'ébénisterie et bois de construction, caoutchouc, gomme, cochenille, salsepareille, perles, nacre, houille, etc.

COMMUNICATION

Le réseau des **chemins de fer** mexicains comportait, en 1905, 16 865 kil. de lignes en exploitation.

Les **lignes télégraphiques** ont un développement total de 52 628 kil., y compris les câbles côtiers.

Les ports du Mexique sont desservis par des lignes régulières de **paquebots** et par de nombreux navires marchands.

Mouvement de la navigation en 1903-04, 1594 navires jaugeant 2 654 900 tonnes et représentant le commerce étranger sont entrés dans les ports mexicains.

Marine marchande (1901). 24 vapeurs de 7957 tonneaux et 48 navires à voiles jaugeant 8761 tonneaux.

ETHNOGRAPHIE — HISTOIRE

Les traditions mentionnent trois invasions du Mexique : 1° celle des **Toltecs**, qui remonte à l'an 544; 2° celle des **Chichimecs**, vers 1170; 3° celle des **Aztecs**, dès l'an 1300. Ces derniers fondèrent, en 1325, Tenochtitlan (auj. Mexico). Lorsque, en 1519, les Espagnols conduits par Cortez firent la conquête du Mexique, ils y trouvèrent, sinon un « empire », comme on le dit habituellement, tout au moins une nation puissante et civilisée. Pendant trois siècles (1521-1821) le Mexique subit la domination de l'Espagne, qui le faisait gouverner par des vice-rois. Dès 1810 cependant, les populations se soulevèrent à la voix des curés patriotes Hidalgo et Morelos, sans parvenir à secouer le joug. Enfin, le 27 septembre 1821, les insurgés firent leur entrée triomphale dans Mexico. L'année suivante, le général Iturbide, qui avait fait cause commune avec eux, prit le titre d'empereur, sous le nom d'Augustin Ier, mais il ne tarda pas à être renversé. Le Mexique devint république, et jusqu'en 1861 de nombreux partisans s'y disputèrent le pouvoir Ce fut l'ère des **pronunciamentos**. La suspension du payement de la dette extérieure, votée le 17 juillet 1861 par le Congrès de Mexico, amena la rupture de la France et de l'Angleterre avec le Mexique et l'intervention armée des puissances européennes, unies par la convention de Londres du 31 octobre 1861. Mais les dissentiments profonds qui existaient entre les alliés ne tardèrent pas à amener le départ des troupes anglaises et espagnoles. La couronne fut offerte à l'archiduc Maximilien d'Autriche, qui l'accepta et fut installé comme empereur du Mexique en 1864. Son règne ne dura que trois ans. Après l'évacuation du Mexique par les troupes françaises, l'insurrection eut le dessus et Maximilien, fait prisonnier à Queretaro, y fut exécuté le 19 juin 1867. Juarez rentra dans Mexico le 15 juillet 1867. Depuis lors, sous l'administration éclairée de plusieurs présidents, en particulier de Porfirio Diaz, le Mexique se raffermit et se développa. Un grand avenir agricole, industriel et commercial lui semble aujourd'hui assuré.

D. KALTBRUNNER.

AMÉRIQUE CENTRALE

SITUATION — CONFIGURATION

L'Amérique Centrale est cette suite d'isthmes et de bourrelets qui, dans une forme des plus gracieuses, unit l'Amérique du Sud à celle du Nord, On

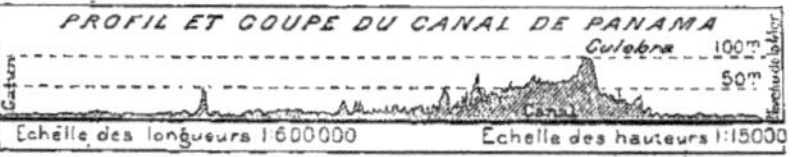

la rattache à cette dernière. La dépression du *Rio Atrato* est considérée comme la limite naturelle entre les deux continents.

Elle est bordée par le Pacifique et la mer des Antilles et commence au premier isthme, celui de *Tehuantepec*; elle s'étend par la Péninsule de *Yucatan*, se rétrécit au golfe *Amatique*, se gonfle de nouveau pour former le *Honduras*, et la *Mosquitie*, et devient enfin une étroite langue de terre, deux fois recourbée et coupée de vallées qu'on nomme isthmes de *Panama*, de *San Blas*, de *Darien*.

CÔTES

Les côtes septentrionales sont basses, bordées de lagunes; leur approche est de très loin signalée par de vastes bas-fonds, desquels émergent quantités d'écueils et cayes. Du côté du Pacifique, elles sont abruptes, dessinent de profondes baies et de capricieuses presqu'îles.

RELIEF DU SOL

Le pays est très montueux, d'accès difficile; formé de hauts plateaux dans la partie épaisse, de hautes chaînes jusqu'en Panama et partout hérissé de volcans (*El Fuego* 3 909m; *volcan de Chiriqui* 3 455m, etc.).

La caractéristique de ce Centre-Amérique, ce sont les profondes coupures rectilignes qui le cassent et le divisent en

compartiments triangulaires qu'une élévation des eaux marines rendrait îles distinctes. On en peut compter neuf depuis *Tehuantepec* jusqu'au *Rio Atrato (Colombie)*; la plus remarquable est celle où reposent les deux lacs superbes de **Managua** et de **Nicaragua**.

CLIMAT

Le **climat** est le même qu'aux Antilles, humide et chaud sur les côtes basses de la mer intérieure; on trouve la fraîcheur sur les hauts plateaux et dans les hautes vallées, mais aussi de brusques variations de température, et la neige en hiver.

Les nuages poussés par les vents du nord-est étant arrêtés par les montagnes, la côte du Pacifique jouit d'un climat plus sec et moins malsain.

Pour la suite de l'étude de l'Amérique Centrale, voir la notice suivante, *Antilles*, carte n° 60.

AMÉRIQUE CENTRALE (Suite)

(Voir carte n° 59)

Au point de vue politique, l'**Amérique centrale** comprend : 1° une dépendance européenne :

Le Honduras britannique.	19 580 kil. carr.	38 981 hab.

2° six républiques indépendantes :

Le Guatemala.	115 050	1 842 134
Le Salvador.	21 160	1 006 848
Le Honduras.	114 670	744 901
Le Nicaragua.	128 540	429 510
Le Costa Rica.	48 410	551 540
Le Panama.	87 480	400 000
Total.	552 670 kil. carr.	4 795 514 hab.

C'est donc dans l'ensemble une population de 9 hab. par kil. carré.

HONDURAS

La colonie de *Belize* est une zone littorale, basse et malsaine, regardant la mer des Antilles, peuplée de métis, de nègres et d'Indiens, à raison de 1,9 hab. par kil. c. On n'y compte pas plus de 500 blancs qu'y a attirés l'exploitation des bois d'acajou et de campêche. *Belize* (9115 hab.) est le siège du gouvernement de cette colonie.

GUATEMALA

Cette république, la plus occidentale du Centre-Amérique, occupe le plateau le plus étendu et le plus élevé. Sur sa population, un peu plus du tiers seulement représente la population blanche (750 015); le reste n'est que métis et *Indios bravos*, souvent encore païens. Officiellement, on compte 1 500 000 catholiques. La capitale est *Guatemala la Nueva* (96 560 hab.). Les autres principales villes sont : *Quezaltenango* (28 940 hab.), *Coban* (30 770), *Totonicapam* (28 510), etc., centres plus ou moins sujets aux vicissitudes des éruptions volcaniques et des tremblements de terre.

La hauteur des plateaux, hérissés de terribles volcans, dont beaucoup sont actifs, l'étroitesse des vallées, le grand nombre de chaînes de montagnes, rendent les communications très difficiles. Cependant la capitale, située à env. 1500 m. d'altit., est reliée par voie ferrée au port de *San José*, sur le Pacifique; et à celui de *Puerto Barrios*, sur la mer des Antilles, par une ligne de 275 kil.

D'autres lignes secondaires réunissent les villes du plateau aux ports du Pacifique : *Ocos, Champerico*, etc.

Sur les terres élevées du **Guatemala** prospèrent les plantations de café.

SALVADOR

De beaucoup le plus faible comme dimensions, le **Salvador**, uniquement tourné vers le Pacifique, est le plus vivace des républiques de l'Amérique centrale. Comme densité de population (48 par kil. carr.), il est comparable à maints États européens. Son sol est le théâtre d'une activité volcanique intense; une trentaine de volcans, sans compter d'innombrables fumerolles et des volcans de boue, se pressent sur une étendue égale à celle de trois de nos départements. En dépit de ces menaces permanentes, des villes relativement importantes prospèrent dans ce petit État. *San Salvador*, la capitale (39 340 hab.), et *Santa Ana*, (48 120 hab.), autre centre important, sont reliés à la côte au port d'*Acajutla* par une ligne de chemin de fer. Les autres centres sont : *S. Miguel* (24 768 hab.), *Nueva S. Salvador* (18 770 hab.), *S. Vicente* (17 852 hab.), etc. Le Salvador a pour principales ressources la culture du café et quelques exploitations minières.

HONDURAS

Dépeuplé au temps de la domination espagnole, le **Honduras** reste le plus misérable, le plus endetté, le moins peuplé des cinq nations sœurs : pourtant le sol de ce vaste plateau est des plus féconds et le sous-sol abonde en gisements métallifères. Le Honduras occupe la partie médiane et déploie la plus grande partie de son littoral sur le golfe extrême de la mer des Antilles. Sur le Pacifique, il ne possède qu'un étroit débouché par le *golfe de Fonseca*, avec quelques havres. De l'un d'eux (*Puerto Santo Lorenzo*), une voie ferrée part pour atteindre la capitale *Tegucigalpa* (34 692 hab.). Quant au chemin de fer interocéanique qui, de P^to *Cortes* sur l'Atlantique, doit atteindre *la Brea*, autre port de la baie de Fonseca, 90 kil. en sont seulement achevés.

NICARAGUA

Il n'est pas mieux peuplé (4 hab. au kil. carr.), mais il contient des villes importantes : *Leon*, la capitale (45 000 hab.), *Managua* (30 000), *Granada* (25 000), *Masaya* (20 000), *Chinandega* (20 000), reliées entre elles par une voie ferrée et toutes situées dans le prolongement de la

COUPE DU CANAL PROJETÉ DE NICARAGUA
100^m
Lac de Nicaragua — 50^m — Rio San Juan
Niveau de la Mer
Echelle des longueurs 1:2 500 000   Echelle des hauteurs 1:12 500

grande coupure rectiligne où reposent les deux grands lacs de *Managua* et de *Nicaragua*. *Corinto* et *S. Juan del Sur* sont de bons ports sur le Pacifique. Le **Nicaragua** se développe avec régularité et ce développement deviendra plus rapide, si les États-Unis creusent le canal qui, empruntant la voie des deux lacs, doit faire communiquer les deux Océans.

La principale ressource du Nicaragua est, avec les mines, la culture du cacao et du café.

Au point de vue physique, cet État s'étend sur trois zones bien distinctes : une zone montagneuse et volcanique à l'Ouest; au Centre de hauts plateaux, propres à l'élevage et riches en mines; à l'Est une zone basse et marécageuse, la côte de *Mosquitie*, dont les rares habitants sont, dit-on, plus soumis aux Anglais qu'au pouvoir de l'État américain.

COSTA-RICA

Autrefois le plus oriental des cinq États, il confine à présent à la nouvelle république de Panama. Des volcans menaçants surplombent ses hautes vallées intérieures, et ses deux bandes littorales sont malsaines.

Il y a quelques agglomérations à l'intérieur : *San José* (capitale avec 24 500 hab.), *Alajuela, San José, Caringo*, etc., qu'alimente le chemin de fer qui rejoint les deux ports extrêmes, *Punta Arenas* sur le Pacifique et *Limon* sur la mer Caraïbe. Dans l'ensemble, le **Costa Rica** ne compte encore que 6 hab. par kil. carr.; détail à remarquer, il est le seul des cinq États où l'élément indien ne soit pas en majorité. La principale culture est celle du café, prospère surtout au sud, dans la région du *Terraba*. En 1900, à la suite d'une sentence arbitrale, le Costa Rica a perdu, au profit de la Colombie, une notable partie de territoire avoisinant la grande lagune de *Chiriqui*. L'État de Panama a recueilli ce transfert.

PANAMA

Ce lambeau détaché de la Colombie, depuis la proclamation d'Indépendance (nov. 1903), constitue un sixième État dans l'Amérique centrale, à laquelle physiquement il appartient. La nouvelle république, dont on ne peut pas encore prévoir l'avenir politique, a évidemment devant elle un brillant avenir économique, par suite de sa situation exceptionnellement privilégiée. Sa capitale actuelle, *Panama*, située sur le Pacifique, compte 28 000 habitants; son port sur la mer des Antilles est *Colon* (3000 hab.).

Situation économique. — En résumé, à l'**Amérique centrale**, si peu peuplée, si pauvre encore et si arriérée, on peut cependant prédire un avenir brillant, car sa situation est unique au monde. Ce lieu de passage naturel entre le Pacifique et l'Atlantique, par où doivent s'établir les communications entre l'Europe occidentale et l'Asie orientale, donnera la mesure du développement qu'il peut atteindre, lorsqu'un canal réunira les Océans. Quelle que soit la voie qu'il empruntera, ce canal ne tardera certainement pas à être creusé, et tout le pays gagnera, sans aucun doute, à cette capitale transformation. En outre, une fédération politique et économique, qui ne peut manquer de se réaliser entre les Républiques sœurs, marquera la date d'un progrès plus rapide.

ANTILLES

Aperçu général. — Comprises entre le 10° et le 27° degré de latitude Nord, les **Antilles**, divisées en *Grandes* et *Petites Antilles*, forment une longue chaîne d'îles qui partent du Yucatan pour aboutir, en s'arrondissant en arc, au continent sud-américain, en face de la presqu'île de Cumana.

Elles enserrent ainsi avec la côte continentale une vaste mer, séparée en deux profondes cuvettes (6269 m. et 5202 m. de profondeur) par un isthme sous-marin prolongeant la côte du Honduras jusqu'à la Jamaïque.

On rattache aux Antilles les îles **Bahama** ou **Lucayes**, groupe d'étroits et plats écueils, semés au nord des Grandes Antilles et reposant sur un vaste banc à peine recouvert de quelques brasses d'eau.

C'est à l'une des Lucayes, l'île *San Salvador*, que *Christophe Colomb atteignit la première fois la terre d'Amérique, le 12 octobre 1492.*

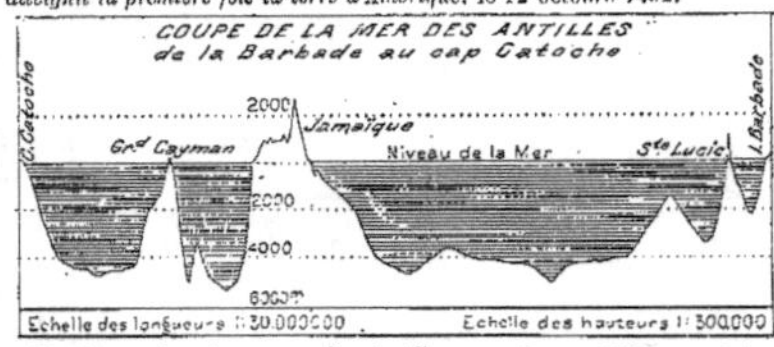

Notions physiques. — Les Antilles appartiennent à la zone intertropicale : ciel chaud, orageux, pluies abondantes. On y distingue deux zones principales de climats : une zone torride, celle des terres basses, chaude, humide, anémiante pour les blancs, et où sévit la fièvre jaune; une zone tempérée, celle des hautes terres. On n'y distingue aussi que deux saisons, celle des pluies ou hivernage (mai-novembre), qui coïncide avec le passage du soleil au zénith, et la saison sèche. Ce climat vaut aux Antilles une végétation brillante, comparable à celle du Mexique. Les produits minéraux manquent au contraire presque entièrement. 6 millions et demi d'hab. env. vivent dans les îles; 17 0/0 seulement appartiennent à la population blanche, qui cependant y a maintenu sa suprématie.

Dénominations. — Les *Grandes Antilles* sont : Cuba, *Haïti* ou *Saint-Domingue*, la *Jamaïque* et *Porto-Rico*. Bien que rangées généralement dans le second groupe, les *Iles Vierges* (*îles des Crabes, Saint-Thomas, Saint-Jean*, etc.) sont physiquement inséparables des Grandes Antilles; elles sont un prolongement de Porto-Rico, un détroit profond les sépare des *Petites Antilles*, celles-ci divisées en *Iles du Vent* et *Iles sous le Vent*.

Les *Iles du Vent* sont : *Anguille, Saint-Martin, Saint-Barthélemy, Saint-Eustache, Saint-Christophe, l'île de Nièves, Barbude, Antigua, Montserrat,* la *Guadeloupe*, la *Dominique*, la *Martinique, Sainte-Lucie,* la *Barbade, Saint-Vincent, Grenade* et les *Grenadines*, enfin *Tobago* et la *Trinité*, ces deux dernières faisant plutôt partie du continent américain.

Les *Iles sous le Vent*, que l'on rattache aux Petites Antilles, ne sont en réalité qu'une barrière détachée de la côte du Venezuela. Les principales sont : *Oruba, Curaçao, Tortuga* et l'île *Marguerite*.

CUBA

La première en richesse et en superficie est Cuba (118 855 kil. carr., 1 572 800 hab., 15 par kil. carr.) que les Espagnols se plaisaient à appeler la *Reine des Antilles*. Ils l'ont perdue ainsi que toutes leurs colonies après la guerre qu'ils ont eu à soutenir, en 1898, contre les États-Unis, intervenus en faveur des insurgés cubains qui luttaient depuis si longtemps pour la liberté. Mais Cuba semble destinée à rentrer un jour ou l'autre, dans l'Union du Nord-Amérique, qui provisoirement, et sous son contrôle, a concédé à la nouvelle République une semi-indépendance.

De forme longue et étroite, l'île est adossée au sud-est à un haut mur

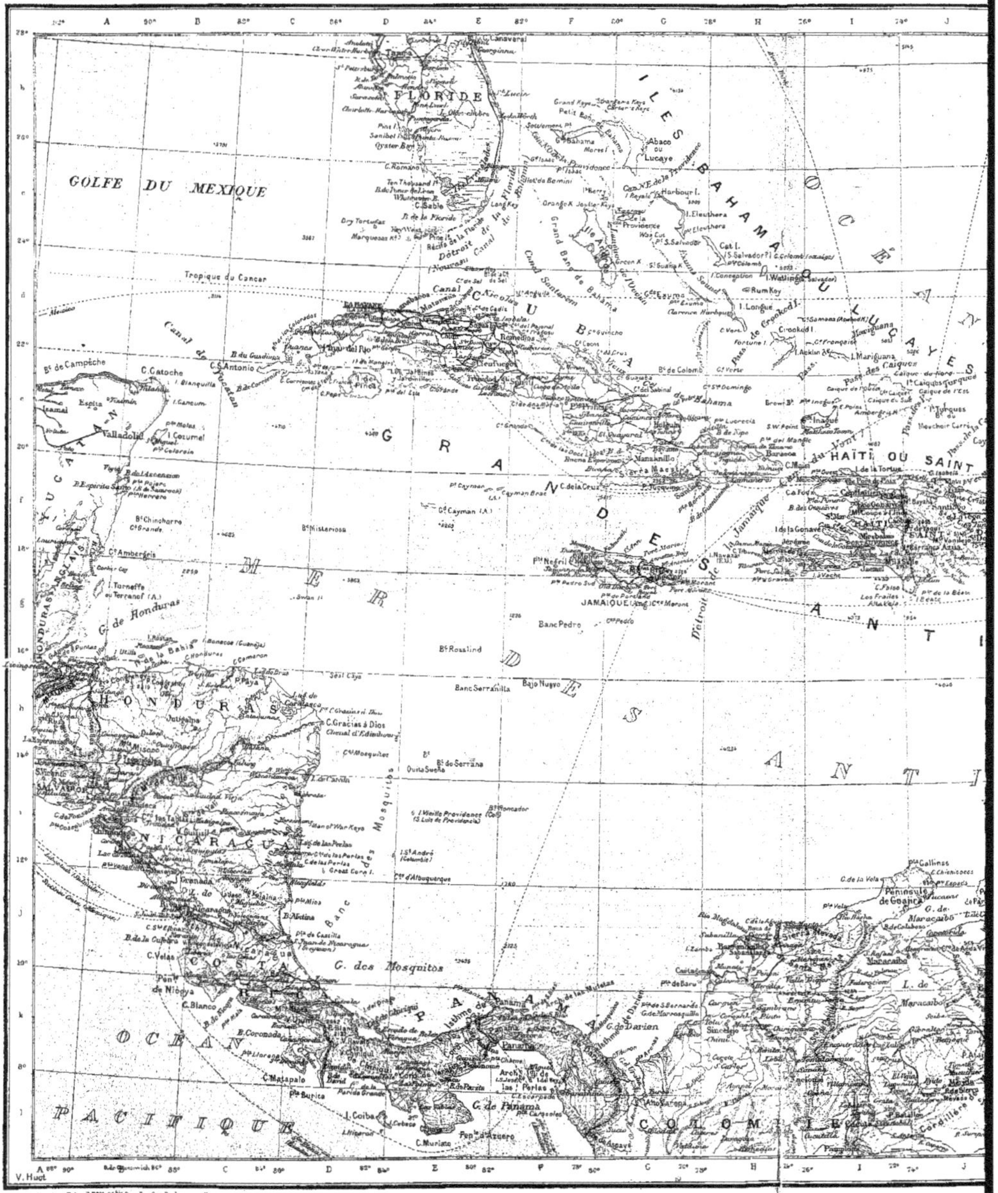

GOLFE DU MEXIQUE

FLORIDE

ILES BAHAMA OU LUCAYES

OCÉAN ATLANTIQUE

Tropique du Cancer

CUBA

GRANDES ANTILLES

HAÏTI OU SAINT

JAMAÏQUE

MER DES ANTILLES

HONDURAS

NICARAGUA

COSTA RICA

G. des Mosquitos

OCÉAN PACIFIQUE

PANAMA

G. de Panama

COLOMBIE

ANTILLES

PUBLIÉ PAR LA LIBRAIRIE HACHETTE ET Cⁱᵉ CARTE Nᵒ 60

montagneux, la *Sierra Maestra* (point culminant, 2562 m.), qui se prolonge très loin sous la mer. Le reste de l'île s'élève en douces collines, dont les plus hautes, à l'Ouest, atteignent 690 m. env.; des nombreux cours d'eau qui la traversent, aucun n'a d'importance.

Cuba est entourée d'une infinité d'îlots et cayes; au nord, les Jardins du Roi; au sud, ceux de la Reine; l'*île de Pinos* est la seule dont la superficie soit notable.

La température de Cuba est très élevée: comme aux autres Antilles, le retour des saisons y est régulier; la période chaude et pluvieuse dure de

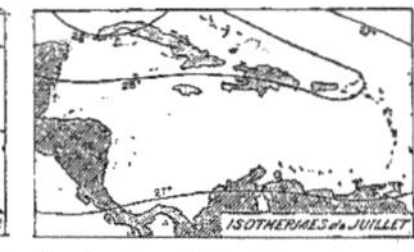

mai à octobre: le reste de l'année, le climat est agréable et doux.

Les productions, remarquablement abondantes, y sont celles de tous les climats tropicaux: fruits de toutes sortes, café, cacao, coton, etc.; mais les deux cultures les plus importantes sont la canne à sucre, plus abondante que partout ailleurs, et le tabac, connu dans le monde entier sous le nom de *Havane*, et dont le plus estimé se cultive à l'ouest de l'île, dans la région appelée *Vuelta de Abajo*.

Les forêts donnent l'acajou, le cèdre, l'ébène, qui sont la source d'une des principales industries du pays.

L'île est sillonnée de nombreux chemins de fer, faisant communiquer les principales villes : la Havane (255 981 hab.), la première de toutes les Antilles, reliée au monde entier par le télégraphe et la navigation, et son faubourg *Guanabacoa*; puis, au nord les ports de *Matanzas* (56 574 hab.), *Cardenas* (21 940), *Sagua*; au sud, *las Tunas, Trinidad, Cienfuegos* (30 038 hab.); à l'intérieur, *Puerto Principe* (25 102 hab.), *Santa Clara, Holguin*; enfin, à l'orient et sur la côte sud, *Santiago* (43 090 hab.), au pied de la Sierra Maestra.

HAÏTI OU SAINT-DOMINGUE

Autrefois appelée par les Espagnols *Hispañola*, la plus grande Antille après Cuba (77 255 kil. carr., 1 841 000 hab.) est d'aspect tout autre et entièrement montagneux. Elle est partagée entre deux républiques indépendantes. La première, **Haïti**, est traversée par une voie navigable importante, la rivière *Artibonite*. Sa capitale est *Port-au-Prince* (70 000 hab.), magnifique port de mer.

La seconde, **Saint-Domingue** (Santo Domingo), possède le point culminant de la chaîne haïtienne, le mont *Vanilejo* (3140 m.). C'est dans une belle vallée, au nord de l'île, allant de la baie *Mansanillo* à celle de *Samana*, que le mouvement vital est plus important. La capitale est le port de *Saint-Domingue* (20 000 hab.).

De fréquentes et cruelles guerres civiles ont arrêté longtemps tout progrès dans ces deux républiques.

JAMAÏQUE

La **Jamaïque** (10 896 kil. carr., 795 598 hab., 69 par kil. carr.), colonie anglaise, est aussi toute montagneuse; elle atteint 2256 m. dans sa partie orientale.

La capitale, *Kingston* (46 542 hab.), port de mer, est reliée par un chemin de fer à un autre port, *Old Harbour*.

Son principal produit est la canne à sucre, cultivée surtout pour la fabrication du rhum.

Trois îlots isolés, appelés **Caymans**, et surgissant de profondeurs énormes, sont des terres anglaises. De la Jamaïque dépendent aussi administrativement les *îles Turques* et *Caïques*, groupes les plus à l'orient des Bahama.

PORTO-RICO

La dernière des Grandes Antilles, **Porto-Rico** (9314 kil. carr., 955 245 hab., 102 par kil. carr.), est depuis 1898 une colonie des États-Unis. Le sol en est montagneux, mais d'une hauteur relativement peu élevée. Des ports importants, *San Juan*, la capitale (52 048 hab.), *Arecibo, Mayaguez* (15 187), *Ponce* (27 952), etc., seront bientôt reliés entre eux par un chemin de fer qui enserrera entièrement la forme quadrangulaire de l'île.

Les plus importantes des *îles Vierges, Sainte-Croix, Saint-Thomas, Saint-Jean*, sont des terres danoises. Les États-Unis qui depuis longtemps les convoitent en ont souvent proposé l'achat au Danemark. Ce marché est toujours à la veille de se réaliser. *Charlotte-Amélie*, dans l'île de Saint-Thomas, est la principale ville du groupe; la liberté du commerce en même temps que les avantages de sa situation lui assura longtemps un rôle prépondérant; elle a conservé aujourd'hui un certain rôle d'entrepôt; 12 000 hab. y sont réunis et y parlent toutes les langues. Les autres îles Vierges (*Tortola, Grande Vierge, Anegada*) sont dépendances anglaises.

PETITES ANTILLES

Les **Petites Antilles** sont une suite de volcans isolés, émergeant en cônes abrupts, tout couverts d'épaisses forêts, et formant des terres découpées et des abris sûrs, mais c'est une des régions de la terre les plus sujettes aux cyclones.

Elles sont toutes placées sous la domination européenne; l'Angleterre

règne sur le plus grand nombre; seules la *Martinique*, la *Guadeloupe*, *Saint-Barthélemy* et la moitié nord de *Saint-Martin* appartiennent à la France; *Saint-Eustache* et la moitié sud de *Saint-Martin* à la Hollande, qui possède, en outre, quelques-unes des îles de la côte vénézuélienne : *Curaçao, Oruba* et *Buenayre*.

Voici du reste quelle est la répartition nouvelle, au point de vue politique, de toutes les îles qui constituent les Antilles.

DIVISION POLITIQUE DES ANTILLES

Iles Françaises :		
Saint-Martin (partie N.)	52 kil. c.	5 640 hab.
Saint-Barthélemy	21	2 777
Guadeloupe	1 603	157 806
La Désirade	27	1 400
Les Saintes et Petite Terre	18	1 673
Marie-Galante	130	15 181
Martinique	988	207 011
	2 839	389 488
Iles Anglaises :		
Jamaïque	10 896 kil. c.	795 598 hab.
Les Trois Caymans	884	4 520
Turques et Caïques	575	5 605
Iles Bahama	13 960	55 190
Iles Vierges	103	5 285
Saint-Christophe (St-Kitts)	176	30 245
Anguille	91	4 026
Barbude	189	775
Antigua	251	54 180
Iles de Nièves et Redonda	118	12 790
Montserrat	83	12 215
Dominique	754	29 924
Sainte-Lucie	614	51 881
Saint-Vincent	381	48 424
Grenades et Grenadines	430	70 100
Barbade	430	197 792
Tobago	295	21 400
Trinité	4 544	281 120
	54 836	1 060 670
Iles Néerlandaises :		
Saint-Martin (partie S.)	47 kil. c.	3 161 hab.
Saint-Eustache	21	1 484
Saba	13	2 285
Buenayre	535	5 810
Curaçao	550	31 571
Oruba	165	9 105
	1 151	53 244
Iles Américaines :		
Porto-Rico et dépendances	9 314 kil. c.	955 210 hab.
Iles Danoises :		
Iles Vierges, St-Thomas	86 kil. c.	11 012 hab.
— St-Jean	55	925
— Ste-Croix	218	18 590
	359	30 527
Iles Indépendantes :		
Cuba (sous le contrôle des États-Unis)	118 855 kil. c.	1 572 800 hab.
Haïti, Républ. de Haïti	98 676	1 425 000
— — St-Domingue	48 577	416 000
	196 086	3 413 800
TOTAL GÉNÉRAL	244 585 kil. c.	6 500 969 hab.

Situation économique. — Admirablement situées sur le chemin de la Nouvelle-Orléans, sur celui de tous les ports du Mexique, de l'Amérique Centrale, du Venezuela, les Antilles occupent un rang très important dans le mouvement commercial du monde américain. Toutes communiquent par des lignes de navigation régulière et les câbles sous-marins avec les grands ports de l'Europe et de la côte américaine.

Néanmoins la prospérité des Antilles a subi un arrêt; presque partout la culture est en décadence et la production des denrées coloniales a diminué. L'indolence des nègres descendants des générations d'esclaves est pour beaucoup dans cette situation.

Les matières d'exportation sont surtout : 1° des produits d'alimentation : sucre, rhum, café, cacao, tabac, poivre, vanille, et 2° des matières premières, principalement les bois durs : le cèdre, l'acajou, l'ébène.

Population, langues. — La race insulaire a complètement disparu des *Indes occidentales*, depuis l'arrivée des Européens; les descendants des anciens esclaves nègres amenés d'Afrique forment aujourd'hui la grande majorité de la population. La langue espagnole est la plus généralement parlée. Longtemps sous la domination française, les îles du Vent, quoique devenues anglaises pour la plupart, ont conservé tous les vieux noms français; notre langue s'y parle, assez défigurée, il est vrai. Dans Haïti, le français créole est aussi l'idiome d'usage; le français littéraire est la langue officielle.

Historique. — Dès la découverte de l'Amérique, les Antilles furent l'objet des convoitises européennes. Les Espagnols, premiers arrivés, s'installèrent à Cuba, à la Jamaïque, à Porto-Rico, premières étapes sur leur route à la recherche de l'or. Plus tard, au xvii° siècle, les Français s'établirent à côté d'eux, à Haïti, dont ils firent une riche colonie, et à la plupart des petites Antilles; les Hollandais et les Danois en eurent quelques restes.

Mais les traités et la chance des guerres ont depuis modifié ce partage; à la fin du xviii° siècle la France perdit presque toutes les petites Antilles, dont l'Angleterre s'empara, ainsi que de la Jamaïque, qu'elle prit aux Espagnols. Aujourd'hui elle a pied partout, autour et au centre des Indes occidentales, depuis les Bahama au Nord jusqu'à la Trinité du Sud, avec le Honduras anglais au fond de la mer des Antilles et la Jamaïque au milieu.

Enfin, l'Espagne, après la guerre récente qu'elle a eu à soutenir contre les États-Unis (1898), a perdu au profit du vainqueur ce qui lui restait de son ancien domaine du Nouveau-Monde.

L'île d'Haïti s'est rendue indépendante au commencement du xix° siècle.

Victor Huot.

L'Amérique du Sud, de dimensions un peu inférieures à celles du continent septentrional, lui ressemble par la forme générale : c'est également une masse triangulaire, dont la pointe s'allonge dans la direction du sud. Comme l'Amérique du Nord, elle présente son ourlet principal, la Cordillère des Andes, au bord de l'océan Pacifique; les monts et les plateaux voisins de la côte orientale ou Atlantique sont de hauteur bien moindre et l'espace compris entre les deux saillies, c'est-à-dire la partie médiane du continent, forme une longue dépression dans laquelle se mêlent les sources

SUPERFICIE COMPARÉE
de l'Amérique du Sud et de l'Amérique du Nord
Amérique du Sud 17,850000
Amérique du Nord 21,000000
5   10   15   20
Millions de kilomètres carrés

des fleuves. La forme générale de l'Amérique du Sud est massive, dépourvue de péninsules comme les deux autres continents méridionaux, l'Afrique et l'Australie : en outre, elle est disposée symétriquement au monde africain : le cap brésilien São Roque, le cap guinéen des Palmes, qui se font face des deux côtés de l'Atlantique, sont les promontoires qui se correspondent dans les deux parties du monde.

La chaîne des Andes était considérée au dernier siècle comme l'arête maîtresse du

RAPPORT COMPARÉ DES CÔTES À LA SUPERFICIE
de l'Amérique du Sud et de l'Amérique du Nord
Amérique du Sud 1,45
Amérique du Nord 2,45
1   2
Kilomètres de côtes pour mille kilomètres carrés de superficie

monde entier, et de tous les sommets, le Chimborazo, un volcan éteint de l'Ecuador, était tenu pour le point culminant. C'est en 1805 seulement que l'on mesura les pics de l'Himalaya s'élevant à de plus grandes hauteurs, et jusqu'au milieu de ce siècle des géographes accordaient encore la prééminence aux cimes des Cordillères américaines. Du moins, la chaîne de l'Amérique méridionale occupe-t-elle le deuxième rang pour l'altitude des massifs et le premier pour la longueur totale sans brèches intermédiaires. D'une extrémité à l'autre, cette ossature du continent n'a pas moins de 9 000 kilomètres; elle a davantage encore, si l'on y ajoute les fragments insulaires qui la continuent de part et d'autre. En réalité, la chaîne ne commence

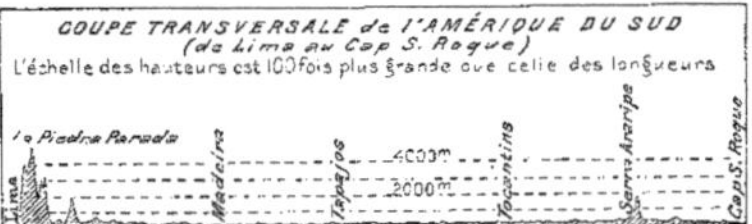

pas, comme on le dit souvent, au sud de l'isthme de Darien; sa première saillie est dans l'île de Trinidad, où elle se dresse brusquement au sud de la rangée des Antilles et ferme à demi le golfe de Paria. Plus loin, elle domine la péninsule de Carupano, puis reparaît pour former la superbe Silla de Caracas et se développer au sud-ouest, autour des grandes plaines du Venezuela et de la Colombie où naissent les affluents de l'Orénoque. Là, ce sont déjà les Andes proprement dites, atteignant 5 000 mètres par leurs sommets principaux et portant quelques névés et de courts glaciers dans leurs cirques supérieurs : trois chaînes convergentes, de l'est, du centre et de l'ouest, s'unissent au nœud de Pasto, presque sous la ligne équatoriale, puis au sud la chaîne se dédouble et l'on voit s'ouvrir l'incomparable vallée de Quito, superbe avenue que dominent en cônes et en pyramides le Cayambé, l'Antisana, le Cotopaxi, le Sangaï, le Tunguragua, le Pichincha, le Chimborazo et autres colosses neigeux ou fumants. Toujours parallèle à la côte du Pacifique, la double ou triple arête des Andes se replie vers le sud-est, enfermant de hautes vallées où coulent le Marañon et ses affluents : de profonds défilés découpent les chaînes orientales.

Pourtant le plus vaste plateau que limitent les chaînes parallèles des Andes a perdu son écoulement pendant la période géologique actuelle. Jadis il appartint aussi au bassin du fleuve des Amazones; mais les pluies, beaucoup moins abondantes de nos jours qu'elles ne le furent après les âges glaciaires, cessèrent de tomber en quantité suffisante pour remplir cette haute cuvette, et les eaux séjournent dans le réservoir sans émissaire du lac Titicaca, autour duquel se développa jadis la civilisation des Quichua : l'eau qui s'amasse dans cette mer intérieure est séparée des

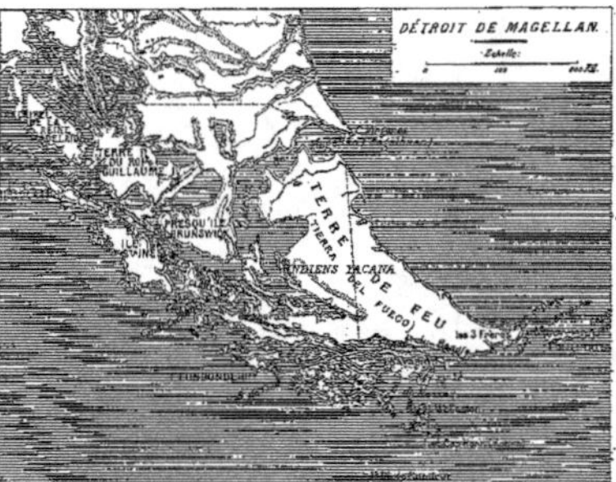

courants vifs du bassin de l'Amazone depuis une période géologique trop récente relativement pour qu'elle ait dissous une quantité de sel appré-

ciable dans les roches qu'elle baigne; elle est restée douce, tandis que le réservoir supérieur et son « effluent » — tel est le sens du nom espagnol Desaguadero. — sont emplis d'un liquide salin.

En cette partie du système Andin, située à peu près à égale distance des deux extrémités du continent, l'ensemble des monts et des plateaux intermédiaires n'a pas moins de 800 kilomètres entre la base occidentale, qui plonge dans la mer, et la base orientale, qui va se perdre dans les vastes plaines herbeuses du versant platéen. Autour de cette forteresse centrale des Andes se dressent des sommets supérieurs en élévation à ceux de l'Ecuador, entre autres l'Illimani et le Nevado de Sorata; mais ils se cèdent eux-mêmes à une cime porphyritique des Andes méridionales, l'Aconcagua, qui s'arrondit à près de 7 000 mètres au-dessus du niveau de la mer. Beaucoup moins larges que les Andes boliviennes, celles du Chili ne consistent qu'en une seule grande arête centrale, avec une chaîne côtière parallèle et quelques avant-monts. Vers le sud, elles s'abaissent rapidement et se réduisent à une simple crête bordière, tandis qu'à la chaîne littorale du Chili succède un archipel de monts à la base entourée d'eau. Néanmoins le système Andin se continue sans interruption, quoique à demi immergé, jusqu'au détroit de Magellan, et plus loin il se recourbe en corne aiguë jusqu'à l'extrémité de la Terre de Feu et au massif insulaire du cap Hoorn. Les détroits et les golfes qui découpent cette partie des Andes sont des fjords, analogues à ceux qu'on voit, sous les latitudes septentrionales correspondantes, sur les côtes de l'Amérique Anglaise et de l'Alaska : aux deux extrémités opposées du Nouveau Monde les fjords offrent les traces évidentes de l'ancien séjour des glaciers. Au nord de l'archipel de Chiloé, sur le rivage de la mer du Sud, la côte aride n'a gardé aucun vestige de glaces épanchées autrefois des cirques andins; mais sur les hauteurs voisines du littoral atlantique de l'Amérique du Sud, nombre de géologues, entre autres Agassiz, ont constaté en plusieurs endroits l'existence de moraines latérales et profondes. Même la zone torride en offre des exemples. Les montagnes situées au nord de Rio de Janeiro eurent leurs glaciers; de même les massifs qui bordent le bassin inférieur de l'Amazone; à la base de la Sierra Nevada de Santa-Marta se trouvent des étangs limités du côté de la mer par des moraines parfaitement reconnaissables, quoique recouvertes de forêts : elles furent poussées jadis en dehors de la montagne par de puissants glaciers, dont le front, reculant peu à peu pendant la série des âges, se montre maintenant à 4 000 mètres au-dessus du niveau de la mer. Enfin on a reconnu les lits de courants glacés dans les massifs de l'intérieur où l'on ne voit plus de nos jours que de rares stries de neige. Des blocs erratiques, des polis, voilà tout ce qui reste des anciens fleuves de glace dans la Sierra Nevada de Cocti.

Les Andes ont aussi leurs volcans. Les trois massifs les plus élevés, ceux de la Colombie du sud et de l'Ecuador, du plateau bolivien, du Chili, sont précisément ceux au-dessous desquels les foyers brûlants sont le plus actifs et le plus fréquemment tremblent le sol. La haute vallée de Quito frémit sans cesse, ébranlée par les explosions des volcans qui l'entourent. Parmi les volcans encore actifs, il en est un, le Tolima, dans l'une des chaînes andines de la Nouvelle-Grenade, qui, de tous les monts en feu, est le plus éloigné de l'Océan : il en est à plus de 200 kilomètres en droite ligne. On ne saurait donc admettre que dans cet endroit le laboratoire intérieur des laves subisse l'influence des eaux marines; il est probable que les eaux d'infiltration provenant des neiges, des eaux courantes et des petits lacs des alentours suffisent pour entretenir l'activité de ce foyer local. Toutefois le Tolima est presque dormant en comparaison des formidables volcans de l'Ecuador, qui vomissent des lacs de fange ou de matières fondues et comblent les vallées de leurs éjections. Les volcans du Chili ont causé moins de désastres que ceux de l'Ecuador, mais c'est à leurs secousses que serait dû le changement brusque de niveau le plus considérable que l'on ait encore observé sur les côtes, lors du tremblement de terre de la Concepcion; mais le fait de cette dénivellation soudaine est contesté.

La côte orientale de l'Amérique du Sud a ses chaînes bordières comme le littoral du Pacifique, mais ces chaînes ne sont pas comparables aux Andes pour l'altitude et ne se développent point en un relief continu; en outre, elles ne se sont point ouvertes à une époque récente pour donner passage aux vapeurs et aux laves. Au sud de l'Orénoque, les divers massifs et les rangées des Guyanes ne dépassent pas 2500 mètres par leurs cimes les plus élevées. Dans le Brésil oriental, les montagnes côtières atteignent à peu près la même hauteur; c'est dans le voisinage immédiat du littoral, près de l'angle brusque du cap Frio et de la profonde découpure du rivage au bord de laquelle s'est bâtie Rio de Janeiro, que se

dresse le plus fier des monts brésiliens, dans la Serra Mantiqueira. Le système orographique de ces régions est moins important par les saillies de son relief que par les dimensions de ses terrasses, qui se prolongent à l'ouest jusqu'aux sources du Paraná et du Paraguay, du Tocantins, du Tapajoz et du Guaporé.

Entre les Andes et les chaînes côtières de l'est se prolonge du nord au sud, des bords de la mer des Antilles à l'Atlantique austral, une dépression médiane dans laquelle les grands fleuves mêlent la ramure de leurs hauts affluents. L'Orénoque, le premier fleuve du Nouveau Monde dont Colomb ait vu les eaux, « issues du Paradis Terrestre », unit complètement son

AMERIQUE DU SUD PHYSIQUE

LÉGENDE

⊚ VALPARAISO — *Villes de plus de 100.000 hab.*
◉ Medellin — *de 25 à 100.000 »*
○ Antofagasta — *de moins de 25.000 »*

Les capitales d'Etat sont soulignées par un trait.

Echelle du 1:50.000.000°

AMERIQUE DU SUD PHYSIQUE

PUBLIÉ PAR LA LIBRAIRIE HACHETTE ET Cie — CARTE 61.

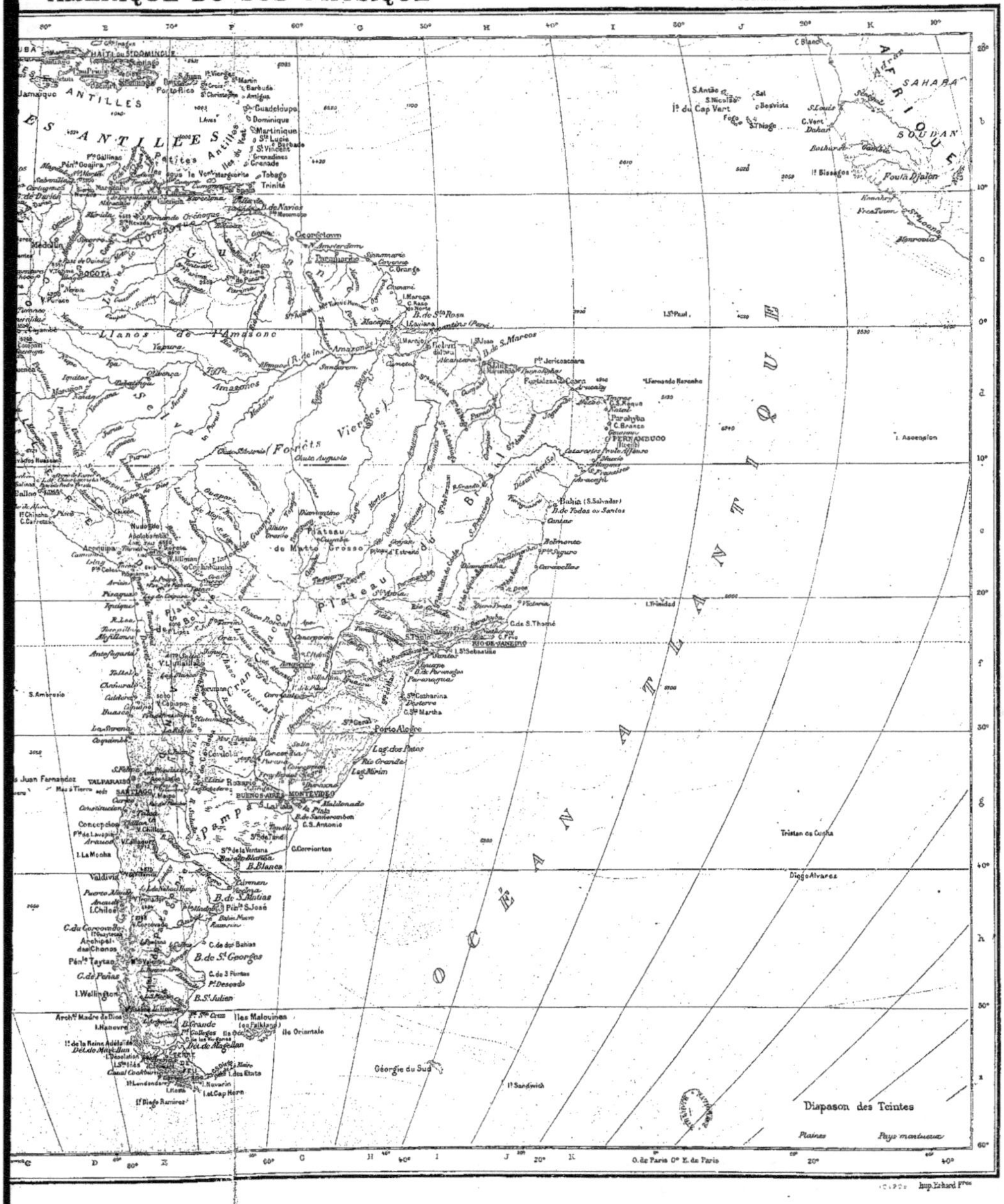

Imp. Erhard Fres

bassin avec celui des Amazones : par un de ces phénomènes communs dans les régions lacustres à vasques granitiques, telles que la Finlande et la Puissance du Canada, mais très rares en d'autres contrées, une rivière se divise en deux branches, dont l'une s'écoule au nord-ouest dans l'Orénoque, tandis que l'autre descend au sud-ouest vers le Rio Negro et par ce fleuve puissant dans le courant des Amazones. Les grosses rivières qui s'épanchent des Andes en sillons parallèles hésitent dans leur direction : un faible obstacle suffirait pour les faire osciller de l'un à l'autre bassin. De même, dans la Bolivie et le Brésil occidental, les tributaires du Madeira et des autres grands affluents du Marañon ne sont séparés de ceux du Paraguay que par des seuils à peine marqués, et, sans nul doute, les limites des bassins se sont modifiées fréquemment pendant le cours des âges.

La grande abondance des pluies qui tombent sur le continent donne aux fleuves de l'Amérique méridionale une portée proportionnelle bien supérieure à celle des cours d'eau de l'Ancien Monde. Ainsi l'Atrato, dont le bassin, bien limité par un cirque de réception, s'ouvre vers les pluies qu'apportent constamment les vents alizés, reporte à la mer un excédent d'eau supérieur à celui du Nil, qui le dépasse près de cent fois par les dimensions du bassin. Le rio Magdalena, l'Orénoque, moins abondants en proportion, sont néanmoins parmi les grands fleuves de la Terre, et le courant des Amazones l'emporte sur tous les autres cours d'eau de la planète, même sur le Congo, le Yangtsé-kiang, le Brahmapoutra.

PLUIES
moins de 20 cm
de 20 à 60
de 60 à 130
de 130 à 200
plus de 200

Prenant ses sources dans le voisinage immédiat de l'océan Pacifique, dont le sépare seulement une saillie bordière, le fleuve des Amazones traverse dans la direction de l'ouest à l'est toute la largeur de l'Amérique du Sud, et c'est dans la même zone, au-dessus de la ligne équatoriale, que se forment incessamment les nuages pluvieux produits par la rencontre des alizés. Il n'est pas une goutte d'eau du bassin de l'Amazone qui ne provienne des régions tropicales, où les averses tombent avec tant de violence. Dans chaque saison il est des affluents qui se gonflent et qui débordent pour soutenir la portée de la rivière maîtresse dans laquelle se réunissent les eaux. Quand le soleil, dans sa marche sur l'écliptique, passe dans l'hémisphère du nord, ce sont les tributaires septentrionaux, tels que le Putumayo, le Japurá, le Rio Negro, le Rio Branco, le Trombetas, qui apportent la masse liquide la plus considérable; quand le soleil retourne vers l'hémisphère du sud, entraînant après lui le rideau mouvant des nuages, les rivières méridionales, Ucayali, Purús, Madeira, Tapajoz, grossissent à leur tour, et c'est leur flot qui vient s'ajouter à celui du puissant Marañon. Grâce à ce balancement des rivières latérales, le fleuve des Amazones est toujours dans sa période de crue; même lorsqu'il est au plus bas, il roule par seconde une masse liquide de 80 000 mètres cubes, glissant vers la mer d'un mouvement égal, rompu çà et là par les tourbillons. « C'est une mer d'eau douce », ont dit les premiers navigateurs. Il n'est que peu d'endroits où l'on puisse le voir d'un bord à l'autre bord : des îles, des arbres noyés, des convois d'herbes flottantes, paraissent en former les rives, mais au delà serpentent d'autres bras de rivières; telle partie du cours n'a pas moins de 30 kilomètres entre les forêts riveraines. Le « défilé » d'Obidos, dans lequel le fleuve est rétréci par des falaises de grès, a pourtant 1 700 mètres de large et les eaux y ont une épaisseur de 80 mètres. Arrivé à l'estuaire, le courant des Amazones entoure de ses bras la grande île de Marajó et s'unit à la mer par une bouche ou plutôt par un golfe de 300 kilomètres. La nappe immense d'eau jaune, plus légère que l'eau salée de l'Océan, s'étale au loin à la surface de la mer, et, saisie par le courant équatorial, se reporte vers les côtes des Guyanes, qu'elle accroît incessamment de ses alluvions. Ainsi

les apports boueux du fleuve des Amazones se déposent en dehors de son

bassin et ne servent point à construire de delta au devant du fleuve comme ceux du Nil, du Rhône ou du Mississippi. Loin d'empiéter sur l'Atlantique, les terres amazoniennes reculent au contraire, érodées par le flot. Il est probable que dans ces parages se produit un mouvement de dénivellation qui abaisse graduellement le sol ou relève la surface marine. De même, les deux grands fleuves de la région méridionale du continent, le Paraná et l'Uruguay, atteignent la mer sans former de delta : leurs eaux se perdent dans le large golfe dit rio de la Plata, qui s'ouvre en entonnoir entre la Bande Orientale et la république Argentine.

Bien que l'Amérique du Sud, abondamment arrosée dans presque toute son étendue, soit, de tous les continents, le plus riche en végétation forestière, elle présente aussi des étendues faiblement arrosées et même des espaces complètement déserts. Les monts des Guyanes, qui forment barrière, empêchent les vents atlantiques de déverser leurs pluies dans les llanos du Venezuela; les plateaux brésiliens servent aussi d'écran aux pampas de l'Argentine, où s'éteignent les cours d'eau sans pouvoir atteindre le lit du Paraná; enfin le haut rempart des Andes, arrosé de pluies diluviales sur son versant oriental, ne reçoit plus une goutte d'eau sur les escarpements tournés vers le Pacifique et sur ce côté s'étendent de véritables déserts où les rares fontaines ne laissent suinter l'eau saline que goutte à goutte, où les substances chimiques recouvrent le sol en efflorescences multicolores. Pour les races indigènes du Pérou occidental, la vue d'un nuage traversant le ciel est un des événements considérables de l'existence.

Les plateaux des Andes, où se développèrent les civilisations primitives des Chibcha, des Quichua, des Aymara, sont ainsi limités sur une grande partie de leur pourtour, soit par le désert, soit par les rivières abondantes, les marécages, les forêts impénétrables. Il en est résulté que les civilisations locales sont restées dans l'isolement, sans action les unes sur les autres : l'influence de la culture quichua ne se fit sentir en dehors des plateaux originaires que dans les plaines devenues aujourd'hui les provinces septentrionales de la république Argentine et dans les vallées latérales du Chili : c'est que, en ces régions, la transition du sol et du climat se fait par degrés, sans brusques frontières. Partout ailleurs, les civilisés des plateaux se trouvaient comme enfermés. Maintenant encore, malgré les bateaux à vapeur qui enceignent l'Amérique de leurs sillages, et les chemins de fer qui gravissent le versant occidental des Andes, malgré la communauté des origines, des mœurs et du langage, les populations sont à l'état fragmentaire, presque sans points de contact : il n'y a pas même encore, en l'année 1895, une seule route carrossable tracée de l'un à l'autre littoral; mais la jonction ne manquera pas de se faire incessamment, du moins dans la partie méridionale, entre le Chili et la république Argentine. La république Argentine surtout, dont le climat moyen est celui de l'Europe méridionale tempérée, représente par excellence le mouvement européen dans l'Amérique du Sud. Dans un avenir prochain, Buenos-Ayres, la plus grande cité du continent, sera le point de départ d'une ligne de communication maîtresse, d'un « grand tronc » des chemins de fer qui traversera le pays du sud au nord jusqu'à Santa-Marta ou Carthagène-des-Indes, par les plaines argentines, les avant-monts boliviens et les hautes vallées andines du Pérou, de l'Ecuador, de la Colombie. C'est la chaîne des montagnes froides, axe géologique du continent, qui deviendra aussi, sous ce climat tropical, l'axe de civilisation.

Dans la partie orientale, si abondamment arrosée, si merveilleusement fertile, si pleine de ressources diverses, le climat toujours moite et chaud, avec ses températures moyennes oscillant entre 24 à 28 degrés centigrades, coupe, pour ainsi dire, le continent en deux régions distinctes. Ainsi, l'immense bassin des Amazones, dont le sol est assez fécond pour qu'on puisse en tirer la nourriture nécessaire à tous les habitants de la Terre, n'a que des populations éparses, presque perdues dans les forêts, et malgré leurs mines d'or, malgré leurs terres exubérantes, que sont les Guyanes, ces funestes lieux d'exil, dans l'équilibre du monde? Comme zone de peuplement, ces territoires sont presque interdits par le climat aux colons d'origine européenne et, à moins de grandes découvertes dans les sciences de l'hygiène, de la thérapeutique et de l'acclimatement, ne pourront se coloniser que par des populations trimétissées, à la fois blanches, indiennes et noires, apportant les qualités respectives des trois races mères. C'est dans la zone tempérée du sud, des plateaux brésiliens à l'estuaire de la Plata, et des bords du Paraná aux vallées chiliennes et boliviennes des Andes, que se fait graduellement, de l'Atlantique au Pacifique, la prise de possession continue du sol par la civilisation moderne.

Élisée Reclus

AMÉRIQUE DU SUD POLITIQUE

SITUATION — LIMITES

Politiquement, l'Amérique méridionale comprend la péninsule sud-américaine et le Darien, avec l'isthme de Panama, jusqu'à la frontière orientale de la république de Costa-Rica.

SUPERFICIE

17 888 600 kil. carr. (Europe, 10 010 486 kil. carr. ; France, 536 408). L'Amérique du Sud est, à elle seule, 30 fois plus grande que l'Espagne et le Portugal réunis, dont elle était jadis une colonie.

DIVISIONS POLITIQUES

L'Amérique méridionale est partagée entre 10 républiques, qui, rangées d'après l'étendue de leur territoire, sont : les *États-Unis du Brésil*, qui occupent presque la moitié de la superficie totale (8 361 350 kil. carr.) ; la *République Argentine* (2 885 620 kil. carr.), la *Bolivie* (1 554 200 kil. carr.), la *Colombie* (1 248 975 kil. carr.), le *Pérou* (1 769 804 kil. carr.), le *Venezuela* (1 197 069 kil. carr.), le *Chili* (796 967 kil. carr.), l'*Ecuador* (307 243 kil. carr.), le *Paraguay* (253 100 kil. carr.), l'*Uruguay* (178 700 kil. carr.) ; plus 3 colonies européennes ; la *Guyane anglaise* (240 470 kil. carr.), la *Guyane hollandaise* (129 100 kil. carr.), et la *Guyane française* (78 900 kil. carr.).

POPULATION

58 195 755 hab., soit 2 hab. par kil. carr. ; France, 71). Les figures suivantes donnent la répartition par États et la densité pour chacun d'eux.

Ces chiffres de population tendent à augmenter rapidement, non seu-

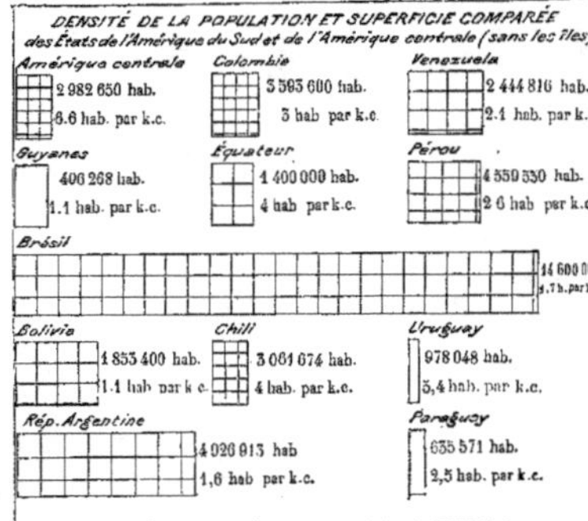

lement par suite de l'excédent des naissances sur les décès, mais surtout, depuis déjà beaucoup d'années, par le mouvement considérable d'immigration qui se produit au Brésil et dans la République Argentine. On estime à 53 822 le nombre des immigrants qui ont débarqué pendant l'année 1898 dans les ports du Brésil (164 571 en 1895) et à 96 080 celui qu'a reçus le port de Buenos Aires en 1902 (125 951 en 1901). Mais, tandis que dans l'Amérique du Nord ce sont les éléments allemand et irlandais qui dominent parmi les arrivants, dans l'Amérique du Sud les nouveaux venus sont pour la plupart des Italiens. En prenant comme

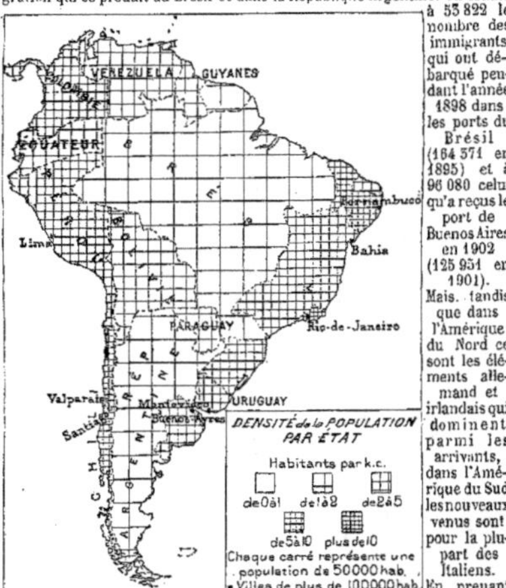

base les tableaux statistiques (1902) dressés pour la République Argentine, on trouve que les divers éléments dont se compose l'immigration totale sont représentés dans la proportion suivante : Italiens 51 0/0, Espagnols 12 0/0 ; Français 7 0/0, etc. Parmi les Français, ce ne sont pas, comme on le croit généralement, les Basques seulement qui émigrent vers l'Amérique du Sud, toutes les parties de la France, et en particulier la Savoie, prennent part à ce mouvement.

VILLES PRINCIPALES

Buenos Aires.	880 689 hab.	Bogota	120 000 hab.
Rio de Janeiro	522 651	Lima	113 000
Santiago	296 645	Rosario	112 461
Montevideo	200 000	Pernambuco	111 556
Bahia	174 212	Quito	80 000
Valparaiso	152 941	Caracas	72 429

RACES

La population de l'Amérique du Sud se compose de divers éléments, dont aucun peut-être n'est autochtone.

Les **Indiens**, qui forment le fond de la population, sont les seuls habitants à l'égard desquels le doute serait permis, les seuls dont l'origine soit obscure et dont l'immigration remonte aux temps préhistoriques. Quelques-unes de leurs tribus les plus puissantes, telles que les Incas, les Quichuas, les Chibchas, établis sur les hauts plateaux des Andes, avaient atteint un degré de civilisation relativement avancé. Décimés par les « conquistadores » espagnols, réduits en servitude ou refoulés dans les endroits les plus inaccessibles, ils menèrent pendant longtemps une existence misérable. Leurs descendants toutefois, à part les tribus qui errent dans les forêts, se sont mélangés avec la race des vainqueurs, et forment aujourd'hui, dans certains États, la partie la plus importante de la population dite « civilisée ».

Les **Blancs**, dont l'apparition ne remonte pas au delà de l'an 1500, époque de la découverte et de la conquête, ne constituèrent pendant près de trois siècles qu'un élément à peine appréciable, numériquement parlant, au milieu de la masse des indigènes. L'Espagne et le Portugal n'admettaient que leurs sujets et avaient édicté des peines fort sévères pour fermer leurs domaines aux autres nations. Les premiers colons européens furent donc presque exclusivement des Espagnols et des Portugais. Plus tard seulement vinrent des Anglais, des Hollandais, des Français, en nombre très limité. Le grand mouvement d'immigration date à peine de la première moitié de notre siècle ; longtemps il fut indécis : les émigrants se portaient de préférence dans l'Amérique du Nord ; mais depuis quelques années le revirement est complet, et les émigrants de toutes nationalités, attirés par les gouvernements des États sud-américains, pourraient bien ne pas tarder à assurer à la race blanche la prépondérance du nombre, outre celle de l'industrie et des capitaux.

Les **Nègres** furent introduits par les premiers colons pour suppléer au manque de bras et travailler comme esclaves sur les plantations. Leur nombre était considérable, et l'abolition de la traite ne le fit pas diminuer sensiblement. Toutefois la situation des noirs a été entièrement changée depuis que les républiques sud-américaines, en proclamant leur indépendance, proclamèrent aussi l'affranchissement des esclaves, et depuis que l'empire du Brésil, qui en possédait le plus grand nombre, les a définitivement reconnus libres par une loi du 13 mai 1888.

Les **Chinois** enfin entrent aussi, quoique pour une faible part, dans les éléments constitutifs de la population sud-américaine. On les rencontre principalement dans les États que baigne l'océan Pacifique. Le Pérou en avait un moment favorisé l'introduction pour les occuper sur les plantations de cannes à sucre et dans les exploitations de guano. Depuis que les États-Unis et l'Australie ont mis des entraves au libre établissement des Chinois, ceux-ci se portent de plus en plus vers l'Amérique du Sud, où ils créeront peut-être un jour une concurrence sérieuse aux immigrants européens.

Participant ainsi de quatre races différentes, la population de l'Amérique du Sud ne reproduit pas partout, beaucoup s'en faut, des types purs de tout mélange : les **Métis** à tous les degrés y sont nombreux. Les Indiens n'ont pas, comme dans l'Amérique du Nord, été tenus à l'écart, refoulés, parqués dans les « réserves » ; la race latine a moins d'aversion que la race anglo-saxonne pour les alliances avec les indigènes ; d'ailleurs les premiers colons étaient peu nombreux ; ils vivaient davantage loin des villes, sur leurs vastes domaines, et au milieu de gens de race différente. Toutes ces conditions réunies devaient nécessairement créer dans l'Amérique du Sud une population mixte, dans laquelle il est parfois difficile de décider à quel degré de fusion a été porté le métissage des races constitutives.

LANGUES

La langue espagnole est la plus répandue dans l'Amérique du Sud ; elle est la langue officielle de toutes les républiques sud-américaines, y compris le Paraguay (où la langue usuelle est le *guarani*). Au Brésil, la **langue portugaise** est parlée dans les provinces du littoral et sur le cours de l'Amazone ; elle est la langue officielle aussi pour les provinces de l'intérieur (où l'on parle la *lingua geral*, mélange de guarani et de portugais). Les langues *quichua* et *aymara* sont parlées sur les hauts plateaux du Pérou et de la Bolivie, et les langues *araucanes* sont usitées dans les Andes du Chili et en Patagonie.

RELIGION

La religion catholique romaine domine presque exclusivement dans l'Amérique du Sud ; néanmoins tous les cultes y sont tolérés. Les Indiens convertis en partie au catholicisme par les missionnaires jésuites, n'ont

guère adopté que les pratiques extérieures de la religion. Les croyances ou les superstitions des Indiens demeurés sauvages ont échappé jusqu'ici à une étude systématique.

INSTRUCTION PUBLIQUE

L'instruction publique, longtemps négligée dans l'Amérique du Sud, y occupe aujourd'hui une place remarquable. Les gouvernements s'imposent des sacrifices considérables pour faire pénétrer l'instruction dans

AMERIQUE DU SUD POLITIQUE

LÉGENDE

SANTIAGO   Capitale d'État Indépendant
Ayacucho   Capitale de Province
Limite d'État Indépendant
Chemin de Fer
Ch.in de Fer projeté

Echelle de 1 : 30.000.000

Possessions Européennes
France
G.de Bretagne   Pays-Bas   Portugal
Paquebots français
Paquebots étrangers

AMERIQUE DU SUD POLITIQUE

PUBLIÉ PAR LA LIBRAIRIE HACHETTE ET Cie CARTE 62

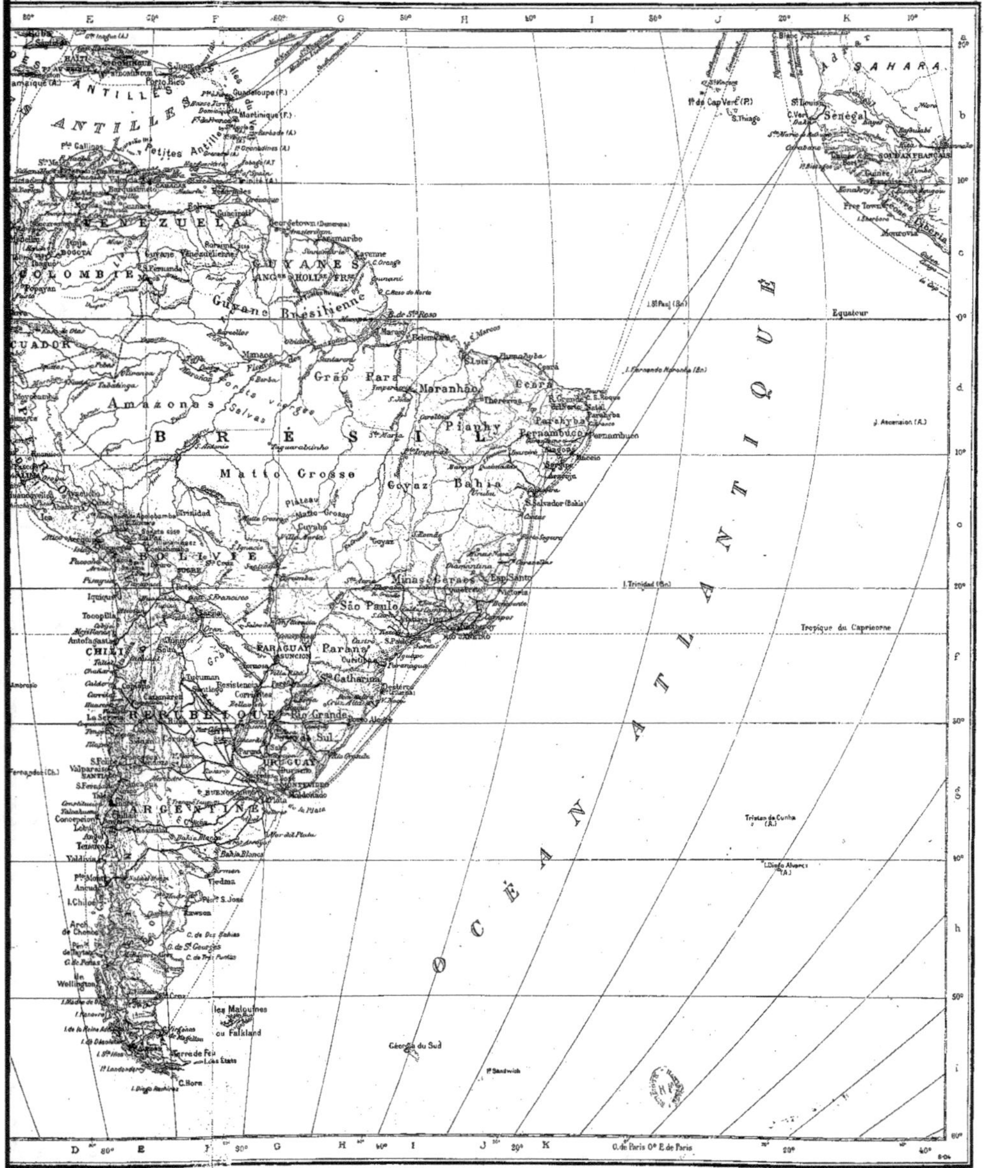

Imp. Erhard Fres

æs masses ; le nombre des écoles publiques et des élèves qui les fréquentent, celui des établissements supérieurs dotés de professeurs en renom, vont toujours croissant, et dans les villes principales les sciences et les lettres sont cultivées avec autant de sollicitude que dans notre vieille Europe.

INDUSTRIE — AGRICULTURE

Les seules industries importantes de l'Amérique du Sud ont été jusqu'à ce jour les **industries extractives** et l'industrie pastorale. L'activité des populations sud-américaines s'est bornée à recueillir une faible partie des richesses naturelles que fournit leur sol privilégié. L'or, l'argent, le cuivre, les pierres précieuses, le guano, le nitrate de soude, les bois d'ébénisterie et les bois de teinture, et dans ces dernières années les bois de construction, le caoutchouc, etc., ont donné lieu à des exploitations, imparfaites sans doute au point de vue technique ou économique, mais néanmoins productives. D'immenses troupeaux, presque abandonnés à

eux-mêmes dans les vastes pampas, et n'ayant autrefois d'autre valeur que celle de la peau de l'animal, commencent à alimenter les marchés et la boucherie. La race des chevaux a été améliorée et fournit à l'exportation des sujets recherchés. La viande, séchée au soleil, fumée, congelée ou conservée par divers autres moyens, est expédiée sur les marchés de l'Europe, où l'on tente aussi maintenant de transporter les animaux vivants, c'est-à-dire la viande sur pied. D'un autre côté, on a réussi à condenser sous le moindre volume possible les principes nutritifs contenus dans la chair des animaux, et l'on a fabriqué pour l'exportation des « extraits de viande » qui ont eu un grand succès. Les peaux, les cuirs, les laines, les crins, ont de tout temps été exportés sur une grande échelle. La laine de vigogne, en particulier, a toujours été recherchée comme matière première pour la fabrication de tissus chauds et légers.

L'industrie agricole proprement dite, c'est-à-dire une façon donnée au sol, sa préparation et son entretien réglés et suivis en vue d'une récolte, n'a guère eu d'autre application jusqu'ici que dans l'établissement de vastes plantations de café, de canne à sucre, de cacao, de coton, de tabac, de vanille, d'indigo, etc. Le maïs, la patate et autres plantes destinées à l'alimentation n'étaient cultivés, pour ainsi dire, que pour satisfaire aux besoins d'une consommation locale très faible. Depuis quelques années toutefois, la culture des céréales devient prédominante et tend à faire de l'Amérique du Sud l'un des greniers de l'Europe.

COMMERCE

Pendant longtemps le commerce de l'Amérique du Sud fut entravé par les mesures prohibitives que la métropole imposait à ses colonies ; ni l'Espagne, ni le Portugal n'accordaient à leurs colonies le droit de commercer directement avec les autres nations : ce droit était jalousement réservé à quelques privilégiés de la mère patrie, à titre de faveur ou de récompense pour des services rendus. Les Anglais tentèrent sans succès de battre en brèche cette institution. Ce ne fut qu'à partir de l'époque où les populations sud-américaines eurent proclamé leur indépendance, que les relations commerciales avec l'Amérique du Sud commencèrent à se développer. Étant donnée la nature des choses, ce commerce n'a encore consisté jusqu'ici que dans l'échange des produits du sol contre les articles manufacturés : l'Amérique du Sud, productrice de denrées et de matières premières (café, sucre, cacao, coton, tabac, peaux, cuirs, métaux précieux et bois d'œuvre), les offrait aux nations dont l'industrie était avancée, et recevait de celles-ci les tissus, outils, machines et objets de luxe dont les habitants des villes étaient presque les seuls consommateurs. L'absence de besoins, le mépris du confort, tel que nous l'entendons en Europe, et surtout la pénurie d'argent chez la plupart des habitants, n'ont longtemps pas laissé prendre à ce commerce toute l'ampleur dont il eût été susceptible. La production des denrées et de matières échangeables était elle-même limitée par l'indolence des habitants et par le manque de bras, auquel on avait dû suppléer dans une certaine mesure par le travail des esclaves. On estime aujourd'hui que le mouvement commercial entre l'Amérique du Sud et les autres pays est de :

        Exportations . . . .   1 900 millions de fr.
        Importations . . . .   1 500   »   » fr.

Mais on comprend qu'à mesure que l'Amérique du Sud développera sa production, et que l'immigration européenne y introduira non seulement les bras qui font défaut, mais aussi des besoins nouveaux, même parmi les classes inférieures, et une aisance plus grande du haut jusqu'au bas de l'échelle sociale, le commerce s'en ressentira favorablement. Aussi la tendance que manifestent les Nord-Américains a accaparer le commerce du Sud-Amérique par l'établissement d'une union douanière s'explique-t-elle facilement. Cette mesure aurait pour résultat principal d'obliger l'Amérique du Sud à tirer de préférence de l'Amérique du Nord les articles manufacturés qu'elle consomme, et à lui livrer en échange les produits dont elle est si riche.

COMMUNICATIONS

L'absence de communications faciles avec l'intérieur est ce qui a le plus contribué jusqu'ici à retarder le développement économique de l'Amérique du Sud. Bien que ce continent possède les plus beaux **fleuves** du monde, la navigation fluviale y est encore à un état peu avancé. Les **routes** sont pour ainsi dire inconnues, et il est plus difficile de franchir la distance qui sépare l'Atlantique du Pacifique que de se rendre, par exemple, des ports de la côte orientale en Europe, ou de ceux de la côte occidentale en

Australie. Aussi, l'Amérique du Sud a-t-elle vu se développer surtout ses communications maritimes, et les villes du littoral sont-elles desservies par de nombreuses lignes régulières de **paquebots**. Quant à l'intérieur, il était demeuré plus ou moins fermé. Depuis quelques années cependant, les lignes de **chemins de fer** (Réseau total : 42 200 kil.) tendent à couvrir d'un réseau toujours plus compliqué certains territoires, principalement celui de la République Argentine, et l'on travaille déjà à établir des *voies ferrées interocéaniques*. Non seulement le chemin de fer de Buenos-Aires à Valparaiso marche vers son achèvement ; mais on parle déjà d'une *ligne transcontinentale* qui irait de Recife (Pernambuco) à Valparaiso, par la vallée de San Francisco et celle du Parana. Cette ligne, mise à l'étude au commencement de l'année 1889, ouvrirait

au commerce les provinces intérieures du Brésil et les mettrait en communication avec les deux Océans. Enfin l'achèvement du *canal de Panama* ouvrirait à la navigation une voie directe entre l'Europe et les ports de la côte occidentale de l'Amérique du Sud.

GÉOGRAPHIE HISTORIQUE

Christophe Colomb, à son troisième voyage, découvrit en 1498 l'île de la Trinité et la côte nord de l'Amérique méridionale. L'année suivante (1499), Alonzo de Hojeda, accompagné du pilote Juan de la Cosa et de Vespucci, reconnut les côtes des Guyanes et du Venezuela. A la même époque, Nino et Guerra découvraient les côtes de Cumana jusqu'au cap Codera. Les principales expéditions datent toutefois du siècle suivant. En 1500, Vicente Yanez Pinzon relève la côte orientale de l'Amérique du Sud jusqu'au cap Saint-Augustine, et Diego de Lepe s'avance un peu au delà de ce cap, tandis que Rodrigo Bastidas et Juan de la Cosa reconnaissent les côtes du Venezuela, l'embouchure du rio Magdalena, le golfe d'Uraba et la côte du Darien. En cette même année 1500, le navigateur portugais Alvarez Cabral découvre les côtes du Brésil et débarque à Porto Seguro ; puis en 1501 une autre expédition portugaise, conduite par Vespucci, reconnait les côtes du Brésil jusque par 26° 5' lat. S. Peu de temps après (1505), un Français, le baron de Gonneville, monté sur un navire parti de Honfleur, touchait la côte un peu plus au sud. Enfin, en 1509, l'embouchure du rio de la Plata est découverte par Diaz de Solis.

Dès 1502, Christophe Colomb avait appris, par les indigènes, l'existence d'un autre océan (l'océan Pacifique). Ce ne fut toutefois qu'en 1515 que Vasco Nuñez Balboa traversa l'isthme de Darien, et c'est seulement en 1522 que Andagoya reconnut le littoral du Pacifique.

Vers cette même époque (1521), Magellan découvrit, à l'extrémité de l'Amérique du Sud, le détroit qui porte son nom. Sébastien Cabot, cherchant, lui aussi, un passage à l'ouest, entra en 1528 dans le rio de la Plata et pénétra à l'intérieur du Brésil.

Le conquérant Pizarre, traversant l'isthme de Panama, s'empara du Perou en 1524 et fonda Lima en 1535 ; Almagro fit, en 1534, la conquête du Chili, continuée en 1540 par Pedro de Valdivia.

Dans l'intervalle, Alfinger en 1530, Belalcazar en 1535 et Fredeman en 1558 pénétraient dans la Colombie et dans le Venezuela. De son côté, Orellana, en 1539, descendait sur un radeau le fleuve des Amazones, depuis sa source jusqu'à son embouchure.

Toute la partie de l'Amérique du Sud découverte par les Espagnols et appartenant à la couronne d'Espagne fut divisée en vice-royautés, qui se démembrèrent à plusieurs reprises. Grâce aux efforts des patriotes Bolivar et San Martin, les populations sud-américaines secouèrent le joug de l'Espagne, après une lutte qui dura de 1809 à 1824, et proclamèrent successivement leur indépendance. Ce fut l'origine des républiques actuelles.

Le Brésil, découvert par les Portugais, ne fut longtemps qu'une simple colonie, dont la possession exclusive était contestée au Portugal. En 1557, le chevalier de Villegagnon, calviniste, tenta de fonder une « France antarctique » dans la baie de Rio de Janeiro, et en 1630 les Hollandais s'établirent à Pernambuco. Mais, en 1808, le roi de Portugal João (Jean) VI, fuyant devant les troupes françaises, vint se fixer à Rio de Janeiro et y résida jusqu'en 1821. Rentrant alors en Europe, il laissa au Brésil, comme régent, son fils dom Pedro. L'année suivante (12 octobre 1822), le Brésil proclama son autonomie et le prince régent fut couronné empereur.

Quant aux Guyanes, après avoir subi bien des vicissitudes et avoir passé tour à tour aux mains des Hollandais, des Français et des Anglais, elles ont été reconnues à leurs possesseurs actuels à la paix de 1814.

D. KALTBRUNNER.

COLOMBIE, VENEZUELA, GUYANES

Ces pays occupent à peu de chose près la partie de l'Amérique du Sud comprise au nord de l'Équateur. Leur relief est celui du continent tout entier : deux systèmes montagneux d'importance inégale séparés par une large plaine basse. Formé par les ramifications de la grande chaîne andine, le massif montagneux de l'ouest est de beaucoup le plus considérable. A son entrée sur le territoire de la Colombie, la Cordillère se divise en deux, puis aussitôt en trois chaînes ; la Sierra centrale porte les sommets les plus importants ; volcans *Purace* (4700 m.), *Tolima* (5616 m.), etc. D'autres massifs se rattachent au grand massif andin : la *Sierra Nevada de Santa Marta* qui plane au-dessus de la mer à l'altitude de 5187 m. ; la *Cordillère de Mérida* qui se soude à la Sierra orientale colombienne et qui avec les *Monts Caribes*, dominant la mer des Antilles, forme, jusqu'à la péninsule de Paria et à l'île de la Trinité, le prolongement de cette Sierra.

Les soulèvements montagneux qui se prolongent de l'autre côté de l'Orénoque appartiennent à une région à peine peuplée et encore mal connue. Le mont *Roraima* (2621 m.) semble être le point culminant de cet ensemble de chaînes dont les principales sont désignées sous les noms de *Sierra de Parima, Sierra Pacaraima, Sierra de Rincoto, Montagnes de la Lune, Tumuc Humac*, etc.

La Colombie, le Venezuela et les Guyanes sont entièrement comprises dans la zone équatoriale ; mais l'influence de la latitude s'y trouve en partie neutralisée par celle de l'altitude, du moins dans la zone des sierras. Au-dessous de 600 mètres, s'étend la *terre chaude* (moyenne de l'année entre 27° et 50°) : les terres tempérées vont jusqu'à 2200 m. (moy. annuelle 21°) ; au delà, sont les terres froides. Brûlées par un soleil ardent, les terres chaudes forment un puissant foyer d'appel ; les vents accourent de l'Atlantique, de la mer des Antilles, charriant des nuages gonflés de pluies qui se déversent sur toute cette région qui, dans l'ensemble, est parmi les pays les plus arrosés de la terre : la saison pluvieuse l'emporte de beaucoup en durée sur la saison sèche.

Grâce à cette abondance des pluies, les fleuves de cette région comptent par leur débit parmi les plus considérables du monde ; leur portée est bien supérieure à celle que leur assigneraient l'étendue de leur bassin et la longueur de leur cours. Malheureusement, ils sont encombrés de rapides et de chutes. L'*Orénoque* est le plus considérable d'entre eux : les nombreux courants qui viennent successivement le grossir sur ses deux rives — *Caura, Caroni, Guayabero, Meta, Arauca, Apure* — en font un fleuve énorme, large de 20 kil. à la tête de son delta, et dont la profondeur atteint jusqu'à 50 mètres. Pendant la période des crues, il s'étale en mers intérieures qui ont jusqu'à 200 kil. de large. L'Orénoque se termine par un delta de 17500 kil. carrés de superficie. Les rios *Cauca* et *Magdalena* sont aussi parmi les plus importants cours d'eau de cette région : ils coulent dans les vallées longitudinales qui séparent les chaînes parallèles des Andes. Sont encore à citer : l'*Atrato*, qui malgré la faible dimension de son bassin conduit à la mer une masse énorme d'eau ; puis les fleuves des Guyanes : l'*Essequibo*, tout coupé de cascades, le *Corentyne*, le *Maroni*, l'*Oyapok*, etc.

Trois zones naturelles principales se distinguent dans cette vaste région du Nord de l'Amérique méridionale : plaines humides, montagnes, plaines sèches. Dans les premières (Guyanes, delta de l'Orénoque, régions côtières du lac de Maracaibo et du golfe de Darien), les forêts tropicales s'entremêlent, formant une véritable prison ; les cultures tropicales y prospèrent aussi : cacao, tabac, canne à sucre, coton, vanille, cocotier, etc. La montagne offre diverses zones étagées de productions : après 600 m., le cocotier et le cacaoyer cessent de croître ; après 2200 m. bananier, canne à sucre, manioc disparaissent, laissant la place au froment, à l'orge, à la pomme de terre. Les richesses minières (fer, sel, charbon, or, etc.) s'ajoutent aux ressources agricoles de la montagne. Les parties sèches sont occupées par les **llanos**, zone herbeuse par excellence, à la végétation épaisse et variée pendant la saison des pluies, horriblement aride pendant la saison sèche (surtout dans la région de l'est) et balayée par des tempêtes qui y soulèvent des tourbillons de poussière. De plus, les **llanos** ont des arbustes vénéneux, des fruits empoisonneurs, des nuées de moustiques et d'insectes à la piqûre mauvaise, de terribles serpents d'eau ; enfin, la fièvre, qui naît dans les mares laissées par les fleuves débordants cause chaque année d'innombrables morts.

Il n'y a guère de population dans ces llanos, non plus que dans les marécages malsains de la côte ou sous le dôme étouffant de la forêt vierge. La zone favorable aux agglomérations humaines, c'est la montagne, tempérée et saine. 5 ou 400000 indigènes sont tout ce qui reste des anciennes populations autochtones qui habitaient ces contrées au nombre de 8 à 10 millions au moment de l'arrivée des Espagnols. L'émigration européenne a toujours été des plus faibles vers ces régions ; très peu de blancs se sont maintenus à l'état pur ou à peu près pur. La grande masse de la population est constituée par des métis de provenances variées.

Au point de vue politique, la région septentrionale de l'Amérique du Sud comprend deux États indépendants : *Colombie* et *Venezuela*, et trois colonies européennes : *Guyane anglaise, Guyane hollandaise* et *Guyane française*.

COLOMBIE

La *Colombie* comprend les trois régions naturelles qui caractérisent cette partie du continent : les terres chaudes et humides que lui donnent les productions tropicales ; la zone montagneuse, fournissant les bois d'ébénisterie, de teinture, propre à l'élève du bétail, riche en minerais de toutes sortes ; enfin la région des llanos où l'élevage peut être pratiqué en grand. Mais les habitants manquent à la Colombie, le peuple colombien, qui a quadruplé depuis 1810, ne compte encore que 3595600 individus et il ne peut s'étendre que dans la région montagneuse. Par suite, la situation économique n'est pas absolument satisfaisante : l'agriculture colombienne nourrit tout juste ses habitants ; l'élève du bétail n'est prospère dans quelques districts : l'industrie se borne à l'exploitation très incomplète des richesses minières ; les voies ferrées font presque complètement défaut ; le commerce extérieur enfin est relativement faible.

Après avoir été longtemps constituée en république fédérale, puis en forme unitaire, la Colombie a repris la forme fédérale ; ses quinze États sont les suivants : *Bolivar, Magdalena, Santander, Antioquia, Boyaca, Cundinamarca, Tolima, Cauca, Atlántico, Caldas, Galán, Huila, Nariño, Quesada* et *Tundama*.
Superficie : 1206200 kil. carrés.

Population : 4650000 hab. (4 par kil. carré).
Principales villes : *Bogotá*, capitale, 85000 hab., *Medellin*, 50000 ; *Barranquilla*, 52000 ; *Socorro*, 20000 ; *Cartagena*, 20000 ; *Bucaramanga*, 20000 ; *Jesus-Maria*, 18000 ; *Chiquinquira*, 18000, etc.
Budget (1905-06) : Recettes 115000000 fr. ; dépenses 115000000 de fr.
Dette publique (1905) : 57000000 fr. Dette étrangère, 76200000 fr.
Commerce (1898) : Importations : 55400000 francs ; exportations : 95800000 fr.
Chemins de fer (1904) : 660 kil. en exploitation.
Télégraphes (1905) : 10420 kil.

Les États-Unis ayant racheté des mains françaises l'entreprise du canal de Panama, entamèrent des négociations avec le Gouvernement de Colombie pour la cession, moyennant une somme d'argent, d'un territoire permettant aux nouveaux concessionnaires d'assurer l'exploitation régulière et indéfinie du canal en toute sécurité.

Les atermoiements de la Colombie lassèrent à la fois les États-Unis et la population de Panama, intéressée au rapide achèvement du canal. Aussi, le 3 novembre 1905, le DÉPARTEMENT DE PANAMA s'est spontanément séparé de la Colombie et constitué en RÉPUBLIQUE INDÉPENDANTE.

Cette indépendance que les États-Unis garantissent et qu'ils se sont engagés à sauvegarder a été immédiatement reconnue par les Puissances.

La nouvelle RÉPUBLIQUE DE PANAMA a une superficie de 87480 kil. carrés avec une population de 400000 hab. environ. Panama, sa capitale, compte 30000 hab. Politiquement, le nouvel État figurera désormais parmi ceux de l'Amérique du Nord, car outre qu'il rentre dans le cercle d'attraction des États-Unis, c'est la vallée du Rio Atrato, à l'est du Panama, qui constitue la limite physique et naturelle entre les deux continents du Nord et du Sud.

VENEZUELA

Le *Venezuela* comprend les mêmes zones de climat et de productions que la Colombie ; la population vénézolane n'a quelque densité que sur la chaîne côtière et la grande Cordillère de Mérida ; l'immigration européenne y est peu considérable. Le Venezuela est plus prospère que la Colombie. Les cultures du maïs, du café, du cacaoyer, de la canne à sucre sont très répandues et s'étendent de jour en jour. On ne compte pas moins de 18 millions de têtes de gros et petit bétail. Toutefois les mines sont moins rémunératrices que celles de la République voisine et l'industrie n'y est pas plus développée. Peu de voies ferrées ; quant au commerce extérieur, il est, malgré une population moindre, plus important que celui de la Colombie.

Le Venezuela est une République fédérale composée de treize États autonomes qui sont : *Zulia*, cap. Maracaibo ; *Felcon*, cap. Coro ; *Carabobo*, cap. Valencia ; *Lara*, cap. Barquisimeto ; *Mérida*, cap. Mérida ; *Zamora*, cap. San Carlos ; *Miranda*, cap. Ocumare ; *Bermudez*, cap. Barcelona ; *Bolivar*, cap. Ciudad Bolivar ; *Aragua*, cap. Victoria ; *Tachira*, cap. San Cristóbal ; *Trujillo*, cap. Trujillo ; *Guarico* et les districts fédéraux occidental et oriental.
Superficie : 942500 kil. carrés.
Population : 2500980 hab.
Principales villes : *Caracas*, capitale, 72450 hab. ; *Valencia*, 58655 ; *Maracaibo*, 54285 ; *Barquisimeto*, 51475, etc.
Budget (1905-06) : Recettes, 55000000 de fr. ; dépenses 55000000 de fr.
Dette publique : (1905) : 251600000 fr.
Commerce : Importations (1905-06) : 48400000 francs ; exportations : 74500000.
Chemins de fer (1905) : 842 kil. en exploitation.
Télégraphes (1905) : 6490 kil.

GUYANES

La *Guyane anglaise* est la plus vaste, la plus prospère, la plus peuplée des trois colonies guyanaises. L'industrie sucrière surtout y est très active.
Superficie : 240470 kil. carrés.
Population : 295122 hab. (1,2 par kil. carré).
Ville principale : *Georgetown*, la capitale, 56000.

La *Guyane hollandaise*, située entre les deux autres colonies, est surtout un marais littoral à la lisière d'une profonde forêt. Les étendues cultivées donnent le cacao.
Superficie : 129100 kil. carrés.
Population : 91000 hab. (1,1 par kil. carré).
Ville principale : *Paramaribo :* 55555 hab., capitale.

La *Guyane française*, après deux siècles d'efforts intermittents et mal dirigés, reste encore à créer en tant que colonie. Malgré son insalubrité, elle offrirait des ressources à la colonisation. On n'y compte actuellement que 1200 blancs environ, forçats ou aventuriers venus pour y chercher l'or des rivières.
Superficie : 78900 kil. carrés.
Population : 52808 hab. (0,5 par kil. carré).
Ville principale et chef-lieu : *Cayenne*, 12000 hab.

Les principaux ports venezolans ou colombiens de la mer des Antilles : *Barcelona, la Guaira, Puerto Cabello, Puerto Colombia, Colon*, etc., sont régulièrement desservis par des paquebots anglais, français, allemands et nord-américains.

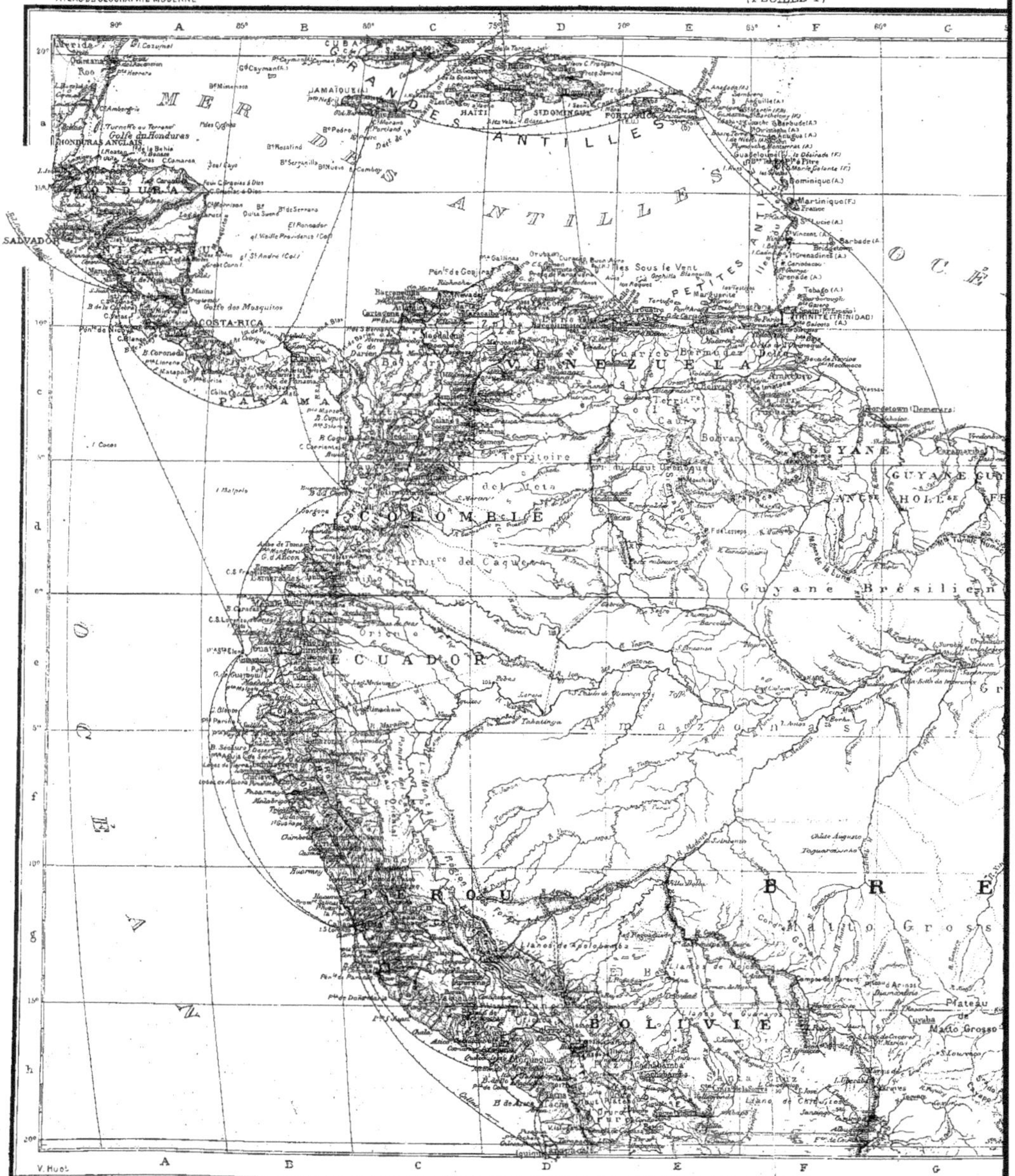

MER DES ANTILLES
GRANDES ANTILLES
PETITES ANTILLES
CUBA
JAMAÏQUE
HAITI
ST DOMINGUE
PORTO RICO
Martinique (F.)
Guadeloupe (F.)
Barbade (A.)
Grenade (A.)
Trinidad (TRINIDAD)
Tabago (A.)
Iles Sous le Vent
Marguerite
Curaçao
HONDURAS ANGLAIS
Golfe du Honduras
HONDURAS
SALVADOR
NICARAGUA
COSTA-RICA
Golfe des Mosquitos
PANAMA
VENEZUELA
COLOMBIE
GUYANE
GUYANE ANGLAISE
GUYANE HOLLAISE
Guyane Brésilienne
Territoire del Meta
Territoire del Caqueta
ÉQUATEUR
PÉROU
BOLIVIE
BRÉSIL
Matto Grosso
Plateau de Matto Grosso
Cuyaba
Amazones
OCÉAN PACIFIQUE
OCÉAN ATLANTIQUE
I. Cocos
I. Malpelo
Orénoque
Haut Orénoque

AMÉRIQUE DU SUD

(FEUILLE I)

Des câbles, se reliant au réseau général des télégraphes sous-marins, atterrissent aux principaux ports du Venezuela, à Colon et aux trois chefs-lieux des Guyanes.

Histoire. — Découverte vers 1500, cette région de l'Amérique du Sud fut aussitôt organisée par les Espagnols en vice-royauté de Santa Fé et en capitainerie de Caracas. Les Guyanes restèrent seules indépendantes jusqu'à l'époque de Henri IV ; à ce moment les Français s'y établirent. En 1821, les colonies espagnoles insurgées formaient, sous la présidence de Bolivar, la République de Colombie, qui comprenait la Colombie actuelle, le Venezuela et l'Ecuador. En 1850, les trois États se séparèrent en républiques indépendantes.

ECUADOR, PÉROU, BOLIVIE

Ces trois États présentent la même disposition et les mêmes caractères. Ils sont parcourus du nord au sud par les longs et puissants rameaux des Andes qui y forment deux chaînes parallèles qui vont s'écartant plus ou moins en laissant entre elles un haut plateau sillonné de chaînons obliques et secondaires. Dans l'Ecuador se dressent des cimes considérables et célèbres : le *Chimborazo* (6310 m.), le *Pichincha* (4797 m.), le *Cayambé* (5840 m.), l'*Antisana* (5756 m.), le *Cotopaxi* (5943 m.), le *Sangay* (5325 m.), etc. Presque tous les sommets sont des volcans actifs. Les Andes péruviennes atteignent 6721 m. au *Nevado de Huascan* ; aux environs du lac Titicaca, dans la Cordillère occidentale, le *Misti* s'élève à 6100 m., le *Sacora* à 6047 m., le *Sajama* à 6415 m. ; dans la Cordillère de l'est se trouvent le *Sorata* ou *Illampu* (6550 m.), l'*Illimani* (6458 m.) qui sont parmi les plus hauts sommets du continent.

En continuant vers le sud, on voit les deux Cordillères s'éloigner jusqu'à plusieurs centaines de kilomètres pour former le vaste *plateau de Bolivie* sur lequel reposent quelques nappes d'eau de médiocre étendue, témoins du lac immense qui en occupait jadis toute la superficie centrale. Vers l'est, les Andes s'abaissent brusquement sur une plaine basse. A l'ouest, la Cordillère court parallèlement et à une faible distance de la côte du Pacifique ; elle en est séparée par une zone étroite qui ne présente guère que l'aridité.

Cette région est tropicale par excellence, et la chaleur n'y est atténuée que par l'influence de l'altitude. C'est toujours l'étagement des terres chaudes, tempérées et froides sur les versants andins ; la région côtière et celle du bassin amazonien appartiennent entièrement aux terres chaudes. Tandis que la côte, sauf toutefois celle de l'Ecuador, ne reçoit aucune humidité — (il pleut si rarement dans certaines régions péruviennes que vingt et trente ans n'y donnent pas une averse) — le versant de la grande plaine intérieure est au contraire parmi les régions les mieux arrosées de l'Amérique du Sud. Au Pacifique, n'arrivent que des torrents intermittents et désordonnés ; sur le versant amazonien coulent de puissantes artères fluviales. Dans cette partie des Andes, naissent le grand *Marañon*, une partie de ses tributaires : les rios *Napo*, *Huallaga*, *Ucayali*, le *Rio Beni*, le *Mamoré*, etc. Par le *Pilcomayo*, affluent du Paraguay, une partie des eaux de la Bolivie coule vers le versant sud du continent.

Trois zones naturelles se présentent par la disposition du relief de cette grande région andine : elles sont désignées dans le pays sous le nom de *la Costa*, côte ou littoral qui s'élève graduellement jusqu'à environ 1500 m., *la Sierra*, montagnes et plateaux de la région intra-andine, dont l'altitude va depuis 1500 m. jusqu'aux plus hautes crêtes, *la Montaña* (région boisée) qui s'abaisse en longues déclivités de forêts jusqu'à la plaine basse de l'intérieur.

La *Costa* de l'Ecuador est humide ; cette humidité y favorise une riche végétation mais y nuit à l'homme. La *Costa* péruvienne, terre aride, est plus déserte que le Sahara, sauf au fond des ravins où la culture peut être riche. Les gisements miniers abondent sur cette zone côtière.

La *Sierra* avec toutes les températures a des vallées riantes où prospèrent les plantes de l'Europe tempérée à côté de la canne à sucre, du cocotier, de l'indigotier ; des régions fraîches, propres à la culture des céréales et à l'élève du bétail ; cette *Sierra* est par excellence la région minière qui a rendu légendaire la richesse du Pérou et de la Bolivie.

La *Montaña* est tropicale : c'est un véritable océan de verdure et de forêts insondables dont les cours d'eau forment les seules avenues de pénétration. Cette région peut fournir tous les produits tropicaux.

L'homme ne trouve que dans la région andine le climat qui lui permet de développer ses facultés productrices. La population des trois États andins, Ecuador, Pérou, Bolivie, n'est donc pas considérable.

Encore aujourd'hui, comme au temps de la conquête, la population dominante de ces contrées est la race indigène formée de *Quichua*, qui peuplent surtout la *Sierra* du Pérou et d'*Aymara* qui constituent le fond de la nation bolivienne. Le brillant état de civilisation auquel étaient arrivés ces hommes n'a pas survécu aux cruautés de la conquête espagnole ; ils vivent aujourd'hui ignorants de leur glorieux passé. Des métis de toutes sortes, quelques Chinois, 600 à 700.000 blancs (la plupart de race espagnole) complètent la population de ces régions où l'on émigre peu ou pas, car l'Ecuador, le Pérou, la Bolivie ne regardent pas vers l'Atlantique. L'espagnol est la langue officielle, mais les Quichua parlent toujours leur vieil idiome. Le catholicisme est pratiqué par la population presque entière.

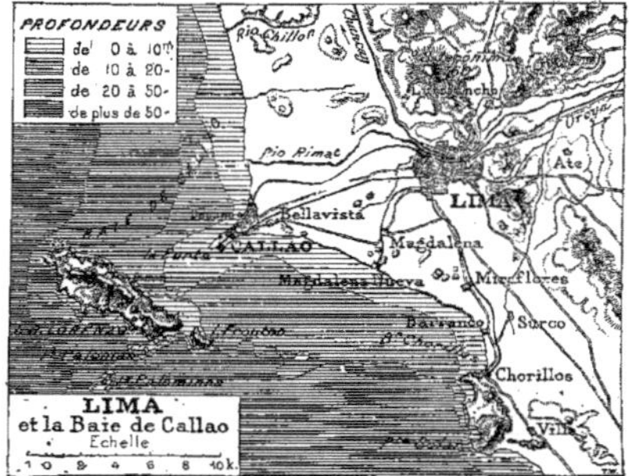

ECUADOR

La variété du climat y permet toutes les cultures ; les montagnes en outre renferment des mines de métaux précieux. Peu peuplée, avec une population composée en grande majorité de métis, troublée par de fréquentes révolutions, cette république est peu prospère ; l'agriculture y est négligée, l'industrie insignifiante ; le commerce est faible en dépit des quelques voies ferrées qui relient les villes du plateau à la côte.

Superficie : 307 245 kil. carrés (avec les îles Galapagos).
Population : 1 272 000 hab. (4 par kil. carré).
Principales villes : *Quito*, capitale, 80 000 hab. ; *Guayaquil*, 51 000 ; *Cuenca*, 30 000 ; *Riobamba*, 18 000 ; *Latacunga*, 15 000.
Budget (1905) : Recettes : 29 300 000 fr. ; dépenses : 30 600 000 fr.

Dette publique : Extérieure 21 410 000 fr. ; intérieure 11 430 000 fr.
Commerce (1905). Importations, 39 400 000 fr. ; exportations, 46 400 000 francs.
Chemins de fer : 270 kil. en exploitation.
Télégraphe : 4130 kil.

La République de l'Ecuador est divisée en 17 provinces : *Carchi*, cap. Tulcan ; *Imbabura*, cap. Ibarra ; *Esmeralda*, cap. la ville du même nom ; *Manabi*, cap. Puertoviejo ; *Pichincha*, cap. Quito ; *Leon*, cap. Latacunga ; *Tunguragua*, cap. Ambato ; *Chimborazo*, cap. Riobamba, *Bolivar*, cap. Guaranda ; *Los Rios*, cap. Babahoyo ; *Guayas*, cap. Guyaquil ; *Cañar*, cap. Azogues ; *Azuay*, cap. Cuenca ; *Oro*, cap. Machala ; *Loja* dont la cap. porte ce nom et *Oriente*, cap. Archidona. Les îles *Galapagos* forment aussi un département qui est à peine peuplé.

PÉROU

Le *Pérou* comprend également les trois régions naturelles longitudinales. Malgré l'abondance de ses mines, il est loin d'être riche et prospère. Il possède d'importantes voies ferrées (Lima-Cerro de Pasco ; Mollendo-Arequipa-Puno-Cuzco, etc.) ; mais le gouvernement manque de stabilité et des guerres récentes malheureuses ont encore accentué sa faiblesse : les bras ne sont pas assez nombreux, les capitaux font défaut et, de plus, le Pérou fléchit sous le poids d'une dette énorme. Aussi l'agriculture est peu développée, incomparablement moins qu'au temps heureux des Incas. Les Européens ont fait reculer ce pays vers un état relativement barbare. L'industrie, qui y fut jadis prospère, se borne aujourd'hui à l'exploitation des richesses minérales ; le commerce est faible.

Les départements du Pérou, au nombre de 19, sont les suivants : *Piura*, *Cajamarca*, *Amazonas*, ch.-l. Chachapoyas ; *Loreto*, ch.-l. Moyobamba ; *Lambayeque* ; *Libertad*, ch.-l. Trujillo ; *Ancachs*, ch.-l. Huara ; *Huanuco* ; *Junin*, ch.-l. Cerro de Pasco ; *Lima* ; *Huancavelica* ; *Ayacucho* ; *Ica* ; *Apurimac*, ch.-l. Abancáy ; *el Cuzco* ; *Puno* ; *Arequipa* ; *Moquegua* et *Callao*. (Nous n'avons pas nommé les chefs-lieux, quand ils donnent leur nom au département.)

Superficie : 1 187 000 kil. carrés.
Population : 4 559 550 hab. ; 2,6 par kil. carré.
Villes principales : *Lima*, capitale, 133 000 hab. ; *Arequipa*, 35 000 ; *el Callao*, 34 436 ; *Cuzco*, 30 000 ; *Ayacucho*, 20 000.
Budget (1906) : Recettes, 65 190 000 fr. ; dépenses, 54 430 000.
Dette publique : Intérieure, 78 400 000.
Commerce (1904) : Importations, 107 400 000 ; exportations, 101 700 000 fr.
Chemins de fer (1905) : 1959 kil.
Télégraphes (1906) : 6020 kil ;

BOLIVIE

Depuis la dernière guerre avec le Chili, la Bolivie ne touche plus au Pacifique ; elle souffre et de son isolement et du défaut de communications naturelles et directes avec l'extérieur. Malgré la très grande fertilité de la plus grande partie de son sol, malgré l'abondance de ses mines (or, argent. cuivre, etc.), la Bolivie reste dans une situation économique peu satisfaisante. Aussi cherche-t-elle à se créer des débouchés par le Chaco du nord, vers le Paraguay et le Rio de la Plata. Déjà, d'autre part, les voies ferrées chiliennes qui atteignent et parcourent le plateau aident considérablement à l'essor du pays bolivien, qui actuellement reste un des moins riches des Républiques de l'Amérique méridionale. Les départements de la Bolivie sont au nombre de 8 : *Beni*, ch.-l. Trinidad ; *La Paz*, ch.-l. La Paz ; *Cochabamba*, ch.-l. Cochabamba ; *Oruro*, ch.-l. Oruro ; *Potosi*, ch.-l. Potosi ; *Chuquisaca*, ch.-l. Sucre ; *Tarija*, ch.-l. Tarija ; *Santa Cruz*, ch.-l. Santa Cruz.

Superficie : 1 226 300 kil. carrés.
Population : 1 754 000 hab.
Villes principales : *La Paz*, 54 697 hab. ; *Cochabamba*, 21 881 ; *Sucre*, 20 907 ; *Potosi*, 20 910 ; *Oruro*, 13 575.
Budget (1906) : Recettes, 22 900 000 fr. ; dépenses 25 715 000 de fr.
Dette publique (1906) : Intérieure, 15 millions.
Commerce (1905) : Importations, 44 650 000 francs ; exportations, 65 000 000 fr.
Chemins de fer (1904) : 1129 kil.
Télégraphes (1904) : 4470 kil.

Histoire. — Aussitôt organisés après la conquête par les Espagnols, en vice-royauté de Lima, ces pays furent la proie des aventuriers de toute sorte qui y vinrent, attirés par la richesse des mines que recélait le sol.

L'insurrection mit fin en 1825 à la domination espagnole. L'Ecuador qui faisait d'abord partie de la République de Colombie s'en sépara en 1850. Le Pérou et la Bolivie, réunis d'abord en un seul état, se séparèrent également après la mort de Bolivar, et chacune de ces Républiques s'est développée à part. Après la terrible guerre que la Bolivie et le Pérou ont eu à soutenir contre le Chili (1879-1883), celui-ci a étendu son patrimoine tout le long du Pacifique jusqu'au 18° de latitude, au détriment des deux nations vaincues.

VICTOR HUOT.

CHILI

La République du Chili occupe toute la côte méridionale de l'Amérique du Sud, sur l'océan Pacifique, depuis le 17ᵉ degré environ de latitude jusqu'au 56ᵉ; ce pays mesure ainsi près de 4 500 kil., du S. au N., tandis que sa largeur n'est en moyenne que de 150 à 200 kil. Sur bien des points même, cette largeur n'en atteint pas 50, le Chili étant compris entre la mer et la chaîne des Andes qui, le plus souvent, surgit directement au-dessus des immenses profondeurs de l'Océan. Ce long ruban de pays mesure une superficie de 759,000 kil. carrés.

Le relief est des plus simples; trois bandes parallèles s'alignent du N. au S., avec une largeur variable : la Cordillère andine, une chaîne côtière, et, entre les deux, une dépression longitudinale, interrompue de distance en distance par des échelons transversaux. La Cordillère est partout très élevée. Dans la partie du N., où elle est encore divisée en puissants chaînons parallèles, ses principaux sommets, qui sont des volcans : Sajama, Isluga, Aucasquilucha, Licancaur, Llullaillaco, se maintiennent aux env. de 6 000 mètres. Resserrée en une chaîne unique à partir du 27ᵉ degré, elle s'élève encore entre le Chili et l'Argentine. Copiapo 6 000 m., Mercedario 6 798 m., Aconcagua (6 955 m., point culminant du Nouveau Monde), Tupungato 6 178 m., Maipo 5 584 m., etc. Dans cette partie, la plus étroite de toute la chaîne des Andes, les cols sont très élevés (Come Caballos 4 426 m., Cumbre 3 760 m.; c'est sous ce dernier que doit passer la voie ferrée transandine Buenos Aires-Valparaiso) et les difficultés de traversée sont grandes. Plus au sud, soit à partir du 35ᵉ degré, la chaîne va en s'abaissant, mais les sommets se maintiennent encore à des altitudes respectables : Tinquiririca 4 475 m., Yeguas 3 457; Llaima. 3 010; Tronador 3 310; San Valentin 3 876; Fitz-Roy 3 370; et tout à l'extrémité du continent, dans la Terre de Feu où les Andes se terminent, celles-ci portent encore des monts très élevés (Darwin 2 150 m., Sarmiento 2 070, etc.). Dans la chaîne côtière, les sommités restent bien au-dessous de la grande Cordillère; elles n'atteignent 2 000 mètres qu'aux environs de Valparaiso.

La vallée intermédiaire qui commence au N. à la hauteur de Santiago va en s'abaissant vers le S. et s'y parsème de lacs, jusqu'à ce qu'elle rencontre la mer; elle se continue alors en un long détroit, entre la Cordillère andine et des îles extérieures des archipels magellaniques (Chiloé, Chonos, Wellington, etc.), qui ne sont autre chose que le prolongement de la chaîne côtière, alors rompue de toutes parts et affectant la forme de traînées d'îles montagneuses.

Sur son immense étendue de 39 degrés en latitude, le Chili doit nécessairement avoir plusieurs zones de climat. Au N., c'est la zone chaude et sèche, au climat continental : grands extrêmes de température, journées brûlantes, nuits glacées; au centre, une zone chaude et médiocrement humide (21 jours de pluie à Santiago) dont le climat rappelle celui des régions méditerranéennes (Italie, Grèce, etc.); au sud enfin, une zone très humide, où les précipitations pluviales atteignent annuellement 2 ou 3 mètres (120 jours de pluie à Valdivia, 300 jours de pluie ou de neige à la Terre de Feu). Les pluies qui baignent perpétuellement le Chili méridional couvrent les Andes de neiges permanentes au-dessus de 1 600 mètres et de glaciers qui, par endroits, descendent jusqu'à toucher la mer.

L'hydrographie du Chili ne compte que pour l'irrigation; il ne saurait y avoir place pour d'importants cours d'eau dans une zone aussi étroite que celle qui s'étend entre les montagnes et la mer; de plus, dans toute la région du Nord, sans humidité aucune, nulle rivière permanente ne saurait exister.

Comme on peut s'en rendre compte par la diversité des climats qui le caractérise, le Chili présente des régions naturelles fort distinctes: du N. au S. La zone du nord est désertique, sans arbres, sans gazon même; dans les parties basses la culture n'est possible que dans le fond de quelques vallons. Pauvre au point de vue agricole, cette zone possède en revanche des mines diverses fort abondantes : or, argent, cuivre, et surtout le salpêtre qui forme le plus important des articles d'exportation du Chili. Dans la zone intermédiaire, les palmiers forment quelques forêts; les vignes et les arbres fruitiers prospèrent; on cultive le froment et l'orge; on trouve aussi des mines, principalement de cuivre. La véritable zone agricole du Chili est comprise entre les 37ᵉ et 42ᵉ degrés de latitude : là les terres alluviales portent de riches cultures, céréales, légumes, arbres fruitiers, vigne; les collines et plateaux portent des herbages qui en font une belle contrée d'élevage. Plus au S. est la région des forêts : cyprès, hêtres, chênes, bouleaux, croissant sur le flanc des montagnes, à la faveur d'une perpétuelle humidité. Les fruits et les légumes viennent bien dans la plaine, mais non les céréales qui sont exposées à de trop brusques et trop fréquents accidents météorologiques (vents, gelées, etc.). Le Chili n'est vraiment habitable que dans la région centrale, entre les 27ᵉ et 42ᵉ degrés; tandis qu'on ne compte pas 1 hab. au kil. carré dans les provinces du nord, et 3 ou 4 à plus dans celles du sud (Valdivia, Llanquihue, etc.), la région centrale a une densité variant de 14 à 51 hab. Cette population ne tend guère à augmenter, car l'immigration est faible et, par contre, les Chiliens émigrent beaucoup.

Les anciennes populations sont peu représentées dans ces 5 millions d'hab. actuels; les Araucans, qui ont le mieux et le plus longtemps résisté, ont été aujourd'hui reculer, et sont réduits aujourd'hui au nombre de 40 000 tout au plus; ils ont toutefois contribué à former la race dominante actuelle.

Colonisé par les Espagnols au xvıᵉ siècle, et affranchi en 1826, le Chili forme aujourd'hui une république unitaire. Il s'est développé mieux et plus vite que tant d'autres États du Sud-Amérique, parce qu'il est habité par un peuple viril, alerte, dur au travail; son existence politique a toujours été plus calme que celle des républiques voisines; ses guerres de conquêtes (1879-83) ont été heureuses et profitables au point de vue matériel. Mais l'exploitation des richesses minières aux dépens des richesses agricoles a été fatale à ce pays; aujourd'hui, l'agriculture, délaissée pour le travail des mines, suffit seulement à l'alimentation de la population. Aussi, malgré d'importants travaux publics, malgré les ressources de son sol, le Chili traverse une crise dangereuse; et bien qu'au jugement général elle ne doive être que passagère il semble difficile que ce pays puisse lutter dans l'avenir avec d'autres États du continent, Brésil et Argentine, dont les ressources agricoles, l'étendue des terres cultivables sont autrement considérables, et dont la situation, par rapport aux pays d'Europe, est bien plus avantageuse.

Superficie : 759 000 kil. carrés.
Population (1903) : 3 205 992 hab. (4 par k. c.).
Principales villes (1895) : *Santiago*, 334 358 hab.; *Valparaiso*, 143 769; *Concepcion*, 49 801; *Talca*, 43 531; *Iquique*, 45 005; *Chillan*, 36 681, etc.

Budget (1906) : Recettes, 120 260 000 fr.; dépenses, 155 800 000 fr.
Dette publique (1906) : 649 400 000 fr.
Commerce (1905) : Importation, 338 400 000 fr.; exportation, 505 900 000 fr.
Navigation (1904) : Entrées, 11 756 nav., 17 723 000 t.; sorties, 11 689 bât., 17 571 000 t.
Marine marchande (long cours) (1905) : 148 nav. jaugeant 82 900 t. dont 54 vap. de 43 654 t.
Chemins de fer (1906) 4 750 kil. en exploit.
Télégraphes (1903) : 17 842 kil.
Flotte de guerre (1903), 52 bât. 44 800 tonneaux.

ÉTATS-UNIS DU BRÉSIL

La plus vaste unité politique de l'Amérique du Sud. Le Brésil est immense : il occupe près de la moitié du continent Sud-Américain. Il mesure 4 500 kil. en larg. de l'E. à l'O du cap Saint-Roque aux frontières du Pérou; 4 250 en long. du S. au N.; il a, sur l'océan Atlantique, un développement de côtes de près de 7 500 kil.

Le Brésil offre dans sa forme et son relief une opposition très nette avec les contrées andines qui se développent autour de lui en un immense demi-cercle; c'est pour la plus grande partie de son étendue un vaste plateau de roches cristallines, légèrement incliné vers l'O. et s'élevant à une altitude qui varie de 600 à 1 500 mètres.

Ses plus grandes hauteurs sont au S. et à l'E., au bord même de l'Océan qu'elles dominent de leurs brusques escarpements (mont *Itatiaya* 2 712 m. dans la *Serra da Mantiqueira*). Ce plateau est très accidenté, fortement désagrégé par les actions atmosphériques par des brusques sauts d'un climat extrême, alternatives de sécheresse, d'humidité, etc. Son ensemble se trouve partagé en deux masses par les vallées de San-Francisco et du Parana qui se prolongent du N.-E. au S.-O. De nombreux renflements discontinus et disposés sans régularité apparente bombent la surface de ce grand plateau; ces chaînes portent le nom de Serras.

La côte brésilienne présente deux aspects fort différents; elle est basse et sablonneuse au N., dangereuse pour la navigation; au S. du cap San-Roque (c'est-à-dire sur la côte orientale), elle est au contraire rocheuse, élevée, bordée d'écueils, très découpée, riche en abris et en bons ports (Bahia, Rio, etc.).

Le Brésil, si vaste, a plusieurs climats. La grande plaine du N. et du N.-O., traversée par l'Équateur, est la plus brûlante (28° en moyenne); d'abondantes averses y tombent pendant presque toute l'année. L'altitude et les brises de l'Océan communiquent une modération relative à la partie septentrionale du plateau brésilien: l'humidité n'est guère moins abondante que, dans la zone précédente; pendant six mois ce ne sont que violents orages. Dans la région méridionale, le climat toujours humide se rafraîchit encore; l'été est rarement torride et pendant l'hiver le thermomètre peut baisser jusqu'à zéro.

Avec tant de pluies, le Brésil ne saurait manquer de nombreux et puissants cours d'eau. Les deux grands centres de dispersion des eaux sont les Andes à l'O. et le plateau de Matto Grosso qui termine à l'O. le plateau brésilien. Le premier groupe des rivières brésiliennes, accidentées et rocailleuses, celles qui arrosent le plateau, comprend cinq grands cours d'eau : *Parana, Paraguay, Uruguay, Tocantins* et *San Francisco*. Le deuxième groupe, celui des rivières de la plaine, lentes, largement épandues et beaucoup plus navigables, ne comprend qu'un fleuve et ses nombreux affluents. Ce fleuve est le plus volumineux de tous les fleuves du monde. Le puissant *Amazone* mesure depuis sa source plus de 6 000 kil.; sa largeur peut aller, lors des grands débordements, de 100 à 200 kil.; sa profondeur atteint 100 mètres et au delà; son débit à l'étiage, 17 à 18 000 mètres cubes par seconde; quant à sa pente, elle est insensible, puisqu'elle n'est que de 155 mètres du pied des Andes à la mer, sur une longueur de 4 000 kil. Nul fleuve n'apporte à la mer une pareille masse d'alluvions. Les affluents (*Napo, Ica, Yapura, Rio Negro*, sur la r. g.; *Ucayali, Jurua, Purus, Madeira, Tapajoz, Xingu*, sur la r. d.) valent le fleuve.

Partout humide et chaud, le Brésil est partout aussi d'une remarquable fertilité. La grande plaine du N., d'une fécondité inouïe, est recouverte d'une forêt continue (la *selva*) où les cours des fleuves forment les seules éclaircies. Le plateau, lui, n'a que des demi-forêts; c'est la zone des campos, savanes herbeuses, halliers, brousses; la culture y triomphe : riz, coton, canne à sucre, tabac, café, céréales, tout ce qui donnent les terres chaudes et les terres tempérées. Ces campos sont aussi propres à l'élevage; de plus, leurs terrains abondent en métaux et en richesses minérales.

15 millions d'hab. env. vivent au Brésil (soit 2 seulement au kil. carré); les trois provinces amazoniennes Grão Para, Haut Amazone, Matto Grosso, qui ont ensemble 4 millions 1/2 de kil. carrés (soit plus de la moitié du Brésil), ne possèdent que une population totale de 500 000 hab. C'est que les plaines du N. et du N.-O. ne sont pas habitables pour l'homme qui languit sous cette chaleur moite et malsaine, dans cette exubérance de végétation envahissante. L'ensemble de la population brésilienne, dans les régions habitables, ne cesse de croître: l'immigration devient chaque année plus considérable (Italiens : 50 à 100 000 par an, Portugais, Allemands, etc.). Ces immigrants se portent de préférence dans les provinces méridionales et y font souche de paysans et d'ouvriers.

Le Brésil a appartenu au Portugal de 1549 à 1822. A ce moment, rompant son lien de sujétion, tout en conservant à sa tête un prince de la famille royale de Portugal, il se proclamait Empire indépendant. En novembre 1889, une révolution subite renversait l'empire et faisait du Brésil une république fédérative, composée de 20 États autonomes. Malgré une crise passagère provenant de l'abolition encore récente de l'esclavage, ce pays est appelé à un très brillant avenir économique, surtout si s'atténuent les velléités séparatistes qui s'y sont déjà montrées à plusieurs reprises et si les États confédérés réussissent à maintenir leur unité.

Superficie : 8 468 930 kil. carrés.
Population (1890) : 14 955 915 hab.
Immigration : 54 000 individus.
Principales villes (1906) : *Rio de Janeiro*, 811 000 hab.; *São Paulo*, 352 000 hab.; *Bahia*, 250 000 hab.; *Recife*, 120 000 hab.; *Belem*, 100 000 hab.; *Ouro Preto*, 59 250 hab., etc.
Budget (1906) : Recettes, 510 000 000 fr.; dépenses, 217 500 000 fr.
Dette publique : 1 645 000 000 fr.
Commerce (1905) : Importat., 545 000 000 fr.; exportat., 822 000 000 fr.
Marine marchande (1905) : 571 nav. jaugeant 169 000 tonneaux, dont 209 vap. de 95 345 tonneaux.

P A C I F I Q U E
O C É A N
Tropique du Capricorne
S. Felix — S. Ambrosio
Mas a Fuera   Mas a Tierra
I. Juan Fernandez
(Pr de Valparaiso)
CHILI
RÉPUBLIQUE
ARGENTINE
URUGUAY
PARAGUAY
VALPARAISO
Rio Negro
CHILI
I. Chiloé
I. Huafo
Archipel
des Chonos
Péninsule
de Taytao
G. de St Georges (G.S.Jorge)
C. de Tres Puntas
G. de S. Matias
Pampa
Bahia Blanca
Ensenada
de Samborombon
Cap de
Antonia
C. Corrientes
G. de Wellington
I. de la Mère de Dieu
I. du Duc d'York
I. Hanovre
I. Cambridge
Archipel de
la Reine Adélaïde
I. de la Désolation
Presq. Brecknock
ILES MALOUINES OU FALKLAND
Ile Occidentale
Ile Orientale
Pembroke
Port Louis
TERRE DE FEU
C. Horn
I. des Etats
Diego Ramirez
O C É A N

LÉGENDE
PÉROU État indépendant   Alagôas État Fédéré, Province ou Territoire
MONTEVIDEO Villes de plus de 500.000 hab.
CARACAS   de 200.000 à 500.000
Maracaïbo   de 50.000 à 200.000
Chiloeito   de moins de 50.000
Limites d'État indép.
ou de Province
Chemin de Fer
Cables sous-marins
Echelle de 1:15.000.000
100 50 0   100   200   300   400   500   600 Kil.

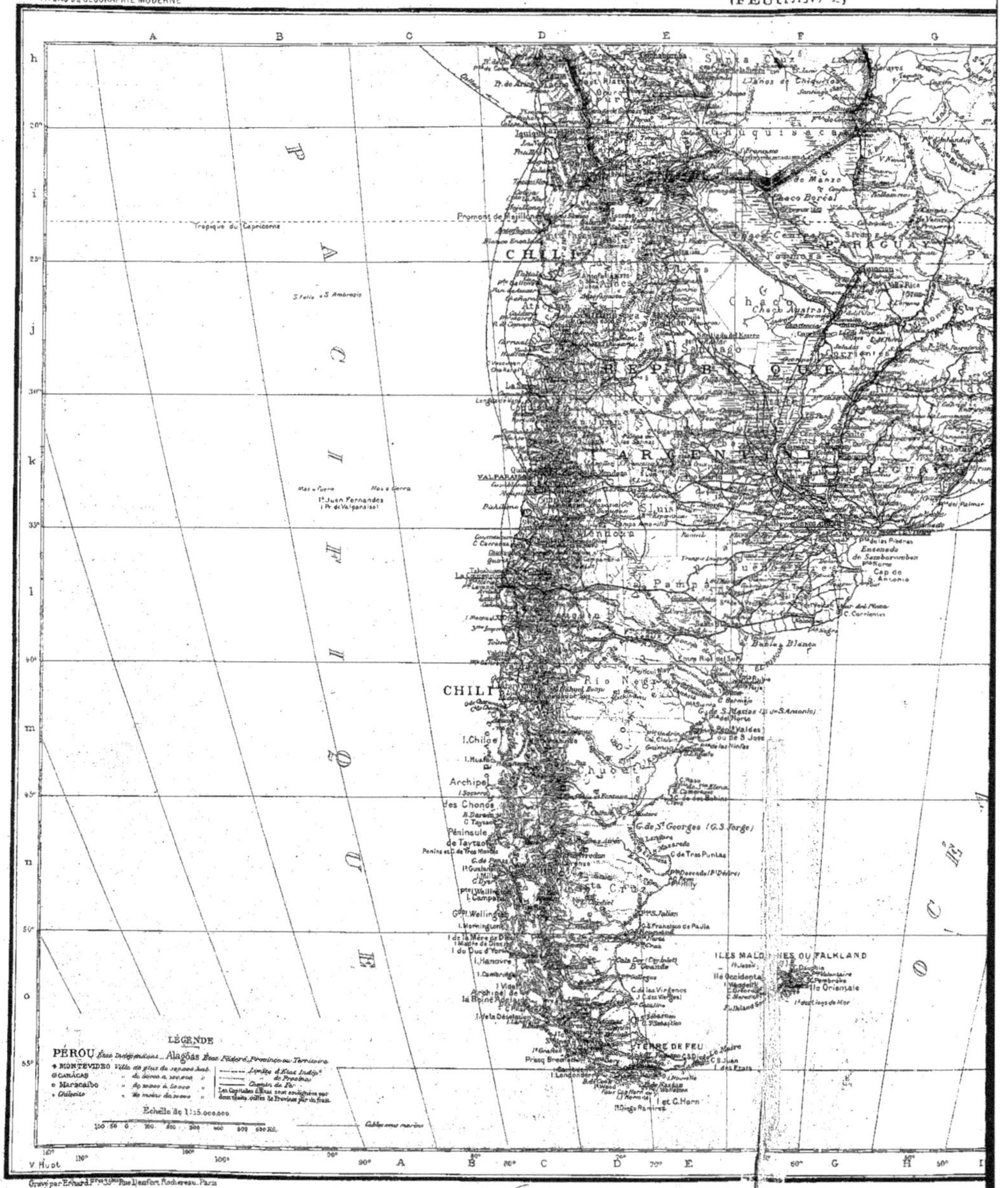

AMÉRIQUE DU SUD
(FEUILLE 2)

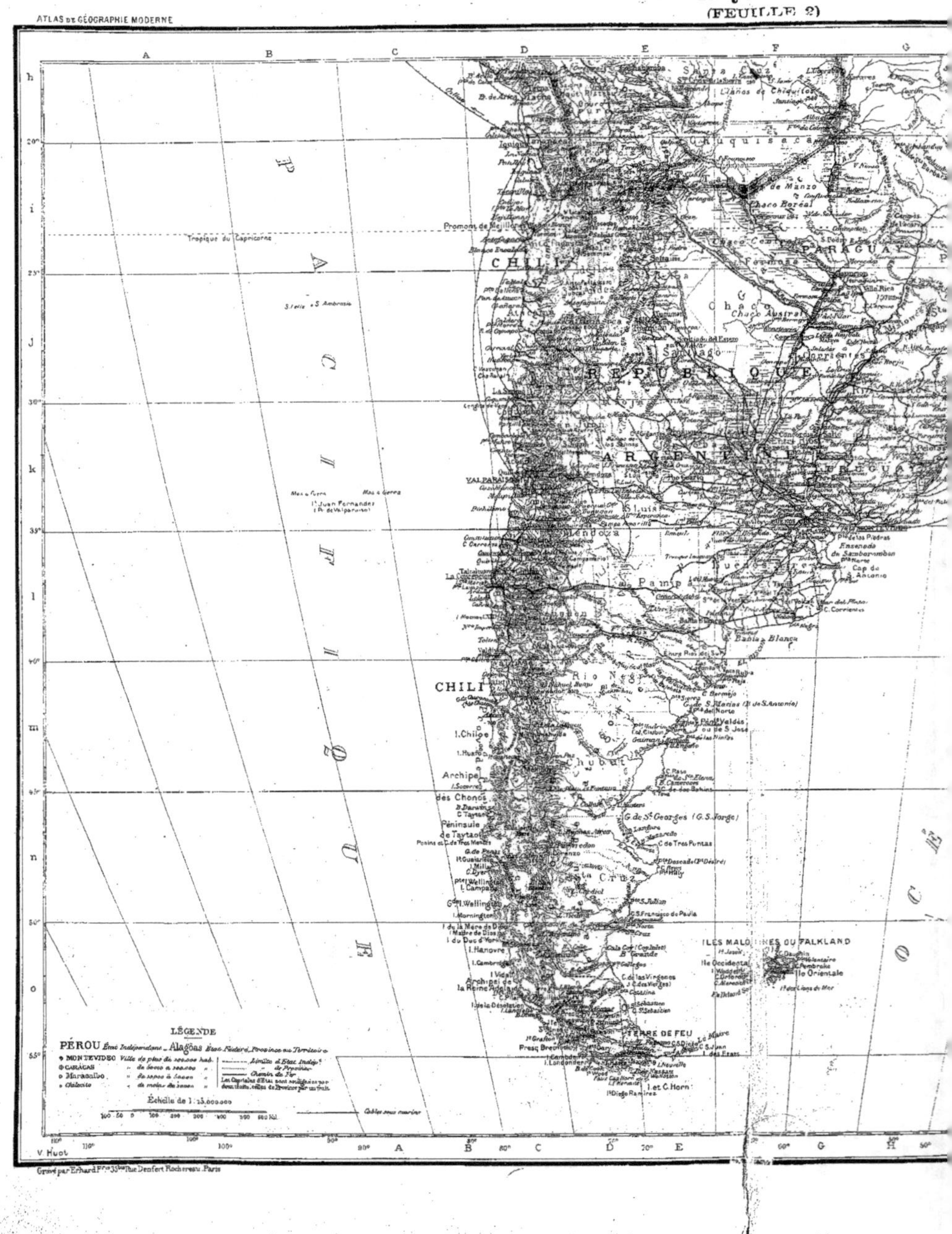

LÉGENDE

PÉROU *État Indépendant* — Alagoas *État Fédéré, Province ou Territoire*
MONTEVIDEO *Ville de plus de 100.000 hab.*
CARACAS *de 50.000 à 100.000*
Maracaïbo *de 5.000 à 50.000*
Calumbo *de moins de 5.000*

Limite d'État Indép.t
de Province
Chemin de Fer

Échelle de 1:13.000.000

V. Huot

Gravé par Erhard Frères, 35, Rue Denfert-Rochereau, Paris.

AMÉRIQUE DU SUD
(FEUILLE 2)

PUBLIÉ PAR LA LIBRAIRIE HACHETTE ET Cie CARTE 6 bis

E
F
G
H
I
J
K
20°
25°
30°
35°
40°
45°
50°
55°
PARAGUAY
Chaco Boréal
Chaco Austral
RÉPUBLIQUE ARGENTINE
Santiago
Asuncion
Formosa
Buenos Ayres
Bahia Blanca
Rio Negro
Chubut
G. de St Georges (G. S. Jorge)
C. de Tres Puntas
Pto S. Julian
Sta Cruz
ILES MALOUINES OU FALKLAND
Ile Occidentale
Ile Orientale
TERRE DE FEU
I. et C. Horn
Géorgie du Sud
Is Sandwich
OCÉAN ATLANTIQUE
C. Corrientes
Cap de S. Antonio
PROVINCES
DU
CHILI CENTRAL
I Valparaiso
II Santiago
III O'Higgins
IV Colchagua
V Curico
VI Talca
VII Maule
VIII Linares
IX Nuble
X Concepcion
XI Bio Bio
XII Arauco
XIII Malleco
20° O de Greenwich
20° O de Paris

10.7.07 Imp. Erhard Fres

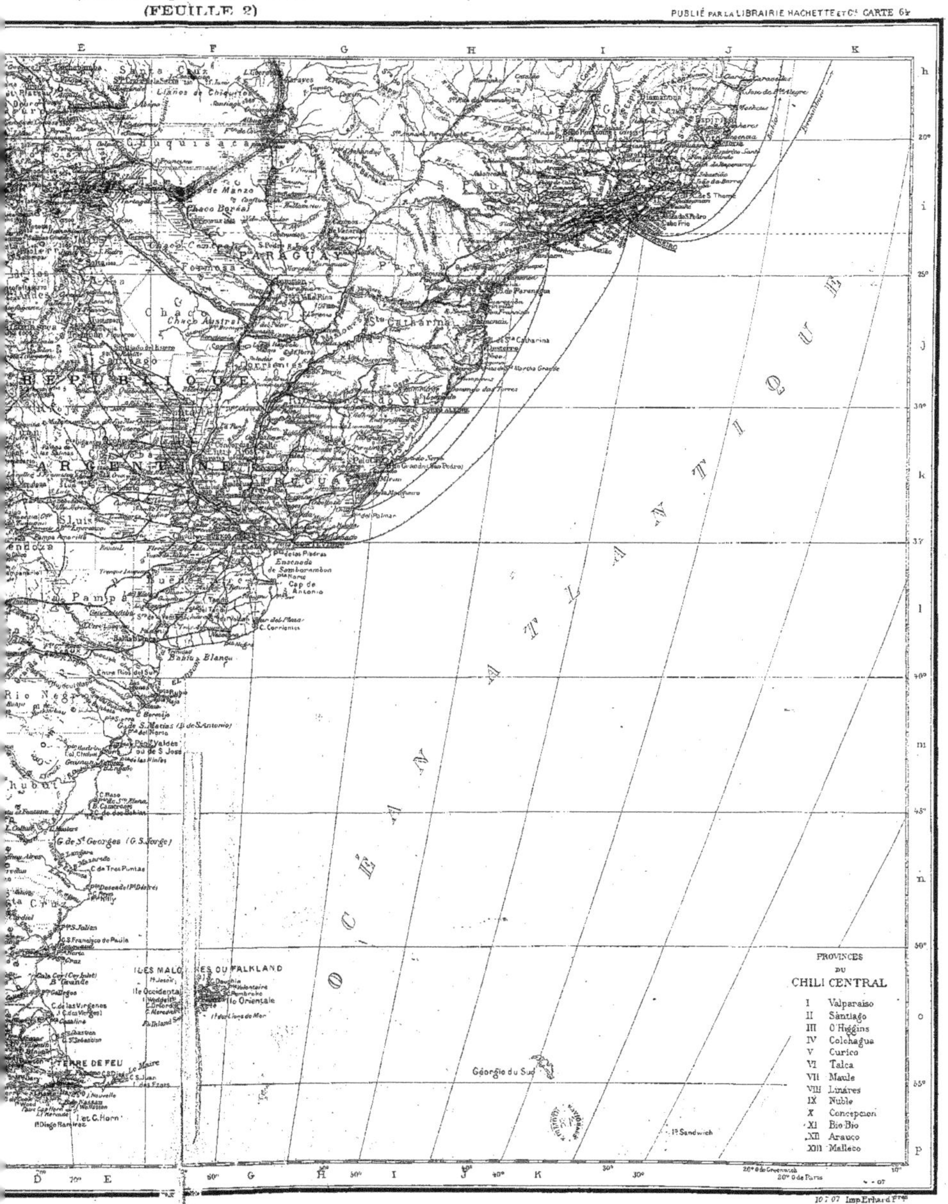

Chemins de fer (1905) : En exploitation 11 059 kil.; en construction 8 000.
Télégraphes (1904) : 24 950 kil.
Flotte de guerre : 50 bâtiments, 37 900 tonneaux.

RÉPUBLIQUE ARGENTINE
PARAGUAY — URUGUAY

Ces trois républiques, autrefois réunies en un seul État, forment les États de la Plata, ainsi nommés parce qu'ils sont groupés autour du large estuaire qui porte ce nom.

Au point de vue du relief, les États de la Plata se divisent en trois parties principales. A l'O., sont les Andes qui se décomposent en chaînes parallèles, coupées par des cours d'eau dont quelques-uns vont se déverser dans l'Océan Pacifique, de telle sorte que les hauts sommets ne se trouvent pas toujours sur la ligne de partage des eaux, mais sont souvent entièrement contenus dans le territoire argentin. A l'E., le long de l'Atlantique, se développent d'autres plateaux, mais d'une altitude tout à fait modeste. L'Uruguay est sillonné de chaînes rocheuses qui sont le prolongement du plateau brésilien. La Patagonie, des Andes à l'Atlantique, est également couverte de croupes pierreuses ne dépassant guère 1 000 m. que creusent des vallées étroites où dorment des lacs, au pied des Andes. La région centrale, au moins dans le nord, est occupée par une grande plaine (Grand Chaco au N., Pampa au S.), presque dépourvue d'ondulations. La côte qui borde l'Atlantique est peu découpée; le Rio de la Plata en forme la plus profonde indentation.

Les États de la Plata s'étendent du 22° au 55° degré de latitude méridionale; c'est dire que les climats y sont variés. Les contrées du nord ont le plus d'avantages : humidité suffisante, température élevée; à mesure qu'on s'avance vers le Sud, les conditions changent. Les nuages, accumulés par les vents du S.-O. venant du Pacifique, sont arrêtés par les cimes andines, et la Pampa, comme la Patagonie, restent sèches; de plus, l'influence des courants froids du pôle se fait sentir; l'hiver est très rude.

Tous les grands cours d'eau, Paraguay, Parana, Uruguay, sont situés au N., région la mieux arrosée. Le Pilcomayo et le Bermejo, qui portent leurs eaux au Paraguay, ne sont que de faibles rivières. Après même qu'il a quitté la zone humide pour une région plus sèche, le Parana ne cesse pas d'être un grand fleuve ayant toujours une grande largeur et quelquefois une profondeur considérable; il forme un vaste delta intérieur avant d'atteindre le Rio de la Plata. Ces trois rivières unies, Paraguay, Parana et Uruguay, qui ouvrent au commerce plusieurs milliers de kil. navigables, amènent à l'Océan une masse d'eau considérable par l'estuaire commun du Rio de la Plata qui, malheureusement, manque de profondeur et est graduellement encombré par les alluvions qui gênent la navigation.

Les États de la Plata comprennent quatre grandes zones parallèles de production. La région septentrionale (jusqu'au 28° parallèle env.) est le Chaco; plaines basses, presque sans pente, pays désert mais giboyeux; les pluies en manquent pas à cette ample contrée, aux rivières sans profondeur, aux lagunes bourbeuses. Mais la culture elle-même ne se rencontre qu'à l'O., au pied des Cordillères; là, les provinces sont riches au double point de vue agricole (canne à sucre, tabac, café, maïs, riz) et minier (cuivre, argent, plomb). L'élevage donne des résultats.

La plaine centrale (seconde zone) qui s'étend du 28° au 55° degré, (soit à la hauteur de Buenos Aires) a un aspect général qui n'est pas sensiblement différent : les eaux s'accumulent au fond des dépressions en nappes très étendues mais peu profondes et la plupart salines; l'humidité toutefois y est plus rare que dans le Chaco, à l'exception de la partie orientale qui doit à la proximité de l'Atlantique d'avoir des pluies abondantes. Canne à sucre, céréales, vignes sont les principaux produits de la région voisine du pied des montagnes et des vallées de l'Uruguay; ailleurs, et en particulier dans l'Entre-Rios, c'est l'élevage qui domine.

Plus au Sud, la troisième zone est constituée par la Pampa, sorte de Chaco moins chaud, moins boisé, moins humide, sans une pierre, sans un arbre, sans une montagne, et dont les rivières sont bues par les sables

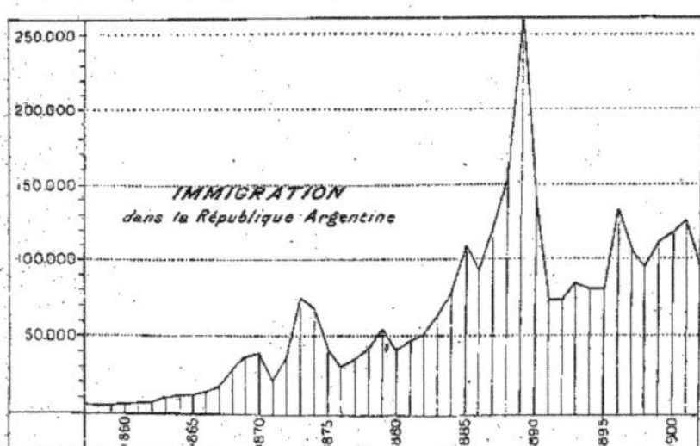

avant qu'elles puissent atteindre la mer; riches terres à blé à condition d'avoir été pendant un temps plus ou moins long foulées par le bétail qui prépare ces terrains vierges, les remue et les engraisse. Mais encore aujourd'hui, si ce n'est dans la région orientale, la Pampa est presque déserte; çà et là les *Gauchos*, cow-boys de la Pampa, surveillent les grands troupeaux de bœufs, de chevaux et de moutons.

Enfin, la pointe méridionale de l'Argentine occupée par la Patagonie forme la quatrième zone. Plateau rocheux aux côtes élevées, où les froids sont rudes, les vents glacés et desséchants; des bois, des buissons, des épines, des lacs, de pauvres prairies, des dunes en couvrent la surface coupée par les oasis que forment les vallées dont les alluvions, noyées chaque année, par la grande fonte des neiges andines, nourrissent des pâturages abondants et excellents.

On rencontre encore dans certaines parties des États de la Plata les restes des grandes races Guaranis, Quichuas, Charruas, Araucans qui peuplaient ces régions au moment de la découverte. Considérablement amoindris par les persécutions, on trouve ces Indiens soit à l'état sauvage, soit à l'état de demi-civilisation et se livrant quelque peu à l'agriculture. Les Espagnols, premiers immigrants, ont donné au pays leur langue et leur religion. Depuis plus de cinquante ans, l'immigration est devenue très nombreuse; plus de 100 000 individus de l'Europe méridionale, Italiens surtout, puis Basques, Espagnols et Français, débarquent chaque année dans les ports platéens.

Néanmoins, le pays est encore loin d'être peuplé, même dans la meilleure zone qui est la zone centrale. L'Uruguay n'a encore que 4 hab. au kil. c.; l'Argentine, 2 seulement.

En 1810, époque de la proclamation de l'indépendance; trois États se constituèrent dans la vice-royauté espagnole de Buenos Aires : Paraguay, bien diminué depuis par suite des efforts coalisés de ses voisins (1855-1870); Uruguay, reconnu indépendant en 1828, Brésiliens et Argentins se l'étant d'abord disputé avec acharnement; Argentine enfin, qui couvre à elle seule les 86 0/0 de l'ancienne colonie espagnole.

PARAGUAY

Un bel avenir paraît réservé aux Européens dans le pays fertile, au climat salubre, qu'est le Paraguay; le gouvernement dispose de nombreuses propriétés à concéder, dont le terrain, d'excellente composition, est propre aux cultures des pays chauds : maté, tabac, coton, riz, maïs, café, etc., ainsi qu'à l'élevage.

Superficie : 255 100 kil. carrés.
Population (1905) : 631 550 hab.
Principale ville : Ascension, capitale, 60 260 hab. (1905).
Commerce (1902) : Importation 25 400 000 fr.; exportation 26 160 000 fr.
Chemins de fer (1902) : 250 kil.

URUGUAY

L'Uruguay, vaste plateau triangulaire, au climat également salubre et tempéré, promet toutes les richesses : la viticulture y est appelée à un rapide développement; les vallées offrent d'excellents pâturages; de nombreux gisements pourront être exploités (or, plomb, cuivre, fer). L'Uruguay, d'ailleurs, s'est régulièrement développé pendant notre siècle; de 50 000 hab. en 1796, le chiffre de la population est passé successivement à 74 000 en 1829, 152 000 en 1852, 221 000 en 1860, enfin actuellement à plus de 1 million d'habitants.

Superficie : 178 700 kil. carrés.
Population (1904) : 1 058 086 hab.
Principale ville : Montevideo, 175 000 hab.
Immigration : 9 620 individus.
Commerce (1905) : Importat., 165 000 000 fr.; exportat., 165 000 000 fr.
Marine marchande (1905) : 100 nav. jaugeant 44 000 tonnes, dont 28 vap. d'une jauge totale de 15 000 tonnes.
Chemin de fer (1906) : 1944 kil.
Télégraphes (1905) : 7 900 kil. environ.

ARGENTINE

Dans l'ensemble, c'est un pays bien doté. Au N., régions favorables aux cultures tropicales; au centre vastes terres dont s'est emparé l'élevage et que conquerra bientôt la culture des céréales. L'industrie minière y trouve en outre d'importants gisements métallifères. Actuellement, la principale ressource consiste dans l'élevage du bétail dont les procédés se sont grandement perfectionnés; on compte (bœufs, chevaux, moutons) près de 100 millions de têtes de bétail et 25 000 kil. carrés env. de terres cultivées. Le commerce est favorisé par l'existence de grandes voies fluviales et par un réseau très important de voies ferrées; aussi, attend-il déjà un chiffre considérable destiné à s'accroître encore, surtout lorsque sera achevée la ligne transandine Buenos Aires-Valparaiso, qui mettra ces deux villes à 2 jours l'une de l'autre. La République Argentine rivalisant avec le Brésil et le Chili est devenue l'une des trois puissances du sud-Amérique. Elle souffre aujourd'hui d'un développement qui a été pendant un moment trop hâtif; les grands travaux publics entrepris avec une fiévreuse précipitation l'ont accablée sous le poids d'une dette énorme; une crise financière et la cherté de la vie qui l'a suivie ont porté un moment un rude coup à l'immigration qui, de 261 000 en 1889, est descendue à 80 000 en 1894. Mais les richesses naturelles dont dispose le pays permettent d'assurer que ces difficultés sont seulement passagères; déjà l'immigration est remontée au chiffre de 221 600 (1905). La capitale, Buenos Aires, située sur la rive droite de l'estuaire platéen, large en cet endroit de 50 kil., s'est développée à la manière des cités américaines du Nord; sa population, qui était de 92 000 hab. en 1851, montait à 178 000 en 1864, à 285 000 en 1882, à 562 000 en 1891. Elle est aujourd'hui de plus de 1 million d'habitants : c'est-à-dire qu'elle est la plus considérable des villes latines du Nouveau Monde (la 4e des deux Amériques, après New York, Chicago et Philadelphie). La Plata, fondée en 1882, compte déjà 45 410 habitants.

Superficie : 2 806 400 kil. carrés.
Population (1905) : 5 700 000 hab. dont 1 million env. d'étrangers.
Immigration : 96 080 individus.
Principales villes : *Buenos Aires*, 1 046 517 hab. (1906); *Rosario*, 112 461 hab.; *Cordoba*, 47 609 hab.; *La Plata*, 45 410 hab.; *Tucuman*, 54 305 hab.; *Mendoza*, 28 602 hab.; *Santa Fé*, 24 755 hab.; *Parana*, 24 281 hab.; *Salta*, 16 672 hab.; *Corrientes*, 16 129 hab.; etc.
Budget (1906) : Dépenses, 222 500 000 fr.; recettes, 290 000 000 fr.
Dette publique (1905) : 3 190 000 000 fr.
Commerce (1905) : Import. 1 025 700 000 fr.; export. 1 614 200 000 fr.
Mouvement de la navigation (1903) : Entrées, 2948 voiliers jaugeant 600 670 tonnes, 8540 vapeurs jaugeant 8 468 770 tonnes.
Marine marchande (1905) : 151 navires jaugeant 55 560 tonnes; 161 voiliers jaugeant 40 580 tonnes.
Chemins de fer (1905) : 19 685 kil. en exploitation.
Télégraphes (1902) : 45 076 kil.
Flotte de guerre : 48 bâtiments, 87 750 tonneaux, 5 184 hommes.

Victor Huot

TERMES GÉOGRAPHIQUES ET ABRÉVIATIONS

EMPLOYÉS DANS

L'ATLAS DE GÉOGRAPHIE MODERNE

All.	Allemand.		*Mal.*	Malais.
Angl.	Anglais.		*Mong.*	Mongol.
Ar.	Arabe.		*Norv.*	Norvégien.
Chin.	Chinois.		*Pers.*	Persan.
Esp.	Espagnol.		*Port.*	Portugais.
Géorg.	Géorgien.		*Roum.*	Roumain.
Holl.	Hollandais.		*Sam.*	Samoyède.
It.	Italien.		*Scand.*	Scandinave.
Jap.	Japonais.		*Sl.*	Slave.
Lith.	Lithuanien.		*Suéd.*	Suédois.
Mag.	Magyar.		*Tart.*	Tartare.

A. *Suéd.* Rivière.
Aa. *Norv.* Rivière.
Ab. *Pers.* Eau.
Ada, pl. Adalar. *Turc.* Ile.
Adror. *Berbère.* Mont, montagne.
Aïn (A.). *Ar.* Source.
Albufera. *Esp.* Lagune.
Also (A.). *Mag.* Bas, inférieur.
Alt. *All.* Vieux, ancien.
Alto (A.), pl. Altos (A^os). *Esp.* Sommet.
Alture. *Esp.*, *It.* Hauteur.
Am. *All.* Sur le ou la.
An. *All.* Près de.
Angm. *Port.* Baie.
Ano. *Grec.* Supérieur.
Antigno. *Esp.* Ancien.
Aral. *Kirghiz.* Ile.
Arroyo. *Esp.* Ruisseau.
Ba. *Soudan.* Fleuve.
Bach. *Turc.* Tête, sommet.
Bäck. *Suéd.* Ruisseau.
Baek. *Norv.* Ruisseau.
Bahia (B.). *Esp.* Baie.
Bahr. *Ar.* Mer, lac, fleuve.
Bajo. *Esp.* Bas, inférieur.
Baka. *Mong.* Grand.
Batang. *Mal.* Fleuve.
Bay (B.). *Angl.* Baie.
Beck. *Holl.* Ruisseau.
Ben, Beni. *Ar.* Fils de.
Ben. *Ecosse.* Tête, pointe.
Bender. *Ar.* Port.
Berg (B.). *All.* Mont.
Berka. *Ar.* Lac d'eau douce.
Bir. *Ar.* Puits.
Bjorg. *Norv.* Mont.
Boca. *Esp.* Embouchure.
Bocht. *Holl.* Baie.
Boghaz. *Turc.* Défilé, détroit.
Bolchoï (B.). *Russe.* Grand. (fém. Bolchaia, neutre Bolchoïe).
Bordj. (B^i). *Ar.* Maison de chef.
Bosch. *Holl.* Forêt, bois.
Boulak. *Ar.* Source.
Bouroun. *Turc.* Nez, cap.
Brdo. *Sl.* Sommet.
Brook. *Angl.* Ruisseau.
Bucht. *All.* Baie, anse.
Bugt. *Scand.* Baie.
Cabezo. *Esp.* Tête, sommet.
Cabo (C.). *Esp.*, *Port.* Cap.
Cap. (C.). *Angl.* Cap.
Cayo. (C^o). *Esp.* Caye.
Cerro (C^r, C^ro). *Esp.* Colline.
Chan. *Chin.* Mont.
Channel (Ch', Chan.). *Angl.* Détroit.
Char. *Sam.* Détroit.
Chott. *Ar.* Fleuve.
Chehr, Cheher. *Pers.* Ville.
Chergui. *Ar.* Est.
Chott (Ch.). *Ar.* Lac.
Cime (C^e). *Esp.*, *It.* Sommet.
Ciudad (C.). *Esp.* Ville, cité.
City (C^y). *Angl.* Ville, cité.
Cliff. *Angl.* Falaise.
Creek (Cr.). *Angl.* Crique.
Cume. *Mag.* Pic.
Cumbre. *Esp.* Sommet.
Daban. *Mong.* Colline.
Dagh (D.). *Turc.* Mont.
Dahra. *Ar.* Nord.
Dake. *Jap.* Pic.
Daria (D.). *Pers.* Fleuve.
Davan. *Turc.* Col.
Dava (D.). *Ar.* Lac.
Denghiz, Deniz. *Turc.* Lac.
Déré. *Turc.* Défilé.
Didi. *Géorg.* Grand.
Diva. *Indou.* Ile.
Djebel (Dj.). *Ar.* Mont.
Djeziré (Dj.). *Ar.* Ile.
Do. *Jap.* Terre.
Dolni. *Sl.* Inférieur (fém. Dolnia, neutre Dolnje).
Dong, Dhong. *Barman.* Mont.

Down. *Angl.* Coteau.
Draa. *Ar.* Chaînon.
Dry. *Angl.* Sec.
East (E.). *Angl.* Est, oriental.
Ebene (Eb.). *All.* Plaine.
Eiland. *Holl.* Ile.
El. *Ar.* Le, la, les. — Se change en Ech, Ed, En, Er, Es, Et, Ez, devant les consonnes correspondantes.
Elf. *Suéd.* Fleuve.
Eski. *Turc.* Vieux.
Estrecho. *Esp.* Détroit.
Ey. *Norv.* Ilot.
Fall. *Angl.* Chute d'eau.
Felso (F.). *Mag.* Supérieur.
Firth. *Ecosse.* Fiord.
Fjäll (Fj.). *Suéd.* Fjeld (Fj.). *Norv.* Mont.
Fjord (Fj.). *Suéd.* Fiord.
Fjord (Fj.). *Norv.* Fiord.
Foreland. *Angl.* Promontoire.
Fou (F.). *Chin.* Ch.-l. de département.
Fuerte (F^te). *Esp.* Fort.
Gata. *Angl.* Porte, barrière.
Gava. *Jap.* Rivière.
Gebirge (Geb.). *All.* Chaîne de montagnes.
Gharbi. *Ar.* Ouest.
Ghiri. *Indou.* Mont.
Giong. *Annam.* Puits.
Giosou (de-). *Roum.* Inférieur.
Glava (Gl.). *Sl.* Tête, sommet.
Gletscher (Gl.). *All.* Glacier.
Gol. *Mong.* Rivière.
Golf (G.). *All.*, *Norv.* Golfe.
Golfo (G.). *Esp.* Golfe.
Gora. *Russe.* Mont.
Gorni. *Sl.* Supérieur.
Goulo. *Russe.* Baie.
Gomoung. *Mal.* Mont, volcan.
Göste. *All.* Littoral.
Great (Gr.). *Angl.* Grand.
Groot (Gr.). *Holl.* Grand.
Gross (Gr.). *All.* Grand.
Guchmar. *Ar.* Sommet.
Guerxa. *Ar.* Lac.
Guélar. *Ar.* Puits.
Gulf (G.). *Angl.* Golfe.
Haci. *Ar.* Puits.
Hai. Hav. *Scand.* Mer.
Haden (H^e). *All.* Havre.
Hamada. *Ar.* Plateau rocheux.
Hammam (H.). *Ar.* Thermes.
Havn. *Suéd.* Port.
Hambourg. *Pers.* Plaine.
Harbour (H^r). *Angl.* Havre.
Haven (H^e). *Angl.* Havre.
Havn (H^e). *Norv.* Havre.
Head (H^d). *Angl.* Cap, tête.
Hegy (H.). *Mag.* Mont.
Hia. *Chin.* Sous.
Hieou. *Chin.* Ch.-l. de canton.
Hikoui. *Jap.* Inférieur.
Hill (H.). *Angl.* Colline.
Hinter. *All.* Derrière.
Hissar. *Ar.* Forteresse.
Ho. *Chin.* Fleuve.
Ho. *Annam.* Lac.
Hodna. *Ar.* Bassin.
Hoek. *Holl.* Promontoire.
Holm, Holme. *Scand.* Ilot.
Hoofd. *Holl.* Cap.
Horn (H.). *Germanique.* Corne.
Hou. *Chin.* Lac.
Hoved. *Norv.* Tête, cap.
Hügel. *All.* Colline.
Icul. *Turc.* Neuf.
Ike. *Mong.* Grand.
Ilha (I.). *Port.* Ile.
Inlet (Inl.). *Angl.* Goulet.
Insal (I.), pl. Inseln (I^n). *All.* Ile, îles.
Irmak. *Turc.* Rivière.
Isla, pl. Islas (I., I^s). *Esp.* Ile, îles.

Island (I.), pl. Islands (I^s). *Angl.* Ile, îles.
Isola (I.). *Ital.* Ile.
Jarvi. *Finl.* Järw. *Esthonien.* Jaur, Javre *Lapon.* Lac.
Jezero. *Sl.* Lac.
Jökell, Jökull. *Norr.* Glacier.
Joki. *Finl.* Rivière.
Kuf, Kel. *Ar.* Pic.
Kaia. *Turc.* Rocher.
Kali. *Mal.* Fleuve.
Kalns. *Lith.* Sommet.
Kami. *Jap.* Supérieur.
Kanaal (Kan.). *Holl.* Canal.
Kang (K.). *Coréen.* Rivière.
Kap (K.). *All.* Cap.
Kala. *Jap.* Lac.
Kato. *Grec.* Inférieur.
Kava (K.), Gava (G.). *Jap.* Rivière.
Kébir. *Ar.* Grand.
Ken. *Jap.* Département.
Kéou, Koou. *Chin.* Porte, bouche.
Key (K) *Angl.* Caye.
Khet. *Samoyède.* Pierre, mont.
Khrebet. *Russe.* Chaîne de montagnes.
Kiang (K.). *Chin.* Fleuve.
Kis (K.). *Mag.* Petit.
Klein (Kl.). *All.* Petit.
Ko. *Jap.* Petit.
Ko. *Siam.* Ile.
Kong. *Chin.* Rivière.
Koou, v. Kéou.
Koppe. *All.* Sommet.
Kosoui. *Jap.* Lac.
Kou. *Jap.* Havre.
Koua. *Annam.* Baie.
Kouh (K.). *Pers.* Mont.
Koul (K.). *Tart.* Lac.
Koum. *Tart.* Sable.
Ksar. *Ar.* Village fortifié.
Köste. *All.* Littoral.
Kutchuk, Kichi. *Turc.* Petit.
La. *Indou.* Col.
Laag. *Holl.* Inférieur, bas.
Lacu (L.). *Roum.* Lac.
Lago (L.). *Esp.*, *It.* Lac.
Lagôa (L.). *Port.* Lac.
Lagoon (L.). *Angl.* Lagune.
Lake (L.). *Angl.* Lac.
Lille. *Norv.* Petit.
Linmi. *Gr.* Lac.
Ling. *Chin.* Col, passage.
Liten. *Suéd.* Petit.
Little (L^e). *Angl.* Petit.
Llano, Llanura. *Esp.* Plaine.
Loch, Loc'h, Lough, Loc. *Ecosse.* Lac.
Loma (L^s). *Esp.* Colline.
Low. *Angl.* Bas.
Lower. *Angl.* Inférieur.
Ma. *Ar.* Eau.
Maden. *Ar.* Mine.
Mahn. *Indou.* Grand.
Mare (N.). *Roum.* Grand.
Marsh. *Angl.* Marais.
Mé. *Siam.* Fleuve.
Meer. *Holl.* Lac.
Mejdou. *Russe.* D'entre.
Meridj. *Ar.* Marais.
Mesa, Meseta (M.). *Esp.* Plateau.
Mieu. *Roum.* Petit.
Middle (Midd.). *Angl.* Moyen.
Minato. *Jap.* Havre, port.
Mittel (Mitt.). *All.* Moyen.
Moer. *Holl.* Marais.
Mogwara. *Sumatra.* Rivière.
Montaña (M.). *Esp.* Montagne.
Monte (M.). *It.* Montagne.
Moor. *Angl.* Marais.
Mount (M^t). *Angl.* Mont.
Mountains (M^ns). *Angl.* Monts.
Mouth. *Angl.* Embouchure.
Mtha. *Géorg.* Mont.
Muraun. *Lith.* Mont.
Munte. *Roum.* Mont.
Mys. *Russe.* Cap.

Nada. *Jap.* Baie.
Naddi. *Indou.* Rivière.
Naga. *Jap.* Long.
Nagy (N.). *Mag.* Grand.
Nahr (N.). *Ar.* Fleuve.
Nan. *Chin.* Sud, du Sud.
Näs. *Scand.* Nez, cap.
Near. *Angl.* Près.
Neder (Ned.). *Holl.* Bas.
Nedjed. *Ar.* Contrée élevée.
Nedre. *Scand.* Inférieur.
Needle. *Angl.* Aiguille, pointe.
Néfoud. *Ar.* Courant de sable.
Nehrung. *All.* Flèche.
Német. *Mag.* Allemand.
Ness. *Celtique.* Cap, pointe.
Nether. *Angl.* Inférieur.
Nou (N.). *All.* Nouveau.
New (N.). *Angl.* Nouveau.
Nieder (Nied.). *All.* Inférieur.
Nieuw (N.). *Holl.* Nouveau.
Nijnii (Nij.). fém. Nijniata, n. Nijneïé. *Russe.* Inférieur.
Nisi. *Grec.* Ile.
Nizni. *Sl.* Intérieur.
Noord (N^d). *Holl.* Nord, du Nord.
Nor. *Mong.* Lac.
Norte (N.). *Esp.* Nord.
North (N^th). *Angl.* Nord.
Nos. *Russe.* Nez, cap.
Nou (N.). *Roum.* Neuf.
Noussa. *Mal.* Ile.
Novi, *Sl.* Novo. *It.* Novyi. f. Novaia, u. Novoïé. *Russe.* Nuevo. f. Nueva. *Esp.* Ny. *Suéd.* Nouveau. (Abréviation commune, N.)
Ó. *Mag.* Vieux.
O. *Scand.* Ile.
Oar. *Suéd.* Ger. *Norv.* Iles.
Oher (Oh.). *All.* Supérieur.
Odde. *Norv.* Cap.
Oeste (O.). *Esp.* Ouest.
Öfre. *Suéd.* Supérieur.
Öfver. *Suéd.* Sur.
Oglat (Og^t). *Berbère.* Réservoir naturel d'eau.
Ogroud. pl. de Ghourd. *Ar.* Dunes de sable.
Oho. *Jap.* Grand.
Ola, Oula. *Mong.* Mont, massif.
Old. *Angl.* Vieux.
On. *Angl.* Sur.
Onder. *Holl.* Sous.
Op. *Holl.* Sur.
Ost (O.). *All.* Est.
Öster. *Scand.* Est.
Ostrov (O.). *Russe.* Ile.
Ouadi, Oued (O.). *Ar.* Cours d'eau, vallée, lit de rivière.
Oud. *Holl.* Vieux.
Oudjoung. *Mal.* Cap.
Oula, Ola. *Mandjou.* Rivière.
Oulad (O.). *Ar.* Enfants.
Oust. *Russe.* Embouchure.
Over. *Angl.*, *Holl.* Supérieur.
Ovre. *Norv.* Sur.
Ozero (Oz.). *Russe.* Lac.
Pal. *Sam.* Mont.
Pampa (P^a). *Esp.* Plaine herbeuse.
Paso. *Esp.* Pass. *All.*, *Angl.* Passage.
Passo (P.). *It.* Col.
Patara. *Géorg.* Petit.
Patok. *Mag.* Ruisseau.
Pé, Pei. *Chin.* Nord, blanc.
Peak (I^k). *Angl.* Pic.
Peel. *Holl.* Marais.
Peña. *Esp.* Rocher.
Penha. *Port.* Rocher.
Pequeño. *Esp.* Pequeno. *Port.* Petit.
Pico (P.). *Esp.* Pic.
Pieve. *It.* Paroisse.
Plain (Pl.). *Angl.* Plaine.
Planina (Pl.). *Sl.* Terrain boisé.
Pnom. *Annam.* Mont.
Pool. *Holl.* Marais, étang.

Point (P^t). *Anglais.* Pointe.
Polder. *Holl.* Marais asséché et endigué.
Polou-Ostrov. *Russe.* Presqu'île.
Pool. *Angl.* Etang.
Porto (I^to). *It.*, *Port.* Port.
Potamos. *Gr.* Rivière.
Poulo. *Mal.* Ile.
Pour, Por, Pur. *Indou.* Ville.
Proliv. *Russe.* Détroit.
Pueblo. *Esp.* Bourg.
Puente (I^te). *Esp.* Pont.
Puerto (I^to). *Esp.* Port.
Puig. *Catalan.* Pic.
Punt (P.). *Holl.* Pointe.
Punta (I^ta). *Esp.*, *It.* Pointe.
Quebrada. *Esp.* Ravin.
Quelle. *All.* Source.
Racz. *Mag.* Serbe.
Rancho. *Esp.* Campement.
Range (R^ge, R.). *Angl.* Chaîne de montagnes.
Ras (R.). *Ar.* Sommet, cap.
Reef (R^f). *Angl.* Ecueil, récif.
Rhede. *All.* Rade.
Ridge. *Angl.* Dos.
Rincon. *Esp.* Coin.
Ring. *All.* Chaînon.
Rio (R.). *Esp.*, *It.*, *Port.* Fleuve, rivière.
River (R.). *Angl.* Rivière.
Rocca. *It.* Recha. *Esp.* Rocher.
Rock (R^k). *Angl.* Rocher.
Rocky. *Angl.* Rocheux.
Roud. *Pers.* Fleuve.
Rücken. *All.* Dos.
Rzeka (R.). *Pol.* Rivière.
Saki (S.). Zaki. *Jap.* Cap.
Salt. *Angl.* Sel, salé.
San (S.), fém. Santa (Sta). *Esp.*, *It.* Saint.
San (S.). Zan. *Jap.* Mont.
Sanct. *All.* Saint.
Sand. *Angl.* Sable.
Santo (S^to). *Esp.* Saint.
São (S.), fém. Santa (Sta). *Port.* Saint.
Sasso. *It.* Roc.
Sea (S.). *Angl.* Mer.
Sebkha (S.). *Ar.* Lac salé.
See. *All.* Mer.
Seghir. *Ar.* Petit.
Selva. *Esp.*, *It.* Forêt.
Serra. *Port.* Chaîne de montagnes.
Si. *Chin.* Ouest.
Sidi (S^i). *Ar.* Seigneur.
Sierra (S^ra). *Esp.* Chaîne de montagnes.
Sima (S^a). *Jap.* Ile.
Sint. *Holl.* Saint.
Sjö. *Suéd.* Sö. *Norv.* Lac.
Slieve. *Irlande.* Montagne.
Solare. *Esp.* Sur.
Söder (S.). *Suéd.* Sud, du Sud.
Soug. *Annam.* Fleuve.
Sopra. *It.* Sur.
Sotto. *It.* Sous.
Sou. *Turc.* Rivière.
Sound (S^d). *Angl.* Baie.
South (S^th). *Angl.* Sud.
Spitze. *All.* Pointe, pic.
Spring (Spr.). *Angl.* Source.
Srednii, fém. Sredniaia, n. Sredneïé. *Russe.* Du milieu.
Stadt (St.). *All.* Ville.
Stein. *Angl.* Pierre, rocher.
Stone. *Angl.* Pierre, rocher.
Stor. *Scand.* Grand.
Strait (Str.). *Angl.* Détroit.
Stream (Str.). *Angl.* Courant.
Sul. *Port.* Sud, du Sud.
Sumpf. *All.* Marécage.
Sund. *Scand.* Détroit.

Sur. *Esp.* Sud, du Sud.
Sussu (do-sussu). *Roum.* Supérieur.
Syd. *Norv.* Sud.
Sert. *Tart.* Plateau.
Szent (Sz.). *Mag.* Saint.
Sziget. *Mag.* Ile.
Szoros. *Mag.* Col.
Ta, Taï. *Chin.* Grand.
Tableland. *Angl.* Plateau.
Tach. *Turc.* Pierre, montagne.
Tafel. *All.*, *Holl.* Table.
Tai. *Jap.* Grand.
Takahi. *Jap.* Haut.
Také. Dake. *Jap.* Pic.
Tala, Dala. *Mong.* Désert.
Tamgout. *Berbère.* Pic.
Tandjoung. *Mal.* Cap, promontoire.
Tao. *Chin.* Ile.
Taou, Tagh. *Turc.* Mont.
Tchaï. *Turc.* Rivière.
Tcheng. *Chin.* Bourg.
Tchéou (Tch.). *Chin.* Chef-lieu de district.
Téhama. *Ar.* Terrain plat.
Tell. *Ar.* Colline.
Ténia, Téniat. *Ar.* Col.
Tépé. *Turc.* Colline, sommet.
Thal. *All.* Vallée.
Tizi. *Berbère.* Col.
To. *Coréen.* Province.
Tok. (T.) *Somali.* Rivière.
Tong, Toung. *Chin.* Est.
Török. *Mag.* Turc.
Town (T^n). *Angl.* Ville.
Träsk. *Scand.* Marais.
Tskhali. *Géorg.* Rivière.
Tsminda, *Géorg.* Saint.
Tso. *Thibétain.* Lac.
Tsou, Kou. *Jap.* Port.
Udde. *Suéd.* Cap.
Uj. *Mag.* Nouveau.
Under. *Angl.*, *Suéd.* Sous.
Unter (U.). *All.* Sous.
Upon (Up.). *Angl.* Sur.
Upper. *Angl.* Supérieur.
Vaart. *Holl.* Canal.
Ville. *Esp.*, *It.* Vallée.
Valley. *Angl.* Vallée.
Van. *Jap.* Baie.
Vand. *Norv.* Lac.
Var, Várad. *Mag.* Ville fortifiée.
Varos. *Mag.* Ville.
Vatn. *Norv.* Lac.
Vatten. *Suéd.* Lac.
Vecchio. *It.* Vieux.
Veen. *Holl.* Tourbière.
Velikii, fém. Velikaia, n. Vélikoïé (Vel.). *Russe.* Grand.
Verkhnii, fém. Verkhniaia, n. Verkhneïé (V.). *Russe.* Supérieur.
Vesi. *Finlandais.* Lac.
Vest, Vester. *Suéd.* Ouest, occidental.
Viejo (V.). *Esp.* Vieux.
Vig. *Norv.* Vik. *Suéd.* Golfe.
Vinh. *Annam.* Golfe.
Visni. *Sl.* Supérieur.
Vodo. *Sl.* Haut.
Vlakte. *Holl.* Plaine.
Vley. *Holl.* Nappe d'eau.
Vor. *All.* Devant.
Vrh. *Sl.* Sommet, cime.
Wald (W.). *All.* Forêt.
Wasser. *All.* Water. *Angl.* Eau.
Way. *Angl.* Chemin.
Well (W.). *Angl.* Puits.
West (W.). *All.*, *Angl.* Ouest, occidental.
Yama. *Jap.* Mont.
Zab, pl. Zibau. *Ar.* Oasis.
Zalir. *Russe.* Baie.
Zau, v. Sau.
Zemlia. *Russe.* Terre.
Zee. *Holl.* Mer.
Zuid. *Holl.* Sud.

INDEX ALPHABÉTIQUE

DES NOMS CONTENUS DANS L'ATLAS DE GÉOGRAPHIE MODERNE

Le chiffre qui figure immédiatement après le nom indique le numéro de la carte sur laquelle ce nom se trouve. Les deux lettres (majuscule et minuscule) qui suivent ce numéro se rapportent aux lettres de renvoi imprimées en bleu dans le cadre des cartes et indiquent les deux directions à suivre en longitude et en latitude pour trouver l'emplacement du nom. On a renvoyé chaque nom à une seule carte, en choisissant celle à laquelle il se rattache le plus directement. Les noms précédés des adjectifs *saint, sainte, san, santo,* etc... sont groupés après la lettre S sous autant de rubriques particulières.

Les noms qui se trouvent sur les cartouches de la carte de France en 4 feuilles (nᵒˢ 13-16) et sur les cartes de la feuille 18 (Colonies françaises) portent, après le nº de la feuille, l'indication du titre du cartouche ou de la carte qui contient le nom. Abréviations : Bord. Bordeaux, Mars. Marseille, Sᵗ Ét. Saint-Étienne, Marq. Marquises, N. Hébr. Nouvelles Hébrides, Com. Îles Comores, Soc. Îles de la Société, T. N. Terre Neuve, Sᵗ P. et M. Saint Pierre et Miquelon, Guad. Guadeloupe, Mart. Martinique, R. ou Réun. la Réunion, G. F. Guyane Française, Som. Côte française de Somali.

ABRÉVIATIONS EMPLOYÉES DANS L'INDEX

Abrév.	Mot	Abrév.	Mot	Abrév.	Mot
A.	Alpe.	Chˡ.	Chenal, Channel.	Fᵗ.	Fort.
Aˢᵉ.	Anse.	Ch.	Chott.	Fᵗᵉ.	Fuerte.
Aˡᵗᵒˢ.	Altos.	Coll.	Colline.	Geb.	Gebirge.
Arch.	Archipel.	Cᵗᵉ.	Comte.	G.	Golfe.
Bᵉ.	Baie.	Couvᵗ.	Couvent.	Gᵈ.	Grand.
B.	Baie, Bahia, Bay.	Cr.	Creek.	Gr.	Gross.
Bⁿ.	Ballon.	D. (après le nom)	Dagh.	Hᵣ.	Harbour.
Bᶜ.	Banc	D. (avant le nom)	Daya.	Hᵉ.	Havre.
B. E.	Basse Égypte.	Dᵗ, Dét., Détr.	Détroit.	Hᵈ.	Head.
Cˡ, Can.	Canal.	Dj.	Djebel.	Hˢ.	Hills.
C.	Cap, Cabo, Capo.	Dés.	Désert.	I.	Île, Island, Isla, Isola.
Cᵉ.	Caye.	Eb.	Ébène.		
Cᵒ.	Cayo.	Estᵣᵉ.	Estuaire.	Inl.	Inlet.
Cᵣᵒ.	Cerro.	Et.	Étang.	K.	Key.
Cᵃ.	Cima.	Eᵗˢ.	États.	Kl.	Klein.
Chⁿᵉ.	Chaîne.	Fj.	Fjord.	L.	Lac, Lago, Lake.
Chˡˡᵉ.	Chapelle.	F., Fl.	Fleuve.	Lag.	Lagune, Laguna.
Chᵉᵃ, Chât.	Château.	F.	Fou (proncᵉ en Chine).	Lˢ.	Llanos.

Abrév.	Mot	Abrév.	Mot	Abrév.	Mot
Mˢ.	Massif.	Pén.	Péninsule.	Sᵃ, Sᵃˢ.	Sierra, Serra
Mˡ.	Méridional.	Ph.	Phare.	Sᵈ.	Sound.
Mᵗ.	Mont, Mount.	Pl.	Plaine, Plain.	Sp.	Spitze.
M.	Meuta.	Plan.	Planina.	Spr.	Spring.
Mᵉ.	Montagne.	Plat.	Plateau.	Sᵗᵉ.	Station.
Mⁿᵉˢ.	Montagnes.	Pᵗ (après le nom)	Point (pointe).	Str.	Strait.
Nied.	Nieder.	Pᵗ (avant le nom)	Port.	S.	Sud.
Nᵈ.	Noord.	Pᵗᵉ.	Pointe.	s.	sur.
N.	Nord.	Presq.	Presqu'île.	Sz.	Szent.
Nᵗʰ.	North.	Prom.	Promontoire.	Tch.	Tchéou.
Nouv.	Nouveau.	Prov.	Province.	T.	Terre.
Nᵉˡˡᵉ.	Nouvelle.	Pᵗᵒ.	Puerto.	T. P.	Terres polaires.
Oᵃ.	Oasis.	Pᵗᵃ.	Punta.	Terᵣᵉ.	Territoire.
Ob.	Ober.	Rᵍᵉ.	Range.	Vᵉᵉ.	Vallée.
O.	Oued.	Rᶠ.	Récif.	Vˣ.	Vieux.
Pᵃ.	Pampa.	R.	Rivière, Rio, River.	Vᵍᵉ.	Village.
Pas., Pass.	Passage.			V, Vⁿ.	Volcan.
Pᵏ.	Peak.	Rᵣ.	Rocher.		

Akershus 52 H i.
Ak Gœl 59 E c.
Ak Gœl 59 F a.
Akhaf (Dés. el) 49 Q f.
Akhaïs (Anc.) 50 C c.
Akhaïa (Kato-) 50 C c.
Akhalkalaki 58 E d.
Akhaltsikh 58 E d.
Akhdagh 58 F d.
Akhdar (Dj.) 49 R c.
Akhdar (Dj. el) 49 K c.
Akhdar (O. el) 49 O d.
Akhir Dagh 59 G c.
Ak Hissar 59 D b.
Akhlat 59 J b.
Akhtar (L* d') 58 B b.
Akhiépolou 29 H b.
Akhtouba 58 G a.
Akhty 58 G d.
Akhtyrka 54 K c.
Akivivon 59 A b.
Akis (L.) 59 B c.
Akin 43 N g.
Akka 59 F a.
Ak-Kru-Tchokyl-Tagh 44 D d.
Akka-Tagh 44 D E d.
Akkent 44 C c.
Akkerman 54 H g.
Akkesi 46 Q o.
Ak-koum 57 I c.
Akkrum 21 C c.
Akmolinsk 57 I d.
Akna Sugatag 28 H c.
Akoui 44 D b.
Akoko 49 N b.
Akohoditsiky 48 H j.
Akokouyu 49 Q s.
Akol 50 N i.
Akola 41 D d.
Akomljo 29 O r.
Akot 44 D d.
Akoucha 58 G c.
Akouli 18 (G. F.).
Akoune 43 I j.
Akouscki Sima 43 I i.
Akpolok (I.) 56 P c.
Akra 48 C h.
Akromythis 50 I c.
Akraraes (I*) 50 G d.
Akrata 50 H c.
Akron 58 H f.
Akrotiri (Presq.) 50 E f.
Akrotiri (Presq.) 59 E d.
Aksei 58 G c.
Akseiskaia 58 C a.
Ak Serai 59 D b.
Ak-sou 57 J c.
Ak-sou 59 D c.
Ak-sou 59 G c.
Ak-sou 49 H b.
Ak-sou 44 C c.
Aktamor (I. d') 59 J b.
Ak-taou 40 F a.
Aktcha 40 F b.
Ak-Tchai 59 C c.
Ak-Tepe 40 F b.
Aktis (C.) 50 H i.
Akureyri 52 E a.
Akyab 42 B b.
Ala 18 (Som.).
Ala 28 B d.
Ala (el) 49 O d.
Alabama 58 G h.
Alabougskaïa 58 G b.
Alachau 44 G c.
Ala Chau 44 H d.
Alachehr 59 C b.
Alacrau (R*) 59 O f.
Ala Dagh 59 D a.
Ala Dagh 59 F c.
Ala Dagh 59 J b.
Ala Dagh 40 E b.
Aladja 58 E d.
Alagauik 56 Alaska.
Alagir 58 E c.
Alagna 22 I f.
Alagnon 16 I g.
Alagoas 65 K i.
Alagrez 58 E d.
Alagoinhas 65 J g.
Alagou 25 E d.
Alagon 25 J c.
Akul 44 K d.
Alaïd (I. et V*) 43 V a.
Alaigue 15 H i.
Alais 16 J h.
Alaise 22 B c.
Alai-Tagh 57 I i.
Alajuela 60 C j.
Alakhoun Dagh 58 G d.
Alakaauda 41 E b.
Ala-Koul 57 J c.
Ala-Koul 44 C b.
Alanan D. 59 B b.
Alamos 59 E d.
Alamos (los) 57 B d.
Aland 27 L b.
Aland 55 A b.
Alanje 60 E k.
Alantika (M*) 49 I b.
Alaotra (L.) 18 J h.
Alaquines 59 J f.
Alarcon 25 I c.
Alos 43 H g.
Alaska 56.
Alaska (M* d') 56.
Alassio 24 A c.
Ala-Taou 44 C b.
Alatri 24 D d.
Alatyr 53 P d.
Alava 25 H b.
Alava 59 D c.
Alavund 59 C b.
Alazan 58 F c.
Alazeia 57 R c.
Alb 14 N c.
Alb 14 O d.
Alba 24 A b.
Alba (M* d') 16 N b.
Albacicor 25 K d.
Albacete 25 I f.
Albaeutya (L.) 55 G g.
Albaek 52 D b.
Albak 28 H c.
Albau 15 I i.
Albano 24 D d.
Albany 52 C f.
Albany 56 L d.
Albany 58 G h.
Albany 58 I f.
Albany (F*) 56 M d.
Albarine 16 L g.
Albarracin 25 J d.

Albatros (L.) 55 H h.
Albay 43 H c.
Albazin 57 O d.
Albe 27 G f.
Albegna 24 C c.
Albemarle S* 58 I g.
Albenga 24 A b.
Albens 16 L g.
Alberche 25 G d.
Albères 15 I j.
Alberga 52 F c.
Alberobello 24 F d.
Albert 15 I b.
Albert 55 H f.
Albert (L.) 49 M i.
Albert (L.) 55 G g.
Albert (P*) 55 H g.
Albert-Édouard (L.) 50 M j.
Alberta 56 F d.
Albertville 16 M g.
Albertville (Anc.) 50 Mk.
Albestroff 14 M d.
Albi 15 H i.
Albin 20 G d.
Albino 22 I f.
Albino (P*) 50 I m.
Albis 22 G g.
Albisten 59 G b.
Alblasserdam 21 C c.
Albona 28 C d.
Alboran (I.) 25 H i.
Albreda 19 A c.
Albret (Pays d') 15 F b.
Albrun Pass 22 G c.
Albuch 27 J f.
Albufera de Elche 25 K f.
Albufera de Valencia 25 K c.
Altnain Kopf 22 J d.
Albula Pass 22 I d.
Albuquerque 57 E c.
Albuquerque 65 F h.
Alburno (M*) 24 E d.
Alburquerque 25 D e.
Albury 55 H g.
Albuzy (I*) 16 S* Etienne.
Alby 16 L g.
Alcalá de Chisbert 25 K d.
Alcala de Guadaira 25 E g.
Alcala de Menares 25 H d.
Alcala del Rio 25 E g.
Alcala la Real 25 G g.
Alcamo 24 D f.
Alcaudre 25 K c.
Alcanices 25 E c.
Alcañiz 25 K c.
Alcantara 25 D c.
Alcantara 65 I c.
Alcantarilla 25 J g.
Alcaráz 25 I f.
Alcaraz (S* de) 25 I f.
Alcarrache 25 D f.
Alcarria (la) 25 I d.
Alcazar de S. Juan 25 H c.
Alcira 25 K c.
Alcolea del Rio 25 E g.
Alcoy 25 K f.
Alcudia 25 G f.
Alcudia 25 N c.
Alcyon (I.) 51 J f.
Aldabra (I.) 50 P k.
Aldama 59 F c.
Aldan 57 P c.
Aldanskaïa 57 P c.
Aldea de San Pedro 64 I i.
Aldeanueva 15 D j.
Aldeia Gallega 25 B C f.
Aldenhoven 14 L b.
Alderney 13 D c.
Aldershot 20 J a.
Alechki 34 J g.
Alecsandrie 54 P h.
Aledjo Koura 19 Dah.
Alegre 64 J i.
Alegrete 64 G f.
Alei 57 J d.
Aleklek 49 L h.
Aleksandrow 54 C d.
Aleksikovo 53 I b.
Alem Roum (Ras) 51 I c.
Alemtejo 25 C g.
Alençon 13 F d.
Alene 14 J f.
Alboutiennes (I*) 54 c.
Alep 59 G c.
Aleria 16 P j.
Aloria (Plaine d') 16 P j.
Alessio 29 D c.
Alet 15 H i.
Aletsch (Glacier d') 22 F c.
Aletschhorn 22 F c.
Alexandra 55 L i.
Alexandra (T.) 52 I b.
Alexandre (B*) 37 P c.
Alexandre (P*) 50 J m.
Alexandre II (C d') 54 I f.
Alexandre de Wurtemberg (C*) 54 M c.
Alexandrette 59 F c.
Alexandria 20 G c.
Alexandria 54 I f.
Alexandria 57 G c.
Alexandria 56 D c.
Alexandria 58 F f.
Alexandria City 58 I j.
Alexandria Station 55 P c.
Alexandria Troas 59 A b.
Alexandrie 24 D b.
Alexandrie 49 M b.
Alexandrina (L.) 55 F g.
Alexandropol 58 E d.
Alexandrov 34 N b.
Alexandrovsk 34 K c.
Alexandrovskaïa 57 P c.
Alexandrovskii 55 I i.
Alexandrovskii 57 c.
Alexandrovskii (F*) 38 I b.
Alexandrovskii Posad 43 G a.
Alexandrovskoïe 57 N d.
Alexin 54 L c.
Alexinats 29 E b.
Alfambra 25 J d.
Alfaro 25 I b.
Alfeh 59 D f.
Alföld 27 J b.

Alföld 28 F c.
Alfonsine 24 C b.
Alford 20 H d.
Alfortville 13 Paris.
Alfred (P*) 50 L p.
Alfred & Marie R** 52 D d.
Alfreton 20 J h.
Algajola 16 O j.
Algarve 25 C g.
Algatchinskii 44 K a.
Algau (Alpes de l') 28 B c.
Algeciras 25 F h.
Algemesi 25 K c.
Alger 17 G c.
Algérie 17.
Alghero 24 B d.
Algoa (B. d') 50 L p.
Algodor 25 G c.
Algoma 58 G c.
Algona 58 E f.
Alhadjin Galibou 48 J h.
Alhama 25 G g.
Alhama 25 I c.
Alhama 25 J g.
Alhamilla (S* de) 25 I h.
Alhandra 25 B f.
Alhaurin 25 F h.
Alhendin 25 H g.
Alhucemas (R. de) 25 G i.
Ali (M*) 15 E i.
Ali-Abad 58 G d.
Ali-Abad 40 D b.
Aliabad 40 D d.
Aliaga 25 J d.
Alibagh 41 D e.
Alibei (L.) 54 H b.
Alibert (Mine) 37 L d.
Alicante 25 K f.
Alice 55 H d.
Alice (Punta dell') 24 F c.
Alice Spring St* 52 F d.
Aliendi (J.) 21 D c.
Alidjouk (M*) 40 C c.
Alienza 25 H c.
Alife 24 D d.
Aliganj 41 E c.
Aliganj Sewan 41 F c.
Aligarh 41 E c.
Alika 30 D c.
Alikaporitha (C.) 50 F g.
Alinna 50 J j.
Aling-Gangri 44 C c.
Alingsås 52 I j.
Alipur 41 G d.
Ali-Rajpur 41 D d.
Alise-S*-Reine 14 K c.
Alistrati 29 F c.
Alivori 30 E c.
Aliwal 41 D b.
Aliwal North 50 L p.
Alizay 14 Rouen.
Aljibe 25 V h.
Aljustrel 25 C g.
Alkaline P* 58 C b.
Aikmaar 21 C b.
Alluda 48 G b.
Alhlinabad 40 D c.
Allahabad 44 E c.
Allaine 14 M c.
Allaire 13 D c.
Allakh-Iouna 57 P c.
Allamira 39 J f.
Allanche 16 I g.
Allan Myo 41 H c.
Alleraha R. 58 G h.
Allas (D* d') 45 F g.
Allauch 16 Marseille.
Allo 22 D c.
Alleghany (M*) 58 H g.
Alleghany R. 58 H f.
Allegre 16 I g.
Allègre (P*) 18 Guad.
Alloli 19 R s.
Allemagne 27.
Allemagne (I*) 1 Dord.
Allemands (L. des) 58 F i.
Allenbrok 18 G j.
Allende 39 F c.
Allen (L.) 20 F c.
Alleuburg 20 J a.
Allevard 16 L g.
Alli (L.) 18 Som.
Allinge 52 A a.
Allinges 22 C c.
Allo 15 D j.
Alloa 20 G c.
Allon 58 H f.
Allor 43 H g.
Allos 16 M h.
Alloula (Ras) 49 O g.
All Saints Well 52 F c.
Alstedt 27 L c.
Alma 54 J j.
Alma Dagh 59 F c.
Almadra 25 B f.
Almaden 25 F f.
Almadies (P* des) 48 C g.
Almagro 25 G f.
Almansa 25 J f.
Almanzora 17 H b.
Almarchon 25 F f.
Almás 28 F c.
Almazan 25 I c.
Almeida 25 D d.
Almelo 21 D b.
Almenara (P. de la) 25 J c.
Almenara 28 E b.
Almendra 25 J c.
Almenar lejo 25 E f.
Almenzor 25 I f.
Almeria 25 I h.

Almissa 28 E c.
Almedovar del Campo 25 G f.
Almora 41 E c.
Almorchon 25 F f.
Almoso 50 M m.
Almuñecar 25 G h.
Almúnia (la) 25 J c.
Alnwick 20 I f.
Alon 42 B b.
Along (B. d') 19 L g.
Alopaievsk 55 I c.
Alora 25 F h.
Alost 21 B d.
Alouchta 54 K b.
Aloupa (C.) 59 B c.
Aloupka 54 J h.
Alpean 58 G c.
Alpes (B***) 16 L h.
Alpes (H***) 16 M h.
Alpes Algaviennes 22 I J K c.
Alpes Australiennes 53 I g.
Alpes de Transylvanie 54 F h.
Alpes Dinariques 28 E c.
Alpes du Bergamasque 22 I f.
Alpes du Sud 55 L k.
Alpes du Trentin 22 K f.
Alpes Graies 22 E f.
Alpes-Maritimes 16 M i.
Alpes Pennines 22 E f.
Alpes Rhétiques 22 K d.
Alpha 55 H d.
Alphée 50 C d.
Alpilles 16 K i.
Alpnach 22 F d.
Alp See 22 J b.
Alpstein 22 H c.
Alpujarras (las) 25 H h.
Alquizar 60 D c.
Als 26 D a.
Alsace (Basse) 14 N d.
Alsace (Haute) 14 M c.
Alsace (B** d') 14 M e.
Alsace 27 H f.
Alsásua 25 I b.
Alsfeld 27 I d.
Alsh (L.) 20 F d.
Alsleben 27 L c.
Alsó-Fehér 28 H c.
Alsó-Kubin 28 F h.
Als Sund 32 C c.
Alston Moor 20 I g.
Alstonville 53 J n.
Alta 54 I c.
Alta Gracia 60 C j.
Altagracia 60 J j.
Altagracia 65 E c.
Altaï (M**) 57 K c.
Altaï Méridional 41 E h.
Altaïskaïa 37 K c.
Altamaha R. 58 H h.
Altamaha S* 58 H h.
Altamira 50 J f.
Altamura 24 F d.
Altamura (I.) 50 E c.
Altauskaïa 57 M c.
Altar (el) 59 C b.
Altar (R. del) 58 D d.
Altare 16 O b.
Altata 59 E c.
Althea 20 F d.
Altchouka 44 L b.
Altdorf 22 G d.
Altdorf 27 I c.
Altea 25 K f.
Alte Au 32 B c.
AlteFühr 32 F c.
Altena 27 H c.
Altenburg 27 M d.
Altenkirchen 27 H d.
Altkirch 27 G g.
Alt Landsberg 27 N b.
Altmark 27 K b.
Altmühl 27 L f.
Alton 27 J a.
Altona 27 J a.
Altona 58 G h.
Altoona 58 H f.
Altorf 27 I c.
Alt Ruppin 27 M b.
Altshausen 27 J g.
Altstädten 22 J d.
Alt-Strelitz 27 M a.
Altyn (L*) 58 F a.
Altura do Espinoza 64 E n.
Alvand 21 D c.
Alwa 20 G c.
Alwar 41 D c.
Alzey 27 H c.
Alzon 24 I f.
Alzonne 15 H i.
Amadeo (J.) 52 E d.
Amadgebor (Selkhu d') 48 H e.
Amager 52 D b.
Amagansett 45 L i.
Amagne 24 D d.
Amahai 43 I f.
Amain (M* d') 45 G d.
Amakdiousk (L.) 56 O b.
Amal 32 I j.

Amalat 57 N d.
Amambaya (Plat.) 64 G i.
Amami-Oho-Sima 45 I l.
Amance 14 K d.
Amance 14 L c.
Amancey 14 L c.
Amane 16 J j.
Amauus 59 G c.
Amanvillers 14 L c.
Amarante 25 C c.
Amarapoura 42 B b.
Amarbès (M*) 30 C a.
Amorga (L.) 64 E k.
Amarilla (P*) 64 E k.
Amaro 63 J g.
Amaro (M*) 24 D c.
Amarração 63 J c.
Amarumayo (R.) 63 D g.
Amasia 59 F a.
Amasra 59 E a.
Amatillo 60 B i.
Amatique (G.) 60 A h.
Amatitlan 59 N j.
Amay 21 D d.
Amayé Mokimi (M*) 19 Q r.
Amazonas 65 B f.
Amazonas 65 E c.
Amazonas (Terr*) 63 E d.
Amazones (F. des) 63 G c.
Ambaca 50 J k.
Ambacht 21 C c.
Ambahy 18 J k.
Ambakireny 18 H I i.
Ambala 41 D d.
Ambalavao 18 H h.
Ambaliabé 18 J g.
Ambar 40 E a.
Ambar 40 E c.
Ambarés 15 F h.
Ambatala 55 H c.
Ambato 65 B c.
Ambato 18 I h.
Ambato (S* de) 64 E j.
Ambato-ndzazaka 18 J h.
Ambazac 15 H g.
Ambelakia 30 D h.
Ambelau (I.) 43 H f.
Amber 41 D c.
Amberbaken 45 J f.
Amberg 27 L c.
Ambergris (C*) 60 B i.
Ambergris K. 60 I c.
Ambérieu 16 L g.
Ambert 16 J g.
Amblévongo 18 I g.
Ambez (Bec d') 15 F g.
Ambiky 18 H i.
Ambin (M*) 16 M g.
Ambinaniroa 18 H j.
Ambleside 20 H g.
Ambleteuse 13 H b.
Amblève 14 L b.
Ambodifototra 18 J h.
Ambodihazomamy 18 J h.
Ambodimanbriny 18 I g.
Amboella 50 K f.
Ambognea 45 G g.
Ambohangibé 18 J f.
Ambohibiavavy 18 J j.
Ambohibhé 18 G j.
Ambohitjannhary 18 J h.
Ambohimandroso 18 I j.
Ambohi Manga 18 J i.
Ambohimanja 18 I j.
Ambohimanjaka 18 I h.
Amboli Milanja 18 I i.
Ambohi-namboarina 18 I j.
Ambohitsara 50 Q m.
Amboina 43 I f.
Amboine 43 I f.
Amboor 41 D e.
Ambrabad 40 D c.
Ambrakia 50 C c.
Ambre (C. d') 18 J f.
Ambre (M* d') 18 J f.
Ambrières 15 F d.
Ambriz 50 J k.
Ambrizette 50 J k.
Ambrym (I.) 18 N. Iidr.
Ambur 41 C f.
Amby 53 J c.
Amd 49 Q g.
Amdalaye 49 H c.
Amealcon 59 I g.
Ameca 59 G c.
Amecua (I.) 19 N g.
Amédée (I.) 18 N d.
Amélia (P*) 50 J l.
Amelnon 49 M b.
Ameralitfjord 56 S b.
Americus 58 G h.
Amers (Lacs) 49 N c.
Amersfoort 21 D b.
Amfreville-la-Campagne 13 G d.
Amfreville-la-Mi-Voie 14 Rouen.
Amga 57 O c.
Amginskaïa 57 P c.
Amgoun 37 P d.
Amguid 48 H d.
Amhara 49 O g.
Amherst 42 B c.
Amherst (I.) 58 H e.
Amiata (M*) 24 C c.
Amiclæ 13 D c.
Amiens 13 H c.
Amir (Dj.) 50 L i.
Amira (I*) 50 L i.
Amirauté (I* de l') 45 G i.
Amirauté (Presq. de l') 57 H l.
Amir Chah 40 F d.
Amjhera 41 D d.
Amla 41 E d.
Amlond-el-Ghoumar 39 G e.
Amman 20 G h.

Ammen (Fosse d') 51 K c.
Ammer 27 K g.
Ammer (L. d') 27 K f.
Ammer Gebirge 27 K g.
Ammi Moussa 17 E d.
Ammouneh (Dj.) 49 (O. E.).
Amnacer 49 K g.
Amni Matchen 44 G c.
Amoeutai 43 F f.
Amol 43 C n.
Amöneburg 14 O b.
Amorbach 27 I c.
Amorgos 50 G e.
Amori (O.) 49 N f.
Amorium 59 D b.
Amou 15 E i.
Amouch (Rue el) 17 G c.
Amon-Daria 57 I c.
Amou-Daria (Ancien lit de l') 35 H f.
Amoul 40 C b.
Amour 17 C g.
Amour 37 P e.
Amour (B* de l') 45 J c.
Amour (Dj.) 17 F f.
Amoura 17 H c.
Amourgo 50 G c.
Amourgopoulo 50 G c.
Ampalaza 18 G H l.
Amparafaravota 18 I J h.
Amparihy 18 J l.
Amparo 64 I i.
Ampasimanttera 18 I h.
Ampasindava 18 I g.
Ampatakana 18 J g.
Ampelo (C.) 50 E h.
Amper 27 L f.
Amper Geb. 27 K g.
Ampezzo 24 D a.
Amphissa 50 D c.
Amphitrite (B* d') 45 D f.
Amplepuis 16 J g.
Ampurdan 25 N b.
Amran 49 P f.
Amraoti 41 E d.
Amreli 41 C d.
Amriswyl 22 H b.
Amrit 39 F d.
Amritsar 41 D b.
Amroha 41 E c.
Amrum 26 C a.
Am Steg 22 G d.
Amstelland 21 C b.
Amsterdam 21 C b.
Amsterdam 58 I f.
Amstetten 28 D b.
Amurao 43 G h.
Amurrio 25 H a.
Anabara 37 M b.
Ana Branch 53 G f.
Anadoli-Fener 59 C a.
Anadyr 57 T c.
Anadyr (G. de l') 57 T c.
Anagni 24 D d.
Anah 59 I d.
Anahof (M*) 48 I c.
Anahuac 59 J h.
Anai 49 J f.
Anakapalle 41 F c.
Anaklia 58 D c.
Analalab 18 I i.
Analaidirano 18 H i.
Analalava 18 I g.
Anamalaï 41 D f.
Ana Maria (C* de) 60 F c.
Anambas (I*) 43 D c.
Anamour (C.) 59 E c.
Anamov 54 H g.
Anantapur 41 D f.
Anapa 58 B b.
Anaphi 50 G c.
Anapodiari 50 F g.
Anatolie 59 E b.
Anaua 49 P g.
Anbar 49 L d.
Ancenis 13 F c.
Anchel 14 L b.
Ancohuma 65 D g.
Ancona 24 D c.
Ancre 13 H c.
Ancud 64 D l.
Ancy-le-Franc 14 J e.
Ancyre 59 E b.
Andaine 13 F d.
Andalousie 25 F g.
Andalsnaes 52 G i.
Andalucia 25 G g.
Andance 16 K g.
Andaraï 65 J g.
Andau 28 E b.
Andelot 14 L e.
Andelys (les) 14 H d.
Andenne 21 C d.
Andermatt 22 G d.
Andernach 27 H d.
Andero 54 H g.
Anderson 58 G g.
Andes (Cord. des) 64 E j.
Andes (los) 64 D k.
Andijk 21 D b.

Andidjan 37 J c.
Andkhoi 40 F b.
Andlau 14 N d.
Andö 32 I h.
Andohahélo (M*) 18 I l.
Andoila (P. d') 22 F c.
Andouaka 19 G h.
Andomare (L.) 45 H g.
Andorno 16 K g.
Andorra 15 H j.
Andorre 15 H j.
Andosilla 15 D j.
Andovor 20 J j.
Andoum 19 P q.
Andrahomana 18 I l.
Andranohé 18 H h.
Andranofasy 18 I h.
Andranomavo 18 H h.
Andranomilobo 18 J g.
Andranovolo 18 J g.
Andreasberg 27 K c.
Andrefevka 54 L g.
Androlevo 58 G c.
Andretovsky 54 B b.
Andrejew 34 C c.
Andrésieux 16 S* Et.
Andrésy 13 Paris.
Andria 24 E d.
Andriamaimo (C.) 18 G l.
Andriaména 18 I h.
Andriba 18 I h.
Andrichau 28 F b.
Andrinople 29 H c.
Andritsena 50 C d.
Androna 18 I J g.
Andronomminty 18 I j.
Andros 50 F d.
Andros (I.) 60 F c.
Androth (I.) 41 D f.
Androuchi 34 I c.
Androusa 50 C d.
Andrychow 28 F b.
Andsager 32 B d.
Andújar 25 G g.
Anduze 16 J h.
Anédro 50 G c.
Anegada (I.) 60 M f.
Aneizah 49 P d.
Anemourion 30 E c.
Anenghé (L.) 19 O r.
Anet 13 H d.
Anet 22 D c.
Anetho 59 I d.
Anéto (P. d') 25 L b.
Aneyro 59 E b.
Anézeh 49 O P c.
Anfohauy 18 I g.
Angahrun 40 E d.
Angara 57 L d.
Angas Hills 52 D d.
Angaston 55 G f.
Angedair 22 K c.
Angel 28 C h.
Angel de la Guarda (I.) 59 C c.
Angeles (P*) 59 K j.
Angeles (B.) 58 G c.
Angeles (los) 58 B d.
Angeles (los) 64 D l.
Angellala 53 H c.
Angeln 52 C c.
Angelo-Kastron 30 D d.
Angera 22 G f.
Angerapp 26 J a.
Angerburg 26 J a.
Angeram Elf 52 I i.
Angermanland 32 I i.
Angermünde 27 N a.
Angern (L.) 34 E b.
Angers 13 F c.
Anges (Notre-Dame des) 16 L i.
Anglesey 20 G g.
Anglet 15 E i.
Anglona 24 A d.
Anglure 14 J d.
Angmagssalik 56 S c.
Angol 64 D l.
Angola 50 J l.
Angora 59 E b.
Angostura 65 E c.
Angoulême 15 G g.
Angoumois 15 F g.
Angra 54 H i.
Angra do Cintra 48 B c.
Angra Pequena 50 J o.
Anguilla (I.) 60 N f.
Anguille (C. d') 56 Q e.
Angul 41 F d.
Anhalt 27 L c.
Anholt 52 D b.
Anholt (I.) 52 D b.
Anhwei 42 E b.
Ani 59 F b.
Anié 19 H h.
Anjou 15 F c.
Anjouan (I.) 18 Com.
Anjozorobé 18 I h.
Anjra 25 F i.

Ankaramy 18 I f.
Ankarandoha 18 H I k.
Ankaratra (M*) 18 I.
Ankaté 18 Som.
Ankavandra 18 H i.
Ankazoabo 18 H k.
Ankazobé 18 I i.
Ankazontana 18 G H l.
Ank-Djomel (Gueraa) 17 K d.
An-ké 19 M k.
Ankeliloaka 18 G k.
Ankilabila 18 H h.
Ankileroa 18 G H k.
Ankiliabo 18 G j.
Ankilinbo 18 H l.
Ankisatra 18 I i.
Anklam 26 F b.
Ankober 49 O h.
Ankober 49 O h.
Ankofeky 18 H k.
Ankogl 28 C c.
Ankolo 50 I k.
Ankorokorona (C.) 18 J f.
Anloug Tnot 19 J K k.
An-Min-To (L.) 45 G h.
Anm (B*) 51 J f.
Annaberg 27 M d.
Annam 19.
Annamoe 20 E h.
Annan 20 H f.
Anna Paulowna 21 C b.
Annapolis 56 P f.
Annapolis 58 I g.
Annoppes 14 Lille.
Ann Arbor 58 G f.
Annecy 16 L g.
Annecy (L. d') 16 L g.
Anne O. s 52 I i.
Annemasse 16 L f.
An-Ning-Ho 42 C a.
Anniviers (V. d') 22 E c.
Annobom (I.) 50 I j.
Annœullin 14 I h.
Annonay 16 K g.
Annone 22 H f.
Annopol 28 J a.
Annot 16 M i.
Annota Bay 60 G f.
Annsjön 52 I i.
Annweiler 27 H c.
Ano 50 C c.
Anoch 20 F d.
Anor 14 J c.
Anorontsangana 18 I f.
Anosibé 18 I J i.
Anosinbonfongy 18 J h.
Anoué 18 G F.
An-Pien 45 H g.
Au Ping Ting 19 K f.
Ans 21 D d.
Ansehandrano 18 J K g.
Ansarieh (M** des) 59 F d.
Ansbach 27 K c.
Anse 16 K g.
Anse (l') 58 F c.
Ansela (I*) O f.
Anse Bertrand 18 Guad.
Anse des Corps (I* de l') 18 Guad.
Anses d'Arlet (les) 18 Guad.
Anso 15 E j.
Anson (B* d') 52 E b.
Ansongo 48 G f.
Anstaing 14 Lille.
Anstruther 20 H c.
Antaisaka 18 J k.
Antakieh 59 F c.
Antalaha 18 J g.
Antalo 49 O g.
Antananarivo 18 I h.
Antarctique (Océan) 18 b.
Antelope (P*) 58 C c.
Antequera 25 G g.
Antérieur (P.) 19 I i.
Antey-St-André 22 E f.
Anthéor 16 M i.
Antibes 16 M i.
Anticosti (I. d') 56 P e.
Antifer (C. d') 13 F c.
Antigonish 56 Q e.
Antigua (V. d') 22 C c.
Antigua 59 N j.
Antigua (I.) 60 N f.
Antigues (P*) 18 Guad.
Antilles 60 M f.
Antimilo 50 G c.
An-Ting-Tchéou 42 E b.
Antioche 59 F c.
Antioche (Pertuis d') 15 E f.
Antioquia 65 C c.
Antiparos 50 G c.
Antipaxos 50 B c.
Antipodes 51 J l.
Antissa 50 G c.
Antivari 29 D b.
Antofagasta 64 E i.
Antofalla 64 E i.
Anti-Tjiou 45 G j.
Antoing 14 Lille.
Antolina (V.) 64 D j.
Antonibé 18 I g.
Antonibé (B. d') 18 I g.
Antonina 64 H f.
Antony 13 Paris.
Antopol 54 I c.
Antrim 20 F g.
Antrodoco 24 D c.
Antsihanaka 18 I h.
Antsihanaka (L.) 18 I h.
Antrona (Val d') 22 F c.

Antronapiana 22 F c.
Antsakabary 18 J g.
Antsatrana 18 I b.
Antsévakely 18 I b.
Antsintsinkely 18 J f.
Antsirabeo 18 I i.
Antsirabe 18 I J h.
Antsirane 18 J f.
Antsohihy 18 I g.
Anuradhapura 41 E g.
Anvers 21 C c.
Anvers (Nᵉˢ) 50 K i.
Anvik 56 Alaska.
Anville (B. de d') 44 M c.
Anxiété (Pᵗᵉ de J') 56 Alaska.
Anxious B. 52 F f.
Anzn 22 F c.
Anzasca (Val) 22 F f.
Anzin 14 J h.
Anzin (Porto d') 24 D d.
Aoga Sima 45 N j.
Aoiz 25 J b.
Aonla 41 E c.
Aoo 50 J o.
Aoste 22 A b.
Aosta (Iˢ) 55 M j.
Aouache 49 O g.
Aouaké 49 N g.
Aouati 49 O b.
Aoudia 50 F i.
Aouderas 48 I f.
Aoudjio 49 K d.
Aoudh 41 E c.
Aoued (O. el) 17 E F c f.
Aouedj (el) 47 B i.
Aouelimniden 48 H f.
Aouga 50 H f.
Aoua 48 K h.
Aoukacdide 49 K h.
Aoulef 48 G d.
Aoulie-Ata 37 I e.
Aoussa 49 O g.
Aouzéivah 49 O P d.
Apa (R.) 54 G i.
Apaches (Mⁿ des) 57 E d.
Apacingan 59 H h.
Apalachee (B.) 58 G i.
Apalachicola (B.) 58 G I.
Apam 59 H i.
Aperado 59 G d.
Apam Riv. 60 I k.
Apuperis (R.) 63 D e.
Aparri 45 G h.
Apatin 28 F d.
Apaton 18 (G. F.).
Apcheron (Presq. d') 58 H d.
Apeln (D.) 50 H f.
Apeldoorn 21 D b.
Apennines 24.
Apenrade 26 D n.
Apere (R.) 63 E g.
Apibalo (Mᵗ) 50 G d.
Api 41 E b.
Api 45 G i.
Api (I.) 45 G g.
Apia (Pⁱ) 51 I g.
Apiahv (R.) 64 H i.
Apiditi 30 B e.
Apingi 19 P r.
Apiokatumish 56 O c.
Apiranthos 50 C d.
Ap-Nok-Kang 45 G f.
Apo (V. d') 45 H d.
Apoike 18 G. F.
Apolda 27 L c.
Apollonia 50 F o.
Apollonia 50 D b.
Apollonia (L. d') 59 C a.
Apolobamba 65 D g.
Apolobamba (Lⁱ de) 65 D g.
Apopka (L.) 58 H i.
Aporuague (R.) 65 H d.
Apôtres (Iˢ des) 58 F e.
Appalaches 58.
Appas (Mⁿ d') 64 E m.
Appenweier 14 N d.
Appenzell 22 I c.
Appiano 22 H i.
Appin 20 F c.
Appin 53 I f.
Appingedam 21 E a.
Applehy 20 I g.
Applecross 20 E d.
Appleton 58 F f.
Appoigny 14 J c.
Appomattox 58 I c.
Aprauougne 18 G. F.
Apremont 14 K c.
Ajev-mont 22 A c.
Aprica (Col d') 22 J e.
Apricena 24 E d.
Apsley (D' d') 52 E b.
Apt 16 L i.
Apuane (Alpe) 24 B h.
Apucarana (Sᵃ d') 64 H i.
Apure (R.) 60 J i.
Apurimac 65 D g.
Apurajuitsok 56 T b.
Apatlick 56 X n.
Aquarius Plat 58 D c.
Aquetaauaa 50 L i.
Aquidaban (R.) 64 G i.
Aquila 22 H d.
Aquila 24 D c.
Aquileja 23 C d.
Aquiry 63 D g.
Aquooze 58 E g.
Arz 25 K b.
Araar (Dj. el) 17 G D f.
Arab (O. el) 17 K c.
Araba (O. el) 49 N c.
Arabat 54 K h.
Arabat (Flèche d') 54 K h.
Arabat' (G. d') 58 A b.
Arabes (G. des) 51 I a.
Arabie 49.
Arabique (Dés.) 49 N c.
Arabique (Dés.) 49 M N
Arabistan 40 C c.
Arabkir 39 H b.
Arac 15 K j.
Aracaju 65 K g.
Aracaty 65 J c.
Aracena 25 E g.
Aracena (Sᵃ de) 25 D.
Arachich (Sebkha el) 31 H f.
Arachnéion 50 D d.
Arad 23 G c.

Arad 59 F d.
Amdan 40 D h.
Aradila 25 E f.
Aradj (Oᵉ) 49 I d.
Arago (C.) 58 A b.
Aragon 25 J b.
Aragona 24 D f.
Aragoxéna 50 C c.
Aragua 60 M k.
Aragua 60 N k.
Araguay (R.) 65 H d.
Araguaya (R.) 65 H f.
Araguif 15 D j.
Arahal 25 F g.
Araich (el) 48 F c.
Arakan 41 H d.
Arakan Yoma 41 H d.
Arakhove 50 D c.
Arakoon 55 J f.
Aral 49 J i.
Aral (Mer d') 37 H c.
Aralnen 55 I g.
Aramac 52 H d.
Aramits 15 E i.
Aramon 16 K i.
Aran (Iles) 20 A h.
Aran (I.) 20 C g.
Aran (I.) 20 F i.
Aran (Valᵈ) 15 G j.
Aranjuelpjoava 41 C g.
Aranda de Duero 25 H c.
Arandelovats 29 E a.
Aranuah 19 J k.
Aranjuez 25 H d.
Aranmore (I.) 20 A h.
Aransas (G. d') 57 G c.
Aranyelovats 28 G d.
Aranyos 28 D c.
Aranyos Maroth 28 F b.
Aranuan 48 F f.
Araquara 15 (G. F.).
Araquil 15 D j.
Araraqu 45 J c.
Ararain (R.) 65 I e.
Araraquara 64 H i.
Ararat 53 H g.
Ararat (Grand) 58 F c.
Ararat (Petit) 58 F c.
Araraty 63 J c.
Aras (Sⁿ) 65 J f.
Arasankaba 57 J e.
Aratch Tchaï 59 E n.
Arauca 65 D c.
Arauca (R.) 60 K l.
Arauco 64 C i.
Araure 53 D d.
Aravalli (Mᵗˢ) 41 D c.
Araxa 65 I h.
Araxes 58 F d.
Arayo (Pén. de) 60 M j.
Araz (R.) 15 D j.
Arba 17 E i.
Arba 25 F g.
Arba de Luésia 15 E j.
Arbaouat 17 E i.
Arbe 28 D d.
Arbecey 22 B b.
Arber 27 M c.
Arbois 21 C c.
Arbogm 22 I j.
Arbogne 22 D d.
Arbois 14 L c.
Arbon 22 I b.
Arbore 22 G f.
Arbour Ola 44 I d.
Arbresle (I') 16 K g.
Arbroath 20 I c.
Arc 14 L c.
Are 16 K i.
Arc 16 I g.
Arca 24 C b.
Arcachon 15 E d.
Arcas (I. las) 59 M g.
Arcaste 64 E j.
Arco 14 B d.
Arc-en-Barrois 14 K c.
Arc-st-Senans 14 L c.
Arcey 22 C b.
Archambault (Fⁱ) 48 K h.
Archelos 14 M d.
Archeites 22 C a.
Arcninc 15 F g.
Archidelphia 57 H d.
Archidoua 65 C c.
Archipel 50 F b.
Arcier 22 E c.
Arcis 22 H I j.
Arcis-s-Aube 14 J d.
Arcole 24 C b.
Arconce 16 J d.
Arcos 25 E h.
Arcos de la Frontera 25 E F h.
Arcot Nord 41 E f.
Arcot Sud 41 E f.
Arce (les) 16 M i.
Arce (R. des) 50 F d.
Arco-os-Cicon 22 C c.
Arctique (Océan) 5 a.
Arcueil 15 Paris.
Ardu 29 G c.
Ardahan 58 E d.
Ardekan 40 D c.
Ardamouth 58 D d.
Ardutov 35 F c.
Ardatov 35 F d.
Ardebil 40 C b.
Ardecie 16 J h.
Arden (Mᵗ) 35 G i.
Ardennes 14 K c.
Ardennes (Cᵃ des) 14 K c.
Arácumo 22 I c.
Arlanga 25 G b.
Arlanzon 25 G b.
Arlat 17 B h.
Ardres 22 J f.
Ard es Saouan 49 N c d.
Ardlie 18 Som.
Ardilan 40 D b.
Ardistan 40 C c.
Ardjich 59 J b.
Ardjecno 45 F g.
Ardnamurchau Pᵗ 20 E c.
Ardosi 50 B b.
Ardour 15 H f.
Ardra 14 J c.
Ardres 13 H b.
Ardon 25 E f.
Ardusson 14 J d.
Areas 64 J i.
Arecibo 60 L f.
Aredilji (el) 17 M f.

Aregn 25 C c.
Aregonny (R.) 63 U d.
Aremberg 14 M b.
Arena (Pᵗᵃ) 58 A c.
Arenas (Cᵃˢ) 59 N f.
Arenas (Pⁿ) 60 G k.
Arenas (Pⁿ) 60 G k.
Arenas (Pⁿ) 64 D o.
Arenas Gordas 25 E h.
Arenberg 27 G b.
Arenberg (Enclave) 48 H h.
Arendal 32 H j.
Arendonck 21 C c.
Arendsee 27 L h.
Arensburg 54 E a.
Arenys de Mar 25 N c.
Arequipa 65 D h.
Arera (M.) 22 I f.
Arès 15 E h.
Aresches 22 B d.
Areskutan 52 I i.
Areuse 22 C d.
Arévalo 25 G c.
Arezzo 24 C c.
Arfak 43 J f.
Arga 25 I h.
Arga 57 P c.
Argalasti 50 D b.
Arganda 25 H d.
Argandab 40 F e.
Arga Sala 57 M c.
Argasan 40 F c.
Argée (Mⁿ) 39 F b.
Argelès 15 F i.
Argelès-s.-Mer 16 I j.
Argen 27 J g.
Argens 16 M i.
Argent 13 H d.
Argent 15 I c.
Argent (Cᵉ d') 60 J c.
Argenta 24 C b.
Argentan 15 F d.
Argentan 15 F f.
Argentario (Mᵗᵉ) 24 C c.
Argental 15 H g.
Argentera (Bocca del) 24 A b.
Argenteuil 15 Paris.
Argentiera 50 F e.
Argentiera (C. dell') 24 A d.
Argentière (I') 16 M h.
Argentine (République) 64.
Argentino (L.) 64 D o.
Argenton 15 H f.
Argenton-Château 15 F e.
Argentré 13 E d.
Argeşu 54 F h.
Arghana 39 H b.
Arghana Maden 39 H b.
Arghyrades 50 A b.
Arghyropolis 50 F f.
Argoeni (Bᵉ d') 43 J f.
Argolide 50 D d.
Argonne 14 K c.
Argos 50 B c.
Argos 50 D d.
Argostoli 50 B c.
Argoun 57 N c.
Argoungou 48 H g.
Argounskaïa 57 N d.
Argout 44 D b.
Argovie 22 F c.
Argueil 13 H c.
Arguello (C.) 58 B d.
Arguenon 13 D d.
Arguin (Bᵉ d') 48 D c.
Argyrokastron 50 A a.
Arhal 28 F g.
Ariah 49 K f.
Ariano 24 C b.
Ariano di Puglia 24 E d.
Aribinda 48 G f.
Arica (B. de) 65 D h.
Arici (el) 34 I a.
Arich (el) 50 E f.
Aricha (el) 49 M d.
Aricha (el) 17 C c.
Arid (C.) 52 D f.
Ari-Dzong 44 D i.
Ariège 15 H j.
Arinos 65 G g.
Arinthod 16 L i.
Arlo 59 J h.
Aripo (Cᵉ d') 60 O j.
Arpui 41 E g.
Araspo 59 D j.
Arisiazablé 56 C d.
Arita 45 I j.
Arivonimamo 18 I i.
Arize 15 G i.
Arizona 58 D d.
Arizona City 58 C.
Arjuzanx 15 E i.
Arka 57 P c.
Arkadhikphon 38 E h.
Arkadia 59 C d.
Arkadin 50 F i.
Arkansas 58 E g.
Arkansas City 57 G c.
Arkansas R. 57 F c.
Arkasson 50 H d.
Arkhangeles 50 H d.
Arkhangeisk 55 E b.
Arklow 20 E i.
Arkona (Mⁱ) 35 G i.
Arlanc 16 J c.
Arlanza 25 G b.
Arlanzon 25 G b.
Arlat 17 B h.
Arlberg 28 A c.
Arles 16 K i.
Arles-s.-Tech 15 I j.
Arlon 21 D c.
Arly 16 M g.
Armagh 20 D g.
Armagnac 15 G i.
Armance 14 J d.
Armançon 14 J d.
Armavir 34 J g.
Armenia 50 H f.
Arménie 39 H f.
Armentières 15 I b.

Armeria (R.) 59 G h.
Armiansk 54 J g.
Armidale 53 I f.
Armistice (Terᵉ) 63 D c.
Armorique (Pᵗᵉ de J') 13 Brest.
Armoy 22 C c.
Armyro 50 E f.
Arn 15 I i.
Arnage 52 A a.
Arnaouti (C.) 39 D d.
Arnaout-Kœi 59 C a.
Arnaville 14 L c.
Arnay-le-Duc 14 K e.
Arneburg 27 L h.
Arnedo 25 I b.
Arnhem 21 D c.
Arnhem (T. d') 52 F b.
Arno 24 C c.
Arnö 32 J g.
Arnon 15 H e.
Arnon 15 J f.
Arnou 59 F f.
Arnouville 15 Paris.
Arnsberg 27 H c.
Arnstadt 27 K d.
Arnswalde 26 G b.
Aro (R.) 60 M l.
Aroa 60 K j.
Aroaniens (Mⁿˢ) 50 C d.
Aroche (Sᵃ de) 25 D g.
Aroe (I') 43 J g.
Arokszállás 28 F c.
Arolo 22 G f.
Arolsen 27 I c.
Aron 15 F d.
Aron 14 J f.
Arona 24 B b.
Aronde 15 I c.
Arosa (Ria de) 25 B b.
Arouca 25 C d.
Aroud D. 59 E a.
Arouhouimi 50 L i.
Aroussi 49 O h.
Aron Tso 41 F b.
Arpajon 15 H d.
Arpa-Tchaï 58 E d.
Arpik 56 T. P.
Arpino 24 D d.
Arques 15 C c.
Arrabida (Sᵃ de) 25 B f.
Arracourt 14 M d.
Arrah 41 F c.
Arrakan 42 B h.
Arrakan-Yoma 42 B b.
Arran Arike 49 P h.
Arras 15 I b.
Arrats 15 G i.
Arre (L.) 52 E d.
Arreau 15 F j.
Arrecife 48 D d.
Arrée (Mⁿ d') 13 B d.
Arrilalah 55 H d.
Arrino 52 B c.
Arrochar 20 F c.
Arroue 24 C d.
Arroscia 16 N h.
Arron 15 G d.
Arroueh (el) 17 K c.
Arrons 16 K c.
Arrow (L.) 20 C g.
Arrowsmith Mⁱ 52 G f.
Arrowtown 55 L k.
Aroyo (Campo de) 64 D j.
Arroyo-del-Puerco 25 E c.
Arroyo Malpartida 25 E a.

Asch 28 B a.
Aschaffenburg 27 I c.
Aschau 27 L g.
Asch en Campine 14 L a.
Aschersleben 27 L c.
Ascoli 24 E d.
Ascoli Piceno 24 D c.
Ascona 22 G e.
Ascope 65 B f.
Ascotan 64 D l.
Ascq 14 I b.
Asele Lappmark 32 I i.
Asengon 50 M l.
Asco 16 O j.
Asésoua 19 Q p.
Asfeld 14 J c.
Asfi 48 E c.
Ashbourn 20 I i.
Ashburton 20 G k.
Ashburton 52 B d.
Ashburton 55 L k.
Ashby de la Zouch 20 J i.
Asheville 58 H g.
Ashford 20 L j.
Ashford 55 I c.
Ashland 55 J c.
Ashland 58 F e.
Ashland 58 I f.
Ashmore (Rⁿ) 52 D b.
Ashtabula 58 H f.
Ashtagram 41 D f.
Ashton 20 I h.
Asiago 24 C b.
Asid (Dj.) 49 Q f.
Asikaga 45 N h.
Asinara (G. d') 24 B d.
Asinara (I.) 24 A d.
Asin Kaleh 39 B c.
Asiou 48 I c.
Asir 49 O P f.
Asirmintar (I.) 45 V a.
Aska 41 F c.
Askalon 39 F f.
Askania 30 F a.
Askhabad 37 H f.
Askipho 30 E f.
Askö 52 E c.
Askoura (Oglat d') 17 F e.
Askrig 20 I g.
Asla 17 D f.
Asmakion 30 D b.
Asmantaï (L.) 55 H e.
Asmar 40 G b.
Asmich 40 C d.
Asmös 52 D d.
Asnen (L.) 52 I j.
Asniak 29 H b.
Asnières 15 Paris.
Aso 24 D c.
Asola 24 C b.
Asolo 24 C b.
Asopos 50 E c.
Asoum (O.) 49 I g.
Asoura (R.) 63 I g.
Aso-Yama 45 J j.
Aspang 28 D c.
Aspave (Aⁿᵉ de) 60 G l.
Aspe 25 J f.
Aspe (Val d') 15 F j.
Aspet 15 G i.
Aspiring (Mⁱ) 55 L k.
Aspiroz (Pᵗᵉ de) 15 D i.
Aspra Spitia 50 D c.
Aspra Votma 50 E f.
Aspres 15 I j.
Aspres-s.-Buech 16 L h.

Ataïros 59 B c.
Atajo (P.) 60 J k.
Atakah (Dj.) 49 (B. E.).
Ataki 54 G f.
Atakora (Mⁿ de J') 48 G g.
Atakor-n Ahaggar 48 H c.
Atakpamé 48 G h.
Atalaia 65 K f.
Atalanti 50 D c.
Atami 45 N i.
Atanuisqui 64 E j.
Atanquez 60 I j.
Atapoepoe 43 H g.
Atar (O. el) 17 I i.
Atar 48 D e.
Atatson Nobori 45 S c.
Athik 25 H c.
Atbara 49 N g.
Atbasarsk 37 I d.
Atchafalaya (B.) 58 F i.
Atchéribé 19 Dah.
Atchi 50 O j.
Atchik Koul 44 E d.
Atchikoulak 58 F b.
Atchikounda 50 N m.
Atchinois 45 B c.
Atchinsk 37 K d.
Atchinson 57 G e.
Atchit Nor 44 E b.
Ateca 25 I c.
Atetha 49 O e.
Atentsé 44 G f.
Aterno 24 D c.
Aterra (C.) 50 B c.
Atessa 24 E c.
Atf (el) 49 (B. E.).
Atfih 49 (B. E.).
Ath 21 B d.
Athabasca 56 F e.
Athabasca 56 G c.
Athabasca (L.) 56 G c.
Athènes 50 E d.
Athenry 20 B h.
Athens 58 G h.
Athesans 22 C b.
Athgarh 41 F d.
Athi 50 O j.
Athiénié 19 Dah.
Athieno 39 E d.
Athimati (C.) 50 F d.
Athis 15 F d.
Athis 15 Paris.
Athlone 20 C h.
Athni 41 D e.
Atholl (C.) 56 T. P.
Athos (Mⁱ) 50 F a.
Athy 20 D h.
Atia (Ras) 17 J b.
Ati-Ati 45 I i.
Atico 65 C h.
Atina 59 I a.
Ation (L.) 51 L j.
Ationcha 54 J c.
Atitlan (L. de) 59 N j.
Atjeh 45 B d.
Atjeh (Gr.) 45 B d.
Atka (I.) 54 A c.
Atkarsk 55 F d.
Atlanta 58 G h.
Atlantic City 58 I g.
Atlantique (Océan) 1.
Atlas (Grand) 48 E F c.
Atlas (Moyen) 48 F c.
Atlas (Petit) 48 c.
Atlas Saharien 48 G H c.
Atlas Tellien 48 G H b.
Atlixco 59 J h.
Atna (R.) 56 b.

Auckland (J.) 45 H i.
Auckland (I.) 51 I m.
Anclote 60 D a.
Aucun 15 F j.
Aude 15 I i.
Audenarde 21 B d.
Audenge 15 E h.
Audeux 14 L c.
Audierne 15 B d.
Audincourt 14 M c.
Audruick 13 H b.
Audun-le-Roman 14 L c.
Audun-le-Tiche 14 L c.
Aue 27 H a.
Aue 27 H b.
Aue 27 I b.
Auerbach 27 I c.
Auerbach 27 M d.
Auerstedt 27 L c.
Auge 15 F c.
Aughrim 20 E i.
Auglaize (R.) 58 G f.
Augronne 14 M c.
Augsburg 27 K f.
Augusta 24 E f.
Augusta 57 H d.
Augusta 58 H h.
Augusta 58 J f.
Augusta (L.) 52 C c.
Augustenburg 52 C c.
Augustin 61 E k.
Augustine (I.) 56 Alaska.
Augusto (Chute) 65 F f.
Augustów 34 E d.
Augustus (Fort) 20 G d.
Augustus (I.) 52 D c.
Augustus (Mⁱ) 52 B C d.
Anjon 14 K c.
Aul (Piz) 22 H d.
Aulnay 15 F f.
Aulnay-lès-Bondy 15 Paris.
Aulue 15 B d.
Ault 13 H b.
Aulus 15 G j.
Aumale 15 H c.
Aumale 17 H c.
Aumance 16 I f.
Aumont 16 I h.
Aumont 22 A d.
Aunay 15 E c.
Aunay 15 Paris.
Aundh 41 D c.
Aune 15 F c.
Aunean 15 H d.
Auneuil 13 H c.
Aups 16 L i.
Aurangabad 41 D c.
Auray 15 C c.
Aure 15 E c.
Aureilhan 15 E h.
Aurelle 16 Sⁱ Etienne.
Aurès (Dj.) 17 K d.
Aurich 27 H a.
Aurignac 15 G i.
Aurigny (I. d') 13 D c.
Aurillac 15 I h.
Auriol 16 L i.
Auron 15 I f.
Auronzo 24 D a.
Aurora 58 B c.
Aurora 58 F f.
Aurora 58 G g.
Aurore (I.) 18 N. Héb.
Auros 15 F h.
Auronze (Mᵗ d') 16 L h.
Auschwitz 28 F a.
Auspitz 28 E b.

Aveh 40 C h.
Aveiro 25 B d.
Avelghem 21 B d.
Avellino 24 E d.
Aven 15 B c.
Aven 15 C d.
Avenches 22 D d.
Avennes 14 K b.
Avenzo 24 B c.
Averaro 22 I f.
Avernakö 52 C D d.
Avers (Val d') 22 I c.
Aversa 24 D d.
Aves (L.) 60 N h.
Avesnes 14 J b.
Avesnes-le-Cⁿ 13 I b.
Avesta 52 I i.
Aveyron 15 I h.
Avezzano 24 D c.
Avgo 50 C f.
Avigliano 24 E d.
Avignon 16 K i.
Avila 25 F d.
Aviles 25 E a.
Avin (Gᵈ) 21 C d.
Avirlord 53 I f.
Avise 14 J c.
Avisio 28 B c.
Avlaka 30 G a.
Avlan Ochlon 39 C c.
Avlonari 30 E c.
Avlum 52 B c.
Avoca 53 H g.
Avola 24 E f.
Avomori 45 O f.
Avomori (Baie d') 45 O f.
Avon 20 I i.
Avon 20 I j.
Avon (L.) 51 H i.
Avord 15 I c.
Avo-Sima 45 N g.
Avranches 13 E d.
Avratalan 29 G b.
Avre 13 G d.
Avre 15 I c.
Avrethissar 29 F c.
Avricourt 14 M d.
Awe (Loch) 20 F c.
Ax 15 H j.
Axat 15 H j.
Axim 48 G i.
Axminster 15 C h.
Axmouth 20 H k.
Axoum 49 O g.
Ay 15 E c.
Ay 14 J c.
Aynch 59 E a.
Aveucho 65 C g.
Ayak 49 M h.
Ayamonte 25 D g.
Ayapa 37 K b.
Ayapel 60 H k.
Ayas 22 E f.
Ayas 59 F c.
Ayen 15 G g.
Averbe 15 E j.
Ayers Rⁿ 52 F c.
Aygues 16 K h.
Aylesford 13 G a.
Aylmer (L.) 56 G b.
Aymores (Sᵃ dos) 65 J h.
Ayor 19 A b.
Ayora 25 J e.
Ayorou 48 G g.
Ayoun 49 L k.
Ayonthia 19 I j.
Ayr 20 F f.
Ayre Pⁱ 20 G g.
Ayutla 59 J i.
Azamor 48 E c.

B

Ba 18 C c.
Ba 53 A b.
Baadj (O. el) 17 B c.
Baad Oulgara 50 Q i.
Bangô 52 C d.
Baalbek 39 F c.
Baar 22 I b.
Baerle-Duc 21 C c.
Baerle-Nassau 21 C c.
Baarn 21 C b.
Baasova 32 K f.
Avutcha (Bⁱ) 37 N d.
Bab (el) 48 J d.
Baba (L.) 45 B e.
Baba Azziz 17 C g.
Baba Burun 50 F c.
Baba Dagh 59 C c.

Beaumont-le-Roger 15 G c.
Beaumont-s.-Oise 15 H c.
Beaumont-s.-Sarthe 15 F d.
Beaune 14 K c.
Beaune-la-Rolande 13 I d.
Beaupré (I.) 18 C h.
Beaupréau 15 E c.
Beauprêtre (F) 48 H c.
Beauquesne 13 I B.
Beauraing 14 K h.
Beaurepaire 16 K g.
Beaurepaire 16 L f.
Beausset (le) 16 L i.
Beauvais 13 H c.
Beauval 13 H b.
Beauville 13 G h.
Beauvoir 13 D f.
Beauvoir 15 F f.
Beaver 58 D c.
Beaver 58 H f.
Beaver Creek 57 F c.
Beaver Dam 58 F f.
Beaver I. 58 G c.
Beaver L. 58 G f.
Beawar 41 D c.
Beba (O.) 17 E c.
Bebedero (Lag.) 64 E k.
Bebra 14 P b.
Bebre 16 J f.
Becca di Vlou 22 E f.
Beccles 20 M i.
Becerréa 25 D b.
Bechar (Dj.) 17 B h.
Beeh Barmak D. 39 B c.
Béchorel 15 D d.
Béchik D. 29 F c.
Béchik Gœl 29 F c.
Bechim 28 D h.
Bechtaou 38 E b.
Béchuana L.d 50 K L o.
Beckenried 22 G d.
Beckfoot 20 H g.
Beckum 27 H c.
Bécixleux 16 St Etienne.
Bees de Bosson (les) 22 E c.
Beese (O.) 28 F d.
Beda 49 P g.
Beda 49 Q f.
Bodan (el) 40 Q d.
Bédarieux 16 I i.
Bédarrides 16 K h.
Bedburg 14 M b.
Bedford 20 K j.
Bedford (C.) 52 H c.
Bedfort 50 L p.
Bedja 49 N c.
Bedlanana 18 J g.
Bednja 28 E c.
Bedouaram 48 J f.
Bedouin (C.) 49 Q h.
Bedouné 41 L h.
Bedout (C.) 55 F g.
Bedout (I.) 52 C c.
Bedrachen 49 (B. E.).
Bedretto 22 G c.
Bedwelty 20 H j.
Bedworth 20 J i.
Beene 55 H g.
Beechey (I.) 56 T. P.
Beechey (I) 45 O m.
Beechey (L.) 56 H a.
Beechey (P) 56 Alaska.
Beechworth 55 H g.
Beeling 42 B c.
Beelitz 27 M b.
Beemarang (M) 52 I f.
Beenleigh 55 J c.
Beerfelden 14 O c.
Beeringen 14 K a.
Beerse 21 G c.
Beerta 21 E a.
Beeskow 27 N b.
Befandriana 18 J g.
Beforom 18 J i.
Béfotaka 18 I g.
Beftoft 32 B d.
Beg (L.) 20 E g.
Bega 52 I g.
Béga 28 G d.
Bega (I.) 55 A o.
Bégard 15 C d.
Régat (C.) 18 C c.
Béhague (P) 18 C f.
Behar 41 F d.
Bei-bazar 59 D a.
Beichehr 59 D c.
Beïda (Ch. el) 17 J d.
Bei Dagh 59 D c.
Beijerland 21 C c.
Bei-Nena 44 F k.
Beikos 59 C a.
Beilen 21 E b.
Beilngries 27 L c.
Beiloul 49 O g.
Beine 14 J c.
Béioul 38 G d.
Beira 25 C d.
Beira 50 N m.
Beirout 59 F c.
Beisoug 58 C b.
Beisoug (L. de) 58 B a.
Beitenora 57 O d.
Béja 17 M c.
Béjar 23 F d.
Bejoisk 54 E c.
Bejotsk 54 L h.
Bejisey 54 J d.
Bekaa (el) 59 F c d.
Bekas 49 P d.
Bekatou 18 I k.
Bekechevskaïa 58 D b.
Beker's Dozen 56 N c.
Békés 28 G c.
Bekodia 18 H h.

Békovo 55 F d.
Bek-pak-dala 57 I e.
Bela 29 G h.
Bela 41 E c.
Béláhre 15 G f.
Belnd 49 M d.
Belaïa 53 H c.
Belaïa 54 K c.
Belaïa 58 C b.
Belaïa Tserkov 54 H f.
Bel-Air 15 D d.
Bel-Air (P du) 18 R P k.
Bolanna (O.) 49 M c.
Belang 45 H c.
Bela Palanka 29 E b.
Belar 40 F d.
Belbeis 49 (B. E.).
Delbeia (O.) 17 F d.
Belbeuf 14 Rouen.
Belbo 16 N h.
Belcaire 15 H j.
Belchers 56 M c.
Belchirag 40 F b.
Belchite 25 J c.
Béléa 19 D d.
Beldiajki 54 K d.
Belebei 55 H d.
Bélédougou 19 E F c.
Belem 59 D d.
Belem 65 H c.
Belem 64 H f.
Belem do Pará 65 H c.
Belen 60 E k.
Belen 64 E j.
Belen 64 F k.
Bélep (I) 18 A a.
Belev 54 K d.
Belfast 20 E g.
Belfast 55 G g.
Belfast 57 L h.
Belfort 14 M c.
Belfort 15 H h.
Belfort 52 A f.
Belgard 26 G a.
Belgaum 41 D c.
Beigirate 22 G f.
Belgodere 16 O j.
Belgorod 54 L c.
Belgrade 29 E a.
Belgrano 64 F k.
Belgrano (M) 64 D n.
Beli 19 R o.
Beliki 54 K f.
Belin 15 E h.
Belizane 17 E d.
Belizo 60 A g.
Belka (el) 59 F f.
Belkas 49 (B. E.).
Belke Tchai 39 C b.
Belknap (Fosse de) 51 L f.
Belknap (M) 58 C c.
Belkoff (I.) 57 P b.
Bell (I.) 56 R d.
Bella 24 E d.
Bellac 15 C f.
Bella Coola 56 D d.
Bella Esperanza 64 F i.
Bellagio 24 B b.
Bellaghy 20 E g.
Bellahre 57 J c.
Bellamont 22 J a.
Bellano 22 H c.
Bellary 41 D c.
Bella Tola 22 E c.
Bellavista 64 F j.
Bellavista 64 G i.
Bellavista (C.) 24 B a.
Bellecombe 22 B f.
Belledonne 16 L g.
Bellefontaine 22 C a.
Belle-Fontaine 58 G f.
Bellegarde 15 I c.
Bellegarde 15 H g.
Bellegarde 16 K f.
Bellegarde 16 L f.
Bellegarde 22 D d.
Belle-Ile 15 C c.
Belle-Isle 56 R d.
Belle-Isle-en-Terre 15 C d.
Bellème 15 G d.
Bellencombre 13 G c.
Belleville 16 K f.
Belleville 56 N f.
Belleville 58 F g.

Belp 22 E d.
Belpech 15 H i.
Belper 20 I h.
Belsk 34 E d.
Belsk 54 K e.
Beiskafa 44 G a.
Belskofe 57 K d.
Belt (Grand) 32 D d.
Belt (M) 57 D n.
Belt (Petit) 32 C d.
Beltana 52 G f.
Bettim 49 (B. E.).
Belton 57 G d.
Beltsy 54 G g.
Belvédère 50 F f.
Belvedere Marittimo 24 E e.
Belvès 15 G h.
Belvidère 58 H f.
Belvando 52 H d.
Belvi 51 J c.
Belvi (L.) 57 I b.
Belyi Klioutch 55 G d.
Belz 15 C c.
Belz 28 H a.
Belzee 28 H a.
Belzig 27 M b.
Belzyce 26 J c.
Bemaraha (M) 18 H i.
Bemarivo 18 H j.
Bemarivo 18 I g h.
Bemba 50 M l.
Bembé 50 J k.
Bembé 50 K i.
Bembouć 50 M m.
Bemini (Ilot de) 60 F c.
Benabarre 25 K L h.
Béna Bendi 50 K j.
Béna Dihélé 50 L j.
Bénadir 50 P i.
Benaise 15 F f.
Bena Kamba 50 L j.
Benalla 55 H g.
Benanoremana 18 I k.
Bénard (G) 19 P l.
Benarès 41 F c.
Benarou 40 D d.
Benas (Ilas) 49 N c.
Bénat (C.) 16 M i.
Ben Attab 17 E c.
Ben Attow 20 F d.
Benavente 25 E c.
Benheeula (I.) 20 D d.
Ben Cruachan 20 F c.
Benda 19 D c.
Bendar el-Séghir 49 N d.
Bendé 50 H f.
Bendeleben (M) 56 Alaska.
Ben Dorag 20 F d.
Bender Bélé 49 Q h.
Benderveeli 39 D a.
Bendery 54 H g.
Bender-Ziyada 49 Q g.
Bendougou 19 S p.
Bendzin 34 C c.
Bénédiguos 15 Bord.
Bénerville 14 le Havre.
Beneschau 28 D b.
Bene-Vaggienna 16 N h.
Bénévent 24 E d.
Bénévent-l'Abbaye 15 H f.
Benfeld 27 H f.
Benga 19 B j.
Bengale (G. du) 41 F f.
Bengale (Prov.) 41 F G d.
Bengey 19 S a.
Benghasi 49 K c.
Benghy 19 K l.
Bengkalis 45 C c.
Bengo (R. de) 50 J k.
Bengoué-Botkiba 19 R q.
Bengout (C.) 17 H c.
Benguó 49 K h.
Benguella 50 J l.
Bentha 49 (B. E.).
Ben Hadja (O.) 17 F c.
Ben-Hassam (Dj.) 25 F i.
Beni (el) 65 E g.
Beni 63 E g.
Beni-Abbès 17 B i.
Beni Abou Ali 40 S c.
Beni-Bou-Zeggou 17 B e.

Benty 19 C c.
Bény-Bocage (le) 13 E d.
Beograd 29 E a.
Baotie 30 D c.
Beparasi 19 H j.
Depari Bazar 42 B h.
Bepoaka (C.) 18 G h.
Béquet 15 Bordeaux.
Bequia (I.) 60 O i.
Ber 49 P h.
Béralé 48 I h.
Bernbar 48 F c.
Berabich 48 F f.
Berabzau (L.) 56 J b.
Bérakétra 18 H k.
Bérndjoko 48 J i.
Berane 20 D h.
Bérnou 19 L j.
Berar 41 D E d.
Bérat 29 D c.
Beratoes 45 F f.
Berau 45 J f.
Beraun 28 C b.
Berhenne 22 I c.
Berber 49 N f.
Berbera 49 P g.
Berberati 19 H o.
Berbice (R.) 65 F d.
Berbir 28 E d.
Berchad 54 H f.
Berchem 21 C c.
Bercher 22 C d.
Berchtesgaden 27 M g.
Berek 15 D h.
Berdo 29 D h.
Berdasor 40 B b.
Berdiansk 54 L g.
Berdianuskaïa (C.) 58 B a.
Berditcher 54 H f.
Berdun 15 E j.
Bérdly 48 F i.
Bereg 28 H b.
Bereghis (R) 55 C p.
Baregszász 28 H b.
Bereïdah 49 P d.
Barejnykh (C.) 37 P b.
Bereka 54 K f.
Bérákeln 18 H I k.
Bérénice 49 N e.
Berent 26 H a.
Berestetchko 54 F c.
Berestovaïa 54 K f.
Berestovoïe 54 L g.
Béret (Plt de) 15 G j.
Beruttyó 28 G c.
Berovo 18 H i.
Berezan 54 I c.
Berezina 34 G c.
Berezina (Ct de la) 34 H c.
Berezna 54 I c.
Berezuegavatoïe 54 J g.
Berezov 37 I c.
Berozovaïa Louka 54 J c.
Berg (I.) 57 H b.
Berga 25 M b.
Bergamasque (A. du) 28 A c.
Bergame 24 B b.
Berganin 39 B b.
Berge (F) 48 I a.
Bergedorf 27 J a.
Bergen 14 O b.
Bergen 26 F a.
Bergen 52 G i.
Bergenhus 32 G i.
Bergen op Zoom 21 B c.
Bergerac 15 G h.
Bergisch Gladbach 27 G d.
Bergues 15 I b.
Berghaus (M) 52 C d.
Bergheim 14 N d.
Bergheim 27 G d.
Berghé-Ste-Marie 50 J j.
Bergum 21 D a.
Bergum (L. de) 21 D a.
Bergün 22 I d.
Bergzabern 27 H c.
Berhala (I.) 42 D f.
Berhampur 41 F c.
Berhampur 41 G d.
Berhomet 28 I b.
Beria 18 H i.
Berimbal 49 (B. E.).
Bering (Br de) 56 A c.
Bering (C.) 57 U c.

Bernex 22 B c.
Bernex 22 C c.
Bernier (I.) 52 B d.
Bernina (Col de la) 22 J c.
Bernina (P.) 22 J c.
Bernkastel 27 G c.
Bernoulli (C.) 52 G g.
Béronne 15 F f.
Berotoha 18 H j.
Berra 22 D d.
Berraba 53 I f.
Berre 16 I i.
Berre 16 K h.
Berre 16 K i.
Berre (Et. de) 16 K i.
Berresof 17 L g.
Berri (Canal du) 13 H c.
Berrian 17 H g.
Berrio (P) 65 G c.
Berrouaghia 17 G c.
Berry (F) 60 F c.
Berrydale 20 H c.
Berry Head 13 C b.
Berseba 50 K o.
Berseg 17 H f.
Bersenbrück 27 H b.
Berthenume (A de) 13 Brest.
Berthier 56 N e.
Berthoud 22 E c.
Berthouds Pass 57 E c.
Bertincourt 14 I b.
Bertoua 19 G o.
Bertrand (A) 18, 8.
Bertrich 27 G d.
Bartrix 21 C c.
Béru (M de) 14 J c.
Bervie 20 I c.
Berville-s.-Mer 14 le Havre.
Berwick 20 I f.
Bös 16 I h.
Bös 16 J h.
Besagi 43 D f.
Besahonga 18 J g.
Besançon 14 L c.
Beshes (O.) 17 J c.
Beshre 16 J f.
Besed 34 I d.
Besigheim 27 I c.
Beskides 28 F h.
Besocki 45 F g.
Bessan 16 J i.
Bessarabie 54 G g.
Bessé 15 G c.
Basse 16 I g.
Besse 16 L f.
Bességes 16 J h.
Beaser 32 D d.
Bessima 39 F c.
Bessin 13 E c.
Bessines 15 H f.
Besson (M) 15 H g.
Best (C.) 56 P b.
Besztercze 28 I c.
Besztereczebánya 28 F h.
Besztercze-Naszód 28 I c.
Bétafo 18 I i.
Betancurin 48 D d.
Betandraka 18 I h.
Betanimena 19 G i.
Betanzos 25 C a.
Betaratsy 18 H j.
Betano 18 I i.
Betavilotra 18 J g.
Betay 19 (Bah.).
Bétéic 19 A h.
Betha (O.) 49 S c.
Béthanie 50 J o.
Bethany 58 E f.
Bethel 57 L h.
Bethleem 58 I f.
Bethléhem 59 F f.
Bethléhem 50 M o.
Bethulie 50 L p.
Béthune 13 H c.
Béthune 13 I b.
Betijoque 60 J k.
Betioka 18 G k.
Betma Youues 17 B c.
Betou 19 S p.
Betoum (O. el) 17 B f.
Bétroky 18 H k.
Betsche 26 G h.
Betsiamites 56 O c.
Betsimpaly 18 I k.

Bezwada 41 E c.
Bhadra 41 D f.
Bhadrachalam 41 E c.
Dhadrachalam 41 E c.
Bhagalpur 41 F c.
Bhagdalari 41 G c.
Bhagirathi 41 E h.
Bhagirathi 49 G d.
Bhairagnia 41 F c.
Bhamo 42 B h.
Bhandara 41 E d.
Bhartpur 41 D c.
Bhatgnon 41 F c.
Bhalinda 41 D h.
Bhaunagar 41 C d.
Bhera 41 D b.
Bhilsa 41 E d.
Bhilwara 41 D c.
Bhima 41 D c.
Bhir 41 D c.
Bhurwandi 41 D c.
Bhiwani 41 D a.
Bholia Kosi 41 F c.
Bhopal 41 E d.
Bhor 41 D c.
Bhor Ghat 41 D c.
Bhoutan 41 G c.
Bhuj 41 C d.
Bhusawal 41 D d.
Bi 19 S o.
Biafra (Br de) 50 I i.
Biak (I.) 45 J f.
Biala 28 F b.
Biala 34 E d.
Biancavilla 24 E f.
Bianco (C.) 30 A h.
Biarritz 15 E i.
Bias 41 D h.
Biasca 22 H c.
Bilban (Ch des) 17 I c.
Bilban (el) 49 J c.
Biberach 27 J f.
Biberbach 27 K f.
Bibiluto 43 H g.
Bicana 60 G c.
Bicester 20 J j.
Bicharin 49 N c.
Biche (la) 56 F d.
Biche (L. la) 56 G d.
Biche (M la) 56 F d.
Biche (R. la) 56 G d.
Biclara (Bir) 49 L c.
Bichrack (O.) 49 (B. E.).
Dickerton (I.) 52 F b.
Bieske 28 F c.
Bida 48 H h.
Bidache 15 E i.
Bidali 48 K f.
Bidar 41 E c.
Bidasson 15 D f.
Biddeford 58 J f.
Bidegambala 19 P p.
Bid Ford 20 G k.
Bidiych 49 S c.
Bidjar 40 C b.
Bidjoum 19 Q p.
Bidouze 15 E i.
Bieber 27 I d.
Bielarch-Moshach 14 M.
Biecz 28 G b.
Biedenkopf 27 I d.
Biel 15 E j.
Biel 22 D c.
Biela 59 D f.
Bielefeld 27 I b.
Bielgoraj 54 E c.
Bielitz 28 F b.
Bialla 21 A b.
Bielopolie 29 D b.
Bielsa 15 F j.
Bien-Hoa 19 L l.
Bienne 16 L f.
Bienne (L. de) 22 D c.
Bien-Son (I.) 19 K h.
Bière 22 C d.
Bierné 15 F c.
Biesbosch 21 C c.
Biescas 15 F j.
Biese 14 K c.
Biese 27 L b.
Biesenthal 27 N b.
Bieske 28 F c.
Biesles 14 K d.
Bietigheim 14 O d.
Bietschhorn 22 F c.
Bi et Tio 19 L k.
Bièvre 15 H d.

Biledjik 59 C a.
Bilek 28 F c.
Bili 49 L j.
Bilin 41 I a.
Billabong Cr. 55 H g.
Billancourt 15 Paris.
Bille (C.) 36 U h.
Billeberga 52 F d.
Billerbeck 27 G c.
Billiton (I.) 43 E f.
Bill of Portland 20 J k.
Dillom 16 J g.
Bilma (Oasis de) 49 J f.
Bilo G. 28 E c.
Biloni-Dzaka (L.) 44 E c.
Bilsen 14 L h.
Bilstein 14 N a.
Biltac 28 D d.
Bima 45 G g.
Bina 50 J i.
Bimbila 48 G h.
Bimlipatam 41 F c.
Binab 40 B b.
Bin Aloud 40 E h.
Binasco 16 O g.
Binbogha Dagh 39 G h.
Binche 21 B d.
Binder 49 J g.
Bindslev 52 C b.
Bingara 55 J c.
Bingen 27 H c.
Binger (F) 48 F h.
Bingerville 48 F h.
Bingham 55 J c.
Bingham 58 D b.
Binghamton 58 J f.
Bingo Nada 45 K i.
Dingel Dagh 39 I h.
Binh-Dinh 19 M k.
Binh-La 19 J f.
Binhogha Dagh 59 G h.
Binh-Pak-Den 41 I c.
Binh-Son 19 L j.
Binh-Thuan 19 M l.
Binh-Thuy 19 K h.
Bini 48 J h.
Binic 15 C d.
Bintang (I.) 42 D i.
Binh 40 E d.
Bintoulon 45 F c.
Blodh (el) 17 D f.
Biondo 30 L j.
Biot (le) 16 M f.
Bir 40 G h.
Bir (Ras) 18 (Souf.).
Bir Ahmar 49 J c.
Bir Akalou 48 G f.
Bir Alali 48 J g.
Bir Allag 17 P h.
Biramah 40 D d.
Birambis 15 Bordeaux.
Bir Aouin 17 M g.
Bir Balalou 17 H c.
Birchip 55 H g.
Birdjand 40 E c.
Birdsville 55 G c.
Birdum Cr. 52 F c.
Birdville 58 F g.
Biredjik 59 G c.
Bir Eglif 48 F e.
Birelmah 49 B c.
Bir el Abbas 48 F d.
Bir el Djendali 49 (B. E.).
Bir el Gharama 48 I c.
Bir Cour 49 J c.
Biri 49 L h.
Biric 55 H c.
Birin 17 G d.
Birioulskaïa 44 H a.
Briousa 57 L d.
Brioutch 54 I c.
Brioutchii (L.) 54 K g.
Birji 34 F b.
Birkenfeld 27 G c.
Birkenhead 20 H h.
Bir Keouak 49 J g.
Birkeraoui 49 M d.
Birkeröd 52 K d.
Birket 49 M g.
Birket el Keroun 49 M d.
Birket es Saba 49 (B. E.).
Birket Fatma 49 K g.
Bir Mecloun 49 J c.
Bir Medou 49 L g.
Bir Meherga 17 N c.
Bir Metennia 48 F c.

Bislich 27 G c.
Bislig 45 H d.
Bismarck 57 F a.
Bismarck 58 F g.
Bismarck (Arch.) 51 G h.
Bismarckburg 48 G h.
Bismarckburg 50 M k.
Bismark 27 L b.
Bissa (Dj.) 17 F c.
Bissagos (I) 19 A d.
Bissandougou 19 E c.
Bissão 19 A d.
Distenean (L.) 58 E h.
Bistra 28 H d.
Bistrin 28 J c.
Bistrita 28 I c.
Bistritz 28 I c.
Bistriciora 28 J c.
Bistriţa 28 J c.
Biswanath 41 H c.
Bitburg 27 G c.
Bitche 27 H c.
Bithur 41 E c.
Bithynie 59 D a.
Bitioug 55 E d.
Bitjoli (B de) 43 I c.
Bitlis 59 I b.
Bitlis Tchai 39 I b.
Bitolia 29 F c.
Bitonto 24 F d.
Bitra Par (I) 41 C f.
Bitschwiller 27 H f.
Ritterbeck 27 G c.
Bitterfeld 27 M c.
Bitter Root 58 C a.
Bitter Spr. 52 F h.
Bitto 22 I c.
Bity 18 I j.
Biva (L.) 45 I i.
Bivona 24 D f.
Bivear 58 H d.
Bizau 22 J c.
Bize 16 J l.
Bizerte 17 N h.
Bizontoun 40 B c.
Bizovac 28 F d.
Bjedu 18 H l.
Bjedoukhovskala 38 C h.
Bjelai 28 D d.
Bjelina 28 F d.
Bjert 32 C d.
Björneborg 33 A h.
Björnsholm 32 B c.
Bjurö Klubb 32 J l.
Blaavands Huk 32 A d.
Blackall 52 H d.
Black B. 58 F c.
Blackburn 20 H h.
Black Dome 58 H g.
Black Down 20 H k.
Blackfoot M 57 D b.
Black Forest 20 H j.
Black Hills 57 E b.
Black Hills 58 D d.
Black Mesa 58 D d.
Black M 58 C c.
Black M 58 H g.
Blackpool 20 H h.
Black R. 58 F g.
Black R. 58 F h.
Black R. 58 I c.
Black R. 58 I f.
Black River 60 F l.
Black River Falls 58 F f.
Black Rock Desert 58 B h.
Blacksod (Baie) 20 A g.
Black Warrior R. 58 C h.
Blackwater 20 B i.
Blackwater 20 D h.
Blackwater 20 I j.
Blackwood 52 B f.
Blad Touaria 17 D d.
Blagaj 28 E c.
Blagnac 15 H i.
Blagodarnoie 38 E b.
Blagodat 55 J c.
Blagodatskii 44 K a.
Blagoucha Plan. 29 F c.
Blagovechtchensk 57 O d.
Blain 15 D c.
Blair 57 G b.
Blair (I) 42 B d.
Blair Atholl 20 G c.
Bhargoworie 20 H c.
Blaise 15 G d.
Blaise 44 F d.

Blanquefort 15 F h.
Blanquefort 15 Bord.
Blanquilla (I.) 59 P g.
Blanquilla 60 M j.
Blantyre 50 N m.
Blanzac 15 F g.
Blarney 20 B j.
Blåsjö Fjeld 32 I i.
Blasket (Ile) 20 A i.
Blaszki 34 C a.
Blatna 28 C b.
Blaubeuren 27 J f.
Blavet 15 C d.
Blaye 15 F g.
Blockade 32 D f.
Blod ben Sour 17 J f.
Blodenkopf 27 I d.
Bleialf 14 L b.
Blandecques 15 H b.
Bléneau 14 I c.
Blenheim 20 J i.
Blenheim 53 M k.
Bléonne 16 M h.
Bléré 15 G c.
Blesle 16 I g.
Blatterans 16 L f.
Bleu (L.) 34 H h.
Bleues (Mers) 60 G f.
Blourville 22 B a.
Bléville 14 le Havre.
Bleyberg 14 L b.
Bleymard (le) 16 J h.
Blida 17 G c.
Blies 27 G e.
Blignau (C.) 57 Q d.
Bligh 55 I f.
Bligny-s.-Ouche 14 K c.
Blijnil (I.) 37 P b.
Blik (C.) 58 J b.
Blindenhorn 22 F c.
Blinjoc 45 D f.
Blinman 53 G f.
Bliouri 30 C b.
Block (L.) 58 J f.
Bloemfontein 50 L o.
Bloemhof 50 L o.
Blois 15 G c.
Blokker 21 C b.
Blokzijl 21 D b.
Blomberg 27 I c.
Blond (M. de) 15 G f.
Blouie 26 J b.
Bloom M. 20 D h.
Bloomington 58 F f.
Bloomington 58 G g.
Blosseville - Ronsecours 14 Rouen.
Blotzheim 27 H g.
Blowitz 28 C b.
Bludenz 28 A c.
Bludesch 22 I c.
Blue M. 52 I f.
Blue M. 58 B a.
Blue Ridge 58 H g.
Bluff 58 D h.
Blumenau 64 H j.
Blumenfeld 14 O c.
Blumenfeld 22 G b.
Blümlisalp 22 F c.
Blunut (M.) 42 D f.
Blyth 53 G f.
Bo (C. di) 22 F f.
Bô 19 C f.
Bô (M.) 48 E h.
Boano (I.) 45 I f.
Boat Encampment 56 E d.
Bôa Vista 48 D f.
Bôa Vista 65 I g.
Boayan 43 H d.
Bobadilla 25 F g.
Bobbili 41 F c.
Bobbio 26 H b.
Bobé 19 (Dah.).
Bobia (M.) 25 D a.
Bobigny 15 Paris.
Boblingen 27 I f.
Bobo 19 S n.
Bobo 48 F g.
Bobo Dioulasso 48 F g.
Bobonto 48 F j.
Bobra 26 K b.
Bobrinec 34 I f.
Bobrka 28 H b.
Bobrouisk 34 H d.
Bobrov 53 E d.
Bobrovitsa 34 I c.
Bocage 13 E f.
Bocage (C.) 18 C c.
Bocaignano 16 M f.
Bocaiuva 65 I f.
Bocca Perrio (I.) 51 O f.
Bochnia 28 G a.
Bocholt 14 L a.
Bocholt 27 G c.
Bochum 27 G e.
Bockenheim 14 O b.
Bocognano 16 O j.
Bocoro 60 I k.
Bod 48 L c.
Bodaskhovi 58 F d.
Boddam 20 I d.
Bode 27 L c.
Bodega 58 A c.
Bodele 49 K f.
Bodeli 41 H h.
Bodrn 32 J h.
Bodengo 22 H c.
Bodensee 27 J g.
Bodesci 28 J c.
Bodiè 50 P i.
Bodmann 22 H b.
Bodom 20 F k.
Bodo 32 I h.
Bodö (F.) 49 M i.
Bodrog 28 G e.
Bodu 58 B c.
Bodva 28 G b.
Bœ̈ge 16 M f.
Bocgol (C.) 45 E g.
Bockit-Baton 45 C c.
Boclaugan 45 G c.
Bocleleng 45 F g.
Boën 16 J g.
Boenga (C.) 43 H g.
Boengoenai (I.) 45 E c.
Boëni (B. de) 18 (Com.).
Boënisa 59 F c.
Bocuy 50 P m.
Boco (C.) 24 D f.
Boeroe 45 H f.
Boeton 45 H g.
Bœuf (L. du) 56 G c.

Bœyukdéré 29 I c.
Boffa 19 B d.
Bogaditch 59 B b.
Bogados 29 I c.
Bogan 52 H f.
Bogatyi 34 K c.
Bogdanovitch 53 I c.
Bogdanu 28 J c.
Bogdo-Ola 44 E c.
Bogdo-Ola 44 G b.
Bogensa 52 C d.
Boggalui 53 I i.
Boghar 17 G d.
Boghari 17 G d.
Boghaz-Kœi 39 F a.
Boghni 17 H c.
Bogho 19 (Dah.).
Bognor 15 E b.
Bogö 32 E c.
Bogodoukhov 34 K c.
Bogogno 22 G f.
Bogofavlensk 34 I g.
Bogong 53.
Bogoroditsk 54 L d.
Bogoroditskole 58 D a.
Bogorodsk 54 M c.
Bogorodskole 37 K d.
Bogoslov (I.) 54 B c.
Bogota 65 C d.
Bogota (Presq. de) 18, C c.
Bogouedin 40 F b.
Bogouslav 34 I f.
Bogoutchar 53 E e.
Bogoutcharskole 37 L d.
Bogra 41 G d.
Bogue Chitta (R.) 58 F b.
Bogue Inlet 58 I h.
Boguen 18 C c.
Bogustav 34 I f.
Bohain 14 J b.
Bobars 15 Brest.
Bohème 28 C b.
Böhme 27 J b.
Böhmer Wald 28 C b.
Böhmisch Brod 28 D a.
Böhmisch-Leipa 28 D a.
Bohodlé 49 P h.
Bohol 45 H d.
Bohorodczany 28 I b.
Bolabad 39 F a.
Bolana 29 D c.
Boileau (C.) 52 C c.
Bois (L. des) 56 E a.
Bois (L. des) 56 J c.
Bois (les) 22 D c.
Bois (R. des) 65 H h.
Bois Blanc (I.) 58 G e.
Bois-Brulé (L.) 56 I c.
Boiscommun 15 I d.
Bois-de-Colombes 15 Paris.
Bois de Santal (I. du) 45 G g.
Bois-Dieu 16 Lyon.
Bois-d'Oingt 16 K g.
Bois-du-Roi (le) 14 J f.
Boisé City 58 C b.
Boisel 14 I c.
Boise R. 58 C b.
Bois-Grenier 14 Lille.
Bois-Guillaume 15 G c.
Bois Janson 14 K e.
Bois-le-Duc 21 C c.
Boissezon 15 I i.
Boissy-St-Léger 15 Paris.
Boizenburg 27 K a.
Bojador (C.) 48 D d.
Bojador (Faux Cap) 48 D d.

Bolsena (L.) 24 C c.
Bolsen de Mapimi 59 G d.
Bolswaerd 21 D a.
Bolt (H.) 20 G k.
Boltana 25 K h.
Boltigen 22 E d.
Boltine (C.) 45 I f.
Bolton 20 I h.
Bolus II. 20 A j.
Boma 19 Q t.
Boma 30 J k.
Bombo (C. de) 48 L c.
Bombala 53 I g.
Bombay 41 D e.
Bombay (Présidence de) 41 C D d c.
Bombetoka (B. de) 18 H g.
Bombon (L. de) 45 G c.
Rombon (Plat. de) 63 C g.
Bombouroin 50 K j.
Boma 38 G h.
Bomeli 50 J i.
Bömisch Brod 28 D a.
Bom Jardim 65 I g.
Bom Jardim 65 J g.
Bom Jesus da Lapa 65 I g.
Bommelerwaard 21 C c.
Bommelsvitte 26 J a.
Bomokkandi 50 L i.
Bompoka (I.) 42 D c.
Bompouton 50 K j.
Bom Retiro 64 H j.
Boms 22 I b.
Bonst 26 G b.
Bon (C.) 17 O b.
Bonaca (I.) 60 B g.
Bonat Garh 41 H d.
Bonain 14 J h.
Bonanza 15 G j.
Bonaventure 56 F o.
Bonavista 56 R c.
Bonbouillon 22 A c.
Bonezhida 28 II n.
Bondé 18 R b.
Bondo 22 K e.
Bondou 19 C r.
Bondoukou 48 F h.
Bonduca 14 Lille.
Bondu 15 Paris.
Bône 17 L e.
Bône 19 H a.
Bona 19 R o.
Bonerate (I.) 45 G g.
Boness 20 H e.
Bonete (C. del) 64 D j.
Bonga 19 S r.
Bonga 49 N h.
Bonga 50 J j.
Bonga 50 N m.
Bonga 19 H h.
Bongao 19 B p.
Bonzuji 19 S n.
Bongo Lava 18 H i.
Bongo Lava 18 II i.
Bongao 43 H d.
Bongo-Son 19 M j.
Bongui (F.) 50 N i.
Boniham 57 G d.
Bonne 16 L h.
Bonne B. 56 Q c.
Bonne-Espérance (C. de) 50 K p.
Bonnétable 15 G d.
Bonnetan 15 Bordeaux.
Bonnette (F. de la) 16 Lyon.
Bonnœuil 15 Paris.
Bonneval 15 H d.
Bonnevaux 16 Mars.
Bonnevaux 16 Mars.
Bonneville 16 M h.
Bonney Cr. 58 F d.
Bonney (L.) 53 G g.
Bonnières 15 H c.
Bonnieux 16 H h.
Bönnigheim 14 O c.
Bonorva 24 B d.
Bonsecari 41 H a.
Bonham 45 G g.
Bontoc 43 G h.
Bonython 58 F c.
Bouzien 16 St Etienne.
Booligal 53 H f.
Boom 21 C c.
Boom 60 A g.
Boone 58 E d.
Booneville (C.) 45 G b.
Boorowa 53 I f.
Boos 15 G c.
Boothia (G. de) 56 T. P.
Boothia Félix (Presq.de) 56 T. P.
Bopard 27 H d.
Borah 50 O i.
Boran 50 O i.
Boras 32 I f.
Borati 50 O i.
Botau Sou 59 J e.
Botany Bay 53 I f.
Botel Tobago 44 K g.
Boti 50 L k.
Botha (O. et) 48 G d.
Bothwell 20 G f.
Bothwell 55 E h.
Boti 48 G p.
Botiaja 64 D j.
Botkiba 19 H q.
Botlikh 58 F c.
Botwie (G. de) 32 J l.
Boto 52 E c.

Bording 52 D c.
Botogoni 34 G g.
Bordj-Bou-Averidj 17 I a.
Bordj-Ced-ed-Djir 17 H d.
Bordj-Chellal 17 J d.
Bordj-el-Baadj 17 J c.
Bordj-el-Mansa 17 O f.
Bordj-Fod-el-Arba 17 J c.
Bordj-Kadjejn 17 O P d.
Bordjou (col) 44 F h.
Bordö 22 G g.
Boreck 26 H c.
Boresmel 28 I a.
Borengo 22 G f.
Boreray (I.) 20 C d.
Borge 24 A b.
Borgerhout 21 C c.
Borgholm 32 I j.
Borgne 22 F h.
Borgne (L.) 58 F i.
Borgo 16 P j.
Borgo 28 D c.
Borgo 30 B e.
Borgofranco 22 E f.
Borgomanero 22 G f.
Borgomaro 16 N i.
Borgomasino 16 N g.
Borgo San Donnino 24 E d.
Borgo San Lorenzo 28 B e.
Borgoscsia 22 F f.
Borgotaro 24 R b.
Borgou 48 H g.
Borgy 28 D c.
Bori 19 Dah.
Boric 19 Dah.
Borilekh 57 P c.
Borinage 54 B d.
Borisoglebsk 53 E d.
Borisov 54 H c.
Borisov Gorodok 34 K c.
Borisovka 34 K a.
Borispol 34 I c.
Borjn 25 J c.
Borjom 38 F d.
Borkum 21 E a.
Borkou 49 K f.
Borkum 18 Som.
Berkhain (D.) 37 O b.
Borkou 49 K f.
Bormes 16 M i.
Bormes 16 M i.
Bornholm (I.) 32 G c.
Bornhövied 32 G c.
Borneo 45 F c.
Borneo 43 H c.
Boroko 18 G c.
Borokore 19 D e.
Boro-Koro 44 D g.
Borome 48 F c.
Borongan (Iles) 41 F c.
Boros Sabes 28 G c.
Borotol 44 C b.
Boron 49 L h.
Boronlakh 57 P c.
Boroum 49 Q g.
Borouma 50 M m.
Borou-Miola 18 Som.
Boroun (L.) 44 J a.
Boroun-Toroï (L.) 44 J b.
Borovan 29 F b.
Borovitchi 54 H b.
Borovitchi 34 J a.
Borovsk 54 L c.
Borromées (I.) 22 G f.
Boro Dänva 28 I c.
Borsava 28 H b.
Borsod 28 G h.
Borszczow 28 I b.
Bort 15 I g.
Bortch 38 G d.
Bortelborn 22 F c.
Boruca 60 D k.
Borysiaw 28 H b.
Boris 41 J a.
Borma 34 I c.
Boso 24 B d.
Boscarola 16 K g.
Boscastle 20 G k.
Boschplaat 21 E a.
Bosco 16 O h.
Bose-Roger 14 Rouen.
Bosleof 50 L n.
Bosi 59 S m.
Boskoop 21 C b.
Boskowitz 28 E h.
Bosna 28 E d.
Bosna Serol 28 F c.
Rosnie 28 E d.
Boso 19 F G c.
Bosost 15 G j.
Bosphore 29 I c.
Bossut (C.) 52 C c.
Bossuyt 21 B d.
Bostan 40 D h.
Bostan 40 D b.
Boston 20 X i.
Boston 58 E f.
Dosy 18 G H j.

Botoma 37 O c.
Botogni 34 G g.
Botougo 19 S r.
Botrange 27 F d.
Botucatú 64 H j.
Bötzen 22 F b.
Bötzingen 22 D c.
Bou (Port) 25 N b.
Bouabé 50 L k.
Bou Arada 17 O P f.
Bouaka 50 K i.
Bouapé 48 J b.
Bouanhn 18 B b.
Bouabi 48 G h.
Bouanha 18 B b.
Bou-Arich 49 P f.
Bou Aroum 17 E h.
Boune 48 F h.
Bousye 15 D c.
Bou-Arxoum 25 G i.
Bounbandjidda 48 J g.
Boubian (L.) 40 C d.
Double 18 I t.
Bouhou 50 N k.
Boue (P de) 16 K i.
Boucenes (G la R. des) 56 E d.
Bouedas 45 J j.
Bou-Ndjein 49 J c.
Boundji 19 R r.
Boundj (Chutes) 30 J j.
Bou'Don 19 L k.
Boundoubadi 19 G b.
Bonngo 45 J j.
Boung-Quioua (C.) 19 L i.
Boung-tsc 44 E c.
Bounlung 42 B a.
Boun-Knö 19 M k.
Boun-Kébo 19 L k.
Bounkefa 50 L l.
Boun-Keng-Phao 19 K Lj.
Boun Khal 19 L k.
Bou-Rich (L.) 40 C d.
Boui 50 N n.
Bouly 44 L h.
Boumade 49 N g.
Boumbo 19 R o.
Boumbé 49 N g.
Bounsso 50 N m.
Boult 22 B c.
Boul Tao 44 E c.
Boulvadin 59 D b.
Boulyntat 37 O c.
Boum 19 C f.
Bou Mad 17 F c.
Boumha 19 Q r.
Boumban 19 C e.
Boumbé 19 R o.
Boumbiré (I.) 50 M j.
Boumbo 19 R o.
Boumbodé 49 N g.
Boumisto (M.) 30 B c.
Boumort 15 G j.
Bouna 48 F h.
Bounar Bachi 39 A b.
Bounar D. 29 F c.
Bounarhissar 29 H c.
Boum-Bleng 19 L k.
Bounadalkhand 41 C d.
Boun Dang 19 M k.
Boundary Dam 52 E c.
Bou-Ndjem 49 J c.
Boundji 19 R r.
Boundji (Chutes) 30 J j.
Boun'Don 19 L k.
Boundoubadi 19 G b.
Bonngo 45 J j.
Boung-Quioua (C.) 19 L i.
Boung-tse 44 E c.
Bounlung 42 B a.
Boun-Knö 19 M k.
Boun-Kébo 19 L k.
Bou Regreg (O.) 48 F c.

Boulounai Oh 44 G a.
Boulounghir 44 F c.
Boulounghir (L.) 44 G d.
Bouloun-Tokhoï 44 D b.
Boulonpari 18 C c.
Boulousé 19 E c.
Boulouwayo 50 M n.
Boult 22 B c.
Boul Tao 44 E c.
Boulvadin 59 D b.
Boulyntat 37 O c.
Boum 19 C f.
Bou Mad 17 F c.
Boumha 19 Q r.
Boumban 19 C e.
Boumbé 19 R o.
Boumbiré (I.) 50 M j.
Boumbo 19 R o.
Boumbodé 49 N g.
Boumisto (M.) 30 B c.
Boumort 15 G j.
Bouma 48 F h.
Bounar Bachi 39 A b.
Bounar D. 29 F c.
Bounarhissar 29 H c.
Boum-Bleng 19 L k.
Bounadalkhand 41 C d.
Boun Dang 19 M k.
Boundary Dam 52 E c.
Bou-Ndjem 49 J c.
Boundji 19 R r.
Boundji (Chutes) 30 J j.
Boun'Don 19 L k.
Boundoubadi 19 G b.
Bonngo 45 J j.
Boung-Quioua (C.) 19 L i.
Boung-tse 44 E c.
Bounlung 42 B a.
Boun-Knö 19 M k.
Boun-Kébo 19 L k.
Bounkefa 50 L l.
Boun-Keng-Phao 19 K Lj.
Boun Khal 19 L k.
Boun-Mothuot 19 L k.
Boun-Sadet 19 L k.
Boun-Senn 19 L k.
Boun-Thuon 19 L k.
Boun-Trong 19 L j.
Boun-Tui 19 M k.
Bounty (I.) 51 J l.
Bonquel (Port) 18 D c.
Bouralcos 50 C c.
Bourail 18 C c.
Bourake 18 C c.
Bourno 49 P h.
Bourayne 18 Soc.
Bourbeuse (G. R.) 56 H c.
Bourbince 16 J f.
Bourbon (I.) 50 R n.
Bourbon-Lancy 16 J f.
Bourbon l'Archambaut 16 I f.
Bourbonne-les-Bains 14 L c.
Bourboule (la) 16 I g.
Bourbourg 15 H b.
Bourbre 16 K g.
Bourbriac 13 C d.
Bourdalyk 40 F h.
Bourdeaux 16 K h.
Bourden 49 (R. E.).
Bourdino 54 M d.
Bourdonnière (la) 16 Marseille.
Bourré 19 E d.
Bourá 49 N h.
Bouréu 19 D h.
Bou Regreg (O.) 48 F c.

Bou Seljam (O.) 17 I c.
Bou-Semghoun 17 D g.
Bon Sfer 17 C d.
Bousi 50 N n.
Bousies 14 J h.
Boussa 18 Soun.
Boussa 48 H g.
Boussac 15 H f.
Boussenac 15 H j.
Boussera 50 K j.
Boussières 14 L c.
Boussira 50 K j.
Bousso 49 J g.
Boussole (Dde la) 45 T c.
Boussoura 19 C c.
Bout (P du) 18 Mart.
Bout du Monde 14 Lille.
Boutières 16 K g.
Boutkhan 44 L b.
Bou Tlehs 17 C d.
Boutma D. 59 J c.
Boutman 59 J c.
Bouton 19 R o.
Boutonne 15 F f.
Boutourlinovka 53 E d.
Boutsikaka 50 C h.
Bouvadin 39 C h.
Bouveret (Ile) 22 D c.
Bouverie (la) 21 B d.
Bouvet (I.) 3 M g.
Bouvines 14 I b.
Bouvron 14 J e.
Bouxwiller 27 H f.
Bou Yala 17 C h.
Bouzanne 15 H f.
Bouzatchi (Presq.) 38 I b.
Bouzeina 48 L d.
Bouzembi 50 K f.
Bouzonville 14 M c.
Bouzoulouk 53 H d.
Bova 24 E f.
Bövang 32 A c.
Bové 19 B d.
Bove (C.) 57 K b.
Bovegno 22 J i.
Bovenkarspel 21 C b.
Boves 15 I c.
Boves 16 N h.
Bovi 30 G d.
Bovino 24 E d.
Bowen 53 I c.
Bowen 53 I d.
Bowen (C.) 56 T. P.
Bowen (Port) 52 I d.
Bowen (Port) 56 T. P.
Bowen Downs 52 H d.
Bowlinggreen 58 G g.
Bowling Green (B. et C.) 52 I c.
Bowness 20 H g.
Box Cr. 52 H f.
Boxtel 21 D c.
Boya (P.) 25 D E d.
Boynca 65 C c.
Boyoluk 29 H h.
Boyeka 19 S q.
Boyle 20 C h.
Boyne 20 E h.
Boyne 53 I c.
Bözborg 22 F c.
Boz Bouroun 59 C a.
Boz Dagh 29 I c.
Boz Dagh 59 C h.
Boz Dagh 59 C c.
Boz Dagh 59 D b.
Boz D. 59 D c.
Bozdogan 59 B c.
Bozel 16 M g.
Bozeman Pass 57 D o.
Bozen 28 B c.

Brantôme 15 G g.
Brauzi 22 I f.
Bras (Petit) 65 H g.
Bras d'Or (L.) 56 Q c.
Brashear 58 F i.
Bras Majeur 65 H f.
Bras-Panon 18 Réun.
Brass 48 H i.
Brassac 15 I i.
Brassac 16 J g.
Brassö 28 I d.
Bratesci 28 J c.
Bratsberg 52 H j.
Bratskii Ostrog 37 L d.
Bratslav 34 H f.
Brattleboro 58 J c.
Braun 14 K c.
Braunau 28 C h.
Braunau 28 D a.
Braunfels 14 O b.
Bräunlingen 22 G b.
Braunsberg 26 I a.
Braunschweig 26 I h.
Braunton 20 G j.
Braux 14 K c.
Brava 48 B g.
Brava 50 P i.
Bravo (C.) 64 D j.
Bravo del Norte (R.) 57 F c.
Bravone 16 P j.
Bravos (R.) 57 G c.
Bray 15 H c.
Bray 15 I c.
Bray 20 E h.
Braye 15 G d.
Bray-s.-Seine 14 I c.
Brazos (R.) 57 F d.
Brazza (I.) 28 E c.
Brazzaville 50 J j.
Bréka 28 F d.
Brdarevo 29 D h.
Brdy Wald 28 C b.
Brea 60 O j.
Brea (L. de la) 60 N j.
Brea (la) 60 B i.
Breaksea S. 55 K g.
Brébières 14 I b.
Brehu 28 I d.
Brécey 13 E d.
Brechin 59 E e.
Brèche 15 I c.
Brechin 20 H e.
Breckenridge 57 E c.
Brecknock 20 H j.
Brecknock (Presq.) D o.
Breda 21 C c.
Bredehro 52 B d.
Bredstedt 32 B e.
Bredsten 32 C d.
Brée 21 D c.
Breelong 53 I f.
Breg 27 I f.
Bregaglia (Val) 22 I f.
Brege 14 O c.
Bregenz 28 A c.
Bregnet 52 D e.
Bréquier-Cordon 22 A f.
Breguinge 52 D d.
Bréhal 15 E d.
Bréhat (I. de) 13 C d.
Brelna 27 L c.
Breidhio Fj. 52 D a.
Breil 16 N i.
Breisgau 27 H g.
Breitenbach 22 E c.
Breithorn 22 F e.
Brejo 63 K f.
Brembo 22 I f.

C

Carrizalillo 64 D j.
Carron (Loch) 90 E d.
Carrouges 13 F d.
Carrowmore (L.) 20 A g.
Carru 16 K h.
Carsevenne 65 H d.
Carso 28 C d.
Carson (L.) 58 B c.
Carson City 58 B c.
Carson Pass. 58 B c.
Carson Sink 58 B c.
Carspach 22 D b.
Cartagena 25 K g.
Cartagena 60 H j.
Cartago 60 C k.
Cartago 65 C d.
Cartaxo 25 B c.
Carter 58 H i.
Carteret 13 D c.
Carter's Keys 60 F C b.
Carthage 17 O e.
Carthage 58 E h.
Carthage 58 I f.
Carthagène 25 J g.
Cartier (I.) 52 D h.
Cartwright 56 H d.
Caruaru 65 K f.
Carunhanha (R.) 65 I g.
Carupano 60 N j.
Carus (Mt) 52 C d.
Carved Cave Spr. 52 C o.
Carvi 24 C b.
Carvin 14 I b.
Carvoeiro (C.) 25 B o.
Casa Bianca 48 E c.
Casa Blanca 65 C g.
Casablanca 64 D k.
Casa Branca 25 C f.
Cascalenda 24 E d.
Casale 24 B h.
Casale Pusterlengo 24 B b.
Casalmaggiore 24 C b.
Casamance 19 A c.
Casamare (R.) 65 D c.
Casas Grandes 58 E h.
Casas Ibáñes 25 J c.
Cascade (Pte) 55 L k.
Cascade Range 58 B a.
Cascades (Mt des) 56 D d.
Cascades (Pte des) 18 Réunion.
Cascades City 58 B a.
Cascorro 60 G c.
Caseda 15 E j.
Caselle 16 N g.
Case Pilote (la) 18 Mart.
Caserie 24 E d.
Cashel 20 C i.
Casilda 64 F k.
Casiquiare 63 E d.
Caslan 28 D h.
Casna 28 E d.
Casma 65 B f.
Casoria 24 D d.
Caspe 25 K c.
Caspienne (Mer) 57 G c.
Cass R. 58 G f.
Cassagnes-Bégonhès 15 I h.
Cassange 50 K k.
Cessano 22 G f.
Cassano al Jonio 24 E c.
Casse (Gde) 16 M g.
Cassel 13 I b.
Cassidy 52 H c.
Cassilis 53 I f.
Cassin (Mt) 24 D d.
Cassine 16 O h.
Cassini (I.) 52 D h.
Cassini 19 B d.
Cassipore (C.) 65 H d.
Cassis 16 L i.
Castanet 15 H i.
Casteldelfino 16 M h.
Castel di Sangro 24 D d.
Castellidardo 24 D c.
Castelfranco 24 C b.
Casteljaloux 15 F h.
Castellammare 24 A c.
Castellammare 24 D d.
Castellamonte 24 D b.
Castellana 24 F d.
Castellana 16 M i.
Castellaneta 24 F d.
Castellazzo 16 O h.
Castello (Pte) 50 H f.
Castello Branco 25 D c.
Castello de Vide 25 D c.
Castellon de Ampurias 15 I j.
Castellon de la Plana 25 K c.
Castellote 25 K d.
Castelmoron 15 G h.
Castelnau 15 E g.
Castelnau 15 F i.
Castelnau 15 D h.
Castelnaudary 15 H i.
Castelnau de Montmirail 15 H i.
Castelnau Magnoac 15 G i.
Castelnau Rivière Basse 15 F i.
Castelnuovo 24 B b.
Castelnuovo 24 C c.
Castel-Orizzo (I.) 59 C c.
Castel S. Pietro 24 C b.
Castelsarrasin 15 G h.
Castelvetrano 24 D f.
Casterton 53 G g.
Castets 13 E i.
Castets 15 F h.
Castiffa 16 O j.
Castiglione 22 H f.
Castiglione 24 B b.
Castiglione 24 C c.
Castiglione 24 E f.
Castilla (Pte) 60 D j.
Castille (Nouvelle) 25 c.
Castille (Vieille) 25 c.
Castillon 15 F h.
Castillon 15 G j.
Castillon-de-Ampurias 15 I j.
Castillon de Gagnières 16 J h.
Castillonnès 15 G h.
Castine 57 I b.
Castle 50 M c.
Castlebar 20 B h.
Castleblaney 20 D g.
Castlecomer 20 D i.

Castleconnel 20 C i.
Castle Douglas 20 G g.
Castle Island 20 B i.
Castlemaine 20 A i.
Castlemaine 52 H g.
Castle Peak 58 B c.
Castlereagh 20 C h.
Castlereagh 52 I f.
Castlereagh (Bt) 52 F h.
Castleton 20 I h.
Castletown 20 G g.
Castor (R.) 86 G d.
Castres 15 H i.
Castries 25 H i.
Castries (Pte) 45 F b.
Castro 22 H c.
Castro 64 C m.
Castrogeritz 25 C b.
Castrogiovanni 24 D f.
Castro Marim 25 D g.
Castropol 25 D a.
Castroreale 24 E c.
Castro Urdiales 25 H a.
Castro Vicente 25 D c.
Castrovillari 24 E c.
Casaroville 58 B c.
Castrovireina 65 C g.
Casua 28 D b.
Casiquen 25 F f.
Casuda 65 F k.
Cat (I.) 60 H c.
Catacamas 60 C h.
Catahdin (Mt) 57 I a.
Catalafimi 24 D f.
Cainlão 65 H h.
Catalina (Pte) 60 J f.
Catalina (Pte) 64 D o.
Catalogic 25 L c.
Catamarca 64 E j.
Catandumes 43 H c.
Catania 24 E f.
Catanzaro 24 F c.
Cataract Cr. 58 D c.
Catarlezi 34 H b.
Catastrophe (C.) 52 F g.
Cataumbo (R.) 60 I k.
Catawba 58 H g.
Cathalagan 45 H c.
Cateau (le) 14 J h.
Catelet (le) 14 I b.
Catenaja (Alpe di) 24 C c.
Caterham 13 F a.
Cathcart 50 M p.
Catherine (Can.) 53 H b.
Catillon 14 J b.
Cat-Ma 19 K f.
Catoche (C.) 59 P g.
Cato Zakro 50 G f.
Catskill 57 K b.
Cattaro 28 F c.
Cattaro (Bouches de) 28 F c.
Cattenom 14 L c.
Catua (R.) 65 E c.
Catumbella 50 J f.
Catus 15 H h.
Catvik (Gde) 19 M l.
Caua (V.) 45 G b.
Cauca 63 C d.
Cauca (R.) 60 H k.
Caucagua 60 L j.
Caucase 58 c.
Caucase (Petit) 38 D c.
Caucasie 58.
Caudau 15 G h.
Caudebec 13 G c.
Caudéran 15 F h.
Caudete 25 J f.
Caudry 14 J b.
Caugagna (R.) 60 K l.
Caulnes 15 D d.
Caumont 15 E c.
Caunes 15 I i.
Cauquenes 64 D l.
Caura 65 E c.
Caura (R.) 60 M l.
Caura (Terr. de) 65 F c.
Cauroumont 55 G f.
Cauron 16 L i.
Caussade 15 H h.
Cauterets 15 F j.
Cautin 64 D l.
Cauto (R.) 60 G c.
Caux 15 G c.
Caux 18 (G. F.).
Cava 24 E d.
Cavaglio 22 G f.
Cavailles (les) 15 Bord.
Cavaillon 16 K i.
Cavalcanti 65 H g.
Cavaleria (C.) 25 O d.
Cavalerie (la) 16 J i.
Cavalese 28 B c.
Cavalière (Pte) 59 E c.
Cavallermaggiore 16 N h.
Cavallo (I.) 16 O k.
Cavallo (Pte) 17 J c.
Cavally 48 E i.
Cayan 20 D h.
Cavargna 22 H c.
Cavaronne 24 C b.
Caviana (I.) 65 H d.
Cavel (R.) 22 D d.
Cesano 24 C b.
Cesar (R.) 60 I k.
Cavone 24 F d.
Cavour 24 A h.
Cavuga (L.) 58 I i.
Cawnpur 41 E c.
Caxine (C.) 17 G c.
Caxton 20 K i.
Cayambé 65 C d.
Cayan 43 G h.
Cayapo (Sra do) 65 G h.
Cayenne 18 G. F.
Cayeux 13 E c.
Cayeux 15 F i.
Caylar (le) 16 J i.
Caylus 16 I h.
Cayman (Is) 60 E f.
Caymares (Sra dos) 65 J h.
Cayor 48 D f.
Cayres 16 J h.
Cayuga (L.) 58 I f.
Cazau 28 M f.
Cazaubon 15 G i.
Cazères 15 G i.
Cazis 25 H g.
Cazouls 16 I i.
Cazuara 64 K f.

Cazuto 64 D k.
Cazza (I.) 28 E e.
Céa 25 F b.
Céans 16 L b.
Ceará (Fortaleza da) 65 J e.
Ceará Mirim 65 C f.
Cebaco (I.) 60 E l.
Ceballati 64 G k.
Cebollera 25 H c.
Coboruco (Volc.) 59 G g.
Calveros 25 G d.
Cobu 43 H c.
Ceccano 24 D d.
Cecina 24 C c.
Cedar Falls 58 F f.
Cedar Keys 58 G i.
Cedar Rapids 58 F f.
Cedartown 58 G h.
Cedegolo 22 K c.
Cedros (I.) 59 B c.
Ceiba 65 B d.
Ceindre (Pte) 16 Lyon.
Celano 24 D c.
Celarain (Pte) 60 B c.
Ceira's 59 I g.
Celé 15 H h.
Célèbes 45 G f.
Célèbes (Mer de) 45 G H c.
Celesica (Mte) 57 K c.
Cellar 26 E c.
Cellar (Hte) 20 E c.
Celle 15 H c.
Celle 27 J b.
Celles (Is) 15 F l.
Celles-St-Cloud (la) 13 Paris.
Cellieu 16 St Etienne.
Celloville 14 Rouen.
Cemitario 64 I i.
Cénax 15 Bordeaux.
Cenere (R.) 22 H c.
Cenis (Mt) 24 A b.
Ceno 24 B b.
Cenon 15 Bordeaux.
Centallo 15 N h.
Cent Chutes 56 K o.
Cento 24 C b.
Centipalco (Prov.) 24 E c.
Centralia 58 F g.
Central (Massif) 15 H g.
Centre (Cal du) 16 K f.
Centreville 58 D b.
Centuri 16 P j.
Céou 15 G h.
Cépet (Presq.) 16 L i.
Céphise 50 D c.
Cepin 28 F d.
Ceppino 22 K c.
Ceralbo (I.) 59 D c.
Ceram 45 I f.
Cerumme 16 J i.
Cerano 16 O g.
Cerbere (C.) 16 I j.
Cerbicale (Is) 16 P k.
Cercy-la-Tour 14 J f.
Cerdagne 25 M b.
Cérée 15 H h.
Céret 15 I j.
Cerfontaine 22 J f.
Cerna 54 H h.
Cernavoda 54 G h.
Cernay 14 M c.
Cerneti 54 H b.
Cernik 28 E d.
Céron (le) 18 Mart.
Céron 15 H h.
Cesme (Pte) 60 E k.
Cosmachaude 16 L g.
Chamela 59 G h.
Cetina 28 E c.
Cetraro 24 E c.
Cette 28 E e.
Cettinye 39 D b.
Ceuta 48 F h.
Ceva 24 A h.
Cévennes 16 J h.
Cevius 22 C f.
Cevio 22 G c.
Cevljanovic 28 F d.
Ceylan 41 E g.
Ceyzeriat 16 K f.
Ceyzeriu 22 A f.
Cezallier 16 J f.
Cèze 16 K h.
Chabanais 15 G g.

Chahis 40 E c.
Chabkhana D. 29 G c.
Chabla Bouroun 29 H h.
Chablais 16 M f.
Chablis 14 J c.
Chabounda 50 M j.
Chaboura 40 D c.
Chabre (Mt de) 16 L h.
Chabris 13 H c.
Chacao 64 C m.
Chachi 50 M h.
Chacham 58 H f.
Chachapoyas 65 B f.
Chacharan 41 C c.
Cha-Chi 44 I c.
Chaco (Gd) 64 F j i.
Chaco Austral 64 F j.
Chaco Boréal 64 F i.
Chaco Central 64 F i.
Chadi Louvu 64 E l.
Chadouan (L.) 31 J f.
Chadov 34 E c.
Chadrinsk 55 J c.
Chafah (Dj. ech) 49 N d.
Chagey 22 C b.
Chagny 15 K f.
Chagos (Is) 5 Q c.
Chaguaramas 60 L k.
Chahbar 40 E d.
Chah Billawal 41 B c.
Chahi (Presq. de) 40 H h.
Chah-Kouh 40 D h.
Chah-Mechhed 40 F h.
Cha-Ho 45 B j.
Chahri Babek 40 D c.
Chahri Zabs 40 F b.
Chahroud 40 D b.
Chah-Yar 44 D c.
Chaibasa 41 F d.
Chailland 13 E d.
Chaillé-les-Marais 15 E f.
Chair (Aïn) 17 B g.
Chair (O.) 17 I d.
Chair (O.) 17 J d.
Chair (Oulad ech-) 17 I c.
Chaise-Dieu (la) 16 J g.
Chaniya 42 C c.
Chak 49 Q d.
Chakh 59 J c.
Chakhan Mouren 45 D c.
Chakhova Kosa 58 I d.
Cha-Kono-Ting 44 H c.
Chakrah 49 P d.
Chakrata 41 E b.
Chakwal 41 D b.
Chala 63 C h.
Chala (Mt de) 49 L h.
Chalabre 15 H j.
Chalais 15 F g.
Chalamont 16 K g.
Chalaoué 50 O l.
Chalaronne 16 K f.
Chalea 59 J h.
Chalchihuites 58 G f.
Chalcidique 50 D a.
Chalcis 50 E c.
Chalençon 16 K h.
Chaleurs (Bt des) 56 P c.
Chalèze 22 B c.
Chali 58 F c.
Chalin (L. de) 22 A d.
Chaliudrey 14 L c.
Chalkot 40 F d.
Challans 13 D f.
Challant 22 E f.
Challenger (Fosse du) 51 G. f.
Challerange 14 K c.
Challes-les-Eaux 22 B f.
Challis 58 C b.
Chalonnes 15 F e.
Chalon-s.-Saône 16 K f.
Châlons-sur-Marne 14 K d.
Chalosse 15 E i.
Châlus 15 G g.
Cham 22 G c.
Cham 27 M c.
Chama (R.) 57 E c.
Chama (Se de) 59 N i.
Chamaleche 16 St Et.
Chaman 40 F c.
Chamba 41 D h.
Chamba Berazga 17 H g.
Chamba bou Rouba 17 I h.
Chamba el Mouadhi 17 H i.
Chambal 41 D c.
Chambaud (Ft) 18 H i.
Chambave 22 E f.
Chambaral 58 G c.
Chamberet 15 H g.
Chamberonnière 16 St Etienne.

Champaubert 14 J d.
Champdeniers 15 F f.
Champ du Fou 14 M d.
Champeix 16 I g.
Champerico 59 M j.
Champey 22 D c.
Champhai 42 B h.
Champigneulles 14 L d.
Champigny 13 Paris.
Champlain (L.) 58 I f.
Champlan 13 Paris.
Champlitte 14 L c.
Champorcher 22 E f.
Champoton 59 N h.
Champs 13 I g.
Champsaur (Mt du) 16 L h.
Champtoceaux 13 E c.
Chana 16 St Etienne.
Chana (V. de) 64 D m.
Chanac 16 I h.
Chanal (I.) 18 Marq.
Chanar 44 F c.
Chañaral 64 D j.
Chañaral (I.) 64 D j.
Chanceny 65 C g.
Chancelade 15 G g.
Chaney 22 B c.
Chanda 41 E c.
Chandausi 41 E c.
Chandeleur (Pte de la) 58 F i.
Chandeleur Se 58 F h.
Chandelle (L.) 56 H d.
Chandernagor 41 G d.
Chandos 52 G c.
Chandrakona 41 G d.
Chang (L.) 19 I k.
Changani 50 M m.
Chang Chenmo 41 E b.
Changeon 13 F c.
Chang-Haï 45 E k.
Chang Maï 19 M h.
Chango (Lag.) 19 O r.
Chang Sé Tchéou 19 L f.
Chang-Tchéou 44 I c.
Chan-Haï-Kouan 45 D l.
Chan-King-Fou 44 H c.
Channel Islands 20 I l.
Chanomeril (L.) 41 E b.
Chan Se Cruz 59 O h.
Chan-Si 44 I d.
Chanskii Zavod 34 K c.
Chantaboun 19 I k.
Chantada 25 C b.
Chantar (Belchof) 57 P d.
Chan-Tchéou 44 I c.
Chantelle 16 I f.
Chantenay 13 E c.
Chantilly 13 I c.
Chantonnay 15 E f.
Chan-Toou 44 J g.
Chan-Toung 45 C D h.
Chantrans 22 B c.
Chanza 25 D g.
Chao-Hing-Fou 45 E k.
Chao-Tat-Ho 44 G d.
Chao-Tchéou-F. 44 J g.
Chaource 14 J d.
Chao-Wou-Fou 45 C m.
Chapada (Plat. de) 65 G g.
Chapala 59 H g.
Chapeau de Monomaque 44 E d.
Chapeco (R.) 64 H j.
Chapelle-aux-Bois (la) 22 C a.
Chapelle d'Angillon (la) 15 I c.
Chapelle-d'Armentières 14 Lille.
Chapelle-de-Guinchay (la) 16 K f.
Chapelle-en-Vercors (la) 16 L h.
Chapelle-la-Reine (la) 15 I d.
Chapelle-sous-Rougemont (la) 22 D b.
Chapelle-sur-Erdre (la) 13 E c.
Chapman (C.) 56 K a.
Chaponost 16 Lyon.
Chapour 40 C d.
Chapra 41 F c.
Chapus (le) 15 E g.
Chagwamegon B. 58 F c.
Chara 54 F d.
Chara-Mouren 44 K c.
Chara-Mouren 45 D c.
Charavines 16 L g.
Charbonnel (Pte de) 16 M g.
Charbonnières 16 Lyon.
Charbonnières-les-Vieilles 16 I f.

Charles (Mt) 52 E c.
Charles City 58 E f.
Charles-Louis (Mts) 43 J f.
Charleston 55 L k.
Charleston 57 J c.
Charleston Harbor 58 H h.
Charlestown 58 H g.
Charleville 14 K c.
Charleville 20 B i.
Charleville 52 H c.
Charlieu 16 J f.
Charlois 21 C c.
Charlotte 58 H g.
Charlotte 60 N f.
Charlotte-Amélie 60 M f.
Charlotte Harbour 58 H h.
Charlotte Harbour 58 H i.
Charlottenberg 52 I i.
Charlottenburg 27 M h.
Charlottenlund 32 F d.
Charlottentown 60 O h.
Charlottesville 58 H g.
Charlottetown 56 P e.
Charlotte Water Stn 52 F e.
Charlton 55 H f.
Charlton (I.) 56 M d.
Charly 14 I d.
Charmauvillers 22 D c.
Charmes 14 M d.
Char Nor 44 E c.
Charny 14 I c.
Charny 14 L c.
Charolais (Mts du) 16 K f.
Charolles 16 K f.
Charost 15 B c.
Charmria 17 D j.
Charquemont 22 C c.
Charrce 59 H c.
Charroux 15 F f.
Charter 50 M m.
Charters Towers 52 H d.
Chartre (la) 13 G c.
Chartres 13 H d.
Chartreuse (Mt de la Gde) 16 L g.
Chartreux (les) 16 Mars.
Charypovskoie 57 K d.
Charzon D. 59 I h.
Chascomus 64 F l.
Chassepierre 24 C c.
Chasseral 22 D c.
Chasseron 22 C d.
Chassezac 16 J h.
Chassieu 16 Lyon.
Chassiron (Pte de) 15 E f.
Chastleton 55 G c.
Chasuta 65 C f.
Chat (Ft) 50 D h.
Châtaigneraie (la) 15 E f.
Chatatenango 59 O j.
Château (le) 15 E g.
Château (Pte du) 15 C d.
Châteaubourg 13 E d.
Châteaubriant 13 E c.
Château-Chalon 22 A d.
Château-Chinon 14 J e.
Château-Dauphin 16 M h.
Château-du-Loir 13 G c.
Châteaudun 13 G d.
Châteaudun 17 J c.
Châteaufort 13 Paris.
Châteaugiron 13 E d.
Château-Gontier 13 E c.
Château-Landon 13 I d.
Château-la-Vallière 13 F c.
Châteaulin 13 B d.
Châteauneillant 15 H f.
Châteauneuf 15 D d.
Châteauneuf 15 D d.
Châteauneuf 15 G d.
Châteauneuf 14 I c.
Châteauneuf 15 F g.
Châteauneuf 15 H g.
Châteauneuf-de-Randon 16 J h.
Châteauneuf-s.-Cher 15 H f.
Châteauneuf-s.-Loire 15 H e.
Châteauneuf-s.-Sarthe 13 F c.
Châteauponsac 15 G f.
Château-Porcien 14 J c.
Château-Regnault 14 K c.
Châteaurenard 14 I c.
Châteaurenard 16 K i.
Châteaurenault 15 G e.
Châteauroux 15 H f.
Château-Salins 27 G f.
Château-Thierry 14 J c.
Châteauvillain 14 K d.
Châteaux (Pte des) 18 Guad.

Châtillon-en-Bazois 14 J c.
Châtillon-le-Duc 22 B c.
Châtillon-s.-Chalaronne 16 K f.
Châtillon-s-Loing 14 I e.
Châtillon-s.-Loire 15 I c.
Châtillon-s.-Marne 14 J c.
Châtillon-s-Saône 22 B h.
Châtillon-s.-Seine 14 K c.
Châtillon-s.-Sèvre 13 E f.
Chatoievskoie 38 F c.
Chatou 13 Paris.
Chatra 41 F d.
Châtre (la) 15 H f.
Chatsk 55 E d.
Chattahoochee 58 G h.
Chattahoochee R. 58 G h.
Chattanooga 58 G g.
Chandesaigues 16 I h.
Chaudière 56 O c.
Chau Doc 19 K l.
Chauffailles 16 J f.
Chaulnes 14 I c.
Chaumergy 14 L f.
Chaumont 15 H c.
Chaumont 14 K d.
Chaumont 22 D c.
Chaumont-Porcien 14 J c.
Chauny 14 I c.
Chausey (Is) 13 D d.
Chaussade (la) 14 I c.
Chaussée des Géants 20 E f.
Chaussin 14 L f.
Chauvigny 15 F f.
Chauvirey-le-Châtel 22 A b.
Chaux 92 C h.
Chaux-de-Fonds (la) 22 D c.
Chaux-les-Passavant 22 C c.
Chavanon 15 I g.
Chavanges 14 K d.
Chavannes 16 St Etienne.
Chaves 25 D c.
Chavikhde 58 F c.
Chaville 13 Paris.
Chavli 54 E h.
Chazeau 16 St Etienne.
Chazelles-s.-Lyon 16 K g.
Chelaba (Oued) 17 G j.
Chebara (I.) 49 N d.
Chebchli (O.) 49 P h.
Chebin-el-Kanater 49 (B. E.).
Chebin el Kom 49 (B. E.).
Chebka (Rég. de la) 17 H g.
Cheboygan 58 G c.
Chechaouen 25 F i.
Chechar D. 17 H d.
Checiny 54 C c.
Cheduba 41 H c.
Chac 14 K d.
Chef-Boutonne 15 F g.
Chega (O.) 31 G c.
Chehr 59 F h.
Cheikh-el-Djebel 39 G d.
Cheikh Houssein 49 O h.
Cheikh Othman 49 P g.
Cheikh-Sad 59 F c.
Cheikh-Saïd 49 P g.
Cheiron 16 M i.
Chettan D. 59 I h.
Chekka 49 I g.
Cheksna 54 L a.
Chelana (L.) 58 B a.
Chelia (Dj.) 17 K d.
Cheliagskii (C.) 57 S c.
Chelidan (C. et Pte de) 59 D c.
Chélif (O.) 17 E c.
Chélif (Plaine du) 17 E d.
Chella (Mt de) 50 J m.
Chellal (O.) 17 H d.
Chellala 17 G d.
Chelles 13 I d.
Chelley (R. de) 57 D c.
Chelmsford 20 L j.
Chelon 54 H h.
Chelonatas (Presq.) 50 D d.
Chelsea 58 J f.
Cheltenham 20 I j.
Chelva 25 J e.
Chemakha 58 H d.
Chemakr (Dj.) 17 F d.
Chemillé 13 E c.
Chemin 14 K f.
Chemnitz 27 M d.
Chémoulin (Pte de) 13 D c.

Cherchev 54 E d.
Cherf (O.) 17 K c.
Chergui 17 H d.
Chergui (Ch. ech) 17 E c.
Chergui (O. ech) 48 J d.
Cheri 50 O j.
Cheria 17 I d.
Cherihon 43 E g.
Cherichita (Sebkha) 17 N d.
Cherifabad 40 E b.
Cherm 31 J f.
Chéroy 14 I d.
Cherra Punji 41 G c.
Cherso 28 D d.
Chersonèse de Thrace 50 G a.
Cherwell 20 J j.
Chesapeake (Bt) 58 I g.
Chesery (Col de) 22 C e.
Chesnay (le) 13 Paris.
Chesne (le) 14 K c.
Chester 18 R h.
Chester 20 H h.
Chester 58 F g.
Chester 58 H h.
Chester 58 I g.
Chesterfield 20 J h.
Chesterfield (Goulet de) 56 J b.
Chesterfield (Is) 51 H i.
Chesuncook 58 J c.
Chetco 58 A b.
Cheticamp 56 Q c.
Chetlib (Col) 58 C c.
Ché-Tsoung-Tchéou 42 D h.
Chettal (I.) 41 D f.
Chetumal (Bt) 59 O h.
Chevagnes 16 J f.
Cheval Blanc 16 M h.
Cheval Blanc (le) 22 D c.
Chevar 40 D d.
Chevillon 14 K d.
Chevilly 13 Paris.
Cheviot (Mts) 20 I f.
Cheviot Hills 20 I f.
Cheviot Hstn 52 H c.
Chèvre (C. de la) 13 B d.
Chevreuse 13 H d.
Cheyenne 57 E b.
Cheyenne R. 57 F a.
Cheviard (le) 16 K h.
Chhatarpur 41 E c.
Chhatisgarh 41 E F d.
Chhindwara 41 E d.
Chhota-Udaipur 41 D d.
Chia-Kouan 42 C a.
Chiahamala 80 M k.
Chianti (Mts) 24 C c.
Chiantla 59 J h.
Chiapa 59 M i.
Chiapa (Pte della) 16 P k.
Chiapas 59 M i.
Chiaramonte 24 E f.
Chiari 24 B b.
Chiasso 22 H f.
Chiati (O.) 49 J d.
Chiavari 24 B h.
Chiavazza 22 F f.
Chiavenna 24 B a.
Chibam 49 Q f.
Chicacole 41 F e.
Chicago 58 F e.
Chicago 58 F f.
Chichankunab (L.) 59 O h.
Chichen-itza 59 O g.
Chichester 20 J k.
Chichilxcoa (C.) 60 J i.
Chickasawha R. 58 F h.
Chiclana 25 E h.
Chiclayo 65 B f.
Chico (Rio) 65 E b.
Chico 58 B c.
Chico (R.) 64 D n.
Chicontepec 59 J g.
Chicopee 58 J f.
Chicot 58 F h.
Chicoutimi 56 O c.
Chicurato 59 F d.
Chidlé 50 B l.
Chiem (L.) 27 I g.
Chiem Hoa 19 K f.
Chien (L. du) 58 F c.
Chien-Chouan 42 C a.
Chiens (I. des) 17 N h.
Chienti 24 D c.
Chieri 24 A b.
Chiers 14 K c.
Chiesa 22 I c.
Chiesch 27 M d.
Chiese 22 K c.
Chieti 24 D c.

Chilon 59 M i.
Chilpancingo 59 J i.
Chiltern R? 20 J j.
Chi Ma 19 L g.
Chimæra Nala (Chaîne de) 30 A n.
Chimalon 50 L k.
Chimaltenango 59 M j.
Chinaltenango 59 N j.
Chimay 21 B d.
Chimbozo 30 N n.
Chimborazo 65 B e.
Chimlote 65 B f.
Chimère 59 D e.
China 59 J e.
Chinal 41 C h.
Chinandega 60 B i.
Chi-Nan-Fou 44 I e.
Chinaron 40 E b.
Chinas 10 D e.
Chincha 65 C g.
Chinchaycocha 65 C g.
Chinchilla 25 J i.
Chinchilla 55 I e.
Chinchon 25 H d.
Chincherro (D?) 59 P h.
Chincoteague (I.) 58 I g.
Chiuslé 50 N m.
Chindwin 41 H d.
Chine 44.
Chine Méridionale (M. de) 44 g.
Chine Orientale (M. de) 48 k.
Chinga (Pays de) 30 J k.
Chingovo 30 M n.
Chingueti (el) 48 D c.
Chini 41 E h.
Chiniot 41 D h.
Chin-King 44 I c.
Chinon 15 F e.
Chin-Tchéou 45 B g.
Chinu 60 B k.
Chio 59 A h.
Chioggia 24 D b.
Chloüda 50 M I.
Chi-Pao 44 F d.
Chipka (Col de) 29 G b.
Chiplun 41 D e.
Chipounski (C.) 57 R d.
Chi-Pou-Ting 45 E I.
Chippenham 20 I j.
Chippewa (R.) 58 F e.
Chippewa Falls 58 F f.
Chippewyan (F?) 56 G c.
Chipping-Norton 20 J j.
Chiquerupalle 41 F c.
Chiquimata 59 O j.
Chiquitos (Lldé) 65 F h.
Chir-Abad 40 F b.
Chiruti 50 N j.
Chiraz 40 D d.
Chire 50 N m.
Chiriguana 60 H k.
Chiriqui 65 B e.
Chir-Kouh 40 D c.
Chirnogi 28 I d.
Chirokoln 34 I g.
Chiroun (L.) 56 N m.
Chirra (I. de) 24 D e.
Chirvan 40 E b.
Chiry 14 I c.
Chisola 16 N h.
Chisonaccia 16 P j.
Chita 65 D e.
Chitaldrug 41 D f.
Chi-Tao 45 F h.
Chi-Tchéou 44 I d.
Chi-Telm-Ting 44 I e.
Chitor 41 D d.
Chitral 41 C a.
Chittagong 41 G d.
Chittur 41 E f.
Chiuro 22 J e.
Chiusa-di-Pesio 16 N h.
Chinsella 16 N g.
Chinstenge 54 B h.
Chiva (Lac) 40 G b.
Chivasso 16 N g.
Chivileoy 64 F k.
Chize 15 F f.
Chklov 54 H e.
Chkombi 29 D e.
Chleub 18 E d.
Chineluik 54 D a.
Chna (L.) 19 K k.
Choo 49 O h.
Choah (C.) 49 R g.
Choapa (R. de) 64 D k.
Choapan 59 L i.
Cho-Bo 19 K g.
Chocho 34 K b.
Chochong 50 L n.
Choco (R. del) 65 C d.
Chocolate (M??) 58 C d.
Chocouta 65 C e.
Chodwick 58 E g.
Cho-Giang 19 L j.
Cho-Hoau Hou 45 D i.
Choiseul (I.) 51 H h.
Choisy-le-Roi 13 I d.
Choix 59 F d.
Chokette 49 (B.E.).
Chola 54 L.
Cholet 13 E e.
Cholm 54 E e.
Cholo (L.) 54 L.
Cholon 19 L c.
Cholutoca 60 B i.
Choméric 16 K h.
Chomette 16 S? Etienne.
Chomiu Goï 45 B d.
Chones 65 B e.
Chonos (Arch.) 64 C n.
Chopin (R.) 64 H j.
Chopra 41 b d.
Cho-Ra 19 K f.
Chorazok 40 F e.
Chorges 16 L b.
Chorley 20 I h.
Chorolque (P.) 64 E i.
Choronades (C. de) 64 C m.
Choroui 60 K j.
Choroszkow 28 I b.
Chorrillos 65 C g.
Chorté (M??) 48 F h.
Chorzele 54 D d.
Chosunthal 64 D l.
Chostenskii 54 J c.
Chostka 55 D d.
Chotabor 28 D b.
Chotiali 41 C h.
Chott 17 D c.

Chott des Hamian 17 C d.
Chotts 48 H b.
Chouaif (Pl. d'eeh) 17 G e.
Chouam 49 R d.
Chouang-Liéou 44 H e.
Choulbbet el Kamar 49 R f.
Choucha 58 G c.
Chouchenskoie 57 K d.
Chouchat el Guediam 17 K f.
Chouédoung 42 D c.
Choueli 42 C b.
Chougman 40 H b.
Chougous 38 D c.
Chougro 49 P g.
Choublia 50 G e.
Chouin 33 D b.
Choui-Keou 45 D m.
Choukouvich 49 N f.
Choulaveri (Bolchüie) 58 F d.
Choumaghine (I??) 54 B c.
Chounay (C.) 19 L i.
Choumlé 20 H b.
Choumdok 41 B c.
Chour 40 E d.
Chourab 40 C c.
Chouralinskaïa 58 G b.
Chouster 40 C c.
Chouttargurdun (Col) 41 C b.
Chouzé 13 F e.
Chowum R. 58 I g.
Choye 22 A e.
Chpola 54 I f.
Christburg 26 I b.
Christchurch 20 I k.
Christchurch 53 M k.
Christian (C.) 56 T. P.
Christian (I.) 58 H f.
Christian IV (L.) 56 I c.
Christiana 50 F e.
Christiansborg 48 G h.
Christiansfjeld 52 C d.
Christianshaab 56 S a.
Christiausted 60 M g.
Christie (B?) 56 G b.
Christinestad 53 A b.
Chrismas (I.) 45 H b.
Christmas (I.) 51 N g.
Christmas (I.) 58 B g.
Christophe Colomb (M??) 41 E d.
Cirudim 28 D b.
Chrudinka 28 D b.
Chrzanów 28 F a.
Chtcherbinovskaïa (Novo-) 38 B a.
Chtcherbinovskaïa (Staro-) 38 C a.
Chichigry 54 L c.
Chtchoulsha 33 J a.
Chtipié 29 E c.
Chulnt 64 D m.
Chudleigh 52 H b.
Chudleigh (C.) 56 P b.
Choeng Nghia 19 M j.
Chuen Lc 19 H f.
Chulco 59 J h.
Chumhicha 65 E j.
Chung-Te-Fou 44 J d.
Chun-King-Fou 44 H e.
Chun-Ning-Fou 44 G g.
Chun-Té-Fou 45 B h.
Chun-Tien-Fou (Péking) 45 B d.
Choquilsambu 65 C h.
Chuquisaca 65 E h.
Chuquisaca 64 F i.
Chur 22 I f.
Churchill (F?) 56 I c.
Churchill (R.) 56 I c.
Churlireten 22 H c.
Charma (I.) 41 B d.
Churu 41 D c.
Churwalden 22 I d.
Chutia Nagpur 41 F d.
Chuy 64 G k.
Chypre 59 B d.
Ciamarella 16 M g.
Ciaris (L.) 59 I d.
Cicia (I.) 53 C n.
Cidacos 15 D j.
Cieclanów 54 D d.
Ciechocinek 54 C d.
Ciego de Avila 60 F e.
Ciénago 60 H j.
Ciénaga de Colpasa 65 D h.
Cienfuegos 60 E d.
Cieris 22 K d.
Cierva (Alto de la) 25 G d.
Cieszanów 28 H a.
Cieutat 15 F i.
Cieza 25 N h.
Cierkowice 28 G b.
Cifuentes 25 I d.
Cigliano 24 A b.
Cikobia (I.) 53 B m.
Cilaos 18 Réunion.
Cilicie 39 C b.
Cilli 28 D c.
Cimaudef (Piton de) 18 Réunion.
Cimarron R. 57?
Cimbrishamn 52 I j.
Cimetière (I?? du) 18 Guad.
Cimone (M??) 24 C b.
Cinca 25 N b.
Cincinnati 58 G g.
Cinco Villas (las) 25 J b.
Cincy 21 C d.
Cinq-Mars-la-Pile 13 G c.
Cinq-Palmiers (les) 17 F c.
Cinta (5?? da) 65 I f.
Cintegabelle 15 H i.
Cinto (M??) 16 O j.
Cintra 25 B f.
Cintrey 22 A b.
Cinza (R. da) 64 H i.
Cioccnaci 54 G g.
Ciotat (la) 16 L j.
Ciou 18 C c.
Circle City 56 Alaska.
Circleville 58 G g.
Circé (Prom. de) 24 D d.

Cirencester 20 I j.
Ciroy 14 M d.
Cirié 16 N g.
Ciron 15 F h.
Cismar 52 D e.
Cistella (Corno) 22 F e.
Cisse 13 G e.
Citas 39 O g.
Citeaux 14 K e.
Cithéron 50 D e.
Cittadella 24 C b.
Citta della Pieve 24 C e.
Citta di Castello 24 D e.
Citta Ducale 24 D e.
Cittanova 24 D e.
Citta-Nuova 28 C d.
Citta S. Angelo 24 D e.
Città Vecchia 24 D g.
City Point 60 E n.
Ciudad Bolivar 60 N k.
Ciudad del Maiz 59 J f.
Ciudadela 25 O d.
Ciudad Garcia 59 H f.
Ciudad Guzman 59 H h.
Ciudad Real 25 C e.
Ciudad Rodrigo 25 E d.
Ciudad Victoria 59 J f.
Ciudad Vieja 60 B i.
Civate 22 I i.
Cividale 24 D a.
Civitanova-Marche 24 D e.
Civita-Vecchia 24 C e.
Civray 15 F f.
Civrieux-d'Azergues 16 Lyon.
Cizé 15 G e.
Cize 15 E i.
Clackmannan 20 G e.
Clain 15 F f.
Clair (L.) 56 G e.
Claire 13 G h.
Claire (R.) 19 K f.
Clairée 16 M h.
Clairefontaine 22 B b.
Clairegoutte 22 C b.
Clairfontaine 22 D c.
Clairvaux 14 K e.
Clairvaux 16 L f.
Claise 13 G f.
Clalky Inlet 53 K l.
Clamart 13 Paris.
Clamecy 14 J e.
Clamorgan 30 H j.
Clanu J. 32 D a.
Clanwilliam 56 K p.
Clapier 16 N h.
Clara 53 H a.
Clare 20 B h.
Clare 20 B b.
Clare 53 I e.
Clare (L.) 20 A h.
Claremont 58 J f.
Clarence 55 M k.
Clarence (C.) 56 T f.
Clarence (B. de) 52 E b.
Clarence (I.) 51 K h.
Clarence (I.) 61 P o.
Clarence (P.) 19 O p.
Clarence (Port) 56 Alaska.
Clarence (R.) 59 J e.
Clarence Harbour 60 H d.
Clarence II? 56 T. P.
Clarendon 58 F h.
Clarens 22 B e.
Clary (M??) 65 I h.
Clarté 16 J i.
Clarines 60 M k.
Clarion (I.) 59 B b.
Clark (P??) 58 H f.
Clarke 55 H e.
Clarke (L.) 53 I e.
Clarkes R. 55 I d.
Clarkesville 58 G d.
Clark Fork 57 D a.
Clarkson (I.) 65 E b.
Clarksville 58 H g.
Claro (R.) 65 B b.
Clary 14 I b.
Clase 20 G j.
Clauletown 45 F c.
Claudon 22 B b.
Claverton 55 H e.
Claye (la) 16 J f.
Claye 15 D e.
Clave-Souilly 13 I d.
Clayton 58 I f.
Clayton 58 J e.
Clear (L.) 20 B j.
Clear Fork 58 G g.
Clear L. 58 A e.
Clear Water R. 58 G i.
Clear Water L. 58 N c.
Clearwater L. 58 F e.
Clearwater R. 58 C a.
Cleator 20 H g.
Clelland 11 L d.
Cleguer 13 Brest.
Clein 28 I c.
Clelles 16 L b.
Clemence 14 L e.
Cléon 14 Rouen.
Cleopha (I.) 59 F g.
Clères 15 G c.
Clerf 21 D d.
Clerjus (le) 22 B b.
Clermain 16 K f.
Clermont 13 I c.
Clermont 52 I d.
Clermont-en-Argonne 14 K c.
Clermont-Ferrand 16 G c.
Clermont-l'Hérault 16 I j.
Clerval 14 M e.
Clervaux (Clert) 21 D d.
Cléry 15 H e.
Cléry 14 I d.
Cleshaw 20 B d.
Cleton (R. du) 64 H i.
Cleveland 33 J e.
Cleveland 58 H f.
Cleveland (C.) 52 H c.
Cleveland 58 I d.
Cleveland Bay 55 H c.
Cleves 37 F c.
Clew Bay 20 A h.
Clichy 13 Paris.
Clifden 20 A h.

Cliuch (M??) 58 G g.
Clinch R. 57 I c.
Clingman's Dome 58 G g.
Clinton 58 F f.
Clinton (C.) 53 I d.
Clinton Colden (L.) 56 H b.
Clipperton (I.) 51 Q f.
Colla 22 H e.
Clitheroe 20 H h.
Cloates (P??) 52 B d.
Clogher Head 20 B h.
Clonakilty 20 B j.
Cloncurry 52 G d.
Clonmel 20 C i.
Cloppel R. 58 F c.
Clouchouren 13 Brest.
Cloué (P??) 58 C a.
Cloudy B. 53.
Clouère 16 F i.
Clowey (L.) 56 H h.
Clowez (R.) 56 H b.
Clowgiston 20 K g.
Cloyes 13 G e.
Cloyes 15 D f.
Cluuy 16 K f.
Clusaz (la) 22 C f.
Cluse (la) 16 L f.
Cluse (ha) 16 M f.
Clusce 16 M f.
Cluseu 16 M h.
Clusone 24 D b.
Clyde (Firth of) 20 F f.
Clyde (R.) 56 T. f.
Cnide 59 E e.
Cnide (Presq.) 59 D e.
Cnosse 59 F f.
Cos 58 F d.
Coahuayana R. 59 H h.
Coahuila Valley 57 C d.
Coalcoman 59 H h.
Coary (R.) 65 E e.
Coast R? 58 J e.
Coatbridge 20 G f.
Coat-uniôen 13 Brest.
Coatzacoalcos (R.) 59 L h.
Coba da Serpe 25 C a.
Coban 59 N j.
Cobar 55 H f.
Cobergo 55 I g.
Cobic 28 I d.
Cobija 64 D i.
Cobourg 20 I h.
Cobourg (I.) 56 H f.
Cobourg (Presq.) 52 F b.
Coburg 55 I g.
Cobre (C?? del) 64 P j.
Coburg 15 H h.
Coca 65 C e.
Cocamas 65 C c.
Cocamillas 65 C i.
Coranado 51 G e.
Cochabamba 65 E h.
Coche (L.) 65 E b.
Coche (la) 18 Guad.
Cochin 41 D g.
Cochinchine 19 K l.
Cochinos (G. de) 60 E d.
Cochons (I.) 18 Guad.
Cocieou 28 I d.
Cockburn (C.) 61 P o.
Cockburn (C.) 56 T. P.
Cockburn (I.) 58 T. f.
Cockburn (M??) 52 E c.
Cockburn-I. de 56 T.P.
Cockermouth 20 H g.
Cocknailedowna (M??) 52 C i.
Coco (Grande) 41 H f.
Coco (Petite) 41 H f.
Cocopas (Ind?) 59 B a.
Cocos (L.) 65 A c.
Cocos (I.) 65 A c.
Cocos (I. des) 42 B d.
Cocuis 59 H g.
Cocvte 50 B h.
Cod (C.) 57 L h.
Coda Cavallo (C.) 24 D d.
Codera (C.) 60 L j.
Codogno 24 D b.
Codrington 60 N g.
Codroine 24 D h.
Coenein 50 G h.
Coesfeld 55 H e.
Coestnaneé 18 C d.
Coetlogon (Passes du) 18 A h.
Cœur d'Aine (L.) 58 C a.
Coevorden 21 E h.
Coevroes 13 F f.
Cofano (C.) 24 D e.
Coffin (I.) 45 O m.
Cofre de Perote 59 K h.
Cogershall 20 L j.
Coglin 55 F e.
Cognac 15 F g.
Cogne 16 M g.
Gogolhuda 25 H d.
Cogolo 22 C a.
Cohoes 58 I f.
Coiba (I.) 41 H h.
Coig (R.) 60 D l.
Coligny (P??) 58 C a.
Combatore 41 D f.
Coimbra 25 E d.
Coimbra 65 F d.
Cointet (F? de) 48 I g.
Coire 22 I f.
Coiron 16 K b.
Coité 65 J g.
Cojede (R.) 60 K k.
Cojedes 65 D b.
Cokermouth 20 G g.
Colchester 20 L j.
Coldstream 20 H g.
Coldwater 58 G f.
Coleraine 20 E f.
Coleman 59 J e.
Coles (P? de) 65 D h.
Colesberg 56 J p.
Coleshill 20 J i.
Colfax 58 C c.
Colibri (P?? de) 18 Gund.
Colico 24 B a.

Coliguy 16 K f.
Colima 59 G h.
Colima (V. de) 59 H h.
Colima 13 I e.
Colima (R.) 65 F d.
Coll (L.) 20 D e.
Coll (I.) 20 D e.
Collado-Villalba 25 G d.
Collarada 13 F j.
Colle 24 C c.
Colle 21 E d.
Collier (D?) 52 D e.
Collinée 15 D d.
Collington (I.) 58 I g.
Collingwood 55 G d.
Collinson (C.) 56 T. P.
Collinson Inl. 56 T. P.
Collioure 16 I j.
Collipulli 64 D l.
Collo 17 K b.
Collobrières 16 L i.
Collonges 16 L f.
Collonges 16 Lyon.
Colmar 27 D f.
Colmars 16 M b.
Colne 20 I j.
Colne 20 I j.
Colnett (C.) 58 C a.
Colo 55 I f.
Cologne 24 C b.
Cologne 15 G i.
Cologne 27 G g.
Colofuh (B?) 60 G d.
Colomb (M??) 60 G e.
Colomb (G??) 18 Paris.
Colombey 14 L d.
Colombie 65 C d.
Colombie Britannique 56 D c.
Colombier 22 C d.
Colombier (G??) 22 A c.
Colombier (G??) 18, S? P. et M.
Colombo (C.) 59 K p.
Colombo 41 E g.
Colon 64 F k.
Colon 60 D g.
Colona 52 F f.
Colonie 64 F k.
Colonna (I.) 59 D d.
Colonne (C.) 24 F e.
Colonnes (C. des) 50 E d.
Colonsay (I.) 20 E e.
Colorado (Little) 58 D c.
Colorado (Mal. du) 58 D c.
Colorado (R.) 57 D c.
Colorado (R.) 87 E c.
Colorado (R.) 56 H b.
Colorado (P??) 60 C d.
Colorado Desert 57 C d.
Colorado Desert 58 C d.
Colorados (R?? de los) 60 C d.
Colorado River (G?? Pl. de la) 58 D c.
Colorado Springs 57 E c.
Colrestre 18 L i.
Coltishall 20 L j.
Columbia 57 B a.
Columbia 58 G g.
Columbia 58 H h.
Columbia 58 J f.
Columbia (I??) 45 C b.
Columbia 58 G h.
Columbia River (G?? Pl. de la) 58 B c.
Columbiana 58 G h.
Colville (L.) 56 T. P.
Colville (L.) 56 D a.
Colville (M??) 58 F a.
Colville (R.) 56 Alaska.
Colwater 58 I d.
Comacchio 24 C b.
Comana 59 G h.
Comalapa 60 C i.
Comalcalco 59 M h.
Comana 59 G h.
Comana 51 G e.
Comarapa 65 E h.
Combermère (B? de) 41 II e.
Combin 26 M g.
Combladn 21 D d.
Combles 15 I b.
Combourg 15 E d.
Combrailles 16 J f.
Combrée 16 I g.
Côme 24 B b.
Côme (I. des) 24 D e.
Comero (M??) 24 D e.
Comet R. 55 I d.
Comfort (C.) 56 L a.
Comillah 41 G d.
Comines 21 A d.
Comino 24 D f.
Comiso 24 D f.
Commandau 50 M l.
Commandeur (F? du) 57 S d.
Commentry 14 I d.
Commercy 14 L c.
Committee R. 56 H c.
Comolo Forno 15 G j.
Comoros (G??) 18 Com.
Comores (I??) 18 J k.
Comorin (C.) 41 E g.
Compagnie Anglaise (I?? de la) 52 F f.
Compagnie Royale (I. de la) 52 G m.
Compagnons Vaart 21 B a.

Compania Laut 45 R d.
Compass B 50 I p.
Compiègne 14 I c.
Compony (R.) 49 B d.
Compostela 59 G g.
Comprodon 15 I j.
Comps 16 M I.
Compton 58 J c.
Comrie 20 G e.
Comtal/Causse du 15 I h.
Comte 18 G. F.
Conargo 55 H g.
Concarneau 15 B e.
Conceição 65 I i.
Conceição 64 I i.
Concepcion 45 H e.
Concepcion 59 F c.
Concepcion 59 N h.
Concepcion 65 C d.
Concepcion (la) 64 C i.
Concepcion 64 E i.
Concepcion 64 G i.
Concepcion (B.) 59 J n.
Concepcion (L.) 65 F b.
Concepcion (L.) 59 O h.
Concepcion (P?? 58 B d.
Conception (B? de la) 56 R c.
Conception (C.) 64 C o.
Conception (I.) 60 H d.
Conchas 64 E j.
Conchas 15 G d.
Conchos 59 F d.
Conchos (Rio) 59 G e.
Concise 22 C d.
Concord 58 J f.
Concord (F?) 56 K d.
Concordia 57 F e.
Concordia 59 F f.
Concordia 64 F k.
Coudado (el) 60 E c.
Coudamine 52 I e.
Condé 14 I h.
Condé 14 J d.
Condes 22 A c.
Condé-Smendou 17 S c.
Condé-s.-Noireau 15 F d.
Condino 22 K f.
Condo 65 E h.
Condolbolin 52 H f.
Condofori 24 E c.
Condom 15 G i.
Condom 52 C d.
Condore (P?? 19 L m.
Condrieu 16 K g.
Condroz 21 C d.
Conduela (B. de) 50 O I.
Cone 22 C a.
Conegliano 24 D b.
Couey 14 L d.
Confinalry 22 B b.
Conflans 14 L c.
Conflans - S?? - Honorine 15 Paris.
Conflent 15 H j.
Confluencia 64 F i.
Confolens 15 G f.
Cong 20 J k.
Congiunus (G. de) 24 B d.
Congleton 20 I h.
Congo 50 J k.
Congo (Etat indépendant du) 50 K I. j.
Congo Francais 19.
Congosto 25 F G h.
Concrehoy (S??) 60 D h.
Coni 24 A h.
Coni 50 G c.
Conie 13 B d.
Coniston 20 H g.
Conlie 13 F d.
Conlège 16 I. J. f.
Conn (Lac) 20 D g.
Connaught Range 52 E c.
Connecticut 58 I f.
Connecticut R. 58 J f.
Connelly (F? 56 N e.
Connemara 20 A h.
Connerré 13 G d.
Couzieh Heights 20 F k.
Con Pot 19 L k.
Conques 15 I h.
Conques 15 I i.
Conquet (le) 13 A d.
Conselve 24 C b.
Couserans 15 G j.
Constance 22 H b.
Constanta 29 I a.
Constantin (C.) 51 R c.
Constantine 25 I g.
Constantine 17 K c.
Constantine (F?) 53 G d.
Constantinople 29 I c.
Constitucion 64 D l.
Constitucion 64 F k.
Conuevgra 25 C II e.
Coutanines (les) 22 C f.
Contas 65 J g.
Contas (R. de) 65 J g.
Conters 22 I d.
Contes 16 M i.
Couthey 22 D e.
Contieli 14 K a.
Contis (Gouv? de) 15 E b.
Contraviesa (S??) 25 H h.
Conireras (I.) 64 C o.
Contres 13 H e.
Contrexéville 14 L d.
Couty 15 II c.
Conversano 24 F d.
Conway 20 G h.
Conway 58 II h.
Conway (C.) 52 I d.
Coogoni 55 I e.
Cook (Arch. de) 51 I. i.
Cook (B.) 48 N. Debr.
Cook Inlet 54 C b.
Cook (D? de) 54 D c.
Cook (D? de) 55 M k.
Cook (M??) 55 L k.
Cooks Inl. 56 Alaska.
Cookstown 50 H g.
Coolabah 55 I f.
Cooma 55 I g.
Cooamble 55 I f.
Coopers Cr. 52 G e.
Cooradda 55 I e.

Cooral Paroo R. 52 H e.
Coos 58 I f.
Coosa R. 58 G h.
Coos Bay 58 A h.
Cootamundra 55 I f.
Cootehill 20 D g.
Copais (L.) 50 D e.
Cope (P?? 17 C h.
Copenhague 52 F d.
Copertino 24 F d.
Copiapo 64 D j.
Copperfield 55 I d.
Copper Harbour 58 F c.
Copper Mine 52 G d.
Coppet 22 B c.
Coquet 20 I f.
Coqui (B.) 65 C c.
Coquilmatville 19 S q.
Coquimbo 64 D j.
Corabia 54 E i.
Coreora 65 C g.
Corada (Peña) 25 F h.
Corail (I. du) 18 Mart.
Corail (Mer du) 51 H i.
Corakesiou 59 B c.
Corangamie (L.) 55 H g.
Corato 24 F d.
Corbas 16 Lyon.
Corbeau (P?? du) 13 Brest.
Corbeil 13 I d.
Corbelin (C.) 17 I c.
Corbeni 28 I d.
Corbesen 54 G g.
Corbevrier 22 D e.
Corbiae 15 Bordeaux.
Corbie 13 I c.
Corbigny 14 J e.
Coricieux 14 M d.
Corcovado (G. del) 64 C m.
Corcovado (V. del) 64 D m.
Corculston 25 B h.
Cordes 15 H h.
Cordillère Occidentale 63 Cg h.
Cordillère Orientale 65 C p g.
Cordoba 25 F g.
Cordolo 59 Kh.
Cordeina 64 E k.
Cordeta (S? de) 25 F g.
Cordouan (I?h. de) 15 E g.
Cordoue 25 F g.
Cordova (Presq.) 64 D o.
Coree 45.
Coree (B. de) 45 F g.
Coree (Dét. de) 37 O f.
Corella 25 I b.
Corentyne 65 G e.
Corfou 30 A h.
Cori 24 D d.
Coria 25 E d.
Coria 25 E g.
Corigliano 24 F c.
Corinthe 50 D d.
Corinthie 50 D d.
Corisco (I.) 19 O q.
Cork 20 C j.
Cork Harbour 20 C j.
Corlay 15 C d.
Corleone 24 D f.
Cormeilles 15 G c.
Cormeilles-en-Parisis 15 Paris.
Cormons 28 C d.
Cormontibe 18 G. F.
Cornaie (le) 24 C c.
Corne (M? de la) 56 E b.
Corneto 24 C c.
Cornette de Bise 22 C e.
Corni 28 J c.
Cornia 21 C e.
Cornillon 16 S? Etienne.
Cornimont 14 M e.
Corning 58 I f.
Corn Paroo 55 H e.
Cornish 55 H d.
Cornish Heights 20 F k.
Corno (M??) 24 D c.
Cornouaille 15 B d.
Cornouailles (F. de) 13 Brest.
Cornus 16 I i.
Cornwall 20 F k.
Cornwall 56 N c.
Cornwallis (I.) 56 T. P.
Cornwallis (P?. 51 K f.
Cornwallis (P?) 42 B d.
Coro 58 B d.
Coro 60 J j.
Coro (D? de) 60 J j.
Corocoro 65 D h.
Cerogne (la) 25 C a.
Coromandel 55 M j.
Coromandel (Côte de) 41 E f.
Coron 30 C e.
Coronada (B.) 60 C k.
Coronation G. 56 F a.
Coronda 64 F k.
Coronel 64 C l.
Corongo 65 B f.
Corozal 60 A f.
Corozal 60 B k.
Corps 16 L b.
Corpus Christi 57 G e.
Corral 60 E d.
Corrales (los) 64 G k.
Corran 20 F e.
Corre 22 B b.
Correggio 24 C b.
Correntes (R.) 65 I g.
Corièze 15 H g.
Corrib (L.) 20 B h.
Corrientes 64 F j.
Corrientes (D? de) 60 C c.
Corrientes (C.) 59 N n.
Corrientes (C.) 59 F e.
Corrientes (C.) 60 C c.
Corrientes (C.) 65 C c.
Corrientes (C.) 64 C l.
Corrientes (R.) 65 F j.
Corralledo (C.) 25 B h.
Corry 58 H f.
Corsaglia 16 N h.
Corse 16.
Corse (C.) 16 P j.

Corseu (P?? de) 15 A d.
Corsinsen 57 G d.
Corte 16 O j.
Cortelo 24 E d.
Cortemilia 16 N h.
Cortenedolo 22 J e.
Cortez (B?) 58 B d.
Cortez (P?? 60 A h.
Cortland 58 I f.
Cortona 24 C c.
Cortyna 50 F f.
Corumba 65 G h.
Corumba (R.) 65 H h.
Corumo (R.) 60 O l.
Coruña 25 C a.
Corvalis 58 A b.
Corvallis 57 C a.
Corveiro (C.) 48 D e.
Corvo 48 A b.
Corwen 20 H i.
Cosala 59 F e.
Cosamaloapan 59 K h.
Coseguina (P??) 60 B i.
Cosenza 24 E e.
Cosilmirachie 59 F e.
Cosmoledo (I?? 50 Q k.
Cosmopolis 58 A a.
Cosne 14 J e.
Cosne 15 I f.
Cossack 52 B d.
Cosse-le-Vivien 15 E e.
Cossogno 22 G f.
Cesson 13 e.
Cossonay 22 C e.
Costa-Rica 60 C j.
Costesei 28 J e.
Costesei 29 G a.
Costigliole 16 N h.
Cotagaita 64 E i.
Cotahuasi 65 D g.
Cotantin 13 E c.
Côte (la) 16 Lyon.
Côte (la) 22 B e.
Coteau des Prairies (Plat. du) 57 G h.
Coteau du Missouri (Plat. du) 57 F a.
Côte-d'Or 14 K e.
Côte de l'Or 48 G h.
Côte Lorette (la) 16 Lyon.
Côte Orientale 15 C e.
Coteau 54 F h.
Cotes (les) 14 L e.
Côte-S?-André (la) 16 K g.
Cotesei 28 J d.
Côtes-du-Nord 15 C d.
Cotherstone 55 I d.
Cotiella 15 F j.
Côtière (Chaîne) 57 B c.
Cotières (Montagnes) 58 B d.
Coligme 16 L i.
Cotopaxi 65 B e.
Cotrone 24 F e.
Cotta Bato 45 H d.
Cottica 18 G. F.
Cottingham 20 K h.
Coubre (P?? de la) 15 E g.
Conches-les-Mines 14 F f.
Coucouron 16 J h.
Condau 15 G h.
Coucy-le-Ch?? 14 I c.
Coudekerque-Branche 13 I a.
Condray-S?-Germer (les) 13 II c.
Couesnon 15 E d.
Coueslic (C. de) 53 F g.
Couhé 15 F f.
Couiza 15 H j.
Coujavie 26 I h.
Coula 18 C c.
Coulanges-la-Vineuse 14 J e.
Coulanges-s.-Yonne 14 J e.
Couilbœuf 15 F d.
Coulmiers 13 II e.
Coulommiers 14 I d.
Coulonge (R.) 56 N c.
Coulonges 15 F f.
Coutounga 50 K I.
Counani 65 H d.
Council Bluffs 57 G b.
Coupé (C.) 18 S? P. et M.
Coupe à l'Iode (M?) 60 I f.
Couptrain 13 F d.
Courbet (P?) 19 L g.
Courbevoie 15 Paris.
Courcelles 14 L e.
Courcelles 21 C d.
Cour-Cheverny 13 II e.
Courçon 15 E f.
Courcy (P?? de) 52 F h.
Courcibo 18 G. F.
Courg 41 D f.
Courgenay 22 D e.
Couripi 18 G. F.
Courlande 54 E b.
Courmayeur 24 A b.
Courneuve 15 Paris.
Courniou 16 I g.
Couronne (C.) 16 K i.
Couronne (la) 18 Guad.
Couronnement (I. du) 52 D b.
Courpière 16 J g.
Conrendlin 22 E c.
Courrier (B. du) 18 J f.
Courrières 14 I b.
Cours 16 K f.
Coursan 16 I i.
Coursegoules 16 M i.
Courseulles 13 F c.
Courson 14 J e.
Court 22 D c.
Courtelary 22 D c.
Courtenay 14 I d.
Courthezon 16 K b.
Courtine (la) 15 II g.
Courtomer 13 F d.
Courtrai 21 A d.
Courville 15 G d.
Cousances-aux-Forges 14 K d.
Cousin 14 J e.
Couse de Parin 16 I g.
Consolre 14 J h.
Coussey 14 L d.

Coutances 15 E e.
Coutainville 0 J i.
Couteaux Jaunes (R. des) 56 F b.
Coutras 15 F g.
Couvet 22 C c.
Couvin 21 G d.
Couz (Col de) 22 C c.
Couzon 16 Lyon.
Covadonga 25 F n.
Cove (I.) 58 H c.
Coventry 20 J i.
Covik 52 H i.
Covilhã 25 D d.
Covington 58 G g.
Covington 58 H g.
Covurluin 54 G b.
Cowal (L.) 55 I f.
Cowan (L.) 52 C f.
Cow Cowing (L.) 52 C f.
Cowan (M) 57 D a.
Cowes 20 J k.
Cowlitz R. 58 A a.
Cowra 55 I f.
Coxen Hole 60 H g.
Coxhoe 20 J g.
Coxim 65 G h.
Cos's Bazar 41 G d.
Coyer (G) 16 M h.
Coy Inlet 64 D o.
Coyumbus 52 E f.
Cozes 15 E g.
Cozumel (I.) 59 P g.
Crabes (I des) 60 M f.
Cracovie 28 F n.
Cradle (M) 55 H h.
Cradock 50 L p.
Craigieburn 55 M j.
Craig's R. 55 I c.
Craiova 54 E h.
Cramalian 22 G c.
Crampel 17 C e.
Crampel (F) 19 T n.
Cranbrook 15 G a.
Cransac 15 H h.
Craon 15 E c.
Craonne 14 J c.
Craponne 16 J c.
Craponne 16 Lyon.
Crater (M) 58 B b.
Crati 24 F n.
Crato 25 C e.
Crau (I) 6J J f.
Crau 16 K i.
Crauchemon 19 K k.
Crau Neuf 16 J f.
Cravant 14 J a.
Crawford (C.) 56 T. P.
Crawfordsville 58 G t.
Crawfort 57 I b.
Créac'h-mour (P de) 15 Brest.
Crécy 15 H b.
Crécy 14 I d.
Crécy-s.-Scure 14 J c.
Crediton 20 H k.
Creek Town 48 I h.
Crécelovon 20 G g.
Cceil 15 I c.
Crekon 18 G F..
Croma 24 B b.
Crémanville 14 le Havre.
Crémieu 16 K g.
Gremna 59 D c.
Gremone 21 B h.
Créon 15 F h.
Crépy-cu-Valois 14 I c.
Crescent City 58 A b.
Croscentino 16 N g.
Crcsson (P. de) 22 H c.
Craspo (I.) 51 J K d.
Crost 16 K h.
Creston 58 E f.
Crêt (l'Eau 22 B d.
Crêt de la Neige 16 L f.
Crêt du Nù 16 L f.
Créte 50 F f.
Créteil 15 Paris.
Cronlly 15 F c.
Crèus (C. de) 25 N h.
Creuse 15 G f.
Creuse 15 H f.
Creuse (Petite) 15 H f.
Creusot (le) 16 K f.
Crevaux (P.) 65 G d.
Crèvecœur 15 H c.
Crevilleunie 25 J f.
Crevole 22 F c.
Crewo 20 I h.
Crewkerne 15 C h.
Cricklade 20 I j.
Cricqueboeuf 14 le Havre.
Crioch 20 G d.
Crieff 20 G c.
Crillon (C.) 37 Q e.
Crillon (M) 56 B c.
Crimée 34 K h.
Crimm 20 F e.
Criquebeuf-s.-Seine 14 Rouen.
Criquetot-l'Esneval 15 F c.
Crisda la Prairie 56 H d.
Cris des Bois 56 J c.
Crisfield 58 I f.
Cristal (M de) 19 P q.
Cristal River 58 G i.
Cristianos (Ll de los). 59 G c.
Crljevica Planina 28 E d.
Crnagora 28 E d.
Crnopac 28 D d.
Croatie 28 D d.
Crocodile 50 L n.
Crocodiles (I des) 52 F b.
Crocq 15 I g.
Croisette (C.) 16 K i.
Croisic (le) 15 D e.
Croisillos 13 I h.
Croissy 15 Paris.
Croix 14 Lille.
Croix 59 J f.
Croix (B de la) 56 B c.
Croix (L. la) 56 H d.
Croix-aux-Mines 14 M d.
Croix-Blanche 14 Lille.
Croix de Berny 15 Paris.
Croix-de-Vic 15 D f.
Croix-Haute (Col de la) 16 L h.
Croix-Rouge (la) 16 Marseille.

Croix-Rousse (la) 16 Lyon.
Croix-s.-Vie 15 D f.
Croker 15 H f.
Croker (L.) 52 F h.
Cromarty 20 F c.
Cromarty 20 G d.
Cromar 20 M i.
Cromwell 55 L k.
Crooked Cr. 58 F f.
Crooked I. 60 H d.
Crooked R. 88 B b.
Crookston 57 G a.
Cros (les) 16 St Etienne.
Crosno 14 K f.
Crosnes 15 Paris.
Cross 48 I h.
Cross (C.) 50 J n.
Crosse (la) 58 F f.
Cross Fell 20 I g.
Cross L. 58 E h.
Cross R. 48 I h.
Crotoy (le) 15 H h.
Crowkerne 15 C h.
Crows Nest 55 I c.
Crow Wing 58 E c.
Croydon 20 K j.
Crozet (I) 5 P g.
Crozier (D de) 56 T. P.
Crozon 15 B d.
Cruachan (B.) 20 F c.
Cruccetio 59 G c.
Cruces (Lag. de las) 59 M h.
Crnces (las) 60 E d.
Cruillas 59 J a.
Cruit (L.) 20 C f.
Cruseilles 16 L f.
Cruyshautem 21 B d.
Cruz (C. de la) 60 F f.
Cruz (C de) 60 F d.
Cruz (Cde la) 59 I f.
Cruz (la) 64 K k.
Cruz (la) 64 G j.
Cruz del Eje 64 E k.
Cruzy-le-Chatel 14 J c.
Csaba 28 G c.
Csenad 28 G e.
Csautavér 28 F d.
Csap 28 G e.
Csepel (I. de) 28 F c.
Cserino 28 G c.
Csik 28 I c.
Csik Szereda 28 I c.
Csongrád 28 F c.
Cseneguz 28 F d.
Csukas 28 I d.
Cuadramon D (P. de) 28 n.
Cun-Lon 19 K m.
Cuanza 80 J l.
Cua Rao 19 K h.
Cuare 64 G k.
Cuarta Division (F) 64 D l.
Cuatia 64 G j.
Cuatro Cienegas 59 H d.
Cuba 60 d.
Cuca!on (S de) 25 J d.
Cuchillo Parado 59 C c.
Cuchivero (R.) 60 L l.
Cuchullin R 20 E d.
Cuckfield 15 J c.
Cuevina 60 N k.
Cuerpo (R.) 59 D c.
Cuctato 60 I i.
Cuculilla 60 I l.
Cudahy 56 A h.
Cudalbi 34 G h.
Cuddulore 44 E f.
Cuddapah 44 E f.
Cudillero 25 E a.
Cudrefin 22 D d.
Cueillard 20 I j.
Cuenca 25 I e.
Cuenco 65 B e.
Cuencunna 59 G c.
Cuernavaca 59 J h.
Cuers 16 L i.
Cuevas 25 I g.
Cueva 64 D k.
Cuglieri 24 B d.
Cuicatlan 59 K i.
Cuiña (P. de) 25 E b.
Cuio 50 J i.
Cuise 14 le Lyon.
Cuisery 16 K f.
Cuitzeo 59 I g.
Cuivre (I. de) 57 S d.
Cuivre (R. du) 56 Alaska.
Cuivre (R. du) 19 M j.
Culno-Cham (I.) 19 M j.
Culno-Nay 19 M j.
Culdero 63 B j.
Cul-de-sac marin (G) et P 18 Guad.
Culebra (II. do la) 60 B j.
Culebra (I.) 60 M f.
Culchau 27 I f.
Dachauer Moos 27 L f.
Culham (F de la) 16 Lyon.
Culoz 16 L g.
Culpeper 58 H g.
Cumana 60 M j.
Cumanacos 60 M j.
Cumarcho 60 K j.
Cumbal 60 B l.
Cumberland 58 H g.
Cumberland 58 H l.
Cumberland (I) 58 I l.
Cumberland (L.) 58 I d.
Cumberland (Presq.) 50 P o.
Cumberland M 58 C g.
Cumberland R. 58 G a.
Cumbre (la) 58 F f.
Cumbrion M 20 U j.
Cumene 59 J l.
Cumnock 20 G f.
Cumuripa 59 E c.
Cundinamarca 65 C d.

Cunduacan 59 H h.
Cunené 59 J m.
Cuneo 24 A b.
Cunihat 16 J g.
Cunnamulla 52 H e.
Cuorgue 24 A b.
Cupar 20 H e.
Cupica (B.) 65 B c.
Cuq-Toulza 15 H i.
Cuquio 59 H g.
Curaçao 60 K i.
Curaçao (I.) 64 E l.
Cumray (R.) 65 C e.
Curauaby 63 G e.
Cure 14 J a.
Curepto 64 D k.
Curica 64 D k.
Curitiba 64 H j.
Curium 59 E d.
Curlewis 55 I f.
Corone 16 O h.
Current R. 58 F g.
Currique (Lac) 20 A j.
Curtis (I.) 52 I d.
Curtis (P) 55 I d.
Curuguati 64 G i.
Curupa (I. de) 65 H c.
Curupambo (R.) 65 G a.
Curuzu 64 F j.
Curzola 28 E c.
Cury (R.) 65 C c.
Cuzeola 28 E e.
Cusance 52 C e.
Cushendall 20 E f.
Cusset 16 J f.
Custozza 24 C h.
Cust's House 56 E h.
Cuthbert 58 G h.
Cutlack 41 F d.
Cuvier (C.) 52 B d.
Cuvio 22 G f.
Cuvo 50 J l.
Cuxen 16 l.
Cuxhaven 27 I c.
Cuyaba 65 G b.
Cuyaha (R.) 65 G g.
Cuyuni (R.) 65 F c.
Cusco 65 D g.
Cuzgunu 34 G h.
Cybistra 40 E c.
Cyclades 50 F d.
Cydnus 59 F c.
Cydonia 59 D b.
Cygnes (L. aux) 56 J n.
Cyllène 50 D d.
Cyrénaïque 49 L c.
Cyrène 49 K n.
Cyrrhestique 59 G c.
Cysique (Pén. de) 59 D a.
Cysoing 14 I h.
Cythère 50 E n.
Cythion 50 D e.
Cythnos 50 F d.
Czákovár 28 G d.
Czenád 28 G c.
Czarna Tisza 28 H h.
Czechow 28 G b.
Czeglad 28 F e.
Czeremosz 28 I h.
Czernowitz 28 I h.
Czersk 26 H h.
Czestochow 54 C a.
Czablesiu 28 H l.
Czik 28 I c.
Czik Szereda 28 I c.
Czanope 28 D d.
Czorna Hora 28 I b.
Czorkdw 28 I b.
Czudin 28 I j.
Czukas 28 I d.

D

Duba 19 E c.
Duba 44 C c.
Dabago 49 I l h.
Dabasson 44 II d.
Dabasonnioua (L.) 57 I c.
Dabase 49 P g.
Dabbe 40 H d.
Daber 26 G h.
Dabhoi 41 D d.
Dgbie 34 C d.
Dabir 49 P g.
Dubo 14 M d.
Dabonsoun Nor 44 F d.
Daboya 48 G h.
Dabsoun Nor 44 G c.
Dabsoun Oula 44 E c.
Dãbuleni 34 E l.
Daca 41 G d.
Dachau 27 L f.
Dachhetheugen 27 I f.
Dadaï 59 E a.
Dadar 41 C c.
Daddato 49 P g.
Dades (O.) 48 F c.
Dadi 50 D c.
Dadian 48 F h.
Dadiassou 48 F h.
Dadou 15 l i.
Dact 45 H c.
Dain 48 F g.
Daga 42 B c.
Daga 49 P g.
Dagabour 49 P h.
Dagana 19 B a.
Dageiet (P) 45 J h.
Daghestan 58 G e.
Daghkossanoun 58 F a.
Dagmersellen 22 F c.
Dagõ 54 F a.
Dagomba 48 G h.
Dagoujkossanon 58 F a.
Dagu 54 I i.
Da-Ham 19 K i.
Dahar el Erg 17 L h.

Dakchour 49 (B. E.)
Dahira 40 D d.
Dahlak (L.) 49 O f.
Dahlenburg 27 K a.
Dahman 40 D c.
Dahmo 27 N c.
Dahna (Dés. de) 49 Q c.
Dahomey 49.
Daiemi 54 G h.
Daïlar 40 G d.
Daimiel 25 II c.
Daïmouli 18 Som.
Dai Nhon 19 N c.
Daïl 17 D c.
Daït Onled Serour 17 D c.
Dajan (Ras) 49 O g.
Daka 50 L m.
Dakar 19 A b.
Dakar (Dj.) 51 I c.
Dakhel (O) 49 M d.
Dakhelat el Nahoum 17 O c.
Dakhla (Pén. cd.) 48 D c.
Dakhinginskaia 44 K a.
Dakka 41 G d.
Dakkeh 49 N c.
Dakota 57 F a.
Dakota 57 G b.
Dakota Méridional 57 F a.
Dakota Septentrional F b.
Dak Psi 19 L j.
Dal 32 H j.
Dalaï Nor 44 J h.
Dalaï Nor 44 I c.
Dalak 49 O f.
Dalaman Tchaï 59 C c.
Dalan 40 D d.
Dalarac 52 I i.
Dalbed 49 P g.
Daldj 48 H j.
Daldjeh 49 N d.
Dalecarlie 52 I i.
Dal Elf (Oster-) 52 I i.
Dal Elf (Vester-) 52 I i.
Dalen 21 E h.
Dalfsen 21 D b.
Dalhak 41 B h.
Dalhousie 41 H c.
Dalhousie (C.) 56 C a.
Dali 59 E d.
Dalias 25 II h.
Dalj 28 F d.
Dalkeith 20 H f.
Dalkee 20 E h.
Dall (I.) 56 B c.
Dallas 57 G d.
Dallos 58 A b.
Dalles (the) 58 B a.
Dallon 58 G h.
Dalloul Maouri 48 H g.
Dalmaah 49 B c.
Dalmally 20 F e.
Dalmatie 28 D e.
Dalmeh (I.) 40 D c.
Dalmorton 55 I f.
Dalmeron 55 I c.
Dalnit (Bahvt) 45 E g.
Dalnik 34 I g.
Dalny 55 J f.
Dalrymple 55 II c.
Dalrymple (M) 52 I d.
Dalrymple (Port) 55 II h.
Dalton 20 H g.
Daltongauj 41 F e.
Daly 52 E h.
Daly Waters St 52 F c.
Dam (Col de) 44 E n.
Damala 50 E d.
Daman 41 D d.
Damankous 49 (B. E.)
Damanoury 19 C c.
Damar 44 D d.
Damara des Monts 50 J K n.
Darmstadt 27 I e.
Damarsara 42 C f.
Damoo 39 G e.
Damazon 15 F h.
Dambach 27 I f.
Dambhain 22 A n.
Dambo 19 C c.
Dâmbovița 34 F h.
Damo-Marie 60 H f.
Damoo 29 N f.
Damerghou 48 I g.
Damery 14 J c.
Damia 39 F h.
Damga 49 C b.
Damghan 40 F b.
Damguet 49 H f.
Dawianeh 49 (B. E.).
Damiette 49 M c.
Damm 20 G b.
Dammarie-les-Lys 13 J c.
Dammartin 15 I c.
Damme 21 B c.
Damme 27 H b.
Dammer (I.) 45 I c.
Dam Meng (I.) 19 M k.
Damodar (R.) 41 F d.
Damoh 41 E d.
Dampier (Arch. de) 52 B d.
Dampier (T. de) 52 E c.
Dampierre 44 E l.
Dampierre 22 D b.
Dampierre-s.-Salon 14 L c.
Damper (les) 14 Rouen.
Damsholte 52 E c.
Damtar 48 A c.
Danules (P) 45 I f.
Danavet 22 D c.
Danville (I.) 52 I h.
Danvillers 14 L c.
Dann 39 G c.
Danakil 49 O g.
Danalage 55 I f.
Danbury 58 I f.
Dancormick 20 D b.
Dande 50 J k.
Dan-Den 19 J f.
Dondoun 19 B d.

Davidson (M) 56 A a.
Davis 58 H g.
Davis (C.) 56 T. P.
Davis (D de) 56 R b.
Davis (M) 52 C e.
Davisville 57 R c.
Davlia 30 D c.
Davos 22 I d.
Davos am Platz 22 I d.
Davydovskoïe 57 I d.
Dawes Range 52 I d.
Dawlish 15 C h.
Dawnton 13 D a.
Dawson 52 I e.
Dawson (L.) 64 D o.
Dawson City 56 A b.
Dax 15 E i.
Daya 17 D c.
Daya (M de) 17 D c.
Daya (Rég. de la) 17 H f.
Daya Fréha 17 F c.
Dayakou 49 I f.
Dayarmur 41 D b.
Daylesford 55 H g.
Dayoul 54 G f.
Dayton 58 G g.
Daytonia 58 H i.
Daza 49 J f.
Dé 19 R n.
De Aar 50 I p.
Deadam (B.) 58 G i.
Deni 20 M j.
Dealy (J.) 56 T. P.
Dearg (B.) 20 G c.
Dease (B) 56 E a.
Dease (D de) 56 H a.
Dease (L.) 56 C c.
Death Valley 58 C c.
Deauville 15 F c.
Debaltsevo 55 E e.
Debar (L.) 44 D d.
Debarroa 49 O g.
Debdon 48 F c.
Debi 40 D d.
Debiriat (ed) 48 F d.
Debila 17 K f.
Debo (L.) 48 F f.
Debra 50 K n.
Debra Tabor 49 O g.
Debreczen 28 G c.
Decatur 58 F g.
Decatur 58 G f.
Decatur 58 G b.
Decazeville 15 H h.
Deception (M) 55 G i.
Déchera 17 N c.
Dechistan 40 C d.
Decht-i-Kouvir 40 C c.
Decht-i-Naoumid 41 Ab.
Décines - Charpieu 16 Lyon.
Decize 16 J f.
Decorah 58 F f.
Découverte (B de la) 52 G g.
Découverte (I. de la) 43 F c.
Dédé-Agatch 29 G c.
Dédé D. 59 F h.
Dedems Vaart 21 D b.
Dedesdorf 27 I a.
Dedlica (Ec. de) 43 G b.
Dedilov 54 L c.
Dedioukhin 55 H c.
Dedjermen 59 H a.
Dednovo 54 M c.
Dée 20 H d.
Dee 20 H h.
Dee 20 H i.
Deep Cr. 57 C c.
Deer (I.) 44 M d.
Deer. R. 58 F g.
Deerlyck 21 B d.
Deés 28 H c.
Defiance 58 G f.
Degga-Ouaraba 49 P h.
Deggendorf 27 M f.
Dego 16 N h.
Deh Bakri (Col de) 40 E d.
Dehbid 40 D c.
Deh-i-Seïf 40 E c.
Dehok 59 J c.
Dehra Dun 41 E b.
Dehri 41 F d.
Deidesheim 14 N c.
Deir 59 H d.
Deir (Ras ed-) 48 F b.
Deïr-el-Kamar 59 F c.
Dek Bakri 40 E d.
Dekkan 41 D d c.
Dela 49 O f.
Delagoa (B.) 50 N o.
Delamara (C.) 24 E g.
Delaware 58 G f.
Delaware 58 I g.
Delaware R. 58 I f.
Delcommune (Ch.) 50 L k.
Delden 21 E h.
Delé 19 R o.
Delémont 22 E e.
Delen 49 M g.
Delfshaven 21 C c.
Delft 21 C b.
Delfzyl 21 E a.
Delgada (P) 58 A c.
Delgada (P) 59 K h.
Delgado (C.) 50 O l.
Delgony 20 E h.
Delgute 55 I g.
Delhi 41 D c.

Dema 55 H d.
Demanda (S de la) 25 H b.
Demarcation (P) 56 A a.
Demavend 40 C b.
Demba 19 Q q.
Dem Bekir 49 L h.
Dem Daoul 49 L h.
Demer 21 D d.
Demerara 65 G c.
Demetrias 50 D b.
Demianka 57 I d.
Demiansk 54 I b.
Demianskoïe 57 I d.
Demi - Lune (la) 16 Lyon.
Demirdji 59 C b.
Demir Hissar 29 F c.
Demir Kapou 29 E c.
Demmin 26 F b.
Demnat 48 F c.
Demonte 16 N h.
Démotika 29 H c.
Dempo 45 D f.
Dem Ziber 49 L h.
Denain 14 J h.
Denbigh 20 H h.
Dendang 43 E f.
Dendi 48 H g.
Dendre 21 H d.
Denejkin Kamen 55 I b.
Denejkino 57 K c.
Deuex D. 59 E b.
Dengiz (L.) 37 I d.
Dengiz (L.) 57 J d.
Denham R 52 I d.
Denia 25 K f.
Denial (B) 52 F f.
Deniliquin 52 H g.
Denison 57 G d.
Denison (P) 52 I c.
Denizli 59 C c.
Denka 49 N g.
Denkingen 22 H h.
Dent Blanche 22 E c.
Dent du Chat 16 L g.
Dent de Rez 16 K h.
Dentford 53 I g.
Denver 57 E c.
De Nyl 50 M n.
Denzlingen 22 F a.
Deohand 41 E c.
Néo-Ca (Col de) 42 E d.
Deodar 41 C d.
Deogarh 41 F d.
Deogarh (Pic) 41 E c.
Déols 15 H f.
Deosai 41 D b.
Derag (B.) 20 F d.
Dera Ghazi Khan 41 C c.
Dera Ismaïl Khan 41 C b.
Derajat 41 C b.
Der Amba Bichoï 49 (B. E.).
Der Baramous 49 (B. E.).
Derbem 58 G c.
Derbent 40 F b.
Derby 20 I i.
Derby 52 D c.
Derdj 48 I c.
Dereeske 28 G c.
Deragher 40 E h.
Dereham (East) 20 L i.
Derendah 59 G b.
Der es Syriau 49 (B. E.).
Dereviankovskaïa (Novo-) 38 B a.
Derg 20 C g.
Derg (L.) 20 C i.
Dergoua 48 G f.
Derkatchi 34 K c.
Derkos 29 I c.
Derkos (L. de) 29 I c.
Der Macarius 49 (B.E.).
Dermbach 27 J d.
Dermil 59 C c.
Dernah 48 I c.
Dernière (I.) 58 F i.
Derout 49 (B. E.).
Déroute (P de la) 13 D c.
Derpt 54 G a.
Derr 49 M c.
Derra 18 Som.
Dersim 59 H b.
Derval 13 D e.
Dervazeh 40 F c.
Dervich (Presq.) 58 J c.
Dervio 22 H c.
Derwent 20 J g.
Derwent 20 J h.
Derwent 55 H h.
Desaguadero (R.) 65 D h.
Descabezado 64 D l.
Descabeza do Chico 64 D l.
Descanso 59 A a.
Deschutes 58 B b.
Deseado (P) 64 E n.
Deseado (R.) 64 E n.
Desemboque 64 I i.
Desenzano 22 K f.
Désert 16 L h.
Desert Baronnies 16 L h.
Désert de Libye (Plat. du) 49 L c.
Désertines 15 I f.

Desterro 64 H j.
Desvres 13 H b.
Detmold 27 I c.
Détonr (P) 58 G e.
Détroit 58 G f.
Dettwiller 14 N d.
Detva 28 F b.
Deuil 15 Paris.
Deûlemont 14 Lille.
Deva 25 I a.
Deutsch Brod 28 D b.
Deutsch Eylau 26 I b.
Deutsch Krone 26 H h.
Deutz 27 G d.
Deux-Frères (les) 19 K m.
Deux-Ponts 27 H c.
Deux-Sèvres 15 F f.
Deva 25 G a.
Deva 25 I a.
Déva 28 H d.
Devagadh 41 D c.
Devafah 40 F c.
Dévaványa 28 G c.
Deveh Boïoun 59 I b.
Deventer 21 D b.
Devesselu 29 F a.
Déville 13 G c.
Devils M 56 Alaska.
Devitsa 34 J c.
Derizes 20 I j.
Dévo 19 S n.
Dévoluy 16 L h.
Devon 20 G k.
Devoncourt 55 G d.
Devonport 20 G k.
Devrek 59 D a.
Devrek Tchaï 59 E a.
Devrikian 59 E a.
Dewas 41 D d.
Dewesbury 20 J h.
Deynze 21 D d.
Dezzo 22 J f.
Dhala 49 P g.
Dhamar 49 P g.
Dhar 41 D d.
Dharampur 41 D d.
Dharmavaram 41 E f.
Dharmsala 41 D b.
Dharwar 41 D e.
Dhenkanal 41 F d.
Dheune 14 K f.
Dhiban 59 F f.
Dholera 41 C d.
Dholka 41 C d.
Dholpur 41 C c.
Dhond 41 D e.
Dhoraji 41 C d.
Dhrangadra 41 C d.
Dhubri 41 G c.
Dhuis 15 H c.
Dhuis 14 J d.
Dhulia 41 D d.
Dia 19 Q p.
Dia 50 F f.
Dia 48 F h.
Diable (F du) 13 Brest.
Diable (Gorges du) 50 M m.
Diable (L. du) 57 F a.
Diable (M du) 45 Q d.
Diable (P du) 18 Mart.
Diablerets 22 D c.
Diablotin (Morne) 60 O h.
Diafarabé 19 G b.
Diaforti 30 C d.
Diahot 18 B h.
Diakha 19 G h.
Diakonovo 54 K c.
Diakoptou 30 C c.
Diakova 29 E b.
Diakovár 28 F d.
Diala 19 D h.
Dialafara 19 D c.
Diallonka-Dongou 19 D c d.
Diamant (C.) 45 C d.
Diamant (le) 18 Mart.
Diamant (Rocher du) Mart.
Diamante (Rio) 64 D k.
Diamantina 63 I h.
Diamantino 65 G g.
Diambour 19 B c.
Diamentino 52 G d.
Diamond (P.) 58 A b.
Diamond Harbour 41 G d.
Diamond R 58 C b.
Diamou 19 D b.
Diana (Llanuras de) D o.
Diane (Et. de) 16 P j.
Diane (Détr. de) 45 T
Diannah 19 C b.
Diano-Marina 16 N i.
Diaporia (I) 30 D d.
Diaporos (I.) 30 E a.
Diarbekir 59 I c.
Diatkovo 54 J d.
Diavolitsi 30 C d.
Dibaganga 19 P r.
Dibang 41 H c.
Dibba 49 B d.
Dibbela 49 J f.
Dibong 44 F f.
Dihouandjié 19 P s.
Dibra 29 E c.
Dibrugarh 41 H c.
Dichou 40 F c.
Dicksand 32 B e.
Dickson (I.) 37 J b.

Egypte (Basse) 49 Cartouche.
Egypto 50 J l.
Eber Goel 59 D b.
Ebingen 27 I f.
Ehrang 27 G e.
Ehrenberg 57 C d.
Ehrenbreitstein 27 H d.
Ehrenfeld 27 G d.
Ehren-koi 59 B a.
Ehrenstetten 22 E b.
Eibenstock 27 M d.
Eiber (Schwarze) 27 L e.
Eich Berg 22 G b.
Eichs Feld 27 J c.
Eichstädt 27 K f.
Eichstetten 27 H f.
Eider 26 D a.
Eidsvold 52 H i.
Eidsvold 53 I e.
Eifel 27 G e.
Eig (L.) 20 E e.
Eilenburg 27 M c.
Eimeo 18 Soc.
Einsiedeln 52 II e.
Einbeck 27 J c.
Eindhoven 21 D e.
Einsiedeln 22 C c.
Eiolo 50 K j.
Eisack 28 B c.
Eisenach 26 E c.
Eisenach 27 J d.
Eisenberg 28 F c.
Eisegern 28 B c.
Eisenstein 27 M c.
Eiserfeld 14 N b.
Eisfeld 14 N b.
Eisib 50 J n.
Eisleben 27 L c.
Ejea-de-los-Caballeros 15 E j.
Ejer Bavnehoj 52 C d.
Ejido 60 I k.
Ejutla 59 K i.
Ekaterra (I.) 45 U b.
Ekchha 57 I c.
Ekenas 52 K i.
Ekensund 52 C e.
Ekero 54 C e.
Ekhinousa 50 G e.
Ekidjik D. 59 E b.
Ekkertnouik (I.) 56 O e.
Ekouta 19 T p.
Eksjö 52 I j.
Elaphonisi 50 D e.
Elaphonisi 50 E f.
Elasa (I.) 50 H f.
Elassona 50 C b.
Elatée 50 D c.
Elatos (M¹) 50 E e.
Elb 27 H d.
Elba (C.) 49 N e.
Elba (Dj.) 49 N u.
Elhassan 29 D e.
Elbe 26 E b.
Elbe (t. d') 24 B c.
Eberfeld 27 G e.
Elbert 55 G h.
Elbeuf 15 E c.
Elbing 26 I s.
Elbourz 40 C b.
Elbow Key 60 E d.
Elbrouz 38 E e.
Elburg 21 D h.
Elche 25 K f.
Elcho (I.) 52 F b.
Eldagsen 27 I b.
Elde 27 L u.
Elde 27 M u.
Eleison Nos 44 F d.
Elek 28 G c.
Elemax 59 O h.
Elen's Iᵗ 52 I l.
Eléphant (M¹ de l') 19 J l.
Eléphant (Rap. de l') 19 T o.
Eleusis 50 E c.
Eleuthera 50 E a.
Eleuthera 50 E c.
Elenthera (I.) 60 G e.
Eleutheria 50 F f.
Elevated Plateau 58 C b.
Elfdal 52 I i.
Elhandiye 52 J f.
Elisöng 59 F b.
Elgg 22 H c.
Elgin 20 H d.
Elgin 58 F f.
Elgon (M¹) 50 N i.
Elhour 50 Q i.
Elie 20 H e.
Elide 50 C d.
Elila 50 L j.
Eling 15 E b.
Elis 50 C d.
Elisabeth 58 I f.
Elisabeth (I¹) 50 J o.
Elisabeth (C.) 57 Q d.
Elisabeth (I¹) 50 I e.
Elisabethstadt 28 I c.
Elith 49 O e.
Elizabeth 57 K b.
Elizabeth (I¹) 58 C e.
Elizabeth City 58 I g.
Elizondo 15 E i.
Elja 25 D e.
Elkhart 58 G f.
Elkhorn R. 57 G o.
Elko 58 C b.
Elk R. 58 II g.
Ell 58 J f.
Ellé 13 D d.
Ellé 13 C d.
Ellenberg 52 C c.
Ellensburg 57 II a.
Ellesmere (I.) 53 M k.
Ellesmere (T. d') 58 T.P.
Ellice (I.) 51 J h.
Ellichpur 41 E d.
Elling 52 D h.
Elliot (I.) 51 D f.
Elliot (Port) 55 G g.
Elliott (M¹) 55 H c.
Ellora 41 D d.
Ellore 41 E c.
Ellrich 27 K c.
Eltwangen 27 J f.
Elwörden 52 D f.
Elm 22 H c.
Elma D. 59 E b.

Elmalu D. 59 E a.
Elmaly 59 C e.
Elmaraou 50 N j.
Elmen 22 K c.
Elmira D. 59 I e.
Elmira 58 I f.
Elmshorn 27 J a.
Elne 13 I j.
Globey (L.) 19 O q.
Elonga (M¹) 50 J l.
Elora 15 I d.
Elphin 20 C b.
Elphinstone (L.) 42 C d.
Elsdon 20 I f.
Elseneur 52 E c.
Elsenz 27 I c.
Elsfleth 27 I a.
Elster 27 L c.
Elster Geb. 27 L d.
Elstra 27 N c.
Elten 27 F c.
Eltmann 27 K c.
Elton (L.) 35 F e.
Elvas 25 D f.
Elven 15 D c.
Elvend (M¹) 40 C c.
Elve 16 N g.
Ely 20 K i.
Ely Rᵉ 58 C c.
Elymbos 50 H f.
Elyria 58 H f.
Elz 14 M h.
Elz 14 N b.
Elzu 14 N d.
Eman 52 I j.
Emba 57 H e.
Embaol 54 F a.
Embarras R. 58 F g.
Embankole (Nijue) 57 H s.
Embiers (les) 16 L i.
Embira (R.) 65 D f.
Emblichheim 27 G b.
Embrun 16 M h.
Emden 27 G a.
Emenada (la) 58 A b.
Emerald 58 I d.
Emerald (I.) 56 T. P.
Emerillons 16 G f.
Emero Vigtion 50 G e.
Emerson 56 J c.
Emigrant (P.) 57 D a.
Emigrant (P.) 58 C b.
Emil 44 U b.
Emilie 24 C b.
Emilius 16 N g.
Enival 41 D d.
Eminch (C. d') 29 II b.
Emir D. 59 D b.
Emlekil 58 E d.
Emlyn 20 G j.
Emmabodu 52 I j.
Emme 22 F c.
Emme 22 F c.
Emmen 21 E b.
Emmen 22 F c.
Emmendingen 14 N d.
Emmenthal 22 E d.
Emmerich 27 F c.
Emmorin 14 Lille.
Emmencleff 52 I d.
Emme Mäggi 54 G a.
Empedrado 64 F j.
Empereur Guillaume (Can. de) 52 B a.
Empereur Guillaume (Terre de l') 51 G b.
Empeza (Iᵗᵉ de) 64 D l.
Empire City 58 A b.
Empoli 24 C e.
Emporia 57 G e.
Ems 27 E a.
Ems 27 G e.
Ems 27 H d.
Ems (Can. de l') 21 E a.
Emu Bay 52 H h.
Emu Park 55 I d.
Emu Plains Station 55 H d.
Enard R. 20 F c.
Enare (L.) 35 C a.
Encarnacion 64 G j.
Enchestroye 16 M h.
Encoję 50 I l.
Encuernilhado 64 II k.
Endeavour (D¹ de l') 52 C h.
Endelé 43 G g.
Endelave 52 C d.
Enderbury (I.) 51 K h.
Enderlin 14 N d.
Endroc 16 M i.
Endröd 28 G c.
Enée 13 E d.
Enez (el) 17 I i.
Enfida 17 N c.
Enfield 20 H j.
Enfield 58 I e.
Eng ech Chech 48 F G.
Engadine (Basse) 22 J d.
Engadine (Haute) 22 J d.
Engaño (B.) 64 G h.
Engaño (C.) 45 G h.
Engaño (P¹) 43 C g.
Engano (Pᵗ) 60 K f.
Engela (Has) 17 N b.
Engelberg 22 G d.
Engelhartszell 27 N f.
Engelholm 52 I j.
Engel's Bluff 58 C a.
Engelswies 22 II a.
Enger 27 I g.
Engers 14 N c.
Enghien 21 B d.
Enghien-les-Bains 15 Paris.
Englos 14 Lille.
Enguera (Sᵉ) 25 J f.
Engurich Sou 59 D b.
Enim (M¹) 43 D f.
Enkeldvorn 50 M m.
Enkenbach 14 N c.
Enkhuizen 21 C b.
Enkvrek 27 K c.
Enköping 52 I j.
Enna 22 F c.
Enne 22 I f.
Ennedi 49 K f.
Ennel 20 D h.
Ennetières 14 Lille.
Ennetières-en-Weppes 14 Lille.

Ennezat 16 I g.
Ennis 20 B i.
Enniscorthy 20 E i.
Enniskillen 20 D g.
Enns 28 C c.
Enns 28 D b.
Enos 29 G c.
Enos (G. d') 29 G e.
Enovesi (I.) 33 C b.
Enmugé (C.) 18 Mart.
Enriquillo (Lag.) 60 I f.
Enschede 21 E b.
Enschoda 21 D b.
Ensenada 64 F k.
Ensenada (la) 55 A b.
Ensisheim 27 II g.
Ensival 21 D d.
Entehl 48 F h.
Eutehbé 50 N j.
Entlebuch 22 F d.
Entotto 18 Som.
Entrains 14 I f.
Entrambasguas 25 II a.
Entraygues 15 I h.
Entrecasteaux (Cʰ de l') 53 H h.
Entrecasteaux (I¹ d') 52 I a.
Entrecasteaux (Pᵗᵉ d') 52 B f.
Entre Deux 18 Réun.
Entre-deux-Esteys 15 Bordeaux.
Entre deux Mers 15 F g.
Entre Douro e Minho 25 C c.
Entrement (Val d') 22 D f.
Entreprise (I¹) 56 G b.
Entre Rios 64 I i.
Entre Rios 64 I i.
Entre Rios dei Sur 64 E l.
Entrevaux 16 M i.
Entrevernes 22 I f.
Entrêves 22 D f.
Entroncamiento 25 C e.
Enisigen (Couvent d') 45 G d.
Envermeut 15 C c.
Enz 27 I f.
Enza 24 C b.
Enzeli 40 C b.
Enzersdorf (Gr.) 28 E b.
Eo 25 D a.
Eolicnnes (I¹) 24 E c.
Eol H. 58 A b.
Eoué 48 G b.
Epecuen (Lag.) 64 E i.
Eperjes 28 G b.
Epernay 14 J c.
Epernon 15 II d.
Epig 57 G f.
Ephese 59 B e.
Ephraim 58 D e.
Ephrata 60 D i.
Epi (I.) 58 N. Hébr.
Epidaure 50 D d.
Ephuac 14 K f.
Epinal 14 M d.
Epinay 15 Paris.
Epinay-s.-Orge 15 Paris.
Epirck 28 F d.
Episcope 59 B d.
Episkopi 50 F c.
Eppingen 14 O c.
Eprétot 14 le Havre.
Epsom 20 K j.
Epte 15 II c.
Equamville 14 le Havre.
Equan R. 56 L d.
Equateur 65 C f.
Equatourville 14 le Havre.
Equeurdreville 13 E c.
Erandol 41 D d.
Eras (O.) 51 F f.
Erba 24 D b.
Erbach 27 I c.
Erbach 27 I f.
Erbeskopf 14 M c.
Ercsi 28 F c.
Erding 27 L f.
Erdinger Moos 27 L f.
Erdre 15 E c.
Eregli 29 II c.
Eregli 30 E c.
Erekli 59 D a.
Eren-Koi 59 B a.
Eresma 25 G c.
Eresos 59 A b.
Erdric 50 E c.
Erf 14 O c.
Erfde 52 D c.
Erft 27 G c.
Erfurt 27 K c.
Erg (el) 17 I i.
Erg ech Chech 48 F G.
Ergbeni (Coll. d') 55 F c.
Ergik Targak 44 F i.
Ergonh (Dj.) 49 N c.
Ergue 16 I i.
Erguechach 48 G d.
Erh-Hoï (L.) 44 G f.
Eriboll (Loch) 20 G c.
Ericeira 25 B f.
Ericht (L.) 20 G c.
Erie (L.) 56 M f.
Erieux 16 K h.
Erik le Rouge (T.) 56 V a.
Erikousa 50 A b.
Erinia 50 F c.
Eriskey (I.) 20 D d.
Eriswyl 22 F c.
Erivan 58 F d.
Erkdalemuir 59 D b.
Erkelenz 27 F c.
Erkene 59 II d.
Erla 33 J b.
Erlach 22 E a.
Erlangen 27 K c.
Erlenbach 50 G b.
Ermeland 26 I a.
Ermelo 59 E e.
Ermenek 59 C c.
Ermenek Sou 59 E c.
Ermeni D. 59 D b.

Ermenonville 13 I e.
Ermerek 59 E c.
Ermineo 24 E f.
Ermont 15 Paris.
Ermsleben 27 L c.
Ernakolam 41 D f.
Erne (L.) 20 C g.
Erne (Lower L.) 20 C g.
Erne (Upper L.) 20 D g.
Ernée 15 E d.
Erquelines 21 B d.
Erölzheim 22 J a.
Erquinghem-le-Sec 14 Lille.
Erquy (C. d') 13 D d.
Err (Piz d') 22 J d.
Errer (T.) 49 O b.
Errigal 20 C f.
Erris Head 20 A g.
Erro 13 E j.
Erro 16 O h.
Erromango (I.) 18 N. Hébr.
Erroman (L.) 18 N. Hébr.
Err Wald 14 M c.
Erschwyl 22 E c.
Ersek 50 B a.
Ersekujvár 28 E h.
Erskine 55 I f.
Erstein 27 H f.
Ertche-Mouren 45 D e.
Ertholmene 52 A a.
Erve 13 F c.
Ervy 14 J d.
Erythrée 49 O f g.
Erzendjan 59 II b.
Erzéroum 59 I b.
Erz Gebirge 28 C a.
Erzsébetváros 28 I c.
Esaaji 48 F d.
Esljorg 52 D d.
Esenlaute (R.) 57 D c.
Esenlaute Valley 58 C c.
Escalona 25 G d.
Escambia (R.) 58 G h.
Escaudia 58 G e.
Escandorgue 16 I i.
Escarène (I') 16 N i.
Escarpado (C.) 60 F k.
Escarpée (Pᵗᵉ) 52 D e.
Escaut 21 B c.
Esch 21 D a.
Eschau 14 O c.
Eschenbach 22 II c.
Eschenbach 27 L c.
Eschenbach (Windisch-) 27 L c.
Escholzmatt 22 F d.
Eschwege 27 J c.
Eschweiler 14 L h.
Esciazapa 59 G f.
Esclaves (Côte des) 48 H h.
Esclaves (Gᵈ L. des) 56 F h.
Esclaves (Pᵗ L. des) 56 F c.
Esclaves (R. des) 56 G c.
Escobecques 14 Lille.
Escorial 25 G d.
Escudo de Veragua 60 E k.
Escuinapa 59 F f.
Escuintla 59 N j.
Escurolles 16 I f.
Eseb (O.) 49 (B. E.).
Esens 27 H a.
Escra 25 L b.
Esguava 25 G c.
Esino 24 D c.
Esk 20 H o.
Esk 20 H f.
Eski Adalia 59 B c.
Eski Chehr 59 D b.
Eski Djoumnia 29 II b.
Eski Hissar 59 C c.
Eski Kara Hissar 59 D b.
Eskili 59 E h.
Eskilsfjördhr 52 F a.
Eskilstuna 52 I j.
Eski Mossoul 59 J c.
Eski Stamboul 29 II b.
Eski Stamboul 59 A b.
Eslo 25 E c.
Eslöf 52 G d.
Esmeralda 65 E d.
Esmeraldas 65 B d.
Esneh 49 N d.
Eso (I.) 28 D d.
Espala (Pᵗᵉ) 60 J i.
Espada (Pᵗᵉ) 60 K f.
Espagnole (R.) 58 II c.
Espagnols (Pᵗ des) 13 Brest.
Espalion 15 I h.
Espalmador (I. del) 25 M f.
Espardell (I. del) 25 M f.
Espejo 25 G g.
Espelette 13 E i.
Espaluy 25 G f.
Espenberg (C.) 56 Alaska.
Espérance (Bᵉ de l') 37 P d.
Espérance (I.) 37 E b.
Espérance (Iᵉ de l') 52 C f.
Esperanza 64 F k.
Espéraza 15 II j.
Espia 59 E b.
Espichel (C.) 25 B f.
Espiégie (Bᵉ) 50 J l.
Espiel 25 F f.
Espinhaço (Sᵉ do) 64 E n.
Espino 60 L M k.
Espinosa 25 II a.
Espinosa (Altura de) 64 E n.
Espinouse (M¹ de l') 16 J i.
Espirito Santo 63 J h.
Espirito Santo 64 J i.
Espiritu Santo 18 (N. Hébr.).

Espita 59 O g.
Espozende 25 B c.
Esprels 22 C b.
Espuña (Sᵉ de) 25 J g.
Esquimaux 56 a.
Esquimaux 56 c.
Esquimaux (C. des) 56 J h.
Esquimaux (L. des) 56 C a.
Esquimaux (R. des) 56 Q d.
Esquina 64 F j.
Esrah (Pᵗᵉ) 17 K c.
Esrom (L.) 52 F c.
Essaili (Dj.) 49 (B. E.).
Essarts (les) 14 Rouen.
Essarts (les) 15 E f.
Escillon (Fᵗ de l') 16 M g.
Essen 27 G c.
Essouquiho (R.) 65 F c.
Essex 20 L j.
Essington (Port) 56 C d.
Essington (Iᵗᵉ) 52 E b.
Essington (Pᵗᵉ) 56 C d.
Eslingen 27 I f.
Essonnes 15 I d.
Essoves 14 K d.
Est (C.) 56 Q e.
Est (C' de l') 14 L d.
Est (R. de l') 18 Réun.
Est Africain (Protectorat de l') 50 O j.
Estacado (Llano) 57 E d.
Estagel 15 I i.
Estaing 15 I h.
Estaires 13 I h.
Estampon 15 F h.
Estancias (Sᵉ de las) 25 I g.
Estaque 16 K i.
Estais (P. d') 15 G j.
Estavayer 22 D d.
Este 24 C b.
Este 27 J a.
Estella 25 I b.
Estepa 25 F g.
Estepona 25 F h.
Estérel 16 M i.
Estorias (C.) 19 O q.
Esternay 14 J d.
Estero (B.) 58 B c.
Estéron 16 M i.
Esterri-de-Aneu 15 G j.
Esterron 15 E j.
Esthonie 54 F a.
Estissac 14 J d.
Estrada (la) 25 C b.
Estrée (B' d') 55 G g.
Estrées-S¹-Denis 15 I c.
Estreito (Plat. d') 65 II h.
Estrella (Sᵉ da) 25 D d.
Estremadure 25 E e.
Estremadure 25 B f.
Estremoz 25 D f.
Esztergom (R.) 58 II c.
Eszek 28 F f.
Eszlergom 28 F c.
Etables 13 C d.
Etah 41 E c.
Etain 14 L c.
Etampes 15 II d.
Etang 14 I j.
Etang-la-Ville (l') 15 Paris.
Etats (I. des) 64 E o.
Etats (N. des) 57 D b.
Etats-Unis 57.
Etawah 41 E c.
Etbai (M¹) 49 N e.
Etchafch 49 P d.
Etchmiadzin 58 E d.
Etel 13 C c.
Eten 65 B f.
Etonéka (M¹) 50 J m.
Ethiopie 49 O g.
Etia 50 Q f.
Eticup 52 C f.
Etive (L.) 20 F c.
Etla 59 K i.
Etna 24 E f.
Etna (Bᵉ de l') 45 J f.
Etochn (L. d') 50 J m.
Etoile (Cʰ de l') 16 L i.
Etoile (P. de l') 18 N. Hébr.
Etoka 19 R q.
Etolie 50 C c.
Eton 20 K j.
Eton 55 I d.
Etowah (R.) 58 G h.
Etrapole 29 F b.
Etrat (I') 16 S¹ Etienne.
Etrawne (L.) 56 J c.
Etrépagny 15 II c.
Euclat 13 F c.
Euboubles 22 D f.
Etsch 28 B c.
Ettelbrück 21 D c.
Ettenheim 14 N d.
Ettiswyl 22 F c.
Ettlingen 27 I f.
Ettrick 20 K f.
Etuz 22 B c.
Etzweilen 22 G b.
Eu 12 II b.
Eubée 50 E c.
Eucla 52 E f.
Eufaula 58 G h.
Eugene City 58 A b.
Eulo 52 II c.
Eume 25 C a.
Eunistimon 20 B f.
Eupatoria 54 J h.
Eupen 27 F c.
Euphrate 39 H d.
Euphrate (Occ') 59 II b.
Euphrate (Orien') 39 I b.
Eure 15 G c.
Eure 15 II d.
Eure-et-Loir 13 II d.
Eureka 58 A b.
Eureka 58 C c.
Eureka Springs 58 E g.
Eurepoucigue (Ch. d')

Eurotas 30 D d.
Eurville 14 K d.
Euskirchen 27 G d.
Eustis (L.) 58 II i.
Euston 52 II f.
Eutin 26 E a.
Euville 14 L d.
Evans 57 E h.
Evansville 58 G g.
Evaux 15 I f.
Evol 13 C c.
Evençon 22 E f.
Evêque et son cierc (l') 51 II m.
Everard 52 G a.
Everard (L.) 52 F f.
Everdrup 52 E d.
Everek 59 F b.
Everest (M¹) 41 F c.
Everglades 60 E c.
Eversley 53 I k.
Evesham 20 I i.
Evian 16 M f.
Evighedsfjord 56 S a.
Evisa 16 O j.
Evoisson 15 II c.
Evolena 22 E c.
Evora 25 C f.
Evoron (L.) 37 P d.
Evran 15 D d.
Evian 15 F d.
Evrecy 13 F c.
Evreux 13 G c.
Evron 15 F c.
Ewarion 60 C f.
Ewe (L.) 20 E d.
Ewst 54 F b.
Ex 20 II k.
Excideuil 15 G g.
Exeter 20 II k.
Exeter S¹ 58 Q a.
Exilles 16 M g.
Exin 26 II b.
Exmes 15 F d.
Exmoor 20 G g.
Exmouth 20 II k.
Exmouth (G.) 52 B d.
Exmouth (M¹) 52 I f.
Exonili (C.) 30 G e.
Expédition (I. de l') 52 D c.
Expédition Rᵉʳ 52 I d.
Exploits (R. des) 56 R c.
Exploring I¹ 55 C n.
Exuma 60 G d.
Exuma Sound 60 G c.
Eyassi (L.) 50 N j.
Eydtkuhnen 26 K a.
Eye (Presqu'île) 20 E c.
Eyehorn 22 F c.
Eyemouth 20 I f.
Eyguières 16 K i.
Eygurande 15 I g.
Evja Fjord 52 E a.
Evlau (Deutsch-) 26 I b.
Eylau (Preussisch-) 26 J a.
Eymet 15 G h.
Eymoutiers 15 II g.
Evo 19 P q.
Eyquems (les) 15 Bord.
Eyre 52 G e.
Eyre 55 G f.
Eyre (Presq. d') 52 F f.
Eyrecourt 20 C h.
Eyre Nord (L.) 52 F e.
Eyre Sud (L.) 52 G e.
Eysines 15 Bordeaux.
Ezou 45 O f.
Ezasi 45 N f.
Ezca 15 E j.

F

Faan 18 Soc.
Faaborg 52 B d.
Faaborg 52 C d.
Faaroa (R.) 18 Soc.
Fantému (B.) 18 Soc.
Fabre (L.) 56 F b.
Fabrezan 15 I j.
Fabriano 24 D c.
Facher (el) 49 L g.
Faches 14 Lille.
Fachoda 49 M h.
Fada-N'Goumma 48 G g.
Fadd 28 F c.
Faddeieff (I.) 57 Q b.
Fadonmi 40 D d.
Faedo 22 J a.
Faënza 24 C b.
Fær-Oer 52.
Faf 49 P h.
Fafa 19 T n.
Fafan (Tok) 49 P h.
Fagnano (L.) 64 E o.
Fagne 21 C d.
Faguihine (L.) 48 F f.
Fahama (O.) 17 I e.
Faido 22 G e.
Fai-Fô 19 M j.
Faim (Steppe de la) 44 A b.
Fair 58 II h.
Fair (L.) 20 J b.
Fair Bluff 58 II h.
Fairburg 57 G b.
Fairfield 58 G h.
Fairford (F¹) 56 I d.
Fairweather (M¹) 56 A c.
Faizabad 40 C f.
Faizabad 41 F c.
Fajou (I.) 18 Guad.
Fakir Mohammed (Iᵗᵉ) 41 B c.
Fa-Kou-Meng 45 F c.
Fakous 49 (B. E.).
Fala 49 M g.
Falaba 19 T c.
Falaise 13 F d.
Falces 15 D j.
Falémé 19 C c.

Faux Cap Horn 64 D p.
Favara 24 D f.
Fave 14 M d.
Fave (la) 16 Marseille.
Faverges 16 L g.
Faversham 13 G a.
Faviguana 24 C f.
Faxe Elt 52 I i.
Faxa Fjord 52 D b.
Faxina 64 II i.
Fayal 48 A b.
Fayence 16 M i.
Favet (le) 22 C f.
Fayette R. 58 C h.
Fayetteville 58 E g.
Fayetteville 58 F g.
Fayetteville 58 F h.
Fayetteville 58 G g.
Fayetteville 58 II g.
Fay-le-Froid 16 I g h.
Faymont 22 C h.
Fayoum 49 (B. E.).
Fays-Billot 14 L c.
Fazilka 41 D b.
Fazogli 49 N g.
Fear (C.) 58 II h.
Feather R. 58 B c.
Fécamp 13 G c.
Fecht 14 M c.
Federacion 60 I j.
Fedjadj (Ch. el) 17 M f.
Fudjra (el) 40 D d.
Fedvar 54 I f.
Fefiné 19 C d.
Fegen (L.) 52 F b.
Fehér Körös 28 G c.
Fehmarn 26 E a.
Fehmarn (Bᵗ de) 52 D e.
Feherteroplom 28 G d.
Fehrbellin 27 M b.
Fel Hien 45 C i.
Feira de S. Anno 65 J g.
Feistritz 28 C c.
Feistritz 28 D c.
Fejér 28 F c.
Fekarin (Sebkha el) 17 D f.
Fekka (O. el) 17 N d.
Feklistoff (I.) 37 P d.
Felanitx 25 N c.
Feldbach 22 D h.
Feldbach 28 D c.
Feldberg 27 II g.
Feldberg 27 I d.
Feldkirch 28 A c.
Felletin 15 II g.
Felletin (G⁴) 16 K
Fellin 54 F a.
Fellizano 16 O h.
Félou (Ch. du) 19 II b.
Fels 21 D c.
Felsberg 14 P a.
Felsberg 22 I d.
Felsö-Bánya 28 H c.
Felsö Vissö 28 I c.
Feltre 24 C a.
Feluy 21 B d.
Femme de Lot (R¹) 42 O l.
Femö 52 E c.
Fen District 20 K i.
Fénérive 18 J h.
Feuerkœi 29 I c.
Fenestrange 14 M d.
Fenestrelle 16 M g.
Feng Ning 45 C f.
Feuille (Col de) 15 I i.
Feno (C. di) 16 O k.
Fenoarivo 18 I i.
Fenoarivo 18 I j.
Fenotch 40 E d.
Fen-Tchéou-Fou 44 I d.
Féou-Tchéou 44 I f.
Fer (C. de) 17 K h.
Fer (I. de) 48 C d.
Fer (Pᵗᵉ au) 58 F i.
Feradj (Onlad) 17 II e.
Ferd (Dayat) 17 C c.
Ferdinand de Lesseps (P.) 65 Ed.
Fère (la) 14 J c.
Fère-Champenoise 14 d.
Ferodjik 29 G c.
Fère-en-Tardenois 14 J c.
Ferentino 24 D d.
Ferghana 57 I f.
Fergus Falls 57 G a.
Fergusson (I.) 52 I a.
Fergusson Rᵉʳ 52 F d.
Feriana 17 M c.
Ferlo 19 II b.
Fermanagh 20 C g.
Fermo 24 D c.
Fermoselle 25 E c.
Fermov 20 C i.
Fernandina 58 II h.
Fernando Po (I.) 50 I i.
Fernão Vaz (Bᵉ de) 19 O r.
Fernão Veloso (Bᵉ de) 50 O l.
Ferney 16 L f.
Ferns 20 D i.
Ferrajo (Porto) 24 B e.
Ferrandina 24 F d.
Ferrare 24 C b.
Ferrat (C.) 16 N i.
Ferrat (C.) 17 D d.
Ferrato (C.) 24 B e.
Ferré (C.) 18 Mart.
Ferreira 25 C f.
Ferret (C.) 15 E h.
Ferret (Col de) 22 D f.
Ferrinafe 65 B f.
Ferro (Sᵉ del) 59 F h.
Ferrol (le) 25 C a.
Ferry (Pᵗᵉ) 18 Guad.
Ferso 26 II a.
Ferté (la) 13 G d.
Ferté-Alais (la) 13 II d.
Ferté-Bernard (la) 13
Ferté-Gaucher (la) 14
Ferté-Macé (la) 13 F d.
Ferté-Milon (la) 14 I c.

Ferté-St-Aubin (la) 13 H e.
Ferté-Vidame (la) 13 G d.
Ferté-st-Jouarre (la) 14 I d.
Fertö-Tava 28 E c.
Ferwerd 21 D a.
Fesches 22 D b.
Fessi (O.) 17 O f.
Fete Lafquen (L.) 64 D m.
Fethard 20 D i.
Fetlar (I.) 20 J a.
Fetou-houkou (I.) 18 Marq.
Fetutlin 56 a.
Fetzara (Lac) 17 L c.
Feu (Terre de) 64 E o.
Feuchtwangen 27 K c.
Feuerstein 22 F d.
Feugerolles 16 St Et.
Feurs 16 J g.
Feyö 52 E a.
Feyzin 16 Lyon.
Fez 48 F c.
Fezzan 49 J d.
Fezzara (L.) 17 L c.
Ffestiniog 20 G i.
Fialhead R. 58 C a.
Fianarantsoa 18 I j.
Fiano 16 N g.
Fianona 28 C d.
Fiaonaun 18 I i.
Ficente 59 I c.
Ficht 38 C c.
Fichtelberg 27 L d.
Fichtel Gebirge 27 L d.
Fidaris 50 C c.
Fiddichow 27 N a.
Fideris 22 I d.
Fidlak 28 F d.
Field R. 53 G d.
Fier 16 L g.
Fiercuana 50 P n.
Fiesch 22 F c.
Fife 20 H c.
Fife 30 M k.
Fife Ness 20 I c.
Figalo (C.) 17 C d.
Figari (C.) 24 B d.
Figeac 15 H h.
Figeholm 52 I j.
Figliamento 28 C d.
Figline 28 B c.
Figueira 63 J h.
Figueira da Foz 25 B d.
Figueiros 25 D a.
Figueras 25 N b.
Figueroa 64 E j.
Figuier (C. du) 15 D i.
Figuig 17 C g.
Fihasmana 18 I j.
Fihereuga 18 G k.
Fiil (L.) 52 B d.
Filabres (Sra de los) 25 I g.
Filadelfia 24 E e.
Filehne 26 G b.
Filey Hd 20 K g.
Filhaucen (Dj.) 17 C d.
Filiasi 29 F a.
Filias Tchaï 39 D a.
Filicudi (I.) 24 E e.
Filik 49 N f.
Filinovskaïa 35 F d.
Filioru 28 I c.
Filipesci 34 F h.
Filipstad 52 I j.
Filisur 22 I d.
Fillda 27 J c.
Fillik 49 N f.
Fils 14 P d.
Fim. do Mando 64 J i.
Finalborgo 16 N b.
Finale 24 C b.
Finale (C.) 24 D e.
Finalmarina 16 O b.
Final Pt 58 C e.
Findanana 18 I j.
Findhorn 20 G d.
Findlay 58 G f.
Findlay (R.) 56 D e.
Fingal 55 I h.
Fingal (Grotte de) 20 E c.
Fingfield 58 J c.
Finistere 15 B d.
Finisterre (C.) 20 E k.
Finisterre (C.) 25 B b.
Finke 52 F e.
Finlande 33 B b.
Finlande (G. de) 34 F a.
Finlayson (L.) 56 C b.
Finmarken 52 K h.
Finn (R.) 20 C g.
Finne 27 L c.
Finniss (C.) 52 F f.
Finniss (Mt) 52 F d.
Finow (Cl) 27 N b.
Finsteraarhorn 22 F d.
Finsterwalde 27 N c.
Finsterwolde 21 E a.
Fintona 20 D g.
Fionie 52 C d.
Fiora 24 C c.
Fiorenzuola 24 B b.
Fiorito (Col) 24 D c.
Fipa 50 M k.
Fiquefleur 14 le Havre.
Firenze 24 C c.
Firghia 19 D c.
Firminy 16 J g.
Firouzabad 40 D d.
Firouz-Kouh 40 D b.
Firozabad 41 E c.
Firozpur 41 D b.
First 22 E d.
Fischenthal 22 H c.
Fischhausen 26 I a.
Fischer (C.) 56 U b.
Fischingen 22 H c.
Fisher (C.) 56 M b.
Fisher (Dt de) 56 L b.
Fish Lake Val. 58 C c.
Fismes 14 J c.
Fittri (L.) 49 K g.
Fitzmaurice 52 E b.
Fitzroy 52 I d.
Fitzroy 52 D c.
Fitzroy (C.) 56 T. P.
Fitz Roy (Co) 64 C n.
Fitzwilliam (Dt de) 56 T. P.
Fitz William (I.) 58 H e.
Fiume 22 C e.
Fiume 28 D d.
Fiumenero 22 J c.
Fiumenica (Pte) 24 F e.
Fiumicino 24 C d.
Fium'Orbo 16 P k.
Fives 14 Lille.
Fjällbacka 52 H j.
Fjellgame 52 F c.
Fjestrup 52 C d.
Flagstaff 58 D c.
Flakelaka 18 I J.
Flamand 15 Bordeaux.
Flamanville (C. de) 13 D c.
Flamboin 13 J d.
Flamborough Hd 20 K g.
Flambouros 30 D a.
Flaming 27 M c.
Flamisell 15 G j.
Flandre Occidentale 21 A c.
Flandre Orientale 21 B c.
Flannan (Iles) 20 C c.
Flasdau 32 B d.
Flathead R. 58 C a.
Flatow 26 H b.
Flattery (C.) 52 H b.
Flattery (C.) 58 A a.
Flavigny 14 K e.
Flavy-le-Martel 14 I c.
Flawyl 22 H c.
Flaxman Pt 56 Alaska.
Flayosc 16 M i.
Flèche (la) 15 F e.
Fleetwood 20 H h.
Flokkefjord 52 G j.
Flensburg 26 D a.
Flensburger Föhrde 52 C e.
Flers 13 F d.
Flers 14 Lille.
Flessingue 21 B c.
Fletschhorn 22 F e.
Fleurance 15 G i.
Fleurieu-s.-Saône 16 Lyon.
Fleurier 22 C d.
Fleurus 21 C d.
Fleury-s.-Andelle 13 H c.
Fliede 14 P b.
Fliinge 52 G d.
Flims 14 O f.
Flinders 52 F f.
Flinders 52 H d.
Flinders (Be) 52 B f.
Flinders (I.) 52 I g.
Flinders (Rre) 52 I c.
Flinders Rss 52 G f.
Flines-les-Raches 14 I b.
Flint 20 H h.
Flint 58 G f.
Flint (I.) 51 M i.
Flint R. 58 G h.
Flirsch 22 K c.
Flixecourt 13 H b.
Flize 14 K c.
Flogny 14 J e.
Flöha 27 M d.
Floing 14 K c.
Floirac 15 Bordeaux.
Florac 16 J h.
Florence 24 C e.
Florence 58 D d.
Florence 58 F e.
Florence (L.) 53 G e.
Florence (Pe) 50 N j.
Florence 58 H h.
Florence Spr. 52 E d.
Florennes 21 C d.
Florensac 16 J i.
Florenville 14 L c.
Flores 43 G g.
Flores 48 A b.
Flores 59 N i.
Flores 63 H h.
Flores 64 F l.
Flores 64 I i.
Flores (I.) 56 D e.
Flores (Mer de) 43 G g.
Florida 64 G k.
Florida (R.) 57 E e.
Floride 57 J c.
Floride 60 E c.
Floride (Dt de la) 58 H i.
Floridia 24 E f.
Florine 16 I g.
Flota (I.) 20 H c.
Flotte (C. de) 18 D e.
Flotte (la) 15 E f.
Flucht Horn 22 J d.
Fluela Pass. 22 J d.
Fluelen 22 G d.
Fluessen (de) 21 D b.
Flühen 22 E c.
Flumen 15 F j.
Flumendosa 24 B e.
Flumet 22 C f.
Flums 22 I c.
Fluvia 25 N b.
Fly 51 F h.
Foa (la) 18 C c.
Foča 28 F e.
Fo-Chan-Ting 44 I g.
Focşani 34 G h.
Fodé Hadji 19 D d.
Fodja 49 M g.
Fœmund (L.) 32 B i.
Foga 49 M g.
Fogaras 28 I d.
Foggia 24 E d.
Foglia 24 D c.
Fogo 19 D d.
Föhr 26 D a.
Foins (R. aux) 56 F c.
Foix 15 H j.
Fokia 39 B b.
Fo-Kien (C.) 45 E m.
Fo-Kien (Détr. de) 45 D n.
Folby 52 C c.
Folden Fjord 52 H i.
Földvar 28 F e.
Folembray 14 I c.
Folge fonden 52 G j.
Foligno 24 D c.
Folkestone 20 L j.
Folle Anse (Pte) 18 Guad.
Folligny 13 E d.
Fomaïn 40 C b.
Fomboni 18 Com.
Fompotrakély 18 K g.
Foncine-le-Bt 22 B d.
Fond du Lac 58 F f.
Fondi 24 D d.
Fondou 44 E e.
Fondouk 17 H c.
Fonds (les) 16 St Et.
Fong Chen-Lin 19 J f.
Fong-Yu 42 C a.
Fonsagrada 25 D a.
Fonseca (G. de) 60 A i.
Fontaine 14 M c.
Fontaine (la) 14 Lille.
Fontainebleau 13 I d.
Fontaine-Française 14 L e.
Fontaine-la-Mallet 14 le Havre.
Fontaine-le-Dun 13 G c.
Fontaine-lès-Luxeuil 22 B b.
Fontaines 22 D c.
Fontaines-St-Martin 16 Lyon.
Fontaines-s.-Saône 16 Lyon.
Fontana (Val) 22 J c.
Fontana (L.) 64 D m.
Fontarabie 15 D i.
Fontenay-aux-Roses 15 Paris.
Fontenay-le-Cte 15 E f.
Fontenay-le-Fleury 15 Paris.
Fontenay-s-Bois 15 Paris.
Fontenelles (les) 22 C c.
Fontenoy 14 J c.
Fontenoy 21 B d.
Fontenoy-le-Chau 14 L e.
Fontesvilla 50 N m.
Fontfrede 16 St Et.
Font Mora 16 St Et.
Fontoye 14 L c.
Fontvieille 16 Ki.
Fonwary 18 C c.
Fonzaso 24 C a.
Forbach 27 G c.
Forbes 52 I f.
Forcados (R.) 48 H h.
Forcalquier 16 L i.
Forchheim 27 K e.
Forchies 21 B d.
Ford (C.) 52 E b.
Fordingbridge 20 I k.
Fordon 26 H b.
Fordwah (Can.) 41 D b.
Foreland 13 E b.
Foreland (North-) 20 M j.
Foreland (South-) 20 M j.
Forenza 24 E d.
Forest 14 Lille.
Forest 21 B d.
Forest (Anse de la) 15 B c.
Forest Hill 53 I g.
Foreston 58 H h.
Forêt (la) 15 Bordeaux.
Forêt Noire 27 I f.
Forez 16 J g.
Forez (Mts du) 16 J g.
Forfar 20 H c.
Forg 40 D d.
Forges-les-Eaux 13 H c.
Forked Deer R. 58 F g.
Forli 24 C b.
Formavan 20 F c.
Formentera (I.) 25 M f.
Formentor (C.) 25 N e.
Formerie 13 H c.
Formia 24 D d.
Formica (I.) 24 B c.
Formiga 64 I i.
Formoso (B. de) 50 O j.
Formosa 63 H h.
Formosa 63 K f.
Formosa 64 F j.
Formose 44 K g.
Formoso (C.) 48 H i.
Formoza 19 A d.
Formozza 22 G c.
Fornæs 52 D c.
Fornells 25 O d.
Foro 49 L h.
Foroga 49 L h.
Forres 20 H d.
Forst 26 G c.
Forsyth 58 E g.
Fort (le) 14 Rouen.
Fortaleza 63 J e.
Fortass (Ras) 17 F d.
Fort de Bard 24 A b.
Fort-de-France 18 Mart.
Fortescue 52 B d.
Forth 20 G e.
Forth (Firth of) 20 I c.
Fortingal 20 G c.
Fort Rock (Pte de) 50 J m.
Fortune 18 (St-P. et M.)
Fortune (I.) 60 H d.
Fort Wayne 58 G f.
Fort Youkon 56 Alaska.
Fos (G. de) 16 K i.
Fossano 24 A b.
Fossat (le) 15 H i.
Fossen (Presq.) 32 H i.
Fosse 21 C d.
Fossombrone 24 D c.
Fotheringhay 20 K i.
Fouah 49 (B. E.).
Fouen-Ho 44 I d.
Fouesnant 13 B e.
Fougeray 13 D e.
Fougères 13 E d.
Fougerolles 14 M e.
Fougha 48 J d.
Foughas 31 F f.
Fouillouse (la) 16 Lyon.
Fouillouse (la) 16 St-Et.
Fou-Kien 44 K f.
Foukoui 45 L h.
Foukouoka 45 J j.
Foukousima 45 O h.
Foukouyama 45 N f.
Foukouyama 45 K i.
Foula (I.) 20 I a.
Foula 49 J h.
Fouladougou 19 B c.
Fouladougou 19 E c.
Foulenkoï 19 Q s.
Foulness (I.) 20 L j.
Foulpointe 18 J h.
Foulweather (C.) 58 A b.
Foulwind (C.) 53 L k.
Foum el Aleb 17 F b.
Foum-el-Kheneg 48 G d.
Foum-Soukling 44 E f.
Founda 50 K l.
Foundiougne 19 A b.
Foung-Chan 44 K g.
Foung-Hiang-Fou 44 H e.
Foung-Hoang-Tcheng 45 G f.
Foung-Hoang-Ting 44 I f.
Foung-Tien 45 F f.
Foung-Yang-Fou 45 C j.
Fou-Ning 45 D g.
Fou-Ning-Fou 45 D m.
Foura (O.) 49 (B. E.).
Fourat (Ras.) 17 B c.
Fouras 15 E f.
Fourchambault 14 I e.
Fourche (Fe la) 56 G c.
Fourches (Mt des) 14 L d.
Fourcroy (C.) 52 E b.
Foures 16 Marseille.
Fourgs (les) 22 C d.
Fourmies 14 J b.
Fournel (le) 16 St Et.
Fournels 16 I h.
Fournes 14 Lille.
Fourneville 14 le Havre.
Fourni 39 B c.
Fourqueux 15 Paris.
Fours 16 J f.
Fourvières 16 Lyon.
Fou-San 45 I i.
Fousimi 45 L i.
Fousseret 15 G i.
Fouta 19 B h.
Fouta 19 C d.
Fouta-Djalon 19 C c.
Fou-Tchéou 45 E g.
Fou-Tchéou-Fou 44 J f.
Fou-Tchéou-Fou 45 B m.
Fou-Tchouang 44 H f.
Foutouna 18 N. Hébr.
Foutouna (Ie) 51 J i.
Foux (C. à) 60 I f.
Foux (Col de la) 16 M h.
Fouzi-Yama 45 N i.
Fouzon 15 H e.
Fovano 24 F d.
Foveaux (Dt de) 53 L l.
Fövling 32 B d.
Fox (Cl. de) 56 M a.
Fox (T. de) 56 N a.
Foxford 20 B h.
Foxhill 55 M k.
Foxton 53 M k.
Foyle (Lough) 20 D f.
Foynes 20 B i.
Frachich 17 M d.
Fraß 17 D f.
Fraga 25 L c.
Fragoso (Ce) 60 F d.
Fraile (Pte) 65 C g.
Fraïm (Ch. el) 17 J d.
Fraisans 14 L e.
Fraise 26 C d.
Fraisse 16 St Etienne.
Fraize 14 M d.
Frameries 21 B d.
Framersbach 14 P b.
Frampol 28 H a.
Française (Ce) 60 I d.
Française (I.) 52 H g.
Française (R.) 58 H e.
Francavilla 24 F d.
France (I. de) 13 I c.
France (I. de) 30 S n.
Frances (C.) 60 D e.
Francescas 15 G h.
Franceville 19 Q r.
Francfort 26 G b.
Francfort 27 I d.
Franches Mgnes 22 D c.
Francheville 16 Lyon.
Francia (Peña de) 25 E d.
Francis (Fort) 56 C b.
Francis (L.) 56 C b.
Francis Garnier (P.) 42 C a.
Francis R. 58 F g.
François (le) 18 Mart.
François (Can.) 28 F d.
François-Joseph (T.) 37 H a.
François Ier (Fj.) 54 P a.
Franconie (Basse-) 27 J e.
Franconie (Haute-) 27 K d.
Franconie Moyenne 27 K e.
Franconville 15 Paris.
Franeker 21 D a.
Frangy 16 L f.
Frankenau 14 O a.
Frankenberg 27 I c.
Frankenberg 27 M d.
Frankenhausen 27 K c.
Franken Höhe 27 J e.
Frankenstein 26 H c.
Frankenthal 27 H e.
Franken Wald 27 L d.
Frankfort 58 G f.
Frankfort 58 G g.
Frankland (C.) 53 I g.
Frankland (Ie) 52 H c.
Franklin 53 H h.
Franklin 58 G g.
Franklin 58 H f.
Franklin (Be) 56 D a.
Franklin (Canal de) 56 T. P.
Franklin (Ft) 56 D a.
Franklin (Hr) 52 F f.
Franklin (I.) 18 Marq.
Franklin (L.) 56 J a.
Franklin (Mt) 53 M k.
Franklin (Mts) 56 Alaska
Franklin (Mts) 58 C b.
Frant 13 F a.
Franyova 28 F d.
Franzburg 26 F a.
Franzensbad 28 C a.
Franzensfeste 28 B c.
Franzfontein 50 J n.
Frasca (C. della) 24 A e.
Frascati 24 D d.
Fraser 56 E d.
Fraser (Ft) 56 D d.
Fraser (I.) 52 J e.
Fraser (R.) 52 D f.
Fraserburgh 20 I d.
Frasne 22 B d.
Frasnes 21 C d.
Frastanz 22 I c.
Fratesci 28 I e.
Fraubrunnen 22 E c.
Frauenburg 26 I a.
Frauenfeld 22 H b.
Fraustadt 26 G c.
Fravgde 52 B d.
Fray Bentos 64 F k.
Frechilla 25 F h.
Fredeburg 26 P c.
Fredensborg 32 F d.
Frédéric (Rt) 52 J d.
Frédéric-Guillaume (Cl) 27 N h.
Frédéric-Henri (I.) 51 F h.
Fredericia 32 C d.
Frederick 58 I g.
Fredericksburg 58 I g.
Fredericton 56 P e.
Frederiksborg 32 E d.
Frederiksdal 56 T e.
Frederikshaab 56 S b.
Frederikshald 32 H j.
Frederikshamn 35 B h.
Frederikshavn 32 D b.
Frederikssund 32 E d.
Frederikstad 32 H j.
Frederiksværk 32 E d.
Fredrikshamn 34 G.
Freeport 58 F f.
Freeren 27 H b.
Free-Town 19 C e.
Frégate Française (Bede la) 51 L e.
Freha (D.) 17 F c.
Fréhel (C.) 13 D d.
Fréhel (C.) 56 R c.
Freiberg 27 N d.
Freiburg 26 G c.
Freiburg 27 I a.
Freienwalde 26 G b.
Freienwalde 27 N b.
Freiha (el) 17 D f.
Freirina 64 D j.
Freising 27 L f.
Freistadt 26 G c.
Freistadt 26 I b.
Freistadt 28 D b.
Freistadt 28 F b.
Freistadtl 28 E b.
Freistett 14 N d.
Freites 60 M k.
Frettia (el) 17 D E f.
Freiwaldau 28 E a.
Fréjus 16 M i.
Fréjus (Col de) 16 M g.
Frélinghien 14 Lille.
Fremantle 52 B f.
Fremont 57 G b.
Fremont 58 G f.
Fremont (P.) 57 D b.
French Broad Riv. 58 G g.
French Shore 18 T. N.
Frénel 13 G d.
Frankbournar D. 29 G c.
Freneuse 14 Rouen.
Frères (I. des) 17 N b.
Frères (les) 19 J m.
Frères (les) 49 N d.
Fresco 48 F i.
Freshwater 13 E b.
Fresnay (la) 13 F d.
Fresnes 14 J b.
Fresnes 15 Paris.
Fresne-St-Mamès 14 L e.
Fresnes-en-Woëvre 14 L e.
Fresnes-s.-Apance 22 B b.
Fresnillo 59 H f.
Fresno 57 B c.
Fresno City 58 B c.
Fresnoy-le-Gd 14 J c.
Fresquel 15 H i.
Fresse 22 C b.
Fret (le) 13 Brest.
Fréterive 22 B f.
Fréteval 13 G e.
Fretigney 22 B c.
Fretin 14 Lille.
Frette (la) 15 Paris.
Freudenberg 27 H d.
Freudenstadt 27 H f.
Freudenthal 28 E b.
Frensburg 14 N b.
Frévent 13 H b.
Freycinet (He) 52 B e.
Freycinet (Presq. de) 53 I h.
Freyenbach 22 G c.
Freyenstein 32 F f.
Freyr 21 C d.
Freystadt 27 K e.
Freyung 27 N f.
Fribourg 22 D d.
Fribourg 27 H g.
Frick 22 F c.
Fridhemsberg 32 F b.
Fridingen 14 O d.
Friedau 28 D c.
Friedberg 27 I d.
Friedberg 27 K f.
Friedeberg 26 G b.
Friedeck 28 E b.
Friederichshalt 27 K d.
Friedewald 14 P b.
Friedingen 14 O c.
Friedland 26 J a.
Friedland 27 N a.
Friedland 28 D a.
Friedrichschleuse 32 A f.
Friedrichshafen 27 J g.
Friedrichshall 27 K d.
Friedrichstadt 52 B e.
Friedrichstadt 54 F b.
Friedrichsthal 14 N c.
Fries 25 H b.
Friesack 27 M b.
Friesenhofen 22 J b.
Friesoythe 27 H a.
Frignano 24 C h.
Friguiagbé 19 C d c.
Frileuse (Fe de) 14 c Havre.
Frio (C.) 50 I m.
Frio (C.) 64 J i.
Frio (R.) 57 F c.
Frioul 24 D b.
Frioul (le) 16 Marseille.
Frise 21 D a.
Frise du Nord 32 B e.
Frise Occidentale 21 C b.
Frise Orientale 21 E a.
Fritzlar 27 I c.
Friville-Escarbotin 13 H b.
Frobisher (Be de) 56 P b.
Frohn Alp 22 G d.
Frohsdorf 28 D c.
Froid (L.) 56 G d.
Froidure 14 Lille.
Froissy 13 H c.
Fröjen 32 H i.
Frome 13 D h.
Frome 20 I j.
Frome 52 G e.
Frome (L.) 52 G f.
Fromentine (Goulet de) 13 D f.
Fronsac 13 F h.
Frontenay 13 F f.
Frontera 59 M h.
Frontignan 16 J i.
Fronton 13 H i.
Frosinone 24 D d.
Frouard 14 L d.
Froudan 13 Brest.
Froward (Ct) 64 D o.
Frozen Str. 56 L a.
Fruges 13 H b.
Fruska Gora 28 F d.
Frutigen 22 E d.
Fucecchio 24 C c.
Fuchskauten 14 N b.
Fucino 22 K c.
Fucino (ancien lac de) 24 D d.
Fuente 25 E f.
Fuente 59 I c.
Fuente del Maestre 25 E f.
Fuentes 25 F g.
Fuentes 60 E d.
Fuerte (el) 59 E d.
Fuerteventura 48 D d.
Fuga (I.) 43 G h.
Fuglö 52 G g.
Fuhmenshaff 52 C d.
Fuiseaux 13 I c.
Fül (L.) 52 A d.
Fulda 27 J d.
Fullerton (C.) 56 K b.
Fulton 58 E h.
Fumay 14 K c.
Fumé (Morne) 18 Guad.
Fumel 15 G h.
Funchal 48 D c.
Fundy (Be de) 56 P i.
Funeral Mts 58 C c.
Fünfkirchen 28 E c.
Funnell 52 I d.
Funnell Cr. 53 I d.
Fure (L.) 32 F d.
Furens 16 St Etienne.
Furka 22 G d.
Furnes 21 A c.
Furness 20 H g.
Fürstenau 22 I d.
Fürstenau 27 H h.
Fürstenberg 14 O e.
Fürstenberg 22 G h.
Fürstenberg 26 G b.
Fürstenberg 27 I c.
Fürstenberg 27 M a.
Fürstenfeld 28 D e.
Fürstenfelde 26 G h.
Fürstenwalde 27 N b.
Fürth 27 K e.
Furtwangen 14 N d.
Furva (Val) 22 K e.
Fury et de l'Hecla (Dt de) 56 L a.
Fusain 13 I d.
Fusine 22 I c.
Fusio 22 G e.
Füssel Berg 14 M c.
Füssen 27 K g.
Futa (Col la) 24 C b.
Fuur (I.) 32 B e.
Fuveau 16 L i.
Füzes Gyarmat 28 G c.
Fyen 32 C d.
Fyne (Loch) 20 F e.

G

Gaarden 32 C c.
Gabalou 30 C c.
Gabarret 15 F h.
Gabas 15 F i.
Gabel 28 D a.
Gaberi 48 J h.
Gabès 17 N f.
Gabiano 16 N g.
Gablonz 28 D a.
Gabon 19 O q.
Gabos 28 F d.
Gabriel 65 E c.
Gabriel (Mt) 20 B j.
Gabrin 40 D c.
Gabrovo 29 G b.
Gabrovo 30 B b.
Gacé 13 F d.
Gachaka 48 I h.
Gach Nor 44 E d.
Gachoun (Bolchoï) 38 E a.
Gachoun Nor 44 D e.
Gacilly (la) 13 D e.
Gacko 28 F e.
Gada (Plat. el) 48 E d.
Gadak 41 D e.
Gadaleï 37 L d.
Gadawara 41 E c.
Gadebusch 27 K a.
Gadiatch 34 J c.
Gadji 18 E d.
Gadmen 22 G d.
Gador (Sra de) 25 H h.
Gaëte 24 D d.
Gafsa 17 M e.
Gaga (Presq.) 18 C l.
Gagen 58 F e.
Gagesci 34 G h.
Gagneur (R.) 56 C a.
Gagny 13 I d.
Gagry 38 C c.
Gaïdar 30 E b.
Gaïdaro 39 B c.
Gaïdaro Nisi 30 E d.
Gaïdaronisi 30 G f.
Gaïesci 34 F h.
Gaïgab 49 L d.
Gaïf 28 C c.
Gaildorf 27 J e.
Gaillac 15 H i.
Gaillon 13 G c.
Gaïman 64 E m.
Gaines (Ft) 58 G b.
Gaïnesci 28 I c.
Gainesville 58 G b.
Gainesville 58 H i.
Gainneville 14 le Havre.
Gainsborough 20 J h.
Gairdner (L.) 52 F f.
Gairdner (R.) 52 B f.
Gairloch 20 E d.
Gais 22 I c.
Gaïsin 34 H f.
Gaïsing Kaln 34 F h.
Gajac 15 Bordeaux.
Gakoko 50 K j.
Gak-Po Tsan-Po 44 F f.
Gokicha (L.) 44 E d.
Gala 49 I g.
Galâbat 49 N g.
Galadi 49 P h.
Galala Septentrional 49 (B. E.).
Galalintchin 44 E c.
Galan 13 G i.
Galapagos (Ie) 3 I c.
Galashiels 20 H f.
Galata 49 M d.
Galata (C.) 29 H h.
Galati 34 G h.
Galatie 39 D E b.
Galatina 24 F d.
Galatista 30 D a.
Galatone 24 F d.
Galats 34 G h.
Galaure 16 K g.
Galaxidi 30 D c.
Galbyn Gobi 44 H c.
Galdhöpigg 32 H i.
Galeana 59 F b.
Galeana 59 I e.
Galega (I.) 50 H l.
Galela 43 I e.
Gal el Batn 49 P c d.
Galena 58 C b.
Galena 58 F f.
Galenstock 22 G d.
Galeota (Pte) 60 O j.
Galeoti (Pte) 60 O j.
Galera (Pte) 60 O j.
Galera (Pte) 64 C l.
Galeria 16 O j.
Galesburgh 58 F f.
Galets (Pte des) 18 Réun.
Galets (R. des) 18 Réun.
Galhaba (O.) 49 N e.
Galgócz 28 E b.
Galibier (Gd) 16 M g.
Galibis 18 G. F.
Galice 25 C b.
Galicia 28 H b.
Galilée (L.) 33 H d.
Galion 58 G f.
Galion (Be du) 18 Mart.
Galitch 35 F c.
Galitchitsa 29 E c.
Galite (Ct de la) 17 M b.
Galite (Ie de la) 17 M b.
Galla 50 O j.
Galla (Plateau) 18 Som.
Gallarate 24 B b.
Gallardon 13 H d.
Gällared 32 F b.
Gallatin City 57 D a.
Galle 41 E g.
Gallego 25 J c.
Gallegos (Pte) 64 D o.
Galles 20 H i.
Galliate 16 O g.
Gallinaria 16 N h.
Gallinas (Pte) 60 J i.
Gallipoli 24 F e.
Gallipoli 29 H c.
Gallipolis 58 H g.
Gallo 25 I d.
Gallo (C.) 30 C e.
Gallo (C. di) 24 D e.
Gallois (Poste) 18 J k.
Galloul 17 C g.
Gallura 24 B d.
Gally Hd 20 B j.
Galoengoeng 43 E g.
Galouin 50 P i.
Galson 20 E c.
Galteu 32 C c.
Galty Mts 20 C j.
Galveston 57 G e.
Galvez 64 F k.
Galway (Be) 20 B h.
Gamaches 13 H c.
Gamakoro 43 I c.
Gambakha 48 G g.
Gambat 41 C c.
Gambie 19 B e.
Gambier (Ie) 51 O j.
Gambier (Ie) 53 F g.
Gambierton 52 G g.
Gambolo 16 O g.
Gamelle (Morne) 18 Guad.
Gamenzo 19 P q.
Gaming 28 D c.
Gamla-Karleby 33 B b.
Gamleby 32 I j.
Gammertingen 27 I f.
Gamou 19 C c.
Gams 22 I c.
Gamtoos 50 L p.
Gano 19 B s.
Ganale Doria 49 O h.
Gand 21 B c.
Gandak 41 F e.
Gandava 40 G d.
Gande 48 H g.
Gandellino 22 J f.
Gandelsheim 27 I c.
Gandersheim 27 J c.
Gandesa 25 L c.
Gandia 25 K f.
Gandino 22 J f.
Gandiole 19 A b.
Gando 48 H g.
Gandou 50 L j.
Gangaou 42 B b.
Gangaran 19 D c.
Gangawali 41 D f.
Gange 41 F c.
Gangolt 14 L a.
Gauges 16 J i.
Ganghofen 27 M f.
Gangi 24 D f.
Gangori (L.) 18 Som.
Gangoué 50 N m.
Ganh-Ray (Be de) 19 M i
Ganjam 41 F e.
Gankoura 19 S n.
Gannat 16 I f.
Gansy 44 E d.
Gantara 17 H h.
Gantara (Rég. des) 17 G g.
Gantenechty 34 H g.
Gantheaume (C.) 52 C e.
Gantheaume (C.) 53 G g.
Ganyou San 45 O g.
Gao 48 G f.
Gaohar (Kouh) 40 F h.
Gaoua (I.) 18 N. Hébr.
Gaoué 50 L l.
Gaourisankar (Mt) D f.
Gap 16 L h.
Gapan 43 G b.
Gapeau 16 L i.
Garaa 17 M b.
Garaa el Echle 17 N b.
Garabit (Viaduc de) 16 I h.
Garachine 60 F k.
Garah 49 L d.
Garah 49 B f.
Gara Moulata 18 Som.
Garanhuns 63 K f.
Garao 19 S n.
Garces 16 L i.
Garches 15 Paris.
Garcia 59 I c.
Gard 16 J h.
Garda 22 K f.
Gardonne 16 L j.
Garde (C. de) 17 L c.
Garde (L. de) 24 C b.
Garde (N.-D. de la) 16 L i.
Gardelegen 27 L b.
Garden (I.) 58 G e.
Gardikion 30 D c.
Gardiner 58 J f.
Gardner (I.) 51 L a.
Gardon 16 J h.
Gardone 22 J f.
Garenne (la) 15 Paris.
Garessio 16 N h.
Garfagnana 24 C b.
Gargaliano 30 C d.
Gargalo (I. de) 16 O j.
Gargano (Testa del) 24 E d.
Gargans (Mt) 15 H g.
Garganta do Diabo 55 J m.
Gargantua (C.) 58 G e.
Garges 15 Paris.
Garghich (Kouh) 40 C e.
Gargnano 22 K f.
Garhakota 41 E c.
Garhwal 41 E b.
Garib (Mt) 49 N d.
Garic 28 E d.
Gariep 50 K o.
Garies 15 Bordeaux.
Garigliano 24 D d.
Garin 57 P d.
Garing-Tso 41 G b.
Garisa 18 Som.
Garkyn D. 59 C c.
Garlaban (M. de) 16 Marseille.
Garlasco 16 O g.
Garlin 13 F i.
Garm 40 G b.
Garnet (C.) 48 D e.
Garnetsville 58 G g.
Garo (Hauteurs) 41 G c.
Garomna (I.) 26 A h.
Garon 16 Lyon.
Garonne 15 F h.
Garonne 13 G i.
Garonne (Hte-) 15 H i.
Garou 19 Dah.
Garoua 48 J h.
Garoupe (C. de la) 16 M i.
Garrigues 16 J I.
Garrovillas de Alconetar 25 E e.
Garry (Be) 56 L a.
Garry (L.) 56 I a.
Gars 27 L f.
Garston 20 H h.
Gartang 41 E b.
Gartempe 15 G f.
Gartok 44 G f.
Garton 20 K h.
Gartoung 44 C c.
Garwolin 34 D e.
Garz 32 F e.
Gas (le) 16 St Etienne.
Gaschurn 22 J c.
Gascogne (G. de) 15 D i.
Gasconade R. 58 F g.
Gascoyne 52 B d.
Gaspar (Dt de) 43 D f.
Gaspar Rico (I.) 51 I f.
Gaspé (C.) 56 P e.
Gaspésie 56 P e.
Gasport 20 J k.
Gassino 16 N g.
Gastein 28 C c.
Gastogaï 38 B h.
Gastonia 58 H g.
Gastouni 30 B d.
Gastouri 30 A b.
Gata (C.) 39 E d.
Gata (C. da) 25 I h.
Gata (Sra de) 25 E d.
Gatcha 18 D h.
Gateshead 20 J g.
Gathalangra 53 I c.
Gathlose 50 L o.
Gâtinais 13 I d.
Gatineau (R.) 56 N e.
Gatron 49 J e.
Gattar (O.) 48 K d.
Gattchina 34 H a.
Gattico 22 G f.
Gattinara 22 G f.
Gatton 53 I e.
Gau (I.) 53 B o.
Gaudet (L. et R.) 56 G e.
Gaudo (I.) 30 E f.

Gaudo Poulo 30 E f.
Gouhati 41 G c.
Gaur 41 G d.
Gaurain 21 B d
Gaaray 15 E d.
Gaurias (M**) 50 D d.
Gavalou 30 C c.
Gavardo 22 K f.
Gavarnie 15 F j.
Gave d'Oloron 15 E i.
Gave de Pau 15 E i.
Gaversland 52 G d.
Gavi 16 O h.
Gaviarra 25 C c.
Gavirate 22 G f.
Gavotte (la) 16 Marseille.
Gavre (le) 15 D c.
Gàrres (P** de) 15 C c.
Gavrilovka 54 L f.
Gavrion 30 F d.
Gawler 52 C f.
Gawler R** 52 F f.
Gaya 19 Dah.
Gaya 28 F b.
Gaya 44 F d.
Gaya (B* de) 43 F d.
Gayns 83 D l.
Gayetano 60 C d.
Gayndah 53 I e.
Gaza 59 F f.
Gaza 50 J i.
Gaza 49 N c.
Gaza L* 50 N n.
Gazelle (Fosse de la) 51 J j.
Gazelle (Passe de la) 18 A h.
Gazimourskii 37 N d.
Gazzeh 39 F f.
Ghani 19 Dah.
Ghebé 48 H h.
Gdov 54 G a.
Géant (le) 22 D f.
Geaune 15 F i.
Geba 19 B c.
Gebe (I.) 45 J f.
Gebren Tchaf 59 C c.
Geddes 58 I f.
Gadinne 21 C e.
Geelong 52 H g.
Geelvink (B* du) 45 J f.
Geelvink (Can. du) 52 B c.
Geer 21 D d.
Geest 27 I a.
Geestemünde 27 I a.
Gefle 52 F i.
Geiers Berg 14 P c.
Geilankirchen 27 F d.
Geïnouk (Verkhnii) 38 G d.
Geipolsheim 14 N d.
Geisa 14 P b.
Geisenfeld 27 L f.
Geislingen 27 J f.
Geispotsheim 14 N d.
Gekhi 58 F c.
Geldern 27 F c.
Gelé (Piton) 18 Mart.
Geleen 21 D d.
Gelendjik 58 B b.
Gélise 15 F h.
Gellivare 52 J h.
Gelnhausen 27 I d.
Gelsenkirchen 27 G c.
Gelterkinden 22 F c.
Gelting 32 C c.
Gembloux 21 C d.
Gemevialoka 37 O b.
Gemlen (I.) 45 J f.
Gemmenalp 22 F d.
Gemmi 22 E c.
Gemona 24 D a.
Gémozac 15 E g.
Gemünd 27 G d.
Gemünden 14 N c.
Gemünden 14 O b.
Gemünden 27 J d.
Genarp 52 F d.
Genas 16 Lyon.
Gençay 15 G f.
Gendbrugge 21 B c.
Gendrey 14 L c.
Gevemuiden 21 D b.
General (Fuerte) 64 E l.
General Acha 64 E j.
General Paz (L.) 64 D m.
Genereso (M.) 22 H f.
Gênes 24 B b.
Genesco (It.) 58 H f.
Genesee 58 C a.
Genest Malifaux 16 K g.
Geneuille 22 B c.
Genevo 58 G f.
Geneva 58 G h.
Geneva 58 I f.
Genève 22 B c.
Genèvre (M*) 24 A b.
Gengenbach 27 H f.
Genijalva (It.) 59 N i.
Genil 25 G g.
Genitchesk 54 K g.
Genlis 14 K c.
Gennargentu (M. del) 24 B d.
Gennes 13 F e.
Genneville 14 le Havre.
Genneville-s.-Honfleur 14 le Havre.
Gennevilliers 15 Paris.
Génolhac 16 J h.
Genosa 24 F d.
Genova 24 B b.
Genrey 14 K c.
Gensau 45 H g.
Gentbrugge 21 B c.
Genteng (C.) 45 D g.
Genthin 27 I b.
Gentilly 15 Paris.
Gentioux 15 H g.
Genzano 24 D d.
Géographe (B* du) 52 B f.
Géographe (Can. du) 52 B d.
George (F*) 20 G d.
George (F*) 56 E d.
George (F*) 56 M d.
George (L.) 52 I g.
George (L.) 58 I f.
George (R.) 56 P c.
George Sound 53 L k.
Georges (I.) 58 H i.

Georges IV (B. de) 58 C d.
Georges IV (D* de) 59 C h.
Georgetown 20 G c.
Georgetown 42 C c.
Georgetown 50 K p.
Georgetown 55 H h.
Georgetown 58 G h.
Georgetown 58 J g.
Georgetown 65 F c.
Georgiana 60 E a.
Géorgie 58 E d.
Géorgie 57 I J d.
Géorgie (D* de) 58 A a.
Georgie du Sud 64 K o.
Géorgienne (B*) 56 M c.
Georgiïevsk 58 E h.
Georgiïevskoïe (Novo-) 38 D b.
Georgina R. 55 G d.
Géorgitsi 30 C d.
Géra 22 G c.
Gera 27 L d.
Gerabronn 27 J c.
Gerace 24 E c.
Geraki 30 D d.
Gérako 50 D b.
Geral (Cord*) 65 F g.
Geral (S**) 64 H j.
Geraldine 52 B c.
Geraldton 52 B c.
Gérancin 30 D d.
Gerardmer 14 M d.
Gerardmer (L. de) 22 D a.
Gerasn 59 G c.
Gerau (Gross-) 27 I c.
Gerbéviller 14 M d.
Gerbier de Jonc 16 J h.
Gerbstedt 27 L c.
Gerdauen 26 J a.
Gère 15 E f.
Geremoabo 65 J f.
Gère 16 K g.
Gerez (S** de) 25 C c.
Geripont 21 C c.
Gerlachfalva 28 F b.
Germignan 15 Bord.
Gerola 22 I c.
Gerolstein 27 G d.
Gerolzhofen 27 K c.
Germein (P*) 53 G f.
Germersheim 27 I c.
Gernrode 27 K c.
Gernsbach 27 H f.
Gernsheim 27 I c.
Gerona 25 N c.
Gerone 25 N c.
Gers 15 G i.
Gersau 22 G d.
Gersfeld 27 J d.
Gersprenz 14 O c.
Gervanne 16 K b.
Géryville 17 E f.
Gerzat 16 J g.
Gesecke 27 I c.
Gespunsart 14 K c.
Gessenay 22 D c.
Cesso 16 M h.
Getafe 25 G d.
Getembe 59 B b.
Gets (les) 22 C c.
Gette 21 C d.
Gette (P**) 14 K b.
Geul 21 D d.
Gévaudan 16 I h.
Geve 39 C a.
Gevigney 22 B h.
Gevrey 14 K c.
Gex 16 L j.
Geysir 52 E b.
Gez 41 A c.
Gezaldara 58 F d.
Ghaba Chaoulaé 49 M h.
Ghabize 59 C a.
Ghadames 17 M f.
Ghamsanieh (el) 49 (B. E.).
Gharra el Batha 49 (B. E.).
Gharb (Dj. el) 49 M d.
Charbi 17 C c.
Gharbi (Ch. el) 17 C f.
Gharbi (D.) 48 G c.
Gharbi (D.) 40 N i.
Ghardaïa 17 D g.
Ghardimaou 17 M c.
Gharrhoun (Dj.) 49 (B. E.).
Gharrel-Djaffara 49 (B. E.).
Gharian 48 J c.
Gharaib (M*) 51 J i.
Gharm 57 I f.
Gharra (C*) 59 J e.
Ghazaouan (Djebel) 49 O P c.
Ghalsize 59 C a.
Ghebren Tchai 59 C c.
Ghedaar 49 O j.
Ghediz 59 C b.
Ghediz-Tchaï 59 C b.
Gheel 21 C c.
Ghemini (el) 49 (B. E.).
Ghemme 22 C f.
Ghemsa (D.) 17 L f.
Ghemme 22 C f.
Gheorghitza (O.) 17 E f.
Gherla (L.) 17 O c.
Gheré (N**) 49 K g.
Ghérdé (N**) 49 K g.
Gherias (O.) 51 F f.
Gherriat 59 U a.
Ghez 14 L d.
Ghézan 49 O j.
Ghinaour Dagh 59 G c.
Ghinour Dagh 59 I a.
Ghinour Gaol 59 G c.
Ghinour Kaleh 59 E b.
Ghih 40 E d.

Ghilaks 37 P d.
Ghilan 40 C b.
Ghiletal (L.) 44 U d.
Ghilzaï 41 B b.
Ghioura 50 E b.
Ghioura 50 F b.
Ghir (C.) 48 E c.
Ghiran Rig 40 F d.
Ghirmeh 59 D c.
Ghirone 22 H d.
Ghirsa 49 (B. E.).
Ghiseh 49 (B. E.).
Ghisonaccia 16 P j.
Ghisoni 16 O j.
Ghistelles 21 A c.
Ghita-Naïghé 49 N i.
Ghizaou 41 B b.
Ghodous 49 J d.
Ghoor 24 D c.
Ghorhand 41 C a.
Ghoulbet el Kamar 49 B f.
Ghoulbet Hach'ch 49 S c f.
Ghourian 40 E c.
Ghrouoim (O.) 49 O d.
Giaginskaïa 58 C b.
Giamdo 41 G c.
Ginin-Thanh 49 K l.
Giamych 58 G d.
Giang-Tse-Djong 41 G c.
Gianutri (I. di) 24 C c.
Giaro (la) 24 D c.
Giarre 24 E f.
Giaveno 24 A b.
Gibb (I.) 56 C a.
Gihéon 50 J o.
Gihloux (M*) 22 D d.
Gibraltar 60 J k.
Gibraltar (P* de) 25 D b.
Gibraltar (D* de) 25 F i.
Gibraltar (P* de) 25 F i.
Gibson 57 G c.
Gilison (Dés. de) 52 D d.
Gide Elf 52 J i.
Giebichenstein 27 L c.
Gieboldehausen 27 J c.
Gielsau 52 C d.
Gielsted 52 C d.
Gien 13 I a.
Giengen 27 H f.
Giens (Presq. de) 16 L i.
Gier 16 S* Etienne.
Giesens'ave 27 I h.
Giessen 27 I d.
Giez 22 B f.
Gif 15 Paris.
Giffard 52 H g.
Gillou 15 H d.
Gilfre 16 L i.
Gilhorn 27 K b.
Gifou 45 M i.
Giganta (la) 59 D d.
Gigantes (C*) 64 E k.
Gigen 29 C b.
Sigha (L.) 20 E f.
Giglio S* 50 E f.
Giglio (I. del) 24 C c.
Gignac 16 J i.
Gignod 16 M j.
Gignela 22 H d.
Gijiga 37 R c.
Gijon 25 E a.
Gilam 29 E b.
Gila 58 C c.
Gila (R.) 58 D d.
Gila City 58 C d.
Gila Desert 58 C d.
Gilane 29 G f.
Gilbert 52 B f.
Gilbert (I**) 45 O i.
Gilherton 55 H c.
Gilghit 41 C a.
Gilgil 55 I h.

Gjedser Odde 52 E c.
Goghta 41 C d.
Gogo 41 C d.
Gogo 48 G f.
Gogolev 54 I c.
Gogomi 49 K g.
Gogra 41 E c.
Gof (Ch. du) 19 E c.
Golanna 65 K f.
Gokak 43 P c.
Gokdok 54 G c.
Gokdok 54 D c.
Goklas 50 K n.
Goktcha (L.) 58 F d.
Gol 18 Scm.
Gola 41 E c.
Goïn (L.) 20 C f.
Golbanti 50 O j.
Golconda 41 E c.
Golconde 41 E c.
Goldap 26 J a.
Goldau 22 G d.
Goldberg 26 G c.
Goldberg 27 L a.
Gold Hill 58 B c.
Golden Bay 53 M k.
Goldingen 34 D b.
Goldsboro 58 H g.
Golée (el) 17 G f.
Golénichtcheff (C.) 37 S d.
Golenka 54 I c.
Goliak Plan. 29 E b.
Golina 49 O g.
Golis (Ch.) 49 P h.
Göllnichsnova 28 G b.
Gollnow 26 G b.
Gollub 26 I h.
Golo 16 O j.
Golosa (Peña) 25 K d.
Golonhats 29 E a.
Goloubinyé Plan. 29 E a.
Goloumelskaïa 44 G c.
Golovinsk 57 J c.
Golovnino (Dét. de) 45 U b.
Golovno 26 G h.
Golovtsa 22 U c.
Gomba 19 C c.
Gombé 48 I g.
Gombln 54 C d.
Gombo 39 N c.
Gomel 54 I d.
Gomen 18 N b.
Gomera 48 D d.
Gometz-la-Ville 15 Paris.
Gomez (S* de) 59 I d.
Glockner (Gr.) 28 C c.
Glodosy 54 I f.
Glogau 26 G c.
Glommen 6 E a.
Glon 27 K f.
Glonn 27 I j.
Glorieuses (P*) 18 J c.
Glosa 50 E h.
Gloucester 20 I j.
Gloucester 56 I d.
Gloukhov 54 I c.
Glossk 54 U d.
Glovelier 22 D c.
Gloversville 58 I f.
Glücksburg 52 C c.
Glückstadt 27 J a.
Glurns 28 B c.
Glyngore 52 B c.
Glyngora Havn 52 B c.
Gnädöd 27 J f.
Gmünd 28 B b.
Gmünden 28 C c.
Gnaster 17 I c.
Gneen 26 H b.
Gniowoszow 26 J c.
Gnilofé (L.) 54 J h.
Gnoffo 45 J f.
Goa 41 P c.
Goa 42 B c.
Goalland 20 J g.
Goaguib 50 J o.
Gonjara (Pen. de) 65 D b.
Goalanda 41 E c.
Goalpara 41 E c.
Goarec 15 C d.
Goat Fell 20 F f.
Goba 49 O h.
Gobabis 50 K n.
Gobad 18 Som.
Gobi (Dés. de) 37 M c.
Gobi 41 E c.
Goben L. 58 B h.
Goose R. 57 G h.
Göppingen 27 J f.
Goraj 28 U a.
Gore Kalwarya 54 D d.
Gorakhpur 41 F n.
Goram (P*) 41 F n.
Gorazde 28 F c.
Gorhanov 57 R c.
Gorda (C*) 59 H c.
Gorda (P**) 59 A h.
Gorda (P**) 60 D d.
Gordes 16 K i.
Gordon 53 J c.
Gordon 58 F c.
Gonnda 48 K h.
Goundaeai 41 B c.
Gondam 48 F f.
Goundauly 50 D b.
Gorde 49 N h.
Goungoun 41 E c.
Gooumeh 58 G c.
Gooutou 44 H b.
Gour (Rég. des) 17 J g.
Gourara 49 O h.
Goura 48 F f.
Gourara (Sebkha du) 17 D j.
Gouraura 48 U j.
Gourara 17 I c.
Gourbansalkhat 44 H c.
Gourheyre 18. Guad.
Gour 59 H b.
Gora 39 H b.
Gorki 34 I c.
Gorkoretchinskaïa 58.
Gorlice 26 J c.
Görlitz 26 G c.

Gormaz 25 H c.
Gorue Milanovats 29 E h.
Gornecrent 22 E f.
Gorni Lom 29 F b.
Gorni Vakuf 28 E a.
Gorodichtche 33 F d.
Gorodichtche 34 I f.
Gorodichtche 34 L c.
Gorodnitis 54 I c.
Gorodok 54 G b.
Gorodok 54 D c.
Goroke 65 G g.
Gorokhovets 55 F c.
Gorokhov 54 F c.
Gorongosa (M**) 50 N m.
Gorontalo 45 H c.
Gorredijk 21 D a.
Gorria (C* de) 25 F d.
Gorron 15 E d.
Gort 20 B b.
Goruma 60 J d.
Gorys 34 G c.
Goryn 54 G c.
Görz 28 C d.
Gorzano (M**) 24 D c.
Gorze 14 L c.
Gorzkow 28 U a.
Goscha (I.) 24 B c.
Gosen 48 G f.
Gosiar 27 J c.
Gospic 28 U d.
Gosport 15 E h.
Gos Redjeb 49 N f.
Gossau 22 G c.
Gossau 22 H c.
Gosselies 21 C d.
Gostyn 26 H c.
Gostynin 54 C d.
Gottingue 27 J c.
Gotin Elf 52 U j.
Göschenen 22 G d.
Goslo 34 G c.
Gotha 27 K d.
Gotland 52 J c.
Goto-Sima 45 I j.
Gotska Sandön 52 J j.
Göttelborn 59 C c.
Gottlichen 22 H b.
Gottorp 32 C c.
Gottschee 28 D d.
Götzis 22 I c.
Gouach 40 E d.
Gouadel 41 B c.
Gouala 40 E d.
Gouanaro 18 C c.
Gouasso Nyiro 50 N j.
Gouatani 49 I c.
Gouba (M*) 49 O h.
Gouhba (D.) 49 Q g h.
Gouhden 58 G c.
Goubet 18 (Som.).
Goubouloumou 50 M m.
Goudah 41 E c.
Goudelin 15 C c.
Goudecourt 14 Lille.
Gondja 48 G h.
Gondo 22 F c.
Gondo 48 I g.
Goudoukoro 50 M i.
Gondrecourt 14 L d.
Gonesso 15 J d.
Gonfaron 16 L i.
Gonfreville-l'Orcher 14 le Havre.
Goudour 19 C c.
Goncï-Kaonan 50 K n.
Gouela 39 N m.
Congo Houté 50 K i.
Congola 48 I c.
Gouessan 15 D d.
Gouât 15 C d.
Goudar 49 O g.
Gondya 48 G h.
Gouldbary 45 B d.
Gouelburst 15 G a.
Goudjba 49 I g.
Goudy Ela 17 F d.
Goudray-S*-Germer (le) 13 H c.

Gourier 58 I a.
Gourievskii 37 K d.
Gouriguor (Dj.) 17 L d.
Gourin 49 j h.
Gourin 15 C d.
Gouria 44 C c.
Gourma 48 G g.
Gournay 15 D c.
Gouro 48 F h.
Gourock R** 52 I g.
Gourou (Dj.) 17 G c.
Gouroun 39 G b.
Gourounsi 48 G g.
Gourououé 50 N m.
Gousïnie 29 D h.
Gousmeur 15 Brest.
Gous Redjeb 49 N f.
Goutchen 44 E c.
Goutherou (C.) 50 G i.
Gouvcia 50 N m.
Gouv 14 Rouen.
Gouzar 40 F b.
Govenskii (C.) 37 S d.
Gövik 52 H i.
Goviuon 50 A b.
Gowran 20 D i.
Goya 64 F j.
Goyango 53 I d.
Goyave 18. Guad.
Goyave (I. à) 18 Guad.
Goyaves 18 Guad.
Goyaz 65 H h.
Goyen 13 B d.
Coza 49 M h.
Gozier (le) 18 Guad.
Gozzano 22 G f.
Gozzo (L.) 24 D f.
Graaff Reinet 50 L p.
Craah (I*) 56 U a.
Grahen 14 O c.
Grabfeld 27 J d.
Grabo 48 F h.
Grahousa 30 G c.
Grabow 26 G b.
Grabow 27 L a.
Grabow 32 F c.
Grabs 22 I c.
Gračanica 28 F d.
Graçay 15 H c.
Gracias 60 A h.
Gracias á Dios (C.) 60 D h.
Graciosa 48 A b.
Gradačac 28 F d.
Gradichté 29 E a.
Gradiguan 15 F h.
Gradijsk 34 J f.
Gradisca 28 C d.
Gradiska 28 E d.
Gradock 50 L p.
Grafenau 27 N f.
Gräfenhainichen 27 M c.
Graft 21 C b.
Grafton 58 F g.
Grafton 58 H g.
Grafton 52 J c.
Grafton (C.) 52 H c.
Grafton (I*) 64 C o.
Graglia 16 N g.
Graham (I.) 56 D d.
Graham Moore (C.) 56 T. P.
Graham Moore (I*) 52 D b.
Grahamstown 50 L p.
Graines (Côte des) 18 E l.
Graisivaudan 16 L g.
Graissessac 16 I i.
Graivoron 54 K c.
Grajahu 65 I c.
Grajero (P**) 58 C d.
Grajewo 54 E d.
Gralheira (S*) 25 C d.

Grande R. 57 E c.
Grande-Bavine 18 R.
Grande-Rivière (la) 18 Mart.
Grande Ronde (R.) 58 B a
Grandès (B.) 50 H f.
Grandes (Salinas) 64 E j.
Grand Etang 18, Guad.
Grande Vierge 60 M f.
Grande Vigie (P** de la) 18 Guad.
Grand-Faux 16 S* Et.
Grand Felletin 16 K g.
Grandfontaine 22 B c.
Grand Forks 57 G a.
Grand Fort Philippe 15 H a.
Grand Gouffre 18 Guad.
Grand-Hameau (le) 14 le Havre.
Grand Haven 58 G f.
Grandin (L.) 56 E h.
Grand-Kérinou 15 Brest.
Grand Key 60 T h.
Grand Lac 19 J k.
Grand Lac 41 G h.
Grand Lac 56 J c.
Grand Lac 56 Q d.
Grand Lac 58 H c.
Grand Lac 60 T b.
Grand Lemps (le) 16 L g.
Grand-Lieu (L. de) 13 D e.
Grand Loy 15 E f.
Grand Lucé (le) 13 G c.
Grand Océan 31.
Grándola 25 C f.
Grand Paradis 24 A b.
Grand Pond 56 R c.
Grand Portage 58 F c.
Grandpré 14 K c.
Grand Pressigny (le) 15 G f.
Grand-Quevilly (le) 14 Rouen.
Grand Rapids 57 I b.
Grand Rapids 58 G f.
Graudrieu 16 J b.
Grand R. 57 D c.
Grand R. 57 T a.
Grand R. 58 E f.
Grand R. 58 G f.
Grand Roche (Saut) 18 G. F.
Grand Rond 18 T. N.
Grands Bois (P** des) 18 Réunion.
Grand Serre (le) 16 K g.
Grands Plateaux 64 E l
Grandvillars 14 M c.
Grandvillars 22 D d.
Grange (la) 58 G h.
Granger (P**) 18 Guad.
Granges 22 C a.
Granges 22 E c.
Granica 26 J c.
Granica 53 A d.
Granitsa 50 C b.
Granja 65 J c.
Granollers 25 N c.
Gransee 15 H h.
Gran Sasso d'Italia 24 D c.
Gransée 27 M a.
Granson 22 C d.
Grant (T. de) 56 T. P.
Grantcivic 16 M g.
Grantham 20 J i.
Grantley (Havre) 56 Alaska.
Grantshoro 58 G g.
Grantown 20 H d.
Granves-Sales 22 H c.
Granville 15 E d.

Grebenstein 27 J c.
Greci 54 G h.
Greco (C.) 39 E d.
Gröding 27 K e.
Gredos (Sᵃ de) 25 F d.
Green B. 58 F f.
Greenbrier Mᵗˢ 58 H g.
Green C. 52 I g.
Greenfield 58 E g.
Green Grove 58 F g.
Green I. 56 P b.
Green K. 60 G c.
Green L. 58 F f.
Greenlaw 20 I f.
Green Mᵗˢ 58 I f.
Greenock 20 F f.
Greenough 52 B e.
Greenough (Mᵗ) 56 Alaska.
Green R. 57 D b.
Green R. 57 D c.
Green R. 58 G g.
Greensboro 58 H g.
Greensburg 58 G g.
Greens Pᵗ 57 D d.
Greenup 58 G g.
Greenville 48 E i.
Greenville 58 G h.
Greenville 58 H h.
Greenwich 20 K j.
Greenwood 57 F b.
Greenwood 58 E h.
Gregory 52 G c.
Gregory North 55 G J.
Gregory South 55 G H e.
Gregory (L.) 52 G e.
Greifen (L. de) 22 G c.
Greifenberg 26 G h.
Greifenhagen 27 N a.
Greifswald 26 F a.
Greigton 44 L e.
Grein 28 D b.
Gretna Pass 22 H d.
Greiz 27 L d.
Gremma 59 D c.
Grenaa 52 D c.
Grenada 58 F h.
Grenade 15 F i.
Grenade 15 G i.
Grenade 28 H g.
Grenade 60 O f.
Grenadines (P) 60 O i.
Grenna 52 I j.
Grenna 49 K e.
Grenoble 16 L g.
Grenville (C.) 52 H b.
Gréoux 16 L i.
Gressa 22 G f.
Gresse 16 L g.
Grésy-s.-Aix 22 B f.
Grésy-s.-Isère 16 L g.
Gretna Green 20 H f.
Gretz 14 I d.
Grevelingen 21 B c.
Greven 27 H b.
Grévéna 50 C a.
Grevenbroich 27 G c.
Grevenmacher 27 E c.
Grevesmühlen 27 K a.
Grevo 22 K e.
Grey 55 L k.
Grey (C.) 52 F b.
Grey (R.) 19 C c.
Grey Bull R. 57 D b.
Grey (R. de) 52 C d.
Greymouth 55 L k.
Grey Rᵍˢ 52 H e.
Grey's Harb. 58 A a.
Greytown 50 M o.
Greytown 51 G g.
Greytown 55 M k.
Grez-en-Bouère 15 F e.
Grézieu-la-Varenne 16 Lyon.
Griazi 55 E J.
Griazovets 54 M a.
Gribingui 19 T n.
Griend 21 C a.
Grieshoch 27 M f.
Grieskirchen 27 N f.
Gries Pass 22 G e.
Griffin 58 G h.
Grigno 22 I f.
Grignan 16 K h.
Grignasco 52 G f.
Grignols 15 F h.
Grignon 15 Paris.
Grigoriopol 54 M g.
Grigoropolisskaïa 58 U b.
Grijalva (R.) 59 M i.
Grim (C.) 52 H h.
Grimaud 16 M i.
Grimault 18 D c.
Grimma 27 N e.
Grimmen 26 F a.
Grimsel 22 G d.
Grimsey 52 E a.
Grimstad 52 H j.
Grindelwald 22 I d.
Grinden 28 H a.
Grinnell (Bᵉ) 56 P b.
Grinnell (I.) 56 T P.
Grinnell (I.) 56 T. P.
Grinsted 52 H e.
Griutove 28 D c.
Griper (Bᵃ du) 56 G.
Grippon 18. Guad.
Griqua-Lᵈ West 50 L o.
Griquatown 50 L o.
Gris Gris (Pᵗᵉ) 18 Guad.
Gris-Nez (C.) 13 H b.
Grisolles 15 G j.
Grisons 52 I d.
Grita 60 I f.
Gritsoumista 50 B b.
Grivegnée 21 D d.
Grivel (C.) 56 Y a.
Grivola 22 F a.
Grosis (I.) 56 R d.
Grobin 54 D b.
Gröbming 28 C c.
Gröbzig 27 L c.
Grodek 28 H b.
Grodisk 54 D d.
Grodno 54 E d.
Grodno 28 H a.
Groede 21 B c.
Groenland 56 J a.
Groested 52 E c.
Grois (I. de) 13 C e.
Grojev 54 D e.
Grömitz 52 D b.
Gröna 48 E d.

Gronau 27 G b.
Gronau 27 J b.
Grünbach 52 C c.
Gröningen 27 K c.
Groningen 21 E n.
Gronlague 21 E a.
Gröhmehack 52 B C d.
Grönsund 52 E e.
Groote 50 K p.
Grootebroek 21 C b.
Groote Eylandt 52 F b.
Grootfontein 50 K m.
Gropotcet (M.) 18, 11.
Grosa (I.) 52 I g.
Grosa (Pᵗᵉ) 25 H e.
Gros Caps (Pᵗᵉ des) 18 Guad.
Gros Cap (Pᵗᵉ du) 18 Guad.
Grosio 22 J a.
Groslay 15 Paris.
Gros Morne (Ile) 18 Ḃ.
Gros Morne (le) 18 Mart.
Grospe 16 K f.
Grosnez (C.) 13 D e.
Grosotto 22 J c.
Gros Poissons (R des) 56 J a.
Grossenhain 27 N c.
Grosseto 24 C c.
Gross-Gerau 14 O c.
Gross-Umstadt 14 O e.
Grosswangen 22 F v.
Grosswardein 28 G c.
Gros-Tenquin 14 M d.
Grottaglie 24 F d.
Grottammare 24 D c.
Grotikau 26 H d.
Gronrlievskaïa 55 E c.
Groudek 54 G f.
Gronin (Pᵗᵉ du) 13 D d.
Groun 54 K e.
Grouw 21 D a.
Grozaev 28 J c.
Groznyi 58 F a.
Grozon 22 A d.
Grube 52 D c.
Gruber (L.) 52 D c.
Gruey-les-Surance 14 L d.
Grugliasco 16 X g.
Gruissan 16 I i.
Grumatzesc 28 J c.
Grumo-Appula 24 F d.
Grünberg 14 O b.
Grünberg 26 G c.
Grüningen 14 O b.
Grüningen 22 G c.
Grünstadt 14 N c.
Gruson 14 Lille.
Grütti 22.
Gruvères 22 D d.
Grvöver 28 G b.
Gryon 22 D e.
Guer 15 C d.
Guer 13 D e.
Guérande 13 D e.
Guerche (In) 15 E e.
Guerche-l'Aubois (la) 14 I f.
Cuerat 18 H f.
Guereï (Dj.) 59 N e.
Guéridge 14 I c.
Guerioun (Dj.) 17 K d.
Gueriit 48 I g.
Gueruesev (I. de) 13 D c.
Guernica 25 H b.
Guerrah (el) 17 K e.
Guerrera 17 I g.
Guerrero 59 I i.
Guerrero 59 J d.
Guerzim 17 C j.
Guetaria 25 I a.
Guettar (el) 17 M e.
Gueugnon 16 J f.
Cuewenheim 22 D b.
Guggisberg 22 D d.
Gugli 28 H d.
Gugu 28 H d.
Guhibé 18 N h.
Guiche (la) 16 K f.
Guichen 15 D e.
Guidambudo 48 H g.
Guidami 49 N h.
Guidmakin 19 C D b.
Guier (L. de) 49 A a.
Guigner 49 O d.
Guija (L. de) 59 O f.
Guildcess 49 O P h.
Guildford 20 J f.
Guiliers 25 Brest.
Guilhjein 52 A a.
Guillaume (C.) 14 I a.
Guillaumes 16 M h.
Guillestre 16 M h.
Guillon 14 J f.
Guilvinec 15 B e.
Guimarães 25 C c.
Guinho 50 K l.
Guin 52 D d.
Guinan 45 B e.
Guincho (Cᵒ) 60 F d.
Guinée 48 F H h.
Guinée (G. de) 48 G i.
Guinée Espagnole 19 P q.
Guinée Française 19 C D d.
Guinée Portugaise 19 B c.
Guines 13 B b.
Guingamp 13 C d.
Guini 19 T p.
Guipavas 13 Brest.
Guipuzcoa 25 I a.
Guir (O.) 48 F c.
Guiriri 63 C e.
Guisane 16 M h.
Guiscard 14 I c.
Guise 14 J c.
Guiseid (V.) 60 B i.
Guichardière (la) 16 Sᵗ-Etienne.
Guitres 15 F g.
Guizenbourg 18 G. F.
Guizay 16 Sᵗ Etienne.
Gujan 15 E b.

Gujorat 41 C d.
Gujranwala 41 C b.
Gujrat 41 D b.
Gulbi n'Sokoto 48 H g.
Guldborg Sund 52 E e.
Guledgarh 41 D e.
Gulek-Bazar 59 F c.
Gulek-Boghaz 59 F c.
Gulistan (Mᵗ) 40 E b.
Gullared 52 F b.
Guipen 14 L h.
Gulumpaja (Sᵗ) 64 E j.
Gumbinnen 26 J a.
Gumes 60 D d.
Gumich Khaneh 55 E f.
Gumich-Tepe 40 D b.
Gummersbach 27 H c.
Gumti 41 G c.
Gumuch Khaneh 59 H a.
Gumurdjina 29 G e.
Gunak Sou 39 I h.
Gundaggi 55 I g.
Gundelfingen 27 K f.
Gundelsheim 27 I c.
Gundersp 52 C c.
Gundslev 52 E e.
Gunnedah 55 I f.
Gunning 55 I f.
Gunnison R. 57 E c.
Güns 28 E c.
Guntakal 41 E e.
Guntersville 58 G h.
Guntur 41 E e.
Günz 27 K f.
Günzburg 27 K f.
Gunzenhausen 27 K e.
Guento 60 M j.
Gurais 41 D b.
Gurdaspur 41 D b.
Gurdon 58 E h.
Gurgaon 41 D c.
Gurgen 40 D b.
Gurgueia (Sᵗ) 63 J f.
Gurgueio (R.) 63 I f.
Gurk 28 C c.
Gurkfeld 28 D d.
Gurkha 41 F c.
Gurrau 26 H c.
Gurupa 63 H c.
Gurupatuba (Rio) 63 G c.
Gurupy 65 I c.
Guspini 24 B c.
Gustafsvärn 54 E a.
Güstrow 27 L a.
Guta 28 E c.
Gutenstadt 28 D c.
Gutenstein 28 D c.
Gutenzell 22 J a.
Gütersloh 27 I c.
Guthalmugra 55 I c.
Guti 41 F e.
Gutierrez 63 E h.
Guttannen 22 F d.
Göttingen 22 H b.
Guttstadt 26 J a.
Gützkow 26 F b.
Guyancourt 15 Paris.
Guyandotte R. 58 H g.
Guyane 65 F c.
Guyane Anglaise 63 F d.
Guyane Brésilienne 63 F d.
Guyane Française 18.
Guyane Hollandaise 63 G d.
Guzaldara 38 F d.
Guzman (Lag. de) 59 F b.
Guzman (Sᵗ de) 59 E h.
Guzman Blanco 63 E c.
Gvianna 65 K f.
Gwadar 40 E d.
Gwadja (Col) 40 F c.
Gwalior 41 E c.
Gwedir 52 I e.
Gy 14 L e.
Gyama 28 C c.
Gyula 28 G c.
Gyula Fehérvár 28 H c.

H

Haag 27 L c.
Haagoen 22 E b.
Haaksbergen 21 E b.
Haapiti 18 Soc.
Haarby 52 C d.
Haarderwijk 21 D b.
Haardt 14 N c.
Haare Sima 45 O m.
Haarlem 21 C b.
Haarsiev 52 C d.
Haasa 27 H b.
Habban 49 P p.
Habdoul Hazizi (Dj.) 39.
Habelschwerdt 26 H c.
Hablitas (I.) 17 C d.
Habsburg 22 F d.
Hachcham (el) 17 H j.
Hache (L. la) 56 H e.
Hache (Pᵗ h. la) 56 H e.
Hachenburg 14 N b.
Hachisctau 22 E d.
Hacke 27 I b.
Hada 49 O g.
Hadamar 14 N b.
Haddo (Ras el) 49 S e.
Haddock Goubo 49 O g.
Haddington 20 H f.
Haddo 42 H d.
Hadeln 27 I a.
Hadendos 49 N f.

Hadersleben 26 D a.
Hadidha 39 J d.
Hadjar (O.) 48 F f.
Hadji-Hamza 39 D h.
Hadji-Kek (Col) 40 G c.
Hadjin 39 F c.
Hadji Oglou Bazardjik 29 H h.
Hadjira (el) 17 J g.
Hadleigh 20 L i.
Hado 43 D o.
Hadoi 42 C h.
Ha-Dong 19 M j.
Hadjika (Col) 40 G c.
Hadour 17 C h.
Hadramout 49 Q f.
Hadsund 52 C c.
Hafoun (B. de) 49 R h.
Hafoun (Ras) 49 Q g.
Hafsa 29 H c.
Hagar (Pᵗᵉ) 49 O f.
Hageland 21 C d.
Bagen 52 H c.
Hagen 52 H b.
Hagenow 27 K a.
Hagerstown 58 H g.
Hagetmau 15 F i.
Haggou (O.) 49 B. E.
Haghir (Con. el) 49 B. E.
Dogi 45 J i.
Hagiang 19 K l.
Hagin Anna 39 E c.
Hagion Oros 50 E a.
Hagios Andreas 50 D d.
Hagios Dimitri (Mᵗ) 50 C c.
Hagios Georgios 50 D d.
Hagios Georgios 50 E d.
Hagios Ioannis 50 F f.
Hagios Ioannis 50 H e.
Hagios Marina 50 D d.
Hagios Nikolaos 50 D e.
Hagios Petros 50 D d.
Hagios Philippos (C.) 50 F d.
Hagios Vasilios 50 D d.
Hagira Seuda 24 D g.
Hageunau 27 H f.
Hagnou 22 H b.
Hague (C.) 13 D c.
Halla Sima 45 O m.
Hahe 19 C c.
Haf-An 19 N b.
Hailok 40 G b.
Haidarabad 41 E c.
Haldorabad 41 E c.
Haidra 17 K d.
Hai Duong 19 K g.
Hafet (O.) 49 N b.
Haiger 14 N b.
Halgerloch 22 I a.
Hark (-L.) 52 I c.
Hai-Kouan 44 K d.
Hail 49 P d.
Haillan (le) 15 E g.
Hailsham 20 L j.
Halmonel 52 F b.
Hai-Men-Ting 45 E k.
Hai-Non 44 I f.
Hainaut 21 B d.
Hainburg 28 E b.
Haines 56 I c.
Hai-Ning-Tchéou 45 E k.
Hainleite 27 K c.
Hai-Phong 19 L g.
Hai-Ping 45 F f.
Hafreboloi 29 F d.
Haironville 14 K d.
Hais 49 P p.
Hai-Tchéou 45 D i.
Hai-Tchin 45 F f.
Haïti 60 N g.
Hai-Tjiou 45 E g.
Hatto 28 F b.
Haiwee 55 B c.

Han-Tchéou-Fou 44 H e.
Hants 20 J j.
Hau-Yang 45 D h.
Hau-Yaug-Fou 44 J e.
Hanza 41 D a.
Hao (I.) 56 N i.
Haonisch 48 K f.
Haouskil (B. d') 49 O f.
Haoud 49 P h.
Haouretpotamos 50 E c.
Haoudih el Hadj Said 17 M i.
Haoulia (el) 17 G f.
Haouiya 49 P p.
Haoura 49 O g.
Haouram (el) 49 O d.
Haouran (O.) 39 J e.
Haouran (O.) 19 O c.
Haouse (le) 18 Bord.
Haoussa (el) 49 O g.
Haourara (O.) 48 E e.
Bamada de Mouzrouk 49 I J d.
Haparanda 52 K b.
Hapsal 54 E a.
Harabi (Oulad) 48 K L c.
Haracta 17 K d.
Harauca 18 Som.
Harmanlik (O.) 48 J d.
Harar 49 O h.
Harar (el) 17 O d.
Harbout 39 G c.
Harboöre Tange 52 A c.
Harbour I. 60 G c.
Harburg 27 J a.
Harecourt (Bᵗ) 18 Yvich 17 I i.
Harda 41 D d.
Hardanger Fj. 52 G i.
Harderwijk 21 D b.
Hardey 52 B d.
Hardinge (L.) 59 O i.
Hardisty (L.) 56 F b.
Hardec 41 E c.
Hardwick 52 I f.
Hardwicke (Bᵃ) 55 G f.
Hardyville 58 C b.
Hare (L.) 56 T P.
Harel 27 M a.
Harfleur 13 F c.
Harford 58 I f.
Hargitta 28 I c.
Hamelin (I.) 52 B c.
Hamelin 27 J b.
Hamer 32 H i.
Han-Hong 45 H g.
Ho-Mi 42 D h.
Hamid (Dj.) 17 O c.
Hamilton 20 G f.
Hamilton 52 F c.
Hamilton 52 G d.
Hamilton 55 H h.
Hamilton 58 G g.
Hamilton Inlet 56 H d.
Hamipur 41 E c.
Han-Kiong-To 45 H g.
Hamma 27 H c.
Hamma (Dj.) 49 P g.
Hammam (el) 17 N c.
Hammam 17 O c.
Hammam Lif 17 N c.
Hamme 21 B c.
Hammerfest 52 K a.
Hammercisenbach 22 F b.
Hamme (Marais) 49 O c.
Hamoun Chelagh 40 E c d.
Hampden 55 L l.
Hampi 41 B c.
Hampod Romanja 28 F c.
Hampton 20 K j.
Hampton R⁴ 52 D f.
Hamptonville 58 B c.
Hamra (Dj. el) 49 O j.
Hamroud 52 a c.
Hamrin (Dj.) 39 J d.
Hamé-Tjiong 45 G g.
Han 27 H a.
Haman 27 I d.
Hancock 58 F e.
Handa 50 I c.
Handa 50 I m.
Handak 39 N f.
Handzame 21 A c.
Hanech (Dj.) 49 B.E.
Hanoncha 17 L c.
Hanerau 52 C e.
Hanillah 49 O g.
Hang-Kang 45 H h.
Hang 55 B c.
Hang-Tchéou-Fou 45 D f.
Hankou 52 J j.
Hanner 52 D c.
Hannibal 58 F g.
Hanôbugt 26 J a.
Hanover 50 I c.
Hanover 57 F c.
Hanover 58 B b.
Hanson (L.) 52 F f.
Hanstholm 52 B b.
Han-Tchéou 44 H e.

Hassan-Kouli (B. de) 55 H g.
Hassan R. 58 E f.
Hassayampa R. 58 C d.
Hasselfelde 27 K c.
Hasselt 21 D c.
Hasselt 21 D c.
Hassfurt 27 K d.
Hassi (el) 48 J d.
Hassi Achin 17 G i.
Hassi Abd el Aken 17 G j.
Hassi Bel Hairan 17 I h.
Hassi Beni Khelil 17 E i.
Hassi Berghaoui 17 H b.
Hassi Bou Dhemmau 17 F j.
Hassi Bou Ferdjali 17.
Hassi-Bou-Tali 17 F i.
Hassi-Bou-Zid 17 F h.
Hassi-Chelmla 17 E j.
Hassi Cheikh 17 F h.
Hassi Chouivef 17 F j.
Hassi Djofer 17 G h.
Hassi Doomons 48 D c.
Hassi el Azz 17 E i.
Hassi el Bezri 17 C h.
Hassi el Hezzna 17 F j.
Hassi el Homeur 17 F i.
Hassi el Bomeur 17 F j.
Hassi el Irriz 17 F i.
Hassi el-Kléniç 48 H d.
Hassi el Maajen 17 M c.
Hassi el Mcrimin 17 C h.
Hassi el Moullouk 17 F j.
Hassi Ghamhou 17 E j.
Hassi-Ghoura-Oulad-Yoich 17 I i.
Hassi-Djifel 17 G H j.
Hassi Isfoonen 17 E j.
Hassi Khantoui 17 F j.
Hassi Loteta 17 E j.
Hassi Mamoura 17 F i.
Hassi Mansour 17 C i.
Hassi Meharzi 17 E j.
Hassi Meskoufiou 17 K c.
Hassi Mezzer 17 F j.
Hassi Mezou 17 C h.
Hassi Mokhanza 17 J h.
Hassi Morra 17 D h.
Hassi Mougcet Zetti 17.
Hassi Meungar 17 E h.
Hassi Onchen 17 E j.
Hassi Ouskir 17 C i.
Hassi Ras-er-Ioz 17 G j.
Hassi Samel 17 F j.
Hassi Sommim 17 E j.
Hassi Tekbir 17 F h.
Hassi Tell el Besser 17 N d.
Hassi Zafraui 17 B h.
Hassloch 17 I.
Hastings 20 L k.
Hastings 57 F h.
Hastings 58 E f.
Hat (O. el) 17 F d.
Ha-Tcheou 44 I e.
Hathras 41 E c.
Hatiba (Dj.) 17 j.
Hatlua (Bos) 49 O e.
Ha-Tien 19 K l.
Hoto Arriba (P.) 60 J k.
Hatoh (O. el) 17 M d.
Ha-Tong 45 H h.
Hatroil 17 K h.
Hatsinohe 45 O f.
Hatsiro Gata 45 N g.
Hottem 21 D b.
Hotterås (C.) 58 I z.
Hutton (Dj. el) 49 O e.
Hattingen 27 G c.
Hattstädt 14 M d.
Hotzfeld 27 I c.
Hotzfeld 28 G d.
Haubourdin 14 I b.
Hauleves 22 F f.
Hauenstein 22 F b.
Hugesund 52 G j.
Haune 14 P h.
Haurakli (Gᵉ) 55 M j.
Hausach 27 H f.
Hausen 22 E h.
Hausruck 28 C b.
Haussez (Fᵗ d') 55 M j.
Haussonviller 17 H c.
Hausruck 22 H d.
Hautacam 28 C b.
Haut-du-Sec 14 K c.
Hautefort 15 G c.
Hautes Fagnes 21 D e.
Hauteur des Terres 56.
Hauteville 16 L g.
Hauvrocz (Dj.) 17 E d.
Haut-Orénoque (Terr. du) 63 E d.
Hautot-s.-Seine 14 Rouen.
Havane (La) 60 F d.
Havamnah (Can. de la) 18 D d.
Havant 13 E h.
Havel 27 M c.
Havelberg 27 L b.
Haveland 27 L b.
Havelock (L.) 44 H h.
Havelock 50 M j.
Haver 38 J f.
Havergronde 27 K c.
Haverfordwest 20 F f.
Havilkah 55 I d.
Havre 14 F c.
Havre (C.) 55 I f.
Haw R. 58 H g.
Hawaï (Iᵉ) 56 M f.
Haw I. 56 L i.
Hawarden 20 H h.
Hawea (L.) 55 K k.
Hawesville 58 G g.
Hawick 20 H f.
Hawke (Bᵉ) 55 N j.
Hawke (C.) 55 J f.
Hawke 41 D f.
Hawker 55 G f.
Hawke's Bay 55 M j.
Hawkhurst 13 G m.

Iférouane 48 I f.
Igarra 48 I h.
Igatuni 64 G i.
Igdoluarsuk 36 U b.
Igdyr 58 E a.
Igharghar (O.) 17 J g.
Iglau 28 D b.
Iglawa 28 D b.
Iglesias 24 B a.
Igli 17 B i.
Iglo 28 G h.
Iguala 59 J h.
Iguon 14 K e.
Igny 15 Paris.
Igouda 50 N k.
Igosten 17 D j.
Igoumon 34 H d.
Igoville 14 Rouen.
Igrejinha 25 C f.
Iguala 59 J h.
Iguape 64 I i.
Iguidi (Dunes d') 43 F d.
Iniya-Sima 45 H m.
Ihua 26 G b.
Ihobaka 18 J g.
Iholdy 15 E i.
Ihosy 18 H k.
Ihourou 49 M i.
Iin 44 G a.
Iini 48 E d.
Ija 54 G b.
Ijevsk 35 H c.
Ijma 35 H c.
Ijmuiden 21 C b.
Ijojoki 33 D b.
Ijssel 21 D b.
Ijsselecin 21 C b.
Ijuhy (R.) 64 G j.
Ikahavo d'Ankabara (Causses d') 18 H I h.
Ikalamavony 18 U j.
Ikanga 50 O j.
Ikaoua 50 N k.
Ikaria 39 A c.
Ikast 52 U c.
Ikatia 50 A j.
Ike Bogdo 44 G b.
Ikhimissa 37 M c.
Iki-Sima 45 I j.
Ikol 19 P r.
Ikomo 50 N j.
Ikombe 50 N k.
Ikongo 18 I j.
Ikongo 50 L j.
Ikopa 18 I h.
Ikorana 48 I h.
Ikoudou 19 Dah.
Ikounde 19 D h.
Ikouno 45 L i.
Ikouron 50 N j.
Ikpikpong 36 Alaska.
Ilagan 45 G b.
Ilaik (L.) 49 O g.
Ilamane (M) 48 H l.
Ilanz 22 H d.
Ildenhoven 14 L b.
Ile Bouchard (l') 15 G e.
Ile de France 15 I e.
Ile Double (I de l') 52 J e.
Ile Douteuse (D de l') 52 C f.
Ile du Prince Edouard 56 P c.
Ilegh 48 E d.
Ilek 55 B d.
Ilemboulé 50 N k.
Ile Rousse (l') 16 O j.
Iles (B des) 53 M j.
Iles (B des) 56 Q e.
Iles (L. des) 56 G e.
Iles (L. des) 56 J d.
Ile-St-Denis (l') 15 Paris.
Ilet 18 Guad.
Ilet (G) 18 Guad.
Ilet (l') 15 Brest.
Iletskaia Zachtchita 35 H d.
Ilfovu 34 F h.
Ilfracombe 20 G j.
Ilgoun 39 D b.
Ilhavo 25 C d.
Ilheo (P d') 50 J u.
Ili 44 C e.
Iialy 40 E a.
Iliamna (L.) 56 Alaska.
Ilidja 59 C b.
Ilidja 59 I b.
Iliiskoie 37 J e.
Ilim 57 M d.
Illinsk 37 M d.
Ilinskaia 38 D b.
Ilinskaia 58 E a.
Iliuta 18 H l.
Ilintsy 34 H f.
Ill 22 I e.
Ill 27 H f.
Illana (B) 45 H d.
Illapel 64 D k.
Ille 13 D d.
Ille 13 I j.
Ille et Rance (Can. d') 13 D d.
Ille-et-Vilaine 13 D d.
Iller 27 J f.
Illertissen 27 J f.
Illescas 25 G d.
Illet 13 D d.
Illfurth 22 D b.
Illgraben 22 E e.
Illiers 15 G d.
Illig 49 Q h.
Illimani 65 E h.
Illinois 58 F f.
Illmensee 22 H b.
Illnau 22 G e.
Illust 34 F e.
Ilkas D. 39 E a.
Ilkhouri Alin 44 L a.
Ilm 27 L f.
Ilmen 55 I d.
Ilmenau 27 K a.
Ilminster 20 H k.
Ilo 48 H g.
Ilo 65 D b.
Ilo Ilo 45 H c.
Iluk 28 F d.
Ilok Fallak 28 F d.
Ilokou 19 Q g.
Ilorin 48 H h.
Ilouchi 48 H h.
Ilova 28 E d.
Ilovlia 35 F d c.

Ilsenburg 27 K c.
Iltchi 44 C d.
Iluka 55 J e.
Ilytch 35 I b.
Ilz 27 N f.
Ilża 54 D c.
Imahaho 18 H k.
Imahar 45 K i.
Imahason 18 I k.
Imala 59 F e.
Imalaca (S de) 63 F c.
Imamatsi 45 M h.
Imamhomo 18 H l.
Imam-Cherki 40 B c.
Imam-Noulah 44 D d.
Imandra (Lac) 35 D a.
Imataka 60 O k.
Imatou 45 C f.
Imbabura 63 B d.
Imbatskoïe (Verkhno) 57 K c.
Imbosch 21 D b.
Imbros 30 G a.
Imeustaad 22 I b.
Imérétie 58 E c.
Imerimandróso 18 J h.
Imérina 18 I i.
Iméza 19 S p.
Imfondo 19 S q.
Imgal 48 H f.
Imi 49 P h.
Imikaiky 18 I k.
Imley (M) 52 I g.
Immendingen 21 G b.
Immenstadt 27 J g.
Imoghagh 48 H e.
Imola 24 C b.
Imoski 28 E c.
Imperatriz 65 H f.
Imperatriz 65 K f.
Impérial (Canal) 44 Ke.
Impérial (P.) 45 D g.
Imphy 14 I f.
Imst 28 B c.
Inague (I) 60 I c.
Inamhari (R.) 65 D g.
In Amedjel 48 H e.
Inanatomana 18 H I i.
In Azaoua 48 I c.
Inca 25 N e.
Incarville 14 Rouen.
In-Chan 44 J c.
Inchard 20 F c.
Inchiri 48 D f.
Inchouau 42 C a.
Inconnue (I.) 36 T P.
Incoronata (L.) 28 D e.
Incudine (l') 16 O k.
Indals Elf 52 I i.
Indaougyi (L.) 42 B o.
Inde 41.
Inde 59 F e.
Inde Centrale 41 D E d.
Indénié 48 F h.
Indépendence 58 E g.
Indépendence 58 F f.
Independencia 64 F k.
Independencia 65 K f.
Indhyadri (M) 41 E d.
Indiana 58 G f.
Indianapolis 58 G g.
Indien (Territoire) 57 G e.
Indicus (Cd L. des) 56 I e.
Indigirka 37 Q h.
India 42 B h.
Inding 42 B o.
Indjeh Bouroun 39 F a.
Indjeh-Sou 59 F b.
Indje-Karasou 30 C a.
Indjes 59 B a.
Indjighiz 29 I e.
Indjija 28 F d.
Indjirli 59 D e.
Indo-Chine 42.
Indo-Chine Française 19.
Indore 41 D d.
Indore 41 E e.
Indou-Kouch 40 G b.
Indragiri 45 C f.
Indramajoe 45 E g.
Indrapoera 45 C f.
Indre 15 F e.
Indre 15 H f.
Indre-et-Loire 15 G e.
Indret 13 D e.
Indroye 13 G e.
Induno 22 H f.
Indus 41 C b.
Indwé 50 I p.
Ineboli 59 C e.
Ineboli 59 E a.
Inegœl 39 C a.
Infreschi (C.) 24 F e.
Ingelfingen 14 P e.
Ingelmunster 21 A d.
Ingersheim 22 D a.
Inghar 48 G d.
Inghé Nor 44 G d.
Ingleby 20 J g.
Inglefield 56 T P.
Inglewood 53 H g.
Ingoda 37 N d.
Ingolstadt 27 J f.
Ingoul 54 I f.
Ingoulets 54 I g.
Ingour 58 D c.
Ingrams 58 A e.
Ingwiller 27 H f.
Inhambane 50 N n.
Inhaugoma 50 N m.
In Hissar 59 D a.
In-Ho 45 A j.
Inin 57 Q e.
Inini 18 G. F.
Inipi 18 G. F.
Inirida (R.) 65 D d.
Inishbofin (Ile) 20 A h.
Inisher (I.) 20 B h.
Inishkea (Iles) 20 A g.
Inishman (Ile) 20 A h.
Inishtrahull (I.) 20 B f.
Inishturk (I.) 20 A h.
Injeliuskii 38 H a.

Innokontiievskaia 57 O c.
Innsbruck 28 B c.
Inongo 50 K j.
Inowraxlaw 26 H h.
Inquisivi 63 E h.
Ius 22 D e.
In Salah 48 H d.
Insar 33 F d.
Inscription (C.) 52 B c.
Inskoie 37 Q d.
Insokki (O.) 17 H j.
Inster 26 J a.
Insterburg 26 J a.
Insua 25 B b.
In-Tchien 45 H h.
Intérieure (Horde) 35 G e.
Interior (Cord) 64 E i.
Interlaken 22 F d.
Interview (I.) 42 B d.
In-Tong 45 I i.
Intra 22 G f.
Iatragua 22 G e.
Introbbio 22 I f.
Inutile (B.) 64 D o.
Inverary 20 F c.
Inverary 20 I d.
Invercargill 53 L l.
Inverell 53 I e.
Invergordon 20 G d.
Inverness 20 G d.
Investigator (D de l') 52 F g.
Investigator (I de l') 33 F f.
Invorio 22 G f.
Invati 50 M m.
In Zizé 48 G e.
Inzlingen 22 E b.
Iona 22 H e.
Ioua (I.) 20 E e.
Ione 58 B e.
Ionia 58 G f.
Ionienne (Mer) 24 F a.
Ioniennes (Iles) 30 A c.
Iora 58 F d.
Ios 30 G e.
Iotry 18 G j.
Iouanga 18 B b.
Ioucha (Oglat) 17 B h.
Ioudinskaia 44 E a.
Ioudoma 37 P d.
Ioug 55 F b.
Iougan 37 J d.
Iouganskoie 57 J c.
Iougorskii Char 37 H b.
Ioukaghire 57 Q c.
Ioukhari-Aiplou 58 F d.
Iouklmov 34 K c.
Ioukhnovitchi 34 H c.
Iounakovka 34 K c.
Ioumaska (I.) 54 A c.
Iourbourg 34 E c.
Iomiev 34 G a.
Iourievets 35 F c.
Iouriev-Polskii 34 M h.
Iowa 58 F f.
Iowa R. 58 E f.
Ipek 29 E b.
Ipiales 65 C d.
Ipoa (Lag.) 64 G j.
Ipok 29 E b.
Ipoly 28 F h.
Ipolysag 28 F h.
Ipoto 49 M j.
Ipont 34 I d.
Ipsala 29 H e.
Ipsario 29 G c.
Ipswich 20 L i.
Ipswich 53 I e.
Iquique 64 D i.
Iquitos 65 C e.
Iracoubo 18 G. F.
Irad 40 D d.
Irak-Adjemi 40 C c.
Irambari (R.) 65 D g.
Irangali 30 N k.
Irmghi 30 N k.
Irnouen (Dj.) 51 D f.
Irapuato 59 I g.
Iraro Cr. 55 H f.
Iratapuro 65 G d.
Irati 15 E j.
Irawadi 41 H e.
Irba (M) 49 N e.
Irbit 53 I e.
Irdyn-Ola 44 F h.
Irnbou 19 S e.
Ireghenaten 19 H a.
Iregua 25 I b.
Ireinel 53 I d.
Irene (C.) 50 G b.
Iret 50 M i.
Irgiz 37 H e.
Irgiz (Belchoi) 55 G d.
Irgunlou 50 K l.
Iri 30 D d.
Irig 28 F d.
Irigny 16 Lyon.
Iringa 50 N k.
Iriometo Sima 45 F n.
Iris 59 G a.
Irkoutsk 37 M d.
Irlande 20.
Irlande (Mer d') 20 F h.
Irmaos (S dos) 63 J f.
Iro (L.) 49 K g.
Iroise 15 A d.
Iron 14 J e.
Iron M 58 F e.
Iron M 58 H g.
Iron Point 58 C b.
Ironton 58 F e.
Ironton 58 H g.
Iroumou 50 M j.
Irpen 54 H e.
Irraonaddi 42 B c.
Irser 21 D d.
Irtych 57 I d.
Irun 15 D i.
Irvine 20 F f.
Isa 42 D b.
Isaac (I) 60 F b.
Isaak 52 I d.

Isakamaro 18 H k.
Isakhel 41 C b.
Isalo (Plat. de l') 18 H k.
Isana (R.) 63 D d.
Isanguélé 50 N j.
Isangui 50 L i.
Isangula 19 Q t.
Isaoun (O.) 48 I d.
Isar 27 L g.
Isarahamony 18 I j.
Isarog 43 D c.
Isarwinkel Geb. 27 L g.
Isatskaia 57 O c.
Isaura 39 D c.
Isaye 48 G g.
Isbarta 39 D c.
Isbla 22 H e.
Ischia (I.) 24 D d.
Ischl 28 C c.
Iscoutan 53 D i.
Iscunnde 65 B d.
Ise Fj. 32 E d.
Ise Fj. 32 G i.
Iseghem 21 A d.
Isel 28 C c.
Isenthal 22 G d.
Isco 24 B b.
Iser 28 D a.
Iseran (Col d') 24 A b.
Isère 16 L g.
Iserlohn 27 H c.
Isernia 24 D c.
Iset 37 I d.
Iseyin 48 H h.
Isfandak 41 B c.
Isigaki-Sima 45 G n.
Isigny 15 E e.
Isigny 15 E d.
Isikari 48 O c.
Isikarigava 45 P e.
Isikari Take 45 P c.
Isili 24 B e.
Isimounle 50 M m.
Isinko 18 7 h.
Isinomaki 45 O g.
Isisford 52 H d.
Isk 40 C b.
Iskandéroun 39 F e.
Iskando 44 B d.
Iskelib 39 F a.
Iskella 59 I h.
Iskenderieh 49 (E. E.).
Isker 29 F h.
Iskorost 54 H e.
Iskourinh (C.) 38 D e.
Islamabad 41 D b.
Islande 52.
Island Lag. 52 F f.
Islay 65 D h.
Islay (I.) 20 E f.
Isle 15 F h.
Isle (l') 16 K i.
Isle (l') 22 C e.
Isle-Adam (l') 15 H e.
Isle au Breton 57 H e.
Isle-en-Dodon 15 G i.
Isle-Jourdain (l') 15 G f.
Isle-Jourdain (l') 15 G i.
Isle-s.-le-Doubs (l') 14 M e.
Isle-s.-Sorcin (l') 14 J e.
Isle-s.-Snippe 14 I e.
Islettes (les) 14 K e.
Islikon 22 G b.
Islotch 51 G d.
Isluga (V.) 63 D h.
Isty (O.) 17 B a.
Ismail 54 H h.
Ismailia 49 M e.
Ismid 59 C a.
Isnebot 29 F b.
Isnik 39 C a.
Isuy 27 J g.
Iso 50 L m.
Isoanala 18 H k.
Isola della Scala 24 C b.
Isole 13 B d.
Isonzo 28 C c.
Isoumatau (O.) 23 F i.
Ispahan 40 C c.
Ispingo 50 M p.
Ispir 39 I n.
Issa 54 H b.
Issanguila 19 Q t.
Issariés (L. d') 16 J h.
Isse Hoved 52 D e.
Isser (O.) 17 H e.
Isser (Pont de l') 17 C d.
Issertine 16 St Etienne.
Issigeac 15 G h.
Issogné (M) 19 P r.
Issoire 15 G f.
Issoire 15 I g.
Issole 16 L i.
Issongo 50 N k.
Issoudun 15 H f.
Is-s.-Tille 14 K e.
Issus 39 F e.
Issy 15 Paris.
Issyk-koul 57 I e.
Issy-l'Evêque 16 J f.
Istamos 58 E b.
Istanoz 59 C e.
Istalif 41 C b.
Isto (I.) 28 D d.
Istokpoga (I.) 58 H i.
Istotch 54 G d.
Istrandja 29 H e.
Istrandja Dagh 29 H e.
Istres 16 K i.
Istrie 28 C d.
Isuela 15 F j.
Isvoru 28 H d.
Isvorulu-Sărau 54 G h.
Itabira 63 I i.
Itaborahy 64 I i.
Itacaiu 65 H h.
Itacoathara 63 F e.
Itah 56 T P.
Itajahy (R.) 64 H j.
Itajuba 64 I i.
Itala 50 P i.
Itamos (M) 30 C h.
Itang 49 N h.
Itauhuem 64 I i.

Itasca (L.) 56 Je.
Itasibe (V d') 45 Q d.
Itasy (L.) 18 I i.
Itati 64 F j.
Itaduya 64 I i.
Itavare (R.) 64 H i.
Itchabo (I.) 50 I o.
Itchen 15 E a.
I-Tchien 45 U g.
Itchnia 54 J c.
Itchou 37 O f.
Itel (O.) 17 J e.
Itoli 50 K j.
Itembo 50 K l.
Itenez 63 E g.
Ithaca 58 I f.
Ithamos (M) 30 C b.
Ithaque 30 D c.
Itinda 50 M k.
Itiri 24 B d.
I-Tjiou 44 L d.
Itomompy 18 I k.
Iton 13 G d.
Itonnnas (R.) 65 E g.
Itoued (el) 49 O f.
Itoumha 50 N k.
I-Toung-Tchéou 45 G c.
Itoupa (M) 18 G. F.
Itoura 50 N k.
Itouri 50 M i.
Itouroup 45 R d.
Itremo 18 I j.
Ituri 24 D d.
Ittche 28 G d.
Iiú 64 I i.
Iturbide 59 O h.
Itza (L. de) 59 N i.
Itzehoe 27 J a.
Ivahy (R.) 64 G i.
Ivaki Yama 45 N f.
Ivakouni 45 J i.
Ivalajoki 33 B a.
Ivenat 48 O m.
Ivančica 28 D e.
Ivanda 50 M j.
Ivangorod 34 G a.
Ivan Gorod 54 J e.
Ivanhoe 53 H f.
Ivanie 28 E d.
Ivanitsa 29 D h.
Ivanovo-Voznesensk 53 E e.
Ivanovskaia 58 C b.
Ivanovskoïe 54 K e.
Ivate 45 O g.
Ivi (C.) 17 B a.
Iviça 25 M f.
Ivigtut 56 S h.
Ivindo 19 Q g.
Ivindo 50 J i.
Ivinheima (R.) 64 G i.
Ivohibé 18 I k.
Ivohinémo 18 H l.
Ivohitra 18 J i.
Ivoire (Côte de l') 48 F i.
Ivondro 18 J h.
Ivondrona 18 J i.
Ivonkou 50 K j.
Ivrée 24 A b.
Ivrindi 59 H h.
Ivry 15 Paris.
Ivry-la-Bataille 13 H d.
Iwangród 34 D e.
Ixhul (C du) 59 M i.
Ixelles 21 C d.
Ixtlahuaca 59 J h.
Ixtlan 59 H g.
Ixtlan 59 K i.
Iyo Nada 45 J j.
Izabal 59 O j.
Izabel 64 I i.
Izamal 59 O g.
Izbica 26 I b.
Izbica 28 H a.
Izbiceni 28 I e.
Izborsk 54 G h.
Izernore 16 L f.
Izieux 16 K g.
Izioum 54 L f.
Iznaten (Beni) 17 B e.
Izvestkovvi 57 J d.
Izvor 29 F h.
Izwor 28 I e.

J

Jabalou 25 H f.
Jabalpur 41 E d.
Jablanac 28 D e.
Jahlunka (M) 28 F h.
Jabolicabal 64 H i.
Jabron 16 K h.
Jahron 16 L h.
Jaca 25 K h.
Jacareby 64 I i.
Jachal 64 D k.
Jackijst 21 C a.
Jackson 58 F g.
Jackson 58 F h.
Jackson 58 G f.
Jackson (M) 52 C f.
Jackson (P) 53 I i.
Jacksonville 58 A b.
Jacksonville 58 F g.
Jacksonville 58 H h.
Jacksonville 58 I h.
Jacmel 60 I f.
Jaco (Lag. de) 59 G d.
Jacobabad 41 C c.
Jacolium 63 J g.
Jacoasdal 50 L o.
Jacobshaven 56 S a.
Jacuhy (R.) 64 G j.
Jade 27 H a.
Jade (M de) 44 C d.
Jade P 56 Alaska.
Jagersborg 52 F d.
Jaggevarre 32 J h.
Jaen 25 G g.
Jaen (lo) 60 C j.

Jagoubitsa 28 G d.
Jagraen 41 D d.
Jaget 27 J f.
Jagtal 41 E e.
Jaguamo 64 G k.
Jaguaribe (Barra) 65 J c.
Jaguaribe (R.) 65 J f.
Jahanabad 41 F c.
Jahu 64 H i.
Jaice 28 E d.
Jaintia (M) 41 H c.
Jaipur 41 D c.
Jaipur 41 H c.
Jaire (I. de) 16 Mars.
Jaisalmer 41 C c.
Jaipur 41 P d.
Jakhau 44 C d.
Jakob 59 F f.
Jakobsdal 50 I o.
Jakobstadt 54 I b.
Jakulsa 32 F a.
Jalacingo 59 K h.
Jalandhar 41 D h.
Jalapa 59 K h.
Jalapa 59 M j.
Jalapa 59 N j.
Jalaun 41 E c.
Jalawan 41 B c.
Juligny 16 J f.
Jalisco 59 G g.
Jalle 13 Bordeaux.
Jallieu 16 K g.
Jalua 41 De.
Jalon 25 I c.
Jalor 41 D e.
Jalpa 59 H g.
Jalpaiguri 41 G c.
Jalpan 59 J g.
Jaluit (I.) 51 I g.
Jama (I) 65 H e.
Jamaique 60 G g.
Jamalpur 44 G c.
Jamalpur 44 F c.
Jamary 65 F f.
Jambusar 41 D d.
Jamdena 45 I g.
James (B.) 56 M d.
James (F) 19 A c.
James (L.) 64 C m.
Jameson (F) 50 N l.
Jameson (T.) 56 T. P.
Jameson Land 54 P a.
James R. 58 I g.
Jamestown 53 G f.
Jamestown 57 F a.
Jamestown 58 H f.
Jamiltepec 59 J i.
Jamkhandi 41 D e.
Jamma 34 D a.
Jammer (B de) 32 B b.
Jamna 41 D e.
Jamu 41 D b.
Jamuna 41 G c.
Jandon 15 Bordeaux.
Jandula 28 G f.
Janesville 58 F f.
Janet (C.) 16 Marseille.
Janjira 41 D e.
Jankovacz 28 F c.
Jan Mayen (I.) 37 A b.
Januaria 65 I h.
Janos 57 D d.
Janow 26 J b.
Janow 54 E d.
Janow 54 E e.
Janssens Numatakker 56 S T b.
Jansenville 50 L p.
Janville 15 H d.
Janzé 15 E e.
Jaora 41 D d.
Jao-Tchéou-Fou 44 J f.
Japara 45 E g.
Japon 48.
Japon (Mer de) 45 JM f g.
Jappen 45 J f.
Jaquary 65 G h.
Jaquet (I) 60 O h.
Jaruma 25 H d.
Jarandilla 25 F d.
Jardines y Jardinillos 60 D c.
Jargeau 15 H e.
Jaring 42 C c.
Jarmen 52 F f.
Jarnac 15 F g.
Jarnages 15 H f.
Jaromer 28 D a.
Jaroslau 28 H a.
Jarotschin 26 H b.
Jarret 16 K g.
Jarrie (la) 15 E f.
Jarry 18 Guad.
Jarville 14 L d.
Jarvis (I.) 51 L M h.
Jashpurnagar 41 F d.
Jaslo 28 G h.
Jasmund (B. de) 26 F a.
Jason (I) 64 F o.
Jason (Prom. de) 59 G a.
Jasper 58 E h.
Jassrow 26 H b.
Jász-Apáti 28 F c.
Jász-Berény 28 F c.
Jász-Kisér 28 F c.
Jász-Ladány 28 F c.
Jász-Nagy-Kun-Szolnok 28 F e.
Jath 41 D c.
Jativa 25 K f.
Jatoba 65 J f.
Jaudy 13 C d.
Jauer 26 G e.
Jaun 22 D d.
Jaunay 15 D f.
Jaune (Mer) 44 I d.
Jaunpur 41 F c.
Jaur 15 I i.
Jauru 65 F h.
Java 45 E g.
Javalambre (P.) 25 J d.
Javea 25 K f.

Jedburg 20 I f.
Joetze 27 K b.
Jefferson 57 C a.
Jefferson 58 E h.
Jefferson (M) 58 B b.
Jefferson City 58 F g.
Jeffersonville 58 G g.
Jeffreys (Fosse de) 51 D l.
Jogindo 52 B c.
Jegun 15 G i.
Jchlam 41 D b.
Jehol 45 C f.
Jeimele 54 E h.
Jejny (R.) 64 G i.
Jelling 52 B d.
Jemappes 21 B d.
Jemelle 14 K h.
Jemmapes 17 K c.
Jemtland 52 I i.
Jenatz 22 I d.
Joparit 55 G g.
Jequitinhonha (R.) 63 I h.
Jerchets 54 K g.
Jérémie 60 H f.
Jerez de la Frontera 25 E h.
Jerez de los Caballeros 23 D f.
Jéricho 59 F f.
Jéricho 65 H d.
Jerichow 27 L h.
Jerico 63 C c.
Jericoacoara (C.) 63 J c.
Jerilderic 53 H g.
Jeristumturi 55 B a.
Jernhatten 52 D c.
Jernovskoie 54 M d.
Jersey (I. de) 13 D c.
Jersey City 58 I f.
Jerslev 52 C b.
Jerusalem 59 F f.
Jervis (B) 53 I g.
Jervis (C.) 53 G g.
Jervois R 52 F d.
Jerzyce 26 H b.
Jesi 24 D c.
Jessen 27 M c.
Jessnitz 27 M c.
Jessor 41 G d.
Jesus Maria 57 D c.
Jesus Maria (B de) 59 J c.
Jesus Maria (Cumbre de) 59 E c.
Jetkofen 22 I b.
Jetpur 41 C d.
Jetsmark 52 C b.
Jever 27 H a.
Jewe 54 G a.
Jhabua 41 D d.
Jhal 41 C c.
Jhalra-Patan 41 D d.
Jhang-Maghiana 41 D b.
Jhansi 41 E c.
Jhara 60 G c.
Jhelum 41 D b.
Jicaltepec 59 K g.
Jbein 28 D a.
Jicotencatl 59 J f.
Jid (L.) 54 G d.
Jiglova 37 M d.
Jigausk 57 O c.
Jijitskoïe (L.) 54 I b.
Jijona 25 K f.
Jilavo 28 J d.
Jiloca 25 J c.
Jilof (I.) 58 I d.
Jimenez 59 G d.
Jimenez 59 J c.
Jindinskii 44 I a.
Jindulian 35 I g.
Jin-Hoat-Tchéou 44 H f.
Jiquilpan 59 H g.
Jirardot 63 C d.
Jiron 63 C c.
Jissouthon 42 D c.
Jitomir 34 H c.
Jiu 34 E h.
Jizdra 34 K d.
Jlohin 34 H d.
Jmerinka 54 G f.
Joachimsthal 27 N a.
Joachimsthal 28 C a.
Joal 19 A h.
Joanna Spring 52 D d.
Joannes (I. de) 65 H h.
Jonnnesburg 50 M c.
Joao 65 J f.
João de Nova 50 Q l.
Joaquin R. 58 B c.
Jonseiro 65 J f.
Jontinga (C.) 64 I i.
Johoung (Nez de) 15 D c.
Jodhpur 41 D c.
Jodoigne 14 K b.
Joensau 33 C b.
Johann Albrechtshöhe 48 I i.
Johannesburg 50 M o.
Johannisberg 14 N b.
Johannisburg 26 J b.
John Day R. 58 B b.
John R. 58 H i.
John Russell (I) 56 T. P.
Johnsonville 58 F g.
John's R. 58 H i.
Johnston 20 H f.
Johnston (F) 50 N J.
Johnston (I.) 51 H K f.
Johnston (I.) 56 H d.
Johnston's ville 58 H h.
Johnstown 58 H f.
Johnstown 58 I f.
Johore Bharu 42 D f.
Joigny 14 J e.
Joinville 64 H d.
Joinville (I.) 3 K h.
Joinville 64 H j.
Joinville-le-Pont 15 Paris.
Jokulu 52 G i.

Jones (C.) 56 M d.
Jonesborough 58 F g.
Jonesborough 58 H g.
Jones S 56 T. P.
Jonesville 58 G g.
Jönköping 52 I j.
Jonte 16 J h.
Jonuta 59 H h.
Jonzac 15 F g.
Joret 22 C d.
Jorilkirch 52 B d.
Jorhat 41 H c.
Jorullo (V. de) 59 I h.
Josefstadt 28 D a.
Joseph R. 58 G f.
Josselin 13 D c.
Jötun Fjeld 52 H i.
Jouanne 15 E d.
Jouanti (I.) 50 O k.
Jougne (Col de) 16 L f.
Jou-Ho 45 B i.
Jou-Tchéou-Fou 44 J f.
Joulier Kew 60 F c.
Jou-Nag-Fou 44 J c.
Jourdain 38 E b.
Jourdain 59 F c.
Jourdain 15 I h.
Jourdaine 21 D b.
Jou-Tchéou 44 J c.
Joux (L. de) 22 B d.
Jouy-en-Josas 15 Paris.
Joyeuse 16 J h.
Jozefow 26 J c.
Jozefow 28 H a.
Juan de Fuca (D de) 57 A a.
Juan del Rio 59 I g.
Juan de Nova (I.) 18 G h.
Juan Fernandez (I) 64 B k.
Juan Godoi 64 D j.
Juarez 64 F l.
Jubek 52 C a.
Jublains 15 F d.
Juby (C.) 48 D d.
Jucar 25 J e.
Jucaro 60 F c.
Juchipilo 59 I g.
Juchitan 59 L i.
Judenburg 28 D c.
Judith R. 57 D n.
Juelsminde 52 C d.
Juge et son Clerc (de) 51 H m.
Jugenheim 14 O c.
Jugon 13 D d.
Juillac 15 I g.
Juine 13 H d.
Juist 27 G a.
Juiz de Fora 61 I i.
Jujurieux 16 L f.
Jujuy 64 E i.
Julang 60 C h.
Julianehaab 56 T b.
Jülich 27 J e.
Julienne (la) 18 G. F.
Julier P. 22 I e.
Jullers 15 L a.
Jullundur 41 D b.
Jumeaux 16 J g.
Jumentos (I) 60 G d.
Jumet 21 C d.
Jumilhac-le-C 15 G p.
Jumilla 25 J f.
Junagarh 41 C i.
Juncal 64 D j.
Junction City 57 G c.
Jundiang 64 I i.
Jung Bunzlau 28 D a.
Jungfrau 22 F d.
Junin 65 C g.
Junin 64 F k.
Juniper 59 E S C d.
Juniville 14 K c.
Junnar 41 D e.
Junta (la) 57 E c.
Juntas de S. Antonio 64 E i.
Jupiter Inl. 58 H i.
Jupiter Ammon (Oasis de) 49 L d.
Juquila 59 K i.
Jura 14 L f.
Jura (I.) 20 E c.
Jura de Franconie 27 K f.
Juramento (R.) 64 E j.
Juva S 20 E l.
Jurilovca 54 H h.
Jurna (R.) 65 D f.
Jurun (R.) 64 E c.
Juruena (R.) 65 F g.
Jussey 14 L f.
Jusselsdalbracen 52 G i.
Jutahy (R.) 65 D e.
Jüterbock 27 M e.
Jutiapa 59 N j.
Jutigalpa 60 H h.
Jutland 52 B e.
Juui (C.) 56 U b.
Juvigny 13 E d.
Juvigny-s.-Andaine 15 F d.
Jurisy-s.-Orge 15 Paris.
Juzennecourt 14 K d.
Jydske Aas 52 C b.
Jylland 52 B c.

K

Kaaden 28 C a.
Kaala (M) 18 H b.
Kaarta 19 D b.
Kaartuhma 19 D E b.
Kab (O. el) 49 M f.
Kaba 19 C a.
Kaba 19 D d.
Kaba 28 G c.
Kaba 32 B f.
Kabalebch 49 M f.
Kabadias 40 D b.
Kabaena 45 H g.
Kabali 49 M f.
Kabanbaré 50 M j.
Kabango 59 K b.
Kabanguê 19 F a.
Kabanos (C.) 50 F c.

Kabanskaïa 44 H a.
Kabara 48 G f.
Kabaro 19 E c.
Kabatchkova 57 R c.
Kabba 48 H h.
Kabélé 30 L k.
Kabinga 50 M l.
Kabkabieh 49 M g.
Kabo 19 R p.
Kabompo 50 L l.
Kaboja 34 K a.
Kaboul 40 G c.
Kaboulouébouloué 50 L m.
Kabylie 17 I c.
Kaeli 39 C c.
Kach 40 F c.
Kach 44 D c.
Kachaf-Roud 40 E b.
Kachall (I.) 41 H g.
Kachau 40 C c.
Kacherou 17 E d.
Kachgar D. 44 B d.
Kachgarie 44 C D d.
Kachin 34 L b.
Kachira 34 L c.
Kachmir 44 D d.
Kacho 41 I c.
Kach Roud 40 F c.
Kachtamaou 38 E c.
Kadavu (I.) 55 A o.
Kaddéné 48 I h.
Kadé 19 C c.
Kadech 39 G d.
Kadel 19 R o.
Kadero 49 M g.
Kadès (L. de) 39 G d.
Kadhimaï 40 C d.
Kadiak 54 C c.
Kadi-keuï 39 C a.
Kadim 33 G f.
Kadinga 50 L k.
Kadiralmd 41 D c.
Kadiri 41 E f.
Kadja 49 M g.
Kadja (O.) 48 K g.
Kadjesské 49 K g.
Kadmous 39 F d.
Kadnikov 54 N a.
Kadom 33 E d.
Kadouva 48 H h.
Kadru (M) 28 G c.
Kadur 41 D f.
Kadziki 45 J k.
Kaénaédi 19 C a.
Kaf 49 O c.
Kaffa 49 N h.
Kaffa (Bt de) 58 A h.
Kafiristan 40 G b.
Kafir-Kalah 40 E b.
Kafirnagan 40 G b.
Kafoué 50 M l.
Kafoukoué 50 M m.
Kafr Amar 49 (B. E.)
Kafr Boutin 49 (B. E.)
Kafr ech Cheikh 49 (B. E.)
Kafr ed Daouar 49 (B. E.)
Kafr el Haghi 49 (B. E.)
Kafr-ez-Zaiyat 49 (B. E.)
Kagalnik 38 C a.
Kagalnitskaïa 38 C a.
Kagava 45 K l.
Kageroumma Sima 45 I l.
Kaghehl 50 N j.
Kaghyzman 38 E d.
Kagosima 45 J k.
Kaguera 50 M j.
Kahajan 43 F f.
Kahchess (L.) 58 B a.
Kahla (D.) 17 G d.
Kaholaï (K.) 19 I i.
Kahouanuc (I. à) 18 Cual.
Kahouelé 50 M j.
Kahoul 34 H h.
Kaibab (Plat.) 57 D c.
Kaibar 49 M f.
Kaiber 40 G c.
Kaïdak (Bt) 58 J b.
Kaïdalova 44 J a.
Kaï-Foung-Fou 45 B i.
Kaï-Hoa-Fou 44 H g.
Kaikouro 55 M k.
Kaïlas 44 C c.
Kaïloub 49 M g.
Kaïmeni 30 E e.
Kaïmenipetra (V.) 30 E d.
Kaïmon Take 45 J k.
Kaïmur (M) 41 E F d.
Kaïn 40 E c.
Kaïna 49 O e.
Kaïnardji 34 H i.
Kaïnsk 57 J d.
Kointa 41 F d.

Kala'at Bourkoua 59 G e.
Kalaat el Bicha 49 I c.
Kalaat es Senam 17 L d.
Kalaat-Makheral 40 B c.
Kalaat-Makhoul 40 D b.
Kalaat Tinek 49 (B. E.)
Kalabagh 41 C b.
Kalahaka 30 C b.
Kalachia 29 D b.
Kala-Darosh 41 C a.
Kaladgi 41 D o.
Kalahari (Dés. de) 50 K n.
Kalaï-Bander 40 B c.
Kalaka 49 L g.
Kalakan 57 N d.
Kala-Khoumb 57 I f.
Kalala 49 J f.
Kalama 58 A a.
Kalamaki 50 B d.
Kalamas 30 B b.
Kalamata 50 C d.
Kalamazoo 58 G f.
Kalameria 50 D a.
Kalamitsa (B.) 30 F e.
Kalamos 30 B c.
Kalamos (I) 30 E c.
Kala Naou 40 F b.
Kalandar 41 B b.
Kalankalan 19 E d.
Kalamtchak 54 J g.
Kalao (I.) 43 C g.
Kalnous 55 F a.
Kalarrytm 30 B b.
Kala Sarkari 40 J j.
Kalatch 33 F c.
Kalou 27 N c.
Kalavryta 50 C c.
Kalbe 27 L c.
Kaldenkirchen 27 F c.
Kalébina 48 J h.
Kaleh-Bist 40 F c.
Kalehdjik 39 E a.
Kaleh Soultanieh 33 B a.
Kalemyo 42 B h.
Kalengo 50 K l.
Kalessi 39 C b.
Kalgan 44 J c.
Kalgi 42 C c.
Kalgyn (L.) 57 Q c.
Kaliazin 34 L b.
Kalif (el) 40 C d.
Kalikrati 50 F f.
Kalingapatam 41 F e.
Kalinovskaïa 58 F c.
Kalisz 34 D c.
Kalitsa 50 C d.
Kalitva 33 E d.
Kalix Elf 32 K h.
Kalk 14 M b.
Kalka 41 D b.
Kalkandelo 29 E c.
Kalkar 27 F c.
Kalkbot 40 H b.
Kalkot 41 C a.
Kalkschenern 14 M d.
Kall 14 M b.
Kallakoopah 52 G c.
Kallavesi (L.) 35 C f.
Kallichave 52 E d e.
Kallidromos 50 D c.
Kallies 26 G b.
Kallin 49 (B. E.)
Kallundborg 32 D d.
Kalmar 32 I j.
Kalmious 58 B a.
Kalmit 14 N c.
Kalmykov 53 G c.
Kalna 41 C d.
Kalö 32 D c.
Kalocza 28 F c.
Kalogria 30 B c.
Kalolymnos 50 H d.
Kalomba (L.) 50 I k.
Kalomo 50 K l.
Kalonero (B.) 50 G f.
Kalonia (G. de) 59 A h.
Kaloteriste (C.) 30 G c.
Kalouga 34 K c.
Kaloula 50 N M k.
Kalounga Kamoye 50 K l.
Kaloyeri (I) 50 F c.
Kalpeni (I) 41 D f.
Kalpi 41 E c.
Kalsena-Allah 48 I h.
Kalsö 32 G g.
Kalt (L.) 32 I i.
Kaltenkirchen 32 C a.
Kalten-Nordheim 27 K c.
Kalundborg 32 D d.
Kalunga 49 M i.
Kalusz 28 I b.
Kaluszyn 34 D d.
Kalutara 41 E g.
Kalvo 52 D c.
Kalvörde 27 L b.

Kamenskaïa 55 E e.
Kamenskii 55 I c.
Kamenskote 57 S c.
Kamena 27 N c.
Kamcianna 26 J c.
Kamies (M) 50 K p.
Kamila 50 G f.
Kamilo (C.) 30 D a.
Kaministiquia 56 K a.
Kamlin 49 N c.
Kamonrouska 56 O c.
Kamp 14 N b.
Kampa 29 D b.
Kampala (P) 50 N i.
Kampar 45 C e.
Kampen 21 D b.
Kampolombo (L.) 50 M l.
Kampong Parmah 42 D f.
Kampos 30 G d.
Kampot 19 I l.
Kamrati 42 I c.
Kamtchatka 57 R d.
Kamtchatsk (Nijne) 57 S d.
Kamtchatsk (Verkhne-) 37 R d.
Kamtchik 99 H h.
Kamtchik (Deli) 29 H h.
Kamthi 42 E c.
Kamvchersakisto 38 B s.
Kamvehén 35 F d.
Kamvehtov 53 J c.
Kamvehnia 34 J c.
Kan 42 B h.
Kana 19 (Dah.)
Kanab 57 D c.
Kanab (Plat.) 58 D c.
Kanab (L.) 43 C c.
Kanadougon 19 F d.
Kanagava 45 N i.
Kanagové 45 N i.
Kanais 51 I c.
Kanalia 50 D b.
Kanara-Nord 41 D f.
Kanara-Sud 41 D f.
Kanas 29 F c.
Kanmvda 33 G f.
Kanawaha B. 58 H g.
Kanazava 45 N i.
Kanbouri 41 I f.
Kanchinjinga 44 G c.
Kand (M) 40 G c.
Kandahar 40 F c.
Kandalakcha 55 D a.
Kandaraa 50 J k.
Kandourovskii 58 I a.
Kandelensia 30 H c.
Kander 22 E f.
Kandern 14 N c.
Kanderateg 22 E c.
Kandi 41 G d.
Kandi 48 H g.
Kandiafara 19 B d.
Kandi Chor 54 B a.
Kandil 50 B b.
Kandil (M) 50 B b.
Kandjamm 19 O q.
Kandonlou 50 O l.
Kandoumhoué 50 K l.
Kandra 39 C a.
Kandy 41 E g.
Kanem 49 J g.
Kaner 54 I f.
Kaner 54 I f.
Kanevskaïa 58 C a.
Kang 41 A h.
Kanga 47 K c.
Kangalu 19 E b.
Kangil 59 G b.
Kangamba 50 K l.
Kangaron (I.) 52 F g.
Kangean (I.) 43 F g.
Kangerdlugsuak (B) 56 X a.
Kang-Hoa 45 H h.
Kang-Kieï 45 H f.
Kang-Nang 45 I h.
Kango 50 J l.
Kangonbe 50 L k.
Kang-Ouen-To 45 H I g h.
Kangra 41 D b.
Kani 41 B c.
Kani 48 F i.
Kaniskary 19 D b.
Kanjamba (L.) 156 P d.
Kanjourzen 50 J c.
Kankin (Presq.) 55 I a.
Kanin Nos 55 F a.
Kaniol 19 B p.
Kanjut 41 D a.
Kankakee 58 F f.
Kankakee R. 58 G f.
Kamatsi 48 O g.
Kanenkoura 45 N i.
Kanamat 41 E c.
Kansar (Dj.) 49 H f.
Kanarun (I.) 49 O f.
Kanbarba (I.) 45 G g.
Kannstadt 27 I m.
Kano 48 I g.
Kanonri 49 I g.
Kanoberg 14 N b.
Kanlmli 50 J l.
Kanahing (I.) 45 H g.
Kambo 50 I k.
Kambomba 50 N l.
Kanambos 50 F i.
Kanmon 27 J c.
Kansk 57 J d.
Kan-Sou 44 H d.
Kan-Sou-Sin-Kiang 44 c.
Kantara 39 E d.
Kantararom 19 J d.
Kan-Tchéou-Fou 44 G d.
Kan-Tchéou-Fou 44 J f.
Kantchindjunga 44 E f.
Kanten-Rybolov 45 J d.
Kantark 20 B l.
Kanya 50 L n.

Kanyamba 30 K l.
Kaoé (B de) 43 J c.
Kaoko-Veld 50 J m.
Kaolakh 19 A b.
Kao-Mi 45 D h.
Kao-Tao (I) 49 I g.
Kao-Tchéou-Fou 44 I g.
Kaou 50 O l.
Kaoundi 50 L l.
Kaouar (O de) 49 J f.
Kaoura 19 Dah.
Kaouchan (Col de) 41 C p.
Kaouchany (Novyïe) 34 H g.
Kaouélé 50 M j.
Kaoue-Niaugo 50 M j.
Kaoura 48 H g.
Kao-Yang 45 D g.
Kao-Yu-Tchéou 45 D j.
Kapakly hoouar 59 H h.
Kapangembo 50 J m.
Kapcha 34 J a.
Kapchozoro 34 K c.
Kapela 28 D d.
Kapela (Grande) 28 D d.
Kapela (Petite) 28 D d.
Kapella (C.) 28 D d.
Kapenda Kamoulenda 50 K n.
Kaplit (I.) 55 M k.
Kaploni Alan 59 H c.
Kaplitz 28 D b.
Kapones 43 E f.
Kapoeas-Moeroeng 43 F f.
Kaporga 30 K m.
Kapopo 50 M l.
Kaporele 50 J l.
Kape 28 E c.
Kapos 28 G b.
Kaposvár 28 F c.
Kapon D. 59 B a.
Kapoadia (Ras) 17 O d.
Kapoudjikh 38 F e.
Kaponi 50 N m.
Kapousé 50 K l.
Kappanaioulssy 54 J c.
Kapper 50 J e.
Kappel 22 H c.
Kappal 32 I a.
Kappeln 26 D a.
Kapri (C.) 50 H b.
Kaproncza 28 E c.
Kaprovouni (M) 30 C b.
Kapsali 30 D c.
Kap-San 45 H b.
Kapunda 53 G f.
Kapurthala 41 D b.
Kapucur 28 E c.
Kara 35 J a.
Kara 37 N d.
Kara 49 R f.
Kara (B de) 35 J a.
Kara (Mer de) 55 I a.
Kara Agatch Son 29 H h.
Kara Balm 50 E c.
Karalngly 58 E b.
Kara Balkan 59 G c.
Karabanevo 54 M b.
Karabel Dagh 59 G h.
Kara-Bougaz 58 J d.
Karaboutak 57 I a.
Karabournar 59 E c.
Kara Bourun (I.) 44 E d.
Karabouroum (C.) 59 A h.
Karaboutak 57 F d.
Karachankar (Col) 40 H h.
Karachar 44 D c.
Karachi 41 D c.
Karad 41 D c.
Kara-Dagh 29 F b.
Kara-Dagh 30 D b.
Kara-Dagh 38 F b.
Kara Dagh 39 E c.
Kara Dagh 39 H b.
Kara Dagh 59 F a.
Kara Dagh 40 E b.
Karadareh 40 C b.
Karadja Dagh 99 G b.
Karadja Dagh 59 E b.
Kavadja Dagh 39 H c.
Karadjita Plan. 29 E c.
Karagaï 40 C b.
Karaghan 40 D h.
Karaginskii (L.) 57 S d.
Karagola 41 C c.
Kara Hassan D. 59 B b.
Kara Hissar 59 F b.
Kara Isila 58 D c.
Kara Ivtych 54 J b.
Karaka (C.) 50 F d.
Karaki (C.) 59 M b.
Kara Kach 44 C d.
Kara-Kitchou (P) 58 J h.
Karaklis (R.) 58 E d.
Karakol 44 C c.
Karakoran 40 D E a b.
Karakoram (Col de) 41 E n.
Karakoroum (P de) 44 H h.
Kara Kouban 58 D b.
Kara-Koul 40 F b.
Kara-Koul 44 B d.
Kara Koum 51 H f.
Kara Koum 57 I c.
Karakovonni 50 D d.
Karma 49 P g.
Kara Maghara 59 F b.
Karaman 29 E c.
Karamba 39 (Dah.)
Karamba 85 I k.
Kara Oulal 40 F b.
Kara Oulal 44 B d.
Kara-Tchaï 59 H b.
Kara Koum 37 I c.
Kartal 39 C b.
Kara Oussou Nor 44 F b.
Kara Oussou Nor 44 F b.
Karar 37 N d.
Kasbo-el-Nagzen 48 F c.

Karas 28 G d.
Karas (M) 50 K o.
Kara Seka 39 G c.
Karasi 39 B b.
Karasie 58 J b.
Kara Sou 29 E c.
Karasou 29 G c.
Kara-Sou 38 J b.
Kura-Sou 59 G c.
Kara-Sou 59 H b.
Kara Sou 59 I h.
Kara Sou 40 C b.
Kara-Sou (Biouk) 58 A h.
Karasoubazar 54 K h.
Karasouk 37 J d.
Karatach Douroun 30 F c.
Karatagh 40 G b.
Karatagh (Passe) 41 E a.
Karataldin 35 I a.
Karatah (Volc.) 18 Com.
Kara Tchaï 39 H b.
Karatchev 34 K c.
Kara Tchok D. 59 I c.
Karategin 40 G b.
Kara Tepe 40 E b.
Aarauli 41 D c.
Karavanka 28 C c.
Karavasara 30 B c.
Karavaï (M) 50 C b.
Karaval 59 E c.
Karaví (I) 30 H f.
Karayuk Bazar 59 E b.
Karhoutil 58 E c.
Karebi 40 F b.
Karerag 58 G c.
Kar Dagh 59 H b.
Karadnayet 59 A b.
Kardamili 58 F d.
Kardiotissa 50 F c.
Kordista 30 C b.
Karoe (M) 50 K p.
Karema 50 M k.
Karoun 42 C c.
Karonmi 41 H c.
Karga 48 G g.
Kargaluk 41 C d.
Kargat 57 J d.
Karghuz 59 F n.
Kargil 41 D b.
Kargopol 55 E h.
Karharhorl 41 F d.
Kari (M) 19 I h.
Karianga (L.) 50 J k.
Kariba (Gorges de) 50 M m.
Karikal 41 E f.
Karimama 51 (in Dah.)
Karimata 45 E b.
Karimbody (C. des) 18 H I l.
Kotanga 50 L i.
Katmandou 44 E c.
Karinene (I) 45 R g.
Karibo 19 C c.
Karachi 40 E c.
Karkaralinsk 57 J a.
Karkemich 59 G c.
Karki 40 E h.
Karkog 49 N c.
Karlas (L.) 50 D b.
Karli 41 N n.
Karlik Dagh 59 C c.
Karlof 31 F c.
Karlovec 28 E d.
Karlovo 29 F c.
Karlovon 28 F d.
Karlovo B. 50 H g.
Karlovac 28 E d.
Kar Nicobar 41 H g.
Karnul 41 E c.
Karolinensiel 32 A f.
Karolinenthal 28 D a.
Károlyváros 28 E d.
Karound 41 F n.
Karonga 50 N l.
Karos 50 F d.
Karow 27 L a.
Karpasos (Pén. de) 59 E d.
Karpates 28 G H I b c.
Karpates (Petites) 28 G c.
Karpenisi (Vallée de) 50 C c.
Karpimenv 34 I g.
Karrats Fjord 58 T P.
Karrebaek 52 E d.
Kars 58 E d.
Kars (M) 50 K p.
Karsi 48 I h.
Karsoum 33 F d.
Karst 28 C d.
Kara-Tchaï 58 E d.
Kars-Zeïkadrieh 59 F e.
Kartal 39 C b.
Kartal D. 59 E d.
Kartchkhala 59 D d.
Kartsime 50 J d.
Karup 42 B c.
Karvir 41 D c.
Karwendel Geb. 27 L g.
Karvi 41 E c.
Karwendel 50 J d.
Karoun 29 F c.
Karygtos 50 F c.
Kas 37 K d.
Kasaï (R) 41 F d.
Kasaï 50 N b.
Kasaleva-lama 58 F b.
Kasama 50 M l.
Kasangi 50 M k.
Kasak (Col) 40 G b.
Kara Oussou Nor 44 F b.
Kasatkina 37 O c.
Kasbo-el-Nagzen 48 F c.

Kaschau 28 G b.
Kasenga 50 M l.
Kasim 49 O c.
Kasim-el-Ala 49 P d.
Kasimiyeh (Nahr el) 59 F e.
Kasinkota 41 E c.
Kasimov 33 E d.
Kasipur 41 E c.
Kasiranskii 45 N b.
Kasonga 50 L j.
Kasos 50 H f.
Kasoumkenu 58 G d.
Kaspin 34 I c.
Kasr 49 M d.
Kasr Chams 40 I c.
Kasr el Kerum 49 (B. E.)
Kasr el Saghir 49 (B. E.)
Kasr Chettadjinh 49 (D. E.)
Kasrin 47 M d.
Kasrkand 40 E d.
Kasroun (Bas) 59 E f.
Kassy-Trolloh 49 O d.
Kasr Zaga 40 (B. E.)
Kassa 28 G b.
Kassaba 39 B b.
Kassat 50 K l.
Kassan 59 A c.
Kassar 59 K f.
Kassat (L.) 50 L k.
Kasanti (L.) 50 J k.
Kasnam (R.) 18 Som.
Kasraudm (C.) 59 D b.
Kassan Pao 19 J k.
Kassarien 34 J n.
Kassel 27 J c.
Kastamonni 59 E a.
Kastel 27 H d.
Kastelliam 14 N b.
Kaster 14 M a.
Kastos 50 B c.
Kastrú 50 B d.
Kastrikom (C. du) 45 T c.
Kastro 50 F b.
Kastron 50 G e.
Kastrovala 50 E c.
Kasiumena (L.) 56 (Alaska)
Kasur 41 D b.
Kataba 50 J g.
Katagoma 48 J g.
Katanintie 55 H g.
Katak 41 F d.
Katakolon 50 B d.
Kachun 29 H h.
Kechir Dagh 50 B b.
Ke-Chi-Tseon 44 G c.
Katapeca 50 L k.
Kator 40 C d.
Katar (Pén. de) 40 Q d.
Katastari (B) 50 B d.
Katavothra (M) 50 C c.
Katch 41 C c.
Katchi (L.) 42 E c.
Katchera (L.) 50 M j.
Katchi Gandava 40 G d.
Katchin 41 H c.
Katchkanar 33 I c.
Kateïgouron 19 H d.
Katerina 50 L l.
Katende 50 K l.
Kateno 50 F c.
Kater (C.) 56 P a.
Katerini 50 D c.
Katerdjik 50 B b.
Kathe 42 B h.
Katharinenfeld 38 F d.
Katherin (Dj.) 49 N d.
Kathgodam 41 E c.
Kathiawar 41 A d.
Kathlamba 50 M p.
Kathom 19 K l.
Katiba 50 k m.
Katina Mollia (Bap. de) 50 L m.
Kei (M) 45 J g.
Keï (G) 45 J g.
Kaïdany 54 I c.
Keïghley 20 I h.
Keïlak 49 N j.
Keïl Berg 28 C a.
Keinis 52 I a.
Keith 20 H d.
Kejemskota 57 L d.
Kekeriasunk (L.) 56.
Kato Kouphonisi 50 G d.
Kékhries 50 D d.
Kékournyi (C.) 57 R d.
Kékournyi (C.) 57 T c.
Kelaa Reboaï 17 O d.
Ko-l Ahinra 17 I l.
Kelang (L.) 45 I f.
Kelamn 42 C D c.
Kelat 40 F d.
Kelat 40 E b.
Kelat 43 F c.
Kelat el-Chilzaï 40 F c.
Kelb (Ras el) 59 Q g.
Kelbia (L.) 17 N d.
Keloberda 54 J f.
Kelheim 27 L c.
Kelat 50 B b.
Kelibia 17 O e.
Keliff 40 F h.
Kélifaroro 29 G h.
Kelkit-Tchaï 59 H a.
Kellet (C.) 56 T. P.
Kellinghusen 27 J b.
Kells 20 D h.
Kelmis 20 N b Alaska.
Kelso 20 H d.
Keltma 50 L l.
Keltma du S. 35 H b.
Kelua 35 C b.
Kem 35 D a.
Kema 34 L c.

Kavallo (I) 50 H f.
Kavarada 45 M h.
Kavarna 29 H b.
Kavarsta 29 D c.
Kavirondo (G. de) 50 F e.
Kasinov 33 E d.
Kavhisskheri 58 E d.
Kavah 48 G. F.
Kavakhesi 55 M j.
Kawaah (I) 58 E c.
Kawanah 58 J j.
Kawich (R) 58 C c.
Kayes 19 D b.
Kayinga 50 L j.
Kayoma 58 J f.
Kayouko 50 L l.
Kayscrsberg 14 M d.
Kazabinsk 57 H o.
Kazan (Gorge de) 28 G d.
Kazanichtcha 58 G c.
Kazanka 54 I g.
Kazeulik 29 G b.
Kazauskaïa 58 C b.
Kazar 44 F a.
Kazbek 38 F b.
Kazantehinskote 37 L d.
Kazatin 34 H a.
Kazbek 58 F f.
Kazerún 40 C b.
Kazym 40 I c.
Kazym (L.) 57 I c.
Kazymskote 57 I c.
Keadby 20 I g.
Keady 20 B a.
Kebao 19 J g.
Kebaii 19 O d.
Kebilli 17 M f.
Kebir (O. el) 17 J c.
Kebir (O. el) 17 N c.
Kebir (Nahr es) 59 J h.
Kebrabassa 50 M m.
Kebschasse 52 I h.
Kefalinitie 55 H g.
Kebsoud 59 D h.
Kechau 29 H h.
Kechich Dagh 59 H d.
Kechmir 40 C d.
Keconet 28 F c.
Keddah 42 C c.
Keddah 40 D c.
Keppel (I) 53 I d.
Kerouna Sima 45 H m.
Keranô 50 N j.
Kerang 55 H g.
Kerassoude 59 H a.
Kerassovon 50 C e.
Keratea 30 E d.
Kératon 30 G f.
Kerbela 40 B c.
Kerbout (O.) 17 E e.
Kerduff 15 Brest.
Kerabest 15 Brest.
Kerchan 15 Brest.
Kerenhé 18 B h.
Kerembe (C.) 59 E a.
Keren 49 O f.
Kerenan 15 Brest.
Kerensk 35 F d.
Kéréoué 50 N j.
Kergan 40 C b.
Kergaradec 15 Brest.
Kergonvel 15 Brest.
Kerguelen (I.) 3 Q g.
Kerhorneu 15 Brest.
Keria 44 C d.
Keria-Daria 44 C d.
Kéria-Kutel 44 C d.
Kerim (O.) 49 L g.
Kerindiouton 18 G. F.
Kério 50 N i.
Kerjanmol (Ch) 15 Brest.
Kerka 28 D c.
Kerkenna (I.) 17 O e.
Kerkha 40 B c.
Kerki 30 B d.

Kemakh 39 H b.
Ke-Ma-Lau-Ting 44 K g.
Kemaular 29 H b.
Kembangan (I.) 43 E g.
Kemberg 27 M c.
Kemer 39 B b.
Kemer 39 D c.
Kemer (C.) 59 I a.
Kemer D. 39 C c.
Kemijoki 35 B a.
Kemis (le) 17 C c.
Kemiträsk 55 C a.
Kemmel (M) 21 A d.
Kemmat 27 L a.
Kemo 49 K h.
Kempen 26 H c.
Kempen 27 G c.
Kempsey 55 J f.
Kempt (L.) 58 I e.
Kempten 27 J g.
Kemtchik 37 K d.
Kemtchougskole (Bolchoïe) 57 K d.
Ken 20 G f.
Kewadsa 17 B h.
Kenaï 36 Alaska.
Kenamou 56 Q d.
Kendadji 48 G g.
Kendal 20 H g.
Kendall C. 56 I b.
Kendari 43 H f.
Kendat 42 B b.
Kenderes 28 G c.
Kenderlyk 44 D h.
Kendrapara 41 E d.
Kénédougou 19 G d.
Keneh 49 N d.
Kenga 50 K i.
Kenhart 50 K o.
Kenia 50 O j.
Keniéba 19 E d.
Kéniéra 19 E d.
Kenilworth 20 J i.
Kenilworth 20 J i.
Kenke 19 R t.
Kenmare 20 B j.
Kenmare B. 20 A j.
Kenn (R) 52 J d.
Kennebec R. 58 J e.
Kennedy 52 H c.
Kennedy Ch 56 T. P.
Kennedy (North) 55 H c.
Kennedy (South) 53 I d.
Kenosha 58 F f.
Ken Po 44 F e.
Kent 20 L j.
Kent (F) 57 L a.
Kent (I) 52 I g.
Kenteï 44 I b.
Kentucky 58 G g.
Kenzingen 27 H f.
Keokuk 58 F f.
Keos 50 F d.
Kep 19 K g.
Kephala 30 H c.
Képhalo 29 G c.
Képhalo (C.) 30 G a.
Kephalos (C.) 30 F d.
Kephisia 50 E c.
Keppel (B) 53 I d.
Kerama Sima 45 H m.
Kerané 19 D b.
Kerang 55 H g.
Kerangoff 15 Brest.
Kerarguéne 15 Brest.
Kerasonde 59 H a.
Kérasovon 50 C e.
Keratea 30 E d.
Kératon 30 G f.
Kerbela 40 B c.
Kerbonn 15 Brest.
Kerbout (O.) 17 E e.
Kerduff 15 Brest.
Kerabest 15 Brest.
Kerchan 15 Brest.
Kerenhé 18 B h.
Kerembe (C.) 59 E a.
Keren 49 O f.
Kerenan 15 Brest.
Kerensk 35 F d.
Kéréoué 50 N j.
Kergan 40 C b.
Kergaradec 15 Brest.
Kergonvel 15 Brest.
Kerguelen (I.) 3 Q g.
Kerhorneu 15 Brest.
Keria 44 C d.
Keria-Daria 44 C d.
Kéria-Kutel 44 C d.
Kerim (O.) 49 L g.
Kerindiouton 18 G. F.
Kério 50 N i.
Kerjanmol (Ch) 15 Brest.
Kerka 28 D c.
Kerkenna (I.) 17 O e.
Kerkha 40 B c.
Kerki 30 B d.

Kervalguen 15 Brest.
Kervéaton 15 Brest.
Kervégennec 15 Brest.
Kervilon 15 Brest.
Kerviniö 15 Brest.
Kerviniouarn 15 Brest.
Kervo 34 F.
Kerygonach 15 Brest.
Kervilio 59 E d.
Kervveas 15 Brest.
Kerzai 17 C j.
Kerzers 22 D d.
Kerzevron 15 Brest.
Kesch (P.) 22 J d.
Kesh 59 C g.
Kessel-Loo 21 C d.
Kessera 17 M d.
Kessera (Hamada el) 17 N d.
Kessour (el) 17 M d.
Kessyvl 22 H b.
Kestel Degh 59 F c.
Kestel Geöl 59 D c.
Keswick 20 H g.
Keszthely 28 E e.
Ket 57 K d.
Ketchi Dorlou 59 C e.
Kéte 48 G h.
Keöal diep 21 D b.
Keti Bandar 41 G d.
Keti Keti 48 G F.
Ké-Tjiet-To 48 I i.
Ketoi (L.) 45 U c.
Ketou 19 Da b.
Kétsani 42 C a.
Kettering 20 G f.
Kettle 58 E c.
Kety 28 F b.
Ketzin 27 M b.
Keunjhar 41 F d.
Kevo 50 J f.
Kevelaer 27 F c.
Kevklonra 58 H d.
Keweenaw B. 58 F c.
Keweenaw Iᵉʳ 58 G c.
Kexholm 55 C b.
Key-West 60 D c.
Kézdi Vásárhely 28 I c.
Khabar-Oussou (Col de) 44 C b.
Khabarovsk 57 P c.
Khabour 59 I c.
Khadjikak (Col de) 41 C b.
Khadjimoukovn 58 D h.
Khadros (M°) 50 F f.
Khaf 40 E c.
Khagan 41 D b.
Khoibar (Passe de) 41 C b.
Khahou-Gol 44 D c.
Khaifa 59 F c.
Khaïlar 44 K b.
Khaïrabad 41 E c.
Khairpur 41 C c.
Shaï-Sandjak 40 B b.
Khakhan 19 E d.
Kha-Khir-Gol 45 D d.
Kha-Kir 44 K c.
Khalandritsa 50 C c.
Khaledabad 40 C c.
Khaleh Skahar 40 F b.
Khalfala 17 D e.
Khalkha 41 E b.
Khnikha Gol 44 K b.
Khalkhal 20 H b.
Khaltan 58 H d.
Khaltch 54 I d.
Khan 40 D d.
Kham 44 F c.
Khann (Pays de) 50 L n.
Khaman (A.) 49 M d.
Khamar Daban 44 H a.
Khami 44 F c.
Khamilonisi 50 A d.
Khamis (C.) 47 E c.
Kham-Keni 19 J K n.
Kham-Moun 19 J K h.
Khampat 41 H d.
Khamseh 40 C b.
Khamsch (Ch°°) 40 C b.
Khan (Ras el) 40 C d.
Khandak 59 D a.
Khandesh 41 D d.
Khaudech D. 59 I b.
Khaudgarn 41 F d.
Khandwa 41 D c.
Khandyk 57 P c.
Khangaï 44 G b.
Khange Sidi Nadji 17 K c.
Khan-Ilon 19 M k.
Khani 58 D c.
Khanidham 41 E c.
Khani-Ilondi 40 D b.
Khanika 40 B c.
Khanka (L.) 57 O c.
Khanki 40 E n.
Khau Ola 44 H b.
Khanou 40 E d.
Khanpur 41 C c.
Khansir (Ras el) 59 F c.
Khanskaïa Stavka 55 C c.
Khantai 44 G b.
Khan-Tengri 44 C c.
Khantsi 50 C d.
Khanzir D. 59 F b.
Kharaib 41 H b.
Kharm babasoun Nor 44 D E b.
Kharak (I.) 40 C d.
Kharan 40 C c.
Kharan (Dés. de) 40 F d.
Khara Naryn Ola 44 H c.
Kharasavaï (C.) 57 I b.
Kharbin 44 L b.
Kharchout 59 H a.
Kharfa 49 F c.
Khargeh (Oasis de) 49 M d.
Kharinkotan (I.) 45 O b.
Kharki 59 E c.
Kharkol 41 B b.
Kharkov 54 K f.
Kharos 50 G b.
Kharpout 59 H b.
Khorsawan 41 F d.
Khartoum 49 N f.
Khus 19 L j.
Khasi (M°) 41 C c.
Khasav-Iourt 58 G c.
Khasin 70 E c.
Khaskoi 20 G c.

Khassia 50 E a.
Khassin (M°) 50 B b.
Khassidiari (M°) 50 D b.
Khatanga 37 M b.
Khatangskole 57 M b.
Khatch D. 59 I b.
Khatchmaz 58 G d.
Khatchmna 38 G d.
Khati 19 E c.
Khatounabad 40 B b.
Khatounaraf 59 E c.
Khavak (Col) 41 C a.
Khazar-Asp 40 E a.
Khazraï-Soultan (M°) 40 G b.
Khechaba (O.) 17 H i.
Kheiber 49 O d.
Kheider (le) 17 D.
Khélil 49 N f.
Khelidonia (C. et I. de) 59 I r.
Kheldronia 50 E b.
Khellari (O.) 49 B E.
Khelinos (M°) 50 C d.
Kheloua Sidi Brahim 17 D i.
Kheloua Sidi Cheikh 17 E h.
Khemis (C.) 17 E c.
Kheme 44 F c.
Khenchela 17 K d.
Kherachem (el) 17 F h.
Kheraln 41 D d.
Sheri 41 E c.
Kherson 34 J g.
Khersonèss (C.) 54 J b.
Khersoneso 50 F i.
Kherteté 58 E c.
Kheto 57 I h.
Kheora 41 D b.
Khieri 50 E d.
Khilchipur 41 D d.
Khilionhodi 50 D d.
Khimarha 50 A c.
Khingan (Graud) 57 N e.
Khingan (Petit) 57 O c.
Khiona (M°) 50 C c.
Khir 40 D d.
Khiriar (M°) 40 F d.
Khiva 57 H c.
Khlivozar 50 E c.
Khlonos (M°) 50 D b.
Khmelnik 54 G f.
Kho 44 D b.
Khobba (el) 49 O c.
Khodaveudikhar 59 C b.
Khodja Kala (F°) 40 D h.
Khodja Tchaï 59 H a b.
Khodjeili 57 H c.
Khodjent 57 I c.
Khodentafavka 38 G a.
Khodorkov 54 H c.
Khoï 40 H b.
Khoi-Khoïn 50 E o.
Khokong 50 L n.
Kholais 49 O c.
Kholcdja (el) 40 C d.
Kholi Nor 44 F c.
Kholm 54 I b.
Kholmogory 55 E b.
Kholmyteh 54 I d.
Kholomonda 50 E a.
Khonas 59 C c.
Khonaate (L°) 58 F n.
Khöns 19 K n.
Khong 19 J j.
Khoni 58 E c.
Khonigsda (C.) 57 P d.
Khousar 40 C c.
Khontehaly (L.) 38 E d.
Khopa 59 I c.
Khoper 55 E d.
Khaji 58 D c.
Khorn 59 G c.
Khors 59 H c.
Khor Abou Habib 49 M g.
Khoraïraf 58 F c.
Khoresan 40 D b.
Khor Barka 59 O f.
Khorgos 44 C c.
Khorl 59 I h.
Khormadj 41 C d.
Khorol 54 J f.
Khoroujovka 54 J e.
Khorramabad 40 C c.
Khorsabad 59 I c.
Khorthito 59 I d.
Khortitsa (I.) 54 J g.
Khosib 50 J n.
Khoslavitchi 54 I r.
Khostin 59 I c.
Khotan 44 C d.
Khotan Daria 44 C d.
Khotar 41 E c.
Khotettchi 54 M c.
Khotin 54 G f.
Khotmyisk 54 I c.
Khotoun-Ilo 43 H c.
Khoukhoun-Dira 48 F c.
Khoulau 44 L b.
Khoulan-Tchang 44 L b.
Khoulm 40 G b.
Khoumar 41 I a.
Khoung-Ho 44 M h.
Khounzekh 58 G c.
Khour 40 D c.
Khourcha 58 b r.
Khoust 40 G c.
Khouton 50 D d.
Khouzistan 40 C c.
Khonata 50 I 58 E d.
Khozat 59 H h.
Khozdar 40 F d.
Khristiauskole 58 E c.
Khroubs 17 K c.
Khroupichta 59 E c.
Khrvsoko 59 E d.
Khuhu 41 E c.
Khulga 41 E c.
Khushaï 41 U h.
Khushaigarh 41 C h.
Khvalynsk 55 E d.
Khylkhana 58 F d.
Kheynzyuïsk 59 J c.
Khyrnov 33 I c.
Kia-Hing-Fou 45 E k.
Kiampse 19 B r.
Kianpiü (M°) 50 M k.
Kiaï-Tchéon 44 I c.
Kiakhia 37 M d.

Kialing-Kiang 44 H c.
Kiama 48 H h.
Kiama 52 I f.
Kiang Dou 44 I c.
Kiang-La 44 I b.
Kiang-Ning 44 K c.
Kiangri 59 I c.
Kiang-Si 44 J f.
Kiang-Sou 45 H j.
Kiang-Tchang 45 B f.
Kiang-Tchéou 45 D f.
Kiao-Kia-Ting 42 D a.
Kiao-Tchéon 45 D b.
Kino-Tchéou (B. de) 44 K d.
Kiao-Tchéou-Fou 44 J d.
Kiaring Tso 44 E e.
Kiat 40 E n.
Kia-Ting-Fou 44 H f.
Kiaton 50 B k.
Kiaza 59 H a.
Kibala (M°) 50 L M k.
Kibanda 59 J l.
Kibanga 50 M j.
Kilango 50 J l.
Kilsou 50 K l.
Kibbi 49 M j.
Kibéro 80 M i.
Kihouézi 50 O j.
Kibouri 50 L l.
Kichari 41 H b.
Kichikleni 49 K f.
Kichinev 34 H g.
Kichm (I.) 40 D d.
Kidderminster 20 I e.
Kiddampern (C.) 55 M j.
Kidros 50 E a.
Kiedlingen 27 J f.
Kiel 26 D a.
Kieïea 34 D e.
Kielbrecht 21 B c.
Kielkoud 34 D a.
Kiel Saud 52 B d.
Kiengo 50 J l.
Kieng-Sing-To 45 I h i.
Kieng-Tjiou 45 I i.
Kien Kiang 44 J f.
Kienkiet 19 I k.
Kien-Ning-Fou 45 C m.
Kienseo 19 I f.
Kien-Tang 45 D l.
Kien-Tehng 44 I f.
Kien-Tchang-Fou 45 C m.
Kien-Tchéou-Fou 44 E f.
Kien-Tchéou-Ting 44 I f.
Kienou 59 I h.
Kieou-Kiang-F. 45 B l.
Kierkoudo 41 H b.
Kieseso 22 E d.
Kifisi 40 E b.
Kiﬂmunadji (Nav.) 50 K l.
Kiiev 54 I c.
Kiik-Atlama (C.) 58 A b.
Kikaï-Go Sima 45 I l.
Kikho 59 E d.
Kikkenborg 52 B d.
Kiklvan 33 I c.
Kikondia 59 I k.
Kikouyou 50 M j.
Kil 52 I j.
Kila-Pai-Pandj 40 G b.
Kila-Bist 41 B b.
Kilafors 32 I j.
Kilag-i-Ah 40 E c.
Kila-Maksoud 40 E n.
Kila-i-Naou 41 D b.
Kilakarai 41 E e.
Kilakhouah 40 G b.
Kilani 59 E d.
Kila-Pandj 40 H b.
Kila-Vamar 40 G b.
Kila-Youst 40 H b.
Killrenman Sᵈ 20 F f.
Kilchoman 20 E c.
Kildare 20 D b.
Kildou 18 Som.
Kilemba 50 L k.
Kilia 34 H b.
Kitian 44 C d.
Kilid Bahr 29 H e.
Kilifi 50 O j.
Kilima Ndjaro 50 N j.
Kilimani Ouraunho 50 M j.
Kilimaiimh 50 N k.
Kilionenon 50 H n.
Kilkee 20 A i.
Kilkenny 20 D i.
Kilkes 59 A i.
Kill 27 G d.
Killala 20 B i.
Killarney 20 B i.
Killavan 35 I c.
Killelon 49 O g.
Killengues 50 J l.
Killicnorn 20 B i.
Killington 58 I f.
Killis 59 G c.
Killyhegs 20 C i.
Kilmarnock 20 G f.
Kilnessan 20 D b.
Kilnodan 20 F e.
Kilou Kisiouuni 50 O k.
Kilou Kividjé 50 O k.
Kilonga 50 M j.
Kilonsa 50 N k.
Kilou Kisiouuni 59 O k.
Kilou Kividjé 50 O k.
Kilouhouta 50 M I k.
Kilrea 20 F j.
Kilrush 20 B i.
Kil-Tjiou 48 I i.
Kiresoun 37 M d.
Kirghiz-Kaïssaks 57 I c.
Kimal Agerek 34 J f.
Kimaoutani 50 O j.
Kirili 59 D c.
Kimberley 50 K l.
Kimberley 52 G c.
Kirim 49 N h.
Kirind 40 C c.
Kimili 50 K l.
Kimir Tchaï 59 E e.
Kimito 54 E.
Kimolos 50 E e.
Kinnouaga 50 K k.
Kimpese 19 P t.
Kimpii (M°) 50 M k.
Kimpoko 19 P t.
Kimpolung 28 c.
Kirkby Lonsdale 20 I g.
Kirkby-Steven 20 I g.
Kirkcaldy 20 H e.

Kimry 54 I b.
Kina Balou 45 F d.
Kinabatangan 45 C d.
Kinaros 50 G e.
Kinbonrn 54 I g.
Kincardine 20 G d.
Kincardine 20 I e.
Kin-Cha-Kiang 44 G f.
Kirman 40 D c.
Kirmir Teluï 59 E a.
Kinderhook 58 F g.
Kinderli (D°) 58 I c.
Kindinga 50 J l.
Kindoumlm 50 J l.
Kinechma 55 E c.
Kinel 55 G d.
King (I.) 42 C d.
King (I.) 52 H g.
King (M°) 55 I c.
Kingaié 19 R s.
Ki-Ngan-Fou 44 J f.
King George's Sᵈ 52 C g.
Kinghaï 50 J l.
King-Hoa-Fou 45 D l.
King-Men-Ting 44 J c.
Kingoumbi 50 K j.
Kingsbridge 20 G k.
King's County 20 D h.
Kingscourt 20 D b.
King's-Lynn 20 J i.
King Sᵈ 52 D c.
Kingsport 58 H f.
Kings River 58 B c.
Kingston 19 R h.
Kingston 20 H j.
Kingston 52 E g.
Kingston 56 K f.
Kingston 58 E f.
Kingston 58 I f.
Kingston 60 G g.
Kingstown 20 E h.
Kingstown 60 O i.
King-Tchang-Fou 44 I e.
King-Tchéou 44 I f.
King-Té-Tchen 45 C l.
King-Tou 45 D g.
King-Young-Ting 44 G g.
Kingué 50 J l.
King-Yang-Fou 44 I d.
King-Yi Uou 45 D j.
King-Youan-Fou 44 I g.
King-Yu (L.) 45 B j.
King-Té-Fou 45 B l.
Kin-Kiang-Fou 44 J f.
Kinkiskoio 57 N d.
Kin-Ki-Pao 44 H d.
Kinkolith 56 C c.
Kinkony (L.) 18 H h.
Kinlochmore 20 F c.
Kinnaird II° 20 I d.
Kinnareté 52 F d.
Kinnasharragh Iⁿ 20 B g.
Kinneua 50 M i.
Kin-Pat (F°) 45 D m.
Kimpo San 45 N i.
Kinross 20 H d.
Kinsale 20 C j.
Kinsembo 50 J k.
Kinstampo 48 G h.
Kin Tchéou 19 M g.
Kin-Tchéou-Ting 45 E g.
Kin-Tchouen 44 H c.
Kintoch 20 G b.
Kin-Tsing-Fou 44 H f.
Kinvarra 20 B b.
Kinyama 59 K i.
Kinzig 14 N d.
Kinzig 14 O c.
Kiodji (L.) 49 N i.
Kioga (L.) 49 N i.
Kio-Ho 48 I b.
Kioua (M°) 50 C c.
Kioto 45 L i.
Kioukau 57 N c.
Kiounga 50 O j.
Kjöng 32 C d.
Kjöng 52 E d.
Kionrdannir 58 G d.
Kiou-Siou 45 I j.
Kipanzo 50 J l.
Kipini 50 O j.
Kippel 22 E r.
Kippenheim 27 H f.
Kippi 19 C c.
Kippure 20 E h.
Kiptchak 40 E a.
Kir 40 H d.
Kirambo 50 M j.
Kirondo 50 M j.
Kiratpur 41 C e.
Kirberg 14 N b.
Kirby R. 55 C d.
Kirchberg 22 H c.
Kirchberg 27 M d.
Kircidorf 28 C c.
Kir Chehr 59 F b.
Kirchhain 27 I c.
Kirchheim 27 K e.
Kirchheim 27 I h.
Kirchheimbolunden 27 H d.
Kirdjali 29 G c.
Kirel (I°) 58 I b.
Kirensk 37 M d.
Kirgan 35 I c.
Kirghiz-Kaïssaks 57 I c.
Kirili 59 D c.
Kirim 49 N h.
Kirind 40 C c.
Kirietch 54 M b.
Kirghiehli 30 B b.
Kirkby-Steven 20 I g.
Kirkby Lonsdale 20 I g.
Kirkaldy 20 H e.

Kirkendbridge 20 G g.
Kirkeby 52 B d.
Kirkeslon 59 I d.
Kirki 41 E e.
Kirk-Kilissé 29 H c.
Kirkpatrick (L.) 49 N i.
Kirkwall 20 H c.
Kirman 40 D c.
Kirmasli 59 C b.
Kirmir Teluï 59 E a.
Kirn 27 H e.
Kir Nor 45 A f.
Kiroung 41 F c.
Kirounga (M°) 50 M j.
Kirriemuh 20 H e.
Kirsanov 55 F d.
Kirtachi 48 H g.
Kisalé (L.) 50 L k.
Kisamo (B. de) 50 E f.
Kisanga 50 O l.
Kisanton 19 R t.
Kiseltno 28 I a.
Kishengarh 41 D e.
Kishen Ganga 41 D b.
Kishneua (M°) 58 C a.
Kisiméné 50 L k.
Kiska (I.) 54 A c.
Kiskaoua 48 J g.
Kiskiminitas R. 58 H f.
Kiskin D. 59 E b.
Kis-Kún-Félegyháza 28 F c.
Kis-Kún-Halas 28 F c.
Kis-Kún-Majsa 28 F c.
Kislinkovskaïa 38 C a.
Kislovodsk 58 E e.
Kismayou 50 P j.
Kisogava 45 M i.
Kisoriganj 41 G d.
Kisonani 50 O j.
Kisouéré 50 O k.
Kissakki 50 O k.
Kissanga (F°) 50 O l.
Kissemho 50 K l.
Kisser (I.) 45 H g.
Kisseraing (I.) 42 C d.
Kissi 19 D c.
Kissidigou 19 D e.
Kissimmee 58 H i.
Kissingen 27 J d.
Kisslegg 22 J b.
Kissovo 50 D b.
Kistawar 41 D b.
Kistna 41 E e.
Kisvárda 28 G b.
Kita 19 E c.
Kitab 40 F b.
Kitalé 19 P s.
Kitakami 45 O g.
Kitanto 50 M k.
Kit Carson 57 E c.
Kitchi 19 Dah.
Kitchiginskole 57 S d.
Ki-Tchou 44 E f.
Kitévé 50 J m.
Kithi-Bansam 42 C h.
Kitka (L.) 55 C a.
Kitkajoki 55 C a.
Kitounda 50 N k.
Kitouta 50 M k.
Kitriani 50 F c.
Kitros 50 D a.
Kitsap 58 A a.
Kitson 58 F e.
Kitta 48 G h.
Kittan 19 C f.
Kittau (L.) 41 D f.
Kittim 59 E d.
Kittinenjoki 55 B a.
Kitzbühel 28 C e.
Kitzingen 27 J e.
Kin-Fao-Hien 45 C i.
Kiutaveh 59 C b.
Kiu-Tchéou-Fou 48 D l.
Kiu-Tchou-Lin 45 C m.
Kiu-Tsing-Fou 44 H f.
Kivou (L.) 50 M j.
Kizikolevskaïa 58 G b.
Kizliar 58 G c.
Kizliman (C.) 59 E e.
Kjerteminde 52 D d.
Kjöbenhavn 52 F d.
Kjöge 52 E d.
Kjöge (B.) 56 H h.
Kjölen 6 F a.
Kjöng 52 C d.
Kjöng 52 E d.
Klabat 43 H e.
Klabat (D° de) 45 D f.
Kladanj 28 F d.
Kladno 28 C a.
Kladrau 27 M c.
Klafreström 52 I j.
Klagenfurt 28 C e.
Klamath L. (Lower) 58 B b.
Klamath L. (Upper) 58 B b.
Klamath Marsh 58 B b.
Klamath R. 58 A b.
Klampenborg 52 F d.
Klang 42 C f.
Klar Elf 32 I i.
Klattau 28 C b.
Klaus 28 C e.
Klausen (P.) 22 H d.
Klausenburg 28 H c.
Klausthal 27 J e.
Klechteheli 54 E d.
Kleczew 26 H h.
Kleeberg 14 O b.
Klein fontein 50 K o.
Klek (G. de) 28 E e.
Klemensker 52 A a.
Klerksdorp 50 L o.
Kletsk 54 G d.
Klevan 54 F e.
Kliazma 55 E c.
Klichki 34 J e.
Klichkovtsy 34 F f.
Klimontow 26 J c.
Klimov 54 I d.
Klimovitchi 54 I d.
Klin 54 L b.
Klin 56 T P.
Klingenberg 27 I c.
Klingnau 22 F b.
Klinl 32 F d.
Klintehamn 54 B b.
Klintsy 54 I d.
Klioutchev (V°) 57 R d.
Klioutchevaïa 38 C b.
Klioutchevskole 37 N d.

Klippan 52 F c.
Klitchkinskii 44 K a.
Klitland 32 A c.
Klixbüll 52 B c.
Kljne 28 E d.
Klobucko 26 I c.
Klodowa 26 I b.
Kloeang 45 B e.
Klofa Jökull 52 F b.
Klouar (C.) 45 I h.
Klondike 56 A b.
Klong Pasé 19 I k.
Klong Pla Ploung 19 I j.
Klong Si Tat 19 I k.
Klong Takron 19 I j.
Kloostorveen 21 E b.
Kloppenburg 27 H b.
Klosterneuburg 28 D b.
Klosters 22 J d.
Kloten 22 G c.
Klötze 27 K b.
Klus 22 E c.
Klutz 52 D f.
Kmamoto 45 J j.
Knais (F°) 17 O c.
Kmired 52 F c.
Knoresborough 20 i g.
Kniaginin 55 F c.
Kniajele 34 J f.
Kniajevats 29 E b.
Knlaz (L.) 34 G d.
Knighton 20 H j.
Knijpe (de) 21 D b.
Knin 28 D d.
Knittelfeld 28 b c.
Knittlingen 14 O c.
Knob (C.) 52 C f.
Knorassas 59 I a.
Knowlton 58 F f.
Knox (P°) 51 J g.
Knoxville 58 G g.
Knudshoved 52 D c.
Knudshoved 52 E d.
Knüll Geb. 27 J d.
Knychin 34 E d.
Koaeib 50 K n.
Koang-Tchang 45 B g.
Koang-Tjiou 45 H h.
Koang-Tjiou 45 H i.
Koba 45 D f.
Kobbn 49 N h.
Kobbo 49 O g.
Kobdo 44 E h.
Kobe 43 L i.
Kobeh 49 L g.
Kobellaki 54 J f.
Koblenz 27 H d.
Kohoungo 50 J l.
Kobrin 54 E d.
Kobror (I.) 45 J g.
Koburg 27 K d.
Kobrjtcha 54 I e.
Kobylin 26 H c.
Kochedary 54 F c.
Kocheleff (V°) 45 X a.
Kochem 27 C d.
Kocher 27 I e.
Kocher 27 J f.
Kocheti Dalman 44 F c.
Kochkar 58 F d.
Kochkar-ata (L.) 58 I c.
Koch-Lach 44 C d.
Kuchoeha 49 J g.
Kock 28 K c.
Kock (F° de) 45 C f.
Kodakako 19 F c.
Ko Dinh 42 D c.
Kodja D. 59 B b.
Kodja D. 59 E b.
Kodjak (Passe) 41 B b.
Kodjalé 49 M h.
Kodja Tchaï 59 B a.
Kodja Yaïla 29 G c.
Kouljout D. 59 I a.
Kodogous 49 K g.
Kodor 58 D c.
Kodon 42 C c.
Kodungalur 41 D f.
Kodvma 54 H g.
Koé 48 D d.
Koeboe 45 E f.
Koedjigez (Liman) 59 C c.
Koeï-Kiang 44 I g.
Koer-Lin-Fou 44 I f.
Koer-Tchéon 44 H f.
Koer-Té-Fou 45 B l.
Koeï-Yang-Fou 44 H f.
Kœlani 38 H d.
Koepang 43 H h.
Kœpralu 29 E c.
Kempru-sou 39 D c.
Kœs Dagh 39 G b.
Koesfeld 27 G c.
Kœstendil 29 F b.
Kofiou 19 C e.
Köttach 28 D c.
Kolou 45 N i.
Kogimut 56 Alaska.
Kogon 19 B d.
Koh (O. el) 49 L g.
Kohat 41 C b.
Kohek 40 F d.
Koh-i-Baba 40 F c.
Kohima 41 H c.
Kohlfurt 26 G c.
Ko-Ho 43 B i.
Ko-Hon-Tchéou 42 D b.
Kohong 43 E c.
Koh-i-Sabz 40 F d.
Koh-Mouran 40 F d.
Koh Yap 19 J j.
Koï-Koïn 50 J n o.
Koïl 41 E c.
Koïn 19 C d.
Koïsou Avar 58 G c.
Koïsou d'Andi 58 G c.
Koïsoug 58 C a.
Kojan Gorodok 54 G d.
Kojva 55 H a.
Kokah 40 G c.
Kokau 57 I e.
Kökar (I°) 54 D a.
Koké 19 C c.
Kokfara 18 Som.
Kokhauovo 54 H c.
Kokttila (M°) 50 F c.
Kokkilov 41 E g.
Kokkino 30 D c.
Koko 48 I f.
Kokomo 58 C f.
Kokong 19 J l.
Kokoura 45 J j.

Kokpektinsk 57 J c.
Kok-San 45 H g.
Koksoak (R.) 56 O c.
Kokstadt 50 M p.
Kok-Tach 44 A b.
Koklara 49 O g.
Koktcha 40 G b.
Koktchetav 57 I d.
Kol 44 K b.
Kola 55 D a.
Kola 54 C d.
Kola 50 O k.
Kola (Presq. de) 55 D a.
Kolaczvce 28 C b.
Kolar 41 E f.
Kolar (L.) 41 E e.
Kolat D. 59 H a.
Kolberg 26 G a.
Kolbitz 27 L b.
Kolbuszów 28 G a.
Kolding 52 B d.
Kolding 52 C d.
Koléa 17 G e.
Koléa (el) 49 O e.
Kolenkovtsy 28 I b.
Kolgouiev (I.) 55 G a.
Kolhapur 41 D e.
Kolibanta 19 D e.
Kolimbiné 19 D b.
Kolin 28 D a.
Kolimais 50 C d.
Kolind Sund 52 D c.
Kolioutchin (B°) 57 U c.
Kolka 55 B b.
Kolki 34 F c.
Kolkol 49 L g.
Kotkouny 54 G c.
Kollum 21 D a.
Kolmakoff (Red°°) 56 Alaska.
Kolmar in Posen 26 H b.
Köln 27 G d.
Kolno 54 D d.
Koloho 19 D c.
Kolodtsy 58 F d.
Kologriv 55 F c.
Kolokera 50 D c.
Kolokythia 50 G c.
Kolomea 28 I b.
Kolomna 19 E b.
Kolomna 54 M c.
Kolong (I.) 42 C f.
Koloniatev 54 K f.
Koloui 57 L e.
Kolozs 28 H c.
Kolozsvar 28 H c.
Kolp 54 K a.
Kolpho 50 E a.
Kölpin (L.) 52 F f.
Kolt 52 C c.
Kolter 52 G g.
Kolva 55 H b.
Kolva 55 I a.
Kolvah 40 F d.
Kolybelka (Verkhniaïa) 54 M d.
Kolyma 57 Q c.
Kolyvan 57 K d.
Kom 19 P q.
Kom 29 D b.
Kom (Col de) 29 F b.
Komadongou 48 I g.
Komaga-Take 45 M i.
Komaga-Take 45 O e.
Komaka Efouleu 18 P p.
Komana 39 F b.
Komarno 28 H b.
Komárom 28 E c.
Komati Poort 50 N o.
Komats 45 M h.
Komba 19 Q t.
Koulaï 19 Q q.
Kornechka (L.) 57 L c.
Komi 50 F d.
Komisarovka 54 J f.
Kommern 14 M b.
Komodo 45 G g.
Komoé 19 G d.
Komoé 48 F h.
Komono (P. de) 19 H d.
Komoru 28 E c.
Komorow 28 H a.
Komotau 28 C a.
Kompakova 57 R d.
Kompong-Chnang 19 K k.
Kompong Kham 19 K k.
Kompong Som 19 J l.
Kompong-Som (B. de) 19 J l.
Kompong Speu 19 J K l.
Kompong-Thom 19 K k.
Kompong-Trach 19 K l.
Kompony 19 B d.
Komrat 54 H g.
Komskole 57 K d.
Kom-Yan 19 M h.
Konafadié 19 D E c.
Konakry 19 B c.
Konam 57 O d.
Konana Bembe 19 Q r.
Konda 57 I d.
Kondé 50 N k.
Kondéla (M°) 18 Som.
Kondia (P°) 50 F b.
Kondinskole 57 I c.
Kondoa-Irangui 50 N j.
Kombololé 50 L i.
Koudoura (Dj) 49 O h.
Koudovazéna 50 C d.
Kone 18 B c.
Koug 48 F b.
Kong (I.) 19 J l.
Konga 19 S o.
Kougaver 40 C c.
Konge An 32 B d.
Kongeif 52 H j.
Kong Ming Tehan 42 C b.
Kongela 50 I k.
Kongsbacka 52 H j.
Kongsmcka (B° de) 52 E b.
Kongsberg 52 H j.
Kongsted 52 E d.
Kongsvinger 52 H j.
Kong-Tjiou 45 H h.
Konguin Dongo 48 I h.
Konia 59 E c.
Koniambo 48 B c.
Koniavo Plan. 29 F b.
Konicopol 26 I e.
Konich 59 E c.

Königgrätz 28 D a.
Königmhof 28 D a.
Königsberg 26 I a.
Königsberg 27 K d.
Königsberg 27 M d.
Königsbronn 27 J f.
Königsbrück 27 N c.
Königsee 27 M g.
Königsfeld 22 G a.
Königshofen 27 J e.
Königshofen 27 K d.
Königshütte 26 I c.
Königslutter 27 K b.
Königstadtl 28 D a.
Königstein 14 O b.
Königstein 27 N d.
Königswart 27 M d.
Königswinter 14 M b.
Koniu 34 B d.
Konispolis 50 A b.
Konistraes 50 E c.
Konitsa 50 D a.
Könitz 22 E d.
Konitz 26 H b.
Konjica 28 E c.
Konju Plan. 28 F J.
Konkan 41 D c.
Konkohiri 48 G g.
Konkonante (M°) 19 D c.
Konkonati 19 P s.
Konkouré 19 C d.
Konni 48 H g.
Konolfingen 22 E d.
Konotop 54 J c.
Konskaïa 54 K g.
Konskie 34 D c.
Konskiie Razdory 54 L g.
Konsko Wola 26 J c.
Konstantinograd 54 K f.
Konstantinovka 54 L f.
Konstantinov Kamen 55 J a.
Konstantinovskaïa 58 D a.
Konstantinovskole 38 E b.
Konstantynów 34 C c.
Kontagora 48 H g.
Kontakora 48 H g.
Kontal 57 T c.
Kontarno 28 H b.
Kontcha 49 J h.
Kontchakov-Kamen 55 J c.
Kon-Toum 19 L j.
Kon-Tuing 19 L j.
Kouz 14 M c.
Koog 21 C b.
Kool (C.) 52 G a.
Koondrook 55 H g.
Kooringa 52 G f.
Koos B. 58 A b.
Kootenay 56 F d.
Kootenay (L..) 56 F c.
Koou-Lonng 44 J g.
Knoussu 19 E c.
Kop (Ch°° du) 59 I a.
Kopal 37 J e.
Kopaonik Plan. 29 E b.
Kopatkovitchi 54 H d.
Kop-Dagh 59 I a.
Köpenick 27 N b.
Kopeto (M°°) 18 D c.
Kophino (M°) 50 F f.
Köping 52 I j.
Koplau 54 G e.
Koporie (B. de) 54 H a.
Kopreinitz 28 E c.
Koprivchtchitsa 29 G h.
Kopyczynce 28 I h.
Kopys 54 I e.
Korab 29 E g.
Koraka 50 E b.
Korako (M°) 50 G e.
Korana 28 D d.
Korann Land 59 K o.
Korat 19 I j.
Korbach 27 I e.
Korbooali 38 E c.
Kordofan 49 M g.
Kori 19 E h.
Koreid-el-Kibal (D.) 17 F h.
Korosaud 52 D d.
Korets 54 G e.
Koriaks 57 S c.
Korido (I.) 45 J f.
Ko-Rieng 45 H i.
Korintji 45 C f.
Korintjiers 45 C f.
Korionné 48 F f.
Koritsya 54 E d.
Kork 14 N d.
Korkemiaki 34 i.
Korkodon 57 R c.
Körlin 26 G a.
Korlou Nor 44 F d.
Kormakiti (C.) 59 E d.
Körmöczbánya 28 F b.
Körner 27 K c.
Kornenburg 28 D b.
Koro (Mer de) 55 B n.
Koroczyn 28 G a.
Korogoué 50 O k.
Koroka 50 J m.
Korop 54 J c.
Koropi 50 E d.
Koropo 19 B c.
Kororo 48 I h.
Kororofa 48 I h.
Körös 28 E c.
Körös (Fekete-) 28 G c.
Körös (Kis) 28 F c.
Koroska 49 M c.
Körös Ladány 28 G c.
Korostychev 54 H c.
Korostyn 54 I a.
Koroteba 54 L c.
Korotoïak 55 E d.
Koroun 40 C c.
Korpö 54 D.
Korsakova 57 O d.
Korsör 52 D d.
Korsoun 54 I f.
Kortal 39 C a.
Kortchova 54 I b.
Korumburra 55 H g.
Kos 39 B c.
Kos 49 N h.
Kosalou 58 F d.
Koschmin 26 H c.
Kosciuszko (M°) 52 I g.

Lonquimai (V. de) 64 D 1.
Lonsdale 20 I g.
Lons-le-Saunier 16 L f.
Louza 22 E e.
Lookout (C.) 56 L c.
Lookout (C.) 58 A n.
Lookout (C.) 58 I h.
Lookout (M') 58 B e.
Loop Head 20 A i.
Loos 14 Lille.
Loona 50 I j.
Looua 50 K k.
Lo-Ouei 41 I h.
Loox 14 K b.
Lopatka (C.) 57 B d.
Lophouri 41 I f.
Lopé 19 P e.
Lopévi (I.) 18 N.-Hébr.
Lopez (C.) 19 Or.
Lopez (I.) 58 A a.
Lopi 48 J i.
Lo-Ping-Tchéou 42 D a.
Lopori 50 K i.
Lora 25 F g.
Lora 40 F e.
Lora (la) 25 G b.
Lora Hamoun 40 F d.
Lorca 25 I g.
Lorch 27 H d.
Lord Howe (I.) 51 H k.
Lorena 64 I i.
Lorète 24 D e.
Loreto 28 C e.
Loreto 59 D d.
Loreto 65 C f.
Loreto 65 D c.
Loreto 64 E j.
Loretto 16 K g.
Lorette 24 D e.
Lorgune 15 I g.
Lorgues 16 M i.
Loriau (Mar.) 50 O i.
Lorica 60 G k.
Lorient 15 C c.
Lorillard City 59 N i.
Loriol 16 K h.
Lermes 14 J c.
Lormont 15 F h.
Lorn (Firth of) 20 E e.
Lorouco 25 D c.
Loroux-Bottereau (le) 15 E e.
Lorquin 14 M d.
Lörrach 27 H g.
Lörrach 22 E b.
Lorrain 18 Mart.
Lorraine 27 G e.
Lorrez-le-Bocage 14 I d.
Lorris 15 I c.
Los (I· de) 19 B c.
Losarcos 15 D j.
Lo Sikar Dzong 41 D f.
Losinuala 34 L c.
Losinovka 34 I e.
Losonez 28 F h.
Losse 15 F h.
Losse 15 F i.
Lössnitz 27 M d.
Lostallo 22 H e.
Lost Valley 58 C c.
Lot 15 H h.
Lota 64 C i.
Lo-Tau-Tchéou 42 C h.
Lotbinière 56 N e.
Lot-et-Garonne 15 F h.
Lothberg 20 G e.
Lo-Ting 45 D g.
Lo-Ting-Tchéou 41 I g.
Lo-Tsa Hou 45 D i.
Lottigna 22 H e.
Lötzen 26 J a.
Loua 50 K i.
Loua (O.) 17 G g.
Loualaba 50 L l.
Louama 50 M j.
Louampa 50 L m.
Louanga 50 L l.
Louang Ho 45 C f.
Louang-Ping 45 C f.
Louang-Prabang 42 C e.
Louang-Tchéou 45 D g.
Lonaugninga 50 K l.
Louapouin 50 M l.
Louassé 19 Q s.
Loulagouey-Malouga 19 S p.
Louban (L.) 54 G h.
Loubéfou 50 L j.
Loubilach 50 L k.
Loubino 57 I d.
Loubny 54 J e.
Louboudi 50 K j.
Louboudi 50 I. l.
Loubour 50 N i.
Lou-Chan 44 K d.
Lou-Chan 45 E h.
Louchéché 50 J K l.
Loudd 39 F f.

Louisville 58 G g.
Loujki 54 J d.
Loukafou 50 N l.
Loukassi 50 I. k.
Loukénya 50 I. j.
Loukhovitchi 54 M c.
Lou-Kiang 42 C b.
Lou-Ki-Kéou 44 J f.
Loukoela 19 S r.
Loukolanov 33 F e.
Loukouga 50 M k.
Loukougou 50 N m.
Loukouhichi 50 I. l.
Loukoussachi 50 M l.
Lou Kou Tsiao 45 C g.
Louktchoun 44 E c.
Loukovon 50 A b.
Louksor 49 N d.
Loulaun 22 B c.
Loulay 15 F f.
Lonie 28 C g.
Louli 50 O l.
Lou-Liang-Tch. 42 D a.
Loulindi 50 L j.
Loulongo 19 I q.
Louleu 50 O a.
Louloua 50 K a.
Louleunhourg 50 L k.
Loummdji 50 K l.
Loumbi 50 J l.
Loumlo 50 O l.
Loumour 42 C f.
Lounda 50 K l. k.
Lounda 50 M l.
Loundé 50 M n.
Lounnali 50 M n.
Lounga 50 L l.
Lou-Ngan-Fou 44 J d.
Loung-Kiang 42 C a b.
Loung-Kiao 44 K g.
Loung-Meng 45 B f.
Loungouéhougou 50 K l.
Loung-Yang-Tchéou 45 C n.
Louniévka 55 I c.
Louninets 55 B d.
Loun-Kéou 45 D h.
Lounsefoua 50 M l.
Looneoua 50 L j.
Lonemde 50 O l.
Louoza 50 L l.
Loup 16 M i.
Loupain (Gorges du) 50 N m.
Loupe (la) 13 G d.
Loup R. (Middle-) 57 F h.
Loup R. (North-) 57 F h.
Louqnoiz 22 H d.
Louqnez (P') 49 I g.
Lourdes 15 F i.
Lourenço Marquez 50 N c.
Lourical 23 B a.
Lourio 50 O l.
Louris 50 O l.
Lourmarin 16 L h.
Louros 28 F g.
Louroux 26 G h.
Louroux-Béconnais (le) 15 E e.
Lousa (S' do) 25 C d.
Lonsada 40 F d.
Lousdale 20 I g.
Lons-le-Saunier 16 L f.
Lout (Désert de) 40 E c.
Lou-Tai 45 C g.
Loutala (Gorges de) 50 M n.
Loutétia 50 M f.
Loutétie 19 R t.
Lou-Tchéou 44 H f.
Lou-Tchéou 44 I f.
Lou-Tsa... 45 C g.
Lonth 58 B c.
Lonth 55 H f.
Lonth 55 H f.
Lou-Tie-Ting 42 D a.
Loutral 50 D d.
Loutraki 50 D d.
Loutsk 54 F e.
Lontyahmon 50 L n.
Louvain 21 C d.
Louvecienues 13 Paris.
Louvégen 50 N k.
Louvières (le) 21 B d.
Louviers 13 G e.
Louvigné-du-Désert 13 E d.
Louvil 14 Lille.
Louvourso 50 L l.
Louza 35 G h.
Lovaguy 22 I f.
Lovat 54 I b.
Loveno 22 J e.

Lübben 27 N e.
Lübbenau 27 N c.
Lübeck 27 K a.
Lübou 26 C c.
Lubersac 15 G g.
Lublin 54 E c.
Lubliniz 26 I e.
Lubraniec 26 I h.
Lubzhono 27 K a.
Lübz 27 L a.
Lub 15 F c.
Luc (le) 16 L i.
Lucalla 50 J k.
Luc An Chau 10 K f.
Luc de France 15 F i.
Lucaye 60 G k.
Lucenay-l'Evêque 14 J e.
Luc-en-Diois 16 L h.
Lucera 24 E d.
Lucerne 22 F e.
Lucey 22 A f.
Luche Tagh 41 C D d.
Lüchow 27 L b.
Lucisingen 22 H d.
Lucieni 28 I d.
Luchau 27 N c.
Luckenwalde 27 M b.
Lucknow 41 E c.
Luçon 50 M l.
Luçon 43 H b.
Lucques 24 C c.
Lucrecia (P") 60 H c.
Lüde 14 F b.
Luda (le) 15 F c.
Lüdenscheid 27 H c.
Lüderitz-Land 50 J o.
ludhiana 41 D d.
Lüdinghausen 27 H c.
Ludington 58 G f.
Ludlow 20 I i.
Ludlow (C.) 57 C a.
Ludlow (P') 58 A n.
Ludwigaburg 27 I f.
Ludwigshafen 14 O n.
Ludwigshafen 27 I e.
Ludwigs Hau 27 I f.
Ludwigslust 27 L a.
Ludsia 15 E j.
Lug 20 I i.
Lugano 22 H e.
Luganville 18 N. Hébr.
Lügde 27 I e.
Lugnaquilia 20 D i.
Lugnoiz 22 H d.
Lugny 16 K i.
Lugo 24 C b.
Lugo 28 D b.
Lugos 28 C d.
Luguet 16 J g.
Lugumisloser 52 H d.
Lühe 27 J a.
Luino 22 G e.
Lukue 28 E d.
Lukas 50 B b.
Loukou 50 N k.
Lukow 54 E c.
Luleå 52 J h.
Lule Bourgas 29 H c.
Lule Elf 52 J h.
Lule Lappmark 52 J h.
Luleo 54 J f.
Lumber City 58 C h.
Lumberton 58 H h.
Lumbier 15 E j.
Lumbres 13 H b.
Lumby 32 D d.
Luna 15 E j.
Lund 52 H h.
Lunas 16 I i.
Lund 52 I j.
Lundenburg 28 E b.
Lundershov 32 D d.
Lundu 45 E c.
Lundy (I.) 20 G j.
Lune (M— de la) 65 F d.
Lünebourg 27 K a.
Lüneburger Heide 26 D n.
Lünel 16 I i.
Lünen 27 H c.
Lunenbourg 56 P f.
Lunéville 14 M d.
Lunga (I.) 28 I c.
Lun-Ngan-Fou 44 H e.
Lungau 28 E c.
Lungern 22 F d.
Luni 41 D e.
Lunino 22 D b.
Lungro 24 E e.
Lupar 45 E c.
Lupeni 28 G g.
Lupfen 22 G a.
Lupkovo 28 G b.
Lura 22 H f.
Lurcy-Lévy 16 I f.
Luro 14 M c.
Lure 15 I e.
Luro (3· de) 16 L h.
Lurgan 20 E g.
Luri 16 M j.
Lury 15 H c.
Lussin 2· N f.
Luse 20 I c.
Luserort (C.) 54 D h.
Lusigny 14 J d.
Lusine 14 M c.
Lusk 20 E h.
Lussac 15 F h.
Lussac-les-Châteaux 15 G f.
Lussan 16 K h.
Lussin (I') 28 D d.
Lussin Gde 28 D d.
Lusseni Piccolo 28 D d.
Lustenau 22 H c.
Lutfabad 57 H f.
Lütjenburg 26 E s.
Lutke (C.) 57 H b.
Lutomiersk 26 I c.
Luton 20 K j.
Lutry 22 C j.

Luttenberg 28 D c.
Lütringhausen 14 M a.
Lützelbourg 14 M d.
Lützellüth 22 E c.
Lützen 27 L e.
Luverne 58 G h.
Luvoulte 16 K h.
Luxembourg 21 D d.
Luxembourg 21 D c.
Luxeuil 14 M o.
Luxey 15 F h.
Luy 15 E I.
Luy de Béarn 15 F i.
Luy de France 15 F i.
Luz (la) 59 I g.
Luzarches 15 I c.
Luzech 15 G h.
Lüzoe 15 D g.
Luzern 22 C e.
Luzon 45 H h.
Luzy 16 J f.
Lwow 26 H h.
Lybou 54 I h.
Lycaonie 39 E e.
Lycia 30 C d.
Lychen 27 M a.
Lyck 56 J h.
Lyck 34 E d.
Lycksele Lappmark 52 I h.
Lycostomon 30 C b.
Lydenburg 50 M o.
Lydie 39 C b.
Lydoin 32 B d.
Lyell (M') 57 B c.
Lygondista 50 C d.
Lynn 57 II c.
Lykodimo (M') 30 C e.
Lykouresi 30 A b.
Lyme Bay 20 H k.
Lyme Regis 20 H k.
Lymington 20 J k.
Lynchburg 58 H g.
Lyngby 52 H e.
Lynmouth 20 G j.
Lyon 58 I f.
Lyo 59 C d.
Lyon 16 K g.
Lyon lai. 58 I a.
Lyonne 16 K h.
Lyons 22 H d.
Lyons 58 F f.
Lyons-la-Forêt 13 II c.
Lys 15 H b.
Lys 16 N g.
Lys 21 B c.
Lys (Dent de) 22 D d.
Lysa Góra 54 D o.
Lyse Fj. 32 G j.
Lyskill 32 II j.
Lysianka 54 I f.
Lyséen Riang 19 I f.
Lyss 22 D c.
Lyttelton 53 M k.
Lytton 56 E d.

M

Ma (Ras el) 48 F f.
Maadhid (Dj.) 17 I d.
Ma'an 31 J c.
Maarah-eh-Noaman 39 G d.
Maas 21 D c.
Maasland 21 D c.
Maassluis 21 B c.
Maastricht 21 D d.
Mababé (Marais de) 50 L m.
Mabain 42 B b.
Maboté 50 L j.
Mabrouk 48 G f.
Macabe 50 L j.
Macajuba 63 G g.
Madjo 59 F b.
Madjour 59 F b.
Madode 50 O l.
Madocera 45 F g.
Madon 14 L d.
Madonie 50 J D f.
Madoungou 19 Q s.
Madrague (la) 16 Mars.
Madrague-de-la-Ville (la) 16 Marseille.
Madruk (Ras) 49 S f.
Madras 41 E f.
Madrasy 58 H k.
Madre (Lag. de la) 57 G e.
Madre (Lag. de la) 59 J e.
Madre (S·) 57 E b.
Madre (S·) 59 N i.
Madre de Dios (R.) 65 D g.
Madrejon 64 F j.
Madres 37 I 45 II j.
Madrid 25 G d.
Madridejos 25 II c.
Madura 41 E j.
Madura 45 F g.
Madré-Carhaix 13 C d.
Madsenhead 20 I h.
Madura 41 E j.
Maebashi 45 Q e.
Maelstrom (Ras) 49 S f.
Maestra (Sierra) 60 G c.
Maestro (I.) 17 II d.
Mafalinga 48 I g.
Mafeking 50 L o.
Mafia 50 L n.
Mafou 19 D d.
Maful (O.) 17 I c.
Magala 50 M j.
Maganguey 60 H k.
Magaria (Terr·) 48 G f.
Magazan 19 P d.

Magdalena (I.) 50 F g.
Magdalena (I.) 64 C m.
Magdeburg 27 L b.
Magden 40 E b.
Magdochou 50 Q i.
Magelang 43 E g.
Magellan (Arch. de) 51 F e.
Magellan (D' de) 64 D o.
Magellanes (Terr. de) 64 C n, D o.
Magenta 17 C c.
Magenta 24 B h.
Mageren 22 II c.
Magerlingen 27 I f.
Maggia (Val) 22 C c.
Maggiora 23 G f.
Maggiore (M.) 28 C d.
Maghonm 17 D c.
Maghter 48 E c.
Magi Dagh 58 G d.
Maglaj 28 E d.
Magleby 52 D c.
Magleby 52 E d.
Magleby 52 F c.
Maglio 24 F d.
Magli Gœl 39 F b.
Magnac-Laval 15 G f.
Magnavacca (Porto di) 24 C h.
Magne (Port) 23 M f.
Magnésie 39 B b.
Magnésie (Presq. de) 30 D b.
Magnet (M') 52 C c.
Magnétique (I.) 53 II c.
Magnétique (M'—) 18, G. F.
Magnet P' 58 F c.
Magnus (M') 52 I c.
Magny 15 II c.
Magny-les-Hameaux 13 Paris.
Magny-Vernois 22 C b.
Mago (I.) 55 C n.
Magoari (C.) 65 II e.
Magoungouara 50 N k.
Magoumori 48 I J g.
Magroun (C.) 17 E c.
Magui (le) 19 D b.
Maguire (F') 50 N l.
Magura 28 F b.
Maguruchic 59 E d.
Maguse (L.) 56 J b.
Magwé 41 D d.
Magyar Óvár 28 E c.
Mahabaleshwar 41 D c.
Mahabo 18 H j.
Mahadeo (M'—) 41 E d.
Mahaena 18 Soc.
Mahafaly 18 G l.
Mahagui 50 M i.
Mahajamba 18 I g.
Mahakam 45 F f.
Mahaly 18 I l.
Mahamuni 41 II d.
Mahan 40 D d.
Mahanadi 41 F d.
Mahanaili 44 D d.
Mahanoro 18 J i.
Maharès 17 O c.
Mahatsara 18 J i.
Mahault (Baie) 18 Guad.
Mahavavy 18 J f.
Mahavavy 18 II h.
Mahavelona 18 I i.
Maharxi (el) 49 I. c.
Mahazoarivo 18 I k.
Mahcomang (L.) 58 G c.
Mahdiya (Ras) 17 O d.
Mahdjtt (el) 49 P f.
Mahé 41 D f.
Mahé 50 R j.
Mahela 18 J j.
Mahendro Giri 41 F e.
Mahengue 50 N k.
Mahi 41 D d.
Mahia 55 N j.
Mahina 18 Soc.
Mahmides 17 E d.
Mahmoud Aba 40 C b.
Mahmoudou 48 I b.
Mahmoud-tchalnsi (L.) 58 II c.
Mahmudia 54 II h.
Mahomet-Iourt 58 F c.
Mahomia 29 F c.
Mahou (P') 25 P c.
Mahra 49 Q f.
Mahrah 49 Q f.
Mahraj 41 D h.
Mahrau 40 C b.
Mahsama 49 B. E.
Mahowa 41 C d.
Mai 18 N. Hébr.
Maï (el) 17 E c.
Maïa 57 P d.

Maine 13 F e.
Maine 58 J f.
Maine (Bas-) 13 F d.
Maine (Haut-) 13 F d.
Maine (Collines du) 13 E d.
Maine-et-Loire 13 F e.
Maing 14 J b.
Maing-Chou 44 G g.
Maing Kaing 41 I d.
Maing-Khouam 42 B a.
Maingma 41 I d.
Maingnaur...
Maingpon 41 I d.
Maingpyin 41 I d.
Mainit (L. de) 45 H d.
Mainland 52 G h.
Mainland (I.) 59 J a.
Mainpuri 41 E c.
Main Red R. 57 F d.
Maintenon 13 II d.
Mainthong (Pic) 41 II d.
Mainthano 18 G i.
Mainville 15 Paris.
Mainwan L. 56 P c.
Maiouo 18 N. Hébr.
Maipo (V. del) 64 D k.
Maira 22 I c.
Maira 24 A b.
Maire (L.) 16 Marseille.
Maisi (C.) 60 II c.
Maison Carrée 17 C c.
Maisons 13 Paris.
Maisons-Alfort 13 Paris.
Maisons-Laffitte 13 Paris.
Maïsur 41 D f.
Maisville 52 J c.
Maï Tablo 49 O c.
Maitland 55 J c.
Maitsokély 18 I h.
Maivarano 18 I h.
Maïz (Dj.) 17 C g.
Maïz (el) 58 E c.
Majang (I.) 45 E f.
Majella (la) 24 D c.
Majeur (Bras) 65 II g.
Majeur (Lac) 22 G e.
Majitha 41 D c.
Majorque (I.) 25 O c.
Majunga 18 I g.
Mak (I.) 19 II b.
Makabana 19 Q s.
Makala 50 N m.
Makalaka 50 L m.
Makallé 49 S g.
Makaloumba 50 K l.
Makanrouvo 50 L l.
Makanrousi 50 L l.
Makarainga 50 K l.
Makariev 54 K c.
Makarikari 50 L m.
Makarska 28 E d.
Makatching 50 N k.
Makatipu 53 L k.
Makattem 49 N f.
Makhana 19 Q s.
Mokheradou 48 I g.
Makhlaf 49 Q f.
Makhona 48 I g.
Makhra 51 K c.
Makhri 50 G c.
Ma-Kia-Ho 45 C h.
Makina 50 K j.
Makin 40 G c.
Makin (I') 51 J g.
Makinaw R. 58 F f.
Makjan (I.) 45 F f.
Makkum 21 D c.
Makiakovskaia 57 K d.
Mäkläppen 52 H h.
Makloutsi 50 L m.
Mako 28 G c.
Makogai (I.) 55 B n.
Makonde 50 N k.
Makoqnota 50 L m.
Makou 40 B b.
Makoua 50 M j.
Makoung 49 P f.
Makoungo 49 M i.
Makovskole 57 K d.
Maków 54 D c.
Makrai 41 D d.
Mokri 29 G c.
Makri 59 C c.
Makrinitsa 50 D b.
Makro 50 A d.
Makronisi 50 E b.
Makronisi 59 E c.
Makrvalo (B.) 50 G f.
Maksimova 57 O l.
Maktar 17 M f.
Makum 41 II c.
Malabar (I.) 41 D f.
Malabar (C.) 58 II i.
Malabar (Côte de) 41 D f.
Malaboch 45 B b.
Malabrigo 65 B c.

Malden 58 J f.
Malden (I.) 51 M h.
Mal di Ventre (I.) 24 A.
Maldives 3 Q d.
Maldon 20 L j.
Maldon 58 J f.
Maldonado 64 G k.
Male 28 B c.
Malé 42 B b.
Mâle (L. au) 56 N e.
Malen (B.) 50 G f.
Malech Planina 29 F e.
Maleddam (Ras) 40 E d.
Malee (C.) 30 D e.
Malegaon 41 D d.
Malch ben Aoun 17 I. g.
Maleka (C.) 50 E f.
Malekoula 18 N. Hébr.
Maléma 50 L i.
Maleneo 22 J e.
Malène 19 P q.
Maléo 19 D c.
Malepie 50 K j.
Malerkotla 41 D h.
Malesherbes 13 I d.
Malesovon 50 A a.
Malestroit 15 D e.
Melovo (M'—) 50 D d.
Malgara 29 II c.
Malhão (S· do) 25 C g.
Malhão da Serra 25 C d.
Malherbe (P'—) 18 Guad.
Malhour (L.) 58 B b.
Malheur R. 58 B b.
Mali 19 C d.
Malia (C.) 30 E c.
Malicorne 15 F e.
Malik (O.) 49 M i.
Mali Kba 42 C a.
Malikovskaia 37 O c.
Malin 20 D f.
Malindang 45 II d.
Maliudi 50 O j.
Malines 21 C c.
Malin Head 20 D f.
Malini 34 F g.
Malinké 48 E F h.
Mali Po 19 K f.
Malis 22 I d.
Malka 38 E c.
Malkapur 41 D c.
Malkin 55 B d.
Mallani 41 C c.
Mallerny 22 D c.
Mallicolo (I.) 48 N. Hébr.
Malling 32 C c.
Mallorca (I.) 25 O c.
Mallow 20 C i.
Malmédy 27 F d.
Malmesbury 20 I j.
Malmesbury 50 K p.
Molongamu (L.) 52 I i.
Malmö 52 I j.
Malmöhus 52 F d.
Malmyj 53 G c.
Maio 19 I f.
Malo (C.) 65 B c.
Malo (I.) 18 N. Hébr.
Maloarkhangelsk 54 L d.
Malobalé 50 K I. l.
Malofaroslavets 54 L e.
Malombe (L.) 50 N l.
Malona 50 I c.
Malone 58 I f.
Malouno 22 J c.
Malou-Hao 19 N g.
Malouines (I·) 64 F o.
Malounda 50 L l.
Malpartida 25 E e.
Malpas 20 II h.
Malpelo (I.) 65 B d.
Malpelo (I'—) 65 B e.
Malplaquet 14 J b.
Mals 22 K d.
Malsch 27 II f.
Maistadt 27 G c.
Malström 52 II b.
Maltawamkeag 57 L a.
Malte 24 E g.
Malters 22 F c.
Maltesuna (P') 30 II c.
Maltinskaia 37 M d.
Malu (M') 43 F c.
Malung (Ofver-) 52 I i.
Malvaglia 22 B c.
Malvern H· 20 I i.
Malvoisie 50 D c.
Malwa 41 D d.
Malwan 41 D c.
Malyen Plan. 29 B a.
Malyï (L.) 37 P b.
Malzéville 14 I d.
Malzieu (le) 16 I h.
Mama 37 M d.
Mamadych 53 G c.
Mamanis P· 58 G c.

Manaar (Golfe) 41 E g.

Manabi 65 B c.
Manacor 25 N e.
Manadimbo 19 P s.
Managua 60 D j.
Manaii 32 E c.
Manatenki 34 L d.
Manakau (Hⁱᵉ) 55 M j.
Mananihao 18 G H h.
Manmahara 18 I l.
Manambolo (R.) 18 H i.
Manambondro 18 I k.
Manambovo 18 H i.
Manampatia 18 I k.
Manamara 18 J h.
Mananarivo 18 H j.
Manandrea 18 H k.
Mananjara 18 I j.
Mananjary 18 J j.
Manankazo 18 I i.
Manantavadi 41 D f.
Mananténina 18 I l.
Manantouana 18 H I j.
Manaos 65 F c.
Manapire (R.) 60 L k.
Manaribalo 18 H i.
Manas 44 D c.
Manas 44 E f.
Manararaour (I.) 41 F h.
Manatee 58 H i.
Manati 60 H j.
Manato 19 B c.
Manatuto 45 H g.
Manavgat 59 D c.
Manby (Pⁱᵉ) 56 A c.
Mancha Real 25 H g.
Manchat - Fayd 49 B. E.
Mancho 13 E c.
Manche (la) 13.
Manche (la) 95 H f.
Manchester 20 I g.
Manchester 58 H g.
Manchester 58 J f.
Manchline 20 G f.
Mand 40 D d.
Manda (I.) 50 O j.
Mandabé 18 H j.
Manda D. 39 E c.
Mandal 32 H j.
Mandata 59 I h.
Mandalay 41 H d.
Mandalyk 44 D d.
Mandenivotsy 18 I J i.
Mandar 43 G f.
Mandara (al) 49 B. E.
Mandé 10 Q H n.
Mandé 19 E F d.
Mandéra 50 O k.
Manderscheid 14 M b.
Mandeure 22 G c.
Mundi 41 D b.
Mandimba (Mⁱᵉ) 50 N l.
Mandioli (I.) 43 H f.
Mandjafa 48 J g.
Maudjatezzé 49 K b.
Maudji (Presq.) 19 O r.
Mandjourie 44 L c.
Manila 41 E d.
Mandomados 59 A b.
Mandra 50 E c.
Mandra 54 E h.
Mandra 41 C d.
Mandrare 18 I i.
Mandri (Can.) 50 E d.
Mandritsara 18 J g.
Mondrivazo 18 H i.
Maudronarivo 18 H j.
Mandsaur 41 D d.
Mandurah 52 B f.
Manduria 24 F d.
Mandvi 41 C d.
Manera 18 H k.
Manéromango 50 O k.
Manorsoe 26 J a.
Mânesci 28 J d.
Manesi 50 C c.
Manotin 27 M o.
Manfoulah 49 P c.
Manfredonia 24 E d.
Manga 48 I g.
Manga 49 L h.
Mangabeiras (Sⁿ das) 65 I f.
Maoga Gaugri 44 E c.
Mangafa (I.) 51 I j.
Mangalia 34 H i.
Mangalore 41 D f.
Mangara 48 K g.
Mangarova 51 O j.
Mangfall 27 L g.
Mang-Hof 44 H g.
Mangbychlak 58 I c.
Manginidrano 18 J g.
Mangkassar 45 G g.
Manglares (Pⁿ) 65 H d.
Mangle (Pⁿ del) 60 H c.
Mangle (Pⁿ del) 60 H c.
Mangles (Iᵉ de) 60 D d.
Mangeeii 45 H f.
Mangoky 18 G j.
Mangoky 18 H k.
Mangoro 18 J i.
Mangouato 50 I n.
Mangouole (Mⁱ) 50 M n.
Mangouendi 50 M m.
Mangou 50 M n.
Mang-Ouin 42 C b.
Mangoutskoïe 57 N e.
Mangrol 41 C d.
Mangueira (L. de la) 64 G k.
Mangyt 40 E a.
Man-Bao 44 H g.
Man Bjang 42 C h.
Manhuassu 64 J i.
Mani 18 G g.
Mani 59 O g.
Mania 18 I g.
Maniago 24 D a.
Manica 50 N m.
Manidowish R. 58 F c.
Manihiki (Iᵉ) 51 M h.
Manika 50 N m.
Manikganj 41 G d.
Manikuugan (L.) 56 D d.
Manila 55 I f.
Manille 45 G c.
Maninidjoe (I.) 45 C f.
Maningory 18 J h.
Manips (I.) 43 I f.
Manipori (L.) 55 L I.
Manipur 41 H d.

Manissa 59 D b.
Manistee 58 G f.
Manistee R. 58 G e.
Manistique 58 G f.
Manitoba 56 I d.
Maniton (Iᵉ) 58 G c.
Maniton (L.) 56 G d.
Manitoulines (Iᵉ) 56 L e.
Maniteuwick 1. 58 G c.
Manitowoc 58 F f.
Manixalos 65 C c.
Maujakandriana 18 I i.
Manjhand 41 C c.
Manjira 41 E c.
Munkato 58 E f.
Manlé 41 H d.
Manmad 41 D d.
Mannargudi 41 E f.
Männedorf 22 G c.
Manners Cr. 52 G d.
Manneville-la-Raoult 14 le Havre.
Mannharis Berg 28 D b.
Mannheim 27 I c.
Manning (C.) 56 T. P.
Manning (C.) 56 Alaska.
Manning (Fⁱᵉ) 50 N l.
Mannlifluh 22 E d.
Mannu 24 D d.
Mannu (C.) 24 A d.
Mano 19 C o.
Manô 32 D d.
Manock 45 E g.
Manoel Alves (R.) 63 I g.
Manoel da Mololla 50 J m.
Man of War Keys 60 D l.
Manoir (le) 14 Rouen.
Manolada 50 B c.
Manomby 18 G k.
Manoro (Pⁿ) 41 B d.
Manosque 16 L i.
Manon (I.) 51 L i.
Manoua (Iⁿ) 51 K I. i.
Manoue 57 Q e.
Manouma 48 J h.
Manrosa 25 M c.
Mans (le) 13 F d.
Mansé 42 C b.
Mansfield 27 L c.
Mansfield 20 J b.
Mansfield 55 H g.
Mansfield (I.) 56 M b.
Mansfield (Mⁱ) 58 I f.
Mansilla 25 F h.
Mansle 15 F c.
Manso (Pⁿ) 64 H k.
Mansour (Oulad) 17 I d.
Monsoura 17 I c.
Mansoura 49 (B. E.).
Mansourah 49 M c.
Manta 65 B c.
Montaro 65 C g.
Mantes 13 H d.
Manti 58 D c.
Mantinée 50 D d.
Mantiqueira (Sⁿ da) 64 I i.
Mantobi 18 C. F.
Mantora 24 C b.
Montos Blanco 65 D i.
Mantoudion 50 E c.
Mantoue 24 C b.
Mantoumba (L.) 50 K j.
Mantova 24 C b.
Mantus 60 C d.
Mauvers (Pⁿ) 56 Q c.
Nany 58 E h.
Manyanga 19 H i.
Manyara (L.) 50 N j.
Manyas 59 B a.
Manyéma 50 I M j.
Manyika 50 M l.
Manyole 50 O j.
Manyitch 58 D a.
Manzanares 25 H f.
Manzanilla 25 E g.
Manzanillo 59 G h.
Manzanille 60 G e.
Manzanillo (Pⁿ) 60 E k.
Manzat 16 I g.
Manzo (Llanos de) 64 F i.
Mao 49 J g.
Mao-Chan-Toung 45 D e.
Mao-Tchoou 44 H e.
Maou 50 N j.
Maouambi 50 M i.
Maouang-iso 44 C h.
Maoui (I.) 51 C f.
Maounakea (V.) 51 M f.
Maounda 19 H q.
Maoupiti (Iᵉ) 51 M i.
Maouri 48 H g.
Mapa 65 H f.
Mapalma 50 L i.
Mapane 45 G f.
Mapousa 50 O l.
Ma-Pei-Quan 19 J f.
Mapimi 59 G e.
Mapouta 50 N o.
Maquilli 59 H h.
Mar (Sⁿ do) 64 H j.
Mar (Sⁿᵃ do) 64 I i.
Marabahan 45 F f.
Maraca (I.) 65 F d.
Maracaibo (L.) 65 H d.
Maracaju (Sⁿ de) 64 G i.
Marach 59 G c.
Mara Cr. 55 H f.
Maradi 48 H g.
Maragha 40 E b.
Marahü 65 J g.
Maral D. 59 F a.
Marnis (le) 14 Rouen.
Marojo (I. de) 65 H c.
Maraki (Iᵉ) 51 J g.
Maral Bachi 44 C d.
Maramara 18 I i.
Máramaros 28 H b.
Máramaros Sziget 28 H c.
Marambitsy (B.) 18 H g.
Maramec R. 58 F g.
Marand 40 B b.
Maranda 50 M l.
Marangnapa 65 J c.
Marauhão 65 I c.
Maranoa 55 I c.
Marañon (R.) 65 C c.
Marans 15 E r.

Marão (Sⁱ de) 25 C c.
Marapok 45 F e.
Marari 50 O l.
Marary (R.) 65 E d.
Maras 45 D f.
Marnsale (C.) 57 I c.
Marathon 50 E c.
Marathon 55 H d.
Marathonisi 30 D n.
Marauja 65 E d.
Maravatio 59 I h.
Maravi 50 N l.
Maravilla (L.) 64 D o.
Marbach 27 I f.
Marbella 95 F h.
Marble Cañon 58 D c.
Marblehead 58 J f.
Marbre (I. de) 56 K h.
Marburg 27 I d.
Marburg 28 D c.
Marcenat 15 I g.
March 20 K i.
March 28 E h.
Marchairuz (Col de) 22 B d.
Marchaux 14 L c.
Marche 21 D d.
Marche (Mᵐᵉ de la) 18 B f.
Marcheno 28 F g.
Marchenoir 15 H e.
Marches 24 D e.
Marchesa (Bᵗ) 45 G d.
Marchfeld 28 E b.
Marchienne 21 B d.
Mar Chiquita 64 E k.
Marciac 15 F i.
Marcianise 24 D d.
Marcigny 16 J f.
Marcillac 15 I h.
Marcillat 18 I f.
Marcilly-le-Hayer 14 J d.
Marcoing 14 I b.
Marco Polo (Mⁿ) 46 E d.
Marcolis 49 (B. E.).
Marcq 14 Lille.
Marcq 21 B d.
Marcq-en-Barœul 14 Lille.
Marcus (L.) 51 D c.
Marcy (Mᵗ) 58 I f.
Marcy-l'Etoile 16 Lyon.
Mar de Hespanha 64 I i.
Mar del Plata 64 G l.
Mardin 59 I c.
Maré 18 E c.
March 49 O g.
Marecchia 24 D b.
Maree (L.) 20 F d.
Marella 18 (Som.).
Mareil 15 Paris.
Maremme 15 E i.
Marengo 17 G c.
Marengo 24 B h.
Marengo 55 I d.
Marennes 15 E g.
Maret (Iᵉ) 52 D b.
Maretchi 40 N h.
Marouil 15 E f.
Marauil 15 G g.
Margab 59 F d.
Margaret 52 D c.
Margaret 55 F c.
Margarit 50 F f.
Margariti 30 D b.
Margasari 45 F f.
Margate 20 M j.
Margelan 57 I c.
Margerido (Mᵗ de la) 16 J h.
Margherita di Savoja 24 E d.
Margita 28 H c.
Marguareis (Cⁱᵉ) 16 N h.
Marguerite 14 Lille.
Marguerite 60 M j.
Marguerite (L.) 49 O h.
Marguerittes 16 K i.
Marhoum 17 D e.
Maria (I.) 52 F b.
Maria (I.) 52 J b.
Maria (Oster) 52 A a.
Maria (Pⁱᵉ) 58 C c.
Maria (Sⁱ de) 25 I g.
Maria (Wester) 52 A a.
Mariager 52 C e.
Madagar Fjord 32 D c.
Maria Gomes 64 H k.
Maria Hilf 50 M j.
Maria Madre (I.) 59 F g.
Mariampol 28 I b.
Marianna 64 I i.
Marianbes (Iᵉ) 51 G f.
Marias R. 57 D a.
Maria Theresiopel 28 F c.
Maria van Diemen (C.) 55 M i.
Maribo 52 E c.
Maribojoc 45 H d.
Maricopa 58 D d.
Marie Galante 18 Guad.
Marich 40 E b.
Marichaou 54 C.
Mariel 60 D d.
Mariembourg 21 C d.
Marienbad 27 H d.
Marienberg 27 M d.
Marienberg 27 H d.
Marienburg 26 I a.
Marienburg 27 J b.
Marienwerder 26 I b.
Mariestad 52 I j.
Marie-Thérèse (Iᵉ) 51 M k.
Marietta 58 C h.
Marietta 58 H g.
Marignan 24 B h.
Marignier 22 C c.
Marigny 13 E c.
Marigot 60 N f.
Marigot (Iⁿ du) 18 Mart.
Mariguana (I.) 60 I d.
Marilusk 57 K d.
Marinsk 57 D d.
Marin (le) 18 Mart.
Marin (Passe du) 18 Mart.
Marin 18 N. Hébr.
Marindi 50 I i.
Marinduque (I.) 45 G c.

Marinco 24 D f.
Marines 13 H c.
Marinette 58 F c.
Maringa 56 K i.
Maringues 16 I g.
Marilia Grande 25 D c.
Marino 24 D d.
Mar'ino 54 L c.
Marinskoïe 58 C h.
Marion (Iᵉ de) 53 I h.
Marion (I.) 5 O g.
Marion (Bᵗ) 52 J c.
Marioupol 54 I g.
Mariout 59 I h.
Marifout (L.) 19 H. E.
Marismas (les) 25 E g.
Maritima 24 D d.
Maritza 24 D d.
Maritime (Province) 57 Q R S c.
Marittimo (I.) 24 C f.
Maritza 29 H c.
Maritza 50 O k.
Mariveles 45 G c.
Marjampol 54 E c.
Mark 21 C c.
Marka Koul 44 D b.
Markaryd 52 I j.
Markdorf 27 I g.
Markan 21 C b.
Market Rasen 20 K b.
Mark Friedland 26 G b.
Markba 57 N c.
Markham (Bᵗ) 57 H a.
Mark 36 A a.
Markölbel 14 O b.
Markolsheim 14 N d.
Markopoulo 50 E d.
Marktbreit 27 I c.
Marlagne 21 C d.
Marlborough 20 I j.
Marlborough 55 N k.
Marlborough 58 J f.
Marlborough Jⁿ 20 I J j.
Marliens 14 J d.
Marlow 55 I g.
Marlow 52 F c.
Marly 13 H d.
Marmagao 41 D c.
Marmande 15 F h.
Marmara (M. de) 59 B a.
Marmara Tchaï 59 J h.
Marmolada 23 B c.
Marmora (Ras) 17 O f.
Marmora (Cᵗ) 61 D h.
Marmora (Pⁱᵉ) 50 G c.
Marmora 52 F f.
Marmora (Ras. delle) 24 D c.
Marmoutier 27 H f.
Marmoutier (Mᵗ de) 59 H h.
Marnay 14 L c.
Marne 14 J c.
Marne 14 J d.
Marne 27 I c.
Marne 14 J c.
Marne (Mⁱᵉ) 14 K c.
Marne au Rhin (Canal de la) 14 M d.
Marnes-la-Coquette 13 Paris.
Maro (Hⁱᵉ) 51 L c.
Maroa 65 E d.
Marocchia 24 C c.
Marodi (B.) 65 G d.
Maron 15 H g.
Maroni (fl.) 65 G d.
Maronne 15 H g.
Maros 65 C c.
Maropapango 18 I h.
Maros 45 C f.
Maros-Torda 28 I c.
Maros-Vásárhely 28 I c.
Marostendra 18 G h.
Marotsé 50 L l.
Maroua 60 J g.
Marouf (O.) 17 N c.
Marougame 48 K i.
Marouni 58 C f.
Maroukia (Col de) 58 D c.
Maroukoum 50 M k.
Marounga 50 L k.
Maroueka 43 L h.
Marovato 18 J h.
Marquesas Keys 60 D c.
Marquette (le) 14 Lille.
Marquette 56 J c.
Marquillies 14 Lille.
Marquion 14 I b.
Marquise 13 H h.
Marquises (Iᵉ) 18.
Marrah (Dᵗ) 49 L g.
Marrakech 48 E c.
Marroquin (C.) 24 A d.
Marri 41 D b.
Marroupi (Pᵗ) 25 F h.
Marrupa 50 N a.
Marryat 52 F e.
Marsa 48 D f.
Marsa 34 B c.
Marsala 24 C h.
Marsciano 24 C c.
Marsa 50 O j.
Massala 19 P t.
Marseillan 16 J i.
Marseille 16 L i.
Marseilleveire 16 Mars.
Marsh (I.) 58 F i.
Marshall (I.) 56 B h.
Marshall 58 E f.
Marshall 58 E h.
Marshall 58 F g.
Marshall (Iᵉ) 51 I g.

Marshall (Mᵗ) 52 C f.
Marshall Cr. 55 F d.
Marshall Pass 57 E c.
Marsico Nuovo 24 E d.
Marsilargues 16 J i.
Marson 14 K d.
Marsouins (R. des) 19 R.
Marstal 52 D c.
Marstrand 52 H j.
Marta 24 C c.
Martaban 41 H c.
Martapoera 45 F f.
Martel 15 H h.
Martelange 21 D e.
Martes (Sⁱ) 25 J c.
Marthvili 58 D c.
Martiguy 22 D c.
Martigny-les-Bains 14 L d.
Martigues 16 K i.
Martin 25 K c.
Martin (C.) 25 N i.
Martina Franca 24 F d.
Martin del Rio 25 E d.
Martin Falls 55 L d.
Martinique 18.
Martin di Lota 16 Cᵉ j.
Martinsburg 58 H g.
Martkobi 38 F d.
Marlocit 15 C h.
Marionos 58 F c.
Marioroul 25 M c.
Martos 25 G g.
Marton 14 Rouen.
Mariro (L. h) 56 E b.
Marires 16 I g.
Martynovka 58 D a.
Martyropolis 59 I j.
Marudu (Dᵗ de) 45 F d.
Marvejols 16 I h.
Marwar 41 D c.
Mary 53 I c.
Mary (Puy) 15 I g.
Maryborough 20 D h.
Maryborough 55 H g.
Marzo (Pⁿ) 65 B c.
Marzo (Pᵗ) 65 B b.
Mas Kubah 51 H b.
Masaulam (Ras) 49 N d.
Ma-San-To 45 I j.
Masaus 22 I d.
Masasi 50 O l.
Masasima 56 O l.
Masbate 45 H c.
Mas-Calherès 15 I i.
Marnay 14 L c.
Masada 17 D d.
Mascareigues (Iᵉ) 50 S n.
Mascate 40 S x.
Maschau 28 C a.
Maschiaty (Mᵗ) 65 E d.
Mascoth 59 G g.
Masera 48 F b.
Masera 50 M o.
Masevaux 14 N c.
Masiko 50 K i.
Masilé (O.) 49 O j.
Masimboue 50 O l.
Masindé 50 O j.
Masindrano 18 I j.
Matto-Sale (C.) 57 I b.
Matthew Town 60 I e.
Mattig 27 M f.
Matto-Grosso 65 F g.
Mattoon 58 F g.
Mattozinhos 25 D c.
Mattra 41 E c.
Matubin (I.) 55 B c.
Maturin 65 E d.
Matzai Cob. 28 D c.
Matzig 27 H f.
Mau 41 E c.
Maubeuge 14 J b.
Maude 65 I k.
Meadow Valley 57 C c.
Meadville 58 H f.
Meaford 58 H f.
Me-Akan 48 P c.
Mealy 52 D c.
Mealhada 25 C d.
Mémdre 59 H c.
Mearim (I.) 65 I f.
Meath 20 D h.
Meath (West) 20 C h.
Meaux 14 I d.
Mebiomo (O.) 17 D d.
Mecejuân 65 H a.
Mechernich 14 M b.
Méché-Ali 40 B c.
Mechod Ali 49 P c.
Mechesfar 17 F g.
Mecheguig (Sebkha) 17 N c.
Mechern (O.) 17 L e.
Mechoria 17 D f.
Mechernich 14 M b.
Mechloul 40 E b.
Mechkid 40 E d.
Mechkid (Hamoun el) 40 F d.
Mejin (Pⁿ) 57 C e.
Mechkin er Bek 19 M b.
Mechtchovsk 54 K c.
Meckenheim 27 G d.
Meckesheim 14 O c.
Mecklenbourg - Schwerin 52 B f F j.
Mecklenbourg - Strelitz 26 G h.
Meconta 50 N a.
Mecque (la) 49 O c.
Mecsek 28 E c.
Meda (P. de) 25 B a.
Medak 41 E c.
Medan 43 C e.
Medanos (Isth. de) 60 J j.
Médary 57 G b.
Medas (Iᵉ) 25 N b.
Mate 16 K h.
Medo 16 G a.
Médéa 17 M c.
Medellin 59 K h.

Matalilé 19 Q s.
Matam 19 C h.
Matama 49 N g.
Matamba 49 I h.
Matambonjia 50 K L m.
Matammoch 49 N f.
Matamoros 59 J h.
Matamoros 59 K e.
Matan 45 E f.
Matan 43 E f.
Matanilla (Récifs de) 58 H i.
Matanzas 60 D d.
Matanoe 18 b.
Matapalo (C.) 60 D k.
Matapan 21 C d.
Matape 59 D e.
Matam 41 E g.
Matara 25 N c.
Mataram 43 F g.
Matari 44 C c.
Mataro 25 N c.
Matatan 59 G f.
Matchakos (Fⁱᵉ) 50 N j.
Matchatash B. 58 G c.
Matchelata 54 I f.
Matchénias 50 N n.
Ma Tchè 19 H g.
Matchli 59 B g.
Ma-Teking 45 B k.
Ma-Tchou 44 G c.
Matelles (les) 16 J i.
Matenéne (I.) 50 O l.
Mateo 60 M k.
Mateo 64 G j.
Máter 17 N b.
Matera 24 E c.
Matesa (Mⁱᵉ del) 24 E d.
Mateur 17 D d.
Matatata 15 I i.
Mathi 13 F g.
Mati 59 H h.
Mathura 41 E c.
Matina (B.) 60 D j.
Matiguon 13 D d.
Matina (B.) 60 D j.
Matlock 20 J b.
Matmata 49 P d.
Matoka 50 L M m.
Matokos 14 B O b.
Matope 50 K h.
Matope (Mⁱᵉ) 50 M n.
Matotchkin Char 57 H b.
Matoua 50 M m.
Matoua (I.) 57 R c.
Matour 16 K f.
Matoun 55 L i.
Matontéle 50 L m.
Masᵉ-Calhorès 15 I i.
Matre 17 D d.
Mats (Pᵗ) 49 S f.
Matruh 49 L d.
Mazurie 26 I h.
Matera 22 J f.
Matzen 22 I c.
Mau 41 E c.
Maubeuge 14 J b.
Maude 65 I k.
Maudits (Mᵗ) 29 D b.
Maudon 42 N h.
Maugnio 16 J i.
Maukene 41 I k.
Maulloven 14 O c.
Maulburg 22 E h.
Maule (Paso del) 64 D l.
Maulcon 15 E i.
Maulcon Barousse 15 G j.
Maullin 64 C m.
Maulmain 41 I o.
Maumee 58 G f.
Maumussen (Pertuis de) 15 E g.
Maunoir (L.) 58 D a.
Maupiti (I.) 18 Soc.
Maures 15 H g.
Mauré (Col de) 16 I. h.
Maurepas (L.) 58 F h.
Maurecourt 15 Paris.
Maurès 16 M i.
Mauros 48 D f.
Maurice 15 H g.
Maurice (I.) 50 S n.
Mauricenne 16 M g.
Mauritanie Occidentale 48 D E F f.
Mauron 13 D d.
Maury 15 H i.
Mautern 28 D b.
Mauvaises Terres 57 F b.
Mauvesin 15 G i.
Mauzé 15 F f.
Mavrion 50 C c.
Mavro Lithari 50 C c.
Mavromati 50 C d.
Mavropetra (C.) 50 F c.
Mavro Potamos 50 B b.
Mavrovouni 50 B c.
Maxcatan 59 N g.

May (C.) 58 I g.
May (I.) 20 I c.
Maya 15 E i.
Mayabi 19 Q r.
Mayadim 59 I d.
Mayeguez 60 I f.
Mayeppan 39 N g.
Mayim 48 F d.
Mayavaram 44 E f.
Maybole 20 F f.
Maye 15 H b.
Mayenbad 43 N h.
Mayen 27 G d.
Mayence 27 H c.
Mayenfeld 22 I c.
Mayenne 13 F e.
Mayet 13 F g.
Mayet-le-Mⁱᵉ (le) 16 J f.
Mayfield 13 F j.
May Lennard 52 D c.
Mayne 52 G d.
Maynoth 20 E h.
Mayo 20 D b.
Mayo 48 B f.
Mayo (Rio) 59 E d.
Mayombo 49 I e.
Mayombé 50 J j.
Mayon 43 H c.
Mayor (I.) 23 E g.
Mayor (I.) 55 M j.
Mayorque (I.) 25 G i.
Mayos (Iⁿᵈ) 59 D d.
Mayotte (I.) 50 H f.
Ma-Youmba 50 I m.
Maypu 64 F l.
Mayssac 15 H g.
Maysville 58 C g.
Mytown 52 H c.
Mazagan 48 E c.
Mazagran 17 D d.
Matesa (Mⁱᵉ del) 24 E d.
Mazo-Szalka 28 G c.
Matha 15 F g.
Mazeinai 45 N f.
Matsiatra 18 H i.
Mazeppa 22 H b.
Mazateuan 40 D b.
Mazari (R.) 65 F c.
Mazaruni (R.) 65 F c.
Mazar-i-Chérif 40 F b.
Mazarli (C.) 58 I c.
Mazarron 25 F j.
Mazaruni (B.) 65 F c.
Mazatlan 59 F f.
Mazar 17 I f.
Mazères 13 H i.
Mazeres-en-Gâtine 15 F e.
Mazirbe 22 I b.
Mazzara 22 J f.
Mazzo 22 I c.
Mbabane 50 N l.
Mbalu 53 I h.
Mbamba 50 N l.
Mban 55 B n.
Mbelle 49 K h.
Mbenkoubrou 50 O k.
M'Binti 49 I h.
Mboimon 50 L i.
Mbokon 19 H i.
Mbomou 50 N n.
Mbonda (Mⁱᵉ) 50 L l.
Mbosi 60 N k.
M'Bouta 19 O g.
M'Bridie 50 J h.
Mbuma 49 S c.
Mburu 53 I h.
Mba 49 K i.
Mbuazsa 28 H d.
Mbuzi 19 O g.
Mednofe 54 K b.
Medellin 59 K h.

Medellin 63 C c.
Medels (Val) 22 G d.
Medemblik 21 C b.
Medgyes 28 H c.
Mediahuna (Fⁱᵉ) 64 E k.
Mediasch 28 H c.
Medicine Hat 56 G c.
Médina 19 B b.
Médina 19 C d.
Medinaceli 25 I c.
Medina del Campo 25 F c.
Medina Dentilia 19 C D c.
Medina de Pomar 25 G H b.
Medina de Rioseco 25 F c.
Médina Kouta 19 C c.
Medinas 64 E j.
Medina Sidonia 25 E h.
Médine 19 D b.
Médine 49 O c.
Medineh 49 N g.
Medinet el Fayoum 49 M d.
Méditerranée 51.
Medjama 40 B d.
Medjana 17 I c.
Medjerda (Mⁿ de la) 17 L c.
Medjerda (O.) 17 M c.
Medjez el Bab 17 N c.
Medjmaa 49 P d.
Medjourtine 49 Q h.
Mednofe 54 K b.
Médob (Dj.) 49 L f.
Médoc 15 E g.
Médou 19 Q s.
Médoumé 19 P p.
Medoun 49 B. E.
Medveditsa 55 F d.
Medveditsa 54 K h.
Medvedskoïe 38 E b.
Medvajie 58 D b.
Medvin 54 I f.
Medway 20 L j.
Madyn 34 K c.
Meeden 21 E a.
Meek (C.) 56 T. P.
Meerane 27 M d.
Moerholz 14 O h.
Meersburg 27 I g.
Meerssen 14 I b.
Mées (les) 16 J h.
Mefoor (I.) 45 J f.
Magalépolis 50 C d.
Megalo Kastron 50 F f.
Megalo Khorion 30 E d.
Megalo Khorion 30 F d.
Meganatawen R. 58 H e.
Megamisi 30 B c.
Megantic (L.) 58 J e.
Mégare 30 E c.
Mega Spileon 50 C c.
Megdova 30 C h.
Mégève 22 C f.
Meghna 41 G d.
Megidie 54 G h.
Megriss (Dj.) 17 E f.
Megtow 28 D b.
Megued (Plat.) 52 O f.
Meguiden (O.) 17 G i.
Meha 40 E d.
Mehadia 28 H d.
Mehaïa 17 B f.
Mehaïa (Ch. des) 17 C f.
Mehaigne 21 C d.
Mehallet-el-Kébir 49 B. E.
Mehallet-Rouh 49 B. E.
Meharroug (O.) 17 B f.
Mehedia 17 P d.
Mehedinţi 34 E h.
Méhéreza 18 H j.
Mehorrin 58 H g.
Mehieh 49 B. E.
Meh Katma 42 C c.
Mehlsack 26 I a.
Mehrab D. 39 H b.
Me Huai Se 42 C c.
Mehun-s.-Yèvre 13 H c.
Meia Ponte 63 H h.
Meichor (I.) 61 C n.
Meidani (Ras) 40 E d.
Meidon 22 E c.
Meiderich 27 G c.
Meije 16 L h.
Meiktila 41 H d.
Meilen 22 G c.
Meilhan 15 F h.
Meillerie 22 C c.
Mein 27 J c.
Mein (Mⁱ) 52 E d.
Meium 22 G f.
Meinerzhagen 14 N a.
Me Ing 19 H h.
Meiningen 27 K d.
Meipon 42 C b.
Meiringen 22 F d.
Meis 59 C c.
Meisenheim 27 H e.
Meissen 27 N e.
Mef-Tchéon 44 H f.
Meja 54 I c.
Méjan (Causse) 16 J h.
Mejdoucharski (I.) 57 H b.
Mejin (Pⁱᵉ) 57 C e.
Mejilloues 64 D i.
Majiriichi 34 K c.
Mekam Ferradj 17 E i.
Mekam-Sidi-el-Hadj Bou Hafs 17 E F j.
Mekanem (el) 17 C f.
Mekerra (O.) 17 C e.
Mekhok 19 H g.
Mekla (el) 17 B e.
Mekloug 42 C d.
Meknès 48 F c.
Mé Kok 42 C b.
Mékoné 19 P q.
Mékong 19 J i.
Mekran 40 E d.
Meks (el) 49 B. E.
Melabes 30 F f.
Melada (I.) 28 D d.
Melah (O.) 17 I c.
Melah (O.) 17 M c.
Melaha (Sebkha el) 17 O f.
Mélandsia 51.
Melano (C.) 30 C c.

Monmouth 20 H j.
Monmouth 58 F f.
Mouniekendam 21 C b.
Mono 18 G h.
Mono (L.) 58 B c.
Monolithos 50 I c.
Mono Pass 58 B c.
Monopoli 24 F d.
Monor 28 F c.
Monostorszeg 28 F d.
Monpazier 45 C h.
Monpont 15 F h.
Monreal 14 M h.
Monreal de Ariza 25 I c.
Monroeie 24 b c.
Monroe 58 F f.
Monroe 58 F h.
Monroe 58 G f.
Monroe 58 H h.
Monroe (L.) 58 H i.
Monrovia 48 F h.
Mons 15 Paris.
Mons 21 B d.
Monsech (Sᵗ del) 25 L h.
Mons-en-Barœul 14 Lille.
Monségur 15 F h.
Monselice 24 C b.
Monseny 23 N c.
Monseny (Sᵗ de) 25 M N c.
Monserrat 25 M c.
Monsheim 14 N c.
Monsols 16 K f.
Monsteräs 52 I j.
Montabaur 27 H d.
Montagna (Can. della) 28 D d.
Montagnac 16 J i.
Montagnais 56 P d.
Montagnana 24 C b.
Montagnes (R. des) 56 D c.
Montagnole 22 B l.
Montagnole (Poste) 18 H j.
Montagrier 15 C g.
Montaigu (I.) 56 Alaska.
Montaigu Sᵗ 52 D h.
Montaigu 15 E f.
Montaigu 12 C h.
Montaigu 15 G d.
Montaigu 15 I f.
Montalban 26 G c.
Montalban 60 K j.
Montalcino 24 C c.
Montalegre 65 G c.
Montalto 22 F f.
Montalto 24 D c.
Montalto 57 D a.
Montaña (la) 65 C f.
Montamarv 22 N c.
Montanchez 28 F c.
Montánchez (Sᵗ de) 25 E c.
Montaner 15 F j.
Montao 42 H c.
Montargis 14 I d.
Montastruc 15 H j.
Montataire 15 I c.
Montauban 15 H d.
Montauban 15 H j.
Montbard 14 I d.
Montbarrey 14 L c.
Montbazens 15 H h.
Montbazin 16 J i.
Montbazon 15 G c.
Montbéliard 14 M c.
Montboucault 14 M f.
Montblanch 25 L c.
Montboron 22 J c.
Montboron 14 L c.
Montbrison 14 J g.
Montbron 15 G g.
Montcalm 15 H j.
Montcalm (L.) 41 G b.
Mont Cassin 24 D d.
Montceau-les-Mines 14 K f.
Montcenis 14 K f.
Mont Cenis (Col du) 16 M g.
Montchanin 14 K f.
Montclar 16 Lyon.
Montcuq 15 G h.
Mont-Dauphin 16 M h.
Mont-de-Marsau 15 F f.
Montdidier 15 I c.
Mont-Dore 16 I g.
Monte (L. del) 64 E l.
Montebello 24 B b.
Montebello 24 C b.
Montebello (Tᵉ) 45 H i.
Monte Bello (Iˢ) 52 B d.
Montechiarun 24 C b.
Montechiorog 15 E c.
Monte-Caseros 61 F k.
Montech 15 G j.
Montecherona 22 C c.
Monte Cristi (Sᵗ de) 60 J f.
Monte-Cristo (L.) 24 B c.
Monte Diabolo (Sᵗ del) 58 B c.
Montefiascone 24 C c.
Montefrio 25 G c.
Montego 25 D d.
Montego 60 F f.
Monteil (le) 15 Bord.
Monmeleone 24 C c.
Montclimar 16 K h.
Montella 24 E d.
Montemagno 16 O h.
Montembœuf 15 G g.
Montemorelos 59 I c.
Monte-Moro (Col du) 22 F f.
Montemoro Novo 25 C f.
Montemoro 25 C d.
Montendre 15 F g.
Montenegro 29 D h.
Montenotte 16 O h.
Montepeloso 24 E d.
Montepres (B. de) 50 O l.
Montepulciano 24 C c.
Monterenu 14 I d.
Monterey 58 B c.
Monterey 59 I c.

Monte S. Angelo 24 E d.
Montesano 58 A a.
Monte Santo (C. de) 21 B d.
Montesarchio 24 E d.
Montescaglioso 24 F d.
Montes Claros 65 I h.
Montes Claros (Sʳ dos) 65 H g.
Montesquieu-Volvestre 15 G i.
Montesquiou 15 G i.
Montestuc (Fᵗ) 16 Lyon.
Montet (le) 16 I f.
Montets (Col des) 22 D c.
Montevrenhi 28 B c.
Montevideo 64 G k.
Montfaucon 15 E c.
Montfaucon 14 M c.
Montfaucon 16 J g.
Montferrand 22 B c.
Montferrant 16 N b.
Montfort 13 D d.
Montfort 15 F c.
Montfort 15 E i.
Montfort l'Amaury 15 H d.
Montfort-s.-Risle 13 C c.
Montfrin 16 K i.
Montgeron 15 Paris.
Montgiscard 15 H i.
Montgomery 20 H i.
Montgomery 21 H j.
Montgomery 58 G h.
Montguyon 15 F g.
Monthermé 14 K c.
Monthois 14 K c.
Monthureux 14 L d.
Monticello 58 A b.
Monticello 58 F h.
Montier-en-Der 14 K d.
Montes-d.-Sesvah 14 K d.
Montignac 15 G g.
Montigny 14 Rouen.
Montigny 15 Paris.
Montigny 27 F c.
Montigny-s.-Aube 14 K e.
Montigny-le-Roi 14 L c.
Montijo 25 E f.
Montilla 25 I f.
Montirat 15 H h.
Montiva 29 E b.
Montivilliers 15 F c.
Montjoie 27 F c.
Mont-in-Ville 22 C d.
Montiehon 22 C c.
Mont-le-Frênois 22 A b.
Monthièry 15 H d.
Montlieu 15 F g.
Mont-Louis 15 H j.
Montluçon 15 H d.
Montluel 16 K g.
Montmagny 15 Paris.
Montmartin 14 Rouen.
Montmartre 15 D d.
Montmédy 14 K c.
Moulindie 16 L g.
Monmerle 16 K f.
Monmirail 15 G f.
Montmirail 14 J d.
Montmirat-le-Château 14 L c.
Montmirey-le-Chᵉ 14 L c.
Morchem 58 I h.
Morel 15 I d.
Mörel 22 F c.
Morelia 59 I h.
Morell (L.) 51 J d.
Morella 25 K c.
Morelhe 14 le Havre.
Moreleo 59 I h.
Morenci 50 I n.
Morene (Sᵗᵃ) 25 G f.
Moreman 59 I h.
Mores (L.) 58 H i.
Moresby (L.) 56 C d.
Moresnet 14 L b.
Morestel 16 L g.
Moret 14 I d.
Moreton 55 J c.
Moretta 15 N b.
Morezod 45 E c.
Morey 22 A b.
Morez 16 L f.
Mortil (l. à) 19 B a.
Morfou 59 E d.
Morgan 52 G f.
Morgan 58 D b.
Morgun (Mˢ) 55 I d.
Morgarton 22 G c.
Morgen B. 22 E d.
Morges 22 C d.
Morgex 16 M g.
Morgiou (C.) 16 Mars.
Mori 45 O c.
Moria 54 L.
Morjani 44 H c.
Morichal (R.) 60 N k.
Moriche 50 J k.
Mormond 22 A n.
Morin (Cᵈ) 14 I d.
Morin (Pᵗ) 14 I d.
Moringen 27 J c.
Morioka 45 O c.
Morjovvi (I.) 55 F a.
Morkokn 57 M c.
Morkens 15 F i.
Morlaix 15 B d.
Mormanno 24 E c.
Mormoiron 16 K h.
Mornant 14 I d.
Mornant 18 K g.
Morne à l'Eau 18 Guad.
Morne Fonné 18 Mart.
Morne Gonelle 18 Mart.
Morne Jacob 18 Mart.
Morne la Plaine 18 Mart.
Mornington (L.) 52 C c.
Mornington (I.) 64 C h.
Mornos 50 C c.
Moro (M.) 22 F f.
Morogoro 50 O k.
Moron 55 E c.
Moron 25 F g.
Moron 60 G c.
Morondava 18 G j.

Mouchinde 50 L k.
Mouchinga (Mᵗˢ) 50 M l.
Mouchoir Carré (Bᵉ du) 60 J c.
Moudania 59 C a.
Moudjehal 17 F c.
Moudon 22 G d.
Moudoug 49 Q b.
Moudourlu 39 D a.
Moudros 50 F b.
Moudros 50 G b.
Mouelah 49 N d.
Mouenda 19 Q r.
Mouené Dings 50 J k.
Mouéné Kouako 50 J j.
Mouéné Poutou Kasonga 50 K k.
Moueo 18 D c.
Moulindi 50 N k.
Mouganlou 58 C d.
Mouganly 58 H d.
Mougbla 59 C c.
Mougila (Mᵗˢ) 50 M k.
Mougodjars 55 I c.
Mouhanga 50 N k.
Mouia 57 N d.
Mouilah (Ch.) 17 J g.
Mouji 57 I c.
Moukamba 50 M j.
Moukapounda 50 O k.
Moukden 45 F f.
Moukdicha 50 P i.
Moukhakh 58 G d.
Moukhovets 54 F e.
Moukikamou 50 K j.
Moukombi 19 Q t.
Moukoupi 50 M i.
Mouktinat 41 F c.
Moulamein 55 H g.
Moulat (Oulad) 17 J f.
Moule (le) 18 Guad.
Moule à Chique (C. du) 60 O i.
Mouli (I.) 18 D b.
Mouliani (I.) 50 E a.
Moulineaux 14 Rouen.
Moulineaux (les) 15 Paris.
Moulins 16 I f.
Moulins-Engilbert 14 J f.
Moulins-la-Marche 15 G d.
Moullou 18 Som.
Mouloi Bazar 42 A b.
Moulombo-Moukonlou 50 L k.
Mouloula (O.) 48 F c.
Mouloungon 50 M k.
Moumbeye 50 L l.
Mounda 50 N i.
Moum 40 C d.
Mouna 57 N c.
Moundsville 58 H g.
Moung 19 J k.
Mouni 19 O q.
Mounier 16 M h.
Mouminto Sima 45 L l.
Moumkou Sardyk 44 G a.
Moumnorris (Lᵈ) 52 F b.
Mount Perry 55 I c.
Mount Pleasant 57 D c.
Mount Pleasant 58 F f.
Mounts B. 20 F k.
Mououyaun 50 K L i.
Mououdogabesalé 19 P p.
Moúra 25 D f.
Moura 65 F c.
Mourad D. 59 C b.
Mourad Sou Gnel 59 E b.
Mouradli 29 H c.
Mourad Tebaï 59 I b.
Mourakami 45 N g.
Mourdia 49 F b.
Mourghab 57 J f.
Mourghab 44 D d.
Mourgni (Ch.) 17 J g.
Mouri 48 I h.
Mourieza Ova 50 E a.
Mourlé 50 N i.
Mourmelon-le-Grand 14 K c.
Mourna 20 D g.
Mourne (Mᵗˢ) 20 E g.
Mourom 55 E c.
Mouroto Saki 45 K j.
Mourougame 45 K i.
Mourout Oussou 44 F c.
Mourovdagh 58 C d.
Mourre de Chanier 16 M i.
Mourtad Sou 59 E a.
Mourtsophlo (C.) 50 F b.
Mourzouk 49 J d.
Mousa-Kala 40 F c.
Mous-Alla 29 F b.
Mousar 40 D d.
Mouseron 21 A d.
Mousgou 48 J g.

Moux 13 I i.
Mouy 13 H c.
Mouyanga 50 L l.
Mouydir (Plat. de) 48 H d.
Mouyniandji 19 Q q.
Mouz Tagh 44 B d.
Mouz Tagh Ata 44 B d.
Mouzaia 17 G c.
Mouzon 14 K c.
Mouzon 14 L d.
Mov 32 C c.
Moville 20 D l.
Moy 14 J c.
Moy 20 G d.
Moyabamba 65 C f.
Moyar 41 D f.
Moyenmoutier 14 M d.
Moyenneville 13 H b.
Moyeuvre 27 F c.
Moyobamba 65 C f.
Mozamba (Mᵗˢ) 50 M l.
Mozdok 58 F c.
Mozuffichpore 41 D c.
Mozyr 34 H d.
Mpachi 50 K m.
M'pal 19 A a.
Mpala 50 M k.
Mpama 19 Q r.
Mpunda 50 N l.
Mpassou 50 N m.
Mpatera 50 L m.
Mpiniboué 50 M k.
Mpapoua 50 N k.
Mpeza 50 J i.
Mpindboué 50 M k.
Mpoko 49 K j.
Mpoumbo 49 K r.
Mpororo 50 M j.
Mponeto 50 M k.
Mrilah (Dj.) 17 M d.
Mrohaung 41 H d.
Mrouli 50 M i.
Mrouri (Ch.) 17 F c.
Msaken 17 O d.
Msalou 50 O l.
Msid (Dj.) 17 L c.
Msila 17 I d.
Msindjé 50 N l.
Msiri 50 M l.
Msombé 50 N k.
Msounga 50 N k.
Msoun 50 M i.
Msta 34 J a.
Mstislavl 34 I c.
Mszczonow 34 D c.
Mtarika 50 N l.
Michinga (Plat.) 50 M l.
Mtiona 25 G j.
Mtoni 50 O j.
Mtooua 50 M k.
Mtsensk 54 L d.
Muazzam 41 D b.
Mucajahy (R.) 65 ...
Much-Wenlock 20 ...
Mucuchies 60 J k.
Mucury 65 J h.
Mudau 14 O c.
Mudge (Mᵗ) 52 D d.
Mudgee 52 I f.
Mudhol 41 D c.
Mudloe 55 G d.
Mud L. 58 B b.
Mudo (M.) 25 D b.
Muela d'Ares 25 ...
Mueller 55 G d.
Muffetto (M.) 22 ...
Muga 25 N h.
Mugello 24 C c.
Mugford (C.) 56 Q c.
Muggia 28 C d.
Mugo (M.) 25 B c.
Mugron 15 E i.
Mühlacker 14 O d.
Mühlinen 28 H d.
Mühlberg 27 K d.
Mühlberg 27 M c.
Mühldorf 27 M f.
Mühlgraben 54 E b.
Mühlhausen 26 i a.
Mühlhausen 27 J c.
Mühlhausen 28 H b.
Muiden 21 C b.
Muiron (L.) 52 B d.
Muke (I.) 20 E c.
Mula 25 J f.
Mulahacen 25 H g.
Mulatas (Arch. de las) 60 F k.
Mulatière (la) 16 Lyon.
Mulchen 64 D l.
Mulde 27 M c.
Mulege 59 C d.
Muleyhacen 25 H g.
Mulgrave (I.) 52 G b.
Mulgrave (Iᵗ) 51 I g.
Mulgrave Hills 56 Alaska.
Mülheim 27 G c.
Mülheim 27 C d.

Munna Mäggu 54 C b.
Münsingen 27 J f.
Munster 20 C j.
Münster 22 F c.
Münster 22 K d.
Munster 27 G f.
Münster 27 H c.
Münster-am-Stein 14 N c.
Münsterberg 25 H c.
Münstereifel 27 G d.
Münsterland 27 C c.
Münsterthal (Ober) 22 E h.
Muntok 45 D f.
Muong Amnat 19 K j.
Muong Angtong 19 I j.
Muong Attopeu 19 L j.
Muong Baing 19 J g.
Muong Ban 19 J g.
Muong Ban Pao 42 C c.
Muong Bang 19 I g.
Muong Bang Mouk Dahan 19 K i.
Muong-Bo 19 J f.
Muong-Bo 19 J h.
Muong Bom 19 J g.
Muong Bon Tong 19 K j.
Muong-Borikan 19 J h.
Muong Boua Soum 19 I j.
Muong Boum 42 D b.
Muong Boun 19 I g.
Muong Bouri Moun 19 J j.
Muong-Brang 19 L k.
Muong Calassm 19 J i.
Muong-Cha 19 J g.
Muong Chanat 42 C c.
Muong Chamlok Nakorn 19 I j.
Muong Chantakam 19 I j.
Muong Chaoual 42 C b.
Muong Chatonrat 19 I j.
Muong Couk 19 J i.
Muong Det 19 K j.
Muong-Doi 19 J g.
Muong Dôm 19 K j.
Muong Falan 19 K i.
Muong Hai 19 I f.
Muong-Hai 19 I g.
Muong-Ha-Hin 19 I f.
Muong Hang 42 C b.
Muong-Het 19 J g.
Muong Henng 42 C c.
Muong Hemp 19 J g.
Muong Hin 19 J g.
Muong Hin 19 I h.
Muong Hom 19 J h.
Muong Hou 19 I f.
Muong-Houen 19 J g.
Muong Houm 19 H I g.
Muong Houn 19 J g.
Muong Hou Neua 42 C b.
Muong-Houtai 19 I f.
Muong Hsat 42 C b.
Muong-Hua-Muong 19 J g.
Muong Intabouri 19 H I j.
Muong Iott 19 J j.
Muong Iott Solon 19 J j.
Muong Iut 19 J g.
Muong Kabine 19 F k.
Muong-Kaksom 19 K j.
Muong-Kampang-Pet 41 I c.
Muong Kamouta Sai 19 J i.
Muong-Kam-Tong-Lai 19 K j.
Muong-Kanchanadit 42 C c.
Muong Kao 19 L j.
Muong Kemmarat 19 K i.
Muong Ken Tao 19 I i.
Muong-Khang 19 J h.
Muong-Klassy 19 I h.
Muong-Khoung 19 I h.
Muong Kon Kem 19 J i.
Muong Kon San 19 I i.
Muong Kossoum 19 J i.
Muong-Kou 42 C c.
Muong-Koua 19 J g.
Muong Konkan 19 J j.
Muong Kounpou 19 J i.
Muong Krat 19 J k.
Muong Ky 19 I h.
Muong Kyel 42 C b.
Muong La 19 I g.
Muong La 19 J f.
Muong Lai 19 J f.
Muong-Lakon-Peng 19 K j.
Muong Lakhôn 19 K f.
Muong Lam 42 C c.
Muong-Lan 19 J h.

Muong Nam Hluong 19 I h.
Muong Nam Pat 19 I i.
Muong Nan 19 I h.
Muong Nan-Nao 19 K i.
Muong Nang Rong 19 J j.
Muong Nga 19 I g.
Muong Ngan 19 J h.
Muong-Ngay 19 I g.
Muong Nglm 19 I g.
Muong-Ngou 42 C c.
Muong Ngoy 19 J g.
Muong-Nhiam 19 J h.
Muong Noi 19 I f.
Muong Nong 19 L i.
Muong-Noug-Han 19 J i.
Muong Non Ta 19 I k.
Muong Noaue 19 I g.
Muong Noung 42 C b.
Muong Om 19 J h.
Muong Oua 19 I g.
Muong Oua Non 19 J i.
Muong Oabon 19 K j.
Muong-Oueu 42 D b.
Muong Ouloum 19 K j.
Muong-Oum 19 I g.
Muong-Outarsdit 42 C c.
Muong Outhéme 19 K i.
Muong Pa 19 I g.
Muong Pak-Choum 19 J h.
Muong Pakhonchai 19 I j.
Muong Pan 19 I f.
Muong-Pang 19 J h.
Muong Panom 19 K i.
Muong Pasé 19 I k.
Muong Payou Hakiri 19 I j.
Muong-Pan-You 42 C c.
Muong Petchabou 19 I i.
Muong Pimai 19 J j.
Muong Pimoun 19 K j.
Muong Piu 19 K i.
Muong Pitchit 19 H I i.
Muong Pitsanoulok 19 H I i.
Muong Pon 19 J h.
Muong Pou-Boua 19 K.
Muong Poukhn 19 I g.
Muong Poukiou 19 I i.
Muong Poum 19 I i.
Muong Poung 19 I g.
Muong Poutai Song 19 J j.
Muong Pou Vieng 19 I i.
Muong Prabat 19 I j.
Muong-Pré 41 I c.
Muong Proin 19 I j.
Muong-Promé 41 I c.
Muong Rataunhouri 19 J j.
Muong Ravong 19 I k.
Muongs 42 D b.
Muong-Sa 41 J c.
Muong Sa 19 I h.
Muong Saechouar 19 K j.
Muong Sai 19 I g.
Muong Saieb 19 H b.
Muong Sai Kou 19 I i.
Muong Saipoun 19 I h.
Muong Sak 19 H I h.
Muong Sukok 19 J g.
Muong Sakon Lakon 19 J i.
Muong-Sakotai 41 I c.
Muong Samarang 19 I j.
Muong Sam Nua 19 J K g.
Muong Sam-Tof 19 K g.
Muong Sanassai 19 J j.
Muong Sang 19 J h.
Muong Sainabouri 19 J i.
Muong Sankén 19 J j.
Muong Sapat 19 K j.
Muong Sara Bouri 19 I j.
Muong Saravau 19 K L j.
Muong Sé 42 C b.
Muong Selapoum 19 J i.
Muong Sen 19 J h.
Muong Seng 19 J g.
Muong Siempang 19 K j.
Muong Siemréap 19 J k.
Muong-Sing 41 J d.
Muong Sing 19 I g.
Muong Sipan-Don 19 K j.
Muong Sisalalai 19 J j.
Muong Smia 19 K j.
Muong Soc 19 L j.
Muong Sei 19 K g.
Muong Sou 19 J g.
Muong Song Kou 19 K i.
Muong Souen 19 J g.
Muong Soui 19 J h.
Muong Soulalmli 19 L j.
Muong Soum 19 J h.
Muong-Sou-Par 44 J f.
Muong-Ya 19 I g.

Muong Yang 19 B g.
Muong Yang 19 H T.
Muong Yo 42 C b.
Muong Yeu 19 I i.
Muong You 42 C b.
Muong You 19 I c.
Muong Yen 19 I i.
Muonic Elf 32 K b.
Muolia 22 G d.
Mur 15 C d.
Mur 28 D c.
Mur (riv.) 28 E c.
Murano 24 D b.
Morany 28 F b.
Murat 15 I g.
Murat 16 I j.
Murato 16 O j.
Muran 28 C c.
Murchison 32 B c.
Murchison (C.) 56 P b.
Murchison (M^r) 48 I h.
Murchison (M^r) 52 E c.
Murchison R^r 32 F J.
Murchison S^t 56 T. P.
Murcia 25 J f.
Murciz 25 J i.
Mur-de-Barrez 15 I h.
Mure (la) 16 I h.
Muret 15 G i.
Mareto (P. del) 22 I c.
Murfreesboro 58 G g.
Murg 22 H c.
Murg 27 H f.
Murge 24 E d.
Murgenl 31 G g.
Muri 22 F c.
Murim 25 G b.
Muristo (C.) 60 E I.
Murillo 25 J b.
Murillo-el-Frute 15 E j.
Müritz (L. de) 27 H a.
Muro 16 O j.
Muro 24 E d.
Muro (C.) 16 O k.
Muros 25 B b.
Murphy 58 C g.
Murray 52 H g.
Murray 57 C a.
Murray Firth 20 C d.
Murraysburg 56 I p.
Mürren 22 F d.
Muerhardt 14 P c.
Murriabol 55 I g.
Muero di Porco (C.) 24 S f.
Murcumbidgee 52 H i.
Murcumbnerah 55 I f.
Murshidabad 41 G d.
Murten 22 D d.
Murtosa 25 C d.
Murton 55 H g.
Murud 41 D c.
Murviedro 25 K c.
Murwara 41 E d.
Musciri 16 I i.
Muscatine 58 F I.
Mosco 54 F h.
Muscoka B. 58 H c.
Musgrave R. 52 E c.
Muskan 26 G c.
Muskegon 58 G f.
Muskig (L.) 58 F c.
Muskingum (R.) 57 J b c.
Muskoka (L.) 56 M c.
Muskoe 22 K i.
Musselburgh 20 H c.
Musselim (Cap.) 50 G b.
Musselshell 57 D a.
Mussidan 13 G g.
Mussonell 24 D f.
Masey-s.-Seine 14 K c.
Musters (L.) 64 D n.
Muswellbrook 52 I f.
Mussyna 28 C b.
Mutlena 22 E b.
Mutterjarg 28 C d.
Muiterhausen 14 N d.
Muttler 22 K d.
Muzaffargarh 41 C b.
Muzaffarnagar 41 E c.
Mozaffarpur 41 F c.
Matzig 27 H J.
May (le) 16 M i.
Muzillac 13 D c.
Mazon (C.) 56 D d.
M'Vomo 19 P q.
M'Vomo 19 P q.
Mwebron 20 A b.
Meubang 41 H d.
Mvaing 42 B b.
Myan-Aung 41 H c.
Myaoualdi 42 C c.
Mvaung-Mya 41 H c.
Mycénas 50 G d.
Mychastovskaia (Nova-) 38 C b.
Mvchkin 54 L b.
Mv-Due 19 K g.
Myoda 41 H d.
Myengmoleikat (M^r) 41 I f.
Myers 60 D b.
Myet Hna (le) 41 H e.
Myggenes 52 G g.
Myi Kyan 42 B b.
My Konos 50 G d.
Myingyan 41 H d.
Mym-Aln 41 H d.
Myitta 42 C d.
Meli 50 D d.
Myojotomos 59 F I.
Mvo Thit 42 B c.
Myrdais Jökull 52 E b.
Myrina 50 H c.
Myrto (B.) 50 B c.
Myrtos 50 G f.
Mysteuice 28 F b.
Mysore 41 D f.
Myszyniec 54 b d.
Mytho 19 K I.
Mvtikés 50 B h.
Mytilena 50 H b.
Myvatn 52 F a.
Mzab (O.) 17 I g.
Mzerib 59 F c.
Mzi (O.) 17 G f.

N

Naab 27 L c.
Naaldwijk 21 B c.
Naama (Sebkha en) 17 D f.
Naarden 21 C b.
Naas 20 D b.
Nab 27 L c.
Nabha 19 C b.
Nablang 27 L c.
Nabbl 17 O c.
Nabond 40 C d.
Nabha 41 H d.
Na Boun 19 J f.
Naciques 59 M b.
Na-Cham 19 K I.
Nachres B. 58 D a.
Nachvak (Goulet de) 56 P c.
Nacre (C. de la) 19 M k.
Nadasd 28 F b.
Nadejda (D' de la) 45 U c.
Nadejinskaia 38 D b.
Nadendal 54 D.
Nadiya 41 G d.
Naduntur 28 G c.
Naeroe 28 I b.
Nadvrn 57 J c.
Na-Ngoong 19 I. g.
Naos 52 G g.
Naestved 52 E d.
Nafa 45 H m.
Nafudio 19 H E c.
Naindji 19 E c.
Nagola 45 M f.
Nagoid 27 I I.
Nagour 41 E d.
Nagu 54 D.
Nagy Ag 28 H b.
Nagy-Becskerek 28 G d.
Nagy Bereznn 28 H b.
Nagy-Enyed 28 H c.
Nagy-Kalló 28 G c.
Nagy-Karoly 28 H c.
Nagy-Köra 28 F c.
Nagy-Kikinda 28 G d.
Nagy-Körös 28 F c.
Nagy-Lak 28 G c.
Nagy-Pecska 28 G c.
Nagy-Sandor 28 I c.
Nagy-Szalonta 28 G c.
Nagy-Szöllös 28 H b.
Nagy-Szelou 28 E b.
Nagy-Szombat 28 E b.
Nana 46 K b.
Nano-Barm 18 J K b.
Nanaimo 57 A a.
Nanango 53 I c.
Nan Chau 44 C d.
Nancy 14 L d.
Nanda-Devi 41 E b.
Nandair 41 E b.
Nandi 50 N i.
Nandiburg 41 C c.
Nanded 41 D d.
Nandira 41 I b.
Nangaillin 45 G g.
Nanganessi (B^s de) 45 G g.
Nangana 50 K m.
Nanga Parbat 41 D a.
Nangis 14 I d.
Nangkauri (I.) 41 II g.
Nango 19 F c.
Nongoko 19 P o.
Nangon 50 I. i.
Nan-Mioung-Tcheou 44 43 E c.
Nanjangud 41 D f.
Nan-Ki (L.) 45 E m.
Nanking 45 D j.
Nat-Toung 41 H c.
Naturaliste (I^e du) 52 B c.
Nairn (M^r) 52 B c.
Nairno 55 J c.
Naacos (L.) 50 N j.
Nafzar 40 E c.
Najac 15 H h.
Najerilla 25 B b.
Najibabad 41 E c.
Naka-no-Sima 45 I I.
Naka-Sima 45 K b.
Nakatoua 19 M N g.
Nakats 45 I g.
Nakel 26 H b.
Nakety 18 G c.
Nakhtar (Col) 58 F c.
Nakhlh 59 D d.
Nakhitchevan 58 C a.
Nakhitchevan 58 F c.
Nakhl 41 I g.
Nakhodka (I.) 57 J c.
Nakhon-Savan 42 C c.
Nakhon-si-Thammarat 42 C c.
Nakken 52 E c.
Nakonrou (L.) 50 N j.
Nakskov 52 D c.
Nak-Tok-Kiang 45 I I i.
Nakson 41 D b.
Nalato 56 M a.
Nabrang 41 E a.
Nalpaoda 41 E c.
Naliers 15 E f.
Nalli-Kian 59 D d.
Naliva 41 C d.
Nalolo 50 L m.

Nalon 25 E a.
Naliout 17 O b.
Naltchik 58 E c.
Namangan 57 I c.
Namakoua 50 J c.
Nama Land (P^s) 50 J K o.
Nama Land (G^d) 50 J K o.
Nam Bauc 19 J c.
Nambou Soto 45 F a.
Nam-Dinh 19 K g.
Nam Dom 19 K j.
Namelagon R. 58 F c.
Nam-Hot 19 J g.
Nam Hou 19 I g.
Nam Houm 19 J i.
Nam Huong 19 J i.
Namifa 19 I i.
Namigos 41 I g.
Nam-Ka-Dinh 19 J h.
Nam-Ka-Dinh 42 D c.
Nam Kam 19 I i.
Nam-Kham 19 J h.
Nam-Kiou 42 C a.
Nam-kop 19 I h.
Nam-La 42 C b.
Nam Loui 19 I g.
Nam-Luan 42 C b.
Nam Lobé 19 Q d.
Nam-Ma 19 I g.
Nam-Mo 19 J h.
Nam-Moon 19 J j.
Nam-No 19 J f.
Nam-Ngao 19 I a.
Nam Ngo 19 J g.
Naro-Ngoum 19 J h.
Nam-Noa 19 J g.
Namoi 52 I f.
Namouka 19 H b.
Namorono 18 J c.
Nam-Ou 42 C b.
Nam-Oueu 45 H i.
Nannonen 50 N I.
Namouli (P.) 50 N m.
Namour Nor (Ike) 44 C c.
Namourrek (I^s) 51 G g.
Namous (O.) 17 G b.
Namous (O.) 17 F c.
Nam-Pa 19 I g.
Nampala 19 C b.
Nam Pat 42 C b.
Nam Pong 19 I i.
Nam-Qoun (Maine de) 19 I f.
Nam Bni 40 M b.
Namrun-Teu 14 E c.
Nam Sak 19 J j.
Nam Song 19 J g.
Nam Si 19 I j.
Namtha 26 H c.
Nam-Song 19 J h.
Nam Song 19 I i.
Nam-Soung 19 J g.
Nam-Ta 19 I g.
Nam-Té 19 J f.
Nam-Thicp 19 J h.
Namtou 42 B b.
Namtsiou Ouhan Mou-ren 44 E f.
Nam-Tso 44 E c.
Namur 21 C d.
Nam-Yang-Fou 44 J c.
Nam 19 I i.
Nanzizi 50 O m.
Nao (C. de la) 25 K f.
Naokonvro 52 D c.
Naonband 40 F d.
Naonbara 41 D b.
Naonmed (Dés.) 40 E c.
Naoumin (O.) 49 B. E.
Naourskaia 58 F c.
Naousa 50 F d.
Napa 58 I c.
Napanee 58 I f.
Napf 22 F c.
Napier 53 M j.

Naples 24 D d.
Naplouse 59 F c.
Napo (R.) 65 C c.
Napoll 24 D d.
Napoule (G. de la) 16 M I.
Napouti (I.) 51 J h.
Nar 41 B c.
Narn 45 L i.
Naracoorte 55 G g.
Narningan 41 G d.
Narakoundoudou 50 I. I.
Naranjo 60 C j.
Narat-Ilo 45 E c.
Narbada 44 E d.
Narbonne 16 I i.
Nardo 24 F d.
Narembra (B. de) 18 I g.
Narenta 28 E c.
Nares (Fosse de) 51 F g.
Narev 54 E d.
Narew 54 E d.
Nargis (L.) 40 D d.
Nari (Dj. eu) 48 I. c.
Narial 41 D d.
Narinkou 50 J m.
Nariz (S^r de la) 58 D d.
Narkondam (I.) 41 H f.
Narmachir 40 E d.
Naruaul 41 D c.
Naro 24 D f.
Narotch (L.) 54 G c.
Narous 65 B c.
Narova 54 G a.
Narovtchat 55 F d.
Narpatch 58 A b.
Narrabri 52 I f.
Narran 53 I c.
Narraudera 52 B f.
Narsinghgarh 41 D d.
Narsinghpur 41 E d.
Narsingupur 41 F d.
Narva 54 G a.
Nary 54 L c.
Naryn 37 J d.
Naryn 37 J c.
Narvn 44 C h.
Naryn (Ch^r du) 44 D b.
Naryaskote 57 J c.
Narvzvm 40 F b.
Näs 32 I i.
Nasbinals 16 I h.
Nashy Aa 32 E d.
Nase 45 I I.
Naseby 20 J i.
Naseby 53 L i.
Nash (I^n) 20 H j.
Nashville 58 G g.
Nasielsk 54 D d.
Nasik 41 D d.
Nasirabad 41 D c.
Nasirabad 41 G d.
Nasirabad 41 E d.
Naskapis 56 O d.
Nasrani (Dj.) 59 C d.
Nasrataluod 40 E c.
Nassau 27 H d.
Nassau 60 G c.
Nassau 65 F c.
Nassau (B. de) 64 E p.
Nassau (I^r) 45 C f.
Nasse B. 56 C c.
Nasse B. 56 C d.
Nasser 40 N h.
Nässjö 32 I j.
Nastapoka 56 N c.
Nastätten 14 N b.
Naszód 28 I c.
Nata 50 I. m.
Nata 60 E k.
Natal 45 C c.
Natal 48 C c.
Natal 50 M o.
Natal 65 K f.
Natal (I^n) 50 M o.
Natches (R.) 58 B a.
Natchez 58 F h.
Natchitoches 58 E h.
Natenz 40 C c.
Naters 22 F c.
Nateva (B^r) 55 B n.
Nattalo 18 D h.
National (C.) 58 C d.
National (F^r) 17 H c.
Natividade 65 B g.

Navlia 54 K d.
Navy Bord Inl. 56 T. P.
Nawabganj 41 E c.
Nawal-Garh 41 B c.
Nawalgarh 41 D c.
Nawanagar 41 C d.
Nawar (L.) 41 C b.
Nawoun 42 B c.
Nax Drong 44 E c.
Naxia 50 G b.
Naxos 50 G d.
Nay 15 F i.
Nayn Dronka 41 G d.
Nayagarh 41 F d.
Nayakot 41 F c.
Nayarit (S^a del) 59 G f.
Naye 22 D c.
Nazaré (B. de) 19 O r.
Nazarene (S^a del) 58 D d.
Nazareth 59 F c.
Nazareth 65 J g.
Názas 59 G e.
Nazereg 17 D c.
Nazik (L. de) 59 I b.
Nazimovskole 57 K d.
Nazirabad 40 E c.
Nazli 59 C c.
Neoni 19 C h.
Ndaum 19 C c.
Ndam Phong 49 J h.
Ndassékéra 50 N j.
Nkave 50 N I.
Ndélé 48 K h.
Ndemba 19 P r.
Nder 48 D f.
Nderer 49 J h.
Ndisakono 19 P p.
Ndjolé 19 P q r.
Ndogo (Lag.) 19 O s.
Ndolo 19 Q r.
Ndong 19 P p.
Ndongo 19 I. p.
Ndorouma 50 M i.
Ndana (C.) 18 D d.
Ndoundouro 18 E c.
Né 15 F g.
Nea Erátrie 50 E c.
Neagh (Lough) 20 E g.
Nen-Kassandra 50 D a.
Nonlos 52 F c.
Nea Mintzela 50 D b.
Neapolis 50 D c.
Neath 20 C j.
Neblas 48 C g.

Nekour 25 G i.
Neksö 32 A n.
Nelkan 57 P d.
Nelkan 57 Q c.
Nellenbruck 22 J b.
Nellore 41 E f.
Nelson 50 J I.
Nelson 55 G g.
Nelson 55 M k.
Nelson (C.) 52 I a.
Nelson (I.) 49 B. E.
Nelson (P^u) 56 T. P.
Nelson (R.) 56 J c.
Nema 48 F f.
Néméa 50 D d.
Néméara 18 C c.
Nememcha 17 L d.
Nemirov 54 H f.
Nemoro 45 Q c.
Némos 50 I c.
Nemours 45 I d.
Nemours 17 B d.
Nemroud D. 59 H b.
Nemroum 59 F c.
Némtu 54 G g.
Nen 20 J i.
Nenagh 20 C i.
Nenda 44 G f.
Nendaz 22 D c.
Nenzing 42 I c.
Neuzingen 22 H b.
Néo Cæsarea 39 G a.
Neokhori 50 B c.
Neokhori 50 D b.
Neosho 58 E g.
Neosho R. 57 G c.
Néoua 18 C c.
Néouvielle 15 F j.
Nepal 41 F c.
Nephin Beg M^ts 20 A g.
Nepiskaw 56 N d.
Neplioujovka (Bolchaia) 54 J c.
Nepoko 50 M i.
Nepomuk 27 N c.
Nera 24 D c.
Nera 28 G d.
Nera 37 Q c.
Nérac 15 G b.
Nerang 55 J c.
Néré 19 G b.
Nerekhta 55 E c.
Noreshoim 27 J f.
Noreiclika Plau. 29 E c.

Neumarkt 27 M f.
Neumarkt 28 F b.
Neumünster 26 D a.
Neumburg 27 M c.
Neung-s.-Beuvrou 15 H c.
Neunkirch 22 G b.
Neunkirch 27 J g.
Neunkirchen 27 G c.
Neunkirchen 28 D c.
Neuport-Pagnel 20 J i.
Neuquen 64 D b.
Neuquen (R.) 64 D I.
Neurey-en-Vaux 22 B b.
Neurode 26 H c.
Neu Ruppin 27 M b.
Neusalz 26 G c.
Neusalz 28 F d.
Neuse R. 58 H g.
Neuse (R.) 58 I b.
Neustadt 28 E c.
Neusohl 28 F b.
Neuss 27 G c.
Neussargues 16 I g.
Neustadt 14 O b.
Neustadt 26 E a.
Neustadt 26 G b.
Neustadt 26 H a.
Neustadt 26 H c.
Neustadt 27 H c.
Neustadt 27 H g.
Neustadt 27 J b.
Neustadt 27 J d.
Neustadt 27 K c.
Neustadt 27 K d.
Neustadt 27 K c.
Neustadt 27 I. f.
Neustadt 27 L d.
Neustadt 27 N c.
Neustadt 28 D a.
Neustadt 52 E c.
Neustadt (Wiener-) 28 D c.
Neustadt-Gödens 52 A I.
Neustadtl 28 D b.
Neustettin 26 H b.
Neu-Strelitz 27 M a.
Neutomischel 26 G b.
Neutra 28 E b.
Neu Ulm 27 J f.
Neuve Eglise 21 A j.
Neuveville 22 D c.
Neuvic 15 C g.
Neuvic 15 H g.

Newport 55 I d.
Newport 58 A b.
Newport 58 B d.
Newport 58 C g.
Newport 58 J f.
New Portland 58 J c.
New Quay 20 G i.
New River 57 J c.
New River 65 C d.
New-River Inlet 58 I h.
New Romney 20 L k.
New Ross 20 D i.
Newry 20 E g.
New Shoreham 15 F b.
New Smyrna 58 H i.
Newton 20 D g.
Newton 20 H j.
Newton 20 J f.
Newtonards 20 E g.
Newton Bushel 20 H k.
Newton Stewart 20 C g.
Newtown 20 D g.
New Ulm 57 G b.
New Westminster 56 E c.
New York 58 I f.
Nexö 52 A a.
Nexon 15 C g.
Neyrou 16 Lyon.
Nézéro (L.) 50 C b.
Nézéro (M^t) 50 C b.
Nezla 17 J h.
Nezsider 28 E b.
Ngaoukanga 19 B s.
Ngai-Tchéou 19 M h.
Ngambé 48 I h.
Ngambo 50 O m.
Ngami (L.) 50 L n.
Ngami-Land 50 K n.
Ngampo 19 R s.
Ngan-Cau 19 K h.
Ngan-Chen 19 K f.
Ngan-Chun-Fou 44 H f.
Ngan-Hin-Boun 19 K i.
Ngan-Hoel 44 J K c.
Ngan-Kei 19 L j.
Ngan-King-Fou 45 C k.
Ngan-Lahi 19 L k.
Ngan-Liéou 19 I. k.
Ngan-Lou-Fou 44 I c.
Ngan-Nan 32 D a.
Ngan-Neun 19 J h.
Ngan-Nioung 19 K h.

Nidwalden 22 G d.
Niehull 52 B c.
Nied 27 G c.
Nied Allemande 14 M c.
Nieddu (M) 24 B d.
Niederhergen 22 I b.
Nieder Bipp 22 B c.
Niederbronn 27 H f.
Niedere Tauern 28 C c.
Niederborn 22 E d.
Niederwald 22 F c.
Nied Françoise 14 M d.
Niegouch 29 D b.
Niehl 14 M a.
Neigles 16 J b.
Niel 21 D c.
Niélé 19 G c.
Niélé 19 T b.
Nieman 54 K c.
Nienburg 27 I b.
Nienburg 27 L c.
Nierstein 14 N c.
Niesen 22 E d.
Nieszawa 34 C d.
Nie-Tjiou 45 H h.
Neukerk 27 G c.
Nieul 13 G g.
Nieuport 21 A c.
Nieuwhuinen 21 E b.
Nieuwediep 21 C b.
Nieuwendam 21 C b.
Nieuwe Pekela 21 E a.
Nieuweveld (M) 50 K p.
Nieves 59 H f.
Nievas (I de) 60 N g.
Nièvre 14 J c.
Nige-o-leh 56 A.
Nigdeh 59 F c.
Niger 10 C c.
Niger (C.) 50 G a.
Nigeria Mérid 48 H I h.
Nigéria Septentrionale 48 H I j.
Nigrita 29 F c.
Nih 40 E c.
Nihandron (M) 49 E d.
Nijigata 45 N h.
Nikonauts 45 O h.
Nijar 25 I h.
Nije-Stobliievskaïa (Sta-ro-) 58 C b.
Nijkerk 21 D b.
Nijmegen 21 D c.
Nijnodevitek 54 M c.
Nijno-Embenskoïe 54 J a.
Njno-kolymsk 57 L d.
Njno-Oudinsk 57 L d.
Njne-Tagilskii 53 I c.
Njne-Tchirskaïa 35 F c.
Njnii-Itchotaï 44 H a.
Njnii-Lomov 35 F c.
Njnii-Novgorod 55 F c.
Nikaria 30 G d.
Nikchits 29 D b.
Nikoloïsk 54 L d.
Nikki 19 Dah.
Nikolaï 26 I c.
Nikolaïov 54 I g.
Nikolaïavko 54 K f.
Nikolaïevka 54 L f.
Nikolaïevka 54 I g.
Nikolaïevka 58 A a.
Nikolaïevka 58 I a.
Nikolaïevsk 55 G d.
Nikolaïevsk 57 I d.
Nikolaïevskaïa 58 D b.
Nokaïkon 30 J b.
Nikolœstad 35 A b.
Nikolsburg 28 K b.
Nikolsk 55 F c.
Nikolsk 44 M N c.
Nikolskaïa 57 P c.
Nikolskolo 54 K d.
Nikolskolo 58 F a.
Nikolskolo 44 I a.
Nikolskolo 45 J c.
Nikopol 29 G h.
Nikopol 54 K g.
Nikopolis 30 D b.
Nikorisminda 58 K c.
Nikosteïkho 58 F c.
Nikou 51 F c.
Nikouria 50 G c.
Nikssar 50 G a.
Nil 49 M a.
Nila (I.) 45 I g.
Nil (Bouches du) 49 M c.
Nilam 44 D i.
Nilang 44 E b.
Nil Blanc 49 N g.
Nil Bleu 49 N g.
Niles 58 B c.
Niles 58 G f.
Nil Gîri 44 D f.
Nilgiri 44 F d.
Nilova Poustin 57 L d.
Nil Victoria 50 M i.
Nimach 44 D d.
Nimba (M) 48 J f.
Nimègue 21 D c.
Nimes 16 K i.
Nizmaersaï 54 D c.
Nimoulé 50 M i.
Nimrod (B de) 45 K i.
Nimrod (I.) 45 C i.
Nimroud 39 J c.
Nimroud D. 39 I b.
Nims 14 M b.
Nimisch 26 H c.
Nimy 21 B d.
Nin-Chen-Tang-La 43 L c.
Ninfas (P de Ios) 61 E m.
Ning-Hai-Tchéou 43 E h.
Ning-Hia-Fou 44 H d.
Ning-Ho 45 C g.
Ning-Koué-Fou 43 D k.
Ningœuta 45 I c.
Ning-Po-Fou 45 E I.
Ning-Taï 44 G g.
Ning-Tchéou 44 D b.
Ning-Tou-Tchéou 44 I f.
Ning-Wen-Fou 44 I d.
Ning-Yen-Tchéou 44 H f.
Ning-Yuen-Fou 44 H f.
Ning-Yuen-Teh 43 E f.
Ninh Binh 19 K g.
Ninh-Hon 19 M k.
Ninh-Thuan 19 M I.
Ninian 13 D d.
Ninive 39 J c.
Ninove 21 B d.
Nin-Son 45 H h.

Nintehour (M) 57 H c.
Nionc (V.) 64 G i.
Niobrara 57 F h.
Niozomara 19 D b.
Nioki 50 K i.
Niolo 16 O j.
Nioro 19 A c.
Nioro 19 E b.
Niort 13 F f.
Nios 50 G c.
Niongodr 58 H d.
Niomia 57 N c.
Niomiskaïa 57 N c.
Nioukonr 49 M g.
Niounji 57 O d.
Niou-Tchouang (Port) 45 E c.
Niou-Tchouang (Ville) 45 F f.
Nipaché (L.) 56 I b.
Nipe (B.) 60 H c.
Nipigon (B.) 58 F c.
Nipigon (F) 56 K d.
Nipigon (L.) 56 K c.
Nipissing (L.) 56 M c.
Nipissing (L.) 58 H c.
Nippos 49 J i.
Nirgua 60 K i.
Niris (L.) 40 O d.
Niranal 41 E c.
Nis 59 D c.
Nisah 49 P g.
Niscemi 21 D f.
Nisi 50 C d.
Nisibin 39 I c.
Nisi Sima 45 K b.
Nisko 35 G c.
Nissan 16 I i.
Nissan 58 G b.
Nissum Fjord 52 A c.
Niste 14 N b.
Nister 14 N b.
Nisvoro 30 I c.
Nisvros 59 B c.
Nitcherzon (L.) 56 O d.
Nitoi-dernoy 27 G a.
Nord-Fat (T. du) 57 E b.
Nord-Est (I.) 37 E b.
Nardigua (Col) 27 L e.
Nœrdling. 27 I g.
Nith 40 O d.
Nith-Yin (L.) 45 E I.
Nive 15 E I.
Nivo 55 I c.
Nivelles 21 B d.
Nivernais (Cdu) 14 J c.
Nivillers 15 H a.
Nivitas 50 A b.
Nixampram (I.) 45 I c.
Nizamkwere 28 H b.
Nizib 39 G c.
Nizome 15 F g.
Nizza 16 N h.
Nkala 50 L m.
Nkande 19 Q r.
Nkata 50 N I.
N'Kobisi 48 H g.
Nkoni 19 Q r.
Nkoni (Lag.) 19 O r.
No (L.) 49 M h.
Noriques (Alpes) 28 B c.
Norman 52 G c.
Noatok (R.) 56 Alaska.
Nobber 20 D b.
Nobeoka 45 I j.
Nobets 57 P c.
Nocé 15 G d.
Noce 28 B c.
Nocara 21 E d.
Nochistlan 59 H g.
Nochixtlan 59 K i.
Nocl 24 F d.
Nœdagor 52 D c.
Nods 22 B c.
Noé (C.) 17 B d.
Norreut-Fontes 15 I b.
Norristown 58 I f.
Norrköping 52 I j.
Norrland 52 I j.
Nori 13 E c.
Noric 60 M j.
Novam Laloga 31 J a.
Novaïa Maintchkn 31 J g.
Novaïa Mveh 54 F d.
Novaïa Ouchitza 34 C f.
Novaïa Oukrainka 54 I f.
Novaïa Prage 34 J f.
Novaïa Servontska 54 K c.
Novaïa Vodolage 54 K f.
Novaïa-Zemlia 37 H b.
Novalaise 52 A f.
Novalcornero 25 C d.
Novaro 24 B b.
Novaïe 22 I c.
Nova Varos 29 D b.
Novelda 25 J f.
Nevgorod 54 I a.
Novgorod Severnsk 54 J d.
Novgouié 50 J k.
Novigrad 28 E c.
Novi 28 E d.
Novi 24 B b.
Novi Bazar 29 D b.
Novi 28 E d.
Novibazar 29 E b.
Novigrad 28 E c.
Novo-Alexandrovsk 54 F c.
Novo-Balnzct 38 F d.
Novo-Bolgorod 34 L i.
Novo-Borissoglebsk 54 L I.
Novo-Beug 54 I g.
Novo-Georgiiovsk 54 D e.
Novo-Georgiiovskoïe 58 D b.
Novograd Volynsk 54 G c.
Novgoroulok 54 F d.
Novole 54 M c.
Novo-Iekaterinoslavl 54 L f.
Novo 39 P d.
Norrège 52.
Norwalk 58 I f.
Norwey (F) 19 L g.
Norwich 20 L i.
Norwich 58 I f.
Nosari 41 E d.
Nosi Bé 18 I f.
Nosi Lava 18 I g.
Nosi Mitsio 18 J f.
Nosi Vé 18 C h.
Novo Korossiisk 58 B h.
Novo Selenginsk 57 M d.
Novoselitsa 28 I b.

Nomeny 14 L d.
No-Taï 19 M h.
Note 24 E f.
Noto (C.) 50 E b.
Noto (L.) 35 C a.
Noto (Presq. de) 45 M h.
Notre-Dame (B.) 56 H a.
Notre-Dame-de-Briançon 22 C f.
Notre-Dame-de-Frunqueville 14 Rouen.
Notre-Dame de la Garde 16 L i.
Notre-Dame des Anges 16 L i.
Notre-Dame de Vaux 16 K i.
Notre-Dame du Bon Secours 50 M i.
Nottawa 56 N d.
Nottingham 20 J i.
Nottingham (L.) 56 N b.
Nottoway R. 58 I g.
Nou (L.) 13 E d.
Nouail (Sebkha en) 17 N e.
Nouanetei 50 M n.
Nouanogiojn 48 F b.
Nouchki 48 F d.
Nondom Nosoh 52 K n.
Nouër 49 M h.
Nouka Hiva 18 Marq.
Noukamin 80 L m.
Noukha 58 G d.
Noukous 37 H d.
Noulos (P. de) 16 I j.
Noumaz 45 N b.
Nouméa 18 N d.
Noun (C.) 48 F d.
Noun (R.) 48 H i.
Nounati 19 O q.
Noungsal (L.) 42 C a.
Nounivak (I.) 54 B c.
Nounkova 50 L I.
Noupé 48 H h.
Nour (Dj. el) 39 F c.
Nouqro 57 I d.
Nouran 40 F b.
Nouveau Brunswick 56 P c.
Nouveau Brunswick 58 I f.
Nouvenu Mexique 57 E b.
Nouvelle (I.) 51 L j.
Nouvelle (I.) 61 K p.
Nouvelle (Ile) 16 I f.
Nouvelle Bretagne 51 G h.
Nouvelle Calédonie 18.
Nouvelle Ecosse 56 P f.
Nouvelle Frise 57 D b.
Nouvelle Galles du Sud 52 H f.
Nouvelle Guinée 51 F b.
Nouvelle Hanovre 51 G h.
Nouvelle Irlande 51 H h.
Nouvelle Orléans 58 F i.
Nouvelle Providence (I. de la) 60 G c.
Nouvelles Hébrides 51 I I.
Nouvelle Sibérie (I.) 37 Q b.
Nouvelles Shetlands Mér 5 J h.
Nouvelle Zélande 53.
Nouvion 15 H b.
Nouvion (Io) 14 J b.
Nouxon 14 K c.
Nova 95 B b.
Nova Cruz 65 C f.
Nova Goa 41 D c.
Novaïn 37 K b.
Novaïa Ladoga 31 J a.

Novoselo 28 D d.
Novoselo 29 F a.
Novosil 34 L d.
Novotcherkassk 35 E c.
Novozybkov 34 I d.
Novyi Bykhov 34 H d.
Novyie Troki 34 F c.
Novyi Oskol 34 I c.
Nowgong 44 F c.
Nowgong 44 H c.
Nowikaknt 56 b.
Nowo-Aleksandryja 54 D e.
Nowo-Dwor 54 D d.
Nowo-Georgiewsk 54 D d.
Nowogrod 26 J b.
Nowo-Miaslo 26 J c.
Nowo-Minsk 54 D d.
Nowo-Radomsk 34 C c.
Nowra 53 I f.
Noya 25 B b.
Noyant 13 F c.
Noye 15 H c.
Noyelles-les-Seclins 14 Lille.
Noyen 13 F e.
Noyers 14 J c.
Noyers-s.-Jabron 16 L h.
Noyon 14 I c.
Nozam (B. et) 49 B F.
Nozay 13 E e.
Nozeroy 14 L f.
Nozon 22 C d.
Nsakara 48 K h.
Nsakpé 48 I h.
Nsau 19 P p.
N'Sapo 48 E h.
Nsimon 19 R q.
Nsol 50 O j.
N'Tatla Mangongo (M) 50 J k.
Ntem 19 P q.
Ntenke 50 L I.
Ntoue-Ntoue 50 L n.
Ntoumba 50 J k.
Nuages (Col des) 19 J f.
Nubie 49 M f.
Nubie (Désert de) 49 M N e.
Nucratena 55 G f.
Nado (M.) 22 G f.
Nueces (R.) 57 F c.
Nueva (Bahia) 64 E m.
Nueva Imperial 64 C I.
Nueva Providencia 60 O i.
Nuevo de Julio 64 F I.
Nuevitas 60 G e.
Nuevo (C) 59 Mg.
Nuevo Friburgo 64 J I.
Nuevo Hamburgo 64 H j.
Nuevo Laredo 59 J d.
Nuevo Leon 59 I e.
Nütenen Pass 22 G a.
Nugsuak (Presq. de) 56 T. P.
Nui-Ba-Den 19 K I.
Nui-Hason 19 M k.
Nui-Taua-Phong-Son 19 M k.
Nuits 14 K c.
Nuklukyet 56 Alaska.
Nulata 56 Alaska.
Nules 25 K c.
Nullarbor Plain 52 E f.
Numance 25 I c.
Numatok 56 a.
Nuneaton 20 J i.
Nunez (R.) 19 B d.
Numfugen 22 E c.
Nunuku (Pass.) 55 C n.
Nuoro 24 B d.
Nuudah 55 G c.
Nuremberg 27 K c.
Nurpur 44 D b.
Nurre (La) 24 A d.
Nurri 24 B c.
Nürtingen 27 I f.
Nus 22 E f.
Nustar 28 F d.
Nutarmiut (I.) 56 T. P.
Nuttias 60 K i.
Nuwuak 56 A.
Nuwuk 56 A.
Nuyts (Arch. de) 52 F f.
Nyabassa 19 P p.
Nyakatoro 50 I I.
Nyamina 19 F c.
Nyando 50 N j.
Nyanga 19 P r.

O

Oahon (I.) 51 L e.
Oajaca 59 K i.
O-Akan 45 Q a.
Oakham 20 J i.
Oakland 58 A a.
Oakland 58 B c.
Oakland 58 H g.
Oakley 57 C b.
Oakoper 52 C d.
Oamaru 55 L i.
Oanob 50 K n.
Ô-Arad 28 G c.
Oasis (Terr des) 17 D C D E j.
Ob 57 I c.
Obama 45 L j.
Oban 20 F c.
Oban 35 I f.
Obbia 49 Q h.
Obcha 54 J c.
Obchtchii Syrt 55 H d.
Obdorsk 57 I c.
Ô-Becse 29 D a.
Obeh 40 F c.
Obeïd (el) 49 M g.
Oberalp 14 O f.
Ober-Auta 14 P b.
Ober-Berg 22 F d.
Oberburg 22 E c.
Oberdorf 27 K g.
Ober-Endingen 22 F b.
Obergestelen 22 G d.
Oberglatt 22 G c.
Obergum 21 E a.
Oberhausen 27 G c.
Oberkirch 14 N d.
Oberland 22 E c.
Ober-Moschel 14 N c.
Obernai 14 N d.
Obernburg 27 I a.
Oberndorf 27 I a.
Oberuzell 27 K f.
Oberpahlen 34 F a.
Oberried 22 I c.
Oberstdorf 27 I g.
Oberstein 27 G c.
Obertyn 28 I b.
Ober-Ussel 14 O b.
Ober-Wesel 14 N b.
Oberzell 22 I b.
Ô-Kessenyö 28 G c.
Obidos 25 B c.
Obidos 63 G c.
Obi Major (I.) 45 I f.
Obion (R.) 58 F g.
Obisfelde 27 K b.
Obispo 60 K k.
Obispo (R) 59 M g.
Obitotchnaïa (C.) 58 A a.
Obley 53 I f.
Obnora 34 N a.
Obodovka 34 H f.
Obofan 54 K e.
Obok 18 Som.
Obol 34 H c.
Obombi 19 P q.
Obornik 26 H b.
Oboukhov 34 H e.
Obrenovats 29 D a.
Obri 40 D d.
Obroukh 39 E b.
Observador (M) 64 D m.
Observation (P) 59 E f.
Obwalden 22 F d.
Ocampo 59 H f.
Ocampo 64 F j.
Ocaña 25 H c.
Ocaña 60 I k.
Occhiobello 24 C b.
Occimiano 16 O g.
Ocean (C.) 56 A c.
Oceana 58 H g.
Ocean City 58 I g.
Ocean Springs 58 F h.
Ocejou (P.) 25 H c.
Oceron 14 Lille.
Och 37 J e.
Ochs (Dj.) 59 F c.
Ochagavia 15 E j.
Oche (Dent d') 22 C c.
Ochi 18 (G. F).
Ochim 48 K f.
Ochmiany 34 F c.
Ochoué 50 K j.
Ochsen 22 F d.
Ochsenfurt 27 I c.

Odivellas 65 H c.
Odohesci 54 G h.
Odolev 54 L d.
Odon 13 F c.
O'Donnel (F) 42 B a.
Odon-Tala 44 F d.
Odovara 45 N i.
Odziya 45 N h.
Œdenich 59 B b.
Oeffelt 21 D c.
Œil 15 I f.
Oeiras 25 B f.
Oeiras 65 I j.
Œi-Tjeu 45 G g.
Oels 55 H c.
Oemhitien 43 C f.
Œren Tchai 59 C c.
Oertxe 27 J b.
Œta 50 C c.
Oetz Thal 28 B c.
Œlzthal (Alpes de l') 28 B c.
Œnf 15 H d.
Œufs (R. aux) 56 J c.
Oex (Chât. d') 22 D a.
Oeyanhausen 27 I b.
Of 39 I c.
Ofanto 24 E d.
Ofenhorn 22 F c.
Ofen Pass 22 J d.
Offunnoul 22 D b.
Offenbach 27 I d.
Offenburg 27 H b.
Offranville 13 G c.
Ofoten Fj. 59 I b.
Ofouhou-Ordré (M) 19 O r.
Ofoué 19 P r.
Ofqui (Isthme de) 64 C a.
Ofrigen 22 F c.
Ofvansjö 52 I i.
Ogden 49 P h.
Ogasavara Sima 45 O m.
Oga Sima 45 N g.
Ogbomocho 48 H h.
Ogden City 58 D b.
Ogdensburgh 58 I f.
Ogcechee R. 58 H h.
Oggebbio 22 E c.
Oggion 22 I f.
Ogbrond 57 K h.
Oginski (C) 54 F d.
Oglat-Ben-Zalioueis 17 N d.
Oglat-Bou-Hadjela 17
Oglat d'Askonra 17 F c.
Oglat-Djenien 17 B j.
Oglat-loucha 17 B C h.
Oglat-Jedra 17 N c.
Oglat-Metnan 17 N c.
Oglat Sefsaf 17 L e.

Okosondjé 50 J n.
Okota Bouali 50 J j.
Okoumantchino 19 Q r.
Okousiri Sima 45 N e.
Okouta 19 Dah.
Okpu 19 Dah.
Okpara 19 Dah.
Okrika 48 H i.
Oktonya (I.) 50 I f.
Olanesci 54 E h.
Oland 52 C h.
Oland 52 I j.
Olane 18 A b.
Olargues 16 I i.
Olary 55 G f.
Olavarria 64 F I.
Olchanka 54 L e.
Olchanka (Staraïa) 54 N e.
Olchany 54 K e.
Oldborough 20 J g.
Oldborough 20 M i.
Oldbury 20 I i.
Oldcastle 20 D h.
Old Cumnock 20 G f.
Olde 27 B c.
Oldeboorn 21 D a.
Oldemarkt 21 D b.
Oldenburg 26 F a.
Oldenburg 27 H a.
Oldendorf 27 I b.
Oldenzaal 21 E b.
Oldersum 27 H a.
Oldesloe 27 J a.
Oldham 20 J h.
Old Harbour 60 G.
Old Head Kinsale 20 j.
Old Man Plain 53 H.
Old Meldrum 20 I.
Old Tampa B. 58 H.
Old Town 58 H g.
Olean 57 J b.
Oleggio 16 O g.
Olegmatskaïa 57 O.
Olehleh 45 B d.
Olekma 57 N d.
Olekminsk 57 N c.
Olenek 57 N c.
Oleron (I. d') 15 E.
Oletta 16 P j.
Oletle 15 H j.
Oletzko 26 K a.
Olga (B d') 57 P c.
Olga (D d') 57 E b.
Olgod 52 B d.
Olgopol 54 H f.
Olhão 25 C g.
Oli 48 K h.
Olifant 50 K p.
Olifant 50 M n.
Olifants VI. R. 50 K o p.
Olinda 19 P r.
Olinthus (M) 35 F f.
Olioutora 57 S c.
Olioutorskii (C.) 57 S c.
Olite 15 E j.
Oioutorskoïe 57 S c.
Oliva 26 I a.
Oliva 64 F j.
Olivares (Sra) 65 D j, Dk
Olmi-Capella 16 O j.
Olmütz 28 E b.
Olnic (Arroyo) 64 D n.
Olsen Dahu (Col) 44 F h.
Oloi 50 L k.
Oloïo 19 P r.
Olona 58 I b.
Olonetz 55 D b.
Olonne 13 D f.
Olon Nor 44 H d.
Olonos 50 C d.
Olonzac 15 I i.
Oloron 15 F I.
Oloron (Gave d') 15 E i.
Olot 26 N h.
Oloukonsk 50 J m.
Olpe 27 H c.
Olry (F) 58 N. Nebr.
Olsfai (I.) 57 Q d.
Olsnitz 27 I d.
Olten 22 F c.
Olten 28 F c.
Olty 58 D d.
Olty Sou 58 D d.
Olviopol 54 I f.
Olyka 34 F c.
Olympe 50 D a.
Olympia 58 B a.
Olympic 59 E d.
Olympia 58 A a.
Olympic R 58 A a.
Olympos 50 C d.
Olympos (M) 58 A n.
Olynthe 30 E a.
Oïvaïko (M) 50 B b.
Om 37 I d.
Om 41 II e.
Omagh 20 D c.
Omagh 57 G d.
Omahokg 58 E b.
Omabeko 50 K n.
Oman 49 R e.
Oman (Golfe d') 49 S e.
Oman (Mer d') 49 S f.
Omaramba 50 K m.
Omaraurou 50 J n.
Omatako (M) 50 J k n.
Okinava Sima 45 I m.
Okino Erabou Sima 45 I m.
Oki-Sima 45 K h.
Okkak 56 Q c.
Okkelsstouo (C.) 45 R d.
Okhansk 55 I c.
Okhota 37 Q c.
Okhotsk (Mer d') 57 Q d.
Okhrida 29 E c.
Okhtis 54 I a.
Okhthonin (C.) 30 E c.
Okhvat (J.) 34 I b.
Okinakane R. 58 B a.
Okinava 59 I n.
Okolona 58 F h.
Okomlaïse 50 J n.
Ombai 49 L I.
Ombone 50 J n.
Ombrone 24 C c.

Omchanga 49 L c.
Omchatroum 49 N f.
Omegna 22 G f.
Omeken 57 O c.
Omessa 16 O j.
Omotepec 59 J i.
Ommaney (B°) 56 T. P.
Ommaney (C.) 56 B c.
Ommn (Sönder) 52 H d.
Omme Aa 52 B d.
Ommen 21 E h.
Omo 52 D d.
Omo 49 N h.
Omo 49 O h.
Omoa 60 A h.
Omolon 57 R c.
Omont 14 K c.
Omsk 57 J d.
Omsoo 45 H c.
Omouramba 50 K n.
Omouramba-Otyembindi 50 K n.
Omour Faki 29 H b.
Omulew 26 J b.
Ona (B.) 58 B d.
Onavas 59 E c.
Ondava 28 G h.
Ondova 50 K m.
Oneata (I.) 55 C c.
Onega 53 C c.
Onega (Lac) 53 D b.
Onefia 24 A c.
Onehunga 55 M j.
Oneida 58 I f.
Onéiens (M°) 50 D d.
Oneilla 24 A c.
Oneizah 49 P d.
O'Nell-Dec 20 I d.
Ouesci 54 G c.
Onghin-Gol 44 H b.
Oni 58 E c.
Onilné 18 J b.
Onitah 18 J k.
Onin 45 J f.
Onitcha 45 H h.
Onnekoien (I.) 45 V b.
Ono (I.) 51 J j.
Ono (I.) 55 B o.
Ono (I.) 55 C p.
Ononitsa 45 K i.
Onon 57 H j.
Oñate 60 M k.
Onsala 52 E b.
Onsella 15 E j.
Onsingen 22 E c.
Onslow B. 58 I h.
On-Take 45 M i.
Ontario 56 L c.
Ontario (L.) 56 M f.
Ontcuente 25 K f.
Ontonagon 58 F c.
Oodailina (L.) 56 P c.
Oos 14 K d.
Oosteamp 21 A c.
Oosterbeek 21 D c.
Oosterburen 21 D a.
Oostergoo 21 D a.
Oosterhout 21 C c.
Oostwold 21 E a.
Ootmarsum 21 E b.
Opa 19 R q.
Opalaca (M.) 60 A h.
Opanake 53 M j.
Oparo (I.) 51 N j.
Opatas 59 E c.
Opatów 34 D c.
Opelika 57 I d.
Opelousas 58 F b.
Ophir 57 D a.
Ophir (M.) 45 C c.
Ophthalmia R. 52 C d.
Opika 19 R r.
Opladen 14 M a.
Opland (Plat. de) 52 H i.
Opochnia 54 K f.
Opoczno 54 C c.
Opodepe 59 D c.
Opole 26 J c.
Opor 28 H b.
Oposura 59 E c.
Opotchka 54 H b.
Opoukhinskii (C.) 57 T c.
Oppa 28 F h.
Oppeln 26 H c.
Oppenau 14 N d.
Oppenheim 27 H o.
Opritchnik (B.) 45 L d.
Or 57 H d.
Or (Côte de l') 48 G i.
Or (M. d') 16 K g.
Or (M. d') 57 B a.
Oradour-s.-Vayres 15 G g.
Oraefa Jökull 52 F b.
Orain 14 L f.
Oraile 64 D k.
Oran 17 D d.
Oran 64 E i.
Oran (Sebkha d') 17 C d.
Orauds 57 H c.
Orange 16 K h.
Orange 50 J o.
Orange 50 M p.
Orange 52 F f.
Orange 58 F f.
Orange (C.) 65 H d.
Orange (C.) 64 D o.
Orange (Etat libre d') 50 L o.
Orangeburg 58 H h.
Orange Key 60 F c.
Orangerie (B. de l') 52 I b.
Orangewalk 59 O i.
Orang Koubou 45 D f.
Orango 19 A d.
Oranienbaum 54 H a.
Oranienburg 27 M b.
Oranje Kanaal 21 E b.
Oraviczabánya 28 G d.
Orb 14 P b.
Orb 16 I i.
Orba 16 O h.
Orbassano 16 N h.
Orbe 16 L f.
Orbe 22 C d.
Orbec 15 G c.
Orbetello 24 C c.
Orbieu 15 I i.
Orbigo 25 E b.
Oreades (Iles) 20 I c.
Oreas (I.) 58 A a.
Oreel (I. de) 25 J b.
Orcha 54 I c.

Orchamps 22 A c.
Orchila 41 E c.
Orchies 14 I b.
Orchilla 60 L j.
Orchomène 50 C d.
Orchomène 50 D e.
Orenbres 16 J h.
Orce 16 M g.
Ord 52 E c.
Ordenes 25 C a.
Ording 52 B c.
Ordos 44 I d.
Ordou 36 G s.
Ordenhad 38 F c.
Orduña 55 H b.
Ore 15 G h.
Orebro 52 I j.
Oredel 54 H a.
Oregon 58 H b.
Oregon City 58 B a.
Oregon Inlet 58 J g.
Oregrund 52 J i.
Orehovoza 19 B C d.
Orehoved 52 E c.
Orei 50 D c.
Orekhov 54 K g.
Orel 54 K d.
Orenbourg 55 H d.
Orenbourgskoie 55 H g.
Orenoque 65 C h.
Orense 25 C b.
Orepuki 55 L l.
Oresa 54 G d.
Oresten 52 F h.
Oresund 52 F d.
Oreti 55 L l.
Oria 59 H c.
Orfano 29 F c.
Orford 52 M i.
Orford (C.) 61 F o.
Orford (I.) 58 A b.
Orgon 25 I c.
Orgo 18 H d.
Orgeiev 51 H g.
Orgelet 16 L f.
Orgères 15 H d.
Orgou 16 K i.
Orgon (Grau d') 16 K i.
Orhy (P. d') 15 E i.
Oria 18 H i.
Oria 21 F d.
Oriala 40 C d.
Orien 28 F c.
Oriental (C.) 57 U c.
Oriente 63 C o.
Orignal (I.) 58 J c.
Oriquy-S.-Benoite 14 J c.
Orihuela 25 J f.
Orilla 59 H i.
Orling Nor 44 G c.
Orinoco (H.) 60 M l.
Orion 58 F f.
Orissa 41 F d.
Oristano 24 B o.
Orituco 60 L k.
Orival 14 Rouen.
Orivesi (L.) 55 C b.
Orizaba 59 K h.
Orizaba (Pic d') 59 K h.
Orkhon 44 H h.
Orkney I. 20 H c.
Orlando (C. d') 24 E c.
Orléans 15 H c.
Orléans (I. d') 56 O c.
Orléansville 17 F c.
Orliénas 16 Lyon.
Orléans (Can. d') 15 H c.
Orlik 54 I c.
Orloff (C.) 55 E a.
Orloff (I.) 58 I b.
Orlou 55 E f.
Orlov 55 G c.
Orly 15 Paris.
Ornaru 50 F d.
Orme II. 20 G h.
Ornoa 16 N h.
Ormonds 22 B c.
Ornas-Kirk 20 H h.
Ormus (D. de) 40 D d.
Ornain 14 L d.
Ornans 14 L c.
Ornavasso 22 G f.
Orudolba 19 C b.
Orne 15 F c.
Oruc 14 L c.
Ornon 15 Bordeaux.
Ornsköldsvik 52 J i.
Oro 50 F c.
Oro (H. de) 48 D o.
Oro (Sierra de l') 57 E c.
Orochi 20 D c.
Oroel (I. de) 25 J b.
Orohena 18, Soc.
Oroma 50 O f.
Oron-la-Ville 22 C d.
Oroussv (I.) 20 E c.
Oroute 39 G d.
Oropesa 25 K d.
Oropo 50 E c.
Oropus 50 E c.
Orosei 24 B d.
Oroshaza 28 G c.
Oronzéva 50 J n.
Oroville 58 D c.
Oroya 65 C g.
Orpierre 16 L h.
Orpiri 58 D c.
Orvorocha (L.) 49 O h.
Orsa 52 I i.
Orsara 24 E d.
Orsas 52 F b.
Orsov 15 Paris.
Orschwihr 22 D b.
Orsiera 16 M g.
Orsières 22 B c.
Orsk 55 I d.
Orsogna 24 D.
Orsova 28 H d.
Orsted 52 C c.
Orta 22 G f.
Ovtakoel 29 G c.
Orte 24 D c.
Orvo 52 C d.
Ortegal (C.) 28 C a.
Ortelsburg 26 J b.
Ortenberg 14 O b.
Orthez 15 E i.
Ortigueira 25 C a.
Ortiz 60 L k.
Ortler 22 K d.
Ortler (Alpes de l') 22 B c.
Ortola 16 O k.

Ortona 24 E c.
Oruba (L.) 60 J j.
Orum 52 D c.
Oruro 65 E h.
Orvanne 14 I d.
Orvieto 24 C c.
Orvin 14 J d.
Oryzin 28 J b.
Oriye 26 J h.
Osa 55 H c.
Osage R. 58 E g.
Osborn (C.) 56 T. P.
Osborne 20 J k.
Osborne 57 F c.
Oscar R. 52 D c.
Oscarshamn 52 I j.
Osceola 58 E g.
Oschatz 27 M c.
Oschersleben 27 K c.
Osel 54 E a.
Osetr 54 L c.
Oshkosh 58 F f.
Osia 50 E c.
Osima (Pén. d') 45 O f.
Osimo 24 D c.
Oskaloosa 58 F f.
Oskol 34 L F c.
Oskol (Novyi-) 54 L c.
Oskol (Staryi) 34 c.
Oslawa 28 D b.
Osma 25 H c.
Osmanbazar 29 H b.
Osmandjik 39 F a.
Osnabrück 27 H b.
Osnabergh 56 K d.
Oso 50 M j.
Osorno 64 C m.
Osos (los) 58 B c.
Osouga 54 J b.
Ospallata 65 D k.
Ospino 60 K k.
Osprey (R.) 52 H b.
Oss 21 D c.
Ossa 50 D b.
Ossa (S. d') 25 D f.
Ossabaw S. 58 H h.
Ossana 22 K c.
Ossau (P. d') 15 F j.
Ossola (Val d') 22 F c.
Osseuseo 22 G d.
Ossowine 55 B d.
Ossun 15 F i.
Ostachkov 54 J b.
Ostachkovo 54 K b.
Ostapic 54 J f.
Ostbirk 52 C d.
Oslo 27 I a.
Ostende 21 A c.
Oster 54 I c.
Osterburg 27 L b.
Osterburken 27 J c.
Osterhofen 27 M f.
Osterholz 27 I a.
Ostermyra 55 B b.
Österö 52 G g.
Osterode 26 I b.
Osterode 27 K c.
Östersund 52 I i.
Osterwieck 27 K c.
Osthammar 52 J i.
Osthofen 14 N c.
Ostiaks 57 J c.
Ostie 24 C d.
Ostiglia 24 C b.
Ostolfe 52 E c.
Ostrau 28 E b.
Ostrog 54 G c.
Ostrogojsk 55 E d.
Ostrolęka 54 D d.
Ostropol 54 G f.
Ostrov 54 H b.
Ostrovo 29 E c.
Ostrow 54 D d.
Ostrowiec 54 D c.
Ostrowo 26 H c.
Ostuni 24 F d.
Osuna 25 F g.
Osvei (L.) 54 C b.
Oswego 58 I f.
Oswestry 20 H i.
Oswiecim 28 F a.
O-Sztupar 28 F d.
Osztroski (M.) 28 F b.
Otacac 28 D d.
Otaron 45 O c.
Otaroumai 57 P c.
Otautau 55 L i.
Otavi 50 J m.
Otchakov 54 I g.
Otchemtchiri 58 D c.
Othain 14 L c.
Othe (Pays d') 14 J d.
Othonous 50 A h.
Othrys (M.) 50 C c.
Otkaznoie 58 E b.
Otley 20 I b.
Otoene 28 D d.
Otote Sima 45 O m.
Ot Po 41 H c.
Otradnaïa 58 D b.
Otrante 24 G d.
Otrante (Canal d') 24 G D c.
Otrante (C. d') 24 G d.
Otrante 58 E f.
Ottange 14 L c.
Ottawa 56 N c.
Ottawa 57 G c.
Ottawa 58 F f.
Ottensen 27 J a.
Otter 14 N c.
Otterberg 14 N c.
Otterndorf 27 I a.
Ottersleben 27 J b.
Ottery St-Mary 15 C b.
Ottignies 14 K b.
Ötting (Alt-) 27 M f.
Ottiolo (P. d') 24 B d.
Ottmachau 26 H c.
Ottmarsheim 22 E b.
Ottoukoel 29 F b.
Ottumwa 58 F f.
Ottweiler 27 G c.
O-Turu 28 E b.
Otway (B.) 64 C o.
Otway (C.) 52 H g.
Otway Water 64 D o.
Otyazazou 50 K n.
Otyitambi 50 J m.
Otyitouo 50 K m.
Otyikango 50 J n.
Otyimbingué 50 J n.
Otyondyoupa 50 J n.
Oua 48 G h.

Oua 48 J h.
Ouabenza 50 M k.
Ouabi 49 O h.
Ouachak 41 B c.
Ouache (O. el) 17 F J.
Ouaco 18 B h.
Ouad 41 B c.
Ouadi 19 S n.
Ouadaï 49 K g.
Ouadanga 48 K f.
Ouadda 19 T o.
Ouadelaï 50 M i.
Ouadi-el-Teïm 39 F e.
Ouadi Halfa 49 M e.
Ouadi Faregh 49 E. E.
Ouadi Natroun 49 (B. E.)
Ouadi Sirhan 49 O c.
Ouadi Tharthar 39 J d.
Ouadi Toumilat 49 (B. E.)
Ouasgar 18 B b.
Ouaghadougou 48 G g.
Ouahabites 49 P c.
Ouahigouya 48 G g.
Ouahiyno 50 N l.
Ouahm 19 R n.
Ouahou el Kébir 48 K d.
Ouaï Chao 19 M g.
Ouakéa 17 B h.
Ouakra 40 d.
Oualamo 49 O h.
Ouahto 48 F f.
Oualidiva 48 E c.
Oualikale 50 M k.
Ouallega 49 N i.
Ouallen (el.) 17 C f.
Ouale 19 A a.
Oual-Ouolo 48 G g.
Onamataka 50 K n.
Ouamba 50 K k.
Ouamfai 18 E c.
Ouanaçal 18 G. F.
Ouandi 49 M i.
Ouando 50 M i.
Ouandondi 50 O k.
Ouango 50 O j.
Ouangara 19 Dah.
Ouanghimalo 50 N k.
Ouakatvuruka 50 K i.
Ouanambo 50 O j.
Ouanni 48 K i.
Ouvanyanga Yoa 49 N f.
Ouaou 19 R q.
Ouaou el Namous 49 K d.
Ouaouhé 48 J c.
Oua Pou 18 Marq.
Ouär 49 J c.
Ouaran 49 E h.
Ouaou 48 J h.
Ouaregla (Terr. d') 17 I J K g h j.
Ouari 19 Dah.
Ouarkhor 19 R b.
Ouarouf (R. de) 18 C c.
Ouar Cheikh 49 P l.
Ouaré 19 Dah.
Ouargla 17 I h.
Ouaari 19 Dah.
Ouarkhor 19 B b.
Ouarou 49 I f.
Ouarsenis 17 F d.
Ouarsenis 48 G h.
Ouassoulou 19 E J.
Ouasit-el-Hai 40 B c.
Ouata 49 B. E.
Ouatibé 19 A a.
Ouatous 50 O k.
Ouazzan 17 O g.
Oub 29 D a.
Oubangui 50 K i.
Oubatcha 18 B h.
Oubeira (L.) 17 M c.
Oubart 54 G o.
Oubsa Nor 44 F a.
Ouchak 59 C b.
Ou-Chan 45 D m.
Ouchba 58 E c.
Ouche 15 G d.
Ouche 14 K c.
Ouchitsa (Novaia) 54 G f.
Ouchitsa (Staraïa) 54 G f.

Ouembéré (Steppe de) 50 N j.
Oucrné 19 Dah.
Ouen (I.) 18 D d.
Ouen Tjiou 45 H h.
Ouenia 18 B h.
Ouessa (Dj.) 17 L d.
Ouerve 50 L i.
Ouessa 19 Dah.
Ouessant 15 A d.
Ouesse 19 Dah.
Ouesse 19 R q.
Ouezzan 48 F c.
Oufa 55 H c.
Ougalla 50 M k.
Ougalla 50 N k.
Ouganda 50 M j.
Oughe Nor 44 G b.
Ougombe 50 M j.
Ougoube 19 P r.
Ougrn 54 J d.
Ouguékolokour 50 N j.
Ouhébé 50 N k.
Ouhioné 19 P q.
Ouidah 50 U d.
Ou-Houi-Sien 44 K c.
Oui-Chou-Sien 34 J h.
Ouidah 17 Dah.
Ouidan (el) 49 O f.
Ouil 53 H e.
Ouilaiv 18 G k.
Ouinto (I.) 61 E k.
Ouirokty (M.) 40 F a.
Oui-Si 42 C n.
Ouj 51 H e.
Oujeft 48 D c.
Oujitsa 29 D b.
Oukamba 50 O j.
Oukani 50 O k.
Ou-Kang-Tch. 42 E a.
Oukatvuruka 50 K i.
Oukason 50 N i.
Oukérénoui (l.) 50 N j.
Ouikhba 54 M a.
Ou Kaïng 42 D b.
Oukhra 54 M a.
Ouikinboun 50 N k.
Oukimskole 57 R d.
Oukliouk 58 A n.
Oukolovo 54 M c.
Oukonongo 50 M k.
Oukratnka (Novo-) 54 I f.
Oukyknt 57 N c.
Oula 19 A d.
Oulach 59 G b.
Ouro Fino 64 I i.
Oulad Ali 40 B. E.
Oulad-Bou-Bezigua 17 F f.
Ouladen Nahr 17 C c.
Ouled Embarek 48 E f.
Oulad Naïl (M. des) 17 G H c.
Oulad-Saïd 47 D j.
Oulan Baba (Col) 44 E b.
Oulanga 50 N k.
Ouiba Monren 44 G d.
Ouian Mouren (Ketsi-) 44 E c.
Oulian (el) 49 O f.
Oulankom 57 K d.
Oulissoulai 45 P c.
Oulioungour 44 D b.
Oulioungour (L.) 44 E b.
Oulkoun-Karai 57 l d.
Oulla 54 H c.
Oullins 16 R q.
Oulouboulou 59 D b.
Oulou-Kem 44 F a.
Ouloukhanlou 58 F d.
Oul-Sau 45 I i.
Oum (D.) 54 F c.
Oumab (Dék. d') 50 K n.
Ouix 16 M g.
Oum os Chennui 17 I d.
Oum es Seghir 49 M d.
Ouméouli 50 M m.
Oumala (L.) 54 H J d.
Ounzinavoubar 50 M p.
Oumzingonani 50 M n.
Ounah (el) 50 M p.
Ouualachka (L.) 54 D c.
Ounaja 55 B b.
Ounch Kovakh 58 G d.
Ounga 50 N f.
Ounguma (B.) 50 O j.
Ounguni 55 C c.
Ounguoutra 50 L i.
Ounia (P.) 50 M f.
Ounimik 54 B c.

Ou-To (I.) 45 H j.
Outram 55 L l.
Outréau 15 H b.
Outrola 54 G h.
Ou-Tsao-Tchéou 42 D b.
Outsounomiya 45 N h.
Ouvazima 45 E j.
Ouvo 15 E c.
Ouven 18 D b.
Ouveillon 16 I i.
Ouvèze 16 K h.
Ouvirm 50 M j.
Ouvots 45 M h.
Ouwahid (Dj) 49 B. E.
On-Wei-Tchéou 45 C k.
Ou-Yi-Chan 43 D m.
Ouyou 42 B a.
Ouz (el) 59 J d.
Ouzon (Bolchoï-) 55 G o.
Ouzon (Malyï-) 35 G d.
Ouzgent 44 B c.
Ouzlovaïa 34 M d.
Ouzouer-le-Marché 15 H e.
Ouzouer-s.-Loire 15 I c.
Ouzouer-s.-Trezée 14 I c.
Ouzoun-Ada 57 H f.
Ouzoundja-Ova 29 G c.
Ouzoun-Sou 53 H g.
Ova D. 39 D a.
Ovado 24 B h.
Ovahéréro 50 J m.
Ovalau (I.) 55 B n.
Ovalle 64 D k.
Ovambo 50 J m.
Ovar 25 B d.
Ovari (B. d') 45 M j.
Ovejo (C.) 64 E k.
Ovelgönne 52 B f.
Ovenga 19 O P r.
Overath 14 M b.
Overflakkee 21 B c.
Overschie 21 C c.
Over-Yssel 21 E b.
Overysselsch Kanaal 21 E b.
Ovesca 22 F c.
Ovidinge 52 F c.
Ovidiopol 34 I g.
Oviedo 25 E a.
Ovro 19 Dah.
Ovro 50 C f.
Ovrö 52 E d.
Ovroutch 54 H c.
Ovsiankine (C.) 45 K c.
Owatonna 58 E f.
Owego 58 I f.
Owen 14 P c.
Owen (M.) 51 G h.
Owensborough 58 G g.
Owen's L. 58 B c.
Owensound 56 M f.
Owen Stanley (M.) 52 I n.
Owingen 22 H b.
Owyhee R. 58 C h.
Oxalöck 52 F b.
Oxbridge 20 K j.
Oxford 20 J j.
Oxford 55 L k.
Oxfort (F.) 56 J d.
Oxia 30 B c.
Oxley 53 D f.
Oxley (P.) 52 I f.
Oxtind 52 I h.
Oy 22 K b.
Oyaco 22 E f.
Oyak 18 G. F.
Oyampis 18, G. F.
Oyapoc (R.) 65 H d.
Oyapok 18 G. F.
Oyrdonck (Ch. d') 21 B c.
Oze 22 B d.
Ou-Yeu-To 45 B h.
Ozero 19 Dah.
Oyonnax 16 I f.
Oyster B. 55 I h.
Oyster B. 60 D b.
Oysterville 58 A a.
Ozouk 59 F a.
Ozanne 15 G d.
Ozark 58 E g.
Oze 14 K c.
Ozernia 14 K c.
Ozerichtche 54 H c.
Ozernoie 57 L b.
Ozernyi (C.) 37 S d.
Ozieri 24 B d.
Ozore Zau 65 O f.
Ozorków 34 C c.
Ozourgethi 58 D d.
Ozulusma 59 J g.

P

Paalmul 39 P g.
Paar 27 K f.
Paar 27 I. f.
Paarl 50 K p.
Pabbay (I.) 20 D d.
Pabbay (I.) 20 D c.
Pabjanice 54 C e.
Pabna 41 G d.
Pabolo 19 R r.
Pacaja (R.) 65 H e.
Pacaraima (S.) 65 F d.
Pacasmayo 65 B f.
Pacaudière (la) 16 J f.
Pacha 54 J.
Pacha D. 39 E b.
Pacheco 25 I g.
Pachino 24 E f.
Pachkova 37 O c.
Pachkovskaia 58 C b.
Pachmaklu 29 G c.
Pachpadra-Pits 41 C c.
Pachuca 59 J g.
Pachucamarca 65 B f.
Pacience (P. de la) 64 I.
Pacific City 58 A a.
Pacifique (Océan) 51.
Pacocha 65 D h.
Pacora 60 F k.
Pacsan 45 G h.
Pac-Si 19 L g.
Pacy-s.-Eure 15 H c.

Padam 44 D b.
Padang 43 C f.
Padang (I.) 43 D c.
Padang-Pandjang 45 C f.
Padang-Sidempoean 45 C c.
Padao 42 C a.
Padar 58 G d.
Padaran (C.) 19 M l.
Pa-Daung 41 H c.
Padda 41 G d.
Padeng 42 B c.
Paderborn 27 I c.
Padersam 28 C a.
Padilla 59 J f.
Padkfia 65 E h.
Padogo (M.) 49 J g.
Padoue 24 C h.
Padova 24 C b.
Padre Santo (C. del) 25 D g.
Padri 45 C c.
Padron 25 C b.
Padron (P.) 50 I J k.
Padroue (C.) 50 L p.
Padstow 20 F k.
Paducah 58 F g.
Padula 24 E d.
Paea 18 Soc.
Pafou 50 L k.
Paesana 16 N h.
Paestum 24 E d.
Pagadé (L.) 49 O h.
Page 50 D c.
Pagan 41 H d.
Pogani 24 E d.
Pagata 42 C c.
Pageh (L.) 43 C f.
Paghman 40 G c.
Paghman (M.) 40 G c.
Paguy-s.-Moselle 14 I d.
Pago 28 D d.
Pahang 42 D f.
Pohle 54 F a.
Pa Ho 44 H f.
Pa-Houen 19 J g.
Pahouin 19 P Q q.
Palmanagat M. 58 C.
Pab Tio 41 I f.
Pabuatlan 59 J g.
Paicavi 64 C l.
Paignton 15 C b.
Paï-Ho 44 I c.
Päijäne 32 K i.
Paï-Iar 53 J a.
Paï Khoï 33 J a.
Patk-Tou-San 45 I c.
Paillou 16 M i.
Paimbœuf 15 D c.
Paimpol 15 C d.
Painan 45 C f.
Paine (C.) 56 R c.
Painesville 58 H f.
Paisley 20 G f.
Pafta 18 D d.
Paï-Tang 42 D b.
Paithan 41 D c.
Paiva 25 C d.
Paix (R. la) 56 E c.
Pai-Yar 53 H a.
Paiz do Vinho 25 C c.
Pajares 25 E a.
Pajaro (P.) 60 B f.
Pajau (R.) 65 J f.
Pajęczno 26 I c.
Pajonal (C. del) 60 F d.
Pakal 41 E f.
Pakaloua 50 L l.
Pakatchinskii (C.) 37 S c.
Pakenham 53 H g.
Pakhia 50 G c.
Pak Hin Boun 19 K i.
Pak-Hoï 44 I g.
Pakhra 54 L c.
Pa Kieng 42 B c.
Pak-Lai 19 M h.
Paklat 41 J f.
Pak-Lay 19 I h.
Pak Lung (C.) 19 L g.
Paknoan 19 K j.
Paknam 19 I k.
Pakoï 19 L j.
Pakokku 41 H d.
Pakou 45 D f.
Paks 28 F c.
Pak-Sé 19 K j.
Pal 16 I h.
Pala 57 T c.
Palacios (los) 60 D d.
Paladru (L. de) 16 J g.
Palæa Kaïmeni 50 F c.
Palæo-Khora 50 E d.
Palæoseli 50 B a.
Palais (le) 15 C e.
Palais (les) 16 S.-Et.
Palaiseau 15 H d.
Palaka R. 58 G g.
Pala Konda 41 F e.
Palalawan 43 C e.
Palamau 41 F d.
Palamkotta 41 E g.
Palauder (C.) 57 K b.
Palandœken 59 I b.
Palanka 28 G d.
Palanka 29 E a.
Palanpur 41 D d.
Palanzolo (M.) 22 H f.
Palaos (Arch. des) 43 J d.
Palaouan 43 G c d.
Palapyé 50 M n.
Palor 41 E f.
Palarang 43 F f.
Palas 41 D n.
Palasco 16 O j.
Palaski 58 G g.
Palatchwé 50 M n.
Palatia 59 B c.
Palatinat (Haut) 27 L c.
Palatinat 27 H c.
Palatka 58 H i.
Palazzo 24 E d.
Palazzolo 24 E f.
Palazzo San Cervasio 24 E d.
Palé 42 E d.
Palembang 45 D f.
Palencia 25 G c.
Palenque 59 M i.
Palenque 60 F k.
Paläo Limisso 59 E d.
Palerme 24 D e.

Pilat (M) 16 K g.
Pilate (M) 22 F d.
Pilato 50 I i.
Pilaya (R.) 64 E i.
Pilcomayo (R.) 64 F i.
Pile Elf 52 J h.
Pilgram 28 D b.
Piliava 28 J b.
Pilibhit 44 E c.
Pillea 54 C c.
Pillier-St-Clair 16 J i.
Pi-Li-llo 45 F f.
Pilihpon 18 G. F.
Pilis 28 F c.
Pill 20 H j.
Pillau 26 I a.
Pillar Höhe 22 J d.
Pillkallen 26 K a.
Pillnitz 27 N d.
Pilote (M) 18 Mart.
Pilou (Mine) 18 A b.
Pilsen 28 C b.
Pilsko 28 F b.
Pilten 34 D b.
Pilvor Yaha 55 H a.
Pilzno 28 G b.
Pima (M) 59 G f.
Pimas 59 D b.
Piment (M) 60 I f.
Pimentel 65 H f.
Pinja 54 G b.
Pinpine 15 Bordeaux.
Pina 25 K c.
Pina 54 F d.
Pinacate (M) 59 C b.
Pinal M 58 B d.
Pinar del Rio 60 D d.
Pinçon (M) 15 F c.
Pinczow 54 D c.
Pinda 50 I n.
Pinlaré (R.) 65 I c.
Pinsi Dakon Khan 44 D h.
Pinde (M du) 30 C b.
Pinde 50 C c.
Pine Bluff 58 F b.
Pine Cc 58 I f.
Pinega 55 F b.
Pine I. 60 D b.
Pine I 60 E c.
Pina Level 60 D b.
Pineroio 24 A b.
Pineville 57 I c.
Pincy 44 I d.
Ping 45 D h.
Ping-Chau 54 H f.
Pingeu 18 B c.
Ping-Liang-Fou 44 H d.
Ping-Lo-Fou 44 I g.
Pingo 49 P r.
Ping-Ting-Tch. 45 A h.
Ping-Tou 45 D h.
Ping-Yang-Fou 45 I c.
Ping-Yao-Hien 44 I d.
Ping-Yuen-Tch. 42 D a.
Ping-Yué-Tchéou 45 H f.
Pinka 54 I i.
Pinnalu 19 K f.
Pinnel 25 D d.
Pini (I.) 45 C e.
Pinian 57 O f.
Pinkafeld 28 D c.
Piome 26 G b.
Pinneberg 27 J a.
Pino 22 G c.
Pinols 16 J g.
Pinos 59 I f.
Pinoa (I.) 60 D a.
Pinos (M) 58 H d.
Pinos (I) 58 H c.
Pins (I. des) 48 E d.
Pinsk 54 F d.
Pinsk (Marais de) 31 G c.
Pin-Tcheou 44 H d.
Pin-Tchéou 45 C b.
Pin-Tchouan-Tchéou 42 C a.
Pintchougskaia 57 I. d.
Pinto 60 H k.
Pin-Tsiouen-Tch. 45 D f.
Pinzgau 28 C c.
Pioche 57 C c.
Pioda (I. Canari) 22 G a.
Piode 22 F f.
Pioubino 24 C c.
Pionis 65 E b.
Pionsat 16 I f.
Piora (Val) 22 G d.
Piove 24 C b.
Pioverna 22 I f.
Piovene 24 C b.
Piperi 50 F b.
Piperi 50 F f.
Pipérigu 28 I c.
Piperno 24 D d.
Pipinaco (Salinas de) 64 E j.
Pipriac 15 D c.
Piqua 58 G f.
Pique 15 G j.
Piquetberg 50 K p.
Piquiry (R.) 64 G j.
Piracicaba 64 H j.
Piraly 65 I i.
Piranja 64 I i.
Piranhas 65 J c.
Piranhas (R. das) 65 K f.
Pirano 28 C d.
Pirapitini 64 G j.
Pirates (Arch. des) 45 E c.
Pirates (Côtes des) 40 D d.
Pirates (I des) 44 I g.
Piratinini 64 G j.
Pirée (lo) 50 F d.
Pirgori 41 G h.
Piriac 15 D c.
Piriatin 54 I c.
Piritu 60 M j.
Pirmasens 27 H c.
Pirna 27 N d.
Pirmaten 30 C d.
Pirou 25 G c.
Pirot 29 F b.
Pir Panjal (Col) 44 D b.
Pisagua 65 D h.
Pisang 40 F d.
Pisarevka 54 K c.
Pisciadela 22 I c.
Pisciotta 24 E d.
Pisco 65 C d.
Pise 24 B c.
Pisek 28 C b.
Pisgah (M) 58 H g.
Pishin 44 E c.

Pisidie 39 C c.
Pisino 28 C d.
Piskokephalo 30 G f.
Piskopi 50 H c.
Pisogne 22 I f.
Pissos 15 E h.
Pisticci 24 F d.
Pistoie 24 C c.
Pistoja 24 C c.
Pisuerga 25 G b.
Pitangui 65 I b.
Pitcairn (I) 51 O j.
Pitchan 44 E c.
Piteå 32 J h.
Pite Lappmark 32 J b.
Pitesci 54 F h.
Pithagiri 41 F c.
Pithiviers 15 H d.
Pitigliano 24 C c.
Pitmiak 40 E a.
Piton (le) 18, Guad.
Pitons 48 D c.
Pitt R. 58 H b.
Pitt (I) 56 G d.
Pitt (L) 56 C d.
Pitt (M) 58 A b.
Pitt It. 57 B b.
Pittsburgh 58 H f.
Pittsfield 58 I f.
Pittston 58 I f.
Pitsiwotsk 53 I c.
Pityuses (Iles) 25 M f.
Pin 22 K f.
Piura 65 B c.
Piwniczan 28 G b.
Pizzo 24 F d.
Plabennec 15 B d.
Placerville 59 B c.
Plachkavitsa Plan 29 F c.
Plé de Béret 16 G j.
Plaffeien 22 D d.
Plain Chêne 15 le Havre.
Plaine 14 M a.
Plaine 15 E f.
Plaine (Morne la) 18 Mart.
Plaines R. 58 F f.
Plaining 15 M d.
Plaisance 16 F e.
Plaisance 24 H b.
Plaisance 58 H c.
Plaisance 58 H b.
Plaka (C.) 50 G a.
Plake Kompaka 19 Q Br.
Plakhino 57 K c.
Plan 15 G j.
Plan 28 C b.
Plancoët 21 C d.
Planchez 22 C b.
Planches des Mines 14 M c.
Planches (les) 16 St Et.
Planches-en-Mont (les) 14 I f.
Plancoët 15 D d.
Plan de Cuques (le) 16 Marseille.
Plano (L) 57 O b.
Planèze 16 I g.
Planfoy 16 St Etienne.
Planier (I. du) 56 L f.
Plantar (I.) 45 H g.
Planttières 27 F e.
Plasencia 25 F d.
Plassebenidoole 21 A v.
Plassay 45 E d.
Plastoüm (B.) 45 M d.
Plata (In) 65 F f.
Plata (L) 65 E e.
Plata (L la) 64 F m.
Plata (It de la) 64 G n.
Platanos 50 D a.
Platani 59 H d.
Platani 59 M a.
Platanisto 50 F c.
Plateau 50 D b.
Platen (G.) 57 E a.
Platos (P) 58 N P et M.
Platha 26 G b.
Plati (C.) 50 E a.
Platnirovskaïa (Novo-) 58 G b.
Platte 22 H d.
Plata (R.) 22 I c.
Platte R. (North-) 57 E b.
Platte R. (South-) 57 E b.
Platte City 57 F h.
Plattsburgh 58 I f.
Plattsmouth 57 G b.
Platz 22 H d.
Platz 27 L a.
Plaue 27 M b.
Plauen 27 N d.
Plava 29 D b.
Play (le) 16 St-Etienne.
Playa Maris (B.) 58 C c.
Playfair (M) 55 H e.
Playford 52 F c.
Playford (M) 58 D c.
Pleasant (M) 58 D c.
Pléaux 15 H g.
Plechtcheievo (L.) 54 H b.
Pleine-Fougères 15 D c.
Pleinmont (P) 15 C c.
Pleiney 16 St Etienne.
Pleisse 27 M e.
Pleistein 27 M c.
Plélan 15 D d.
Plélan-le-Petit 15 D d.
Pléneuf 15 D d.
Pleniţa 54 L a.
Plenty Bay 55 M j.
Plérin 15 C c.
Plescheïeu 20 H c.
Pless 26 I c.
Plessidhi 50.
Plessis-Piquet 15 Paris.
Plessur 22 I d.
Plestin 15 C d.
Pletenberg (B. de) 50 L p.
Pleumartin 15 G f.

Plevlie 29 D h.
Plevna 29 G b.
Plevna 38 B b.
Pleybun 13 B d.
Pleystein 27 M c.
Plies 14 M c.
Plint R. 58 G h.
Pliousa 54 G a.
Pliva 28 E d.
Plochingen 14 P c.
Plock 54 C d.
Ploërmel 13 D c.
Plane 15 C d.
Plogastei - St - Germain 13 B c.
Pléosci 54 F h.
Plomb (Mme de) 18, 10.
Plomb du Cantal 15 I g.
Plombières 14 M c.
Plön 26 E a.
Plön (L. de) 52 D c.
Plonge (L. la) 56 H c.
Plonsk 54 D d.
Plougant 15 C d.
Plouaret 15 C c.
Plouarzel 15 Brest.
Plouay 15 C c.
Ploubalay 15 D d.
Ploudalmézeau 13 B d.
Ploudiry 15 B d.
Plouescat 15 B d.
Plougat 15 C d.
Plougonvelin 15 Brest.
Plougnenast la Motte 15 C d.
Plouha 15 C d.
Plouigneau 15 C d.
Ploumoguer 15 Brest.
Ploumoguer-Trez 15 B d.
Plouguiny 54 D c.
Plouzané 15 Brest.
Plouzévédé 15 B d.
Plovdiv 29 G b.
Plover 58 F f.
Plovie (R. la) 56 J c.
Plovie (R. la) 58 E a.
Plume (R.) 56 H a.
Pluvigner 15 C c.
Plymouth 16 O k.
Plymouth 58 I f.
Plymouth 58 I g.
Plynlimmon 20 G i.
Pnom-Daug-Rek 19 J j.
Pnom-Penh 19 k l.
Pô 24 k b.
Pobla de Lillet (la) 15 I j.
Pobla-de-Ségur 15 G j.
Poço 25 J d.
Pocaro (R.) 65 F c.
Pocahontas 58 H c.
Po-Chan 45 C h.
Po di Goro 24 D b.
Po di Levante 24 D b.
Podkamennaia - Toungouska 57 L c.
Podkamenno - Toungouskoïe 57 L c.
Podol 28 D b.
Podlie 54 F a.
Podolsk 54 f. c.
Podor 19 B a.
Podrinie 29 D a.
Pô 45 E c.
Pöel 26 E b.
Poelo-Louk 19 L k.
Poelei-Takel 19 M k.
Poen 54 E a.
Poerwakarán 45 F c.
Poerworeldjo 43 E g.
Pogar 54 J d.
Pogo 28 K f.
Pogojeie 54 J c.
Pogoroïe Gorodichtcha 54 K b.
Pograbichtche 54 H f.
Pointe de Galle 41 E c.
Pointe à Pitre 18 Guad.
Pointe Noire (la) 18, Guad.
Point Washington 58 G h.
Poiré-s.-Vie (le) 15 E f.
Poirino 16 N h.
Poisson Blanc (L.) 56 F c.
Poissons 14 K d.
Poissy 15 H d.
Poitevin (Marais) 15 E f.
Poitiers 15 G f.
Poitte 22 J d.
Poix (Côte du) 48 E I.
Poix 15 H c.
Poix 16 St Etienne.
Pojarevats 29 E a.
Pojeg 29 D h.
Pokolcoie 54 K g.
Pokrov 54 H c.
Pokrovskoïe 57 N d.
Pokrovskaïa (Novo-) 58 D b.
Pokrovskoïe 54 L d.
Pokrovskoïe 54 L e.
Pokrovskoïe 57 O c.
Pokrovskoïe 58 A b.
Pokrovskoïe 58 C a.
Pola 28 C d.
Pola 54 I b.
Polati 59 D b.
Polesella 24 C b.
Poleyaug 45 G f.
Polgymieux 16 Lyon.
Polgahawela 41 E g.
Polgar 28 G c.
Poliani 50 C d.

Pollcastro (G. de) 24 E c.
Policka 28 D b.
Policoro 24 F d.
Polignac 16 J g.
Polignano a Mare 24 F d.
Poligny 14 L f.
Poligoudoux (Saut) 18 G. F.
Polillo (I. de) 45 G h.
Polino (M.) 24 E c.
Polinos 30 F c.
Polist 54 I b.
Polistena 24 E e.
Polisto (L.) 54 I b.
Politika 50 E c.
Pölitz 26 G b.
Polkwitz 26 G c.
Pollard 38 G h.
Pollenza 25 N c.
Pollino (M) 24 E c.
Polloc 43 H d.
Polna 26 D b.
Polnovstskoïe 57 I c.
Polnow 26 H a.
Pologne 31 C d.
Polomet 54 I b.
Polomote 54 G c.
Polotsk 54 H c.
Polou 44 C d.
Poloni 57 I c.
Polovinnaia 37 P d.
Polovinnoïe 57 M b.
Poltava 54 K f.
Poltavskaïa 58 H b.
Poltavskoïe 58 H a.
Poltavskoïe (P) 57 H f.
Polyandros 50 F c.
Polynésie 51.
Polynia (L.) 56 T. P.
Polzin 26 G b.
Pomario 25 D g.
Pomarico 24 E d.
Pombia 64 I d.
Poménégo (I.) 16 K i.
Pomeranie 26 G b.
Pomeroy 58 H g.
Pomiria 54 G f.
Pommard 18 K e.
Pomma de Terre (R.) 58 E g.
Poumerellen 26 H b.
Pomo (I.) 28 D c.
Pomorice 24 E d.
Pomom 20 I b.
Pomotou (P) 51 N i.
Pompes 14 L d.
Pompey 14 L d.
Poupignac 18 Dord.
Pon 19 G d.
Ponalilin (I.) 45 N k.
Ponani 41 D f.
Ponapi (I.) 51 H g.
Ponca 60 D b.
Ponce de Léon (B. de) 60 E c.
Poncin 16 L f.
Ponderano 22 F f.
Pondichéry 41 E f.
Pondiko (I.) 50 E b.
Ponda L 50 M p.
Ponérihouen 18 C c.
Ponevaj 54 F c.
Ponferrada 25 E b.
Pong 18 G h.
Pongat 28 C c.
Pongo (I.) 19 B c.
Pongo (R.) 19 Q r.
Pongolo 50 M o.
Ponof 53 B a.
Pou Pissay 19 J h.
Pons 15 F g.
Ponsu 48 C g.
Ponsul 25 F e.
Pont (le) 22 B d.
Pontacq 15 F i.
Pontaigna 22 k e.
Pontailler 14 L f.
Pont-à-Mousson 14 L d.
Pontarion 15 B g.
Pontarlier 14 L f.
Pontarlington 20 D h.
Pontassieve 28 B r.
Pont-Aubuner 15 G c.
Pontaumur 15 I g.
Pont-Aven 15 B d.
Pontchartrain (L.) 58 F h.
Pontchâteau 13 D c.
Pont-Croix 15 B d.
Pont-l'Aim 16 L f.
Pont-de-Beauvoisin (le) 16 L g.
Pont-de-l'Arche 15 G c.
Pont de l'Hôpital 15 Brest.
Pont-de-l'Isser 17 C d.
Pont-de-Monvert (le) 16 J h.
Pont de Planches (le) 22 J b.
Pont-de-Roide 14 M e.
Pont-de-Salars 15 I h.
Pont-de-Suert 15 G j.
Pont-de-Vaux 16 K f.
Pont-de-Veyle 16 K f.
Pont d'Héry 22 B r.
Pont du Bois 22 B b.
Pont-du-Ch 16 I g.
Pont-du-Gard 16 J h.
Pont d'Yeu 15 D f.
Ponte 22 J c.
Pontebba 28 C c.
Pontecorvo 24 D d.
Pontedecimo 16 O h.
Ponte de Lima 25 C c.
Pontelera 24 C c.
Ponte di Legno 22 K c.
Ponte Nova 64 I i.
Pont-en-Royans 16 L g.
Ponte Selva 22 I f.
Ponte Tresa 22 H f.
Pontevedra 25 C b.
Pont-Favergar 14 J c.
Pontgibaud 16 I f.
Ponthierville 50 L j.
Pontiac 58 G f.
Pontianak 43 F f.
Poutikonisi 30 E f.
Pontines (P) 24 D d.
Pontins (Marais) 24 D d.
Pontique 39 E a.
Pontique (Ch) 39 I a.

Pontivy 13 C d.
Pont-l'Abbé 13 B a.
Pont-l'Abbé 15 E g.
Pont-l'Evêque 15 F c.
Pontoise 15 H c.
Pontorson 13 E d.
Pontrefact 20 J h.
Pontremoli 24 B b.
Pont-Rémy 13 H b.
Pontresina 22 J c.
Pontrieux 15 C d.
Ponts (les) 22 C d.
Pont-Ste-Maxence 15 I c.
Pont-St-Esprit 16 K h.
Pont St-Martin 22 E f.
Pont-St-Vincent 14 L d.
Pont Scorff 13 C c.
Ponts-s.-Saône 14 I d.
Pont-s.-Yonne 14 I d.
Pontusval (P) 13 B d.
Pontypool 20 H j.
Pouyry 54 K d.
Ponza 21 E d.
Poole 20 I k.
Poole (Unvre de) 45 D h.
Pooncaira 53 H f.
Poopelloe (L.) 52 H f.
Poopo 65 E h.
Poorknights (P) 55 M j.
Popa (I.) 43 I f.
Popash 60 D h.
Popayan 65 C d.
Poperetchnaia 57 M d.
Poperinghe 21 A d.
Pope's Creek 58 I g.
Popigaïskoïe 57 M b.
Poplar Bluff 58 F g.
Poplopon 48 G g.
Popo 45 G h.
Popo (P) 19 Dah.
Popocatepetl 60 J b.
Popokabaka 50 J k.
Popoli 24 E c.
Popova Gora 54 J b.
Popovka 54 I g.
Poprad 28 G b.
Populonia 24 C c.
Porbandar 41 C d.
Porc-épic (R.) 56 A a.
Porco 65 E k.
Porcos (I. de) 65 H c.
Porénoue 24 D b.
Poretchia 54 I c.
Poretchie 54 M b.
Poretti 50 D f.
Pori 41 E b.
Pori 54 H a.
Poritsk 54 F d.
Porkhov 54 H b.
Porland 52 E h.
Portezza 22 H a.
Pornic 15 D e.
Pornichet 13 D c.
Poreina-Mare 28 H d.
Porsaïul 35 H g.
Porongos (I.) 65 G k.
Poros (I. de) 65 H e.
Porznichia 54 I c.
Porozovitsa 54 M a.
Porquerolles (I. de) 16 L l.
Porrentruy 22 D c.
Porretta 24 C b.
Porsanger Fj. 32 K g.
Porson 28 E b.
Porta 22 G g.
Port Adams 45 J g.
Port-Adelaide 55 G f.
Portadown 20 G f.
Portage City 58 F f.
Portage de la Prairie 56 J d.
Po-Tang (R.) 63 F c.
Potaro (R.) 65 F c.
Potawatomee (I.) 58 G c.
Potchaievo 54 I f.
Potchefstroom 50 K o.
Potchep 54 J d.
Poteghem 21 A d.
Potenza 21 E c.
Potenza 24 E d.
Potes 25 G a.
Poti 58 F f.
Potidée 50 D a.
Potomac (R.) 58 I g.
Potosi 65 E h.
Potosi 64 E j.
Potsdam 26 E b.
Pott (I.) 18, B b.
Pottenstein 27 L c.
Pottstown 58 I f.
Pottsville 58 I f.
Poty (R.) 65 J i.
Pouancé 15 E e.
Pouardti (C.) 18 D d.
Pouay 16 St Etienne.
Pouchki 54 I b.
Poudoj 54 H a.
Pouembout 18 C c.
Pou-Ham-Khoung 19 K j.
Poudoj 55 H b.
Pou-Ko 19 J f.
Pou-Tho 19 I f.

Port-Natal 50 M o.
Port Neuf 58 J e.
Port-Nolloth 50 J o.
Porto 16 P j.
Porto 22 H f.
Porto 25 C c.
Porto (G. de) 16 O j.
Porto Alegre 64 H j.
Portobelo 63 B c.
Porto-d'Anzio 24 D d.
Porto de Moz 65 H e.
Porto Empedocle 24 D f.
Porto Farina 17 N b.
Porto-Ferrajo 24 B c.
Portofino 24 B b.
Porto Imperial 65 H f.
Porto-Longone 24 C c.
Porto-Maurizio 24 A c.
Porto-Novo 41 E f.
Porto Principe 60 F c.
Porto Ré 28 D d.
Porto Santo 48 A b.
Porto-Scuso 24 B c.
Porto Torres 24 B d.
Porto-Vecchio 16 O k.
Porto-Venere 24 B b.
Portoviejo 64 B c.
Port-Patrick 20 F g.
Port-Pirie 52 G f.
Port-Royal 52 G d.
Port Royal St 58 H h.
Port-Rush 20 F f.
Port-Said 49 M c.
Port-Ste-Marie 15 G h.
Port-Sarnia 58 H f.
Portsea 55 H d.
Portsmouth 20 J k.
Portsmouth 58 G g.
Portsmouth 58 I f.
Port Saskev 58 H f.
Port-s.-Saône 14 J c.
Port-Townsend 58 A a.
Portudal 49 A b.
Port-Vaux 22 D b.
Port-Vendres 16 J k.
Portugal 25 E c.
Portuguése (R.) 60 K k.
Poruiuma 59 D f.
Port-Valois 22 D c.
Posen 26 H b.
Posets 15 G j.
Poso 57 B c.
Poso-Almonte 65 D l.
Posalski 57 M d.
Posadas 64 G j.
Posa R. 58 F c.
Posavina 28 F d.
Poschiavo 22 I c.
Poson 26 H b.
Posets 15 G j.
Poso 57 B c.
Possel (P de) 19 T c.
Possession (I.) 50 J o.
Possiet (B de) 57 O c.
Posnac 27 L d.
Poso 65 C f.
Postel 21 C c.
Posvol 54 E b.
Potamos 50 D c.
Po-Tang 44 K c.
Porvenir 54 I c.
Poum La 19 I q.
Pou Hpio 19 J h.
Pouille 54 F b.
Pouilley-les-Vignes 14 K f.
Pouillou 18 E l.
Pouilly 14 I c.
Pouilly 16 K e.
Pouilly-sous-Thil 14 J e.
Pouk-To 19 K h.
Poul-i-Khatoum 40 E b.
Poulkovo 54 I a.
Poulmic 15 Brest.
Poulo Be 19 K l.
Poulo Brass 43 D d.
Poulo Cecir de Mer 19 M j.
Poulo Cecir de Terre 19 M j.
Poulo-Condore 19 L m.
Poulo-Dama 19 J m.
Pou-Loi 19 J q.
Pou Louong 19 J k h.
Poulo Panjang 19 J m.

Poulo Pinang 42 C c.
Poulo Wai 43 B d.
Poulton 20 H h.
Poume (Presq. de) 18 A b.
Pou-Mot 19 L k.
Poum-Soumro 19 L k.
Pomaikha 41 G c.
Pou-Ngan-Tch. 42 D a.
Pou-Ngan-Ting 44 H f.
Poung-Hou-Ting 44 K g.
Poungo Ndongo 50 J k.
Poungone 50 N m.
Pounihln 41 B c.
Pounloug 42 C a.
Pounou (L.) 37 J c.
Pou-Œil-Fou 44 G g.
Portogranz 24 D b.
Poumpa (M) 42 B b.
Pour 57 J c.
Pourali 40 F d.
Pournes (R.) 30 F b.
Pourrières 16 L l.
Poursak 59 D b.
Pouruta-Tchat 59 I h.
Poustoretskoïe 57 S c.
Poustozersk 55 H a.
Pou-Tai-Hien 45 C b.
Pou-Tchéou-Fou 44 I d.
Pouten 19 I f.
Pou-Thou 19 J f.
Poutroye (la) 22 D a.
Pouvoeux 54 N d.
Poutchinoghe 16 St Et.
Poutrieux 15 C d.
Pout Royal 52 G d.
Pouyastruie 15 F i.
Pouzauges 16 E f.
Pouzin (le) 16 K h.
Pouzo Alegro 64 I i.
Pouzzola 24 D d.
Povenets 55 D b.
Poverty Bay 55 N j.
Povoroino (R.) 55 K e.
Powder R. 57 E a.
Powell (M) 58 J e.
Powell Creek St 52 F c.
Powell's R. 58 G g.
Pova 18 B c.
Po-Yang (L.) 44 I f.
Poygan L. 58 F f.
Porcho 55 I i.
Pozos 59 I f.
Pozsega 28 E d.
Pozsony 28 E b.
Pra 48 G h.
Prabati (M) 42 C d.
Prachatitz 28 C b.
Prad 22 K d.
Pradelles 16 J h.
Prades 15 I j.
Pradolapie 41 F h.
Pratas (P) 15 F a.
Prato 24 C c.
Pratola 28 C b.
Prato Magno 24 C c.
Prais-de-Mollo 15 I j.
Prauthoy 14 K c.
Pravadis 29 H b.
Pravia 25 F a.
Preussen 15 G h.
Prezzero 64 G l.
Pré-Bagnon 16 St Et.
Précheur (le) 18 Mart.
Précigne 15 F e.
Prée-Teng 19 I k.
Preicy-sous-Thil 14 J e.
Preeix 26 E a.
Pré-en-Pail 15 F d.
Pregel 26 J a.
Pégraudecin 38 D h.
Prek-Chelong 19 K k.
Prek-Preng 19 I k.
Prek-Té 19 I k.
Prek-Tnott 19 K l.
Prémery 14 J e.
Prémesques 14 Lille.
Premetti 50 D a.
Premudin (I.) 28 D c.
Prenj Plan. 28 E c.
Prentice 58 F f.
Presny 54 E c.
Prenzlau 27 N a.
Preobrajenskoïe 37 M d.
Presba (L.) 29 F c.
Prerau 28 E b.
Pres-St-Didier 16 M g.
Pré-St-Gervais (le) 18 Paris.
Presas Aldamas 59 J f.
Presba (L.) 29 F c.
Presnoa 54 E c.
Preston 53 I a.
Protchnockopskaïa 58 D h.
Preta 58 D b.
Proton 48 G h.
Presidio del Norte 59 G c.
Presidio de S. Vicente 59 H f.
Presle 15 H d.
Presolana 22 I f.
Pressigny-le-Gd 15 G f.
Prestoigi 59 I c.
Préstitz 28 D b.
Preston 20 H h.

Pretara (M) 24 B c.
Pretitz 28 C b.
Preto (R.) 65 J i.
Pretoria 50 M o.
Pretzsch 27 M c.
Preuilly 15 G f.
Prévenchères 16 J h.
Prevesa 30 B c.
Prevost (I.) 56 C d.
Prévôt (Pic) 45 T c.
Prévôté (la) 14 Lille.
Prey-Veng 19 K l.
Prezidio de Sta Maria 65 H f.
Prezova 28 E b.
Priaman 43 C f.
Priboi 29 D b.
Prihram 28 C b.
Prihyloff (I) 57 U d.
Price B. 57 D c.
Prichtum 29 E b.
Priego 25 G g.
Priego 25 I d.
Priego (Sra de) 25 G g.
Prieu 27 L g.
Priène 59 B c.
Priepolie 29 D b.
Prieska 50 L n.
Priela (P) 25 F G b.
Priala (Sra) 59 B c.
Prignitz 27 L a.
Prigno 24 E d.
Prilip 29 E c.
Prilonki 54 J c.
Primeira (P) 50 O m.
Primoro (R.) 64 E k.
Primiero 28 B c.
Prims 27 G c.
Prince (I. du) 50 I i.
Prince Albert 50 K p.
Prince Albert 56 H d.
Prince Albert (T. du) 56 T. P.
Prince Albert St 56 T. P.
Prince Alfred (C. du) 56 T. P.
Prince Charles (L. du) 57 C h.
Prince de Galles (G. du) 57 U c.
Prince de Galles (C. du) 56 Alaska.
Prince de Galles (Dt du) 56 T. P.
Prince de Galles (I. du) 52 G h.
Prince de Galles (I. du) 56 B c.
Prince de Galles (I. du) 56 T. P.
Prince de Galles (Mt du) 56 T. P.
Prince Edouard (I. du) 56 P e.
Prince Frédéric (Tr du) 52 D c.
Prince Guillaume (T. du) 56 T. P.
Prince Guillaume IV (T. du) 64 C o.
Prince Héritier (Br du) 58 J b.
Prince Impérial (Arch. du) 45 G h.
Prince Patrick (I. du) 56 T. P.
Prince Régent (R. du) 52 D c.
Prince Regent Inl. 56 T. P.
Prince Rodolphe (T. du) 57 H a.
Princes (Iles des) 39 C a.
Princes (I. des) 45 D g.
Princesse Charlotte (Br de la) 52 H b.
Princesse Marie (Br de la) 56 T. P.
Princesse Royale (I. de la) 56 C d.
Principe (I. Je) 50.
Principe da Beira (Fr de) 65 F g.
Prion (M) 50 H c.
Prior (C.) 25 C a.
Pripet 54 H c.
Pritzwalk 27 L a.
Privas 16 K h.
Peixrend 29 E b.
Prazzi 24 D f.
Prjedor 28 E d.
Prjevalsk 57 J e.
Prjevalsky (M) 44 D d.
Probolingeo 43 F g.
Probstei 52 D c.
Proches (P) 54 A c.
Procida (I. Je) 24 D d.
Procopanisto (G. de) 50 B c.
Proctor 58 G g.
Prodano (I.) 30 C d.
Progo (R.) 43 E g.
Progreso 59 I d.
Progreso 59 O g.
Prolmer Wick 26 F a.
Proit 42 E d.
Prokhladnaia 58 E c.
Prokouplié 29 E b.
Promé 42 B c.
Promina (M) 28 D e.
Promontore 28 C d.
Pronia 54 I d.
Pronsk 55 E d.
Proprin 65 K f g.
Proskourov 54 G f.
Prosna 54 B c.
Prossnitz 28 E b.
Proston 55 I e.
Protchnockopskaïa 58 D h.
Protoka 58 B b.
Protva 54 N c.
Prou 48 G h.
Proujany 54 F d.
Prout 54 G h.
Prouthoy 14 K c.
Prouy (Br du) 18 D d.
Provenchères 14 M d.
Providence 58 J f.
Providence (C.) 55 K l.
Providence (C de la) 60 F b.

Providence (F) 56 F b.
Providence (I.) 50 Q k.
Providence (L.) 56 G a.
Providence (P de la) 57 U e.
Providence M 58 C c.
Provins 14 J d.
Prova 58 D b.
Prozelten 27 J e.
Prozor 28 E c.
Prué 19 L l.
Prudhoe (C.) 56 T. P.
Prüm 27 G d.
Prunelli 16 O j.
Prunelli 16 O k.
Prusse 26.
Prusse Occidentale 26 H h.
Prusse Orientale 26 J a.
Pruth 28 I b.
Przedborz 34 C e.
Przemysl 28 H h.
Przemyslany 28 I b.
Przeworsk 28 H a.
Przysucha 26 J c.
Psakhna 50 E c.
Psali (C.) 50 E c.
Psara 59 A b.
Psari 50 C c.
Psathoura 50 E b.
Psocchkka (Col) 58 D c.
Psel 34 J f.
Psovdo (C.) 50 E b.
Psiloriti 50 F f.
Pskov 34 H h.
Psophis 50 C d.
Psych 58 D c.
Peyra 50 G f.
Ptchevga 34 J a.
Ptitch 34 H d.
Ptolemaïs 49 K c.
Public Lands 57 F c.
Pudsey 20 I h.
Pudukattai 41 E f.
Puchla 59 J h.
Puebla (la) 25 N c.
Puebla de Hijar 25 K c.
Puebla de Liliet (la) 15 H j.
Puebla de Sanabria 25 E b.
Puebla de Tribes 25 D h.
Pueblo 57 E c.
Pueblo de Don Fadrique 17 B b.
Pueblo Nuevo 60 E d.
Pueblo Nuevo del Mar 25 K e.
Pueblo Nuevo Esqui-pulas 60 B i.
Puentcareas 25 C b.
Puente-de-la-Reina 15 D j.
Puente del Arzobispo 25 F e.
Puentedeume 25 C a.
Puente Genil 25 F g.
Puente la Reina 25 J b.
Puerco (B.) 57 D c.
Puerto-Caballo 63 D b.
Puerto-Calvo 65 K f.
Puerto-des-Pedras 65 K f.
Puerto-de-Corral 64 C l.
Puerto del Marquos 59 F i.
Puerto-de-Sta-Maria 25 E b.
Puerto-Felix 60 N k.
Puerto-Franco 63 I f.
Puerto-Gomez 64 F k.
Puerto-Imperial 63 H f.
Puerto-la-Mar 64 D i.
Puerto-Madrin 64 E m.
Puerto-Manso 64 D k.
Puerto Mayor 26 N o e.
Puerto-Montt 64 D m.
Puerto Nacional 60 H k.
Puerto-Plata 60 J f.
Puerto-Princesa 45 G d.
Puertoviejo 63 B e.
Puon 18 Soc.
Puertrredon (L.) 64 D m.
Puget 16 H i.
Puget St 57 A a.
Pugnios 64 D f.
Puhlalan 54 E a.
Puisacl 54 G e.
Puigcerda 25 M b.
Puigdon Torrella 25 N e.
Puignal 15 H j.
Puira 63 B f.
Puisaye 14 I e.
Puiseaux 15 I d.
Puisserguier 16 I i.
Pujols 15 F h.
Pukaki (L.) 53 L k.
Pula (C. do) 24 B e.
Pulaski 58 C g.
Pulaski 58 I f.
Pulawy 34 D c.
Pulicat 41 E f.
Pulleche 21 C c.
Pultusk 34 D d.
Puna 41 D e.
Puna 63 E b.
Pufiu (L.) 63 B c.
Punaouin 18 (Soc).
Punkaisori 41 G c.
Puno 63 D h.
Punta dell'Alice 24 F e.
Punta della Penna 24 E c.
Puntagorda 60 D E b.
Puntis Rossa 60 D b.
Pupuya 64 D k.
Puquio 63 C g.
Purace (V.) 63 C d.
Purchena 25 J g.
Purepero 59 H h.
Puri 41 F e.
Puris 44 F c.
Purmerende 21 C b.
Purmulsi 41 C e.
Pursat 39 J k.
Purton 15 D a.
Puruandiro 59 I g.
Purulia 41 F d.
Purus (R.) 63 F c.
Püspök Ladany 28 C c.
Pusterlengo 24 B b.

Putanges 13 F d.
Putau 49 C a.
Puteaux 18 Paris.
Putignano 24 F d.
Putlitz 27 L a.
Putna 34 G h.
Putlitz 27 L a.
Puiricle (Mer) 54 K b.
Puttalam 41 E g.
Putte 21 C c.
Puttelange 27 G e.
Puttershoek 21 C c.
Püttlingen 14 M e.
Putumayo 63 D e.
Putzig 26 I a.
Puy (le) 16 J g.
Puy-de-Dôme 16 I g.
Puy de Mondière 15 H g.
Puylaurens 15 H i.
Puy-l'Évêque 15 G h.
Puy Mary 15 I g.
Puymirol 15 G h.
Puymorens (Col de) 15 H j.
Pwllheli 20 C i.
Pya Pan 41 H h.
Pyawhwe 41 H d.
Pyha 34 G e.
Pyhäjoki 52 B b.
Pyhäselkä (L.) 52 C b.
Pyhänmaa 52 B e.
Pyjma 52 J c.
Prlenyaw 41 H d.
Pylos 50 C e.
Pyramides 49 B. E.
Pyramites de Gizeh 49 M d.
Pyramid L. 58 B b.
Pyramid P 58 B c.
Pyrénnis 59 F c.
Pyrénées 25 K h.
Pyrénées 55 H g.
Pyrénées (B) 15 E i.
Pyrénées (H) 15 F i.
Pyrénées (D) 15 G i.
Pyrénées-Orientales 15 H j.
Pyrenees (S des) 65 H j.
Pyrenopolis 65 H h.
Pyrgos 50 C d.
Pyrgos 50 C e.
Pyrgos S 50 E d.
Pérmont 22 A c.
Pyritz 26 G b.
Pyrmont 27 I c.
Pyrton (M) 52 B d.
Pyrissos (I) 52 M f.
Pyrario 50 E c.
Pyzdry 54 D d.

Q

Quacaru (B.) 64 F G i.
Quakenbrück 27 H h.
Quambatook 55 H g.
Quan-Ba 19 K l.
Quang-Binh 19 L l.
Quang Dai 19 L j.
Quang-Hoa 19 N g.
Quang-Ngai 19 M j.
Quang-Tong 19 L M g.
Quang-Tri 19 L l.
Quang Uyen 19 K L f.
Qu'appelle (F) 56 H d.
Qu'appelle (R.) 56 H d.
Quaranto Montagnes 31 E c.
Quarnero (I.) 28 C d.
Quarnerolo 28 D d.
Quarre-les-Tombes 14 J c.
Quart 22 H c.
Quarten 22 H c.
Quarto S. Elena 24 B c.
Quatre Bras (les) 19 K i.
Quatre Bras 21 C d.
Quatre Cantons (L. des) 22 F c.
Quatre M (les) 16 g.
Quatre Pillats (I. des) 37 K h.
Quesaubyen 53 I g.
Québec 56 O e.
Quebrachos 64 E j.
Quedlinburg 27 K c.
Quelimane 50 J m.
Quelpaert 19 N g.
Queen's Cap 56 T. P.
Queen's Ch 56 T. P.
Queenscliff 55 H g.
Queen's County 20 D i.
Queensland 52 H d.
Queenstown 20 C j.
Queenstown 50 I p.
Queenstown 53 I f.
Queen Victoria's Spr. 52 D f.
Queich 27 H c.
Quemada 63 J g.
Queiss 26 G c.
Quellimane 50 N m.
Queloite 59 F f.
Quelpaort (I.) 45 H j.
Quelux 64 I i.
Qué-Phong 19 K h.
Quequi 58 E b.
Querey (Bas-) 15 H h.
Querey (Haut-) 15 H h.
Queretaro 59 I g.
Querfurt 27 L c.
Quérigut 15 H j.
Quernstango 59 M j.
Queselle (le) 14 J h.
Quesnelbanooath 56 D d.
Quesnoy (le) 14 J b.
Quesnoy-s-Deule (le) 14 Lille.
Questembert 15 D c.
Quettehou 13 E c.
Quévillon 14 Rouen.
Quévreville-la-Poterie 14 Rouen.
Queyras 16 M h.
Quézédé 15 Brest.
Quibdo 65 C c.
Quiberon 15 C c.
Quibor 60 K k.
Quicamon 64 J i.
Quieto (Vallo) 24 C d.
Quiévrain 21 B d.
Qui Hoa 19 K g.
Quila 50 F c.
Quilengue 59 I i.
Quilbory 53 H e.
Quilca 65 D h.
Quillan 15 H j.
Quillebœuf 15 G e.
Quillenghes 50 J l.
Quillota 64 D k.
Quilon 41 D g.
Quimper 15 C d.
Quimperlé 15 C e.
Quinco (I. des) 58 H c.
Quinceo (C) 59 I h.
Quinchilca 64 D l.
Quinchinotto 22 E f.
Quincy 58 C c.
Quincy 58 F g.
Quingey 14 L c.
Qui-Nhon 19 M k.
Quin River M 58 B b.
Quinsac 15 Bordeaux.
Quintanar 25 H c.
Quintin 15 D c.
Quinto 25 K c.
Quinto 64 E k.
Quirihue 64 D l.
Quissac 16 J i.
Quissamau 64 J i.
Quitates (C.) 25 G i.
Quiteve 50 J m.
Quliman 58 F h.
Quito 63 B e.
Qvarken 52 J i.
Qvidinge 52 F c.

R

Raab 28 E e.
Raago 64 J j.
Raarup 52 C d.
Raasay S 20 E d.
Rabastens 15 F i.
Rabastens 15 H i.
Rabat 48 D f.
Rabba 48 H h.
Rabbah Ammon 59 F f.
Rabbit Hole M 58 B b.
Rabaca (L.) 65 F h.
Rabegh 49 O e.
Rabenhausen 27 J f.
Rabi (L.) 53 H m.
Rabkob 41 F d.
Rabnita 28 E c.
Rabodeau 14 M d.
Racalmuto 24 D f.
Racconigi 16 H b.
Race (C.) 18 T.-N.
Race (C.) 56 U e.
Rach-Ba-Kian 19 K l.
Rach-Gia 19 L m.
Rachgoun 17 C d.
Rachka 29 E h.
Rachoun (L.) 57 H c.
Raciaz 26 I b.
Racine 58 T f.
Racket (L.) 58 I f.
Rackwick 20 H c.
Racoon 58 K f.
Raczkeve 28 F c.
Raczki 34 E d.
Radama 29 I g.
Radauti 28 I c.
Radé 49 L k.
Radeberg 27 N c.
Radeuil 34 G f.
Radicena 24 E e.
Radiejew 34 C d.
Radimin 34 D d.
Radin 54 E c.
Radinghem 14 Lille.
Radja Bassa 45 D g.
Radjpoutana 41 C l c.
Radkan 42 E h.
Radkesburg 28 D c.
Radkmansdorf 28 C c.
Radnitz 27 N c.
Radnor 20 H i.
Radochkovitchi 34 C c.
Radolfzell 27 I g.
Radom 34 D c.
Radomir 29 F h.
Radomka 26 J d.
Radomysl 34 H e.
Radot 13 H d.
Radovits 29 F b.
Radressa (R.) 49 H g.
Radstadt 28 C c.
Radstock (C.) 52 F i.
Radusa Plan 28 E c.
Radzilow 26 I a.
Radzivilincki 34 J d.
Radzivillov 28 I a.
Rae (isthme de) 56 L a.
Rafai 50 I c.
Rafatés (L.) 18 Soc.
Raf Burdii 41 E c.
Raibur 41 C d.
Raichur 41 E c.
Raigarh 41 F d.
Raim 40 E d.
Raim 40 E d.
Rain 27 K f.
Rainey (la) 45 I d.
Rainier (M) 58 B a.
Raipur 41 E d.
Raja (P) 64 F m.
Rajamahendri 41 E c.
Rajao 99 E b.
Rajapur 41 D d.
Rajgarh 41 D d.
Rajkot 41 C d.
Rajmahal 41 G d.
Rajpipla 41 D d.
Rajpur 41 G d.
Rajshahi 41 G d.
Raku-Tson-Po 44 D f.
Rakchan 40 F d.
Rakhie 50 I e.
Rakliva (O.) 49 P f.
Raktlor 26 H e.
Rakitnolo 54 K e.
Rakka 30 H d.
Rakkin (B.) 49 Q d.
Rakonitz 28 C a.
Rakouchetchayi (C.) 58 I c.
Rakwitz 26 G b.
Raleigh 58 M j.
Raleigh 58 H g.
Raleigh B. 57 K d.
Ralston (Dés.) 58 C c.
Ramadi 40 D e.
Ramah 50 F e.
Ramales 25 H a.
Ramellakota 41 E d.
Rambervillers 14 M d.
Rambouillet 15 H d.
Rambrouck 21 D a.
Ramdrug 41 D e.
Ramerupt 14 J d.
Rameswaram 41 E g.
Ram-Hormouz 40 C e.
Ramilies 21 C d.
Ramleh 59 P f.
Ramlieh (O.) 49 B. E.
Ramlosa 52 F c.
Ramnagar 41 D b.
Ramo (C. de) 24 D e.
Ramos 59 E b.
Ramos 59 H f.
Ramoutsa 50 H m.
Rampart House 56 A n.
Rampour 41 E h.
Rampur 41 E f.
Rampur-Beauleah 41 G d.
Ramri 41 H e.
Ramri (L.) 42 B c.
Ramsey 50 G g.
Ramsey (I.) 51 G h.
Ramsgate 20 M j.
Ramville (I.) 18 Mart.
Ramezgun 64 D k.
Ranco 15 H h.
Rancheria (B.) 60 I j.
Ranchi 41 F d.
Ranco 22 G f.
Ranchou (I.) 57 H c.
Randam 16 J f.
Randberg 50 M o.
Randbölfind 52 D d.
Randens 52 C c.
Randers 52 C c.
Randers Fjord 52 D c.
Randey (F) 18 G H i.
Randolph 58 T f.
Randolph 58 F g.
Ranlon (Trande) 16 J h.
Rumfsfjord 52 H i.
Rûne Eh 52 J h.
Ranouhourg 53 H c.
Ranug 42 E c.
Rangamati 41 H d.
Rangaunu (B) 53 M i.
Ranguley 58 J f.
Rangiora 53 M h.
Rangitaki 53 M j.
Rangitiki 53 M j.
Rang-Kout 40 H h.
Rango 44 F c.
Rangoon 42 B c.
Rangpur 41 G c.
Rangsang (I) 45 D c.
Rangun 41 H d.
Rankin 52 F d.
Raniganj 41 F d.
Raniput 41 E c.
Ranis 27 L d.
Rankoundon 50 K m.
Raukwad 22 I c.
Rann 28 D d.
Rannoch (L.) 20 G e.
Rannou 18 N. Hébr.
Ranobe 18 H h.
Ranobe (B. de) 18 G k.
Ranon 13 D e.
Raolanda (L.) 50 N g.
Raoloudeto 22 F c.
Raoano (M.) 22 J c.
Raout-Koleh 58 D c.
Raoutskii 58 I a.
Raoumi (Ras) 49 O e.
Raouta 48 I g.
Raqa (L.) 53 N h.
Rapangonebo 50 J m.
Raper (C.) 56 P a.
Rapides (Canal des) 19 K g.
Rapides (L. des) 58 I e.
Rappahannock R. 58 I g.
Rapperschwyl 22 G c.
Rapsani 50 E b.
Rapti (R.) 41 F e.
Raraionga (I.) 51 L j.
Raron 22 F e.
Ras-el-Aïn 39 H e.
Ras-el-Khemia 40 D d.

Ras el Ma 17 C e.
Ras el Ma 17 D i.
Ras el Oued 17 I d.
Rask 40 E d.
Raskem 41 B e.
Raso (C.) 64 E m.
Rasocolmo (C.) 24 E e.
Raso do Norte (C.) 65 H d.
Rasova 54 C h.
Raspopinskaia 33 F e.
Rass 49 P d.
Rassah (O.) 49 B. E.
Rastatt 27 H f.
Rasteabourg 26 J a.
Rastoo (L. de) 28 E e.
Rata (C.) 45 H g.
Ratangarh 41 D e.
Ratangar 41 E d.
Rathouri 41 I f.
Ratcha 29 D a.
Rath 41 E e.
Rathenow 27 L b.
Rathlin (I.) 20 E f.
Rathowen 20 D b.
Rathrum 20 D i.
Ratibor 26 H e.
Ratisbonne 27 L c.
Ratlam 41 D e.
Ratmisgiri 41 D c.
Ratno 54 I f.
Ratougiri 41 D c.
Raton 34 I f.
Raino 34 F e.
Ratonneau 11 Marseille.
Bats (I. des) 54 A c.
Rattenberg 27 M g.
Ratzebuhr 26 H b.
Ratzeburg 27 K a.
Rauch 64 F i.
Raucourt 14 K c.
Raudnitz 26 I c.
Rauhe Alp 27 J f.
Rauris 28 C c.
Rauschenburg 14 O b.
Ravah 50 I n.
Ravalo (V.) 60 D k.
Ravenne 24 C b.
Ravensburg 27 J g.
Ravenwood 58 H d.
Ravi 41 D i.
Ravières 14 J c.
Rawa 34 D a.
Rawalpindi 41 D b.
Rawa Ruska 28 H a.
Rawil (Col du) 22 E c.
Rawitsch 26 H c.
Rawka 28 H h.
Rawlins 57 E c.
Rawson 64 E m.
Ray 22 A h.
Rayah 42 C h.
Raye (C.) 56 Q o.
Raymond 58 E h.
Raytcepaora 60 C i.
Raz (Pte du) 13 A d.
Razdelnaïa 34 H g.
Razderskata 58 D a.
Razelm (L.) 34 H h.
Razgrad 29 H i.
Razna (L.) 54 G h.
Raz Tanka 40 E d.
Rbat 48 F e.
Rdir de Metulia 17 E h.
Ré (I. de) 15 E f.
Reading 20 J j.
Reading 58 I f.
Real (Cowt) 64 E h.
Realmont 15 H i.
Réart 15 I j.
Reb 41 F e.
Reb 44 D l.
Rebais 14 I d.
Rebouuslri 45 O d.
Rocanati 24 D c.
Rebeco 21 B b.
Récey-s.-Ource 14 K c.
Recherche (Arch. de la) 52 D f.
Réchésy 22 D h.
Rechatilovka 34 J f.
Réchicourt 14 M d.
Rechid 49 B. E.
Recht 40 C b.
Recife (C.) 50 I. p.
Recklinghausen 27 G c.
Recknitz 52 F e.
Recologue 52 A c.
Recouquistais 64 F j.
Recournenne 16 J h.
Recreo 64 E j.
Recreo 65 C f.
Rede 49 P e.
Rédange 21 D c.
Red Bay 56 T f.
Red Bluff 58 B b.
Red Cedar B. 58 F e.
Red Deer (R.) 56 H d.
Redon 15 D e.
Red Fork 57 F d.
Red Head 56 T. P.
Redhill 13 F a.
Redjaf 50 H i.
Redjangers 45 C f.
Red L. 53 F f.
Reduilz 27 K c.
Redonda (L.) 60 N g.
Redondela 25 C b.
Redote (M.) 22 J c.
Redoute (Vve de la) 56 Alaska.
Redoubtskii 58 I a.
Redouane 20 I j.
Red Wing 58 F f.
Redwood City 57 B c.
Reed 41 D e.
Reef Point 55 M j.
Reese B. 57 C h.
Reese Valley (Lower) 58 C b.
Reetz 26 G b.
Refsnaes 52 D d.
Reful 34 D b.
Regu 26 G h.
Rega 40 G b.
Regar 40 G b.
Regeistan 27 I f.
Rentic 28 B c.
Rega 28 G d.

Regen (Schwarz) 27 M c.
Regen (Weiss) 27 M c.
Regencia 63 J h.
Regensburg 27 L f.
Regenwalde 26 G b.
Regge 21 E b.
Reggio 21 C b.
Reggio 24 E e.
Regina 56 H d.
Registan 41 B h.
Regnitz 26 F b.
Regnitz 27 K e.
Regnitz 27 N a.
Reguelbet 19 D a.
Rehau 27 L d.
Rehna 27 K a.
Rehoboth 50 I n.
Rehtobel 22 I e.
Reï Rouba 48 J h.
Reichelsheim 14 O c.
Reichenau 28 D a.
Reichenbach 22 E d.
Reichenbach 26 H e.
Reichenberg 27 J d.
Reichenberg 28 B a.
Reichenburg 22 H e.
Reichenhall 27 M g.
Reichshofen 27 H f.
Reids 53 I e.
Reigate 20 K j.
Reignier 16 L f.
Reillanne 16 L i.
Reims 14 J c.
Reinach 22 E c.
Reinach 22 F e.
Reine Adélaïde (Arch. de la) 64 C o.
Reine Charlotte (Dt de la) 56 C d.
Reine Charlotte (I de la) 56 D d.
Reinfeld 52 D f.
Reinheim 14 O c.
Reinosa 25 G a.
Roisby 52 B d.
Reitnau (Ober) 22 I b.
Rejang 45 E g.
Rejtisa 34 G h.
Relecq 13 Brest.
Reliance (F) 56 A b.
Reliance (F) 56 G b.
Relizane 17 E d.
Remagen 14 M b.
Rémalard 15 G d.
Rembang 43 E g.
Rembo 19 A h.
Remchi 17 C d.
Remedios 60 F d.
Remedios 60 H l.
Remel (Ras) 17 O f.
Remich 21 E c.
Remilly 14 M d.
Remire (P) 18 G F.
Remiremont 14 M c.
Remoulins 16 K i.
Remparts (R. des) 18 R.
Rems 27 J f.
Remscheid 27 G c.
Remus 22 K d.
Rémuzat 16 L h.
Renage 16 J g.
Renaison 16 J f.
Renaix 21 B d.
Renan 22 D c.
Renards (I des) 54.
Renault 17 E c.
Renazé 13 E e.
Rench 14 N d.
Rencontre (Arch. de la) 52 D f.
Rendilé 50 N i.
Rendina (G. de) 29 F c.
Rendsburg 26 D a.
Rène 13 H e.
Renfrew 20 G f.
Rengo 64 D k.
Reni 34 G h.
Reninghelst 21 A d.
Reno 24 C b.
Reno 58 B c.
Rennes 13 E e.
Rennes-les-Bains 15 H j.
Rensberg 14 M b.
Renteria 15 D i.
Renwez 14 K e.
Réole (la) 15 F h.
Réort 15 I j.
Reout 54 H g.
Reposoir (Chse du) 16 M g.
Reppen 26 C b.
Republican R. 57 F b.
Repulse B. 52 I d.
Requena 25 J e.
Requins (B des) 52 D c.
Requista 15 I h.
Resacca 58 C h.
Reschen 22 H d.
Resegone (M.) 22 I f.
Resicza 28 G d.
Resistencia 64 F j.
Résolution (F) 56 F b.
Résolution (L.) 53 K i.
Résolution (L.) 56 P b.
Ressopiti 28 H d.
Ressons-s-Matz 15 I c.
Restauracion 64 G j.
Retalhuleu 59 M j.
Retamo 64 D k.
Retchitsa 34 I d.
Retchka 34 K e.
Retein 17 J f.
Retem (O.) 51 F f.
Retgate 20 K j.
Rethel 14 K c.
Rétiers 15 E e.
Retiezat 28 H d.
Retimo 50 F f.
Retourne 14 J c.
Retrete (el) 60 G e.
Rettle R. 58 E e.
Retz 15 D e.
Retz 18 Guad.
Reuilly 13 H e.
Réunion (La) 18.
Réunion (I. de la) 52 G g.
Reus 25 L c.
Reuss 22 F e.
Reuss 22 G d.
Reuss 27 L d.
Reutlingen 27 I f.
Reutte 28 B c.
Réva 28 G d.

Revard (le) 16 L g.
Revel 15 H i.
Revellata 16 O j.
Revere 24 C b.
Revermont 16 L f.
Reviguy 14 K d.
Revilla Gigedo (L) 56 C e.
Revilla Gigedo (I) 56 D h.
Revillee (M) 58 C e.
Revin 14 K e.
Révoué 50 N m.
Rewa 41 E d.
Rewari 41 D c.
Rewel 54 F a.
Roy (I. del) 60 F k.
Rey (L.) 56 F b.
Reyes 65 D g.
Reyes (C.) 64 E n.
Reyes (los) 59 I g.
Reyes (P de los) 58 A c.
Reykjanes 52 D b.
Reykjavik 32 E b.
Reynosa 59 J d.
Reyran 16 M i.
Reyssouze 16 K f.
Rez (M) 27 h d.
Rezaina 17 D f.
Rezeny 54 H g.
Rezvaïa 29 H e.
Rezzonico 22 H e.
Rhæticon 22 J c.
Rhaf 49 Q g.
Rhafti (P) 50 E d.
Rhaï 40 C b.
Rhât 48 I e.
Rhäzuns 22 I d.
Rheda 27 H c.
Rhein 26 J b.
Rheinau 14 N d.
Rheinbach 27 G d.
Rheinberg 27 G c.
Rheidablen 14 L a.
Rheine 27 H b.
Rheineck 22 I c.
Rheinfelden 22 E b.
Rheingau 14 N b.
Rheinsberg 27 M a.
Rheinwald 22 H d.
Rheinwaldhorn 22 H e.
Rhèmes-N.-D. 22 D f.
Rhénane (Prov.) 27 G d.
Rhéncia 50 F d.
Rhergo 48 G f.
Rhett 58 B h.
Rherdt 27 G c.
Rhikhia 50 D c.
Rhin 6 E b.
Rhin (Chute du) 22 G b.
Rhin (V) 21 C b.
Rhin Antérieur 22 H d.
Rhinau 14 N d.
Rhinns of Galloway 20 F g.
Rhinow 27 M b.
Rhin Postérieur 22 H d.
Rhir 17 J f.
Rhô 16 O g.
Rhode Island 58 J f.
Rhodes 39 B c.
Rhodes 59 B C c.
Rhodes Extérieures 22 I e.
Rhodes Intérieures 22 I e.
Rhodésia 50 M k.
Rhodésia Mérid 50 L M m.
Rhodésia Septentrionale 50 L M i.
Rhodoa 48 J d.
Rhodope 29 F c.
Rhön 27 J d.
Rhône 16 K h.
Rhône (Petit) 16 K i.
Rhue 15 I g.
Rhum (I. du) 56 G a.
Riachat (er) 49 B. E.
Riad (er) 49 P c.
Riailté 15 E c.
Riajsk 53 E d.
Rialp 15 G j.
Riaño 25 F b.
Rians 16 L i.
Riasi 41 D b.
Riaza 25 H c.
Riazan 34 M c.
Ribadavia 25 C h.
Ribadesella 25 F a.
Rilagorza 15 G j.
Riba Riba 50 I j.
Ribas 15 H j.
Ribas 25 M b.
Ribble 20 H h.
Ribe 52 B d.
Ribe An 52 B d.
Ribeauvillé 14 M d.
Ribeauvillé 17 J c.
Ribécourt 14 I c.
Ribeira (R.) 64 H i.
Ribeira Gde 48 D b.
Ribemont 14 J e.
Ribérac 15 G g.
Ribera-de-Carlos 15 G j.
Ribert 27 K e.
Ribiers 16 L h.
Ribnitz 26 F a.
Ricamarie (la) 16 K g.
Riccia 24 E d.
Riceys (les) 14 J e.
Richard (I.) 56 B a.
Richards (C.) 56 T. P.
Richardson (M) 56 A a.
Richardson (M) 56 B a.
Richard Toll 19 A a.
Riche (C.) 52 T p.
Richelieu 13 F c.
Richelieu (R.) 58 I c.
Richetilovka 34 J f.
Richfield 58 D c.
Rich Hill 20 E g.
Richmond 20 I g.
Richmond 20 K j.
Richmond 50 L p.
Richmond 53 H d.
Richmond 55 I g.
Richmond 58 E g.
Richmond 58 C g.
Richmond 58 H g.
Richmond (B) 56 M c.
Richtenberg 52 F e.
Richtersveld 50 I o.

Richterswyl 22 G e.
Ridderhyttan 32 I j.
Riddersk 37 K d.
Rideau (L.) 58 I f.
Ridgeway 58 H g.
Ridjl el Ma 49 O P f.
Ried 28 C b.
Riedlingen 27 J f.
Riegel 14 N d.
Rieka 28 C d.
Rieka 20 D b.
Rieneck 14 P b.
Rienen 22 E b.
Rieng-Pien 45 G g.
Rieuz 28 B c.
Riesa 27 M c.
Rié-San 45 H i.
Riesen Geb. 28 D a.
Riesi 24 D f.
Riet 50 L o.
Rietfontein 50 K o.
Rietl 24 D c.
Rieumes 15 G i.
Rieupeyroux 15 H h.
Rieux 15 G i.
Rieux-Minervois 15 I i.
Riez 16 L i.
Rif 25 F i.
Rifano (Pta da) 64 I i.
Rifhock 45 G g.
Rifleman (B du) 45 F d.
Rifou (F) 50 N i.
Rifstanghi 52 F a.
Riga 54 E b.
Righ (O.) 17 J f.
Rigi 22 G c.
Riguac 15 H h.
Rigney 22 B c.
Rignys (M) 56 Y a.
Rigonon 15 Brest.
Rigoulette 56 Q d.
Rigousa 50 H c.
Riguel 15 E j.
Riha 59 F f.
Riha 59 G d.
Rijuland 21 C b.
Rijusburg 21 C b.
Rijp 21 C b.
Rijssen 21 E b.
Rikoua (L.) 50 N k.
Rillieux 16 Lyon.
Rilly 14 J c.
Rilo Dagh 29 F b.
Riloselo 29 F b.
Rima 28 F b.
Rima 44 G f.
Rimachuna (Lag.) 63 G e.
Rima Szombat 28 F b.
Rimar 52 F a.
Rimini 24 D h.
Rimouski 56 O e.
Rimsky-Korsakoff (I. de) 51 I f.
Rincon (el) 64 F l.
Rinconada 64 E i.
Rincon de la Vieja (V.) 60 C j.
Rincote (S de) 63 F c.
Rind 32 B c.
Rindja (I.) 45 G g.
Ringarooma 55 I h.
Ringat 45 D f.
Ringe 52 D d.
Ringel Sp. 22 I d.
Ringgold (I) 55 C n.
Ringkjobing 52 A c.
Ringsted 52 E d.
Ringué 19 B o.
Ringvads0 52 J h.
Ringwood 13 D h.
Rinxent 15 H b.
Riobamba 63 B e.
Rio Blanco 59 I f.
Rio Bonito 64 J i.
Rio Caribe 60 N j.
Rio Chico 59 E e.
Rio Chico 60 J. j.
Rio Cuarto 64 E k.
Rio de Janeiro 64 I i.
Rio de Oro 18 D e.
Rioeng 43 G g.
Rio Grande 59 H f.
Rio Grande 64 H k.
Rio Grande City 59 J d.
Rio Grande de Santiago 59 G g.
Rio Grande do Norte 65 K f.
Rio Grande do Sul 64 G j.
Rio Hacha 60 I j.
Rioja (la) 25 I b.
Rioja (la) 64 E j.
Riom 16 I g.
Rio Marina 28 B c.
Riom-ès-Montagne 15 I g.
Rion 15 E i.
Rion 58 E c.
Rio Negro 64 D m.
Rionero 24 E d.
Rio Pardo 64 H k.
Rio Primero 64 E k.
Rio Quinto 64 E k.
Rios 65 B e.
Rios (L.) 30 B c.
Rio Salado 17 C d.
Rio Seco 64 E j.
Rio Secundo 64 E k.
Rio Tercero 64 E k.
Riou (I. de) 16 L i.
Riou Kiou 45 I m.
Riouw 45 D c.
Rio Verde 59 I f.
Rioz 14 L e.
Rip 19 A c.
Ripatransone 24 D c.
Ripi 54 G g.
Ripley 20 I h.
Ripley (M) 58 A c.
Ripon 20 J g.
Ripon 58 F f.
Riposto 24 E f.
Rirtcha 44 G d.
Risano 28 F e.
Rise 52 D e.
Riscle 15 F i.
Risiri 45 O d.
Risle 13 G e.
Risœr (Öster-) 52 N j.
Risoux (M.) 22 B d.
Ristola (Punta la) 24 F e.
Ritenbenk 56 S a.

Sereth 98 I h.
Sorfabad 40 C b.
Sorgatch 35 F c.
Serghon 29 H c.
Sergiievsk 35 G d.
Sergiievskii Posad 34 L i.
Sergiievskoie 34 L d.
Serginos 14 I d.
Sergiopol 57 J c.
Sargiine 65 K g.
Seria 22 J c.
Sérignan 16 I i.
Serina 22 J f.
Seringapatam 41 D f.
Serino 24 E d.
Sariphopouio 50 F d.
Seriphos 50 F c.
Seris 39 D c.
Seri-Tezal 40 D c.
Sermaiza 14 K d.
Sermakskaia 34 J.
Sermono 16 O j.
Sermata (I») 45 I g.
Sermnide 24 C b.
Serman 39 G d.
Sermione 22 K f.
Sermous 22 J d.
Serock 26 I b.
Seroglaziuskaia 58 G o.
Sérout (Dj.) 49 Q g.
Serpa 25 C g.
Serpa 63 F c.
Serpeddi (M») 24 B c.
Serpeisk 34 K c.
Serpentara (I. di) 24 B c.
Serpouts (I. des) 34 H h.
Serpoukhov 34 L c.
Sorqueux 22 A h.
Sermaoariolh 24 E d.
Serra-di-Seopamento 16 O k.
Serrana (B» de) 60 E h.
Serranilla (B».) 60 E h.
Sarrat (C.) 17 M h.
Serravalle 16 O b.
Serre 14 J c.
Serre (la) 16 N g.
Serres 16 L b.
Serrier 16 K g.
Serrières 16 k g.
Serro 63 I h.
Sersou (Pint. du) 17 F d.
Sertao (Désert) 65 J g.
Servance 14 M c.
Servaratic 16 J h.
Servian 16 I i.
Servier M» 58 D c.
Servislan 40 D d.
Servox 22 C f.
Sé-Son 19 L k.
Sesana 28 C d.
Sé-Saninm 19 J j.
Sésia 22 F f.
Sessa 24 D d.
Sessé (I») 50 N j.
Sessera 16 N g.
Sosiers (C») 48 E j.
Sestin 59 F d.
Sosto 24 C e.
Sosto Calende 22 G f.
Sestra 34 H.
Sostri 24 B b.
Sastri Levante 24 B b.
Sestroretsk 34 H.
Se-Tcheng-Fou 44 H g.
Sé-Tché-Pon 19 K i.
Se-Tchouen 44 H c.
Sé Thépong 19 J l.
Sétif 17 J c.
Sotourbo (M») 49 N c.
Sette Cama 19 O s.
Settimo - Torinese 16 N g.
Sottimo-Vittone 22 E f.
Settle 20 I g.
Settlement I» 58 H i.
Sottouf 48 D c.
Sottouf (Adrar-) 48 D c.
Sotubal 25 B f.
Seugne 15 F g.
Seul (L.) 56 K d.
Seulles 15 F c.
Seuvre 14 K c.
Scuve (la) 16 St-Et.
Sev 54 K d.
Sovanga (L.) 58 F d.
Sevol 52 B c.
Sevelen 22 I c.
Sevan Hunters I» 20 C c.
Seven Oaks 15 F a.
Severa (M») 24 B c.
Séverac (C. de) 16 I h.
Séverac-le-Ch» 16 I h.
Séveraisse 16 L h.
Severinu 34 E h.
Severn 20 H j.
Severn 55 I c.
Severn 56 K c.
Severn (L.) 56 K d.
Seveso 22 H f.
Seveux 22 A b.
Sevier (L.) 58 C c.
Sevilla 25 E g.
Seville 25 E g.
Sorlievo 29 G h.
Sevo (Pizzo di) 24 D c.
Sèvre 15 F c.
Sèvre Nantaise 15 F f.
Sèvre Niortaise 15 F f.
Sevres 15 Paris.
Sevri-Bissar 59 B b.
Sevri-Bissar 59 D h.
Sevri-Bissar 59 F b.
Sevron 16 K f.
Sevsk 34 K d.
Sewola 28 H b.
Sexau 22 F a.
Seyhouse (O.) 17 L c.
Seychelles (I») 50 R j.
Seyches 15 F h.
Seymour 50 L p.
Seymour 57 I c.
Seyne 16 M h.
Seyne (la) 16 L i.
Seyssel 16 L g.
Sézanne 14 J d.
Sezze 16 O b.
Sfakós 17 O o.
Sfax 17 O o.
Sferra Cavallo (C.) 24 B o.

Sfissifa 17 E c.
Shaftesbury 20 I j.
Shahabad 41 D b.
Shahabad 41 E c.
Shahapur 41 D c.
Shahjahanpur 41 E c.
Shahpur 41 D b.
Shahpuri 41 F c.
Shakopee 58 H f.
Shaktolik 56. Alaska.
Shalkot 41 B h.
Shamokin 58 I f.
Shamoun 20 A i.
Shapinsha (I.) 20 H b.
Sharon 58 H. c.
Sharpe (F») 50 N l.
Shasta 58 B b.
Shasta (M») 58 B b.
Shaw 52 C d.
Shawmut 58 H f.
Shawneetown 58 F g.
Shayok 41 D a.
Sheboygan 58 F f.
Sheelin (L.) 20 D b.
Sheep Haven 20 C f.
Sheerness 20 L j.
Sheffield 20 J h.
Shehuen (D.) 64 D h.
Shekzuoka 45 M i.
Sieben Gebirge 27 H d.
Siebratshofen 22 J b.
Siedlce 34 D d.
Shelter Point 55 L l.
Shelton 58 H h.
Shenandoah R. 58 H g.
Shendamangalain 41 E f.
Shemaciady 57 K b.
Shepherd (I») 18 N. Hébr.
Sheppey 20 L j.
Shopton Mallei 20 I j.
Sherborne 20 I k.
Sherbro (L.) 19 C f.
Sherbrooke 56 Q c.
Sherbrooka 58 J c.
Sheridan 58 A a.
Sherman 57 G d.
Shetland (Iles) 20 I s.
Shevarov (M») 41 E f.
Shinat (Iles) 20 E d.
Shiel 20 D f.
Shields (North) 20 J f.
Shifnal 20 I i.
Shigar 41 D a.
Shikarpur 41 C c.
Shillelagh 20 D i.
Shillong 41 G c.
Shinoga 41 D f.
Shimabol 41 D a.
Shin (Loch) 20 G c.
Shippigan (I.) 56 P c.
Shirley 13 E b.
Shoalhaven 53 I f.
Shoal Water B. 52 I d.
Shoalwater B. 58 A a.
Sholapur 41 D c.
Sherapur 41 D c.
Shorcham 20 K b.
Shori (L.) 52 G c.
Shoshone M» 58 C c.
Shreveport 58 H h.
Shrewsbury 20 H i.
Shrop 20 H i.
Shuay-Loung 42 B c.
Shugeluk 56. Alaska.
Shunk R. 58 E f.
Shuswap (L.) 56 E d.
Shweho 41 H d.
Shwe-Gyin 41 H c.
Shwe-Laung 41 H c.
Shweli 42 B h.
Siagne 16 M i.
Siah Koh 41 H b.
Siah Kouh 40 D c.
Siak 43 C c.
Sialkot 41 D b.
Siam 19 J j.
Sioneh Koh 40 E d.
Siong-Kiang 44 J f.
Siong-Tan 44 J f.
Siang-Tjiou 45 H h.
Siong-Yang-Fou 44 I c.
Siong-Yin 44 J f.
Siani 48 F h.
Sianton (I.) 45 D c.
Sino-Youllou 45 C f.
Siappes 14 K c.
Sisrelam 44 D d.
Sins 34 J a.
Siaskotan (I.) 45 V h.
Siatista 30 C a.
Siauw (I.) 45 H c.
Sib 49 S c.
Siba 49 N d.
Sibalou 45 C c.
Sibanicu 60 G c.
Sibata 45 N h.
Sibb 40 E d.
Sibérie 37.
Sibets 45 Q c.
Sibi 41 C c.
Sibillini (M») 24 D c.
Sibiriakoff (I.) 57 J b.
Siboga 43 C c.
Siboumbé 65 B e.
Sibota 45 N h.
Sibsagar 41 H c.
Sib Song Chu Tchaï 19 J I g.
Sib Song Panna 19 I g.
Sibuko 45 F c.
Sibut (F») 19 T o.
Sibuyan (I. de) 45 H c.
Sichim 59 F c.
Sichon 16 J f.
Sicié (C.) 16 L i.
Sicile 24 D f.
Sicuani 65 D g.
Sicyone 50 D d.
Sid 28 F d.
Sidama (Ouebbi) 49 O h.
Sidé 39 D c.
Sidero (C.) 30 G f.
Sidors 22 E c.
Sidi-Abd-el-Kerim 17 N c.
Sidi Aich (O.) 17 M c.
Sidi-Aïssa 17 B d.

Sidi-Bel-Azzem 17 J d.
Sidi-Bel-Hassein 17 J d.
Sidi-Bou-Sli 17 M c.
Sidi-Bou-Zid 17 F c.
Sidi-Bou-Zid 17 N d.
Sidi-Cheikh (Oulad) 17 E g.
Sidi-el-Aabed (Dj.) 17 B c.
Sidi-el-Fekarla 17 D f.
Sidi-el-Gnettar 17 M c.
Sidi-el-Hani (Sebkha) 17 N d.
Sidi-el-Lafi 17 N d.
Sidi-en-Nasser 17 E c.
Sidi Lhassen 17 C d.
Sidi-Mahmoud 19 D h.
Sidi-Mehdeub 17 N c.
Sidi-Mia (Guéran) 17 O d.
Sidi Okbi 17 J c.
Sidi-Thabet 17 N d.
Sidiro Kastron 30 C d.
Sidi-Yahia 17 L d.
Sidney 56 Q c.
Sidney 58 G f.
Sidon 39 F c.
Sidonie 25 E b.
Sidzin (M») 44 E d.
Sidzouoka 45 M i.
Sieben Gebirge 27 H d.
Siebratshofen 22 J b.
Siedlce 34 D d.
Sieg 27 H d.
Siegburg 27 C d.
Siegen 27 H d.
Siehl 14 O c.
Siem Boc 19 K k.
Siena 24 C c.
Sieug-Tjiou 45 I i.
Siouista 29 D b.
Sienne 15 E d.
Sienne 24 C c.
Sien-San 45 H h.
Sien-Tjiou 45 G g.
Siéou-Ou 44 J d.
Sierada 34 C c.
Sierentz 22 E b.
Sierck 27 G c.
Sierpe 54 C d.
Sierpce (Bocas de) 65 F b.
Sierra (P») 64 E m.
Sierra Hermosa 59 H f.
Sierra-Leone 19 C c.
Sierra Madre (Plat. de la) 57 D d.
Sierra Morena 60 E d.
Sierra Nevada (P. da) 60 J k.
Sierre 22 E c.
Sieve 24 C c.
Si-Feng Keou 45 D f.
Sif ot Taouil 49 Q b.
Sig (O.) 17 D d.
Siga 45 L i.
Siga-Toka (R.) 53 A c.
Sigean 16 I i.
Sighnadjia 59 B b.
Sighing Oulen 44 E c.
Sigli (C.) 17 I c.
Sigmaringen 27 I f.
Sign 28 E c.
Sigma 29 D c.
Signakh 58 F d.
Signau 22 F d.
Siguy-l'Abbaye 14 K c.
Siguy-le-Petit 14 J c.
Sigoulès 15 G h.
Sigri (C.) 39 A b.
Sigriswyl 22 E d.
Sigtiakh 57 O c.
Sigtuna 52 J j.
Siguenza 25 J c.
Siguiri 19 E d.
Sihogame 45 O g.
Sibuantanejo (B» de) 59 I i.
Siikojoki 55 B b.
Sijbekarspel 21 C b.
Sik 49 P h.
Sikandarabad 41 F c.
Sikar 41 D c.
Sikaram 40 G c.
Sikasso 19 G d.
Sikhota-Alin 57 P c.
Si-Kiang 44 I g.
Siklnos 50 F c.
Sikkim 41 G c.
Sikobou (I.) 45 C f.
Sikok 45 K j.
Sikondjame 50 N u.
Sikotan 45 R c.
Sikouko 50 N u.
Sil 25 D b.
Sil 28 H d.
Silo (la) 24 F c.
Silatahi (L.) 45 C c.
Silam (Boca de) 59 O a.
Silao 59 I g.
Silchar 41 H d.
Sildero 52 D b.
Silonen 22 G d.
Silésie 26 H c.
Silésie 28 E b.
Silet 48 H c.
Silhouette (I.) 50 R j.
Siligir 57 N c.
Silladja 57 O d.
Siliori 29 H c.
Siliste 28 J c.
Silistrie 29 H a.
Siljan 52 I f.
Silkeberg 52 C c.
Silla 25 K c.
Silla (S» de la) 59 I c.
Silla de Torrellas 25 N c.
Silluka 30 F d.
Sillang 42 B c.
Sillavengo 22 C f.
Sillé-le-Guillaume 13 F d.
Sillem (I.) 56 T. P.
Sillian 28 C c.
Silma 40 F c.
Siloane (Pl. de) 50 L m.
Si-Loun-Tchéou 44 H g.

Silves 25 C g.
Silvretta 22 J d.
Simabara 45 J j.
Simaloe (I.) 45 D c.
Simaña 60 H k.
Simoneas 25 F c.
Simaue 45 J i.
Simangang 45 E c.
Simão 65 J g.
Simav 59 C h.
Simav Tchaï 59 C h.
Simbirsk 55 G d.
Simcoe (L.) 56 M f.
Simékoa 19 Q o.
Simested 52 C c.
Simested A a 52 C c.
Simferopol 34 J h.
Simigou 50 N j.
Simla 41 D b.
Simmen Thal (Nieder) 22 E d.
Simmen Thal (Ober) 22 E d.
Simmerberg 22 J b.
Simmern 27 H c.
Simmerstedt 52 B d.
Simoda 45 N f.
Simojärvi 55 B a.
Simojoki 55 B a.
Simojovel 59 M i.
Simouethi 58 F c.
Simonoff (I.) 55 C p.
Simonoseki 45 J j.
Simou's Town 50 K p.
Simousir (I.) 45 T c.
Simpa 48 G h.
Simpernüs 34 E a.
Simplon 22 F e.
Simpson (D» de) 56 J a.
Simpson (L.) 56 C h.
Simpson (L.) 56 D a.
Simpson (Presq.) 56 K a.
Sinaï 49 N d.
Sinala 34 F h.
Sinaise 15 H f.
Sinaleja 65 C c.
Sinalon 59 E c.
Sinamboong 45 C c.
Sinangba 49 L h.
Sinono Gava 45 N h.
Simmou 50 C d.
Sinaoou 17 O h.
Sinbelaouin (es) 49 D c.
Sinbir Tagh 41 E c.
Sincelejo 65 G c.
Sinceny 14 I c.
Sin-Cheng 45 C g.
Sinclair (B.) 20 H c.
Sincora 65 J g.
Sindal 52 C b.
Sindé 50 J l.
Sindelfingen 14 O d.
Siuder 48 G g.
Siuder 48 I g.
Sindh 41 E c.
Sindjar 59 I c.
Sindringen 14 P c.
Sine 19 A b.
Sinelnikovo 34 K f.
Sines 25 B g.
Sin-Fou 44 G g.
Singalila (M») 41 G c.
Singapour 42 D f.
Singou 22 G b.
Singhbhum 41 F d.
Singkarah (L.) 45 C f.
Singkel 45 C c.
Singkep (I.) 45 D f.
Singleton 53 I f.
Sing-Ngan-Fou 41 I c.
Singou 42 B b.
Singora 42 C c.
Sing Sing 58 I f.
Sing Tcheng 45 C g.
Sin-Hoa-Tchéou 42 C h.
Sinjaïa 54 H b.
Siniava (Staraïa-) 28 J b.
Sining-Fou 44 G d.
Siuioukha 34 I f.
Sinj 28 E c.
Sinkat 49 N f.
Sin-Men-Ting 48 F f.
Siun 14 P b.
Sianamarie 65 C c.
Siuni 24 F d.
Sino 48 E i.
Sinope 15 E c.
Sinope 59 F a.
Sinsheim 14 O c.
Siu Sima 45 N i.
Sinskoïe 57 O c.
Sintang 45 E c.
Sin-Tcheng 44 L h.
Siu-Tchéou 44 I d.
Sin-Tchéou-Fou 41 I g.
Siu-Tchou 44 K g.
Sind (R.) 60 G k.
Sin-Yang 44 J c.
Sinzig 14 M b.
Sio 19 Dah.
Sioma 50 L m.
Sion 22 E c.
Siong-Tchin 45 I f.
Siouah 49 L d.
Siouen-Hoa Fou 45 B f.
Siouen- Wei-Tch. 42 D a.
Siouk-Tchien 45 G g.
Sioule 16 I f.
Sioulet 15 I g.
Sioun-Hœng 45 I h.
Sioun-Bilen 45 H i.
Siou-Ouen 45 H h.
Siouri 43 H m.
Siout 49 M d.
Sioux 56 I c.
Sioux City 57 G b.
Sioux Falls 57 G b.
Sioux R. 57 G b.
Sipan 59 J b.
Si-Pan-Don 19 L j.
Sipopo 65 D c.
Siphnos 50 F c.
Sipiwesk (L.) 56 J c.
Sipurio 60 D k.
Sipyle (M») 59 B b.
Siquijor (I. de) 45 H d.
Siquisique 60 J i.

Sir Edward Pellew (Arch. de) 52 F c.
Siresa 22 G f.
Siretoko 45 Q d.
Sirhan (O.) 49 O c.
Sirhen 49 L d.
Siribets T. 45 O e.
Sir James Hall (Groupe de) 45 G h.
Sir Joseph Banks (I» de) 52 F f.
Simach 22 H c.
Sirohi 41 D d.
Siroki 40 E d.
Sironcha 41 E c.
Sironj 41 E d.
Siroua (Dj.) 48 F c.
Sirsa 41 D c.
Sis 59 F c.
Sisaket 19 J j.
Sisal 59 N g.
Sisesci 28 H d.
Si-Siang 44 I c.
Sisikon 22 C d.
Siskiyou M» 58 A h.
Sisophon 19 J k.
Sissach 22 E c.
Sissola 60 D k.
Sissonne 14 J c.
Sisteron 16 L h.
Sistov 29 G b.
Sita 24 C c.
Sitamau 41 D d.
Sitampitsy 18 H h.
Sitanda 50 L l.
Sitapur 41 E c.
Sitarampur 41 F d.
Sit Taung 41 H c.
Sitia (M») 50 G f.
Sitka 56 B c.
Silokabou (D») 48 R d.
Silokabou (M») 48 R d.
Sitsi-To 45 I f.
Sitsi-To 45 N i.
Sitsova 50 G d.
Sittard 21 D d.
Sitter 14 P c.
Sittoung 42 B b.
Sittra (L.) 49 L d.
Sitz 40 G d.
Siun-Yang 44 I c.
Siara 24 A b.
Siu-Tchéou 44 A i.
Siu-Tchéou-Fou 45 C i.
Siu-Young-Ting 44 H f.
Sivach 58 A b.
Sivagiri 41 E g.
Sivakasi 41 E g.
Sivau Maden 59 I b.
Sivas 39 G b.
Siwalik (M») 41 D b.
Sizebolu 29 H b.
Sizan 15 B d.
Sizzano 22 G f.
Själland 52 E d.
Själlands Odde 52 F d.
Sjörring 52 B c.
Sjörslev 52 C c.
Skaarup 52 D d.
Skaga Fj. 52 E a.
Skagen 52 D b.
Skagens Odde 52 D b.
Skagerrak 52 B b.
Skagit R. 58 B a.
Skagway 56 B c.
Skala 28 I b.
Skala (C.) 50 B c.
Skalahum (M») 58 B a.
Skalat 28 I b.
Skallingen 52 A d.
Skals 52 C c.
Skals Aa 52 C c.
Skamlingsbanke 52 C d.
Skanderborg 52 C c.
Skandili 50 G b.
Skandwich 20 G d.
Skanör 52 F d.
Skantsoura 50 E b.
Skara 52 I j.
Skardo 41 D a.
Skartind 52 H l.
Skathi (M») 50 I c.
Skeena 56 C d.
Skeldervik 52 F c.
Skellefteå 52 J i.
Skenninge 52 I j.
Skerryvore (I.) 20 D c.
Skibbereen 20 B j.
Skien 52 H j.
Skierniewice 34 C c.
Skiflet 51 D.
Skimari (C.) 50 B d.
Skio Ness 20 F f.
Skiotah P» 58 C a.
Skipton 20 I h.
Skiring-Water 64 D o.
Skit 29 F h.
Skive 52 B c.
Skive Aa 52 B c.
Skjalfandafljot 52 F a.
Skjelskör 52 E d.
Skjerne 52 B d.
Skjerne Aa 52 B d.
Skjerstad 52 I b.
Sköfde 52 I j.
Skoot 56 C c.
Skopelos 50 E b.
Skopenfjord 52 C g.
Skopia 50 F b.
Skopin 55 E d.
Skoplie 29 E c.
Skopo 29 H c.
Skopos (M») 50 B d.
Skoroduoie 54 L d.
Skouliany 54 G g.
Skeuratoû (C.) 57 I b.
Skoutari 50 D c.
Skowhegan 58 J f.
Skroponéri (M») 50 D c.
Skutari 29 D b.
Skvira 54 H f.
Skyathos 50 E b.
Skye 20 E d.
Skyli (C.) 50 E d.
Skyropoulo 50 E c.
Skyros 50 F c.
Slaboda 28 I h.
Slagelse 52 E d.

Slavonic 28 E d.
Slavouta 28 J a.
Sleaford (B») 52 F g.
Sleat Sound 20 E d.
Sleepers 56 M c.
Sleptsovskaia 58 F c.
Slotterhage 52 D c.
Slesvig 26 D a.
Sligo 20 C g.
Sliman (Oulad) 49 J f.
Slinge 21 E c.
Slite 54 C b.
Slitten 17 E f.
Slivan 29 H b.
Slivnitsa 29 F h.
Stivuo 20 H b.
Sijivosevci 28 E d.
Slob 48 E d.
Slobodskoï 35 C c.
Slobodzeïa 54 H g.
Sloruniki 26 I o.
Slonim 34 F d.
Slonovka 34 L c.
Sloten (L. de) 21 D h.
Sloutch 34 G d.
Sloutch 54 G c.
Sloutsk 54 G d.
Sluis 21 B c.
Slupca 34 D d.
Slyne Head 20 A h.
Smaalenene 52 H j.
Smaland 52 I j.
Smardiosa 29 G b.
Smederevo 29 E a.
Smedstrup 52 C d.
Smela 54 I f.
Smeloïe 34 J c.
Smith (B») 56 E a.
Smith (B») 56 Alaska.
Smith (C.) 57 E b.
Smith (C. et I.) 56 M b.
Smith (Can.) 61 C a.
Smith (F») 50 N j.
Smith (F») 58 E g.
Smith (I.) 57 H b.
Smith (I.) 45 N k.
Smith (I») 54 K f.
Smithfield 50 L p.
Smith's B. 58 A b.
Smith's I. 58 H h.
Smith S» 56 T. P.
Smoky B. 52 F f.
Smoky C. 52 J f.
Smoky Hill R. 57 F c.
Smoky Mounts (Great) 58 G g.
Smölen 52 H i.
Smolensk 34 I c.
Smoliany 34 H c.
Smolika (M.) 30 B a.
Smorgony 34 F c.
Smorodinoïe 54 K d.
Smotritch 28 J b.
Smulti 54 G h.
Smyge Huk 52 F d.
Smyrne 59 B b.
Snae Fell 20 G g.
Snaefells Jökull 52 D b.
Snaght (Slieve) 20 D f.
Snake R. 57 C b.
Snake R. 58 B a.
Snake R» 58 C c.
Snede (O.-) 52 C d.
Sneek 21 D a.
Snohätten 52 H i.
Sniatyn 28 I b.
Snizort (L.) 20 E c.
Snohomish 58 B a.
Snoqualmie 58 B a.
Snoudy (L.) 54 G c.
Snov 54 I f.
Snow M» 56 Alaska.
Snowdon 20 G h.
Snowy R. 55 I g.
Soai Rieng 19 K l.
Soakouiana 18 H j.
Soamanonga 18 H j.
Soanli-daren 59 F h.
Souvinam 65 G d.
Senzza 22 E f.
Sob 34 H f.
Sobat 49 M h.

Sofian 40 B b.
Sofisk 57 P d.
Sofiskaïa 44 C c.
Sogamoso 65 C c.
Sogantl 45 G f.
Soghla Gœl 59 D c.
Sogne Fjeld 52 H i.
Sogne Fjord 52 H i.
Sogojo 34 M a.
Sogok Nor 44 G c.
Sohagpur 41 E d.
Sohun 41 D b.
Sohar 49 R c.
Solmeisel 14 M b.
Schou Pass 58 C a.
Sohrab 41 B c.
Sohrau 26 J c.
Soignies 21 B d.
Soirap 19 L l.
Soissons 14 J c.
Soisy 15 Paris.
Soj 34 I d.
Sojat 41 D c.
Sok 55 G d.
Sok 44 F c.
Soka 49 N h.
Sokal 28 H a.
Sok-Dzong 44 F c.
Sokhta 59 B c.
Sokhondo 44 I b.
So-Kastro 50 H f.
Sokna 49 J d.
Sok Oïr Tchou 44 F c.
Sokola Dioulassou 48 F h.
Sokolka 34 E d.
Sokolo 19 F b.
Sokolova 37 L b.
Sokolow 54 D d.
Sokota 49 O g.
Sokoto 48 H g.
Solana (la) 25 H f.
Solander (L.) 53 K l.
Solano (I») 65 B c.
Soldatsko-Alexandrovskoïe 58 E h.
Soldatskoïe 54 M d.
Soldatskoïe 58 F b.
Soldau 26 I b.
Soldin 26 G b.
Solec 26 J c.
Soledad 57 C d.
Soledad 57 D c.
Soledad 60 G f.
Soledad 60 M k.
Soledad 64 F k.
Solent 20 J k.
Solentinamo (I») 60 C j.
Solenzara 16 P k.
Solesmes 14 J b.
Soleure 22 E c.
Soleyel 49 P f.
Solcymieux 16 St-Et.
Solferino 15 E h.
Solferino 24 B b.
Solgne 14 L d.
Soligalitch 55 F c.
Solignac 15 G g.
Solignac 16 J h.
Solihull 20 J i.
Solikamsk 55 H c.
Solingen 27 G c.
Solitarios (los) 58 C d.
Solitary (M») 53 H d.
Solitude (I. de la) 37 K b.

Somo-Somo (D» de) 53 B n.
Sompi 48 F g.
Sompolno 26 I b.
Somport 25 K b.
Sompuis 14 K d.
Somrat 49 J h.
Somvix (Val) 22 H d.
Son 15 G g.
Son 41 E c.
Son (R.) 44 F c.
Somatta (M.) 24 D c.
Soncino 24 B b.
Soudalo 22 J c.
Soude (D» de la) 45 D g.
Soude (I» de la) 51 C h.
Soude (L. la) 56 G d.
Souderburg 26 D a.
Sünderho 52 B d.
Soudernach 22 D b.
Sondershausen 27 K c.
Sondrio 24 B a.
Son Fjeld 52 I f.
Songaman R. 58 F g.
Song-Ba 19 M k.
Song-Bang 19 K L f.
Song-Bé 19 L l.
Song-Biang 19 K j.
Song-Biong 19 L j.
Song-Bo 19 K g.
Song-Ca 19 K h.
Song-Coï 19 L j.
Song-Cau 19 M k, K g.
Song-Chaï 19 K g.
Song-Coï 19 J f.
Song-Con 19 K h.
Song-Don 19 K j.
Songeous 15 H c.
Song-Gam 19 K f.
Soughaï 48 G f.
Song-Hin 19 M k.
Song-Kéman 1 L j.
Song-Lé Co 19 L i.
Song-Ma 19 J g.
Songo 19 C c.
Songo 50 K j.
Songoué 50 N k.
Songoun D. 39 E a.
Songouo 50 N k.
Song-Phong 19 J f.
Songuéa 50 N l.
Sounké 19 F c.
Son Kasi 41 F c.
Son Koul 44 B c.
Son-La 19 J g.
Somniani 40 F d.
Souneberg 27 K d.
Sonnenburg 26 G b.
Sonoala (M» de) 59 C b.
Sonoita 59 C b.
Sonora 58 D d.
Sonora 59 D c.
Sonora (Pass.) 58 B c.
Sonora (R.) 59 D c.
Soupur 41 F d.
Sonserano 18 H j.
Sonsouate 59 N k.
Soulay 19 K g.
Southofen 27 J g.
Sontra 27 J c.
Sonvico 22 H c.
Sonvillier 22 D c.
Soon Wald 27 H c.
Soundi 48 E h.
Soourgak 44 D d.
Sophadès 50 C b.
Sosuta 00 A c.

Sosva 33 I b.
Sosva 37 I c.
Sot 34 N a.
Sotal 40 M f.
Soteren 32 G i.
Sotin 28 F d.
Sotin 28 D c.
Soto la Marina 59 J f.
Sotou 15 F j.
Sotonho (Roches de) 19 F c.
Sottegem 21 B d.
Sotteville-lès-Rouen 14 Rouen.
Sotteville-sous-le-Val 14 Rouen.
Sotto (Val di) 22 K e.
Sotuta 59 G g.
Souab (O.) 49 O c.
Souabe 27 K f.
Souah 17 I f.
Souabdi 30 O k.
Sounkin 49 O f.
Souazi 30 M o.
Soulanstri 44 F f.
Souche 14 J c.
Soucieu-en-Jarrêt 16 Lyon.
Souda 54 L a.
Soudak 58 A b.
Soudan 48 g.
Soudan Égyptien 49 M g.
Soude 14 J d.
Soudelskofe 57 J h.
Soudilkov 54 G c.
Soudja 34 K e.
Soudogda 55 K c.
Soudost 54 J d.
Souah 49 M j.
Soureiden 30 G c.
Soueira 48 E c.
Souf (O.) 17 K c.
Soufelühelm 27 H f.
Soufli 29 G c.
Soufrière (la Grande) 18 Guad.
Soughanlu-Sou 59 E a.
Soughapir (Bahr-es-) 49 B. E.
Sougota (Steppe) 50 N O i.
Soiong (L.) 50 E f.
Souidoun 44 C c.
Souifoun 45 J e.
Souf Lal 44 D e.
Souillac 15 H h.
Souilly 14 K c.
Souf King 45 C j.
Soui-Tchéou 45 B i.
Soui-Te-Tchéou 44 I d.
Soui-Ting-Fou 44 I c.
Souk 50 N k.
Souk Abou Sin 49 N g.
Soukahras 17 L c.
Sook Ahrba 17 M c.
Souk-ech-Chiokh 40 B c.
Souk et Kmis 17 M c.
Souk el Tleta 17 M c.
Soukha Gora 29 E c.
Soukhinitchi 54 K c.
Soukhoï Nos 57 I b.
Soukhona 57 J h.
Soukhoum-Kaleh 58 D c.
Soukhovol 54 E d.
Soula 54 J f.
Soula (Mts) 49 L g.
Soulac 15 F c.
Soulatman Dagh 40 G c.
Souleima 14 K d.
Soulak 58 G c.
Soule 15 E i.
Soule-Ho 44 F c.
Souleimanieh 40 B b.
Soulima 48 E h.
Soulle 15 E c.
Soulo 15 E c.
Soulom 15 F j.
Soultanabad 40 Cc. F b.
Soultan Bakwa 41 B b.
Soultan Dagh 59 D c.
Soultan Hissar 59 B c.
Soultanieh 40 C b.
Soultanskoie 58 E b.
Soultz 14 N d.
Soultz 27 G g.
Soumba-Mbembo 19 P p.
Soumianina 18 J h.
Soumenor (Dt) 58 J c.
Sounson (I.) 45 X a.
Sounry 34 K e.
Sou-Nan-Fou 44 I f.
Soun-Chau 44 J e.
Soungari 44 L b.
Soung-Kiang-F. 45 E k.
Soungo 48 I b.
Soungouriou 59 C a.
Soungouriou 59 F a.
Soung-Pang-Ting 44 H P p.
Soung-Tao-Ting 44 I f.
Soungla 58 F e.
Sounot (O.) 49 L g.
Sounnar 57 N c.
Sounoio 57 O f.
Souponevo 54 J d.
Souques (Usine) 18 Guad.
Sour 59 F e.
Sour 49 S e.
Souro 55 F c.
Sourabad 40 E b.
Souraj 54 E c.
Souraj 54 I c.
Souraj 34 J d.
Souram 58 E c.
Sources (Nt aux) 50 M o.
Sourdeval 13 E c.
Soure 25 C d.
Sourgout 57 I e.
Sourkhan (Ktchi-) 40 G b.
Souris 56 I a.
Souris (R.) 56 H c.
Sourkhan 40 G b.
Sournia 13 I j.
Sourou 40 D d.
Sous (O.) 48 E c, F e.
Sousa 17 O d.
Souse 49 I b.
Sous le Vent (Its) 18 Soc.

Souson 45 M b.
Sousouriu-tchol 59 B b.
Sousse 17 O d.
Soussou 19 C d.
Soust 58 F c.
Soustons 15 E i.
Sou-Tchéou 45 C j.
Sou-Tchéou-Fou 44 G d.
Sou-Tchéou-Fou 44 I f.
Sou-Tchéou-Fou 45 E k.
Souterraine (la) 15 H f.
Southampton 30 J h.
Southampton (C.) 56 I h.
Southampton (I.) 56 I b.
South Bend 58 G f.
Southbridge 55 I k.
Southend 20 F f.
South-End 20 I. j.
South Haven 58 C j.
South Petherton 15 C b.
Southport 20 I b.
Southport 52 E b.
Southport 55 J e.
South-Shields 20 J g.
Southwell 20 J h.
Southwick 13 F h.
Soutson 45 N c.
Souvaroff (It) 51 L i.
Souverek 59 H c.
Souvia (C.) 50 G a.
Souvigné 15 F f.
Souvigny 16 I f.
Souvo Nuda 45 J j.
Souvorovskaia 58 E b.
Souzak 57 I c.
Souzdal 55 E c.
Souzei 65 H e.
Souzous D. 39 C c.
Soveja 54 G g.
Soya 45 O d.
Soyer (O.) 17 K f.
Soyons 59 E c.
Spa 21 D d.
Spaccaforno 24 E f.
Spada (C.) 50 E f.
Speichingen 27 I f.
Spakenburg 21 D b.
Spalato 28 E c.
Spalding 20 K l.
Spanheim (It) 50 G c.
Spalt 27 K e.
Spandau 27 H b.
Spangenberg 14 P a.
Spanish Fork 58 H e.
Spanish Town 60 G g.
Spannargs 32 F b.
Sparta 58 G g.
Spartanburg 58 H b.
Sparte 50 D d.
Spartel (C.) 48 F b.
Spartivento (C.) 24 E c.
Spassk 55 E d.
Spassk 55 F d.
Spassk 55 I c.
Spathi (C.) 50 D c.
Speer 32 G i.
Speicher 22 I c.
Speke (G. de) 50 N j.
Spencer 57 G b.
Spencer (B.) 59 J o.
Spencer (C.) 52 F c.
Spencer (G.) 52 F f.
Sperchios 50 C c.
Spermonde (Arch. de) 45 G f.
Sperone (C. della) 24 A c.
Spessart 14 O e.
Spetzapolo 30 D d.
Spetaia 30 D d.
Spey 20 G d.
Speyer 27 H e.
Spezia 24 B h.
Sphagia 50 E f.
Sphakia 50 E f.
Sphinari 50 E f.
Spickeroog 27 H a.
Spiez 22 E d.
Spilimbergo 24 D n.
Spinanlonga (Pen. de) 30 G f.
Spinazzola 24 F d.
Spincourt 14 L c.
Spinone 22 I f.
Spirding (L.) 26 J b.
Spire 27 I c.
Spisic Bukovica 28 E d.
Spitel 30 D a.
Spithead 20 J k.
Spiti 41 E b.
Spokane 58 B a.
Spokane Falls 58 B a.
Spokane R. 58 C a.
Spolete 24 D c.
Spoor R. 58 U a.
Sporades 50 H c.
Sprague R. 58 B b.
Spremberg 26 G c.
Spring (Mt) 58 C c.
Spring (R.) 58 F g.
Springbock Town 50 K o.
Springbock F. 50 K o.
Spring Cou 58 F h.
Springe 27 I b.
Springfield 58 I k.
Springfield 58 J k.
Springfield 58 F g.
Springfield 58 U j.
Springsure 52 I b.
Springtown 58 D c.
Spring Valley 58 F b.
Springville 58 D b.
Spröttau 26 G c.
Sproot 57 I e.
Spui 21 C c.
Spulico (C.) 24 F e.
Spurn H⁴ 20 K h.
Spy 21 C d.
Squillace (G. de) 24 F e.
Srakéo 19 J k.
Srebrenica 28 F d.
Sredno-Jansk 57 P c.
Sredue - Jegorfykskote 58 D a.
Sredno-Kolymsk 57 K c.
Srepok 19 L k.
Sretansk 57 N d.
Sre-Umbell 19 J l.
Srinagar 41 D b.
Srinagur 44 E b.
Srivillipatur 41 E g.
Srocklu 19 L l.
Ssakercet 48 H f.
Ssemen 49 I f.
Ssé-Tchéou 45 C i.
Ssaab 27 M a.
Stabbio 22 H f.
Staden FJ. 52 A c.
Staaten 52 G c.
Staaten Eyland 45 R J.
Stabina 22 I f.
Starbroeck 21 C c.
Stack 13 H b.
Stad 22 F d.
Stade 22 I a.
Staden 11 O b.
Stadt-am-Hof 27 L e.
Stadthagen 27 I b.
Stadtkyll 14 M b.
Stadlaud 32 G I.
Stadtlohn 27 G c.
Stadtoldendorf 27 J c.
Stadt-Steinach 27 L d.
Stäfa 22 G c.
Staffa (It) 20 E e.
Stalleistein 27 K d.
Stralsbourg 21 b.
Stafford 20 I i.
Stagno 26 H c.
Staig 22 I b.
Stains 15 Paris.
Stainz 28 D c.
Staked Plain 57 E d.
Stoklida 30 H f.
Staldon 22 F c.
Stallupönen 26 K a.
Stanaboul 32 I n.
Stamford 58 I f.
Stamford 58 I f.
Stammheim 22 C b.
Stamua 30 B c.
Stancesci 28 I c.
Stampa 22 I c.
Standerton 50 M o.
Standie (I.) 30 F f.
Standing Hoch 57 F u.
Ständost 28 I n.
Stansiez 28 F c.
Stanislau 28 I b.
Stanislaus R. 58 B c.
Stanley 53 H h.
Stanley (Its) 48 N. Héhr.
Stanley Falls 50 L i.
Stanley Pool 19 B l.
Stanley Its 52 G f.
Stanleyville 50 L i.
Stanovoï Khrebet 57 N d.
Stans Kopf 22 J r.
Stanthorpe 55 I c.
Stanton 56 G f.
Stanton (Ft) 57 E d.
Stanz 22 G d.
Stanzstal 22 F d.
Staraia 50 C d.
Staraïa Ouchitza 54 G f.
Staraïa Roussa 54 I b.
Stara Planina 29 F b.
Stararicka 38 I f.
Starbuck (I.) 51 M h.
Staremiasto 28 H b.
Stargard 26 G b.
Stargard 26 I b.
Stargard 27 M a.
Stariiso 54 h h.
Starkenburg 27 I c.
Starminster-Newton 15 D h.
Staszow 54 D c.
State I. 58 C c.
Staufen Point 53 H g.
Stopnica 54 D c.
Stora 24 A b.
Stord 52 G j.
Storby 52 C d.
Stordö 52 G j.
Store Börgo Fjeld 52 I h.
Storchnilinge 52 F d.
Store Magleby 52 T d.
Stor Fj. 52 C i.
Storm (I.) 43 E d.
Stormarn 27 J a.
Sternberg 50 L p.
Stornoway 20 E c.
Storsjön 52 I h.
Stor Umun 52 I h.
Stor Vindeln 52 I h.
Stoumont 21 D d.
Stour 52 F j.
Stoura 50 F c.
Stow-Market 20 L i.
Stradbroke 52 J c.
Stradalta 28 A d.
Strakonitz 28 C b.
Steckborn 22 G h.
Stedman (It) 42 H b.
Steenbergen 21 B c.
Steenvoorde 13 I l.
Steenwijk 21 D b.
Steep It 59 B e.
Stefaneaci 54 G g.
Steffisburg 22 E d.
Stege 32 E e.
Steiger Wald 27 K e.
Steïn 32 H d.
Stein 22 F b.
Stein 22 G b.
Steina 22 G b.
Steinau 26 H e.
Steinbach 22 D h.
Steinhach 27 H f.
Steinhude 27 I b.
Steinfizer Wald 28 E b.
Steislingen 22 H b.
Stekenc 21 B e.
Stella (Mt) 24 E d.
Stella (P.) 22 I e.
Stelvio 22 K b.
Stenay 14 K c.
Stendal 27 L h.
Steni 50 F d.
Stenimaka 29 G c.
Stenkjer 52 H i.
Stenness (L.) 20 H b.
Steno (Can. de) 30 F d.
Stenon 50 G d.
Stensora 30 G d.
Stensert (C.) 31 D h.
Stenosa 50 G d.
Stepanzy 54 I f.
Stepenitz 27 L h.
Stéphanie (L.) 50 N i.
Stéphanieville 19 C j.
Steppes (Gouvern. général des) 57 J d o.
Steptoe Valley 58 C c.
Sterj (L.) 54 J h.
Sterlegoff (C.) 57 K b.
Sterling 58 F f.
Sterlitamak 55 H d.
Sterliberg 54 J h.
Sternberg 28 E b.
Sternenfels 27 I e.
Sterzing 28 H e.
Stettou 32 H a.
Stettin 27 O a.
Steubenville 58 H f.
Stevenson 53 F e.
Stevens Its 58 C c.
Stevens Point 58 F f.
Stevensville 58 C f.
Stevns Klint 52 F d.
Stewart 30 B a.
Stewart (C.) 52 F b.
Stewart (D⁴ de) 42 H d.
Stewart (I.) 55 I i.
Stewart (B.) 55 J n.
Steyerberg 27 I b.
Steyr 26 D h.
Stickeln R. 56 C c.
Stickney 19 L l.
Stienu 21 D a.
Stikine R. 56 C c.
Stigliano 24 E d.
Stilfs 22 K d.
Stillida 30 D c.
Stillinge 32 D d.
Stillwater 58 E c.
Stilton 20 K l.
Stirbei 54 E h.
Stirbei 54 G h.
Stiriag-Wendel 14 X c.
Stirling 20 G e.
Stirling Rge 52 C f.
Stjernö 32 J g.
Stober 26 H c.
Stock (Ek. de) 14 M d.
Stockach 27 I g.
Stockeran 28 D h.
Stockersmarke 52 D c.
Stockholm 52 J j.
Stockhorn 22 E d.
Stockport 20 I h.
Stockstadt 14 O c.
Stockton 20 J g.
Stockton 58 B c.
Stoilovo 29 H c.
Stoke 20 I c.
Stokes (Mt) 64 C c.
Stokes It 55 H h.
Stokes Rr 52 G c.
Stokhod 54 F c.
Stokksnes 52 F b.
Stolac 28 E c.
Stollberg 27 F c.
Stollberg 27 K c.
Stolhorel (C.) 57 S d.
Stollhovvt (I.) 57 P b.
Stolln 54 G c.
Stollberg 27 M d.
Stolzenau 27 I b.
Stolp 26 H a.
Stolpe 27 N b.
Stolpmünde 26 H a.
Stolzenfels 30 K o.
Stonay 14 K c.
Stone 20 I i.
Stonehaven 20 I e.
Stonington 58 J f.
Stour Point 53 H g.
Stopnica 54 D c.
Stora 24 A b.
Stord 52 G j.
Sternberg 50 L p.

Stratford up. Avon 20 I i.
Strathalbyn 55 G g.
Strathaven 20 G f.
Strathdon 20 H d.
Strathmoore 20 H c.
Strathy Hd 20 G c.
Stratio 39 A b.
Stratos 30 B c.
Stratton 20 G k.
Stratum 21 D c.
Straubing 27 M f.
Strausberg 27 N b.
Streaky B. 52 F f.
Streator 58 F f.
Strechin 54 H d.
Strehaie 54 E h.
Strehlen 26 H c.
Strela 27 M d.
Strelitz (Alt-) 27 M a.
Strelitz (Neu-) 27 M a.
Strelno 26 H b.
Strengnäs 52 I j.
Strethaye (Mt) 28 G d.
Strezova 50 C d.
Strib 28 G b.
Strib 52 G d.
Strichen 20 I d.
Striegan 26 H c.
Strivali (It) 30 B d.
Stroma (I.) 20 H c.
Stromberg 14 N c.
Stromboli 30 F f.
Stromboli (I.) 24 E c.
Strömfjord 30 S a.
Sirönö 32 G z.
Ströms 32 I l.
Strömstad 52 H j.
Strona (Val di) 22 F f.
Strongylon 30 F e.
Strousa (I.) 20 I b.
Strool 20 L j.
Strouga 29 F b.
Stroumia 29 F b.
Stroumitsa 29 F c.
Struer 32 B c.
Stryi 28 H b.
Strykow 26 I c.
Strynö 32 D c.
Strypa 28 I h.
Strzelecki 52 G c.
Stuart 58 H g.
Stuart (I.) 56 Alaska.
Stuart (L.) 56 D d.
Stuart Rr 52 F c.
Stubbekjöbing 32 E c.
Stubbenkammer 26 F a.
Stühlingen 14 C c.
Stuhlweissenburg 28 Fc.
Stuhm 26 I b.
Stung-Chini 19 K k.
Stung Kompong Prak 19 J k.
Stung Krevanh 19 J k.
Stung Mong Kol Borey 19 J k.
Stung Sangké 19 J k.
Stung Sen 19 K k.
Stung-Treng 19 K k.
Stung-Treng 19 K k.
Stura 24 A b.
Sturminster-Newton 20 I k.
Sturt (Mt) 52 F f.
Sturt Cr. 52 E c.
Stuttgart 27 I f.
Stutthof 26 I a.
Stviga 54 G c.
Stykkisholm 52 D E h.
Stylida 30 D c.
Stymphale 30 D d.
Styr 54 F c.
Styrie 28 D c.
Styrnö 52 D c.
Sua 24 C c.
Sual 43 G h.
Suánces 25 C a.
Suapure 65 E c.
Suaia 60 M k.
Sukaruarekta 41 F d.
Sulatkantique (Plaine) 48 E c.
Subbat (Alt-) 54 F b.
Suberbieville 18 I h.
Subiaco 24 D d.
Subig 45 G c.
Sucéiso (Alpe di) 24 B h.
Sucha 28 F b.
Suchet 22 C d.
Suchil 59 L i.
Süchteln 14 N a.
Suciava 54 F g.
Sucio 60 G l.
Suck 20 C h.
Suckling (C.) 52 H a.
Suckling (Mt) 52 H a.
Suere 05 E h.
Sucurin (R.) 65 H h.
Sucy-en-Bric 15 Paris.
Suczawa 28 I c.
Sud (I. du) 18 N. Héb.
Sud (Territoires Du) 48 E c.
Sudbury 20 L i.
Sude 27 K a.
Sude (R.) 50 E f.
Süder Lügum 52 B c.
Suderö 52 H b.
Sud-Est (L.) 52 J b.
Sudètes 26 D c.
Sudliaram 41 J d.
Sud-Ouest Africain Allemand 50 J K n.
Süd Bodde 27 H b.
Sueca 25 K c.
Sudde 52.
Suez 49 N d.
Suez 49 N d.
Suffolk 58 J g.
Sugara (Val) 28 E c.
Sugarloaf Pt 52 J f.
Suhaie 28 I a.
Suhartu 28 J b.
Suheli Par (It) 41 C f.
Suhl 27 K d.
Suhopolje 28 E d.
Suhr 22 F e.
Suin 22 F e.
Suippes 14 K c.
Suir 52 H j.
Suisse 22.

Suisse de Wenden 34 F b.
Sui Tchi-Hien 19 M g.
Suize 14 K e.
Suket 41 D b.
Sukkertoppen 56 R a.
Sukkur 41 C c.
Seksjoki 35 B b.
Sulaco 60 G b.
Suleiman Dagh 41 C h.
Sulina 54 H h.
Sullia 54 G g.
Sulijelma 52 I h.
Suliva D. 59 J c.
Sullana 65 B e.
Sullivan (I.) 42 C d.
Sullivan (L.) 56 G d.
Sully-s.-Loire 13 H c.
Sulmierschütz 26 H c.
Sulphur Fork 57 G d.
Sultan (Oulad) 17 J d.
Sultan Hissar 59 B c.
Sultan Kavir (L. du) 40 C h.
Soltanpur 41 D b.
Sulpe 63 C g.
Soltepec 59 I h.
Sulu (I) 43 G d.
Sulu (Arch. de) 43 G H d.
Sulz 27 K g.
Sulzbach 14 P c.
Sulzbach 27 G e.
Sulzbach 27 L c.
Sulzburg 22 E b.
Sulzeren 22 D a.
Sumatra 43 B e.
Samburg Hd 20 J b.
Süneg 28 E c.
Suméne 15 I g.
Suméne 16 J i.
Sumer (L.) 20 F c.
Snasidouro 64 I i.
Sumiduro 64 I i.
Sumiduro (R.) 65 G g.
Sumiswald 22 E c.
Summer It 20 F c.
Summer L. 58 B b.
Snmam 41 D h.
Sunamen 59 F c.
Sumart (L.) 20 E e.
Sunbury 58 I f.
Sunchalos 64 F k.
Sund (le) 52 F c.
Sunday 50 I. p.
Sundby 52 E e.
Sundby (Norre) 32 C b.
Sundene 52 G g.
Sunderland 20 J g.
Sundewitt 52 C c.
Sundgau 14 M c.
Sundhofen 22 E a.
Sundsvall 32 J i.
Sun Flower R. 58 F h.
Songuriu 59 C a.
Sunium (C.) 50 E d.
San-Koua-Ting 44 G d.
Simo 22 G f.
Sunrise 58 E c.
Sun-Tien-Tcheou 42 G a.
Suola Selkä 35 B a.
Supe 65 B g.
Superbe 12 J d.
Supérieur (L.) 58 O c.
Superior (Lag.) 59 L i.
Superior City 58 F c.
Sora 24 A b.
Suran 16 L f.
Surat 41 D d.
Surat 52 I c.
Sure 16 K h.
Sure 21 D c.
Sure 27 F c.
Surenen Pass 22 G d.
Suresnes 15 Paris.
Surgam 41 D d.
Surgères 15 E f.
Surt 41 C d.
Surigao 43 H d.
Suriname 65 C d.
Suripa (R.) 60 J l.
Surma 41 G d.
Surmelin 14 J d.
Surnaéné 59 H a.
Surprise Valley 58 B b.
Surrey 20 K j.
Sursee 22 F e.
Suru 41 D b.
Surulin (L.) 65 G e.
Surville 15 E c.
Sury-le-Comtal 16 J g.
Sus 22 J d.
Suse 24 A b.
Suse 40 C c.
Sushitta R. 56 Alaska.
Susquehanna R. 58 I f.

Sviatoi Nos (Presq.) 37 M d.
Svintskala 54 I d.
Svichtov 29 G b.
Sviiaga 55 G c.
Svilajsk 55 G e.
Srilatnats 29 E a.
Svinioukhi 28 I a.
Svinö 52 G g.
Svinö (Bt de) 52 E d.
Svir 55 D b.
Svirina 29 E c.
Svirou 50 C c.
Svislotch 54 E d.
Svislotch 54 H d.
Swaffham 20 L i.
Swain (Rt) 52 I d.
Swakop 50 J n.
Swakopmund 50 J n.
Swale 20 I g.
Swalfar Ort 54 D b.
Swan (It) 60 C g.
Swan Hill 55 H g.
Swan L. 58 E f.
Swan R. 52 B f.
Swansea 20 G j.
Swansea 55 I h.
Swat 40 G c.
Swatow 44 J g.
Swazi Lt 50 M o.
Sweetwater R. 57.
Swei Romet 19 K l.
Swellendam 50 K p.
Swiea 28 H b.
Swift Current 56 G c.
Swilly (Lough) 20 D f.
Swindon 20 I j.
Swinemünde 26 F b.
Svinö (Bt de) 52 E d.
Sworbe (Presq.) 54 D a.
Svam 22 B d.
Sybaris 24 F e.
Sydney 52 I f.
Srèno 49 N c.
Sygyn 57 I e.
Sykin 50 E u.
Syl Fjeld 52 I i.
Sylhet 41 G d.
Sylt 26 C a.
Sylva 55 H c.
Sylva 55 I c.
Sylvester (L.) 52 F c.
Sylvia (Mt) 45 E n.
Syn 57 K e.
Symi 59 B c.
Symington 20 H f.
Syudyrghy 59 H h.
Syughyrili (C.) 38 I c.
Syouah 49 L d.
Syouah (Ot de) 49 I d.
Syra 50 F d.
Syracuse 24 E f.
Syracuse 58 I f.
Syr-Daria 57 I c.
Syrie 59 G e.
Syrie (Désert de) 49 O c.
Syrmi 48 H g.
Syrmie 28 F d.
Syrnos 59 B c.
Syr Odde 52 D b.
Syros 50 F d.
Syrovatka (Novaïa) 54 K c.
Syrte 49 K c.
Syrta (Dés. de la) 48 J K c d.
Syrte (Grande) 48 K c.
Syrte (Petite) 49 I c.
Syrting 44 F d.
Sysola 55 G b.
Sy-Tchouen 41 I b.
Svtchovka 54 J c.
Syzran 55 G d.
Szabadka 28 F c.
Szabadszállás 28 F c.
Szaboles 28 G h.
Szadek 26 I c.
Szamos 28 H c.
Szamos Ujvar 28 H c.
Szarvas 28 G c.
Szász Régen 28 I c.
Szász-Sebés 28 H d.
Szász Varos 28 H d.
Szatmar 28 I c.
Szatmár Németi 28 H c.
Szeghalom 28 G c.
Szczebrzeszyn 54 E c.
Szczekociny 26 I c.
Szczucszyn 54 D d.
Szeben-Nagy 28 H d.
Szeged 28 G c.
Szegedin 28 F c.
Szegszard 28 F c.
Szegvár 28 F c.
Szekely Udvárhely 28 H c.

SAINT

St Affrique 15 I i.
St Agnan 15 E g.
St Agnant 15 E f.
St Agnès 16 K g.
St Agrève 16 K g.
St Aignan-s.-Roer 13 E e.
St Aignant (I.) 52 I h.
St Aïgulin 54 F g.
St Alban 16 K g.
St Albans 20 K j.
St Albans 33 I c.
St Albans 55 I f.
St Albans 58 I f.
St Albans Hd 15 D b.
St Alvère 15 G h.
St Amand 15 G c.
St Amand 14 I c.
St Amand 14 J b.
St Amand (Mt) 21 B c.
St Amand-Mont-Rond 15 I f.
St Amans 15 I h.
St Amans 16 J h.
St Amans-Soult 15 I i.
St Amant-de-Boixe 15 F g.
St Amant-Roche-Savine 16 J g.
St Amant-Tallende 16 I g.
St Amarin 27 G g.
St Ambroix 16 J h.
St Amé 22 C a.
St Amour 16 L f.
St André 15 G d.
St André 14 Lille.
St André 16 Lyon.
St André 16 Marseille.
St André 18 Réun.
St André 22 B f.
St André 58 G h.
St André (C.) 18 H h.
St André (C.) 39 F d.
St Andréas 58 B c.
St André-de-Cubzac 15 F h.
St André-de-Méouilles 16 M i.
St André-de-Sangonis 16 J i.
St André-de-Valborgne 16 J h.
St Andrew 60 O i.
St Andrew's 20 H c.
St Andrew's Sd 58 H h.
St Andrieux 14 le Havre.
St Anselme 58 J c.
St Anthème 16 J g.
St Anthony 58 E c.
St Antoine 16 Marseille.
St Anton 22 J c.
St Antonin 15 H h.
St Aouen 13 Brest.
St Arnaud 17 Je.
St Arnaud 52 H g.
St Astier 15 G g.
St Auban 16 M i.
St Aubin 14 Rouen.
St Aubin 15 Paris.
St Aubin 13 D c.
St Aubin 22 C d.
St Aubin-d'Aubigné 13 E d.
St Aubin-du-Cormier 13 E d.
St Aubin-Epinay 14 Rouen.
St Aubin-Jouxte-Boulleng 14 Rouen.
St Aubin-Routot 14 le Havre.
St Augustin (B.) 18 G k.
St Augustin (I.) 51 J h.
St Augustin (Pl. de) 57 D d.
St Augustine 58 H h.
St Aulaye 15 F g.
St Austell 20 F k.
St Avold 27 G e.
St Barnabé 16 Mars.
St Barthélemy 16 Mars.
St Barthélemy 60 N g.
St Barthélemy (P. de) 15 H j.
St Basile (C.) 57 T c.
St Baslémont 22 B a.
St Béat 15 G j.
St Beauzely 16 I h.
St Benin-d'Azy 14 J f.
St Benoît 18 H.
St Benoît-du-Sault 15 H f.
St Bernard (Grand) 22 D f.
St Bernard (Petit) 22 D f.
St Bertrand 15 G j.
St Bethleem 58 I f.
St Blaise 22 D c.
St Blasien 27 H g.
St Blin 14 L d.
St Boniface 56 J c.
St Bonnet 16 L h.
St Bonnet-de-Joux 16 K f.
St Bonnet-le-Chau 16 J g.
St Bonnet-le-Désert 15 I f.
St Brais 22 D c.
St Branchier 22 D c.
St Brieuc 15 C d.
St Bris 14 J c.
St Calais 15 G c.
St Caprais 15 Bord.
St Cast 15 B i.
St Cergues 22 B f.
St Cernin 15 I j.
St Chamas 16 K i.
St Chamond 16 K g.
St Chaptes 16 J h.
St Charles 17 K c.
St Charles 58 G j.
St Charles (Dt de) 61 F o.
St Chef 16 L j.
St Chély 16 I h.
St Chély-d'Apcher 16 J h.
St Chinian 16 I i.
St Christophe 60 N g.
St Christophe-en-Bazelle 13 H c.
St Ciers-Lalande 15 F g.
St Clair 55 I f.
St Clair 58 H f.
St Clair (L.) 58 G f.
St Clar 13 G i.
St Claude 16 G g.
St Claude 16 L f.
St Claude 18 Guad.
St Cloud 15 Paris.
St Cloud 17 D d.
St Cloud 58 G c.
St Cyprien 15 G h.

St Cyprien (B¹) 48 D c.
St Cyr 15 H d.
St Cyr (Ch¹. de)16 Mars.
St Cyr-au-Mont-d'Or 16 Lyon.
St Cyrille 54 L.
St Davids P¹ 20 F j.
St Denis 13 J d.
St Denis 15 E f.
St Denis 18 Réunion.
St Denis 50 H n.
St Denis (I.) 50 H j.
St Denis (B.) 64 E n.
St Denis d'Orques 15 F d.
St Denis-du-Sig 17 D d.
St Didier 16 Lyon.
St Didier-la-Seauve 16 J g.
St Dié 44 M d.
St Diar 16 J g.
St Dizier 14 K d.
St Dominique 60 J i.
St Donat 16 K g.
St Egrève 16 L g.
St Eloi 18 G. I f.
St Elie 50 C b.
St Elie 50 D d.
St Elie (Alpes de) 56 A c.
St Elie (C.) 56 Alaska.
St Elie (M¹) 50 E c.
St Elie (M¹) 50 F c.
St Elie (M¹) 50 F d.
St Elie (M¹) 50 F e.
St Elie (M¹) 50 G a.
St Elie (M¹) 50 G c.
St Elie (M¹) 50 I c.
St Elie (M¹) 56 Alaska.
St Etienne 16 K g.
St Etienne 16 L h.
St Etienne 16 M h.
St Etienne 22 C n.
St Etienne (I.) 18 Réunion.
St Etienne-de-Baigorry 15 E i.
St Etienne-de-Lugdarès 16 J h.
St Etienne-de-Montluc 13 D c.
St Etienne-de-St-Geoirs 16 L g.
St Etienne-du-Rouvray 14 Rouen.
St Etienne-en-Dévoluy 16 L h.
St Esprit 18, Mart.
St Esprit (I.) 51 I i.
St Eustache 60 N g.
St Fargeau 14 J d.
St Félicien 16 K g.
St Férny 16 K h.
St Ferréol-d'Auroure 16 St Etienne.
St Fillans 20 G c.
St Firmin 15 L h.
St Florent 16 O j.
St Florentin 14 J d.
St Florent-le-Vieil 13 E c.
St Florent-s.-Cher 15 H f.
St Florian 28 D b.
St Flour 16 I g.
St Fons 16 Lyon.
St François (B¹) 50 J p.
St Francis (L.) 56 F g.
St Francis (L.) 58 J c.
St François 18 Guad.
St Fulgent 15 E f.
St Gabriel (B¹) 58 C d.
St Gall 22 I c.
St Gallenkirch 22 J c.
St Galmier 16 J g.
St Gatien 14 le Havre.
St Gaudens 15 G i.
St Gaultier 15 H f.
St Genest-Lerpt 16 St-Etienne.
St Genest-Malifaux 16 K g.
St Gengoux-le-National 16 K f.
St Geniez 16 I b.
St Genis 15 F g.
St Genis-Laval 16 K g.
St Genis-les-Ollières 16 Lyon.
St Genis 16 L g.
St Geoire 16 L g.
St George 52 I e.
St George 56 O c.
St George 58 G c.
St George 60 N i.
St George (B¹) 56 Q c.
St George (Can.) 20 E j.
St George (F¹) 56 E d.
St George (F¹) 41 E f.
St George (I.) 58 E i.
St George (I¹.) 52 D c.
St George I¹ 58 A b.
St Georges 16 C f.
St Georges 18, G. F.
St Georges (B¹) 18 T.N.
St Georges (C.) 18 T.N.
St Georges (G. de) 64 E n.
St Georges (I.) 57 U d.
St Georges-du-Vièvre 15 G c.
St Géorges-en-Couzan 16 J g.
St Georges-s.-Loire 15 E c.
St Germain 13 H d.
St Germain 15 H h.
St Germain 16 I h.
St Germain 22 C b.
St Germain (H¹ de) 13 E c.
St Germain-de-Joux 22 A c.
St Germain-des-Fossés 16 J f.
St Germain-du-Bois 16 K f.
St Germain-du-Plain 16 K f.
St Germain-du-Teil 16 I h.
St Germain-en-Laye 15 Paris.
St Germain-en-Montagne 22 B d.

St Germain-Laval 16 J g.
St Germain-Lembron 16 I g.
St Germain-les-Belles 15 H g.
St Germain-l'Herm 16 J g.
St Germain-Source-Seine 14 K c.
St Gervais 15 I f.
St Gervais 16 I i.
St Gervais-les-Bains 16 M g.
St Gery 15 H h.
St Ghislain 21 B d.
St Gous Lalande 15 F g.
St Gildas (P¹ᵉ de) 13 D c.
St Gildas-des-Bois 13 D c.
St Gilles 16 K i.
St Gilles 18 H.
St Gilles 21 B c.
St Gilles 21 C d.
St Gilles-s.-Vie 13 D f.
St Girons 15 G j.
St Goar 37 H d.
St Gobain 14 J c.
St Gothard 22 G d.
St Govan's H¹ 20 F j.
St Gratien 13 Paris.
St Haon-le-Châtel 16 J f.
St Héand 16 K g.
St Helena 58 H h.
St Helena (M¹) 58 G a.
St Helena (I¹ᵉ) 63 D c.
St Helens 20 H h.
St Hellier 15 F o.
St Hilaire 15 F c.
St Hilaire 15 H l.
St Hilaire 58 I o.
St Hilaire-au-Temple 14 K c.
St Hilaire-de-Loulay 15 E o.
St Hilaire-des-Loges 15 E f.
St Hilaire-du-Harcouet 15 E d.
St Hippolyte 14 M c.
St Hippolyte-du-Fort 16 L g.
St Hubert 21 D d.
St Hyacinthe 56 O e.
St Iguace 58 G c.
St Ignace (I.) 58 G c.
St Ignat 16 I g.
St Inier 22 D c.
St Inier (Val) 22 D c.
St Ingbert 14 M c.
St Irénée (F¹) 16 Lyon.
St Ives 20 F k.
St Ives 20 K i.
St Jacques (C.) 10 L l.
St Jacques-s.-Darnétal 14 Rouen.
St James 15 E d.
St James 15 Bordeaux.
St James 15 I b.
St James (I.) 56 L a.
St Jean 18. C. f.
St Jean 19 D. E.
St Jean 50 F c.
St Jean 50 H c.
St Jean 58 I c.
St Jean (B.) 48 D f.
St Jean (B.) 56 H d.
St Jean (C.) 19 O q.
St Jean (C.) 56 B e.
St Jean (F¹) 56 E c.
St Jean (L.) 56 B e.
St Jean (R.) 56 J o.
St Jean-Baptiste (I¹) 51 N j.
St Jean-Bonnefonds 16 St Etienne.
St Jean-Brévelay 15 C c.
St Jean-d'Acre 39 F e.
St Jean-d'Angely 15 F g.
St Jean-d'Aulph 22 C c.
St Jean-de-Bournay 16 K g.
St Jean-de-Daye 15 E d.
St Jean-de-Losne 14 K c.
St Jean-de-Luz 15 E i.
St Jean-de-Maurienne 16 L g.
St Jean-de-Medan 20 D c.
St Jean-de-Monts 13 D l.
St Jean-du-Désert 16 Marseille.
St Jean-du-Gard 16 J h.
St Jean-en-Royans 16 K g.
St Jean-Pied-de-Port 15 E i.
St Jean-Soleymieux 16 J g.
St Jeoire 16 M f.
St Jérôme 16 Marseille.
St John (I¹ᵉ) 50 M p.
St John Ninpi 50 P d.
St Johnsburgh 58 J i.
St John's R. 58 H h.
St Joseph (I.) 11 J g.
St Joseph 15 Réunion.
St Joseph 57 G c.
St Joseph (B.) 57 I e.
St Joseph (I.) 58 G c.
St Joseph (L.) 50 K d.
St Joseph (I.) 58 K d.
St Josse-ten-Noode 21 B c.
St Julien 16 L f.
St Julien 16 Marseille.
St Julien (P¹ᵉ) 49 B d.
St Julien-Chapteuil 16 J g.
St Julien-d'Empare 15 H h.
St Julien-de-Vouvantes 15 E c.
St Julien-du-Sault 14 J d.
St Julien-en-Borne 15 E h.
St Julien-en-Jarret 16 St Etienne.
St Julien-l'Ars 15 G i.
St Junien 15 G g.
St Just 16 Marseille.
St Just-en-Chaussée 13 I c.
St Just-en-Chevalet 16 J g.

St Just-Malinost 16 St Et.
St Just-s.-Loire 16 St Et.
St Kilda (I.) 20 C d.
St Laurent 15 E g.
St Laurent 16 L g.
St Laurent 18, G. F.
St Laurent 56 O c.
St Laurent 58 I f.
St Laurent 65 G c.
St Laurent (B¹) 37 U c.
St Laurent (I.) 37 U c.
St Laurent-de-Cerdans 15 I j.
St Laurent-de-Chamousset 16 K g.
St Laurent-de-la-Salanque 16 I j.
St Laurent-du-Pont 16 L g.
St Laurent-s.-Gorre 15 G g.
St Laurent-s.-Sèvre 13 E f.
St Lawrence 55 I d.
St Léger 21 D c.
St Léger-du-Bourg-Denis 14 Rouen.
St Léger-sous-Beuvray 14 J f.
St Léger-s.-Dheune 14 K f.
St Léonard 15 H g.
St Léonards 13 G h.
St Leu 13 H c.
St Leu 18 Réunion.
St Lewis s.¹ 56 H d.
St Lizier 15 G i.
St Lô 13 E c.
St Louis 16 Marseille.
St Louis 18 Guad.
St Louis 18 B c.
St Louis 19 A a.
St Louis 19 Réunion.
St Louis 18 O f.
St Louis 58 F c.
St Louis 58 F g.
St Louis 58 F l.
St Louis (I¹ᵉ) 16 K i.
St Loup 16 Marseille.
St Loup (I¹.) 16 J i.
St Loup-s.-Semouse 14 M e.
St Loup-s.-Thouet 15 F f.
St Lucie Islet 58 H i.
St Lys 15 G i.
St Macaire 15 F h.
St Machiron 15 E d.
St Magnus D. 20 J a.
St Maixent 15 F f.
St Malo 15 D d.
St Malo de la Laude 13 E c.
St Mamert 16 J i.
St Mamot 15 H h.
St Mandé 15 Paris.
St Marc 13 Brest.
St Marcel 16 Marseille.
St Marcellin 16 K g.
St Marcouf (B¹) 15 E c.
St Margaux 20 Il c.
St Margon 22 F a.
St Martin 24 D c.
St Marks 56 B d.
St Mars-la-Jaille 13 E c.
St Martin 15 D c.
St Martin 15 E f.
St Martin 60 N f.
St Martin (I¹.) 18 Mart.
St Martin-d'Auxigny 15 I e.
St Martin-de-Boscherville 14 Rouen.
St Martin-de-Landres 16 J i.
St Martin-de-Seignaux 15 E i.
St Martin-de-Valamas 16 K h.
St Martin-du-Manoir 14 le Havre.
St Martin-du-Vivier 14 Rouen.
St Martin-en-Bresse 14 K f.
St Martin-en-Coailleux 16 St Etienne.
St Martin-Lantosque 16 M h.
St Martin-Lars 15 G f.
St Martin-Vésubie 16 M h.
St Martory 15 G i.
St Mary (I.) 20 E l.
St Mary-Church 20 H k.
St Mary's 20 I h.
St Mary's 58 H c.
St Mary's Valley 58 C a.
St Mathieu 13 Brest.
St Mathieu 13 C g.
St Mathieu (I.) 37 U c.
St Mathieu (I.) 51 I j.
St Mathieu (I¹ᵉ de) 15 Ad.
St Maur 15 Paris.
St Maurice 15 Paris.
St Maurice 18, 10.
St Maurice 22 D c.
St Maurice 56 N a.
St Maurice-de-Beynost 16 Lyon.
St Maximin 16 L i.
St Médard-en-Jalles 13 E h.
St Méen 13 D d.
St Menet 13 Marseille.
St Michael (F¹) 56 Alaska.
St Michel 14 J c.
St Michel 16 M h.
St Michel 53 H c.
St Michel (B¹) 56 H d.
St Michel (D¹) 56 A d.
St Michel-de-Castelnau 15 F h.
St Michel-l'Herm 15 E f.
St Mihiel 14 L d.
St Moritz 22 I d.
St Nabord 37 H d.
St Nazaire 15 D c.
St Nicolas 14 L d.

St Nicolas 15 C h.
St Nicolas 21 B c.
St Nicolas 22 E c.
St Nicolas (Val de) 22 E c.
St Nicolas-d'Aliermont 15 G c.
St Nicolas-de-Redon 13 D c.
St Nicolas-du-Pelem 13 C d.
St Omer 13 H b.
St Ouen 13 D c.
St Ouen 13 H b.
St Ouen-du-Tilleul 14 Rouen.
St Palais 13 E i.
St Pardoux-la-Rivière 15 F g.
St Paterne 13 F d.
St Paul 16 M h.
St Paul 18 G. F.
St Paul 18 Réunion.
St Paul 48 E h.
St Paul 50 N a.
St Paul 56 O c.
St Paul 58 E c.
St Paul (C.) 48 C b.
St Paul (L.) 57 U d.
St Paul (I.) 62 I c.
St Paul-de-Fenouillet 15 I j.
St Paul de Loanda 50 J k.
St Pavillon 16 I g.
St Paul-Trois-Châteaux 16 K h.
St Pé 13 F i.
St Péray 16 K h.
St Pont-en-Retz 13 D c.
St Petersbourg 54 I.
St Petersburg 60 D h.
St Philibert-de-G¹-Lieu 13 E c.
St Philippe 18 Réunion.
St Philippe (B¹) 18 N. Hébr.
St Pierre 13 D c.
St Pierre 15 E c.
St Pierre 15 E g.
St Pierre 18 Mart.
St Pierre 19 Réunion.
St Pierre 50 J c.
St Pierre 59 II n.
St Pierre (L.) 56 U c.
St Pierre-d'Albigny 16 L g.
St Pierre-de-Chignin 15 G g.
St Pierre-de-Franqueville 14 Rouen.
St Pierre-de-Manneville 14 Rouen.
St Pierre-du-Val 14 le Havre.
St Pierre-Eglise 13 E c.
St Pierre-Quilbignon 13 Brest.
St Pierre-s.-Dives 15 F c.
St Pierreville 16 K h.
St Point (L. de) 14 L f.
St Pois 13 E d.
St Pol 15 I b.
St Pol-de-Léon 13 B d.
St Pons 13 I i.
St Pourçain 16 I i.
St Préjet-du-Taru 16 I I e.
St Priest 16 K g.
St Privat 15 H g.
St Privat 27 F e.
St Quay 13 C d.
St Quentin 14 I c.
St Rambert 16 J g.
St Rambert 16 L g.
St Rambert-d'Albon 16 K h.
St Rambert-l'Ile-Barbe 16 Lyon.
St Raphaël 20 M i.
St Rémy 15 G d.
St Rémy 16 K i.
St Rémy 16 K l.
St Rémy 22 D f.
St Renan-Bourcmont 14 K d.
St Rémy-lès-Chevreuse 15 Paris.
St Roman 13 B d.
St Roch 22 C i.
St Romain 16 Lyon.
St Romain-de-Colbosc 15 G c.
St Romein-lès-Atheux 16 St Etienne.
St Romède-l'arm 16 I h.
St Saëns 15 G c.
St Sautge 14 I c.
St Sauveur 15 D f.
St Sauveur 15 G i.
St Sauveur 16 Lyon.
St Sauveur 22 D f.
St Sauveur 22 G i.
St Sauveur 16 N h.
St Sauveur-Lendelin 15 E d.
St Sauveur-le-Vicomte 13 E c.
St Savin 13 G f.
St Savin 15 F f.
St Saviacon 15 F e.
St Savournin 16 L i.
St Sébastien 13 D o.
St Sébastien (C.) 18 J f.
St Sébastien (B¹) 50 K p.
St Seine-l'Abbaye 14 K c.
St Senin 15 I c.
St Servan 13 D d.
St Sever 13 E d.
St Sever 15 F i.
St Simon 14 I c.
St Simon (I.) 56 H h.
St Souplet 14 J h.
St Sulpice 15 H i.

St Sulpice 22 C d.
St Sulpice-les-Champs 15 H g.
St Sulpice-les-Feuilles 15 H f.
St Symphorien 15 F h.
St Symphorien-de-Lay 16 J g.
St Symphorien-d'Ozon 16 K g.
St Symphorien-s.-Coise 16 K g.
St Thaddée (B¹ de) 57 M h.
St Thaddée (C.) 57 T c.
St Thégonnec 15 B d.
St Théodule (Col de) 22 E f.
St Thomas 56 M f.
St Thomas 60 M f.
St Thomas 58 C c.
St Thomas 58 H f.
St Trivier-de-Courtes 16 K f.
St Trivier-s.-Moignans 16 K f.
St Tround 21 C d.
St Tropez 16 M t.
St Usuge-Beaurepaire 16 K f.
St Vaast 15 E c.
St Valentin (M.) 64 C n.
St Valery-en-Caux 15 Gc.
St Valery-s.-Somme 13 H h.
St Vallier 16 K g.
St Vallier 16 M f.
St Vareut 15 F f.
St Vaury 15 H f.
St Voit 28 C c.
St Vitan 16 M h.
St Victor-s.-Loire 16 St Étienne.
St Vigor-d'Ymonville 14 le Havre.
St Vincent 16 M h.
St Vincent 18 C d.
St Vincent 22 E f.
St Vincent 60 O i.
St Vincent (C.) 25 B h.
St Vincent (C.) 50 P n.
St Vincent (Deut de) 18 C c.
St Vincent (G.) 52 G f.
St Vincent (L.) 58 G i.
St Vincent (Passe) 18 C d.
St Vincent-Cramesnil 14 le Havre.
St Vincent-de-Tyrosse 15 E i.
St Vincent-des-Landes 15 E c.
St Vit 22 A c.
St Vith 27 F d.
St Vivien 15 E g.
St Vladimir (B¹ de) 45 L c.
St Vrain 14 I c.
St Yrieix 15 G g.
St Yvon 14 Lille.

SAINTE

Ste Adresse 14 le Havre.
Ste Agathe 56 J c.
Ste Anne 16 Marseille.
Ste Anne 18. Guad.
Ste Anne 18, Mart.
Ste Anne 53 H d.
Ste Anne 56 O F c.
Ste Anne (B¹) 48 D c.
Ste Anne 56 O F c.
Ste Anne (F¹) 56 F h.
Ste Augustine 56 Q d.
Ste Aulaye 15 F g.
Ste Barbe (I.) 45 B c.
Ste Barbe (P¹ᵉ) 13 Brest.
Ste Baume (Ch¹ de la) 16 L i.
Ste Catherine 58 H f.
Ste Catherine 58 H h.
Ste Catherine (C.) 19 O r.
Ste Catherine (P¹ᵉ) 90 J k.
Ste Christine 13 Brest.
Ste Consorce 16 Lyon.
Ste Croix 14 M d.
Ste Croix 15 G i.
Ste Croix 22 C d.
Ste Croix 60 M g.
Ste Croix (B¹) 57 T c.
Ste Croix (I.) 51 I i.
Ste Croix (L.) 56 F b.
Ste Croix-en-Plaine 22 E b.
Ste Enimie 16 J h.
Ste Estèphe 15 E g.
Ste Eulalie 15 Bord.
Ste Famille 19 T o.
Ste Florine 16 I g.
Ste Foy 15 G i.
Ste Foy 16 Lyon.
Ste Foy 22 D f.
Ste Foy (F¹ de) 16 Lyon.
Ste Foy-la-Grande 15 F h.
Ste Geneviève 15 I h.
Ste Hélène 15 E h.
Ste Hélène (B. de) 30 K p.
Ste Hélène (L.) 46 G g.
Ste Hélène (P¹ᵉ) 55 I h.
Ste Hélène-les-Millières 22 C f.
Ste Hermine 15 E f.
Ste Livrade 15 G h.
Ste Louis 15 Bordeaux.
Ste Luce 18 I l.
Ste Luce 18, Mart.
Ste Luce 50 P n.
Ste Lucie 60 O i.
Ste Lucie (L.) 50 N o.
Ste Marguerite 16 Mars.
Ste Marguerite (Ause) 18, Guad.
Ste Marguerite (I.) 16 M i.
Ste Maria 22 G d.
Ste Marie 15 F j.
Ste Marie 16 K l.

Ste Marie 18 Guad.
Ste Marie 18, Mart.
Ste Marie 56 L c.
Ste Marie (B¹) 50 J l.
Ste Marie (C.) 18 H l.
Ste Marie (C.) 18 (T. N.)
Ste Marie (C.) 50 J l.
Ste Marie (C.) 50 H h.
Ste Marie (C.) 56 H e.
Ste Marie (L.) 18 J h.
Ste Marie (L.) 58 F g.
Ste Marie-aux-Mines 27 G f.
Ste Marie-en-Chanois 22 C h.
Ste Marthe 16 Marseille.
Ste Maure 15 G n.
Ste Maure 30 B c.
Ste Menehould 14 K c.
Ste Mère-Église 15 E c.
Ste Olga (B¹ de) 45 L e.
Ste Pexenne 15 F f.
Ste Radegonde 15 F g.
Ste Rose 18 Guad.
Ste Rose 19 Réunion.
Ste Rose (Piton de) 8 Guad.
Ste Savine 14 I d.
Ste Sévère 15 H f.
Ste Suzanne 15 F d.
Ste Suzanne 19 Réunion.
Ste Thérèse (L.) 56 E b.
Ste Ursanne 22 D c.
Ste Victoire (M¹ de) 16 L i.

SAN

S. Ambrosio 64 B j.
S. Andreas Tuxtla 59 L h.
San Antioco (I. di) 24 A c.
S. Antóni-Abad 25 L e.
S. Antonio 25 M c.
S. Antonio 50 J k.
S. Antonio 57 F e.
S. Antonio 59 G d.
S. Antonio 59 D f.
S. Antonio 60 B h.
S. Antonio 60 B b.
S. Antonio 60 I l.
S. Antonio 63 E c.
S. Antonio 63 E f.
S. Antonio 63 E h.
S. Antonio 63 F g.
S. Antonio 64 J i.
S. Antonio (B.) 57 G e.
S. Antonio (B. de) 64 E m.
S. Antonio (C. de) 64 G l.
S. Antonio (P¹ᵉ) 58 C a.
S. Antonio (R.) 59 G f.
S. Antonio (S¹ de) 64 E m.
S. Augustin 64 E k.
S. Bartolomé (B. de) 59 H d.
S. Bartolommeo 24 E d.
S. Benedetto del Tronto 24 D c.
S. Benedicto (I.) 59 D h.
S. Benigno 16 N g.
S. Benito 50 I i.
S. Benito 58 B c.
S. Benito 59 M j.
S. Benito 60 H k.
S. Bernardino 59 E b.
S. Bernardino (D¹ de) 45 H c.
S. Bernardino (D¹ de) 45 G c.
S. Bernardino (M¹ᵉ) 58 C d.
S. Bernardino (P.) 22 H d.
S. Bernardo 64 B k.
S. Bernardo (I¹ de) 65 C c.
S. Bernardo (P¹ᵉ) 60 C k.
S. Blas 59 G g.
S. Blas (C.) 58 G i.
S. Blas (Isthme de) 65 B c.
S. Dias (P¹ᵉ et G. de) 60 F k.
S. Bonifacio 24 C b.
S. Borja 59 B c.
S. Bras (C.) 50 J l.
S. Bruno 58 B c.
S. Buenaventura 59 F c.
S. Buenaventura 59 H d.
S. Carlos 59 G c.
S. Carlos 59 K i.
S. Carlos 60 C j.
S. Carlos 60 H k.
S. Carlos 60 K k.
S. Carlos 60 L f.
S. Carlos 64 D l.
S. Carlos 64 H f.
S. Carlos (H¹) 59 E e.
S. Carlos (F¹) 64 F l.
S. Carlos de la Rapita 25 L d.
S. Casciano 24 C c.
S. Cataldo 24 D f.
S. Claudio 25 E a.
S. Clemente 25 I e.
S. Clemente (L.) 58 B d.
S. Clemente (V.) 64 C n.
S. Cosme 64 G j.
S. Cristobal 59 M i.
S. Cristobal 58 C d.
S. Cristobal 64 F k.
S. Cristobal (B¹ de) 59 B d.
S. Cristobal (I.) 51 H i.
S. Cristobal (S¹ de) 25 F h.
S. Dalmazzo 16 M h.
S. Damiano 16 M h.
S. Damiano 16 N h.
S. Daniele 24 D a.
S. Diego 58 C d.
S. Diego 60 M k.
S. Diego (C.) 64 G o.

S. Dimas 59 F e.
S. Elpidio a Marc 24 D c.
S. Esteban 60 C h.
S. Esteban (I.) 59 C c.
S. Eugenio (C.) 59 D d.
S. Eugenio del Cuareim 64 G k.
S. Fedele 22 H f.
S. Felipe 59 J c.
S. Felipe 59 D f.
S. Felipe 60 K p.
S. Felipe 64 E i.
S. Felipe (I¹ᵉ) 58 C d.
S. Felipe (B¹) 59 H h.
S. Felipe (C¹ᵉ) 59 K i.
S. Felipe (C¹ᵉ de) 25 I d.
S. Felix de Guixols 25 N c.
S. Felin de Llobr 25 M c.
S. Felix 64 B j.
S. Fermin 57 C d.
S. Fernando 25 E h.
S. Fernando 45 G b.
S. Fernando 60 L i.
S. Fernando 60 O j.
S. Fernando 64 D k.
S. Fernando 64 F k.
S. Fernando (Pass.) 58 B d.
S. Fernando (R.) 59 J c.
S. Fernando-de-Atabapo 63 D d.
S. Fernando de Nuevitas 60 F c.
S. Fernando de Pressa 59 J c.
S. Francisco 58 A c.
S. Francisco 58 C c.
S. Francisco 65 H c.
S. Francisco 65 I h.
S. Francisco 64 E k.
S. Francisco 64 F i.
S. Francisco (C.) 63 B d.
S. Francisco (R.) 63 J f.
S. Francisco (R.) 65 K g.
S. Francisco (R.) 64 G i.
S. Francisco (R.) 64 I j.
S. Francisco (V¹) 57 D c.
S. Francisco de Borja 64 G j.
S. Francisco de Paula (C.) 64 E n.
S. Francisco-Mezquital 59 G f.
S. Fratello 24 E c.
S. Frucinoso 64 G k.
S. Gabriel 59 G h.
S. Gabriel 63 E c.
S. Gabriel 64 G k.
S. German 60 L f.
S. Germano 16 N g.
S. Gervasio 24 E d.
S. Giacomo (P.) 22 G c.
S. Ginignana 24 C c.
S. Giorgio 16 N g.
S. Giorgio 16 O g.
S. Giovanni 24 C h.
S. Giovanni 24 E d.
S. Giovanni Bianco 22 I f.
S. Giovanni in Fiore 24 F c.
S. Gorgonio (M¹) 58 C J.
S. Gorgonio (Pass.) 58 C d.
S. Gregorio 64 G k.
S. Ignacio 59 F c.
S. Ignacio 63 F h.
S. Ignacio (I.) 59 E c.
S. Ignacio (Lag.) 59 C l.
S. Ignacio (R.) 58 D d.
S. Jacinto (M¹) 58 C d.
S. Januario 50 I l.
S. Javier 64 F k.
S. Joaquin (R.) 58 B c.
S. Jorje (G.) 64 E m.
S. Jorje (G. de) 25 L d.
S. Jorje (R.) 63 C c.
S. José 58 B c.
S. José 59 D f.
S. José 60 C k.
S. José 60 I l.
S. José 63 P h.
S. José 63 H f.
S. José 64 F k.
S. José 64 G k.
S. José (I.) 60 F k.
S. José (Pén. de) 64 E m.
S. José (R.) 57 D c.
S. José de Buenavista 45 G c.
S. José de Guatemala 59 N k.
S. José de P¹ᵉ Alegre 65 J h.
S. José do Norte 64 D k.
S. Josef (I.) 59 G e.
S. José Pelayo 59 G d.
S. Juan 58 A n.
S. Juan 59 H g.
S. Juan 60 L f.
S. Juan 64 D k.
S. Juan (C.) 64 E o.
S. Juan (M¹) 57 E c.
S. Juan (P¹ᵉ) 65 C h.
S. Juan (R.) 57 D c.
S. Juan (R.) 59 J e.
S. Juan (R.) 65 C d.
S. Juan (S¹ del) 60 A h.
S. Juan Bautista 59 M i.
S. Juan de Allende 59 I c.
S. Juan de Guadelupe 59 G e.
S. Juan de los Abadesos 25 M b.
S. Juan del Rio 59 G e.
S. Juan del Rio 59 I g.
S. Juan del Sur 60 B j.
S. Juan de Nicaragua 60 D j.
S. Juanito (I.) 59 F g.
S. Julian (B. de) 64 D n.
S. Julian (P¹ᵉ) 64 E u.
S. Just (S¹ de) 25 K d.

S. Lazaro (C.) 59 C e.
S. Leandro 58 B c.
S. Leopoldo 64 B j.
S. Lorenzo 64 G b.
S. Lorenzo 16 G j.
S. Lorenzo 59 H e.
S. Lorenzo 64 F k.
S. Lorenzo 64 G j.
S. Lorenzo (C.) 65 C p. h.
S. Lorenzo (L.) 65 C p.
S. Lorenzo (P. de) 25 H h.
S. Lucas 59 D f.
S. Lucas 65 E h.
S. Luis 58 B c.
S. Luis 59 C e.
S. Luis 59 G f.
S. Luis 59 J i.
S. Luis 64 E i.
S. Luis 64 E k.
S. Luis (L.) 58 C d.
S. Luis (S¹) 64 E k.
S. Luis de Caceres 65 C h.
S. Luis de la Paz 59 I g.
S. Luis Obispo 58 B c.
S. Luis Potosi 59 I f.
S. Luis Rey 58 C d.
S. Luiz Gonzáles (B¹) 59 B c.
S. Lussurgiu 24 B d.
S. Mamede (S¹ de) 25 B c.
S. Marco 24 E a.
S. Marco (C. di) 24 A e.
S. Marco (P. di) 22 I e.
S. Marco in Lamis 24 E d.
S. Marcos 59 M j.
S. Marcos 60 C k.
S. Marcos 64 D k.
S. Marcos (B¹ de) 59 L i.
S. Marcos (B¹ de) 65 I e.
S. Marcos (I.) 59 C d.
S. Marcos (R.) 65 I h.
S. Martin 25 G d.
S. Martin 65 C d.
S. Martin 64 F k.
S. Martin 64 G j.
S. Martino 22 I c.
S. Martino di Lota 16 P j.
S. Mateo 25 K d.
S. Mateo (M¹) 57 E c.
S. Matias (G. de) 64 E m.
S. Michaela 50 J m.
S. Miguel 59 I g.
S. Miguel 39 O k.
S. Miguel 60 B c.
S. Miguel 60 F k.
S. Miguel 64 C j.
S. Miguel (C.) 59 C c.
S. Miguel (I.) 58 B d.
S. Miguel (R.) 58 D c.
S. Miguel (R.) 65 F h.
S. Miguel Allende 59 I g.
S. Miguel de Camiling 45 G h.
S. Miguel Mezquital 5 G c.
S. Miguelito 60 C j.
S. Miniato 24 C c.
S. Nazaro 16 O g.
S. Nicandro 24 E d.
S. Nicolao 16 P j.
S. Nicolas 64 F k.
S. Nicolas (I.) 58 B d.
S. Nikolo (C.) 50 G d.
S. Pablo 58 B c.
S. Pablo 59 F e.
S. Pablo 60 H l.
S. Pablo (C.) 59 B d.
S. Pablo Meoqui 59 F c.
S. Panucia (C.) 24 E f.
S. Pedro 48 F i.
S. Pedro 59 G c.
S. Pedro 64 D i.
S. Pedro 64 E i.
S. Pedro 64 F k.
S. Pedro 64 H i.
S. Pedro (P¹ᵉ) 59 O h.
S. Pedro (R.) 58 B d.
S. Pedro (R. de) 59 G f.
S. Pedro (R.) 59 N i.
S. Pedro (S¹ de) 25 E e.
S. Pedro Aconchi 59 D c.
S. Pedro Sula 60 A h.
S. Pedro y S. Pablo (V.) 64 D i.
S. Peiro (I. di) 24 A e.
S. Pier d'Arena 24 B b.
S. Pietro 24 D a.
S. Pietro (I. di) 24 A e.
S. Pietro (M.) 16 O j.
S. Quintin 59 A b.
S. Rafael 57 A c.
S. Rafael 57 C d.
S. Rafael 60 I j.
S. Rafael 64 D k.
S. Rafael (C.) 60 K f.
S. Rafael (R.) 57 D c.
S. Rafael (S¹) 58 B d.
S. Ramon (B.) 58 C d.
S. Remo 24 A c.
S. Roman (C.) 60 J i.
S. Roque 25 F h.
S. Roque (C. de) 65 K f.
S. Salvador 59 O k.
S. Salvador 60 H c.
S. Salvador 65 J g.
S. Salvador (Petit) 60 G c.
S. Salvatore 16 O h.
S. Salvatore 22 H f.
S. Sebastian 25 I c.
S. Sebastian 60 L k.
S. Sebastiano 16 O h.
S. Severo 24 E d.
S. Simon (Barra de) 59 M j.
S. Stefano 24 D e.
S. Stephano 29 I e.
S. Telmo 59 A b.
S. Vicente 25 B d.
S. Vicente 60 A i.
S. Vicente 60 K i.
S. Vicente de la Barquera 25 G a.
S. Vito 24 D b.
S. Vito (C.) 24 D e.
S. Vito (C.) 24 F d.

S. Vito del Normanni 24 F d.
S. Xavier 65 F h.

SANCT

St Andrä 28 D c.
St Andrea (I) 28 D c.
St Andreasberg 27 K c.
St Georgen 14 N d.
St Georgen 22 E h.
St Georgen 28 E c.
St Goarshausen 14 N b.
St Hermagor 28 C c.
St Johann 28 G c.
St Jörgenshierg 32 E d.
St Michael 27 N g.
St Peter 14 N d.
St Peters Thal 22 H d.
St Pölten 28 D b.
St Veit 28 C c.
St Wendel 27 G c.
St Wolfgang 28 C c.

SANT'

S. Agata 24 E d.
S. Agata 24 E c.
S. Andrea (I.) 24 E d.
S. Angelo de' Lombardi 24 E d.
S. Antioco (I. di) 24 B c.
S. Elie (C. di) 24 B c.
S. Elpidio a Mare 24 D c.
S. Eufemia (I.) 24 E c.

SANTA

Sta Ana 59 O j.
Sta Ana 63 E g.
Sta Ana 60 I k.
Sta Ana (M¹¹ de) 58 C d.
Sta Ana (R.) 58 B d.
Sta Anna de Camisão 63 J g.
Sta Anna de Livramento 64 G k.
Sta Anna de Paranahyba 65 H h.
Sta Barbara 58 B d.
Sta Barbara 59 F d.
Sta Barbara 59 J f.
Sta Barbara 60 A h.
Sta Barbara 60 J k.
Sta Barbara 60 K f.
Sta Barbara 64 D i.
Sta Barbara (Can¹ de) 58 B d.
Sta Barbara (I.) 58 B d.
Sta Barbara (S¹⁴ de) 64 G i.
Sta Catalina 60 H c.
Sta Catalina (I.) 58 B d.
Sta Catarina (I.) 59 C c.
Sta Catharina 64 H j.
Sta Catharina (I. de) 64 H j.
Sta Christina 58 Marq.
Sta Clara 58 D a.
Sta Clara 60 E d.
Sta Clara 65 J h.
Sta Clara (I.) 58 B d.
Sta Clara (S¹⁴ de) 58 C d.
Sta Croce (C.) 24 E f.
Sta Croce (M¹¹) 24 D d.
Sta Cruz 48 C c.
Sta Cruz 48 D c.
Sta Cruz (I.) 51 I i.
Sta Cruz 58 B b.
Sta Cruz 59 O h.
Sta Cruz 60 F c.
Sta Cruz 60 M c.
Sta Cruz 64 D n.
Sta Cruz 64 H j.
Sta Cruz 64 H i.
Sta Cruz (I.) 58 B d.
Sta Cruz (I.) 59 E c.
Sta Cruz (R.) 64 D o.
Sta Cruz (R.) 58 D d.
Sta Cruz (I.) 64 D c.
Sta Cruz (S¹⁴ de la) 58 B c.
Sta Cruz de la Sierra 65 E h.
Sta Cruz de Rosales 59 F c.
Sta Dona di Piave 24 D l.
Sta Elena (C.) 60 B j.
Sta Elena (P¹⁰ de) 64 E m.
Sta Elena (P¹⁰) 55 D c.
Sta Eulalia 59 N l.
Sta Fé 57 E c.
Sta Fé 64 F k.
Sta Fé (R.) 58 H i.
Sta Gertrudis 59 C c.
Sta Ines (I.) 64 C o.
Sta Inez 58 B d.
Sta Inez (P¹) 59 C d.
Sta Isabel 19 O p.
Sta Isabel 59 I j.
Sta Isabel 64 I i.
Sta Isabel (P.) 59 I i.
Sta Leopoldina 65 H b.
Sta Lucia 24 E c.
Sta Lucia 48 B f.
Sta Lucia 58 B d.
Sta Lucia 60 L j.
Sta Lucia (L.) 50 K n.
Sta Lucia (S¹⁴ de) 57 D c.
Sta Lucia-di-Tallano 16 O k.
Sta Luzia 58 E f.
Sta Lucia 64 I i.
Sta Magdalena (B¹⁴ de) 59 C c.
Sta Margarita (L.) 59 C c.
Sta Margherita 24 B b.
Sta Maria 22 H c.
Sta Maria 24 K d.
Sta Maria 18 B b.

Sta Maria 50 M k.
Sta Maria 58 C c.
Sta Maria 59 F h.
Sta Maria 60 N l.
Sta Maria 63 H f.
Sta Maria 63 J g.
Sta Maria 64 G j.
Sta Maria (C.) 50 J l.
Sta Maria (C. de) 25 C h.
Sta Maria (I.) 18 (N. Héb).
Sta Maria (I.) 64 C l.
Sta Maria (I. di) 16 P k.
Sta Maria (Lag. de) 59 F h.
Sta Maria (P.) 60 K k.
Sta Maria (R.) 59 F e.
Sta Maria Capua Vetere 24 D d.
Sta Maria del Rio 59 I g.
Sta Maria di Leuca (C.) 24 G c.
Sta Maria la Real 25 F G c.
Sta Maria Maggiore 22 G c.
Sta Maria-Siche 16 O k.
Sta Marta 60 H j.
Sta Martha Grande (Pontos de) 64 H j.
Sta Panacia (C.) 24 E f.
Sta Pola (C. de) 25 K f.
Sta Rita de Paranahyba 63 H h.
Sta Rosa 57 A c.
Sta Rosa 60 A h.
Sta Rosa 63 C c.
Sta Rosa 63 D g.
Sta Rosa 64 D k.
Sta Rosa 64 G k.
Sta Rosa (B. de) 63 H d.
Sta Rosa (I.) 58 B d.
Sta Rosa (M¹¹) 58 B h.
Sta Rosa de Otas 63 C c.
Sta Rosalia 59 F d.
Sta Victoria 64 E i.

SANTO

Sto Amaro 65 J g.
Sto Domingo 57 D d.
Sto Domingo 59 C c.
Sto Domingo 60 D k.
Sto Domingo 60 E d.
Sto Domingo 60 J f.
Sto Domingo (Peñas de) 15 E j.
Sto Domingo dé la Calzada 25 H b.
Sto Pietro di Tenda 16 O j.
Sto Tomas 45 G h.
Sto Tomas 59 A h.
Sto Tomas 59 O j.

SÃO

S. Amaro 65 J g.
S. Amaro 64 I i.
S. Antão 48 B f.
S. Antão (I.) 48 I i.
S. Borja 64 G j.
S. Christovão 65 K g.
S. Domingos 25 D g.
S. Eduardo 64 J i.
S. Fidelis 64 J i.
S. Francisco 64 H j.
S. Geraldo 64 I i.
S. João 63 H j.
S. João (I.) 65 I c.
S. João da Barra 64 J i.
S. João da Foz 25 B c.
S. João del Rei 64 I i.
S. Jorje 48 B b.
S. José do Norte 64 H k.
S. Lourenço (R.) 65 C h.
S. Luiz 65 I c.
S. Martinho 58 B c.
S. Matheus 65 J h.
S. Miguel 48 B b.
S. Miguel 50 J m.
S. Nicolão 48 B f.
S. Paulo 64 I i.
S. Paulo de Olivença 65 D e.
S. Pedro 64 H k.
S. Romão 65 I h.
S. Salvador 50 J k.
S. Sebastião (L.) 64 J i.
S. Simão 64 J i.
S. Thome 50 H i.
S. Thome (C. de) 64 J i.
S. Vicente 48 B f.

SINT

St Annaland 21 B c.
St Anna Parochie 21 D a.
St Jacobi Parochie 21 D a.

SZENT

Sz. Anna 28 C c.
Sz. Marton 28 F b.
Sz. Mihaly 28 F c.
Sz. Miklos 28 F h.
Sz. Miklos 28 G c.
Sz. Tamás 28 F d.

T

Taal 45 G c.
Taaraby 32 F d.
Taars 52 C h.
Taasinge 52 D c.
Tabah 49 D f.
Tabago 60 O j.
Tabarinskole 57 I d.
Tabarka 17 N c.

Tabasco 59 M h.
Tabatinga 65 D c.
Tabatinga (S¹⁴ de) 65 I g.
Tabbas 40 E c.
Tabelkosa 17 E j.
Tabeng 19 K k.
Tabi (Dj.) 49 N g.
Tabien 42 G h.
Tabiet el Gharb 49 B. E.
Tabira 19 Dah.
Tablas (C¹⁴ las) 60 B i.
Tablas (I. de) 45 G c.
Taldas (las) 60 E l.
Tablat 17 C c.
Tablat 22 I c.
Table (B. de la) 50 K g.
Table (C. de la) 19 K l.
Table (I.) 41 H f.
Table (la) 19 I g.
Table (P¹⁰ de la) 18 S. Réun.
Table Noire 57 D d.
Tabor 28 D b.
Tabor (M¹) 39 F c.
Tabora 50 N j.
Tabou 48 F i.
Tabriz 40 B h.
Tacaniua (R.) 59 H j.
Tacambaro 59 I h.
Tacana (V. de) 59 M j.
Tacarigua 60 L j.
Tachang 42 G c.
Tachaouz 40 E a.
Tachau 28 C h.
Tach D. 59 D h.
Tach Davan 44 E d.
Taché (L.) 56 I k.
Tachi-Boup Tso 44 D c.
Tachigoug 44 C c.
Tachi Gonpa 44 F c.
Ta-Chu-Hi 45 C m.
Tachin 42 C d.
Tachkent 57 I c.
Tach-Kitchik (C.) 58 A h.
Tach-Koa 19 J g.
Tach Kœpri 59 I a.
Tachkourgan 40 H h.
Tachkourgan 40 H b.
Tachlidja 29 D j.
Tachlowitz 28 C h.
Tacla (L.) 56 D c.
Tacloban 45 H c.
Tacna 65 D h.
Tacoma 58 B a.
Tacora (P.) 65 D h.
Tacunga (la) 63 B c.
Tacupeto 59 E d.
Tadeinat (Plat. de) 48 d.
Tademit 17 G c.
Tadent 48 I c.
Tadinou 18 E c.
Tadjakant (Oulad) 48 E d.
Tadjemout 17 G f.
Tadjemout 48 F c.
Tadjerouna 17 F f.
Tadjourah 49 P g.
Tadjrich 40 C h.
Tadinor 59 G d.
Tado 19 (Dah).
Tadoc-Pong 19 J h.
Tadoum 44 D f.
Tadoussac 56 G h.
Tænarion (C.) 50 D c.
Tafalla 25 J c.

Taime 49 L g.
Taïmoura 57 L c.
Taïmyr 57 L b.
Tain 16 K g.
Tain 20 G d.
Tainbro 27 E a.
Tai-Ngan-Fou 45 C h.
Taïping 42 C f.
Tai-Ping-Fou 44 H g.
Taï-Pin-San 44 L g.
Tai-Pouk 45 D c.
Taïra 45 O h.
Taïserho 49 K d.
Taï-Tchéou 44 J d.
Taï-Tchéou 45 D j.
Taï-Tchéou 22 I c.
Taï-Tchéou-Fou 45 E l.
Taï-Tsiï (.) 45 H f.
Taï-Tjieug 45 G j.
Taï-Tsang-Tchéou 45 E k.
Taï-Tsd Ho 45 F f.
Taï-Wan-Fou 44 K g.
Taïwara 41 D h.
Taï-Yuan-Fou 44 I d.
Taïz 49 P g.
Tajujon 25 K d.
Tajuña (R.) 25 H d.
Takamats 45 K f.
Takamats 45 M h.
Takaoka 45 M h.
Takara Sima 45 I l.
Takasaki 45 N h.
Takata 45 M n.
Takayama 45 M h.
Takaué 49 O g.
Tak-Dong 45 B c.
Takké 19 K i.
Takeo 45 L i.
Takeo-Sima 45 J k.
Takhatmat (O.) 48 G c.
Takhot 41 D b.
Takhtalou 59 D c.
Takhtaly P. 59 D c.
Takhtapoul 40 F b.
Takht-i-Soulaïman 40 C c.
Takhyno (L. de) 29 F c.
Tu-Kiang 19 M h.
Ta-Kiang 44 H f.
Ta-Kin-Tchaoucu 44 G c.
Taklakar 44 C c.
Takla-Makan 44 D d.
Takmak 59 C h.
Takomyiskoïn 57 J d.
Ta-Koou 45 N g.
Ta-Koou 45 B c.
Takou 44 K d.
Ta-Kouang-Hien 42 D a.
Ta-Kou-Fou 45 F g.
Takoum 48 I h.
Takwara 41 C b.
Tal 41 C c.
Tala 64 F k.
Talaat-Mousa 59 G d.
Talagaï Ternovskaïa 58 G h.
Talagang 41 D b.
Talaguapa (Ch¹⁴ de) 64 D m.
Talahassee 58 G h.
Talahin (el) 48 G c.
Talak (O.) 48 I f.
Talamone 24 C c.
Talaug 45 C f.
Talaoei (I¹) 45 H c.
Talaudière (la) 16 K g.
Talavera de la Reina 25 F d.
Talbert (Sillou de) 13 C d.
Talbot 55 H g.
Talbot (I.) 52 G a.
Talca 64 D i.
Talcahuano 64 C i.
Talcuo 65 B d.
Talciher 41 F d.
Taldora 55 C a.
Talence 15 F h.
Talgarth 20 H i.
Talha 49 B. E.
Taliaboo 45 H d.
Ta-Li-Fou 44 E f.
Talikhan 40 G b.
Talimau 59 I g.
Talkeu 49 B E.
Talki (Col) 44 C c.
Talladega 58 G h.
Tallahassee 58 G h.
Tallalatchee R. 58 F h.
Tallard 16 L h.
Tallow 20 C i.
Tällya 28 G h.
Talmont 15 E f.
Taloumba 65 L f.
Talsen 54 I i.
Taltal 64 D j.
Talung 19 K f.
Taly 58 G d.
Talych (M¹) 40 C b.
Tamagaming (L.) 58 H c.
Tamalameque 60 H k.
Tamalous 17 K c.
Tamatn 59 I d.
Tamau 59 H i.
Tambacounda 19 C d.
Tambelan (I¹) 45 E c.
Tunabo 52 H d.

Tambo (P.) 22 H c.
Tambo de Mora 65 C g.
Tamboura 49 M h.
Tambov 55 E d.
Tambro 25 C a.
Tamdjourt (Tizi-n-) 48 F c.
Tamdrup 52 C d.
Tamega 25 D c.
Tamegrout 48 F c.
Tamentit 48 G d.
Tamer 20 G k.
Tamerza 17 L c.
Tamesi (R.) 59 J f.
Tamgue (M¹ du) 19 C c.
Tamiahua (Lag. de) 59 K g.
Tamich 49 (B. E.).
Tamina 22 I d.
Ta-Ming-Fou 48 B h.
Tamios 22 I d.
Tamise 20 L j.
Tamise 21 B c.
Tamises (S¹⁴ de los) 59 G c.
Tamitaro 59 H h.
Tamkala 48 H g.
Tamluk 41 G d.
Tammerfors 55 B b.
Tammon 42 B h.
Ta Mo Chan 44 K d.
Tamouri 18 G. F.
Tamp 40 E d.
Tampa 58 H i.
Tampa 60 D a.
Tampaniata 18 H i.
Tampang 45 F f.
Tampat-Toean 45 B c.
Tampico 59 J f.
Tampoketsa (Plateau du) 18 J h.
Tamrou 41 G c.
Tan Soui 45 E u.
Tamsweg 28 C c.
Tamworth 52 I f.
Tam-Yang 45 H i.
Tan 42 E d.
Tana 35 B n.
Tana 50 O j.
Tana (L.) 49 N g.
Tana Elf 52 K h.
Tana Fj. 52 L g.
Tanahballa (I.) 45 C f.
Tanah Djampeah (I.) 45 G g.
Tanahmassa (I.) 45 C f.
Tana Kéké (I.) 45 G g.
Tanala 18 I j.
Tan-An 19 L l.
Tanana 56 Alaska.
Tanana Hills 56 Alaska.
Tananarive 18 I i.
Tanandava 18 G j.
Tanargue 16 J h.
Tanaro 24 A b.
Tancanhuitz 59 J g.
Tancarville 15 G c.
Tan-Choui 48 E n.
Tancitaro 59 H h.
Tanda 41 F c.
Tandil 64 F l.
Tandjong-Pandan 45 E f.
Tandora (L.) 50 N m.
Tandou (L.) 52 G f.

Taoui 57 Q d.
Taoufala 17 F f.
Taonisk 57 Q d.
Taou-Koum 44 B c.
Taourirt 48 G d.
Taourogen 34 E c.
Tapachula 59 M j.
Tapadibi 38 E d.
Tapado (R.) 59 H d.
Tapah 42 C f.
Tapajoz (R.) 63 F o.
Tapalpa (S¹⁴ de) 59 H g.
Tapanoeli 45 C e.
Tajaun (R.) 63 E f.
Ta-Pei-Chan 44 I c.
Tapeng 44 G g.
Tapiau 26 J a.
Tapirapes (R.) 63 H g.
Tapoli 28 G b.
Taps 54 F a.
Tapti 41 D d.
Ta Pun 41 H c.
Taquery (R.) 63 G h.
Tara 57 J d.
Tara 41 C d.
Taraba 48 I h.
Taraba 49 O e.
Taraba (O.) 49 P e.
Tarsez 28 H b.
Tarachtcha 34 J f.
Tarahumara (la) 59 E c.
Taraika 37 Q c.
Tarakan Bougrovskaïa 58 G h.
Tarakeswar 41 G d.
Tarakly 39 D a.
Taranaki 55 M j.
Tarancon 25 H d.
Taranga (I.) 55 M j.
Taransay (I.) 20 D d.
Taranto 24 E d.
Tarapaca 65 D h.
Tarapaca 64 D i.
Tarapeto 65 C f.
Tarare 16 K g.
Tarascon 15 H j.
Tarascon 16 K i.
Tarasp 22 J d.
Tarata 65 D h.
Taratare (Sabanas de) 60 J j.
Tarauaca (R.) 65 D f.
Taravao 18, Soc.
Taravo 16 O k.
Tarazona 25 I c.
Tarbagatai 44 G b.
Tarbagatai 44 D h.
Tarbela 41 D b.
Tarbes 15 F i.
Tarbett Ness 20 G d.
Tarboro 58 I g.
Tarcento 24 D a.
Tareza 28 G b.
Tardenois 14 J c.
Tardes 15 H f.
Tardets 15 E i.
Tardienta 25 K c.
Tardine 16 K g.
Tardoire 15 G g.
Tarentaise 16 M g.
Tarentaise 16 S¹ Etienne.
Tarento 24 E d.
Tarf (Guéras et-) 17 K d.
Tarf (Dj.) 17 E f.
Turfaia 48 D d.

Tasiusak 56 T. P.
Tasman (B¹ de) 55 M k.
Tasman (P¹⁰) 53 H h.
Tasman (Presq. de) 52 I h.
Tasmanie 52 H h.
Tasou 42 C a.
Tasoudj 40 B b.
Tasselot (M¹) 14 K a.
Tassgong 41 G c.
Tassin 15 K g.
Taste (P¹⁰ à la) 18, Guad.
Tata 28 E c.
Tatar Bazardjik 29 F b.
Tatar Bounary 54 H h.
Tatarusi 28 J c.
Ta-Tcheng 45 C g.
Ta-Tcheng Ho 45 F g.
Tatchi 40 G c.
Ta-Tching 45 C m.
Tate (C.) 64 C o.
Tate Yama 45 M h.
Ta-Ti 42 C a.
Tati 50 Mn.
Ta-Ting-Fou 44 H f.
Tatio (C¹⁰ de) 64 D i.
Tai Lac 19 L k.
Tainam (C.) 56 K c.
Ta-Toung 44 G d.
Ta-Toung 45 C k.
Ta-Toung-Fou 44 J c.
Tatra 28 F b.
Tatrau (O.) 48 E d.
Tatsa 44 G h.
Ta-Tsien-Lou 44 G e.
Tatta 41 C d.
Tattershall 20 K h.
Tauber 27 J c.
Tauberbischofsheim 27 J c.
Tauder 14 P c.
Tauern (Hohe-) 28 C c.
Tauern (Niedere-) 28 C c.
Taufers 22 K d.
Taufstein 27 J d.
Tavi-Tani 45 G d.
Taulé 15 B d.
Taungdwing 41 H d.
Taung Gup 41 H c.
Taung Ngu 41 H c.
Tauntou 20 H j.
Taunton 58 J f.
Taunus 27 H d.
Taupo (L.) 55 M j.
Tauranga 55 M j.
Tauride 54 J h.
Taurion 15 H g.
Taurus 39 D c.
Taurus Arménien 39 I b.
Taurus Cilicien 59 c.
Taus 28 C h.
Täuste 25 J c.
Taute 15 E c.
Tautira 18 Soc.
Tauves 15 I g.
Tavanasa 22 H d.
Ta-Vang 44 E f.
Tavastehus 53 B h.
Tavaux 14 L c.
Tavelanly 59 C b.
Tavda 57 I d.
Tavel 14 M f.
Taverne 22 H c.

Tchamalhari 41 G c.
Tchambézi 50 M l.
Tchamdoun Draya 44 G e.
Tchamouteng 41 I c.
Tchanak Kalessi 59 B a.
Tchanadil (F.) 48 H h.
Tchandara 59 H b.
Tchanderlik 59 B h.
Tchang-Cha-Fou 44 J f.
Tchang-Kiang 45 C l.
Tchang Kou 44 G c.
Tchang-Lang 44 H d.
Tchang-Lo-Tsé 44 E f.
Tchang Li 45 G g.
Tchangeri 59 K a.
Tchangouari (M¹⁴) 50 O l.
Tchang-Té 44 J f.
Tchang-Tchéou-Fou 45 C n.
Tchao-Tchéou-Fou 45 D k.
Tchang-Tchoun 41 I c.
Tchang-Té-Fou 44 I f.
Tchang-Ting Fou 45 H g.
Tchang-Tsia-Kéou 44 J c.
Tchan-Ning-Haï 44 G c.
Tchaouy (J.) 57 I d.
Tchao Hou 45 C k.
Tchao Ko 44 E d.
Tchao-King-Fou 44 J g.
Tchao-Tsien-Lou 44 G c.
Tchata 44 G d.
Tchatchak 29 E h.
Tchatyr Dagh 54 K h.
Tchebokssary 55 F c.
Tchéboume Sou 50 F a.
Tchébtekh (M¹) 58 I b.
Tchebyr-Khan 40 F b.
Tchedoube (I.) 42 K f.
Tche-Fou-Hien 44 K d.
Tchehfang 42 C b.
Tcheibasa (Couvent) 41 G d.
Tche-Kiang 44 K f.
Tchekaryeb 59 C a.
Tchelabey 38 C a.
Tchelekan (I.) 55 H g.
Tchelga 49 N g.
Tchaliobinsk 55 I c.
Tcheligtz (C.) 59 H h.
Tchellouskine (C.) 57 M b.
Tchember 55 F i.
Tchemech-Godzak 59 d.
Tchencoulpo 55 H g.
Tcheng-Hong-Tchéou 42 D a.
Tcheng-Fou 42 E a.
Tchen-Kiang-Fou 45 D j.
Tchen-Ngan-Fou 44 H g.
Tchen-Yuan-Fou 44 I f.
Tcheou-Yuen 42 C h.
Tchépepe 50 M l.
Tchepoue 19 L g.
Tcheptsa 50 D c.
Tcheidyo 55 H h.
Tcherek 58 E c.
Tcherenchan 55 G d.
Tcherepovets 54 L j.
Tcherikov 54 I f.
Tcherkasy 54 I f.
Tchermok 50 H h.
Tchern 54 L d.
Tchernetchina 54 K f.
Tcherniaieff 40 G a.
Tcherniakhovo 54 I c.
Tcherniakov 54 H c.
Tchernigov 54 I e.
Tchernogovka 54 K g.
Tchernoïsuse 54 K n.
Tchernobyl 54 H e.
Tcherra Pundji 42 A n.
Tchertchen 44 D d.
Tchertchen Daria 41 D d.
Tchertcher (L.) 18 Som.
Tcheriyn Ton 44 G d.
Tchervlennaïa 58 F c.
Tchesmeh 59 D l.
Tchesskato (B¹) 55 F a.
Tchétang 44 F f.
Tchetchen (I.) 58 G c.
Tchetchersk 54 I d.
Tchetyre Bougra (I¹) 58 G b.
Tchiamdo 50 N j.
Tchiang-Siong 45 I f.
Tchiang-Tjion 45 H l.
Tchidoulk Sou 59 B n.
Tchidyrty 57 J d.
Tchiang-Kiang 44 G f.
Tchiang-Sioung 45 I h.
Tchieng-Tjiou 45 H l.
Tchi-Fou-Hien 45 E h.
Tchi-Foung 44 J c.
Tchifout-Kassaba 59 C b.

Tchigirin 54 J f.
Tchihilboundj 40 F b.
Tchihoumbo 50 K k.
Tchikapa 50 K l.
Tchikichliar 57 H f.
Tchikoto 50 K l.
Tchikouakonia 50 N m.
Tchikoungm 50 l. k.
Tchikout Tso 44 E c.
Tchikichagirskoie (L.) 57 P d.
Tchilik 58 D c.
Tchili Tagh 44 C c.
Tchil-Kok 45 I i.
Tchiloango 19 P f.
Tchimbai 57 H e.
Tchimlamé 50 K j.
Tchimichlia 54 H g.
Tchimkent 57 I e.
Tchimpézé 19 Q f.
Tchina Tchat 39 B c.
Tchinaz 57 I e.
Tchinden Gomba 44 F f.
Tching-Chan (C.) 45 F h.
Tching-Hai 45 E l.
Tching-Kiang-Fou 41 H g.
Tchingou (M°) 48 B b.
Tching-Te-Fou 45 C f.
Tching-Ting-Fou 45 B g.
Tching-Tou-Fou 45 H c.
Tchin-Hai 44 K c.
Tchininma 50 K k.
Tchin-Kiang-Fou 44 K c.
Tchin Nam Po 45 G g.
Tchin-Sau (I.) 45 F h.
Tchin-Tchéou-Fou 44 I f.
Tchin-Tchéou-Fou 44 I c.
Tchin-Tchéou-Fou 45 D j.
Tchin-Youen-Ting 44 G g.
Tchiolundo 44 F c.
Tchiouagoutou 50 N l.
Tchionala 50 M l.
Tchioumbo 50 K k.
Tchioung-Tjiou 45 H h.
Tchioun-Tchieng-To 45 H b.
Tchiouta (L.) 50 N l.
Tchir 55 E F c.
Tchira 44 C d.
Tchirokichi 40 F b.
Tchirimba 50 L k.
Tchirinkotan (I.) 45 U b.
Tchirmen 29 G c.
Tchiromo 50 N m.
Tchiroung 44 D f.
Tchirpan 29 G h.
Tchirroup (M°) 45 H d.
Tchistopol 55 G c.
Tchita 57 N d.
Tchitala 50 M l.
Tchitambo 50 M l.
Tchitane (M°) 50 M l.
Tchitchagoff (I.) 56 B c.
Tchitchagoff (P et I de) 18 Marq.
Tchitchekbaha 59 C e.
Tchi-Tcheng 45 B l.
Tchi-Tchéou-Fou 45 Ck.
Tchitchi 58 H d.
Tchitchikiela 54 I g.
Tchitosi 50 N l.
Tchitindiré 50 N m.
Tchi-Toung 45 D c.
Tchitral 40 G b.
Tchivrli 50 C b.
Tchkara 58 E c.
Tchohé (L.) 50 L m.
Tchofa 50 L k.
Tchoke (M°) 49 O g.
Tchol-Tagh 44 E c.
Tchoma 50 M k.
Tchóma 57 M c.
Tchoma-Dzoug 44 E f.
Tchoug-Tien 42 C a.
Tchon-Koum-Koul 44 E d.
Tclmpo 50 I. i.
Tchoru 49 N h.
Tchorkoum 44 B d.
Tchorlou 29 H c.
Tchorlou-Déré 29 H c.
Tchornyi lar 55 F c.

Te-Anau (L.) 55 L l.
Teano 24 D d.
Teapa 59 M l.
Teavaro 18 Soc.
Teavarua 18 Soc.
Teawamutu 55 M j.
Tebaga (Dj.) 17 M f.
Tebah 45 D g.
Tebalbalet 48 H d.
Tebbes 40 D c.
Tebessa 47 L d.
Tebing-Tinggi 45 D f.
Tebouk 49 N O d.
Tebourba 17 N c.
Teboursouk 17 N c.
Tecali 59 J h.
Tech 16 I j.
Techo (L.) 56 B b.
Tecklenburg 27 H b.
Tecolutla (Barra de) 59 K g.
Tecoma 57 C h.
Tecpan de Galeana 59 I i.
Tecuciu 54 G h.
Teda 49 K f.
Tedalaka 48 I f.
Tedjerri 49 J c.
Tedles (C.) 17 H c.
Teelin Ila 20 D g.
Tees 20 I g.
Tees Bay 20 J g.
Teesta 41 E c.
Tefenni 59 C c.
Teffe 63 E c.
Tegal 45 E g.
Tégée 50 D d.
Tegerfelden 22 F b.
Tegernsee 27 L g.
Teghab 44 B c.
Teghasert (O.) 48 C c.
Teghime (Col de) 16 C j.
Teghir (O.) 17 H i.
Tegucigalpa 60 B h.
Tehachapi 58 B e.
Tehamah 49 O c.
Téhéran 40 C h.
Tehougour 28 J h.
Teluri 44 E d.
Tehuacan 59 K h.
Tehuantepec 59 I. i.
Tehuelches 64 D n.
Teid er Hal 17 C c.
Teiß 20 G i.
Teigu 20 G k.
Teigumouth 20 H k.
Teil 27 H f.
Teil (le) 16 K h.
Teilleul (le) 13 E d.
Teillon 16 M i.
Teim (O. et-) 59 F c.
Telma 49 O d.
Teinbé 50 J l.
Tejeda (S°) 25 C h.
Tejo 25 D f.
Tejos (M. de los) 25 D h.
Tejuco (R.) 65 H h.
Tekax 59 O g.
Teke (L.) 57 J d.
Teke Déré 29 H c.
Tekertiba 49 J d.
Tekès 44 C c.
Takir Dagh 29 H c.
Tekua 48 E d.
Tek-Ouen 45 H g.
Tekrit 40 B c.
Tekro 49 K f.
Teksia (P.) 19 L t.
Tekinté (M de) 19 C b.
Tektek (Dj.) 59 H c.
Tel Abou Toumefs 56 G c.
Tel Afar 39 J c.
Telagh 17 D c.
Telandos 50 H c.
Telbanet 17 F c.
Telchi 54 D b.
Tel Djeirah 59 G c.
Telegraph Creek 53 C c.
Telega 54 F h.
Telek 59 H b.
Teleno (el) 25 D E b.
Teleorman 54 F h.
Telescope P 58 H c.
Teletskoie (L.) 57 K d.
Telghir Morin 44 G b.
Telgte 27 H c.
Teli 50 M f.

Tempelburg 26 H b.
Tempêtes (I° des) 55 I h.
Tempio 24 B d.
Tempisque 60 B i.
Temple (B° du) 52 H b.
Temple (le) 14 Lille.
Templemars 14 Lille.
Templemore 20 C i.
Templin 27 N a.
Temrink 55 b.
Temuco 54 D l.
Té Myn (Col) 45 D f.
Tenacatita (B°) 59 G h.
Tenancingo 59 J h.
Tenararo (I°) 54 O j.
Tenares (Prom.) 50 D c.
Tenay 16 L g.
Tenazi 56 A a.
Tenda 16 N b.
Tende 24 A b.
Tende (Col de) 24 A b.
Tender (I.) 54 I g.
Tendim 19 B o.
Tendon 22 C a.
Toudouf 48 E d.
Tendro (M°) 22 B b.
Tenedos 59 J b.
Tenerife 48 D d.
Tenès 17 F c.
Ténétou 19 F d.
Teng 44 E d.
Té-Ngan-Fou 44 J c.
Tenguroeng 45 F f.
Tengrela 19 F d.
Tengri Nor 44 E c.
Teng-Tchéou-Fou 45 F f.
Teng-Yue-Ting 44 G f.
Teniet el Haad 17 F d.
Tenniber (I.) 45 I g.
Tenira 17 D d.
Tenis 49 (B. E.).
Tenkasi 41 E g.
Tenno 24 B c.
Tenant's Cr. S 52 F c.
Tennessee 58 F g.
Tenningoring 54 I o.
Tennyson (C.) 56 I. F.
Tenom 45 B c.
Touriou Gava 45 H l.
Tensift (O.) 48 E c.
Tenterden 20 I j.
Teuterfield 52 I n.
Ten Thousand Is. 60 E c.
Tentudia 25 E c.
Teocintla 59 J i.
Teotitlan 59 K h.
Topatitlan 59 H g.
Tepecen 59 J h.
Tepeji 59 J b.
Tepelini 59 A a.
Tepequa 59 H f.
Tepic 59 H g.
Tepich 59 O g.
Tepler Geb. 27 M d.
Teplik 54 H d.
Teplitz 28 C a.
Teplofe 54 M d.
Tepoppo (C.) 58 D b.
Tepozcolula 59 K i.
Tequamenon B. 58 G a.
Tequila 59 G g.
Ter 25 N c.
Toradomari 45 N b.
Teramo 24 D c.
Terbon (Dj.) 49 O P f.
Ter Bañolas 25 N b.
Terbou 48 J d.
Terbourt 54 M d.
Terceiro 45 B b.
Terceiro (B.) 64 F k.
Terdoppio 16 O g.
Terek 58 C c.
Terek (Col) 57 J c.
Terek Daban 44 E c.
Terekty (Col) 44 E b.
Terekty Daban 44 B c.
Teramba 18 C c.
Terespol 54 F d.
Téressa (I.) 42 B c.
Tergico 28 C c.
Terguier 14 I c.
Teriberski (C.) 57 F c.
Terin 40 Q f.
Terlizzi 24 F d.
Termeh 59 G a.
Termeh Tchai 59 G a.
Termessus 59 D c.
Termez 49 C c.
Ter-Voes 55 I b.
Terlow 47 M d.
Telmin 42 C c.
Ternacin 47 J f.
Ternate 18 B h.
Temamsam 25 H i.
Ternan 17 D j.
Temessoua 49 J c.
Ternasinin 17 J f.
Ternasint 48 I c.
Tarui 20 C c.
Ternin 14 I c.
Ternoise 15 H b.
Ternovka 58 F b.
Ternovskaia 58 C b.
Terny 54 J c.
Terracina 24 D d.
Terragalonga 55 I f.
Terranof 59 O i.
Terranova 54 B f.
Terranova 24 D f.
Terrasson 15 G g.
Terre Bianche (B.) 56 G e.
Terre-Bonne (B.) 58 F i.
Terre de Bas 18 Guad.
Terre de Feu 64 F n.
Terre de Haut 18 Guad.
Terre d'en bas 18 Guad.
Terre d'en haut 18 Guad.
Terre Haute 58 G g.
Terre Neuve 55 G c.
Terre Neuve (C° Banc de) 56 J e.
Terre-Noire 16 K g.

Torres Chaudes 15 F g.
Terres Froides 15 G g.
Terreur (B° de la) 55 V a.
Terrible (M°) 22 D c.
Territet 22 D c.
Terror (B° du) 56 I a.
Tersakau-Sou 59 F a.
Terschelling 21 C a.
Tarskaf Ala-Tau 57 J c.
Tarslev 52 E d.
Torterakain 58 G d.
Teruel 25 J d.
Teruteau (I.) 42 C c.
Tervueren 21 C d.
Terwarn 44 C d.
Tes 44 F n.
Tes 49 P g.
Tesauj 28 E d.
Teschen 28 F b.
Tescou 15 H i.
Tesiho 45 O d.
Tesinskofe 57 I d.
Teslin (L.) 56 B C b.
Teso Santo 25 E c.
Tessala (Dj.) 17 C d.
Tessaoua 48 I g.
Tessin 22 G d.
Tessin 26 F a.
Tessy-s.-Vire 13 E d.
Test 13 E a.
Testa (C. della) 24 B d.
Testa del Gargano 24 E d.
Teste (la) 15 E h.
Testigos (I. los) 60 N j.
Testour 17 N c.
Tét 16 I j.
Teicha 55 I c.
Tété 50 N m.
Tête à l'Anglais 18 Guad.
Tête Jaune 56 E d.
Tetela 59 J h.
Tête Noire (la) 22 D c.
Teterev 54 H c.
Teicrow 27 M a.
Têtes Plates (L. des) 58 C a.
Teteven 29 F h.
Tetica 25 I g.
Totiiev 54 H f.
Tetiouchi 55 G d.
Teton (G°) 57 B h.
Teton R. 57 D a.
Teton R° 57 H b.
Tetouan 48 F b.
Tetschen 28 C a.
Tettnang 27 J g.
Teuco (R.) 64 F j.
Teufelsberg 54 G b.
Teufen 22 I c.
Teulado (C.) 24 B e.
Teutoburger Wald 27 H b.
Tevere 24 C d.
Teverone 24 D c.
Tewacwoe (B°) 55 I. l.
Tewantiu 55 J e.
Tewkesbury 20 I i.
Texas 57 F d.
Texcoco 59 J h.
Texel 21 C a.
Texel Stroom 21 C b.
Teyde (P. de) 48 D d.
Tezpur 41 H c.
Tghaza 48 F c.
Timba 48 I g.
Thaba 50 J o.
Thadua 42 C c.
Thagaya 42 B c.
Thai-Nguyen 19 K g.
Thai Van 19 K f.
Tha Khek 19 K j.
Thal 22 I c.
Thal 41 C c.
Thala 17 M d.
Thalgau 28 C c.
Thalheim 22 H a.
Thalkot 40 H b.
Thalwyl 22 G c.
Thameloc (C.) 50 E d.
Thames 20 L j.
Thames 55 M j.
Thames 56 M f.
Thames (Firth of) 55 M j.
Thaun 41 D c.
Thaneswar 41 D c.
Thanh-Hoa 19 K i.
Thaun 27 G g.
Thann 27 M f.
Thaon 14 M d.
Thaoua 48 H g.
Thap Muoi 19 K l.
Thar (Dés. de) 41 C c.
Tharad 41 C d.
Tharawadi 41 H e.
Thargomindah 52 H e.
Tharsis 25 D g.
Thartar (O.) 59 J d.
Thasopoulo 29 H c.
Thasos 29 G c.
That-Khé 19 K f.
Tha-Tun 41 H e.
Thau (Ét. de) 16 J i.
Thau-Bin 19 M j.
Thanungdut 41 H d.
Thaya 28 D b.
Thayet-Myo 41 H e.
Thaygen 14 O c.
Thayngen 22 G b.
Thébaïde 49 M d.
Thèbes 50 D c.
Thèbes 49 N d.
Theboulos-Mtha 38 F c.
Thedinghausen 27 I b.
Thoil (le) 15 G d.
Thoil (le) 14 le Havre.
Thelnni 41 I d.
Theis 28 F c.
Thelov 58 F d.
Thelgir Morin 44 G b.
Themin 50 H d.
Thénezay 15 F f.
Thengeu 22 G b.
Thénies 16 M i.
Thenon 15 G g.
Theodoros (I.) 50 E f.
Théodosie 54 K h.
Théols 15 H f.
Theophilo Ottoni 65 J h.
Théophilpol 28 J b.
Thépoug 19 J l.

Théra 50 G c.
Thérain 15 H b.
Therasia 50 F c.
Therosienstadt 28 C a.
Therexina 63 I f.
Thermi 50 H c.
Thermin 50 F j.
Thermopyles 29 F c.
Thoumum 30 E c.
Thérouanne 15 H b.
Thoray 22 A c.
Thorwyl 22 E b.
Thessalie 50 C c.
Thetford 20 L i.
Thèze 15 F i.
Thinis 15 Paris.
Thinki 50 B c.
Thiun-Chan 57 J c.
Thiarsa 52 E b.
Thiaucourt 14 L d.
Thilaw 41 I d.
Thiberville 13 G c.
Thibet 44 c.
Thieblemont 14 K d.
Thiéle 22 C d.
Thielson (M°) 58 B b.
Thielt 21 A d.
Thione 24 C b.
Thiengen 27 I d.
Thiérache 14 J b.
Thier Berg 22 G d.
Thiergarten 22 L b.
Thiers 16 J g.
Thiès 19 A b.
Thiholm 52 B c.
Thiland 52 H c et B b.
Thillet (le) 15 H h.
Thillstil Fj. 52 F a.
Thimerais 15 G d.
Thingvalla 52 E b.
Thio 18 C c.
Thione 24 C b.
Thionethi 58 F c.
Thiouville 27 O e.
Thiorsa 52 E b.
Thivon 15 G d.
Thisirk 20 J g.
Thisted 52 B c.
Thistle (I.) 55 F g.
Thiviers 15 G g.
Thizy 16 J f.
Thobal 42 B h.
Thoiry 22 B a.
Thoissey 16 K f.
Tholen 21 R c.
Tholey 14 M a.
Thollembeck 21 B d.
Tholon 14 J c.
Tholy (le) 22 C a.
Thomar 25 C c.
Thomar 65 E e.
Thomas (P.) 57 D d.
Thomas R° 58 C c.
Thomastown 20 C l.
Thomasville 58 G h.
Thompson H. 59 N h.
Thomson 52 H d.
Thomson (Fosse de) 51 H l.
Thomson (M°) 52 D j.
Thon 14 J c.
Thônes 16 L g.
Thong-Hoa 19 K i.
Thonon 16 M f.
Thonze 42 B h.
Thoré 15 H i.
Thorehy 52 E c.
Thorenburg 28 H b.
Thoreus 16 L g.
Thorn 26 I b.
Thornbury 20 I j.
Thorshavn 52 G g.
Thorshöfn 52 F g.
Thors Miude 52 E b.
Thouan (Ch°) 56 Bordeaux.
Thottan-Gino 19 K i.
Thouarcé 13 F d.
Thouaret 15 F f.
Thouars 15 F i.
Thouet 15 F f.
Thoulourene 16 K h.
Thoune 22 E d.
Thoung Yang 42 B h.
Thourout 21 A c.
Thouet 15 F f.
Thraston (F°) 50 E a.
Three Hummock I. 55 H b.
Three Kings I 55 l. i.
Throu 14 M c.
Throunateeska R. 58 G h.
Thronion 50 D c.
Thuan-An 19 L k.
Thudaumot 19 L l.
Thueyts 16 J h.
Thuile (la) 22 D f.
Thuin 21 B d.
Thuir 15 I j.
Thuit-Anger (le) 14 Rouen.
Thum 22 E d.
Thunder B. 58 F g.
Thunder B. 58 G a.
Thur 14 M c.
Thur 22 G b.
Thurgovie 22 H b.
Thuringe 27 K c.
Thüringer-Wald 27 K d.
Thurles 20 C l.
Thurmberg 26 H d.
Thurso 20 H c.
Thury-Harcourt 13 F d.
Thusis 22 I d.
Thutage (L.) 56 D e.
Thuy Hoa 19 M k.
Thyfand 52 B c.
Thyra 59 B b.
Timbo 49 P p.
Tianpi 42 C h.
Tiara (M°) 57 Q a.
Tiarei 18 Soc.
Tiaret 17 E d.
Tiaro 55 J c.
Tiassalé 48 F h.
Tibagy (R.) 64 H l.
Tibati 49 J h.
Tibbou 49 J f.
Tibériade (L. de) 39 E d.
Tibesti 49 J c.
Tiboulen (I.) 16 L j.
Tibre 24 C d.
Tiburcio 59 H f.
Tiburon (C.) 60 G k.

Tiburon (C.) 60 H f.
Tiburon (I.) 25 E g.
Ticao (I. de) 45 H c.
Tichit 48 E f.
Ticino 22 G d.
Ticint 48 F d.
Ticul 59 O g.
Tiermas 25 J a.
Tién 18 E b.
Tieng-Hpieng 45 H g.
Tien-La-To 45 H i.
Tien-Yeu 19 L g.
Tiéred 18 F c.
Tiéró 19 C d.
Tidikia 48 I c.
Tidore 45 B b.
Tiefenbach 22 I c.
Tielenberg 22 I d.
Tietenkastell 22 I d.
Tiefenkosteu 22 I d.
Tiegenhof 26 I a.
Tiel 21 D c.
Tielerwaard 21 C c.
Tié-Ling 45 F c.
Tiendani 18 B b.
Tieng-Hpieng 45 H g.
Tien-La-To 45 H i.
Tien-Tchoung 45 E f.
Tien-Tsin 45 E g.
Tiéntié 25 H d.
Tierra 10 C b.
Tiétar (R.) 25 C c.
Tiété (R.) 65 H h.
Tiffauges 15 E f.
Tiflin 58 C f.
Tiflis 58 F c.
Tilliskaia 58 C b.
Tigani 59 B c.
Tigani (C.) 50 F b.
Tigaria 41 F d.
Tiger R. 57 J c.
Tighiunnaur 58 H d.
Tiglak 57 B d.
Tignes 16 M g.
Tignish 56 H e.
Tigra (L.) 18 E c.
Tigre 50 B c.
Tigre 49 O g.
Tigre (Rau. du) 50 I m.
Tigre (R.) 49 O N k.
Tigre (R.) 65 C c.
Tigre (B. del) 59 K c.
Tigre Oriental 59 J c.
Tigri (Cb.) 17 C g.
Tiguabo 60 H c.
Tih (Désert et-) 49 N d.
Tih-Tao-Tchéou 44 H d.
Tiianados (B.) 60 K k.
Tiista 41 C c.
Tisaa 58 G b.
Tisza-Eclvár 28 F c.
Tisza Füred 28 G c.
Tiszovecz 28 F b.
Tit 48 H n.
Titahar 41 H c.
Titan-La 41 G f.
Titian (I.) 16 M i.
Ti-Tao-Tchéou 44 H d.
Titicaca (Plat. du) 65 D h.
Titipana 50 B i.
Tikara 41 F d.
Titchen 48 J b.
Tichoruskaia 58 C b.
Tikhvin 54 J a.
Tikhvinka 54 J a.
Titti (L.) 14 N a.
Tittmoning 27 M f.
Titu 26 G c.
Titusville 56 H f.
Titusville 58 H f.
Tiuyrous (M°) 50 E t.
Tium 59 D a.
Tiwanaku 19 A b.
Tiverton 20 H k.
Tivoli 24 D d.
Tivourvernut 48 D f.
Tixkokob 59 O c.
Tizgui-Ida-Seinia 48 F c.
Tizinin 59 O g.
Tzi-n-Tamdgourt 48 F c.
Tizourou 17 H c.
Tizi-Ouzou 17 H c.
Tizi-n-Tretten 48 F c.
Tjan-Pieng-Yeng 45 M d.
Tjongar 31 D h.
Tjouk-San 45 H h.
Tinchebrau 15 E d.
Tindjaila 22 C c.
Tiacolula 59 K i.
Tialhualila (Lag. de) 59 G d.
Tlajomulco 59 H g.
Tlalchinjo 59 I h.
Tlascala 59 J h.
Tlaxco 59 J h.
Tlaxiaco 59 J i.
Tlemcen 17 C c.
Tlos 57 I i.
Tluntage 28 I b.
Tmassert 48 I c.
Tmessa 28 I b.
Tnin (B.) 22 D c.
Toamasina (Tananarive) 51 I k.
Toba 45 C g.
Tobarra 25 J f.
Tobol 40 H b.
Tobolsk 57 I d.
Tocantins (R.) 65 H g.
Toce 22 G d.

Tochnia 54 M a.
Tocoi 58 H i.
Toconao (V.) 64 D i.
Tocopilla 64 D i.
Tocuyo 60 K k.
Tocuyo 65 D b.
Tocuyo (R.) 60 K j.
Tod 52 F d.
Todi 22 H d.
Todj 24 D c.
Todos los Santos (B. de) 58 C d.
Todos os Santos (B.) 65 J g.
Todos Santos 59 D f.
Todtnau 27 H g.
Toehan 45 E j.
Toekelo 45 G f.
Toftiund 52 H d.
Togean (I°) 45 G f.
Toggenburg 22 H c.
Toggia 24 A c.
Togo 48 G h.
Togoux Daban 44 D d.
Tohepkaïcou (L.) 58 H i.
Toijala 55 B l.
Toiyabe M° 58 C c.
Tokahara 19 D c d.
Tokaj 58 G b.
Tokaminon 45 K g.
Tokar 49 O f.
Tokat 59 O c.
Tokatsi 45 P c.
Tokatsi Gawa 45 P a.
Tokaïsi Toko 45 P a.
Tok Daourakpa 44 D c.
Tok Djati 49 Q g.
Tok Djaloung 44 C c.
Tok-Fafan 59 P b.
Tokio 48 N i.
Toki Tao 45 D g.
Tokmak 59 G b.
Tokmak (Bolchoï) 54 K g.
Tokmok-eta (I.) 57 H c.
Toko 57 N d.
Tokoo 19 D c.
Tokousou Sima 45 I m.
Tokousima 43 L i.
Tokra 49 K c.
Toksoun 44 E c.
Toksverd 52 E d.
Toktomai 44 E c.
Tola 44 H k.
Toled (Kouch) 40 E d.
Toledo 25 G c.
Toledo 25 G c.
Toledo 58 G f.
Tolentino 24 D c.
Tolima 65 C d.
Tolima (V.) 65 C d.
Tolima 39 I g.
Tolmezzo 22 I b.
Tolmein 28 C c.
Tolmezzo 24 K c.
Tolna 59 F c.
Tolo (G. de) 45 G f.
Tolosa 25 I c.
Tolos (S° de) 25 F b.
Toista II° 20 L c.
Tolstyi-Nos 57 K h.
Tolten Khodja 44 D d.
Tolien 64 C l.
Tolu 60 H k.
Toluca 59 J h.
Tolz 27 L g.
Tolzae 15 G h.
Tom 57 K d.
Tom (L.) 50 L b.
Tomalene 45 H f.
Tomakeka 54 K g.
Tomarkim 59 F b.
Tomari 45 Q c.
Tomari (C.) 50 U b.
Tomarovka 54 K c.
Tomassow 54 C c.
Tomassow 54 E c.
Tomut 49 N g.
Tomatlan 59 G g.
Tombigby 58 F h.
Tomberkoo 45 G f.
Tomboctou 48 F G h.
Tombos 64 J i.
Tombougou 19 F o.
Tombstone 58 D d.
Tome 64 C l.
Tomelloso 25 H c.
Tom 19 F o.
Tommerup 52 C d.
Tomini 45 G g.
Tomloka 45 N h.
Tomkiaou N° 39 E c.
Tomé 18 C c.
Tomor 29 P c.
Tomoros 50 B b.
Tompo 45 Q g.
Tomsk 57 K d.
Tomskii 57 K d.
Tonala 59 l g.
Tonala 59 I i.
Tonala (R.) 59 I i.
Tonala (R.) 22 K c.
Toncé 16 N c.
Tondano 45 H f.
Tondera 26 D a.
Tondj (Bahr) 49 M h.
Tonegawa 45 N h.
Touga (I°) 54 K j.
Tongariro 55 M j.
Tongas (P°) 56 C j.
Tongobory 58 H k.
Tongci 64 D k.
Tongres 21 D d.
Tong-Say 42 D c.
Tongue (B.) 57 E a.
Tongue 41 D c.
Tongue 50 K m.
Tonkin 19 g.

Tonkin (Golfe du) 19 L g h.
Tonlé Repou 19 K j.
Tonlé-Sap 19 J k.
Tonnay-Boutonne 15 E g.
Tonnay - Charente 15 E g.
Tonnegrande 18 G. F.
Tonneins 15 F h.
Tonnerre 14 I c.
Tonnerre (M*) 27 H c.
Tönning 26 D a.
Tonous 59 G b.
Tönsberg 52 H j.
Ton - Tchouan - Tchéou 42 C a.
Tontouta 18 C c.
Tecele 37 D b.
Toolativu 55 H g.
Toomle 55 H f.
Toowoomba 52 I c.
Top D. 59 H b.
Topalu 54 G h.
Topas 25 E c.
Topé-Topé 50 L j.
Topcen (C.) 58 C d.
Topeka 57 G c.
Toplitsa 29 E b.
Toplva 28 G h.
Topolias 50 D c.
Topolias (L. de) 50 D c.
Topologu 28 I d.
Topolye 28 F d.
Toporisia 50 C a.
Toporovan (J.) 58 E J.
Topozero 35 C a.
Topozers 50 J n.
Tepsham 15 C h.
Topra-Kaleh 59 J b.
Tor 49 N d.
Tora 49 L g.
Torok 28 G d.
Torbalv 59 D b.
Torbaly 59 D a.
Torda 28 H c.
Torda-Arcuyos 28 H c.
Tördenskjold (C.) 37 E b.
Tördenskjold (C.) 56 U h.
Tordino 24 D c.
Torekov 52 F c.
Torenza 24 E d.
Torgau 27 M c.
Torgui-s.-Vire 15 E c.
Torñann (C.) 25 B c.
Torino 24 A b.
Tori Sima 45 H m.
Toritto 24 F d.
Terjok 51 h.
Toria 15 F i.
Teritics 28 E c.
Tornea 55 B a.
Torne Elf 52 J h.
Torne Lappmark 52 J h.
Tornette 22 D c.
Torning 52 C c.
Torno 22 H f.
Toro 19 B a.
Toro 25 F c.
Török Sz. Niklós 28 F c.
Torontal 28 G d.
Toronto 56 M f.
Toro Dusson 44 I h.
Toropalca 64 E i.
Toropets 54 I b.
Torquay 20 H k.
Torquay 55 H h.
Torre 25 D c.
Torreeilla 25 I h.
Torre del Greco 24 D d.
Torre Maggiore 24 E d.
Torrelaguna 25 H d.
Torrelavega 25 G a.
Torren (L.) 52 I i.
Torrens (L.) 52 G f.
Torreus Cr. 53 H d.
Torrente 25 K c.
Torrecon 57 E c.
Torre-Pellice 16 M g.
Torres (D* de) 58 G a.
Torres (I*) 18 N. H. b.
Térésa Novas 25 C d.
Torres Vedras 25 B c.
Torrevieja 25 I g.
Torridge 20 G k.
Torridon L. 20 F d.
Torrijos 25 G d.
Torrington 20 G k.
Torrisdale 20 G c.
Torros 64 G k.
Torrox (J.) 99 G f.
Torry (L.) 99 G f.
Torslet 52 C h.
Tortchou 54 F c.
Tortla L. 58 E c.
Torto 25 C c.
Tortola (I.) 60 M f.
Tortoli 24 B e.
Tortona 24 B b.
Tortose 25 L d.
Tortose 59 F d.
Tortouan-Sou 59 I a.
Tortue (I.) 55 C o.
Tortue (I.) 60 J e.
Tortue (I. de la) 19 K m.
Tortue Verte (C* de la) 58 I l.
Tortuga 60 M j.
Torup 52 F g.
Tosal des Encanades 25 K d.
Tosanlu-sou 59 G a.
Tosayé 48 G i.
Tosayé (Défilé de) 48 G f.
Toscane 24 C c.
Toscolano 22 K f.
Tossal d'Encanade 25 K d.
Tosan 14 I a.
Tosco (C.) 59 C c.
Tosino Gava 45 K j.
Toso Nor 44 G d.
Toss 22 I a.
Tosseu Nor 44 F d.
Tostakh 57 F c.
Tosana 55 J g.
Tostanat 38 A h.
Totapella 41 E g.
Fotela 59 J h.
Tótes 15 G c.
Totis 28 E c.

Tót Kombés 28 G c.
Totling 44 C c.
Totma 55 F b.
Totnes 20 G k.
Totonicapam 59 N j.
Totoral 64 E k.
Totoya (L.) 53 B o.
Totsigi 45 N h.
Totleri 45 K t.
Tou 49 N i.
Toua Der 49 P h.
Touanotou (I*) 51 N i.
Touapse 58 C b.
Touareg 48 G c.
Touareg 49 I g.
Toust 48 G d.
Touata 18 (G. F.).
Touba 19 H b.
Touba 48 F h.
Toubah 19 G d.
Toubouai (Arch.) 51 M j.
Toubouri 49 J h.
Touboura (M* de) 49 J g.
Touch 15 G i.
Touchelon Khan (Aïmak) 44 H b.
Tou-Chi-Koou 45 B f.
Touchino 51 I c.
Toucopia (I.) 51 I i.
Toucy 14 I c.
Toucha 49 I g.
Touffou 50 C h.
Toumay 45 F i.
Tourneinire 16 I i.
Tournesac 14 J c.
Touruelle 22 B f.
Touroman (Val) 22 E f.
Tournavos 50 C h.
Tournay 15 F i.
Tourneinire 16 I i.
Tournesac 14 J c.
Touruelle 22 B f.
Tourneville (F* de) 14 le Havre.
Tournon 15 G f.
Tournon 16 K g.
Tournon-d'Agenais 15 G h.
Tournoux (F* de) 16 M h.
Tournus 16 K f.
Touros 65 K f.
Touron 57 M c.
Touroon (M*) 18 C. F.
Tourongart 44 B c.
Touroukh 40 E h.
Touroukham 57 K c.
Touroukhansk 57 K c.
Tourungombé 19 E h.
Tourouvre 13 C d.
Tourov 54 G d.
Tour Rouge (la) 28 H d.
Tours 15 G c.
Tours (les) 16 S* Et.
Tour Saint-Louis 16 K i.
Tours Salières 22 D c.
Tourtemagne 22 F c.
Tourtemagne (Vallée de) 22 E c.
Tourteron 14 K c.
Tourville-la-Rivière 14 Rouen.
Toury 13 H d.
Tous 40 E h.
Tousoun 49 R. E.
Tou-Soung-Kouan 45 D k.
Toussi 17 N d.
Toussidé (M*) 49 J c.
Toussus - le - Noble 15 Paris.
Tou-Tchéon 45 E h.
Toutchin 54 G c.
Touté 19 F c.
Toutée (Enclave) 48 H h.
Toutouila (I.) 51 K i.
Toutoun 49 B. E.
Touvre 15 F g.
Touvre 15 H j.
Tou-Yun-Fou 44 I f.
Touz-Baïr (L.) 58 J b.
Touz-Gœl 59 E h.
Touz-Khournati 40 Bc.
Touzla 59 B b.
Touzla (L.) 54 H h.
Touzla-Sou 59 I b.
Touzla-Sou 59 J b.
Touzlov 58 C a.
Touzora 54 H g.
Tova (L.) 64 E n.
Tovar 60 I k.
Tovarnik 28 F d.
Toveïn 49 P d.
Towas 58 G f.
Tower 58 F c.
Tawerhill Cr. 53 H d.
Townsend 58 A a.
Townshend (I.) 53 I d.
Townsville 53 H c.
Towoug 53 I g.
Towy 20 G j.
Towyn 20 G f.
Toyama 45 M h.
Toyohasi 45 M i.
Tözer 17 I f.
Tozia 59 E a.
Trahúncos 25 F c.
Trabia 24 D e.
Trachenberg 26 H c.
Trachselwald 22 E c.
Trachtelfingen 27 I f.
Tradate 22 H f.
Tradate 16 O g.
Trafalgar (C.) 25 E h.
Trafi 17 E g.
Traghon 49 J d.
Trahiras 65 H g.
Tralas 50 A a.
Trai-Cam 19 K h.
Traisen 28 D b.
Traîtres (B* des) 18, Marq.
Trakhili (C.) 50 D d.
Tralee 20 A i.
Tra-Linh 19 K f.
Trälleborg 52 I j.
Tramayes 16 K f.
Trame 22 D c.
Tramelan 22 D c.
Tramore 20 D i.
Tra-My 19 L j.
Traïbens 64 E j.
Tranche (la) 15 E f.
Tranebjerg 52 D d.
Traungan (I.) 45 J g.
Trang-Ding 42 D b.
Trangisvaag 52 H h.
Trani 24 F d.
Tran-Ninh 19 J h.
Trans-Alaï 44 B d.
Transbaïkalie 37 N d.
Transcaspien (District) 37 H f.
Transloy (le) 13 I b.
Transvaal 50 M a.
Transylvanie 28 H c.
Traona 22 I c.
Trapajoz (R.) 65 G f.
Trapani 24 D e.
Trapini (C.) 50 G f.
Traras 17 C d.
Trarbach 14 M c.
Traria 17 D d.
Traro 20 F k.
Trarza 48 D f.
Trasal 19 J l.
Trasimène (L.) 24 C c.
Tras-os-Montes 25 D c.
Trau 28 D c.
Traun 27 M g.
Traun 28 C b.
Traunsee 28 C c.

Traunstein 27 M g.
Trautchau 28 D a.
Trautenau 28 D a.
Travankore 41 D g.
Travaux 14 L c.
Trave 26 E b.
Trave 27 K a.
Travedona 22 G ..
Travemünde 26 E b.
Travers 22 C d.
Travers (Val de) 14 M f.
Traverse D. 58 G f.
Traverse City 57 I b.
Traverse Creek 58 G f.
Travesia del Norte 64 E l.
Travesia del Sur 64 E m.
Traversia grande de Tamuyan 64 D k.
Tra-Vinh 19 K m.
Travnik 28 E d.
Travo 16 O k.
Trazeguies 21 B d.
Trébabu 13 Brest.
Tréduol 13 Brest.
Trebbia 24 B b.
Trebbin 27 M b.
Trebel 32 F c.
Trébérou (I.) 15 Brest.
Trebincien 28 E c.
Trebinje 28 F c.
Trebitsch 28 D b.
Trébizonde 59 H a.
Trebnitz 26 H c.
Treboñ 28 D b.
Tréboul 13 F d.
Trecate 16 O g.
Tredogar 20 H j.
Treene 32 C c.
Trelfort 16 I f.
Tréflé 15 F g.
Tréfles 15 Brest.
Trégunn 13 Brest.
Trégaron 20 G i.
Tréguago 21 C h.
Trégrosso (I*) 52 I c.
Tréguier 15 C d.
Treignac 15 H g.
Treille (la) 16 Mars.
Treluta y Tres 64 G k.
Trois 14 M h.
Trékouri (M*) 30 C c.
Trelex 22 B c.
Tréllon 14 J b.
Tremadoc (B.) 20 G i.
Trémas 16 S*-Etienne.
Tremblade (la) 15 E g.
Tremble (F* du) 56 F c.
Trembowla 28 I b.
Tremessen 26 H b.
Tremiti (I. di) 24 E c.
Trémolin 16 S* Etienne.
Tramp 25 I b.
Tronesen 28 E b.
Treuqua Lauquene 64 E l.
Trent 20 I i.
Trent 58 I g.
Traute 28 F c.
Trenton 58 E f.
Trenton 58 I f.
Tréouillan 13 Brest.
Trépang Kontuot 19 J k.
Trépassés (B* des) 13 A d.
Tréport (le) 13 H b.
Trepow 48 F i.
Treptow 26 C a.
Treptow 27 M a.
Tres Arroyos 64 F l.
Tres Chorrillos (los) 64 D o.
Tres Coraçoes 64 I i.
Tres Cruces (C** de) 64 D j.
Treso 22 J a.
Treshnish (I*) 20 E e.
Treskavica 28 F c.
Tres Marias (las) 59 F g.
Tres Montes 64 C n.
Tres Pinos 58 B c.
Tres Puntas (C. de) 60 A h.
Tres Puntas (C. de) 64 E n.
Tres Reyes (los) 58 C d.
Trasses 15 Bordeaux.
Tressin 14 Lille.
Tres Vados 59 F c.
Tres Virgenes (las) 59 C d.
Trets 16 Li.
Treuenbrietzen 27 M b.
Treuer Rr* 52 E d.
Trevaresse 16 L i.
Tréves 16 J h.
Tréves 27 G c.
Trévières 13 E c.
Treviglio 24 B b.
Treviso 24 C b.
Trevose H* 20 F k.
Trévoux 16 K g.
Treysa 14 O b.
Trézéne 50 D d.
Trézien 13 Brest.
Trgovichie 29 E b.
Triabunna 55 I h.
Trialètes (M*) 58 E d.
Tri-Au 19 L l.
Triana 28 E g.
Trianda 50 I c.
Triangel 27 K b.
Triangles 59 M g.
Tria Nisia 50 H c.
Trianon 15 Paris.
Trigurcourt 14 K c.
Triberg 14 N d.
Triberg 22 F a.
Triberg 27 H f.
Tribulation (C.) 52 H c.
Tricarico 24 E d.
Trichinopoli 41 E f.
Trichonis (L.) 50 C c.
Trident (R*) 45 F c.
Trie 15 G i.
Triebsees 26 F a.
Trient 28 B c.
Trieste 28 C d.
Trieux 13 C d.
Triglav 28 C c.
Trigno 24 E d.
Trikala 50 C h.

Trikeri 50 D b.
Trikérin 50 D c.
Trilport 14 I c.
Trim 20 D h.
Trimbak 41 D c.
Tramouille (la) 15 G f.
Trincomali 41 E g.
Tring 20 K j.
Tringanou 42 B b.
Trinidad 57 E c.
Trinidad 58 A b.
Trinidad 60 O j.
Trinidad 60 E c.
Trinidad (I.) 61 f f.
Trinidad (I.) 65 E g.
Trinidad (L.) 64 ...
Trinitapoli 24 E d.
Trinité 56 R c.
Trinité 60 O j.
Trinité (la) 13 Brest.
Trinité (la) 18, Mart.
Trinité (B* de la) 56 R c.
Trinité (Hâvre de la) 18 Mart.
Trinité (M* de Ja) 21 B d.
Trinité-Porhoët (la) 13 D d.
Trinity 58 F h.
Trinity M* 58 A b.
Trinity R. 57 G d.
Trino 24 A b.
Trinsley (le) 13 ...
Trionto (C.) 24 F c.
Triouzanne 15 H g.
Triphylie 50 C c.
Tripiti (C.) 50 E f.
Fripodaes 50 G d.
Tripoli 59 F d.
Tripoli 49 J c.
Tripolis 50 C d.
Tripolitaine 49 J d.
Tristan da Cunha (I.) 61 K g.
Tristão (I.) 19 D d.
Tristo (G.) 60 E f.
Triton (B* du) 45 J f.
Triton (L.) 45 E b.
Trittau 32 D f.
Trivandrum 41 D g.
Trivero 22 F f.
Trividi (C.) 50 E f.
Tru 29 F b.
Truova 29 G b.
Trnovats 29 E b.
Troaru 15 F c.
Trobriand (I.) 52 I a.
Trocadero 25 E h.
Trogen 22 I c.
Troïan 29 G b.
Troïan (Col de) 29 G b.
Trofanov 34 H c.
Troïo 39 A h.
Trohna 24 E f.
Trois Fourches (C. des) 17 A d.
Trois Ilots (les) 18, Mart.
Trois Monts (les) 13 Hebr.
Trois-Moûtiers (les) 13 F c.
Trois Pistoles 56 O c.
Trois Pointes (C.) 48 G i.
Trois Ponts 14 ...
Trois Rivières 56 N c.
Trois Rivières (les) 18, Guad.
Trois Rois (I* des) 51 J k.
Trois-Sauts (les) 18, G. F.
Trois Sœurs (les) 58 B b.
Troistorrents 22 D c.
Trois Vierges 21 D d.
Troïtsa Khlaviz 34 I h.
Troïtsk 55 F d.
Troïtsk 53 I d.
Troïtskaïa (Novo-) 58 D b.
Troïtskoïe 34 ...
Troïtskoïe 54 ...
Troïtskosavsk 44 ...
Troja 24 E d.
Troki (Novo-) 54 ...
Trolleñäs 52 ...
Trolope (V. de) 64 ...
Trombetas (R.) ...
Tromelin (I.) ...
Trœne 32 B a.
Tromper Wiek 26 F a.
Tromsö 52 J h.
Tron (L.) 19 ...
Tronador (el) ...
Troncas 64 E ...
Trondhjem 52 ...
Trondhjems Fj. 52 ...
Trous 22 H d.
Tronto 24 D c.
Troodos (M*) ...
Troon 20 G f.
Tropea 24 E c.
Troppau 28 E ...
Trosa 52 J j.
Trostberg 27 ...
Trostianets 32 ...
Trotha 27 L c.
Troubej 54 I c.
Tronbtchevsk ...
Trouville 13 F ...
Troussieux 16 ...
Trowbridge 20 ...
Troy 58 G h.
Troy 58 I f.
Troy (West) ...
Troyes 14 J d.
Trozza (Dj.) 17 ...
Trpinja 28 F ...
Trstenik 29 E ...
Trstenik 29 G ...
Trub 22 F d.
Trûbau (Mährisch-) 28 E b.
Truc de Randou 16 J h.
Truckee (Pass.) 58 B c.
Truites (L. des) 56 K d.
Trujillo 25 E ...
Trujillo 60 B ...
Trujillo 60 J ...
Trujillo 65 B ...
Trujillo 65 D ...
Trukee-Pass 58 B c.
Trun 15 F d.

Trung-Khanh 19 L f.
Truns 14 O f.
Truro 20 F k.
Truro 45 F h.
Truro 56 P c.
Trushorpe 20 K h.
Truyère 15 I h.
Tsabit 48 G d.
Tsadé (L.) 49 J g.
Tsagan Nouran 45 C c.
Tsagan Nor 44 G b.
Tsagan Nour (L.) 38
Tsahoura (Dj.) 49 Q f.
Tsaïdam 44 F d.
Tsaïdam-Gol 44 F d.
Tsaïdam Nor (Boka) 44 F d.
Tsaïdam Nor (Ike) 44 F d.
Tseheledjikho 38 D c.
Tsana (L.) 49 O g.
Tsan-Po 44 F f.
Tsaobis 50 J n.
Tsaokhob 50 J n.
Tsaodni 18 Com.
Tsaralaka 18 J g.
Tsaratanana 18 J f.
Tserev 35 F c.
Tsarevokokchaïsk 35 G c.
Tsarevosantchoursk 35
Tsari Brod 29 F b.
Tsarisyu 55 F c.
Tsarskïe Kolodisy 58
Tsarskoïe Selo 34 I a.
Tsagatou-Bogalo 44 F h.
Tsagatou Khan 44 F c.
Tsavo 50 O j.
Tchon 48 J h.
Tschermembl 28 D d.
Tsekhinoveis 19 M g.
Tsekhinovets 54 E d.
Tse-Kié 45 E k.
Tsé-Kou 49 C a.
Tso-Loug-Kiang 42 C a.
Tsounes (B*) 58 B h.
Tsé-Tomug 50 N n.
Tseou-Tchéou 44 H e.
Tseou-Tchéou-Fou 44 J d.
Tsé-Toung 45 D n.
Tsetra (G.) 30 F c.
Tsetsen Khan (aïmak)
Tsiafajavrona (M*) 18 I i.
Tsiambo 44 G e.
Tsiang-Tchéou 44 I d.
Tsiatsika 18 J j.
Tsihouri Sima 45 N i.
Tsihritsa 29 F h.
Tsiong-Mui-Tao (L.) 19
Tsien-Ngan-Mieu 45
Tsien-Tang 44 K f.
Tsé-Tchéou 44 H c.
Tsian Nor 44 G b.
Tsi-Dieu 44 I d.
Tsimandana 18 H l l.
Tsinampetsotra (L.)
Tsinanandrafozana 18
Tsimandno 18 I j.
Tsimbouri 19 R p.
Tsimonina 50 P n.
Tsi-Nan 30 C c.
Tsi-Nan-Fou 44 J Kd.
Tsing-Haï 45 C g.
Tsing Hoang Tao 45
Tsing-Ling 44 H e.
Tsing-Ning 45 A g.
Tsing-Tao 45 E h.
Tsing-Tchéou 45 B h.
Tsing-Tchéou-Fou 45
Tsinjoarivo 18 I i.
Tsiojorano 18 H j.
Tsu-Ning-Tchéou 42
Tsiu-Pin 45 C c.
Tsirubé 18 H l.
Tsiouen-Tchéou-Fou 45
Tsipidaes 50 F d.
Tsirubi 18 J f.
Tsirihbiuu 18 GH i.
Tsiroanomandidy 18 Hi.
Tsi-Sima 45 V d.
Tsi-Tcheou 45 B k.
Tsit-Toung-Hien 45 C h.
Tsitsikhar 44 L b.
Tsitsi-Sima 45 O m.
Tsivory 18 H l.
Tskhinvali 58 E c.
Tsogui 50 E b.
Tso-Ngan 44 K f.
Tsorvatsi 50 C d.
Tsosi 45 O l.
Tsou 45 M i.
Tsoubou-Soto 45 H m.
Tsougar (D* da) 45 O f.
Tsougarou-Seto 45 U f.
Tsoulia (L.) 30 B b.
Tsou-Liou-Tcheng 44
Tsoumerka (M*) 30 B b.
Tsoung (L.) 45 E k.
Tsoung-Ming (I*) 44 K c.
Tsoun Ho 45 C f.
Tsoun-Yi-Fou 44 H t.
Tsournaia (M*) 50 C b.
Tsourouga 45 L i.
Tsourougaoka 45 N g.
Tsouyama 45 I i.
Tsuruga 45 K i.
Tsuna 29 E b.
Tsunagora 29 D b.
Tsuna-Rieka 29 E b.
Tsun-Hou-Tchéou 45
Tschomlev 54 J l.
Tsylma 55 G a.

Tsymlianskaia 58 D a.
Tsyvilsk 35 F c.
Tua 25 D c.
Tuam 20 B h.
Tubas 58 D d.
Tübingen 27 I f.
Tubua 55 M j.
Tubuaï-Manu (I.) 18 Soc.
Tulmeil 59 N h.
Tubutama 59 D b.
Tucahoca 63 F h.
Tucacas 60 K j.
Tuchan 15 I j.
Tuchel 26 H b.
Tucka 55 I c.
Tackassegee R. 38 C g.
Tuckum 54 E b.
Tuolumne R. 58 B c.
Tocson 58 D d.
Tucuman 64 E j.
Tucumuca 64 D k.
Tucuyus (I.) 63 H c.
Tade 15 F g.
Tudela 25 I b.
Tudorn 28 J c.
Tuen 55 H c.
Tuffé 15 G d.
Tugela 50 M a.
Tuguegarao 43 C h.
Tuguihin 34 G h.
Tujuka 64 E i.
Tula 59 I f.
Tula 59 J g.
Tulago 24 E c.
Tulancingo 59 J g.
Tularé 58 B c.
Tuleun 65 B d.
Tulcea 34 H h.
Tulla 20 B i.
Tullamore 20 D h.
Tulle 15 H g.
Tulléar 18 G k.
Tullear 50 P n.
Tullins 16 L g.
Tulln 28 D b.
Tullow 20 D i.
Tumaco 65 B d.
Tumho 65 B c.
Tumhez 65 B c.
Tamen 44 M c.
Tumkur 41 E f.
Tamlong 41 C r.
Tumino 49 J c.
Tumuc Humac (M*) 65 G d.
Tumsar 44 E c.
Tumsar 44 E d.
Tumut 53 I g.
Tunas (L.) 64 F l.
Tunas (las) 60 F c.
Tunas (las) 60 G c.
Tunbridge 20 K j.
Tunbridge Wells 20 K j.
Tunga 41 D f.
Tunga 63 C g.
Tungabhadra 41 D c.
Tungafells (I.) 32 E b.
Tungal (E. de) 50 O l.
Tunguragua 65 B c.
Tunicha (S* de) 57 D c.
Tunis 17 N c.
Tunisie 17.
Tunja 65 C c.
Tövö 52 D d.
Tunstall 20 I h.
Tunugaa 65 D k.
Tuolumne 58 B c.
Tupiza 64 E i.
Tuquerres 65 B d.
Turn 41 G c.
Turbaco 65 C h.
Turbenthal 22 H a.
Turbigo 24 B b.
Turbo 60 G k.
Turbon 15 G j.
Turcxo 28 G h.
Turdine 16 K g.
Turek 54 C d.
Turéten 28 I b.
Turie 28 I d.
Turin 24 A b.
Turka 28 H b.
Turkestan 57 I c.
Turkestan Oriental 44 C a.
Türkeve 28 G c.
Türkheim 27 G f.
Turkmènes 37 H c.
Turlo (M*) 22 F f.
Turmeque 65 C c.
Turmero 60 L j.
Turnagain (C.) 55 M k.
Turnagain (R.) 56 D c.
Turnau 28 D a.
Turneffe (I.) 60 A g.
Turner (Presq.) 19 C f.
Tarnhout 21 C c.
Turnu-Mâgurele 34 F i.
Turobin 28 H a.
Túrócz 28 E b.
Turpinier (C.) 56 Y a.
Turques (I*) 60 J c.
Turquino (P.) 60 G f.
Turriers 16 L h.
Tunsi 24 F d.
Turvo (R.) 64 H i.
Tury Assù (R.) 63 I c.
Turzovka 28 F b.
Tuscaloosa 58 G h.
Tuscarora 58 C b.
Tuscarora (Fosse du) 51 c.
Tuscumbia 58 F h.
Tuticorin 41 E g.
Tutova 34 G g.
Tuttlingen 27 I f.
Tuvuça (I.) 53 C n.
Tuxpan 59 K g.
Tuxpan 59 G g.
Tuxtepec 59 K h.
Tuxtla 59 M l.
Tuxtla (V* de) 59 L h.
Tuy 25 B b.
Tuyen-Quan 19 K g.
Tvarditsa 29 G b.
Tvedestrand 52 H j.
Tversted 52 C b.
Tvihum 52 C c.
Tver 54 K b.
Tvertsa 54 K b.
Twaun 22 D c.
Twante 41 H e.
Tweed 20 H f.

Two Harbors 58 F c.
Twofold Bay 52 I g.
Two Rivers 58 G f.
Tyane 59 P c.
Tybaki 50 F f.
Tvholm 52 B c.
Tykocin 34 E d.
Tylor 57 G d.
Tym 57 K c.
Tyne 20 I g.
Tynemouth 20 J f.
Tyr 59 F c.
Tyriak-Yreia 57 P c.
Tyrnau 28 E b.
Tyrol 28 B c.
Tyrone 20 D g.
Tyrrell (L.) 52 H g.
Tyrrhénienne (Mer) 24 D c.
Tysmienico 28 I h.
Tyszowce 28 H a.
Tzummarum 21 D a.

U

Uanapu (R.) 65 H c.
Uatuma (R.) 65 F c.
Caupes (R.) 65 D d.
Uba 64 I i.
Ubatuba 64 I i.
Ubaye 16 M h.
Ubeda 25 H f.
Uboroba (J.) 65 G b.
Uberlingen 27 I g.
Ubiña (Peña) 25 E a.
Uby 52 D d.
Ucayali (R.) 65 C f.
Ucele 24 C d.
Uchb 44 C c.
Uchte 27 I b.
Uckermark 27 N a.
Uckermünde 26 F b.
Uckfeld 13 F b.
Udaipur 41 D d.
Udbyhöj 52 C c.
Udbyneder 52 C c.
Uddevalla 52 H j.
Udine 24 D a.
Uetendorf 22 E d.
Udvarhely 28 I c.
Uffenheim 27 J c.
Uggerby Aa 32 C h.
Ugijar 25 H h.
Ugih 52 C b.
Ugines 16 M g.
Uglamie 56 Alaska.
Ugliano (I.) 28 D d.
Ugocsa 28 H b.
Uhldingen (Ob. et Unt.) 22 H b.
Uintah 57 D b.
Uist (North-) 20 D d.
Uist (South-) 20 D d.
Uitenhage 50 L p.
Uitgeest 21 C b.
Uithuizen 21 Ea.
Uj-Arad 28 G c.
Uj-Becse 28 F d.
Ujfalu 28 G d.
Uj-Fejértó 28 G c.
Uj-Gradiska 28 E d.
Ujjain 41 D d.
Uj-Pest 28 F c.
Ujszallas (Kis) 28 G c.
Ujum (V.) 60 D k.
Uj-Vidék 28 F d.
Ukasiksalik 56 Q c.
Ukiah 57 A c.
Ulbo (I.) 28 D d.
Uleå 56 B b.
Uleåborg 55 B a.
Ules Träsk 55 C b.
Ulfborg 52 A c.
Ullingen 21 D d.
Ulfo 52 J i.
Ulfsund 52 E d.
Ulla 25 C h.
Ulldecoua 25 K d.
Ullie R. 20 G c.
Ulm 27 J f.
Ulm (Neu-) 27 J f.
Ulmarra 53 J e.
Ulok 28 E c.
Ulricchamu 52 I j.
Ulster 20 D g.
Ulten Thal 28 B c.
Ulua (R.) 60 A h.
Ulva (I.) 20 E e.
Ulvborg 52 B c.
Ulverstone 52 H h.
Ulverstone 20 H g.
Ulzen 27 k b.
Uman (Stor-) 52 I h.
Umanak 56 U h.
Umanaks Fj. 56 T. P.
Umango (C**) 64 D j.
Umarkot 41 C c.
Umatilla 58 B a.
Umbertide 24 C c.
Umbrail (P.) 22 K d.
Umbum St** 52 F e.
Umeå 52 J i.
Ume Elf 52 J i.
Ummauz (I.) 52 F c.
Umpqua City 58 A b.
Umpqua M* 58 A b.
Umpqua R. 57 A b.
Umtata 50 M p.
Umrer 41 E d.
Una 28 D d.
Unalaklik 56 Alaska.
Unao 41 E c.
Unapproachable (M*) 52 E d.
Unare (R.) 60 M k.
Uncastillo 15 E j.
Undervolier 22 D c.
Undu (C.) 53 B n.
Ung 28 H b.
Ungava (B*) 56 P c.
Ungava (Terr.) 56 N O P b c d.
Ungourtas 19 T n.
Ungvár 28 G b.
Uniao 65 K f.
Uniao 64 H j.
Unie (I.) 28 C d.
Uniejów 26 I c.
Unieux 16 S* Etienne.

Union 59 F i.
Union 60 A i.
Union (L.) 60 O i.
Union (I° de l') 51 K i.
Union (la) 25 J g.
Union (la) 64 C m.
Union City 58 F g.
Uniondale 50 L p.
Union de Tula 59 C h.
Union I° 57 D b.
Uniontown 58 B n.
Unionville 57 J c.
Universales (M°°°) 25 J d
Unkel 14 M h.
Unao 27 H c.
Unoocapahgre (M°) 57 E c.
Uost (L.) 26 J a.
Uustrut 27 I. c.
Unter Hallau 14 O c.
Unterseen 22 F d.
Unterwalden 22 F d.
Uperaivik 56 T. P.
Ujungton 50 K o.
Upingtonia 50 J K m.
Upper Iowa R. 58 F f.
Upper L. 57 B b.
Upsala 32 J j.
Upsala V° 32 I j.
Upstart (C.) 52 I c.
Uruba (G. d') 60 G k.
Urach 27 I j.
Uraschiche 60 K j.
Urai 41 E c.
Uralla 55 I i.
Urandangie 55 G d.
Uraricoera (R.) 65 F d.
Urbana 58 G f.
Urbania 24 D c.
Urbin 24 D c.
Urbino (Et. d') 16 P j.
Urbion (P. de) 25 H h.
Urdos 15 F j.
Ure 20 I j.
Urgub 59 F h.
Ures 59 D c.
Urfahr 28 C b.
Urft 14 M h.
Urgel (Lt° del) 25 L c.
Uri 22 G d.
Uri (J.. d') 22 G J.
Uriage 16 L j.
Urique 59 F d.
Uri Rothstock 22 G d.
U-Rit-Taung 41 U d.
Urk 21 D b.
Uriati 54 F h.
Urmisch 22 H c.
Urmen 22 H c.
Urola 15 D i.
Urra Lougnen (L.) 64 E l.
Urrohi 15 E j.
Ursel (Ober-) 14 O f.
Ursy 22 C d.
Urt 15 E i.
Uruapan 59 H h.
Urularaba 65 D g.
Urubu 65 I z.
Urubu (R.) 65 F e.
Urubucuara (Log.) 65 G e.
Urucupa (R.) 65 I h.
Uruguay 64 C k.
Uruguay (R.) 64 G j.
Uruguayana 51 G j.
Urunca 15 D i.
Urville (C. d') 51 F h.
Urville (I. d') 53 M k.
Urzedow 26 J c.
Urziceni 54 G h.
Usch 26 H b.
Usedom 26 F a.
Ushuaia 61 b o.
Usingen 14 O b.
Usk 20 U j.
Uska Hazar 41 F c.
Uskoken Geb. 28 D d.
Uskub 29 E e.
Uskub 59 b a.
Uslar 27 J c.
Uslawa 26 C b.
Usmaiten (L.) 54 E b.
Uspallata 64 D k.
Uss 14 N h.
Ussel 18 M g.
Ustarits 15 E i.
Uster 22 G c.
Ustica 24 D c.
Uston 16 G j.
Usulutan 60 A i.
Usumacinta 59 M i.
Utah 57 E o.
Utah (L. d') 58 D b.
Uskamand 41 D f.
Utello 16 M i.
Utorson 27 J a.
Utiado 60 I. f.
Utica 58 I f.
Utiel 25 J c.
Utila (L.) 60 D g.
Utique 17 N b.
Utli Berg 22 G c.
Utove 28 E e.
Utrecht 21 C b.
Utrecht 50 M o.
Utrera 25 E g.
Utwyl 22 I b.
Utzenstorf 22 E c.
Uttznach 22 H c.
Uxbridge 20 K j.
Uxkull 54 F b.
Uamal 59 N g.
Uyuni 64 E f.
Uzel 13 C d.
Uzerche 15 H g.
Uzès 16 K h.

V

Vaagö 32 G g.
Vaal 50 L o.
Vaars 52 C b.
Vaaraa 52 D b.
Vabre 15 I i.
Vacaeahy 65 G k.

Vacarias (Campos de) G i.
Vaccsrès (Et. du) 16 K i.
Vacha 27 J d.
Vache (I.) 19 L l.
Vache (I. à) 60 I f.
Vachka 55 G b.
Vácz 28 F c.
Vadans 22 A d.
Vado 21 D b.
Vadred (P.) 22 J d.
Vadsö 52 I j.
Vadum 32 C h.
Vadacan 32 I j.
Vaduz 22 I c.
Vady Rachkov 51 H g.
Vaerö 52 D d.
Vaerö 52 I b.
Vág 28 E b.
Vaga 55 E b.
Vagia 30 D e.
Vagney 22 C a.
Vago 52 I h.
Vag-Ujhely 28 F b.
Vahe 27 H n.
Vahimalazn 18 U k.
Vaico Occidental 19 K l.
Vaico Oriental 19 K l.
Vaiompolskote 37 R d.
Valgnich (I.) 37 U b.
Vaigos 15 F d.
Vaihingen 14 O c.
Vaikom 41 D g.
Vailly 14 J c.
Vailly-s.-Sauldre 13 I c.
Vairno 18 (Soc.).
Vaire 14 L d.
Vaire 16 M h.
Vairm-le-G° 22 B c.
Vaiso 16 Lyon.
Vaison 16 K h.
Vaitavé 18 (Soc.).
Vajda Hunyad 28 U d.
Vakamais 45 N b.
Vakanski 28 D d.
Vakasa (P° de) 45 L i.
Vakoyama 45 L i.
Vakh 57 K c.
Vakiri 38 F d.
Vakuf (Dolni-) 28 E d.
Vakuf (Gorni-) 28 E c.
Val (le) 14 K d.
Val (le) 15 Paris.
Vatachin 54 h.
Valais 22 E c.
Valakss 30 F c.
Valny 22 A c.
Valbonnais 16 L b.
Valbonne 16 L g.
Valce 54 E b.
Valdaguo 24 C b.
Valdahon 22 C c.
Valdaï 54 J h.
Val-d'Ajol (le) 14 M c.
Val-de-la-Haye (la) 14 Rouen.
Valdepeñas 25 H f.
Valderduey 25 F c.
Valderiès 15 U h.
Valdés (Pén.) 64 E m.
Valdieri 16 N h.
Valdivia 60 C i.
Valdivia 64 C l.
Valdobbiadene 24 C b.
Valdoie 22 C b.
Valco-rea 54 G g.
Valsa-Stanciului 28 U c.
Valecillo 59 I d.
Valegotsoulovo 34 U j.
Valenca 25 C b.
Valoura 25 D c.
Valença 65 J c.
Valencay 13 H c.
Valence 15 G h.
Valence 15 G i.
Valence 15 I h.
Valence 16 h h.
Valence 25 K o.
Valencia 25 D c.
Valencia 25 K e.
Valencia 60 K j.
Valencia (L. de) 65 D i.
Valencia de Don Juan 25 F b.
Valenciennes 14 J b.
Valeni 54 F h.
Valensole 16 L i.
Valentia (I.) 20 A j.
Valentigney 14 M e.
Valentin (C.) 64 D o.
Valentine (la) 16 Mars.
Valenza 24 B b.
Valérien (M°) 15 Paris.
Valette (la) 24 E g.
Valevo 29 D a.
Valfleury 16 S° Etienne.
Valgorgé 16 J h.
Valgrano 16 N h.
Valguarnera 24 E f.
Valinor (C. de) 16 G k.
Valira 15 H j.
Valki 54 K f.
Valin (la) 16 S° Etienne.
Valladolid 25 G c.
Valladolid 59 O g.
Vallage 14 K d.
Vallauris 16 M i.
Valldemosa 25 N c.
Valle 25 G o.
Vallecito 64 E j.
Valle d'Alesani 16 P j.
Valle Dupar 60 I j.
Vallée (la) 14 Lille.
Vallegrande 65 E h.
Vallejo 58 E c.
Vallenar 64 C j.
Vallendar 14 N b.
Vallentigny 14 K d.
Valle Quieto 28 C d.
Valleraugue 16 J h.
Valles 59 J f.
Valle Santiago 59 I g.
Vallespir 15 I j.
Vallet 13 E c.
Vallier (M°) 15 C j.
Vallière 16 I f.
Vallières 22 H f.
Vallö 52 E d.
Valle della Lucania 24 E d.
Valloire 16 K g.
Vallombrosa 24 C c.

Vassy 15 E d.
Vassy 14 J c.
Vassy 14 K d.
Vasto 21 E c.
Vasvár 28 E c.
Vatan 15 H e.
Vatena 19 I k.
Vatchiokoué 50 K l.
Vaté (L.) 18 N. Hebr.
Vatecillo 59 I d.
Vathy 50 E c.
Vathy 50 E e.
Vathys 80 E c.
Vathy-Aulnki (B.) 50 D e.
Vaticane (C.) 24 E c.
Vatika (B. de) 50 D c.
Vatlmesnil (L.) 56 E b.
Váttis 22 I d.
Vatna Jökull 52 F b.
Vatomandry 18 J i.
Vatus-Votus 55 C p.
Vatu-Leïle (L.) 55 A c.
Vatuma (R.) 65 F e.
Vaubecourt 14 K d.
Vauchamps 14 J d.
Vauclin (le) 18 (Mart).
Vaucluse 16 K i.
Vaucluse 22 A c.
Voucouleurs 14 L d.
Vaucresson 15 Paris.
Vaud 22 C d.
Vaudemont (Signal de) 14 L d.
Vaudoises (V°°) 16 N h.
Vaudreuil 58 I c.
Vaugneray 16 K g.
Vauhallon 15 Paris.
Vaulion (Dent de) 22 B d.
Vauleux 22 D d.
Vaulx-en-Vélin 16 Lyon.
Vauvert 16 J l.
Vauvilliers 14 L c.
Vauvilliers (L.) 18 F c
Vauvise 15 I c.
Vaux 22 A d.
Vavao (L.) 51 K i.
Vavumievellan Kulam 41 E g.
Vaulncourt 14 K d.
Vayrac 15 U h.
Vaz 40 C c.
Vazouza 54 K c.
Veal Ving 19 J k.
Vehro 16 I i.
Vechniakova 57 M d.
Vecht 21 C b.
Vecht 21 D b.
Vechta 27 U b.
Vechte 27 G b.
Vedby (N.) 52 E c.
Vedeno 38 F c.
Vodo 28 I d.
Vedouga (Starala) 54 M. c.
Cedro (Val di) 22 F e.
Vedsted 52 D d.
Veendam 21 E a.
Veenendaal 21 D b.
Veenhuizen 21 E o.
Vefson 52 I h.
Vega 25 G g.
Vega (C. de la) 57 M b.
Vegaia 60 J f.
Vegas B°° 58 C c.
Vegenö 52 U h.
Vegesack 27 I a.
Vaghel 21 D c.
Veglia (el) 60 I k.
Veglia 28 D d.
Vegre 13 F d.
Vagro 13 H d.
Veh 19 L j.
Veigy 22 B c.
Veilby 52 C d.
Veile 32 C d.
Veile Fjord 52 C d.
Veirier 22 B c.
Veirö 52 E d.
Vef-Ymen-Pao-Meng 45 F c.
Vejer 25 E h.
Vejla (el) 60 I k.
Vejlby 52 C c.
Vela 60 K j.
Velo (C. de la) 60 I i.
Vela (P°°) 60 I j.
Velars 14 K c.
Velas (C.) 60 D j.
Velate (P° de) 15 E i.
Velay 16 J g.
Velay (M°° du) 16 J h.
Velbel 14 O h.
Velech Plau. 20 F c.
Vellomufroy 22 D b.
Velentsikon 30 B b.
Velloxou 22 A h.
Velez 65 C c.
Velez Blanco 25 I g.
Velez de la Gomera (L.) 25 G i.
Veleze 29 E c.
Velez Málaga 25 G h.
Volez Rubio 25 I g.
Velhas (R. das) 65 I h.
Velie (L.) 34 H a.
Velji 54 I c.
Velika 29 H b.
Velika-Gorica 28 D d.
Velikata 34 G b.
Velikin Louki 54 I h.
Velikii Oustioug 53 F h.
Veliko 29 E c.
Velikole 34 H b.
Velikole (L.) 54 K a.
Vélines 15 F h.
Velino (M°°) 24 D c.
Vélizy 15 Paris.
Vellar 41 E i.
Vellehit 28 D d.
Velletri 24 D d.
Vellore 41 E f.
Velonkhi (M°) 50 C c.
Velp 21 D c.
Velpe (G°°) 21 C d.
Veisk 55 F h.
Velten 27 M b.
Veluwe 21 D b.
Velvendos 50 C a.
Vemb 52 B c.
Venaco 16 O j.
Venadillo (P°°) 60 D i.
Venado (el) 59 I f.

Venado Tuerto 64 E k.
Venaria-Reale 16 N g.
Venasque 29. Lh.
Venatori 54 F g.
Vence 14 K c.
Vence 16 M i.
Vendée 15 E f.
Vendée (C° de la) 15 E f.
Vendouvre 14 K d.
Vendeville 14 Lille.
Vendôme 15 G e.
Vendrell 25 M c.
Vend Syssel 52 C b.
Vendiger (-ross-) 28 C c.
Vénéou 16 L h.
Venera 52 I j.
Venersborg 52 I j.
Venétie 24 C b.
Venetiko 50 C e.
Venoĭko (I.) 30 G c.
Venetikos 30 C o.
Venev 54 I c.
Veuezia 24 C b.
Venezuela 65 c.
Venge 52 C c.
Vengarle 41 D c.
Venhuizen 21 C b.
Venina 22 J c.
Vénise 24 D b.
Vénissieux 16 K g.
Venkatagiri 41 E f.
Venlo 21 D c.
Veno 52 B c.
Venoge 22 C d.
Venosa 24 E d.
Vent (C' du) 60 H c.
Vent (Iles du) 65 F b.
Venta de Baños 25 G c.
Ventuoso (S°° de la) 64 F l.
Ventimiglia 24 A c.
Ventnor 20 J k.
Ventotene (L.) 24 D d
Ventoux 16 K h.
Ventrek (L.) 29 E c.
Ventrou 22 D b.
Venimari (R.) 65 E d.
Venukova 57 P c.
Venus (P°°) 18 Marq.
Vénus (I°°) 18 Soc.
Veoure 16 K h.
Veprik 54 J c.
Vera 25 I g.
Vora (la) 25 F d.
Vera-Cruz 59 K b.
Vera-Cruz-Llave 59 K h.
Vergun 60 E k.
Veraguas (Cord° de) 60 E k.
Verul 15 E j.
Verunin 40 C b.
Vérauvauvé 50 M j.
Verawal 41 C d.
Vorhaez 26 F d.
Verberie 15 I c.
Verhicaro 24 E c.
Verbilki 54 L b.
Verhovets 54 G f.
Verceil 24 A b.
Vercel 14 M e.
Verchery 16 Lyon.
Vercors 16 L g.
Verdarosa (Pincer) 18 G. F.
Verdute (fl.) 45 I g.
Verde (R.) 58 D d.
Verde (R.) 59 I f.
Verde (fl.) 65 H h.
Verde (R.) 65 J g.
Verde Grande (R.) 65 I h.
Verdon 27 I b.
Verdigris (R.) 57 G c.
Verdon 16 L i.
Verdon 16 M h.
Verdon (le) 15 E g.
Verdun 14 L c.
Verdun 13 G
Verdun-s.-le-Doubs 14 K f.
Verc 15 B i.
Verö 50 L i.
Vereia 54 K c.
Veresmart 28 H b.
Verfeil 15 H i.
Verdu 28 I c.
Vorga (C.) 19 B d.
Vergara 25 I a.
Vergara 45 U d.
Vergato 24 C b.
Vergemont Cr. 55 H d.
Vergod 52 B c.
Vergt 15 G g.
Verkhne-Dnieprovsk 54 K f.
Verkhne-Kolymsk 37 Q c.
Verkhne-Noivinskii 53 I c.
Verkhne - Oudinsk 37 M d.
Verkhne-Ouralsk 53 I d.
Verkholansk 37 P c.
Verkholensk 37 M d.
Verkhosoosnoïo 54 L d.
Verkhotourie 53 I c.
Verkiievka 54 I c.
Verkon 37 T c.
Verjika 28 D e.
Verlingham 14 Lille.
Vermand 14 I c.
Vermejo 64 D k.
Vermejo (R.) 64 F j.
Vermelho (fl.) 58 F i.
Vermillon (F°) 56 F c.
Vermillon (L.) 58 F c.
Vermillon (R.) 58 F f.
Verme 28 C d.
Vermont 58 I f.
Vergoison 16 L h.
Vernano 52 I j.
Vernar 22 B c.
Vernarede (la) 16 J h.
Vernayaz 22 D c.
Vernazobres 16 I i.
Verneuil 15 G d.
Vernon 15 H c.
Vernon 58 D b.
Vernon (M°) 58 E g.
Vernon (M°) 58 H f.
Vernoux 16 K h.

Verny 14 L c.
Verrevi 57 J e.
Vero 15 F j.
Verücze 28 E d.
Verolanuova 24 B b.
Vérone 24 C b.
Verpillière (la) 16 K g.
Verrès 22 E f.
Verrières (les) 22 C d.
Verrières-le-Buisson 15 Paris.
Verringe 52 C d.
Versailles 15 U d.
Versailles 58 G g.
Versam 22 H d.
Verseez 28 G d.
Versoix 22 B e.
Versova 50 C c.
Vert 15 E i.
Vert (C.) 19 A b.
Vert (C.) 19 M k.
Vert (C.) 60 U d.
Vertaizon 16 I g.
Verte (Aiguille) 22 bf.
Verte (C°) 60 U d.
Verte (L.) 18, S° P. et M.
Verte (M°°) 51 G c.
Verticillac 15 G g.
Vertes 28 E c.
Vertientes 60 F e.
Vertou 15 E c.
Vertova 22 I f.
Vert Pré (M°°) 18 Mart.
Vertus 14 J d.
Verviers 21 D d.
Vervins 14 I c.
Verzuolo 16 N h.
Verzy 14 J c.
Vescovato 16 P j.
Vesdre 21 D d.
Vesaloie 54 K g.
Vesiegonsk 54 L a.
Vésinet (le) 15 Paris.
Vosle 14 I c.
Veslo-s.-Vevre 14 K d.
Vesoul 14 L o.
Vespolato 16 O g.
Vesta 54 F h.
Vesternanion (I°) 32 I h.
Vosterås 32 I j.
Vesterö 32 D b.
Vestervig 52 I j.
Vosiervig 52 I j.
Vest Fj. 52 I h.
Vestmann I° 52 E b.
Vostone 22 K f.
Vésubie 16 M i.
Vésuve 24 E d.
Veszprém 28 E c.
Vésziö 28 G c.
Vet 50 J. o.
Votale (P° de) 15 E i.
Veta-Pass. 57 E c.
Vetka 54 I d.
Vellough 55 F c.
Vétroz 22 D c.
Vetschau 27 N c.
Vetiern 52 I j.
Vottore (M°°) 24 D c.
Vettor Pisani (Fosse du) 51 H f.
Vevey 22 D c.
Voverse 22 D c.
Verlinge 52 C d.
Vex 22 E c.
Voxin 13 H c.
Voxiö 52 I j.
Voyle 16 K f.
Vevmont (C°) 16 L h.
Vevnes 16 L h.
Veyre 16 I g.
Voyre-Mouton 16 I g.
Vézelay 14 I e.
Vézelise 14 L d.
Vézenobres 16 J h.
Vézère 15 G h.
Verero 29 F d.
Vezins 16 I h.
Vezouse 14 M d.
Vezza 22 K c.
Vezzani 16 O j.
Viadana 24 C b.
Via Mala 22 I d.
Viaon 13 D j.
Viana 25 I h.
Viana 65 I c.
Viaudan 21 D c.
Vianen 21 C c.
Vianna do Castello 25 B c.
Viareggio 24 B c.
Vios 16 J i.
Viatka 55 G c.
Viaur 15 H h.
Viarma 51 J c.
Vianniki 55 E c.
Vinzovok 54 I f.
Vinzovok 54 K f.
Viborg 52 C c.
Viborg 55 C b.
Vibraye 15 G d.
Vic 27 G f.
Vic (Et. de) 16 J i.
Viedosson 15 U j.
Vic-en-Bigorre 15 F i.
Vicence 24 C b.
Vicente (C.) 58 B d.
Vicenti 30 N m.
Vicenza 24 C b.
Vic-Fezensac 15 F i.
Vich 25 M c.
Vichada (R.) 65 D d.
Vichera 55 U h.
Vichera (Bolchaia) 34 I n.
Vichnavets 54 F a.
Vichuquen 64 D k.
Vichy 16 J f.
Vicksburg 58 F h.
Vic-le-C°° 16 I g.
Vico 16 N g.
Vico 16 O j.
Vico 24 E d.
Vico (L. de) 24 C c.
Vic-s.-Aisno 14 I c.
Vic-s.-Cère 15 I h.
Victor 55 C g.
Victor 58 C a.
Victoria 19 B d.
Victoria 41 I f.
Victoria 44 J g.
Victoria 50 I i.
Victoria 50 M n.
Victoria 52 E e.

Victoria 64 F k.
Victoria 64 J i.
Victoria (Arch.) 56 T.P.
Victoria (Chutes) 50 L m.
Victoria (D° de) 56 I a.
Victoria (F°) 41 D e.
Victoria (G° dés. de) 52 D c.
Victoria (L.) 40 U h.
Victoria (L.) 50 N j.
Victoria (L.) 53 G f.
Victoria (L.) 58 I c.
Victoria (M°) 56 D c.
Victoria (P°) 56 T P.
Victoria (T.) 56 U a.
Victoria Nyanza 50 N j.
Victoria W. 50 L p.
Vicuña 65 B j.
Vidal (I.) 64 G o.
Vidanbon 16 M i.
Vidorö 52 G g.
Vidin 29 F b.
Vidourle 16 J i.
Vidra 28 J d.
Vidzy 54 G e.
Vie 13 F c.
Vie 15 D f.
Viechtach 27 M c.
Viedma 64 E m.
Viedma (L.) 64 D n.
Viège 22 F e.
Vieille Lore (la) 22 A c.
Vieille Montague 21 U d.
Vieille Providence (I.) 60 F i.
Vieira Grande (Can. de) 63 U c.
Viejo (R.) 59 O i.
Viejo (V.) 60 B i.
Vielin 25 L b.
Viello-Aure 15 F j.
Violmur 15 U i.
Vielsalm 21 D d.
Vienne 15 G f.
Vienne 16 K g.
Vienne 28 D b.
Vienne (H°°) 15 G g.
Vicu-Tiano 19 J h.
Vierges (B°° des) 18 Marq.
Vierges (C. des) 61 D o.
Vierges (I°) 60 M g.
Viernheim 14 O c.
Viersen 27 G c.
Viesly 14 J b.
Viesté 24 E d.
Vietry 19 K g.
Vioiz 26 J c.
Vieux Boucau 15 E i.
Vieux Fort 18, Gund.
Vieux - Habitants 18 Guad.
Vid 29 G b.
Vif 16 L g.
Vigan 43 G b.
Vignan (le) 16 J i.
Vigcois 15 U g.
Vigcrslev 52 C d.
Vigevano 24 B b.
Vigozzo (Val di) 22 G e.
Viggiano 24 E d.
Vigia 60 A f.
Vigie (P°°) 60 O g.
Vigla (C. 50 F c.
Vigus 19 O q.
Vignacourt 13 U b.
Vignemale 15 F j.
Vignculles 14 L c.
Vigueux 15 Paris.
Vignolo (C. di) 24 B d.
Vignory 14 K d.
Vigo 25 B b.
Vigone 16 N h.
Vigors (M°) 52 C d.
Vigsö (B° de) 52 B b.
Vigtenö 52 H i.
Vigy 14 M c.
Viliera 15 F c.
Vilo (P°) 18 N. Hebr.
Vilach 58 U c.
Világos 28 G c.
Vilaine 13 D e.
Vilaine 13 F c.
Vilamasaha 18 U h.
Vilano (C.) 25 B a.
Vilbel 14 O b.
Vielfka 54 F c.
Vileika 54 G e.
Vilia 54 F b.
Vilioui 37 O c.
Viliouisk 37 N c.
Vilki 54 E c.
Vilkomir 54 F b.
Villa 22 H f.
Villa Alta 59 K i.
Villa Azara 64 G j.
Villa Bella de Imperatriz 65 G g.
Villacañas 25 G h.
Villacarriedo 25 G a.
Villach 28 C c.
Villacidro 24 B e.
Villaconlin 25 Paris.
Villa Cisneros 48 D c.
Villa del Valle 59 I h.
Villa del Vienzo 25 D b.
Villa de Melo 64 G k.
Villadiego 25 C b.
Villa do Conde 25 B c.
Villa d'Ossola 22 F e.
Villafalletto 16 N h.
Villafranca 15 D j.
Villafranca 16 N h.
Villafranca 24 C b.
Villafranca 65 G e.
Villafranca del Vierzo 25 D b.
Villafranca del Panadés 25 M c.
Villagran 59 J c.
Villaguay 64 F k.
Villaines-le-Juhel 15 F d.
Villejoyosa 25 K f.
Villakarda (C.) 50 G e.
Villalba 25 U d.

Villalbo 23 D a.
Villalar 18 G j.
Villa Maria 63 G h.
Villa Maria 64 E k.
Villalpando 25 F c.
Villamayor 25 H I a.
Villamblard 15 G g.
Villa Mercedes 64 E k.
Villamizar 65 C c.
Villandraut 15 F h.
Villa Nicae 64 G i.
Villa Nova 16 N h.
Villa Nova 25 B g.
Villa Nova 64 U j.
Villa Nova de Gaia 25 B e.
Villa Nova de Milfontes 25 B g.
Villanova y Geltru 25 M c.
Villanueva 25 H f.
Villanueva 59 U f.
Villa Nueva 64 E k.
Villanueva de la Serena 25 F f.
Villar de Arzobispo 25 J K d.
Villard-de-Lans 16 L g.
Villa Real 25 C c.
Villarreal 25 K e.
Villa Real de S°° Antonio 25 D g.
Villa Rica 64 G j.
Villar Formoso 25 D d.
Villar Maior 25 D d.
Villarrobledo 25 I e.
Villarroyn 25 J d.
Villarrubia 25 H e.
Villars 16 K f.
Villars 16 M i.
Villatoro 23 F d.
Villa Velha 25 D e.
Villaviciosa 25 F a.
Villaviciosa 25 F g.
Villé 14 M d.
Villebois-la-Valette 15 F g.
Villebon 15 Paris.
Villebrumier 15 U i.
Ville-d'Avray 15 Paris.
Villedieu 15 E d.
Villedieu (la) 15 G f.
Ville-en-Tardenois 14 I c.
Villefagnan 15 F f.
Villefort 16 J h.
Villefranche 13 U h.
Villefranche 15 U i.
Villefranche 16 I c.
Villefranche 16 M i.
Villefranche-de-Betvès 15 G h.
Villefranche-de-Lonchapt 15 F h.
Villejuif 15 I d.
Villejust 15 Paris.
Villemagne 16 S° Et.
Villemomble 15 Paris.
Villomur 15 U i.
Villena 25 J f.
Villenanxe 14 J d.
Villenave - d'Ornon Bordeaux.
Villeneuve 15 U h.
Villeneuve 16 K i.
Villeneuve 22 D e.
Villeneuve-de-Berg 16 K h.
Villeneuve-de-Marsan 15 F i.
Villeneuve - l'Archevêque 14 J d.
Villeneuve-le-Roi 13 Paris.
Villeneuve-S°-Georges 15 I d.
Villeneuve-s.-Lot 15 Gh.
Villeneuve-s.-Yonne 14 J d.
Villeras 15 Paris.
Villeréal 15 G h.
Villers 15 F c.
Villers (ou le Lac) 22 C c.
Villers-Bocage 15 E c.
Villers-Bocage 13 I e.
Villers - Bretonneux 13 I c.
Villers-Cotterets 14 I c.
Villersexel 14 M c.
Villers-Farlay 14 L f.
Villers la Sogne 22 C c.
Villers-Outreau 14 I b.
Villerville 15 F c.
Ville-s.-Tourbe 14 K c.
Villeta 64 F j.
Ville-Vallouise 16 M h.
Villette 22 C f.
Villeurbonne 16 K g.
Villetaneuse 15 Paris.
Villeveyrac 16 I j.
Villiers - le - Bâcle 15 Paris.
Villiers-S°-Georges 14 J d.
Villingen 27 I f.
Villmar 14 N b.
Villmergen 22 F c.
Villo Nuevo 64 E k.
Vilno 54 F b.
Vi Loai 19 I. g.
Vilostasi (C.) 50 F d.
Vils 27 L c.
Vils 27 M f.
Vils (Kl.) 27 L f.
Vils (Gr.) 27 J f.
Vilsbiburg 27 M f.
Vilshofen 27 M f.
Vilelav 52 B d.
Vilvorde 21 C d.
Vinnereux 15 U b.
Vimmerby 52 I j.
Vimoutiers 13 F d.
Vinadio 16 M h.
Vinale 24 C b.
Vinanicola 18 I j.
Viña Punta 64 E i.
Vinaroz 25 L d.
Vinay 16 L g.
Vinça 15 I j.

Vincennes 15 Paris.
Vincennes 58 G c.
Vincent (C.) 58 I f.
Vindal Ell 52 J l.
Vindeln (Stor-) 32 I h.
Vinderslev 52 C c.
Vindhya (Mts) 41 D d.
Vindum 32 C c.
Vingeanne 11 L a.
Vingt-Quatre Parganas 41 G d.
Vinh 19 K h.
Vinh-Long 19 K l.
Vinho (Paiz do) 25 C D c.
Vinh-Té (C de) 19 K l.
Vinh Thuy 19 K f.
Vinh-Xuong 19 M k.
Vinkovei 28 F d.
Vinnitsa 54 H f.
Vinovo 16 N b.
Vintimille 24 A c.
Viöl 52 Be.
Viomenil 22 B a.
Vipper 27 K c.
Viramgam 41 C d.
Virawah 41 C d.
Virbazar 28 F c.
Virciorova 29 F a.
Viro 15 E d.
Virecourt 14 l d.
Vireux 14 K b.
Virgen 60 B j.
Virgenes (C. de las) 64 D o.
Virgin (R.) 58 C c.
Virginia (C.) 58 B c.
Virginie 58 H g.
Virginie O" 5C N g.
Virguzzolo 16 O h.
Viriat 16 K f.
Virien 16 L g.
Virien-le-G" 16 L g.
Viroflay 15 Paris.
Virton 21 D a.
Virvin 14 K h.
Viry 15 Paris.
Viry 22 B c.
Viry 54 K c.
Vis 16 J i.
Visac 15 Brest.
Visella 58 B c.
Visaurin 15 F j.
Visayas (I*) 43 H c.
Visby 52 J j.
Visch (Gr.) 50 K c.
Viscardo (Can. de) 50 B c.
Visé 21 D d.
Visegrad 28 F c.
Visco 65 I c.
Vishalgarh 41 D c.
Visingsö 32 I j.
Viskan 52 I j.
Vislanda 52 I j.
Viso (Mt) 24 A b.
Visp 22 F c.
Vispe 23 F c.
Vissenbjerg 32 C D d.
Visso 22 K c.
Vissove 22 E c.
Vistre 16 J i.
Vistritsa 30 C o.
Vistrusa 30 C a.
Vistule 54 D c.
Vitali (B.) 50 F d.
Vitchoumbi 50 M j.
Vitebsk 54 H c.
Viterbe 24 C c.
Viti (I*) 55.
Vitigudino 25 E c.
Viti-i-Lema (I*) 55 B o.
Viti-Levu 55 A n.
Vitim 37 N d.
Vitim (Plateau du) 57 N d.
Vitimskaia 57 N d.
Vitina 30 C d.
Vitoch (M.) 29 F b.
Vitoria 25 H b.
Vitoria 25 F c.
Vitou 50 O j.
Vitré 15 E d.
Vitrey 14 L e.
Vitrinitsa 30 C c.
Vitriolerie (F' de la) 16 Lyon.
Vitry 14 I b.
Vitry 15 Paris.
Vitry-le-François 14 K d.
Vitteaux 14 K c.
Vittel 14 L d.
Vittoria 24 E f.
Vittorio 24 C h.
Vitylo 50 D e.
Vitznau 22 G c.
Viuz-en-Sallaz 22 C c.
Vivarais 16 K h.
Vivarais (Mts du) 16 J h.
Vivér 25 J c.
Vivero 25 D a.
Viverols 16 J g.
Viverone (L. de) 16 N g.
Vivert 16 S' Etienne.
Vivi 19 Q t.
Vivie 15 H h.
Vivier (le) 14 le Havre
Viviers 16 K h.
Viviez 15 H h.
Vivild 52 D c.
Vivnikskoie 57 S d.
Vivonne 15 F f.
Viza 29 H c.
Vizagapatam 41 F c.
Vixeu 25 C d.
Vizindrug 41 D c.
Vizianagram 41 F c.
Vizille 16 L g.
Vizir Kœpri 59 F a.
Viziru 54 G h.
Vizzavone (Col de) 16 O j.
Vizzini 24 E f.
Vlaardingen 21 C c.
Vladeni 54 G g.
Vladikavkaz 58 F c.
Vladimir 55 E c.
Vladimirovka 55 F c.
Vladimir Volynsk 54 E c.
Vladivostok 57 G e.
Vlakholivadon 50 C a.

Vlakke Hoek 43 D g.
Vlasca 54 F h.
Vlasenica 28 F d.
Vlasinitse 29 E b.
Vlavia 50 C c.
Vlegyaszsa 28 H c.
Vley Anderson 50 L n.
Vleys 50 K o.
Vlieland 21 C a.
Vlie Stroom 21 C a.
Vlissingen 21 B c.
Vlodavka 54 E c.
Vloer (Gr.) 50 K o.
Vlootbeek 21 D c.
Vlotho 27 I b.
Vöcklabruck 28 C b.
Vodianole 54 K g.
Vodina 29 E c.
Vodla 35 D b.
Vodlo (L.) 35 D b.
Vodolaga (Novaia) 54 K f.
Vogel (Hoch) 22 K c.
Vogels Gebirge 27 I d.
Voghera 24 B b.
Vogogna 22 G c.
Vogoules 57 I c.
Vogüé 16 K h.
Vohdmar 18 J h.
Vohenstrauss 27 L c.
Vohimarina 18 J j.
Vohimasina 18 J j.
Vohipéno 18 I k.
Voldiromby 18 I k.
Vohrenbach 22 F a.
Void 14 L d.
Voidia (Mt) 30 C c.
Voïevoli (L.) 57 L c.
Voinik 29 D h.
Voinovals 29 D b.
Voire 14 K d.
Voiron 16 L g.
Voirons 22 C c.
Voisins-le-Bretonneux 15 Paris.
Voiteur 16 L f.
Voje (L.) 34 M.
Vöjm (L.) 32 I i.
Volasca 28 C d.
Volcan (L.) 43 G c.
Volcan (Sª del) 64 F l.
Volcanos (I*) 51 F c.
Volcans (B. des) 45 O c.
Volga 53 F c.
Volgaro 29 G c.
Volgo (L.) 54 J b.
Volhynie 54 F c.
Volinnes 50 B d.
Volissos 50 G c.
Volkarak 21 B c.
Völkermarkt 28 D c.
Volkhov 54 I a.
Völklingen 14 M c.
Volkmarsen 27 I c.
Volkovintsy 28 J h.
Volkovysk 54 F d.
Vollenhove 21 D b.
Volnay 14 L f.
Volo 50 D b.
Volo (G. de) 50 D b.
Volodkova Devitsa 54 I e.
Vologda 34 M a.
Vologne 14 M d.
Volokolamsk 54 K b.
Volokonovka 54 I c.
Volonne 16 L h.
Volontaire (P**) 64 F o.
Volosca 28 C D d.
Voloskole 54 K f.
Volotchisk 54 F f.
Volp 15 G i.
Volpiano 16 N g.
Volsk 55 F d.
Volstrup 32 D b.
Volta 24 C b.
Volta 48 G h.
Volta Blanche 48 G g.
Volta Noire 48 F g.
Volta Rouge 48 G g h.
Voltaire (C.) 32 D b.
Voltchansk 54 L c.
Voltchia 54 L g.
Volterra 24 C c.
Voltri 24 B b.
Volture (Nte) 24 E d.
Volturne 24 D d.
Volvic 16 I g.
Volynie 54 G e.
Volynka 54 J e.
Voma (Mt) 55 A o.
Vomano 24 D c.
Vona Bouroun 59 G a.
Vonitsa 30 B c.
Vonne 15 F f.
Vonozéro 54 K.
Voorne 21 B c.
Vooster 58 H f.
Vopna Fj. 32 F a.
Vorarlberg 28 A c.
Vorbasse 52 B d.
Vordernberg 28 D c.
Vordingborg 32 E d.
Voreppe 16 L g.
Vorey 16 J g.
Vorgöd Aa 52 B c.
Vorona 55 E d.
Voronadréo 18 G k.
Voronej 55 E d.
Voronkov 54 I e.
Voronok 54 J d.
Vorontsovka 58 E b.
Vorontsovskoie 58 D a.
Vorotynsk 54 K c.
Vorskla 54 J f.
Vorupör 52 B c.
Vosges 14 L d.
Voskresensk 54 L c.
Voskresenskaia 54 M c.
Vöslau 28 D c.
Vosne 14 K e.
Vossevangen 52 G i.
Vossowska 26 I c.
Vostitsa 30 C c.
Vostok (L.) 54 M h.
Votuma (L.) 55 C m.
Vouchek 48 I g.
Vduga 25 C d.
Vouillé 15 F f.
Voujeaucourt 22 C c.
Voukari 48 I h.
Voulgara (Mt) 30 C b.
Voulsie 14 I d.
Youmbe 19 Q s.

Vouneuil-s.-Vienne 15 G l.
Vourlah 59 B b.
Vourles 16 Lyon.
Vourlo (.) 30 F c.
Vourno 48 H g.
Voutchitra 29 E b.
Vouthin 50 H f.
Vouvant 15 E f.
Vouvray 15 G c.
Vouvry 22 F c.
Vouzanca 16 J f.
Vouziers 14 K c.
Voves 15 H d.
Voxna 52 I i.
Voyousa 30 A a.
Voznesensk 54 I g.
Voznesenskaia 58 D b.
Vradiiovka (Bolchaia) 54 I g.
Vrakhori 30 B c.
Vrana (L. de) 28 D d.
Vrania 29 E b.
Vran Plan. 28 E c.
Vratsa 29 F h.
Vrbas 28 E d.
Vrede 50 M o.
Vredenburg 18 (G. F.).
Vrejlev 32 C b.
Vries (Détr. de) 45 S d.
Vrigne-aux-Bois 14 K c.
Vrijheits 50 M o.
Vrin 22 H d.
Vronios (P**) 30 H f.
Vryburg 50 L c.
Vryheid 50 M o.
Vsclovg (L.) 54 J b.
Vuarrens 22 C d.
Vuellas (las) 60 I d.
Vuillafans 52 B c.
Vuitebœuf 22 C d.
Vuka 28 F d.
Vukovar 28 F d.
Vulkan 28 H d.
Vulaga (I.) 55 C o.
Vulcano (I.) 24 E c.
Vunnarama 18 N. H6h.
Vychnii Volotchek 34 K b.
Vyg 35 D h.
Vygozero 35 D b.
Vygonovitchi (L.) 54 F d.
Vygozerskii 35 D b.
Vy-lès-Lure 22 C b.
Vyltchedrama 29 F b.
Vyun 55 G b.
Vyrkos (C.) 50 G b.
Vysotskoie 58 E b.
Vysokii (C.) 57 H b.
Vysokii (C.) 57 Q b.
Vysokolitovsk 54 E d.
Vytchegda 35 H b.
Vytegra 35 D b.
Vytina 30 C d.

W

Waag 28 E h.
Waal 21 D c.
Waalwijk 21 C c.
Wabasen (L.) 56 F c.
Wabash R. 58 F g.
Waccassassee B. 57 I c.
Wächtersbach 14 O h.
Wachusett (Mt) 58 J f.
Wackerstroom 50 M o.
Waco 57 C d.
Waddiaxveen 21 C b.
Wadenswyl 22 G c.
Wadhwan 41 C d.
Wadi 41 D c.
Wadowice 28 F b.
Wadpa 60 D j.
Waerschoot 21 B c.
Waes (Pays de) 21 B c.
Waesmunster 21 B c.
Wagendrüsel 28 G b.
Wagenfeld 27 I b.
Wageningen 21 D c.
Wager (R.) 56 K a.
Wagga Wagga 52 I g.
Wagram 28 E b.
Wagrien 32 E c.
Wahal 45 I f.
Wahgunyah 55 H g.
Wahlern 22 E d.
Wahnap R. 58 H c.
Wahnapitaeping (L.) 58 H c.
Wahsach (Mts) 58 D c.
Waï 41 D c.
Waiau 55 L l.
Waiana 55 M k.
Waiblingen 27 I f.
Waidhofen 28 D b.
Waidholen 28 D c.
Waigeoe (I.) 45 I f.
Waikare (L.) 55 M j.
Waikari 55 M k.
Waikato 55 M j.
Waikousti 55 L l.
Wailah 43 B c.
Waima 19 D a.
Waimate 55 L k.
Wainad (Mts) 41 D f.
Wainganga (R.) 41 E d.
Waingapoe 45 G g.
Wairau 55 M k.
Wairoa 55 M j.
Waitoug 55 L k.
Waitara 55 M j.
Waite 52 F d.
Waitoa 55 M j.
Waitsburgh 58 B a.
Waitzen 28 F c.
Waiuku 55 M j.
Waiwikoe 43 H g.
Wake (I.) 51 I f.
Wakefield (P**) 55 G f.
Wakefield 20 J h.
Wakekouri (L.) 51 K l.
Wakhan 40 H h.
Wakhan Daria 40 G h.
Wakkerstroom 50 M o.
Wakohelo (L.) 45 H f.
Walajapet 41 E f.
Walawa 55 I d.
Walchensee 27 K g.
Walcheren 21 B c.

Walchwyl 22 G c.
Wolck 34 F b.
Walcourt 14 K b.
Wald 22 H b.
Waldau 22 F b.
Waldböckelheim 14 N c.
Waldbröl 27 H d.
Waldeck 27 I c.
Waldemarsvik 52 I j.
Waldenburg 14 P c.
Waldenburg 22 E c.
Waldenburg 26 H c.
Waldenburg 27 M d.
Wald-Erbeskopf 14 M c.
Waldheim 27 M c.
Waldkirch 22 H c.
Waldkirch 27 H f.
Waldkirchen 27 N f.
Waldmünchen 27 M c.
Waldsee 27 J g.
Walfish Bay 50 J a.
Walgett 52 I f.
Walhalla 55 H g.
Walhalla 58 G h.
Wallincourt 14 I h.
Walker (C.) 56 T. P.
Walker (L.) 58 B c.
Walkerston 55 I d.
Walkringen 22 E d.
Wallaby (Groupe) 52 B c.
Wallace 57 F c.
Wallangara 55 I c.
Wallaroo 52 G f.
Wallasey 20 H h.
Wallawalla 58 B a.
Walldürn 27 I c.
Wallon See 22 H c.
Wollenstadt 22 H c.
Wallis (I.) 51 I i.
Wallisellen 22 G c.
Wallut (Pt) 19 L g.
Walmer 30 H d.
Walmsley (L.) 56 G h.
Walney 20 H g.
Walsall 20 I i.
Walsbüll 52 D c.
Walsh 52 H c.
Walsingham (C.) 56 Q a.
Waltershausen 27 K d.
Walton 58 G f.
Waltou le Soken 20 M j.
Walvisch B. 50 J n.
Walzenhausen 22 I c.
Wambrechies 14 Lille.
Waminikapou (L.) 56 Q d.
Wamme 21 D d.
Wanaaring 55 H c.
Wanaka (L.) 55 l. k.
Wandsbek 27 I a.
Wangachu 55 M j.
Wanganu 55 M j.
Wangaratta 55 H g.
Wangen 22 E c.
Wangen 27 J g.
Wangerin 26 G b.
Wangeroog 27 H a.
Wan-Hien 44 I c.
Wankie 50 L m.
Wanquash (L.) 56 P c.
Wan-Tchéou 44 I g.
Wantzenau 27 H f.
Wanxleben (Gr.) 27 L b.
Wnon 41 C d.
Wnon 49 M b.
Wapousamane (L.) 58 I c.
Wapsipinicona 58 F f.
Warburg 27 I c.
Worburton 52 G c.
Warburtou Rte 52 D c.
Wareche 27 F d.
Ward 53 H c.
Wardha 41 E d.
Ward Hunt (C.) 52 I a.
Warcham 20 I k.
Waremme 21 C d.
Waren 27 M a.
Warendorf 27 H c.
Worffum 21 E a.
Wari 41 D c.
Warin 52 E f.
Warka 54 D c.
Warm 14 L a.
Wombad 50 K c.
Warmerville 14 J c.
Warminster 15 D a.
Warnemünde 32 E e.
Warner (L.) 57 B b.
Warner's Valley 58 B b.
Warnsdorf 28 D n.
Waroo 43 I f.
Warora 41 E d.
Warrego Rte 52 H c.
Warren 52 I f.
Warren 58 H f.
Warrender (P**) 52 D b.
Warrensburgh 58 E g.
Warren's P** 57 E b.
Warrington 20 I h.
Warrior R. 58 G h.
Warrnambool 52 G g.
Warsaw 58 F f.
Warstein 27 I c.
Warsamm 54 D d.
Warta 54 C c.
Wartburg 27 J d.
Wartemberg 26 I b.
Warth 22 I c.
Warthau 57 B c.
Warthe 26 G b.
Warthhausen (Ober et Unter) 22 I n.
Warwick 20 I i.
Warwick 52 I c.
Warwick 58 J f.
Wash 35 A b.
Wash (the) 20 K i.
Washa (L.) 58 F i.
Washington (L.) 51 L g.
Washington 58 B a.
Washington 58 C a.
Washington 58 G f.
Washington 58 H f.
Washington 58 J f.
Washington (Mt) 58 J f.
Washington (T.) 56 T. P.
Washir 40 F c.
Washita R. 57 F c.
Washita R. 58 F h.
Wasbt 40 E d.

Wasmes 21 B d.
Wasquehal 14 Lille.
Wasselheim 27 J f.
Wasselonne 14 N d.
Wasson 22 G d.
Wasserburg 27 L f.
Wasserhilig 14 M b.
Wassigny 14 J c.
Watos (I*) 45 D c.
Watchet 20 H j.
Waterbury 58 I f.
Waterford 20 D i.
Waterloo 21 C d.
Waterloo 58 F f.
Watermann 57 C d.
Watersmeet 58 F c.
Watertown 58 F f.
Watertown 58 I f.
Watford 20 K i.
Watling (L.) 60 H d.
Watoc Bella (I*) 45 I f.
Watscha 58 F i.
Watson (Mt) 58 H d.
Watson-Hie 58 B c.
Wattenwyl 22 E d.
Wattignies 14 I b.
Wattrelos 14 Lille.
Wattwyl 22 H c.
Wattzen 58 H c.
Watzmann 27 L g.
Waubra 55 H g.
Waukegan 58 F f.
Wausau 58 F c.
Wava (R.) 60 C h.
Waveney 20 L i.
Wavre 27 G c.
Wavrin 14 Lille.
Wax Cut 60 G c.
Waycross 58 H h.
Wazirabad 41 D h.
Wazhistan 40 G c.
Weald 20 K j.
Weal Spring 52 B c.
Weaverville 58 A b.
Weda 45 I c.
Weddell (L.) 64 F o.
Weddingshusen 32 B c.
Wedel 52 C f.
Wedj (al) 49 N d.
Weener 27 H a.
Weenisk 56 K d.
Wecnisk (L.) 56 K d.
Weert 21 C d.
Weeson 22 H c.
Weesp 21 C c.
Wee Waa 55 I f.
Wegeleben 27 L b.
Wegas (C.) 56 N b.
Wegrow 26 I c.
Wehingen 22 G a.
Wehlau 55 I k.
Wohr 27 M d.
Wehra 14 N c.
Wei-Chau (L.) 45 C i.
Weiche 52 C c.
Weichselmünde 26 I a.
Weida 26 H c.
Weide 27 L d.
Weiden 27 L c.
Weideauu 14 N b.
Wei-Bal-Wol 45 E h.
Wei-Bien 45 D h.
Wei-Ho 44 H c.
Wei-Ho 45 D h.
Wei-Douf-Fou 44 J d.
Weill 14 O b.
Weilburg 27 H d.
Weil-die-Stadt 14 O c.
Weiler (Ober) 22 E h.
Weiler 27 J c.
Weilheim 14 P c.
Weilheim 27 K g.
Werlmünster 14 O b.
Wei-Lou 44 G c.
Weimar 27 K d.
Weinfelden 22 H b.
Weingarten 14 O c.
Weingarten 27 J g.
Weinheim 27 I c.
Wei-Ning-Tchéou 42 D a.
Weinsberg 27 I e.
Weipart 27 M d.
Weir 55 I f.
Weiser R. 58 B b.
Welsmain 27 K d.
Weissbach 27 K f.
Weissenburg 27 H e.
Weissenfels 27 L c.
Weissenhorn 27 J f.
Weissensee 27 K c.
Weissen Stein 22 H d.
Weissenstein 34 F a.
Weissborn 22 E c.
Weisskirch 28 G d.
Weisskirchen 28 G d.
Weissrege 14 N d.
Weisstannen 22 H d.
Weitheim 14 P c.
Woiz 28 D c.
Weixelbrun 27 L b.
Wei-Yuen 44 G c.
Wei-Yuen-Pao-Meng 48 F c.
Weldon 58 H f.
Weld Spr. 52 C d.
Weldyalah (L.) 56 H b.
Welheron 58 I h.
Welland 21 C c.
Wellenborough 20 J i.
Wellesley (I*) 52 G c.
Wellesley (Prov. de) 42 C c.
Wellhorn 22 F d.
Wellin 14 K c.
Wellingborough 20 J i.
Wellington 20 H h.
Wellington 51 J l.
Wellington 52 I f.
Wellington 52 G c.
Wellington 57 G c.
Wellington (Gte I.) 64 C n.
Wellington (Pte I.) 64 C n.
Wells 20 I i.
Wells 20 L i.
Welna 26 H b.
Wels 28 C b.
Welsford (C.) 56 L a.

Welshpool 20 H i.
Weltown 55 I c.
Welzheim 27 J f.
Wem 20 H i.
Wenatchee 58 B a.
Wenden 54 F b.
Wen-Ho 45 C g.
Wonnigsen 27 I b.
Wensleydale 55 H g.
Wen-Tchang 44 I g.
Wen-Tchéou 45 E f.
Wen-Tchéou-Fou 45 D l.
Wentzenau 27 H f.
Wentworth 52 G f.
Weobley 20 H i.
Wepener 50 L o.
Werdau 27 M d.
Werden 27 G c.
Werdenberg 22 H c.
Werder 26 I a.
Werder 27 M b.
Werkendam 21 C c.
Werl 27 H c.
Werlach 27 K c.
Werra 27 K d.
Werre 14 L c.
Werrenwag 22 H a.
Wurris Cr. 55 I f.
Werro 54 G b.
Werscheiz 28 G d.
Werse 27 H c.
Wertach 27 K g.
Wertheim 14 P c.
Wertingen 27 K f.
Wervicq 21 A d.
Wesel 27 G c.
Werbach 27 K g.
Wernegerode 27 K c.
Weser 27 I a.
Wesenberg 34 G a.
Wesselburen 26 D a.
Wesserling 14 M c.
West-Bromwich 20 I i.
Westbury 20 I i.
West-Chester 58 I f.
Westerbotten 52 J h.
Westerburg 14 N b.
Westergoo 21 D a.
Westerland 26 D a.
Western Clummel 55 G e.
Western Islands 20 D c.
Western R. 52 H d.
Westerstede 27 H a.
Westerwald 27 H d.
Westerwijk 21 E a.
Westfield 58 H f.
Westge 50 M o.
West Foreland 56 b.
West Fork 52 B b.
Westhalten 22 D b.
West Humboldt Mts 58 D b.
Westkapelle 21 D c.
Westlands 55 L k.
West Leichhardt 55 G d.
Westman (I*) 52 E b.
Westmannafjord 52 G h.
Westmoreland 20 I g.
Weston 20 H j.
Weston (C.) 56 M a.
Westphalie 27 H c.
West Point 58 I g.
West Ryall 20 B h.
Westport 55 I k.
Westra (I.) 20 H h.
Westrich 27 H c.
Westwood 55 I d.
Wetzaan 21 C b.
Wetlands 55 H d.
Wetter 14 O b.
Wetter 45 H c.
Wetterau 27 I d.
Wetteren 21 B d.
Wetterhorn 22 F d.
Wetzikon 22 G c.
Wheeling 58 H f.
Whidbey (Mt) 52 F f.
Whitby 20 K g.
Whitchurch 20 I i.
White Cliffs 55 I c.
White Fish (Mt) 58 G c.
Whitehall 58 I f.
Whitehaven 20 H g.
White Horse Rap. 56 Bb.
White L. 58 E h.
White Mesa 58 D c.
White Mountains 58 J e.
White (Mt) 58 J f.
White Pine R* 58 C c.
White Plains 58 D c.
White R. 57 D b.
White R. 57 F b.
White R. 58 E h.
Whitesville 58 H h.
White Valley 58 J f.
Whitewater B. 60 E c.
Whitney (Mt) 58 C c.
Whitstable 20 L i.
Whitsunday I. 52 I c.
Whittle (C.) 56 Q d.
Whittlesea 55 H g.
Whydah 48 G h.
Wiarton 56 H f.
Wiba Jan 57 D b.
Wiche (T. de) 37 B h.
Wichita 57 G c.
Wickham 55 B b.
Wicklow 20 D i.

Widawa 26 I c.
Wideboy 55 J c.
Widdern 14 P c.
Widdin 55 I f.
Wiebolskirchen 14 M c.
Wied 27 H d.
Wiedenbrück 27 H c.
Wiedhafan 50 N l.
Wiegrow 54 D d.
Wiohl 14 N b.
Wielczka 28 F b.
Wieltel 54 C c.
Wien 28 D b.
Wiener Wald 28 D b.
Wieprz 54 E c.
Wieringen 21 C b.
Wieruszow 54 E c.
Wierzbolow 54 E c.
Wieshadon 27 H d.
Wiese 14 N c.
Wieseck 14 O b.
Wiescustelg 27 J f.
Wiesenthcid 27 K c.
Wiesloch 27 I c.
Wiesse 14 N c.
Wiekrath 14 L a.
Wieres 14 Lille.
Wiotings Moor 27 I b.
Wigan 20 I h.
Wiggis 22 H c.
Wight (I. de) 20 J k.
Wigmehies 14 I b.
Wigstadtl 28 E b.
Wigton 20 G g.
Wigton 20 H j.
Wihéries 21 H d.
Wijk bij Duurstede 21 D c.
Wilberforce (C.) 50 N n.
Wilberforce (C.) 52 F h.
Wilconnia 53 H f.
Wilcox Head 56 T. P.
Wildhorn 22 E c.
Wildpoizriol 22 K b.
Wild Sp. 28 B c.
Wildstrubel 22 E c.
Wildungen 27 I c.
Wildhaus (Passe de) 22 I c.
Wiles (C.) 52 F g.
Wülfingen 22 G a.
Wilhelmsburg 27 J n.
Wilhelmshaven 27 H a.
Wilhelmshall 50 O j.
Wilkesharrn 58 I f.
Willamette 58 C d.
Willandra Cr. 52 H f.
Willebroeck 21 C c.
Willemstad 60 K i.
William (F*) 56 K c.
William (F*) 58 F r.
William (Mt) 52 E f.
William (Mt) 58 I e.
William (Port) 64 F o.
William Plit (B.) 191 g.
William R. 57 C c.
Williams Fork 58 C d.
Williamson (Mt) 58 B c.
Williamsport 58 I f.
Willisau 52 F c.
Willmanstrand 55 C b.
Willmergen 52 F c.
Willochra 52 G f.
Willoughby (C.) 56 M a.
Willow R. 58 B b.
Willowmore 50 L p.
Wilmar 57 G a.
Wilmington 58 H d.
Wilmington 58 F h.
Wilmington 58 H h.
Wilmington 58 I g.
Wilson 52 J h.
Wilson 55 J f.
Wilson (I*) 51 I b.
Wilson (Mt) 52 E d.
Wilson (Mts) 57 D c.
Wilson (Prom.) 52 H g.
Wilsonville 58 G h.
Wilster 52 C f.
Wilton 20 I j.
Wilts 20 I j.
Wiltz 21 D c.
Wizenhausen 27 J c.
Wimbe 21 C d.
Wimborne 13 D h.
Wimille 13 H h.
Wimmers 52 G g.
Wimmis 22 E d.
Wimpfen 27 I c.
Winburg 50 M o.
Wincanton 15 D a.
Winchelsea 20 L k.
Winchester 20 I j.
Winchester 58 G f.
Winchester 58 H f.
Windau 54 E f.
Windau 54 D b.
Windecken 14 O b.
Winden 14 N c.
Windgelle (Gr.) 22 G d.
Windhoek 50 K n.
Windischh Eschenbach 27 L c.
Windisch-Feistritz 28 D c.
Windischgraz 28 D c.
Windisch-Matrei 28 C c.
Wind Riv. Pk 57 D b.
Windsberg 27 K c.
Windsheim 27 K e.
Windsor 20 K j.
Windsor 55 I f.
Windsor 56 M f.
Wingen 55 I f.
Wingham 55 J f.
Winiay (L.) 20 D d.
Winnipeg (L.) 56 I d.
Winnipegosis (L.) 56 I d.
Wianipisecgeo (L.) 58 I f.
Winnweiler 14 N c.
Winona 57 H d.
Winschoten 21 E a.
Winsen 27 J a.
Winston 58 H g.
Winterberg 14 O a.
Winterberg 28 C b.
Winterhoek (Gr.) 50 K p.
Winterset 58 E f.
Winterswijk 21 E c.
Winterthur 22 G c.
Winterthur (Ober-) 22 G b.
Winton 55 H d.
Winyah B. 58 H h.
Winzenheim 22 D a.
Winzig 26 H c.
Wipper 27 K c.
Wipperfürth 27 H c.
Wird 22 I i.
Wirsitz 26 H b.
Wirz-Järw (L.) 54 F a.
Wishoach 20 K i.
Wisby 54 C b.
Wischau 28 E b.
Wisconsin 58 F f.
Wiscontwecen 60 C i.
Wisconsin R. 58 F c.
Wiser R. 58 C b.
Wishaw 20 G f.
Wiskitki 26 I b.
Wielica 54 C c.
Wislok 28 G b.
Wismar 26 E b.
Wissant 13 H b.
Wissembourg 27 H c.
Wissous 15 Paris.
Witby 20 H g.
Witham 20 K h.
Withernsea 20 K h.
Withorn 20 G g.
Witt (I* de) 55 H h.
Witten 27 G c.
Wittenberg 27 M c.
Wittenberge 27 J b.
Wittelsbach 22 K h.
Wittenheim 22 E b.
Wittensee 52 C c.
Wittgenstein 27 I d.
Wittingau 28 D b.
Wittingen 27 K b.
Wittlich 27 G c.
Wittmund 27 H a.
Wittstock 27 M a.
Wittwee 22 E d.
Witwaters R* 50 L a.
Wizna 26 I b.
Wiznie 28 I b.
Wkra 54 C d.
Wladyslawow 54 E c.
Wloclawek 54 C d.
Wlodawa 54 E c.
Wloszczowa 54 C c.
Wochem 49 P d.
Wodzislaw 26 I c.
Woerden 21 C b.
Woëvre (les) 14 L c.
Wognum 21 C b.
Wog R. 58 F c.
Wohlau 26 H c.
Wohld 52 C c.
Wohlen 22 F c.
Wohlhusen 22 F c.
Wohrau 14 O b.
Wöhrden 52 B c.
Woigot 14 L c.
Wokam (L.) 45 J g.
Wokha 41 H c.
Wokingham Cr. 55 H d.
Wokra 49 Q d.
Wola 54 C c.
Wolborz 26 I c.
Wolbrom 26 I c.
Woldegk 27 N a.
Woldenberg 26 G b.
Wolfach 14 N d.
Wolfeg 22 I h.
Wolfenbüttel 27 K b.
Wolfhagen 27 I c.
Wolfratshausen 27 K g.
Wolf R. 58 F c.
Wolfsberg 28 D c.
Wolfstein 14 N c.
Wolgast 26 F a.
Wollan 28 D c.
Wollaston (C. et T.) 56 T. P.
Wollaston (I.) 64 E p.
Wollaston (I.) 56 I c.
Wollerau 22 G c.
Wollin 26 G b.
Wolluzach 27 L f.
Wollon (Mt) 55 I f.
Wollongong 55 I f.
Wollstein 26 G b.
Wolmirstedt 27 L b.
Wolmünster 14 N c.
Wolomin 55 I f.
Wolperschwende 22 I h.
Wolsley 55 G g.
Wolstenholme (C.) 56 M b.
Wolstenholme Sd 56 T. P.
Wolstock (L.) 51 M i.
Wolvega 21 D b.
Wolverhampton 20 I i.
Wolverthem 14 J a.
Wongrowitz 26 H b.
Woonerup 52 B f.
Woo 54 G a.
Woodbridge 20 L i.
Woodin (Can.) 18 D.
Wood (I* 64 D p.
Wood R. 58 C b.
Woodlark I. 52 J a.
Woodrolfie (Mt) 52.
Woods (L.) 52 F c.
Woodsock 58 O c.
Woodstock 58 H f.
Woodville 55 M k.
Woolwich 20 K i.
Wooster 58 H f.
Worb 22 E d.

Worbis 27 K c.
Worcester 20 I i.
Worcester 50 K p.
Worcester 58 J f.
Worishofen 27 K g.
Workington 20 H g.
Worksop 20 J h.
Workum 21 D b.
Wormditt 56 I a.
Wormervoer 21 C b.
Wormloudle 13 I b.
Worms 27 H c.
Worms 54 E a.
Wörnitz 27 K c.
Worrstadt 14 N c.
Wörth 27 H f.
Wörth 27 H e.
Wörth 27 H c.
Wörth (R°) 57 G d.
Worth (L. de) 28 C c.
Worthing 20 K k.
Worthington 57 F a.
Worthington 58 G g.
Worthville 58 G g.
Wortley 20 J h.
Wo-Soung 44 K c.
Wotitz 28 D b.
Wottawa 28 C b.
Woubin 19 Q p.
Wou-Chi-Chou 44 I g.
Wouchichi 48 H h.
Woudsend 21 D b.
Wou-Hou 45 D k.
Woukari 48 I h.
Wonmou 19 Q p.
Wourno 48 H g.
Woute 50 I J i.
Wowoni 45 H f.
Woyens 52 C d.
Wrangel (F°) 56 C c.
Wrangel (I.) 57 T b.
Wrangel(M°) 56 Alaska.
Wrath (Cap.) 20 F c.
Wreck (R°) 52 J J.
Wreschen 26 H b.
Wrexham 20 H h.
Wriezen 27 N b.
Wronke 26 H b.
Wschowa 27 M c.
Wustin 28 E h.
Wuhr (L.) 41 D b.
Wülflingen 22 G b.
Wollrath 27 G c.
Wünsme 27 J u.
Wun 41 E d.
Wunsiedel 27 L d.
Wunstorf 27 I b.
Wuntho 41 H d.
Wuossen 55 C b.
Wupper 27 G c.
Würm 14 L b.
Würm 14 O c.
Würm 27 L f.
Würm (L. de) 27 K g.
Wurtemberg 27 I f.
Wurzach 27 J g.
Würzburg 27 J c.
Warren 27 M c.
Wusterhausen 27 M b.
Wustrow (Presq.)52 E e.
Wuruch 27 H g.
Wyandotte 57 C c.
Wyara (L.) 55 H c.
Wychehroff 55 H g.
Wycombe 20 J j.
Wye 20 H i.
Wehlen 22 E h.
Wyk 26 D a.
Wyk 52 E e.
Wyl 22 E d.
Wyl 22 H c.
Wyikowyoski 51 E c.
Wyndham 55 I d.
Wynigon 22 E c.
Wyoming 57 D b.
Wyoming (P.) 57 D b.
Wysioka 28 G c.
Wywis (R.) 20 G d.
Wyszkow 26 J h.
Wyszogrod 34 C d.

X

Xacuriana (R.) 65 G g.
Xanten 27 C c.
Xanthos 59 C c.
Xaroyes (Marais de) 65 G h.
Xavier (L.) 64 C n.
Xenia 58 G g.
Xeragis 59 C j.
Xerokhorion 59 D c.
Xéron 59 D c.
Xertigny 14 M d.
Xurxes (C° de) 59 E a.
Xieng-Hai-Lim 42 C h.
Xieng-Hong 19 I g.
Xieng-Kek 19 I g.
Xieng Kam 41 I d.
Xieng-Khan 19 I i.
Xieng-Khieng 19 I g.
Xieng-Khong 19 I g.
Xieng-Khouang 19 J h.
Xieng Lao 19 I g.
Xieng-Map 19 I g.
Xieng Sen 19 I g.
Xieng Tou 19 K b.
Xieng-Tong 42 C h.
Xilotepec 59 I b.

Y

Ya 19 M l.
Yaamba 55 I d.
Yabanda 49 K h.
Yabassi 48 I i.
Yabebiri (R.) 64 F i.
Yabana Mahoté 50 L j.
Yabinga 50 I j.
Yablanitsa 29 E c.
Yabous 49 N h.
Yacarana 65 D c.
Yachil-Koul 40 H b.
Ychoux 15 E h.
Yacon 19 L I.
Yacoubin 17 D E c.
Yacuma (R.) 65 E g.
Yadkin 58 H g.
Yadua (I.) 55 A n.
Yaderon (M°) 40 G c.
Yadrérum 48 I g.
Yaghasson 19 (Dah.).
Yagesiri 48 O d.
Yago 48 K f.
Yagodina 29 E b.
Yagodino Plan. 29 D a.
Yaguary 64 G k.
Ya-Houn-Ting 45 E I.
Yai 49 M i.
Yaï-Tchéou 44 I g.
Yakima 57 D a.
Yakitan (R.) 58 B a.
Yako 48 G g.
Yakoba 48 I g.
Yakoma 50 K i.
Yakou-Sima 45 J k.
Yakousou 50 I. i.
Yal 49 N g.
Yalafa 50 L i.
Yalakau 59 P g.
Yalahau 60 B c.
Yali 59 B c.
Yali (S°) 60 C i.
Yalmal (Presqu'île) 33 K a.
Ya-Long-Kiang 44 G f.
Ya-Lou-Kiang 45 G f.
Yalova 59 C a.
Yalevadj 59 D b.
Yamada 45 M i.
Yamagata 45 N g.
Yamagava 45 J k.
Yamagoutsi 45 J j.
Yamaike 18 C. f.
Yamanasi 45 N i.
Yaman Taou 35 I g.
Yamboring 19 C d.
Yambo 49 O c.
Yamboli 29 E b.
Yambouya 49 L j.
Yamethin 41 H d.
Yamina 19 B c.
Yamna (I.) 55 G c.
Yamoussou 42 B b.
Yampoh R. 52 D b.
Yamparnez 65 E b.
Yaminada (R.) 65 F c.
Yana (P°) 60 C c.
Yanaon 41 B n.
Yanbe el Bahr 49 O c.
Yandé (L.) 18 A b.
Yane 11 L l.
Yanga 59 L l.
Yanga Yatsouti 50 I. j.
Yang-Ba-Dziang 44 E c.
Yanghi-Chahr 44 C d.
Yanghi-Hissar 44 B d.
Yang Ho 45 F d.
Yung-Hon 44 L c.
Yung-Kao 45 A f.
Yang-Ping-Fou 45 C m.
Yang-Tchéou-Fou 45 D j.
Yang-Tjion 45 H h.
Yang-Tsé-Kiang 44 H f.
Yang-Yang 19 H b.
Yanma (I.) 55 G c.
Yanina 45 D g.
Yanina 50 A a.
Yanisiades (I°) 50 C f.
Yankalilla 55 G g.
Yauk-Kao 45 A f.
Yanko Cr. 55 H g.
Yankombe 50 N m.
Yankoumou 50 I j.
Yankov kamen 29 E b.
Yankton 57 G h.
Yantara (L.) 55 H c.
Yao 48 J g.
Yao-Tchéou 42 C a.
Yaona 48 J N g.
Yaoué 48 (G.-F.).
Yarkale 44 C f.
Yeros (C.) 59 H a.
Yarville 15 G c.
Yesava 19 D c.
Yeso 45 P c.
Yoste 25 I f.
Yetchd 45 J g.
Yu 41 H d.
Yaqui (P°) 60 J f.
Yaqui (I.) 59 D d.
Yaqui (I.) 60 J f.
Yaquis 59 D c.
Yarasar 59 D b.
Yarboutenda 19 B c.
Yare 20 M i.
Yezu 40 D c.

Yarey (el) 60 G e.
Yarghin Tsan Po 44 E c.
Yarkend 44 C d.
Yarkend-Daria 44 D c.
Yarkhan 40 H b.
Yarmouth 56 P f.
Yaroupi 18 G. F.
Yarpouz 39 G c.
Yarracurrocoo 55 F d.
Yarra Glein 55 H g.
Yarrahapinia (M°) 55 J f.
Yarra-Yarra 55 H g.
Yarra-Yarra (L.) 52 B c.
Yary (R.) 65 G d.
Yasaka 50 L i.
Yasawa (I°) 55 A n.
Yasi 50 K j.
Yasin 41 D a.
Yasoo R. 58 F h.
Yasoun Bouroun 59 G a.
Yass 52 I f.
Yassin 40 H h.
Yat (Oasis) 49 J o.
Ya-Tchéou-Fou 44 H f.
Yaté 18 D d.
Yatenga 48 G g.
Yath Kyed (L.) 56 I b.
Yatsauk 41 H d.
Yau 42 B b.
Yauapery (R.) 65 F c.
Yunco 60 L f.
Yaugher 55 H g.
Yauvos 65 C g.
Yavary (R.) 65 D o.
Yavi 64 E i.
Yavisa 63 B c.
Yaviza 60 G k.
Yawri (R.) 19 C c.
Yaya (P.) 65 D g.
Yay Lay 42 B c.
Yazagyo 42 B b.
Yazgat 59 F b.
Yazoo R. 58 F h.
Ybhs 28 D b.
Yby 52 B c.
Ye 41 I c.
Yechil Irmak 39 C a.
Yechil-Koul 44 C D c.
Yechine 45 K j.
Yecorato 59 F d.
Yeda 25 J f.
Yedi Bouroun 39 C c.
Yenguéha (Oasis) 48 J c.
Yeguas (S° de) 25 F g.
Yeguas (V. de la) 64 D l.
Yei 49 M h.
Yekbouni 40 E d.
Yelgandel 41 E c.
Yelimané 19 D h.
Yell (L.) 20 J a.
Yell S° 20 J a.
Yellala (Chutes) 19 Q t.
Yellandalapadu 41 E c.
Yellowstone National Park 57 D h.
Yellowstone R. 57 D n.
Yellow Head Pass 56 E d.
Yellow Water R. 58 G h.
Yellabel D. 59 E c.
Yelon 48 H g.
Yelping-Ner 55 I b.
Yel Tépé 29 F c.
Yeltes 25 E d.
Yemen 49 P f.
Yenama 41 H c.
Yenan-Gyoong 42 B h.
Yen Bay 19 K g.
Yenbine 42 C c.
Yen Chan 19 J g.
Yendi 48 G h.
Yengarie 55 J c.
Yeng-Hœng 45 H g.
Yen-Hien 44 I c.
Yénibazar 29 H b.
Yeni Chehr 59 C a.
Yenidje Fokia 59 B b.
Yenidje-i-Vardar 29 F c.
Yeni Kharpont 39 H b.
Yenne 16 L g.
Yen-Ngan-Fou 44 I d.
Yen-Ping-Fou 44 K f.
Yen-Tchéou-Fou 45 C i.
Yen-Tchéou-Fou 45 D l.
Yen-Yuen-Hien 42 C n.
Yoola 41 D d.
Yéou 48 I g.
Yéou-Yang-Tchéou 44 I f.
Yeovil 20 I k.
Yeo-Yeo Cr. 55 I f.
Yerbabuena 64 D j.
Yordimlu Déré 29 G c.
Yères 15 G d.
Yères 15 H c.
Yères 14 I d.

Yezdikhast 40 D c.
Ygeta 57 N c.
Ygualada 25 M c.
Yguassu 64 H j.
Yi-Choui Hien 45 D i.
Yildiz D. 59 G a.
Yin 49 K f.
Ying-Chan 45 B j.
Yingpauchan 19 I f.
Yin-Tchéou-Fou 44 J c.
Ying-Tchéou-Fou 45 B j.
Ying-Tséou 45 E f.
Yirna-Tso 44 E c.
Yi-Tchang-Fou 44 I c.
Yi-Tchéou 45 E f.
Yi-Tchéou-Fou 45 D i.
Yi-Tou 44 I c.
Ylst 21 D a.
Ymare 14 Rouen.
Ymes Fjeld 52 H i.
Yojoa (L.) 60 A h.
Yoko 19 Q s.
Yoko 49 J h.
Yokoate Sima 45 I l.
Yokohama 45 N i.
Yokote 45 O g.
Yola 49 I h.
Yolaina (S°) 60 C j.
Yelotigo 50 K j.
Yomaléma (M°) 50 N k.
Yomaya 19 C d.
You 15 E f.
Yonago 45 K i.
Yonakouni Sima 45 F n.
Yonezava 45 N h.
Youg 19 Q o.
Young-Xing-Fou 42 C n.
Yong-Tchang 44 G d.
Yoni 64 E i.
Yonkens 58 I f.
Yonne 14 J c.
York 20 J g.
York 52 B f.
York 52 H b.
York 58 D c.
York 58 F h.
York 58 I g.
York (C.) 56 T. P.
Yorke (Presq. d') 52 G f.
York Factory 56 K c.
York Moor 20 J g.
Yorkton 56 H d.
York R. 58 I g.
York S° 52 D h.
Yoro 60 B h.
Yoro Sima 45 I l.
Yoro Sima 45 I m.
Yorouba 48 H b.
Yosemite Valley 58 B c.
Yo-Tchéou-Fou 44 J f.
Youhari Take 45 P c.
Youbou 48 E h.
Youboats 45 O c.
Youcas 65 G d.
Youf D. 59 E c.
Yougal 20 C j.
Youghiogheny R. 58 H g.
Yougorskii Char 55 I a.
Youkadooma 19 H p.
Youkon 56 Alaska.
Youkon (M°°) 56 Alaska.
Youkon Hills 56 Alaska.
Youldouz (Grand) 44 D c.
Youldouz (Petit) 41 D c.
Youle (M°) 52 C f.
You-Men-Kouau 44 F c.
Younmourtalik 59 F c.
Youm-Tso 41 F b.
Young 55 I f.
Younghusband (L.) 52 F f.
Young-Pei-Ting 44 G f.
Young-Ping-Fou 45 D g.
Young-Soul-Ting 44 I f.
Youngstown 58 H f.
Young-Tchang-Fou 44 I c.
Young-Tching 45 F h.
Young-Tchoun-Tchéou 45 D n.
Youngwomanstown 58 H f.
Youor 29 E h.
Youra 45 L i.
Yourma 55 I c.
Yousef (B. em) 49 H. E.
Yport 15 F c.
Ypres 21 A d.
Ypsilanti 58 G f.
Yreka 58 A h.
Ysabelle (L.) 59 F g.
Yser 21 A c.
Yssingeaux 16 J g.
Ystad 52 I j.
Ystapa 59 I i.

Yuen-Tching 44 J d.
Yuguary 64 G k.
Yu Hai 44 H c.
Yu-Hoan-Ting 44 K f.
Yu Kiang 44 I g.
Yukon (Territoire) 56 A B C a b.
Yule 52 C d.
Yule (M°) 52 H a.
Yu-Lin-Fou 44 I d.
Yu-Liu-Tchéou 44 I g.
Yuma 58 C d.
Yumbel 64 D l.
Yumuri 60 H c.
Yuna 60 J f.
Yunga 63 E h.
Yungas 63 E g.
Yung-Chan-Hien 42 D n.
Yung-Chun-Fou 44 I f.
Yung-Ling-Hien 42 D n.
Yunglong 42 C n.
Yung-Soui-Ting 44 I f.
Yung-Tchang-Fou 44 G g.
Yung-Tchéou-Fou 44 I f.
Yun-Nan-Fou 44 H f.
Yun-Nan-Sen 44 G f.
Yum-Ning Tou-Fou 44 G f.
Yunque (el) 60 L f.
Yun-Tchéou 42 C b.
Yun-Yang-Fou 44 I c.
Yun-Yen 44 I c.
Yupuari 60 N l.
Yururari 65 F c.
Yuscaran 60 B l.
Yuste 25 E d.
Yu-Tchéou 45 B g.
Yu-Tchéou (I.) 45 D i.
Yu-Tien-Hien 45 C g.
Yu-Tséou 44 J d.
Yu-Yao 45 E k.
Yverdon 22 C d.
Yvot 15 D d.
Yvetot 15 G c.
Yvette 13 H d.
Yvongo 50 Q m.
Yvrac 15 Bordeaux.
Yxeron 16 Lyon.
Yzeure 16 J i.

Z

Za (O.) 17 B c.
Zaandam 21 C b.
Zab 40 C c.
Zab (G⁴) 40 D b.
Zab (Petit) 40 D b.
Zab (M du) 17 I c.
Zabara 49 Q d.
Zabarah (Dj.) 49 N c.
Zabaraz 28 I b.
Zabeln 54 E b.
Zaberma 48 H g.
Zabie 28 I h.
Zabor (Dj.) 49 P g.
Zaboukah 40 C d.
Zabourounia (I°) 58 I a.
Zahiri 41 B c.
Zabrze 26 I c.
Zabytchanie 54 J d.
Zacapa 59 O j.
Zacapoaxtla 59 K h.
Zacatecas 59 H f.
Zacatekolula 59 O k.
Zacatlan 59 J h.
Zacatula 59 H h.
Zaccar (ez) 17 H c.
Zachiversk 37 Q c.
Zacoalco 59 H g.
Zadar 28 D d.
Zad-Ichirakh 40 G h.
Zadik 40 B d.
Zadonsk 55 E d.
Zaharan-Borlou 59 E a.
Zaffarano 24 D c.
Zaffarines (I°) 17 B d.
Zafra 25 E f.
Zagazig 49 M c.
Zaghnoua 49 I f.
Zaghouan 17 N c.
Zaglik 58 F d.
Zagnanado 19 Dah.
Zagora 30 D c.
Zagora (Nova) 29 G b.
Zagora (Stara) 29 G b.
Zagorion 30 B b.
Zágráb 28 D d.
Zagreb 28 D d.
Zagurow 26 H b.
Zahara (O.) 17 H h.
Zahleh 59 F e.
Zahna 27 M c.
Zahrez 17 H d.
Zahrez 17 G c.
Zahrez Chergui 17 H d.

Zakroczyn 34 D d.
Zala 28 E c.
Zala Egerszeg 28 E c.
Zalarinskaia 57 M d.
Zalathna 28 H c.
Zalegochtch 54 L d.
Zaleszczyki 28 I b.
Zelfah 49 P d.
Zalom 28 E c.
Zalozce 28 I h.
Zalt-Bommel 21 C c.
Zamanlia-Sou 39 F b.
Zamba (I.) 60 H j.
Zambèze 50 L l.
Zambézie 50 N m.
Zamboanga 45 G d.
Zarafara 48 H g.
Zamiany 58 G a.
Zamora 25 E c.
Zamora 59 H g.
Zamora 65 D c.
Zamora (P°°) 60 K j.
Zamosc 54 E c.
Zanaga 50 I i.
Zamangué (L.) 19 Q P r.
Zancara 25 I c.
Zand 50 M n.
Zande 49 L h.
Zanskar 41 D b.
Zandwoort 21 C b.
Zanesville 58 H g.
Zangin 40 E d.
Zaukou 40 G h.
Zoumone (I.) 24 D d.
Zanow 26 H a.
Zante 30 B d.
Zanzibar 50 O k.
Zaou-Ganna 49 J f.
Zaouia 49 L d.
Zaouia el Aga 49 K c.
Zaouia Tahlanin 17 B c.
Zaouira 48 G d.
Zaou Kourra 49 J f.
Zapardiel 25 F d.
Zapatoza (Lag.) 63 C c.
Zapopan 59 H g.
Zapptitlan 59 L h.
Zara 28 D d.
Zara 59 G b.
Zaraf (Bahr el) 49 M h.
Zaragoza 25 J c.
Zaragoza 59 I c.
Zaragoza 60 H l.
Zaraisk 54 M c.
Zaranda (M°) 48 I g.
Zaranou 48 F h.
Zarate 64 F k.
Zaráuz 15 D i.
Zaravchan 57 I c.
Zara Vecchia 28 D c.
Zaraza 60 M k.
Zarca (la) 59 G c.
Zarchou (G⁴) 41 H d.
Zardob 58 G d.
Zareh 41 B b.
Zarhadd 40 H b.
Zaria 19 H o.
Zavia 48 H g.
Zarki 26 I c.
Zarkos 50 C b.
Zarzis 17 O f.
Zaslavl 54 G c.
Zatas 25 C f.
Zator 28 F b.
Zavodskaia 54 L f.
Zavoloich 54 H b.
Zavorot 55 H a.
Zawichost 54 D c.
Zimaraz 28 I b.
Zbourievka 54 J g.
Zbrucz 28 I b.
Zdolbounovo 34 F c.
Zduńska Wola 34 C c.
Zduny 26 H c.
Zvdij 34 H c.
Zea 30 F d.
Zebak 40 G b.
Zébara (Dj.) 49 N c.
Zebaret-Rhamadan 17 E g.
Zelaba 48 G g.
Zehbacha 17 G g.
Zebdani (Dj.) 59 F c.
Zehid (Ras) 17 N b.
Zeboudj (el) 17 E g.
Zee 28 E c.
Zedeir (ez-) 40 B d.
Zedelghem 21 A c.
Zedir 49 P d.
Zeffoun 17 I c.
Zegista 58 E a.
Zégonaua 19 Dah.
Zegnerir (O.) 17 H f.
Zehdenick 27 M b.
Zehri 40 F d.
Zeïa 57 O d.
Zeil 27 K d.
Zell (Ober et Unter) 22 F c.

Zelentchouk (Malyi) 58 D b.
Zmiber 54 K f.
Znaim 28 D b.
Znamenka 54 J f.
Znamenka (Bolchaïa) 54 K g.
Znin 26 H b.
Zo 48 F h.
Zoar 56 Q c.
Zoorah 49 I c.
Zolsten 26 H c.
Zodji La 41 D b.
Zofingen 22 F c.
Zogoana 49 K i.
Zogenweiler 22 I b.
Zogno 22 I f.
Zohab 40 B c.
Zolkiew 28 H a.
Zollhaus 27 H d.
Zollikofen 22 E d.
Zolotonocha 54 I f.
Zolyom 28 F b.
Zomba 50 N m.
Zombé 50 M k.
Zombor 28 F d.
Zombor 28 G b.
Zonenfeld (L.) 50 I j.
Zongo 19 T o.
Zongo (Chute de) 50 K i.
Zongolica 59 K h.
Zongoué 50 L l.
Zoni 69 C b.
Zöptau 28 E a.
Zor 39 H I i.
Zoreh 49 C c.
Zor Koul 40 H b.
Zorn 14 N d.
Zoss-n 27 N b.
Zou 19 Dah.
Zouzt (L.) 49 O h.
Zousloula 50 K m.
Zouaineyong 19 P q.
Zouano (C.) 50 G f.
Zoubisov 54 K h.
Zoucha 54 L d.
Zouga 50 L n.
Zougdidi 58 D c.
Zougou 19 Dah.
Zouievo 54 M c.
Zouila 49 J d.
Zoukouala (M°) 49 O h.
Zoulfa 49 P d.
Zoulfikar 40 E b.
Zouli 49 T o.
Zoulla 49 O f.
Zoulou (Pays des) 50 K o.
Zoumbo 50 M m.
Zoumguéron 48 H h.
Zourisa 50 C d.
Zousfana (O.) 17 F b.
Zoutkamp 21 D a.
Zoutpansberg 50 M n.
Zouwo 48 I h.
Zrmanja 28 D d.
Zschopau 27 M d.
Zsombolya 28 G d.
Ziffah (49 H.-E.).
Zigat 49 H h.
Zig-ne 49 J e.
Zuidfaren 21 E a.
Zuid Willems Vaart 21 D c.
Zujar 25 F f.
Zulia (Lag.) 60 I k.
Zöllichau 26 G b.
Zülpich 14 M b.
Zulu L° 50 M o.
Zumbo 65 B c.
Zumbo 50 M m.
Zumpango 59 J h.
Zuni R. 57 D d.
Zuoz 22 J d.
Zupanjac 28 E c.
Zuri (L.) 28 D c.
Zurich 22 G c.
Zuromin 26 I h.
Zurzach 22 F h.
Zusam 27 K f.
Zusmershausen 27 K f.
Zut (L.) 28 D c.
Zutphen 21 D b.
Zvarisce 54 F g.
Zvenigorod 54 I d.
Zvenigorodka 54 I e.
Zvereve 55 E c.
Zvereve 37 K b.
Zverinogolovsk 57 I d.
Zvornik 28 F d.
Zwarte Bergen 50 K p.
Zwarisluis 21 D b.
Zweisimmen 22 E d.
Zweibl 28 D b.
Zwickau 27 M d.
Zwiesel 27 M e.
Zwijndrecht 21 C c.
Zinebaro 59 I h.
Zwittau 28 E b.
Zwolle 21 D b.
Zwolschediep 21 D c.
Zwönitz 27 M d.
Zydaczow 28 H h.
Zygos (M°) 50 K h.
Zyrardow 26 I c.
Zyrianka 57 Q c.
Zyrianovskaïa 44 D h.
Zyrianovskii 57 K c.
Zyrianes 37 I c.
Zyrmi 48 H g.

TABLE DES MATIÈRES

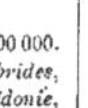

VIVIEN DE SAINT-MARTIN ET FR. SCHRADER

ATLAS UNIVERSEL
DE GÉOGRAPHIE

CONSTRUIT D'APRÈS LES SOURCES ORIGINALES ET LES DOCUMENTS LES PLUS RÉCENTS

Cartes, Voyages, Mémoires, Travaux Géodésiques, etc.

AVEC UN TEXTE ANALYTIQUE

90 CARTES

GRAVÉES SUR CUIVRE SOUS LA DIRECTION DE MM. E. COLLIN ET DELAUNE

Cet Atlas est publié par cartes isolées. Chaque carte, protégée par une couverture et accompagnée d'une notice sur les documents qui ont servi à sa construction, se vend séparément au prix de 2 francs.

LISTE DES CARTES

Avec l'indication de l'échelle pour les cartes publiées ou en cours d'exécution.

(Les 74 cartes publiées à la date du 1er Juillet 1907 sont marquées du signe *)

NUMÉROS D'ORDRE	TITRES	ÉCHELLES
	GÉNÉRALITÉS	
1	Planisphère. Feuille I.	1 : 50.000.000
2	— . Feuille II.	1 : 50.000.000
* 3	Mappemonde en deux hémisphères.	1 : 75.000.000
* 4	Région polaire arctique.	1 : 12.500.000
* 5	— — antarctique	1 : 25.000.000
	EUROPE	
* 6	Europe physique.	1 : 10.000.000
* 7	Europe politique.	1 : 10.000.000
* 8	France physique.	1 : 2.500.000
* 9	France politique.	1 : 2.500.000
* 10	France, en 6 feuilles. Nord-Ouest.	1 : 1.000.000
* 11	— — — Nord-Est.	1 : 1.000.000
* 12	— — — Ouest.	1 : 1.000.000
* 13	— — — Est.	1 : 1.000.000
* 14	— — — Sud-Ouest.	1 : 1.000.000
* 15	— — — Sud-Est.	1 : 1.000.000
* 16	Péninsule Ibérique (carte générale).	1 : 2.500.000
* 17	Espagne et Portugal. Nord-Ouest.	1 : 1.250.000
* 18	— — Nord-Est.	1 : 1.250.000
* 19	— — Sud-Ouest.	1 : 1.250.000
* 20	— — Sud-Est.	1 : 1.250.000
* 21	Italie (carte générale)	1 : 2.500.000
* 22	Italie septentrionale	1 : 1.500.000
* 23	Italie méridionale	1 : 1.500.000
* 24	Suisse	1 : 675.565
* 25	Belgique et Luxembourg	1 : 600.000
* 26	Pays-Bas	1 : 700.000
* 27	Iles Britanniques (carte générale)	1 : 2.500.000
* 28	Angleterre.	1 : 1.522.000
* 29	Écosse et Irlande.	1 : 1.545.600
* 30	Suède, Norwège et Danemark, feuille Nord.	1 : 2.500.000
* 31	— — — — Sud.	1 : 2.500.000
* 32	Allemagne.	1 : 2.500.000
* 33	Autriche-Hongrie.	1 : 2.500.000
* 34	Europe centrale, en 4 feuilles. Nord-Ouest.	1 : 1.500.000
* 35	— — — Nord-Est.	1 : 1.500.000
* 36	— — — Sud-Ouest.	1 : 1.500.000
* 37	— — — Sud-Est.	1 : 1.500.000
* 38	Russie d'Europe.	1 : 7.500.000
* 39	Russie occidentale et Roumanie.	1 : 5.500.000
* 40	Russie orientale et Caucasie.	1 : 4.000.000
* 41	Turquie d'Europe.	1 : 5.000.000
* 42	Grèce.	1 : 1.500.000
	ASIE	
* 43	Asie physique.	1 : 25.000.000
* 44	Asie politique.	1 : 25.000.000
* 45	Empire Russe (Asie septentrionale).	1 : 15.000.000

NUMÉROS D'ORDRE	TITRES	ÉCHELLES
	Asie occidentale, centrale, orientale et méridionale, en 10 feuilles :	
* 46	Feuille I : Asie Mineure.	1 : 5.000.000
47	— II : Turkestan.	1 : 5.000.000
48	— III : Mongolie	1 : 5.000.000
* 49	— IV : Japon. Corée, Mandjourie.	1 : 5.000.000
50	— V : Arabie	1 : 5.000.000
51	— VI : Perse.	1 : 5.000.000
52	— VII : Inde Nord et Tibet	1 : 5.000.000
53	— VIII : Chine proprement dite	1 : 5.000.000
54	— IX : Inde Sud	1 : 5.000.000
55	— X : Indo-Chine	1 : 5.000.000
* 56	Grand Archipel Asiatique.	1 : 10.000.000
	AFRIQUE	
* 57	Afrique physique.	1 : 20.000.000
* 58	Afrique politique.	1 : 20.000.000
* 59	Afrique, en 5 feuilles. Nord-Ouest	1 : 10.000.000
* 60	— — — Nord-Est	1 : 10.000.000
* 61	— — — Sud.	1 : 10.000.000
62	Berbérie	1 : 4.250.000
* 63	Algérie et Tunisie	1 : 2.500.000
* 64	Afrique française. Feuille I (Sénégal, etc.).	1 : 5.000.000
* 65	— — II (Congo français).	1 : 5.000.000
* 66	— — III (Madagascar).	1 : 5.000.000
67	Égypte, Haut Nil, Abyssinie	»
68	Établissements du Cap	»
	AMÉRIQUE DU NORD	
* 69	Amérique du Nord physique.	1 : 20.000.000
* 70	Amérique du Nord politique.	1 : 20.000.000
* 71	Puissance du Canada.	1 : 10.000.000
* 72	États-Unis.	1 : 10.000.000
73	États-Unis, en 4 feuilles, Nord-Ouest.	1 : 5.000.000
74	— — — Nord-Est.	1 : 5.000.000
75	— — — Sud-Ouest	1 : 5.000.000
* 76	— — — Sud-Est	1 : 5.000.000
* 77	États du Nord-Est	1 : 3.000.000
* 78	Mexique.	1 : 5.000.000
* 79	Amérique Centrale.	1 : 4.500.000
* 80	Antilles.	1 : 5.600.000
	AMÉRIQUE DU SUD	
* 81	Amérique du Sud physique	1 : 20.000.000
* 82	Amérique du Sud politique	1 : 20.000.000
* 83	Amérique du Sud, en 5 feuilles. Feuille Nord-Ouest	1 : 6.000.000
* 84	— — — — Nord-Est	1 : 6.000.000
* 85	— — — — Ouest.	1 : 6.000.000
* 86	— — — — Est.	1 : 6.000.000
* 87	— — — — Sud.	1 : 6.000.000
	OCÉANIE	
* 88	Océanie (carte générale)	1 : 40.000.000
* 89	Australie.	1 : 10.000.000
* 90	Principaux archipels d'Océanie.	»

ATLAS
DE
GÉOGRAPHIE HISTORIQUE
PAR UNE RÉUNION DE PROFESSEURS ET DE SAVANTS

SOUS LA DIRECTION GÉOGRAPHIQUE DE

F. SCHRADER
Directeur des travaux cartographiques de la Librairie Hachette et Cⁱᵉ

Contenant en 55 feuilles doubles, 167 cartes en couleurs, accompagnées d'un texte historique au dos et de 115 cartes, figures et plans en noir dans le texte avec un index alphabétique des noms contenus dans l'atlas, diagrammes, etc.

Un volume in-folio relié . . . . **35 fr.**

CHAQUE CARTE SE VEND SÉPARÉMENT 60 CENTIMES

LISTE DES CARTES ET DES COLLABORATEURS

1. **L'extension de l'histoire sur la terre,** par MM. LAVISSE, LEMONNIER et SCHRADER.

HISTOIRE ORIENTALE

2. **Ancienne Égypte,** par M. MASPERO : l'Égypte sous Thoutmès III; le monde oriental au temps d'Aménothès III.
3. **Syrie et Phénicie,** par M. MASPERO : Syrie au xᵉ siècle av. J.-C.; Syrie et Asie Mineure; Colonies phéniciennes au xᵉ siècle av. J.-C.
4. **Le monde ancien en 720,** par M. MASPERO : Monde ancien en 720 après l'avènement de Sargon en Assyrie; Asie antérieure sous Assourbanipal, vers 640 av J.-C.; Asie antérieure à la mort de Naboukodonosor, 562 av. J.-C.

HISTOIRE GRECQUE

5. **Le monde grec,** avant le vᵉ siècle av. J.-C., par M. HAUSSOULLIER : Expansion des colonies grecques. Grèce et Asie au temps de la deuxième guerre médique.
6. **Grèce au temps de Périclès,** par M. HAUSSOULLIER : Grèce au temps de Périclès; Attique; Balance des forces vers 451 av. J.-C.; Grande Grèce et Sicile vers 415 av. J.-C.
7. **Empire d'Alexandre,** par M. HAUSSOULLIER : Empire d'Alexandre; Macédoine au temps de Philippe; Démembrement de l'Empire d'Alexandre; Grèce au temps de la ligue Achéenne.
8. **L'Orient après Alexandre,** par M. MASPERO : Egypte en 222 av. J.-C.; Empire des Séleucides vers 220 av. J.-C.; Colonisation grecque dans l'Extrême-Orient.

HISTOIRE ROMAINE

9. **Italie au temps de la République romaine,** par M. GUIRAUD : Italie vers l'an 400 av. J.-C.; Progrès de la conquête romaine en Italie sous la République; Rome et Carthage au temps de la deuxième guerre punique. Latium.
10. **Le Monde à la fin de la République,** par M. GUIRAUD : Méditerranée en 146 et en 30 av. J.-C.; l'Orient au temps de Mithridate.
11. **La Gaule,** par M. LONGNON : Gaule préhistorique; Expansion des Celtes; Gaule avant César; Gaule à la mort d'Auguste.
12. **La conquête impériale,** par M. GUIRAUD : Progrès de la conquête romaine sous l'Empire; Provinces impériales et sénatoriales à la mort d'Auguste.
13. **Italie impériale,** par M. GUIRAUD : Italie en XI régions.
14. **Le Monde à la fin de l'Empire,** par M. GUIRAUD : Le Monde avant les grandes invasions; Partage de l'Empire; Palestine au temps de J.-C.; Prédication évangélique.

MOYEN AGE

15. **Démembrement de l'Empire au Vᵉ siècle,** par M. GUIRAUD : Démembrement de l'Empire au vᵉ siècle; Espagne et Italie en 506; Ostrogoths, Vandales et Wisigoths à la mort de Théodoric, 526.
16. **L'Orient byzantin,** par M. DIEHL : Monde méditerranéen au temps de Justinien; l'Église au temps de Grégoire le Grand; Thèmes de l'Empire d'Orient vers le milieu du xᵉ siècle.
17. **L'Occident germanique,** par M. LONGNON : Gaule sous les fils de Clovis; Gaule, Germanie, Italie à la mort de Charles Martel; Partages de l'Empire franc entre les fils de Pépin le Bref.

18. **L'Empire arabe,** par M. L. CAHEN : Expansion arabe du vⁱⁱᵉ au xᵉ siècle; Monde connu des Arabes au xⁱⁱᵉ siècle, réduction de la carte d'Idrisi d'après le manuscrit de la Bibliothèque Nationale.
19. **L'Empire carolingien,** par M. LONGNON : Empire de Charlemagne, d'après le partage de 806; Heptarchie anglo-saxonne; Espagne à la mort d'Alphonse Iᵉʳ.
20. **Les partages carolingiens,** par M. LONGNON : Empire franc après le traité de Verdun; Empire franc après 888; Europe au milieu du xᵉ siècle.
21. **La région française à la fin du Xᵉ siècle,** par M. LONGNON : France avant l'avènement de Hugues Capet; France et pays voisins à l'avènement de Hugues Capet; France au début du règne de Henri Iᵉʳ; Carte ecclésiastique.
22. **France féodale,** par M. LONGNON : Royaume de France en 1154 (partie occidentale) et zone entre France, Allemagne et Italie au temps de Louis VII.
23. **Le terrain du Saint-Empire,** par M. BLONDEL : Allemagne au temps d'Otton Iᵉʳ; Allemagne orientale à la mort de Henri III (1056); Italie au temps de Frédéric Iᵉʳ.
24. **Croisades,** par M. LONGNON : Le monde à l'époque de la 1ʳᵉ croisade; Royaume latin de Jérusalem; Empire latin de Constantinople.
24 *bis.* **Le monde mongol,** par M. L. CAHEN : Distribution des tribus turques du vⁱᵉ au vⁱⁱⁱᵉ siècle; Samanides, Ghaznevides, Seldjoukides (xᵉ et xⁱᵉ siècle); Empire mongol sous Gengiskhan et ses successeurs immédiats (xⁱⁱⁱᵉ siècle); Carte chinoise des possessions mongoles faite en 1331; Carte pour servir à l'intelligence de la précédente; Empire de Tamerlan (fin du xⁱⱽᵉ et commencement du xⱽᵉ siècle).
25. **La conquête de la France par la royauté capétienne,** par M. LONGNON : France en 1200; France en 1250; France en 1328; Languedoc et Provence avant la guerre des Albigeois.
26. **L'Expansion de l'Allemagne,** par M. BLONDEL : Allemagne et Italie pendant l'Interrègne; Expansion de l'Allemagne à l'Est; la Hanse au xⁱⱽᵉ siècle.
27. **Le Monde au début du XIVᵉ siècle,** par M. G. MARCEL : Portulans, Cartographie au xⁱⱽᵉ siècle.
28. **Le domaine de la guerre de Cent Ans,** par M. LONGNON : France au traité de Brétigny et en 1453; Flandre à la fin du xⁱⱽᵉ siècle; Maison de Bourgogne en 1476.

TEMPS MODERNES

29. **L'Europe occidentale en 1494,** par M. LEMONNIER.
30. **Le Monde à l'époque des grandes découvertes,** par M. BERNARD : Le monde connu en 1492 et vers 1550; Globe de Martin Behaim (1492); Itinéraires de Christophe Colomb; Globe doré (vers 1528).
31. **L'Europe de Charles-Quint et de Soliman,** par M. HAUMANT.
32. **Décomposition de l'Allemagne et progrès de la France,** par M. WADDINGTON : Allemagne en 1648; France en 1615; France en 1610; France en 1659.
33. **L'Europe de Louis XIV,** par H. HAUMANT : France en 1681; Suède après le traité d'Oliva; Orient après le traité de Carlowitz; Provinces-Unies au xvⁱⁱᵉ siècle.
34. **L'Europe après la paix d'Utrecht,** par M. BOURGEOIS : Europe occidentale en 1715; Europe septentrionale et orientale en 1721; Italie de 1714 à 1748; Pays-Bas et Lorraine de 1714 à 1748.
35. **Le Monde vers 1740,** par M. FROIDEVAUX : Le Monde vers 1740; Colonies anglaises d'Amérique; Le Saint-Laurent français.
36. **Le conflit de la Prusse et de l'Autriche,** par M. WADDINGTON : Prusse et Autriche de 1740 à 1795.
37. **Formation de l'Empire russe,** par M. RAMBAUD : xⁱⱽᵉ-xⁱxᵉ siècles.
38. **La Turquie et la Pologne au XVIIIᵉ siècle,** par M. BOURGEOIS : Turquie au xvⁱⁱⁱᵉ siècle (1718-1792); Pologne après le partage de 1772; Deuxième et troisième partages de la Pologne (1793 et 1795).
39. **Formation de l'Empire des Indes,** par M. RAMBAUD : Inde anglaise, Inde française.
40. **Le Monde en 1789,** par M. DEMBOUR : Mappemonde politique; Nouvelle Espagne et Indes Occidentales; Les treize États-Unis en 1783.
41. **L'Allemagne en 1789,** par M. WADDINGTON : l'Allemagne centrale et occidentale en 1789; Principautés ecclésiastiques en 1789; Villes libres en 1789.
42. **La France en 1789,** par M. DEMBOUR : La France en 1789 (Provinces et généralités); Eglises, Justice, Douanes.

TEMPS CONTEMPORAINS

43. **L'Europe de Napoléon,** par M. FROIDEVAUX : L'Europe en 1810; France en 1802; Allemagne en 1806; France du Concordat.
44. **L'Europe après les traités de 1815,** par M. BOURGEOIS.
45. **L'Allemagne et l'Italie en 1815 et en 1866,** par M. LAVISSE : Allemagne et Italie en 1815; Allemagne et Italie en 1866.
46. **La France depuis 1815,** par M. FROIDEVAUX : France en 1815; France en 1871; Extension en Algérie-Tunisie; Extension en Extrême-Orient.
47. **L'extension de la puissance russe,** par M. HAUMANT.
48. **L'Autriche-Hongrie au XIXᵉ siècle,** par M. HAUMANT : Autriche-Hongrie de 1789 à 1850; Autriche-Hongrie de 1805 à 1815; Autriche-Hongrie depuis 1815; Ethnographie de l'Autriche-Hongrie.
49. **Progrès des découvertes au XIXᵉ siècle,** par M. GALLOIS : Mappemonde de 1800; Afrique en 1894; Région des Grands Lacs; Australie en 1894.
50. **L'Amérique,** par M. GALLOIS : Amérique septentrionale (Extension des États-Unis); Amérique méridionale en 1894; La guerre de Sécession; Les isthmes américains.
51. **Le Monde musulman,** par M. HAUMANT : Empire ottoman, 1792-1876; Péninsule des Balkans 1870-1894; Péninsule des Balkans; Races; Monde musulman en 1894.
52. **L'expansion coloniale de la France et de l'Angleterre,** par M. BERNARD : l'Empire français et l'Empire anglais en 1815; L'Empire français et l'Empire anglais en 1894.
53. **L'Europe de 1715 à 1893,** par M. SOREL : Europe en 1715; Europe en 1789; Europe en 1815; Europe en 1893.
54. **Le Monde moderne,** par M. SCHRADER : Monde moderne; Densité de la population; Domaine des principales langues.

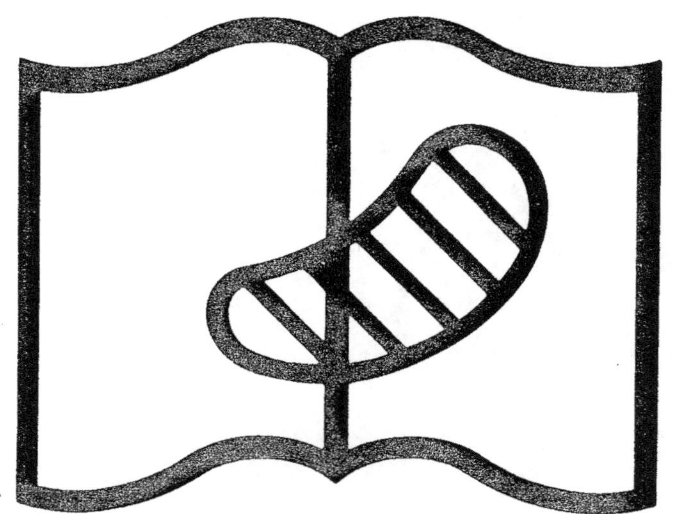

Original illisible

NF Z 43-120-10

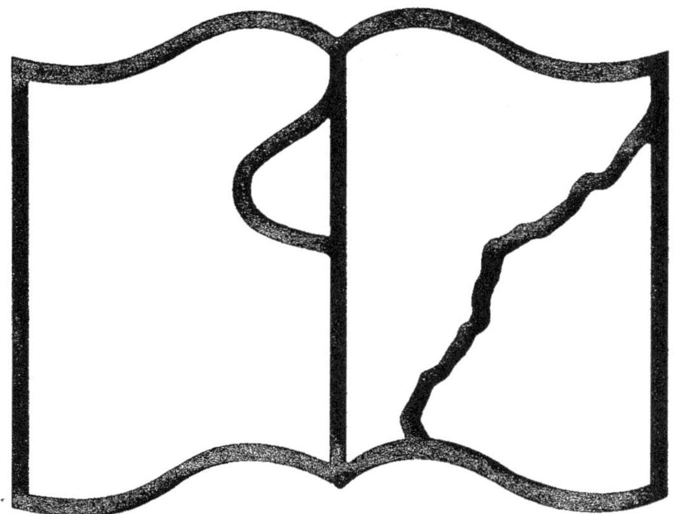

Texte détérioré — reliure défectueuse

NF Z 43-120-11

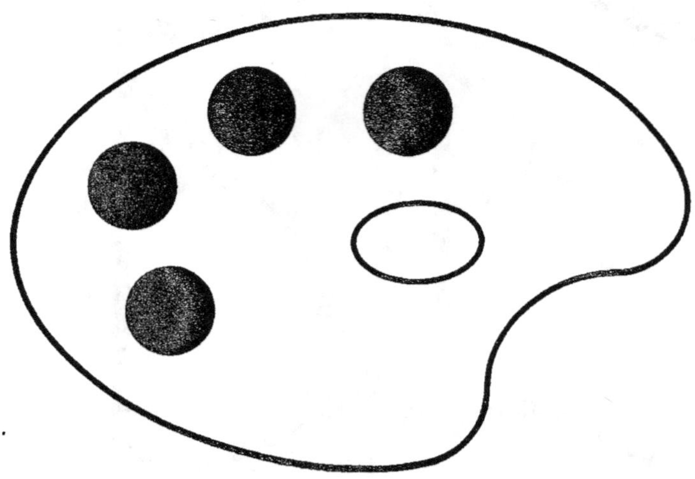

Original en couleur
NF Z 43-120-8

Volume sans
pagination